PART I

Ott의 EMC공학 이론편

ELECTROMAGNETIC COMPATIBILITY ENGINEERING

도서출판 學山 학산미디어

WILEY

Electromagnetic Compatibility Engineering
by Henry W. Ott

PART I

HENRY W. OTT

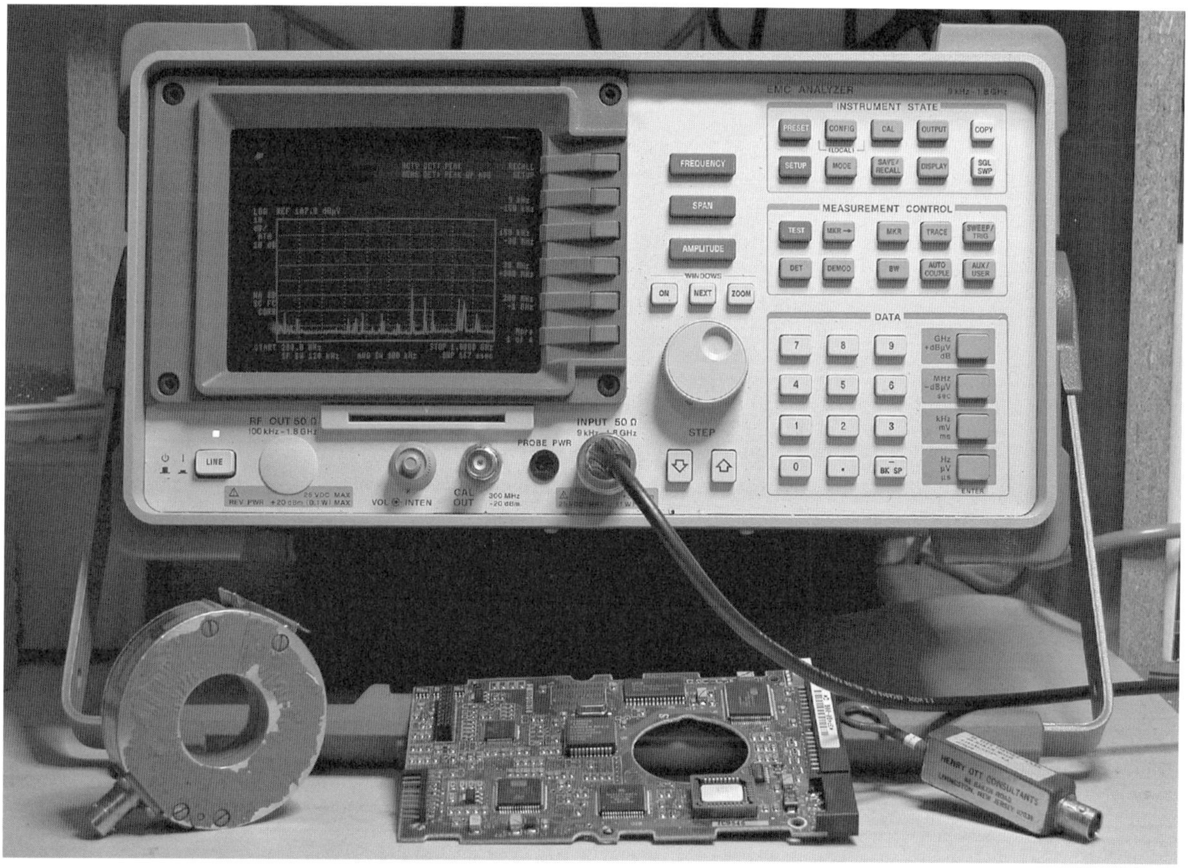

Ott의 EMC공학 이론편

ELECTROMAGNETIC COMPATIBILITY ENGINEERING

유태훈 · 김동일 · 김인석 · 박병권 · 안병철 옮김

WILEY

도서출판 學山 학산미디어

Ott의 EMC 공학 Part I 이론편

Electromagnetic Compatibility Engineering

발 행 일 | 2013년 8월 26일
저 자 | Henry W. Ott
역 자 | 유태훈 김동일 김인석 박병권 안병철
발 행 인 | 문정임
발 행 처 | 학산미디어
기 획 | 이덕선
주 소 | 서울시 노원구 상계동 1256 은빛아파트 202-401
전 화 | 02-935-0670 / 010-3223-7340
팩 스 | 02-932-0670
이 메 일 | sorgento2000@hanmail.net
등록번호 | 제25100-2011-000001호
편 집 | 우일미디어디지텍

ISBN (세트) 978-89-966211-4-0 94560
ISBN 979-11-85294-02-5 94560

정가 30,000원

이 도서의 국립중앙도서관 출판시도서목록(CIP)은 서지정보유통지원시스템 홈페이지(http://seoji.nl.go.kr)와 국가자료공동목록시스템(http://www.nl.go.kr/kolisnet)에서 이용하실 수 있습니다.
(CIP제어번호: CIP2013015685)

옮긴이 머리말

EMC 분야의 종사자라면 누구나 오트(Henry W. Ott)가 저술한 『*Noise reduction techniques in electronic systems*』(1977(1st Ed.), 1988(2nd Ed.), John Wiley & Sons)를 잘 알고 있고, 실무에서 중요한 참고도서로 사용하고 있을 것으로 생각합니다. 오트는 Bell Lab에서 30년간 실무와 연구를 수행한 분으로, EMC 분야의 Distinguished Member of the Technical Staff 및 consultant로 활동할 당시에 책을 출판하였습니다. 이 책은 오트가 『*Noise reduction techniques in electronic systems*』의 후속으로 2009년에 새롭게 내놓은 『*Electromagnetic compatibility engineering*』을 우리말로 옮긴 것입니다. 새로운 책은 이전 책의 3판에 해당하는 것이지만 제목이 바뀐 것에서도 알 수 있듯이 이전 책을 대폭 보완하고, 새로운 내용을 상당히 많이 추가한 것입니다. 모두 18개의 Chapter와 6개의 부록으로 구성되어 있는데, 내용을 살펴보면 이전 책의 12개 Chapter 모두를 다시 썼으며, 6개의 Chapter와 2개의 부록을 새롭게 추가하였습니다. 부록까지 포함하면 거의 900쪽이나 되는 방대한 내용을 다루고 있습니다. 새롭게 추가한 부분은 저자가 20년이 넘게 EMC 기술을 강의하고 기업을 상대로 컨설팅과 교육훈련을 하면서 얻은 경험들을 바탕으로 한 디지털, 아날로그 및 혼성신호 회로 설계와 관련한 EMC 이론과 그 이론의 실제적인 응용 내용이 주를 이루고 있습니다.

이 책에 대하여 EMC 분야의 또 다른 대가인 폴(Clayton R. Paul) 교수는 "내가 목요일, 집에 도착했을 때 이 EMC 책이 기다리고 있었다. 난 그날 밤부터 토요일까지, 이 책을 끝까지 읽는 동안 내려놓을 수가 없었다. 정말 훌륭한 책이며, 지금까지 발간된 EMC 분야의 책 중 최고이다"라고 평을 했습니다. (폴 교수는 『*Introduction to Electromagnetic Compatibility*』 등 19권의 EMC 분야의 책을 저술, IEEE의 Life Fellow이며 IEEE EMC society의 Honorary Life Member임. 2012년 6월 별세함) 또한 2009년 12월호 Test and Measurement World 잡지의 서평에서는 "만약 내가 EMC 설계와 관련하여 단 하나의 책만 소유할 수 있다면 바로 이 책이 될 것이다"라고 평가한 바가 있습니다. 이밖에도 많은 EMC 전문가들과 관련분야 종사자들이 이 책을 EMC 분야의 최고의 책으로 손꼽았습니다. 이에 역자들은 이렇게 훌륭한 책을 국내에 소개하여 EMC 분야에 대한 관심을 높이고 EMC 분야의 발전에 조금이나마 도움을 주어야 하겠다는 사명감과 책임감으로 부족한 지식과 경험에도 불구하고 번역을 하게 되었습니다.

이 책은 「PART I: EMC 이론」, 「PART II: EMC 실무응용」으로 구성되어 있습니다. PART I은 이전 책을 수정, 보완한 부분이고, PART II는 EMC의 응용 관점에서 대부분 새로이 작성된 부분들로 이루어져 있습니다. PART I의 내용을 간단히 정리해보면 먼저 EMC를 간추려 소개하고 국내외의 다양한 EMC 규정을 다룹니다. 이어서 전기장과 자기장에 의해 케이블 상에서 발생하는 커플링과 혼선을 다루고 다양한 접지방식에 대해 살펴봅니다. 평형화(balancing)와 필터링에 의해 잡음(noise)을 억제하는 원리와 방법을 알아보고 기본 수동부품의 비이상적 특성이 잡음성능에 미치는 영향을 살펴봅니다. 차폐(shielding)에 의해 잡음을 차단하는 방법과 릴레이와 스위치의 접점을 보호하는 방법도 함께 다룹니다. 계속해서 일반 부품과 능동소자의 내부 잡음원을 알아보고 끝으로 디지털 회로의 접지에 대한 내용을 살펴봅니다. 특히 '실무응용'에 대해 다루는 PART II는 EMC 분야에 종사하는 엔지니어나 EMC 응용분야를 공부하는 학생들에게 실질적인 도움이 될 것으로 생각합니다. PART II에서 다루고 있는 내용을 살펴보면 먼저 디지털 회로의 전원공급과 관련한 이론을 알아보고 디커플링 커패시터를 장착하는 다양한 방법, 장단점, 효과를 다룹니다. 이어서 디지털 회로에서의 차동모드 및 공통모드 방사이론, 전원공급시스템에서의 다양한 방사와 그에 따른 필터링 방법, RF 잡음과 시간에 따라 변화하는 잡음 신호에 대한 대책, 정전기 방전에 대한 이론 및 대책방안을 살펴봅니다. 계속해서 다층구조 PCB에서의 다양한 레이아웃과 적층구조, 최근 들어 많은 문제가 되고 있는 혼성신호 PCB에서의 다양한 현상 및 대책을 살펴봅니다. 마지막으로 효과적으로 간단하게 수행할 수 있는 사전적합성 시험방법을 다루는 등 EMC 응용과 관련한 전반적인 분야를 총체적으로 다루고 있습니다. 또한 부록에서는 데시벨의 개념, EMC 방사를 최소화하기 위한 방법, 자기장의 다중반사 이론, 다이폴안테나를 통한 방사의 원리와 개념, 부분 인덕턴스의 개념 등을 다루고 있어 본문내용을 뒷받침하고 있습니다.

이 책의 장점은 이해하기 쉽고 명확한 영어로 잘 쓰였다는 것과, 저자가 오랜 동안 산업체를 상대로 컨설팅과 교육훈련을 하며 쌓은 수많은 노하우를 복잡하지 않은 수식을 사용하여 간결하고 명확하게 설명하고 있다는 것입니다. 대부분의 공과대학 교육과정에서는 EMC와 관련한 수업이나 교육이 별로 이루어지고 있지 않아서 EMC에 대해 알지 못하고 졸업하는 경우가 일반적입니다. 따라서 산업현장에서 직면하는 다양한 EMC 관련 문제들의 분석과 해결을 위해 담당 엔지니어들이 상당히 많은 시간과 노력을 투자하고 있으며, 회사 내에서 나름대로 전수되어 오는 EMC 대책기법들, 또는 개인적으로 습득한 경험을 바탕으로 문제를 해결해 나가고 있는 것이 현실입니다. 하지만 전수되는 상당수의 기법들이나 개인적인 경험들이 이론적인 근거가 희박할 뿐만 아니라 적용대상에 따라 다른 결과를 나타내는 일이 흔히 일어납니다. 이러다보니 현장의 엔지니어들은 체계적이고 이론적이며 실무적으로 적용 가능한 지식에 대하여 많은 아쉬움을 가지고 있는 것이 사실입니다. 이러한 현실에 비추어 본다면 이번 오트의 새로운 책은 전기전자 분야를 전공하여 곧바로 산업체로 진출하려는 대학교 3, 4학년 학생들, 관련 EMC 분야를 연구하는 대학원생, 현장에서 실무를 하고 있는 많은 EMC 엔지니어들에게 무척이나 도움이 되리라 생각됩니다.

EMC 문제는, 경우에 따라서는 EMC 문제인 것조차 인식하지 못하는 많은 문제들은, 어떤 특정 회로나 부품의 문제일 수도 있지만, 일반적으로 여러 요소들이 복합적으로 작용한 결과입니다. 다시 말해 부품과 부품 사이, 또는 부품과 시스템 사이의 상호작용으로 발생하거나, 디지털 회로와 아날로그 회로가 공존하면서 발생하거나, 접지시스템에 따라서도 발생할 수 있습니다. 심지어는 전기적 문제와 기계적 문제, 또는 건축시설물에 의한 영향까지 고려하는 다학제적 접근이 필요한 것이 EMC 문제라고 할 수 있습니다. 따라서 EMC 엔지니어의 경우, 다양한 학문 분야에 대한 지식의 습득과 이해가 필수적이라 할 수 있습니다. 예를 들어 범위를 좁혀 전기전자 분야에서만 살펴보아도 EMC 문제는 회로설계, PCB 디자인, 패키지 설계, 회로의 배치, 외부 장치와의 연결 등까지 모두 고려해야 하는 경우가 상당히 많으며, 부품수준에서 문제를 이해하고 해결하려고 한다면 이해가 되지 않거나 심지어는 문제의 원인을 파악조차 하지 못하는 경우가 있음을 인식해야 합니다. 그렇기 때문에 그동안 EMC 엔지니어링을 'black magic' 이라고 한다든지 '엔지니어의 손끝에 달려 있다' 고 애매하게 말할 수밖에 없었지 않았나 생각합니다. 하지만 EMC 문제는 전자기이론, 회로이론, 반도체 소자이론을 기반으로 하여 충분히 이해할 수 있는 물리적 현상입니다. 아울러 EMC는 집적회로의 마이크로미터(㎛) 단위의 수준에서 시작해서 시스템의 미터(m) 단위의 수준까지 모두 고려해야 하는 흥미로운 분야이기도 합니다. 물론 양자역학적 관점에서 출발하여 이론을 전개할 수도 있겠지만 좀 더 현실적이며 산업현장이나 연구현장에서 실무적용이 가능한 방식은 전자기이론을 바탕으로 한 회로이론으로 EMC 현상을 설명하는 것이라고 할 수 있습니다. 상당수의 EMC 문제는 전자기 현상이 주된 원인이기 때문에 전자기이론을 이해하고 이를 바탕으로 문제를 분석할 수 있는 능력과 직관력을 키우는 것이 매우 중요합니다. 오트가 쓴 이 책에서는 위에서 언급한 회로이론과 전자기이론을 잘 배합하여 다양한 EMC 문제들을 이해하고 해석할 수 있도록 배려하고 있습니다.

최근 들어 EBG(electromagnetic bandgap)나 metamaterial 등을 이용해서 PCB 수준에서의 EMC 문제를 해결하려는 연구결과들이 다양하게 발표되고 있습니다. 하지만 복합적인 EMC 현상의 원인을 총체적으로 제대로 이해하지 못한 상태에서 어느 하나를 전체로 취급하는 일이 없도록 경계를 해야 할 필요가 있습니다. 이러한 관점에서 오트의 책은 다양한 회로나 시스템에서 일어나는 EMC 현상을 이해하기 쉽게 개념적으로 설명하고 있으며, 현장에서 적용 가능한 간단한 경험적 수식이나 유도된 수식들을 적용하는 방법도 소개하고 있다는 점에서 EMC 현상의 기초부터 응용까지의 내용을 망라하여 체계적으로 매우 잘 기술하고 있는 책이라고 말할 수 있습니다.

이 책이 나오기까지 세심하게 배려해 주신 도서출판 학산미디어의 이덕선 대표를 비롯한 관계자 여러분들께 감사드립니다. 언제나 보이지 않는 곳에서 물심양면으로 돌봐주고 격려해준 가족들, 친구들, 그리고 한국전자파학회의 EMC연구회 위원들에게도 고마운 마음을 전하고 싶습니다. 혹 역자들의 부족한 지식과 경험으로 저자가 전달하고자 하는 개념이나 의미를 제대로 표현하지 못하였다면 독자들에게 양해를 구합니다. 마지막으로 잘못된 내용을 찾으셨거나 좋은 의견이 있으신 분들은 언제라도 연락주시면 추후에 반영하여 더 좋은 책이 될 수 있도록 노력하겠습니다. 이 책이 늘 이론과 실제사이에서 고민하는 EMC 분야의 엔지니어들과 학생들에게 많은 도움이 되길 바랍니다.

2013년 8월
옮긴이 일동

머리말

이전에 내가 낸 책인 『*Noise Reduction Techniques in Electronic Systems*』의 개정 3판을 쓰려고 시작한 것이 완성하고 보니 그 이상이 되어 아예 책 제목을 바꿔 발간한 것이 이 책 『*Electromagnetic Compatibility Engineering*』이다. 이전 책에 담긴 12개의 장 전체를 완전히 다시 썼다. 그리고 6개의 새로운 장과 2개의 새로운 부록을 추가함으로써 새로 들어가거나 내용이 바뀐 것이 600쪽 이상이고 새로운 그림 342개도 추가하였다. 새로이 추가한 부분은 거의 전부가 전자파적합성(Electromagnetic Compatibility, EMC) 이론의 실제응용과 관련된 것으로, 지난 20년 이상에 걸쳐 내가 EMC 컨설팅 일을 하면서 쌓은 경험과 EMC 교육 세미나에서 강의한 경험을 바탕으로 한 것이다.

설계 엔지니어가 당면하는 매우 어렵고 당혹스러운 문제 중에는 전자파적합성(EMC)과 규격인증에 관련된 것들이 많다. 대부분의 엔지니어들은 이러한 문제들을 잘 처리하지 못하는데, 학교에서는 보통 이러한 주제를 가르치지 않기 때문이다. EMC 문제는 관련 이론을 사용하는 대신 시행착오를 겪어가면서 해결하는 것이 보통이다. 이런 식의 노력은 시간이 매우 오래 걸릴 뿐 아니라 해결결과도 만족스럽지 못한 것이 보통이다. 이러한 상황은 유감스러운데, 그 이유는 이 문제와 관련된 이론은 대부분 간단하여 기초물리학으로 설명될 수 있기 때문이다. 이러한 상황을 개선하고자 하는 것이 바로 이 책의 목적이다.

이 책은 주로 전자장치와 시스템 설계분야에 종사하거나 EMC와 규격인증 문제를 다루는 현장의 엔지니어를 대상으로 하고 있다. 이 책은 EMC 공학의 실제적인 측면에 역점을 두고 있으며 방출(emission)과 내성(immunity) 문제를 모두 다루고 있다. 이 책에 수록된 개념은 아날로그 회로와 디지털 회로 모두에 대해, 음성주파수에서 GHz 범위의 주파수까지 적용된다. 복잡한 수학을 피하고 수학의 사용을 최소로 하면서 비용대비 효과가 높은 EMC 설계를 강조하고 있다. 이 책으로 공부하는 여러분은 전자파 환경에 적합하고 국내외 EMC 규정을 준수하는 전자장치를 설계하는 데 필요한 지식을 얻을 수 있다.

이 책은 대학의 고학년 과정이나 졸업 후 평생교육 과정에서 EMC를 교육하는 교재로 사용하기에 적합하도록 쓰였다. 이를 위해, 이 책에 251개의 문제를 수록하여 학생들이 풀어볼 수 있도록 하였다. 문제의 답은 <부록 F>에 실려 있다.

이 책은 크게 두 부분으로 나뉜다. 「1부 EMC 이론」은 1장에서 10장까지로, 「2부 EMC 실무 응용」은 11장에서 18장까지로 구성된다. 또한 6개의 부록에 추가자료가 실려 있다.

이 책의 구성은 다음과 같다. 1장은 EMC를 소개하는 내용과 유럽연합(EU) 규정, FCC 규정, 미국 국방부의 군용규정 등을 비롯한 국내외의 EMC 규정을 다룬다. 2장에서는 전기장과 자기장에 의한 케이블 커플링(결합, coupling)과 혼선(누화, crosstalk)을 다룬다. 3장에서는 안전용 접지(safety ground), 전원접지(power ground), 신호접지(signal ground), 하드웨어 접지(hardware ground), 시스템 접지(system ground)를 다룬다.

4장에서는 밸런싱(평형, balancing), 필터링(filtering)과 더불어 차동증폭기와 저주파 아날로그회로 디커플링을 살펴본다. 수동부품(passive component)을 다루는 5장에서는 부품의 비이상적 특성이 부품의 성능에 미치는 영향을 살펴본다. 저항, 커패시터, 인덕터와 함께 페라이트 비드, 도체, 전송선로를 다룬다. 6장에서는 금속판과 플라스틱 위에 전도성코팅이 된 경우의 차폐효율을 자세히 분석하고 개구면(틈이나 구멍, aperture)이 차폐효율에 미치는 영향에 대해서도 자세히 분석한다.

7장에서는 릴레이와 스위치의 접점보호에 대해 살펴본다. 8장과 9장에서는 부품과 능동 장치(active device)의 내부 노이즈원(noise source)을 살펴본다. 8장에서는 열 노이즈(thermal noise)와 산탄 노이즈(shot noise)와 같은 고유 노이즈원(intrinsic noise source)을 다룬다. 9장에서는 능동장치의 노이즈원을 다룬다.

10, 11, 12장에서는 디지털 회로와 관련된 EMC 문제를 다룬다. 10장은 접지판 임피던스, 디지털 회로 접지를 살펴보고 디지털 논리회로의 전류가 어떤 식으로 흐르는지 살펴본다. 11장에서는 디지털 회로의 전원공급과 디커플링에 대해 다룬다. 12장에서는 디지털 회로에서 공통모드 방사와 차동모드 방사가 일어나는 원리와 과정을 살펴본다.

13장에서는 교류전원선은 물론 직류전원선에서 일어나는 전도성방출을 살펴보고 아울러 스위칭 전원공급기와 변속모터 드라이브(variable-speed motor drive)와 관련된 EMC 문제를 다룬다. 14장에서는 RF와 과도전류에 대한 내성문제와 더불어 전자파 환경에 대해서 살펴본다. 15장에서는 전자제품의 정전기방전 보호대책을 다룬다. 여기서는 기구적 설계, 전기적 설계, 소프트웨어 설계라는 세 가지 방식의 중요성에 초점을 맞춘다.

16장에서는 보통은 잘 다루지 않는 주제인 PCB 레이아웃과 PCB 적층구조를 살펴본다. 17장은 분할(partitioning) 방법과 접지(grounding) 방법과 관련한 어려운 문제와 혼성신호 PCB(mixed-signal printed circuit board)의 레이아웃을 살펴본다.

마지막 장인 18장에서는 제품의 개발실에서 간단하고 저렴한 측정장비를 사용하여 그 제품의 EMC 성능과 관련된 측정을 수행하는 간이 EMC측정에 대해 살펴본다.

각 장의 끝에는 그 장에서 가장 중요하게 다룬 내용을 요약하고 문제를 수록하여 풀어보도록 하였다. 각 장에서 다루는 주제에 대한 추가 정보가 필요할 경우를 대비하여 많은 참고문헌과 추가목록을 수록하였다.

6개의 부록에는 보충정보를 추가로 담았다. 부록 A는 데시벨, 부록B는 전자파를 "많이" 방출하는 제품을 만드는 10가지 방법을 다룬다. 부록 C는 얇은 차폐(shield) 내부에서 일어나는 자기장의 다중 반사를 나타내는 방정식을 유도한다.

부록 D에서는 다이폴 안테나의 동작원리에 대한 통찰력과 직관을 기를 수 있도록 간단한 다이폴 모형을 다룬다. 어떤 제품이 전자기 에너지를 수신하거나 방출하면 그것이 바로 안테나이다. 따라서 몇 가지 기본이 되는 안테나 이론을 이해하는 것은 엔지니어 — 특히 EMC 엔지니어 — 에게 도움이 된다.

부록 E에서는 중요하지만 사람들이 잘 모르고 있는 부분 인덕턴스(partial inductance) 이론을 설명한다. 부록 F에는 각 장의 끝에 실린 문제의 해답이 실려 있다.

이전 책 「*Noise Reduction Techniques in Electronic Systems*」에 대해 여러 가지 의견을 주신 모든 분들에게 감사드린다. 또한 이 책 『*Electromagnetic Compatibility Engineering*』을 쓰도록 격려해주신 분들에게도 고마움을 전한다. 특히 John Celli, Bob German, Dr. Clayton Paul, Mark Steffka, Jim Brown 씨에게 감사를 드린다. 이 분들은 책 원고의 대부분에 대해 통찰력 있는 검토를 해주고 격려를 해주었으며 저와 함께 EMC를 주제로 유익한 토론을 많이 해주었다. 이들 덕분에 『*Electromagnetic Compatibility Engineering*』은 더 좋은 책이 되었다.

미시간 대학(University of Michigan-Dearborn)의 Mark Steffka 교수는 2007년과 2008년에 EMC 강좌에서 이 책(원고)을 사용하여 강의를 한 바 있다. 이 2년 동안 강의를 수강한 학생들은 대단히 많은 의견과 제안을 제게 보내주었다. (이 책에 실린 여러 추가 문제들에 대한 제안을 포함하여, 여러 가지 제안과 의견을 이 책에 반영하였다.) 이 학생들에게 마음으로부터의 감사를 보낸다. 또한 Mark Steffka 교수와 저 사이에 이견이 없었을 만큼 매우 유용한 의견을 보내준 James Styles 씨에게도 고마움을 전한다.

끝으로, 이 책 원고의 여러 부분을 검토하고 유용한 의견과 제안을 해준 동료 모두에게 감사를 드린다.

더 많은 기술정보와 EMC 규정에 대한 최신정보, 그리고 이 책의 정오표는 Henry Ott Consultants 사의 웹사이트(www.hottconsultants.com)에서 입수할 수 있다.

HENRY W. OTT
Livingston, New Jersey
January 2009

차 례

부록은 Part II EMC 실무 응용편에 있습니다.

Electromagnetic Compatibility Engineering

PART I

EMC 이론

Chapter 1

전자파 적합성

Electromagnetic Compatibility

1.1 서론(INTRODUCTION)

통신, 계산, 자동화를 비롯한 다양한 용도로 전자회로가 널리 사용되면서 여러 회로들이 밀집하여 함께 동작하는 상황이 발생한다. 이로 인해 회로들이 서로 악영향을 끼치는 경우가 흔히 일어난다. 회로 설계자들에게 전자파 간섭(EMI; electromagnetic interference, '전자파장해' 라고도 함)은 중요한 문제이며 앞으로도 그 중요성이 더욱 커질 것이다. 많은 전자장치가 함께 사용되는 상황이 이러한 추세에 한 몫을 하고 있다. 또한 집적회로(IC)와 고밀도 집적회로(LSI)의 사용으로 전자제품의 크기는 계속해서 작아지고 있다. 장치가 점점 작아지고 더욱 정교해지면서 더욱 좁은 공간에 더욱 많은 회로들이 빽빽하게 모여 있게 되고, 이에 따라 간섭의 가능성이 높아지고 있다. 또한 클록 주파수는 지난 몇 년에 걸쳐 급격하게 증가하여 1 GHz를 넘는 경우도 많이 있다. 오늘날 가정에서 사용하는 개인용 컴퓨터들의 클록 속도가 1 GHz를 넘는 것은 드문 일이 아니다.

오늘날의 전기전자 장비 설계자는 자신이 설계한 시스템을 실험실의 이상적인 조건하에서 잘 동작하게 만드는 것 이상의 일을 해야 한다. 전기전자 장비는 설계된 대로 잘 동작해야할 뿐 아니라 다른 장비와 인접하여 사용되는 "실제 상황"에서도 잘 동작하도록 설계되어야 하고, 정부의 전자파 적합성(electromagnetic compatibility, EMC) 규정을 만족하도록 설계되어야 한다. 이것은 장비가 외부 전자파의 영향을 받지 않으며 자신도 주변을 오염시키는 전자파 잡음(noise)을 발생시키지 않도록 설계하는 것을 뜻한다. 설계자는 EMC를 중요한 설계목표로 삼아야 한다.

1.2 잡음과 간섭(NOISE AND INTERFERENCE)

회로의 전기신호 중에서 원하는 신호가 아닌 모든 신호는 전부 잡음이다. 이 정의에 따르면 회로의 비선형에 의해 발생하는 왜곡성분(distortion products)은 잡음에서 제외된다. 왜곡성분은 바람직하지는 않지만, 회로의 다른 부분에 결합(coupling)되는 경우 외에는 잡음으로 간주되지 않는다. 다시 말해 회로의 한 부분에서 원하는 신호라도, 다른 부분에 결합되는 경우에는 잡음으로 간주될 수 있다.

잡음을 다음 세 가지 종류로 나눌 수 있다.

(1) 열잡음(heat noise), 산탄잡음(shot noise)과 같이 물리적 시스템 내부의 무작위변동(random fluctuation)에 의해 발생하는 고유잡음(intrinsic noise)
(2) 모터, 스위치, 디지털 전자장치, 무선 송수신기와 같은 장치에 의한 인위적 잡음
(3) 번개와 태양의 흑점과 같은 자연현상에 의해 발생하는 잡음

잡음에 의한 바람직하지 않는 영향을 간섭(*interference*)이라고 한다. 잡음 전압이 회로의 오동작을 일으킬 때 이것이 간섭(장해)이다. 잡음을 완전히 제거할 수 없지만 잡음에 의한 간섭은 제거할 수 있다. 즉, 잡음의 크기를 줄여서 간섭이 발생하지 않게 할 수 있다.

1.3 전자파 적합성 설계(DESIGNING FOR ELECTROMAGNETIC COMPATIBILITY)

전자파 적합성(*EMC; electromagnetic compatibility*)이란 전자장치가 (1) 통상적인 전자파 환경에서 정상적으로 동작하면서, (2) 주변을 전자파 잡음으로 오염시키는 잡음의 발생원(*source*)이 되지 않는 능력을 의미한다. 전자파 환경은 방사성(radiated) 에너지와 전도성(conducted) 에너지로 구성되어있다.. 그러므로 EMC에는 잡음 방출(emission)과 잡음 감응성(susceptibility)이라는 두 가지 측면이 있다.

감응성은 기기나 회로가 원하지 않는 전자파 에너지(즉 잡음)에 반응을 나타내는(방해를 받거나 피해를 입는) 정도를 말한다. 감응성과 반대인 성질을 잡음 내성(*immunity*)이라고 한다. 어떤 회로나 기기의 내성은 전자파 환경에서 성능저하를 겪지 않고, 규정된 안전 여유도(safety margin)을 유지하면서 만족스럽게 동작할 수 있는 능력이다. 내성(또는 감응성) 수준이 어느 정도인지 판단하는 데 있어서 어려운 점은 성능저하를 어떻게 정의할 것인가라는 문제이다.

잡음 방출은 어떤 장비가 다른 장비에 장해를 일으킬 수 있는 가능성과 관련이 있다. 어떤 장비의 잡음 방출을 규제하는 목적은 방출되는 전자파 에너지를 제한하여 다른 장비가 동작하는 전자파 환경을 통제하는 데 있다. 한 장비로부터의 잡음방출을 억제함으로써 다른 많은 장비의 간섭문제를 해결할 수 있다. 따라서 전자기적으로 적합한 환경을 만들기 위해서 잡음방출을 통제하는 것이 바람직하다.

잡음 감응성에는 어느 정도 자율규제의 측면이 있다. 어떤 제품이 전자파 환경에 취약하여 잡음에 쉽게 영향을 받으면 사용자는 이러한 사실을 알게 될 것이고 그 제품을 더 이상 구입하지 않

을 것이다. 그렇지만 잡음방출에는 자율규제의 측면이 없다. 잡음방출의 원천이 되는 제품은 자신이 방출한 잡음에 의해 자신이 영향을 받지 않지 않는다. 전자제품을 설계할 때 EMC를 반드시 고려하도록 하기 위해서 여러 정부기관과 규제기관에서는 제품이 시장에 나오기 전에 반드시 EMC 규정을 만족할 것을 요구하고 있다. 이들 규정에서는 허용 잡음 방출량을 규정하며 경우에 따라서는 필요한 잡음 내성도 규정한다.

전자파 적합성의 공학적 접근방식에는 두 가지가 있다. 하나는 **위기 접근방식**(*crisis approach*)이고 다른 하나는 **시스템적 접근방식**(*system approach*)이다. 위기 접근방식의 경우, 제품의 기능설계가 끝나고 시험결과 또는 현장경험으로부터 제품에 문제가 있다는 것이 밝혀질 때까지, 설계자는 EMC를 전혀 고려하지 않고 설계를 진행한다. 이처럼 마지막 단계에서 문제를 해결하는 경우, 일반적으로 더 많은 비용이 소요되며, 이전에는 불필요 했던 부품을 "추가해야" 한다. 이 방식을 "응급조치(임시처방, band aid)"이라고 하기도 한다.

장비의 설계단계에서 생산을 위한 시험단계로 개발이 진행됨에 따라, 설계자가 사용할 수 있는 잡음저감(mitigation) 기술의 종류는 점점 감소하고, 잡음을 줄이는 데 드는 비용은 반대로 증가한다. 이러한 동향이 <그림 1-1>에 나타나 있다. 그러므로 전자파 간섭문제의 해결책을 초기에 적용하는 것이 가장 좋으며 소요되는 비용도 최소가 된다.

시스템적 접근방식에서는 설계를 시작해서 끝날 때까지 전 과정에 걸쳐 EMC를 고려한다. 설계자는 설계 초기단계에서 EMC 문제를 예상하고, 기초설계 단계 또는 시제품(prototype) 단계에서 남아있는 문제를 찾아내고, 최종 시제품에 대해서 EMC 시험을 가능한 한 철저히 수행한다. 이 방식에서는 EMC가 제품의 전기설계와 기계설계, 경우에 따라서는 소프트웨어/펌웨어 설계에서 빠져서는 안 되는 필수적인 부분이 된다. 결과적으로 EMC는 제품 설계의 일부로서 제품

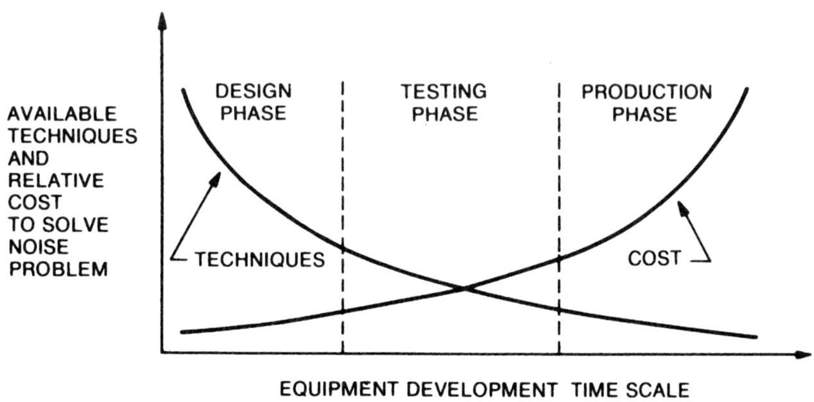

그림 1-1 장비의 개발이 진행됨에 따라 이용할 수 있는 잡음 저감기술의 수는 감소하는 반면에 잡음 감소에 드는 비용은 증가한다.

속에 들어가는 것이지 제품에 추가로 덧붙여지는 것이 아니다. 이 접근방식이 가장 바람직하며 비용 면에서도 훨씬 효과적이다.

장비 설계 시 각 단계에서 또는 각 하위 시스템(subsystem) 별로 EMC와 잡음억제 문제를 해결한다면, 여기에 필요한 간섭 저감기술은 보통 쉽고 간단하다. 지금까지의 경험에 의하면, EMC 문제를 이렇게 처리할 경우, 장비의 초기시험 전에 잠재적인 문제의 90% 이상을 해결할 수 있다.

EMC를 전혀 고려하지 않고 설계된 시스템의 경우, 시험을 실시하면 거의 언제나 문제가 발생한다. 이때, 수많은 잡음경로 중에서 어느 것이 문제를 일으켰는지 분석하는 것은 간단하지 않으며 또한 분명하지도 않다. 이렇게 설계 막바지에 문제를 해결하려면, 일반적으로 회로에 원래는 필요하지 않았던 부품을 추가해야 한다. EMC를 고려하지 않은 대가로 설계비용과 시험비용의 증가는 물론, 잡음 저감용 부품비용과 이를 설치하기 위한 비용을 추가로 지불해야 한다. 이밖에 시스템의 크기와 무게의 증가, 그리고 전력소모의 증가도 추가로 치러야 할 대가이다.

1.4 설계 문서화와 EMC(ENGINEERING DOCUMENTATION AND EMC)

앞으로 차차 알게 되겠지만, 회로도와 같이 표준적으로 사용되는 공학문서로는 전자파 적합성과 관련된 많은 정보를 제대로 전달할 수 없다. 예를 들어, 회로도에 사용하는 접지기호로 실제 접지를 어느 곳에 어떤 식으로 연결해야 하는지 적절하게 설명할 수 없다. 많은 EMC 문제는 회로도에 표시되어 있지 않은 기생성분과 관련이 있다. 게다가 회로도 상에 표시된 부품들은 거의 이상적인 특성을 가지는 것으로 가정한다.

그러므로 표준 설계문서만으로 정보를 전달하는 것은 충분하지 않다. EMC 설계를 제대로 하려면 설계팀 전체, 즉 시스템 기술자, 전기 기술자, 기계 기술자, EMC 기술자, 소프트웨어/펌웨어 설계자, PCB 설계자 사이의 협력과 논의가 필요하다.

컴퓨터를 이용한 설계도구(CAD tools)는 보통 EMC를 별로 고려하지 않는다. 그러므로 CAD 시스템의 자동설계를 중단시키고 수동으로 EMC를 고려하여 설계해야 한다. 제품 설계자와 PCB 설계자가 서로 다른 설계목표를 가지고 있는 경우가 흔히 있다. 제품 설계자의 목표는 제대로 동작하면서 EMC 요구조건을 충족시키는 제품을 설계하고 이를 실현하는 것이다. PCB 설계자의 목표는 EMC 측면을 별로 고려하지 않고, 모든 방법을 사용하여 기판에 필요한 부품을 설치하고 인쇄선로(트레이스, trace)를 배선하는 것이다.

1.5 미국의 EMC 규정(UNITED STATES' EMC REGULATIONS)

상업용 및 군용으로 제정된 중요한 EMC 규정(regulations)과 규격(specifications)을 몇 가지 검토 해보면서, 전자파 간섭문제를 더욱 잘 이해하고, 아울러 제품 설계자, 제조회사, 제품 사용자의 의무를 파악해보기로 하자.

EMC 규정에 대해 명심해야 할 가장 중요한 사실은 이들 규정은 "살아 움직이는 문서"로 끊임없이 내용이 바뀌고 있다는 것이다. 따라서 어떤 규격이나 규정이 제정된 지 1년이 지났으면 이들을 더 이상 적용할 수 없을 수도 있다. 새로운 설계 프로젝트를 수행하는 경우에는 항상 해당 제품에 적용되는 가장 최근의 규정을 가지고 있어야 한다. 이 규정은 제품 설계를 진행하는 도중에 바뀔 수도 있다.

1.5.1 FCC 규정(FCC Regulations)

미국에서는 연방통신위원회(FCC; Federal Communications Commission)가 무선통신과 유선통신의 사용을 관장하고 있다. 전자파 간섭의 관리는 FCC가 맡고 있는 업무 가운데 일부이다. FCC 규칙과 규정(FCC Rules and Regulations)[1]의 3개 Part에는 허가없이 사용할 수 있는(non-licensed) 전자기기에 적용되는 요건(requirements)이 수록되어 있다. 즉 Part 15에는 무선 기기(radio frequency device), Part 18에는 산업 · 과학 · 의료용 기기(ISM equipment), Part 68에는 전화망에 연결되는 단말기기를 대상으로 하는 요건들이 담겨 있다.

FCC 규칙과 규정의 Part 15는 무선기기에 대한 기술기준[2]과 운용요건을 다루고 있다. 무선기기란 운용 중에 방사, 전도, 또는 그 밖의 다른 방법으로 무선(*radio-frequency*) 에너지를 방출할 수 있는 기기를 말한다(*§ 2.801*). 여기서, 무선 에너지는 의도적 또는 비의도적으로 방출될 수 있다. FCC에서는 무선 에너지를 9 kHz∼3000 GHz 주파수의 전자기(electromagnetic) 에너지로 정의한다(§ 15.3(u)). Part 15 규정의 목적은 다음의 두 가지이다. (1) 무선국(전파 송수신소) 허가없이 저전력 송신기를 사용할 수 있게 하는 것과 (2) 기기가 운용 중에 방출하는 무선 에너지나 잡음에 의해 일어날 수도 있는 허가된 무선통신 서비스에 대한 간섭을 규제하는 것이다. 디지털 전자기기는 두 번째에 속한다.

Part 15는 다음과 같은 6개 부분으로 구성되어 있다. Subpart A—총칙, Subpart B—비의도적 방사기, Subpart C—의도적 방사기, Subpart D—비허가 개인 통신기기, Subpart E—비허가 국가 정보 인프라기기, Subpart F—초광대역 기기의 운용. Subpart B에는 의도적 방사기가 아닌 전자기기를 대상으로 하는 EMC 규정이 담겨 있다.

FCC 규칙과 규정의 Part 18은 산업 · 과학 · 의료(ISM) 장비에 대한 기술기준과 운용요건을 다루고 있다. ISM 장비는 산업용, 과학용, 의료용이나 그 밖의 다른 용도로(무선 에너지 전송 포함) 전파(radio wave)를 사용하는 기기로 정의되는데, 무선통신에 사용되거나 무선통신을 위해

---

1) 미국연방규정, 제 47조, 통신기술(telecommunications).

2) (옮긴이) standard는 우리말로 '기준', '표준', 이렇게 두 가지로 옮길 수 있다. 사전에는 '기준 (基準): 기본이 되는 표준', '표준 (標準): 사물의 정도나 성격 따위를 알기 위한 근거나 기준' 으로 나온다. 이 책에서는 주로 '기준' 을 선택하여 사용하였다.

만들어진 기기는 제외된다. ISM 기기에 속하는 것으로 의료용 투열기(diathermy), 산업용 난방기기, 무선 용접기, 무선 조명장치, 전파를 사용하여 물체의 물리적 변화를 일으키는 기기, 그 밖의 통신을 목적으로 하지 않는 기기 등이 있다.

FCC 규칙과 규정의 Part 68은 전화망에 연결하여 사용하는 단말기기(사설교환기 시스템 포함)와 이들의 배선에 의해 피해가 발생하는 것을 막기 위한 기준을 다루고 있다. 또한 보청기를 한 사람이 전화망에 접속하여 문제없이 이용할 수 있게 하기 위해, 보청기와 전화망 사이의 적합성을 확립하기 위한 기준도 다루고 있다. 전화망에 발생할 수 있는 피해로는 전화회사 근로자의 전기사고(감전사고), 전화회사 장비의 손상, 전화회사 과금(billing) 장비의 고장, 단말기기 사용자(발신자와 수신자) 외 다른 사람들에 대한 서비스 저하 등이 있다.

2002년 12월, FCC는 보청기 적합성에 대한 요건을 제외한 나머지 대부분의 Part 68 규정을 민영화하는 보고서(FCC Report and Order, Docket 99-216)를 발표하였다. FCC 규칙의 Section 68.602는 미국통신사업자연합회(TIA; Telecommunication Industry Association)가 단말기기위원회(ACTA; Administrative Council for Terminal Attachments)를 설립하는 것을 승인하였는데, ACTA는 미국의 공공 전화망에 연결되는 단말장치에 대한 기술기준을 정의하고 이를 공표하는 업무를 담당한다. 현재 TIA-968에서 이에 대한 요건을 정의하고 있다. 그렇지만 기술기준을 준수해야 하는 단말장치에 대한 법적 요건은 FCC 규칙의 Part 68에 남아 있다. Part 68 규정에서는 공공전화 교환망에 직접 연결되는 단말기기가 Part 68의 허용기준과 ACTA의 허용기준을 모두 충족하도록 요구하고 있다.

통신 단말기기 제조회사에서 선택할 수 있는 인증과정으로 다음 두 가지가 있다. (1) 제조회사가 적합성 신고서(Declaration of Conformity)를 작성하여(§ 68.320) 이를 ACTA에 제출한다. (2) 제조회사가 FCC에서 지정한 통신장비인증기관(TCB; Telecommunication Certifying Body)에서 장비에 대한 인증을 받는다(§ 68.160). TCB는 미국국립표준기술연구소(NIST; National Institute of Standards and Technology)에 의해 반드시 인가(accreditation)을 받아야 한다.

1.5.2 FCC Part 15, Subpart B 규정(FCC Part 15, Subpart B)

FCC 규정 중에서 적용범위가 가장 넓은 것이 Part 15의 Subpart B이다. Part 15의 Subpart B는 거의 모든 디지털 전자기기에 적용된다. 1979년 9월에 FCC는 디지털 전자기기(그 당시 명칭은 "전산기기")의 전자파 간섭 가능성을 관리하기 위한 규정을 채택했다. 이 규정은 "전산 장비용 기술기준"(문건번호 20780)"으로 방사제한 기기에 관한 FCC 규칙의 개정된 Part 15이다. 현재 이 규정은 미국연방규정(CFR; Code of Federal Regulations) 47조의 Part 15, Subpart B에 수록되어 있다. 이 규정에 교류 전력선에 대한 최대 방사성 방출 허용기준과 최대 전도성 방출 허용기준이 명시되어 있다. 이들 규정이 마련된 것은 디지털 전자기기로 인해 전파수신과 TV 수신에 간섭문제가 발생하여 FCC에 많은 민원이 제기되었기 때문이다. 이 규정에서 FCC는 다음과 같이 서술하였다.

컴퓨터가 경찰, 항공, 방송 서비스를 비롯한 거의 모든 무선통신 서비스, 그 중에서도 특히 200 MHz[3] 이하의 무선통신 서비스에 간섭을 일으키는 것으로 보고되고 있다. 이것의 원인이 되는 몇 가지 요인은 다음과 같다. (1) 디지털 기기가 우리 사회의 곳곳에 널리 퍼져 이제는 가정용으로 판매되고 있다; (2) 기술발전으로 컴퓨터의 속도가 증가하여 컴퓨터 설계자가 전파(무선) 및 전자기 간섭문제를 다루고 있다. 15년 전에는 이 문제에 신경을 쓸 필요가 없었다; (3) 오늘날의 대량생산 경제에서는, 방사성 잡음 방출을 차폐하거나 줄이는 효과가 있는 금속(강철) 케이스가 차폐효과가 거의 없거나 아예 없는 플라스틱 케이스로 대체되고 있다.

이와 관련하여 FCC는 디지털 기기(이전 명칭은 전산기기)를 다음과 같이 정의하였다.

초당 9,000개 펄스(사이클) 이상의 속도로 타이밍 신호나 펄스를 발생시키고 사용하며 디지털 기술을 사용하는 비의도적 방사기(기기 또는 시스템); 여기에는 디지털 기술을 사용하는 전화장비, 또는 전자계산, 연산, 변환, 기록, 정리, 분류, 저장, 검색, 전송과 같은 데이터 처리기능을 수행할 목적으로 무선 에너지를 발생시키고 사용하는 기기나 시스템이 포함된다(§ 15.3(k)).

컴퓨터에 연결하여 사용하는 컴퓨터 단말기기나 주변기기도 디지털 기기로 간주된다.

이 정의는 가능한 한 많은 제품을 포함할 수 있도록 의도적으로 폭넓게 만들어졌다. 따라서 어떤 제품이 디지털 회로들을 사용하고 9 kHz 이상의 클록을 가지고 있는 경우, FCC 정의에 따르면 그 제품은 디지털 기기이다. 오늘날 존재하는 대부분의 디지털 전자기기들은 이 정의에 포함된다.

이 정의에 포함되는 디지털 기기는 다음과 같이 두 부류로 나뉜다.

A급(Class A): 상업, 산업, 사무 환경에서 사용할 목적으로 판매되는 디지털 기기(§ 15.3(h))
B급(Class B): 상업, 공업, 사무 환경에서 사용하는 기기로 주거 환경에서 사용할 목적으로 판매되는 디지털 기기(§ 15.3(i))

B급 디지털 기기는 라디오, TV 수신기와 아주 가까운 곳에 놓여 있게 될 가능성이 더욱 높기 때문에 방출 허용 제한값이 A급 기기보다 10 dB 더 낮다(즉 더 제한적이다).

규정에 포함되어 있는 기술기준을 충족하는 것은 제조자나 수입자의 의무이다. 제품이 EMC 규정을 만족하는 것을 보증하기 위해, FCC는 제품이 미국 내에서 판매(marketing)되기 전에 제조업자가 제품의 EMC 인증시험을 하도록 요구하고 있다. FCC에서 정의하는 판매란 운송, 판매

3) 당시가 1979년이었다는 사실을 기억하라.

(selling), 임대, 판매를 위해 내놓는 행위(offer), 해외로부터의 수입 등을 말한다(§ 15.803(a)). 어떤 제품이 규정을 충족할 때까지 법적으로 그 제품을 광고하거나 전시회(무역박람회)에 전시할 수 없는데, 그 이유는 이런 활동이 제품을 판매하려로 내놓는 행위로 간주될 수 있기 때문이다. 인증을 받기 전에 합법적으로 광고나 전시를 하려면 광고 문안이나 전시 문안에 다음과 같은 문구가 반드시 포함되어야 한다.

> 이 기기는 FCC의 규정에서 요구하는 인증을 아직 받지 않았습니다. 이 기기는 인증을 획득하기 전에는 판매 또는 임대를 위해 내놓거나, 임대하거나, 판매할 수 없습니다 (§ 2.803(c)).

개인용 컴퓨터와 그 주변기기(B급 기기의 하위범주 기기)에 대해서는 제조회사에서 적합성 신고(Declaration of Conformity) 방식으로 규정 준수를 입증할 수 있다. 적합성 신고 방식이란 제조업자들이 자신의 장비가 해당 기술기준을 준수하는 것을 보증하기 위해 전자파 적합성 측정을 하거나 다른 조치를 취하는 절차이다(§ 2.1071부터 2.1077까지). 특별한 요청이 없는 한, 샘플 기기 또는 대표적인 시험 데이터를 FCC에 제출할 필요는 없다.

다른 모든 제품(개인용 컴퓨터와 그 주변기기를 제외한 A급과 B급 기기)에 대해서는 제조회사가 판매 전에 제품을 시험하여 규정준수 여부를 검증해야 된다. 검증(*verification*)은 일종의 자체 인증절차로 FCC에서 특별히 요청하지 않는 한 FCC에 아무 것도 제출할 필요가 없다는 점은 적합성 신고와 유사하다(§ 2.951에서 2.956까지). 인증은 FCC가 제품 중 시험샘플을 무작위로 선택하는 방법으로 시행된다. 인증시험에 소요되는 시간(제품 수정에 소요되는 시간, 그리고 시험에 실패한 경우 재시험에 소요되는 시간 포함)을 제품의 개발일정 계획에 반드시 포함시켜야 한다. EMC 사전 적합성 측정(18장 참조)을 실시하면 이 시간을 상당히 단축시키는 데 도움이 될 수 있다.

시험에는 양산제품을 대표하는 샘플(sample)을 사용해야 한다. 샘플이란 보통 초기 생산모델이나 생산전 모델을 뜻한다. 따라서 최종 인증시험은 제품개발 일정에서 최종적으로 수행하는 작업 중의 하나이다. 그러므로 예상치 못한 사태에 대비할 시간이 없다. 제품이 인증시험에 실패하면 이 시점에서 제품을 변경하는 것은 어렵고 시간이 많이 걸리고 비용이 많이 든다. 따라서 제품의 인증시험 통과에 대한 확신을 갖고 최종시험에 임하는 것이 바람직하다. 다음과 같은 작업을 수행하였다면 이러한 확신을 가질 수 있다. (1) 제품 설계의 모든 과정에서 올바른 EMC 설계원칙(이 책에서 설명한 내용)을 사용한다. (2) 초기 모델이나 제품의 하위 구성품에 대해 18장에서 설명한 사전 EMC 적합성 시험을 수행한다.

허용 한계치(limit)와 측정절차는 서로 연관되어 있다는 사실을 주목하라. 허용 한계치는 특정 시험절차에 근거하여 나온 것이다. 그러므로 규정에 적혀있는 절차를 따라 인증을 위한 측정을 실시해야 한다(§ 15.31). FCC 규정에 따르면 디지털 기기의 경우에 Part 15를 만족하는 것을 알아보기 위한 시험은 ANSI C63.4-1992 측정기준(제목: Methods of Measurement of Radio-

Noise Emissions from Low-Voltage Electrical and Electronic Equipment in the Range of 9 kHz to 40 kHz)에 수록된 절차를 따라 수행해야 한다. 단, ANSI C63.4-1992 측정기준에서 Section 5.7, Section 9, Section 14는 제외한다(§ 15.31(a)(6)).[4)]

시험은 반드시 시스템에 모든 케이블을 연결하고, 최대 방출이 쉽게 일어나기에 적합한 방식으로 환경을 구성한 상태로, 모든 것이 갖춰진 완전한 시스템에 대해 수행해야 한다(§ 15.31(i)). 개인용 컴퓨터에 사용되는 것으로 별도로 판매되는 중앙처리장치 기판과 전원공급기의 경우에는 특별한 인증절차가 규정되어 있다(§ 15.32).

1.5.3 방출 규정(Emissions)

FCC의 Part 15 EMC 규정은 0.150~30 MHz 대역에서는 AC 전원선에서 발생하는 전도성 방출을 최대 허용치 이하로 제한하며 30 MHz~40 GHz 대역에서는 방사성 방출이 최대 허용치 이하가 되도록 제한한다.

1.5.3.1 방사성 방출(radiated emissions). 방사성 방출에 대한 측정절차에서는 야외 시험장(OATS; open area test site) 또는 이와 동등한 곳에서 측정을 수행할 것을 명시하고 있다. 이때 시험장은 접지판 위에 측정 주파수에 맞게 조정된(tuned) 다이폴 안테나 또는 이와 상관관계가 있는 다른 선형편파 안테나를 갖추고 있어야 한다. 이러한 시험장의 구성을 <그림 1-2>에 나타내었다. ANSI C63.4 규정은 명시된 시험장 감쇠량(site attenuation)을 충족하는 경우에는 흡수체가 부착된 차폐실 등과 같이 야외 시험장이 아닌 시험장도 허용하고 있다. 그러나 흡수체가 부착되지 않은 차폐실(shielded enclosure)은 방사성 방출 측정에 사용할 수 없다.

30~1000 MHz 대역의 수신 안테나로는 조정된(tuned) 다이폴 안테나를 사용할 것을 명시하고 있다. 다른 선형편파 광대역 안테나도 사용할 수는 있다. 그렇지만 논란이 있는 경우에는 다이폴 안테나로 측정한 데이터가 다른 것에 우선한다. 1000 MHz 이상에서는 선형편파 혼(horn) 안테나를 사용한다.

<표 1-1>에 10 m 거리에서 측정할 때의 FCC A급 기기에 대한 방사성 방출 허용 한계치를 수록하였다(§ 15.109). <표 1-2>는 3 m 거리에서 측정할 때의 B급 기기에 대한 허용 한계치이다.

A급 기기 허용 한계치와 B급 기기 허용 한계치를 비교할 때는 측정거리가 서로 같아야 한다. 따라서 측정거리가 3 m인 경우의 B급 기기 허용 한계치로부터, 측정거리가 10 m인 경우의 B급 기기 허용 한계치를 추정하면(1/*d* 추정식 사용), <표 1-3>과 같이 A급과 B급 기기 허용 한계치

---

4) Section 5.7은 시험시에 휴대용 기기를 고정하기 위해 사람의 손과 전기적특성이 동일한 인공손을 사용하는 경우에 적용된다. Section 9는 제한된 특정 주파수 범위 및 특정 유형의 장비에 대해 방사성 방출 측정을 하는 대신, 흡수 클램프를 사용하여 무선 잡음전압을 측정하는 경우에 적용된다. Section 14는 지속시간이 짧은 (≤ 200 ms) 과도잡음에 대해 방사성 방출 허용 한계치와 전도성 방출 허용 한계치를 완화하는 경우에 적용한다.

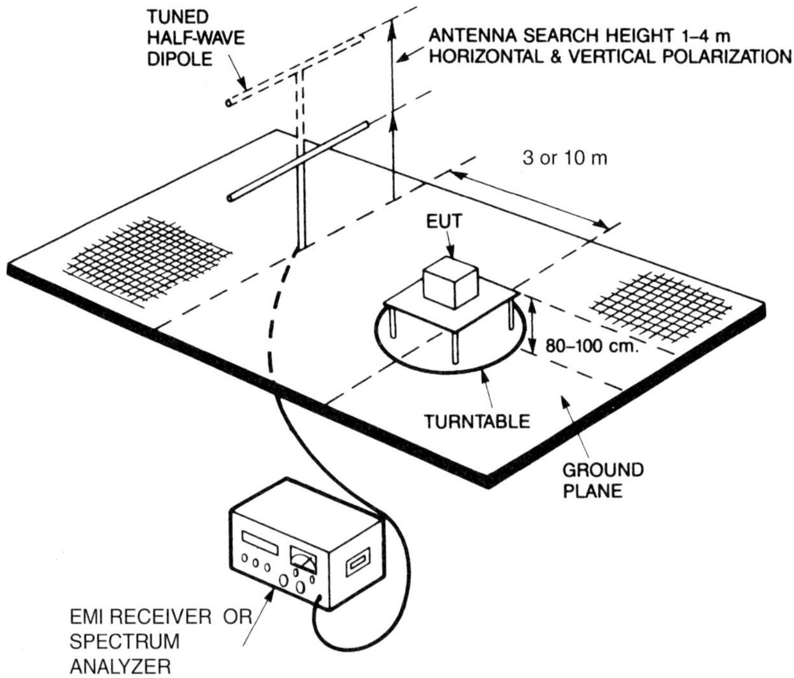

그림 1-2 FCC 방사성 방출 시험용 야외 시험장 (OATS). 피시험 기기 (EUT)는 턴테이블 위에 놓인다.

표 1-1 FCC A급 기기로부터의 방사성 방출 허용 한계치 (측정거리 10 m)

주파수(MHz)	전계강도(μV/m)	전계강도(dB μV/m)
30~88	90	39.0
88~216	150	43.5
216~960	210	46.5
>960	300	49.5

표 1-2 FCC B급 기기로부터의 방사성 방출 허용 한계치 (측정거리 3 m)

주파수 (MHz)	전계강도 (μV/m)	전계강도 (dB μV/m)
30~88	100	40.0
88~216	150	43.5
216~960	200	46.0
>960	500	54.0

표 1-3 FCC A급 및 B급 기기로부터의 방사성 방출 허용 한계치 비교 (측정거리 10 m)

주파수 (MHz)	A급 한계치 (dB μV/m)	B급 한계치 (dB μV/m)
30~88	39.0	29.5
88~216	43.5	33.0
216~960	46.5	35.5
>960	49.5	43.5

를 서로 비교할 수 있다. 표를 보면 960 MHz 이하에서는 B급 기기 허용 한계치가 A급 기기의 경우보다 약 10 dB 정도 낮으며 960 MHz 이상에서는 5 dB 정도 낮으므로 B급 기기에 대한 규제가 더욱 엄격하다는 것을 알 수 있다. <그림 1-5>는 30~1000 MHz의 주파수 대역에서 FCC의 A급 기기와 B급 기기의 방사성 방출 허용 한계치(측정거리 10 m)를 그래프로 나타낸 것이다.

방사성 방출 시험을 반드시 수행해야 하는 주파수 대역은 30 MHz에서 <표 1-4>에 수록된 주파수까지이다. 표에서 보듯이 시험 주파수 대역의 최댓값은 피시험기기(EUT)가 발생시키거나 사용하는 최대 주파수에 따라 달라진다.

1.5.3.2 전도성 방출(conducted emissions) 전도성 방출 규정은 150 kHz~30 MHz의 주파수 대역에서 AC 전력선으로 전도되어 나가는 전압을 최대 허용치 이하로 제한한다. 전도성 방출의 허용 한계치가 존재하는 까닭은 다음과 같다. 고주파(radio-frequency) 에너지는 AC 전원선으로 전도되어 전달되고 이렇게 AC 전원으로 전달된 에너지가 방사되는데, 이것이 바로 30 MHz 이하의 주파수 대역에서 무선통신에 간섭을 일으키는 주요 원인이기 때문이다. 따라서 전도성 방출 허용 한계치 속에는 사실 방사성 방출 허용 한계치가 숨겨져 있다고 말할 수 있다.

현재에는 FCC 전도성 방출 허용 한계치(§ 15.107)가 유럽연합의 국제전파장해특별위원회(CISPR; International Special Committee on Radio Interference)의 허용 한계치와 같다. 이렇게 된 것은 FCC에서 2002년 7월에 FCC의 전도성 방출 규정을 개정하여 국제적인 CISPR 요구조건과 일치하도록 만들었기 때문이다.

<표 1-5>와 <표 1-6>은 각각 A급과 B급 기기 전도성 방출 허용 한계치를 나타내고 있다. 이 허용 한계 전압은 측정절차에 명시된 대로 50-Ω/50-μH LISN(line impedance stabilization network, 전원선 임피던스 안정화 회로망)을 사용하여 측정한 AC 전원선 상의 공통모드 전압(hot-

표 1-4 방사성 방출 측정 주파수 대역의 상한 주파수

EUT가 방사하거나 사용하는 최대 주파수 (MHz)	최대 측정 주파수 (GHz)
<108	1
108~500	2
500~1000	5
>1000	5차 고조파 주파수와 40 GHz 중 낮은 주파수

표 1-5 FCC/CISPR A급 기기 전도성 방출 허용 한계치

주파수 (MHz)	준첨두치 (dB μV)	평균치 (dB μV)
0.15~0.5	79	66
0.5~30	73	60

표 1-6 FCC/CISPR B급 기기 전도성 방출 허용 한계치

주파수 (MHz)	준첨두치 (dB μV)	평균치 (dB μV)
0.15~0.5	66~56[a]	56~46[a]
0.5~5	56	46
5~30	60	50

[a] 허용한계치는 주파수의 로그값에 비례하여 선형적으로 감소한다.

to ground 전압, neutral-to-ground 전압)이다.[5] <그림 1-3>은 전형적인 FCC 전도성 방출시험의 구성을 보여주고 있다.

<표 1-5>와 <표 1-6>을 비교하면 B급 기기 전도성 방출 허용 한계치(준첨두치; quasi-peak)는 A급 기기 허용 한계치보다 13~23 dB 정도 낮으므로 A급 기기보다 B급 기기의 규제가 더욱 엄격함을 알 수 있다. 아울러 알아두어야 할 것은 준첨두치와 평균치(average)를 모두 측정해야 한다는 점이다. 첨두치(peak) 측정은 클록과 같은 협대역 신호원에서 나오는 잡음을 측정하는 반면에 평균치 측정은 광대역 잡음원에서 발생하는 잡음을 측정한다. B급 기기 전도성 방출 허용 한계치(평균치)는 A급 기기 허용 한계치보다 10~20 dB 정도 낮으므로 A급 기기보다 더욱 엄격하다

<그림 1-4>는 FCC/CISPR 전도성 방출 허용 한계치(평균치, 준첨두치) 그래프이다.

1.5.4 행정 절차(Administrative Procedures)

FCC 규정에는 제품이 충족해야 할 기술기준(허용 한계치)뿐만 아니라 따라야 할 행정절차와 인증 여부를 결정하는 데 사용되는 측정방법도 명시되어 있다. 대부분의 행정절차는 FCC 규정의 Part 2에 있는 Subpart I의 '무선기기의 마케팅', Subpart J의 '기기 인증절차', Subpart K의 '유해한 장해를 일으킬 수 있는 기기의 수입'에 수록되어 있다.

제품은 규정에 포함되어 있는 기술기준의 준수를 확인하는 시험을 받아야 하고, 제품이 기준을 준수한다는 것을 표시해야 하며, 제품의 전자파 간섭 가능성에 대한 정보를 사용자에게 제공해야 한다(§ 15.105).

규정 속에는 앞에서 언급한 기술기준 이외에도 무간섭 요건(noninterference requirement)이

5) LISN 회로는 <그림 13-2>에 나타나 있다.

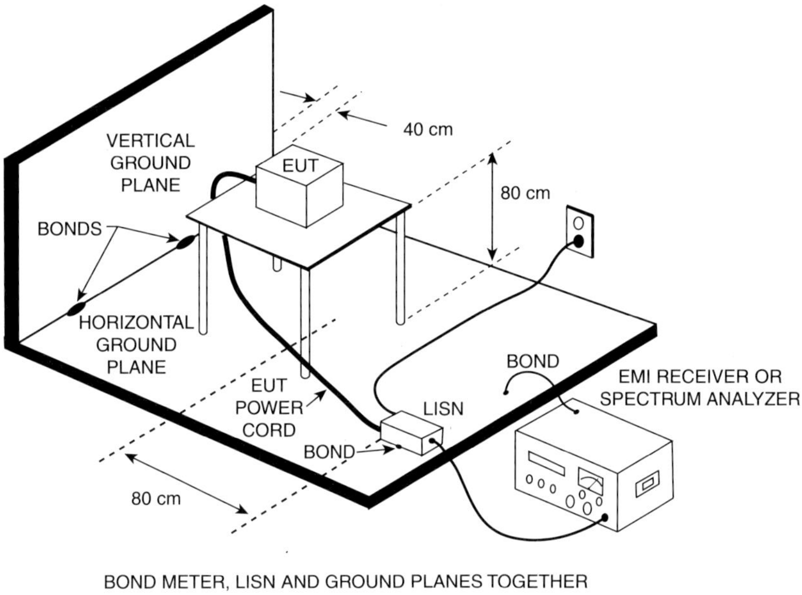

그림 1-3 FCC 전도성 방출 측정을 위한 시험 구성

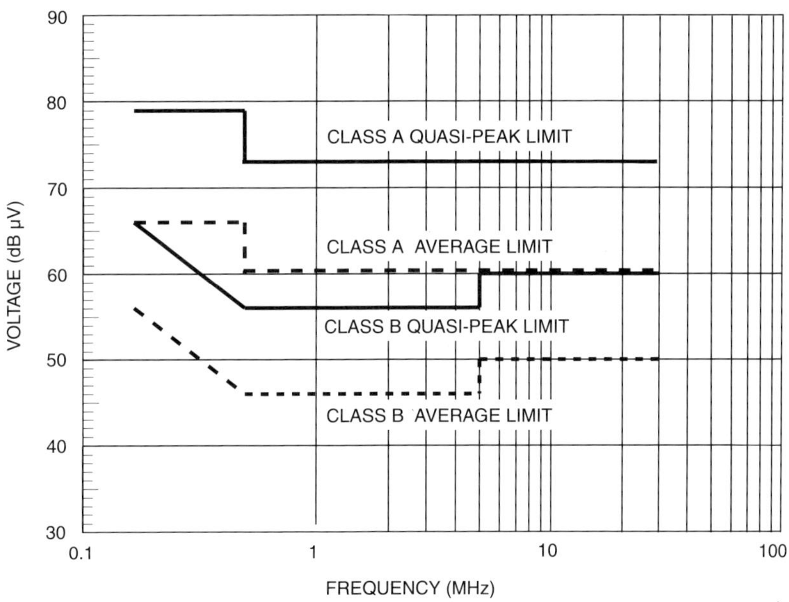

그림 1-4 FCC/CISPR 전도성 방출 허용 한계치

포함되어 있다. 이 요건에는 제품이 유해한 간섭을 일으키면 그 제품의 사용자에게 제품의 운용 중지를 요구할 수 있다고 명시되어 있다(§ 15.5). 책임 측면에서 기술기준과 무간섭 요건 사이에는 차이가 있다는 사실에 주의하기 바란다. 기술기준(허용 한계치)은 제품의 제조자나 수입업자의 책임인 반면에, 무간섭 요건을 충족시키는 것은 제품 사용자의 책임이다.

제품의 규정준수를 알아보는 초기시험 이외에도, 규정에는 제조된 제품의 지속적인 규정준수에 대한 책임이 제조자나 수입업자에게 있다고 명시되어 있다(§ 2.953, 2.955, 2.1073, 2.1075).

규정을 준수하는 제품을 변경할 경우, 제조자는 제품 변경이 원래의 규정준수에 어떤 영향을 미쳤는지 밝혀야 할 책임이 있다. FCC는 다음과 같은 공고문을 통해 제조자에게 주의할 내용을 전하였다(1982년 4월 7일, Public Notice 3281).

> 제품의 변경이 겉으로는 별로 중요하지 않은 것처럼 보여도 실제로는 매우 중요하다. 따라서 회로 기판 레이아웃의 변경, 또는 도선 하나의 추가, 제거, 배선의 변화, 또는 로직 하나의 변화조차도 기기의 잡음 방출특성을 거의 확실히 변화시킬 수 있다. 이러한 잡음방출 특성변화가 제품이 규정을 준수하지 못하게 만들 만큼 큰지 알아보기 위해서는 재시험을 하는 것이 가장 좋다.

이 책을 작성할 당시(2008년 9월)에, FCC는 규정에서 디지털 기기의 subclass 중 8개(§ 15.103)에 대해 기술기준을 충족해야 한다는 의무요건을 면제하였다. 이 8개의 subclass는 다음과 같다.

1. 자동차, 비행기, 선박과 같은 운송수단에서만 전용으로 사용되는 디지털 기기
2. 공장, 플랜트, 공공시설에서 사용되는 산업용 제어시스템
3. 산업용, 상업용, 또는 의료용 시험장비
4. 전자레인지, 식기세척기, 의류건조기, 에어컨 등과 같은 가전제품에서만 전용으로 사용되는 디지털 기기
5. 면허를 소지한 의료인의 지시나 감독 하에 환자의 가정이나 보건의료 시설에서 사용되는 전문 의료기기. 단, 일반 대중용으로 소매를 통해 판매되는 의료기기는 면제되지 않음에 주의하라.
6. 소비전력이 6 nW 이하인 기기(예: 디지털 시계)
7. 디지털 회로가 들어있지 않은 조이스틱 제어기 또는 이와 유사한 기기(예: 마우스). 단, 기기 속에 간단한 A/D 변환기 IC가 들어가는 것은 허용된다.
8. 최고 주파수가 1.705 MHz 미만이며 AC 전원으로 동작하지 않는 기기. 또는 AC 전원에 연결되어 있더라도 별개의 동작전원이 있는 기기.

그렇지만 위에 언급한 각각의 면제기기는 여전히 규정에 명시된 무간섭 요건의 적용대상이다. 이들 기기 중 어떤 기기라도 사용 중에 실제로 유해한 간섭을 일으키면, 사용자는 기기의 운

용을 중지시켜야 하거나 어떻게 해서든 간섭문제를 해결해야 한다. 또한 강제사항은 아니지만, 면제기기의 제조자는 그 기기가 Part 15 규정의 해당 기술기준을 충족하도록 노력해야 한다고 FCC는 강력히 권고하고 있다.

FCC 규정에는 디지털 전자장치를 비롯한 여러 종류의 전자제품에 대한 조항이 있으므로, 설계 및 개발 기관은 그들이 생산하는 제품의 종류에 적용되는 현 FCC 규정 전체를 확보하고 있어야 한다. 제품을 설계하는 동안에 이들 규정을 참조하여 준수여부를 입증할 때 생길 수 있는 난처한 일을 피해야 한다.

전체 FCC 규정은 미국연방규정집(CFR)의 47조 Telecommunications의 Part 0부터 Part 300에 수록되어 있다. 이 규정집은 5권으로 되어 있으며, 미국 인쇄국의 문서 관리관으로부터 입수할 수 있다. FCC 규정은 CFR의 Part 0~Part 19가 수록되어 있는 제 1권에 들어있다. 신판은 해마다 봄에 발간되며 그 전년도 10월 1일자로 제정된 규정이 수록된다. FCC 웹사이트인 www.fcc.gov를 통해 온라인으로 입수할 수도 있다.

FCC 규정이 변경되면 공식적인 규정이 되기 전까지는 잠정기간(과도기간)이 있다. 연방정부 공보(Federal Register)에 규정이 공표된 다음 x일 후에 효력이 발생한다고 잠정기간을 명시한다.

1.5.5 감응성 규정(Susceptibility)

1982년 8월 미국의회는 1934년에 제정된 통신법(Communication Act of 1934)을 개정하여 가정용 전자제품과 시스템의 감응성을 규제하는 권한을 FCC에게 부여하였다. 가정용 전자제품의 예로 라디오, TV, 가정용 도난 경보기와 방범 시스템, 차고 출입문 개폐장치, 전자 오르간, 스테레오/하이파이 시스템 등을 들 수 있다. 이 법률은 주로 가정용 오락 기기나 시스템을 대상으로 하여 제정된 것이다. 그렇다고 해서 이 법률이 집 밖에서 사용되는 기기를 대상으로 하는 감응성 기준을 FCC가 제정하지 못하도록 막기 위한 것은 아니다. 그렇지만 현재까지 FCC는 가정 밖에서 사용되는 제품에 대한 감응성과 관련된 규정을 제정하지 않고 있다. 1978년에 FCC는 '전자장비에 대한 무선주파수 장해' 에 대한 연구조사 결과를 발표하였지만, 여전히 산업계에서 자율적으로 규제하는 정책을 펴고 있다. 산업계에서 자율적 규제를 제대로 이행하지 않으면, FCC는 이와 관련한 규제 권한을 행사할 수도 있다.

전자파 환경 연구결과(1976년 Heirman, 1977년 Janes)에 따르면 2 V/m를 넘는 전기장은 대략 시간의 1%의 빈도로 일어난다. 미국에서는 상업용 기기에 대한 법적 감응성 요건이 존재하지 않기 때문에, 전기장 내성의 기준값을 2–3 V/m 정도로 하는 것이 타당할 것이다. 감응성 레벨이 1 V/m 미만인 기기는 제대로 설계되지 않은 것이며, 이러한 기기는 사용기간 동안에 전자기장에 의한 간섭을 겪을 가능성이 매우 높다.

1982년에 캐나다 정부는 EMCAB-1(Electromagnetic Compatibility Advisory Bulletin)이라는 공보를 발표했다. 이 공보에는 다음과 같이 전자장비에 대한 세 가지 등급(grade)이 정의되어 있다.

1. 등급 1(1 V/m)을 충족하는 제품은 성능저하를 일으킬 가능성이 있다.
2. 등급 2(3 V/m)를 충족하는 제품은 성능저하를 일으킬 가능성이 거의 없다.
3. 등급 3(10 V/m)을 충족하는 제품은 전자기장 잡음이 극심한 상황에서만 성능저하를 일으킨다.

캐나다의 산업성(Industry Canada)에서는 1990년 6월에 EMCAB-1의 최신 버전을 발표하였다. 이 최신 버전의 결론에 따르면 거주지역에 설치되어 있는 제품은 거의 전체 주파수 대역에서 1~20 V/m 정도의 전기장 세기에 노출될 수 있다.

1.5.6 의료기기용 EMC 규정(Medical Equipment)

대부분의 의료기기(Part 18 규정에 해당되는 것이 아닌 의료기기)는 FCC 규정의 적용을 받지 않는다. 의료기기를 규제하는 기관은 FCC가 아닌 미국식품의약국(FDA)이다. FDA는 일찍이 1979년대 초에 EMC 기준(MDS-201-0004, 1979)을 만들었지만, 강제규정으로서 공식적으로 이 기준을 채택하지는 않았다. 의료기기가 제대로 설계되어 전자파 장해에 대한 내성을 갖도록 관리하기 위해 FDA는 규정 대신에 별도의 전자파 장해 지침서를 적용하고 있다. "*Guide to Inspections of Electromagnetic Compatibility Aspects of Medical Devices Quality Systems*"라는 제목의 이 지침서에는 다음과 같이 쓰여 있다.

> 이 시점에서 FDA는 어떤 EMC 기준을 준수할 것을 요구하지 않는다. 그러나 새로운 기기를 설계하는 과정이나 기존의 기기를 재설계하는 과정에서 EMC 문제를 해결해야 한다.

그러나 FDA는 의료기기의 EMC 측면에 대해 점점 더 우려하게 되었다. 지금은 검사관들이, 기기의 설계과정에서 제조자들이 EMC 문제를 다루었고, 그 기기가 통상적으로 사용되는 전자파환경에서 제대로 동작한다는 확인을 제조자에게 요구하고 있다. 위에서 언급한 지침서는 제조자가 자신들이 제조하는 의료기기에 적용되는 EMC 기준으로, "IEC 60601-1-2 Medical Equipment, Electromagnetic Compatibility Requirements and Tests"를 사용할 것을 권장하고 있다. IEC 60601-1-2 기준은 방출, 내성 및 정전기 방전(ESD)과 같은 과도잡음 내성(transient immunity)에 대한 허용 한계를 규정한다.

결과적으로 대부분의 경우, IEC 60601-1-2는 사실상 미국의 비공식 EMC 기준으로, 미국의 의료기기는 이 기준을 충족해야 한다.

1.5.7 통신용 EMC 규정(Telecom)

미국에서 통신망 장비가 전용건물이나 전화회사에서 소유 또는 임대한 대형 방에 설치된 경우에는 FCC Part 15 규정의 적용을 받지 않는다. 이 장비가 사무실이나 상용빌딩과 같은 가입자의 시설에 설치된 경우에는 면제요건에 해당되지 않으므로 FCC 규정이 적용된다.

Telecordia 회사(Bellcore 회사의 전신)의 GR-1089는 미국의 통신망 장비에 일반적으로 적용되는 기준이다. GR-1089는 잡음 방출과 잡음 감응성을 모두 다루는데, 유럽연합의 EMC 기준과 다소 비슷하다. 이 기준을 보통 NEBS 기준이라고 한다. NEBS는 New Equipment Building Standard의 약자이다. 이 기준의 기원은 AT&T Bel System 회사의 내부 NEBS 기준이다.

이 기준은 강제적인 법적요건이 아니라 구매자와 판매자 사이의 계약이다. 따라서 경우에 따라 이 요건은 면제되거나 적용되지 않을 수 있다.

1.5.8 자동차용 EMC 규정(Automotive)

미국에서 운송수단에 장착되는 전자기기의 대다수는(전부는 아니지만) FCC Part 15 규정과 같은 EMC 규정에서 면제된다고 명시되어 있다(§ 15.103). 이것이 운송수단을 대상으로 하는 EMC 요건이 없다는 것을 뜻하는 것은 아니다. 세계의 여러 지역에는 운송수단에 대한 잡음방출과 잡음내성 요건이 법으로 제정되어 있다. 법으로 제정된 요건은 일반적으로 CISPR, ISO(국제표준화기구), SAE(미국자동차기술자협회)를 비롯한 많은 기관의 국제 공인기준을 기반으로 하고 있다. 이들 각 기관들은 자동차 산업에 적용되는 몇 가지 EMC 기준을 공표하였다. 이들 기준은 자발적인 것이지만, 자동차 제조업체에서는 이들 기준을 엄격하게 적용하거나 이들 기준을 참고로 하여 업체의 자체기준을 개발한다. 이렇게 개발된 업체기준은 부품레벨 항목들과 차량레벨 항목들을 모두 포함할 수 있으며, 제조업체의 소비자 만족목표를 토대로 하고 있는 것이 보통이다. 따라서 이들 기준은 거의 강제기준의 효과를 가진다.

예를 들어, SAE J551은 차량레벨 EMC 기준이고 SAE J1113은 개별 전자모듈에 적용되는 부품레벨 EMC 기준이다. 두 기준은 방사와 내성을 모두 다루며 군용 EMC 기준과 다소 비슷하다.

이렇게 만들어진 운송수단용 EMC 기준은 잡음방출과 잡음내성을 모두 다루고 있으며, 세상에서 가장 엄격한 EMC 기준에 속하는데, 이렇게 된 것은 차량에는 다양한 유형의 시스템이 결합되어 있으며 이들 시스템은 서로 근접해 있기 때문이다. 이러한 시스템구성의 예로서 민감한 오락용 전파수신기 근처에 위치한 고압방전기(불꽃 점화시스템), 데이터 통신선로와 동일한 배선다발(wiring harness) 속에 들어있는 모터/솔레노이드와 같은 유도성 부품의 연결도선, 최근에 판매되기 시작한 '하이브리드 차량' 속에서 고속으로 스위칭을 하는 고전류 전동기 구동시스템 등이 있다. 차량용 EMC 기준에서 방사성 방출기준은 FCC B급 기기 허용 한계치보다 40 dB 이상 엄격하다. 방사성 내성시험은 200 V/m의 강한 세기의 전기장을 사용하여 수행해야 한다고 규정되어 있는데, 자동차를 대상으로 하지 않는 상업용 내성기준의 경우에는 시험에 사용되는 전기장 세기는 3~10 V/m 정도이다.

유럽연합에서는 운송수단과 이들 운송수단에 사용되는 전자장비는 EMC 지침 (204/108/EC)

에서 면제되지만, 이들은 EMC 요건을 포함하고 있는 자동차용 EMC 지침 (95/94/EC)의 적용 대상에 속한다.

1.6 캐나다의 EMC 규정(CANADIAN EMC REQUIREMENTS)

캐나다 EMC 규정은 미국 EMC 규정과 비슷하다. 캐나다 규정은 캐나다 산업성에서 규제한다. <표 1-7>에 다양한 종류의 제품에 적용되는 캐나다 EMC 기준을 수록하였다. 이런 기준은 캐나다 산업성 웹 사이트(www.ic.gc.ca)에서 확인할 수 있다.

정보기술 장비(ITE) 및 산업 · 과학 · 의료(ISM) 장비의 EMC 기준은 '캐나다 산업부(Industry Canada)' 의 주파수관리 및 통신(Spectrum Management and Telecommunications) 홈페이지(www.ic.gc.ca/spectrum)에 접속하여 왼편에 세로로 배열된 사이드바 메뉴를 다음 순서로 선택하면 내용을 확인할 수 있다. 「Official Publications」 → 「Standards」 → 「Interference-Causing Equipment Standards (ICES)」. 통신(telecom) 장비의 EMC 기준은 다음 순서로 메뉴를 선택하면 된다. 「Official Publications」 → Standards」 → 「Terminal Equipment-Technical Specifications List」

정보기술 장비에 대한 측정방법과 실제 허용 한계치는 다음 문서에 수록되어 있다: CAN/CSA-CEI/IEC CISPR 22:01, Limits and Methods of Measurement of Radio Disturbance Characteristics of Information Technology Equipment.

미국과 캐나다 제조업체의 부담을 줄이기 위해, 미국과 캐나다는 상호인정 협정을 체결하였다. 이 협정에서 두 나라는 각각 상대 국가에서 장비인증을 목적으로 제출한 시험 보고서를 인정하기로 합의하였다(FCC Public Notice 54795, 1995년 7월 12일).

1.7 유럽연합의 EMC 규정(EUROPEAN UNION'S EMC REQUIREMENTS)

1989년 5월, 유럽연합(EU)은 EMC와 관련된 지침(directive) '89/336/EEC' 을 공표하였는데, 이 규정은 1992년 1월 1일부로 발효될 예정이었다. 그러나 유럽위원회(EC; European Commission)는 지침 시행이라는 업무를 과소평가하였다. 그 결과, EC는 1992년에 지침을 개정하여 4년

표 1-7 캐나다 EMC 시험 기준

장비 유형	시험기준
정보기술 장비 (ITE)[a]	ICES-003
산업 · 과학 · 의료 장비 (ISM)	ICES-001
전화망에 연결된 단말장치	CS-03

[a] 디지털 장비

간의 과도기간을 둔 뒤 1996년 1월 1일부로 EMC 지침을 전면 시행하기로 정하였다.

유럽의 EMC 지침은 FCC 규정과는 달리 잡음방출 요건 외에도 잡음내성 요건도 포함하고 있다. FCC 규정과 또 다른 점은 유럽지침은 예외를 두지 않고 모든 전기/전자 장비를 대상으로 하고 있다는 것이다. 전구까지 대상이 될 정도로 예외가 없다. 그러나 자동차 지침과 같이 별도의 EMC 조항을 가진 지침의 대상이 되는 장비는 제외된다. EMC 지침의 대상이 아닌 것으로 의료장비가 있는데, 이 장비는 의료지침(93/42/EEC)의 대상에 들어간다.

1.7.1 방출 요건(Emission Requirements)

유럽연합(EU)의 전도성 방출 요건은 FCC의 요건과 동일하다(<그림 1-4>, <표 1-5>, <표 1-6> 참조). 방사성 방출 기준은 서로 유사하지만 완전히 동일하지는 않다. <표 1-8>은 측정거리가 10 m인 경우의 유럽연합의 A급 및 B급 기기 방사성 방출 허용 한계치이다.

<그림 1-5>는 30~1000 MHz의 주파수 범위에서 유럽연합의 방사성 방출 기준과 현재의 FCC 기준을 비교한 것이다. 이 그래프에서 FCC B급 기기 허용 한계치는 유럽연합 기준과의 비교를 위해 측정거리 10 m로 추정한 것이다. 비교 그래프에서 알 수 있듯이 유럽 규정의 허용 한계치는 88~230 MHz 범위에서 더욱 엄격하다. 88 MHz 이하와 230 MHz 이상에서 CISPR과 FCC의 허용 한계치는 거의 같다(0.5 dB 미만). 그러나 EU 규정에는 1 GHz 이상에서 방사성 방출을 제한하는 기준이 없는 반면에 FCC에서는 경우에 따라서 40 GHz까지 방사성 방출을 제한한다(<표 1-4> 참조).

<표 1-9>는 측정거리가 10 m인 경우에 FCC와 CISPR의 방사성 방출 허용한계치 중 더 엄격한 값을 골라서 만든 합성 허용 한계치이다.

1.7.2 고조파와 플리커(Harmonics and Flicker)

EU는 전력 품질문제와 관련이 있는 2개의 방출요건-고조파와 플리커(flicker, 깜박임)-을 추가로 제정하고 있다. 이들 규정은 상(phase)당 입력전류가 16 A 이하이면서 공공 전력공급 시스템(배전 시스템)에 연결하여 사용되는 제품에 적용된다. FCC에는 이와 비슷한 요건이 없다.

고조파 요건(EN 61000-3-2)은 제품이 AC 전원으로부터 끌어들이는 전류의 고조파 성분을 제한한다(<표 18-3> 참조). 고조파의 발생은 AC 전원에 연결된 부하의 비선형 동작 때문이다.

표 1-8 CISPR 방사성 방출 허용 한계치 (측정거리 10m)

주파수 (MHz)	A급 기기 허용 한계치 (dB μV/m)	B급 기기 허용 한계치 (dB μV/m)
30~230	40	30
230~1000	47	37

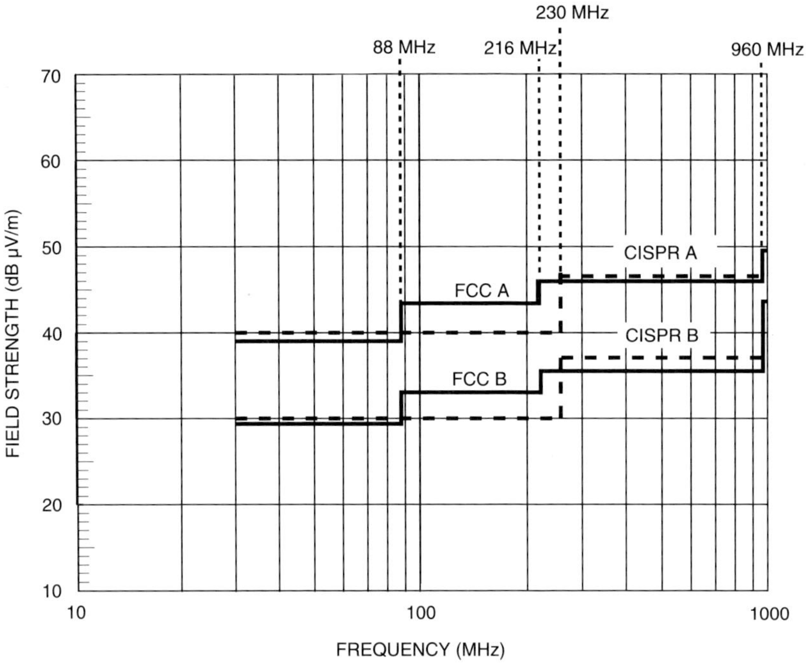

그림 1-5 FCC와 CISPR의 방사성 방출 허용한계 비교 (측정거리 10m)

표 1-9 상용 제품에 대한 가장 엄격한 방사성 방출 허용 한계치 (측정거리 10 m)

주파수 (MHz)	A급 기기 허용 한계 (dBμV/m)	B급 기기 허용 한계 (dBμV/m)
30~230	39	29.5
230~1000	46.5	35.5
>1000	49.5	43.5

널리 사용되는 비선형 부하로는 스위치모드 전원공급기(SMPS), 가변속도 전동기 구동장치, 형광램프용 전자식 안정기가 있다.

고조파의 주요 발생원은 AC 전원에 직접 연결되는 전파 정류기와 그 다음에 연결되는 큰 값의 커패시터 입력필터이다. 이 경우, 입력전압이 필터 커패시터의 전압을 초과하는 동안에만 전원에서 정류기 쪽으로 전류가 흐른다. 그 결과, AC 전압파형의 피크 부근에서만 전류가 전원에서 정류기 쪽으로 흐른다(<그림 13-4> 참고). 이때 흐르는 전류의 파형에는 홀수 고조파 성분(3번째, 5번째, 7번째 고조파, …)이 많이 들어있다. 이러한 경우, 총 고조파 왜곡(THD) 값이 70~150%가 되는 일이 드물지 않다.

발생하는 고조파의 개수는 전류 펄스의 상승시간과 하강시간에 따라 달라지며, 고조파의 크기는 전류파형의 형태에 따라 달라진다. 대부분의 스위칭 전원공급기(전력이 매우 낮은 공급기는 예외)와 가변 전동기 구동장치가 이 요건을 충족하려면, 몇 가지 종류의 수동 또는 능동 역률 개선 회로가 필요하다.

이 문제를 완화하려면, AC 입력전류 펄스를 한 주기 내에서 넓은 범위로 확산시켜 고조파 성분을 줄여야 한다. 일반적으로 유럽연합의 규정을 준수하려면 전류펄스의 THD를 25% 이하로 줄여야 한다.

플리커 요건(EN61000-3-3)은 제품이 AC 전원에서 끌어들이는 과도전류를 제한한다. <표 18-4>를 참조하여라. 이 요건의 목적은 빛이 깜박거려 사람들이 불편하게 느끼는 것을 막기 위해서이다. 이 규정은 피시험장비와 동일한 전원에 의해 동작하는 60 W 백열등 빛의 밝기에, 느낄 수 있을 정도의 변화가 발생하지 않도록 하기 위한 것이다.

AC 전원선의 유한한 전원 임피던스(source impedance) 임피던스로 인해 전원에 연결된 장비의 전류가 변할 경우 전원선 전압이 변한다. 전압변화가 크면 전등 빛 밝기에 느낄 수 있을 정도의 변화가 발생한다. 부하의 변화정도가 충분히 크고 변화속도가 빠를 경우 이에 인한 빛의 깜박거림은 사람의 신경 을 거슬리게 하고 사람을 불편하게 한다.

적용할 허용 한계치를 결정하기 위해, 많은 사람들을 빛의 깜박임에 노출시켜 불편함을 느끼는 임계치를 구하였다. 실험결과, 깜박임 속도가 느릴 때(분당 1번미만), AC 전원선 전압이 3% 만큼 변해도 사람들은 불편함을 느꼈다. 대부분의 사람들은 깜박임 속도가 대략 분당 1000번일 경우에 빛의 깜박임에 민감하다. 분당 1000번의 속도에서 0.3%의 전압변화에 의한 민감도는 분당 1번 미만인 속도에서 3%의 전압변화에 대한 민감도와 같다. 깜박임 속도가 대략 분당 1800번 이상이면 사람은 빛의 깜박임을 더 이상 감지할 수 없다.

대부분의 EMC 방출요건은 측정파라미터(parameter)가 명시된 값(한계치)를 초과하지 않는 범위로 정의된다. 그러나 이와는 달리 플리커 규정의 경우 수많은 측정을 수행하여 얻은 측정 데이터의 통계처리로부터 허용 한계치를 결정한다는 점에서 일반적인 EMC 요건과 다르다.

대부분의 장비는 AC 전원으로부터 큰 과도전류를 끌어 들이지 않으므로 플리커 요건이 별 문제가 되지 않는다. 제품기능의 일부로서, 큰 전류가 흐르는 전열기를 갑자기 켜는 경우, 또는 큰 부하가 연결된 전동기를 갑자기 회전시키는 경우에는 플리커 요건이 문제가 될 수 있다. 이러한 경우의 예로서 에어컨 압축기, 복사기의 대용량 히터 등을 들 수 있다.

1.7.3 잡음 내성요건(Immunity Requirements)

유럽연합의 잡음 내성요건은 방사성 내성과 전도성 내성은 물론 정전기 방전(ESD), 전기적 고속 과도현상(EFT), 서지(surge)와 같은 과도현상에 대한 내성도 함께 다룬다.

EFT 요건은 AC 전원선 상에 연결된 유도성 부하의 스위칭에 의해 발생되는 전압잡음의 영향을 시험하는 것이다. 유도성 부하의 스위치가 열리면 아크(arc)가 발생하는데, 이 아크는 꺼지고 다시 켜지기를 여러 번 반복한다. 서지 요건은 부근에 떨어진 번개 펄스의 영향을 시험하는 것이다. 또한 유럽연합은 AC 전압의 순간강하(dip), 순간감소(sag), 순간단전(interruption)에 대한 감응성 요건을 규정하고 있다.

이들 과도잡음 내성과 전원선 장해요건에 대한 자세한 내용은 14.3절과 14.4절을 참조하기 바란다.

1.7.4 지침과 기준(Directives and Standards)

유럽 규정은 지침(directive)과 기준(standard)으로 구성되어 있다. 지침은 아주 일반적이며 법적인 효력을 가지는 요건이다. 기준은 지침을 만족시키는 방법에 관한 것이며 기준에서 제시된 방법만이 유일한 방법은 아니다.

EMC 지침 2004/108/EC(기존 89/336/EEC을 대체한 지침)는 유럽연합에서 판매되는 제품에 대한 **필수요건**(*essential requirement*)을 정의한다. 그 내용은 다음과 같다:

1. 장비는 자신이 발생시키는 전자파 교란에도 불구하고 다른 무선장치, 통신장치 및 다른 장치들이 제대로 동작하도록 제작되어야 한다.
2. 장비는 외부에서 발생한 전자파 교란에 대한 자체적인 내성을 갖추도록 제작되어야 한다.

위 사항은 EMC에 관한 유일한 법적 요건이지만 요건의 내용에는 모호함이 있다. 지침은 요건 준수를 입증하는 두 가지 방법을 규정하고 있다. 가장 널리 사용되는 방법은 적합성 신고(declaration of conformity)이다. 다른 방법은 기술문서(technical construction file)를 사용하는 것이다.

어떤 제품을 시험한 결과, 해당 EMC 기준을 준수하면 그 제품은 지침의 요건을 충족하는 것으로 간주된다. 그리고 제조자는 그 사실을 입증하는 적합성 신고서를 작성할 수 있다.

적합성 신고는 일종의 자체인증(self-certification) 절차이다. 이 절차에서 제품인증의 의무가 있는 제조자 또는 수입업자가 먼저 제품에 적용할 기준을 결정하고 그 기준에 따라 제품을 시험한 다음, 그 기준과 EMC 지침을 준수한다는 사실을 밝히는 적합성 신고서를 작성한다. 적합성 신고서는 한 페이지 분량으로도 작성할 수 있지만 반드시 다음 내용을 담고 있어야 한다.

- 해당 제품에 적용되는 지침(directives)(적용되는 모든 지침)
- 적합성 판정에 사용된 기준(standards)(기준의 제정일자 포함)
- 제품 이름, 모델 번호, 해당되는 경우 일련번호
- 제조업체 이름과 주소
- 제품이 지침을 준수한다는 것을 신고하는, 날짜가 적힌 문구
- 법률적으로 제조업체를 대리할 권한을 가진 사람의 서명

기술문서로 적합성을 입증하는 방법은 유럽연합에만 있는 특별한 것이다. 해당 제품에 적용되는 일련의 기준이 없고 제조회사에서 일반기준(generic standards)을 적용하는 것이 적합하지 않

다고 생각하는 경우에 기술문서 방법이 종종 사용된다. 이 경우, 제조회사는 기술문서를 작성하는데, 이 문서에는 EMC 지침의 준수를 확인하는 데 사용되는 절차와 시험들이 설명되어 있다. 제조자는 제품에 대한 EMC 시험을 어떻게, 어디서, 언제 수행할지 결정할 수 있다. 그러나 반드시 제조사와는 관련이 없는 독립된 관할기관(주무기관)이 기술문서의 타당성을 승인해야 한다. 이들 관할기관은 유럽연합의 각 국가에서 지정하며 유럽위원회(European Commission)에서는 유럽연합의 공식관보인 Official Journal of the European Communities를 통해 이들 기관의 목록을 공표한다. 지정된 관할기관은 제조회사의 절차와 시험을 사용하여 제품이 EMC 지침의 필수요건을 충족하다는 것을 확인하고 이에 동의해야 한다. 이 방법이 타당한 이유는 유럽연합에서는 EMC 지침(directives)이 기준(standards)이 아니라 반드시 충족돼야 할 법률이기 때문이다. 대부분의 다른 국가에서는 EMC 기준(standards)이 제조자가 지켜야 할 법률이다.

앞에서 설명한 방식 중 어느 하나를 통해 EMC 지침의 준수가 입증된 제품은 *CE* 마크를 부착할 수 있다. CE 마크는 소정의 독특한 글꼴로 쓰인 소문자 "ce"로 이루어져 있다. 제품에 CE 마크를 붙이는 것은 제품이 EMC 지침은 물론 해당 제품에 적용되는 모든 지침을 준수하고 있음을 표시한다. 적용되는 다른 지침으로 안전성 지침, 완구류 지침, 기계류 지침 등이 있다.

유럽연합에는 두 종류의 기준이 존재하는데, 하나는 제품별 기준(product specific standard)이고 다른 하나는 일반기준(generic standard)이다.[6] 제품별 기준은 항상 일반기준에 우선한다. 그러나 어떤 제품에 대해 적용할 제품별 기준이 존재하지 않는 경우에는 일반기준을 적용한다. 제품에 대한 방사성 요건과 내성 요건은 다른 기준에서도 다루어지는 것이 보통이다. 현재 EMC 지침과 관련이 있는 기준의 종류는 50개가 넘는다. <표 1-10>에 널리 사용되는 제품별 기준 중 중요한 몇 가지와 일반기준 4가지를 수록하였다. 제품이 속한 부류에 적용되는 제품별 기준이 존재하지 않으면 일반기준을 적용한다.

유럽연합의 기준을 제정하는 기관인 CENELEC(European Committee for Electro-Technical Standardization, 유럽전기술표준위원회)은 EMC 지침의 필수요건(essential requirements)에 부합되는 기술규격(technical specifications)을 작성하는 업무를 맡아왔다. 이 기술규격을 만족하면 EMC 지침의 필수요건을 만족하는 것으로 간주된다. 이러한 규격을 통합조정된 기준(harmonized standard)이라고 한다. 대부분의 CENELEC 기준은 IEC(International Electro-Technical Commission, 국제전기기술위원회)와 CISPR 기준에서 파생되어 나온 것이다. 즉 내성기준은 IEC 기준, 방출기준은 CISPR 기준에서 비롯되었다. CENELEC 기준, 다시 말해 유럽표준(European Norms, EN)은 공식관보인 "Official Journal of the European Communities"를 통해 공표된 이후에 공식 기준으로 효력이 발생한다.

6) 또 한 종류의 기준이 있는데, 이것이 기본기준 (basic standard)이다. 기본기준은 시험절차나 측정절차에 대한 일반적인 내용을 담고 있으며 제품별 특정기준 (product specific standard)이나 일반기준 (generic standard)에서 이를 참조한다.

표 1-10 유럽연합의 EMC 시험기준

장비 종류	방출시험	내성시험
제품별 기준		
정보기술 장비 (ITE)	EN 55022	EN 55024
산업 · 과학 · 의료 장비 (ISM)	EN 55011	–
무선 및 TV 수신기	EN 55013	EN 55020
가전제품/전동공구	EN 55014-1	EN 55014-2
전등과 조명장치	EN 55015	EN 61547
가변속도 전동기 구동장치	EN 61800-3	EN 61800-3
의료 장비[a]	EN 60601-1-2	EN 60601-1-2
일반 기준		
주거용, 상업용, 경공업용	EN 61000-6-3	EN 61000-6-1
중공업용	EN 61000-6-4	EN 61000-6-2

[a] EMC 지침 대신 의료장비 지침(Medical Directive)인 93/42/EEC에서 다룬다.

새로운 기준이 생겨나고 기존 기준이 수정되는 일이 자주 발생하면서, 기준에는 보통 2년의 잠정기간(과도기간, transition period)이 명시된다. 잠정기간 동안에는 EMC 지침의 준수여부를 입증하는 데 새 기준이나 기존 기준 중 어느 것을 사용해도 된다.

EMC 지침 '2004/108/EC' 에 대한 최신 정보와 통합조정된 기준을 다음 웹사이트에서 입수할 수 있다: http://europa.eu.int/comm/enterprise/newapproach/standardization/harmstds/ref-lish/emc/html.

EMC 지침의 넓은 범위와 영역, 그리고 이것이 다루는 제품의 다양성을 고려하여 유럽위원회에서는 1997년에 EMC 지침의 해석에 대한 총 124쪽의 지침서(guideline)를 발간하여 제조업자, 시험기관(test laboratory), 그밖에 지침에 의해 영향을 받는 기관이 이들 사용할 수 있도록 하였다. 이 지침서는 EMC 지침과 관련한 사안과 절차를 명확하게 하기 위한 것이었다. 또한 이 지침서는 부품, 하위 구성품(subassembly), 장치, 시스템, 설비에 대한 지침의 적용은 물론 예비부품, 중고부품, 보수용 부품에 대한 지침의 적용을 명확히 설명하고 있다.

1.8 국제 EMC 통일규격(INTERNATIONAL HARMONIZATION)

전자제품의 방출과 내성에 대해 국가별로 서로 다른 EMC 기준을 갖기보다는 하나의 국제적인 EMC 기준을 갖는 것이 바람직할 수 있다. 이렇게 되면 제조자는 전 세계에서 통용되는 기준에 맞춰 제품을 설계하고 시험할 수 있게 된다. <그림 1-6>은 상업용 제품에 적용되는 여러 가지 EMC 방출 요건과 내성 요건을 종합하여 나타낸 것으로 통일된 세계시장인 경우라면 이 모든 요건을 충족해야 할 수도 있다.

하나로 통일된 EMC 기준보다 훨씬 더 중요한 것이 통일된 EMC 시험절차이다. 시험절차가

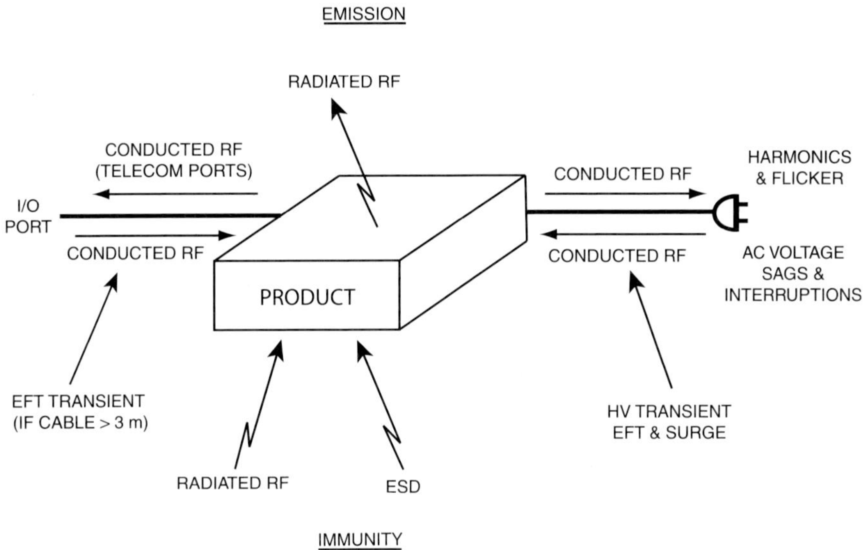

그림 1-6 전 세계의 다양한 상업용 EMC 요건

동일하면, 여러 가지 규정에 대한 적합성 여부를 시험할 경우에 EMC 시험을 한 번만 수행한 다음, 그 결과를 각 규정의 기준(허용 한계치)과 비교해서 기준의 만족 여부를 확인할 수 있다. 그러나 시험절차가 다른 경우에는 기준별로 제품을 시험해야 하므로 비용이 많이 들고 시간이 오래 걸린다.

통일규격이라는 목표를 이루는 데 가장 가능성이 높은 것이 CISPR 기준을 기본으로 하고 있는 유럽연합의 EMC 기준이다. CISPR은 국제무역의 촉진을 목적으로 무선주파수 장해 측정방법과 허용한계를 정하기 위해 1934년에 구성되었다. CISPR은 규제권한을 갖고 있지는 않지만, 여기서 만든 기준이 각국 정부에서 채택되면 그것이 해당 국가의 기준이 된다. 1985년에 CISPR는 정보기술 장비(ITE, 컴퓨터와 디지털 전자장비)를 대상으로 하는 방출기준(Publication 22)을 채택하였다. 유럽연합은 이 CISPR 기준을 자신들의 방사요건의 기준으로 채택하였다. CISPR의 일원으로 투표권을 가진 미국은 이 새로운 기준에 찬성했다. 이러한 조치는 FCC가 같은 기준을 채택하게 하는 데 상당한 압력이 되었다.

1996년 FCC는 자신의 Part 15 규정을 개정하여 제조자들이 개인용 컴퓨터와 그 주변기기에 대한 인증절차로서 적합성 신고방식을 사용할 수 있게 허용하였는데, 이는 유럽연합의 EMC 규정에서 사용되고 있는 것과 유사한 방식이다. 또한 앞에서 설명한 바와 같이 FCC는 전도성 방출에 대해서 CISPR 허용 한계치를 채택하였다.

1.9 군용 EMC 기준(MILITARY STANDARDS)

또 한 부류의 EMC 기준으로 미국 국방부에서 공표하는 것이 있는데, 이 기준은 군용장비와 항공장비에 적용된다. 1968년 미국방부는 군대 내의 다양한 부문에서 각기 사용되고 있던 많은 EMC 기준을 보편적으로 적용되는 2개의 기준으로 통합했다. MIL-STD-461에는 충족해야 할 허용한계가 구체적으로 명시되어 있고, MIL-STD-462에는 MIL-STD-461에 수록되어 있는 각종 시험들을 수행하는 방법과 절차가 명시되어 있다. 이들 기준은 FCC 규정보다 더욱 엄격하며 30 Hz~40 GHz의 주파수 범위에 대해 잡음방출은 물론 잡음내성까지 함께 다룬다.

지난 수년에 걸쳐, 이 기준들은 1968년 MIL-STD-461A 기준이 1999년 MIL-STD-461E로 개정되는 동안 몇 차례 수정이 이루어졌다. 1999년에는 MIL-STD-461D(허용 한계치)와 MIL-STD-462D(시험절차)을 MIL-STD-461E로 통합하여 하나의 기준에서 허용한계와 시험절차를 함께 다루도록 하였다.[7)]

상업용 기준과는 달리 MIL-STD는 법적요건은 아니다. 정확히 말하면 계약요건이다. 그러므로 시험 허용 한계치는 절충이 가능하며 허용한계의 만족을 면제 받는 것도 가능하다. 요건이 법적이 아니라 계약에 따른 것이므로 현 제품에 이전 버전의 기준이 여전히 적용된다. 어떤 버전의 기준이든, 최초 조달계약에서 명시된 버전의 기준이 적용되는 것이 보통이다.[8)]

군용기준에 명시된 시험절차는 상업용 EMC 기준에 명시된 시험절차와는 다르므로 두 기준의 허용 한계치를 직접적으로 비교하는 것은 어렵다. 방사성 방출 시험의 경우, 군용기준에서는 시험장소가 밀폐된 챔버, 즉 차폐실(shielded room)로 명시되어 있고, FCC와 EU 규정에서는 야외시험이 명시되어 있다. 전도성 방출 시험의 경우, 상업용 기준은 전압을 측정하는 반면, 군용기준은 최초에는 전류를 측정했다.

군용 EMC 시험과 그 절차가 자세히 알려지면서 몇 가지 시험절차에 대해 상당한 비난이 쏟아졌다. 그 결과, 미 국방부는 상업용 시험절차의 일부를 가져와 자신들의 절차로 채택했다. 예를 들어, MIL-STD-461E는 전도성 방출시험에서 LISN을 사용하고 전류측정 대신 전압을 측정할 것을 규정하고 있다. 또한 MIL-STD-461E은 방출시험과 내성시험에 사용되는 챔버의 벽에 몇 가지 흡수체를 반드시 부착하여 그 챔버가 적어도 부분적으로 반사를 일으키지 않게 만들 것을 규정하고 있다.

<표 1-11>에 MIL-STD-461E에 규정된 방사요건과 내성요건의 목록을 수록하였다. 방사성 방출과 전도성 방출 모두에 대해 방사성, 전도성 시험을 각각 수행해야 하며 고전압 과도잡음 감응성 시험도 실시해야 한다.

---

7) MIL-STD 461F는 2007년 12월 10일에 발표되었다.

8) 이와 반대로 상업용 기준이 개정되거나 수정된 경우, 새로 제조되는 모든 제품은 명시된 잠정기간이 종료될 때까지는 새로운 허용 한계치를 준수해야 한다.

표 1-11 MIL-STD-461E의 방출 요건과 감응성 요건

기준 요건	내용
CE101	장비 전원선(power leads)에서의 전도성 방출, 30 Hz~10 kHz
CE102	장비 전원선에서의 전도성 방출, 10 kHz~10 MHz
CE106	안테나 단자(antenna terminals)에서의 전도성 방출, 10 kHz~40 GHz
CS101	장비 전원선 전도성 감응성, 30 Hz~50 kHz
CS103	안테나 포트(port)에서의 전도성 감응성, 상호변조, 15 kHz~10 GHz
CS104	안테나 포트에서의 전도성 감응성, 불요신호의 차단, 30 Hz~20 GHz
CS105	안테나 포트에서의 전도성 감응성, 교차 변조, 30 Hz~20 GHz
CS109	전도성 감응성, 장비 함체(structure) 전류, 60 Hz~100 kHz
CS114	전도성 감응성, 벌크전류 주입, 10 kHz~40 MHz
CS115	전도성 감응성, 벌크전류 주입, 임펄스 여기
CS116	전도성 감응성, 감쇠된 과도 정현파, 케이블 및 전원선, 10 kHz~100 MHz
RE101	방사성 방출, 자기장, 30 Hz~100 kHz
RE102	방사성 방출, 전기장, 10 kHz~18 GHz
RE103	방사성 방출, 안테나의 스퓨리어스(spurious) 신호 출력 및 고조파 신호 출력, 10 kHz~40 GHz
RS101	방사성 방출, 자기장, 30 Hz~100 kHz
RS103	방사성 방출, 전기장, 10 kHz~40 GHz
RS105	방사성 방출, 과도 전자기장

군용기준은 사용환경(육군, 해군, 공군 등)에 따라 허용 한계치가 서로 다르게 되어있는 응용별 특정기준이다. <표 1-11>에 수록된 요건은 어떤 특정 환경에만 적용되고 다른 환경에는 적용되지 않는다. <표 1-12>에 다양한 사용환경에 대한 각 요건의 적용범위를 수록하였다.

1.10 항공용 EMC 규정(AVIONICS)

상업용 항공전자(avionics) 산업계는 자신만의 EMC 규정을 가지고 있는데, 이러한 점은 군용규정과 비슷하다. 이들 규정은 소형 경비행기, 헬리콥터, 점보 제트기 등을 비롯한 상업용 항공기의 전체에 적용된다. 미국항공전파기술위원회(RTCA; The Radio Technical Commission for Aeronautics)는 항공전자 산업에 적용되는 규정을 제정한다. 현재 버전은 2004년 12월에 공표된 RTCA/DO-160E, '*Environmental Conditions and Test Procedures For Airborne Equipment*(항공장비에 대한 환경조건과 시험절차)' 이다. Section 15에서 Section 23까지, 그리고 Section 25에서 EMC를 다룬다.

군용규정과 마찬가지로 DO-160E는 법적요건이 아니라 계약요건이므로, 그 항목에 대해서는 절충이 가능하다.

표 1-12 요구사항 적용 행렬, MIL-STD-461E

아래 칸에 수록된 플랫폼이나 시설의 내부, 위에 설치되거나 그곳에서 발사된 장비	CE101	CE102	CE106	CS101	CS103	CS104	CS105	CS109	CS114	CS115	CS116	RE101	RE102	RE103	RS101	RS103	RS105
수면운항 선박	N	A	L	A	S	S	S	N	A	L	A	A	A	L	A	A	L
잠수함	A	A	L	A	S	S	S	L	A	L	A	A	A	L	A	A	L
항공기, 육군 및 정기노선	A	A	L	A	S	S	S	N	A	A	A	A	A	L	A	A	L
항공기, 해군	L	A	L	A	S	S	S	N	A	A	A	L	A	L	L	A	L
항공기, 공군	N	A	L	A	S	S	S	N	A	A	A	N	A	L	N	A	N
우주 시스템 및 방사장비	N	A	L	A	S	S	S	N	A	A	A	N	A	L	N	A	N
지상장비, 육군	N	A	L	A	S	S	S	N	A	A	A	N	A	L	L	A	N
지상장비, 해군	N	A	L	A	S	S	S	N	A	A	A	N	A	L	A	A	L
지상장비, 공군	N	A	L	A	S	S	S	N	A	A	A	N	A	L	N	A	N

A = 적용함, L = 기준에 명시된 범위에 국한하여 적용함, S = 조달문서에 명시된 경우에만 적용함, N = 적용하지 않음.

1.11 규제 절차(THE REGULATORY PROCESS)

'법을 몰랐다고 해서 용서가 되는 것은 아니다'라는 말을 잘 알고 있을 것이다. 정부는 일반인들이 상업용 EMC 규정의 존재를 알 수 있도록 어떤 방법을 사용할까? 대부분의 나라에서는 그 국가의 공식관보에 발표하는 방식으로 일반에 공개한다. 미국의 공식관보는 *Federal Register*이고 캐나다는 *Canada Gazette*, 유럽은 *Official Journal of the European Union*이다.

어떤 규정이 공식관보에 공표되면 그 규정은 모든 사람들에게 알려진 것으로 간주된다.

1.12 전형적인 잡음경로(TYPICAL NOISE PATH)

전형적인 잡음경로의 블록도를 <그림 1-7>에 나타내었다. 그림에서 보듯이 간섭문제가 일어나려면 세 가지 요소가 필요하다. 첫째로, '**잡음원**'이 있어야 하고 둘째로, 잡음에 취약한 '**피해장치**'가 있어야 한다. 셋째로, 잡음원에서 피해장치로 잡음이 전달되는 '**결합경로**'가 있어야 한다. 또한 장해를 일으키는 잡음은 다음과 같은 특성을 가져야 하는데, 먼저 잡음의 '**주파수**'는 피해장치가 영향을 받기 쉬운 주파수이어야 하고, 잡음의 '**진폭**'은 피해장치에 영향을 줄 수 있을 정도로 커야 하며, 피해장치가 잡음에 취약할 정도의 '**시간**' 동안 잡음이 방출되어야 한다. 잡음의 이 세 가지 특성의 머리글자를 따서 FAT로 하면 기억하기에 좋다.

잡음문제 분석의 첫 단계는 문제를 정의하는 것이다. 이를 위해 잡음원이 무엇이고, 피해장치는 무엇이며 결합경로는 무엇인지, 또한 잡음의 FAT 특성은 무엇인지 알아야 한다. 잡음경로를 차단하는 방법(즉 잡음에 의한 간섭문제가 일어나지 않게 하는 방법)에는 다음 세 가지가 있다.

그림 1-7 잡음 문제가 발생하려면 잡음원, 피해장치, 결합경로가 있어야 한다.

(1) 잡음발생원에서 잡음의 특성을 변경한다. (2) 피해장치가 잡음에 쉽게 영향을 받지 않도록 만든다. (3) 잡음이 결합경로를 통해 전달되는 것을 막거나 최소로 줄인다. 이러한 세 가지 잡음 억제 방법 중 두 가지나 세 가지 모두를 적용해야만 하는 경우도 있다.

방출문제의 경우 잡음발생원의 특성, 즉 주파수, 진폭, 시간 등을 수정하는 것이 가장 적절하다. 감응성 문제의 경우에는 피해장치를 수정하여 잡음에 대한 내성을 증가시키는 것이 적당하다. 실제로는 잡음원이나 피해장치를 수정하는 일이 불가능한 경우가 많은데, 이럴 때는 결합경로를 억제하는 것 이외에 선택할 방법이 없다.

예로서 <그림 1-8>의 회로를 생각해 보자. 그림을 보면 차폐되어 있는 직류 전동기가 구동회로에 연결되어 있다. 전동기의 잡음은 같은 장비 안에 들어있는 낮은 신호 레벨에서 동작하는 다른 회로에 간섭을 일으키고 있다. 전동기의 정류자(commutator) 잡음은 구동회로로 가는 연결선 (lead)을 통해 차폐구조 밖으로 전도되어 나온다. 연결선으로부터 잡음이 방사되어 낮은 신호 레벨 회로로 간다.

이 예에서 잡음원이 되는 것은 브러시와 정류자 사이의 아크이다. 결합경로는 두 개 즉, 전동기 연결선을 통한 전도와 연결선으로부터의 방사이다. 피해장치는 낮은 신호 레벨 회로이다. 이 경우에 잡음원이나 피해장치에 대해서는 조치할 것이 별로 없다. 따라서 결합경로를 차단하는

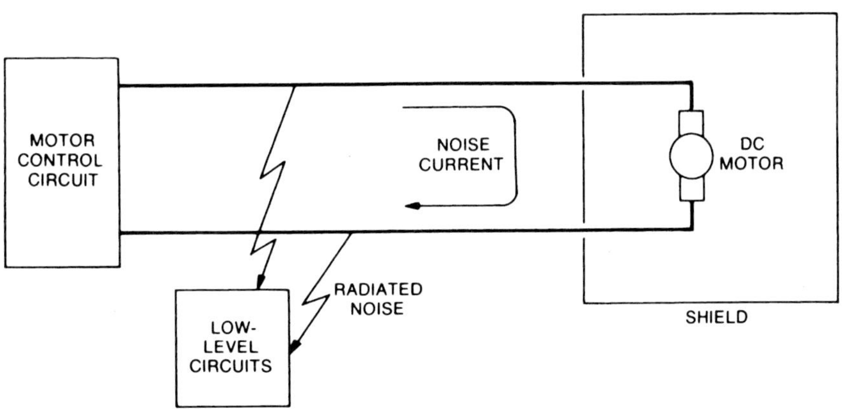

그림 1-8 이 예에서 잡음원은 전동기, 피해장치는 낮은 신호 레벨에서 동작하는 회로이다. 결합경로는 전동기 연결선을 통한 전도와 연결선으로부터의 방사이다.

방법으로 장해를 제거해야 한다. 차폐구조 밖으로 전도되는 잡음을 차단하는 조치를 취하거나 연결선에서 방사되는 잡음을 차단하는 조치를 취하거나, 아니면 두 조치를 모두 취해야 할 수도 있다. 이 예에 대해서는 5.7절에서 더욱 자세히 다루기로 한다.

1.13 잡음 결합 방식(METHODS OF NOISE COUPLING)

1.13.1 전도에 의한 잡음 결합(Conductively Coupled Noise)

회로 안으로 잡음이 결합되는 방법 중 가장 이해하기 쉽지만 종종 간과되는 것이 도체를 통한 전도에 의한 결합이다. 잡음이 많은 공간을 도선이 통과할 때, 잡음이 도선에 유도된 후에 전도를 통해 다른 회로로 전달되어 간섭을 일으킨다. 이 문제를 해결하는 방법은 도선이 잡음을 수신하지 못하게 막거나, 도선에 유도된 잡음이 민감한 회로에 간섭을 일으키기 전에 필터를 사용하여 잡음을 제거하는 것이다.

이런 방식으로 결합되는 잡음 중에서 중요한 것으로 전원공급기 연결선을 통해 회로로 전도되는 잡음이 있다. 회로 설계자가 전원공급기의 잡음을 제대로 억제하지 못했거나, 전원공급기에 다른 장비가 연결되는 경우에는, 잡음이 회로 속으로 들어가기 전에 도선의 잡음을 디커플링하거나, 필터링을 해주어야 한다. 또 다른 잡음으로서 차폐구조를 통과하는 도선에 의해 차폐구조 속이나 밖으로 전도되어 전달되는 잡음이 있다.

1.13.2 공통 임피던스에 의한 잡음 결합(Common Impedance Coupling)

공통(common) 임피던스 결합은 두 개의 회로 사이에 존재하는 공통 임피던스를 통해 전류가 흐르는 경우에 발생한다. 각 회로에서 바라본 임피던스의 양단에 걸리는 전압강하는 상대편 회로에 의해 영향을 받는다. 이러한 방식의 결합은 보통 전원 시스템과 접지 시스템에서 일어난다. 공통 임피던스에 의해 결합이 발생하는 전형적인 예를 <그림 1-9>에 나타내었다. 접지전류 1과 접지전류 2는 각각 공통 접지 임피던스를 통해 흐른다. 회로 1에 대한 접지전위는 공통 접지 임피던스를 통해 흐르는 접지전류 2에 의해 달라진다. 그러므로 공통 접지 임피던스를 통해 잡음의 일부가 회로 2에서 회로 1로 결합(전달)된다. 회로 1에서 회로 2로도 마찬가지 방식으로 잡음이 전달된다.

이런 방식의 또 다른 예로서 <그림 1-10>의 전원 공급회로를 들 수 있다. 회로 2로 흘러 들어가는 전류가 변하면 회로 1의 단자전압이 영향을 받는다. 이것은 전원공급기와 회로를 연결하는 도선의 임피던스와 전원공급기 내부의 전원(source) 임피던스 때문이다. 회로 2의 두 도선을 전원공급기 출력단자에 직접 연결하면, 공통 임피던스(즉 회로 1의 도선 임피던스)를 우회할 수 있으므로 이 문제를 상당히 개선할 수 있다. 하지만 전원공급기의 내부 임피던스를 통한 잡음 결합 문제는 여전히 남아 있다.

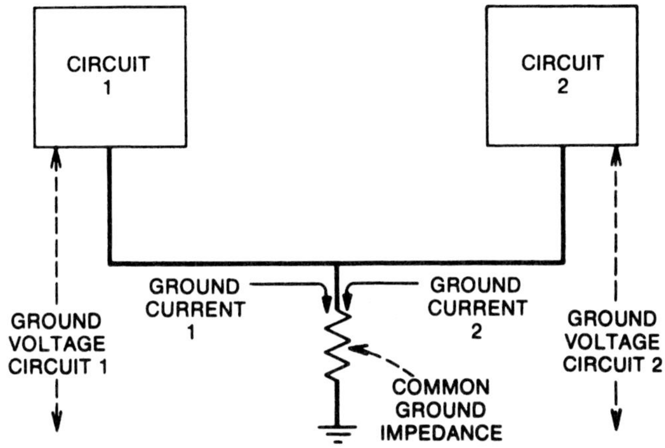

그림 1-9 두 회로가 접지를 공유하고 있는 경우, 한 회로의 접지를 기준으로 한 전압은 상대편 회로의 접지전류에 의해 영향을 받는다.

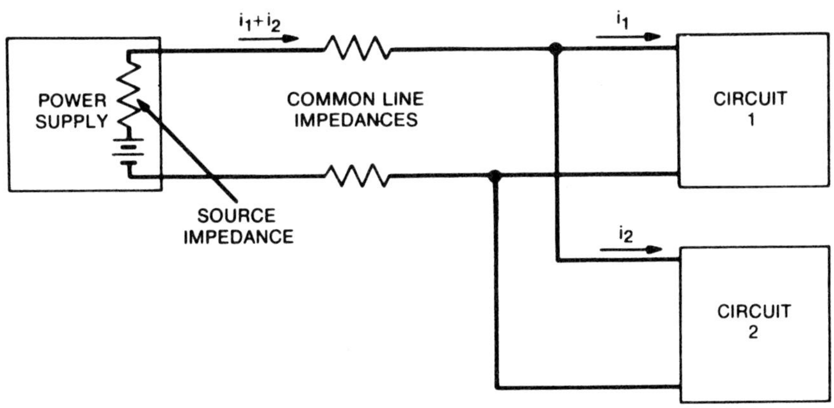

그림 1-10 두 회로가 전원공급기를 공유하고 있는 경우, 한 회로가 전원공급기에서 공급받는 전류는 상대편 회로의 전압에 영향을 준다.

1.13.3 전자기장에 의한 잡음 결합(Electric and Magnetic Field Coupling)

방사된 전기장과 자기장은 잡음 결합을 일으킨다. 도체를 비롯한 모든 회로부품에서 전하가 움직이면 전자기장이 방사된다. 이러한 의도하지 않은 방사 이외에도 방송국이나 레이더 송신기와 같은 신호원으로부터 발생하는 의도적인 방사에 의해서도 문제가 발생한다. 수신기가 신호원 가까이에 놓여 있는 경우(근거리장), 전기장과 자기장을 각각 별도로 고려한다. 수신기가 신호원에서 멀리 떨어져 있는 경우(원거리장), 전기장과 자기장을 함께 묶어 전자기파 방사로 고려한다.[9)]

9) 근거리장 (near field)과 원거리장 (far field)에 대한 설명은 6장을 참고하기 바란다.

1.14 기타 잡음원(MISCELLANEOUS NOISE SOURCES)

1.14.1 금속 접촉에 의한 전지 작용(Galvanic Action)

낮은 신호 레벨 회로에서 신호 경로로서 서로 다른 두 금속을 사용하는 경우에, 두 금속이 접촉할 때 발생하는 전지 작용(갈바니 작용, galvanic action)에 의해 잡음전압이 나타날 수 있다. 두 금속이 습기나 수증기를 만나면 화학전지(chemical wet cell)를 형성한다(galvanic couple). 이 때 발생하는 전압은 금속의 종류에 따라 달라지는데, <표 1-13>의 갈바니 서열(galvanic series)과 관련이 있다. 이 표에서 두 금속이 멀리 떨어져 있을수록 발생하는 두 금속의 전위차는 커진다. 두 금속이 같은 종류이면 전위차는 발생하지 않는다.

서로 다른 두 금속을 사용하면 잡음전압이 발생하는 것 외에 부식 문제를 일으킬 수 있다. 금속 접촉에 의한 갈바니 부식(galvanic corrosion)은 한 금속의 양이온이 다른 금속으로 전달되어 일어난다. 이 작용에 의해 양극 물질은 점점 부식된다. 부식 속도는 주위의 수분 함유량과 갈바니 서열상의 두 금속의 거리에 따라 달라진다. 두 금속이 갈바니 서열에서 멀리 떨어져 있을수록 이온이 빨리 이동한다. 바람직하지 않지만 흔히 사용되는 두 금속 조합이 알루미늄과 구리이다. 이 두 금속이 결합되면 결국 알루미늄이 부식된다. 그러나 구리를 납-주석 합금으로 도금하면 이 부식반응을 상당히 늦출 수 있는데, 이는 알루미늄과 납-주석 합금이 갈바니 서열에서 서로 가깝게 위치해 있기 때문이다.

표 1-13 갈바니 서열 (galvanic series)

군	물질	군	물질
	양극 최고점 (가장 부식이 잘 되는 물질)		
I 군	1. 마그네슘	IV 군	13. 니켈 (활성화된) 14. 황동 15. 구리 16. 청동 17. 구리–니켈 합금 18. 모넬 19. 은 땜합금 20. 니켈 (전기화학적으로 passive)[a] 21. 스테인레스 강 (passive)[a]
II 군	2. 아연 3. 아연 도금된 강 (철합금) 4. 알루미늄 2S 5. 카드뮴 6. 알루미늄 17ST		
III 군	7. 강 (철합금) 8. 순철 9. 스테인레스 강 (전기화학적으로 active) 10. 납–주석 땜합금 (solder) 11. 납 12. 주석	V 군	22. 은 23. 흑연 24. 금 25. 백금
			음극 최저점 (가장 부식이 덜 되는 물질)

[a] 강한 산성 용액 속에 담그어 패시베이션(부동태, passivation) 처리

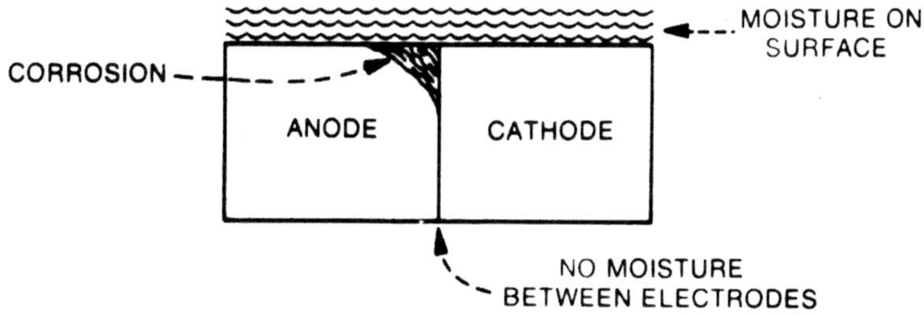

그림 1-11 전지 작용(갈바니 작용)은 서로 다른 두 개의 금속이 결합되고 그 표면에 습기가 존재하는 경우에 발생할 수 있다.

금속 접촉에 의한 전지 작용이 일어나기 위해서는 다음 네 가지 요소가 필요하다.

1. 양극 물질(<표 1-13>의 상위에 있는 물질)
2. 전해액(보통 습기)
3. 음극 물질(<표 1-13>의 하위에 있는 물질)
4. 음극과 양극 사이를 통하게 하는 전기적 연결(보통 누설 경로의 형태로 존재)

전지작용은 습기가 반드시 양극과 음극 사이의 공간을 침투해야만 일어나는 것이 아니다. <그림 1-11>에서 볼 수 있듯이 두 금속이 접촉되어 있는 면 위에 약간의 습기가 있기만 하면 전지작용이 발생한다.

<표 1-13>에서 보듯이 갈바니 서열을 구성하는 금속은 다섯 개의 그룹으로 나뉜다. 서로 다른 금속을 연결할 때는 같은 그룹에 속하는 금속들을 사용하는 것이 좋다. 상당히 양호한 실내환경에서 사용되는 제품이라면 인접한 그룹에 속해 있는 금속들을 사용할 수 있다.

서로 다른 두 금속 사이의 부식을 최소화하는 다른 방법은 다음과 같다:

- 음극 물질을 가능한 한 작게 한다.
- 두 물질 중 하나를 도금하여 접촉면이 속해 있는 그룹을 바꾼다.
- 두 물질을 하나로 합친 다음에 표면을 코팅하여 표면 습기를 차단한다.

1.14.2 전기분해 작용(Electrolytic Action)

전기분해(electrolytic) 작용에 의해서도 부식이 일어난다. 두 금속 사이에 전해액(약산성의 주변 습기가 전해액으로 작용할 수 있음)이 존재하는 경우, 두 금속 사이에 직류전류가 흐르면 부식이 발생한다. 이런 방식으로 생기는 부식은 사용되는 두 금속의 종류에는 무관하며 두 금속이 같은 경우에도 부식이 일어날 수 있다. 부식의 속도는 전류의 크기와 전해질의 전도율에 따라 달라진다.

1.14.3 마찰대전 효과(Triboelectric Effect)

케이블 내부의 유전체와 케이블 도체가 서로 접촉되어 있지 않으면 유전체 표면에 전하가 발생할 수 있다. 이것을 마찰대전 효과(triboelectric effect)라고 한다. 이것은 케이블이 물리적으로 휘어져 있는 경우에 발생하는 것이 보통이다. 이때 발생한 전하는 케이블 내에서 잡음 전압원으로 동작한다. 케이블을 급격하게 구부리거나 케이블을 흔들지(움직이지) 않으면 이 효과를 줄일 수 있다. 특수한 "저잡음(low noise)" 케이블이 시중에 나와 있는데, 이 케이블은 유전체 상에 전하가 축적되기 어렵도록 화학적 처리를 한 것이다.

1.14.4 도선의 움직임(Conductor Motion)

도선이 자기장 속에서 움직이면 도선의 양끝 사이에 전압이 유도된다. 큰 전류가 흐르는 전원 도선이나 그 밖의 회로들에 의해 주위에는 자기장이 존재한다. 어떤 도선이 낮은 레벨의 신호를 전달하고 있을 때, 이 도선이 자기장이 존재하는 공간 속에서 움직이면 잡음전압이 도선 속에 유도된다. 이 문제는 특히 진동이 일어나는 환경에서는 골칫거리가 될 수 있다. 이 문제의 해결책은 간단하다. 케이블 클램프와 그 밖의 고정 장치를 사용하여 도선의 움직임을 막으면 된다.

1.15 회로망 이론의 적용(USE OF NETWORK THEORY)

전기회로가 어떻게 동작하는지 정확하게 구하려면 반드시 맥스웰 방정식을 풀어야 한다. 이 방정식을 구성하는 함수는 3개의 공간변수(x, y, z)와 1개의 시간변수(t)를 가지므로 이 방정식은 4차원 문제이다. 일반적으로, 아주 간단한 문제를 제외한 대부분의 문제들은 매우 복잡하다. 이러한 문제의 복잡성을 피하기 위해서 대부분의 설계과정에서는 "전기회로 해석"이라는 근사적 해석방법을 사용한다.

회로해석에서는 공간변수를 사용하지 않으며 시간(또는 주파수)만의 함수로 근사적인 해석 결과를 제공한다. 회로해석에서는 다음 사항을 가정한다.

1. 모든 전기장은 커패시터 내부에 한정하여 존재한다.
2. 모든 자기장은 인덕터 내부에 한정하여 존재한다.
3. 회로의 크기는 신호의 파장에 비해 아주 작다.

위의 가정에 의하면, 실제로 존재하는 외부 전자기장이 회로망의 해석에서는 무시된다. 그러나 이 외부 전자기장이 다른 회로에 미치는 영향이 문제가 될 경우에도 무시될 수 있는 것은 아니다.

예를 들어, 100 W 전력 증폭기가 100 mW의 전력을 방사하고 있다고 하자. 이 전력 증폭기만을 해석하고 동작을 분석하는 경우에는 이 100 mW를 완전히 무시해도 된다. 그러나 이 방사 전력의 아주 조금이라도 어떤 민감한 회로의 입력에 수신되면 간섭을 일으킬 수 있다.

100 W 전력 증폭기에서는 100 mW의 방사성 방출량은 완전히 무시할 수 있지만 조건이 잘 맞으면 이 전력 증폭기에서 수천 마일 떨어진 곳에 있는 경우에도 민감한 수신기는 이를 수신할 수 있다.

잡음 결합경로는 등가 집중부품 회로로 나타낼 수 있다. 예를 들어 <그림 1-12>에서 보듯이 두 도체 사이에 존재하는 시변 전기장은 두 도체를 연결하는 커패시터로 나타낼 수 있다. 두 도선을 결합하고 있는 시변 자기장은 <그림 1-13>에서 보듯이 두 회로 사이의 상호 인덕턴스로 나타낼 수 있다.

이 해석방법이 유효하려면 회로의 실제 치수가 신호의 파장에 비해 아주 작아야 한다. 이 책에서는 적절한 경우마다 이 가정을 사용하기로 한다.

이 가정이 완전히 유효하지 않은 경우에도 집중부품 회로로 나타내는 방법은 여전히 유용한데, 그 까닭은 다음과 같다.

1. 맥스웰 방정식을 사용하여 대부분의 실제 잡음문제의 해답을 구하는 것은 복잡한 경계조건 때문에 불가능하다.
2. 집중회로 방법은, 가장 정확한 방법은 아닐지라도, 시스템의 변수(parameter)에 따라 잡음이 어떻게 변하는지 확실히 보여 준다. 반면에, 맥스웰 방정식을 사용하는 방법으로는 해답을 구할 수 있는 경우에도 시스템 변수에 따른 잡음의 변화를 확실히 알 수 없다.

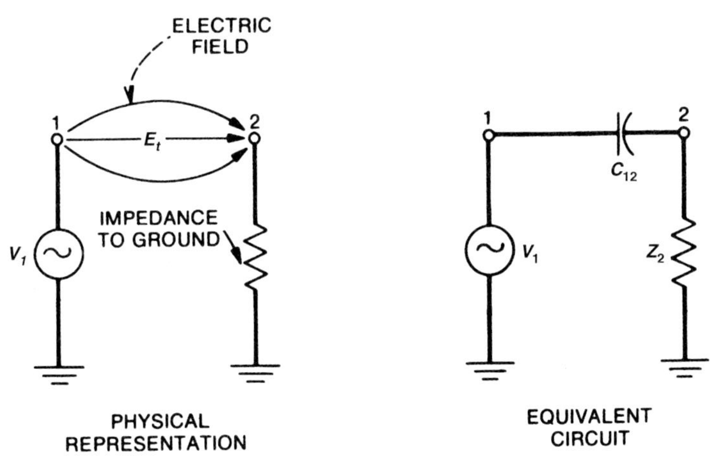

그림 1-12 두 회로가 전기장에 의해 결합하는 상황을 커패시터로 나타낼 수 있다.

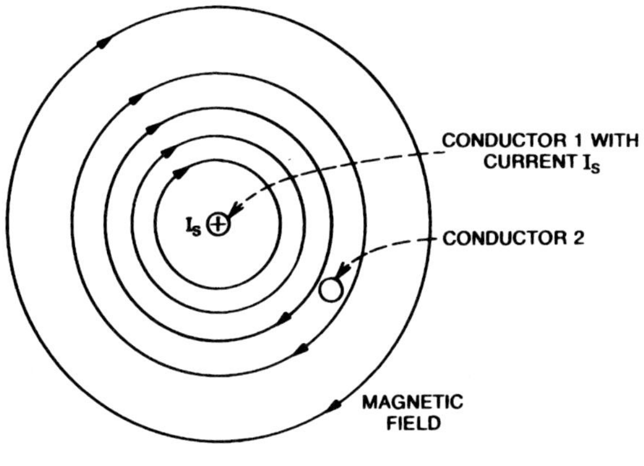

PHYSICAL
REPRESENTATION

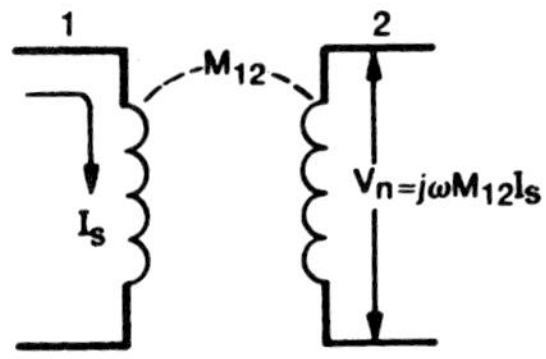

EQUIVALENT
CIRCUIT

그림 1-13 두 회로가 자기장에 의해 결합하는 상황을 상호 인덕턴스로 나타낼 수 있다.

3. 잡음 문제의 해답을 구하려면 시스템의 변수를 변화시켜야 하는데, 집중회로 분석은 변수에 따른 변화를 확실히 보여준다.

일반적으로 등가 집중회로 부품의 값을 수치로 정확하게 구하는 것은 어떤 특별한 기하학적 구조를 갖는 경우를 제외하고는 극히 어렵다. 그렇다해도 이들 등가 집중회로 부품은 존재하며 앞으로 보게 되겠지만 이 부품들을 정성적으로 정의할 수밖에 없는 경우에도 그 결과는 매우 유용하다.

요약 SUMMARY

- 잡음을 발생시키지 않는 제품을 설계하는 것은 잡음에 쉽게 영향을 받지 않는 제품을 설계하는 것만큼 중요하다.

- 잡음원은 다음 3가지 종류로 나눌 수 있다: (1) 고유 잡음원, (2) 인위적 잡음원, (3) 자연현상에 의한 잡음.
- 비용 대비 효과의 측면에서 잡음 억제는 반드시 설계 초기에 고려해야 한다.
- 전자파 적합성(EMC)은 통상적으로 사용되는 전자파 환경에서 제대로 작동하는 전자 시스템의 능력이다.
- 전자파 적합성에는 방출(emission)과 감응성(susceptibility)이라는 두 가지 측면이 있다.
- 제품을 설계할 때 반드시 전자파 적합성을 고려해야 하며 설계 마지막 단계에서 전자파 적합성 설계를 추가하는 일이 없도록 해야 한다.
- 대부분의 전자장비는 시장에서 판매되기 전에 반드시 EMC 규정을 준수해야 한다.
- EMC 규정은 고정되어 있지 않고 계속해서 바뀐다.
- 세 가지 주요 EMC 규정은 FCC 규정, 유럽연합 규정, 군용 기준이다.
- 다음은 FCC 규정에서 일시적으로 면제된 제품들이다:
  - 운송수단에서 사용되는 디지털 기기
  - 산업용 제어 시스템
  - 시험 장비
  - 가전제품(가정용 전자기기)
  - 전문 의료기기
  - 소비전력이 6 nW 이하인 기기
  - 조이스틱 컨트롤러 또는 이와 유사한 기기
  - 클록 주파수가 1.705 MHz 미만이며 AC 전원으로 동작하지 않는 기기
- 사실상 어떤 제품도 유럽연합의 EMC 규정에서 면제되지 않는다.
- 전자파 적합성은 주요 설계목표가 되어야 한다.
- 전자파 간섭 문제가 발생하려면 다음 세 가지 요소가 필요하다.
  - 잡음원
  - 결합경로
  - 피해장치
- 잡음의 세 가지 중요한 특성은 다음과 같다.
  - 주파수
  - 진폭
  - 잡음발생 시간
- 두 금속을 서로 연결할 때는 갈바니 서열에서 같은 그룹에 속해 있어야 한다.
- 전자 시스템에서 잡음은 여러 가지 기술을 사용하여 줄일 수 있다. 모든 잡음 억제 문제를 해결하는 단 한 가지 방법은 존재하지 않는다.

연습문제 PROBLEMS

1.1 잡음과 간섭의 차이점은 무엇인가?

1.2 a. 디지털 시계는 FCC에서 정의하는 디지털 장비에 속하는가?
b. 디지털 시계는 FCC의 EMC 요건을 충족해야 하는가?

1.3 a. 시험장비는 FCC Part 15 EMC 규정의 기술기준을 충족해야 하는가?
b. 시험장비는 FCC Part 15 EMC 규정의 무간섭 요건을 충족해야 하는가?

1.4 a. FCC의 EMC 규정의 기술기준을 충족시킬 책임이 있는 당사자는 누구인가?
b. FCC의 EMC 규정의 무간섭 요건을 충족시킬 책임이 있는 당사자는 누구인가?

1.5 B급 기기에 대한 방사성 방출 허용 한계치는 FCC 규정과 유럽연합 규정 중 어느 쪽이 더 엄격한가?
a. 30~88 MHz의 주파수 범위
b. 88~230 MHz의 주파수 범위
c. 230~960 MHz의 주파수 범위
d. 960~1000 MHz의 주파수 범위

1.6 a. FCC와 유럽연합의 B급 방사성 방출 허용 한계치 사이에 가장 차이가 큰 주파수 범위는 500 MHz 이하 중에서 어디인가?
b. 이 주파수 범위에서 두 허용 한계치의 최대 차이는 얼마인가?

1.7 a. FCC에서 전도성 방출 허용 한계치가가 규정되어 있는 주파수 범위는 어디인가?
b. FCC에서 방사성 방출 허용 한계치가가 규정되어 있는 주파수 범위는 어디인가?

1.8 a. 유럽연합에서 제품이 판매되기 위한 필수요건은 무엇인가?
b. 필수요건은 어느 규정에 정의되어 있는가?

1.9 어떤 방식으로 상업용 EMC 규정을 일반에게 알리는가?

1.10 FCC의 EMC 요건과 유럽연합의 EMC 요건의 주요 차이점은 무엇인가?

1.11 FCC에는 없는 것으로 유럽연합이 추가적으로 가진 방출요건은 무엇인가?

1.12 여러분의 회사가 유럽연합의 시장에서 판매하기 위해 새로운 소형 전자장치를 설계하고 있다. 이 장치는 주거용 환경과 상업용 환경에서 사용될 것이다. 현재 사용 중인 대부분의 제품별 특정 EMC 기준을 검토해보았지만 이 장치에 맞는 기준은 하나도 없었다. 이 장치의 EMC 적합성을 입증하려면 어떤 EMC 기준을 사용해야 하는가?

1.13 전자제품이 유럽연합에서 법적으로 판매되려면 전자제품은 EMC 통합조정 기준(harmonized standard)을 반드시 준수해야 하는가?

1.14 유럽연합에서 EMC 지침의 준수 여부를 입증하는 두 가지 방법은 무엇인가?

1.15 다음 EMC 규정은 법적요건과 계약요건 중 어디에 속하는가?

- FCC Part 15B
- MIL-STD-461E
- 2004/108/EC EMC 지침
- 항공용 RTCA/DO-160E
- 전화망 장비용 GR-1089
- 통신 단말장비용 TIA-968
- 자동차용 SAE J551

1.16 미국, 캐나다, 유럽연합의 공식관보의 명칭은 각각 무엇인가?

1.17 미국에서 의료 장비는 FCC의 EMC 요건을 충족해야 하는가?

1.18 전자파 간섭 문제가 발생하는 데 필요한 세 가지 요소는 무엇인가?

1.19 잡음원의 특성을 분석하는 경우에 사용하는 FAT는 무엇을 나타내는가?

1.20 a. 다음 금속 중에서 가장 부식이 잘 되는 것은 무엇인가? 카드뮴, 니켈(passive), 마그네슘, 구리, 강철

b. 어떤 금속이 가장 부식이 덜 되는가?

1.21 주석 판이 아연 주조물에 접합되어 있다면 전지 작용에 의해 어떤 금속이 부식되는가?

참고문헌 REFERENCES

2004/108/EEC. Council Directive 2004/108/EEC Relating to Electromagnetic Compatibility and Repealing Directive 89/336/EEC, *Official Journal of the European Union*, No.L 390 December 31, 2004, pp.24-37.

ANSI C63.4-1992. *Methods of Measurement of Radio-Noise Emissions from Low-Voltage Electrical and Electric Equipment in the Range of 9 kHz to 40 GHz*, IEEE, July 17, 1992.

CAN/CSA-CEI/IEC CISPR 22:02. *Limits an Methods of Measurement of Radio Disturbance Characteristics of Information Technology Equipment*, Canadian Standards Association, 2002.

CISPR, Publication 22. "Limits and Methods of Measurement of Radio Interference Characteristics of Information Technology Equipment," 1997.

Code of Federal Regulations, Title 47, Telecommunications(47CFR). Parts 1,2,15,18, and 68, U.S. Government Printing Office, Washington, DC.

EMC AB-1, Issue 2. Electromagnetic Compatibility Bulletin, "Immunity of Electrical/Electronic Equipment Intended to Operate in the Canadian Radio Environment (0.014-10,000 MHz)." Government of Canada, Department of Communications, August 1, 1982.

EN 61000-3-2. *Electromagnetic Compatibility (EMC)—Part 3-2: Limits—limits for Harmonic Current Emissions (Equipment Input Current ≤ 16 A Per Phase)*, CENELEC, 2006.

EN 61000-3-3. *Electromagnetic Compatibility (EMC)—Part 3-3: Limits—Limitation of Voltage Changes,*

*Voltage Fluctuations and Flicker in Public Low-Voltage Supply System, for Equipment with Rated Current ≤ 16 A Per Phase and Not Subject to Conditional Connection, CE*NELEC, 2006.

European Commission. *Guidelines on the Application of Council Directive 89/336/EEC on the Approximation of the Laws of the Member States Relating to Electromagnetic Compatibility*, European Commission, 1997.

FCC. "Commission Cautions Against Changes in Verified Computing Equipment." Public Notice No. 3281, April 7, 1982.

FCC. "United States and Canada Agree on Acceptance of Measurement Reports for Equipment Authorization," Public Notice No. 54795, July 12, 1995.

FDA. Guide to Inspections of Electromagnetic Compatibility Aspects of Medical Device Quality Systems, Us Food and Drug Administration, Available at http://www.fda.gov/ora/inspect_ref/igs/elec_med_dev/emc1.html. Accessed September 2008.

GR-1089-CORE. *Electromagnetic Compatibility and Electrical Safety—Generic Criteria for Network Telecommunications Equipment*, Telcordia, November 2002.

Heirman, D. N. "Broadcast Electromagnetic Environment Near Telephone Equipment." IEEE National Telecommunications Conference, 1976.

Janes, D. E. et al. "Nonionizing Radiation Exposure in Urban Areas of the United States." *Proceedings of the 5th International Radiation Protection Association*. April 1977.

MDS-201-0004. *Electromagnetic Compatibility Standards for Medical Devices*, U.S. Department of Health Education and Welfare, Food and Drug Administration, October 1, 1979.

MIL-STD-461E. *Requirements For The Control of Electromagnetic Interference Characteristics of Subsystems and Equipment*, August20, 1999.

MIL-STD-889B. *Dissimilar Metals*, notice 3, May 1993.

RTCA/DO-160E. *Environmental Conditions and Test Procedures for Airborne Equipment*, Radio Technical Commission for Aeronautics(RTCA), December 7, 2004.

SAE J551. *Performance Levels and Methods of Measurement of Electromagnetic Compatibility of Vehicles and Devices* (*60 Hz to 18 GHz*), Society of Automotive Engineers, June 1996.

SAE J1113. *Electromagnetic Compatibility Measurement Procedure for Vehicle Components (Except Aircraft)* (*60 Hz to 18 GHz*), Society of Automotive Engineers, July 1995.

TIA-968-A. *Telecommunications Telephone Terminal Equipment Technical Requirements for Connection of Terminal Equipment to the Telephone Network*, Telecommunications Industry Association, October 1, 2002.

심층자료 FURTHER READING

Cohen, T.J., and McCoy, L.G. "RFI-A New Look at an Old Problem." *QST*, March 1975.

Gruber, M.ed. *The ARRL RFI Book*, Newington, CT, American Radio Relay League, 2007.

Marshman, C. *The Guide to the EMC Directive 89/336/EEC*, IEEE Press, New York, 1992.

Wall, A. "Historical Perspective of the FCC Rules For Digital Devices and a Look to the Future," 2004 *IEEE International Symposium on Electromagnetic Compatibility*, August 9-13, 2004.

Chapter 2

케이블링

Cabling

케이블은 보통 시스템에서 가장 긴 부분이다. 따라서 잡음을 수신하고 방사하는 효율 좋은 안테나로 작용하므로 중요하게 다루어야 한다. 이 장에서는 전자기장과 케이블 사이, 그리고 케이블들 사이에서 발생하는 결합방식(누화, crosstalk)을 다루는데, 이때 차폐되지 않은 케이블(unshielded cable)과 차폐된 케이블(shielded cable) 을 모두 검토한다.

이 장에서 우리는 다음을 가정한다.

1. 차폐도체(실드, shield)는 비자성 물질로 만들어지고, 그 두께는 관심 주파수에서 표피깊이보다 훨씬 얇다.[1)]
2. 피해장치(receptor)는 잡음원에 부하로 작용할 정도로 강하게 잡음원과 결합되어 있지 않다.
3. 피해장치에 유도되는 전류는 본래의 전자기장을 왜곡시키지 않을 정도로 충분히 작다 (이 가정은 피해장치 주위를 감싸고 있는 차폐도체에는 적용되지 않는다).
4. 케이블은 파장에 비해 짧다.

케이블이 파장에 비해 짧다고 가정했으므로, 회로 사이의 결합은 도체 사이에 존재하는 집중회로(lumped) 형태의 정전용량(capacitance)과 인덕턴스로 나타낼 수 있다. 그러므로 이 회로는 통상적인 회로망 이론으로 해석할 수 있게 된다.

여기서는 세 가지 결합 형태를 살펴본다. 첫 번째는 회로 사이에서 전기장의 상호작용으로 나타나는 용량성(capacitive) 또는 전기적(electric) 결합이다. 이 결합 형태를 많은 문헌에서 흔히 정전기장 결합이라고 말하는데 전자기장이 정적이 아니므로 이렇게 부르는 것은 명백히 잘못된 것이다.

두 번째는 두 회로에서 발생하는 자기장 사이의 상호작용으로 나타나는 유도성(inductive)

1) 차폐도체의 두께가 표피 깊이보다 더 두껍다면, 이 장에서 다루는 방법에 의하여 계산한 것 외에 어느 정도 추가적인 차폐가 존재하게 된다. 이 효과를 6장에서 상세하게 다룬다.

또는 자기적(magnetic) 결합이다. 이 결합 형태를 흔히 전자기 결합이라고 나타내고 있으나 여기에는 전기장이 없으므로 이 또한 잘못된 용어를 사용하는 것이다. 세 번째는 전기장과 자기장이 결합되어 함께 존재하는 것으로 전자기 결합 또는 전자기 방사라고 한다. 전기적 결합에 대처하기 위하여 개발된 기술은 전자기 결합의 경우에도 역시 적용할 수 있다. 근거리 영역(근거리장, near field)의 해석에서는 일반적으로 전기장과 자기장을 따로따로 다루는 반면에 원거리 영역(원거리장, far field)의 경우에는 전자기장을 분석한다.[2] 간섭신호를 발생시키는 회로를 간섭원(source)라 부르고, 간섭을 받는 회로를 피해장치(receptor)라 부른다.

2.1 용량성 결합(CAPACITIVE COUPLING)

두 도체 사이에서 발생하는 용량성 결합을 <그림 2-1>[3]에 간단하게 나타내었다. 정전용량 C_{12}는 도체 1과 도체 2 사이의 부유 용량(stray capacitance)이다. 정전용량 C_{1G}는 도체 1과 접지사이의 부유 용량, C_{2G}는 도체 2와 접지 사이의 전체 부유 용량이고 R은 접지에 대한 회로 2의 저항이다. 저항 R은 도체 2에 연결되어 있는 회로망의 구성 부품으로부터 주어지는 것으로 부유 성분은 아니다. 정전용량 C_{2G}는 접지에 대한 도체 2의 부유 용량과 도체 2에 연결된 모든 회로의 영향으로 발생하는 정전용량으로 구성된다.

<그림 2-1>에 결합의 등가회로를 함께 나타내었다. 도체 1의 전압 V_1을 간섭원으로, 도체 2

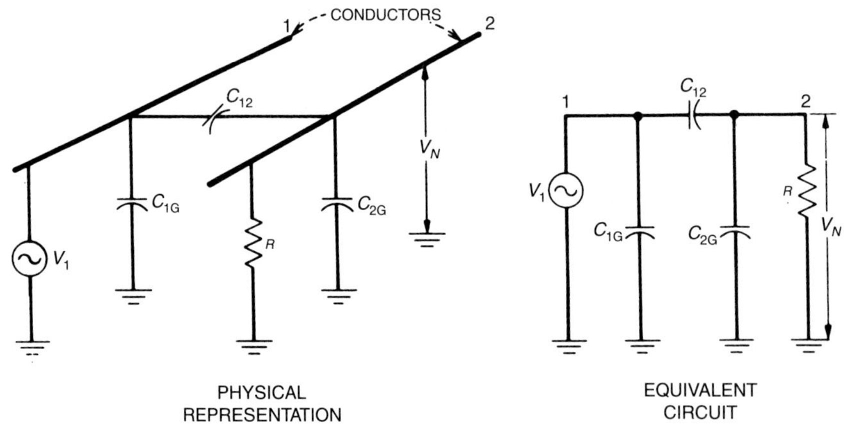

그림 2-1 도체 사이의 용량성 결합.

---

2) 근거리 전자기장과 원거리 전자기장의 정의는 6장을 참고하라.
3) <그림 2-1>에서 두 도체는 케이블 도선일 필요는 없다. 공간 상의 어떠한 두 도체라도 된다. 예를 들면 인쇄회로기판의 선로(트레이스)가 될 수도 있다.

의 전압 V_2를 영향을 받는 회로, 즉 피해장치로 생각해보자. <그림 2-1>의 C_{1G}와 같이 간섭원 양단에 직접적으로 연결된 정전용량은 잡음결합에는 아무런 영향을 주지 않으므로 무시할 수 있다. 도체 2와 접지 사이에 생성되는 잡음전압 V_N은 다음과 같다.

$$V_N = \frac{j\omega[C_{12}/(C_{12}+C_{2G})]}{j\omega + 1/R(C_{12}+C_{2G})} V_1 \tag{2-1}$$

식 (2-1)은 형태가 복잡해서 유도된 잡음전압이 여러 가지 변수들에 의하여 어떻게 결정되는지 한눈에 알아보기가 어렵다. 식 (2-1)은 부유 용량 C_{12}와 C_{2G}를 합한 임피던스 보다 R이 더 작은 임피던스를 가질 경우 간략하게 나타낼 수 있다. 실제 대부분의 경우에 이 조건이 성립한다.

따라서,

$$R \ll \frac{1}{j\omega(C_{12}+C_{2G})}$$

인 경우에 식 (2-1)은 다음과 같이 간단해진다.

$$V_N = j\omega R C_{12} V_1 \tag{2-2}$$

전기장 (즉 용량성) 결합은 피해회로와 접지 사이에 $j\omega C_{12}V_1$의 크기를 갖는 전류원이 연결된 회로로 모델링할 수 있다. 이것을 <그림 2-9A>에 나타냈다.

식 (2-2)는 두 도체 사이의 용량성 결합을 설명하는 가장 중요한 식으로, 유도된 잡음전압이 여러 변수들에 의하여 어떻게 결정되는지를 명확하게 보여준다. 식 (2-2)는 잡음전압이 잡음원의 주파수 ($\omega = 2\pi f$)와 피해회로와 접지 사이의 저항 R, 도체 1과 2사이의 정전용량 C_{12}, 그리고 전압 V_1의 진폭에 정비례함을 나타낸다.

잡음원의 주파수와 전압이 변하지 않는다고 가정하면, 용량성 결합을 감소시키기 위해서는 두 가지 변수만 고려하면 된다. 피해회로를 더 낮은 저항 레벨(저항값)로 동작시키거나 상호 정전용량 C_{12}를 감소시키면 된다. 정전용량 C_{12}는 도체를 차폐시키거나 (다음 절에서 설명) 도체들을 물리적으로 서로 떨어뜨리거나 도체들이 서로 향하고 있는 방향을 적절하게 조절함으로써 줄일 수 있다. 만약 두 도체를 더욱 멀리 떨어뜨리면 C_{12}는 감소하고, 따라서 도체 2의 유도전압이 감소한다.[4] 도체간격이 용량성결합에 미치는 영향을 <그림 2-2>에 나타내었다. 참고로 도체의 간격이 도체 지름의 3배인 경우, 결합량은 0 dB이다. 그림에서 알 수 있듯이 도체 사이의 거리가 도체 지름보다 40배 (지름이 0.645 mm인 22번 도선의 경우 1 인치) 이상일 경우 도체 간격을 더 늘려도 추가적인 감쇠를 거의 얻을 수 없다.

---

4) 지름이 d이고 간격이 D인 두 평행한 도체 사이의 정전용량은 $C_{12} = \pi e/\cosh^{-1}(D/d)$(F/m)이다. 이 식은 $D/d > 3$일 때, $C_{12} = \pi e/\ln(2D/d)$(F/m)로 된다. 자유공간에서 $e = 8.85 \times 10^{-12}$ (F/m)이다.

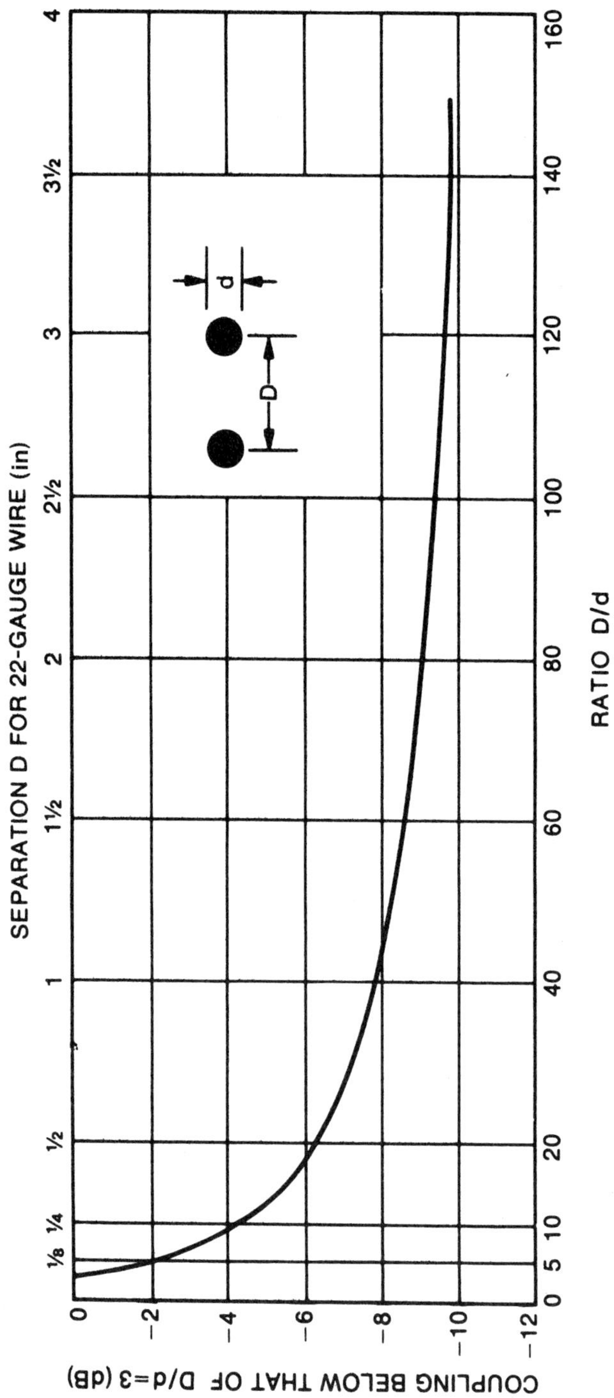

그림 2-2 용량성 결합에서 도체간격의 영향: 22번 도선의 경우 대부분의 감쇠는 도선간격이 0에서 1 인치로 증가하는 구간에서 발생한다.

만약 도체 2와 접지 사이의 저항이 커서 다음 식이 성립한다면,

$$R \gg \frac{1}{j\omega(C_{12}+C_{2G})}$$

식 (2-1)은 다음과 같이 간단해진다.

$$V_N = \left(\frac{C_{12}}{C_{12}+C_{2G}}\right)V_1 \tag{2-3}$$

이 조건에서, 도체 2와 접지 사이에 발생되는 잡음전압은 C_{12}와 C_{2G}사이의 용량성 전압 분배의 결과이다. 잡음전압은 주파수와 무관하고 R이 작을 때보다 크기가 크다.

식 (2-1)을 ω의 함수로 나타낸 그래프가 <그림 2-3>이다. 그림에서 알 수 있듯이 최대 잡음 결합은 식 (2-3)으로 주어진다. 이 그림은 실제 잡음전압이 식 (2-2)로 주어지는 값보다 항상 작거나 같다는 것을 보여주고 있다. 주파수가 아래와 같을 때

$$\omega = \frac{1}{R(C_{12}+C_{2G})} \tag{2-4}$$

식 (2-2)로 계산된 잡음 값은 실제 값보다 1.41배 크다. 실제 상황에서는 대부분 주파수가 이것보다 훨씬 낮으므로 식 (2-2)가 적용된다.

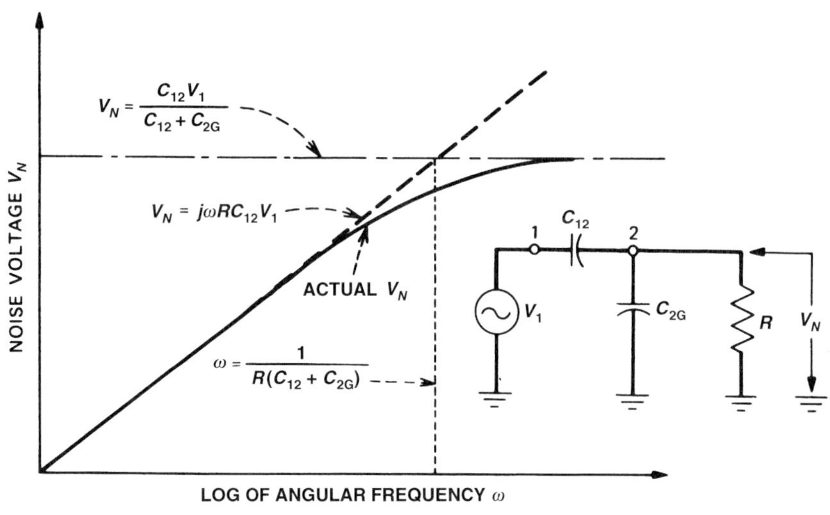

그림 2-3 용량성 결합에 의한 잡음 전압의 주파수 응답.

2.2 차폐도체가 용량성 결합에 미치는 영향 (EFFECT OF SHIELD ON CAPACITIVE COUPLING)

먼저 <그림 2-4>와 같이 도체가 이상적으로 차폐된 경우를 생각해 보자. 이 경우의 용량성 결합에 대한 등가회로도 그림에 함께 나타냈다. 여기서 말하는 이상적인 경우란 다음과 같다.

1. 차폐도체(shield)는 도체 2를 완전히 둘러싸고 있다. 도체 2의 양 끝이 차폐도체 밖으로 나오지 않는다.
2. 차폐도체는 구멍이 없이 완전히 채워진(solid) 구조로 되어 있다. 따라서 여러 가닥의 선을 꼬아(엮어) 만든 편조(braided) 차폐도체에서 볼 수 있는 도체 사이의 틈이 전혀 없다.
3. 차폐도체는 종단되지(terminated) 않은(양끝이 어느 곳에도 연결되지 않은) 상태이다. 또한 도체 2에는 종단(terminating) 임피던스가 연결되어 있지 않다.

도체 2의 차폐도체는 도체 1에 그대로 노출되어 있고, 종단되어 있지 않으므로지 않은 상태이므로 높은 종단 임피던스를 가진다. 그러므로 식 (2-3)을 이용하여 차폐도체에 유도되는 전압을 구할 수 있다. 차폐도체에 유도되는 잡음전압은 다음과 같다.

$$V_S = \left(\frac{C_{1S}}{C_{1S} + C_{SG}}\right) V_1 \tag{2-5}$$

<그림 2-4>의 등가회로로부터, 이상적인 경우에 도체 2와 연결된 임피던스는 정전용량 C_{2S}가 유일하다는 것을 알 수 있다. 도체 2와 연결된 다른 임피던스가 없기 때문에 어떠한 전류도 C_{2S}를 통하여 흐르지 않는다. 결과적으로 C_{2S} 양단에서는 전압강하가 일어나지 않으므로 도체 2에 수신된 잡음전압은 다음과 같다.

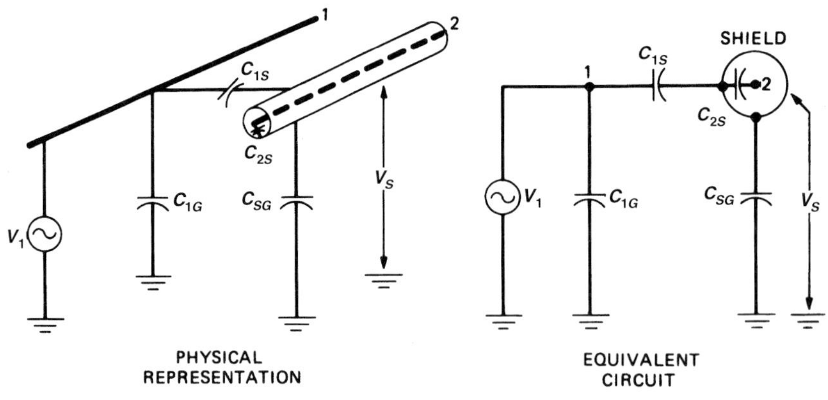

그림 2-4 피해회로 도체가 이상적으로 차폐된 경우의 용량성 결합.

$$V_N = V_S \tag{2-6}$$

따라서 도체 2의 차폐도체는 도체 2에 수신되는 잡음전압을 감소시키지 않는다.

그러나 만약 차폐도체가 접지된다면, $V_S = 0$이 되어 식 (2-6)으로부터 잡음전압 V_N은 0으로 줄어들 것이다. 그러므로 차폐도체가 적절하게 종단 (접지)되지 않으면 효과가 없다는 결론을 내릴 수 있다. 앞으로 살펴보겠지만, 많은 경우에 있어서 차폐도체 자체의 특성보다 차폐도체 종단처리(termination)가 더 중요하다(2.15절 차폐도체 종단처리 참고).

실제로 많은 경우에, 중심도체는 <그림 2-5>에서와 같이 보통 차폐도체 밖으로 빠져나와 있다. <그림 2-5>에서 C_{12}는 도체 1과 차폐된 도체 2사이의 정전용량이고, C_{2G}는 도체 2와 접지 사이의 정전용량이다. 도체 2의 끝이 차폐도체 밖으로 뻗어나와 있고 차폐도체에 구멍이나 틈새가 있기 때문에 이 두 정전용량이 존재한다. 비록 차폐도체가 접지되어 있다 하더라도 잡음전압은 도체 2로 결합된다. 이것의 크기는 다음 식과 같다.

$$V_N = \frac{C_{12}}{C_{12} + C_{2G} + C_{2S}} V_1 \tag{2-7}$$

C_{12}의 값과 이에 따라 발생하는 식 (2-7)의 V_N은 차폐도체 밖으로 뻗어 나와 있는 도체 2의 길이에 주로 의존하고 차폐도체의 틈새에는 적게 의존한다.

그러므로 전기장 차폐를 좋게 하기 위해서는 (1) 차폐도체 밖으로 뻗어나온 중심도체의 길이를 최소화하고 (2) 차폐도체에 좋은 접지를 제공하는 것이 필요하다. 케이블 길이가 파장의 1/20 이하일 경우 차폐도체를 한 점에서 접지와 연결해도 차폐도체의 접지효과가 양호하다. 케이블 길이가 이보다 더 긴 경우에는 다중 접지가 필요하다.

잡음을 수신하는 도체와 접지 사이에 유한한 값의 저항이 연결되어 있는 경우를 <그림 2-6>

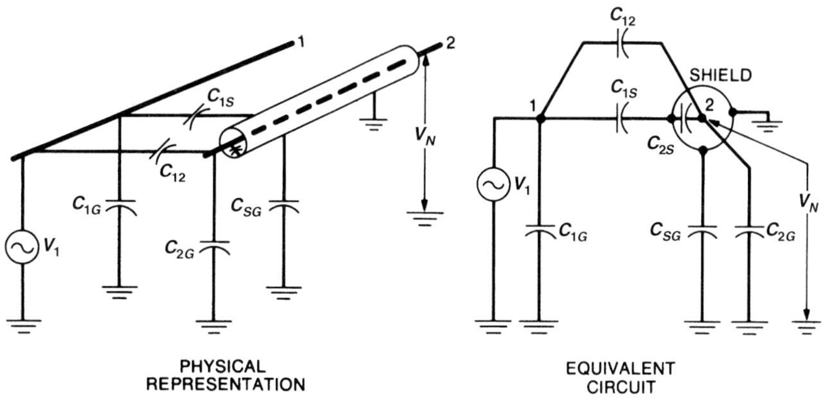

그림 2-5 중심 도체가 차폐도체 밖으로 뻗어나온 경우의 용량성 결합; 차폐도체는 한 점에서 접지와 연결됨.

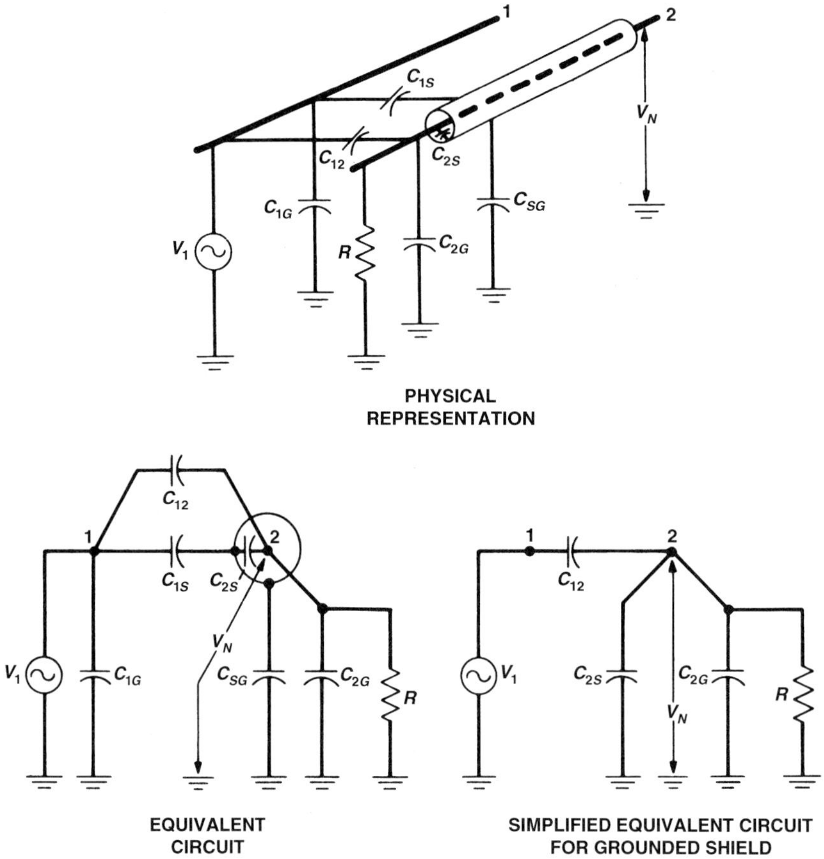

그림 2–6 잡음이 유도되는 도체와 접지 사이에 저항성분이 있는 경우의 용량성 결합.

에 나타내었다. 차폐도체가 접지되면 등가회로는 오른쪽 그림처럼 간단해진다. 잡음원 양단의 정전용량은 잡음결합에 아무런 영향을 주지 못하므로 무시할 수 있다. <그림 2.1>의 회로에서 C_{2G}를 C_{2G}와 C_{2S}의 합으로 대체하면 <그림 2.6>의 간략화된 등가회로와 같아진다.

그러므로 만약 다음 식과 같은 조건에서는 (대개의 경우 성립됨),

$$R \ll \frac{1}{j\omega(C_{12} + C_{2G} + C_{2S})}$$

도체 2에 결합된 잡음전압은 다음과 같다.

$$V_N = j\omega R C_{12} V_1 \tag{2-8}$$

C_{12}가 차폐도체에 의하여 크게 감소되지 않을 경우, 식 (2.8)의 잡음전압은 차폐되지 않은 케이

블에 관한 식 (2-2)와 같다. 정전용량 C_{12}는 주로 도체 1과 도체 2의 차폐되지 않은 부분 간의 정전용량으로 구성된다. 편조(braided) 차폐도체를 사용할 경우, 도체 2의 차폐도체 틈새를 통해 도체 1과 도체 2 사이에 존재하는 정전용량이 C_{12}에 포함되어야 한다.

2.3 유도성 결합(INDUCTIVE COUPLING)[5)]

도체를 통하여 전류 I가 흐를 때, 전류에 비례하는 자속 Φ가 생성된다. 비례상수를 L (인덕턴스)이라 하면 전류와 자속의 관계를 다음 식으로 나타낼 수 있다.

$$\phi_T = LI \tag{2-9a}$$

식 (2-9a)에서 Φ_T는 총 자속이고 I는 그 자속을 발생시키는 전류이다. 식 (2-9a)로부터 다음과 같이 도체의 **자체 인덕턴스**(*self-inductance*)에 관한 식을 얻는다.

$$L = \frac{\phi_T}{I} \tag{2-9b}$$

인덕턴스는 회로의 구조와 전자기장을 포함하고 있는 매질의 자기적 성질에 의존한다.

한 회로에 전류가 흘러 두 번째 회로에 자속이 생길 경우, 회로 1과 회로 2간의 **상호 인덕턴스**(*mutual inductance*) M_{12}는 식 (2-10)과 같이 정의된다.

$$M_{12} = \frac{\phi_{12}}{I_1} \tag{2-10}$$

식 (2-10)에서 ϕ_{12}는 회로 1의 전류 I_1에 의해 발생한 자속 중에서 회로 2와 교차하는 자속을 나타낸다.

자속밀도 $\overline{B}$에 의하여 면적 $\overline{A}$ 인 폐 루프(closed loop)에 유도되는 전압 V_N은 패러데이 법칙(Hayt, 1974, p. 331)으로부터 다음과 같이 유도된다.

$$V_N = -\frac{d}{dt}\int_A \overline{B}\cdot d\overline{A} \tag{2-11}$$

여기서 $\overline{B}$와 $\overline{A}$ 는 벡터이다. 만약 폐 루프가 고정되어 있고 자속밀도가 시간에 따라 사인모양으로 변하며 루프 전체에 걸쳐서 그 크기가 일정하다면 식 (2-11)은 다음과 같이 된다.[6)]

---

5) 인덕턴스 개념의 자세한 설명은 부록 E에 수록되어 있다.

6) 식 (2-12)는 MKS 단위 사용 시 적용된다. 자속 B의 단위는 W/m^2 (또는 tesla)이며, 면적 A의 단위는 m^2이다. B의 단위가 gauss, A의 단위가 cm^2 (CGS 단위계)일 때는 식 (2-12)의 우변에 10^{-8}을 곱해야 한다.

$$V_N = j\omega BA\cos\theta \tag{2-12}$$

<그림 2-7>에 나타낸 것처럼 A는 폐 루프의 면적, B는 각 주파수가 ω 이면서 사인모양으로 변하는 자속밀도의 실효값이고, V_N은 유도전압의 실효값이다.

$BA\cos\theta$가 피해 회로에 결합된 총 자속밀도 (ϕ_{12})이기 때문에 식 (2-10)과 식 (2-12)으로부터 두 회로 사이의 상호 인덕턴스 M을 사용하여 유도전압을 다음과 같이 표현할 수 있다.

$$V_N = j\omega MI_1 = M\frac{di_1}{dt} \tag{2-13}$$

식 (2-12)와 (2-13)은 두 회로 사이의 유도성 결합을 설명하는 기본 식이다. <그림 2-8>은 식 (2-13)이 설명하는 두 회로 사이의 유도성 (자기적)결합을 그림으로 나타낸 것이다. I_1은 잡음원 회로의 전류이고, M은 두 회로 사이에 있는 매질의 자기적 성질과 기하학적 구조를 나타내는 항이다. 식 (2-12)와 (2-13)에 들어있는 ω는 결합이 주파수에 정비례한다는 것을 나타낸다. 잡음전

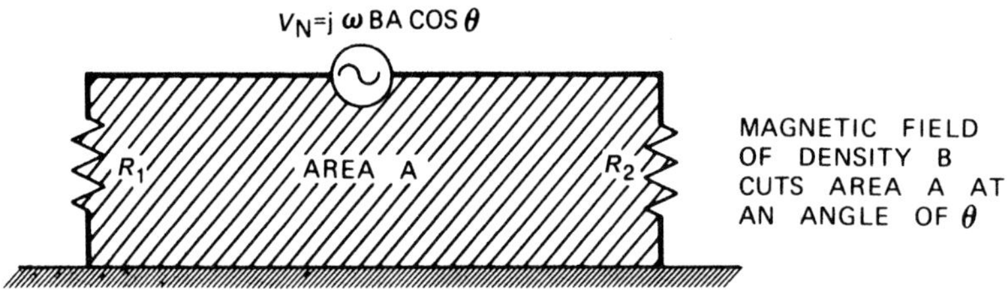

그림 2-7 피해회로에 유도된 잡음은 그 회로에 의해서 둘러싸인 면적에 비례한다.

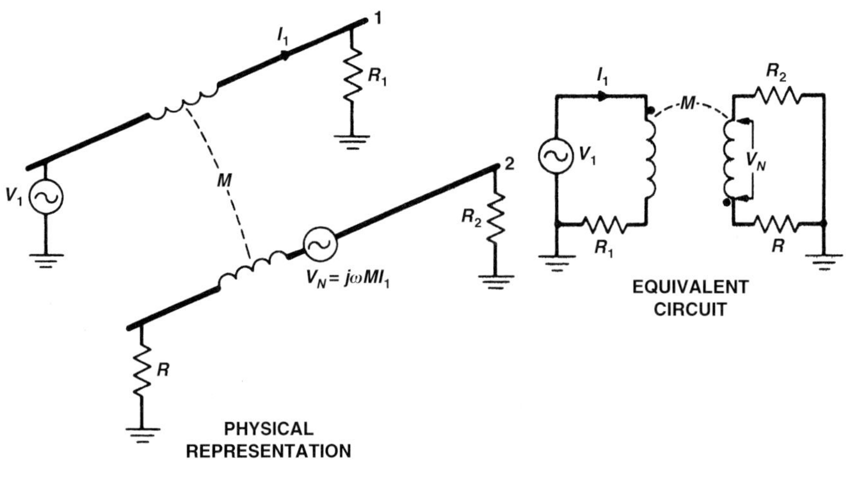

그림 2-8 두 회로 사이의 자기적 결합.

압을 줄이려면 B, A, 또는 $\cos\theta$를 줄여야 한다. 자속밀도 B는 회로를 물리적으로 떨어뜨리거나 간섭을 일으키는 신호원(잡음원)의 두 선을 꼬아줌(twisting)으로써 줄일 수 있다. 이때 꼬는 것이 효과가 있으려면 전류가 접지로 흐르지 않고 꼰 선으로만 흘러야 한다. 이 경우 두 선을 꼬는 것은 각 도선에 의한 자기장이 서로 상쇄되게 한다. 수신회로의 면적은 도체를 접지판 가까이 놓거나 (귀환전류가 접지판을 통하여 흐르는 경우), 또는 두 도체를 함께 꼬아서 사용함으로써 (귀환전류가 접지판 대신 두 도체 중 한 도체를 따라 흐르는 경우) 줄일 수 있다. $\cos\theta$ 항은 잡음원과 수신회로가 향하는 방향을 적절히 조절하여 줄일 수 있다.

자기장과 전기장 결합 사이에는 몇 가지 다른 점이 있다는 것에 주목할 필요가 있다. 자기장 결합에서는 잡음전압이 수신회로 도체에 직렬로 발생되는 것에(<그림 2-9B>) 반하여, 전기장 결합에서는 잡음전류가 수신회로 도체와 접지 사이에 발생된다(<그림 2-9A>). 이 차이점은 전기장 결합인지 자기장 결합인지를 구별해 내기 위한 시험에 사용될 수 있다. 케이블의 한쪽 끝에 연결된 임피던스 양단의 잡음전압을, 케이블의 반대편 끝에 연결된 임피던스를 줄이면서 측정한다 (<그림 2-9>). 만약 측정되는 잡음전압이 감소한다면 수신된 잡음은 전기장 결합에 의한 것이고, 측정되는 잡음전압이 증가한다면 수신된 잡음은 자기장 결합에 의한 것이다.

2.4 상호 인덕턴스 계산(MUTUAL INDUCTANCE CALCULATIONS)

식 (2-13)을 사용하려면 잡음원과 잡음 수신회로 사이의 상호 인덕턴스를 알아야만 한다. 대부분의 책들은 실제 회로의 기하학적 구조가 갖는 상호 인덕턴스를 계산하는 데 별로 신경을 쓰지

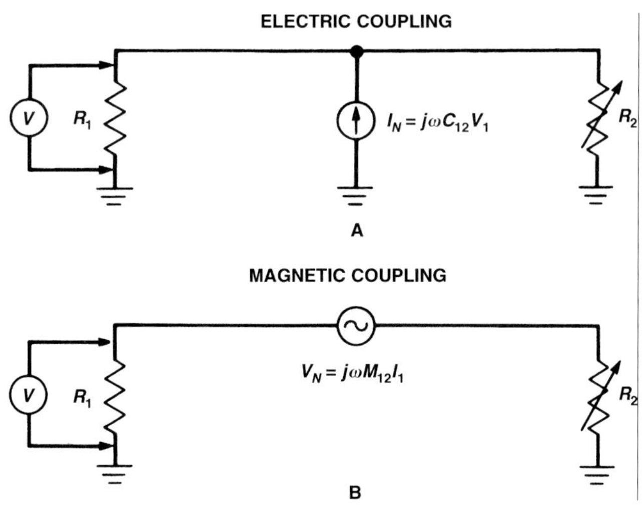

그림 2–9 (A) 전기장 결합의 등가회로; (B) 자기장 결합의 등가회로.

않고 있다. 그러나 Grover (1973)는 이 주제를 광범위하게 다루었고, Ruehli (1972)는 상호 부분 인덕턴스(partial mutual inductance)라는 유용한 개념을 개발하였다 (부록 E 참고). 이런 상호 부분 인덕턴스의 개념은 Paul (1986)에 의해 더욱 더 발전되었다.

상호 인덕턴스를 계산하기 전에 전류가 흐르는 도체로부터의 거리에 따른 자속밀도의 계산식을 구해야만 한다. 비오-사바르 법칙을 사용하여 전류가 흐르는 긴 도체로부터 거리 r만큼 떨어진 곳의 자속밀도 B는, 거리 r이 도체의 반지름보다 큰 경우에 다음 식 (2-14)와 같이 쓸 수 있다 (Hayt 1974, pp. 235-237).

$$B = \frac{\mu I}{2\pi r} \tag{2-14}$$

자속밀도 B는 단위 면적당 자속 ϕ와 같다. 그러므로 자기장은 전류 I에 정비례하고 거리 r에 반비례한다. 식 (2-14)와 (2-10)을 사용하여 전류가 흐르는 각 도체로부터 수신 루프에 결합되는 자속을 계산한 다음, 모든 결과를 더하여 총 자속결합을 계산하면 도체들이 임의로 배치된 구조의 상호 인덕턴스를 구할 수 있다.

예제 2.1

<그림 2-10A>와 같이 동일 평면에 포개져 있는 두 개의 루프 사이의 상호 인덕턴스를 계산하라. 루프 옆면의 길이가 위, 아랫면의 길이보다 훨씬 길다고 가정한다(즉, 위아래 도체들에 의한 결합은 무시할 수 있다). 도체 1과 2에 흐르는 전류 I_1은 도체 3, 4로 이루어진 루프에 전압 V_N을 유도한다. <그림 2-10B>는 루프의 단면도로 도체들 사이의 간격을 보여주고 있다. 도체 1의 전류에 의해 생성된 자속 중에서 도체 3과 도체 4 사이의 루프와 교차하는 자속은 다음과 같다.

$$\phi_{12} = \int_a^b \frac{\mu I_1}{2\pi r} dr = \frac{\mu I_1}{2\pi} \ln\left(\frac{b}{a}\right) \tag{2-15}$$

도체들의 구조가 대칭이므로 도체 2도 같은 자속을 만든다. 이 자속은 도체 1의 전류에 의해 생성된 자속과 같은 방향이다. 그러므로 도체 3과 4에 의해 형성된 루프에 결합되는 총 자속은 식 (2-15)의 2배가 되어 다음 식과 같다.

$$\phi_{12} = \left[\frac{\mu}{\pi} \ln\left(\frac{b}{a}\right)\right] I_1 \tag{2-16}$$

식 (2-16)을 전류 I_1으로 나누고 μ대신에 $4\pi \times 10^{-7}$ H/m를 대입하면 H/m 단위의 상호 인덕턴스를 다음과 같이 구할 수 있다.

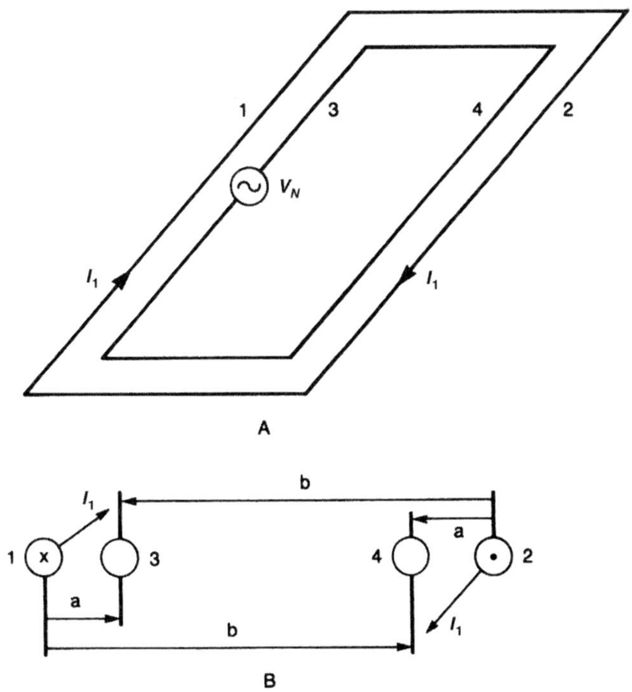

그림 2-10 (A) 동일 평면상에 중첩된 루프; (B) 루프의 단면도

$$M = 4 \times 10^{-7} \ln\left(\frac{b}{a}\right) \tag{2-17}$$

두 루프 사이에 결합되는 전압은 식 (2-17)의 결과를 식 (2-13)에 대입하여 계산할 수 있다.

2.5 차폐도체가 자기적 결합에 미치는 영향 (EFFECT OF SHIELD ON MAGNETIC COUPLING)

도체 2의 주위를 감싸고 있는 차폐도체가 접지되어있지 않고 비자성체인 경우, 이를 회로로 나타내면 <그림 2-11>과 같다. 여기서 M_{1S}는 도체 1과 차폐도체 사이의 상호 인덕턴스이다. 차폐도체가 회로 1과 2 사이의 기하학적 구조나 두 회로 사이의 공간을 채우고 있는 매질의 자기적 특성에 영향을 주지 않기 때문에 도체 2로 유도되는 전압에도 영향을 주지 않는다. 그러나 도체 1에 흐르는 전류 때문에 차폐도체에는 다음 식과 같은 전압이 유도된다.

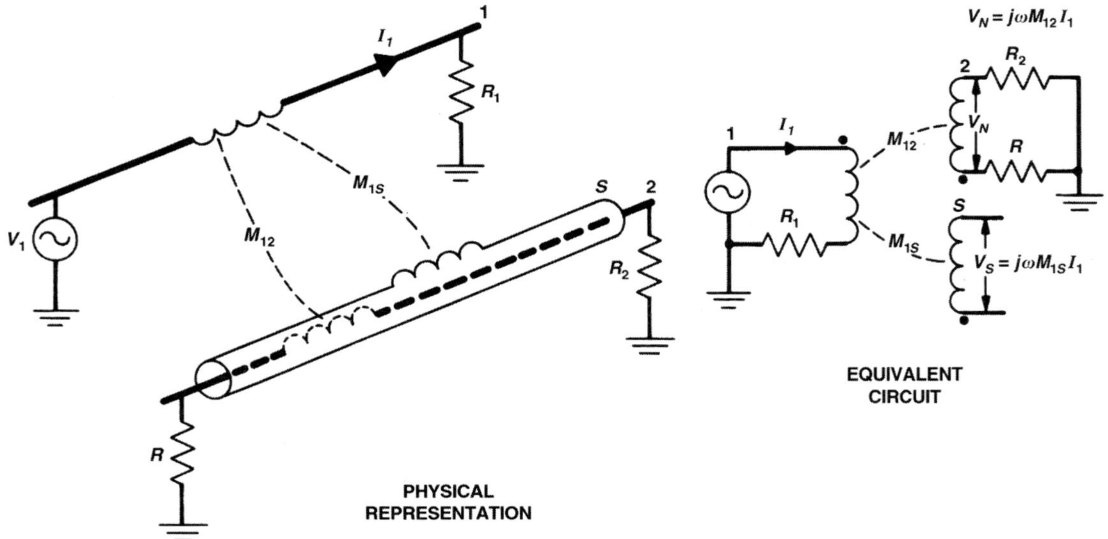

그림 2-11 차폐도체가 잡음이 수신되는 도체 주위를 감싸고 있는 경우의 자기적 결합.

$$V_S = j\omega M_{1S} I_1 \tag{2-18}$$

차폐도체의 한쪽 끝만 접지시킨 경우에는 아무런 변화도 일어나지 않는다. 즉, 어떤 도체 주위를 감싸고 있는 비자성체 차폐도체의 한쪽 끝만 접지와 연결되면 그 도체에 자기적으로 유도되는 전압에는 아무런 영향을 주지 않는다.

그러나 차폐도체의 양끝이 모두 접지되면 <그림 2-11>의 M_{1S}에 의해 차폐도체에 유도된 전압은 차폐전류를 흐르게 한다. 이 차폐전류는 도체 2에 추가로 잡음전압을 유도하므로 이것을 반드시 고려하여야 한다. 이 전압을 계산하기 위해서는 사전에 차폐도체와 중심 도체 사이에 존재하는 상호 인덕턴스를 구해야 한다.

이러한 이유 때문에 유도결합에 대하여 논의를 계속하기에 앞서, 속이 빈 도체 관 (차폐도체)과 그 관 속에 위치한 임의의 도체 사이의 자기적 결합을 계산할 필요가 있다. 이러한 개념은 자기적 차폐를 설명하는 데 필수적인 것으로 나중에 이를 사용할 것이다.

2.5.1 차폐도체와 내부도체 사이의 자기적 결합

(Magnetic Coupling Between Shield and Inner Conductor)

먼저 <그림 2-12>와 같이 관 모양의 도체에 축방향으로 균일하게 흐르는 전류에 의하여 생성되는 자기장을 생각해 보자. 만약 관의 내부공간이 관의 바깥면과 동심원을 이루고 있다면 관 내부의 공간에는 자기장이 없으며 모든 자기장은 관의 바깥에 존재한다(Smythe, p.278).

이제 <그림 2-13>과 같이 동축 케이블을 만들기 위하여 관 내부에 하나의 도체를 놓자. 차폐관 속의 전류 I_s에 의한 총 자속 ϕ는 모두 내부 도체를 둘러싼다. 차폐도체의 인덕턴스는 식 (2-19)와 같다.

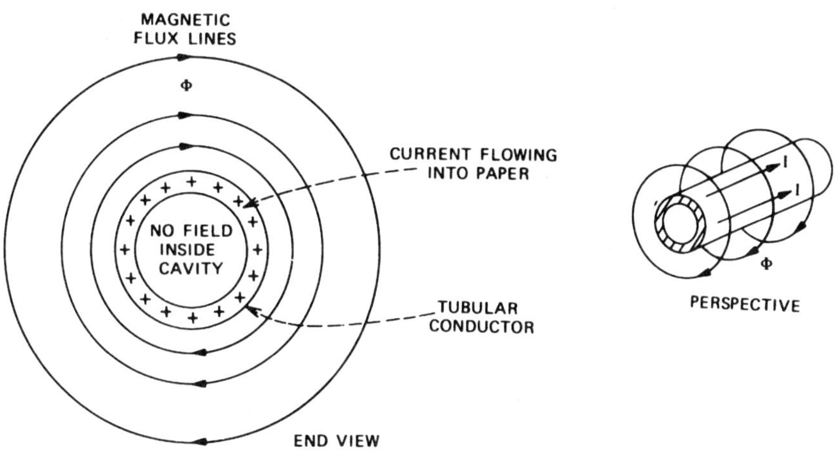

그림 2-12 관 모양의 도체에 흐르는 전류에 의해 발생하는 자기장.

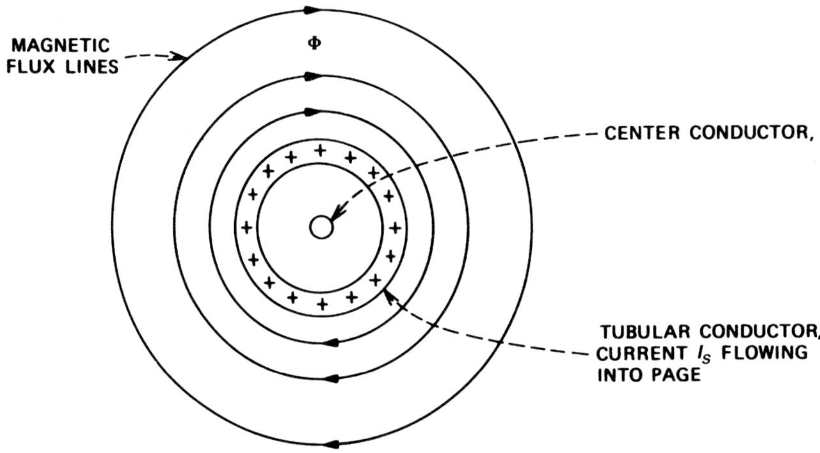

그림 2-13 차폐전류가 차폐도체의 원둘레 주위를 균일하게 흐르는 동축 케이블.

$$L_S = \frac{\phi}{I_S} \tag{2-19}$$

차폐도체와 내부 도체 사이의 상호 인덕턴스는 식 (2-20)과 같다.

$$M = \frac{\phi}{I_S} \tag{2-20}$$

차폐전류에 의해 만들어진 모든 자속이 중심도체를 감싸고 있으므로 식 (2-19)와 (2-20)의 자속 ϕ는 같다. 그러므로 차폐도체와 중심 도체 사이의 상호 인덕턴스는 차폐도체의 자체 인덕턴스와 같다.

$$M = L_S \tag{2-21}$$

식 (2-21)은 가장 중요한 결과이며 이 책에서 앞으로 종종 언급할 것이다. 이것을 유도한 것은 차폐도체와 중심도체 사이의 상호 인덕턴스가 차폐 도체의 인덕턴스와 같다는 것을 보여주기 위해서이다. 상호 인덕턴스의 가역성 (Hayt, 1974, p.321)에 따라 반대의 경우도 성립해야 한다. 즉 중심도체와 차폐도체 사이의 상호 인덕턴스는 차폐 도체의 인덕턴스와 같다.

식 (2-21)은 차폐전류로 인해 관 내부의 빈 공간에 자기장이 없는 경우에만 유효하다. 이러한 요건이 성립하려면 관 모양이 원통이며, 전류밀도가 <그림 2-12>와 같이 관의 둘레에 걸쳐서 균일해야 한다. 원통 관의 내부에는 자기장이 존재하지 않으므로, 식 (2-21)은 관 내부에 놓인 도체의 위치에 관계없이 적용된다. 바꾸어 말하면 두 도체의 축이 같아야 할 필요는 없다. 식 (2-21)은 차폐도체 내부에 여러 개의 도체가 놓여 있는 경우에도 적용되는데, 이 경우에는 차폐도체와 내부의 각 도체 사이의 상호 인덕턴스를 나타낸다.

이제 차폐전류 I_S에 의하여 중심 도체로 유도되는 전압 V_N을 계산할 수 있다. 차폐전류는 다른 회로로부터 차폐도체로 유도되는 전압V_S에 의하여 발생된다고 가정하자. 이 경우에 적용되는 회로를 <그림 2-14>에 나타내었다; 여기서 L_S와 R_S는 차폐도체의 인덕턴스와 저항이다. 전압 V_N은 다음 식과 같다.

$$V_N = j\omega M I_S \tag{2-22}$$

전류 I_S는 다음과 같다.

$$I_S = \frac{V_S}{L_S}\left(\frac{1}{j\omega + R_S/L_S}\right) \tag{2-23}$$

따라서

$$V_N = \left(\frac{j\omega M V_S}{L_S}\right)\left(\frac{1}{j\omega + R_S/L_S}\right) \tag{2-24}$$

$L_S = M$이므로 (식 (2-21)로부터), 다음 식을 얻을 수 있다.

$$V_N = \left(\frac{j\omega}{j\omega + R_S/L_S}\right)V_S \tag{2-25}$$

식 (2-25)를 <그림 2-15>에 도시하였다. 이 그래프에서 점근선이 꺾인 주파수를 차폐도체의 차단 주파수(ω_c)로 정의하는데 그 값은 다음과 같다.

$$\omega_c = \frac{R_S}{L_S}, \quad \text{또는} \quad f_c = \frac{R_S}{2\pi L_S} \tag{2-26}$$

중심도체에 유도되는 잡음전압은 직류에서 0이고 주파수가 $5R_S/L_S$ rad/s로 되면 거의 V_S로 증가한다. 그러므로 차폐도체에 전류가 흐르는 경우, 차폐도체의 차단 주파수보다 5배 이상인 주파수에서는 중심도체에 유도되는 전압은 거의 차폐전압과 같게 된다.

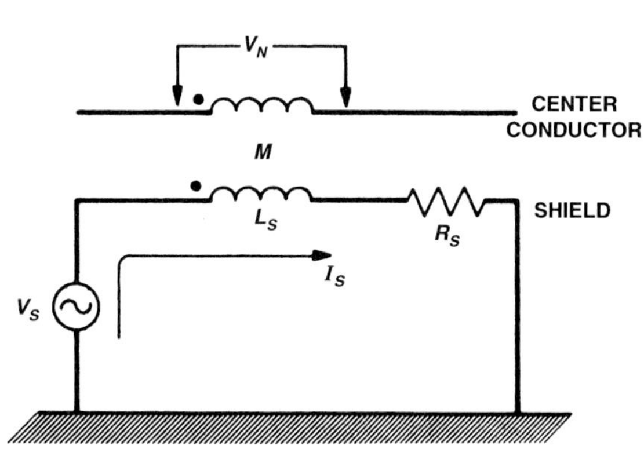

그림 2-14 차폐된 도체의 등가 회로.

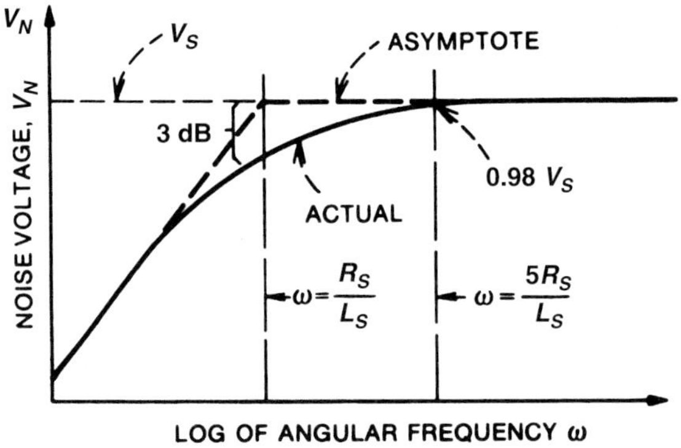

그림 2-15 차폐전류에 의하여 동축 케이블의 중심도체에 유도되는 잡음전압.

이것은 차폐도체 내부에 있는 도체의 아주 중요한 특성이다. 여러 종류의 케이블에 대하여 차폐도체의 차단 주파수와 이 주파수의 5배되는 주파수를 측정하여 <표 2-1>에 나타내었다. 대부분의 케이블에서 차폐도체의 차단 주파수의 5배는 가청 주파수 대역의 상한에 가깝다. 표를 보면 알루미늄 박막을 이용한 차폐 케이블이 다른 것 보다 매우 높은 차단 주파수를 가지는데, 이는 얇은 알루미늄 박막 차폐도체의 늘어난 저항 때문이다.

2.5.2 노출된 도선에서 차폐된 도체로의 자기적 결합

(Magnetic Coupling—Open Wire to Shielded Conductor)

<그림 2-16>은 도체 2가 비자성 차폐도체에 의해 차폐되어 있고, 차폐도체의 양끝이 접지되어

표 2-1 차폐도체의 차단 주파수 f_c 측정값.

케이블	특성 임피던스 (Ω)	차폐도체 차단주파수 (kHz)	차폐도체 차단주파수의 5배 (kHz)	비 고
동축 케이블				
RG-6A	75	0.6	3.0	이중 차폐
RG-213	50	0.7	3.5	
RG-214	50	0.7	3.5	이중 차폐
RG-62A	93	1.5	7.5	
RG-59C	75	1.6	8.0	
RG-58C	50	2.0	10.0	
차폐된 연선				연선 = twisted pair
754E	125	0.8	4.0	이중 차폐
24 Ga.	-	2.2	11.0	
22 Ga.[a]	-	7.0	35.0	알루미늄 박막 차폐
차폐된 단일도체 선로				
24 Ga.	-	4.0	20.0	

[a] 11-쌍 케이블 중의 한 쌍 (Belden, 8775).

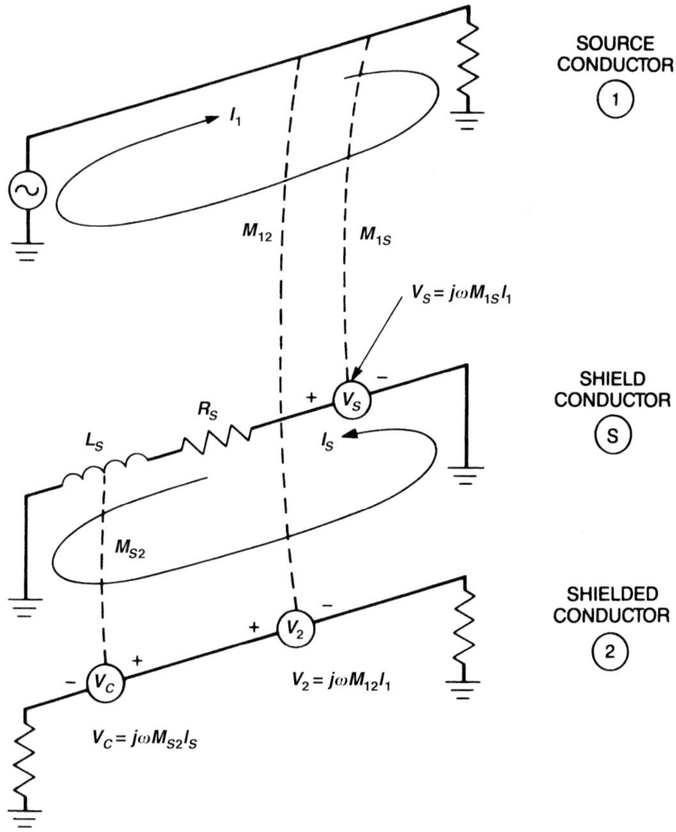

그림 2-16 양쪽 끝이 접지된 차폐도체 케이블로의 자기적 결합.

있을 때 존재하는 자기적 결합을 보인 것이다. 그림을 단순화하기 위해 차폐도체를 도체 2와 분리하여 나타내었다. 차폐도체의 양끝이 접지되어 있으므로 차폐전류가 흘러 도체 2에 전압이 유도된다. 따라서 도체 2에 유도되는 전압은 두 가지, 즉 도체 1로부터 직접 유도된 전압 V_2와 유도된 차폐 전류에 의한 전압 V_c로 구성된다. 이 두 전압은 서로 반대 극성임에 주목하라. 따라서 도체 2에 유도되는 전체 잡음전압은 다음과 같다.

$$V_N = V_2 - V_c \tag{2-27}$$

식 (2-21)을 이용하고, 도체 1로부터 차폐도체로의 상호 인덕턴스 M_{1S}가 도체 1로부터 도체 2로의 상호 인덕턴스 M_{12}와 같다는 점 (차폐도체와 도체 2가 도체 1에 대해서 공간 상에서 같은 곳에 위치하므로)에 주목하면 식 (2-27)은 다음과 같이 된다.

$$V_N = j\omega M_{12} I_1 \left[\frac{R_S/L_S}{j\omega + R_S/L_S} \right] \tag{2-28}$$

식 (2-28)에서 ω가 작다면 괄호 안의 항은 1과 같고, 잡음전압은 차폐되지 않은 케이블의 경우과 같게 된다. 따라서 양 끝이 접지된 경우라도 낮은 주파수에서는 차폐도체의 자기장 차폐효과가 사라진다는 것을 알 수 있다.

ω가 클 경우 식 (2-28)은 다음과 같이 된다.

$$V_N = M_{12} I_1 \left(\frac{R_S}{L_S} \right) \tag{2-29}$$

식 (2-28)을 <그림 2-17>에 그래프로 나타내었다. 낮은 주파수에서는 차폐된 케이블에 유도되는 잡음은 차폐되지 않은 케이블의 경우과 같다. 그러나 차폐도체 차단 주파수 이상의 주파수에서는 잡음전압은 주파수에 따라 더 이상 증가하지 않고 일정하게 된다. 따라서 차폐효과 (<그림 2-17>에서 빗금친 영역)는 차폐되지 않은 케이블에 대한 그래프와 차폐된 케이블에 대한 그래프의 차이와 같다.

식 (2-29)로부터 도체 2에 결합되는 잡음전압을 최소로 하기 위해서는 차폐저항 R_S를 최소로 해야 한다는 것을 알 수 있다. 이것은 도체 2로 직접 유도되는 전압의 많은 부분을 상쇄하는 자기장을 발생시키는 것이 바로 유도된 차폐도체 전류이기 때문이다. R_S에 의해 차폐전류가 감소하므로 R_S가 크면 자기장 차폐효과도 감소된다.

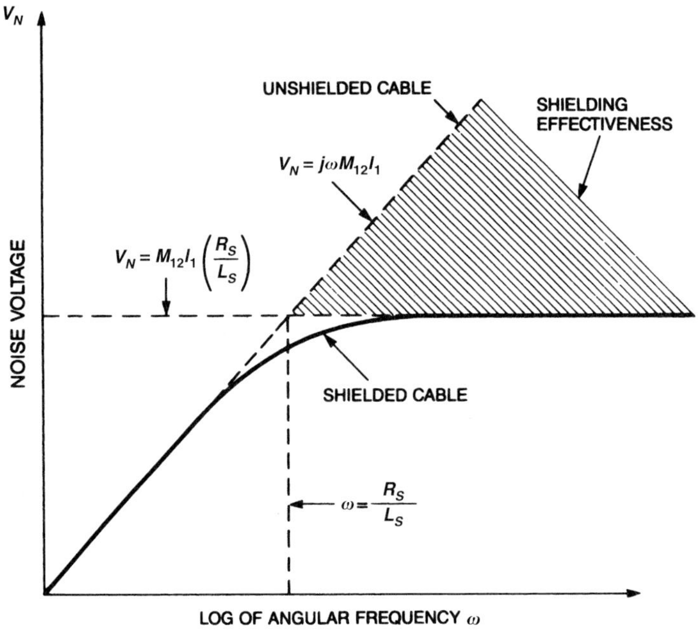

그림 2-17 자기장 결합에 의해 차폐되지 않은 케이블과 차폐된 케이블 (양쪽 끝이 접지된 차폐도체 사용)에 유도되는 잡음전압의 주파수 특성의 비교.

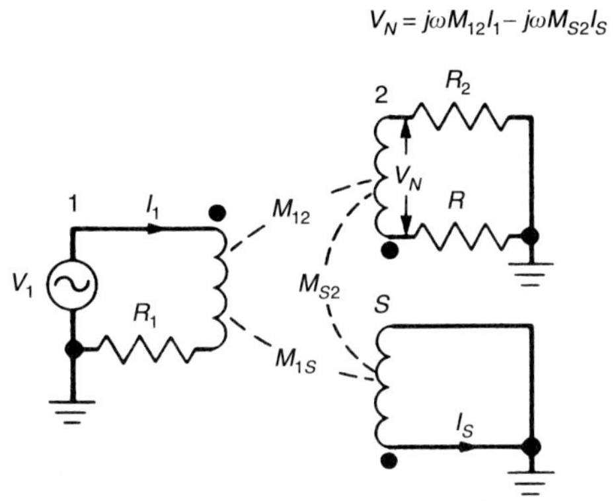

그림 2-18 차폐도체의 양쪽 끝이 접지되었을 때 차폐된 케이블로의 자기장 결합을 변압기 개념의 등가회로로 표현한 것 (M_{S2}는 M_{12} 또는 M_{1S}보다 매우 큼).

<그림 2-16>의 중간에 있는 그림을 보면, R_S는 차폐도체의 저항뿐 아니라 차폐전류 I_S가 흐르는 폐회로의 모든 저항을 나타낸다는 것을 알 수 있다. 그러므로 R_S는 차폐도체의 저항뿐만 아니라 차폐의 종단(termination) 저항 및 접지에 있는 그 어떤 저항까지도 포함한다. 차폐효과를 최대로 하기 위해서는 이 모든 저항을 최소화해야 한다. 차폐도체를 접지에 직접 연결하지 않고 저항을 통해 연결하는 관행이 경우에 따라서는 권장되기도 하는데, 이것은 케이블의 자기장 차폐효과를 크게 감소시키므로 반드시 피해야 한다.

<그림 2-18>은 <그림 2-16>의 구성을 변압기 개념의 등가회로로 나타낸 것이다. 그림에 나타나 있듯이 차폐도체는 권선 2의 전압을 단락시키는 단락된 권선으로 작용한다. 단락된 권선(차폐도체)에 있는 어떠한 저항 (예를 들어 차폐도체 저항)이라도 권선 2 전압을 단락시키는 효과를 감소시킨다.

2.6 자기장 방사를 막기 위한 차폐 (SHIELDING TO PREVENT MAGNETIC RADIATION)

방사를 막기 위해서는 이를 발생시키는 잡음원을 차폐해야 한다. <그림 2-19>는 자유공간에서 전류가 흐르는 도체 주위의 전기장과 자기장을 나타낸다. 만약 도체가 비자성체로 차폐되어 있다면 전기력선은 차폐도체 표면에서 끝나지만, <그림 2-20>에서와 같이 자기장에는 거의 영향을 주지 못한다. 만약 중심도체의 전류와 크기가 같고 방향이 반대인 차폐전류가 차폐도체에 흐르면, 크기가 같고 방향이 반대인 외부 자기장을 발생시킨다. 이 자기장은 중심 도체에 의하여 생성된 자기장을 차폐도체 외부에서 상쇄시킨다. 차폐도체 외부에 자기장이 없는 모습을 <그림 2-21>에 나타내었다.

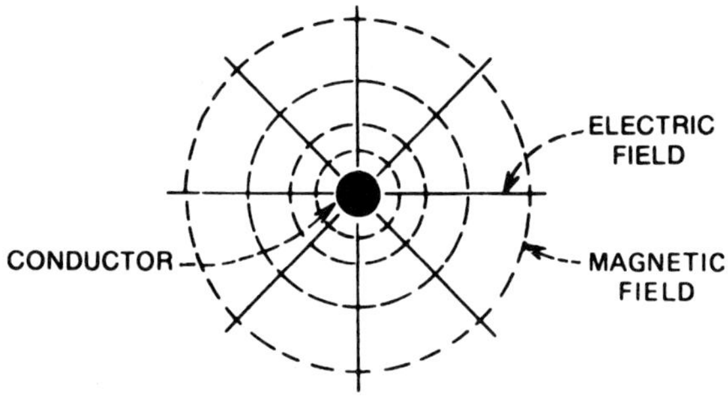

그림 2-19 전류가 흐르는 도체 주위의 전자기장.

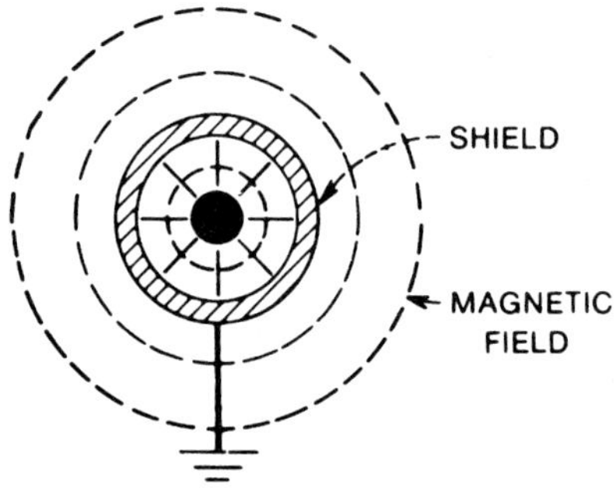

그림 2-20 차폐된 도체 주위의 전자기장; 차폐도체는 한 점에서 접지됨.

그림 2-21 차폐된 도체 주위의 전자기장; 차폐도체는 접지되어있고 차폐도체에 흐르는 전류는 차폐도체 내부의 도체에 흐르는 전류와 같지만 방향은 반대임.

<그림 2-22>는 양끝이 접지되고 전류 I_1이 흐르는 회로를 나타낸다. 이 회로에서의 자기장 방사를 막으려면 차폐도체의 양쪽 끝이 접지되어야 하고 귀환전류는 접지판 (그림의 I_G) 대신에 차폐도체를 따라 A에서 B(그림의 I_S)로 흘러야 한다. 그러나 왜 전류가, 저항이 0인 접지판을 통하는 대신 차폐도체를 통해 A점에서 B점으로 흘러야 하는가? 등가회로를 이용하여 이를 해석할 수 있다. 접지 폐회로 (A—R_S—L_S—B—A)에 대해 메쉬 방정식을 적용하면 차폐전류 I_S에 관한 다음 식을 얻는다.

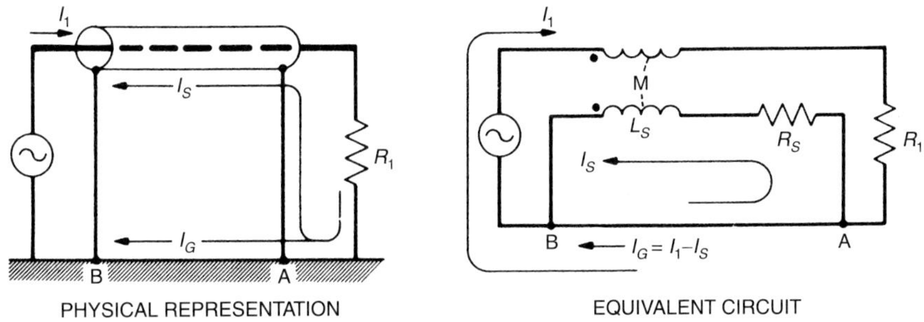

그림 2-22 차폐도체와 접지판 사이의 전류 분할.

$$0 = I_S(j\omega L_S + R_S) - I_1(j\omega M) \tag{2-30}$$

여기서 M은 차폐도체와 중심도체 사이의 상호 인덕턴스이고 식 (2-21)에 의하면 $M = L_S$이다. 이를 이용하여 식 (2-30)을 I_S에 대하여 정리하면 다음과 같다.

$$I_S = I_1\left(\frac{j\omega}{j\omega + R_S/L_S}\right) = \left(\frac{j\omega}{j\omega + \omega_c}\right)I_1 \tag{2-31}$$

이 식에서 알 수 있듯이 주파수가 차폐도체 차단 주파수 ω_C보다 매우 클 경우 차폐도체의 전류는 중심도체의 전류와 거의 같아진다. 차폐도체와 중심도체 사이의 상호 인덕턴스 때문에 동축 케이블은 공통모드 초크(<그림 3-36> 참고)처럼 동작하고, 높은 주파수에서는 차폐도체의 총 인덕턴스가 접지판의 인덕턴스보다 작으므로 차폐도체가 전류의 귀환경로로 사용된다. 주파수가 $5\omega_C$ 이하로 감소되면 접지판을 통해서 흐르는 귀환전류가 증가하고, 이에 따라 케이블의 자기장 차폐는 점점 더 작아진다.

양끝이 접지된 도체로부터 자기장의 방사를 막으려면 도체는 차폐되어야 하고, 차폐도체 양끝은 접지되어야 한다. 이 방법은 차폐도체의 차단 주파수보다 상당히 높은 주파수에서 우수한 자기장 차폐를 제공한다. 이때 자기장 방사의 감소는 차폐물질 자체의 자기장 차폐특성 때문이 아니라 차폐도체를 따라 귀환되는 전류가 중심도체에 의한 자기장을 상쇄시키는 자기장을 발생시키기 때문이다.

<그림 2-23>와 같이 **회로의** 한쪽 끝에서 접지가 제거되면, 귀환전류는 차폐도체를 따라 모두 흘러야 하므로 차폐도체도 그 끝에서 접지되지 말아야 한다. 이것은 특히 주파수가 차폐도체 차단 주파수보다 매우 낮을 때 적용된다. 이 경우에서 차폐도체 양끝을 접지하는 것은 전류의 일부가 접지판을 경유하여 되돌아오게 하므로 차폐효과를 감소시킨다.

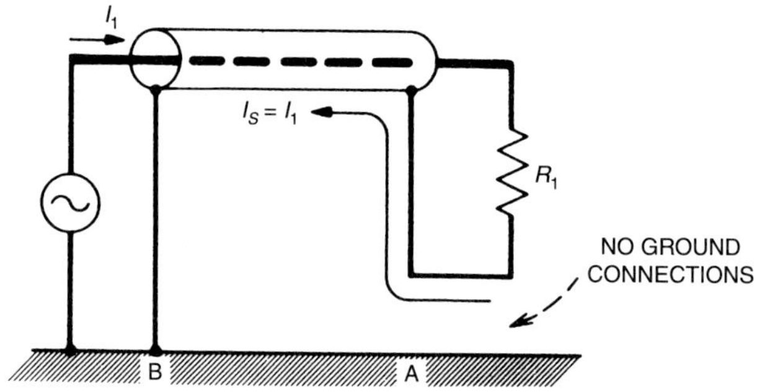

그림 2-23 차폐도체의 한쪽 끝이 접지되어 있지 않으면 모든 귀환 전류는 차폐를 통해 흐른다.

2.7 자기장 간섭을 막기 위한 차폐 (SHIELDING A RECEPTOR AGAINST MAGNETIC FIELDS)

자기장이 피해장치에 간섭을 일으키는 것을 막는 최선의 방법은 피해장치의 폐회로 루프의 면적을 줄이는 것이다. 이때, 관심을 기울여야 하는 면적은 피해회로에서 전류에 의해 둘러싸인 전체 면적이다. 여기서 중요하게 고려해야할 것은 신호원으로 되돌아오는 전류의 경로이다. 종종 전류는 설계자가 의도하지 않은 다른 경로를 따라 되돌아오며, 이에 따라 폐회로의 면적도 바뀐다. 신호도체를 감싸는 비자성 차폐도체에 의해 루프면적이 더 작아지는 경로로 전류가 되돌아오는 경우에는 자기장에 의한 간섭이 어느 정도 줄어든다. 그런데 간섭이 줄어든 것은 차폐도체의 자기장 차폐특성 때문이 아니라 루프면적이 줄어들었기 때문이다.

<그림 2-24>는 차폐도체가 회로의 폐회로 면적에 주는 효과를 나타낸 것이다. <그림 2-24A>에서 신호원 V_S는 접지와 단일도선에 의해 부하저항 R_L에 연결되어 있다. 전류에 의해 에워싸인 면적은 도선과 접지판 사이의 직사각형이다. <그림 2-24B>에서는 차폐도체가 중심도체 주위에 위치하고 차폐도체의 양끝이 접지되어 있다. 접지판이 아니라 차폐도체를 통하여 전류가 되돌아온다면 폐회로 면적이 감소되어 자기장에 의한 간섭이 어느 정도 줄어든다. 주파수가 차폐도체 차단 주파수의 5배 이상이면 전류는 차폐도체를 통해 되돌아 올 것이다. 차폐도체가 중심도체 주위에 위치하고 <그림 2-24C>처럼 오직 한쪽 끝에서만 접지와 연결될 경우 폐회로 면적은 줄어들지 않으므로 자기장 간섭으로부터 보호되지 않는다.

<그림 2-24B>의 경우, 차폐도체 차단 주파수 이하의 주파수에서는 전류의 대부분이 차폐도체가 아니라 접지판을 통해 되돌아가므로 자기장 간섭이 감소하지 않는다. 저주파 대역에서 이 회로에는 다음과 같은 또 다른 두 가지 문제점 있다: (1) 차폐도체도 회로의 여러 신호 도체 중의 하나이므로 차폐도체에 어떤 잡음전류가 흐르면 IR 전압강하가 발생하는데, 이것이 회로에 잡음전압으로 작용한다. (2) 차폐도체 양끝 사이의 접지전위가 다르다면 이것 역시 회로에 잡음전압으로 작용한다.

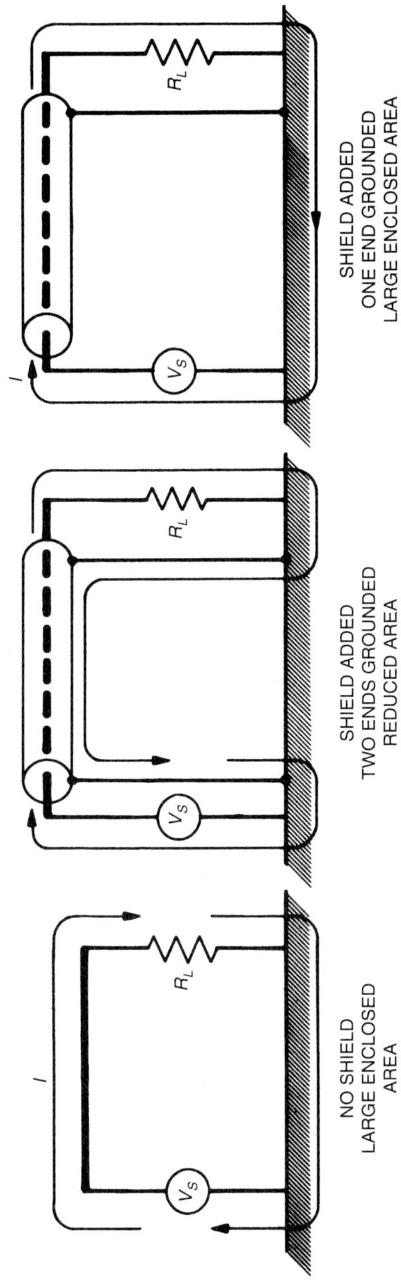

그림 2-24 차폐도체가 피해 장치의 폐회로 면적에 미치는 영향.

2.8 차폐도체의 공통 임피던스 결합 (COMMON IMPEDANCE SHIELD COUPLING)

동축 케이블을 저주파수에서 사용하는 경우 차폐도체의 양 끝이 모두 접지되면, 잡음전류가 차폐도체에 유도되기 때문에 자기장 간섭에 대한 보호가 제한적일 수밖에 없다. 차폐도체도 신호도체 중의 하나이므로, 차폐도체를 통해 유도된 전류가 흐르면 잡음전압이 차폐도체에 발생한다. 잡음전압의 크기는 차폐전류와 차폐저항의 곱과 같다. 이를 <그림 2-25>에 나타내었다. 전류 I_S는 접지 전위차 또는 외부 자기장 결합에 의한 잡음전류이다. 입력 폐회로 상에서 전압강하의 합은 다음 식 (2-32)과 같다.

$$V_{IN} = -j\omega MI_S + j\omega L_S I_S + R_S I_S \tag{2-32}$$

앞에서 살펴보았듯이 $L_S = M$이므로 식 (2-32)는 다음과 같이 간단하게 된다.

$$V_{IN} = R_S I_S \tag{2-33}$$

두 유도성 잡음전압(식 (2-32)의 첫 번째와 두 번째 항)은 상쇄되므로, 저항성 잡음전압 항만 남는다.

위의 예는 공통 임피던스 결합을 설명한다. 공통 임피던스 결합은 차폐도체가 두 가지 기능을 수행하기 때문에 발생한다. 첫 번째는 신호가 되돌아가는 도체(귀환 도체)의 기능이고, 두 번째는 차폐도체로서 유도된 잡음전류를 흐르게 하는 기능이다. 이 문제점은 세 개의 도체 케이블 (예를

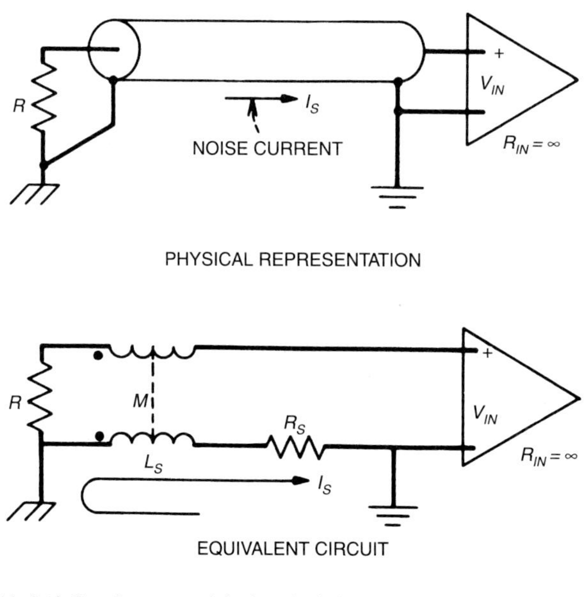

그림 2-25 동축 케이블의 차폐도체 흐르는 잡음전류의 영향.

들어 차폐된 연선(twisted pair))을 사용함으로써 제거하거나 최소화할 수 있다. 이 경우, 연선은 신호를 전송하고 차폐도체는 잡음전류만을 흐르도록 한다; 따라서 차폐도체는 두 가지 기능을 수행하지 않는다.

차폐도체의 공통 임피던스에 의한 잡음결합은 불평형(unbalanced) 방식의 신호선로를 사용하는 오디오 가전제품에서 종종 문제가 된다. 보통 오디오 가전제품의 신호케이블은 내부 중심도체와 이를 둘러싼 차폐도체로 구성되어 있으며 끝에는 포노플러그(phono plug)가 달려있다. 이 경우 잡음결합 문제는 케이블 차폐도체의 저항을 줄이거나, 평형신호 방식으로 차폐된 연선을 사용하여 개선할 수 있다.

차폐도체의 한쪽 끝이 접지된 경우라도 전자기장 결합에 의해 잡음전류가 여전히 차폐도체에 흐를 수 있다 (이것은 케이블이 안테나처럼 작용하여 고주파 (rf) 잡음을 수신하기 때문이다). 이것을 보통 차폐도체 전류에 의한 유도잡음 (SCIN; shield current induced noise) (Brown and Whitlock, 2003)이라고 한다.

고주파에서는 표피효과(skin effect) 때문에 이 문제가 발생하지 않는다. 표피효과에 의하여 동축 케이블은 실제로 다음과 같은 세 개의 격리된 도체로 구성된 것처럼 동작한다. (1) 중심도체, (2) 차폐도체의 내부표면, (3) 차폐도체의 외부표면. 신호전류는 차폐도체의 내부표면을 통해서만 되돌아가고, 잡음전류는 차폐도체의 외부표면에만 흐른다. 따라서 두 전류는 공통 임피던스를 통해서는 흐르지 않으므로, 위에서 언급한 잡음결합은 발생하지 않는다.

2.9 실험 데이터(EXPERIMENTAL DATA)

다양한 형태로 케이블을 배치하여 각 경우의 자기장 차폐특성을 측정하고 비교해 보았다. 시험장비의 구성은 <그림 2-26>과 같고 시험결과는 <그림 2-27>와 <그림 2-28>에 표로 제시하였다. 주파수 (50 kHz)는 시험하는 모든 케이블의 차폐도체 차단 주파수 보다 5배 이상 크게 하였

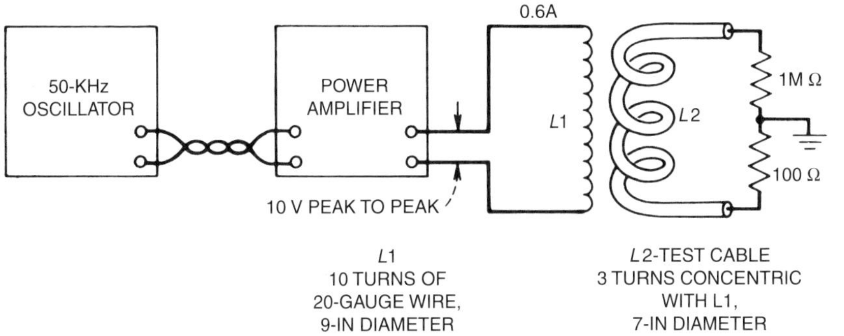

그림 2-26 유도성 결합을 실험하기 위한 시험 구성.

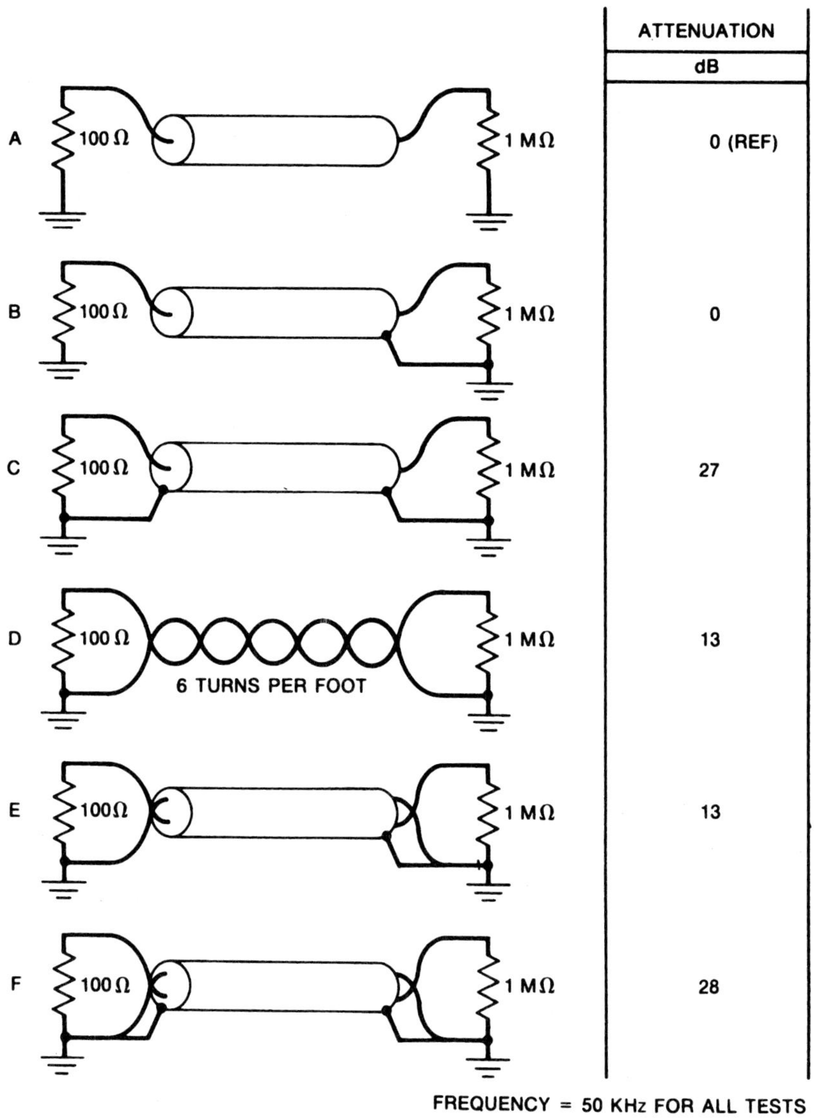

그림 2-27 유도성 결합 실험결과; 모든 회로는 양쪽 끝이 접지됨.

다. <그림 2-27>과 <그림 2-28>에 나타낸 케이블은 <그림 2-26>에서 L_2에 해당하는 시험 케이블이다.

A~*F* 회로 (그림 2-27)에서는 회로의 양끝이 접지되어 있다. 이 경우, 한끝만 접지되어 있는 회로 *G*~*K*의 경우보다 (그림 2-28) 자기장 감쇠가 훨씬 더 적다.

<그림 2-27>의 회로 *A*는 자기장 차폐를 전혀 제공하지 않는다. 이 경우에 1 MΩ 저항 양단에서 측정한 실제 잡음전압은 0.8 V이다. 회로 *A*에서 유도되는 전압을 다른 모든 회로와의 성능비

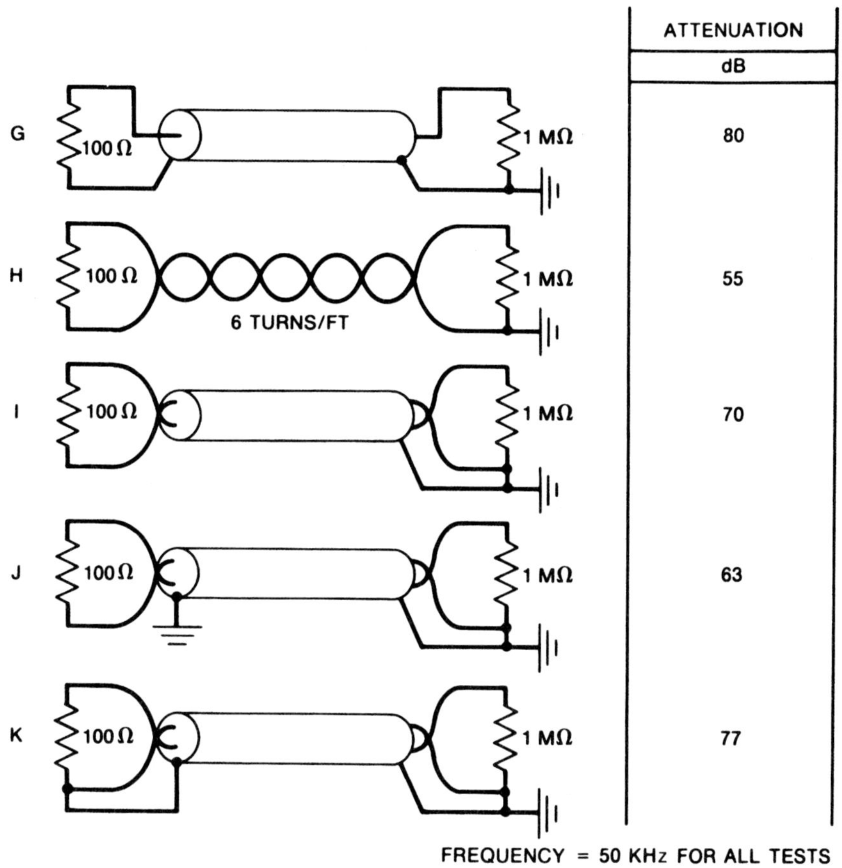

그림 2-28 유도성 결합 실험결과; 모든 회로는 한쪽 끝만 접지 됨.

교를 위한 기준으로 삼고 이를 0 dB로 정의한다. 회로 *B*에서 차폐도체는 한쪽 끝만 접지되어 있다. 이것은 자기장 차폐에 아무런 영향을 주지 않는다. 회로 *C*처럼 차폐도체 양끝이 접지된 경우 차단 주파수 이상에서 약간의 자기장 차폐를 제공한다. 자기장 차폐는 회로 양끝의 접지로 인한 접지 루프가 없었더라면 더 커졌을 것이다. 자기장에 의해 케이블 차폐도체와 두 접지로 이루어진 낮은 임피던스 접지 루프에 큰 잡음전류가 유도된다. 그러면 차폐도체의 잡음전류는 2.8절에서 언급했듯이 차폐도체에 잡음전압을 발생시킨다.

회로 *D*에서처럼 연선(꼰 도선쌍, twisted pair)을 사용하면 자기장 차폐가 증가하지만 회로 양쪽 종단접지에 의해 형성된 접지 루프로 인해 그 효과가 사라진다. 회로 *H*와 회로 *D*를 비교하면 이것을 확실히 알 수 있다. 그림 *E*의 경우처럼 한쪽 끝이 접지된 차폐도체를 연선에 적용할 경우 아무런 효과를 얻을 수 없다. *F*의 경우처럼 차폐도체 양끝을 모두 접지해야만 잡음간섭에 대한 보호효과가 증가된다. 이것은 자기장에 의해 유도된 접지루프 전류의 일부가 신호도체 대신 낮은 임피던스를 갖는 차폐도체로 흐르기 때문이다. 그러나 일반적으로 <그림 2-27>의 회로에는 모두 접지루프가 있기 때문에 양호한 자기장 방지효과를 제공하지 못한다. 회로의 양끝을 접지할 필요가 있을 때에는 *C* 또는 *F*의 회로가 사용되어야 한다.

회로 *G*는 자기장 차폐에 있어서 상당한 개선효과를 제공하는데, 그 이유는 접지전류가 없으므로 차폐효과를 떨어뜨리지 않으며 동축 케이블의 사용으로 루프면적이 작아지기 때문이다. 동축 케이블의 차폐도체는 중심축에 위치한 등가도체로 나타낼 수 있으므로 동축 케이블은 매우 작은 루프면적을 가진다. 동축 케이블의 경우 차폐도체는 중심축 또는 중심축과 매우 가까운 곳에 위치하는 것처럼 작용한다.

회로 *H*의 연선은 그림에 표시된 55 dB보다 훨씬 큰 차폐성능을 제공할 것으로 예상했었다. 차폐효과가 떨어진 것은 연선이 차폐되어 있지 않아서 전기장 결합이 발생하고, 또 종단이 불평형 방식으로 되어 있기 때문이다(4.1절 참고). 회로 *I*에서 보듯이, 연선을 차폐도체로 둘러싼 경우, 감쇠효과가 70 dB로 증가한 사실로부터 이를 알 수 있다. 회로 *G*의 차폐감쇠가 회로 *I* 보다 더 우수한 것은 사용된 동축 케이블이 연선에 비해 자기장에 대해서 더 작은 루프면적을 가지기 때문이다. 그러나 이것이 일반적으로 성립되는 것은 아니다. 연선 (회로 *H* 또는 *I*)의 단위길이당 꼰 횟수를 증가시키면 유도되는 잡음전압이 감소된다. 회로 *I*에서는 차폐도체가 신호도체로 사용되지 않으므로 낮은 주파수에서는 일반적으로 회로 *I*가 회로 *G*보다 우수하다.

회로 *J*에서처럼 차폐도체의 양끝을 접지할 경우 차폐 성능이 약간 감소한다. 이는 차폐도체에 의해 형성된 접지루프에 흐르는 큰 차폐전류가 두 개의 내부도체에 동일하지 않은 전압을 유도하기 때문이다. 회로 *K*는 회로 *I*보다 더 큰 차폐를 제공한다. 그 이유는 회로 *K*가 회로 *I*의 연선의 장점과 회로 *G*의 동축 케이블의 장점을 모두 가지고 있기 때문이다. 차폐도체에 유도된 잡음 전압 또는 전류가 모두 신호도체에 흐를 수 있기 때문에 보통 회로 *K*는 바람직하지 못하다. 차폐도체와 신호도선을 한 점에 같이 연결하는 것이 대부분의 경우에 있어서 더 낫다. 이 연결점은 차폐도체의 잡음전류가 신호도체를 거쳐서 접지로 흐르지 않도록 선정되어야 한다.

위 실험결과는 비교적 낮은 주파수 (50 kHz)에서의 자기장 차폐에만 적용된다는 것과, 또한 실험을 위한 시험 구성에서 케이블의 양쪽 종단 사이의 접지전위 차가 없다는 사실에 주의해야 한다.

2.10 선택적 차폐의 예(EXAMPLE OF SELECTIVE SHIELDING)

선택적 차폐의 예로서, 차폐된 루프 안테나는 전기장은 차폐하는 반면에 자기장은 차폐하지 않는주지 않는다. 이런 안테나는 무선 방향 탐지기와 전자파적합성(EMC)의 사전시험용 자기장 측정 프로브(probe)로서 유용하다(18.4절 참고). 또한 이러한 구조의 안테나는 방송 수신기에서 수신되는 잡음을 감소시킬 수 있다. 방송 수신기 부근에 있는 대부분의 잡음원들이 주로 전기장

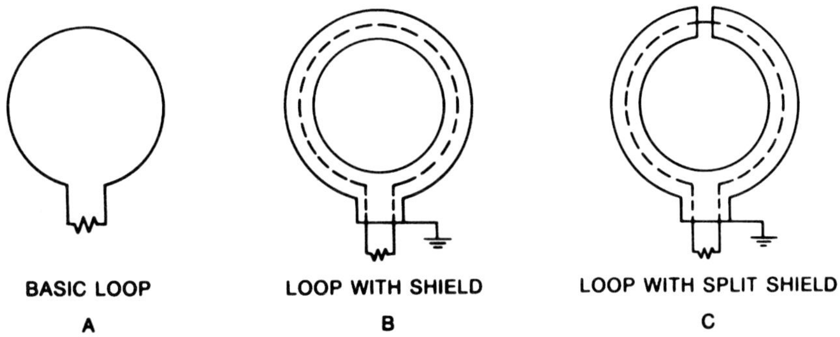

그림 2-29 다양한 루프 안테나 구조. 루프 안테나의 차폐도체를 끊으면 전기장의 수신을 막고 자기장만 수신한다.

을 발생시키므로 잡음 감소효과는 상당하다. <그림 2-29A>는 기본적인 루프 안테나를 보여준다. 식 (2-12)로부터 자기장에 의하여 루프에 생성되는 전압의 크기는 다음과 같다.

$$V_m = 2\pi fBA\cos\theta \tag{2-34}$$

여기서 θ는 자기장과 루프 평면에 수직인 방향 사이의 각도이다. 그런데 루프 안테나는 수직 안테나로 동작하기도 한다. 이 경우에는 입사전기장에 의해 루프에 전압이 유기된다. 이 전압은 입사 전기장과 안테나의 유효높이의 곱과 같다. 원형 단일 루프 안테나의 유효 높이는 $2\pi A/\lambda$이다(ITT, 1968, p.25-6). 전기장에 의한 유도전압은 다음과 같다.

$$V_c = \frac{2\pi AE}{\lambda}\cos\theta' \tag{2-35}$$

여기서 θ'는 입사 전기장과 루프 평면에 수직인 방향 사이의 각도이다. 입사 전기장에 의해 루프에 전압이 유도되는 것을 방지하기 위해 <그림 2-30B>와 같이 루프를 차폐할 수 있다. 그러나 이 구조에서는 차폐도체에 전류가 흐르므로 전기장뿐만 아니라 자기장도 상쇄된다. 루프가 자기장을 수신할 수 있으려면 차폐전류의 전류 흐름을 막을 수 있도록 차폐도체를 끊어야 한다. 이것은 <그림 2-10C>에서처럼 차폐도체 윗부분을 끊으면 된다. 이렇게 해서 얻은 안테나 구조는 입사된 전자기파의 자기장에만 응답한다.

2.11 차폐도체의 전달 임피던스(SHIELD TRANSFER IMPEDANCE)

1934년 Schelkunoff는 케이블 차폐도체의 차폐효과를 측정하는 수단으로 전달 임피던스(transfer impedance)의 개념을 처음으로 제안했다. 차폐도체의 전달 임피던스는 중심도체와 차폐도체 사이의 개방회로 전압 (단위길이 당)과 차폐도체 전류의 비로서 차폐 구조의 고유한 특성이다. 차폐도체의 전달 임피던스는 다음과 같이 표현된다.

$$Z_T = \frac{1}{I_S}\left(\frac{dV}{dl}\right) \tag{2-36}$$

여기서 Z_T는 전달 임피던스 (Ω/m), I_S는 차폐전류, V는 내부도체와 차폐도체 사이의 유도전압, l은 케이블 길이이다. 전달 임피던스가 작을수록 차폐효과가 증가한다.

낮은 주파수에서 전달 임피던스는 차폐도체의 직류저항과 같다. 이 결과는 식 (2-33)에서 얻은 결과와 같다. 높은 주파수에서 (전형적인 케이블의 경우 1 MHz 이상) 빈틈없이 균일한 (solid) 도체로 만든 관 모양 차폐도체의 전달 임피던스는 표피효과에 의해 감소하고, 케이블의 차폐효과는 증가한다. 표피효과는 잡음전류가 차폐도체의 바깥표면에만 흐르게 하고, 신호전류

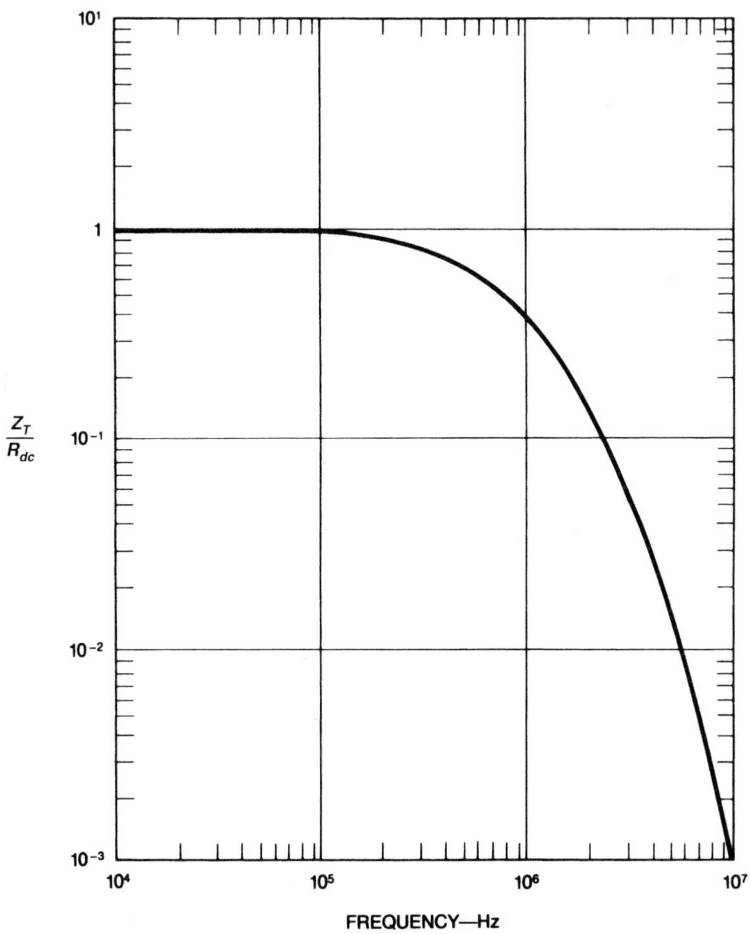

그림 2-30 균일한 차폐도체의 정규화 전달 임피던스의 크기.

는 안쪽표면에만 흐르게 하므로 두 전류 사이의 공통 임피던스 결합을 제거한다.

<그림 2-30>은 균일한 도체로 된 관 모양 차폐의 전달 임피던스(직류저항 R_{dc}값으로 정규화)의 크기를 나타낸 것이다. 만약 차폐도체가 편조된 것(여러 도선을 엮어 만든 것)이면 전달 임피던스는 <그림 2-34>에서 보듯이 대략 1 MHz 이상의 주파수에서 증가한다.

2.12 동축 케이블과 연선의 비교(COAXIAL CABLE VERSUS TWISTED PAIR)

동축 케이블과 연선(twisted pair)을 비교할 때 우선 신호 전파(propagation)의 관점에서 이 두 가지 선로의 유용성을 인식할 필요가 있다. 이를 <그림 2-31>에 나타내었다. 1980년대 이전에는 연선 케이블의 통상적인 사용 주파수 상한 값은 약 100 kHz이었으며 특수한 용도로는 10 MHz까지 사용되었다. 많은 경우에 있어서 연선 케이블의 경제성이 동축케이블보다 우수하다는 것이 밝혀짐에 따라 오늘날의 케이블 설계자와 제조자는 연선 케이블의 주파수 한계를 극복하기 위한 방법을 찾아내었다.

연선 케이블은 동축 케이블과 달리 균일한 특성 임피던스를 갖지 않는다. 이는 두 도체의 상대적인 위치가 일정하지 않기 때문에 발생하는 것으로 특히 케이블이 구부러지거나 휘어질 때 심하다. 오늘날 케이블 설계자는 연선 케이블의 일반적인 사용가능 주파수를 10 MHz까지 확장시켰으며 몇 가지 특별한 용도(예를 들어 Ethernet과 고화질 멀티미디어 인터페이스(HDMI))에 있어서는 사용 주파수를 수 백 MHz까지 증대시켰다. 이러한 고성능 케이블은 작은 정전용량을 가지며 더 조밀하고 균일하게 꼬여 있다. 경우에 따라서는 연선의 두 도선이 꼬인 상태에서 접착되어 케이블 길이 전체에 걸쳐서 두 도선의 상대적인 위치가 일정하게 유지된다. 접합된

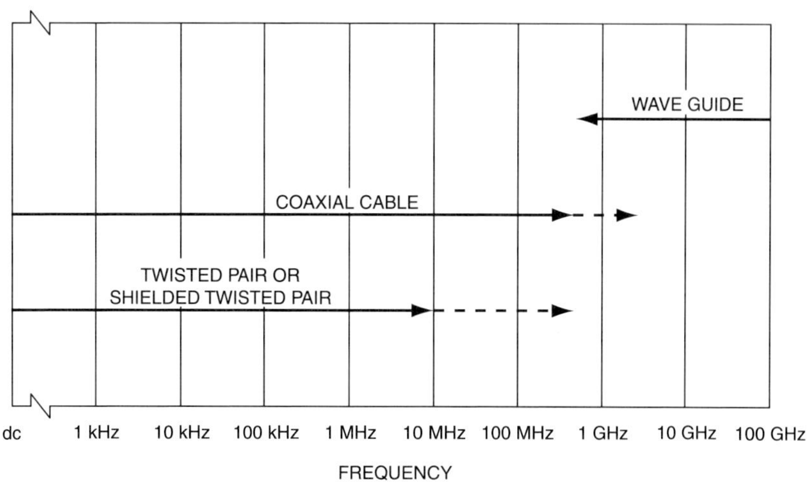

그림 2-31 여러 가지 전송선로의 사용 주파수 범위. 일반용(직선)과 특수용(점선).

(bonded) 연선은 더욱 균일한 특성 임피던스를 제공하고 잡음에 강하며 방사를 훨씬 적게 한다.

현재의 차폐되지 않은 연선(UTP)은 과거의 차폐된 연선(STP)과 동일하거나 그 이상의 성능을 가진다. 연선은 본질적으로 평형선로이므로 4장에서 설명된 것처럼 효과적으로 잡음유입을 억제한다. 현재의 케이블은 매우 높은 평형성을 가진다. 이의 예로서 5번형(Cat 5)과 6번형(Cat 6) Ethernet 선로를 들 수 있다. ANSI/TIA/EIA 568B-2.1 표준은 6번형 Ethernet 케이블의 임피던스, 케이블 손실, 누화, 방사 등과 같은 성능 규격을 정의한다. 5번형(<그림 2-32> 참고) 케이블은 24번 도선으로 만들어진 네 개의 UTP로 구성되어 있다. 연선의 공칭 피치는 cm 당 1회이다(즉 인치당 2.5회). 케이블의 각 쌍은 쌍 사이의 누화를 최소화하기 위해 약간씩 다른 피치를 가진다. Ethernet 케이블 종단에는 평형 회로가 연결된다. 5e번형 UTP 케이블은 125 MHz 이상, 6번형 케이블은 250 MHz 이상에서 동작하도록 설계되었다. 앞으로 나올 7번형 케이블은 약 600 MHz 까지 잘 동작해야 할 것이다.

동축 케이블은 연선 케이블보다 더 적은 손실과 더욱 일정한 특성 임피던스를 가진다. 동축 케이블은 직류부터 VHF 대역까지 유용하며 특수용 동축케이블의 사용 주파수는 UHF까지 확장된다. 1 GHz 이상에서는 동축 케이블의 손실이 커지므로 도파관이 더 적합한 경우가 많다.

한쪽 끝이 접지된 동축 케이블은 용량성(전기장) 결합에 대하여 우수한 보호성능을 가진다.

그림 2-32 5번형 Ethernet 케이블.

차폐도체 내부에 잡음전류가 흐를 경우 2.8절에서 설명한 것과 같이 잡음전압이 발생된다. 잡음전압의 크기는 차폐도체 전류와 차폐도체 저항의 곱과 같다. 동축 케이블에서는 차폐도체가 신호경로의 한 부분이기 때문에 잡음전압은 신호전압에 직렬로 더해진다. 절연체를 사이에 두고 안팎에 두 개의 차폐를 갖는 이중 차폐 케이블, 다시 말해 3축 케이블은 차폐 저항에 의하여 생성되는 잡음을 제거한다. 잡음 전류는 바깥 차폐로 흐르고 신호 전류는 안쪽 차폐로 흐른다. 그러므로 두 전류(신호와 잡음)는 공통 임피던스를 통해 흐르지 않는다.

유감스럽게도 3축 케이블(triaxial cable)은 가격이 비싸고 사용하기도 힘들다. 그러나 고주파에서 동축 케이블은 표피효과로 인해 3축 케이블처럼 동작한다. 전형적인 차폐 케이블에 있어서 표피효과는 대략 1 MHz에서 영향력을 발휘하기 시작한다. 잡음전류는 차폐도체의 바깥 표면에 흐르고 신호전류는 차폐도체의 안쪽표면에 흐른다. 이러한 이유로 동축 케이블은 고주파에서 더 우수한 잡음 억제 성능을 보인다.

차폐된 연선은 3축 케이블과 비슷한 특성을 가지며 값이 비싸지도 않고 사용상의 불편함도 없다. 신호전류는 두 내부 도체에만 흐르고 유도되는 잡음전류는 모두 차폐도체에 흐른다. 따라서 공통 임피던스 결합은 제거된다. 또한 차폐도체 전류는 상호 인덕턴스에 의해 내부도체 둘 다에 똑같이 결합되므로 유도되는 잡음전압은 상쇄된다.

종단이 평형을 이루고 있지 않는 연선(4.1절 참고)의 경우, 용량성 (전기장) 결합에 대한 보호성능은 낮지만 자기장 결합에 대한 보호성능은 높다. 차폐된 연선은 자기장 결합의 억제에 우수한 특성을 가진다. 단위길이 당 꼰 횟수에 따라 꼬임 효과도 증가한다. 연선 종단에 회로 또는 부하를 연결하면서, 두 도선의 간격이 서로 멀어지면 잡음억제 성능은 감소한다. 따라서 차폐된 연선이든 차폐되지 않은 연선이든 종단에 회로를 연결하는 과정에서 필요 이상으로 꼬임 상태를 풀지 말아야 한다.

연선 케이블은 차폐되지 않았을 때도 자기장 결합을 억제하는 데에 매우 효과적이다. 이렇게 되려면 두 가지 조건이 만족되어야 한다. 첫째, 신호는 두 도체에서 크기가 똑 같고 서로 반대방향으로 흘러야 한다. 둘째, 꼬임의 피치는 사용 주파수 파장의 1/20보다 작아야 한다 (1 인치당 1회의 꼬임은 약 500 MHz까지 효과적이다). 위의 내용은 연선 종단에 연결된 부하가 평형이거나 불평형이거나 상관없이 성립한다. 연선의 종단에 평형회로가 연결될 경우 연선 케이블은 전기장 결합을 감소시키는 데도 효과적이다(4.1절 참고). 연선의 도선 구성과 선로의 평형성을 혼동하지마라. 두 개념은 흔히 같이 사용되지만 실제로는 전혀 다르기 때문이다.

2.13 편조 차폐도체(BRAIDED SHIELDS)

대부분의 케이블에서 빈틈없이 균일한(solid) 도체보다는 편조(braided) 차폐도체가 사용된다; <그림 2-33>을 보라. 편조 차폐도체의 이점은 유연성, 내구성, 우수한 강도와 긴 굽힘(flex) 수명

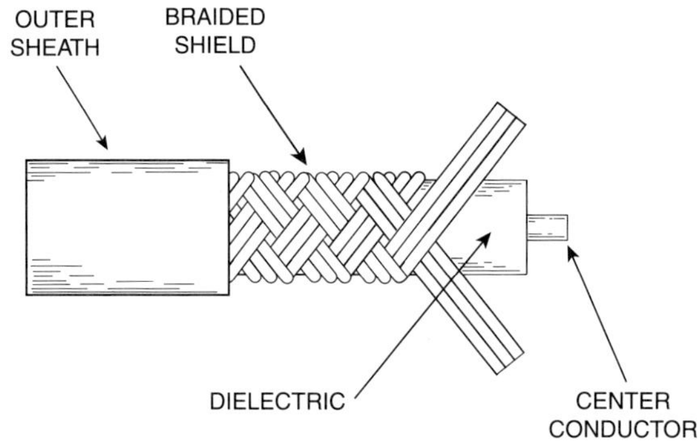

그림 2-33 편조 차폐도체를 갖는 케이블.

이다. 편조구조는 균일한 도체에 비해 보통 60-98 %의 차폐 효과를 보이므로 균일한 도체보다 못한 차폐성능을 가진다. 편조 차폐도체는 보통 전기장 차폐성능은 약간 감소하지만 (UHF 주파수일 때 제외) 자기장 차폐성능은 크게 떨어진다. 그 이유는 편조구조가 케이블 축방향 차폐전류의 균일성을 왜곡하기 때문이다. 편조 차폐도체는 일반적으로 고체 차폐도체보다 5~30 dB 정도 떨어지는 전기장 차폐효과를 보인다.

높은 주파수에서는 편조구조의 틈 때문에 차폐효과가 감소된다. 다중 편조 차폐도체는 더 큰 보호성능을 제공하지만 가격이 더 비싸고 유연성이 떨어진다. 구리에 은이 도금된 편조구조 케이블과 두 겹 또는 세 겹의 차폐도체가 사용된 고급 케이블은 군사용, 항공용, 계측용과 같이 잡음억제가 매우 중요한 곳에 사용된다.

<그림 2-34> (Vance,1978, 그림 5-14)는 전형적인 편조 차폐 케이블의 전달 임피던스를 차폐도체의 직류저항으로 정규화하여 그래표로 나타낸 것이다. 1 MHz 주변에서 전달 임피던스가 감소하는 것은 차폐도체의 표피효과 때문이다. 전달 임피던스가 감소한 후 1 MHz 이상에서 증가하는 것은 편조도체에 있는 구멍 때문이다. 여러 가지 편조율(편조구조가 면을 채우는 비율)에 대해 편조 케이블의 전달 임피던스 그래프를 나타내었다. 편조율이 낮을 경우 유연성이 증가하며 편조율이 높을 경우 유연성은 감소하는 차폐효과는 증가한다. <그림 2-34>에서 보듯이 충분한 차폐효과를 얻기 위해서 95% 이상의 편조율을 적용해야 한다.

차폐도체로 알루미늄 박막이 사용된 케이블도 사용되고 있다. 이 케이블은 거의 100% 편조율을 가지며 전기장 차폐에 더 효과적이다. 이 케이블은 편조케이블처럼 튼튼하지 않으며 차폐저항이 더 크기 때문에 더 높은 차폐도체 차단 주파수를 가진다. 불가능한 것은 아니지만 이 케이블은 적절하게 종단시키기가 어렵다. 박막차폐와 편조차폐를 혼합한 케이블도 사용되고 있다. 이 케이블에서는 박막차폐와 편조차폐의 장점을 이용하면서 동시에 두 방법의 단점을 최소화하고 있다. 편조구조는 차폐도체 둘레의 360°에 걸쳐서 종단연결을 하기 쉽게 하며 알루미늄 박막

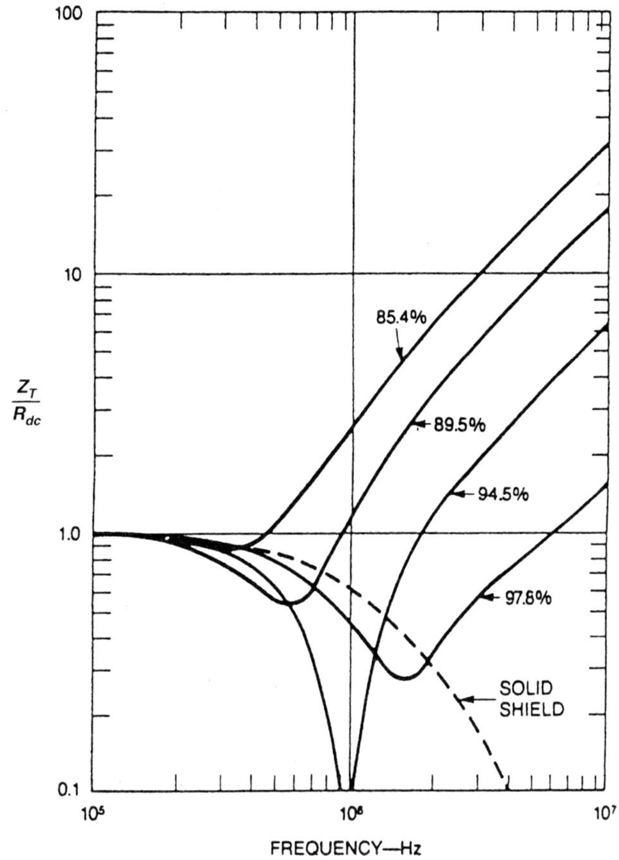

그림 2-34 편조율에 따른 편조차폐 케이블의 정규화 전달 임피던스(출처: Vance, 199, John Wiley & Sons, Inc.).

은 편조구조의 틈새를 막는다. 박막차폐 위에 편조차폐를 하거나 이중 편조차폐를 적용할 경우 케이블의 차폐효과가 약 100 MHz까지 떨어지지 않고 유지된다.

2.14 나선 차폐도체(SPIRAL SHIELDS)

나선(spiral) 차폐도체(그림 2-35)는 다음과 같은 세 가지 장점으로 인해 케이블에 사용된다: 저렴한 제조비용, 종단연결을 하기 쉬움, 우수한 유연성. 나선형 차폐도체는 케이블 내심 (유전체) 주위를 감싸는 도체 띠(belt)로 이루어져있다. 띠는 주로 3~7개의 도체로 구성된다.

나선 차폐 케이블과 차폐 재료로 균일한(solid) 도체가 사용된 케이블의 차이점을 살펴보자. 균일한 도체로 차폐된 케이블의 경우, 차폐도체의 전류는 케이블의 축을 따라 길이방향으로 흐

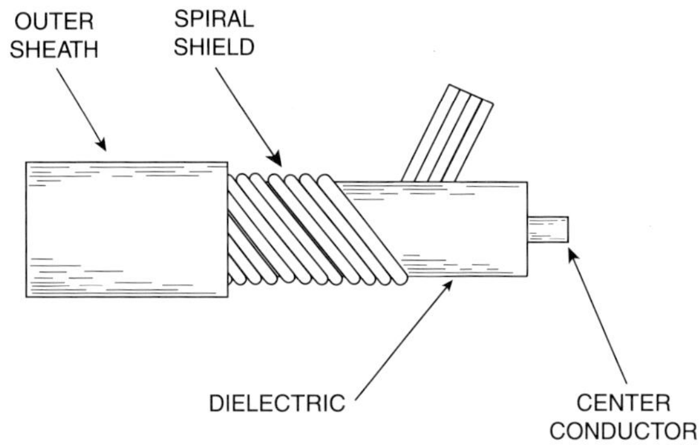

그림 2-35 나선 차폐도체를 갖는 케이블.

르며, <그림 2-12>에 나타낸 것과 같이 차폐전류에 의해 생성된 자기장은 원형(circular)이고 차폐외부에 존재한다.

나선 차폐 케이블의 경우 차폐전류는 나선도체를 따라 흐르며 케이블 축(길이방향)과 ϕ의 각도를 가진다[7]. 여기서 각도 ϕ는 <그림 2-36>에 표시된 것처럼 나선의 피치각도이다.

차폐도체의 총 전류 I는 두 가지 성분으로 분해되는데, <그림 2-37>처럼 하나는 케이블 축을 따라 흐르는 축방향(longitudinal) 전류이고, 나머지 하나는 케이블 원주를 따라 흐르는 원주방향(circular) 전류이다. 케이블 축을 따라 흐르는 축방향 전류 I_L은 다음과 같다.

$$I_L = I\cos\phi \tag{2-37}$$

식 (2-37)에서 I는 총 차폐전류이고, ϕ는 피치각도이다. 케이블 축에 수직이고 케이블 주변을 따라 흐르는 원주방향 전류 I_c는 다음과 같다.

$$I_c = I\sin\phi \tag{2-38}$$

축방향 전류 I_L은 균일한 도체로 차폐된 케이블에 흐르는 차폐전류와 같은 특성을 가지며 케이블 외부에 원주방향 자기장을 생성한다. 가늘고 긴 케이블의 경우, 원주방향 전류는 케이블의 축을 따라 솔레노이드 (코일 또는 인덕터)와 같이 작용하여, <그림 2-38>처럼 차폐도체 안쪽영역에 축방향의 자기장 H를 생성하고, 차폐 외부영역에는 자기장을 생성하지 않는다. 차폐도체 바깥 표면을 따라 흐르는 축방향 전류는 차폐도체 안쪽영역에는 자기장을 발생시키지 않으므로 두 전류는 정반대로 작용한다. 원주방향 전류에 의해 발생한 축방향 자기장은 악영향을 일으켜 차폐 인덕턴스를 증가시킨다. 따라서 나선차폐 케이블은 축방향 전류에 의한 일반 동축 케이블의 특성에, 원주방향 전류에 의해 증가한 인덕턴스가 합해진 특성을 가진다.

7) 각 나선도체 사이에는 전기가 잘 통하지 않는다고 가정한다. 이는 실제로 흔한 경우이다.

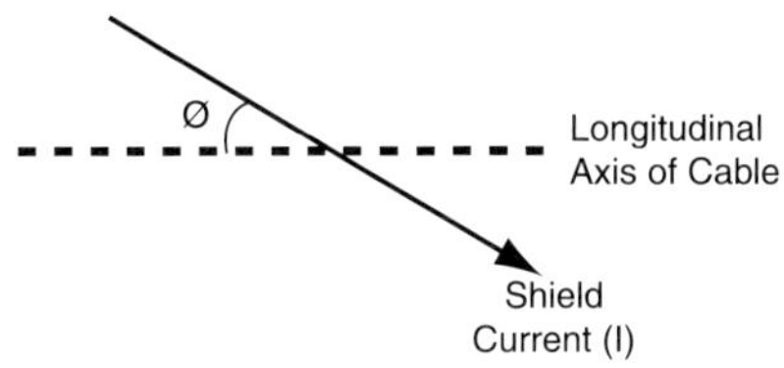

그림 2-36 나선 차폐 케이블에서 차폐 전류가 흐르는 방향; ϕ는 나선의 피치 각도

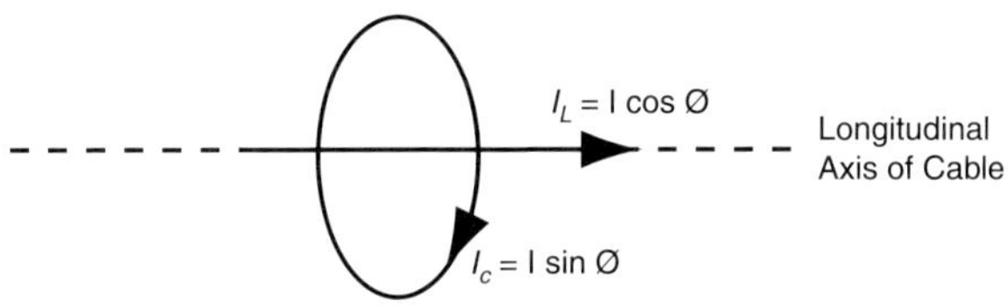

그림 2-37 나선차폐 케이블의 차폐 전류는 I_L(축방향 전류)과 I_c(원주방향 전류)의 두 성분으로 분해됨.

편조(braided) 차폐 케이블은 <그림 2-33>과 같이 각각의 띠가 번갈아 가면서 다른 띠 아래로 통과하는 방식으로 반대방향으로 직조된(엮인) 두 개 이상의 나선차폐를 합친 것이다. 한 띠는 시계 방향으로 감기고 다른 띠는 반시계 방향으로 감긴다. 두 띠 층의 감긴 방향이 서로 반대이므로 차폐전류의 원주방향 성분은 서로 상쇄되어 차폐전류의 축방향 성분만 존재하게 된다. 이 결과 나선차폐 케이블에 비해 편조차폐 케이블이 더 우수한 고주파 성능을 가진다.

앞에서 언급했듯이 (2.11절), 차폐 케이블의 차폐효과는 차폐도체의 전달 임피던스로 표현될 수 있다. 나선차폐 케이블의 경우 차폐도체의 전달 임피던스는 두 가지 성분을 가진다. 다시 말해 전달 임피던스는 축방향 전류에 의한 것과 원주방향 전류에 의한 것으로 구성된다.

차폐전류의 축방향 성분에 의한 전달 임피던스는 <그림 2-30>에서처럼 주파수에 따라 감소하고 (바람직한 특성), 반면에 차폐전류의 원주방향 성분에 의한 전달 임피던스는 주파수에 따라 증가한다 (바람직하지 않은 특성). 결과적으로 차폐전류의 원주방향 성분은 약 100 kHz 이상에서 나선차폐 케이블의 전달 임피던스를 증가시킨다. 고주파에서의 전달 임피던스는 나선 피치각도 ϕ에 따라 민감하게 변하는 함수이다; 각도 ϕ의 크기가 커질수록 전달 임피던스는 증가하고 케

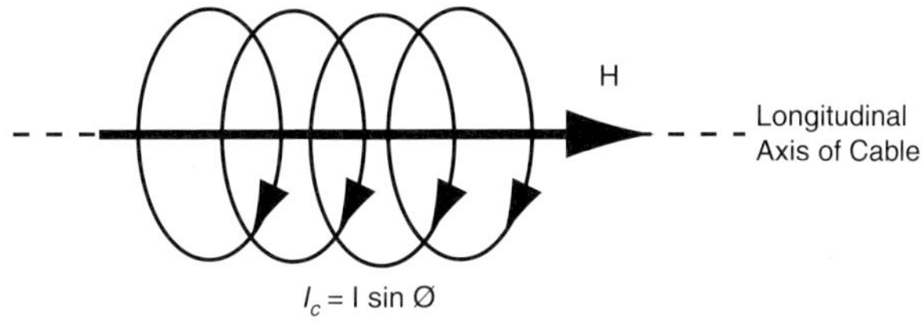

그림 2-38 나선차폐 케이블에서 차폐도체 전류의 원주방향 성분은 케이블의 축방향으로 자기장을 발생시킨다.

이블의 차폐효과는 떨어진다.

높은 주파수에서 일반 케이블의 차폐도체 전달 임피던스는 증가하는데, 나선차폐 케이블에 비해서는 증가량이 적다. <그림 2-39>는 차폐도체의 구조에 따른 케이블의 전달 임피던스 측정값을 보인 것이다 (Tsaliovich, 1995, <그림 3-9>).

나선차폐는 근본적으로 인덕턴스를 가지는 도체코일이므로 높은 고주파에서 전달 임피던스가 크다. 그러므로 나선차폐 케이블은 100 kHz 이상의 주파수에서는 잘 사용되지 않는다. 나선차폐 케이블의 동작 주파수는 가청 주파수 이하이어야 한다. 편조차폐와 나선차폐에 관한 상세한 설명은 *Cable Shielding For Electromagnetic Compatibility* (Tsaliovich, 1995)를 참고하라.

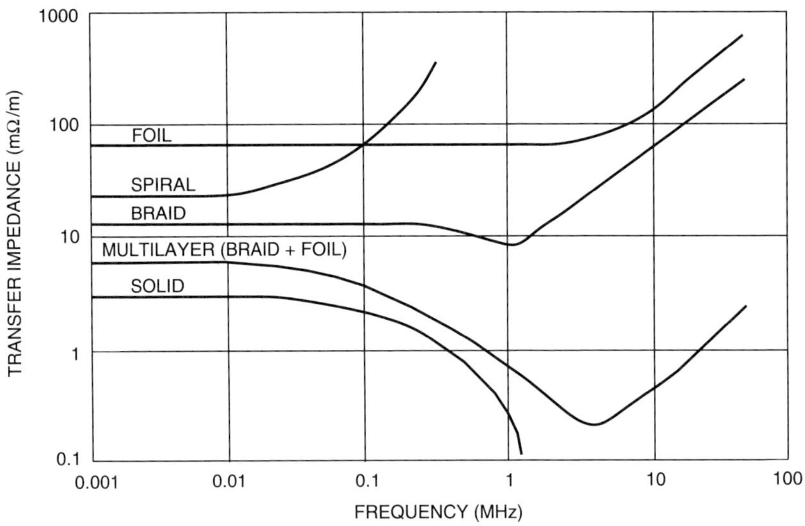

그림 2-39 차폐도체 종류 및 주파수에 따른 차폐도체의 전달 임피던스 측정값. 전달임피던스가 낮을수록 차폐성능이 좋다(출처: Tsaliovich, 1995ⓒ AT&T).

2.15 차폐도체의 종단처리(SHIELD TERMINATIONS)

대부분 차폐 케이블의 문제는 부적절하게 차폐도체를 종단시킨 결과이다. 차폐도체의 종단을 적절하게 처리해야만 차폐 케이블의 효과를 최대로 볼 수 있다. 차폐도체의 바람직한 종단처리(termination) 방법은 다음과 같다:

1. 차폐도체의 한쪽 끝 또는 양쪽 끝을 적절한 곳에 연결하여 종단시킨다.
2. 종단 연결 시 연결부의 임피던스는 매우 작아야 한다.
3. 차폐도체 둘레 전체(360°)에 걸쳐서 차폐도체와 종단(terminating) 도체를 연결한다.

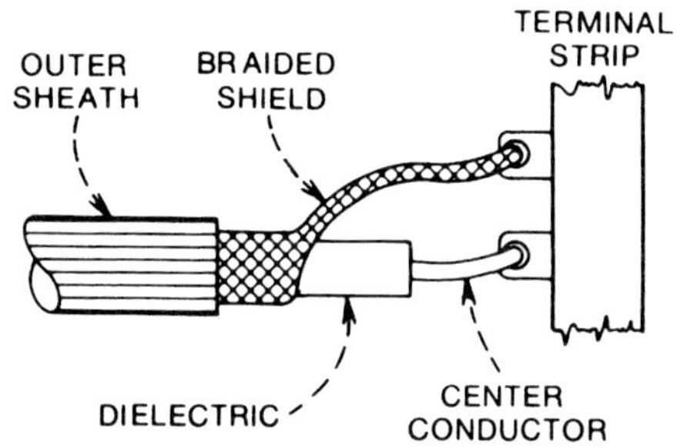

그림 2-40 피그테일 구조의 차폐도체 연결방법. 차폐전류가 한쪽으로 집중하여 흐른다.

2.15.1 피그테일 방식(Pigtails)

케이블 축방향 차폐전류가 차폐도체 둘레 전체에 걸쳐서 균일하게 흐를 때 자기장의 차폐가 가능하다는 것을 앞에서 설명하였다. 케이블 종단 근처에서의 자기장 차폐는 차폐도체의 종단을 어떻게 처리하는가에 의해 결정된다. <그림 2-40>에서 보인 피그테일(pigtail; 케이블 차폐도체 끝을 홀쭉하게 만든 것) 방식의 종단연결 구조는 차폐전류를 차폐도체의 한쪽 측면으로 집중시키는 원인이 된다. 차폐효과를 최대로 하려면 차폐도체의 둘레 전체에 걸쳐 균일하게 차폐도체를 종단구조에 연결해야 한다. 이를 위해 BNC, UHF, 또는 Type N 커넥터와 같은 동축 커넥터를 사용할 수 있다. <그림 2-41>과 같은 커넥터를 사용하면 차폐도체를 360°에 걸쳐서 종단구조에 전기적으로 연결할 수 있다. 동축 커넥터를 사용하면 내부도체를 완전히 덮을 수 있으며 따라서 전기장 차폐가 종단에서도 유지된다.

차폐도체의 360° 접촉은 차폐도체와 커넥터 사이뿐만 아니라 커넥터 간의 연결부에서도 중요하다. Type N과 UHF와 같은 나사형 커넥터는 이런 측면에서 최고의 성능을 나타낸다. <그림 2-42>는 나사를 사용하지 않는 XLR 커넥터의 전자파적합성 성능을 보강한 구조로서 커넥터 접

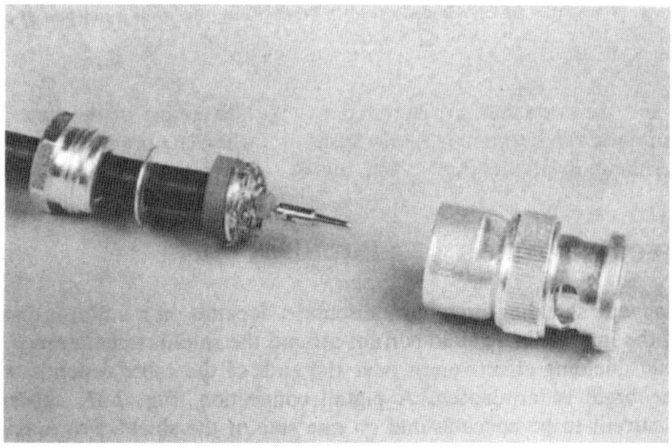

그림 2-41 차폐도체와 360° 접촉하는 BNC 커넥터의 분해된 모습.

그림 2-42 반대편 커넥터의 외부덮개면(backshell)과 360° 접촉을 위해 스프링 핑거(spring finger)가 사용된 소켓형(female) XLR 커넥터 (프로급 오디오 장비에 사용됨).

측면끼리 360° 접촉이 되도록 원주 주위에 탄성을 가지는 스프링핑거(spring finger)가 사용되었다. <그림 2-43>은 커넥터를 사용하지 않는 경우에 360° 차폐 종단을 할 수 있는 방법을 나타내고 있다.

케이블 종단을 피그테일 방식으로 처리할 경우 피그테일의 길이가 케이블 전체 길이에 비해 짧더라도 100 kHz 이상의 주파수에서는 케이블에 결합되는 잡음에 상당한 영향을 끼친다. 한 예로, 길이 3.66 m(12 ft)인 차폐된 케이블의 양 끝을 길이 8 cm인 피그테일로 종단시킨 경우, 이 케이블의 결합특성을 <그림 2-44> (Paul, 1980, 그림 8a)에 나타내었다. 종단 임피던스는 50 Ω이다. 이 그림은 케이블의 차폐된 부분의 자기장 결합, 피그테일 연결선의 자기장 결합 및 전기장 결합 등을 보여준다. 케이블의 차폐된 부분에서의 용량성 (전기장) 결합은 차폐도체가 접지되어

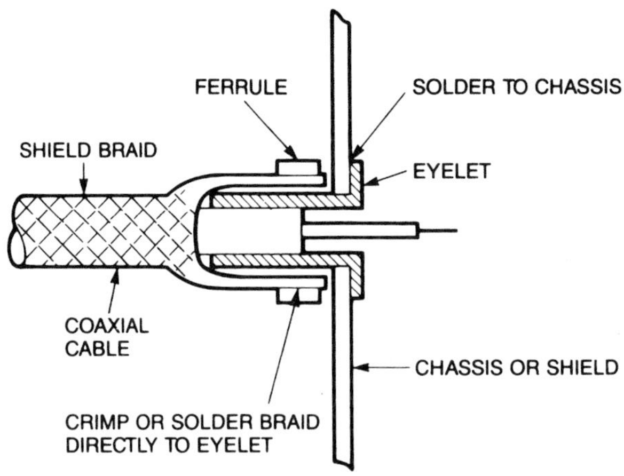

그림 2-43 커넥터 없이 차폐도체와 종단부를 360° 접촉시키는 케이블 종단 방법.

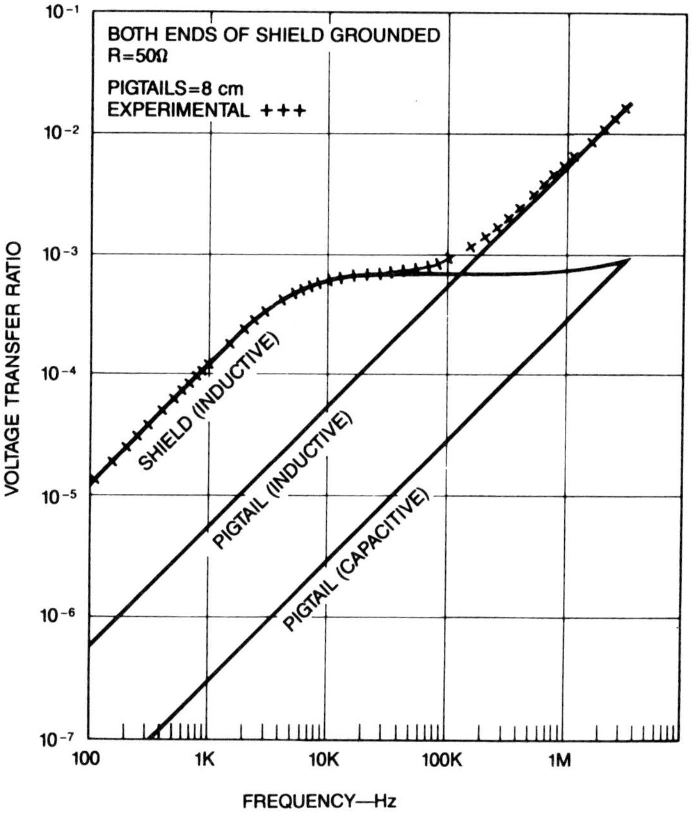

그림 2-44 8 cm 길이의 피그테일 종단을 갖는 3.7 m 길이의 차폐된 케이블의 결합(coupling) 특성. 회로 종단 임피던스는 50 Ω임(Paul, 1980,IEEE).

있고 차폐된 도체의 종단 임피던스가 적으므로 (50 Ω) 무시할 수 있다. <그림 2-44>에서 볼 수 있듯이 100 kHz 이상의 주파수에서 케이블의 주된 결합은 차폐되지 않은 피그테일의 유도성 결합이다.

차폐도체의 종단 임피던스가 50 Ω에서 1000 Ω으로 증가할 경우 전압 전달비를 <그림 2-45>에 나타내었다 (Paul, 1980, 그림 8b). 10 kHz 이상의 주파수에서는 피그테일의 용량성 결합이 주된 성분이 된다. 커넥터의 사용으로 케이블이 완벽하게 차폐된 경우에 비해 피그테일을 사용할 경우 1 MHz에서 결합(coupling)이 40 dB 만큼 더 크다.

<그림 2-44>와 <그림 2-45>에서 알 수 있는 것처럼, 짧은 피그테일은 낮은 주파수(< 10 kHz)에서 케이블의 차폐도체를 접지하는 데에는 적용할 수 있을지 모르지만 고주파수에서는 사용할 수 없다.

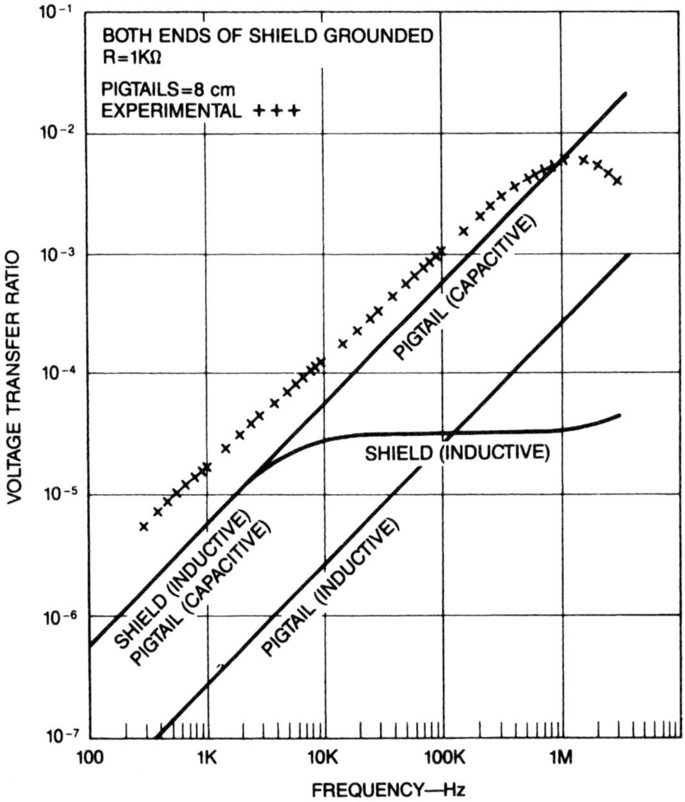

그림 2-45 길이 8 cm의 피그테일 종단을 갖는 3.7 m 길이의 차폐된 케이블의 결합(coupling) 특성. 회로 종단 임피던스는 1000 Ω임 (Paul, 1980, ©IEEE).

2.15.2 케이블 차폐도체의 접지(Grounding of Cable Shields)

케이블 차폐도체의 접지에 대한 가장 흔한 질문은 '어떤 위치에서 차폐도체를 종단해야 하는가 이다. 차폐도체를 케이블 양쪽에서 모두 종단시켜야 하는가, 아니면 한 쪽에서만 종단시켜야 하는가? 종단시킨다면 차폐도체를 어디에 연결해야 하는가? 이에 대한 간단한 대답은 '경우에 따라 다르다' 이다.

2.15.2.1 저주파용 케이블의 차폐도체의 접지. 저주파수 영역에서 케이블을 차폐하는 주된 이유는 케이블을 50/60-Hz 전력선과의 전기장 결합으로부터 보호하기 위함이다. 2.5.2 절에서 다루었듯이 차폐도체는 저주파수 영역에서 자기장 결합을 방지하지 못한다. 저주파수 영역에서는 차폐된 연선이 장점을 가진다. 차폐된 연선에서 차폐도체는 전기장 결합을 억제하고 연선은 자기장 결합을 억제한다. 저주파 회로는 전기장 결합에 대해 민감한 고임피던스 소자들을 포함하고 있다. 따라서 저주파수에서 케이블의 차폐가 중요하다.

저주파수 영역에서는 차폐된 다중도체 케이블의 차폐도체가 신호의 귀환용 도체로 사용되지 않는 경우에는 보통 차폐도체의 한쪽 끝만 접지와 연결한다. 만약 차폐도체가 한쪽 끝 이외에 다른 부분에서도 접지되면, 케이블 양쪽 끝의 접지 전위가 다르기 때문에 잡음전류는 차폐도체를 따라 흐르게 된다. 이때 발생되는 전위차는 보통, 접지에 흐르는 50/60-Hz 전류에 의해 생기며 이 전위차는 차폐전류를 흐르게 한다. 동축 케이블의 경우, 차폐전류는 식 (2-33)에 나타냈듯이 크기가 차폐전류와 차폐저항의 곱한 값인 잡음전압을 생성한다. 차폐된 연선의 경우, 차폐전류는 연선의 도체들과 유도성 결합을 일으켜 각 신호선로에 서로 다른 크기의 전압을 유도함으로써 잡음의 원천이 될 수도 있다(4.1절 평형 참고). 그런데 차폐도체가 단지 한쪽 끝에서만 접지와 연결되어야 한다면, 어느 끝이 접지되어야 하고, 어떤 접지와 연결해야 하는가?

대체로, 차폐도체는 신호원(source) 쪽에서 접지하는 것이 더 좋다. 이것은 접지가 신호전압에 대한 기준이 되기 때문이다. 그러나 신호원이 접지와 연결되지 않은(floating) 경우에는, 부하 쪽에서 차폐도체를 접지하는 것이 더 좋다.

<그림 2-46>은 차폐된 연선과 동축 케이블에 대해 낮은 주파수에서의 바람직한 차폐도체 접지방식을 나타낸 것이다. 회로 *A*부터 *D*까지는 신호원이나 증폭기(부하) 중 어느 하나만 접지된 경우로 둘 다 접지된 회로는 없다. 이 네 가지의 경우는, 케이블 차폐도체도 한쪽 끝만 접지되어 있는데, 그 위치는 회로가 접지된 지점과 같다. 회로가 *E*와 *F*와 같이 양끝에서 접지될 때, 잡음감소량은 접지사이의 전위차와 자기장에 대한 접지루프(ground loop)의 감응도(susceptibility)에 의해서 제한된다. 회로 *E*의 경우, 차폐된 연선의 양쪽 끝을 접지시켜서 신호귀환 도체대신 임피던스가 낮은 차폐도체를 통해 접지루프 전류가 흐르도록 하고 있다. 회로 *F*의 경우, 회로가 케이블 양 끝에서 접지되어 있고 동축 케이블의 차폐도체가 신호에 대한 귀환 도체이므로, 차폐도체를 양끝에서 접지시켜야 한다. 이때 케이블 차폐도체의 저항을 낮추면 잡음결합을 감소시킬 수 있는데 이것은 2.8절에서 살펴본 것처럼 공통 임피던스 결합을 감소시키기 때문이다. 만약 추가적인 잡음내성이 필요할 때는 접지루프를 제거해야만 한다. 이것은 3.4절에서 다루는 변환기, 광결합기 또는 차동증폭기를 이용하면 가능하다.

<그림 2-46>의 접지방식의 성능은 <그림 2-27>과 <2-28>에 제시된 자기장 결합 실험결과를 참조하여 예측할 수 있다.

그러나 전력선 주파수의 잡음결합을 제거하기 위하여 케이블 차폐도체의 한쪽 끝만 접지하는 것은 케이블 차폐도체를 고주파 안테나처럼 동작하게 하고 고주파 잡음이 잘 유입되게 한다. AM과 FM 라디오 송신기에서 방출된 전자파에 의해 케이블 차폐도체에 고주파 전류가 유도될 수 있다. 만약 케이블 차폐도체가 회로의 접지에 연결되어 있으면, 고주파 유도전류는 장비로 흘러 들어가 장해를 일으킬 것이다. 그러므로 회로의 접지가 아니라 장비의 차폐된 **인클로저**(*enclosure*)[8]에 케이블의 차폐도체를 접지시켜야 한다. 이때 차폐도체와 인클로저의 연결부는

8) (옮긴이) 회로부품, 모듈, 장치 등을 사방에서 둘러싸는 구조물로 대부분 금속재질의 상자형태를 갖고 있다.

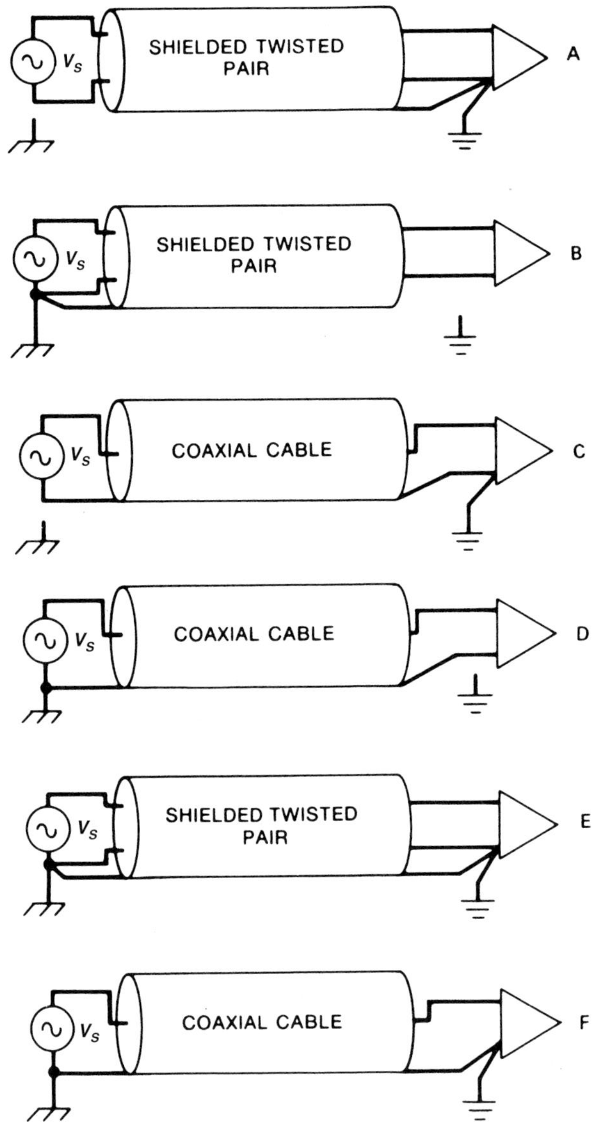

그림 2-46 저주파수에서 차폐된 연선 및 동축 케이블의 바람직한 차폐도체 접지 방법.

가능한 가장 낮은 임피던스를 가져야 하며 차폐된 인클로저의 외부에 차폐도체를 연결해야 한다. 이 경우 차폐도체의 고주파 유도 잡음전류는 인클로저 내부의 예민한 전자 장치로 흐르지 않고, 인클로저 표면을 따라 흐르다가 접지와 인클로저 사이의 기생 커패시터를 통해 접지로 빠져나감으로써 회로에 잡음 피해를 주지 않게 된다.

케이블의 차폐도체를 인클로저의 차폐도체가 연장된 것으로 생각한다면, 케이블의 차폐도체는 반드시 회로의 접지가 아닌 인클로저에 종단시켜야 된다.

전문 오디오 분야에서는 케이블 차폐도체를 섀시접지 대신에 회로의 접지에 연결함으로써 발생하는 잡음문제를 "핀 1 문제"라고 부른다. 1995년 Neil Muncy의 고전적 논문 *Noise Susceptibility in Analog and Digital Signal Processing Systems*에서 최초로 이 용어가 사용되었다. 핀 1은 전문 오디오 시스템에 일반적으로 사용되는 XLR 커넥터에서 케이블 차폐도체에 연결되는 커넥터 핀을 말한다. 전화기 잭의 경우, 핀 1은 슬리브로 불린다; 포노플러그(phono plug) 혹은 BNC 커넥터의 경우, 이것은 커넥터의 외부덮개면(셸, shell)을 말한다.

케이블 차폐도체를 회로의 접지에 종단하여 생기는 장해에 대한 많은 사례가 입증되면서 2005년에 미국 음향 공학회(Audio Engineering Society)는 오디오 장비의 케이블 차폐도체 접지에 대해 다음과 같은 표준을 공표하였다. 케이블 차폐도체와 장비 커넥터의 외부면(*shell*)은 가능한 한 낮은 임피던스 경로를 통하여 차폐 인클로저에 직접 연결되어야 한다(*AES48, 2005*).

동축 케이블의 차폐도체가 신호귀환 도체인 경우에 차폐도체는 양쪽 끝에서 접지되어야 하고, 이 접지는 회로가 동작할 수 있도록 반드시 회로 접지가 되어야 한다. 그러나 위에서 언급한 것처럼 잡음을 고려하는 경우, 차폐도체는 우선 인클로저에 종단되어야 한다. 이러한 요구사항은 케이블 차폐도체를 인클로저에 종단하고, 이어서 회로 접지를 케이블 차폐도체가 연결된 인클로저의 같은 부분에 연결함으로써 쉽게 구현할 수 있다.

차폐도체 접지를 한 끝에서만 하는 일점 접지는 저주파수 영역(가청주파수 대역 이하)에서 효과적이다. 왜냐하면 이 방식은 전력 주파수 전류가 차폐도체에 흐르는 것을 막아서 잡음이 신호회로로 유입될 가능성을 차단하기 때문이다. 일점 접지는 또한 차폐도체 접지 루프[9]와 이에 의한 자기장 결합을 방지한다. 그러나 주파수가 증가함에 따라, 일점 접지는 점점 효과가 떨어지게 된다. 케이블 길이가 1/4파장에 근접함에 따라, 한 끝이 접지된 케이블 차폐도체는 효율 좋은 안테나가 된다. 이러한 상황에서는 보통 차폐도체의 양쪽 끝을 모두 접지하는 것이 필요하다.

2.15.2.2 고주파용 케이블의 차폐도체의 접지. 주파수가 약 100 kHz 이상이거나 케이블 길이가 1/20 파장을 초과하면, 양쪽 끝에서 차폐도체를 접지할 필요가 있다. 이것은 다중도체나 동축케이블에 적용된다. 고주파 영역에서는 또 다른 문제가 발생한다; <그림 2-47>처럼 고주파에서는 기생 커패시터에 의해 접지 루프가 만들어지므로 접지로 종단되지 않은 차폐도체의 끝을 접지와 격리된 상태로 유지하기가 어렵거나 불가능하다.

고주파 영역과 디지털 회로에서는 케이블 차폐도체의 양쪽 끝을 접지시키는 것이 일반적이다. 접지 전위차에 의해 발생하는 작은 잡음 전압(주로 전력선 주파수와 그 고조파 주파수를 가짐)은 회로에 유입되어도 디지털 회로에는 영향을 주지 않고 고주파 회로(RF circuit) 밖으로 걸러낼 수 있는데 이는 잡음전압의 주파수가 신호의 주파수보다 훨씬 낮기 때문이다. 1 MHz 이상의 주파수

9) 케이블 차폐도체와 외부 접지 사이에 형성된 루프

에서, 표피효과는 차폐도체에 흐르는 신호전류와 잡음전류에 의해 발생하는 공통 임피던스 결합을 감소시킨다. 표피효과는 잡음전류를 차폐도체의 바깥 표면으로 흐르도록 하고, 신호전류는 차폐도체의 안쪽 표면으로 흐르게 한다. 또한 다중점 접지는 차폐도체 차단 주파수보다 높은 주파수에서 자기장 차폐를 제공한다.

2.15.2.3 케이블 차폐도체의 혼성접지 일점 접지가 음성 주파수 이하의 주파수 영역에서 효과적이고, 다점접지가 고주파 영역에서 효과적이라 하더라도, 예를 들어 비디오 신호와 같이 고주파와 저주파 성분을 모두 포함하고 있을 때는 어떻게 해야 할까? 오늘날 대부분의 오디오 장비는 신호처리를 위해 디지털 회로를 가지고 있어서, 오디오 장비에서도 고주파수 신호는 종종 존재한다. 이러한 경우, 케이블에 고주파 신호를 의도적으로 보내지 않더라도, 고주파 신호는 뜻하지 않게 케이블에 공통모드 신호로 결합될 수 있다. 따라서 케이블 차폐도체는 고주파 신호의 방사를 방지하기 위해 필요하다.

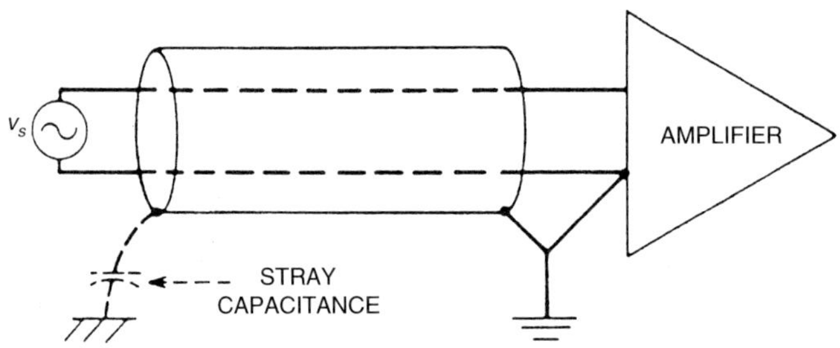

그림 2-47 고주파 영역에서 기생(부유) 커패시터에 의해 형성되는 접지 루프.

이런 경우에 <그림 2-47>의 회로에서 실제 커패시터 (예를 들어 47 nF)로 기생(부유) 커패시터를 대체하여 조합(combination) 접지, 즉 혼성접지(hybrid ground)를 구현할 수 있다. 저주파 영역에서는 커패시터의 임피던스가 크기 때문에 일점 접지가 된다. 그러나 고주파 영역에서는 커패시터의 임피던스가 작아져서 양 끝이 접지된 회로로 바뀐다.

그렇지만 케이블 차폐도체에 대해 효율적인 혼성접지를 실제로 구현하는 것은 커패시터와 직렬로 연결되는 인덕턴스에 의해 접지효과가 감소되기 때문에 어려울 수도 있다. 이상적으로 커패시터는 커넥터에 내장되어야 한다. 최근에는 몇몇 오디오 커넥터 제조회사에서는 차폐도체의 혼성접지의 장점을 이해하고 효과적인 차폐도체 종단 커패시터가 내장된 커넥터를 설계하기 시작했다. <그림 2-48>은 케이블 차폐도체 종단과 커넥터 외부덮개면(백셸, backshell) 사이에 방사형으로 10개의 표면장착(surface-mount) 커패시터가 연결된 XLR 커넥터의 모습이다. 이것은 저주파 영역에서는 효과적으로 접지 루프를 차단하면서도 고주파 영역에서 커넥터 백셸과

그림 2-48 케이블 차폐도체와 커넥터 외부덮개면(backshell) 사이에 10개의 표면장착 커패시터가 연결된 XLR 커넥터.

케이블 차폐도체 사이에 낮은 임피던스로 종단이 유지되게 한다. 10개의 병렬 커패시터는 커패시터와 직렬로 연결된 형태로 나타나는 인덕턴스를 1/10로 감소시키고, 약 1 GHz까지 차폐도체의 효과적인 혼성접지 종단을 제공한다.

2.15.2.4 이중 차폐된 케이블의 접지. 이중 차폐된 케이블을 사용하는 두 가지 이유는 다음과 같다: 첫째는 고주파 영역에서 차폐 효과를 증가시키기 위함이고; 둘째는 한 케이블에 고주파와 저주파 신호가 모두 존재할 때 사용하기 위해서이다. 첫 번째의 경우, 두 개의 차폐도체는 서로 접촉하고 있어도 된다; 두 번째의 경우, 두 차폐도체는 반드시 서로 격리되어야 한다(이를 보통 3축 케이블이라 부른다).

두 개의 차폐도체가 서로 격리되어 있으므로 설계자는 두 차폐도체를 다르게 종단할 수 있다. 외부 차폐도체를 양쪽 끝에서 종단함으로써 자기장 차폐뿐만 아니라 효과적인 고주파 영역 차폐도 가능하다. 외부 차폐도체는 케이블의 고주파 공통모드 전류에 의한 방사를 방지하기 위해서도 사용된다. 이 경우 내부 차폐도체는 한 쪽 끝에서만 종단되어도 되므로 양쪽 끝이 접지된 경우에 발생하는 접지 루프 결합을 피할 수 있다. 결과적으로 내부 차폐도체는 저주파 영역에 효과가 좋도록 종단시키고 외부 차폐도체는 고주파 영역에서 효과가 좋게 종단시키므로 고주파 성분과 저주파 성분을 모두 포함하는 신호에 의해 발생하는 문제를 해결할 수 있다. 외부 차폐도체는 반드시 인클로저에 연결되어야 하고, 내부 차폐도체는 상황에 따라 가장 좋은 성능을 구현하도록 인클로저나 회로접지에 연결되어야 한다.

3축 케이블을 사용할 때 또 다른 흥미 있는 가능성은 양쪽 끝이 아닌 한쪽 끝에서 두 차폐도체를 종단하는 것이다. 이렇게 하면 저주파 영역에서는 접지 루프가 존재하지 않지만, 고주파 영역에서는 차폐도체 사이에 존재하는 상호 커패시턴스에 의하여 루프가 생긴다. 이것은 보통 케이블의 길이가 아주 긴 경우에 효과적일 수 있는데, 이는 긴 케이블에서는 큰 접지전위차가 발생할 수 있고 차폐도체 사이의 커패시턴스도 긴 길이로 인해 클 것이기 때문이다.

2.16 리본 케이블(RIBBON CABLES)

케이블 사용에 관계되는 주된 비용은 케이블의 종단 처리에 드는 경비이다. 리본 케이블의 이점은 낮은 비용으로 다중 종단이 가능하다는 것인데, 이것이 리본 케이블을 사용하는 주된 이유이다.

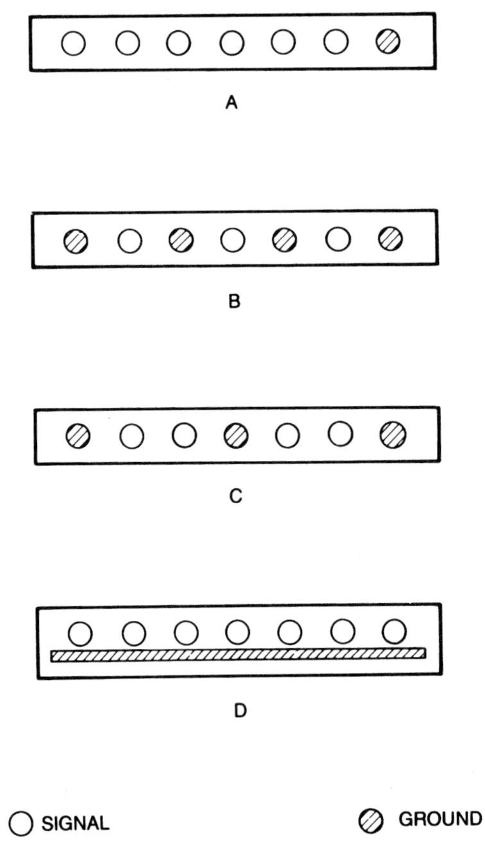

그림 2-49 리본 케이블의 구성: (*A*) 단일 접지선; (*B*) 교차 접지선; (*C*) 접지선/신호선/신호선/접지선; (*D*) 접지판 위의 신호선.

리본 케이블은 또 다른 이점을 가진다. 리본 케이블은 케이블 내에 도선의 위치나 방향이 고정되어 있기 때문에 인쇄회로기판의 도체들처럼 "통제된 케이블"이다. 그러나 보통의 도선 다발(harness)은 케이블 내의 도선의 위치와 방향이 불규칙적이고 하나의 도선 다발에서 다음 도선 다발로 갈 때 제멋대로 변하기 때문에 "랜덤 케이블"이다. 그러므로 "랜덤 케이블"의 잡음성능도 장치들마다 변할 수 있다.

리본 케이블의 사용과 관련하여 다루어야 할 문제는 각 도체들을 신호선과 접지로 할당하는 방법과 관계가 있다.

<그림 2-49A>는 한 도체가 접지이고 나머지 모든 도체는 신호선인 리본 케이블을 나타낸다. 이 구성은 필요한 도체의 수를 최소로 할 수 있기 때문에 사용된다; 그러나 이것은 세 가지 문제를 가진다. 첫 번째는 신호 도체들과 접지 귀환 사이에 큰 루프면적을 만들며 이로 인해 잡음 방사와 잡음 유입이 증가하게 된다. 두 번째 문제는 모든 신호 도체가 같은 접지 귀환을 사용할 때 발생되는 공통 임피던스 결합이다. 세 번째는 각 도체들 사이에 나타나는 용량성과 유도성 누화(crosstalk)이다. 그러므로 이 구성은 되도록 사용하지 말아야 한다. 만약 이 구성을 사용한다면 한 개의 접지도체는 루프면적을 최소로 하기 위하여 가운데 위치에 있는 도체에 할당되어야 한다.

<그림 2-49B>는 좀 더 나은 구성을 나타낸다. 이 경우 각 신호도체는 바로 옆에 별도의 접지 귀환도체를 가지므로 루프면적이 작게 된다. 각 도체가 별도의 접지 귀환도체를 가지므로 공통 임피던스 결합은 제거되고, 도체 사이의 누화도 최소로 된다. <그림 2-49A> 보다 두 배 많은 도체가 필요하지만 이것은 리본 케이블에서 더 좋은 구성이다. 이 방법에서 케이블 사이의 누화가 문제가 되는 경우에는 신호 도체 사이에 두 개의 접지가 필요할 수도 있다.

<그림 2-49B>에는 약간 미치지 못하는 구성이지만 25% 도체를 적게 사용하는 것이 <그림 2-49C>이다. 이 구성도 모든 신호 도체가 바로 옆에 접지 도체를 가지므로 작은 루프면적을 가진다. 두 신호 도체는 한 접지를 공유한다. 그래서 약간의 공통 임피던스 결합이 발생하고, 누화는 몇 개의 신호 도체들 사이에 접지가 없기 때문에 <그림 2-49B>의 경우보다 더 크다. 이 구성은 많은 응용 분야에서 적절한 성능을 제공하고 성능에 비하여 비용이 가장 적게 든다.

<그림 2-49D>에서 보는 바와 같이 케이블의 전체 폭의 맞은 편에 접지판을 갖는 리본 케이블도 있다. 이 경우 루프면적은 신호 도체와 그 아래에 있는 접지판 사이의 간격에 의하여 결정된다. 이 간격은 케이블 내 도선과 도선 사이의 간격보다 일반적으로 작기 때문에, 루프면적은 <그림 2-49B>의 교차 접지 구성보다 훨씬 더 작다. 이 케이블을 <그림 2-22>와 같은 방식으로 구성할 수 있으면 접지 전류는 신호도체 바로 아래의 접지판으로 흐른다. 그 이유는 <그림 2-22>에서 전류가 차폐도체로 귀환하는 이유와 같다. 그러나 케이블이 전체 폭에 걸쳐 접지판과 전기적으로 접촉된 상태로 종단되지 않으면, 귀환전류는 신호 도체 아래 위치에서 벗어난 곳에 흐르고 이에 따라 루프면적도 증가하게 될 것이다. 이런 종류의 케이블은 적절하게 종단시키기 어렵기 때문에 자주 사용되고 있지는 않다.

차폐된 리본 케이블도 있다; 그러나 만약 차폐도체의 둘레 전체(360°)가 전기적으로 연결되어 종단되지 않으면(이렇게 하기는 힘듦), 그 효과는 상당히 감소한다. 리본 케이블로부터의 방사에 차폐도체 종단이 미치는 영향은 Palmgren에 의해 논의되었다(1981). Palmgren은 차폐된 리본 케이블 내에서 바깥쪽에 위치한 도체들은 가운데 부근에 놓인 도체보다는 차폐가 잘 되지 않음을 보였다(일반적으로 7 dB 적게 차폐). 이는 차폐도체의 양쪽 가장자리 차폐전류가 균일하지 않기 때문에 생기는 현상이다. 그러므로 중요한 신호들은 차폐된 리본 케이블의 바깥쪽에 위치한 도체에 할당하면 안된다.

2.17 전기적으로 긴 케이블(ELECTRICALLY LONG CABLES)

이 장에서 제시하는 해석 내용은 케이블의 길이가 파장에 비해 짧다는 조건이 성립하는 경우를 가정하고 있다. 이 가정의 실제 의미는 케이블에서 모든 전류가 '동위상' 이라는 것이다. 이러한 조건에서는 이론대로라면 주파수에 따라 전기장과 자기장 결합이 계속 증가하게 된다. 그러나 실제로 결합은 특정 주파수 이상에서는 더 이상 증가하지 않는다.

케이블이 길이가 1/4파장에 접근함에 따라 케이블 내 전류 사이에는 위상차가 발생한다. 케

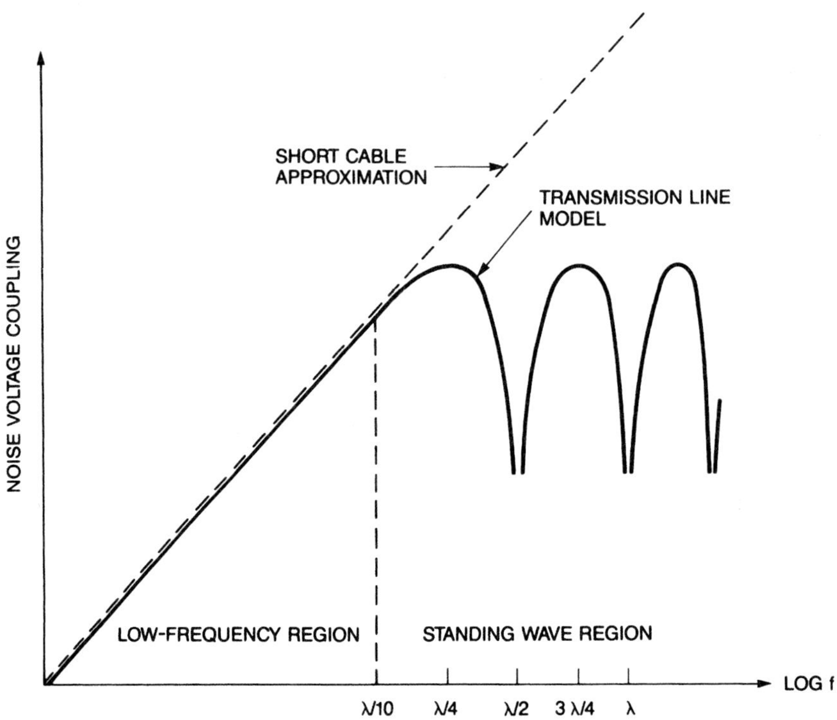

그림 2-50 짧은 케이블 근사(점선)와 전송선로 모델(직선)을 이용하여 계산한 케이블 사이의 전기장 결합.

이블 길이가 반파장일 때는 상쇄효과로 인해 역위상 전류는 외부로 결합되는 양을 0이 되게 한다. 그러나 이렇게 된다고 해서 여러 가지 다른 변수에 의해 발생하는 결합은 달라지지 않는다. 단지 최종 결과의 수치만 달라질 뿐이다. 따라서 케이블의 길이에 관계없이, 결합을 결정하는 변수의 영향은 변하지 않는다.

<그림 2-50>은 케이블이 짧다고 가정한 경우와 그렇지 않은 경우에 대하여 두 케이블 사이의 결합량을 나타낸다. 두 경우의 결과는 위상 효과가 발생하기 시작하는 파장의 1/10 정도까지는 거의 일치한다. '짧은 케이블 근사' 도 약 1/4 파장까지 그런대로 쓸 수 있다. 이 점 이상에서는 전류의 일부가 '동위상 조건' 에서 벗어나기 때문에 결합량은 감소한다. 반면에 짧은 케이블 근사로는 결합량이 계속 증가하는 것으로 나온다. 짧은 케이블 근사로 예측된 결합량을 1/4 파장까지만 사용하면, 이 결합량은 실제 결합량에 대한 근삿값이 된다. 전류사이의 위상차에 의해 생기는 영점(nulls)과 피크점(peaks)은 이런 상황에서는 고려하지 않는다는 것을 잘 알아두어야 한다. 장비를 설계할 때 이들 영점과 피크점을 이용하려는 것(이것은 위험한 발상이다)이 아니라면 영점과 피크점의 위치는 중요하지 않다.

긴 케이블의 해석과 관련한 더 많은 정보는 Paul(1979)과 Smith(1977)의 자료를 살펴보기 바란다.

요약 SUMMARY

- 전기장 결합은 잡음 전류 발생기(전류원)를 피해장치(잡음수신회로)에 병렬로 삽입하여 나타낼 수 있다.
- 자기장 결합은 잡음 전압 발생기(전압원)를 잡음수신회로에 직렬로 삽입하여 나타낼 수 있다.
- 전기장은 자기장보다 훨씬 막기 쉽다.
- 한 점 또는 더 많은 점에서 접지된 차폐도체는 전기장을 차폐한다.
- 자기장 결합을 줄이는 핵심비결은 수신 루프의 면적을 감소시키는 것이다.
- 양끝이 접지된 동축 케이블의 경우, 가청 주파수 이상에서 거의 모든 귀환전류는 차폐도체로 흐른다.
- 자기장 방사나 수신을 막기 위해서 차폐도체의 양끝을 접지에 연결하는 것은 가청 주파수 이상에서 유용하다.
- 잡음 전류가 흐르는 차폐도체는 어떤 경우에도 신호 경로의 일부가 되어서는 절대로 안 된다.
- 고주파수 영역에서는 표피효과로 인해 동축 케이블은 3축 케이블처럼 동작한다.
- 연선 케이블의 차폐효과는 단위 길이당 꼰 횟수에 따라 증가한다.
- 이 장에서 논의한 자기장 차폐 효과를 얻으려면 원통모양의 차폐도체 상의 둘레 전체를 따라 차폐전류가 균일하게 흘러야 한다.
- 빈틈없이 균일한 차폐도체 케이블에서, 차폐 효과는 주파수에 따라 증가한다.

- 박막 위 편조 케이블(braided-over-foil cable)나 이중 편조 케이블(double-braided cable)에서 차폐효과는 약 100 MHz 이상에서 감소하기 시작한다.
- 편조 차폐 케이블에서 차폐효과는 약 10 MHz 이상에서 감소하기 시작한다.
- 나선 차폐 케이블에서 차폐효과는 약 100 kHz 이상에서 감소하기 시작한다.
- 대부분의 케이블 차폐 문제는 부적절한 차폐 종단 처리가 원인이다.
- 저주파 영역에서 케이블 차폐도체는 한쪽 끝에서만 접지되어야 한다.
- 고주파 영역에서 케이블 차폐도체는 양쪽 끝에서 접지되어야 한다.
- 하이브리드 방식의 차폐도체 종단은 저주파와 고주파 신호가 함께 존재할 때 효과적으로 사용될 수 있다.
- 케이블 차폐도체는 회로의 접지가 아닌 장비 인클로저에 종단되어야 한다.
- 리본 케이블의 주된 문제는 신호와 접지를 각 도체들에 어떤 식으로 할당하는가와 관련되어 있다.

연습문제 PROBLEMS

2.1 <그림 P2-1>에서 도체 1과 2 사이의 부유 정전용량(stray capacitance)이 50 pF이다. 각 도체와 접지 사이의 정전용량은 150 pF이다. 도체 1에는 주파수 100 kHz, 진폭 10 V인 교류 신호가 존재한다. 종단 저항 R_T가 다음과 같을 때 도체 2에 수신되는 전압은 얼마인가?

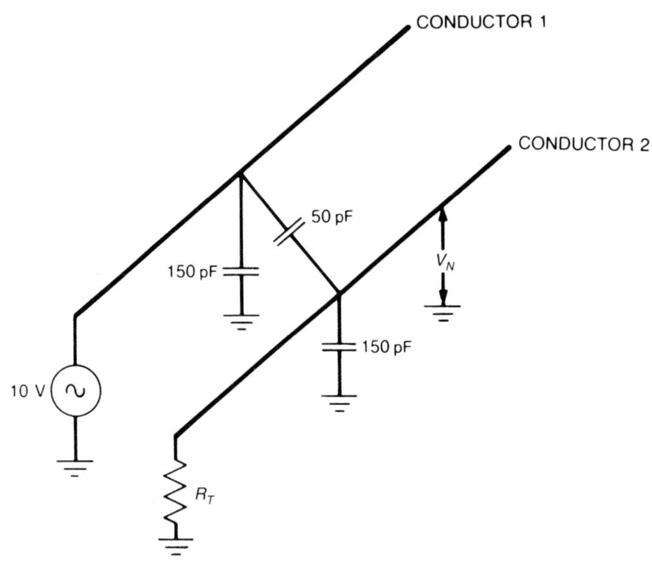

그림 P2-1

a. 무한대 저항?

b. 1000 Ω 저항?

c. 50 Ω 저항?

2.2 <그림 P2-2>에서, 도체 2 주위에 접지된 차폐를 설치하였다. 도체 2와 차폐도체 사이의 정전용량은 100 pF이고, 도체 1과 도체 2 사이의 정전용량은 2 pF이며 도체2와 접지 사이의 정전용량은 5 pF이다. 도체 1에는 100 kHz, 10 V 교류신호가 존재한다. 이 경우에 종단저항 R_T가 다음과 같을 때 도체 2에 수신되는 잡음전압은 얼마인가?

a. 무한대 저항?

b. 1000 Ω 저항?

c. 50 Ω 저항?

2.3 전력용 트랜지스터의 스위칭 동작으로 인해, 잡음전압이 스위칭 타입 전원 공급기의 출력단자와 케이스 사이로 유입된다. 이것을 <그림 P2-3>에서 V_{N1}으로 나타내었다. 이 잡음전압은 그림과 같이 인접한 회로 2에 용량적으로 결합할 수 있다. C_N은 케이스와 출력 전원 단자(도선) 사이의 등가 결합 정전용량이다. $C_{12} \ll C_{1G}$이라고 가정한다.

a. 이 구성에서, 주파수의 함수로 V_{N2}/V_{N1}를 구하고 이를 그래프로 그려라. (점선으로 표시된 커패시터 C는 무시한다.)

다음으로, 회로와 같이 커패시터 C가 출력 전원 단자와 케이스 사이에 추가되었다.

b. 이것이 잡음 결합에 어떻게 영향을 끼치는가?

c. 전원 공급기 도선의 차폐가 어떻게 잡음 성능을 개선하는가?

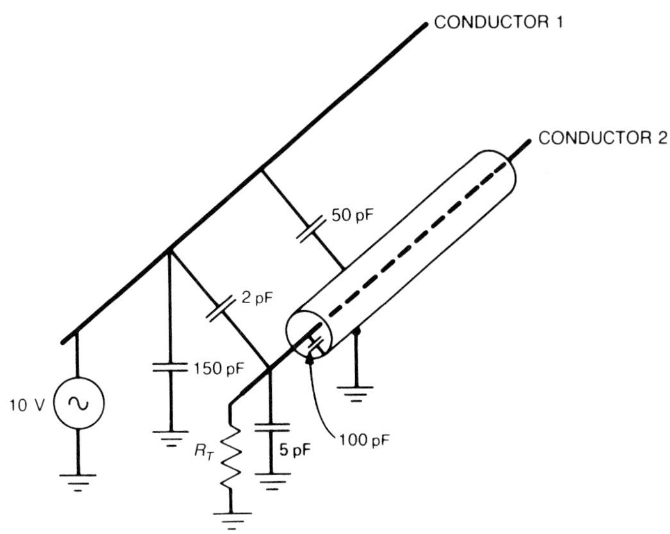

그림 P2–2

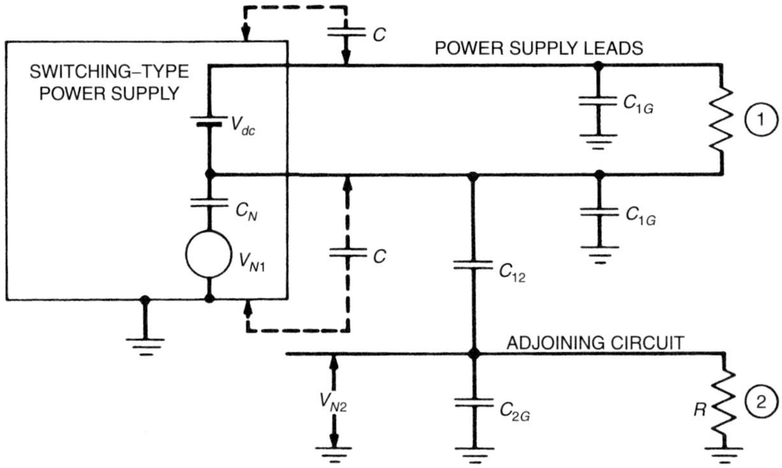

그림 P2-3

2.4 길이가 10 cm이고 간격이 1 cm인 떨어진 두 도체가 회로를 구성한다. 이 회로는 60 Hz에서 10 gauss의 자기장이 있는 공간에 위치해 있다. 자기장으로부터 회로에 결합되는 최대 잡음전압은 얼마인가?

2.5 <그림 P2-5A>는 소신호 트랜지스터 증폭기 회로의 일부분이다. 이 회로의 인쇄회로 패턴은 <그림 P2-5B>와 같다. 이 회로는 강한 자기장 내에 존재한다.
<그림 P2-5B>와 비교하여 <그림 P2-5C>처럼 변경한 인쇄회로 패턴의 장점은 무엇인가?

2.6 <그림 P2-6>에 나타낸 두 개의 평행한 동일 평면상의 루프 사이의 단위 길이당 상호 인덕턴스를 계산하라.

2.7 문제 2.6의 결과를 이용해 다음을 계산하라:

a. 도체 사이 간격이 0.05 인치인 리본 케이블의 인접한 쌍 (첫 번째 쌍과 두 번째 쌍) 사이의 단위 길이당 상호 인덕턴스를 계산하라. 그리고 첫 번째와 세 번째 쌍 사이, 그리고 첫 번째와 네 번째 쌍 사이의 상호 인덕턴스를 계산하라.

b. 한 쪽 쌍의 신호가 10 MHz, 5 V의 사인파이고 케이블이 500 Ω으로 종단되었을 때, 인접한 쌍으로 유도되는 전압은 몇 V인가?

2.8 두 회로 사이에서 상호 인덕턴스의 최댓값은 무엇인가?

2.9 아래와 같은 도체 구조에서 자기장의 크기는 거리에 따라 어떻게 변하는가?

a. 홀로 놓여있는 한 개의 도체

b. 신호 전류와 귀환 전류가 흐르고 있는 좁은 간격의 평행 도체

2.10 도선의 길이가 1 m인 잡음 수신회로가 접지판 위 5 cm에 위치한다. 회로의 양끝은 각각 50 Ω 저항으로 종단되었다. 전기장이 0.5 mA의 잡음전류를 회로에 유도한다. 동일한 잡음원

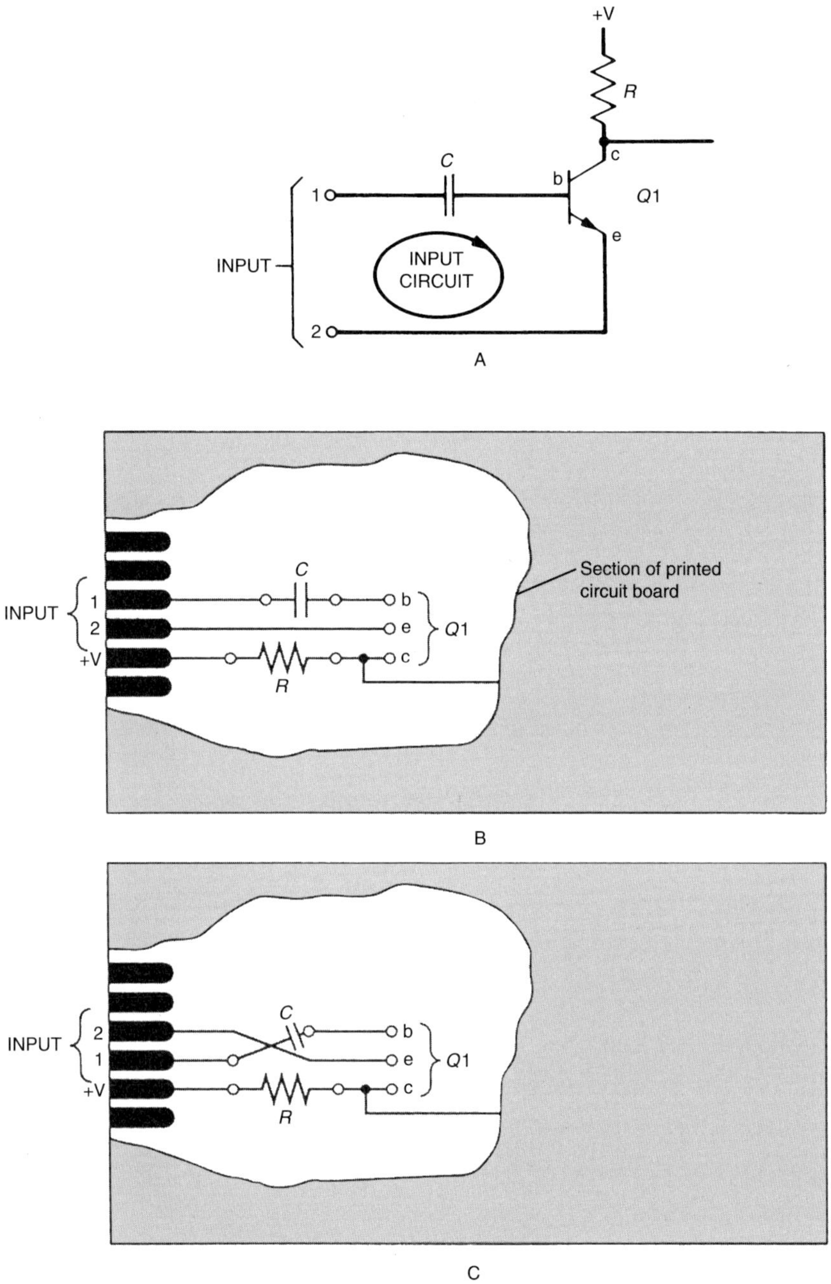
+V
R
C
c
b
Q1
1
e
INPUT
INPUT CIRCUIT
2
A
C
Section of printed circuit board
INPUT
1
2
+V
b
e
c
Q1
R
B
C
INPUT
2
1
+V
b
e
c
Q1
R
C

그림 P2-5

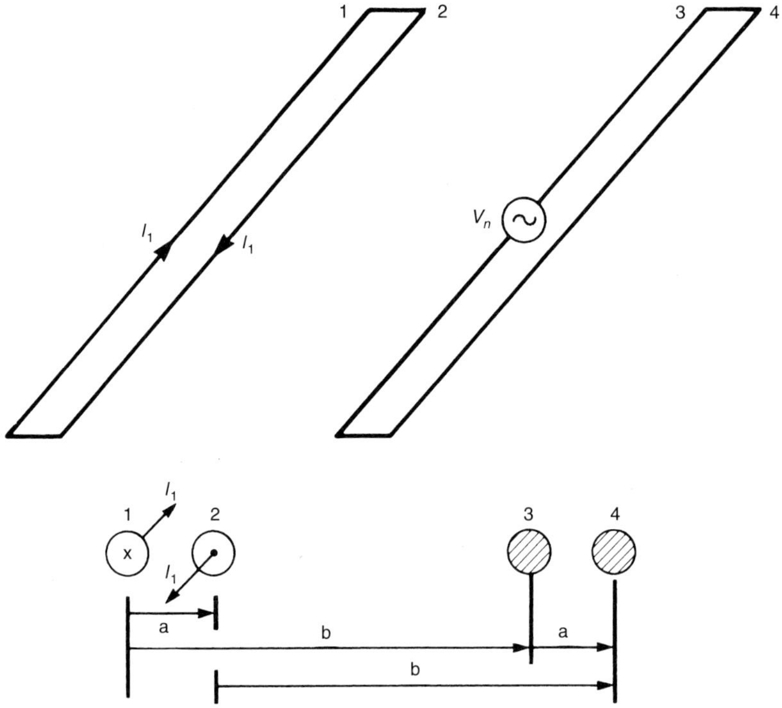

그림 P2-6

으로부터 발생한 자기장이 25 mV의 잡음전압을 회로에 유도한다.

a. 각 종단저항 양단에서 측정되는 잡음전압의 크기를 구하여라.

b. 위의 결과로부터 어떤 일반적인 결론을 이끌어 낼 수 있는가?

c. 자기장에 의한 유도전압의 극성이 반대일 경우에는 어떻게 되는가?

2.11 연선 케이블이 평형방식으로 종단된 경우(즉, 두 선로가 접지에 대하여 동일한 임피던스를 가짐), 차폐되지 않은 연선 케이블이 용량성 잡음 유입만을 막을 수 있는 까닭을 설명하라.

2.12 나선 차폐도체 케이블에서 다음과 같은 경우에 생성되는 자기장의 백분율을 계산하라.

a. 차폐도체 표면에 축방향(길이 방향) 성분의 차폐전류가 흐르고 있다. 차폐도체 외부영역에 있는 자기장의 백분율은 얼마인가?

b. 차폐도체 표면에 원주 방향 성분의 차폐전류가 흐르고 있다. 차폐도체 외부영역에 있는 자기장의 백분율은 얼마인가?

참고문헌 REFERENCES

AES48-2005, *AES Standrad on Interconnections—Grouding and EMC Practices—Shields of Connectors in Audio Equipment Containing Active Circuitry*, Audio Engineering Society, 2005.

ANSI/TIA/EIA-568-B.2.1, *Commercial Building TelecommunicationsCabling Standard—Part 2: Balanced Twisted Pair Components—Addendum I—Transmission Performance Specifications for 4-Pair 100 Ohm Category 6 Cabling*, 2002.

Brown, J. and Whitlock, B. "Common-Mode to Differential-Mode Coversion in Shielded Twisted-Pair Cables(Shield Current Induced Noise)". *Audio Engineering Society 114th Convention*, Amsterdam, The Netherlands, 2003.

Grover, F. W. "Inductance Calculations-Working Formulas and Tables." *Instrcment Society of America*, 1973.

Hayt, W. H., Jr. *Engineering Electromagnetics*. 3rd ed. McGraw-Hill, New York, 1974.

ITT. *Reference Data for Radio Engineers*. 5th ed. Howard W. Sams & Co., New York, 1968.

Muncy, N. "Noise Susceptibility in Analog and Digital Signal Processing Systems." *Journal of the Audio Engineering Society*, June 1995.

Palmgren, C. "Shielded Flat Calbes for EMI & ESD Reduction," IEEE Symposium on EMC, Boulder, Co, 1981.

Paul, C. R. "Prediction of Crosstalk Involving Twisted Pairs if Wires-Part I: A Transmission-Line Medel for Twisted-Wire Pairs," *IEEE Transactions on EMC*, May 1979.

Paul, C. R. "Prediction of Crosstalk Involving Twisted Pairs if Wires-Part II: A Simplified Low-Frequency Prediction Model." *IEEE Transactions on EMC*, May 1979.

Paul, C. R. "Modelling and Prediction of Ground Shift on Printed Circuit Boards." 1986 IERE Symposium on EMC. York, England, October 1986.

Ruehli, A. E. "Inductance Calculations in a Complex Integrated Circuit Environment." *IBM Journal of Research and Development*, September 1972.

Schelkunoff, S. A. "The Electromagnetic Theory of Coacial Transmission Lines and Cylindrical Shields." *Bell System Technical Journal*, Vol. 13, October 1934, pp.532-579.

Smith, A. *A Coupling of External Electromagnetic Fields to Transmission Lines*. Wiley, New York, 1977.

Smythe, W. R. *Static and Dynamic Electricity*. McGraw-Hill, New York, 1924.

Tsaliovich, A. *Cable Shielding for Electromagnetic Compatibility*. New York, Van Nostrand Reinhold, 1995.

Vance, E. F. *Coupling to Shielded Cables*. Wiley, New York, 1978.

심층자료 FURTHER READING

Buchman, A. S. "Noise Control in Low Level Data Systems." *Electromechanical Design*, September 1962.

Cathy, W., and Keith, R. "Coupling Reduction in Twisted Wires." IEEE International Symposium on EMC, Boulder, August 1981.

Ficchi, R. O. *Electrical Interference*. Hayden Book Co., New York, 1964.

Ficchi, R. O. *Practical Design For Electromagnetic Compatibility*. Hayden Book Co., New York, 1971.

Frederick Research Corp, *Handbook on Radio Frequency Interference*. Vol. 3 (Methods of Electromagnetic Interference Suppression). Frederick Research Corp., Wheaton, MD, 1962.

Hilberg. W. *Electrical Characteristics of Transmission Lines*. Artech House, 1979.

Lacoste, R., "Cable Shielding Experiments," Circuit Cellar October, 2008.

Mohr, R. J. "Coupling between Open and Shielded Wire Lines over a Ground Plane," *IEEE Transactions on EMC*, September 1976.

Morrison, R. *Grounding and Shielding*. Wiley, 2007.

Nalle, D. "Elimination of Noise in Low Level Circuits." *ISA Journal*, Vol. 12, August 1965.

Ott, H. W. *Balanced vs. Unbalanced Audio System Interconnections*, Available at www.hottconsultants.com/tips.html. Accessed December 2008.

Paul, C. R. "Solution of the Transmission-Line Equations for Three-Conductor Lines in Homogeneous Media." *IEEE Transactions on EMC*, February 1978.

Paul, C. R. "Prediction of Crosstalk in Ribbon Cables: Comparison of Model Predictions and Experimental Results." *IEEE Transactions on EMC*, August 1978.

Paul, C. R. *Introduction to Electromagnetic Compatibility*, 2nd ed. Chapter 9 (Crosstalk) New York Wiley, 2006.

Rane Note 110. *Sound System Interconnection*. Rane Corporation, 1995.

Timmons, F. "Wire or Cable Has Many Faces, Part 2." *EDN*, March 1970.

Trompeter, E. "Cleaning Up Signals with Coax." *Electronic Products Magazine*, July 16, 1973.

Chapter 3 접지

Grounding

"좋은 접지"를 찾는 것은 여러 면에서 볼 때, 성배를 찾는 것과 매우 비슷하다—그것이 존재한다는 이야기가 무수하며 우리 모두 그것을 원하고 필요하다고 이야기하지만 우리는 그것을 찾을 수 없을 것 같다.

Warren H. Lewis

전자 회로를 상호연결하는 데 사용되는 모든 도체들 중에, 가장 복잡한 것이지만 아이러니하게도 일반적으로 가장 관심을 주지 않는 것—**접지**이다. 접지 기술은 우리가 원하지 않는 잡음을 최소화하고 안전한 시스템을 만드는 가장 기본적인 기술 중의 하나이다. 그렇긴 하지만, 잡음이 없는 시스템이 반드시 안전한 시스템이라 할 수 없고, 반대로, 안전한 시스템이 필연적으로 잡음이 없는 시스템이라 할 수 없다. 설계자에게는 안전하고 잡음이 없는 시스템을 제공해야 할 책임이 있다. **좋은 접지 시스템은 신중하고 세심한 설계를 통해서만 가능하다**; 접지시스템에 대해 거의 고려하지 않고 설계한 뒤 그 접지시스템이 잘 동작할 것이라고 기대하는 것은 희망사항일 뿐이다. 회로접지의 세부 항목을 처리하는 데에 귀중한 개발 시간을 투자해야 한다는 사실을 때로는 믿기 어렵지만 , 사전에 접지를 제대로 설계한다면 제품을 제작 · 시험한 후에 발생하는 난해한 잡음문제를 해결하지 않아도 되므로 결국에는 시간과 비용이 줄어든다.

잘 설계된 접지 시스템이 갖는 장점 중의 하나는 제품 단가의 추가 상승 없이도 원하지 않는 전자파 간섭과 전자파 방출을 막을 수 있다는 것이다. 여기에 드는 유일한 비용은 시스템을 설계하는 데 소요되는 작업 시간이다. 이에 반해 제대로 설계되지 않은 접지 시스템은 전자파 간섭과 전자파 방출의 주된 요인이 될 수 있으므로 문제를 해결하기 위해서는 상당한 작업 시간이 요구된다. 따라서, 제대로 설계된 접지 시스템은 비용대비 효과가 매우 높다고 볼 수 있다. .

잡음과 간섭을 억제하는 접지의 중요한 측면이 잘못 이해되는 경우가 종종 있다. 접지에 관한 문제 중의 하나는 단어 그 자체이다. "접지"라는 단어는 많은 사람들에게 서로 다른 뜻으로 이해되고 있다. 접지는 번개로부터 보호하기 위해 땅속에 박아넣은 8-ft의 길이의 막대기를 의미할 수도 있고, 교류 전력 분배 시스템에 사용되는 녹색의 안전전선(safety wire)을 의미할 수 있으며, 디지털 논리 인쇄회로기판(PCB)의 접지판을 의미할 수 있으며, 또는 지구를 공전하고 있는 위성 내부에서 저주파 아날로그 신호의 귀환 경로를 제공하는 인쇄회로기판 상의 좁은 선로(트레이스, trace)를 의미할 수도 있다. 각각의 경우마다 접지에 대한 요구 사항은 서로 다르다.

접지는 다음 두 가지로 분류된다: (1) 안전접지(safety ground)와 (2) 신호접지(singnal ground). 신호접지를 가리킬 때는 접지(ground) 대신 **귀환**(*return*)이라는 용어를 사용하는 것이 더 적합하다고 할 수 있다. 이 경우에는 신호귀환(signal return)과 전원귀환(power return)으로 더 세분화할 수 있다. 접지라는 용어를 사용하는 경우에는 안전접지와 구별되면서 그 접지에 흐르는 전류의 종류를 알 수 있도록 "신호접지"나 "전원접지"라고 표시하는 것이 좋다. 그러나 보통 이들을 모두 통틀어 그냥 "접지"라 부른다.

이 장에서 차차 살펴보겠지만, 회로에 문제가 발생하는 경우를 제외하고는 안전접지에는 전류가 흐르지 않는다. 신호접지에는 정상적인 상태에서 전류가 흐르므로 두 접지 사이의 이러한 차이는 중요하다. 따라서 접지를 분류하는 다른 방법은 (1) 정상 동작 상태에서 전류가 흐르는가? (신호접지나 전원접지)와 (2) 정상 동작 상태에서 전류가 흐르지 않는가? (안전접지)를 기준으로 하는 것이다.

또한, 접지가 장비의 케이스(enclosure, 인클로저) 또는 섀시에 연결된 경우에는 보통 **섀시접지**(*chassis ground*)라고 부른다. 접지가 낮은 임피던스 경로를 통해 지면(대지)에 연결된 경우에는 **대지접지**(*earth ground*)라고 부른다. 안전접지는 지면, 혹은 항공기의 기체와 선박의 선체와 같이 지면 역할을 하는 도체 몸통에 연결된다. 신호접지는 지면에 접지될 수도 있고 안 될 수도 있다. 신호접지를 하기에는 적절하지 않은 위치에 안전접지를 연결해야 하는 경우가 만은데 이로 인해 접지의 설계가 복잡해진다. 하지만, 접지의 기본적인 목적은 **항상 안전하게 만드는 것이 첫 번째이고, 그 다음이 안전성을 해치지 않고 제대로 동작하게 하는 것이다.** 모든 경우에 있어서, 이러한 목적을 이루기 위한 다양한 접지기술을 사용할 수 있다.

3.1 AC 전력 분배 및 안전접지 (AC POWER DISTRIBUTION AND SAFETY GROUNDS)

전력 산업계에서, 접지는 보통 대지와의 연결을 의미한다. 미국에서, 설비를 위한 AC 전력 분배, 접지, 그리고 배선 규격은 미국전기규격인 NEC(National Electric Code)에 포함되어 있다. 규격은 3년마다 개정된다. 전력 시스템 접지의 근본적인 목적은 사람, 동물, 구조물, 빌딩이 감전(electrical shock)이나 화재로 인해 피해를 입는 것을 막는 것이다. 이를 위해서는 다음과 같은 성능을 갖도록 설비배선을 해야 한다.

1. 고장(예를 들어, 전압이 걸려있는 핫(hot) 도체와 케이스간의 접촉)의 발생 시 보호 장치(퓨즈나 회로 차단기)의 동작 보장
2. 전도성 인클로저와 다른 금속 물체 간의 전위차를 최소화
3. 낙뢰보호

3.1.1 전력배전반(Service Entrance)

전력은 전력배전반(service entrance)을 통해서 주거용 또는 상업용/산업용 설비(facility)로 유입된다. 전기 사업자는 전력배전반의 공급측(supply side, 전원측)에 대한 배선과 접지에 책임이 있다. 그리고 이용자는 전력배전반의 부하측(load side)의 배선과 접지에 대한 책임이 있다. 전력배전반은 이용자와 전기 사업자 사이에 놓인 경계이다; 이곳이 전력사용량의 측정이 이루어지는 곳, 설비로 공급되는 전력을 끊을 수 있는 곳, 낙뢰가 설비 안으로 들어올 수 있는 곳이다. 거의 예외 없이, 미국전기규격(NEC)은 건물마다 오직 하나의 전력배전반만을 허용한다(제 230.2조); 예외적인 경우는 제 230.2(A)조부터 제 230.2(D)조에 열거되어 있다.

3상, 고전압(일반적으로 4,160 또는 13,800 V) 시스템은 보통 인근지역까지 전력을 공급하는데 사용된다. 설비와 연결되는 인입선(sevice drop)은 공중이나 지하로 설치되어 설비로 전력을 공급한다. 산업 지역에서는 모든 3상전압이 인입선에 사용된다. 그렇지만 주거지역에서는 단상전압만이 인입선에 사용된다. 이때 고전압은 단상 배전용 변압기(distribution transformer)를 사용해서 낮춘다. 가장 흔한 형태의 회로 구성은 <그림 3-1>과 같이 2차권선의 중심에 탭을 가진 배

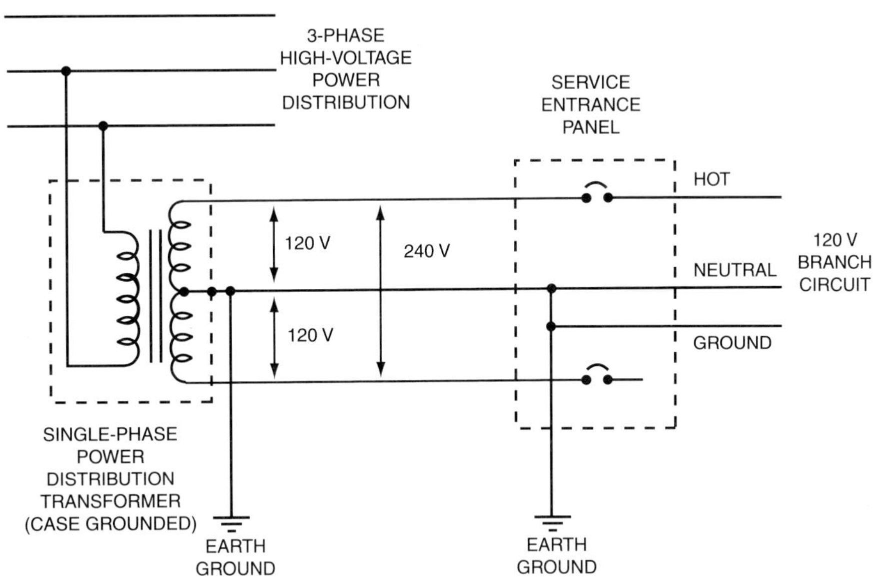

그림 3-1 120/240 V 단상 전력을 공급하는 단상 주거용 배전 회로.

전용 변압기이다. 이 회로는 단상 120V와 240V 전압을 설비에 공급한다. 변압기의 중심 탭(뉴트럴 도선)은 배전용 변압기와 전력배전반 모두에서 직접 대지에 접지된다.

변압기 2차측의 바깥쪽 두 단자 중 어느 한 단자와 뉴트럴선(nuetral) 사이의 전압은 120 V이다. 변압기 2차측의 바깥쪽 두 단자 사이의 전압은 240 V이다. 240 V는 전기 오븐, 대형 에어컨, 그리고 전기 의류건조기와 같은 대형 가전제품에 전력을 공급하는 데 흔히 사용된다. 바깥쪽의 두 도선은 "핫(hot)" (접지된 뉴트럴을 기준으로 어떤 전압(120V)을 가진) 상태이며 반드시 퓨즈나 회로 차단기와 같은 과전류 보호 장치들을 포함하여야 한다. 퓨즈 혹은 회로 차단기는 뉴트럴 도선에는 허용되지 않는다(제 230.90(B)조). 또한 NEC 규격은 설비로부터 전력을 완전히 끊기 위해 6개 이하의 수동식 회로차단기가 있어야 하며(제 230.71조) 이들 차단기는 반드시 같은 장소에, 가급적이면 같은 배전반 박스내에 있어야 한다고 명시하고 있다.

NEC는 접지를 전기설비를 안전하게 만드는 유일한 방법으로 규정하고 있지 않다. 상황에 따라서는 격리(isolation), 절연(insulation), 보호(guarding) 또한 선택할 수 있는 방법이다. 예를 들어, 1000 V 이상의 전력 분배 시스템은 보통 접지가 되어 있지 않다. 하지만 NEC는 안전한 AC 전력 분배 시스템을 제공하기 위한 한 가지의 방법을 규정하고 있으며, 이것은 보통 지방정부와 주정부의 법규에 포함되어 있다.

과거 AC 전력 분배 시행 초창기에 건물 내의 전력 분배 시스템이 접지돼야 하는가에 관해 "전문가" 사이에서 많은 토론이 있었다(International Association of Electrical Inspectors, Appendix A, 1999: 국제 전기 조사단 협회, 부록 A, 1999). 이 경우 "접지"라는 용어는 전류가 흐르는 도선들 중에서, 흔히 뉴트럴(neutral)이라고 불리는 도선 하나를 대지에 연결하는 것을 가리킨다. 1892년, 뉴욕 화재보험위원회(New York Board of Fire Underwriter)는 전선의 접지(*Grounding of Electrical Wire*)에 대해 다음과 같은 내용을 담은 보고서를 발표했다. "뉴욕 화재보험위원회는 뉴트럴을 접지하는 관행은 위험하므로 부적합하며, 따라서 이렇게 접지하는 것을 중지할 것을 요구한다. 뉴트럴에 접지하는 것은 완전히 절연된 시스템만큼 안전하지 않다는 것에는 의심할 여지가 없다."

NEC 규격의 초판(1897년)에 있는 유일한 필수(의무) 접지요건은 피뢰기(lightning arrestor)에 대한 것이었다. AC 배전용 변압기 2차측의 뉴트럴 선을 반드시 접지해야 한다는 1913년 규정이 만들어지기까지는 16년이 걸렸다.

오늘날, 세계 여러 곳에서 접지가 되지 않은 AC 전력 분배 시스템이 흔하게 이용되고 있다. 100년이 넘도록 사용된 이 무접지 시스템에 대한 경험은 이러한 시스템이 안전할 수 있다는 것을 보여 준다. 신뢰성이 대단히 중요하며 바닷물이라는 문제요소가 늘 옆에 있는 해군 함정에서 전력 분배시스템은 보통 접지되어 있지 않다. 하지만 다른 여러 나라와 같이 미국은 더 안전해 보이는 방법인 접지 시스템을 채택하고 있다. 그러나 위의 내용은 전기안전을 확보하는 방법에는 여러 가지가 있음을 분명히 보여준다.

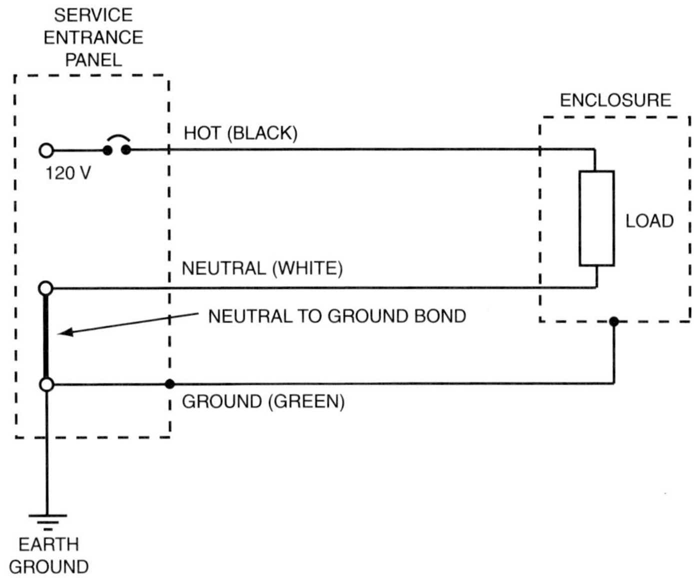

그림 3-2 표준 120 V AC 전력 분기 회로는 3개의 선을 가진다.

3.1.2 분기 회로(Branch Circuits)

AC 전력 분배 시스템에 대한 접지요건들은 NEC 규정집 제 250조에 포함되어 있다. 접지된 뉴트럴 외에, 감전사고를 막기 위해 추가로 안전접지가 필요하다. 그러므로 120 V 분기 회로는 <그림 3-2>에서 보듯이 반드시 3선 시스템이어야 한다. 부하 전류는 핫(검은색) 선을 통해서 흐르고, 과전류 보호 회로를 거친 다음 뉴트럴(흰색) 선을 통해 되돌아온다. NEC는 뉴트럴을 "grounded conductor"라고 부른다. 안전접지선(녹색선, 녹색에 노란색 줄이 쳐진 선, 혹은 피복이 없는 선)은 모두 반드시 전류가 흐르지 않는 금속성 장치의 인클로저와 금속물에 연결되어야 한다. 그리고 반드시 전류가 흐르는 선인 검은색 선, 흰색 선과 같은 케이블안, 또는 같은 전선관(conduit) 속에 함께 들어있어야 한다. NEC는 안전접지를 "grounding conducter"라고 부른다. 하지만 이 책에서는 세 선을 핫(hot), 뉴트럴(neutral) 그리고 접지(ground)(또는 안전접지)라고만 부를 것이다.

접지선에 전류가 흐르는 경우는 전력선에 결함이 발생한 후 과전류 보호장치(퓨즈 또는 회로차단기)가 선로를 개방하여 전압을 끊음으로써 장비가 안전해질 때까지의 짧은 시간 동안이다. 접지에는 정상적으로 흐르는 전류가 없기 때문에, 전압 강하는 없으며, 금속물과 인클로저는 모두 같은 전위를 가진다. NEC는 뉴트럴과 접지선들은 오직 한 점에 함께 연결되어야 한다고 명시하고 있다. 그리고 그 점은 전원을 공급하는 전력배전반(service entrance panel) 내에 존재해야 한다고 명시하고 있다(제 250.24(A)(5)조). 이를 따르지 않으면 부하전류의 일부가 접지도체를

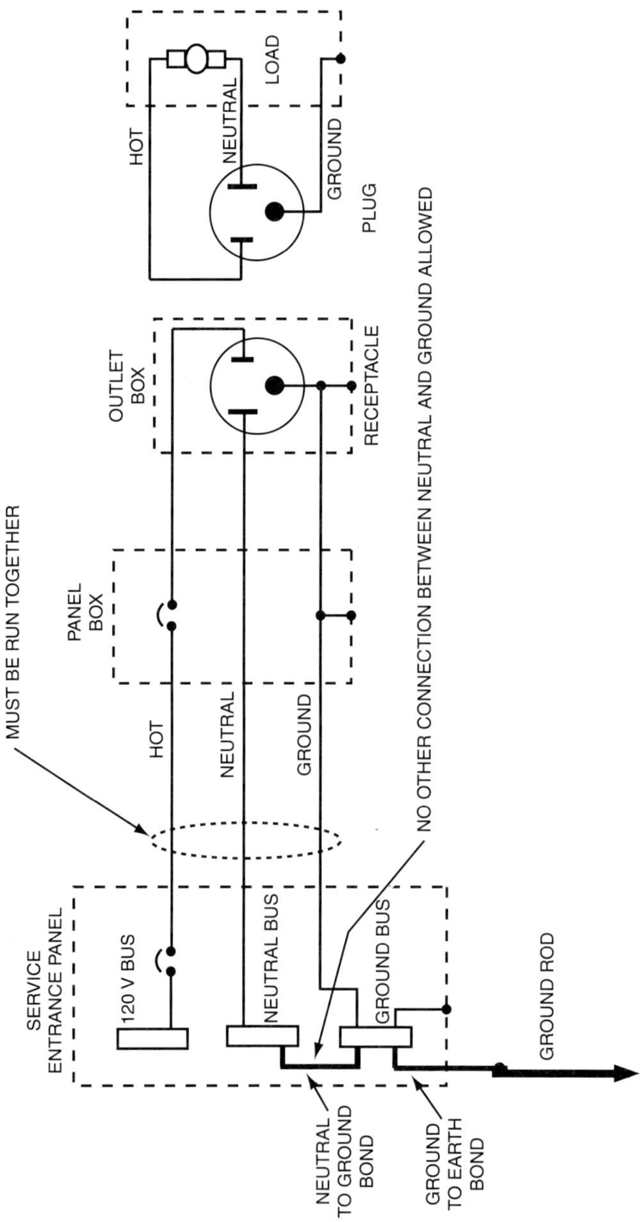

그림 3-3 제대로 배선되고 접지된 AC 분기 회로.

통해 되돌아 오게 되며 이로 인해 접지도체에 전압강하가 발생한다. NEC 규정에 의하면 전력배전반에서 접지도체는 접지봉이나 이와 유사한 수단을 통해 대지와 연결되어야 한다. NEC는 접지봉(ground rod)을 "접지 전극(grounding electrode)"고 부른다. 이 책에서는 우리는 이것을 접지봉이라고 부를 것이다. 철제 수도관과 건물에 사용된 철골을 접지봉에 접합(bonding)[1)]시킴으로써 건물전체에 단일한 "접지전극 시스템"이 갖추어지도록 해야 한다. 제대로 배선된 분기회로는 <그림 3-3>과 같다.

120/240 V 복합 분기 회로는 <그림 3-4>에 나타난 바와 같이 추가로 핫(빨간색) 도선이 부가된 것을 제외하고는 120 V 회로와 비슷하다. 부하가 240 V만 요구한다면, <그림 3-4>에 표시되어 있는 뉴트럴(흰색) 도선은 필요 없게 된다.

<그림 3-5>는 제대로 설치된 AC 전력선에 연결된 전기 장치의 일부에 문제가 생겼을 때 어떤 현상이 나타나는지를 보여준다. 핫 선, 접지선 그리고 뉴트럴-접지선 접합부로 이어지는 낮은 임피던스 경로가 존재한다. 따라서 고장(fault)으로 인한 큰 전류가 이 경로를 따라 흐르게 되고 과

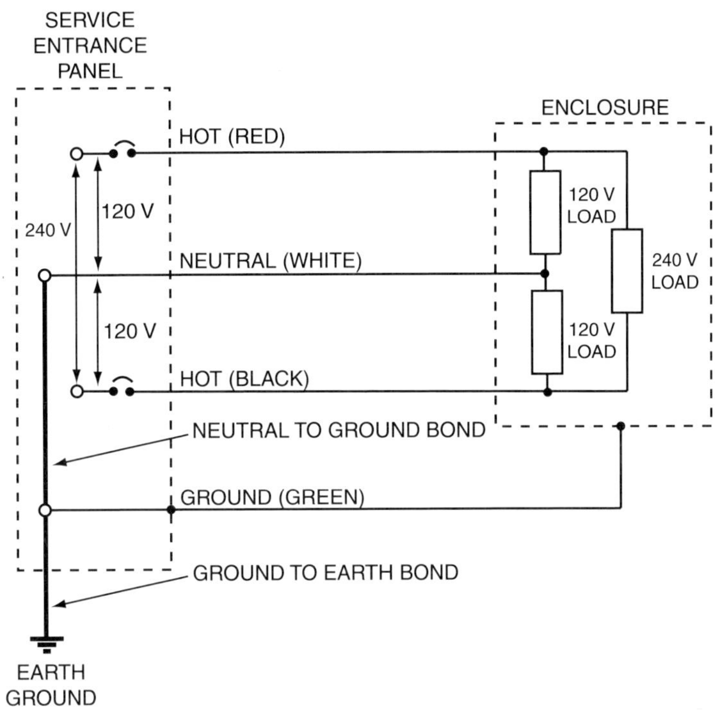

그림 3-4 120/240V 복합 AC 전력 분기 회로는 4개의 도선으로 이루어진다.

1) 미국전기규격 NEC는 접합(bonding)을 다음과 같이 정의한다: "전기적인 전도성 경로를 만들기 위해 금속 부분에 영구적으로 연결…"

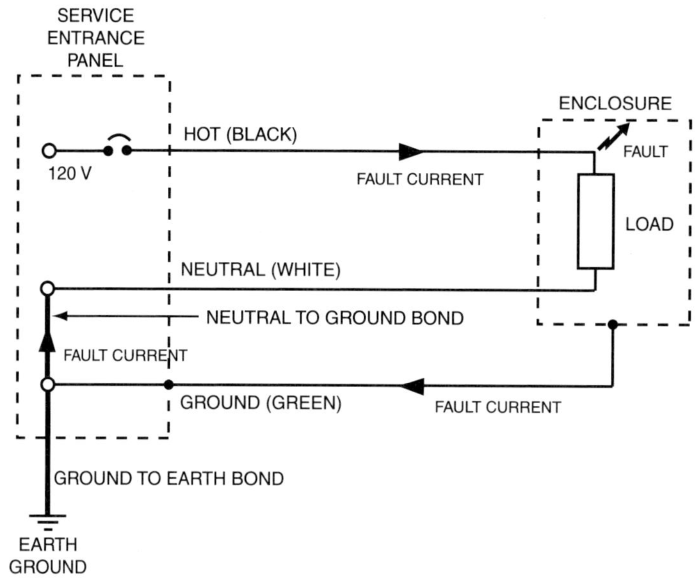

그림 3-5 표준 120V AC 전력 분기 회로 내의 고장발생시 전류 경로

전류 보호장치가 빠르게 동작하여 부하에 공급되는 전력을 차단함으로써 장비를 안전하게 한다.

접지선과 뉴트럴의 접합(연결)은 과전류 보호 장치가 동작하기 위해서 필요하다; 하지만, 접지선과 대지간의 접합은 필요 없다. 접지선에 연결된 모든 금속이 동일한 전위 (전압)를 가지게 하기 위해 접지선과 대지를 연결하는 것은 아니다. 그렇다면 NEC에서는 무엇 때문에 접지선을 대지에 연결하도록 규정하고 있는가? 가공(overhead) 전력선은 낙뢰에 매우 취약하므로 다음과 같은 목적으로 접지선과 대지를 연결한다: 낙뢰로 발생한 고전류의 우회 경로 제공, 낙뢰에 의해 전력계통에 유도되는 전압의 크기 제한, 전력선의 서지(surge: 전압/전류의 순간적인 급증)에 의해 유도되는 전압의 크기 제한, 매우 높은 전압을 갖는 전력선과의 우발적인 접촉에 의한 전압의 크기 제한.

3.1.3 잡음 제어(Noise Control)

NEC는 주로 전기안전과 화재방지에 관한 내용을 다루고 있으며 잡음과 간섭의 제어 문제에 대해서는 거의 언급하지 않고 있다는 점을 잘 알아두기 바란다. 시스템 설계자는 반드시 NEC 규격을 만족하면서 저잡음 특성을 갖는 시스템을 제작하는 방법을 찾아야 한다. 또한 NEC는 주파수 50/60 Hz와 그 고조파만 고려한다. 제대로 된 60 Hz 접지라도 적절한 1 MHz 접지는 되지 않을 것이다. 저잡음 조건과 NEC의 요건을 함께 만족시키는 방법에 관한 좋은 자료로 "에메랄드 책(Emerald Book)"이라고 불리는 IEEE Std. 1100-2005, *IEEE* 전자 기기의 전력과 접지에 대한 권

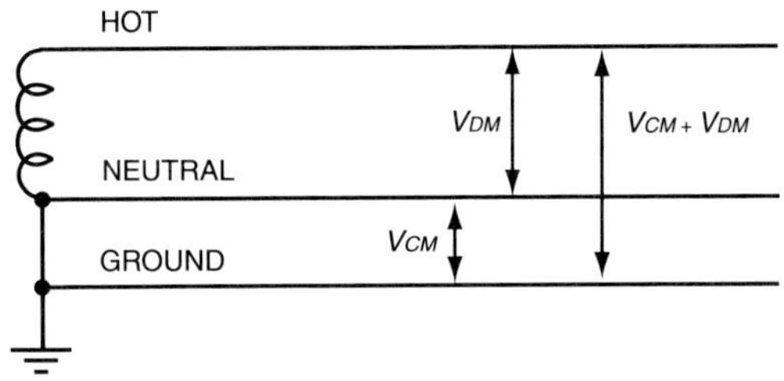

그림 3-6 차동모드 잡음과 공통모드 잡음.

장 방법(*Recommended Practice for Powering and Grounding Electronic Equipment*)이 있다.

잡음은 <그림 3-6>과 같이 차동 모드(핫-뉴트럴) 또는 공통 모드(뉴트럴-접지선)로 나타날 수 있다. 하지만 접지는 공통모드 잡음에만 영향을 미칠 것이다.

잡음과 간섭을 제어하기 위해, 50/60 Hz 뿐만 아니라 아주 높은 주파수(적어도 수십 MHz)에서도 효율적인 낮은 임피던스 접지 시스템을 만드는 것이 필요하다. 이 목표를 달성하기 위해 접지 스트랩(ground strap), 접지판(ground plane), 접지 격자(ground grid)와 같은 보조 접지도체가 필요할 수 있다. 미국전기규정은 접지도체가 다음 두 가지 조건을 만족하는 경우에는 이를 보조 접지도체로 사용하는 것을 허용하고 있다.

1. 보조 접지도체는 반드시 NEC에서 요구하는 접지선에 추가하는 것이여야 하며, 접지선 대신에 사용될 수 없다.
2. 보조 접지도체는 반드시 NEC에서 요구하는 접지선과 접합(연결)되어야 한다.

장비를 구성하는 여러 장치들이 물리적으로 서로 떨어져 있는 경우에 가장 넓은 주파수 범위에서 낮은 임피던스 접지를 얻기 위한 가장 효과적인 방법은 <그림 3-26>에 나타낸 것과 같이 접지 도체판을 사용하는 것이다. 이 판은 종종 영신호기준판(zero signal reference plane; ZSRP)로 불린다. 영신호기준판은 어떤 단일 접지 도선과 비교해도 수천 배에서 수만 배 낮은 적은 임피던스 값을 가진다. 그리고 이 낮은 임피던스는 0에서 수백 MHz를 넘는 넓은 주파수 범위에 걸쳐서 존재한다(유지된다). 영신호기준판(*ZSRP*)은 의심할 여지 없이 최상의 낮은 임피던스의 광대역 접지 구조이다.

많은 경우에 있어서, 빈틈없이 균일한(solid) 도체로 이루어진 영신호기준판(ZSRP)은 실용적이지 못하다; 이런 경우에는 격자(grid)로 이루어진 판을 도체판 대신에 사용할 수 있다. 격자를 도체판에 구멍이 나 있는 것으로 생각할 수 있다. 구멍의 최대 길이가 파장의 20분의 1 보다 작을 경우, 격자는 도체판과 거의 같은 효과를 가진다. 격자형태의 ZSRP는 흔히 대형 컴퓨터실에 격자형 올림바닥(cellular raised floor) 형태로 설치되며 이때 격자도체의 간격은 보통 60 cm(약 2피트)로 한다.

3.1.4 대지접지(Earth Grounds)

장비를 대지에 연결하는 것이 잡음과 혼신을 줄인다는 것은 사실 근거없는 믿음에 지나지 않는다. 몇몇 장비설계자들을 잡음과 간섭을 막기 위해 그들의 장비를 격리된 별도의 접지봉으로 구성된 “조용한 접지”에 연결하는 방법을 제안했다. <그림 3-7>에 이러한 시스템을 나타내었다. 하지만 핫 선로와 케이스(인클로저) 사이에서 고장이 발생한다면, 그림에서 화살표로 표시된 것과 같이 대지를 통해 고장전류가 흐르는 경로가 만들어진다. 문제는 대지가 특성이 좋은 도체(양도체)가 아니라는 것이다. 대지 저항은 수 옴 이하는 되지 못하며, 보통 10~15 Ω 범위를 가진다. NEC는 접지봉과 대지 사이의 저항을 25 Ω까지 허용한다(제250.56조). 대지 저항이 25 Ω 보다 크면, 두 번째 접지봉은 첫 번째 접지봉에서 적어도 6 피트 떨어진 곳에 박아 넣어야 하며, 첫 번째 접지봉과 전기적으로 연결되어 있어야 한다. 그러면 고장 전류는 5 A 보다 작을 것인데, 이것은 회로 차단기를 동작시키기에는 너무 작은 양이다. 이러한 회로구성은 아주 위험하며, 절대 사용되어서는 안된다. 또한 이것은 NEC에 들어있는 요건에도 위배된다. NEC에서는 대지를 효과적인 고장 전류 경로로 여겨서는 안된다고 말하고 있다(제 250.4(B)(4)조).

다수의 접지봉이 사용되는 경우 NEC에서는 그 접지봉들을 모두 전기적으로 연결하여 하나의 낮은 임피던스 고장 전류 경로를 만들어야 한다고 요구한다(제 250.50조). 통신 시스템(케이

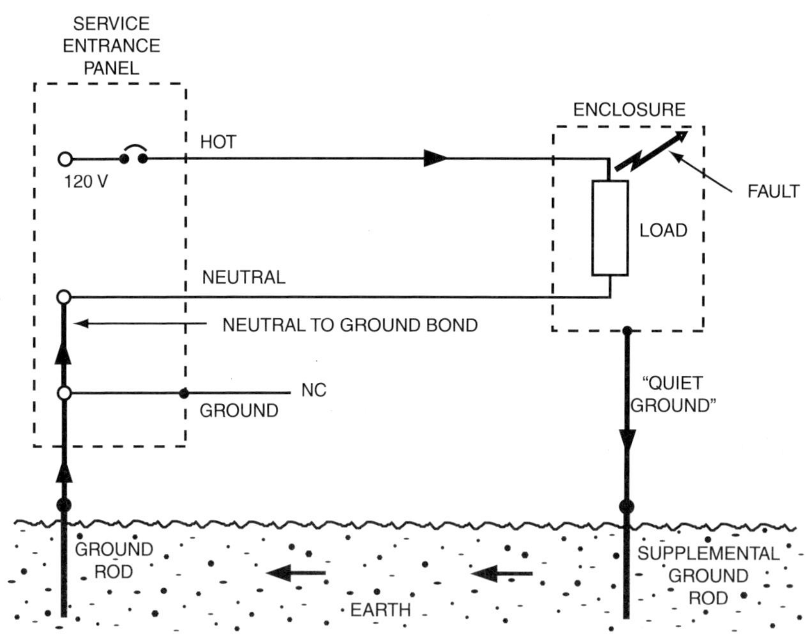

그림 3-7 부하가, 격리된 별도의 “조용한” 접지에 연결될 때 흐르는 고장 전류 경로. 이와 같은 회로 구성은 위험하고 미국전기규격(NEC)에 위배된다.

블 TV(CATV), 전화 등)의 접지봉들 또한 건물의 접지 전극 시스템에 연결되어야 한다(제 810.20(J)조). 이 조항은 낙뢰 발생 시 접지봉들 사이의 전위차를 줄이기 위해서 필요하다.

<그림 3-7>과 같은 회로 구성은 안전하지 않을 뿐더러 좀처럼 잡음과 간섭도 줄여주지 않는다. AC 전력 대지접지 시스템은 모든 종류의 잡음과 간섭을 수신하는 안테나처럼 동작하는 긴 전선의 배열이다. 이 시스템은 또한 다른 장치와 전력 설비로부터 발생된, 잡음이 많은 전력 전류로 인해 심하게 오염되어 있다. 대지는 임피던스가 낮지 않고 등전위와는 거리가 멀다. 대지는 이러한 문제들을 해결해 주는 해결책이라기보다는 잡음과 간섭을 발생시키는 원인이 되는 경우가 많다.

실제로, 건물이나 집에 적절하게 설치된 AC 전력 분배 시스템에서는 많은 전기콘센트(outlet)의 접지들 사이에 작은 전압차가 생기는데, 이것은 안전에는 전혀 문제가 없다. 이러한 전압차는 누설 전류, 자기장 유도, 그리고 장치의 접지와 연결된 EMI 필터 커패시터(electromagnetic interference filter capacitor)를 통해 흐르는 전류에 의해 발생한다. 두 접지점 사이에서 측정된 전압은 일반적으로 100 mV보다 작다. 하지만 어떤 경우에는 수 V 정도로 높다. 이 잡음 전압은 비록 안전하지만 낮은 레벨 신호에서 동작하는 회로에 유입되는 경우, 이들 회로에는 분명히 지나치게 높다. 그러므로 AC 전력 접지는 신호의 기준으로서는 실용성이 거의 없다. 안전성이 요구될 때만 AC 전력 접지, 즉 대지접지에 연결되어야 한다.

3.1.5 격리접지(Isolated Grounds)

민감한 전자 기기의 접지에서 잡음(전자파 간섭)의 감소가 필요할 때, NEC는 전기 콘센트 부착용 구조물과 절연된 접지단자가 들어있는 전기콘센트의 사용을 허용한다(제 250.146(D)조)[2]. 비슷한 조항(250.96(B))은 장비의 인클로저에 직접 연결된 격리접지의 사용을 허용한다. 이러한 예는 직접 접지된 회로를 요구하는 일반적인 NEC 규정의 예외가 되는 경우이다. 여기서 '격리'라는 단어는 콘센트의 접지 여부를 의미하는 것이 아니라 콘센트의 접지방법을 의미한다[3]. 격리접지(IG : Isolated Ground) 콘센트는 콘센트상의 접지 단자와 콘센트의 다른 금속 부분 사이에 직접적인 전기적 연결이 없는 콘센트이다. 격리접지 콘센트는 보통 오렌지색이다; 그러나 NEC에 의하면 격리접지가 적용된 콘센트임을 나타내기 위해 콘센트 표면에 오렌지색 Δ를 표시만 해도 된다(제 406.2(D)조). 격리접지가 적용된 콘센트를 사용한다고 해서 금속 배전반 상자와 다른 모든 금속 구조물을 접지해야 한다는 규정을 지키지 않아도 되는 것은 아니다.

격리접지 콘센트를 배선하는 방법을 <그림 3-8>이 보여주고 있다. 별도의 절연된 도선을 사용하여 콘센트의 접지단자 핀을 전력 배전반의 접지단자 또는 별도 전원 시스템(3.1.6 절 참조)

2) 미국전기규격에서는 정확하게 어떤 상황에서 격리접지를 이용하여야 하는가에 대해 언급하지 않고 있다.
3) 어떤 사람들은 격리접지 대신 절연접지(insulated ground)라는 용어를 선호한다. 그 이유는 '절연접지'라는 용어가 접지가 어떻게 연결되었는지를 더 정확하게 묘사하며 회로가 접지로부터 격리되었다는 의미를 풍기지 않기 때문이다.

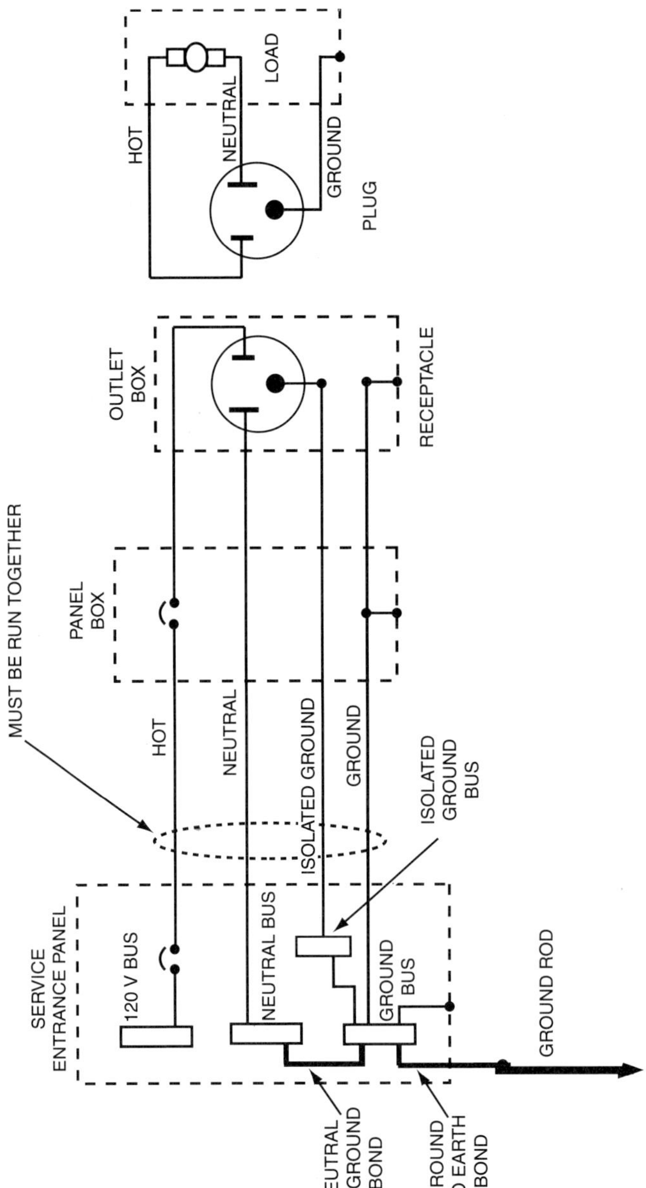

그림 3-8 적절히 배선된 격리 접지 콘센트.

의 접지단자에 연결함으로써 콘센트가 안전접지되게 한다. 절연된 접지 도선은 반드시 중간에 위치한 패널 박스(분전반)와의 전기적 연결 없이 통과해야 한다. 보통의 안전접지 도선은 여전히 필요하며 모든 콘센트 박스와 패널 박스와 연결된다. 시스템은 이제 두 개의 접지선을 가진다. 격리접지선은 콘센트의 접지 핀과 연결되어 있어서 콘센트에 꽂힌 장비를 접지와 연결한다. 보통의 안전접지선은 콘센트 박스와 중간 패널 박스와 같은 모든 다른 금속물을 접지에 연결한다. AC 전력 배선은 이제 핫, 뉴트럴, 격리접지, 일반적인 금속물(안전) 접지, 이렇게 4개의 선으로 이루어지는 4선 시스템이다[4]. 격리접지선과 금속물 접지선은 모두 해당 전류운반 도체 (핫, 뉴트럴)와 함께 같은 케이블이나 전선관에 넣어서 배선되어야 한다.

<그림 3-3>과 <그림 3-8>을 비교하면 차이는 단지 (1) 콘센트 접지 핀과 콘센트 상자(박스)를 연결하는 점퍼가 제거된 것과 (2) 전력배전반에 연결되는 절연 접지선이 추가된 것이다.

격리접지선과 안전접지선은 전력배전반에서만 서로 연결되어야 하며 다른 위치에서 연결되면 (의도적이든 비의도적이든) 격리접지선을 사용하는 의미가 없어진다. 이 경우 외부의 결선된 위치에 있는 회로뿐만 아니라 전력배전반의 격리 접지 버스(isolated grounded bus)에 연결된 모든 격리접지들의 효과를 떨어뜨릴 것이다.

격리접지 콘센트의 장점(있다고 치더라도)에는 모든 사람이 동의하는 것은 아니며, NEC에서 언급되지도 않았다. 격리접지 콘센트를 사용한 결과는, 전혀 효과가 없었던 경우에서 부분적으로 효과가 있었던 경우, 오히려 잡음이 증가한 경우까지 다양하다. 잡음억제 효과는 차동모드 잡음에는 적용되는 않고 공통모드 잡음에만 적용된다.

많은 경우에 별도의 분기 회로, 영신호기준판(ZSRP), 또는 별도 전원시스템을 만들기 위한 격리 변압기의 사용을 통해 더 우수한 잡음억제 효과를 얻을 수 있다. 이러한 방법들을 서로 조합하여 사용하거나 격리접지와 함께 사용하면 잡음을 훨씬 더 줄일 수 있다.

3.1.6 별도 전원 시스템(Separately Derived Systems)

별도 전원 시스템은 핫선, 뉴트럴선이 주 전력 공급원에 전기적으로 **직접 연결되지 않은** 배선 시스템이다. 별도 전원 시스템의 예로는 발전기, 배터리 혹은 변압기로 공급되는 시스템을 들 수 있는데, 단, 다른 전력원과 직접적인 전기적 연결이 없어야 한다. 기본적으로, 별도 전원 시스템의 경우, 그 자체를 주 전력배전반인 것처럼 생각하여 새로운 뉴트럴-접지접합(연결)을 만든다.

격리변압기는 보통, 공통모드 잡음을 줄이는 데 사용된다. 격리변압기에 의해 별도 전원 시스템이 생겨나므로 뉴트럴-접지간 접합(연결)을 새롭게 만들 수 있다. 이 접합점에서는 접지선과 뉴트럴선 사이의 공통모드 잡음 전압은 없을 것이다. 변압기에서 나오는 전압이 민감한 전자

---

4) 금속의 전선관도 별도의 접지선을 대신하여 안전접지로 사용된다.

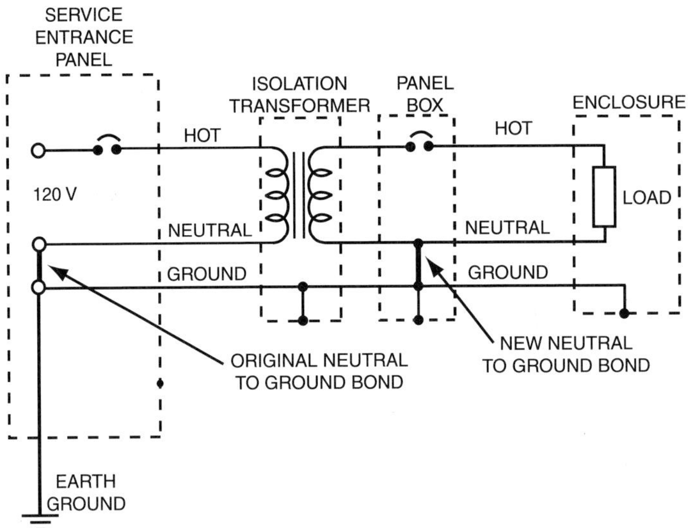

그림 3-9 별도 전원 시스템을 만드는데 사용된 격리 변압기. 새로운 뉴트럴-접지간 접합점이 변압기 또는 변압기 다음에 첫번째에 위치한 패널 박스에서 만들어진다.

부하에만 공급된다면 잡음은 크게 줄어들 것이다. <그림 3-9>는 격리변압기와 부하 사이의 배선을 나타낸다. 변압기의 2차 측을 별도의 새로운 전력원으로 생각하면, <그림 3-9>의 오른쪽 부분(패널 박스와 부하)과 <그림 3-2>는 똑같은 배선 구조라는 것을 알 수 있다.

차동모드 잡음은 변압기를 통해 직접 결합되기 때문에, 주 전원에 존재하는 차동모드 (핫과 뉴트럴 사이) 잡음은 감소되지 않을 것이다. 격리변압기는 직접접지 콘센트 또는 격리접지 콘센트와 함께 사용될 수 있다. 이 방법은 격리콘센트를 격리변압기와 함께 사용할 경우 가장 좋은 사용법이 될 것이다.

3.1.7 접지에 관한 신화(Grounding Myths)

전기전자공학에서 신화처럼 근거 없는 이야기가 가장 많이 존재하는 분야가 바로 접지이다. 이러한 잘못된 믿음 가운데 대표적인 것들은 다음과 같다.

신화 1. 대지는 접지전류를 위한 낮은 임피던스 경로이다: 거짓이다. 대지의 임피던스는 구리 도체의 임피던스보다 몇 배 더 크다.

신화 2. 대지는 등전위(equipotential)이다. 거짓이다. (신화 1)의 결과에 비춰볼 때 이것은 분명 사실이 아니다.

신화 3. 도체의 임피던스는 그 도체의 저항성분에 의해 정해진다: 거짓이다. 유도성 리액턴스의 개념은 어디에다 치워버린 것인가?

신화 4. 저잡음으로 동작하기 위해 회로나 시스템은 반드시 대지에 접지해야 한다: **거짓이다.** 비행기, 위성, 자동차 그리고 배터리를 사용하는 노트북 등과 같은 장비는 대지접지 없이도 잘 동작한다. 사실상 대지접지는 잡음 문제를 좀 더 일으킬 가능성이 많다. 대지접지에 연결하는 것보다 대지접지에서 회로를 제거(격리)하는 것이 전자 시스템의 잡음 문제를 더욱 잘 해결한다.

신화 5. 잡음을 줄이기 위해 전자 시스템은 별도의 격리된 접지봉을 사용하여 별도의 "저잡음 접지"에 연결해야 한다: **거짓이다.** 이 방법은 사실이 아닐 뿐만 아니라 NEC의 요건을 위반하는 위험한 방법이다.

신화 6. 대지접지는 단방향성이어서 전류는 대지 '속'으로 들어가는 방향으로만 흐른다: **거짓이다.** 전류는 반드시 루프(닫힌경로)를 형성하며 흐르기 때문에 대지 속으로 흘러 들어온 모든 전류는 반드시 대지 밖으로 흘러나와야 한다.

신화 7. 격리콘센트는 접지되지 않는다: **거짓이다.** "격리"라는 말은 콘센트의 접지유무를 의미하는 것이 아니라 콘센트를 접지하는 방법을 의미한다.

신화 8. 접지도체가 운반해야 할 전류의 종류(예를 들어, 신호전류, 전원전류, 낙뢰전류, 디지털전류, 아날로그전류, 저잡음전류, 고잡음전류 등)에 따라 시스템 설계가가 각각의 접지도체에 붙인 이름대로 실제 전류들이 해당 접지도체에 흐른다: 분명 **거짓이다.**

3.2 신호접지(SIGNAL GROUNDS)

접지는 보통 회로 혹은 시스템에 대해 기준 전위의 역할을 하는 등전위점[5)]이나 면(판, plane)으로 정의된다. 이것은 '전압' 관점에서 접지를 정의한 것으로 볼 수 있다. 그렇지만 이런 식의 정의는 실제 접지시스템을 대표하는 정의는 되지 못하는데, 그 까닭은 실제접지는 전체가 등전위가 아닐 뿐 아니라 이 정의에서는 접지전류가 흐르는 실제경로의 중요성이 드러나지 않기 때문이다. 어떤 회로의 방사성 방출이나 감응성을 평가하기 위해 실제 귀환전류가 흐르는 경로를 아는 것이 설계자에게 중요하다. "실제" 접지 시스템의 한계와 문제를 이해하기 위해, 실제 상황을 좀 더 잘 나타내는 정의를 사용하는 것이 더 좋다. 신호접지의 더 나은 정의는 '전류가 신호원(전원)으로 되돌아는 낮은 임피던스 경로'이다(Ott, 1979). 이러한 **'전류관점'의 접지 정의**는 전류 흐름의 중요성을 강조한다. 이 정의는 전류가 유한한 임피던스를 통해 흐르기 때문에 물리적으로 떨어져있는 어떤 두 접지 점 사이에는 전위차가 존재한다는 것을 암시한다. 전압관점 정의는 접지가 이상적으로 어떻게 되어야 하는지를 정의하는 반면에 전류관점 정의는 실제 접지가 무엇

5) 전류가 흘러들어가든 흘러나오든 관계없이 전압이 변하지 않는 점

인지를 더욱 잘 정의한다. 접지의 전압개념과 전류 개념 사이에는 또 하나의 중요한 차이점이 있다. 전압은 항상 상대적이므로 우리는 반드시 "무엇을 기준으로 측정한 것인가? 접지의 전위는 얼마여야 하며 무엇을 기준으로 측정해야 하는가"를 물어야 한다. 이와 반대로 전류는 분명하다. 전류는 항상 신호원으로 되돌아오려고 한다.

다음은 신호접지가 수정해야 할 세 가지 기본적인 목표이다.

1. 접지귀환 경로를 막아서는 안된다.
2. 가능한 한 최소 루프 경로[6]를 통해 전류가 돌아오게 한다.
3. 접지에서 생길 수 있는 공통 임피던스 결합에 주의해야 한다.

접지 도체의 가장 중요한 특성은 그 임피던스이다. 모든 도체의 임피던스는 아래와 같이 쓸 수 있다.

$$Z_g = R_g + j\omega L_g \tag{3-1}$$

식 (3-1)은 주파수와 접지 임피던스의 관계를 확실하게 보여준다. 저주파에서는 임피던스에서 저항 R_g가 지배적이다. 고주파에서는 인덕턴스 L_g의 영향이 지배적이다. 접지판 위 1인치 높이에 일직선으로 놓인 길이 1피트의 24번(지름 0.51 mm) 도선의 경우, 13 kHz보다 높은 주파수에서는 저항성분보다 유도성 리액턴스 성분이 더 크다. <그림 3-10>을 참조하라.

접지를 설계하는 과정에서 '접지전류가 어떻게 흐르는가' 라는 질문을 하는 것이 중요하다. 접지전류가 흐르는 경로를 반드시 알아내야 한다. 그 다음에는 어떤 도체이든 전류가 흐르면 전압강하가 발생하므로, 이 전압강하가 접지에 연결된 모든 회로의 성능에 미치는 영향을 계산해야 한다. 다른 모든 전압과 마찬가지로 접지상의 전압도 옴의 법칙을 따르므로,

$$V_g = I_g Z_g \tag{3-2}$$

식 (3-2)는 접지 잡음전압 V_g를 최소화하는 두 가지 방법을 알려준다.

방법 1. 접지 임피던스 Z_g의 최소화
방법 2. 접지 전류 I_g를 다른 경로를 통해 흐르게 함으로써 I_g를 감소

첫 번째 방법으로 접지판이나 접지 격자를 사용하는 방법이 있는데, 고주파와 디지털 회로에서 흔히 사용된다. 두 번째 방법으로 일점 접지를 사용하는데, 저주파 아날로그 회로에서 흔히 사용된다. 일점 접지를 사용하면 접지 전류를 우리가 원하는 곳으로 흐르게 할 수 있다. 식 (3-2)에서 확실히 알 수 있는 지극히 중요한 사실은, 접지에 전류가 흐르면 그 접지상에서 물리적으

6) 가장 작은 인덕턴스를 가지는 경로

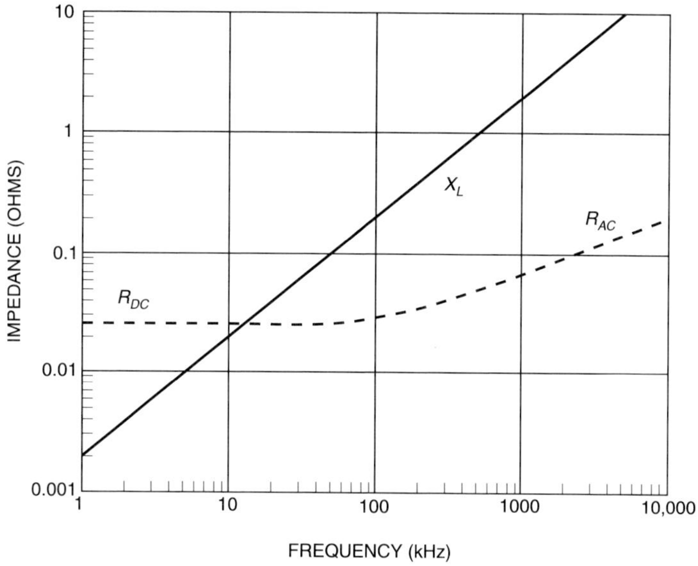

그림 3-10 지름이 0.51 mm, 길이가 30 cm인 직선 형태의 구리선이 접지판 위 2.54 cm 높이에 위치해 있을 때 주파수에 따른 구리선의 저항과 유도성 리액턴스의 변화.

로 떨어져 있는 두 점의 전위는 절대로 같을 수 없다는 것이다.

<그림 3-11>에 있는 양면 PCB의 경우를 생각해 보자. PCB 기판의 윗면에는 그림과 같은 형태로 트레이스(trace)가 배선되어 있고 기판의 아랫면은 전체가 균일한 접지판으로 되어 있다. A점과 B점에 있는 비어(via)는 기판을 관통하여 윗면의 트레이스와 접지판을 서로 연결하므로 완전한 전류루프가 형성된다. 이제 문제는 전류가 접지판 안에서 A점과 B점 사이를 정확히 어떻게 흐르는가이다.

저주파에서 접지 전류는 <그림 3-12A>와 같이 A점과 B점 사이에서 '저항이 가장 작은 경로'를 택하여 A점과 B점 사이를 곧장 흐른다. 하지만 고주파에서 접지 전류는 <그림 3-12B>와 같이 '인덕턴스가 가장 작은 경로'를 택하여 트레이스의 바로 아래를 따라 접지판을 흐른다. 왜냐하면

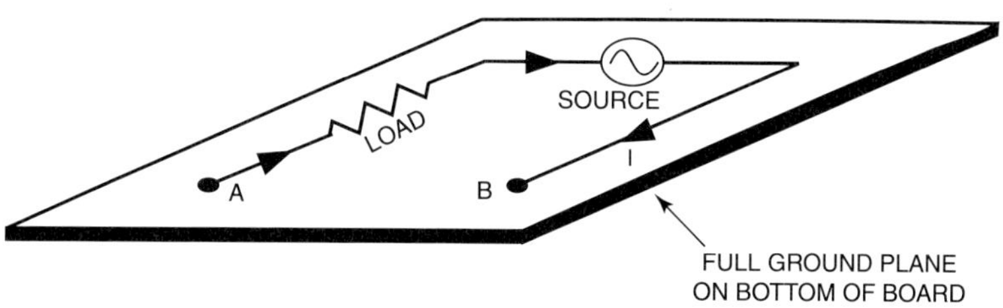

그림 3-11 양면 PCB의 윗면에는 신호 선로(트레이스)가, 아랫면에는 접지판이 존재한다. 어떻게 접지 전류는 A점에서 B점으로 흐르는가?

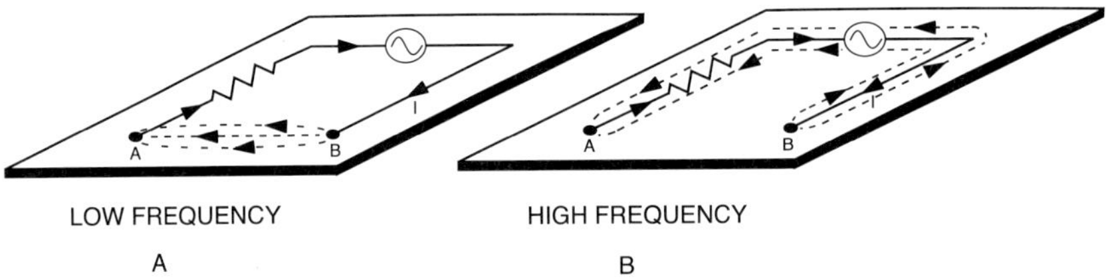

그림 3-12 접지판 전류 경로. (A) 저주파에서 돌아오는 전류는 가장 작은 저항을 가지는 경로를 택한다. (B) 고주파에서 돌아오는 전류는 가장 작은 인덕턴스를 가지는 경로를 택한다.

이 경로가 루프면적이 최소인 경로이기 때문이다. 그러므로 전류가 되돌아오는 경로는 저주파와 고주파에서 서로 다르다. 이 경우에 저주파와 고주파를 구별짓는 주파수는 보통 수백 kHz이다.

주목할 점은 저주파에서는(<그림 3-12A>) 전류가, 아주 큰 루프 주위를 따라 흐른다는 사실이다. 그렇지만 고주파의 경우 (<그림 3-12B>) 접지 전류는 바로 작은 루프(면적=신호경로의 길이 × 기판의 두께)를 따라 흐른다. 따라서 고주파 접지 전류는 스스로 알아서 우리가 원하는 대로 작은 루프를 형성하여 흐르므로 설계자는 그렇게 흐르는 것을 방해하거나 막지 않도록 해 주어야 한다는 결론을 얻을 수 있다. 그렇지만 저주파 접지 전류는 우리가 원하는 대로 작은 루프를 그리며 흐를 수도, 그렇지 않을 수도 있으므로 우리가 원하는 곳으로 전류가 흐르도록 설계해야 한다.

제대로 된 신호접지 시스템인지 여부는 회로의 유형, 동작 주파수, 시스템의 크기, 그 시스템이 독립되어 있는지 분산되어 있는지와 같은 요소는 물론, 안전과 정전기 방전(ESD)에 대한 보호 기능과 같은 규제항목에 의해 결정된다. 어떤 단일 접지 시스템을 모든 분야에 적합하게 만들 수는 없다는 사실을 이해하는 것이 중요하다.

또 한 가지 기억해 두어야 할 점은 접지에는 항상 절충이 필요하다는 사실이다. 모든 접지 시스템은 단점과 장점을 함께 가지고 있다. 설계자가 해야 할 일은 현재 담당하고 있는 분야에서 사용하는 접지의 장점은 최대화하고 단점은 최소화하는 것이다.

또한, 접지 문제를 해결하는 데 쓸 수 있는 방법은 여러 가지가 있을 수 있다. 그러므로 같은 접지 문제에 대하여 두 명의 엔지니어가 서로 다른 해결방법을 제시하는 경우, 두 방법 모두 수용할 수 있는 해결책이 될 수 있다.

마지막으로, 접지는 계층적이다. 부품(IC)레벨, 회로기판레벨, 시스템레벨, 장비레벨에서 수준별 접지가 각각 이루어진다. 각 레벨에서의 접지는 보통 저마다 다른 사람에 의해 수행되는데, 일반적으로 각 레벨의 담당자는 다음 레벨에서 어떤 일이 발생할지 알지 못한다. 예를 들어 IC 설계자는 부품의 모든 사용법이나 응용법, 부품이 장착될 모든 장비, 또는 최종장비 설계자가 어떤 접지 방법을 채택할지 알지 못한다.

신호접지는 다음과 같은 세 가지의 유형으로 나눌 수 있다

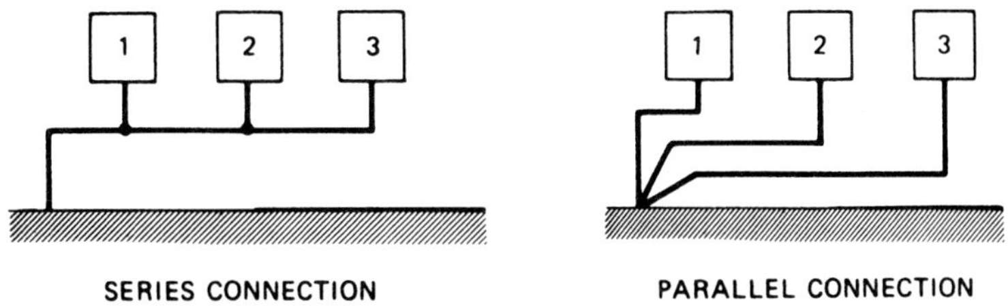

그림 3-13 두 종류의 일점접지연결

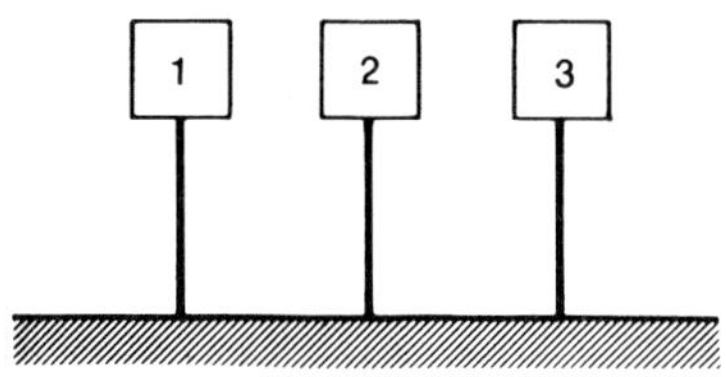

그림 3-14 다점접지연결

1. 일점접지(single-point ground)
2. 다점접지(multipoint ground)
3. 혼성접지(hybrid ground)

일점접지와 다점접지는 <그림 3-13>과 <그림 3-14>에 각각 표시되어 있다.[7)] 혼성접지는 <그림 3-21>과 <3-23>에 나타나 있다. 일점접지에는 <그림 3-13>에서 보듯이 직렬연결과 병렬연결의 두 종류가 있다. 직렬연결은 다른 말로 공통접지 또는 데이지 체인(daisy chain) 접지 시스템이라고도 하며, 병렬연결은 보통 개별접지 또는 스타접지 시스템(star ground system)으로 불린다.

일반적으로 전력 분배 시스템의 연결형태는 접지의 연결형태를 따르는 것이 바람직하다. 보통 접지 구조를 먼저 설계한 다음, 전력을 비슷한 방식으로 분배한다.

3.2.1 일점접지 시스템(Single-Point Ground Systems)

일점접지는 DC에서부터 대략 20 kHz까지의 저주파에서 가장 효과적으로 사용된다. 일점접지를 최고 1 MHz까지 쓰는 경우도 있지만 보통 100 kHz 이상에서는 사용하지 않는다. 일점접지 방식에서는 접지상의 민감한 부분에 흐르는 I_g를 감소시키기 위해 접지 구조를 조절하여 접지 전

7) 접지는 계층적이기 때문에, 그림에서 사각형 안에 1, 2, …으로 표시된 회로는 어떤 것이든 나타낼 수 있다—즉 대형 전자 장비 전체, 소형 전자 모듈, PCB, 또는 개별 부품이나 IC에 이르기까지 그 무엇도 될 수 있다.

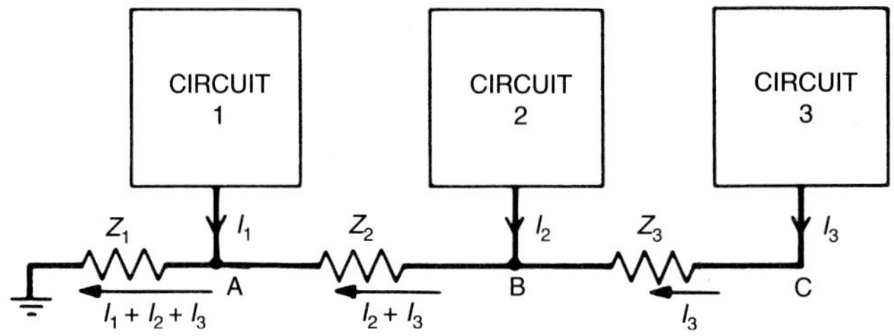

그림 3-15 공통 일점접지시스템(데이지체인 일점접지시스템)은 직렬접지연결방식이다. 잡음의 관점에서 바람직하지 않지만, 배선이 간단하다는 장점을 가진다.

류가 원하는 곳으로 흐르도록 유도할 수 있다. 식 (3-2)에서 알 수 있듯이 접지의 민감한 부분에 흐르는 I_g가 줄어들면 그 부분에서의 전압 강하도 줄어든다. 또한 일점접지는 접지 루프가 생기는 것을 막는 데 효과적으로 사용될 수 있다.

일점접지 시스템에서 가장 바람직하지 않은 것이 <그림 3-15>에 나타나 있는 공통접지, 즉 데이지체인 접지 시스템이다. 이 시스템에서는 모든 회로 접지를 서로 직렬로 연결한다. 그림에 표시되어있는 임피던스 Z[8]는 접지도체의 임피던스를 말하며, I_1과 I_2와 I_3는 각각 회로 1, 2, 3의 접지전류이다. 점 A는 전위가 0이 아닌 다음 식으로 주어진다.

$$V_A = (I_1 + I_2 + I_3)Z_1 \tag{3-3}$$

또한 점 C의 전위는 다음 식으로 주어진다.

$$V_C = (I_1 + I_2 + I_3)Z_1 + (I_2 + I_3)Z_2 + I_3Z_3 \tag{3-4}$$

이 방식은 일점 접지 시스템으로는 가장 바람직하지 않지만 그 구성이 단순하므로 자주 사용된다. 잡음에 취약한 민감한 부분에 적용하지 않은 경우에는 이 접지시스템이 별 문제없이 잘 동작할 수도 있다. 각 회로에 흐르는 전류의 크기가 서로 많이 차이가 나는 경우, 이 회로들 사이에서는 이런 구성을 사용해서는 안 된다. 왜냐하면 큰 전류가 흐르는 회로가 공통접지 임피던스를 통해 저레벨 회로에 나쁜 영향을 미치기 때문이다. 이 접지시스템에서는, 가장 잡음에 민감한 회로는 최초 접지점에서 가장 가까운 곳에 위치해야 한다. <그림 3-15>에서 점 A의 전위는 점 B와 C보다 낮다는 것에 주목하라.

직렬접지시스템보다 바람직한 일점접지 시스템이 <그림 3-16>에 있는 개별접지, 즉 병렬접지 시스템이다. 다른 회로에 흐르는 접지 전류에 의해 발생되는 결합이 없기 때문이다. 예를 들어 점 A와 C의 전위차는 다음과 같다:

---

8) 그림에 표시되어 있는 저항기호는 임피던스를 나타내는 것이므로, 이것은 저항은 물론 인덕터도 될 수 있다.

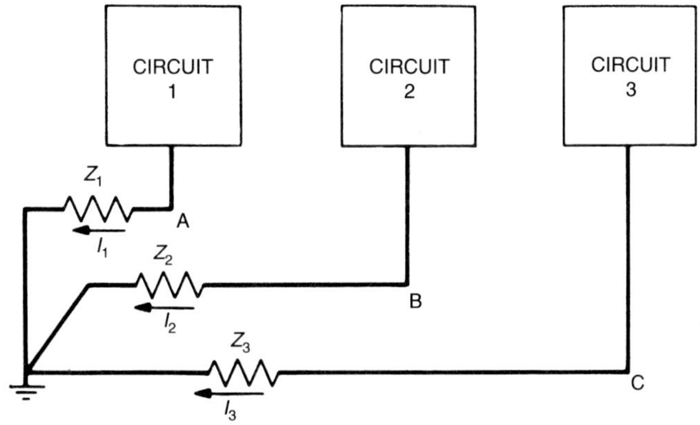

그림 3-16 개별 일점접지 시스템(스타형 일점접지 시스템)은 병렬접지 연결방식이다. 저주파에서 좋은 접지 성능을 발휘한다. 그렇지만 대형 시스템에서는 기구적으로 구성이 번거롭고 복잡하다.

$$V_A = I_1 Z_1 \tag{3-5}$$

$$V_C = I_3 Z_3 \tag{3-6}$$

이 구성에서 어떤 한 회로의 접지전위는 그 회로의 접지전류와 임피던스에 의해서만 달라진다. 하지만 이 시스템은 기구적으로 구성이 번거롭고 복잡한데, 규모가 큰 시스템에서는 지나치게 많은 수의 접지 도선이 필요하기 때문이다.

가장 실용적인 일점접지 시스템은 실제로 직렬과 병렬연결의 조합이다. 이것은 전기적으로는 필요한 잡음기준을 만족시키면서 기구적으로는 필요 이상의 배선으로 인한 복잡성을 피하기 위해 두 방식을 절충한 것이다. 이러한 두 요소가 성공적으로 균형을 이루는 데 핵심이 되는 것은 여러 접지 단자들을 선별하여 그룹별로 나눔으로써 전력의 크기와 잡음의 크기가 크게 변하는 회로들이 다른 회로와 접지 귀환선을 공유하지 않게 하는 것이다. 따라서 낮은 레벨로 동작하는 회로들은 자신들끼리 하나의 접지귀환선을 공유할 수 있고, 높은 레벨로 동작하는 회로들은 자신들끼리 별도의 접지귀환선 도체를 공유할 수 있다.

NEC의 필수요건인 AC 전력 접지 시스템은 실제로 직렬 일점접지와 병렬 일점접지의 조합이다. 한 개의 분기회로(한 개의 회로 차단기에 연결되어 있음) 내에서는 접지들이 직렬로 연결되며, 여러 개의 다양한 분기회로의 접지들은 병렬로 연결된다. <그림 3-17>을 보면 스타형 일점접지가 전력배전반에서 이루어지고 있다.

고주파에서 일점접지 시스템은 적절하지 못하다. 왜냐하면 접지도체의 인덕턴스로 인해 접지 임피던스가 증가하기 때문이다. 더욱 높은 주파수에서 접지선의 길이가 λ/4의 홀수배와 공교롭게 일치하는 경우에는 접지선의 임피던스는 매우 커질 수 있다. 이 경우, 접지선은 큰 임피던스를 가질 뿐만 아니라 안테나처럼 동작하여 에너지를 아주 잘 방사하고 수신할 수 있다. 낮은 임피던스

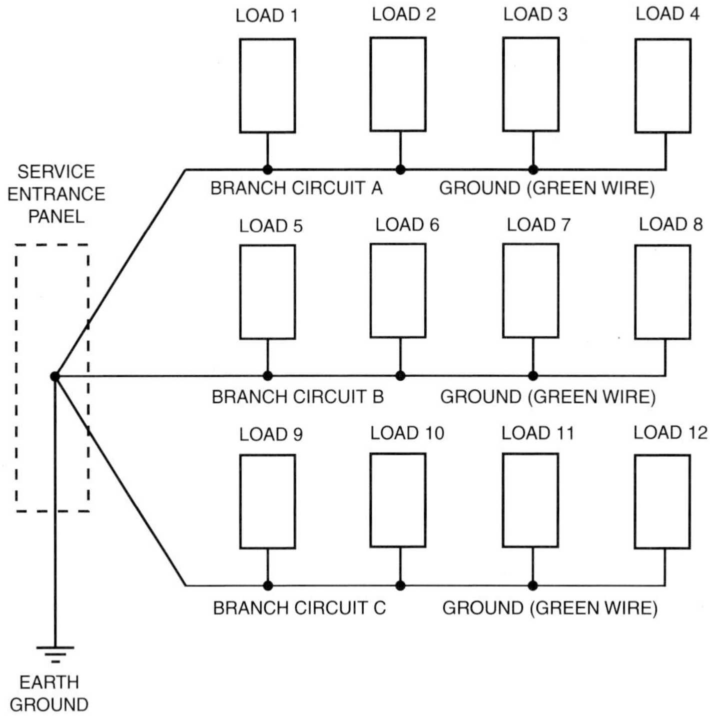

그림 3-17 NEC 의무요건인 일점 AC 전력 접지.

를 유지하면서 방사와 수신을 최소화하기 위해서는 접지선은 항상 파장의 1/20 이하로 짧게 유지돼야 한다.

고주파에서 일점접지 같은 것은 없다. <그림 3-18>은 고주파에서 일점접지방식으로 회로를 구성하였을 때 어떤 상황이 발생하는지 보여준다. 인덕턴스 때문에 접지선은 높은 임피던스를 가진다. 하지만 고주파에서는 회로와 접지 사이에 존재하는 부유 커패시턴스의 임피던스가 낮다. 그러므로 접지 전류는 긴 접지선의 인덕턴스가 갖는 높은 임피던스 때문에 접지선 대신 낮은 임피던스를 갖는 부유커패시던스를 통해 흐른다. 결국 고주파에서는 다점접지로 되어 버린다.

3.2.2 다점접지 시스템(Multipoint Ground Systems)

다점접지는 고주파(100 kHz 이상)와 디지털 회로에서 사용된다. 다점접지 시스템은 식 (3-2)에서 접지 임피던스 Z_g를 최소화하여 접지 잡음전압 V_g을 최소화한다. 식 (3-1)을 보면, 고주파에서 접지판이나 접지 격자를 사용하면 접지 인덕턴스를 최소화할 수 있다는 것을 알 수 있다. 가능한 위치마다 회로와 판 사이를 여러군데 서로 연결하면 인덕턴스를 줄일 수 있다. <그림 3-19>의 다점접지 시스템에서 각 회로는 가장 가까운 곳에 있는 낮은 임피던스 접지판에 연결되어있다.

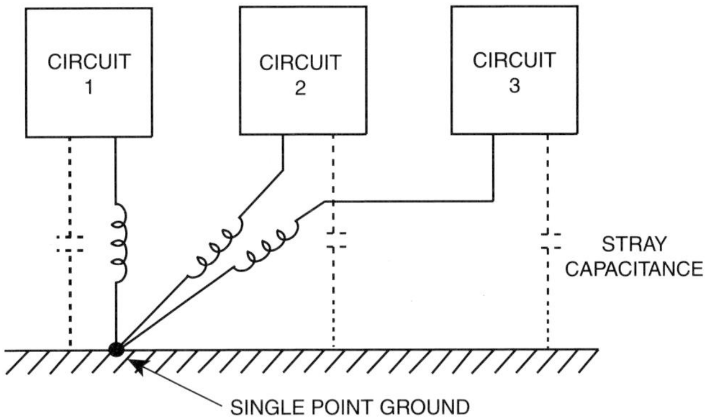

그림 3-18 고주파에서 일점 접지는 부유 커패시턴스로 인해 다점접지가 된다.

접지 임피던스가 낮은 까닭은 접지판의 인덕턴스가 작기 때문이다. 각각의 회로와 접지판 사이는 가능한 한 짧게 연결하여 임피던스를 최소화해야 한다. 많은 고주파 회로에서 회로의 접지선의 길이는 수 mm 이하로 유지해야 한다. <그림 3-18>에 나타낸 것과 같이 부유 커패시턴스 때문에 일점접지는 고주파에서 모두 다점접지가 된다.

접지판의 두께를 늘리는 것은 고주파 임피던스에는 영향을 주지 않는다. 그 까닭은 (1) 접지의 임피던스를 결정하는 것은 인덕턴스이지 저항성분이 아니며 (2) 표피효과로 인해 고주파에서 전류는 접지판의 표면으로만 흐르기 때문이다(6.4절 참조).

고주파 회로나 디지털 논리회로가 들어있는 PCB에서는 낮은 인덕턴스를 갖는 좋은 접지가 필요하다. 이러한 접지로는 양면기판 상의 접지판이나 접지 격자가 사용될 수 있다. 접지판은

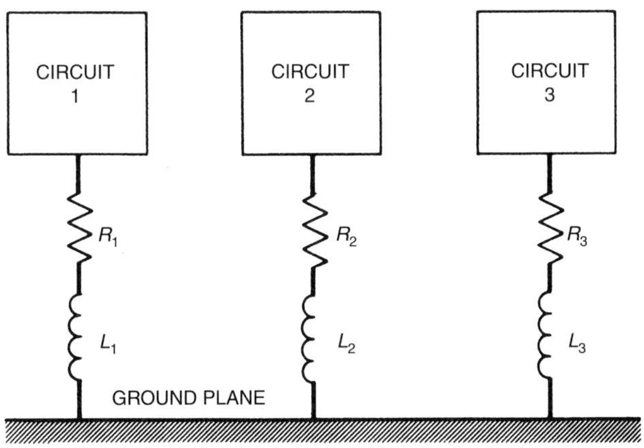

그림 3-19 100 kHz 이상의 주파수에서는 다점접지시스템이 좋은 선택이다. 임피던스 $R_1 \sim R_3$ 그리고 $L_1 \sim L_3$를 관심주파수 범위에서 최소화해야 한다.

신호 전류의 귀환을 위한 낮은 인덕턴스 경로를 제공하며 신호의 상호 접속을 위해 임피던스가 일정한 전송선로를 사용할 수 있는 가능성을 제공한다.

디지털 논리회로 기판상의 접지가 다점접지가 돼야 한다고 해서 기판에 전력을 공급하는 전원도 반드시 다점접지가 돼야 하는 것은 아니다. 고주파 디지털 회로의 논리 전류는 기판내에만 흘러야 하고, 기판에 전력을 공급하는 전원선을 통해 흘러서는 안되며, 게다가 전력은 DC이기 때문에, 논리 회로 기판의 접지가 다점접지로 되어있어도 전원은 일점접지로 배선될 수 있다.

3.2.3 공통 임피던스 결합(Common Impedance Coupling)

많은 접지 시스템 문제는 공통 임피던스 결합에 의해서 발생된다. 공통 임피던스 결합의 한 예가 <그림 3-20>에 나타나 있다. 이 그림에서 두 회로는 같은 접지경로를 공유하고 있다. 회로 1의 부하 저항 R_{L1}에 걸리는 전압 V_{L1}은 다음과 같다.

$$V_{L1} = V_{S1} + Z_G(I_1 + I_2) \tag{3-7}$$

여기서 Z_G는 공통접지 임피던스이며 I_1과 I_2는 각각 회로 1과 2의 신호전류이다. 이 경우, 회로 1의 부하저항 R_{L1}에 걸리는 신호전압은 회로 1에 흐르는 전류뿐만 아니라 회로 2에 흐르는 전류에 의해서도 달라진다는 것을 잘 알아둬야 한다. 식 (3-7)에서 I_1 Z_G는 회로 자체의 잡음전압이며 I_2 Z_G는 회로 사이의 잡음전압이다.

공통 임피던스 결합이 문제가 되는 경우는 두 개 이상의 회로가 같은 접지를 공유하면서 다음 조건 중 하나 이상에 해당될 때이다:

1. 접지 임피던스가 큰 경우(고주파에서는 접지의 인덕턴스 성분이 클 때, 저주파에서는 접지의 저항성분이 클 때).
2. 큰 접지 전류가 흐르는 경우
3. 일점접지에서는 잡음 여유도(noise margin)가 적은 매우 민감한 회로가 접지에 연결된 경우

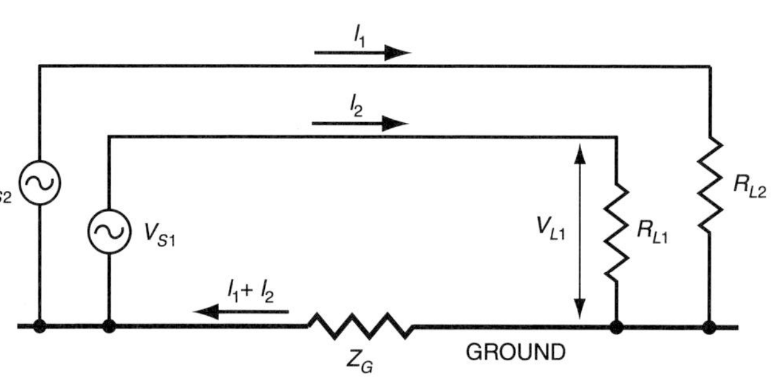

그림 3-20 공통 임피던스 결합의 예.

일점접지에서는 서로 간섭을 일으킬 수 있는 접지 전류를 분리한 다음, 이들을 서로 다른 도선으로 흐르게 하는 방법으로 식 (3-2)의 I_g를 효과적으로 억제하여 이 문제를 극복할 수 있다. 이 방법은 저주파에서 효과적이다. 하지만 신호전류경로와 일점접지연결을 위한 긴 도선은 고주파에서는 나쁜 영향을 미치는 인덕턴스를 증가시킨다. 또한 고주파에서는 일점접지가 거의 불가능한데 이는 <그림 3-18>에 나타난 것과 같이 부유 커패시턴스에 의해 접지 루프가 완성되기 때문이다.

다점접지에서는 접지 임피던스를 아주 낮게 할 수 있고, 이렇게 하면 식 (3-1)에 있는 L_g를 효과적으로 억제할 수 있으므로 이 문제를 해결할 수 있다.

일반적으로 100 kHz 이하의 주파수에서는 일점접지 시스템이 더 좋으며 100 kHz 이상의 주파수에서는 다점접지 시스템이 최선이다.

3.2.4 혼성접지(Hybrid Grounds)

신호 주파수가 100 kHz 이상과 이하의 양쪽으로 넓은 범위를 차지하고 있는 경우에는 혼성접지가 해결책이 될 수 있다. 영상 신호가 이것의 좋은 예로, 영상신호의 주파수는 30 Hz에서 수 십 MHz까지 범위를 가질 수 있다. 혼성접지는 주파수가 달라지면 시스템 접지 회로 구성의 동작도 달라지는 접지 시스템이다. <그림 3-21>은 저주파에서는 일점접지로 동작하고 고주파에서는 다점접지로 동작하는 혼성접지의 일반적인 형태이다.

이 원리가 실제로 적용된 것이 <그림 3-22>에 있는 케이블 차폐구조이다. 저주파에서 커패시터 C는 임피던스가 크므로 케이블 차폐도체는 부하쪽 끝에서만 일점접지이다. 고주파에서 커패시터 C는 임피던스가 작으므로 케이블 차폐도체는 부하쪽은 물론 신호쪽에서도 접지된 효과를 나타낸다. 이러한 방식의 차폐도체 접지에 대해서는 앞에서 살펴보았다.

<그림 3-23>은 다른 형태의 혼성접지이다. 이 혼성접지는 흔히 볼 수 있는 형태는 아닌데,

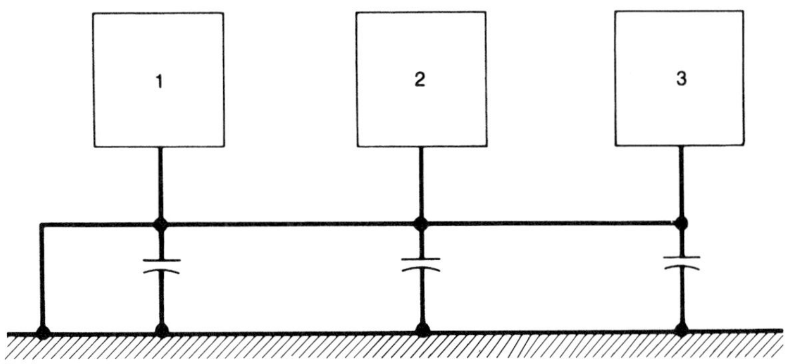

그림 3-21 저주파에서는 일점접지, 고주파에서는 다점접지로 동작하는 혼성접지 연결 방법.

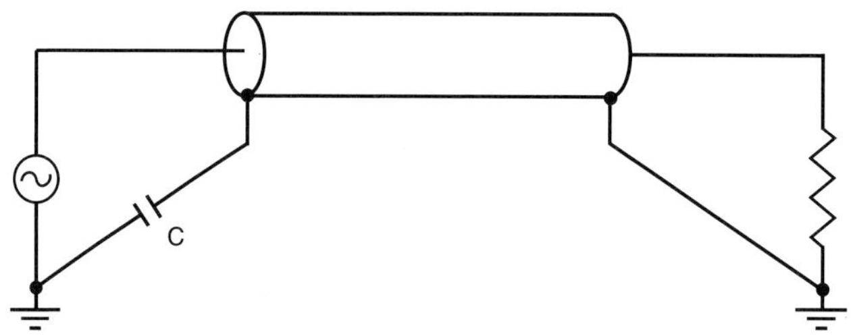

그림 3-22 케이블의 차폐도체에 혼성접지를 적용한 예.

많은 장비의 인클로저가 반드시 전력 시스템 접지에 접속돼야 하는 경우에 사용될 수 있다. 그렇기는 해도 이 경우에서는 일점접지가 바람직하다. 접지 인덕터는 50/60 Hz에서는 낮은 임피던스의 안전접지를 제공하고, 고주파에서는 접지를 격리시킨다. 응용분야를 하나 더 들어보면, 장비에 의해 접지 도체로 잡음 전류가 흘러나가고 이로 인해 전원 케이블이 전자파를 방사하여 전자파 적합성(EMC) 규정의 요건을 만족하지 못하는 경우이다. 접지 도체를 제거하면 제품은 EMC 규정을 만족하지만 이것은 안전규정 위반이다. 이 경우에 접지선에 직렬로 인덕터 또는 초크(10~25 μH)를 달아주면, 이것이 50/60 Hz에서는 낮은 임피던스를 제공하는 반면에, 매우 높은 잡음 주파수에서는 높은 임피던스를 제공할 것이다.

3.2.5 섀시접지(Chassis Grounds)

장비의 금속 인클로저(enclosure, 케이스)와 연결된 모든 도체는 섀시접지(chassis ground)이다. 섀시접지와 신호접지는 보통 한 점 또는 다수의 점에서 연결된다. 잡음과 간섭을 최소화하는 데 열쇠가 되는 것은 어디에 그리고 어떻게 신호접지를 섀시에 연결할 것인지 알아내는 것이다. 제대로 된 회로접지는 제품에서 나오는 방사성 방출을 감소시켜줄 뿐만 아니라 외부 전자기장에 대한 제품의 내성(immunity)을 증가시켜 준다.

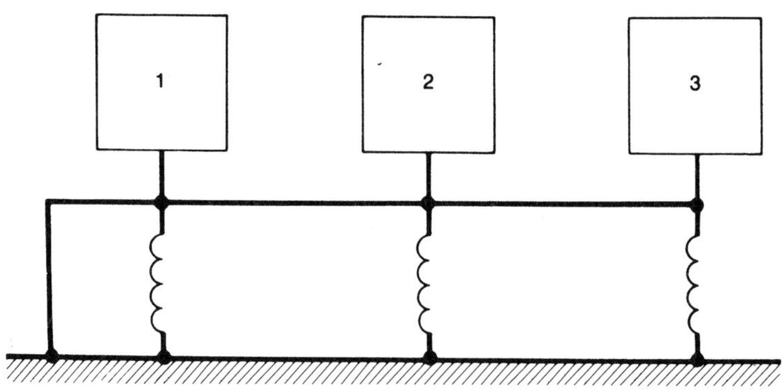

그림 3-23 저주파에서는 다점접지, 고주파에서는 일점접지로 동작하는 혼성접지 방법.

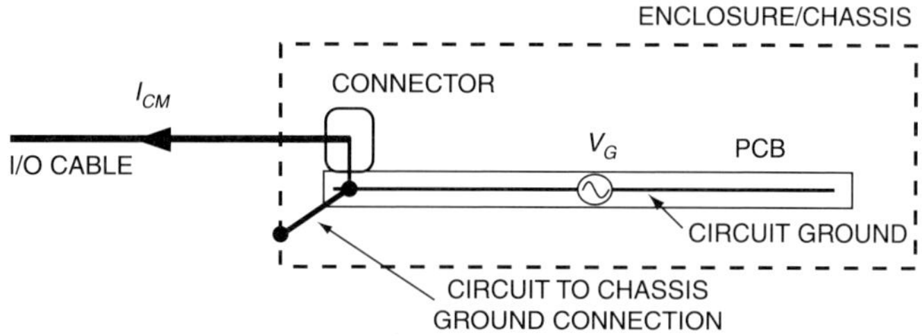

그림 3-24 회로 접지는 PCB의 입출력(I/O) 지점에서 인클로저에 연결되어야 한다.

<그림 3-24>에 있는 금속 인클로저 내부에 장착된, 입/출력 케이블이 연결되어 있는 PCB의 경우를 고려해보자. 회로접지에 전류가 흐르고 있고,회로접지는 "0"이 아닌 유한한 임피던스를 가지므로 회로접지 양단에는 전압 강하 V_G가 발생한다. 이 전압은 케이블에 공통모드 전류를 흐르게 하므로 케이블에서 전자파가 방사된다. 회로접지가, 케이블이 있는 곳에서 정반대쪽에 있는 PCB 끝에서 섀시와 연결된 경우에는 V_G 전압 전체가 케이블상에 전류를 흐르게 하므로 많은 전류가 흐른다. 그렇지만 회로 접지가 I/O 커넥터의 위치에서 인클로저에 연결된 경우에는 케이블에 공통모드 전류를 흐르게 하는 전압은 이상적으로 0이 된다. 이 경우, 총 접지 전압은 케이블이 연결되지 않은 PCB의 끝에 나타난다. 그러므로 기판의 입출력(I/O) 지점에서 섀시와 회로접지 사이에 낮은 임피던스 연결을 만드는 것이 중요하다.

이 예를 이해하는 또 다른 방법으로, 머릿속으로 접지전압에 의해 I/O 커넥터쪽으로 공통모드 잡음전류가 흐르고 있는 경우를 가정해 보자. 그러면 커넥터위치에서 케이블쪽과 PCB 접지-섀시 연결부쪽으로 전류가 나뉜다. 기판접지와 섀시접지 간의 임피던스가 낮을수록 케이블에 흐르는 공통모드 전류는 작아질 것이다. 이 방법의 유효성을 결정짓는 열쇠는 PCB와 섀시의 연결을 낮은 임피던스로 만드는 데 있다(관심 주파수대에서). 이 방법은 말로는 쉽지만 실제로 구현하기가 어려운 것이 일반적이다. 특히 주파수 범위가 수백 MHz 이상인 경우에는 더더욱 그렇다. 이 말은 결국 높은 주파수는 인덕턴스를 낮게 하기 위해 한 점이 아닌 여러 점에서 연결을 해야 할 필요가 있다는 것을 뜻한다.

I/O 지점에서 회로 접지와 섀시 사이의 낮은 임피던스연결을 확립하는 것은 무선 주파수(RF) 잡음내성에도 좋다. 케이블으로 유도된 모든 고주파 잡음 전류는 PCB 접지를 통해 흐르는 대신 인클로저로 흐를 것이다.

3.3 장비/시스템 접지(EQUIPMENT/SYSTEM GROUNDING)

많은 시스템에서 전자회로는 커다란 장비랙(rack)이나 캐비넷에 장착되어 있다. 일반적으로 한 시스템에는 이들 장비의 인클로저가 한 개 또는 여러 개 들어있다. 장비 인클로저는 클 수도 있고 작을 수도 있다; 서로 인접해 있을 수도, 흩어져 있을 수도 있다; 건물, 선박 혹은 비행기 내부에 위치할 수도 있다; 그리고 전력을 공급해주는 전원공급시스템은 AC일수도, DC일수도 있다. 장비 접지의 목적은 전기안전 확보, 낙뢰 보호, EMC(전자파 적합성) 확립, 신호왜곡 방지 등이다. 이제부터 나오는 설명은 주로 AC 전원으로 동작하는 지상에서 운용하는 시스템을 대상으로 하고 있지만 차량, 항공기는 물론 DC 전원으로 동작하는 시스템에도 유사한 접지방법이 적용된다.

본 절에서는 대형장비 인클로저의 접지에 관한 예들을 보여주고 있지만, 자동차나 항공기와 같이 내부에 다양한 소형 회로모듈을 포함하고 있는 시스템에도 동일한 원리가 똑같이 적용된다. 사실 이 원리는 다수의 회로기판(PCB)들로 이루어진 시스템에까지도 적용된다. 접지는 계층적이며 회로의 크기와 규모에 관계없이 같은 원리가 적용된다는 사실을 기억하고 있어야 한다.

지금부터 다음 세 가지(1983년, Denny에 가 처음 분류한) 회로들에 대해 살펴보자: (1) 격리 시스템, (2) 집단 시스템, (3) 분산 시스템.

3.3.1 격리 시스템(Isolated Systems)

격리 시스템(isolated system)은 하나의 인클로저 내에 모든 기능이 들어있는 시스템으로 시스템 외부로는 다른 접지 시스템과의 어떤 신호연결도 존재하지 않는다. 격리 시스템의 예로는 자동판매기, TV 세트, 입체 음향 시스템(모든 컴포넌트가 한 개의 랙에 설치된 것)[9], 데스크톱 컴퓨터 등을 들 수 있다. 격리 시스템은 세 가지 시스템 중에서 가장 간단하며 적절하게 접지하기에 가장 쉬운 시스템이다. 서로 연결되는 전자부품들 사이의 전위차를 최소가 되게 하는 가장 좋은 방법은 모든 부품을 가능한 한 작은 크기의 육면체 금속 인클로저 속에 넣는 것이다.

NEC는 전자장비에서 외부에 노출된 금속 인클로저는 AC 전원의 접지도체에 연결되어야 한다고 요구하고 있다. 대지, 구조물, 항공기 기체, 배의 선체 등과 인클로저 사이에 오직 한 개의 안전접지를 연결해야 한다고 요구하고 있다. 인클로저와 접지와의 연결은 (1) 전원이 단상 AC인 경우에는 AC 전력선의 접지선(초록색선)을(그림 3-2 참조), (2) 전원이 3상 AC인 경우에는 전력선 케이블과 나란한 별도의 접지도선(또는 금속전선관)을 사용한다.

내부 신호는 회로의 유형과 동작 주파수에 알맞게 접지돼야 한다. 격리 시스템은 접지된 다른 장비에 연결된 I/O를 가지고 있지 않으므로, I/O 신호의 접지는 고려할 필요가 없다.

3.3.2 집단 시스템(Clustered Systems)

집단 시스템(clustered system)에서는 <그림 3-25>에 나타나 있듯이 장(closet)이나 방과 같은 작은 구역에 여러 개의 장비 인클로저(캐비닛, 랙, 장비프레임 등)가 놓여있다. <그림 3-25>에

9) 스피커가 시스템에서 떨어진 곳에 설치되긴 하지만 스피커는 접지되어있지 않으므로 음향 시스템이 격리 시스템이라는 사실은 바뀌지 않는다.

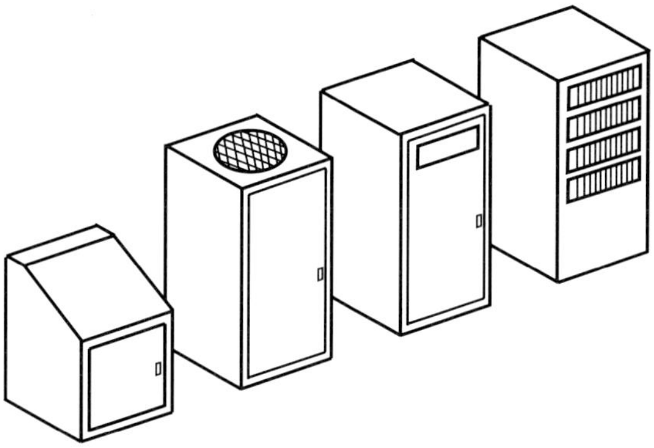

그림 3-25 집단 시스템을 구성하는 4개의 장비 케이스.

는 표시되어 있지 않지만 시스템을 구성하는 각 장비 사이에는 서로를 연결하는 I/O 케이블이 있을 수 있다. 그렇지만 다른 접지 시스템과 연결되는 것은 있을 수 없다. 집단 시스템의 예로는 소규모의 데이터 프로세싱 센터, 큰 주변 장치를 많이 가진 미니 컴퓨터, 또는 방 여기저기에 흩어진 컴포넌트로 구성된 입체 음향 시스템을 들 수 있다.

3.3.2.1 집단 시스템의 안전접지 안전을 위해 장비 인클로저는 반드시 AC 전력선의 접지와 연결되어야 한다. 이 연결은 다양한 방법으로 이루어 질 수 있다. 장비랙은 일점접지로 할 수도 있고, 다점접지로 할 수도 있다. 일점접지로 하는 경우에는 직렬(데이지체인) 방식으로 연결되거나 병렬(스타) 방식으로 연결된다. 앞의 <그림 3-15>에 나타낸 것과 같이 직렬연결 방식의 경우 어떤 한 인클로저의 전위는 다른 랙과 관련이 있는 접지전류에 따라 달라질 수 있다. 3.2.1절에서 살펴본 바와 같이 직렬방식의 일점접지는 가장 바람직하지 않는 접지 방법이다. 이 접지방법은 일반적으로 민감한 전자장비를 포함하고 있는 장비 랙의 상호 연결에는 적합하지 않다.

이보다 좋은 방법은 <그림 3-16>에 나타낸 병렬 (스타)접지를 사용하는 것이다. 이 경우 각각의 장비 랙은 별도의 접지 도선으로 주 접지 버스(bus)에 연결된다. 각 장비의 접지도선에는 직렬 연결을 한 경우보다 적은 전류가 흐르게 되므로 접지도선의 전압 강하가 줄어들며 인클로저의 접지 전위는 자신의 접지 전류에 의해서만 영향을 받는다. 많은 경우에 있어서 이 방법은 충분한 잡음 성능을 제공한다.

3.3.2.2 집단 시스템의 신호접지 내부 신호는 회로의 유형과 동작 주파수에 맞게 접지되어야 한다. 시스템을 구성하는 장비들 사이의 신호-접지 기준설정은 일점, 다점, 혼성접지 중에서 사용하는 신호의 특성에 알맞은 것이면 된다. 일점접지의 경우, 신호접지기준은 현행 NEC에서 요구하는 장비 접지선에 의해 제공된다. 다점접지의 경우, 신호접지는 케이블 차폐도체에 의해 제공되거나(가장 나쁨) 보조 접지선이나 넓은 금속 스트랩(metal strap)에 의해 제공되거나(중간 특성) 도

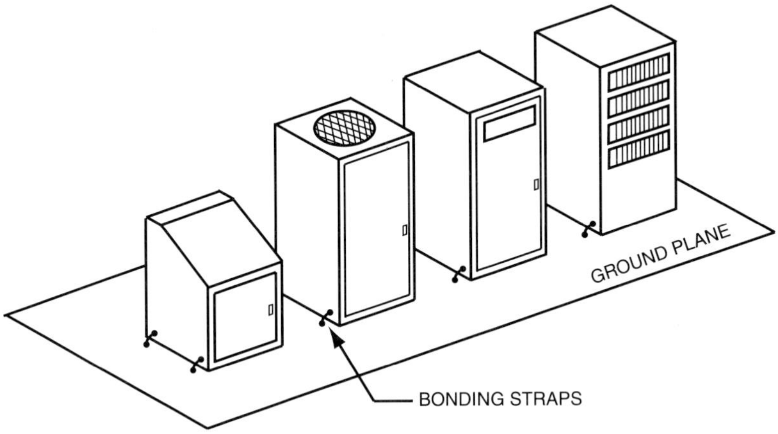

그림 3-26 영신호기준판은 각 장비 인클로저 사이의 낮은 임피던스 접지 연결을 제공하는 가장 좋은 방법이다. 이 방법은 아주 넓은 주파수 대역 전체에서 효과적이다.

선격자(wiregrid)나 빈틈없이 균일한 금속판에 의해 제공될 수 있다(가장 좋음). 민감하지 않은 전자장비가 양호한 환경에서 동작하는 경우에는 케이블의 차폐도체나 보조 접지도체로 신호접지를 해도 그런대로 괜찮은 것이 보통이다. 민감한 전자장비가 혹독한 환경에서 동작하는 경우에는 넓은 금속 스트랩, 격자 또는 접지판의 사용을 진지하게 고려해야 한다.

아주 넓은 주파수 범위에 대해 분리된 장치들 사이에서 낮은 임피던스의 신호접지 연결이 이루어지게 하는 가장 좋은 방법은 <그림 3-26>에 나타낸 것처럼 균일한 금속 접지판으로 모든 장치들을 연결하는 것이다. 판(plane)의 임피던스는 어떤 단일 도선과 비교해도 크기가 수천분의 일에서 수만분의 일 배만큼 작다. 이 접지판에 의해 완벽한 다점접지 시스템이 만들어지는데, 이 판을 영신호기준판(ZSRP, zero signal reference plane)이라고 부른다. 두 번째로 좋은 방법은 접지격자를 사용하는 것이다. 접지 격자를 구멍이 있는 접지판으로 생각할 수 있다. 관심주파수 범위의 가장 높은 주파수에서 구멍의 크기가 파장에 비해 작은 경우($<\lambda/20$)에는, 접지격자는 접지판의 성능과 거의 같다. 접지 격자는 접지판보다 구현이 쉽다.

다점접지 시스템에서 각각의 전자장비 인클로저나 랙은 반드시 미국전기규격(NEC)에 규정된 장비 접지선을 이용하여 먼저 접지되어야 한다. 또한 각각의 랙이나 인클로저는 다른 접지—이 경우에는 영신호기준판(ZSRP)—에 연결되어야 한다. <그림 3-27>에 이 방법을 나타내었다. 접지 격자를 접지판 대신 사용 할 수 있다는 것을 기억하라. 이 방법은 DC에서 고주파까지 효과적이며 의심할 여지 없이 최고의 구성방식이다.

영신호기준판이 아주 우수한 성능을 발휘하지만 완벽하지는 않다. 영신호기준판도 다른 모든 도체구조들처럼 공진 현상을 나타낸다. 도선(케이블) 또는 전류경로가 $\lambda/4$(또는 $\lambda/4$의 홀수배)가 되면 높은 임피던스를 나타낸다. 그렇지만 영신호기준판(ZSRP)이나 접지 격자의 경우,

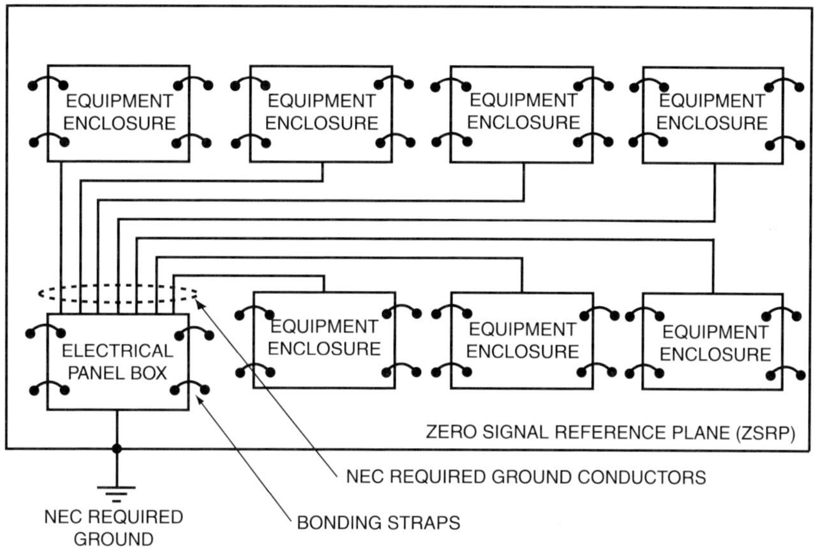

그림 3-27 미국전기규격(NEC)의 의무요건인 장비 접지 도선을 갖추면서 영신호기준판(ZSRP) 접지 구조를 실현한 예.

한 전류 경로가 $\lambda/4$ 길이가 될 때 병렬로 연결되어 있는 다른 경로들 중에 길이가 $\lambda/4$ 아닌 것이 존재한다. 그러므로 접지 전류는 $\lambda/4$ 길이의 높은 임피던스를 가지는 경로 대신에 이러한 낮은 임피던스를 가지는 병렬 경로를 따라 흐른다. 따라서 공진 현상까지 고려하여도 영신호기준판의 임피던스는 다른 어떤 단일도체로 된 구조의 임피던스보다 작을 것이다.

낙뢰 보호를 위해 영신호기준판은 어떠한 물체 또는 구조물로부터도 격리되어서는 안 된다. 영신호기준판은 파이프, 금속 도관, 건물의 철골 등과 같이 그 판을 관통하는 물체들과 접합되어야 한다. 또한 영신호기준판은 자신으로부터 2 m(6피트) 이내에 위치한 모든 금속 물체들과 접합되어야 한다. 이 규정은 낙뢰로부터 보호하는 데 중요하다.

3.3.2.3 접지 스트랩 인덕턴스를 최소화 하기 위해 장비의 인클로저는 길이-대-폭의 비가 3:1 이하인 짧은 스트랩(strap)을 사용하여 여러 점(좋은 방법은 최소 네 군데 이상)에서 영신호기준판에 접속되어야 한다. 도체의 지름과 인덕턴스 사이의 관계는 로그함수로 나타나므로 원형 도선의 지름을 증가시켜도 그 도선의 인덕턴스를 크게 줄이지는 못한다(10.5.1절 참조).

인클로저를 영신호기준판(ZSRP)에 접속할 때는 원형 도선 대신 짧고 납작한 직사각형 스트랩을 사용해야 한다. 납작한 직사각형 도체의 인덕턴스는(Lewis, 1995, p. 316)

$$L = 0.002l\left[2.303\log\left(\frac{2l}{w+t}\right) + 0.5 + 0.235\left(\frac{w+t}{l}\right)\right] \tag{3-8}$$

여기서 L은 μH 단위의 인덕턴스이며, l은 길이, w는 폭, 그리고 t는 납작한 스트랩 두께이다(모

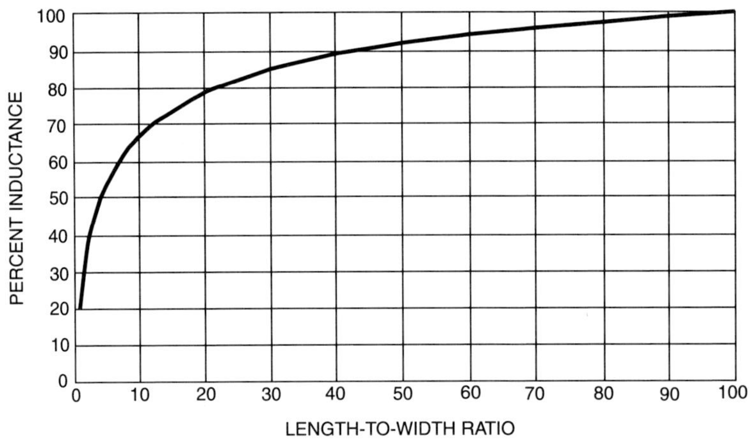

그림 3-28 길이-대-폭 비의 값에 따른 직사각형 단면의 접지 스트랩의 인덕턴스 값의 변화. 인덕턴스값은 길이-대-폭비가 100:1일 때의 인덕턴스에 대한 백분율 값이다.

표 3-1 단면이 직사각형인 도체의 길이-대-폭 비에 따른 인덕턴스 감소율(단, 도체의 길이는 일정하게 유지).

길이-대-폭의 비	인덕턴스 감소율(%)[a]
100:1	0
50:1	8
20:1	21
10:1	33
5:1	45
3:1	54
2:1	61
1:1	72

[a] 길이-대-폭의 비가 100:1인 경우를 기준으로 한 감소율.

두 cm 단위). 사각형 모양의 도체인 경우 길이-대-폭 비는 도체의 인덕턴스에 상당한 영향을 미칠 수 있다.[10] 스트랩의 길이가 일정할 때, 스트랩의 폭이 증가하면 인덕턴스는 줄어든다. <그림 3-28>은 길이가 10 cm, 두께가 0.1 cm인 도체의 인덕턴스를 길이-대-폭 비의 함수로 나타낸 것이다. 이때 인덕턴스값은 길이-대-폭비가 100:1일 때의 인덕턴스에 대한 백분율값이다.

또한 식 (3-8)을 보면 괄호 앞에 l이 있으므로 스트랩의 길이가 증가하면 인덕턴스 길이-대-폭 비와 관계없이 증가함을 알 수 있다. 그렇지만 <그림 3-28>과 <표 3-1>에서 보듯이 스트랩의 길이가 일정할 때 길이-대-폭 비가 증가하면 인덕턴스는 줄어들 것이다. 그러므로 고주파에

10) 실제로 이 비는 길이-대-폭 더하기 두께의 비이다. 그런데 두께 t는 일반적으로 폭 w보다 훨씬 작은 값을 가지므로, 길이-대-폭의 비로 한 것이다.

서 좋은 성능을 얻기 위해서는 되도록 길이-대-폭의 비가 가장 작은 스트랩을 사용해야 한다.

접지스트랩은 균일한 금속 또는 엮은 도선(braid)으로 제작할 수 있다. 잘 구부러지는 유연성이 필요한 경우에 엮은 도선(편조선)으로 만든 스트랩이 균일한 도체로 만든 스트랩보다 더 좋다. 엮은 도선의 경우 각 도선가닥 사이의 부식에 취약한데, 부식이 발생하면 임피던스가 증가한다. 구리선을 엮어 만든 스트랩을 사용할 경우, 주석이나 은으로 도금을 해서 이 문제를 감소시켜야 한다. 주석이나 은으로 잘 도금되면 균일한 도체로 만든 스트랩과 동일한 성능을 나타낸다.

접지스트랩을 여러 개 사용하면 인덕턴스를 더욱 줄일 수 있다. 병렬로 연결된 두 개의 접지스트랩이 상호 인덕턴스가 무시될 수 있을 만큼 떨어져 있으면 전체 인덕턴스는 스트랩 하나가 가진 인덕턴스의 절반이 된다. 병렬로 연결된 스트랩의 인덕턴스는 사용된 스트랩의 수에 따라 선형적으로 감소한다. 멀리 떨어진 4개의 접지 스트랩의 인덕턴스는 스트랩 한 개가 가진 인덕턴스의 1/4이 된다.

그러므로 임피던스를 최소화하려면 고주파 장비 접지방식을 적용하고 길이-대-폭비가 가장 작은 접지 스트랩 여러 개를 길이를 가장 짧게 하여 병렬로 접지에 연결해야 한다.

장비 캐비넷은 밑에 놓인 접지판과 의도적으로 절연되거나, 의도하지 않은 경우에도 캐비넷 표면에 칠해진 페인트 등 여러 가지 원인으로 절연될 수 있다. 따라서 접지판과의 유일한 전기적 연결은 접지스트랩을 통해서 이루어진다. 이렇게 되면 <그림 3-29>에 나타낸 것과 같이 인클로저와 접지판 사이의 기생 커패시턴스로 인해 공진 현상이 발생한다. 이 커패시턴스는 접지 스트랩의 인덕턴스와 결합하여 다음 주파수에서 공진을 일으킨다.

$$f_r = \frac{1}{2\pi\sqrt{LC}} \tag{3-9}$$

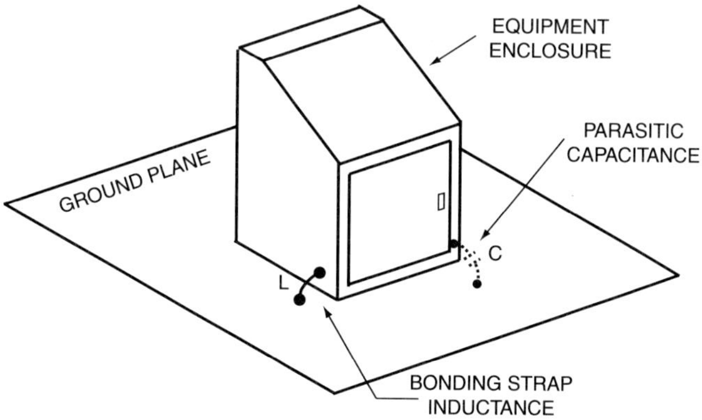

그림 3-29 접지 스트랩의 인덕턴스와 인클로저-접지판 사이의 기생 커패시턴스가 병렬로 연결되어 발생하는 접지스트랩 공진.

여기서 L은 접지 스트랩의 인덕턴스이며, C는 인클로저와 접지판 사이의 기생 커패시턴스이다. 이것은 병렬 공진이기 때문에 공진 시 임피던스는 매우 높다. 따라서 병렬공진이 발생하면 접지판과 인클로저 사이의 연결이 끊어진 것과 마찬가지의 상태가 된다. 10~50 MHz 주파수 범위에서는 이러한 공진이 자주 일어난다. 이러한 접지스트랩의 공진 주파수를 시스템의 동작주파수보다 높게 만드는 것이 바람직하다. 공진주파수를 올리려면 커패시턴스와 인덕턴스를 감소시켜야 한다. 인덕턴스는 짧고 넓은 접지스트랩을 여러 개 사용하여 줄일 수 있다. 접지판 위에 절연체를 놓고 그 위에 캐비넷을 올려놓으면 커패시턴스가 줄어든다.

3.3.2.4 장치 간 케이블배선 각 장치 사이를 연결하는 신호케이블도 전력 케이블과 마찬가지로 <그림 3-30A>와 같이 인클로저 위로 설치하면 안 되며 <그림 3-30B>와 같이 영신호기준판(ZSRP)에 가까이 배선해야 한다. 이 방법은 기준판과 케이블 사이의 면적을 최소화하므로 케이블로 결합되는 공통모드 잡음을 줄일 수 있다. 컴퓨터실과 같은 곳에서는 올림바닥(raised floor)이 영신호기준판이 된다; 이러한 경우, <그림 3-30B> 옵션 2에 표시된 것과 같이 케이블은 영신호기준판 아래로 배선될 수 있다.

이러한 장비 접지 개념이 어떻게 대형 전자장비랙이 아닌 다른 것들에 적용되는지 알 수 있도록 집단시스템의 개념을 인클로저의 크기가 "빵상자" 정도인 소형제품에 적용해 보자. 이 제품은 여러 개의 모듈로 구성되어 있다. 아마 전원 모듈, 디스크 드라이브 모듈, 액정 화면(LCD)

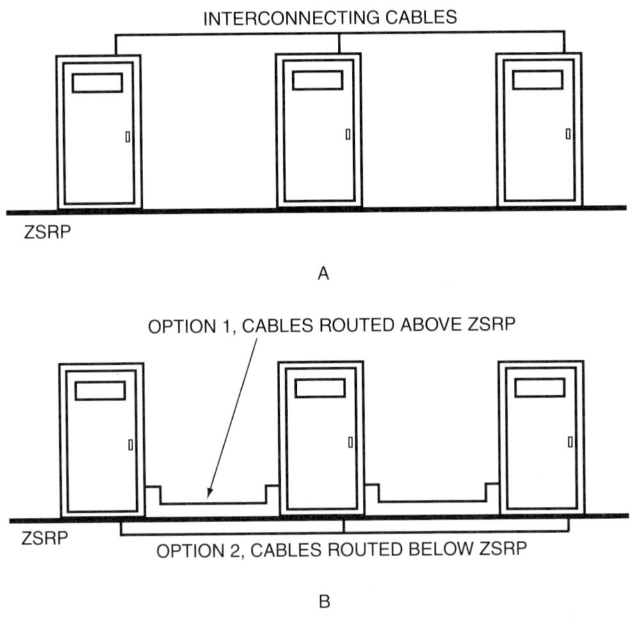

그림 3-30 (A) 장치간 배선의 나쁜 예, (B) 장치간 배선의 좋은 예.

모듈, 그리고 많은 PCB가 인클로저 안에 있을 것이다. 어떻게 하는 것이 모듈과 PCB를 장착하고, 접지시키고 서로를 연결하는 가장 좋은 방법인가?

접지는 계층적이라는 것을 기억하자. 한 개의 인클로저는 큰 관점에서 보면 격리 시스템이지만 작은 관점에서 보면 내부에 여러 개의 구성요소들을 가진 집단시스템으로 볼 수 있다. 그러면 가장 좋은 회로구성은 모든 모듈과 PCB를 ZSRP의 역할을 하는 한 개의 접지판이나 금속 섀시에 장착하여 접지와 접속하고 모든 케이블을 되도록 접지판에 가깝게 배선하는 것이다.
각 PCB를 지름이 1/4인치인 금속스탠드오프(stand off, 스페이서) 4개를 사용하여 접지한 경우, 스탠드오프의 길이를 3/4인치 이하로 하여 길이-대-폭비가 3:1을 넘지 않게 해야 한다.

3.3.3 분산 시스템(Distributed Systems)

분산 시스템은 <그림 3-31>에 나타난 것과 같이 시스템을 구성하는 여러 장비의 인클로저들(캐

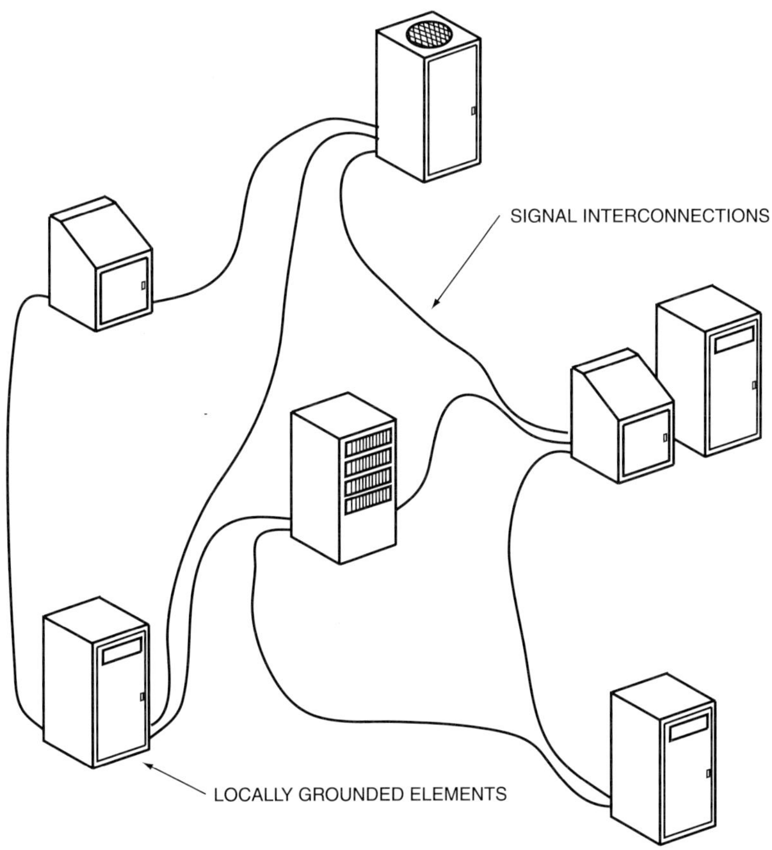

그림 3-31 넓은 범위에서 멀리 떨어져 있는 여러 개의 장비로 이루어진 분산 시스템

비넷, 랙, 장비프레임)이 다른 방과 건물에 흩어져서 서로 떨어져 있는 시스템을 말한다. 이러한 시스템에는 각 구성요소들을 상호연결하는 I/O 케이블도 여러 개가 있는데 이들 케이블의 길이가 관심주파수 대역에서 파장의 1/20이 넘는 경우가 많다. 분산 시스템의 예로는 산업공정제어 장비(industrial process control equipment)와 대형 메인프레임 컴퓨터 네트워크를 들 수 있다. 시스템의 각 구성요소는 서로 다른 전원으로부터 전력을 공급받게 된다. 예를 들어 같은 건물에 놓인 장비들은 다른 분기회로를 통해 전력을 공급받고 장비들이 다른 건물에 위치해 있는 경우라면 다른 변압기 뱅크에서 전력을 받는다.

3.3.3.1 분산 시스템의 접지 분산 시스템에서는 각각의 장비가 별도의 AC 전력접지, 안전접지, 그리고 낙뢰 보호 접지를 가진다. 하지만 각각의 장소에 위치한 장비 또는 장비들의 구성이 격리 시스템인지 집단 시스템인지 고려하여 그 시스템에 알맞게 안전접지를 해야 한다.

내부 신호는 회로의 유형과 동작주파수에 알맞게 접지되어야 한다. 분산 시스템과 관련하여 가장 중요한 문제는 시스템을 이루고 있는 각 장비 사이에 반드시 상호연결 되어야 하는 신호를 처리하는 방법이다. 모든 신호 단자와 상호연결 케이블은 혹독한(잡음이 많은) 환경에서 사용되는 것으로 생각해서 2장의 케이블링 그리고 4장의 평형과 필터링에서 다루고 있는 원리를 사용하여 제대로 된 방법으로 처리해야 한다.

적용할 수 있는 I/O 처리 방법을 결정할 때 고려해야 할 주요 사항은 다음과 같다: 신호의 특성은 무엇인가? 어떤 종류의 배선방법과 필터링 방법을 사용할 것인가? 신호는 아날로그인가 디지털인가? 신호의 주파수와 크기는 얼마인가? 평형신호인가? 불평형 신호인가?(평형 신호는 불평형 신호보다 잡음에 더 강하다) 배선은 어떤 케이블-개별도선, 차폐연선(shielded twisted pair), 비차폐연선(unshielded twisted pair), 리본케이블, 동축케이블-로 할 것인가? 차폐도체를 사용하는 경우, 접지 위치는 한쪽 끝인가, 양쪽 끝인가, 아니면 혼성접지 방식으로 하는가? 또 하나 중요한 고려사항으로, 어떤 식으로든 격리와 필터링을 사용할 수 있는가, 또는 사용할 것인가? 예를 들어, 신호를 케이블로 전달(결합)할 때, 변압기나 광학부품을 사용하여 할 수 있는가? 필터와 공통모드 초크도 I/O 신호를 처리하는 데 사용할 수 있고 잡음 결합을 최소화하는 데도 사용할 수 있다.

이러한 상황에서 접지 루프는 문제가 될 수 있다. 3.4절은 이 주제와 이 문제의 경감 방안을 다루고 있다. 모든 상호연결 신호를 분석하여 그에 필요한 보호정도를 결정해야 한다. 경우에 따라서는 주파수, 진폭(크기), 신호의 특성을 고려할 때 특별한 보호대책이 필요없는 상호연결 신호도 있을 수 있다.

3.3.3.2 공통 배터리 시스템 공통 배터리 분배 시스템에서는 구조물(새시, 선체, 기체 등)이 DC 전력(전원)의 귀환 경로로 사용된다. 이러한 회로구성은 자동차와 항공기에서 흔히 찾아볼 수 있다. 이러한 형태의 시스템에서는 구조물이 신호의 기준이 된다. 모든 접지 전류(전원접지전

류와 신호접지전류)는 구조물을 통과하여 흐르므로 공통 임피던스 결합은 중대한 문제가 될 수 있다. 접지에서의 공통 임피던스 결합에 의해 구조물상의 여러 점들 사이에는 전위차가 생기는데 이 전압은 접지를 기준으로 삼는 모든 신호연결선(불평형신호연결선)에 직렬로 나타날 것이다. 모든 잡음과 간섭의 관점에서 이러한 시스템은 매우 바람직하지 못하며 기껏해야 문제의 소지가 될 뿐이다.

공통 배터리 분배 시스템 관련하여 가장 중요한 문제는 시스템의 각각의 장비 사이에서 반드시 상호연결되어야 할 신호를 어떤 방법으로 처리해야 하는가이다. 모든 상호연결 신호는 잘 분석해서 알맞은 보호수준을 결정해야 한다. 회로에서 신호 레벨과 비교할 때 잡음전압의 크기가 얼마가 되는지가 중요하다. 신호-대-잡음비를 볼 때 회로 동작이 영향을 받을 것 같으면, 공통모드 접지잡음을 막기 위한 적절한 조치가 반드시 취해져야 한다. 민감한 신호는 3.4절 접지 루프에서 다뤄진 것 같이 처리되어야 한다. 평형방식의 상호연결이 싱글엔디드(single-ended, 불평형) 연결방식보다 잡음에 대해서 더 강하기 때문에 이 상황에서 진지하게 고려해 봐야 할 것이다.

연선(twisted pair)을 사용하여 장비에 전력을 공급해 주는 것은 섀시를 귀환경로로 사용하는 경우보다 더 좋다. 그렇지만 연선을 섀시귀환(접지)과 함께 병렬로(나란히) 사용된다면 섀시귀환 없이 사용하는 것만큼 효과적이지 못할 것이다. 그래도 연선을 이용하는 것은 여러 가지로 유용하다. 자기장에 의해 전력선으로 결합되는 차동모드잡음을 줄여준다. 저주파귀환 전류는 여전히 섀시를 통해 되돌아오지만(연선의 귀환도선의 저항보다 섀시의 저항이 낮다고 가정할 때), 고주파 잡음 전류는 연선을 통해 되돌아 온다(연선이 섀시보다 낮은 인덕턴스 경로를 제공하기 때문에). 따라서 방사가 잘 되지 않으므로 다른 장비들에 간섭을 일으키지 않게 된다. 또한 섀시접지가 좋지 않거나(높은 임피던스), 시간이 경과함에 따라 특성이 저하되는 경우, 전원 전류는 연선을 통해 되돌아 올 수 있으므로 신뢰성을 높일 수 있다.

3.3.3.3 원격장비를 가진 중앙 시스템 분산시스템의 특별한 경우로서 부속장치를 가진 중앙시스템이 있다. 이 시스템의 구성을 보면 <그림 3-32>에 나타나 있듯이 한 개 또는 다수의 중앙장비에 여러 개의 원격장비들이 스타형으로 연결되어 있는데 원격장비들은 중앙장비에서 먼 곳까지 펼쳐져 있을 수 있다. 분산시스템과의 차이를 살펴보면, 보통 규모가 작은 원격장비는 자신이 위치한 곳에서 전력을 공급 받거나 접지되지 않는 대신 중앙 장비로부터 전력을 공급받는다. 보통 이 시스템은 저주파 시스템이다. 이러한 시스템의 대표적인 예가 전화망(telephone network)이다; 또 다른 예로는 원격 무접지 센서와 액추에이터(actuator)를 가진 공장 내의 PCL(programmable logic controller)가 있다.

중앙 장비는 장비들의 구성형태에 따라 격리접지 시스템이나 집단 시스템방식으로 접지되어야 한다. 또한 원격 장비에 연결되는 케이블에는 2장에서 살펴본 여러 가지 방법을 적용하여 잡음 유입과 방사를 막아주어야 한다.

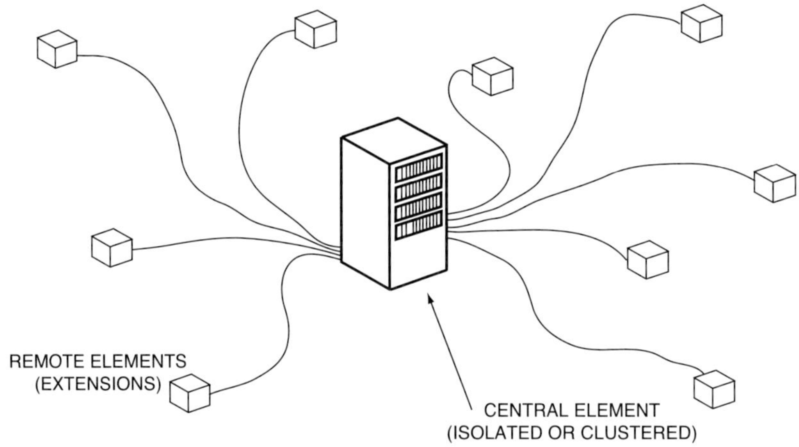

그림 3-32 연장선을 가진 중앙 장치. 연장선은 국부적으로(원격장비 자체에서) 접지되어 있지 않으며 중앙 장치로부터 전력을 공급 받는다.

3.4 접지 루프(GROUND LOOPS)

접지 루프는 때때로 잡음과 간섭의 원인이 될 수 있다. 여러 개의 접지점이 서로 멀리 떨어져 있으면서 AC 전력 접지와 연결되어 있거나 낮은 레벨로 동작하는 아날로그 회로가 사용될 때 특히 더 그렇다. 이러한 경우에는 접지 경로 잡음을 종류별로 분리하거나 격리할 필요가 있다.

<그림 3-33>을 보면 시스템이 서로 다른 두 점에서 접지되어 있다. 그림에서 두 개의 접지를 다른 기호로 표시한 것은 물리적으로 떨어진 두 접지점이 서로 다른 전위를 가질 수 있다는 사실을 강조하기 위해서이다. 이 회로 구성에서는 다음과 같은 3가지 문제가 발생할 수 있다.

1. 두 접지점 사이의 전위차 V_G가 <그림 3-33>에 표시된 것과 같이 회로 안으로 결합되면 잡음 전압 V_N이 발생한다. 접지전위는 접지 임피던스를 통해 흐르는 다른 전류에 의해서 발생된다.
2. 신호도체와 접지에 의해 형성되는 루프(그림 3-33에 표시된 접지루프) 속으로 강한 자기장이 들어오면 루프 안에 잡음 전압이 유도된다.
3. 신호 전류는 여러 귀환 경로를 가진다. 특히 저주파에서는 신호 귀환도체를 통해 되돌아오지 않고 접지도체를 통해 되돌아 올 수 있다.

위의 3번 문제는 고주파에서는 거의 일어나지 않는데, 그 이유는 전류가 신호귀환도체로 돌

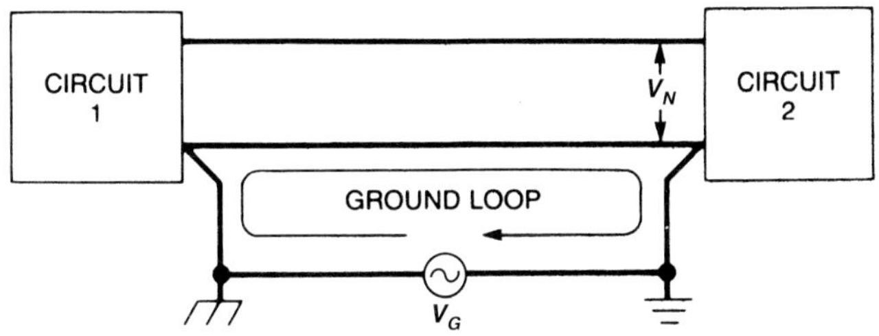

그림 3-33 두 회로 사이의 접지 루프.

아올 때 만들어지는 루프의 크기가 접지귀환경로를 따라 돌아올 때 형성되는 루프보다 훨씬 작아서 인덕턴스도 그만큼 작기 때문이다. 따라서 고주파 신호 전류는 접지가 아닌 신호 귀환 도체로 되돌아 온다.

회로에서는 신호 레벨과 비교할 때 잡음 전압의 크기가 어느 정도 되는지가 중요하다. 신호-대-잡음비가 회로 동작에 영향을 미칠 정도라면, 이 상황을 해결하기 위한 조치가 반드시 필요하다. 그렇지만 많은 경우에 특별히 해야 할 일은 없다.

모든 접지 루프가 전부 나쁜 것은 아니므로, 설계자는 접지 루프의 존재에 대해 지나치게 걱정할 필요는 없다. 대부분의 접지 루프는 해를 끼치지 않는다. 실제 접지 루프 문제는 대부분 100 kHz 미만의 저주파에서 일어나고, 주로 오디오 또는 계측 시스템과 같은 민감한 아날로그 회로와 관련이 있다. 이 문제의 전형적인 예로 오디오시스템으로 결합(유입)되는 50/60Hz 험(hum, '웅웅' 소리가 나는 잡음)을 들 수 있다. 접지 루프는 100 kHz 이상의 고주파나 디지털 논리 시스템에서는 거의 문제가 되지 않는다. 경험에 비춰보면 접지루프문제는 접지루프 그 자체에 의한 것보다는 접지루프가 생기는 것을 막으려다 발생하는 것이 더 많다. 어떤 접지 루프는 실제로 도움이 되는데, 예를 들어 2.5절에서 설명한 것처럼 자기장 차폐를 하기 위해 케이블 차폐도체의 양쪽 끝을 접지한 경우에 생기는 접지루프이다.

접지 루프가 문제가 되는 경우에는 다음 세 가지 방법 중 하나를 써서 해결 할 수 있다.

1. 일점접지 또는 혼성접지를 사용하여 접지 루프를 막는다. 이 기술은 저주파에서만 효과적이며 고주파에서 사용하는 경우 나쁜 영향을 미칠 수도 있다.
2. 접지루프를 그대로 둬야 할 경우에는 접지임피던스를 최소화하고(예를 들어, 영신호기준판을 사용하여), 회로의 잡음여유도를 증가시켜야 한다(신호전압레벨을 증가시키거나 평형회로를 사용하여).
3. 아래에서 설명하는 기술 중 하나를 사용하여 접지 루프를 끊어 준다.

<그림 3-33>에서 볼 수 있는 접지 루프는 다음 중 한 가지를 통해 끊을 수 있다.

1. 변압기(transformer)
2. 공통모드 초크(common-mode choke)
3. 광 결합기(optical coupler)

<그림 3-34>는 회로 1과 2가 변압기로 격리된 경우을 보여준다. 접지 잡음 전압은 회로의 입력이 아닌 변압기의 1차 권선과 2차 권선 사이에 나타난다. 따라서 이제 회로로 결합되는 잡음은 5.3절 변압기에 설명되어 있듯이 주로 변압기 1,2차 권선 사이의 기생 커패시턴스에 따라 달라지는데 이 잡음은 변압기 권선 사이에 패러데이 차폐도체(Faraday shield)를 설치하면 더욱 줄어든다. 변압기는 훌륭한 결과를 제공하지만 단점도 가지고 있다. 변압기는 보통 크기가 크며, 제한적인 주파수 응답을 가지며, DC 전원에는 사용할 수 없으며 고가이다. 또한 회로사이를 연결하는 신호가 많은 경우에는 변압기도 많이 필요하다.

대부분의 전문 오디오 장비는 간섭에 대한 내성을 증가시키고 접지 루프를 최소화하기 위해 평형 인터페이스를 사용한다. 하지만 대부분의 일반 오디오 장비는 가격이 저렴한 불평형 인터페이스를 사용한다. 불평형 인터페이스는 다양한 장비들을 서로 연결하는 과정에서 생기는 루프에 의한 공통 임피던스 결합(<그림 2-25> 참조)에 훨씬 더 영향을 받기 쉽다. 격리 변압기(isolation transformer)는 상호연결선 중간에 들어가 접지루프를 제거하거나 끊어준다. <그림 3-35>는 오디오 제품안에 존재하는 접지 루프에 의해 발생하는 웅웅거리는 잡음을 제거하기 위해 사용되는 이중의 고품질 오디오 격리 변압기를 보여준다. 이 모듈은 RCA 음성 플러그를 사용하는 스테레오 연결선 중간에 들어가는 이중 장치이다. 이 변압기에는 1차권선과 2차권선 사이에 패러데이 차폐도체가 들어있어서 권선 사이의 커패시턴스를 줄일 수 있으며 변압기 외부는 뮤메탈(mumetal)로 된 차폐도체로 막혀 있어 자기장의 유입을 막는다. 이 장치는 10 Hz에서 10 MHz 사이의 주파수 대역에서 삽입손실(insertion loss)이 0.5dB 이하이며 공통모드제거비(CMRR: common-mode noise rejection ratio)는 60Hz에서 120dB, 120kHz에서 70dB이다.

격리를 사용하여 루프를 끊는 경우, 격리는 신호의 상호연결선에 적용해야 하며 AC 전력 안

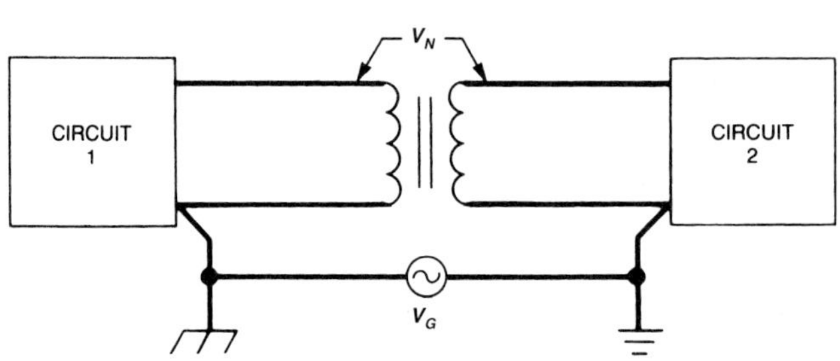

그림 3-34 두 회로 사이의 접지 루프를 끊기 위해 사용된 변압기.

그림 3-35 오디오 시스템 내부의 접지 루프에 의해 발생하는 험(hum)을 제거하기 위해 사용된 이중채널(스테레오) 오디오 격리 변압기.

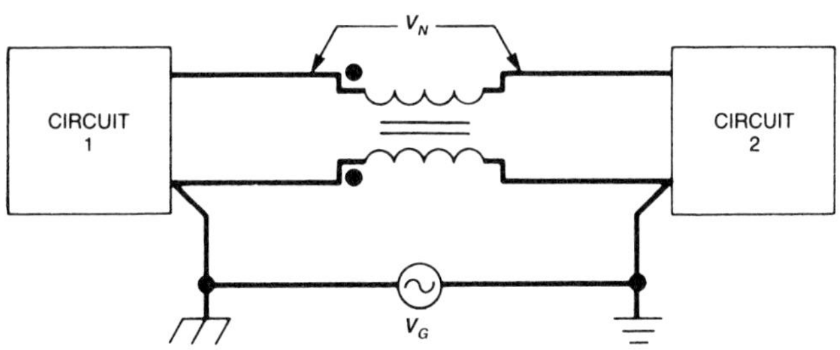

그림 3-36 두 회로 사이의 접지 루프를 끊기 위해 사용된 공통모드 초크

전접지를 격리해서는(끊어서는) 안 된다. 안전접지를 끊는 방법은 NEC 규정에 위배되며 매우 위험할 수 있다.

<그림 3-36>에서는 변압기가 공통모드초크처럼 연결되어 두 회로를 격리하고 있다. 이렇게 하면 직류와 차동모드 신호는 통과시키면서 공통모드교류신호를 제거할 수 있다. 이 구조는 기본적으로 변압기를 90° 회전시켜 신호선에 직렬로 연결한 형태이다. 공통모드 잡음전압은 회로의 입력에는 나타나지 않고 변압기(초크)의 권선 양단에 나타난다. 공통모드 초크는 차동모드 신호의 전송에는 영향을 미치지 않으므로 혼선(crosstalk)의 염려 없이 여러 개의 신호선을 같은 코어에 감을 수 있다. 공통모드 초크의 동작은 3.5절과 3.6절에서 해석한다.

<그림 3-37>에 나타낸 광결합(광섬유 또는 광격리기)은 두 접지 사이의 도체경로를 끊어주므로 공통모드잡음을 제거하는 데 매우 효과적인 방법이다. 이 방법은 두 접지 사이에 존재하는 전

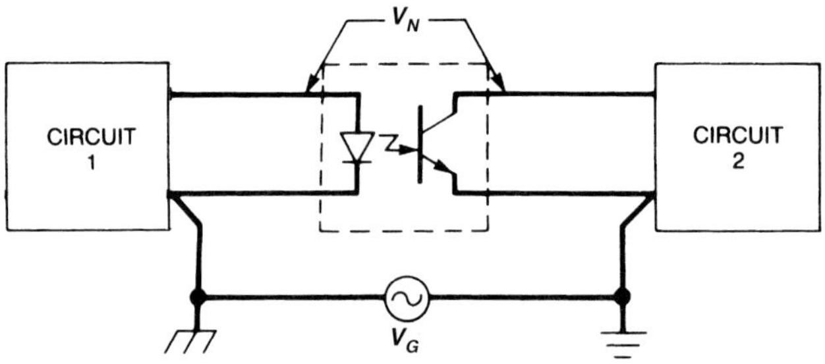

그림 3-37 두 회로사이의 접지 루프를 끊기 위해 사용된 광 결합기.

압차가 클 때 특히 유용한데, 전압차가 수백 V가 되는 경우에도 효과를 발휘한다. 원치 않는 공통모드 잡음 전압은 회로의 입력단자 사이에 나타나지 않고 광결합기 양단에 나타난다.

<그림 3-37>의 광결합기는 특히 디지털 회로에 유용하다. 광결합기가 모든 경우에 만족할 만한 선형성을 제공하지는 못하므로 아날로그 회로에서는 그다지 유용하지 못하다. 그런데 아날로그 회로를 광피드백 기술을 사용해 설계하여 광결합기 고유의 비선형성을 보상한 경우도 있다(Waaben, 1975). 변압기와 광결합기를 내장하고 있는 격리증폭기(isolation amplifier)도 민감한 아날로그 회로에 사용할 수 있다.

<그림 3-38>에 나타낸 것과 같은 평형회로는 공통모드 잡음전압과 차동모드 잡음전압을 구분해낼 수 있기 때문에 회로의 잡음 내성을 증가시킬 수 있다. 이 경우에는 공통모드 전압은 평형회로의 절반에 해당하는 회로 양쪽에 똑같은 양의 전류를 유도하며 평형 수신회로는 두 입력단자 사이의 차이에만 응답한다. 평형성이 좋을수록, 공통모드 제거량이 증가한다. 주파수가 높아지면 평형성을 높이기가 더욱 더 어렵게 된다. 평형(balancing)에 관한 내용은 4장에서 자세히 다룬다.

공통모드 잡음전압의 주파수가 정상적인 신호의 주파수와 다른 때는 주파수 선택성을 갖는 혼성접지를 사용하여 문제가 되는 주파수에서 접지 루프를 막을 수 있다.

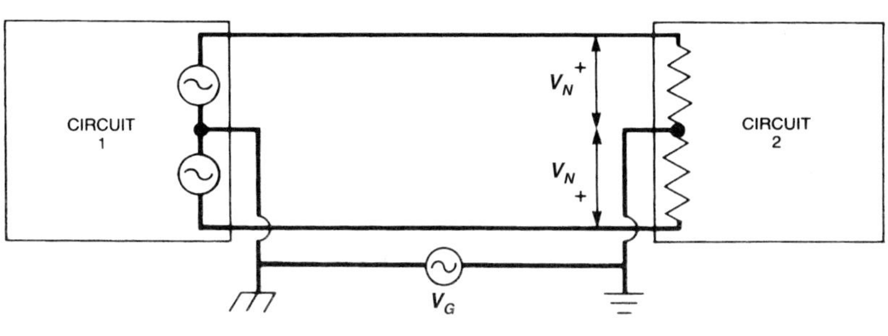

그림 3-38 평형회로는 접지 루프의 영향을 상쇄시키는 데 사용될 수 있다.

3.5 공통모드 초크의 저주파 해석 (LOW-FREQUENCY ANALYSIS OF COMMON-MODE CHOKE)

변압기를 <그림 3-39>와 같이 연결하여 공통모드 초크(축방향 초크(longitudinal choke), 중화 변압기(neutralizing transformer), 발룬(balun)이라고도 한다)로 사용할 수 있다. 이 방법으로 연결된 변압기는 신호 전류에 낮은 임피던스를 제공하며 DC를 전달할 수 있다. 그렇지만 모든 공통모드 잡음전류에 대해 변압기는 높은 임피던스 값을 가진다.

<그림 3-39>에서 두 도선에는 신호전류는 크기는 같지만 반대방향으로 흐른다. 이것은 우리가 원하는 바람직한 전류로 차동회로 전류(differential circuit current) 또는 금속회로 전류(metallic circuit current)라고 한다. 잡음전류는 두 도선을 따라 같은 방향으로 흐르며 공통모드 전류(common-mode current)라고 한다.

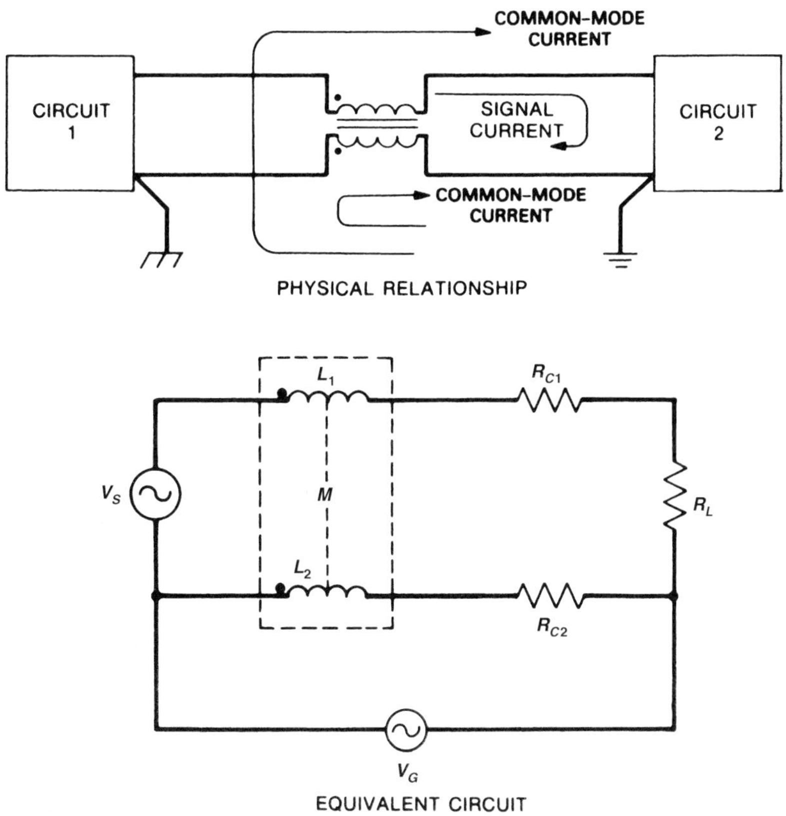

그림 3-39 공통모드 초크를 사용하면 DC나 저주파 신호는 통과시키면서 접지루프를 끊을 수 있다.

<그림 3-39>의 공통모드 초크에 대한 회로의 성능은 <그림 3-39>에 나와 있는 등가회로를 사용하여 해석할 수 있다. 전압원 V_S는 신호전압으로, 각각 R_{C1}과 R_{C2}의 저항성분을 가진 도선을 통해 부하 R_L과 연결되어 있다. 공통모드 초크는 두 개의 인덕터 L_1과 L_2와 상호 인덕터 M으로 표현된다. 두 권선이 동일하고 같은 코어에 서로 강하게 결합되어있는 경우에는 L_1, L_2와 M값은 똑같다. 전압원 V_G는 접지루프에 자기장이 결합되어 발생하거나 접지차동전압에 의해 발생하는 공통모드전압을 나타낸다. 도선 저항 R_{C1}은 R_L과 직렬로 연결되어 있고 크기가 매우 작기 때문에 무시할 수 있다.

첫 번째 단계로 V_G의 영향을 무시하고 신호전압 V_S에 대한 회로의 응답을 구해보자. <그림 3-39>의 회로는 <그림 3-40>처럼 다시 그릴 수 있다. 이 그림은 <그림 2-22>의 회로와 비슷하다. <그림 2-22>에 표시되어 있듯이 주파수가 $\omega = 5R_{C2}/L_2$보다 크면, 전류 I_S는 거의 전부가 접지판 대신 다른 도선을 통하여 신호전압원으로 되돌아온다. 가장 낮은 신호 주파수가 $5R_{C2}/L_2$ rad/s보다 크게 되도록 L_2를 선택하면 $I_G = 0$이 된다. 이 조건 아래서 <그림 3-40>의 위쪽에 있는 루프를 따라 전압의 합을 구해보면 다음 식을 얻을 수 있다:

$$V_s = j\omega(L_1 + L_2)I_s - 2j\omega MI_s + (R_L + R_{C2})I_s \tag{3-10}$$

$L_1 = L_2 = M$인 관계를 이용하여 I_S에 대해 정리하면 다음과 같다.

$$I_s = \frac{V_s}{R_L + R_{C2}} = \frac{V_s}{R_L} \tag{3-11}$$

이때, R_L은 R_{C2}보다 훨씬 크다고 가정하였다. 식 (3-11)은 초크가 없을 경우에 얻을 수 있는 식과 같다. 그러므로 초크의 인덕턴스가 신호 주파수 ω를 $5R_{C2}/L_2$보다 커지게 하는 값이기만 하면 신호 전달에는 아무런 영향을 미치지 않는다.

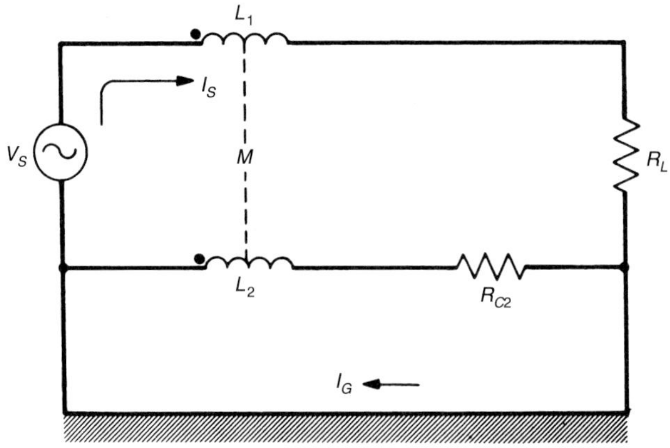

그림 3-40 신호전압 V_s에 대한 응답을 해석하기 위한 <그림 3-19>의 등가회로.

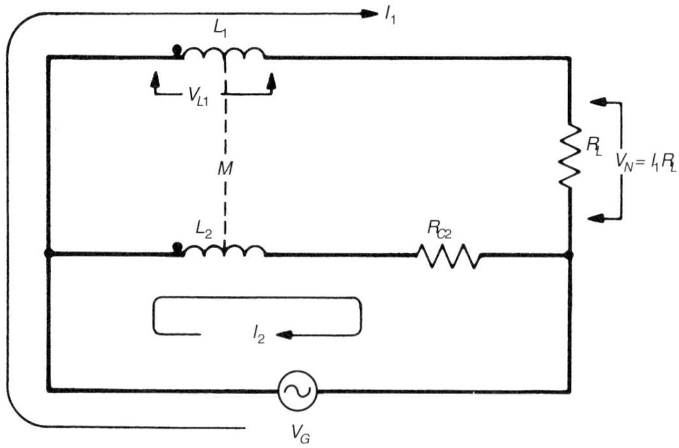

그림 3-41 공통모드 전압 V_G에 대한 응답을 해석하기 위한 <그림 3-39>의 등가회로.

<그림 3-39>의 회로에서 공통모드 전압 V_G에 대한 회로의 응답은 <그림 3-41>의 등가 회로를 사용하여 구할 수 있다. 초크가 없으면 전체 잡음 전압 V_G는 부하 R_L의 양단에 걸릴 것이다.

초크가 존재할 때 부하 R_L 양단에 걸리는 잡음전압은 그림에서 나타낸 것과 같이 두 루프를 따라가며 회로 방정식을 세워 구할 수 있다. 바깥쪽 루프를 따라 전압의 합을 구해보면 다음 식을 얻는다.

$$V_G = j\omega L_1 I_1 + j\omega M I_2 + I_1 R_L \tag{3-12}$$

아래 쪽 루프에서의 전압의 합은 다음과 같다

$$V_G = j\omega L_2 I_2 + j\omega M I_1 + R_{c2} I_2 \tag{3-13}$$

식 (3-13)을 I_2에 대해서 풀면

$$I_2 = \frac{V_G - j\omega M I_1}{j\omega L_2 + R_{C2}} \tag{3-14}$$

$L_1 = L_2 = M = L$인 관계를 이용하고 식 (3-14)를 식 (3-1)에 대입한 다음, I_1에 대해서 풀면

$$I_1 = \frac{V_G R_{C2}}{j\omega L(R_{C2} + R_L) + R_{C2} R_L} \tag{3-15}$$

잡음전압 V_N은 $I_1 R_L$과 같고 R_{C2}는 R_L보다 훨씬 작기 때문에 다음과 같이 쓸 수 있다.

$$V_N = \frac{V_G R_{C2}/L}{j\omega + R_{C2}/L} \tag{3-16}$$

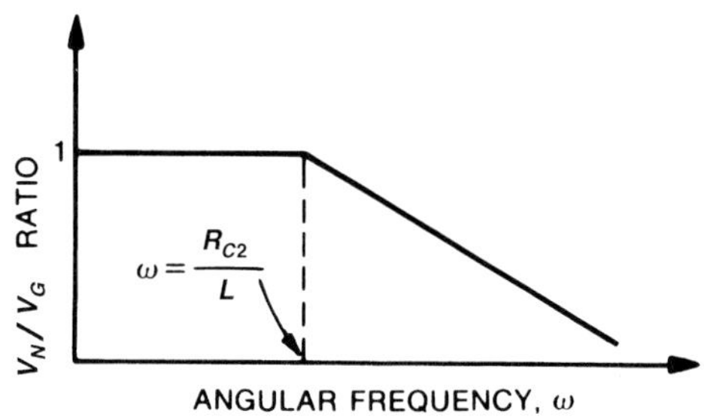

그림 3-42 R_{C2}가 크면 잡음전압은 큰 값을 가진다.

V_N/V_G의 점근선 그래프는 <그림 3-42>와 같다. 이 잡음전압을 최소화하려면 R_{C2}를 가능한 작게 해야 하고 초크의 인덕턴스 L을 다음과 같이 되도록 해야 한다.

$$L \gg \frac{R_{C2}}{\omega} \tag{3-17}$$

여기서 ω는 잡음 주파수이다. 또한 초크의 크기(치수)는 회로에 흐르는 불평형 DC 전류에 의해 초크가 포화되지 않을 정도로 충분히 커야 한다.

<그림 3-39>에 나타낸 공통모드 초크는 쉽게 만들 수 있다; <그림 3-43>에 나타낸 것과 같이 자성코어(magnetic core, 자심) 둘레에 두 회로를 연결하는 도선을 감기만 하면 된다. 30 MHz 이상의 주파수에서는 도선을 한 번만 감은 초크도 효과가 있다. 같은 회로가 아닌 다른 회로에 연결된 신호도선을 동일한 코어에 함께 감아도 신호회로에 간섭(누화)을 일으키지 않는다. 이 방법을 사용하면 한 개의 초크로 여러 회로에 대해 공통모드 초크를 연결한 효과를 거둘 수 있다.

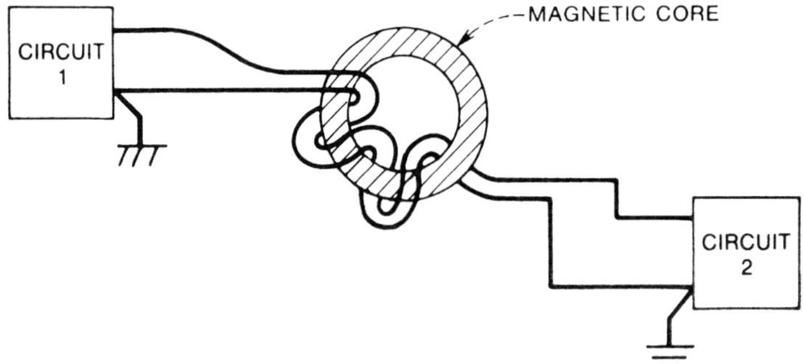

그림 3-43 회로에서 공통모드 초크를 쉽게 설치하는 방법은 도넛 모양의 자성코어 주위에 두 회로를 연결하는 도선을 감는 것이다. 동축 케이블도 도선처럼 감아서 사용하면 된다.

3.6 공통모드 초크의 고주파 해석 (HIGH-FREQUENCY ANALYSIS OF COMMON-MODE CHOKE)

지금까지의 공통모드 초크에 대한 해석은 저주파 해석이어서 기생 커패시턴스의 영향을 무시하였다. 초크를 고주파(>10 MHz)에서 사용하는 경우에는 권선 사이에 존재하는 부유 커패시턴스를 반드시 고려해야 한다. <그림 3-44>는 공통모드 초크(L_1과 L_2)가 중간에 달려있는 두 개의 도선으로 된 전송선로의 등가회로를 보여준다. R_{C1}과 R_{C2}는 초크권선의 저항성분과 케이블의 저항성분의 합을 나타내며, C_S는 초크의 권선사이에 존재하는 부유 커패시턴스이다. Z_L은 케이블의 공통모드 임피던스이며 V_{CM}은 케이블의 공통모드 전압이다. 여기서 Z_L은 차동모드 임피던스가 아니라 안테나로 동작하는 케이블의 임피던스인데, 35~350 Ω 사이의 값을 갖는 것이 보통이다.

초크의 삽입손실(IL)은 초크가 없을 때의 공통모드 전류와 초크가 있을 때의 공통모드 전류의 비로 정의할 수 있다. $R_{C1} = R_{C2} = R$과 $L_1 = L_2 = L$인 경우에 초크의 삽입손실(IL)은 다음과 같이 쓸 수 있다.

$$IL = Z_L\sqrt{\frac{[2R(1-\omega^2LC_s)]^2 + R^4(\omega C_s)^2}{[R^2 + 2R(Z_L - \omega^2 LC_s Z_L)]^2 + [2R\omega L + \omega C_s R^2 Z_L]^2}} \tag{3-18}$$

<그림 3-45>와 <3-46>은 식 (3-18)에서 $R_{C1} = R_{C2} = 5\ \Omega$이고 $Z_L = 200\ \Omega$인 경우의 그래프이다. <그림 3-45>는 10 μH 초크에 대해, 초크의 병렬 커패시턴스 값에 따른 삽입손실의 변화를 보여주고 있다. <그림 3-46>은 5 pF의 병렬 커패시터를 갖는 초크에 대해 초크의 인덕턴스 값에 따른 삽입손실의 변화를 나타낸다. 이 두 그래프를 통해 알 수 있듯이 70 MHz 이상의 주파수

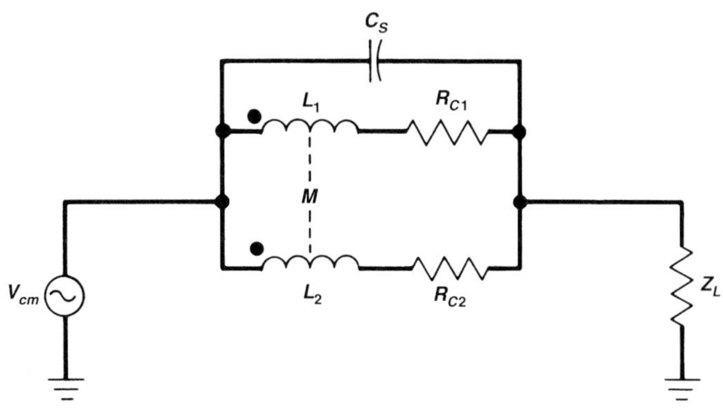

그림 3-44 기생 병렬 커패시턴스 C_S를 가진 공통모드 초크의 등가회로.

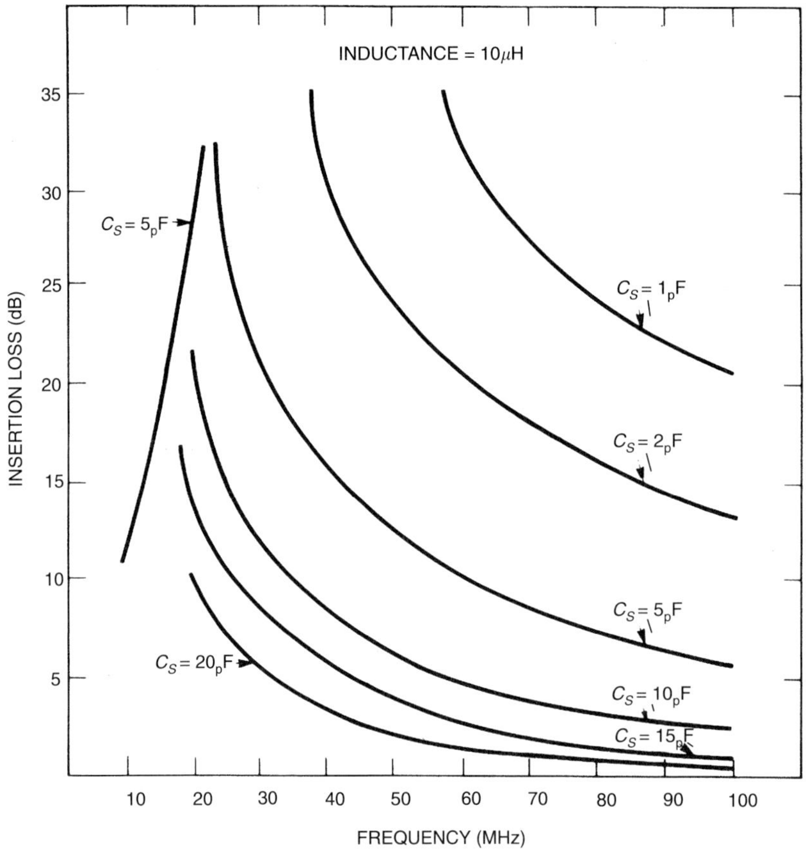

그림 3-45 병렬 커패시턴스 값에 따른 10 μH 초크의 삽입손실의 변화.

에서의 삽입손실은 초크의 인덕턴스에 따라 크게 달라지지 않는다; 그렇지만 병렬 커패시턴스에 의해서는 삽입손실이 크게 변한다. **그러므로 초크의 성능을 결정하는 가장 중요한 변수는 인덕턴스가 아닌 병렬 커패시턴스이다.** 실제로 공통모드 초크로서 사용되는 대부분의 초크는 자체 공진 주파수보다 높은 주파수대역에서 이용된다. 기생 커패시턴스로 인해 고주파에서 얻을 수 있는 최대 삽입손실이 제한된다. 이 방법으로 주파수 30 MHz 이상에서 삽입손실을 6~12 dB 이상 얻기가 힘들다.

이 주파수 대역에서 초크는 공통모드 잡음 전류에 대해서는 개방회로로 생각할 수 있다. 그러므로 케이블에 전체 공통모드 전류는 초크의 인덕턴스가 아닌 기생 커패시턴스에 의해 결정된다.

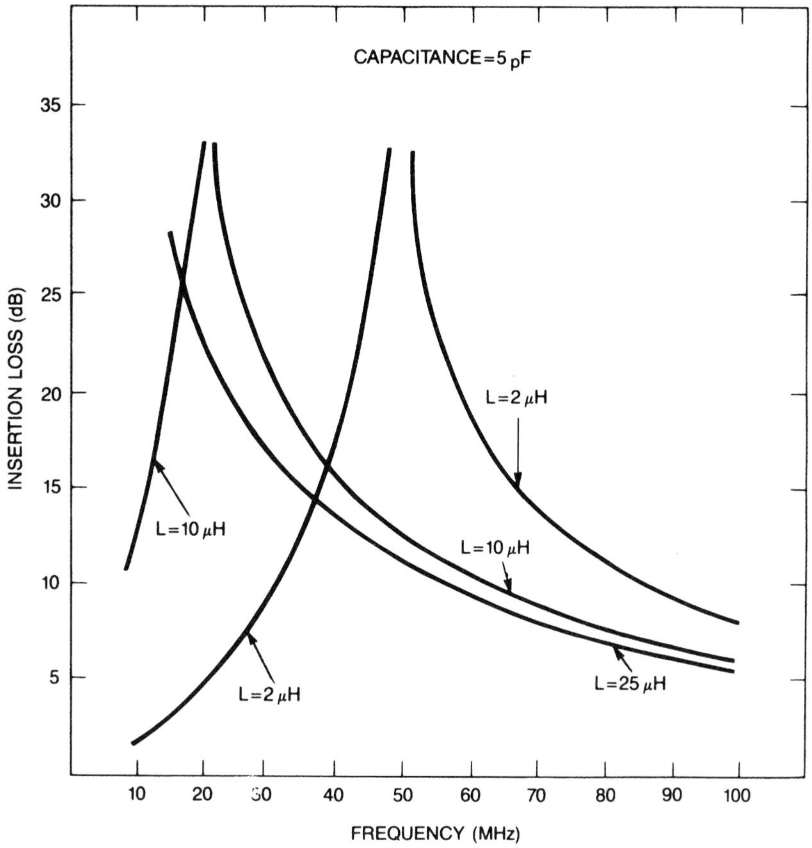

그림 3-46 초크의 병렬 커패시턴스가 5 pF일 때, 초크의 인덕턴스 값에 따른 삽입손실의 변화

3.7 회로에서 단일 접지 기준 (SINGLE GROUND REFERENCE FOR A CIRCUIT)

다이폴 또는 모노폴 안테나를 만들고 싶다면 두 금속체 사이에 RF 전위가 존재하도록 하면 된다. 이에 대한 자세한 설명은 부록 D를 참조하라. 두 금속체 사이의 커패시턴스는 RF 전류의 경로를 제공 할 것이다. 안테나는 에너지를 잘 방사하며 아울러 에너지를 잘 수신한다. 사실 어떤 특정 주파수에서는 다이폴 안테나의 효율이 98%를 넘을 수도 있다. 그런데 (금속체 하나) 각각의 전위가 얼마인가는 문제가 되지 않는다. 정말 문제가 되는 것은 그들(두 금속체) 사이에 존재하는 전위차이다. 방사를 막는 방법은 두 금속체를 서로 연결하여 두 금속체의 전위를 갈아지게 하는 것이다. 이렇게 하면 두 금속체 사이에 전압이 없어서 전류가 흐르지 않으므로 방사가 일어나지 않는다.

많은 시스템에는 여러 개의 접지판이 들어있다. 예를 들어 <그림 17-2>에 있는 것처럼 별도의 아날로그 접지판과 디지털 접지판이 있고 이들이 한 점(보통 전원 공급기의 접지)에 연결되어 있다. 어떤 시스템에서 별도의 접지판(기준판)을 여러 개로 하는 것은 그 시스템 속에 효율적인 안테나를 확실히 설계해 넣는 방법이다. 거의 모든 경우에, 시스템의 기준판을 한 개로 하는 것이 기능측면과 *EMC* 측면 모두에서 더 좋은 성능을 갖게 한다.

Terrell과 Keenan는 그들이 쓴 "Digital Design for Interference Specification" 책에서 다음과 같은 말로 이 점을 아주 잘 표현하였다. "너희는 내 앞에 오직 하나의 접지만을 가질지어다(Thou shalt have but one ground before thee)."

요약 SUMMARY

- 접지도체를 포함하여 모든 도체는 저항과 인덕턴스로 이루어진 유한한 값의 임피던스를 가진다.
- 접지도체의 길이가 파장의 1/20보다 길면 낮은 임피던스가 아니다.
- 접지는 안전접지와 신호접지의 두 종류로 나뉜다.
- AC 전력접지는 신호접지로서 실용성이 거의 없다.
- 대지는 임피던스가 아주 낮지 않을 뿐더러 잡음 전력 전류로 오염되어 있다. 따라서 결코 등전위가 아니다.
- 안전성이 요구될 때만 대지접지에 연결을 한다.
- 전자파 적합성(EMC) 문제를 대지접지로 해결하려고 하면 안된다.
- 일점접지는 일반적으로 100 kHz 미만의 저주파에서만 사용해야 한다.
- 다점접지는 일반적으로 100 kHz 이상의 고주파와 디지털 회로에서 사용해야 한다.
- 좋은 접지시스템을 설계하는 목적은 두 개 이상의 접지 전류가 공통접지 임피던스를 통해 흐를 때 발생되는 잡음전압을 최소화하기 위해서이다.
- 가장 넓은 주파수 범위에서 서로 떨어져 있는 장비들 사이에 낮은 임피던스의 접지연결을 하는 가장 좋은 방법은 접지판이나 접지 격자를 사용하여 연결하는 것이다.
- 접지 잡음전압을 최소화하는 방법
  - 저주파에서는 접지의 구성방식을 제어(전류경로 제어)
  - 고주파에서는 접지 임피던스를 제어
- 접지 루프를 제어하는 방법
  - 루프가 생기지 않도록 한다.
  - 루프를 용인하는 경우에는 영향을 최소화한다.
  - 루프를 끊는다
- 접지 루프를 끊는 데 가장 많이 사용되는 방법

- 격리 변압기
- 공통모드 초크
- 광 결합기

연습문제 PROBLEMS

3.1 정상적으로 동작하는 동안에는 전류가 흐르지 않는 접지는 어떤 종류의 접지인가?

3.2 적절한 AC 전력 접지는 전력분배 시스템에서 차동모드와 공통모드 잡음을 억제하는 데 매우 유용하다. 참인가, 거짓인가?

3.3 가장 넓은 주파수 범위에 대해 효율적인 낮은 임피던스 접지를 설계하는 최선의 방법은?

3.4 접지 잡음전압을 최소화하기 위해 식 (3-2)의 어떤 항을 조절해야 하는가?

a. 저주파 회로의 경우?

b. 고주파 회로의 경우?

3.5 a. 대지접지의 전형적인 임피던스는 얼마인가?

b. 보조 접지 전극을 사용하지 않는 경우에 NEC에서 허용하는 대지접지 임피던스의 최댓값은 얼마인가?

3.6 <그림 3-15>에서 점 B의 전위는 얼마인가?

3.7 고주파에서 전자장비 인클로저에 여러 개의 접지접합 스트랩을 사용하는 까닭은 무엇인가?

3.8 길이가 20 cm, 폭이 5 cm, 두께가 0.1 cm인 접지스트랩의 인덕턴스는 얼마인가?

3.9 대형 장비 랙이 접지판 위에 놓여 있다. 하지만 랙에 페인트가 칠해져 있어서 접지판과는 절연되어 있는 상태이다. 랙과 접지판 사이에는 1000 pF의 커패시턴스가 존재한다. 랙의 네 모서리는 모서리마다 한 개씩 모두 4개의 접지스트랩으로 접지판에 연결되어 있다. 각 스트랩은 120 nH의 인덕턴스 성분을 가진다. 랙과 접지판 사이의 임피던스가 최대가 되는 주파수는 얼마인가?

3.10 분산 시스템에서 반드시 다루어야 할 가장 중요한 문제는 무엇인가?

3.11 분산 시스템과 원격장비를 가진 중앙 시스템사이의 가장 큰 차이점은 무엇인가?

3.12 문제가 되는 접지 루프를 처리하는 세 가지 기본적인 방법은 무엇인가?

3.13 접지 루프를 끊는 데 사용할 수 있는 세 개의 부품은 무엇인가?

3.14 어떤 사람이 가정용 스테레오 시스템에 '웅' 하는 소리가 나는 문제를 가지고 있다. AC전력 접지선(녹색선)을 앰프에서 분리했더니 이 문제가 없어졌다. 이 방법이 허용되는 해결책이 아닌 까닭은 무엇인가?

3.15 공통모드 초크가 저 레벨 신호원과 900 Ω 부하를 연결하는 전송선로에 직렬로 놓여 있다. 전송선로를 구성하는 도체는 각각 1 Ω의 저항을 가진다. 공통모드 초크에 감긴 두 권선은

각각 0.044 H의 인덕턴스와 4 Ω의 저항을 가진다.

a. 초크가 신호전송에 주는 영향을 무시할 수 있는 주파수는 얼마 이상인가?

b. 초크는 주파수 60, 180, 그리고 300 Hz에서 접지 차동모드 잡음전압에 얼마나 많은 감쇠(dB)를 발생시키는가? 60 Hz, 180 Hz, 300 Hz에서 접지차동모드 전압은 초크에 의해 얼마나 많이 감쇠되는가? dB단위로 구하라.

참고문헌 REFERENCES

Denny, H. W. *Grounding For the Control of EMI.* Gainsville, VA, Don White Consultants, 1983.

IEEE Std. 1100-2005, *IEEE Recommended Practice for Powering and Grounding Electronic Equipment* (*The Emerald Book*).

Lewis, W. H. *Handbook of Electromagnetic Compatibility*, (Chapter 8, Grounding and Bonding), Perez, R. ed., New York, Academic Press, 1995.

NEC 2008, *NFPA 70*: *National Electric Code*. National Fire Protection Association(NFPA), Quincy, MA, 2008. (This code is revised every three years.)

Ott, H. W. "Ground—A Path for Current Flow." *1997 IEEE International Symposium on EMC*. San Diego, CA, October 9-11, 1979.

International Association of Electrical Inspectors. *SOARES Book on Grounding and Bonding*, 10th ed., Appendix A (The History and Mystery of Grounding, 2008). Available at http://www.iaei.org/products/pdfs/historyground.pdf. Accessed September 22, 2008.

Terrell, D. L. and Keenan, R. K. *Digital Design for Interference Specifications*, 2nd ed., Pinellas Park, FL, The Keenan Corporation, 1983.

Waaben, S. "High-Performance Optocoupler Circuits," *International Solid State Circuits Conference*, Phiadelphia, PA, February 1975.

심층자료 FURTHER READING

Brown, H. "Don't Leave System Grounding to Chance." *EDN/EEE*, January 15, 1972.

Cushman, R. H. "Designers Guide to Optical Couplers." *EDN*, Julay 20, 1973.

DeDad, J. "The Pros and Cons of IG Wiring." *EC&M*, November 2007.

Integrating Electronic Equipment and Power Into Rack Enclosures, Middle Atlantic Products, 2008.

Morrison, R. *Grounding and Shielding*, 5th ed., New York, Wiley, 2007.

Morrision, R. and Lewis, W. H. *Grounding and Shielding in Facilities*, New York, Wiley, 1990.

The Truth—Power Distribution & Grounding in Residential AV Installations. Parts 1 to 3, Middle Atlantic Products, 2008. Available at http://exactpower.com. Accessed February 2009.

Electromagnetic Compatibility Engineering

Chapter 4

평형회로와 필터

Balancing and Filtering

4.1 평형회로(BALANCING)

평형회로(balanced circuit)는 두 개의 도선으로 이루어진 회로이다. 이 회로에서는 신호도체들과 여기에 연결된 모든 회로들은 정해진 기준(보통 접지)과 다른 모든 도체를 기준으로 0이 아닌 "동일한" 임피던스를 갖는다; 회로를 평형화(balancing)하는 목적은 두 도체에 유도되는 잡음을 똑같게 하기 위한 것이다. 이 경우에 유도된 잡음은 공통모드이므로 부하에서 상쇄시킬 수 있다. 접지를 기준으로 한 두 신호도체의 임피던스가 서로 같지 않으면, 그 시스템은 평형이 아니다. 따라서 접지된 귀환도체(return conductor)를 가진 회로는 불평형회로이다. 불평형회로를 싱글엔드형 회로(single-ended circuit)라고 부르기도 한다.

회로의 평형화는 많은 경우에 비용대비효과가 높은 잡음 저감기술임에도 고려하지 않고 넘어가는 것이 보통이다. 잡음의 크기를 차폐방법으로 줄일 수 있는 것보다 더욱 낮추어야 하는 경우에는 평형화기술을 차폐방법과 함께 사용할 수 있다. 응용분야에 따라서는 회로의 평형화를 가장 중요한 잡음 저감 기술로서 차폐 대신 사용할 수 있다.

평형회로가 공통모드 잡음을 효과적으로 감소시키기 위해서는 회로의 종단이 반드시 평형이 되어야 할 뿐만 아니라 상호연결선(케이블)도 반드시 평형을 이루고 있어야 한다. 종단을 평형으로 만드는 데 이용할 수 있는 방법으로 변압기, 또는 차동증폭기를 사용하는 것이 있다.

잡음을 감소시키는 데 평형 시스템이 얼마나 효과적인가를 보여주는 훌륭한 예로 전화 시스템을 들 수 있다. 전화 시스템에서 신호 레벨은 일반적으로 수백 밀리볼트이다. 차폐되지 않은 꼰도선쌍(twisted pair, 연선)으로 구성된 전화 케이블은 보통 수 마일에 걸쳐 고전압(4~14 kV) 교류 전력선들과 나란하게 배선되어 있지만 전화 시스템에서 50/60-Hz의 윙윙거리는 잡음(험, hum)은 거의 들리지 않는다. 이것은 전화 시스템이 신호원과 부하 모두 평형을 이루고 있는 평형시스템(balanced system)이기 때문이다. 간혹 험(hum) 잡음이 들릴 때는 전화선로에 무언가가 들어가(예를 들어, 케이블 속에 물이 들어가) 불평형상태를 만들었기 때문이다. 이 문제는 다시 평형상태가 회복되면 사라진다.

<그림 4.1>의 회로를 살펴보자. R_{s1}이 R_{s2}와 같으면 신호원이 평형을 이루고 R_{L1}과 R_{L2}가 같으면 부하가 평형상태이다. 이런 상황에서 회로는 평형이 된다. 그 까닭은 두 신호선이 접지에 대해 동일한 임피던스를 갖기 때문이다. 회로를 평형으로 하기 위해 V_{S1}과 V_{S2}을 같게 할 필요는 없다는 것을 알아야 한다. 두 신호원 중 하나 혹은 둘 다 "0"이 될 수도 있으며, 이 경우에도, 이 회로는 여전히 평형이 된다.

<그림 4-1>에서 두 개의 공통모드 잡음전압 V_{N1}과 V_{N2}은 도선에 직렬로 연결되어 있다. 잡음전압은 잡음전류 I_{N1}과 I_{N2}를 발생시킨다. 신호원 V_{S1}과 V_{S2}는 신호전류 I_S를 발생시킨다. 그러면 부하에 나타나는 총 전압 V_L은 다음과 같게 된다.

$$V_L = I_{N1}R_{L1} - I_{N2}R_{L2} + I_s(R_{L1} + R_{L2}) \tag{4-1}$$

첫 번째 항과 두번째 항은 잡음전압을 나타내고 세 번째 항은 원하는 신호전압을 나타낸다. I_{N1}이 I_{N2}와 같고 R_{L1}이 R_{L2}와 같다면, 부하에 걸리는 잡음전압은 0이 된다. 그러면 식 (4-1)은 다음과 같이 간단하게 된다.

$$V_L = I_s(R_{L1} + R_{L2}) \tag{4-2}$$

이 식에서 알 수 있듯이 오직 신호전류 I_S에 의한 전압만이 부하에 나타난다.

<그림 4-1>은 설명을 간단히 하기 위해 도선을 종단하는 부하를 저항으로 나타냈지만, 실제 부

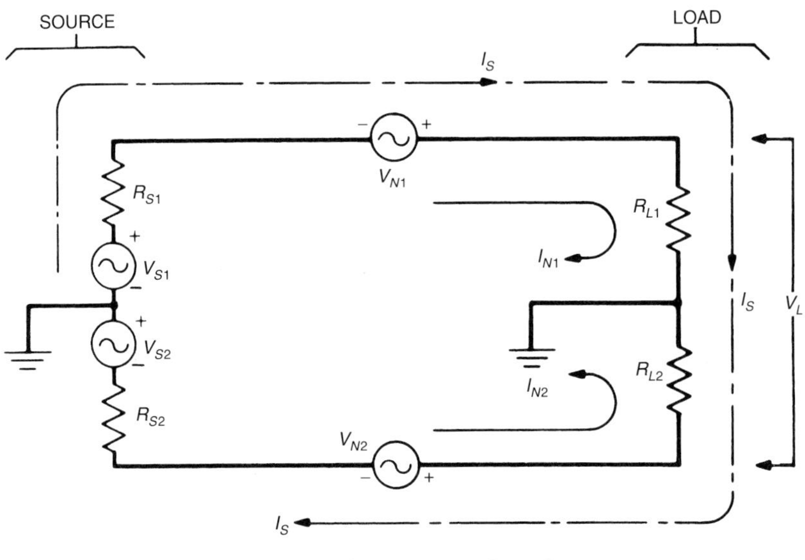

그림 4–1 회로의 평형 조건: $R_{s1} = R_{s2}$, $R_{L1} = R_{L2}$, $V_{N1} = V_{N2}$, $I_{N1} = I_{N2}$.

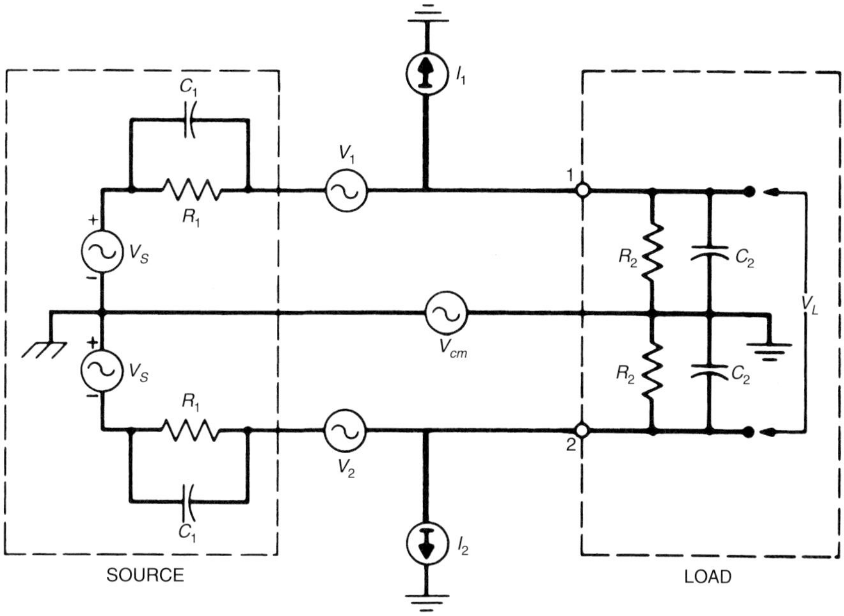

그림 4-2 평형회로에 발생한 유도성 잡음전압, 용량성 잡음전압, 신호원과 부하 사이의 접지전위

하는 저항성분과 리액턴스성분을 모두 가지고 있으므로 저항 성분과 리액턴스 성분 모두의 평형화가 중요하다. <그림 4-2>는 저항과 용량성 종단 모두를 보여준다는 점에서 더 일반적이다.

<그림 4-2>의 평형회로에서 V_1과 V_2는 자기장에 의해 결합된 유도성 잡음전압을 나타내고 전류원으로 표시된 I_1과 I_2는 회로에 전기장에 의해 결합된 용량성 잡음신호를 나타낸다. 신호원과 부하 사이의 접지전위차는 V_{cm}으로 표시되어 있다. 두 개의 신호선 1과 2가 서로 가까이 배치하거나, 이보다 더 좋은 방법으로 함께 꼬아놓으면 두 개의 유도성 결합 잡음전압 V_1과 V_2이 같아져서 부하에서 상쇄된다.

용량성 결합으로 인해 부하 단자 1과 2 사이에 발생된 잡음전압을 <그림 4-3>을 이용하여 구해보기로 하자. 커패시터 C_{31}과 C_{32}는 잡음 발생원(이 경우 도선 3)으로부터의 용량성 결합을 나타낸다. 임피던스 R_{C1}과 R_{C2}는 각각 도선 1과 2에서 접지까지의 전체 저항을 나타낸다[1].

도선 3의 전압 V_3에 의해 도선 1로 유도된 용량성 결합 잡음전압 V_{N1}은 (식 (2-2)) 다음과 같다.

$$V_{N1} = j\omega R_{c1} C_{31} V_3 \tag{4-3}$$

V_3로 인해 도선 2로 유도된 잡음전압은 다음과 같다.

1) R_{C1}과 R_{C2}는 둘 다 R_1과 R_2의 병렬 합성저항값과 같다(그림 4-2 참조).

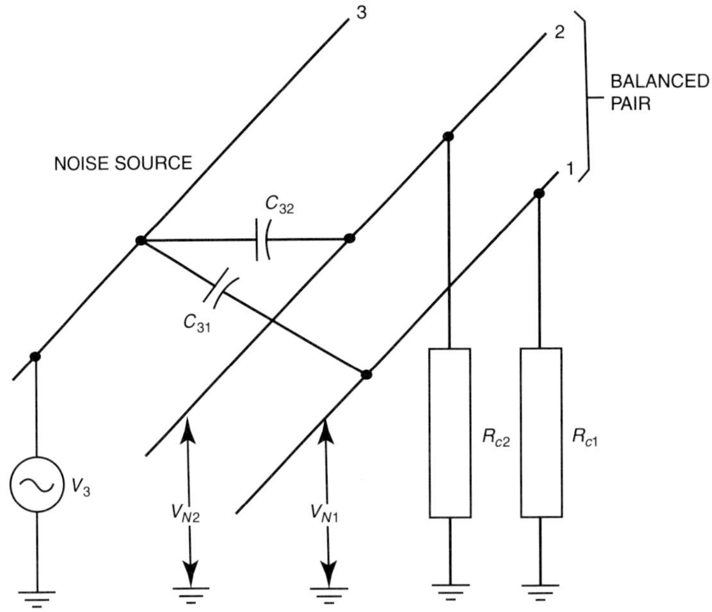

그림 4-3 평형선로에 유도되는 용량성 잡음.

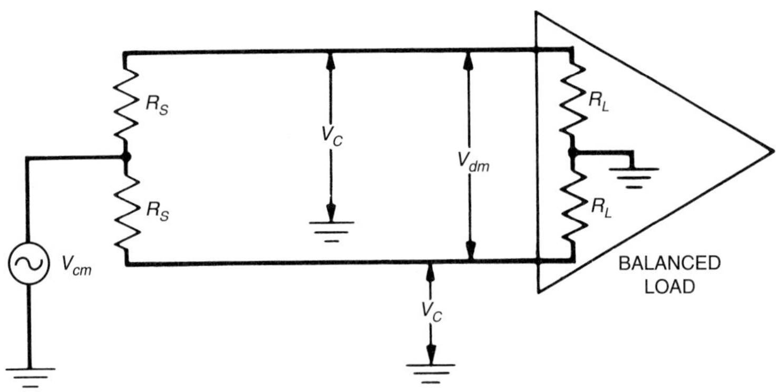

그림 4-4 공통모드 제거비(CMRR)의 정의.

$$V_{N2} = j\omega R_{c2} C_{32} V_3 \tag{4-4}$$

회로가 평형을 이룬 상태라면, 저항 R_{c1}과 R_{c2}는 같다. 도선 1과 2가 서로 근접해 있거나, 이보다 더 좋게는 함께 꼬여 있다면 커패시턴스 C_{31}과 C_{32}는 거의 같은 값을 갖게 된다. 이러한 상황에서는 V_{N1}과 V_{N2}는 거의 같은 값을 가지므로 용량성으로 결합된 잡음전압은 부하에서 상쇄된다. 종단(부하)이 평형을 이루면, 꼰 도선쌍 케이블은 원치 않는 용량성 결합을 막을 수 있다. 종단이 평형이든 아니든 관계없이, 꼰 도선쌍 케이블은 자기장에 의한 잡음 결합을 방지할 수 있기 때문에 (2.12절 참고) 꼰 도선쌍을 사용하는 평형회로는 도선쌍 주위가 차폐되어 있지 않더라도 전기장과 자기장에 의해 결합되는 잡음을 막을 수 있다. 그러나 완벽한 평형을 이루는 것은 매우 어렵기 때문에 차폐도 해주는 것이 바람직하다 경우에 따라서는 잡음을 더 줄이기 위한 추가대책이 필요할 수도 있다.

<그림 4-2>에서 알아둘 것은 신호원과 부하 사이의 접지전위차 V_{cm}은 부하에 위치한 단자 1과 2에 동일한 전압을 발생시킨다. 이 두 전압은 상쇄되므로 부하에는 V_{cm}으로 인해 새롭게 발생하는 전압은 없다.

4.1.1 공통모드 제거비(Common Mode Rejection Ratio)

공통모드 제거비(CMRR)는 평형회로의 평형화 정도를 수치로 나타내는 데 사용되는 기준으로 이를 통해 평형회로가 공통모드 잡음전압을 얼마나 효과적으로 제거하는지 알 수 있다.

<그림 4-4>을 보면 공통모드 전압 V_{cm}이 평형회로에 가해지고 있다. 만약 평형이 완벽하다면 증폭기의 입력에는 어떠한 차동전압 V_{dm}도 나타나지 않을 것이다. 그러나 이 시스템에 약간의 불평형이 있으면 공통모드전압 V_{cm}에 의해 증폭기의 입력단자에는 작은 크기의 차동모드 잡음전압 V_{dm}이 나타날 것이다. CMRR을 dB로 나타내면 식 (4-5)와 같다.

$$\mathrm{CMRR} = 20\log\left(\frac{V_{cm}}{V_{dm}}\right)\ \mathrm{dB} \tag{4-5}$$

평형성이 좋을수록 높은 CMRR 값을 가지게 되고, 공통모드 잡음을 더욱 크게 줄일 수 있다. 회로를 잘 설계하면 보통 40~80 dB의 CMRR을 기대할 수 있다. 이보다 더 좋은 CMRR값도 가능하지만 그러려면 각각의 회로를 세밀하게 조정해 주어야 하고 특별한 케이블을 사용해야 한다.

신호원 저항 R_S가 부하저항 R_L보다 작다면(이것이 일반적인 경우임), 증폭기 입력단에서 각 도선과 접지 사이의 전압 V_C는 거의 V_{cm}과 같아지므로, 식 (4-5)에서 V_{cm} 대신 V_C를 사용할 수 있다. 따라서 CMRR은 다음 식으로 표현된다.

$$\mathrm{CMRR} = 20\log\left(\frac{V_C}{V_{dm}}\right) \tag{4-6}$$

신호원과 부하가 물리적으로 상당한 거리만큼 떨어져 있으면 (즉, 전화 시스템), 식 (4-6)이 더 좋은데, 그 이유는 V_C와 V_{dm}는 모두 회로의 끝 지점에서 함께 측정할 수 있기 때문이다.

이상적인 평형 시스템에서는 어떠한 공통모드 잡음도 회로에 유도되지 않을 것이다. 그러나 실제로는 작은 불평형이 존재하므로 실현할 수 있는 잡음억제 정도에는 한계가 있다; 여기에는 신호원 불평형, 부하 불평형 그리고 케이블 불평형뿐만 아니라 부유 임피던스 등 기생성 임피던스도 포함된다. 저항의 평형과 리액턴스의 평형을 모두 고려해야 한다. 리액턴스 평형은 주파수가 높아질수록 더 중요해진다.

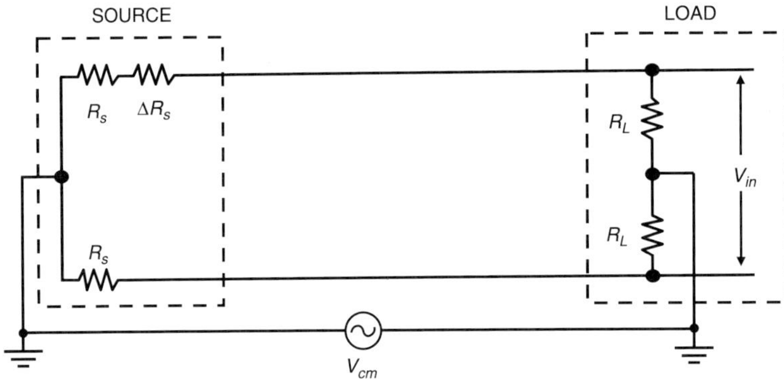

그림 4-5 불평형 신호원저항이 평형회로의 CMRR에 미치는 영향.

실제 응용에서는 많은 경우에 부하는 평형상태이지만 신호원은 그렇지 않다. 불평형 신호원 저항 ΔR_S에 의해 발생하는 CMRR을 <그림 4-5>를 이용하여 구해보면 식 (4.7)과 같다.

$$\mathrm{CMRR} = 20\log\left[\frac{(R_L + R_s + \Delta R_s)(R_L + R_s)}{R_L \Delta R_s}\right] \tag{4-7}$$

R_L이 $R_s + \Delta R_s$보다 훨씬 큰 경우에는(보통 이 조건이 만족됨) 식 (4-7)은 다음과 같이 된다.

$$\mathrm{CMRR} = 20\log\left[\frac{R_L}{\Delta R_s}\right] \tag{4-8}$$

불평형 신호원(한쪽 끝이 접지된 신호원)을 평형부하에 연결하여 사용하는 경우에는 ΔR_s는 총 신호원저항 R_S와 같아질 것이다.

이 경우, 예를 들어 R_L이 10 kΩ이고 ΔR_s가 10 Ω이면 CMRR은 60 dB가 될 것이다.

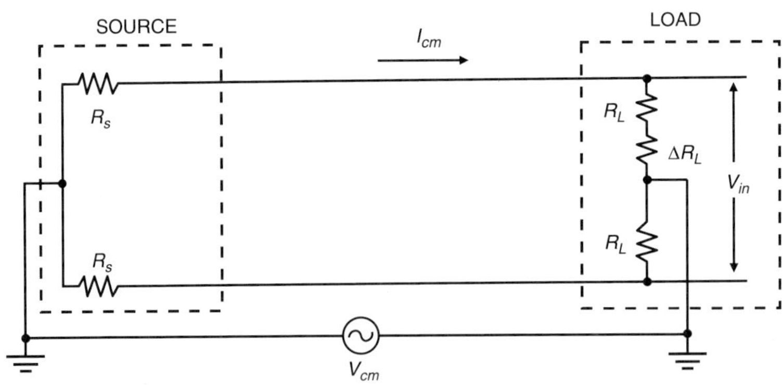

그림 4-6 불평형 부하저항이 평형회로의 CMRR에 미치는 영향.

<그림 4-5>에서 살펴본, 신호원의 불평형이 회로의 잡음성능에 미친 악영향은 다음과 같은 방법으로 감소시킬 수 있다.

- 공통모드 전압을 줄인다
- 신호원 불평형 ΔR_s 를 줄인다
- 공통모드 부하 임피던스 R_L 를 크게한다

<그림 4-6>에서, 불평형 부하저항에 의해 발생한 CMRR을 구해보면

$$\text{CMRR} = 20\log\left[\frac{(R_L + R_s + \Delta R_L)(R_L + R_s)}{R_s \Delta R_L}\right] \tag{4-9}$$

이 되는데, R_L이 R_S보다 매우 큰 경우에

$$\text{CMRR} = 20\log\left[\left(\frac{R_L}{R_s}\right)\left(\frac{R_L + \Delta R_L}{\Delta R_L}\right)\right] \tag{4-10}$$

로 간단해진다. 여기서 ΔR_L은 부하저항에서의 불평형을 나타낸다.

예를 들어 R_S가 100 Ω이고 R_L이 10 kΩ이며 ΔR_L이 100 Ω이면 CMRR값은 80 dB가 될 것이다. 식 (4-10)에서 우리는 CMRR이 R_L/R_S의 비율에 대한 함수라는 것을 알 수 있다; ΔR_L값에 관계없이 이 비율이 커질수록 더 많은 잡음제거가 이루어질 것이다. 따라서 부하 임피던스는 높고 신호원 임피던스가 낮으면 가장 큰 CMRR을 얻을 수 있다. 신호원 임피던스는 0이고 부하 임피던스는 무한대일 때가 가장 이상적인 경우이다.

식 (4-8)과 (4-10)으로부터, 신호원과 부하가 모두 불평형인 경우에는 부하저항값이 커야 CMRR을 크게 할 수 있다는 결론을 내릴 수 있다. 이 결론이 옳은 까닭은 극단적으로 부하저항이 무한대인 경우 어떠한 전류도 흐르지 않으므로 불평형 신호원 저항 양단이나 부하저항 양단에는 전압강하가 생기지 않고, 따라서 회로에는 아무런 잡음전압도 결합되지 않기 때문이다.

만약 <그림 4-6>의 부하저항이 실제로 x%의 허용오차를 갖는 저항이라면 최악의 경우에 어느 한 부하저항은 x% 만큼 저항값이 클 수 있고 다른 저항은 x% 만큼 작을 수 있다. p가 저항의 허용오차라면(p는 퍼센트가 아닌 수치로 환산한 값), $\Delta R_L = 2pR_L$, 다시 말해 $\Delta R_L/R_L = 2p$이다. 그러므로 $R_L >> \Delta R_L$인 경우에 식 (4-10)에서 $\Delta R_L/(R_L + \Delta R_L)$항은 저항의 허용오차의 두 배가 된다. 따라서 식 (4-10)은 다음과 같이 다시 쓸 수 있다.

$$\text{CMRR} = 20\log\left(\frac{1}{2p}\right)\left(\frac{R_L}{R_s}\right) \tag{4-11}$$

여기서 p는 저항의 허용오차이다(백분율이 아닌 수치로 나타낸 값). 예를 들어 R_S가 500 Ω이고 R_L이 각각 10 kΩ에 허용오차가 1%인 저항일 때 최악의 경우 CMRR은 60 dB까지 떨어질 수 있다.

4.1.2 케이블 평형(Cable Balance)

상호 연결용 케이블의 경우, 두 도선 사이에 저항성분의 평형과 리액턴스 성분의 평형이 모두 유지되어야 한다. 그러므로 두 도선의 저항성분과 리액턴스 성분은 반드시 서로 같아야 한다. 많은 경우에 회로 불평형이 케이블 불평형보다 더 크다. 그러나 100 dB이상의 공통모드 제거가 요구되는 경우나 매우 긴 케이블이 사용되는 경우에는 케이블의 불완전함을 반드시 고려해야만 한다.

대부분의 케이블에서 저항성분의 불평형은 아주 작으므로 보통 무시할 수 있다. 용량 성분의 불균형은 보통 3~5% 정도이다. 저주파에서 이 정도의 불균형은 보통 무시할 수 있는데, 그 까닭은 용량성 리액턴스가 회로에서 다른 임피던스보다 훨씬 크기 때문이다. 그러나 고주파에서는 용량 성분의 불균형을 고려해줄 필요가 있다.

편조차폐케이블(braid shield cable)의 경우에는 종단처리를 제대로 하면 유도성분의 불평형은 거의 존재하지 않는다. 그러나 차폐 도체가 접지와 360도 전체에 대해 접촉되지 않은 경우처럼 차폐도체가 제대로 종단되지 않으면 문제가 발생할 수 있다.

드레인 도선(drain wire)을 가진 포일차폐케이블(foil shield cable)의 경우에는 드레인 도선에 흐르는 전류로 인해 편조차폐케이블보다 유도성분 불균형이 상당히 크다. 드레인 도선은 보통 두 신호도체 중 어느 한 신호도선에 더 근접해 있다. 따라서 드레인 도선은 먼 신호도선보다는 가까운 신호도선에 더 강하게 결합된다. 드레인 도선의 저항성분은 알루미늄 포일차폐도체의 저항성분보다 한 자릿수 이상 작기 때문에 낮은 주파수에서 거의 모든 차폐전류는 차폐도체 대신 드레인 도선에 흐른다. 이 때문에 신호도선에 결합되는 유도성 결합에 상당한 불평형이 발생한다.

주파수가 대략 10 MHz 이상인 경우에는 표피효과로 인해 차폐전류가 포일에 흐르므로 유도성 불평형은 상당히 감소한다. 그러나 만약 포일차폐케이블이 드레인 도선으로 종단되면 유도성 불평형은 케이블 끝 부근에 다시 나타날 것이다. 그 까닭은 차폐 도체 전류가 더 이상 포일차폐도체의 단면 주위에 균일하게 퍼져 흐르지 않을 것이기 때문이다. 위에서 언급한 두 가지 문제, 즉 드레인 도선에 흐르는 전류로 인한 유도성분의 불평형과 차폐도체의 부적절한 종단처리로 인한 유도성분의 불평형 때문에, 드레인 도선을 가진 포일차폐케이블은 공통모드 잡음을 상당히 많이 억제해주어야 하는 민감한 회로에는 사용할 수 없다.

평형과 차폐의 효과는 개별적이다(즉 상대편의 효과에 영향을 미치지 않는다). 차폐는 신호도선에 포착되는 공통모드 잡음의 양을 줄이는 데 사용할 수 있다. 그리고 평형은 공통모드 잡음 전압 중에서 차동모드전압으로 변환되어 부하에 결합되는 양을 감소시킨다.

어떤 회로가 평형도(CMRR)가 60 dB이고 케이블은 차폐되지 않았다고 가정하자. 그리고 케이블의 각 도선에는 전기장 결합에 의해 300 mV의 공통모드 잡음전압이 발생했다고 가정하자. 회로의 평형도의 효과로 부하에 결합되는 잡음은 300 mV보다 60 dB 낮은 300 μV가 될 것이다. 차폐효율이 40 dB인 접지된 차폐 도체를 두 신호도선 주위에 설치하면 각 신호도체에 결합되는 공통모드 잡음전압은 300 mV보다 40 dB 감소한 3 mV로 줄어들게 될 것이다. 이 잡음전압은 회로의 평형도에 의해 60 dB 감소하므로 부하로 결합되는 잡음전압은 3 μV가 될 것이다. 따라서 차폐의 효과로 40 dB만큼 잡음전압이 감소하고, 평형의 효과로 60 dB만큼 잡음전압이 감소하여 총 100 dB의 잡음감소 효과를 얻는다.

회로의 평형은 주파수에 따라 달라진다. 보통, 주파수가 높아질수록 좋은 평형을 유지하기 힘들다. 그 까닭은 고주파에서는 부유커패시턴스가 회로의 평형에 더 큰 영향을 끼치기 때문이다.

4.1.3 시스템 평형(System Balance)

시스템을 구성하는 부품의 CMRR을 안다고 해서 시스템 전체의 CMRR 값을 예측할 수 있는 것은 아니다. 시스템을 구성하는 부품 중에 2개가 서로 보완작용을 하여 합성 CMRR이 개별부품의 CMRR보다 커질 수 있다. 그렇지만 경우에 따라서는 합성 CMRR이 개별부품의 CMRR보다 작아질 수도 있다.

좋은 시스템 평형을 확실하게 이루기 위한 한 가지 방법으로, 필요한 시스템의 CMRR보다 큰 CMRR값을 갖는 부품들을 사용하여 설계하는 것이다. 그러나 이 방법을 사용하면 가장 경제적인 시스템을 만들지 못할 수도 있다. 여러 부품들을 사용하여 시스템을 만들 때 시스템 전체의 CMRR을 추정하는 한 가지 방법은 부품들의 CMRR 중에서 가장 나쁜 CMRR값을 시스템의 CMRR값과 같다고 가정하는 것이다. 이 방법은 특히 가장 나쁜 부품의 CMRR이 다른 부품들의 CMRR보다 6dB 이상 낮을 때 유용하다.

꼰 도선쌍(연선) 케이블은 구조적으로 평형성을 가지고 있기 때문에, 연선 케이블이나 차폐 연선 쌍으로 이루어진 케이블은 평형 시스템에서 상호 연결용 케이블로 흔히 사용된다. 그렇지만 동축 케이블은 본디 구조적으로 불평형이 될 수밖에 없다. 동축 케이블을 평형 시스템에서 사용하는 경우, <그림 4-7>과 같은 방식으로 두 개의 케이블을 이용할 수 있다. 이 방법을 적용한 예가 18장에 설명되어 있는 평형 차동전압 프로브로, 그 구조는 <그림 18-8>에 표시되어 있다.

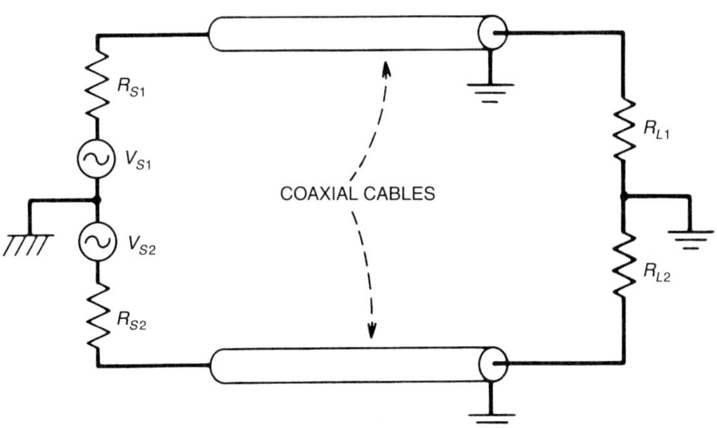

그림 4-7 평형회로에 동축케이블을 사용하는 방법

4.1.4 평형부하(Balanced Loads)

4.1.4.1 차동증폭기(Differential Amplifiers) 차동증폭기는 평형 시스템에서 부하로 흔히 사용된다. <그림 4-8>에 기본적인 차동증폭기의 구조를 나타내었다. 이 증폭기는 삼각형블록으로 표시된 연산증폭기(op－amp)와, 회로의 성능을 결정하는 피드백 회로와 저항들이 연결된 주변회로들로 구성되어 있다. 연산증폭기는 싱글엔드출력(single－ended output, 불평형 출력)을 가지며 차동입력을 갖는다. 이상적인 연산증폭기의 특성은 다음과 같다.

- 무한대에 가까운 전압이득 A
- ＋와 － 입력단자 사이에 무한대의 입력 저항 R_{in}
- 0인 출력저항 R_o
- 무한대의 CMRR

이러한 이상적인 특성을 가진 연산증폭기는 실제로 구현할 수는 없지만 이상적인 특성에 가깝게는 만들 수 있다. 일반적인 연산증폭기는 100,000의 직류이득을 가지며, 수 메가 옴의 입력저항, 그리고 수 옴의 출력저항을 가진다. 피드백 저항을 연결하지 않은 경우 연산증폭기만의 CMRR은 일반적으로 70~80 dB 이다. 실제 연산증폭기에 저항이 추가된 경우의 동작을 해석할 때는 연산증폭기의 특성이 이상적이라고 가정하면 해석을 쉽게 할 수 있다. 피드백저항을 비롯한 몇 개의 저항을 연산증폭기에 연결하는 방식으로 불평형(싱글엔드)증폭기, 차동증폭기, 반전증폭기, 비반전증폭기(noninverting amplifier)를 만들 수 있다.

<그림 4-8>에 나타낸 증폭기는 차동입력을 가진 반전증폭기(inverting amplifier)이다. 이 증폭기의 차동모드 전압이득은 다음과 같다.

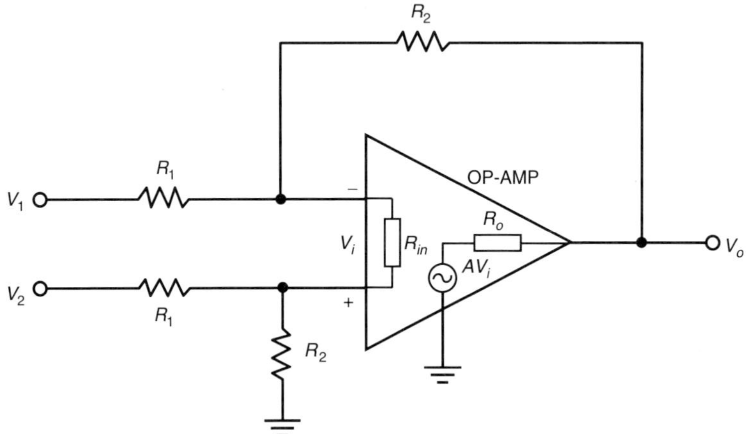

그림 4-8 기본적인 차동증폭기 회로.

$$A_{dm} = -\frac{R_2}{R_1} \tag{4-12}$$

− 입력단자와 출력단자를 서로 연결하는 귀환회로는 +와 −입력단자 사이의 전압을 낮은 값(이상적으로는 0 V)이 되게 만든다. 이처럼 증폭기의 +와 − 단자 사이의 전압은 매우 작기 때문에 (이상적으로 0 V) V_1과 V_2 사이의 차동모드 입력 임피던스는 다음과 같다.

$$R_{in(dm)} = 2R_1 \tag{4-13}$$

이상적으로 증폭기의 입력임피던스가 무한대이므로 증폭기의 입력으로는 어떠한 전류도 흘러들어가지 않는다. 입력전류는 귀환저항을 통해 증폭기의 출력으로 흐르고, 증폭기의 +단자에 연결된 R_2와 R_1 저항을 통해 돌아간다.

두 입력단자(V_1과 V_2를 도선으로 서로 연결)와 접지 사이의 공통모드 입력 임피던스는 다음과 같다.

$$R_{in(cm)} = \frac{(R_1 + R_2)}{2} \tag{4-14}$$

<그림 4-6>의 R_L을 <그림 4-8>의 $R_1 + R_2$와 같게 한다면 <그림 4-6>은 차동증폭기가 평형 신호원에 부하로 연결되어 구동되는 회로로 볼 수 있다. 그러면 등가 차동 입력전압 V_{in}(<그림 4-6>)은 V_1과 V_2 사이의 전압(<그림 4-8>)과 같다. 공통모드 전압 V_{cm}(<그림 4-6>)에 의해 발생하는 입력전압 V_{in}은 부하저항의 불평형값 ΔR_L에 공통모드 입력전류 I_{cm}을 곱한 것과 같다. 즉 $V_{in} = I_{cm}\Delta(R_1 + R_2)$이 된다. 전류 I_{cm}은 $V_{cm}/[R_s + \Delta(R_1 + R_2) + (R_1 + R_2)]$와 같게 된다. $R_2 \gg R_1$, $R_2 \gg \Delta(R_1 + R_2)$, 그리고 $R_2 \gg R_S$인 경우에 연산증폭기에 입력되는 등가 차동모드 입력전압은 다음과 같다.

$$V_{in} = \frac{\Delta R_2}{R_2}(V_{cm}) \tag{4-15}$$

공통모드 전압 V_{cm}에 의해 발생되는 증폭기의 출력전압 V_{out}은 입력전압 V_{in}에 증폭기의 차동모드 전압이득 A_{dm} 을 곱한 것이므로 식 (4 − 15)와 식 (4 − 12)를 사용하여 다음과 같이 쓸 수 있다.

$$V_{out} = \frac{\Delta R_2}{R_2}(A_{dm}V_{cm}) \tag{4-16}$$

그러므로 공통모드 전압이득은

$$A_{cm} = \frac{V_{out}}{V_{cm}} = \frac{\Delta R_2}{R_2}(A_{dm}) = \frac{\Delta R_2}{R_1} \tag{4-17a}$$

이 된다.

최악의 경우에 식 (4-17a)의 $\Delta R_2/R_2$ 항은 R_2의 허용오차의 두 배가 된다. 저항의 허용오차가

p(%가 아닌 수치로 나타낸 값)라면 식 (4-17a)는 다음과 같이 쓸 수 있다.

$$A_{cm} = 2pA_{dm} = \frac{2pR_2}{R_1} \tag{4-17b}$$

차동증폭기의 CMRR은 식 (4-5)에서 V_{dm} 대신 V_{in}을 대입하여 다음 식으로 구할 수 있다(<그림 4-4> 참조).

$$\text{CMRR} = 20\log\left(\frac{V_{cm}}{V_{in}}\right) = 20\log\left(\frac{R_2}{\Delta R_2}\right) = 20\log\left(\frac{1}{2p}\right) \tag{4-18}$$

<그림 4-8>의 차동증폭기에서 R_1과 R_2의 허용오차가 0.1%인 경우에 식 (4-18)로 CMRR을 계산해보면 54 dB가 된다.

차동증폭기의 CMRR을 참고문헌(Frederiksen,1988과 Fraeme et. al., 1971)을 비롯한 많은 책에서 다음과 같이 정의하고 있다.

$$\text{CMRR} = 20\log\left(\frac{A_{dm}}{A_{cm}}\right) \tag{4-19}$$

식 (4-17b)를 식 (4-19)에 대입하면 CMRR = 20 log (1/2p)이 되어 식 (4-18)과 같은 결과가 나온다.

평형 신호원과 정합된 저항(저항값에 차이가 없는 저항)들을 사용하면 차동증폭기는 높은 CMRR을 가진다. 그러나 <그림 4-9>와 같이 차동증폭기가 불평형 신호원에 의해 구동되는 경우(보통 이렇게 사용함), CMRR은 신호원의 불평형으로 인해 상당히 낮아진다.

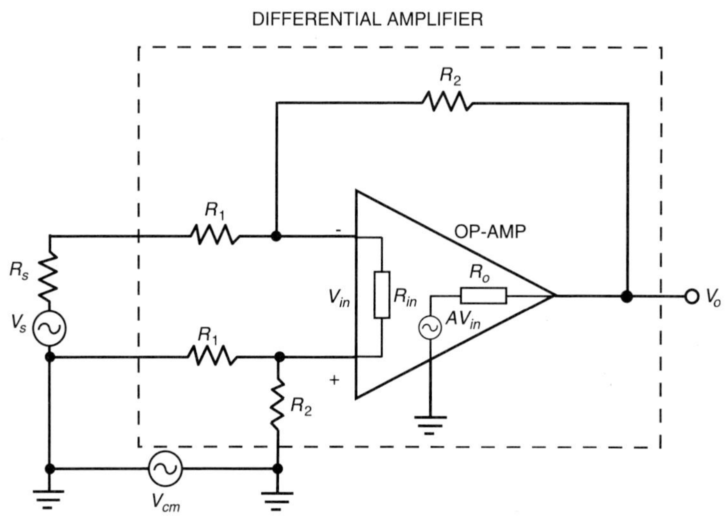

그림 4-9 불평형신호원에 의해 구동되는 차동증폭기.

불평형 신호원에 의해 구동되는 평형회로의 CMRR은 식 (4-8)로 주어진다. 이 식에서 $R_2 >> R_1$인 경우, <그림 4-9>의 차동증폭기 회로의 CMRR은 식 (4-20)과 같이 다시 쓸 수 있다.

$$\text{CMRR} = 20\log\frac{R_2}{R_s} \tag{4-20}$$

<그림 4-9>에서 $R_s = 500\,\Omega$, $R_2 = 100\,\text{k}\Omega$이라면 식 (4-20)으로부터 CMRR = 46 dB가 된다. 식 (4 − 20)으로부터 차동증폭기의 입력 임피던스가 증가하면 CMRR도 그에 따라 증가한다는 것을 확실히 알 수 있다. 신호원 저항 R_s이 감소해도 증폭기의 CMRR이 증가한다.

그러므로 불평형 신호원에 의해 구동되는 차동증폭기의 CMRR을 개선하기 위한 최선의 방법은 증폭기의 공통모드 입력 임피던스를 수 메가 옴 이상으로 증가시키는 것이다. 앞의 예에서 R_2가 100 kΩ 대신 2 MΩ이었다면, CMRR은 26 dB 향상된 72 dB이 되었을 것이다. 그런데 이렇게 큰 값의 저항들은 보통 실용적이지 않으며, 입력에 대해 열잡음의 발생원이 된다. 저항에서 열잡음의 크기는 저항값의 제곱근에 비례한다(8.1절 참조).

4.1.4.2 계측용 증폭기(Instrumentation Amplifier) 차동증폭기의 CMRR을 높이는 또 다른 방법은 높은 임피던스를 가지는 버퍼 증폭기 2개를 일반 차동증폭기의 입력단에 추가하는 것이다. 높은 임피던스를 가지는 비반전 버퍼 증폭기는 일반 연산증폭기의 출력단자를 −입력단자로 피드백하고 +입력단자를 입력으로 하여 만들 수 있다. 이런 식으로 하여 설계한 것이 <그림 4-10>에 나타낸 계측용 증폭기(정밀기기용 증폭기)이다.

이런 구조의 계측용 증폭기는 두 쌍의 저항의 비율을 변화시키는 대신에 단일 저항(kR_f)으로 이득조절을 할 수 있다는 장점을 가지고 있다. 이 경우 계측용 증폭기의 입력 임피던스는 연산증폭기의 입력 임피던스와 같다. 이는 연산증폭기의 +입력단자로 피드백되는 신호가 없기 때문이다. 이러한 구조에서는 1메가 옴 이상의 입력 임피던스 구현이 가능하다.

계측용 증폭기의 입력이 교류전류인 경우에는, 입력 트랜지스터 바이어스전류가 흐르는 경로를 제공할 수 있도록 <그림 4-10>의 버퍼증폭기 입력과 접지 사이에 분기저항(shunt resistor)

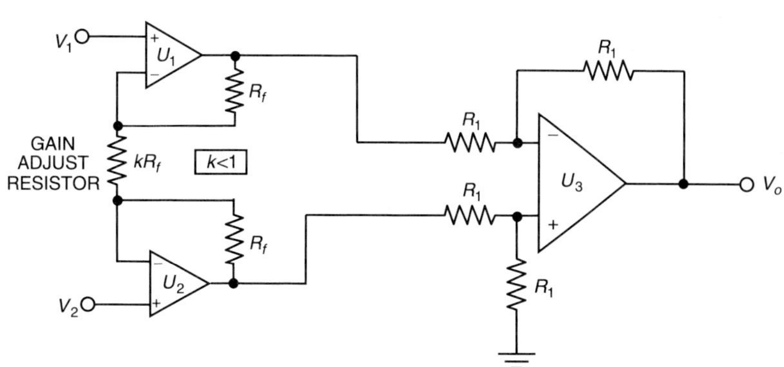

그림 4-10 계측용 증폭기

을 추가로 달아주어야 한다. 그러므로 아주 작은 바이어스 전류로 동작하는 트랜지스터 또는 FET로 이루어진 연산증폭기가 사용되어야 한다. 이 경우에 공통모드 입력 임피던스는 버퍼입력에 연결하는 이들 저항과 연산증폭기의 입력 임피던스의 병렬합성저항이 된다.

계측용 증폭기의 경우 이득은 버퍼증폭기(U_1과 U_2)에서 발생하며, 차동증폭기(U_3)의 이득은 1이 되도록 설정한다. 버퍼증폭기는 공통모드 이득이 1이며 차동 모드이득은 $A_{dm} = 1 + (2/k)$이다. 여기서 k는 1 보다 작은 상수이다.

버퍼는 공통모드 이득이 1이기 때문에 공통모드제거는 모두 차동증폭기 U_3에서 발생한다. <표 4-1>에 계측용 증폭기를 구성하는 두 단의 이득을 간추려 정리하였다.

식 (4-19)로 주어진 계측용 증폭기의 CMRR을 다음과 같이 다시 쓸 수 있다.

$$\text{CMRR} = 20\log\left(\frac{A_{dm}}{A_{cm}}\right) = 20\log\left(\frac{A_{dm}}{2p}\right) = 20\log\left(\frac{1+\frac{2}{k}}{2p}\right) \tag{4-21}$$

식 (4-21)과 식 (4-18)를 비교해 보면, 허용오차가 동일한 저항을 사용하는 경우, 계측용 증폭기가 동등한(이득, 허용오차 동일) 차동증폭기보다 20 log (A_{dm})만큼 더 큰 CMRR을 갖는다는 것을 알 수 있다. 허용오차가 0.1%인 저항을 사용한, 이득이 100인 계측용 증폭기의 CMRR은 94 dB가 된다. 같은 조건(이득 100, 허용오차 0.1%)의 차동증폭기는 54 dB의 CMRR을 갖는다.

차동증폭기에서는 저항의 허용오차에 의한 저항값의 불균형에 의해 증폭기의 입력단에서 공통모드 신호가 차동모드 신호로 변환된다. 이렇게 공통모드에서 차동모드로 변환된 신호는 증폭기의 차동모드 이득만큼 증폭된다. 계측용 증폭기에서는 이와 비슷한 변환이 차동증폭기(그림 4-10의 U_3)의 입력에서 발생한다. 그렇지만 차동증폭기는 차동모드 이득이 1이므로 공통모드에서 차동모드로 변환된 신호를 증폭하지 않는다.

표 4-1 <그림 4-10>의 계측용 증폭기의 차동모드 이득과 공통모드 이득

이득	버퍼 증폭기 (U1 과 U2)	차동 증폭기 (U3)	전체 계측용 증폭기
A_{dm}	$1 + (2/k)$	1	$1 + (2/k)$
A_{cm}	1	$2p$	$2p$

p는 R_1의 허용치를 수치화 한 것

표 4-2 계측용 증폭기의 CMRR (단위: dB)

저항의 허용오차	$A_{dm} = 1$	$A_{dm} = 10$	$A_{dm} = 100$	$A_{dm} = 1000$
1%	34	54	74	94
0.1%	54	74	94	114
0.01%	74	94	114	134

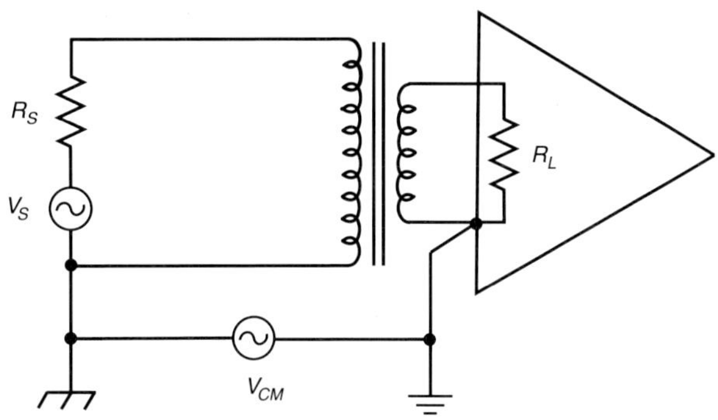

그림 4-11 공통모드 부하임피던스를 증가시키고 신호원과 부하를 격리시키기 위해 사용되는 변압기

따라서 계측용 증폭기에서는 공통모드에서 차동모드로의 변환은 이득이 1인 차동증폭기(U_3)의 입력에서 발생하고 증폭(큰 이득)은 모드변환이 발생하기 전 단계인 버퍼증폭기(U_1과 U_2)에서 생기므로 CMRR이 향상된다

<표 4-2>에 저항의 허용오차와 차동모드 이득에 따른 계측 증폭기의 CMRR의 변화를 수록하였다.

4.1.4.3 변압기 결합 입력(Transformer Coupled Inputs) 높은 공통모드 입력 임피던스를 얻을 수 있는 또 하나의 방법은 변압기를 사용하는 것이다. 변압기는 차동증폭기는 물론 <그림 4-11>과 같이 불평형(싱글엔드) 증폭기에도 사용할 수 있다. 입력단에 변압기를 사용할 경우 저주파 공통모드 입력 임피던스는 변압기의 1차 전선과 2차 전선 사이의 절연저항(매우 큰 값임)에 의해 결정된다. 높은 주파수에서는 변압기의 1차전선과 2차전선 사이의 커패시턴스가 공통모드 입력 임피던스에 영향을 준다. 변압기를 사용하면 부하와 신호원을 전기적으로 격리(isolation)할 수 있다. 그러나 변압기를 사용하면 더 많은 공간을 차지하며 비용이 올라간다. 그래도 좋은 성능을 발휘한다.

4.1.4.4 입력 케이블 차폐종단(Input Cable Shield Termination) 앞에서 설명했듯이 케이블의 차폐도체는 통상적으로 양끝에서 접지와 연결해야 한다. 그러나 계측용 증폭기 같이 높은 공통모드 입력 임피던스를 가지는 증폭회로를 사용할 때는 입력 케이블의 차폐도체는 부하의 접지에는 연결하지 않고 신호원의 접지에만 연결하는 것이 보통이다. 차폐도체를 부하의 접지 또는 증폭기의 접지에 연결하면 케이블의 커패시턴스가 증폭기의 높은 임피던스와 병렬로 연결되므로 증폭기의 입력 임피던스가 감소되고, 결국 시스템의 CMRR이 낮아진다. 그러나 케이블 차폐도체를 신호원 쪽에서 접지와 연결하면 케이블 커패시턴스는 신호원 저항과 병렬로 연결되는데, 신호원 저항은 원래 작으므로 CMRR은 줄어들지 않는다. 그러나 이 방법을 고주파 회로나 디지털 회로가 함께 들어있는 제품에서 사용하면 전자파 방출이 증가하는 것이 일반적이다. 그러므로 CMRR의 향상과 전자파 방출량의 감소 사이에서 절충이 필요하다. 전자파 방출을 최소화 하려면 차폐도체의 양 끝에서 각각 접지와 연결해야 한다.

예제 4.1

높은 임피던스를 갖는 차동증폭기의 입력이 30 pF/ft의 커패시턴스를 갖는 차폐 케이블을 통해 600 Ω의 불평형 신호원과 연결되어 있다. 케이블 길이가 100 ft이면 전체의 케이블 커패시턴스는 3 nF가 된다. 그 케이블의 차폐도체가 증폭기의 끝에 접지되어 있으면 케이블의 커패시턴스와 증폭기의 입력 임피던스가 병렬로 연결되므로 합성입력 임피던스는 케이블의 용량성 리액턴스보다 작아진다. 1 kHz에서 CMRR은 다음 식과 같이 식 (4-8)로 주어지는 값 이하가 된다.

$$\text{CMRR} \leq 20\log\left[\frac{1}{2\pi f C \Delta R_s}\right]$$

그러므로

$$\text{CMRR} \leq 20\log\left[\frac{1}{2\pi(1000)(3\times10^{-9})(600)}\right] = 40\,\text{dB}$$

시스템의 CMRR은 케이블의 커패시턴스 때문에 증폭기의 실제 입력저항값에 관계없이 40 dB 이하로 제한될 것이다. 실제 증폭기의 입력 임피던스가 2 MΩ이고 케이블 차폐도체가 신호원 쪽에서 접지되어 있다면, 케이블의 커패시턴스와 신호원 임피던스는 병렬로 연결되고 CMRR은 70 dB가 되었을 것이다.

4.2 필터(FILTERING)

필터는 보통 신호의 특성을 변화시키거나 경우에 따라서는 신호들을 제거하는 데 사용된다. 필터에는 차동모드필터와 공통모드필터의 두 가지가 있다. 신호선필터(signal line filter), 즉 차동모드 필터는 이해하기 쉽다. 많은 책과 논문들이 차동모드 필터와 공통모드 필터의 설계를 다루고 있다. 그렇지만 공통모드 필터는 대체로 이해하기 어려운 주제로 여겨지고 있다.

4.2.1 공통모드 필터(Common-Mode Filters)

공통모드 필터는 케이블 상에서 원하는 신호인 차동모드 신호는 아무런 방해없이 통과시키면서 잡음을 차단(억제)하는 데 사용된다. 공통모드 필터를 설계하는 것이 차동모드 필터를 설계하는 것보다 더 어려운 까닭은 무엇일까? 여기에는 3가지 기본적인 이유가 있다.

- 일반적으로 신호원 임피던스를 모른다.

- 부하 임피던스를 모른다.
- 필터는 케이블상의 원하는 신호(차동모드 신호)를 왜곡해서는 안 된다.

필터의 효과는 필터의 앞뒤에 연결되는 신호원과 부하의 임피던스에 따라 달라진다. 차동모드 필터의 경우에는 신호원(구동기)의 출력 임피던스와 부하의 입력 임피던스에 대한 정보를 쉽게 알아낼 수 있다. 그러나 공통모드 신호에 대해서는 신호원은 회로에 의해 발생한 잡음(어디에도 적혀있거나 명시되어있지 않음)이고, 부하는 대개 안테나로서 동작하는 어떤 케이블로 그 임피던스는 일반적으로 알지 못하며 주파수, 케이블 길이, 도체지름, 케이블 배선 형태에 따라 변한다.

공통모드 필터의 경우, 신호원 임피던스는 보통 PCB의 접지 임피던스인데, 이 임피던스는 크기가 작고 인덕턴스 성분(유도성)이므로 주파수가 높아짐에 따라 증가한다. 그리고 부하임피던스는 안테나로 동작하는 케이블의 임피던스이다(케이블 공진 주파수 근처를 제외하면 이 임피던스 값은 크다). 신호원과 부하의 임피던스를 정확히 모르더라도 이런 식으로 이들 임피던스의 크기와 주파수 특성에 대해 다룰 수 있다.

공통모드가 차동모드 신호를 왜곡시키지 않으려면, 차동모드 통과 대역은 반드시 다음 주파수를 포함해야 한다.

- 협대역 신호의 경우, 가장 높은 주파수.
- 광대역 디지털 신호의 경우, 신호의 $1/\pi t_r$ 주파수 포함 (여기서 t_r은 상승시간)

차동모드, 즉 신호선 필터(예를 들어 클록선 필터 등)는 되도록 신호원이나 구동기(driver) 가까이에 위치해야 한다. 그러나 공통모드 필터는 반드시 장비의 인클로저(케이스)상에서 케이블이 연결되는 곳(신호가 드나드는 곳)에 위치해야 한다.

<그림 4-12>에 직렬소자와 병렬소자들로 구성된 간단한 2소자 저역통과 공통모드 필터를

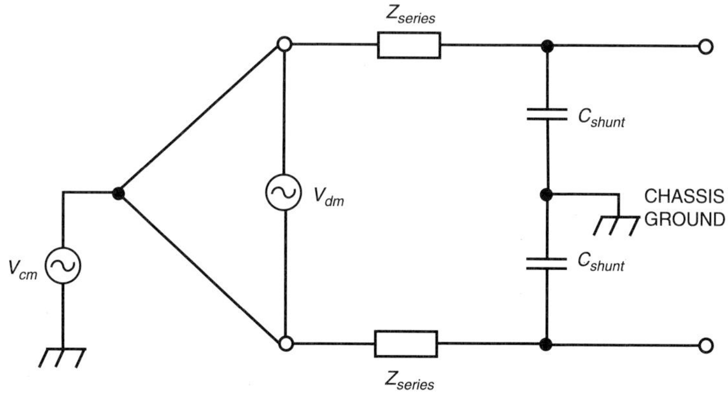

그림 4-12 신호선과 귀환선에 각각 설치한 2소자 공통모드 필터

나타내었다. 이 필터는 신호선에 하나, 신호 귀환선에 하나, 이렇게 두 개가 설치되어 있다. 또한 이 그림에는 필터에 연결된 공통모드(잡음) 전압원과 차동모드(신호) 전압원이 표시되어 있다.

공통모드 전압원에 대해 두 개의 커패시터는 병렬로 연결되어 있으므로 총 커패시턴스는 $2C_{shunt}$이다. 차동모드 전압원에 대해서는 두 개의 커패시터는 직렬로 연결되어 있으므로 총 커패시턴스는 $C_{shunt}/2$이다. 따라서 공통모드 신호원에 대해서는 커패시턴스가 차동모드의 4배가 된다. 이렇게 되면 필터의 병렬 커패시턴스가 차동모드 신호보다 공통모드신호(즉 잡음)에 더 많은 영향을 주므로 바람직한 결과이다.

그런데 공통모드 전압에 대해서는 두 개의 직렬 임피던스가 병렬로 연결된 형태이므로 총 임피던스는 $Z_{series}/2$가 된다. 차동모드 신호에 대해서는 $2Z_{series}$가 된다. 두 개의 직렬 임피던스가 직렬로 연결되어 있으므로 총 임피던스는 $2Z_{series}$가 된다. 그러므로 차동모드 신호의 임피던스는 공통모드 신호의 임피던스의 4배가 된다. 이렇게 되면 위의 경우와는 반대로 필터의 직렬 임피던스가 공통모드 전압보다 차동모드 전압에 더 큰 영향을 주므로 이 결과는 바람직하지 못하다. 따라서 공통모드 필터의 직렬소자들은 보통 공통모드 초크(choke)로 구성한다(3.5절 참조). 이렇게 하면 차동모드 임피던스는 0이 되어 직렬 임피던스는 공통모드 신호에만 영향을 주고 차동모드 신호에는 영향을 주지 않는다.

공통모드 필터들은 다음과 같은 구조와 형태를 갖는 저역통과 필터이다.

- 단일소자 필터
  - 단일 직렬소자
  - 단일 병렬소자
- 다수소자 필터
  - L-필터(1개의 직렬소자와 1개의 병렬소자)
  - T-필터(2개의 직렬소자와 1개의 병렬소자)
  - π-필터(2개의 병렬소자와 1개의 직렬소자)

단일소자 필터의 장점은 필요한 소자가 단 1개라는 점이다. 다수소자 필터의 장점은 단일소자 필터가 성능을 제대로 발휘하지 못하는 곳에서 효과적이라는 것과 원하지 않는 신호에 대해 단일소자 필터에 비해 더 많은 감쇠를 제공한다는 것이다.

필터에서 병렬소자는 거의 항상 커패시터이다. 커패시터의 값은 필터가 효과를 발휘해야 하는 주파수 범위에 따라 달라진다. 직렬소자는 저항이나 인덕터나 페라이트(ferrite)가 될 수 있다. 직류 전압강하가 있어도 괜찮다면 저항을 사용할 수 있다. 직류 전압강하가 허용되지 않는다면 인덕터나 페라이트를 사용해야 한다. 이 두 소자는 모두 0 또는 매우 작은 직류전압 강하만을 일으킨다. 낮은 주파수(<10~30 MHz)에서는 인덕터를 사용해야 하고, 높은 주파수에서는 페라이트를 사용해야 한다. 높은 Q성분을 갖는 인덕터는 4.3.1절에서 설명한 것처럼 공진문제를 일으킬 수도 있다. 경우에 따라서는 인덕터의 Q값을 낮추기 위해서 저항값이 작은 저항을 직렬로 연결하

기도 한다. 공통모드 초크로서 사용되는 페라이트는 차동모드신호에 영향을 주지 않는다는 장점이 있다. 필터의 감쇠는 임피던스의 차이에 의해 발생하는 것이다. 위에서 살펴보았듯이 신호원 임피던스는 대체로 낮고 부하임피던스는 공진이 일어날 때를 제외하면 높은 것이 일반적이다. 따라서 가장 좋은 필터감쇠효과를 얻으려면 임피던스가 높은 L – 필터는 임피던스가 낮은 신호원과 직렬로 연결하고, 임피던스가 낮은 C – 필터는 임피던스가 높은 부하와 병렬로 연결해야 한다.

직렬 임피던스 필터소자가 효과를 발휘하려면 필터의 임피던스가 신호원과 부하의 임피던스의 합보다 반드시 커야한다. 병렬 필터소자가 효과를 발휘하려면 필터의 임피던스는 신호원과 부하의 임피던스의 병렬 합성값보다 반드시 작아야 한다.

그러므로 다음 3가지 경우가 가능하다 (1) 신호원과 부하 임피던스가 모두 낮은 경우, 직렬소자 한 개로 효과를 볼 수 있다. (2) 신호원과 부하 임피던스가 모두 높은 경우, 병렬 커패시터 한 개로 효과를 볼 수 있다. (3) 신호원과 부하중 어느 하나는 임피던스가 낮고 나머지는 높은 경우(어느 쪽이 높든지 상관없다)에는 한 개의 소자로 구성된 필터로는 효과를 볼 수 없으므로 다수소자 필터를 사용해야 한다.

직렬소자는 케이블의 공진주파수 근처(신호원과 부하임피던스가 모두 낮을 때)에서 가장 효과적이며, 병렬 커패시터는 케이블의 공진 주파수보다 높은 주파수(신호원 임피던스는 중간정도 이상이고 부하 임피던스가 높은 곳)에서 효과가 있다. 케이블은 여러 주파수에서 공진을 하는데, 이러한 공진주파수에서는 임피던스가 낮게 떨어지므로 직렬소자가 효과적이다. 케이블이 다이폴 안테나처럼 동작하는 공진주파수에서 케이블은 약 70 Ω 정도의 임피던스를 갖게 되며 모노폴 안테나처럼 동작하는 공진주파수에서는 35 Ω 정도가 될 것이다. 여러 단으로 이루어진 다단 필터의 경우, 단의 개수가 많을수록 감쇠 특성은 종단(부하) 임피던스의 영향을 적게 받는다. 임피던스 차이는 대부분 필터 자체의 소자 사이에서 발생하며 실제 신호원과 부하의 임피던스에는 무관하다.

병렬 커패시터를 접지에 연결할 때는 낮은 임피던스로 접속되도록 해야 한다. 그런데 어떤 접지에 연결해야 할까? PCB 접지에서 발생하는 공통모드 잡음을 억제(제어)하기 위해서는 필터의 커패시터들을 인클로저나 새시접지에 연결해주어야야 한다. 바람직한 방법은 회로접지와 새시 접지를 PCB의 입/출력 영역에서 함께 접속시키는 것으로 이렇게 하면 새시접지와 회로접지의 전위가 연결된 점에서 같아진다.

공통모드 필터는 회로 접지선을 포함하여 장비의 인클로저(케이스)로 들어오고 나가는 모든 도선들에 달아주어야 한다. 병렬 커패시터를 사용할 때는 접지도선을 포함하여 각 도선과 접지도선 사이에 하나씩 달아주어야 한다. 직렬저항 또는 직렬 인덕터의 경우 접지도선을 포함하여 모든 도선에 직렬로 연결되어야 한다. 그렇지만 페라이트 코어를 사용하면 케이블에 들어있는 모든 도선을 하나의 페라이트 코어속을 통해 지나가게 하면 되므로 부품 한 개로 케이블을 모든 도선을 필터링할 수 있다. 이 점은 페라이트의 주된 장점으로 부품 하나로 여러 도체를 처리할 수 있다.

직렬소자 1개와 병렬 커패시터 1개로 L – 필터를 구성하여 사용할 경우, 직렬소자는 회로 쪽

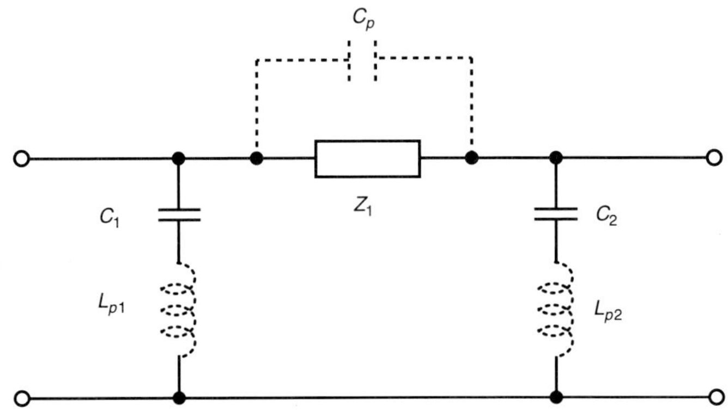

그림 4-13 기생성분을 가진 저역통과 π-필터

에 연결해야 하고(회로 쪽이 임피던스가 낮으므로) 커패시터는 케이블 쪽에 연결해야 한다(케이블 쪽이 임피던스가 높으므로). 이런 방식으로 연결해야 하는 까닭은 회로 접지의 낮은 신호원 임피던스에 대해서는 커패시터가 성능을 제대로 발휘하지 못하기 때문이다. 높은 임피던스를 갖는 직렬소자를 병렬 커패시터를 기준으로 회로 쪽에 위치시키면 직렬소자에 의해 신호원 임피던스가 증가한 효과를 얻게 되므로 커패시터가 제대로 성능을 발휘할 수 있다. 페라이트가 커패시터를 기준으로 케이블 쪽에 위치하는 경우에는 원래부터 큰 케이블 임피던스가 더욱 증가하므로 필터의 성능에 거의 영향을 미치지 않는다.

4.2.2 필터의 기생 성분의 영향(Parasitic Effects in Filters)

<그림 4-13>의 π-형 저역통과 필터를 살펴보자. 이 필터는 하나의 직렬 임피던스와 두 개의 병렬 커패시터로 구성되어 있다. 기생 캐패시턴스 C_p는 직렬 임피던스 Z_1과 병렬로 연결된 형태로 나타나며 기생 인덕턴스 L_{p1}과 L_{p2}는 각각 C_1과 C_2에 각각 직렬로 연결된 형태로 나타난다. 주파수가 증가하다가 어느 주파수 이상이 되면 직렬소자는 용량성이 되어 커패시터처럼 동작하고 두 개의 병렬 소자들은 유도성이 되어 인덕터처럼 동작한다. 이 주파수 이상이 되면 저역통과 필터는 고역통과 필터로 동작한다. 설계자는 이와 같이 저역통과 필터에서 고역통과 필터로 동작이 바뀌는 일이 사용 주파수 범위 내에서 절대로 일어나지 않도록 해야 한다.

저역-고역 변환이 발생하는 주파수는 필터의 레이아웃을 어떻게 하는가에 따라 달라진다. 필터의 레이아웃을 제대로 하지 않은 경우, 이 주파수는 수십 MHz 이하의 범위에서 발생된다. 필터의 레이아웃을 잘한 경우 수백 MHz 이상의 주파수에서 발생된다. 이런 차이가 생기는 것은 모두 필터 레이아웃 때문이다! 어떤 특정 주파수보다 높은 주파수에서 모든 저역통과 필터는 고역통과 필터가 될 것이다. 마찬가지로 모든 고역 통과 필터들은 저역통과 필터가 될 것이다. 이것은 모두 소자들이 갖는 기생성분 때문이다.

높은 주파수에서는 소자의 값보다는 소자의 기생성분이 필터의 특성을 결정하는 경우가 많이 있다.

4.3 전원 디커플링(POWER SUPPLY DECOUPLING)

대부분의 전자 시스템에서 DC 전원분배(공급) 시스템이 널리 사용된다. 그러므로 DC전원공급 시스템을 설계할 때는 시스템과 연결된 회로사이의 잡음결합을 발생시키는 통로(경로)의 역할을 DC전원공급시스템이 하지 않도록 하는 것이 중요하다. 전원공급 시스템의 목적은 부하의 변동에 의해 부하에 흐르는 전류가 달라져도 거의 일정한 DC전압을 모든 부하에 공급하는 것이다. 또한 부하에 의해 발생되는 AC 잡음신호에 의해서, DC전원선에 AC잡음전압이 유도되는 일이 없도록 하는 것이다.

이상적인 전원은 내부 임피던스가 0 Ω인 전압원이다. 그러나 유감스럽게도 실제의 전원은 내부임피던스가 0 Ω이 아니므로 전원에 연결된 회로 사이에서 일어나는 잡음결합의 원인이 된다. 전압원은 유한한 임피던스를 가지고 있으므로 전원을 회로에 연결하기 위해 도선을 사용하면, 전압원의 임피던스에 도선의 저항이 추가된다. <그림 4-14>는 회로도에서 볼 수 있는 전형적인 전원공급 시스템을 보여준다. 배터리, 전원공급기, 컨버터 등의 DC전원은 한 쌍의 도선에 의해 가변부하 R_L과 연결된다. DC전원과 부하 사이에는 퓨즈가 들어있다. 디커플링 커패시터 C도 부하에 병렬로 연결될 수 있다.

자세한 해석을 위해 <그림 4-14>의 단순한 회로를 <그림 4-15>와 같이 상세하게 나타내 보자. <그림 4-15>에서 R_S는 전원의 저항을 나타내는 것으로, 저항값은 전원전압의 안정화(변동) 정도에 따라 달라진다. 저항 R_F는 퓨즈의 저항을 나타낸다. R_T, L_T, C_T는 전원을 부하에 연결하는데 사용되는 전송선로의 분포 저항, 분포 인덕턴스, 분포 커패시턴스를 각각 나타낸다. 전압 V_N은 다른 회로에서 이 회로로 결합되는 잡음을 나타낸다. 디커플링 커패시터 C는 저항성분 R_C, 인덕턴스성분 L_C를 갖는다. 저항 R_L은 부하를 나타낸다.

회로로 결합되는 잡음전압 V_N은 2장과 3장에서 다루었던 기술을 적용하여 최소화할 수 있다. 디커플링 커패시터의 효과는 4.3.1절에서 다룬다. 필터 커패시터와 V_N이 <그림 4-15>에서 제거

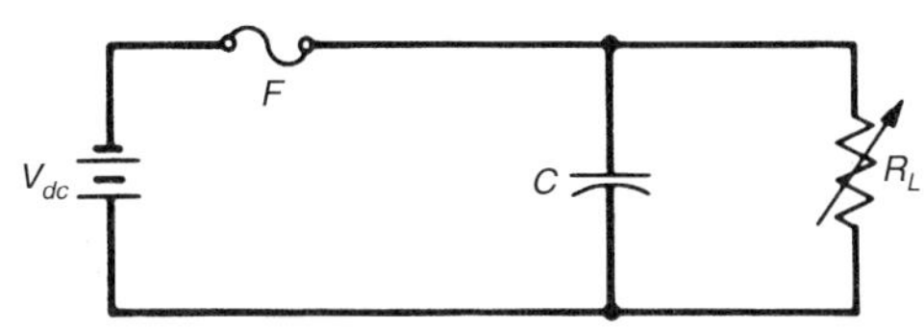

그림 4-14 DC전원공급 시스템의 회로도

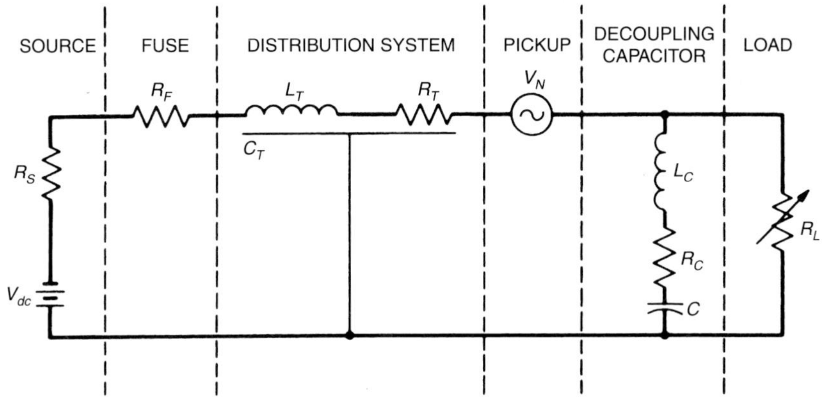

그림 4-15 기생성분을 함께 표시한 DC전원공급 시스템의 실제회로

되면 <그림 4-16>의 회로가 남는다. 이 회로를 사용하여 전력공급 시스템의 성능을 구해보기로 하자. <그림 4-16>의 해석을 두 부분으로 나누면 문제가 좀 더 간단해진다. 첫 번째 부분에서는 시스템의 정적(static) 특성, 즉 DC 특성을 구한다. 두 번째 부분에서는 시스템의 과도특성, 즉 잡음 성능을 구한다.

DC 전압강하는 최대 부하전류와 저항 R_S, R_F, R_T에 의해 결정된다. 전원저항 R_S는 전원 전압의 안정화(조정) 성능을 향상시키면 작아진다. 전력 공급용 선로의 저항 R_T는 선로(도체)의 단면적 A와 길이 l, 그리고 선로 물질(재질)의 저항률(ρ)의 함수로 다음과 같이 나타낼 수 있다.

$$R_T = \rho \frac{l}{A} \tag{4-22}$$

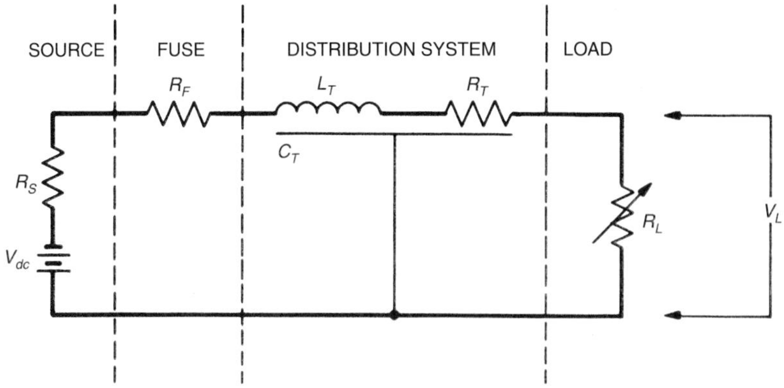

그림 4-16 <그림 4-15>에서 디커플링 커패시터와 유도된 잡음전압을 제거하고 남은 회로

저항률 ρ는 구리의 경우 1.724×10^{-8} Ω-m이다. 최소 DC 부하전압은 다음과 같다.

$$V_{L(\min)} = V_{dc(\min)} - I_{L(\max)}(R_s + R_F + R_T)_{\max} \tag{4-23}$$

부하의 상태가 갑자기 달라져서 부하에 흐르는 전류가 순간적으로 변하면 전력공급 회로상에는 과도 잡음전압(transient noise voltage)이 발생한다. 순간적인 전류변화에 의해 발생하는 전압 변화의 크기는 이 전송선로의 특성 임피던스(Z_0)에 의해 결정된다. 전송선로의 특성 임피던스는 다음 식으로 주어진다.

$$Z_0 = \sqrt{\frac{L_T}{C_T}} \tag{4-24}$$

따라서 부하에 걸리는 순간적인 전압 변화 ΔV_L은 다음과 같다

$$\Delta V_L = \Delta I_L Z_0 \tag{4-25}$$

전류가 순간적으로 변한다는 가정은 디지털 회로에서는 실제 일어나는 일이지만 아날로그 회로에서는 반드시 그렇지는 않다. 그러나 아날로그 회로의 경우에도 DC전력공급용 전송선로의 특성 임피던스를 다양한 전력공급 시스템의 잡음성능을 비교하는 지수로서 사용할 수 있다. 최상의 잡음성능을 얻으려면 1 Ω 이하의 되도록 낮은 특성 임피던스를 갖는 전송선로를 사용하는 것이 바람직하다. 이렇게 되려면 식 (4-24)로부터 전송선로는 높은 커패시턴스와 낮은 인덕턴스를 가져야 한다는 것을 알 수 있다.

인덕턴스를 낮추려면 둥근 원형 도선 대신 직사각형의 단면을 갖는 선로(도체)를 사용하고, 전원 공급선로와 귀환 선로를 되도록 가깝게 위치시키면 된다. 이 두 가지 방법을 사용하면서 두 선로(도체) 사이를 높은 유전율을 가진 물질로 절연시키면 선로의 커패시턴스를 높일 수 있다. <그림 4-17>에 다양한 전송선로 구조의 특성 임피던스를 나타내었다. 그림에 수록된 식은 표시된 치수조건(부등호)이 만족되지 않는 경우에도 사용할 수 있다. 그러나 이러한 조건에서 이들 수식을 사용하여 계산하면 Z_0값은 실제 값보다 높게 나온다. 그 까닭은 이 식들은 선로의 가장자리 효과를 무시하여 얻은 것들이기 때문이다. 다양한 물질의 상대 유전율(ε_r) 값이 <표 4-3>에 수록되어 있다. 두 개의 납작한 도체를 위, 아래로 나란히 배치하는데, 도체의 폭은 되도록 넓게 하고 두 도체의 간격은 되도록 가깝게 하면 전력공급용 전송선로로서는 가장 좋다.

아주 낮은 특성 임피던스를 가지는 전력공급 시스템을 구현하는 것이 얼마나 어려운지 다음 몇 가지 예를 통해 확인해보자. 먼저 단면이 원형인 두 개의 도선으로 구성된 평행선로를 살펴보자. 두 도선은 테플론(Teflon) 유전체를 사이에 두고 도선 지름의 1.5배만큼 서로 떨어져 있다고 하자. 특성 임피던스는 다음과 같다.

$$Z_0 = \frac{120}{\sqrt{2.1}} \cosh^{-1}(1.5) = 80\ \Omega$$

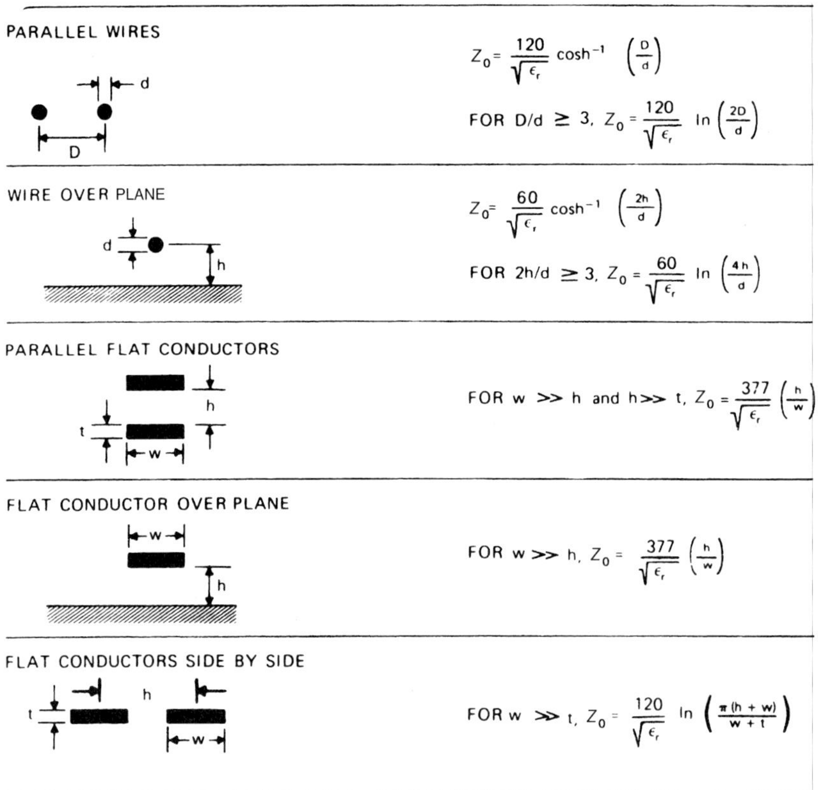

그림 4–17 다양한 전송선로 구조의 특성 임피던스.

유전체가 테플론 대신 공기이면 임피던스는 115 Ω이 될 것이다. 실제로는 두 도선 사이에 테플론과 공기가 모두 있어서 전자기장의 일부는 테프론 영역에, 나머지는 공기 중에 분포하므로 임피던스 값은 테플론만 있을 때의 임피던스 값과 공기만 있을 때의 임피던스 값 사이가 될 것이다. 이 경우에 임피던스는 100 Ω 정도가 타당한 값이다.

두 번째 예로 에폭시-유리(FR4) PCB의 표면에 나란히 위치해 있는 두께 0.0027인치, 폭 0.02인치인 두 개의 얇고 납작한 도체(트레이스)를 살펴보자. 두 도체가 0.04 인치만큼 떨어져 있다면 특성 임피던스는 다음과 같다.

$$Z_0 = \frac{120}{\sqrt{4.5}} \ln\left(\frac{\pi(0.06)}{0.0227}\right) = 120\ \Omega$$

기판의 유전체가 공기라면 임피던스는 254 Ω일 것이다. 실제 임피던스는 120 Ω과 254 Ω 사이의 값이 되는데, 이는 전자기장의 일부는 공기영역에, 나머지는 에폭시 유리 기판 내부에 분포하기 때문이다. 이 경우에 특성 임피던스는 187 Ω이 타당한 값이다.

표 4-3 다양한 물질의 상대 유전율.

물질의 종류	ε_r
Air	1.0
Styrofoam	1.03
Polyethylene foam	1.6
Cellular polyethylene	1.8
Teflon®[a]	2.1
Polyethylene	2.3
Polystyrene	2.5
Nylon	3.0
Silicon rubber	3.1
Polyester	3.2
Polyvinylchloride	3.5
Epoxy resin	3.6
Delrin™	3.7
Getek®[b]	3.9
Epoxy glass	4.5
Mylar®[a]	5.0
Polyurethane	7.0
Glass	7.5
Ceramic	9.0

[a] DuPont사의 등록상표
[b] General Electric사의 등록상표

지금까지 살펴본 두 예는 모두 흔히 사용되는 전송선로 구조이며, 두 경우 모두 낮은 특성 임피던스를 가지지 않았다. 이번에는 0.005인치의 두께의 마일라(mylar)를 유전체 기판을 사용하여 기판의 위쪽과 아래쪽에 얇고 납작한 도체를 각각 배치한 구조를 살펴보자. 도체의 폭이 0.25인치이면 특성 임피던스는 다음과 같이 된다.

$$Z_0 = \frac{377}{\sqrt{5}}\left(\frac{0.005}{0.25}\right) = 3.4\ \Omega$$

유전체가 공기인 경우에 임피던스는 7.6 Ω이 될 것이다. 실제 임피던스는 두 값 사이에 있을 것이다. 이 경우에 임피던스는 5.5 Ω 타당한 값이다. 이 구조는 앞의 두 예제에서 살펴본 구조보다 낮은 특성임피던스를 가지지만, 여전히 만족스러울 만큼 낮지는 않다.

지금까지 살펴본 세 가지 예제에서 1 Ω 이하의 특성 임피던스를 가진 전원공급 시스템을 설계하는 것이 얼마나 어려운지 알 수 있다. 이러한 사실로부터 원하는 만큼 낮은 임피던스를 설계하려면 부하위치에서 전원버스(두 전원도체) 사이에 디커플링 커패시터를 반드시 달아주어야 한다는 것을 알 수 있다. 이렇게 하는 것이 좋은 방법이긴 하지만 집중회로 형태의 개별 커패시터는 직렬 인덕턴스성분 때문에 고주파에서 낮은 임피던스를 가지지 않는다. 그러나 제대로 설계된 전송선로는 높은 주파수에서도 낮은 임피던스를 유지한다. 저주파 아날로그 디커플링에 대해서는 다

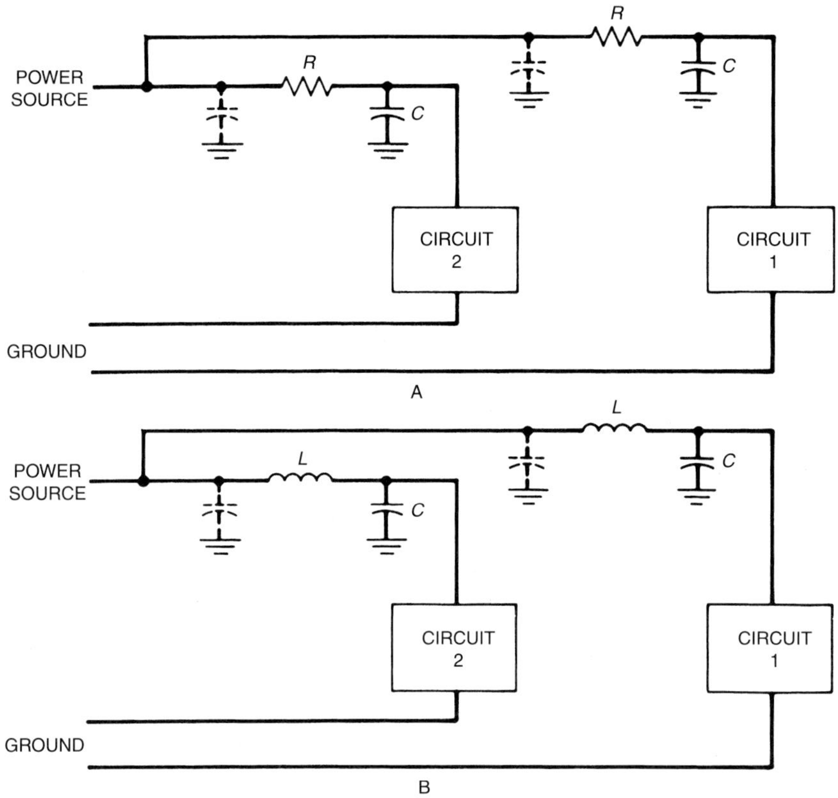

그림 4-18 디커플링 회로의 종류. A) 저항-커패시터 B) 인덕터-커패시터로 구성된 디커플링 회로.

음 절에서 살펴본다. 고주파 디지털 논리 회로의 디커플링에 대해서는 11장을 살펴보기 바란다.

4.3.1 저주파 아날로그 회로 디커플링(Low-Frequency Analog Circuit Decoupling)

전원과 그 전원을 공급하는 시스템은 이상적인 전압원이 아니기 때문에 전원공급 시스템을 통해 결합되는 잡음을 최소화하기 위해 각각의 회로나 회로 그룹마다 디커플링을 해주는 것은 좋은 방법이다. 이것은 회로와 전원공급기, 그리고 회로에 전원을 공급하는 시스템을 함께 설계하지 않고, 이미 정해진 전원공급기와 전원공급시스템으로부터 전원을 공급받아야 하는 상황에서 회로를 설계하는 경우에 특히 중요하다.

저항-커패시터, 그리고 인덕터-커패시터 디커플링 회로는 전원과 회로를 격리시켜서 회로들 사이의 잡음결합을 제거하고, 회로 내로 유입되는 전원잡음을 막아준다. <그림 4-18>에서 이 두 종류의 디커플링회로를 볼 수 있다(점선으로 표시한 커패시터는 제외). <그림 4-18A>와 같이 *R-C* 필터를 사용하는 경우, 저항에서의 전압강하로 인해 전원전압이 감소한다. 따라서 이 필터 구조에서는 이 전압강하 때문에 최대로 필터링해 줄 수 있는 양이 제한된다.

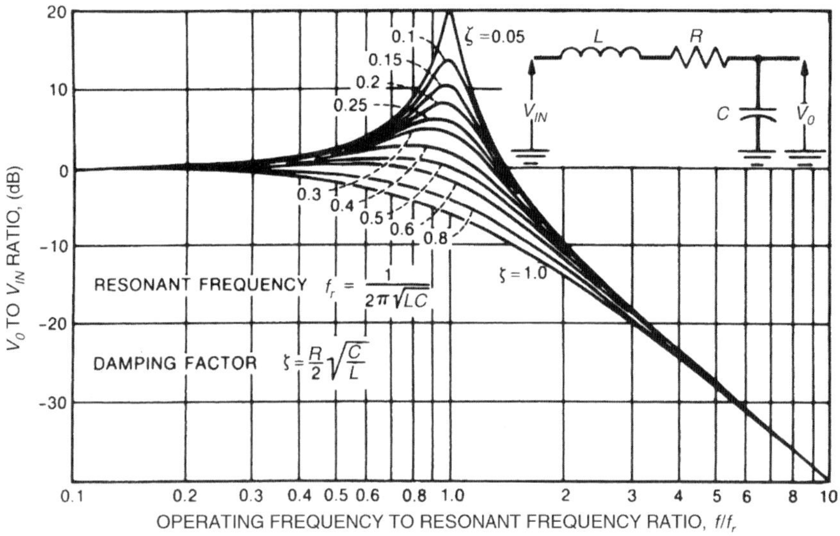

그림 4-19 댐핑지수가 필터응답에 미치는 영향

<그림 4-18B>의 *L–C*필터는 동일한 전원 전압손실에 대해 더욱 많은 필터링 효과를 제공하는데, 특히 고주파에서는 더 효과가 좋다. 그러나 *L–C*필터는 다음으로 주어지는 주파수에서 공진을 한다.

$$f_r = \frac{1}{2\pi\sqrt{LC}} \tag{4-26}$$

이 공진주파수에서는 필터를 통과하여 전달되는 신호가 필터를 사용하지 않은 경우에 전달되는 신호보다 더 커질 수도 있다. 이 공진 주파수는 필터에 연결된 회로의 통과대역보다 훨씬 아래에 있어야 한다. 공진 주파수에서 *L-C*필터의 이득은 다음 식으로 주어지는 댐핑지수(damping factor)에 반비례한다.

$$\zeta = \frac{R}{2}\sqrt{\frac{C}{L}} \tag{4-27}$$

여기에서 *R*은 인덕터에 존재하는 저항성분이다. 공진 주파수 근처에서 *L–C* 필터의 응답을 <그림 4-19>에서 살펴볼 수 있다. 공진 시 이득을 2 dB이하로 제한하려면 댐핑 지수는 반드시 0.5 이상이 돼야 한다. 댐핑을 증가시킬 필요가 있는 경우, 인덕터에 저항을 직렬로 추가로 달아줄 수 있다. 인덕터는 회로에 흘려주어야 하는 최대직류전류가 인덕터를 통해 흘러도 포화되지 않아야 한다. 회로에서 전원으로 거꾸로 전달(결합)되는 잡음에 대한 필터링을 증가시키기 위해서 <그림 4-18>에 점선으로 표시된 커패시터를 회로의 각 부분에 추가로 달아줄 수 있다. 이렇게 하면

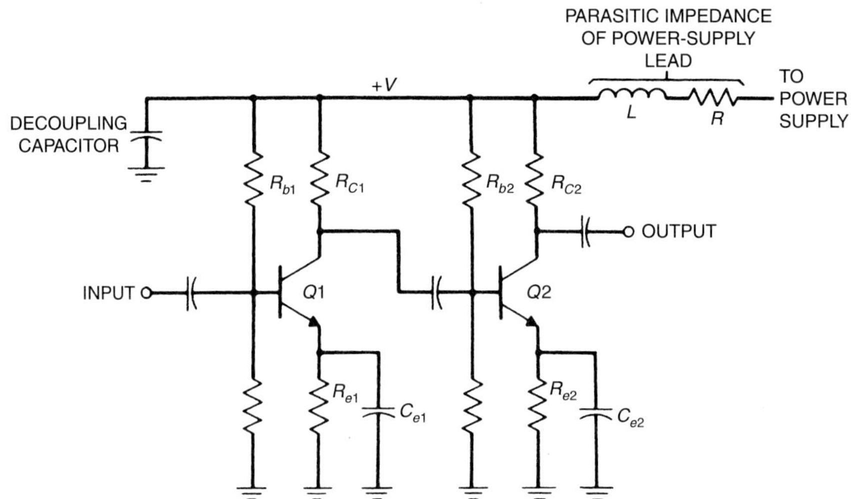

그림 4-20 2단으로 이루어진 증폭기의 전원 디커플링

필터는 T형 회로가 된다.

잡음을 고려하면, <그림 4-18A>의 R–C 회로와 같은 저항성 필터는 <그림 4-18B>의 L–C 회로와 같은 리액턴스성 필터보다 더 좋다. 저항성 필터에서는 원치 않은 잡음전압이 열로 바뀌어 제거된다. 그러나 리액턴스성 필터에서는 잡음전압은 단지 회로에서 이리저리 이동할 뿐이다. 즉 잡음전압이 부하양단에 발생하는 대신 인덕터 양단에 나타난다. 그런데 이 인덕터의 잡음전압이 방사되어 회로의 다른 부분에서 문제를 일으킬 수 있다. 이 경우에는 전자파 방사를 막기 위해 인덕터를 차폐하는 것이 필요할 수도 있다.

4.3.2 증폭기 디커플링(Amplifier Decoupling)

하나의 증폭기만이 전원에 연결되어 있는 경우라도, 전원의 임피던스 문제를 검토해야 한다. <그림 4-20>은 두 단으로 이루어진 전형적인 트랜지스터 증폭기의 회로이다. 회로를 해석할 때, 전원단자(power supply lead)와 접지 사이의 AC 임피던스는 0으로 가정한다. 그런데 디커플링 커패시터가 증폭기의 전원과 접지사이에 달려있지 않은 경우에는 이러한 가정이 적용되기는 어렵다(그 까닭은 전원 자체와 전원선이 인덕턴스와 저항성분을 가지고 있기 때문이다). 이 커패시터는 증폭기가 이득을 갖는 주파수 범위에서는 반드시 단락회로(short circuit)의 역할을 해야 한다. 이 주파수 범위는 신호가 증폭되는 주파수 대역보다 훨씬 더 넓을 수 있다. 이 단락회로가 증폭기의 전원단자에 연결되어 있지 않은 경우, 회로는 증폭된 교류신호를 전원공급기에 연결된 전원단자에 발생시킬 수 있다. 전원단자 상에 발생한 이 신호 전압은 저항 R_{b1}을 통해 증폭기 입력으로 되돌아가서 발진을 일으킬 수 있다.

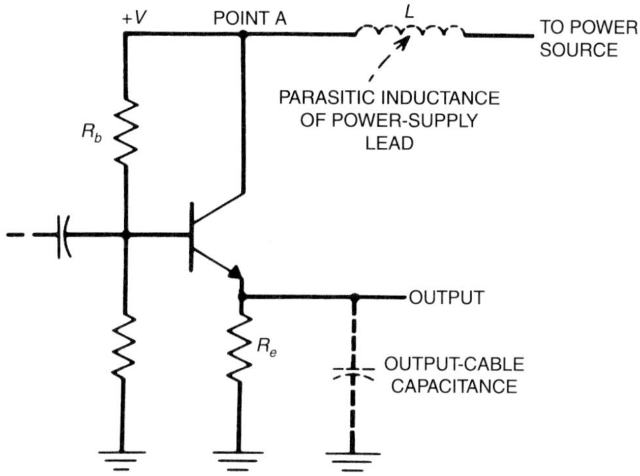

그림 4-21 용량성 부하를 구동하는 이미터 팔로워.

4.4 용량성 부하의 구동(DRIVING CAPACITIVE LOADS)

전송선로와 같이 용량성 부하에 연결된 이미터 팔로워에 대해 전원 디커플링을 제대로 해주지 않으면 쉽게 고주파 발진이 발생된다.[2] <그림 4-21>에 이와 같은 회로를 나타내었다. 전원 단자(power supply lead)의 기생 인덕턴스로 이루어진 컬렉터 임피던스 Z_c는 주파수에 따라 증가하고 이미터 임피던스 Z_e는 케이블의 커패시턴스 때문에 주파수에 따라 감소한다. 그러므로 고주파에서 트랜지스터는 컬렉터에서 큰 전압이득을 갖는다(<그림 4-21>에서 A점).

$$\text{전압이득} \approx \frac{Z_c}{Z_e} \tag{4-28}$$

크게 증폭된 교류전압은 바이어스 저항 R_b로 형성된 귀환경로를 따라 트랜지스터에 입력됨으로써 회로가 발진할 수 있다. 같은 증폭기에 들어 있는 앞단이 동일한 전원에 연결되어 있는 경우, 앞단을 통해 귀환이 일어날 수 있으므로 발진이 일어날 가능성은 더욱 커진다. 발진의 발생 여부는 보통 출력 케이블의 유무에 따라 결정되는데 이는 케이블이 이미터 커패시턴스에 영향을 주어 결국 트랜지스터의 고주파 이득과 위상 특성을 변화시키기 때문이다.

전원단자의 기생 인덕턴스의 영향을 제거하기 위해서는 증폭기의 전원단자의 위치(A점)에 좋은 특성의 고주파 접지를 설치해야 한다.

이를 위해 <그림 4-22>처럼 A점과 증폭기의 접지 사이에 커패시터를 달아주면 기생 인덕턴

2) 임피던스가 0 Ω인 전원을 사용하여도, 용량성 부하에 연결된 에미터 팔로워는 제대로 설계하지 않으면 발진할 수 있다. Joyce and Clarke(1961.pp.264-269)의 책과 Chessman and Sokol(1976)의 기사 참조.

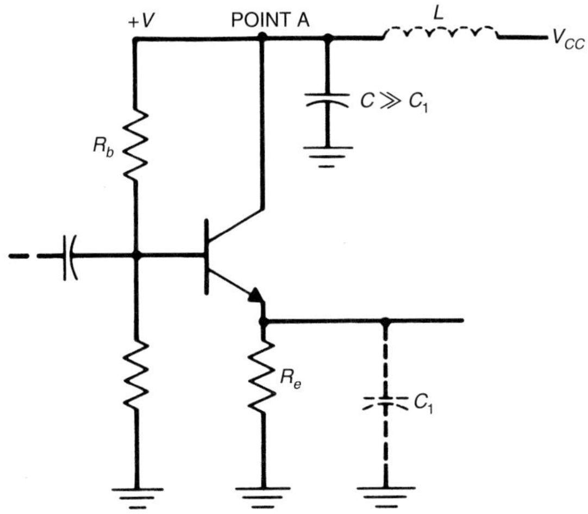

그림 4-22 이미터 팔로워의 전원 디커플링.

스의 영향을 제거할 수 있다. 이때 달아주는 커패시터의 값은 반드시 이미터의 커패시턴스 C_1의 최댓값보다 커야한다. 이렇게 해주면 트랜지스터의 고주파 이득은 항상 1보다 작다.

커패시터를 증폭기의 전원단자 양단에 달았다고 해서 전원과 접지 사이의 AC 임피던스가 확실히 0이 되는 것은 아니다. 따라서 신호의 일부가 입력회로로 여전히 귀환될 것이다.이득이 60 dB보다 작은 증폭기에서 이 정도의 귀환은 보통 발진을 일으키기에는 충분하지 않다. 그러나 이보다 높은 이득을 가진 증폭기에서는 이 귀환은 발진을 일으킨다.

<그림 4-23>과 같이 첫 단의 전원에 $R-C$ 필터를 달아주면 귀환을 더욱 감소시킬 수 있다. 필터저항에서 발생하는 DC전압 강하는 보통 문제가 되지는 않는데, 이는 첫 단은 작은 크기의 신호를 처리하므로 DC 전압이 약간 낮아져도 괜찮기 때문이다.

이와 비슷한 발진 문제가 <그림 4-24A>처럼 연산증폭기가 커패시턴스가 큰 용량성 부하를 구동시킬 때 발생할 수 있다. 이 문제는 보통 연산증폭기가 길이가 긴 차폐 케이블을 구동시킬 때 발생하는데, 이 경우 부하 커패시턴스는 차폐 케이블의 커패시턴스이다. 이 커패시턴스의 값은 수 nF에서 수 μF 정도인데, 증폭기의 출력 임피던스가 0 Ω인 경우에는 문제가 발생하지 않는다. 증폭기 출력저항 R_0와 부하 커패시턴스 C_L은 저역 통과 필터를 형성한다. 증폭기에서 출력되는 신호는 이 필터를 지나면서 위상이 변한다. 주파수가 증가함에 따라 이 필터에 의한 위상변화가 증가한다. 이 필터의 차단 주파수는 $f = 1/(2\pi R_0 C_L)$이 된다. 이 주파수에서 위상 변화량은 45°가 된다. 내부의 보상 커패시터에 의한 위상 변화와 출력 필터에 의한 위상 변화를 합한 위상이 180°가 되면 R_2를 통한 "−" 귀환이 "+" 귀환으로 바뀌게 된다. 증폭기의 이득이 1 이상인 주파수에서 이와 같이 +귀환이 발생하면 회로는 발진할 것이다. 출력 필터의 차단주파수가 높을수록

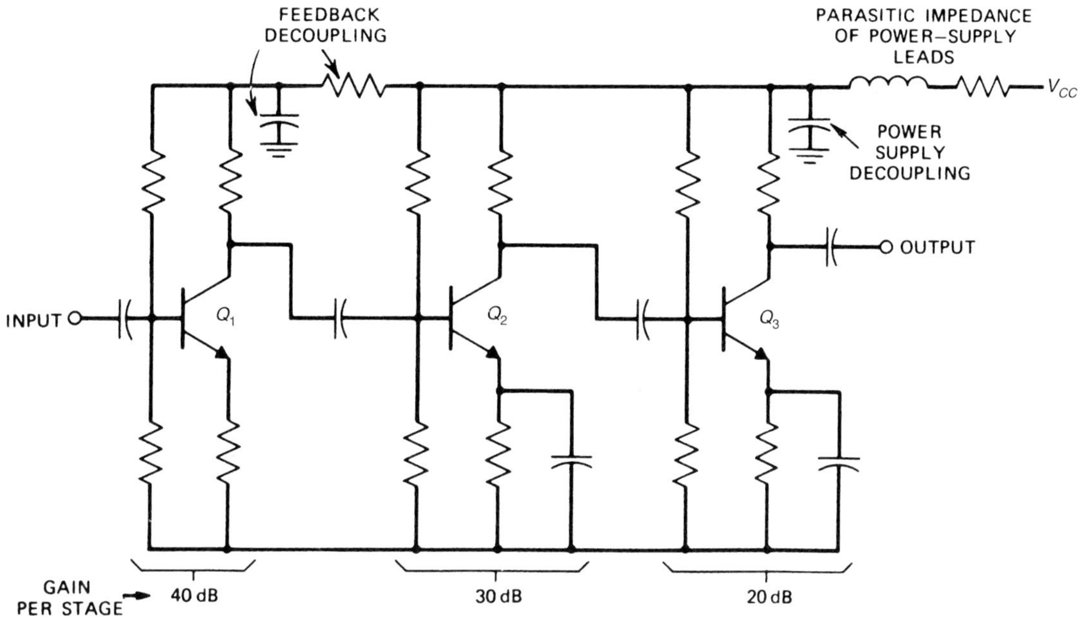

그림 4-23 증폭기의 각 단 사이에서 전원선을 통해 일어나는 귀환을 억제하는 방법.

증폭기는 발진이 잘 일어나지 않고 안정된다. 자세한 내용은 Graeme (1971, pp. 219-222)를 참고하길 바란다.

이러한 발진문제를 해결하는 방법에는 여러 가지가 있다. 먼저 출력임피던스가 아주 낮은 증폭기를 사용하는 방법이 있다. 또 다른 방법으로 <그림 4-24B>와 같이 회로에 커패시터 C_2와 저항 R_3를 추가하는 것이 있다(Franco, 1989). 저항 R_3(보통 R_0와 같은 값으로 함)는 부하커패시터

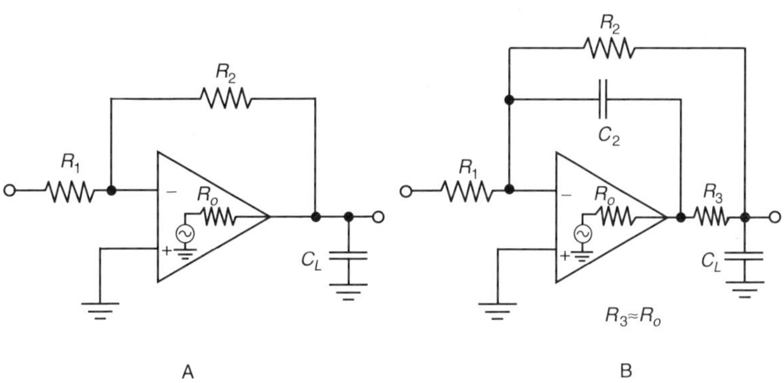

그림 4-24 A) 용량성 부하를 구동하는 연산증폭기, B) A의 증폭기를 안정화하기위해 사용된 C_2R_3 보상회로

C_L을 증폭기로부터 격리시킨다. 작은 값의 귀환커패시터 C_2(10~100pF)는 커패시터 C_L에 의한 위상지연(즉 폴(pole, 극점))을 보상하는 위상앞섬(즉 제로(zero, 영점))을 발생시킨다. 이렇게 되면 총 위상변화가 작아지므로 회로를 안정한 상태로 만들 수 있다.

4.5 시스템 대역폭(SYSTEM BANDWIDTH)

시스템에서 잡음을 최소화할 수 있는 간단한 방법으로 시스템의 대역폭을 원하는 신호에 맞게 제한하는 것이 있는데 그냥 무시하고 넘어가는 경우가 많다. 신호가 필요로 하는 대역폭보다 더 큰 대역폭을 가지는 회로를 사용하면 시스템에 추가적인 잡음이 발생한다. 시스템 대역폭은 열린 창문으로 생각할 수 있는데 창문이 넓게 열릴수록 더 많은 낙엽들과 다른 쓰레기들(잡음)이 들어오는 것과 같다고 보면 된다.

같은 원리를 디지털 논리회로에도 적용할 수 있다. 높은 속도의 논리신호(빠른 상승시간)는 낮은 속도의 신호보다 높은 주파수의 잡음을 발생시키고 높은 주파수의 잡음에 취약하다(12장 참조).

4.6 변조와 코딩(MODULATION AND CODING)

간섭에 대한 시스템의 감응성은 차폐(shielding), 접지(grounding), 케이블링(cabling)뿐만 아니라 신호에 사용되는 변조나 코딩 방식에 따라서도 달라진다. 진폭 변조, 주파수 변조, 위상 변조와 같은 변조 시스템은 저마다 고유한 간섭 내성 또는 간섭 취약성을 가진다. 예를 들면 진폭 변조는 진폭 변동에 민감하지만 주파수 변조는 진폭변동에 민감하지 않다. 펄스 진폭 코딩, 펄스 폭 코딩, 펄스 반복률 코딩과 같은 디지털 변조기술을 사용하여 간섭 내성을 증가시킬 수 있다. 다양한 코딩과 변조 방법의 잡음 내성에 대해서는 참고문헌(Panter, 1965 ; Schwartz 1970; Schwartz et al, 1966)에 잘 설명되어 있으므로 여기서는 다루지 않는다.

요약 SUMMARY

- 평형(balanced) 시스템에서는 저항성분의 평형과 리액턴스 성분의 평형을 모두 유지해야 한다.
- 평형 시스템에서 평형도, 즉 CMRR이 높을수록 시스템에 결합되는 잡음이 감소한다.
- 차폐방법과 함께 평형화방법을 사용하면 추가로 잡음을 감소시킬 수 있다.
- 신호원 임피던스가 낮고 부하 임피던스가 높을 경우(반대의 경우도 마찬가지), 단일소자 필터로는 효과를 볼 수 없으므로 반드시 다수소자 필터를 사용해야 한다.
- 기생성분 때문에 저역통과 필터는 특정 주파수 이상에서는 고역통과 필터가 된다.

- DC전원 공급 회로의 특성 임피던스가 낮을수록 회로에 결합되는 잡음은 감소된다.
- DC전원 공급 회로는 대부분 낮은 임피던스를 갖지 않으므로 디커플링 커패시터를 모든 부하에 연결해주어야 한다.
- 잡음의 관점에서 보면 저항성 필터는 리액턴스성 필터보다 좋은 성능을 발휘한다.
- 증폭기가 용량성 부하를 구동하는 경우 보상을 제대로 하지 않거나 격리를 제대로 하지 않으면 발진이 일어난다.
- 잡음을 최소화하기 위해서는 시스템의 대역폭이, 원하는 신호의 전송에 필요한 대역폭보다 넓어서는 안 된다.

연습문제 PROBLEMS

4.1 식 (4-7)를 유도하라.

4.2 <그림 4-4>의 평형회로가 CMRR이 60 dB이고, 300 mV의 공통모드 접지전압을 가지고 있는 경우, 평형부하 양단에 발생하는 잡음전압을 구하라.

4.3 <그림 4-5>의 회로에서 신호원 불평형 저항이 5 Ω이다. $R_L >> R_S + \Delta R_S$라 가정할 때,

a. 부하저항이 5 kΩ인 경우 CMRR을 구하라.

b. 부하저항이 150 kΩ인 경우 CMRR을 구하라.

c. 부하저항이 1 MΩ인 경우 CMRR을 구하라.

4.4 평형회로에서 부하저항의 허용오차가 절반으로 줄어들면 CMRR은 얼마나 증가하는가?

4.5 평형회로의 CMRR을 최대화하기 위해서는 부하저항대 신호원저항의 비는 얼마가 되어야 하는가?

4.6 <그림 4-8>의 차동증폭기에서 R_1과 R_2가 각각 4.7 kΩ과 270 kΩ이다. 저항의 허용오차는 모두 1%이다.

a. 차동모드 입력임피던스를 구하라.

b. 차동모드 이득을 구하라.

c. 공통모드 입력 임피던스를 구하라.

d. 공통모드 이득을 구하라.

e. CMRR의 크기를 구하라.

4.7 <그림 4-10>의 계측용 증폭기에서 $R_f = 1$ kΩ, $k R_f = 100$ Ω, $R_1 = 10$ kΩ이다. 저항의 허용오차는 모두 1%이다.

a. 차동모드 이득을 구하라.

b. CMRR을 구하라.

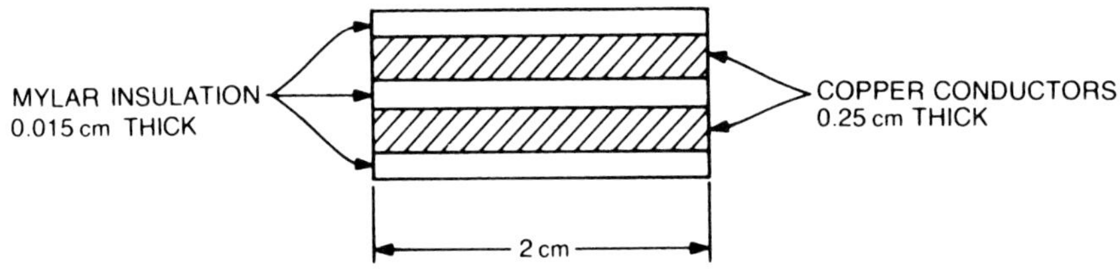

그림 P4-15

4.8 <그림 4-8>의 차동증폭기와 <그림 4-10>의 계측용 증폭기가 모두 차동모드 이득이 50이 되도록 설계 되어 있다; 두 증폭기 모두 허용오차가 같은 저항들을 사용한다. 어느 증폭기가 더 큰 CMRR을 가지며 몇 dB나 차이가 나는가?

4.9 어떠한 조건에서는 단일소자 필터로 효과를 볼 수 없는가?

4.10 a. 필터가 효과를 발휘하려면 필터의 직렬소자의 임피던스는 어떠해야 하는가?

b. 필터가 효과를 발휘하려면 필터의 병렬소자의 임피던스는 어떠해야 하는가?

4.11 공통모드 필터가 차동모드 필터보다 설계하기 힘든 이유 3가지를 말하라.

4.12 공통모드 필터의 병렬 커패시터는 어디에 연결해야 하는가?

4.13 공통모드 필터에서 기생성분을 최소화하려면 어떻게 해야 하는가?

4.14 DC전원 공급 시스템에서 어떤 파라미터를 성능지수로 사용할 수 있는가?

4.15 <그림 P4-15>의 전원버스가 10 A 부하에 5 V의 DC전압을 공급하는 데 사용된다. 버스의 길이는 5 m이다.

a. 전원공급 시스템에서 발생하는 DC 전압강하는 얼마인가?

b. 전원버스의 특성 임피던는 얼마인가?

c. 부하전류가 갑자기 0.5 A만큼 증가한 경우, 전원버스 상에 발생하는 과도전압의 크기는 얼마인가?

참고문헌 REFERENCES

Chessman, M. and Sokol, N. "Prevent Emitter Follower Oscillation." *Electronic Design*, June 21, 1976

Franco, S. "Simple Techniques Provide Compensation for Capacitive Loads." *EDN*, June 8, 1989

Frederiksen, T. M. *Intuitive Operational Amplifiers*. New York, McGraw Hill, 1988.

Graeme J. G., Tobey, G. E., and Huelsman, L. P. *Operational Amplifiers*. New York, McGraw Hill, 1971.

Joyce M. V. and Clarke, K. K., *Transistor Circuit Analysis*, Reading, MA, Addison Wesley, 1961.

Panter, P.F. Modulation, *Noise. and Spectral Analysis*, New York, McGraw Hill 1965.

Schwartz, M. *Information Transmission. Modulation and Noise*, 2nd ed. New York, McGraw Hill, 1970.

Schwartz, M., Bennett, W.R., and Stein, S., *Communications Systems and Techniques*, New York, McGraw Hill.1966.

심층자료 FURTHER READING

Feucht, D. L. *Why Circuits Oscillate Spuriously*. Part 1: BJT Circuits, Available at http://www.analog-zone.com/col_1017.pdf. Accessed April 2009.

Feucht,D. L. Why Circuits Oscillate Spuriously. Part 2: Amplifiers, Available at http://www.analogzone.com/col_1121.pdf. Accessed April 2009.

Nalle, D." Elimination of Noise in Low Level Circuits." *ISA Journal*, Vol. 12, August 1965.

Siegel, B. L. "Simple Techniques Help Your Conquer Op-Amp Instability." EDN, March 31, 1988.

Electromagnetic Compatibility Engineering

Chapter 5 수동 전자부품

Passive Components

실제 전자부품은 "이상적"이지 않다; 그 특성은 이론적인 전자부품의 특성과 차이가 난다(Whalen 및 Paludi, 1977). 이 차이는 전자부품의 적합한 용도를 결정하는 데 중요하다. 이 장에서는 수동 전자부품들에 대해, 부품의 성능에 영향을 주는 특성들을 살펴보고 이들이 잡음저감회로에 어떻게 사용되는지 알아본다.

5.1 커패시터(CAPACITORS)

커패시터는 대부분 커패시터를 구성하는 유전체 재료에 따라 분류된다. 커패시터에는 여러 종류가 있는데 제각각 특정한 용도에 적합한 특성을 가지고 있다. 실제 커패시터는 순수하게 커패시턴스만 갖는 것이 아니라 <그림 5-1>의 등가회로에서 보듯이 저항과 인덕턴스를 포함하고 있다. L은 등가 직렬 인덕턴스(ESL, equivalent series inductance)로 리드(lead)와 커패시터 구조에서 생긴다. 저항 R_2는 병렬 누설저항으로 유전체 부피저항률의 함수다. R_1은 커패시터의 등가 직렬 저항(ESR, equivalent series resistance)으로 커패시터의 손실계수의 함수이다.

동작주파수는 커패시터를 선정하는 데 가장 중요한 고려 사항 중 하나이다. 커패시터의 최대 사용 주파수는 보통 커패시터 구조 및 리드 인덕턴스에 의해 제한을 받는다. 어떤 특정 주파수에서 커패시터는 자신의 인덕턴스와 결합하여 자체 공진한다. 자체 공진 주파수 이하에서 커패시터는 용량성이 되어 주파수가 증가함에 따라 임피던스가 감소하는 특성이 나타난다. 자체 공진 주파

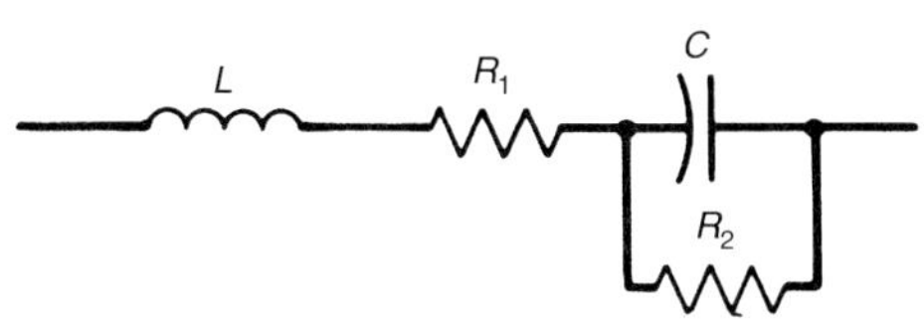

그림 5-1 커패시터의 등가회로.

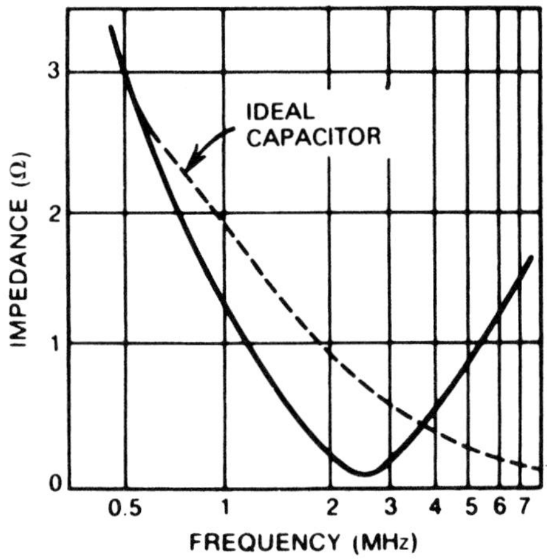

그림 5-2 0.1-μF 종이 커패시터의 임피던스 특성.

수 이상에서 커패시터는 유도성이 되어 주파수가 증가함에 따라 임피던스가 증가하는 특성이 나타난다.

<그림 5-2>는 0.1-μF 종이 커패시터의 임피던스가 주파수에 따라 어떻게 변화하는지를 보여준다. 이 그림에서 보듯이, 이 커패시터는 2.5 MHz에서 자체 공진한다. 외부 단자선이나 PCB 인쇄선로(trace, 트레이스)에 의한 공진 주파수는 이보다 낮다.

표면 장착 커패시터는 그 크기가 소형이고 리드가 없기 때문에 리드가 달린 커패시터보다 상당히 적은 인덕턴스를 갖는다; 따라서 고주파에서 더욱 효과적인 커패시터이다. 일반적으로 커패시터 패키지나 케이스가 작을수록 인덕턴스가 낮다. 대표적인 표면 장착 다층 세라믹 커패시터의 인덕턴스는 1~2 nH 범위에 있다. 1 nH의 직렬 인덕턴스를 갖는 0.01-μF 표면 장착 커패시터는 50.3 MHz의 자체 공진 주파수를 갖는다. 다수의 교차리드(interdigitated lead)를 가진 특수 패키지 형태의 커패시터인 경우 등가 인덕턴스를 몇 백 피코헨리로 감소시킬 수 있다.

<그림 5-3>은 다양한 종류의 커패시터에 대해 사용 가능한 주파수 범위를 대략적으로 나타낸 것이다. 자체 공진이나 유전 흡수의 증가에 의해 커패시터의 고주파 한계가 결정된다. 저주파 한계는 해당 커패시터 종류에서 이용할 수 있는 최대 커패시턴스 값에 의해 결정된다.

5.1.1 전해 커패시터(Electrolytic Capacitors)

전해 커패시터의 주된 장점은 크기에 비해 큰 커패시턴스를 가진다는 것이다. 전해 커패시터는 커패시턴스-대-부피비가 다른 종류의 커패시터보다 더 크다.

전해 커패시터 사용 시 중요한 고려사항은 극성이 있기 때문에 그 극성에 맞게 커패시터 양단에 직류전압을 가해 주어야 한다는 것이다. 같은 커패시턴스와 같은 정격전압을 갖는 두 개의

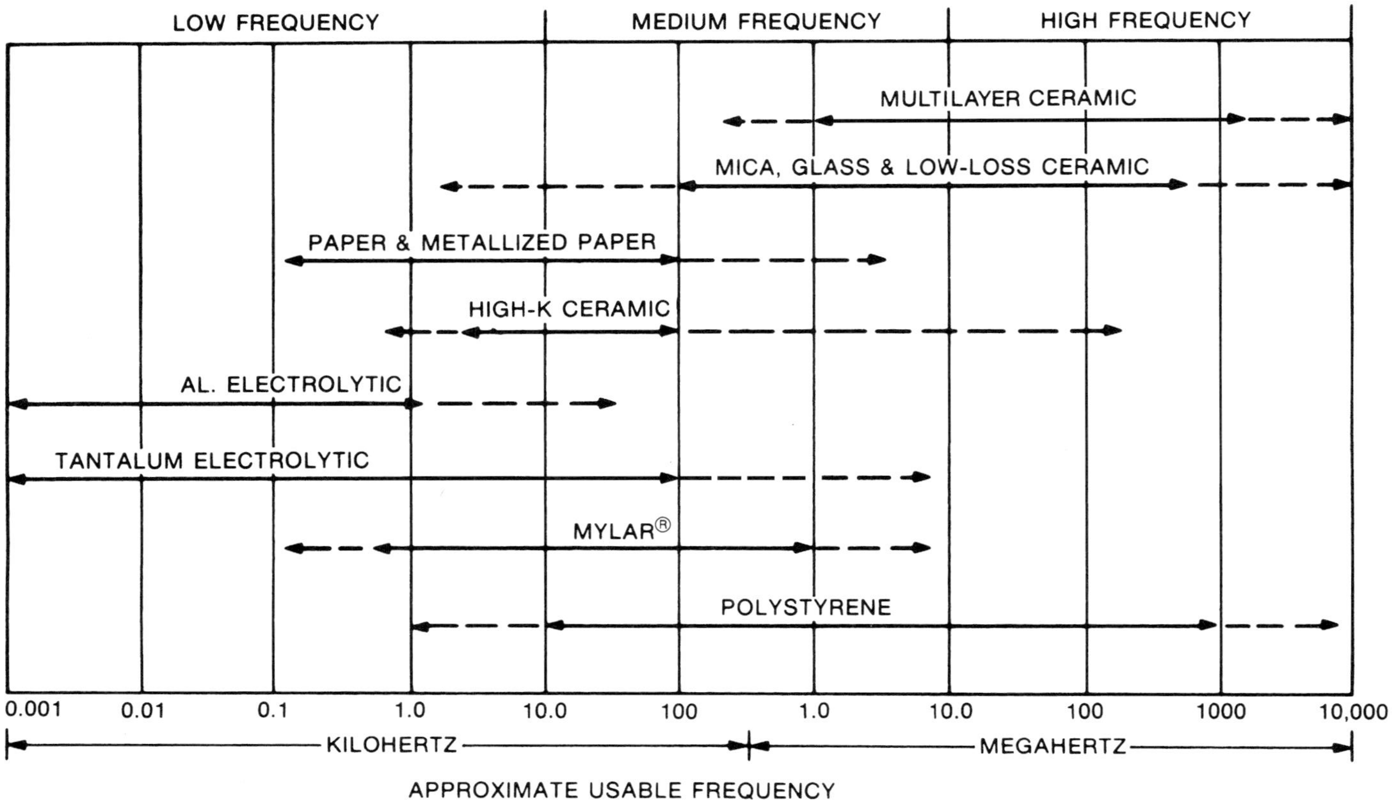

그림 5–3 다양한 커패시터의 대략적인 사용가능 주파수 범위.

커패시터를 직렬로 연결하여 극성이 없는 커패시터를 만들 수 있다. 이때 극성은 서로 반대 방향으로 연결해 주어야 한다. 이렇게 하면 커패시턴스는 각 커패시터의 절반이 되고 정격전압은 각 커패시터와 같다. 정격전압이 서로 다른 커패시터가 직렬로 연결되면 직렬연결된 커패시터의 정격전압은 정격전압이 가장 낮은 커패시터의 정격전압과 같다.

전해 커패시터는 알루미늄과 탄탈의 두 종류로 나눌 수 있다.

알루미늄 전해 커패시터는 1 Ω 이 넘는 직렬저항을 가질 수도 있지만 일반적인 값은 값은 수십분의 1 Ω 정도이다. 직렬저항은 유전손실 때문에 주파수가 높아질수록 증가하고, 온도가 낮아질수록 증가한다. −40°C에서 직렬 저항은 25°C에서의 값의 10~100배가 될 수 있다. 크기가 크기 때문에 알루미늄 전해 커패시터는 큰 인덕턴스를 갖는다. 따라서 전해 커패시터는 저주파 커패시터이고 보통 25 kHz 이상의 주파수에서는 사용하지 말아야 한다. 전해 커패시터는 흔히 저주파 필터링과, 바이패싱 및 커플링에 사용된다. 최대 수명까지 사용하려면 알루미늄 전해 커패시터는 정격전압의 80~90% 사이에서 사용해야 한다. 정격전압의 80% 이하에서 동작해도 신뢰성이 증가하지는 않는다.

알루미늄 전해 커패시터를 교류나 맥동(pulsating) 직류 회로에 사용할 때 리플전압(ripple voltage)은 최대 정격 리플전압을 초과해서는 안 된다; 초과하게 되면 내부 과열이 발생할 수 있다. 보통 최대 맥류전압은 120 Hz에서 명시되는데, 전파 브리지 정류기 회로에서 필터 커패시터로서 동작하는 대표적인 경우가 바로 이 주파수에서이다. 온도는 커패시터 노화의 주된 원인이므로 전해 커패시터를 그 최대 온도 정격을 벗어나서 사용하면 절대 안 된다.

고체 탄탈 전해 커패시터는 알루미늄 전해보다 더 낮은 직렬 저항을 갖고 더 높은 커패시턴스-대-부피비를 갖지만 가격은 비싸다. 탄탈 커패시터의 직렬저항은 커패시턴스 값이 같은 알루미늄 커패시터보다 10분의 1정도로 낮다. 고체 탄탈 커패시터는 알루미늄 전해 커패시터보다 인덕턴스가 더 낮으므로 더 높은 주파수에서 사용될 수 있다. 흔히 수 MHz까지 사용될 수 있다. 일반적으로 시간, 온도 및 충격에 있어 알루미늄 전해 커패시터보다 더 안정적이다. 알루미늄 전해 커패시터와는 달리 고체 탄탈륨 커패시터의 신뢰성은 전압을 낮추어 사용하면 개선된다; 일반적으로 그 정격 전압의 70% 이하에서 작동해야 한다. 교류 또는 맥동 직류 회로에 사용될 때 리플전압은 최대 정격 리플전압을 초과해서는 안 된다: 초과하면 내부 과열로 인해 커패시터의 신뢰성이 영향을 받을 수 있다. 탄탈커패시터는 리드가 있는 형태와 표면 장착형태로 모두 나와 있다.

5.1.2 필름 커패시터(Film Capacitors)

필름과 종이 커패시터는 전해 커패시터보다 상당히 낮은 직렬저항을 갖지만 어느 정도 큰(중간 정도의) 인덕턴스를 갖는다. 커패시턴스-대-부피비는 전해 커패시터보다 작고 최대 수 μF정도의 커패시턴스를 가진다. 필름 커패시터는 수 MHz까지 쓸 수 있는 중간 주파수 대역용 커패시

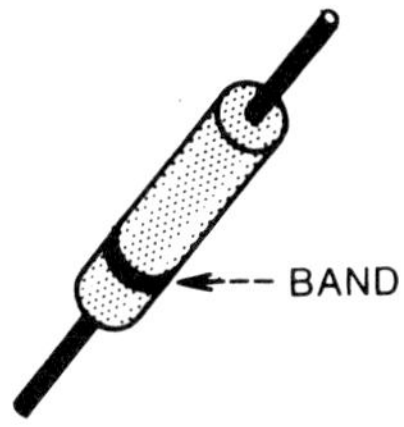

그림 5-4 외부포일과 연결되어 있는 리드를 표시하는 관형 커패시터의 띠. 이 리드는 접지와 연결되어야 한다.

터다. 오늘날 대부분의 곳에서는 필름 커패시터 (마일라[1] (폴리에스터), 폴리프로필렌, 폴리카보네이트 또는 폴리스티렌)가 종이 커패시터 대신 사용된다. 이 커패시터는 일반적으로 1 MHz 이하에서 동작하는 회로에서 필터링, 바이패싱, 커플링, 타이밍 및 잡음 억제에 사용된다.

폴리스티렌 필름 커패시터는 직렬저항이 극히 낮다; 주파수에 대해 매우 안정된 커패시턴스 특성, 우수한 온도 안정성을 가진다. 중간 주파수용 커패시터이지만, 그 외 모든 면에서 여기서 다루는 어떤 종류의 커패시터보다도 우수한 가장 이상적인 특성을 가진다. 폴리스티렌 필름 커패시터는 필터와 같이, 시간과 온도에 대한 안정성 및 정확한 커패시턴스 값이 요구되는 정밀 용도에 사용된다.

종이 및 필름 커패시터는 보통 관모양으로 말려있다. 이 커패시터는 <그림 5-4>에 나타낸 것처럼 보통 한쪽 끝 둘레에 띠가 있다. 띠 대신 점이 찍혀 있는 경우도 있다. 띠나 점이 있는 끝에 연결된 리드는 커패시터의 외부 포일(foil, 금속박)에 연결된다. 커패시터가 극성이 없는 경우라도 띠가 있는 쪽은 가능하면 접지나 공통 기준전위에 연결되어야 한다. 이렇게 해야 커패시터의 외부 포일이, 커패시터로 결합되거는 외부전기장을 차단하고 커패시터의 전기장이 외부로 나가는 것을 막아주는 차폐도체(shield)의 역할을 할 수 있다.

5.1.3 마이카 및 세라믹 커패시터(Mica and Ceramic Capacitors)

마이카 및 세라믹 커패시터는 낮은 직렬저항 및 인덕턴스를 가진다. 따라서 리드를 짧게 하면 약 500 MHz까지 사용 가능한 고주파용 커패시터이다. 표면 장착용으로 만든 커패시터의 경우 GHz범위까지 사용 가능한 제품도 있다. 이들 커패시터는 고주파(rf) 회로에서 필터링, 바이패싱, 커플링, 타이밍 및 주파수 변별용으로 사용되며 또한 고속 디지털 회로에서 디커플링용으로 사용된다. 고유전율(high-k) 세라믹커패시터를 제외하면 이들 커패시터의 특성은 시간, 온도 및 전압에 대해 매우 안정적이다.

1) 마일라(Mylar)는 듀퐁(Dupont) 사의 등록상표임.

세라믹 커패시터는 거의 100년간 고주파 회로에 사용되어 왔다. 원래의 세라믹 커패시터는 "디스크 커패시터"이었다. 하지만 지난 몇 십 년 동안 세라믹 기술이 크게 발전하여 오늘날 세라믹 커패시터는 다양한 방식, 모양 및 구조로 제조되고 있다. 세라믹 커패시터는 고주파 커패시터의 주종을 이룬다.

마이카는 유전율이 낮으므로 마이카 커패시터는 그 커패시턴스 값에 비해 크기(치수)가 큰 편이다. 세라믹 커패시터 기술의 큰 발전과 마이카 커패시터의 낮은 커패시턴스-대-부피비로 인해, 세라믹 커패시터는 대부분의 저전압, 고주파 회로에서 마이카 커패시터 대신 사용되고 있다. 마이카는 절연파괴 전압이 kV 범위의 값을 가질 정도로 높기 때문에 무선 송신기와 같은 고전압 rf 회로에 여전히 많이 사용되고 있다.

다층 세라믹 커패시터(MLCC)는 <그림 5-5>에서 보듯이 서로 교차된 형태의 금속 전극사이에 다층의 세라믹 재료(흔히 티탄산바륨)가 채워진 구조이다. 전극과의 접촉은 구조의 양쪽 끝에서 이뤄진다. 이 구조는 사실상 많은 커패시터를 병렬로 연결한 것과 같다. MLCC중에는 수백개의 세라믹 층이 들어있는 것도 있는데 이 경우, 각 층의 두께는 몇 마이크로미터밖에 안 된다.

이러한 형태의 구조에서는 총 커패시턴스가 한 층의 커패시턴스에 층 수를 곱한 것이 되므로 커패시턴스를 크게 만들 수 있다. 또한 총 인덕턴스는 한 층의 인덕턴스를 층 수로 나눈 것이 되므로 인덕턴스를 작게 만들 수 있다는 장점을 동시에 얻을 수 있다. 다층 커패시터의 구조와 표면장착기술을 함께 사용하면 거의 이상적인 고주파 커패시터를 구현할 수 있다. 몇몇 작은 값(예를 들어 몇 십 피코패럿)의 표면 장착 MLCC는 자체 공진 주파수가 수 GHz 영역에 이르기도 한다.

대부분의 MLCC는 50 V 이하의 정격전압에 1 μF 이하의 커패시턴스를 갖는다. 정격전압은 층 사이의 작은 간격에 의해 제한된다. 하지만 작은 간격을 갖는 층을 많이 사용하여 10~100 μF 범위의 큰 커패시턴스 값을 갖는 MLCC를 생산할 수 있게 되었다. MLCC는 우수한 고주파용 커패시터로 고주파 필터링 및 디지털 로직 디커플링용으로 널리 사용된다.

고유전율 세라믹 커패시터는 중간 주파수용 커패시터이다. 시간, 온도 및 주파수에 대해 상대적으로 불안정하다. 이 커패시터의 가장 큰 장점은 표준 세라믹 커패시터와 비교해서 커패시턴

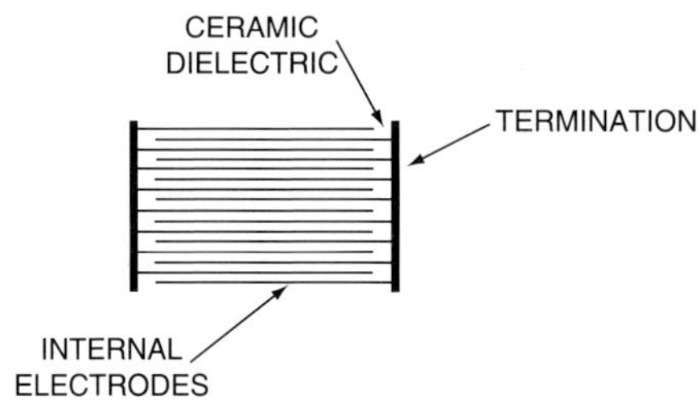

그림 5-5 다층 세라믹 커패시터의 구조.

표 5-1 대표적인 커패시터 고장 유형.

커패시터 종류	정상 상태	과전압이 걸릴 때
알루미늄 전해	개방	단락
세라믹	개방	단락
마이카	단락	단락
마일라	단락	단락
금속코팅 마일라	누설	잡음 발생
고체 탄탈륨	단락	단락

표 5-2 세라믹 커패시터의 자체 공진 주파수.

커패시턴스 값(pF)	자체 공진 주파수(MHz)	
	1/4-인치 리드	1/2-인치 리드
10,000	12	—
1,000	35	32
500	70	65
100	150	120
50	220	200
10	500	350

스-대-부피비가 크다는 것이다. 보통 아주 중요하지는 않은 곳에서 바이패싱, 커플링, 블로킹용으로 사용된다. 또 한 가지 단점은 과도 전압에 의해 손상될 수 있다는 것이다. 따라서 저 임피던스 전력 공급 장치(전원공급기) 양단에 직접 연결되는 바이패스 커패시터용으로는 부적합하다.

<표 5-1>에 다양한 커패시터에 대하여 정상작동 시 상태와 과전압이 가해질 때 나타나는 대표적인 고장 유형을 나타내었다.

5.1.4 관통커패시터(Feed-Through Capacitors)

<표 5-2>는 소형 세라믹 커패시터의 리드 길이가 공진주파수에 미치는 영향을 보여준다. 공진 주파수를 높게 유지하기 위해 제 역할을 할 수 있는 범위 내에서 커패시턴스 값이 가장 작은 커패시터를 사용하는 것이 바람직하다.

자체 공진주파수가 관심주파수보다 높아지게 할 수 없는 경우도 많은데, 이 경우에는 공진주파수보다 높은 주파수 범위에서의 커패시터의 임피던스는 자신의 인덕턴스로만 결정된다. 이러한 상황에서는 커패시턴스의 값이 얼마가 됐든 그 고주파 임피던스 값은 같으므로 되도록 큰 커패시턴스를 사용해서 저주파 성능을 개선하는 것이 좋다. 이 경우, 커패시터의 고주파 임피던스를 낮추는 유일한 방법은 커패시터 구조와 리드의 인덕턴스를 감소시키는 것이다.

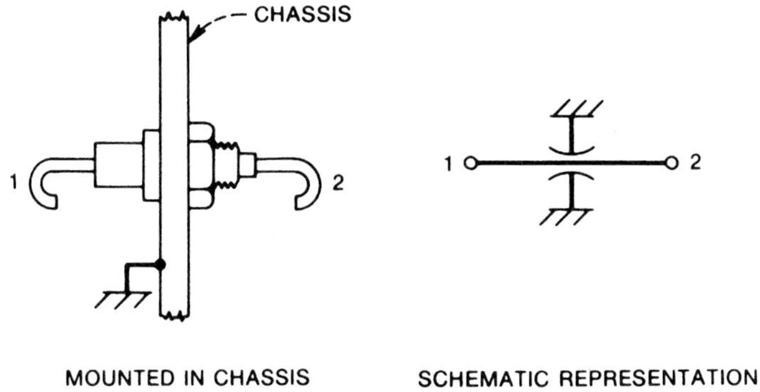

그림 5-6 전형적인 관통형 커패시터

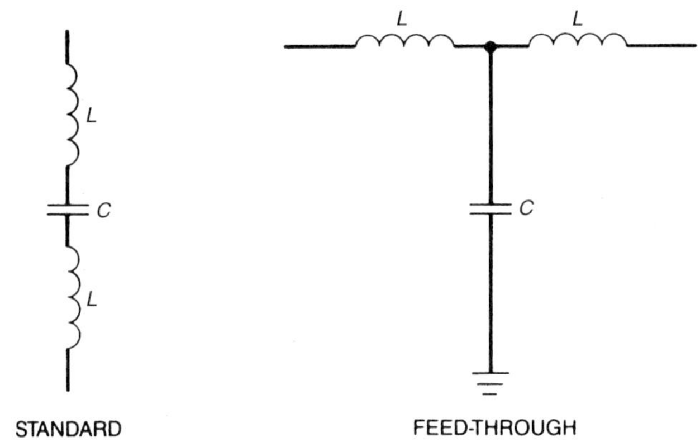

그림 5-7 일반 커패시터와 관통형 커패시터의 리드 인덕턴스.

직렬 공진 주파수에서 커패시터의 임피던스는 실제로 이상적인 커패시터 (인덕턴스가 없는 것)보다 낮다(그림 5-2)는 것을 잘 알아두어야 한다. 하지만 공진 주파수를 넘어서면 인덕턴스로 인해 주파수에 따라 임피던스가 증가한다.

커패시터의 공진 주파수는 금속 섀시를 관통하거나 금속섀시 위에 설치하여 장착될 수 있도록 설계된 관통형 커패시터를 사용해서 높일 수 있다. <그림 5-6>은 섀시나 차폐물에 장착된 커패시터의 실제 모습과 회로도를 보여준다. 관통형 커패시터는 단자가 세 개인 소자이다. 커패시턴스는 리드와 커패시터 케이스 사이에는 존재하지만 두 리드 사이에는 존재하지 않는다. 관통형 커패시터는 리드가 없기 때문에 매우 낮은 인덕턴스의 접지 연결을 갖는다. 리드의 인덕턴스는 신호 리드와 직렬이어서 관통형 커패시터는 저역 통과 T-필터 형태가 되므로 실제로 커패시터의 효과를 개선시킨다. <그림 5-7>에 일반 커패시터와 관통형 커패시터에 대해 리드 인덕턴스를 포함하는 등가회로를 나타내었다. 여기에서 보듯이 관통형 커패시터는 매우 양호한 고주파

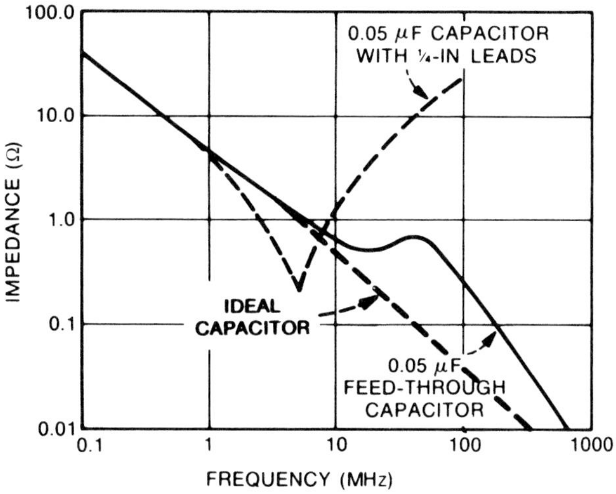

그림 5-8 0.05 μF 커패시터의 임피던스. 관통형 커패시터의 개선된 성능을 보여주고 있다.

성능을 가짐을 알 수 있다. <그림 5-8>은 0.05 μF 관통형 커패시터와 일반 0.05 μF 커패시터의 임피던스 대 주파수 특성을 보여주고 있다. 그림은 관통형 커패시터의 개선된 (더 낮은) 고주파 임피던스 특성을 명확히 보여준다.

관통형 커패시터는 주로 회로에 전력(ac 또는 dc)과 저주파 신호를 공급하면서 동시에 전력이나 신호 리드에 나타나는 고주파 잡음을 접지로 흘려보내는 데 사용된다. 관통형 커패시터는 효과가 매우 뛰어나지만 일반 커패시터보다 비싸다.

5.1.5 병렬 커패시터(Paralleling Capacitors)

커패시터 하나만을 사용해서는 저주파에서 고주파에 이르는 전체 주파수 범위에서 만족스러운 성능을 기대할 수 없다. 이 넓은 범위의 주파수에 대해 필터링을 하기 위해, 흔히 종류가 다른 두 개의 커패시터를 병렬로 사용한다. 전해 커패시터를 사용하여 저주파 필터링에 필요한 큰 커패시턴스를 제공하고, 이와 병렬로 인덕턴스가 작은 소형 마이카 커패시터나 세라믹 커패시터를 연결하여 고주파에서 낮은 임피던스를 제공할 수 있다.

하지만 커패시터들이 병렬로 연결되면 공진문제가 발생하는데, 이는 커패시터 자체와 커패시터들을 서로 연결하는 리드선의 인덕턴스에 의해 발생하는 병렬공진과 직렬공진의 결과이다(Danker, 1985). 그 결과, 특정 주파수에서 높은 임피던스 피크가 나타난다; 병렬 커패시터들의 커패시턴스 값이 차이가 많이 나거나 그들을 서로 연결하는 리드선의 길이가 길면 이런 현상이 더욱 심하게 나타난다. 11.4.3 및 11.4.4절을 살펴보기 바란다.

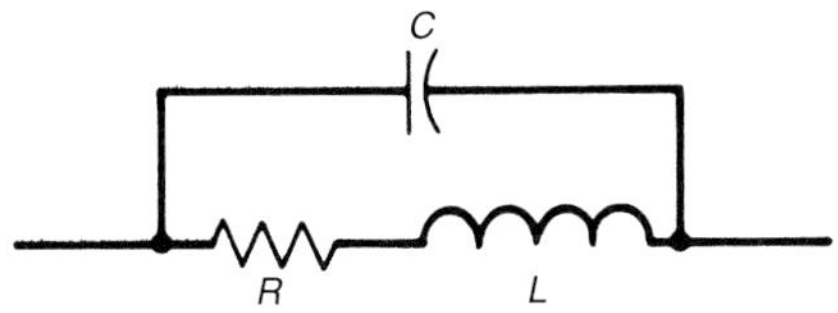

그림 5-9 인덕터의 등가회로.

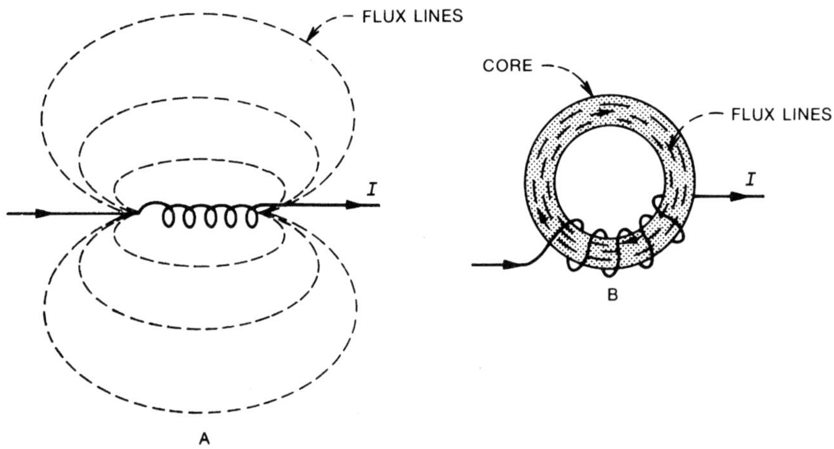

그림 5-10 (A) 공기 코어 인덕터와 (B) 폐로형(고리형) 자성 코어 인덕터에서 발생하는 자기장.

5.2 인덕터(INDUCTORS)

인덕터는 코일이 감기는 코어의 종류에 따라 분류한다. 일반적으로는 공기코어(비자성체로 된 코어는 모두 이 부류에 속함)과 자성 코어(magnetic core)로 분류한다. 자성 코어 인덕터는 코어가 닫혀 있는지(고리형태를 이루는지) 아닌지(개방형인지)에 따라 다시 나뉜다. 이상적인 인덕터는 인덕턴스만 갖지만 실제 인덕터는 코어에 감는 도선 (권선)에 의해 직렬저항을 갖게 되고, 권선 사이의 분포 커패시턴스에 의해 커패시턴스를 가진다. 이것을 <그림 5-9>의 등가회로에 나타냈다. 커패시턴스는 집중소자 병렬 커패시터로 나타낼 수 있으므로 특정 주파수에서 병렬공진이 발생한다.

인덕터의 또 다른 중요한 특성은 부유 자기장에 의한 영향을 받기 쉬우며 아울러 자기장을 발생시킨다는 것이다. <그림 5-10A>에서 보듯이, 그 자속이 인덕터로 부터 상당한 거리까지 크게 미치기 때문에 공기코어나 개방코어 인덕터는 간섭을 일으킬 가능성이 매우 높다. <그림 5-10B>에서 보듯이 거의 모든 자속(magnetic flux)이 코어내부에 남아 있기 때문에 폐로형(고리형) 코어에 도선을 감아만든 인덕터 외부의 자기장은 매우 약하다.

자기장에 대한 감응성(susceptibility)을 고려해보면, 자성코어 인덕터는 공기 코어 인덕터보다 외부 자기장의 영향을 훨씬 많이 받는다. 이는 자성코어의 자기저항(reluctance)이 낮아서 외부자기장이 자기코어로 집중되므로 더 많은 자속이 코일 속을 관통해 지나가기 때문이다. 개방형 자성 코어 인덕터(막대형(rod core) 코어)는 흔히 소형 AM 라디오의 수신 안테나로 사용된다. 페로형 자성 코어는 개방형 자성 코어보다는 외부 자기장의 영향에 덜 민감하지만 공기 코어보다는 더 민감하다.

인덕터에서 발생하는 자기장과 전기장을 제한된 공간속에 가두어 놓기 위해 인덕터를 차폐할 필요가 종종 있다. 구리나 알루미늄처럼 저항이 작은 재료로 만든 차폐도체(shield)는 전기장을 가둘 수 있다. 또한, 고주파 영역에서는 차폐도체 내에서 소용돌이 전류(eddy current)가 발생하여 자기장이 통과하는것을 막아준다. 하지만 저주파 영역에서 자기장을 차폐하기 위해서는 고투자율 자성체를 사용해야 한다.[2)]

예를 들어 고품질 가청 주파수 변압기들은 보통 뮤메탈(mumetal)이라는 고투자율 합금재를 써서 차폐한다.

5.3 변압기(TRANSFORMERS)

한 개의 자성코어에 두 개 이상의 인덕터를 감아서 만들어 의도적으로 인덕터 사이에 결합이 생기도록 만든 것이 변압기이다. 변압기는 보통 회로 사이를 전기적으로 분리하기 위하여 사용된다. <그림 3-34>는 접지 루프를 끊는데 사용되는 절연 변압기이다. 이 경우에 바람직한(의도하는) 결합은 자기장에 의한 것뿐이다. 그렇지만 실제 변압기는 이상적이지 않으므로 <그림 5-11>과 같이 1차권선과 2차권선 사이에 커패시턴스를 가지는데 이로 인해 1차회로에서 2차회로로 잡음이 결합된다. <그림 5-12>에서 보듯이 이런 식으로 결합되는 잡음은 정전차폐, 즉 패러데이 차폐 (두 권선 사이에 놓인 접지된 도체)를 하여 제거할 수 있다. 이 차폐를 제대로 하면, 차폐도체를 접지한 경우 자기장 결합에는 아무런 영향을 주지 않고서 용량성 결합을 제거한다. 이 차폐도체는 반드시 <그림 5-12>의 B점에 접지되어야 한다. A점에 접지되면 차폐도체의 전위는 V_G가 되어 여전히 커패시터 C_2를 통해 부하에 잡음이 결합된다. 따라서, 변압기는 차폐물과 B점 사이의 연결을 간편하게 할 수 있도록 부하 가까이 위치해야 한다. 일반적으로, 차폐물은 잡음원의 반대편 끝에 연결되어야 한다.

<그림 5-13>에서 보듯이 정전기 차폐는 차폐되지 않은 두 변압기를 이용하여 구현할 수도 있다. 중간 탭이 있는 경우, T_2의 1차 회로는 가급적 중간탭으로 접지에 연결해야 한다. T_2의 2차

2) 자기장 차폐에 대한 자세한 해석은 6장을 참조할 것.

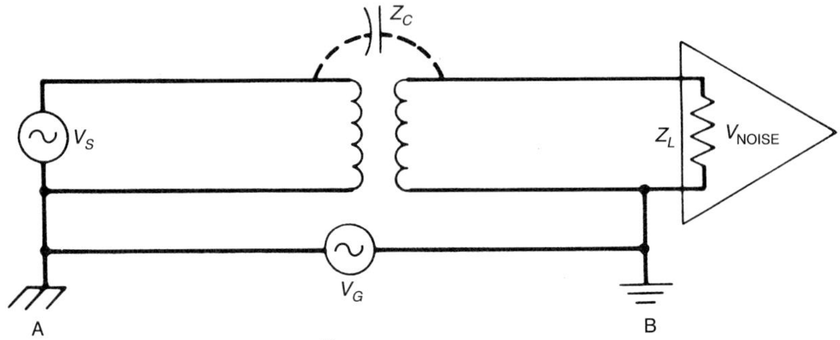

$$V_{NOISE} = \frac{Z_L}{Z_L + Z_C} V_G$$

그림 5-11 실제 변압기의 1차 권선과 2차 권선 사이에는 자기적 결합(유도성결합)은 물론 전기적 결합(용량성 결합)도 일어난다.

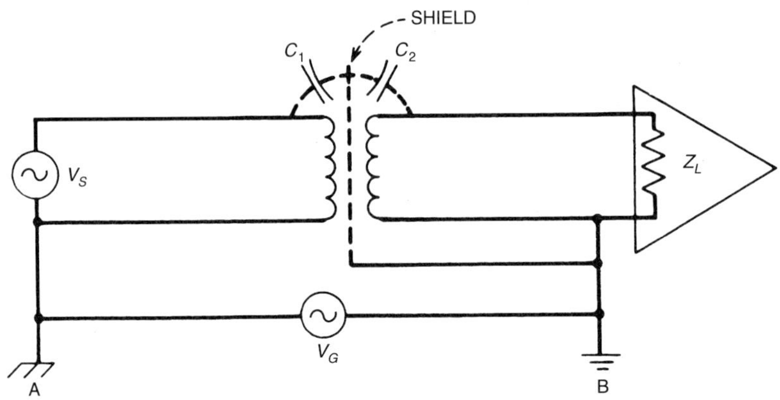

그림 5-12 변압기 권선 사이의 용량성 결합을 차단하는 정전기 차폐

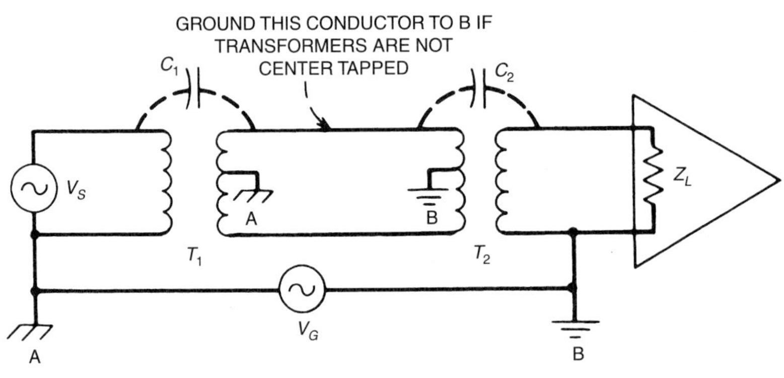

그림 5-13 차폐되지 않은 2개의 변압기로 정전기 차폐가 가능하다.

회로에 중간탭이 있는 경우에는 이 중간탭을 접지에 연결하여 C_2의 어느 한 단자의 전위를 접지 전위 근처값으로 유지시켜야 한다. <그림 5-13>에서 표시한 것처럼, 변압기에 중간탭이 없으면 두 변압기 사이를 연결하는 두 도체 중 한 도체를 접지할 수 있다. 이 방식은 제대로 설계된 정전기 차폐도체를 가지고 있는 변압기보다 효과는 떨어진다. 하지만 <그림 5-13>의 방식은 정전기 차폐 변압기가 회로 내로 결합되는 잡음을 얼마나 효과적으로 감소시키는지 실험해보는 데 유용하다.

5.4 저항기(RESISTORS)

고정 저항기는 기본적으로 다음의 세 종류로 나눌 수 있다: (1) 권선저항기(wirewound resistor), (2) 피막형저항기(film type resistor), (3) 합성저항기(composition resistor). 저항기의 정확한 등가회로는 저항의 종류와 제조 공정에 따라 달라진다. 그렇지만 <그림 5-14>의 등가회로는 대부분의 경우에 적용할 수 있다. 대표적인 합성저항기의 경우, 등가회로에서 병렬로 나타나는 커패시턴스는 대략 0.1~0.5 pF정도이다. 저항기가 갖는 인덕턴스는 주로 리드 인덕턴스인데. 권선저항기의 경우는 예외적으로 저항기의 몸체에 의한 인덕턴스가 가장 크다. 권선저항기나 저항값이 매우 낮은 저항기를 제외하면, 인덕턴스는 회로를 분석할 때는 보통 무시한다. 하지만 저항기의 인덕턴스로 인해 저항기는 외부 자기장을 잘 받아들이게 된다. 외부와 연결되는 리드의 인덕턴스는 <표 5-4>의 데이터를 이용해서 근사적으로 알 수 있다.

높은 값의 저항기를 사용하는 경우에는 병렬로 나타나는 커패시턴스가 중요해진다. 어떤 22 MΩ 저항기가 0.5 pF의 병렬 커패시턴스를 가지고 있다고 가정하자. 그러면 145 kHz에서 용량성 리액턴스는 저항값의 10%가 된다. 이 저항기를 145 kHz보다 높은 주파수에서 사용하면 용량성 리액턴스가 더욱 낮아져 회로의 성능에 영향을 미칠 수 있다. <표 5-3>은 1/2W 탄소저항기에 대해 다양한 주파수에서 임피던스의 크기와 위상각을 측정하여 나타낸 것이다.

<표 5-3>은 1/2-W 탄소 저항기에 대해 다양한 주파수에서 임피던스, 크기 및 위상각을 측정하여 나타낸 것이다. 공칭 저항값은 1 MΩ이다. 500 kHz에서 임피던스 크기는 560 kΩ으로 떨어

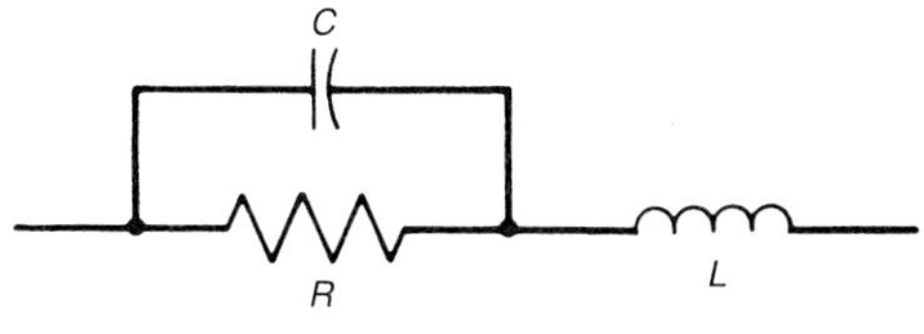

그림 5-14 저항의 등가회로.

표 5-3 1-MΩ, 1/2W 탄소 저항기의 주파수별 임피던스 특성.

	임피던스	
주파수(kHz)	크기(kΩ)	위상각(°)
1	1000	0
9	1000	−3
10	990	−3
50	920	−11
100	860	−16
200	750	−23
300	670	−28
400	610	−32
500	560	−34

지고 위상각은 −34°가 되는 것을 잘 보기 바란다. 이렇게 되면 용량성 리액턴스는 임피던스에 큰 영향을 미친다.

5.4.1 저항기의 잡음(Noise in Resistors)

모든 저항기는 그 구조가 무엇이든 잡음전압을 발생시킨다. 이 잡음전압은 그밖에 산탄잡음(shot noise)과 접촉 잡음(contact noise)과 같은 기타 잡음원에 의해 발생한다. 열잡음을 제거하는 것은 불가능하지만 다른 잡음원은 최소로 하거나 아예 없앨 수 있다. 따라서 총 잡음전압은 열잡음 전압과 동일하거나 더 크다. 이에 대한 자세한 내용은 8장에 설명되어 있다.

이 세 종류의 저항기 중에서 권선저항기가 가장 적은 잡음을 발생시킨다. 품질 좋은 권선저항기의 잡음은 열잡음에 의해 생기는 것보다는 크지 않아야 한다. 그 반대로 가장 잡음이 큰 것이 합성저항기이다. 합성저항기는 많은 개별입자들을 함께 성형하며 제조하므로 열잡음 외에 접촉잡음도 가지고 있다. 합성저항기에 전류가 흐르지 않을 때는 잡음이 열잡음에 가깝다. 전류가 흐르면 잡음은 전류에 비례해서 크게 발생한다. <그림 5-15>는 크기가 다른 두 전류를 흘릴 때 10-kΩ 탄소 합성저항기에서 발생된 잡음을 보여준다. 저주파에서 잡음은 주로 주파수에 반비례하는 특성을 가진 접촉잡음이다. 잡음이 열잡음과 같아지는 주파수는 저항기의 종류에 따라 상당히 다르며 전류의 크기에 따라서도 달라진다.

피막형 저항기에서 발생하는 잡음은 합성저항기에서 발생하는 잡음보다는 훨씬 작지만 권선저항기에서 발생하는 잡음보다는 크다. 이 경우에도 열잡음 외에 추가로 생기는 잡음은 접촉잡음이지만 재료가 더욱 균질하기 때문에 잡음량은 합성저항기의 경우보다 상당히 작다.

저항기에서 잡음에 영향을 미치는 또 다른 요소는 정격 전력이다. 저항값과 종류가 같은 2개의 저항기가 같은 전력을 소모하는 경우, 정격 전력이 높은 저항기가 보통 더 낮은 잡음을 발생시킨다. Campbell 및 Chipman (1949)의 연구데이터에 의하면 동일한 조건에서 1/2-W 합성저

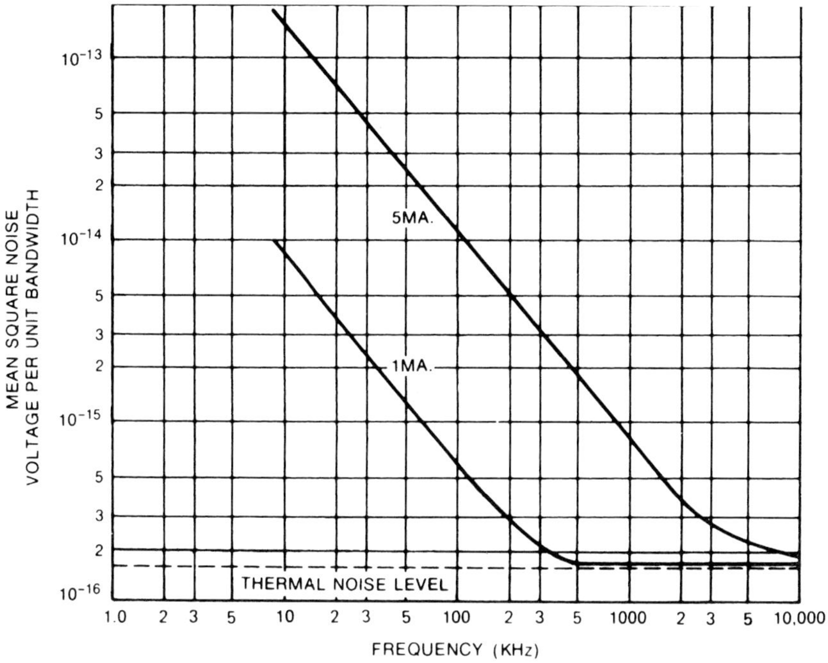

그림 5-15 10-kΩ 탄소 합성저항기의 잡음 전압에 미치는 주파수 및 전류의 영향.

항기와 2-W 합성저항기에서 발생되는 실효잡음전압 사이에는 약 3배의 차이가 있다. 이 차이는 8장의 식 (8-19)에 있는 *K*에 의한 것으로, *K*는 저항기의 구조에 따라 정해지는 변수이다.

가변 저항기는 고정 저항기가 원래 가지고 있는 모든 잡음 외에도 추가로 가동 접점에 의한 접촉에서도 잡음을 발생시킨다. 이 추가잡음은 저항기를 통해 흐르는 전류와 저항기의 저항값에 정비례한다. 잡음을 줄이려면 저항기에 흐르는 전류와 저항값 자체를 최소화해야 한다.

5.5 도체(CONDUCTORS)

도체는 보통 부품으로 여기지 않는다; 하지만 도체는 전자회로의 잡음과 고주파 성능에 아주 중요한 특성를 가지고 있다. 많은 경우, 실제로 회로에서 가장 중요한 부품이 도체이다. 파장에 비해 길이가 작은 도체의 경우에는 저항과 인덕턴스, 이 두 가지가 가장 중요하다. 저항은 확실히 고려를 하지만 인덕턴스는 흔히 소홀이 다룬다. 그렇지만 많은 경우에 인덕턴스가 저항보다 더 중요하다. 심지어 상당히 낮은 주파수에서도 도체의 유도성 리액턴스는 저항값보다 큰 것이 보통이다.

5.5.1 원형 도체의 인덕턴스(Inductance of Round Conductors)

지름이 d인 원형도체가 접지판 위로 h만큼 떨어진 곳에 곧게 놓여 있을 때, 이 원형 직선도체의 외부 루프 인덕턴스는 다음과 같다:

$$L = \frac{\mu}{2\pi} \ln\left(\frac{4h}{d}\right) \text{ H/m} \tag{5-1}$$

여기서 $h > 1.5\,d$로 가정한다. 자유공간의 투자율은 $4\pi \times 10^{-7}$ H/m이다. 따라서 식 (5-1)을 다음과 같이 다시 쓸 수 있다:

$$L = 200 \ln\left(\frac{4h}{d}\right) \text{ nH/m} \tag{5-2a}$$

인치당 나노헨리 단위를 사용할 경우 에는 식은 다음과 같다:

$$L = 5.08 \ln\left(\frac{4h}{d}\right) \text{ nH/in} \tag{5.2b}$$

식 (5-2a)와 식 (5-2b)에 들어 있는 h와 d는 단위가 서로 같기만 하면 어떤 단위가 되어도 상관이 없다. 식이 h와 d의 비로 되어 있기 때문이다.

위의 식들에는 도체 자체 내에서의 자기장의 영향이 포함되어 있지 않으므로 도체의 외부 인덕턴스를 나타낸다. 총 인덕턴스는 실제로 내부 인덕턴스와 외부 인덕턴스의 합이다. 단면이 원형인 직선도체의 경우, 단면 전체에 걸쳐 전류(저주파전류)가 고르게 퍼져 흐르면, 이 도체의 내부 인덕턴스는 도체의 굵기에 상관없이 1.27 nH/in이다. 내부 인덕턴스는 도체들이 서로 아주 가깝게 놓여 있는 경우를 제외하면 외부 인덕턴스와 비교해 무시할 수 있는 것이 보통이다. 고주파 영역에서는 표피효과에 의해 전류가 도체 표면에 집중되기 때문에 내부 인덕턴스는 훨씬 더 감소한다. 따라서 보통 외부 인덕턴스만을 중요하게 다룬다.

<표 5-4>는 다양한 굵기의 균일 도체의 외부 루프 인덕턴스와 저항값을 나타낸 것이다. 표를

표 5-4 원형 도체의 인덕턴스 및 저항.

			인덕턴스(nH/in)		
도선규격(굵기) (AWG)	지름 (in)	DC 저항 (mΩ /in)	접지판 위 0.25 in	접지판 위 0.5 in	접지판 위 1 in
26	0.016	3.38	21	25	28
24	0.020	2.16	20	23	27
22	0.025	1.38	19	22	26
20	0.032	0.84	17	21	25
18	0.040	0.54	16	20	23
14	0.064	0.21	14	17	21
10	0.102	0.08	12	15	19

보면 접지판을 귀환전류경로로 가정할 때, 도체가 접지판에 가까울수록 인덕턴스가 감소한다는 것을 알 수 있다. 도선이 접지판 위로 멀어지면 인덕턴스는 증가한다.

또한 <표 5-4>는 도체 지름이 클수록 인덕턴스가 낮아진다는 것을 보여주고 있다. 식 (5-1)에서 보듯이 인덕턴스와 도체 지름은 로그함수 관계를 가진다. 이 때문에 도체지름을 증가시켜도 인덕턴스를 쉽게 낮출 수는 없다.

두 개의 나란한 원형도체에 서로 반대 방향으로 균일한 전류가 흐르는 경우, 도체 자체 내의 자속의 영향을 무시하면 **루프 인덕턴스**는 다음과 같다.

$$L = 10\ln\left(\frac{2D}{d}\right) \quad \text{nH/in} \tag{5-3}$$

식 (5-3)에서 D는 두 도체의 중심 사이의 간격이고 d는 도체의 지름이다.

5.5.2 사각형 도체의 인덕턴스(Inductance of Rectangular Conductors)

인쇄회로기판(PCB)의 트레이스(trace)와 같은 사각형 도체의 루프 인덕턴스는 전송선로의 특성 임피던스 Z_0가 $\sqrt{L/C}$(식 (5-16))와 같다는 잘 알려진 관계로부터 구할 수 있다:

$$L = CZ_0^2 \tag{5-4}$$

IPC-D-317A (1995)는 접지판 위로 거리 h만큼 떨어진 곳에 위치한 좁은 사각형 선로(마이크로스트립선로)의 특성 임피던스와 커패시턴스를 나타내는 식을 제시하였다. IPC 식을 식 (5-4)에 대입하면 사각형 PCB 선로의 루프 인덕턴스는 다음과 같다.

$$L = 5.071\ln\left[\frac{5.98h}{0.8w + t}\right] \quad \text{nH/in} \tag{5-5}$$

여기서 w는 트레이스 폭, t는 트레이스 두께, h는 접지판과 트레이스 사이의 거리이다. 식 (5-5)는 $h > w$인 경우에만 유효하다. 식 (5-5)에서 중요한 것은 h, w, t사이의 비이므로 각각의 단위는 서로 같은 단위이기만 하면 어떤 단위이든 상관없다.

예제 5.1

폭 0.080 in, 두께 0.0025 in의 사각형 도체가 26번 게이지의 원형 도체(지름 0.405 mm)와 동일한 단면적을 갖는다. 도체가 접지판 위의 0.5 in 높이에 위치하는 경우, 26번 게이지 원형 도체의 인덕턴스(식 (5-2b)로부터)는 25 nH/in인 반면, 사각형 도체의 인덕턴스(식 (5-5)로부터)는 19 nH/in 밖에 안 된다. 이 결과는 납작한 사각형 도체가 단면적이 같은 원형 도체보다 작은 인덕턴스를 갖는다는 것을 보여준다.

5.5.3 원형 도체의 저항(Resistance of Round Conductors)

도체의 또 다른 특성이 저항이다. 도체의 사이즈(치수)를 선정할 때는 일반적으로 도체 내에서 허용되는 최대직류전압강하값을 고려하여 결정한다. 직류 전압강하는 도체 저항과 최대 전류의 함수이다. 도체의 단위 길이 당 저항은 다음과 같다:

$$R = \frac{\rho}{A} \tag{5-6}$$

여기에서 ρ는 도체재료의 저항률(전도율 σ의 역수)이고 A는 전류가 흐르는 단면의 면적이다. 구리의 ρ는 1.724×10^{-8} Ω-m (67.87×10^{-8} Ω-in)이다. 직류의 경우, 전류는 도체단면 전체에 균일하게 퍼져 흐른다. 단면이 원형인 도체의 직류 저항은 다음과 같다:

$$R_{dc} = \frac{4\rho}{\pi d^2} \tag{5-7}$$

여기에서 d는 도체의 지름이다. 이 식에서 ρ의 단위가 옴-미터로 되어 있으면 d의 단위는 반드시 미터이고 R_{dc}의 단위는 Ω/m이어야 한다. ρ의 단위가 옴-인치이면 d의 단위는 반드시 인치여야 하고, 이때 R_{dc}의 단위는 Ω/in가 된다.

<표 5-4>에 다양한 사이즈의 균일 도체에 대해 직류 저항값을 수록하였다. 고주파에서 표피효과는 도체 저항을 증가시킨다. 표피효과는 도체 내 전류에 의해 발생하는 자기장 때문에 전류가 도체의 바깥 표면 쪽으로 빽빽하게 모여 흐르는 현상이다. 표피효과는 6.4절에 자세히 설명하였다. 주파수가 증가함에 따라 전류는 도체 표면에서 점점 더 얇아지는 고리 모양의 영역에 집중하여 흐른다(<그림 P5-7> 참조). 이렇게 되면 전류가 흐르는 단면적이 줄어들므로 저항이 증가한다. 따라서 고주파에서 모든 전류는 표면전류이고 속이 텅 빈 원통도체는 속이 꽉 찬 원통도체와 동일한 교류저항을 갖는다.

속이 꽉찬 균일한 원형 구리 도체의 경우, 교류저항과 직류 저항은 다음과 같은 관계를 갖는다(Jordan, 1985):

$$R_{ac} = \left(96d\sqrt{f_{MHz}} + 0.26\right)R_{dc} \tag{5-8}$$

여기에서 d는 도체의 지름(단위: 인치)이고 f_{MHz}는 주파수(단위:MHz)이다. 이 식에서 $d\sqrt{f_{MHz}}$가 0.01 보다 아주 큰 경우에는(d는 인치단위) 오차 1% 이내로 정확하다 $d\sqrt{f_{MHz}}$가 0.008보다 작은 경우에는 이 식을 사용해서는 안 된다. 22번 게이지 도선(지름 0.644 mm)의 경우, 주파수가 0.15MHz 이상이 되면 $d\sqrt{f_{MHz}}$ 값이 0.01보다 커진다. $d\sqrt{f_{MHz}}$가 0.004보다 작은 경우에는, ac 저항은 dc 저항의 1 % 이내이다. 도체 재료가 구리가 아닌 경우에는 식 (5-8)의 맨 앞에 다음의 인수를 곱해야 한다:

$$\sqrt{\frac{\mu_r}{\rho_r}}$$

여기에서 μ_r은 도체재료의 상대 투자율이고 ρ_r은 구리를 기준으로 한 재료의 상대 저항률이다. 다양한 재료의 상대 투자율과 상대전도율 (저항률의 역수)을 <표 6-1>에 수록하였다.

식 (5-7)을 식 (5-8)에 대입하고 주파수가 식 (5-8)에서 0.26 항을 무시할 수 있을 정도로 충분히 높다고 가정하면 원형 구리 도체의 교류 저항은 다음 식과 같다.

$$R_{ac} = \frac{8.28 \times 10^{-2}\sqrt{f_{MHz}}}{d} \quad \text{m}\Omega/\text{in} \tag{5-9a}$$

여기에서 d의 단위는 인치이다. $d\sqrt{f_{MHz}}$가 0.03보다 큰 단위 경우(d는 인치), 식 (5-9)는 오차 10% 이내의 정확도를 갖는다. 22번 도선의 경우 주파수가 1.5 MHz 이상이면 여기에 해당한다. $d\sqrt{f_{MHz}}$가 0.08보다 큰 경우 식 (5-9)는 오차 수 %이내의 정확도를 갖는다.

mΩ/m로 단위를 변경하면 다음 식이 된다:

$$R_{ac} = \frac{82.8\sqrt{f_{MHz}}}{d} \quad \text{m}\Omega/\text{m} \tag{5-9b}$$

여기서 d의 단위는 밀리미터이다.

식 (5-9)로부터 도체 저항이 주파수 제곱근에 정비례하는 것을 알 수 있다.

5.5.4 사각형 도체의 저항(Resistance of Rectangular Conductors)

도체의 교류 저항은 도체의 모양을 변형하여 줄일 수 있다. 사각형 도체는 단면적이 같은 원형도체보다 교류저항이 작은데, 이는 사각형도체의 둘레의 길이가 원형도체보다 길기 때문이다. 고주파 전류는 도체의 표면에만 흐른다는 것을 잘 기억하고 있어야 한다. 사각형 도체는 단면적이 같은 원형 도체보다 교류 저항이 작고 인덕턴스가 작기 때문에 고주파용으로 더 좋다. 따라서 접지 도체로 보통 납작한 스트랩이나 편조도선이 사용된다.

폭 w와 두께 t를 갖는 사각형 도체에서 직류 전류는 도체의 단면 전체에 걸쳐 균일하게 퍼져 흐르므 식 (5-6)으로부터 직류 저항을 다음과 같이 쓸 수 있다:

$$R_{dc} = \frac{\rho}{wt} \tag{5-10}$$

<그림 5-16>에서 보듯이, 홀로 놓여있는 사각형 도체의 교류 저항은 대부분의 고주파 전류가 도체표면에서 $1 \times \delta$(δ: 표피깊이) 깊이에 집중된다는 사실로부터 쉽게 계산할 수 있다.

전류가 흐르는 단면적은 $2(w + t)\delta$와 같다. 여기에서 w와 t는 각각 사각형 도체의 폭과 두께이며 δ는 도체재료의 표피깊이다. 여기서 $t > 2\,\delta$로 가정한다. 식 (5-6)의 면적 A에 $2(w + t)\delta$를

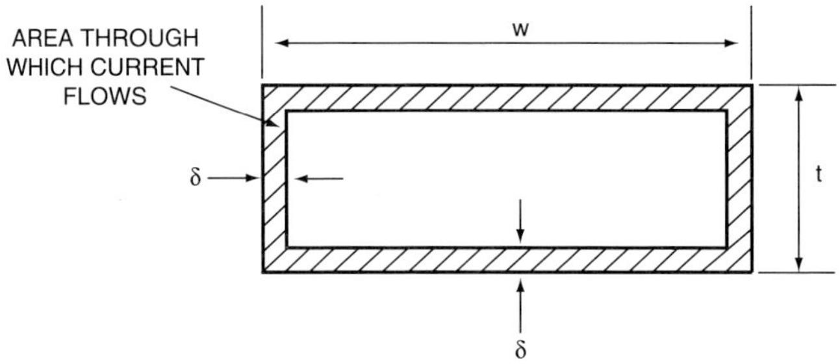

그림 5-16 사각형 도체에서 고주파 전류는 도체표면에서부터 $1 \times \delta$(δ: 표피깊이) 깊이에 집중된다.

대입하면 다음을 얻는다:

$$R_{ac} = \frac{\rho}{2(w+t)\delta} \tag{5-11}$$

구리의 표피 깊이(식 (6-11a))는 다음과 같다:

$$\delta_{copper} = \frac{66 \times 10^{-6}}{\sqrt{f_{MHz}}} \quad \text{m} \tag{5-12}$$

식 (5-11)를 식 (5-12)에 대입하면 사각형 구리 도체의 교류저항은 다음과 같다:

$$R_{ac} = \frac{131\sqrt{f_{MHz}}}{(w+t)} \quad \text{m}\Omega/\text{m} \tag{5-13a}$$

여기에서 w와 t의 단위는 밀리미터이다.

밀리옴/인치로 단위를 변경하면 다음과 같다:

$$R_{ac} = \frac{0.131\sqrt{f_{MHz}}}{(w+t)} \quad \text{m}\Omega/\text{in} \tag{5-13b}$$

여기에서 w와 t의 단위는 인치이다.

사각형 도체의 교류 저항은 주파수 제곱근에 정비례하고 도체 폭과 두께의 합에 반비례한다. $t \ll w$인 일반적인 경우에 교류 저항은 도체 폭에 반비례한다.

위의 모든 교류 저항 식은 홀로 떨어져 있는 직선형 도체를 가정한 것이다. 도체 가까이에 전류가 흐르는 다른 도체가 있으면 교류 저항은 이 식으로 계산되는 값보다 크다. 이렇게 저항이 커지는 것은 다른 도체에 흐르는 전류의 영향으로 도체 한쪽 편으로 전류가 몰려 흐르기 때문이다. 이렇게 전류가 한쪽으로 많이 몰리면 전류가 흐르는 구리의 면적이 감소하므로 저항이 증가한다. 단면이 원형인 도체의 경우, 그 원형 도체가, 전류가 흐르는 인접한 다른 도체에서 그 원형 도체 지름의 10배 이상 떨어져 있으면 이 영향을 무시할 수 있다.

5.6 전송선로(TRANSMISSION LINES)

도체의 길이가 긴 경우에는, 다시 말해 도체에 사용되는 신호의 파장에 비해 도체의 길이를 무시할 수 없을 때는, 더 이상 5.5절과 같이 단순한 **집중 정수** 직렬 R–L 회로로 나타낼 수 없다. 신호가 도체를 따라 진행하면서 발생하는 위상 변화(지연) 때문에 전압 및 전류는 도체의 위치마다 각각 다른 값을 갖는다. 어떤 점에서 전류(또는 전압)는 최대가 되고 다른 점에서 전류(또는 전압)는 최소가 되는데, 경우에 따라서는 0이 되기도 한다. 따라서 임피던스(저항, 인덕턴스 또는 커패시턴스)는 도체상의 위치에 따라 달라진다. 예를 들어 전류가 0인 곳에 위치한 저항에는 그 양단에 전압강하가 없는 반면, 전류가 최대인 곳에 위치한 저항의 양단에는 큰 전압강하가 있다. 이러한 상황에서는 신호 도체 및 그 귀환 경로는 반드시 전송선로로 함께 다루어야 하며 반드시 선로의 **분포** 정수 모형을 사용해야 한다.

일반적으로 주파수 영역에서는 도체의 길이가 파장의 1/10보다 긴 경우에는 전송선로로 취급하고, 시간 영역에서는 디지털 신호의 경우, 신호의 상승시간이 선로의 전파지연(전파 속도의 역수)의 2배보다 짧을 때 전송선로로 취급한다.

그렇다면 전송선로란 무엇인가? 전송선로는 전자기에너지를 한 곳에서 다른 곳으로 유도(guide, 전송)하기 위해 사용하는 쭉 이어진 도체로 보통 두 개의 도체로 구성되지만 꼭 두 개일 필요는 없다. 여기서 이해해야 할 중요한 개념은 한 곳에서 다른 곳으로 이동하는 것이 전압, 전류가 아니라 전자기에너지라는 것이다. 전압과 전류는 전자기장이 존재하기 때문에 있는 것이다. 전송선로를 구조와 도체 수에 따라 분류할 수 있다. 흔히 사용되는 전송선로의 종류는 다음과 같다:

- 동축 케이블 (2)
- 마이크로스트립 선로 (2)
- 스트립 선로 (3)
- 평형선로 (2)
- 도파관 (1)

괄호 안의 수는 전송선로를 구성하는 도체 수를 나타낸다. 위에 열거한 다섯 종류의 구조를 <그림 5-17>에 나타내었다.

아마도 가장 흔한 전송선로는 동축케이블(coax)일 것이다. 동축케이블에서 전자기 에너지는 중심 도체와 외부 도체(실드) 안쪽 표면 사이에 있는 유전체를 통하여 전파된다.

인쇄회로기판(PCB)상의 전송선로는 납작한 직사각형 도체가 한 개의 판(plane) 또는 여러 개의 판에 인접해 있는 구조를 하고 있다(즉 마이크로스트립 또는 스트립선로).

스트립 선로의 경우, 전자기 에너지는 도체 사이 유전체를 통해 전파된다. 신호 도체가 PCB

그림 5-17 널리 사용되고 있는 여러 가지 전송선로의 구조.

표면층에 있는 마이크로스트립 선로의 경우에 전자기장의 일부는 공기로, 나머지 일부는 PCB의 유전체로 전파된다.

평형선로는 크기와 모양이 똑같은 두 개의 도체로 구성되어 있는 것(예: 서로 나란한 두 개의 원형도체)으로 두 도체는 접지도체는 물론 다른 모든 도체들에 대해서도 같은 임피던스를 갖는다. 이 경우 전자기 에너지는 도체 주위의 유전체를 통하여 전파된다.

도파관은 전자기 에너지를 유도(전송)하는 데 사용하며, 속이 비어있는 단일 도체로 되어 있다. 도파관에서 에너지는 도체내부의 빈 공간을 통해 전파된다. 거의 모든 경우에, 전파 매질은 공기다. 도파관은 대부분 기가 헤르츠의 주파수 범위에서 사용된다. 도파관은 위에서 설명한 다른 모든 전송선로와는 달리 직류 신호를 통과시키지 못한다는 중요한 특성이 있다.

전송선로의 도체는 **전자기 에너지를 유도하는 역할만** 한다는 것을 잘 알고 있어야 한다. **전자기 에너지는 유전체를 통해 전파된다.** 전송선로에서 전자기 에너지의 전파속도 v는 다음과 같다:

$$v = \frac{c}{\sqrt{\varepsilon_r}} \tag{5-14}$$

여기에서 c는 진공 (자유 공간)속에서 빛의 속도이고 ε_r은 파가 전파되는 매질의 상대 유전율이다. 상대 유전율이 클수록 전파속도는 느리다. <표 4-3>에는 다양한 물질의 상대 유전율이 수록되어 있다. 빛의 속도 c는 약 300×10^6 m/s(12 in/ns)이다.[3)] 대부분의 전송선로에 있어 전파속도는 유전체의 종류에 따라 빛의 속도의 1/3에서 빛의 속도까지 다양하다. 전송선로에 사용되는 많은 유전체의 경우, 전파속도는 진공속의 빛의 속도의 약 반이다. 따라서 신호가 전송선로로 전파되는 속도는 6 in/ns이다. 이 전파 속도는 기억해 두면 유용하다.

전송선로에서 빛의 속도나 빛의 속도에 가깝게 이동하는 것이 전자기 에너지라는 것을 잘 알아두는 것이 중요하다. 에너지의 전달속도는 도체 내 전자가 아니라 유전체에 영향을 받는다. 도체속에서 전자의 속도는 약 0.01 m/s(0.4 in/s)이다(Bogatin, 2004, p. 211). 이 속도는 자유공간 내 빛의 속도보다 300억 배 느린 것이다. **따라서 전송선로에서 가장 중요한 물질은** 에너지를 단지 유도하는 도체가 아니라 **전자기 에너지(전자기장)가 전파되는 영역인 유전체**이다.

3) 진공 속에서 빛의 속도는 실제로 299,792,458 m/s (186,282.397 mi/s)이다.

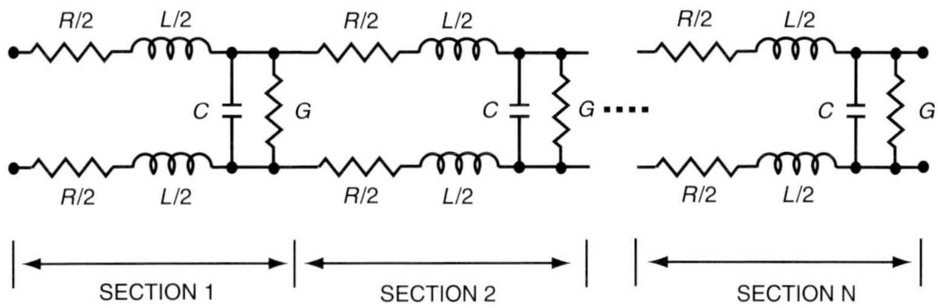

그림 5-18 2도체로 된 전송선로의 분포정수 모형.

전송선로를 나타내는 모형으로는 전기적으로 길이가 짧은 도체를 나타내는 데 사용되는 *R-L* 회로망 모형 대신에 <그림 5-18>과 같이 많은 수(이상적으로는 무한대)의 *R-L-C-G* 소자로 이루어진 모형을 사용해야 한다. 전송선로에서는 선로상의 실제위치가 중요하기 때문에 선로를 이루는 모든 소자들을 하나로 집중시켜 나타낼 수 없다는 점을 기억해야 한다. 더 많은 부분(section)을 사용한 모형일수록 더욱 정확하다. <그림 5-18>에서 *R*은 도체의 저항을 나타낸다 (단위 길이당 옴). *L*은 도체의 인덕턴스를 나타낸다(단위 길이당 헨리). *C*는 두 도체 사이의 커패시턴스를 나타낸다(단위 길이당 패럿). *G*는 두 도체를 분리하는 유전체의 컨덕턴스(저항의 역수)를 나타낸다(단위 길이당 지멘스).

전송선로를 해석할 때는 그 전송선로상에 TEM 모드(transverse electromagnetic mode, 횡방향 전자기장 모드)만이 전파하는 것으로 가정한다. TEM 모드에서는 전기장과 자기장 서로 수직이며 전파 방향은 전자기장을 포함하고 있는 평면에 대해 수직이다. 전자기파가 TEM 모드로 전파하려면 전송선로는 반드시 둘 이상의 도체로 구성되어야 한다. 따라서 도파관은 TEM 모드의 전자기파를 전파할 수 없다. 도파관은 횡방향 전기장($TE_{m,n}$)모드나 횡방향 자기장($TM_{m,n}$)모드 중 하나로 에너지를 전송한다. 아래 첨자 *m*과 *n*은 각각 사각형 도파관 단면의 *x* 방향과 *y* 으로의 반 파장의 수를 나타낸다.

전송선로의 가장 중요한 특성은 특성 임피던스, 전파 상수, 고주파 손실 이렇게 세 가지이다.

5.6.1 특성 임피던스(Characteristic Impedance)

신호가 전송선로 내로 들어가면 전자기파는 전송선로를 구성하는 유전체 속을 통해 전파속도 *v*로 전파한다. 전자기파는 전송선로의 도체속에 전류를 유도한다. 이 전류는 <그림 5-19>에서 보듯이 신호도체를 따라 흐르다가 두 도체 사이의 커패시턴스를 통과한 다음 귀환 도체를 통해 신호원으로 되돌아간다. 전송선로를 따라 전파하는 전자기파의 상승에지(rising edge)에서만 두 도체 사이의 커패시턴스를 통해 전류가 흐르는데, 이는 이 부분이 바로 전압이 변하는 유일한 곳이기 때문이다. 커패시터를 통해 흐르는 전류는 $I = C\,(dv/dt)$가 된다.

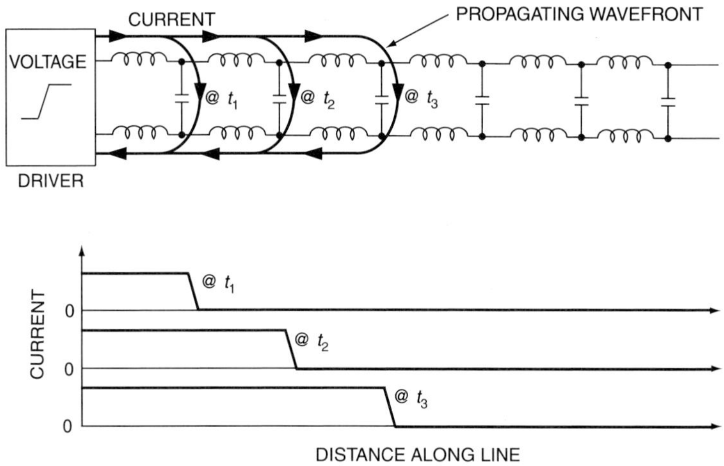

그림 5-19 신호의 상승에지 부분이 전송선을 따라 전파하면서 신호전류와 귀환전류가 전송선로의 도체에 흐르게 된다($t_3 > t_2 > t_1$).

전파속도가 유한하기 때문에 선로로 들어온 신호는 처음에는 선로의 맨 끝에 무엇이 연결되어 있는지, 실제 전송선로의 끝이 어딘지 모른다. 따라서 선로의 전압과 전류의 관계는 특성 임피던스에 따라서 정해진다. <그림 5-19>는 전압과 전류 모두가 개방된 전송선로를 따라 전파하는 것이 가능하다는 중요한 원리를 잘 보여주고 있다.

<그림 5-18>에 나타낸 전송선로 파라미터를 써서 특성 임피던스 Z_0를 나타내면 다음과 같다:

$$Z_0 = \sqrt{\frac{R + j\omega L}{G + j\omega C}} \tag{5-15}$$

전송선로에서 손실이 없다고 가정하면 전송선로의 해석이 아주 간단해진다. 많은 실제 전송선로는 손실이 작으므로 무손실 선로로 근사화할 수 있다. 무손실 선로의 경우 R과 G가 모두 0이다.

무손실 전송선로의 모형을 <그림 5-20>에 나타내었다. 식 (5-15)에서 $R = 0$, $G = 0$을 대입하면 자주 인용되는 유명한 식인 무손실 전송선로의 특성 임피던스식을 다음과 같이 얻을 수 있다:

$$Z_0 = \sqrt{\frac{L}{C}} \tag{5-16}$$

식 (5-16)의 세 파라미터 중에서 어느 것이든 두 개를 알면 나머지 하나를 계산할 수 있다는 것을 잘 알아두기 바란다. 전송선로에 대해 주로 언급되는 특성은 특성 임피던스와 단위 길이당 커패시턴스이다. 이 두 가지 특성을 알면 식 (5-16)을 이용하여 단위 길이당 인덕턴스를 계산할

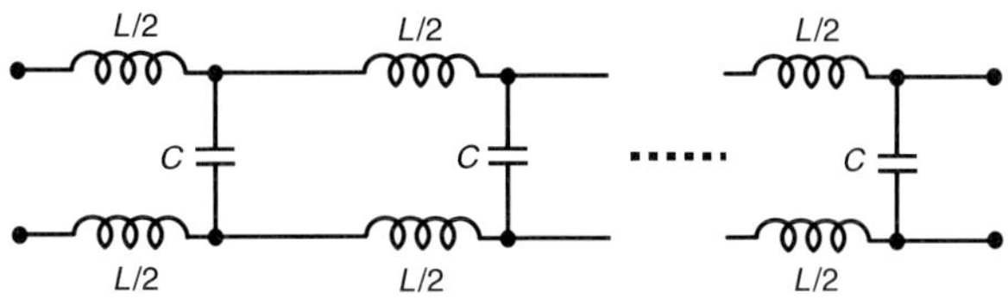

그림 5-20 무손실 전송선로의 분포정수 모형.

수 있다.

전송선로의 특성 임피던스를 구하는 공식은 선로의 기하학적 구조에 따라 달라지는데, 세 가지 전송선로에 대한 공식을 제외하고는 모두 근사식이다. 이 세 가지는 동축 케이블, 평행한 두 개의 똑같은 원형 도체, 판 위에 놓인 원형 도체다. 발표되어 알려진 전송선로의 특성임피던스 식들로 구한 값 사이에 10% 이상의 차이가 나는 것은 드문 일이 아니다. 발표된 많은 특성 임피던스 공식은 제한된 범위에서만 정확하다. 근사식이 아닌 세 가지 전송선로의 정확한 식은 다음과 같다:

동축선로의 특성 임피던스는 다음과 같다:

$$Z_0 = \frac{60}{\sqrt{\varepsilon_r}} \ln\left[\frac{r_2}{r_1}\right] \tag{5-17}$$

여기에서 r_1은 내부도체의 반지름이고 r_2는 외부도체의 반지름이며 ε_r은 두 도체 사이에 들어있는 물질의 상대 유전율이다.

평행한 두 개의 동일한 원형 도체의 특성 임피던스는 다음과 같다:

$$Z_0 = \frac{120}{\sqrt{\varepsilon_r}} \ln\left[\left(\frac{D}{2r}\right) + \sqrt{\left(\frac{D}{2r}\right)^2 - 1}\right] \tag{5-18a}$$

여기에서 r은 각 도체의 반지름, D는 도체 중심 간의 거리, ε_r은 도체를 둘러싸고 있는 물질(매질)의 상대 유전율이다. $D \gg 2r$인 경우, 이 식은 보통 다음과 같이 근사적으로 쓸 수 있다.:

$$Z_0 = \frac{120}{\sqrt{\varepsilon_r}} \ln\left[\frac{D}{r}\right] \tag{5-18b}$$

대칭성을 이용하면 판 위로 h만큼 떨어진 곳에 위치한 원형 도체의 특성 임피던스는 두 원형 도체가 거리 $2h$만큼 떨어져 있는 경우의 정확히 반이다. 따라서 판 위에 놓인 원형 도체의 특성 임피던스는 다음과 같다:

$$Z_0 = \frac{60}{\sqrt{\varepsilon_r}} \ln\left[\left(\frac{h}{r}\right) + \sqrt{\left(\frac{h}{r}\right)^2 - 1}\right] \tag{5-19a}$$

여기에서 r은 도체의 반지름이고 h는 평면 위 도체의 높이이다. $h >> r$인 경우 식(5-19a)는 다음과 같이 근사적으로 쓸 수 있다.

$$Z_0 = \frac{60}{\sqrt{\varepsilon_r}} \ln\left[\frac{2h}{r}\right] \tag{5-19b}$$

실제 사용되는 전송선로의 특성 임피던스는 대부분 약 25 Ω에서 500 Ω 사이에 있으며 가장 흔한 범위는 50~150 Ω이다.

5.6.2 전파상수(Propagation Constant)

신호가 전송선로를 따라 전파할 때 생기는 신호의 감쇠와 위상천이(지연)를 설명하는 것이 전파상수이다. <그림 5-18>의 파라미터를 써서 전송선로의 전파상수 γ를 나타내면 다음과 같다:

$$\gamma = \sqrt{(R + j\omega L)(G + j\omega C)} \tag{5-20}$$

일반적으로 전파상수는 실수와 허수를 갖는 복소수이다. 실수부를 α로, 허수부를 β로 정의하면 다음과 같이 전파상수를 쓸 있다:

$$\gamma = \alpha + j\beta \tag{5-21}$$

실수부는 감쇠상수이고 허수부는 위상상수이다. 무손실 선로의 경우 식 (5-20)의 실수부 및 허수부는 다음과 같다:

$$\alpha = 0 \tag{5-22a}$$

$$\beta = \omega\sqrt{LC} \tag{5-22b}$$

예상한 대로 식 (5-22a)로부터 무손실 선로의 감쇠는 0인 것을 알 수 있다. 식 (5-22b)는 신호가 선로를 따라 전파되면서 생기는 신호의 위상 변화(지연)으로, 단위는 단위길이당 라디안(rad/m)이다.

예제 5.2

어떤 전송선로의 커패시턴스가 12 pF/ft, 인덕턴스가 67.5 nH/ft이다. 식 (5-22b)로 계산해 보면 선로를 따라 전파되는 100 MHz 신호는 0.565 rad/ft(32.4°/ft)의 위상 지연을 갖는다. 식 (5-16)으로 계산하면 선로의 특성 임피던스는 75 Ω이다.

5.6.3 고주파 손실(High-Frequency Loss)

앞에서 설명한 무손실 선로 모형은 넓은 주파수 범위에서 많은 실제 전송선로의 특성을 잘 나타내고 있다. 그렇지만 이 무손실 모형은 1 MHz에서 수백 MHz 사이의 많은 경우에, 신호가 전송선로를 따라 전파될 때 발생하는 신호의 감쇠를 나타내지는 못한다. 신호 감쇠를 설명하려면 선로의 손실을 계산에 넣어야 한다.

전송선로 손실의 두 주요 유형은 (1) 도체 저항에 의해 생기는 저항손실과 (2) 전파하는 전기장으로부터 유전체가 에너지를 흡수하여 생기는 유전손실이다. 저항손실은 식 (5-20)의 R 항에 영향을 미치고 유전손실은 식 (5-20)의 G 항에 영향을 미친다.

전송선로 손실을 나타내는 일반식은 복잡하다. 그래서 수학적으로 단순화하기 위하여 저손실로 근사화하여 사용하는 것이 보통이다. 저손실 근사에서는 R과 G를 0으로 놓는 대신, $R \ll \omega L$과 $G \ll \omega C$로 하여 R과 G가 작은 것으로 가정한다. 이 가정은 고주파에서 대부분의 실제 전송선로에 대해 합리적이다.

손실선로에 대한 감쇠상수를 유도하는 것은 이 책에서 다루는 범위를 벗어난다. 손실이 작은 경우를 가정하면 감쇠상수(식 (5-20)의 실수부)는 근사적으로 다음과 같이 쓸 수 있다(Bogatin, 2004, p. 374):

$$\alpha = 4.34\left[\frac{R}{Z_0} + GZ_0\right] \text{ dB/unit length} \tag{5-23}$$

여기서 R과 G는 주파수의 함수로, 주파수에 따라 증가한다.

식 (5-23)은 단위 길이당 선로의 손실을 나타낸다. 식 (5-23)의 첫째 항은 도체의 저항손실로 인한 감쇠이고 둘째 항은 선로의 유전체의 손실로 인한 감쇠이다.

5.6.3.1 저항손실(Ohmic Loss) 선로에 사용된 도체의 특성에 의해 결정되는 유일한 전송선로 파라미터가 저항손실이다. 저항손실 외에 다른 파라미터들은 모두 유전체와 선로의 기하학적 구조의 함수이다. 도체의 저항손실에 의한 감쇠는 다음과 같다:

$$\alpha_{ohmic} = 4.34\left[\frac{R}{Z_0}\right] \tag{5-24}$$

여기에서 R은 앞의 5.5.3절 및 5.5.4절에서 다룬 도체의 교류 저항이다. 전송선로를 구성하는 두 도체의 크기가 동축선로나 마이크로스트립 또는 스트립 선로와 같이 상당히 다른 경우, 대부분의 저항, 즉 손실은 두 도체 중 작은 도체에서 생기므로 큰 도체의 저항은 보통 무시된다. 이들 전송선로에서는 작은 도체는 보통 신호 도체이고 큰 도체는 귀환 도체이다.

경우에 따라서는, 귀환 도체로 인해 추가되는 저항을 나타내기 위해 신호도체의 교류저항에 약 1.35의 보정 계수를 곱한다. 마이크로스트립 선로의 경우에는, 대부분의 전류가 도체의 아랫면을 따라 흐르기 때문에 저항은 식 (5-13)로 계산되는 것보다 더 크다. 이 경우 보정계수는 1.7이 적절할 수 있다.

단면이 원형인 도체의 감쇠상수는 식 (5-9)를 인치 당 저항으로 변환한 다음, 이를 식 (5-24)의 R에 대입하면 다음과 같이 쓸 수 있다:

$$\alpha_{ohmic} = \frac{36000\sqrt{f_{MHz}}}{dZ_0} \quad \text{dB/in} \tag{5-25}$$

여기에서 d는 도체 지름으로 단위는 인치이다.

단면이 사각형인 도체의 감쇠상수는 식 (5-13b)를 인치 당 저항으로 변환하고 이를 식 (5-24)의 R에 대입하면 다음과 같다:

$$\alpha_{ohmic} = \frac{0.569 \times 10^{-3}\sqrt{f_{MHz}}}{(w+t)Z_0} \quad \text{dB/in} \tag{5-26}$$

5.6.3.2 유전손실(Dielectric Loss) 유전체흡수(dielectric absorption)로 인한 감쇠는 다음과 같다:

$$\alpha_{dielectric} = 4.34[GZ_0] \tag{5-27}$$

유전체 내의 손실은 유전체의 손실계수에 의하여 결정된다. 손실계수(dissipation factor)는 MHz 당 유전체에서 소모된 에너지에 대한 저장 에너지 비로 결정되며 보통 손실 탄젠트, tan(δ)로 나타낸다. 유전체의 tan(δ)이 클수록 손실이 많다. <표 5-5>에 몇 가지 널리 사용되는 유전체 재료에 대한 손실계수(손실 탄젠트)를 수록하였다.

식 (5-27)에 전송선로의 G, C, Z_0 사이의 관계식과 빛의 속도를 직접 대입하면 다음 식을 얻을 수 있다(Bogatin, 2004, p. 378):

$$\alpha_{dielectric} = 2.3\, f_{GHz} \tan(\delta)\sqrt{\varepsilon_r} \quad \text{dB/in} \tag{5-28}$$

표 5-5 흔히 사용되는 유전체의 손실계수[tan(δ)].

유전체 종류	tan (δ)
Vacuum/Free Space	0
Polyethylene	0.0002
Teflon®[a]	0.0002
Ceramic	0.0004
Polypropylene	0.0005
Getek®[b]	0.01
FR4 Epoxy Glass	0.02

[a] 듀퐁(DuPont, Wilmington, DE)사의 등록상표

[b] 제네럴 일렉트릭(General Electric, Fairfield, CT)사의 등록상표

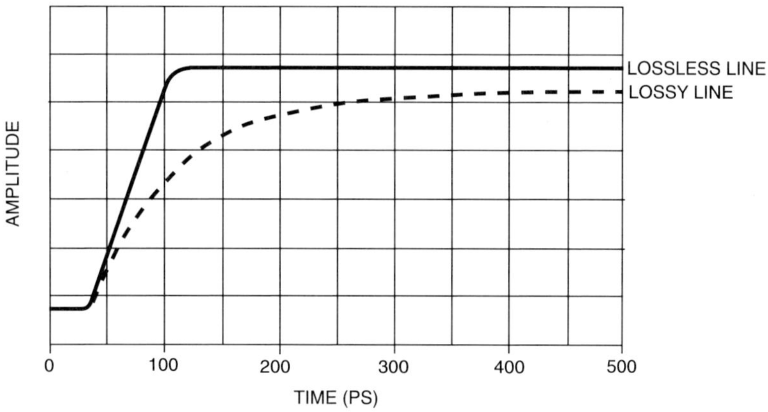

그림 5-21 손실이 있는 전송선로에서 사각파의 시간 영역 응답. 진폭이 감소하고 상승시간이 늦어지는 나쁜 특성이 나타난다.

여기에서 tan(δ)과 ε_r은 각각 유전체의 손실계수와 상대 유전율을 나타낸다. 유전손실은 전송선로의 기하학적 구조의 함수가 아니라 오직 유전체의 함수일 뿐이라는 사실을 잘 알아야 한다.

식 (5-25) 및 (5-26)에서 알 수 있듯이 저항손실은 주파수의 제곱근에 비례하는 반면 식 (5-28)에서 보듯이 유전손실은 주파수에 정비례에 한다. 따라서 유전손실은 고주파수에서 두드러진다.

짧은 전송선로(예를 들어 일반적인 PCB상의 신호 트레이스)의 경우 전송선로 손실은 1 GHz 정도의 주파수에 다다를 때까지는 보통 무시할 수 있다.

사인파 신호의 경우, 감쇠 손실로 인해 전송된 전자기파의 진폭이 감소한다. 그런데 펄스 신호의 경우 고주파 성분은 저주파 성분보다 더 감쇠된다. 따라서 사각파가 선로를 따라 전파되면서 <그림 5-21>와 같이 진폭이 감소되고 상승시간이 증가된다. 대부분의 경우, 상승시간 증가는 진폭 손실보다 전송된 신호의 신호무결성(signal integrity)에 더 안 좋은 영향을 미친다. FR4 에폭시-유리 유전체로 만든 PCB의 전송선로를 따라 전파되는 펄스파의 상승시간은 전파거리에 따라 어림잡아 약 10 ps/in의 비율로 증가한다(Bogatin, 2004, p. 389).

5.6.4 C, L, ε_r 사이의 관계(Relationship Among C, L and ε_r)

전파속도는 유전체의 함수이며 선로의 커패시턴스와 인덕턴스는 유전체와 선로 구조의 함수이므로, 커패시턴스, 인덕턴스, 그리고 속도는 모두 서로 관련되어 있다. 전파속도는 다음과 같이 쓸 수 있다:

$$v = \frac{c}{\sqrt{\varepsilon_r}} = \frac{1}{\sqrt{LC}} \tag{5-29}$$

특성 임피던스(식 (5-16))와 전파속도(식 (5-29)) 사이의 관계로부터 전송선로의 L과 C에 대한 식을 다음과 같이 특성임피던스를 써서 나타낼 수 있다.

$$L = \frac{\sqrt{\varepsilon_r}}{c} Z_0 \tag{5-30}$$

$$C = \frac{\sqrt{\varepsilon_r}}{c} \frac{1}{Z_0} \tag{5-31}$$

여기에서 c는 자유공간에서 빛의 속도이다(300 × 10⁶ m/s).

식 (5-30) 과 식 (5-31)은 전송선로의 특성 임피던스, 커패시턴스, 인덕턴스, 그리고 유전상수의 상호관계를 나타내는 매우 유용한 식이다. 네 파라미터 중 어느 두 개를 알면 식 (5-30)과 (5-31)을 이용해서 나머지 두 개를 알 수 있다.

식 (5-30)으로부터 인덕턴스 L은 유전상수와 선로의 특성 임피던스의 함수임을 알 수 있다. 식 (5-31)에서 보듯이 커패시턴스 C도 마찬가지 성질을 갖는다. 따라서 특성 임피던스와 유전체가 같은 모든 전송선로는 선로의 사이즈(치수)와 구조에 상관없이 단위 길이당 인덕턴스와 커패시턴스가 서로 같다. 예를 들어 유전상수 4인 모든 70 Ω 전송선로는 95 pF/m (2.4 pF/in)의 커패시턴스와 467 nH/m (11.8 nH/in)의 인덕턴스를 갖는다.

5.6.5 최종 고려사항(Final Thoughts)

흔히 듣는 질문 중에 '신호를 전달하는 연결선이 어떤 경우에는 전송선로가 되고 어떤 경우에는 그렇지 않은가?' 가 있다. 이에 대한 대답은 간단하다: 신호연결선은 항상 전송선로다. 그러나 연결선이 충분히 짧다면 전송선로라는 사실을 무시할 수 있으며, 이렇게 해서 얻은 해석결과는 실제 동작(성능)을 거의 정확하게 예측한다. 5.6절의 두 번째 단락에서 설명한 기준을 상승시간이 1ns인 펄스파에 적용하면, 3 in 이상의 신호 연결선은 긴 선로가 되므로 전송선로로서 해석해야 한다.

전송선로를 따라 전파하는 신호가 전송선로의 끝에서 임피던스의 변화와 마주치거나 중간에 전송선로의 구조가 달라져 생기는 임피던스의 변화를 만나게 되면 반사가 발생한다. 비어(via)와 직각으로 구부러진 부분은 모두 임피던스 불연속으로 작용한다. 전송선로 반사에 대한 내용은 이 책의 주제가 아니다. 이 주제는 좋은 전송선로 교재라면 모두 적절히 다루고 있다. 다소 오래되기는 했지만 전송선로 이론에 대한 훌륭한 참고문헌으로 Skilling의 *Electric Transmission Lines*라는 책(1951)이있다. 신호 무결성과 디지털 회로에 대한 전송선로 이론의 적용을 다루고 있는 훌륭한 책으로 Johnson과 Graham의 고속 디지털 설계*(High-Speed Digital Design)*(1993)와 Hall 등의 고속 디지털 시스템 설계*(High-Speed Digital System Design)*(2000)이 있다.

5.7 페라이트(FERRITES)

페라이트는 산화철, 코발트, 니켈, 아연, 망간과 몇 가지 희토류 금속으로 구성된 비전도성 세라믹 물질을 가리키는 포괄적인 용어이다. 제조사마다 자신만의 산화물 조성을 개발하고 있기 때문에 페라이트의 종류는 다양하다. 완전히 똑같은 조성을 사용하는 제조사는 하나도 없다; 따라서 동일한 페라이트를 여러 제조사로부터 구하기는 어렵다. 페라이트는 강자성체에 비해 전기저항률이 높다는 중요한 장점을 갖는다. 이 덕분에 GHz의 높은 주파수 범위까지 소용돌이 전류 손실(eddy current loss)이 작다. 강자성체에서 소용돌이 전류 손실은 주파수의 제곱에 비례하여 증가한다. 이 때문에 고주파 용으로 페라이트가 선호된다.

페라이트에 사용된 재료에 따라 사용 주파수 범위가 결정된다. <그림 5-22>에서 보듯이 페라이트는 다양한 형태로 나와 있다. 몇 가지를 살펴보면 비드(bead), 리드가 달린 비드, 표면장착형비드(그림에는 없음), 원형케이블코어, 플랫케이블코어, 잠금식코어(스냅온코어, snap on core), 구멍이 여러 개인 코어(mutiaperture core), 토로이드(toroid) 등이 있다.

저렴한 비용으로 페라이트를 사용하면 직류에 대해 전력손실을 일으키지 않고 저주파신호에 대해 영향을 주지 않으면서 고주파신호에 대해서는 높은 저항을 갖게 할 수 있다. 기본적으로 페라이트는 저주파나 직류에서 대해서는 저항값이 거의 0인 고주파 교류 저항기로서 간주할 수 있

그림 5-22 다양한 형상의 페라이트.

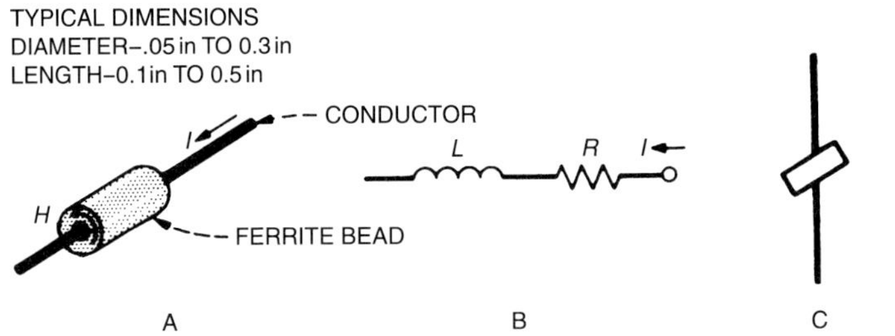

그림 5-23 (A) 도체에 설치한 페라이트 비드, (B) 고주파 등가 회로, (C) 일반적인 회로기호.

다. 페라이트 비드는 크기가 작으며 부품의 리드나 도체를 비드 속에 끼워넣는 식으로 간단히 설치할 수 있다. 표면장착형도 손쉽게 이용 가능하다. 페라이트는 10 MHz 이상의 주파수를 갖는 원치 않는 신호를 감쇠시키는 데 가장 효과적이지만 경우에 따라서는 1 MHz 정도의 낮은 주파수까지도 효과를 발휘할 수 있다. 페라이트를 제대로 사용하면 페라이트는 고주파 발진을 억제하고, 공통 모드 및 차동 모드를 필터링하며 전도성 방출과 방사성 방출을 줄일 수 있다.

<그림 5-23A>는 도체에 설치한 작은 원통형 페라이트 비드이고, <그림 5-23B>는 이의 고주파 등가회로로 인덕터와 저항기가 직렬로 연결되어 있다. 저항기와 인덕터 값은 모두 주파수에 따라 달라진다. 저항은 페라이트 재료의 고주파 히스테리시스 손실에 의한 것이다. <그림 5-23C>는 페라이트 비드의 회로 기호이다.

대부분의 페라이트 제조사에서는 주파수에 대한 임피던스 크기를 명시하여 자신들이 제공하는 부품들의 특성을 나타낸다. 임피던스의 크기는 다음과 같이 주어진다:

$$|Z| = \sqrt{R^2 + (2\pi fL)^2} \tag{5-32}$$

여기서 R은 페라이트 비드의 등가저항이고 L은 등가인덕턴스이다—두 값은 주파수에 따라 변한다. 그런데 어떤 제조사에서는 보통 100 MHz의 한 주파수나 몇 개의 주파수에서만 임피던스를 명시하고 있다.

<그림 5-24>는 일반적인 페라이트 코어에 대한 임피던스 데이터를 보여주고 있다(Fair-Rite, 2005, p. 147). 잡음 억제용 페라이트는 보통 임피던스가 주로 저항성인 주파수 범위에서 사용된다. 잡음 억제에 사용하는 경우, 다양한 페라이트 재료에 대한 권장 주파수 범위가 <그림 5-25>에 표시되어 있다(Fair-Rite, 2005, p. 155). 그림에서 보듯이 페라이트들은 1 MHz~2 GHz의 주파수 범위에서 사용된다.

페라이트 주위에 도체를 여러 번 감으면 페라이트 임피던스는 감은 수의 제곱에 비례해 증가한다. 그렇지만 이렇게 하면 권선 사이의 커패시턴스가 증가하므로 고주파 임피던스가 낮아져

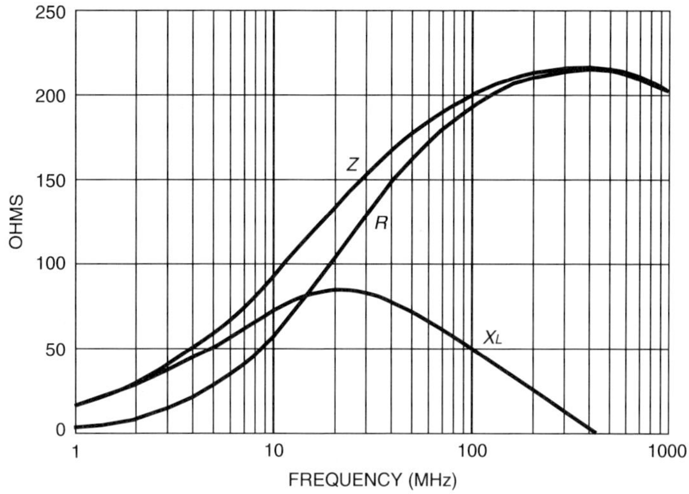

그림 5-24 43형(TYPE 43) 페라이트 코어의 임피던스, 저항, 인덕턴스(© 2005 Fair-Rite Corp.).

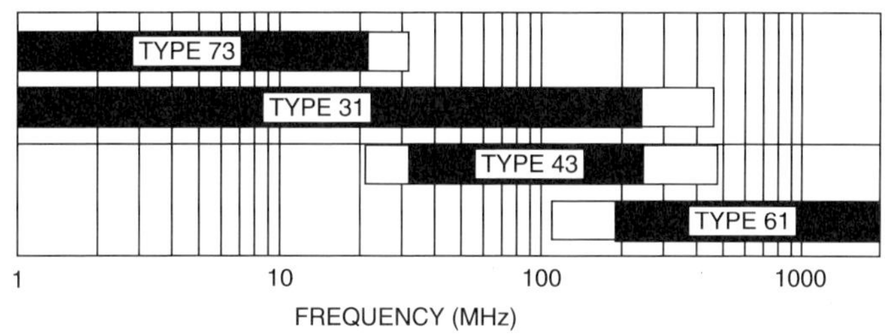

그림 5-25 잡음 억제용으로 이용되는 다양한 페라이트 재료에 대한 권장 주파수 범위(© 2005 Fair-Rite Corp.).

성능이 저하된다. 페라이트의 사용 주파수 범위 중 저주파 영역 근처에서 페라이트의 임피던스의 개선이 필요하다면 다중 권선의 사용 가능성을 검토해봐야 한다. 실제로 사용할 때는 두세 번 이상을 감는 경우는 거의 없다. 잡음 감소에 사용되는 페라이트는 대부분 단일권선(single turn)이다.

잡음 억제에 사용되는 페라이트의 가장 흔한 형태는 코어나 비드이다. 원통의 길이가 길수록 임피던스가 높다. 코어의 길이를 증가시키는 것은 페라이트를 여러 개 사용하는 것과 같다.

페라이트로 얻을 수 있는 감쇠 정도는 페라이트가 들어가는 회로의 전원(신호원) 임피던스와 부하 임피던스에 따라 달라진다. 페라이트가 효과를 발휘하려면 관심 주파수에서 페라이트는 신호원 임피던스와 부하 임피던스 합보다 큰 임피던스를 가져야 한다. 대부분의 페라이트는 수백 Ω 이하의 임피던스를 가지기 때문에 저임피던스 회로에 사용할 때 가장 효과적이다.

페라이트가 하나로 충분한 임피던스를 제공하지 못하면 도체를 여러 번 감거나(다중 권선),

페라이트를 여러 개(다중 페라이트) 사용할 수 있다.

소형 페라이트 비드는 회로 내에서 스위칭 과도현상이나 기생 공진에 의하여 발생하는 고주파 발진을 감소시키는 데 특히 효과적이다. 또한, 여러 가닥의 케이블을 페라이트 코어에 함께 감으면 공통모드 초크의 역할을 하므로 고주파 잡음이 회로 안이나 밖으로 전도되는 것을 막는다.

<그림 5-26~5-29>에 페라이트 비드의 몇 가지 응용예를 나타내었다. <그림 5-26>에서는 두 개의 페라이트로 *L-C* 저역통과 필터를 구성하여 부하에 전달되는 직류전압은 감소시키지 않으면서 고주파 발진기 신호가 부하에 전달되지 않도록 막아주고 있다. 사용된 페라이트는 발진기 주파수에서 유도성이다. <그림 5-27>에서는 저항성 페라이트 비드가 두 개의 고속 논리 회로 사이의 긴 연결선에서 발생하는 링잉(ringing)을 제거하는 데 사용되었다.

<그림 5-28>은 인쇄회로기판에 장착된 페라이트를 보여주고 있다. 이 회로는 컬러 TV 세트의 수평출력 회로의 일부로, 여기서 페라이트는 기생 발진을 억제하는 데 사용되었다.

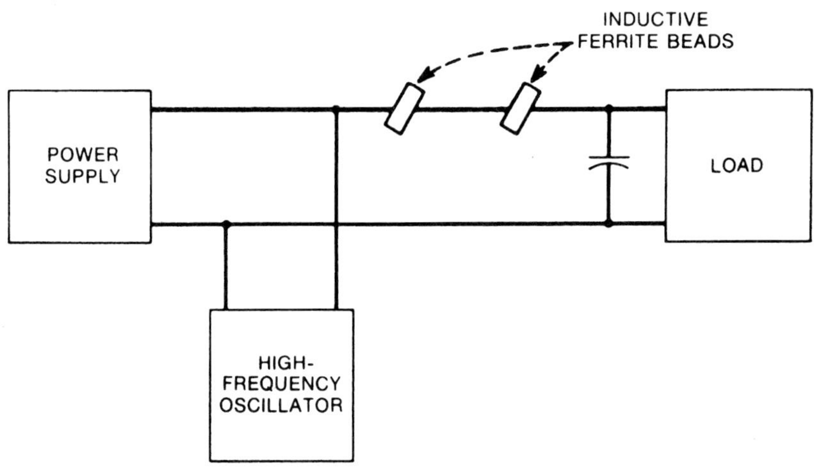

그림 5-26 부하에 고주파 발진기 잡음이 전달되는 것을 막기 위해 페라이트로 *L-C* 필터를 구성한다.

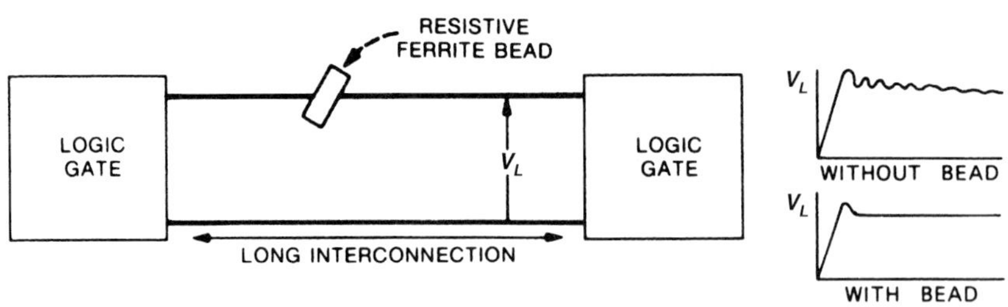

그림 5-27 고속논리회로들을 서로 연결하는 긴 선에서 발생하는 링잉을 감소시키는 데 사용된 저항성 페라이트 비드.

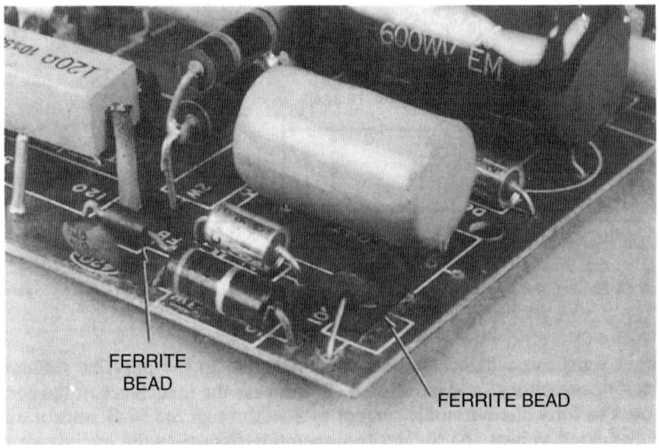

그림 5-28 컬러 TV의 수평출력 회로에서 기생 발진을 억제하기 위해 설치된 페라이트 비드.

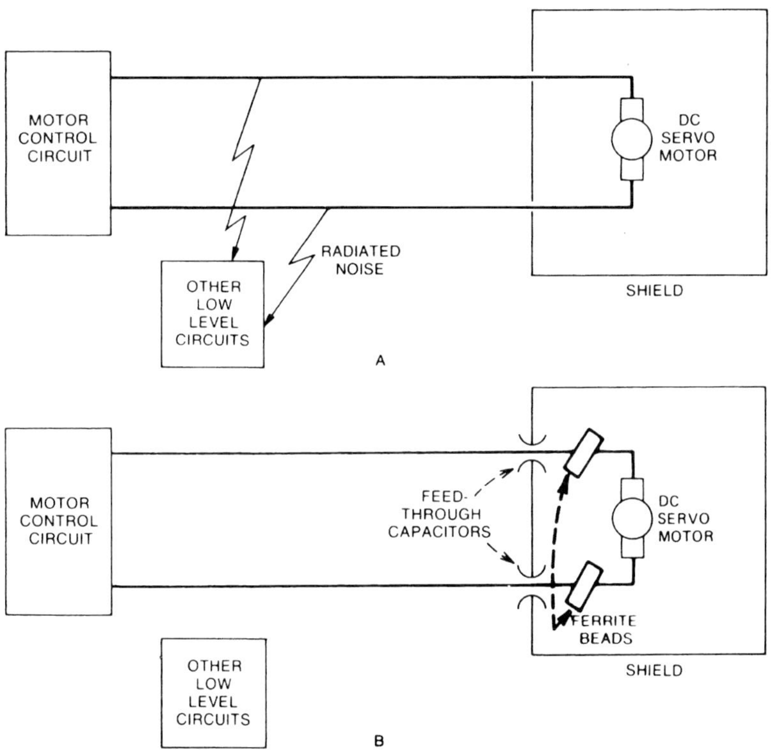

그림 5-29 (A) 모터의 고주파 정류자 잡음이 저레벨 회로에 간섭을 일으킨다. (B) 페라이트 비드를 관통형 커패시터와 함께 사용한다.

<그림 5-29>는 페라이트 비드의 또 다른 응용예를 보여주고 있다. <그림 5-29A>를 보면 모터 제어회로에 직류 서보 모터(servo motor)가 연결되어 있다. 모터에서 발생한 고주파 정류자 잡음은 모터를 차폐하는 인클로저 밖으로 빠져나와 리드로 전도되고 이어서 리드에서 방사되어 장치 내의 다른 저레벨 회로에 간섭을 일으킨다. 모터의 가속 성능요건을 만족시켜야 하므로 저항기를 리드에 삽입할 수는 없다. 이 경우 해결책은 <그림 5-29B>에 나타냈듯이 두 개의 페라이트 비드와 두 개의 관통형 커패시터를 추가하는 것이다. 페라이트 비드와 관통형 커패시터가 설치된 모터의 사진을 <그림 5-30>에 나타내었다. 사진을 잘 보면 두 개의 페라이트 비드가 직렬 임피던스를 증가시키기 위해 모터의 각 리드선에 사용되었다.

직류 전류가 흐르는 회로에서 페라이트를 차동모드 필터로 사용하는 경우에는 직류전류가 페라이트 임피던스에 미치는 영향을 고려해야 한다. 전류가 증가하면 페라이트 임피던스는 감소한다. <그림 5-31>은 직류 바이어스 전류에 따른 소형 페라이트 비드(길이 0.545 in, 외부 지름 0.138 in)의 임피던스변화를 나타낸 것이다(Fair-Rite, 2005). 그림에서 보듯이 페라이트의 임피던스는 전류가 0 A일 때는 100 MHz 에서의 임피던스가 200 Ω이고, 전류가 0.5 A 일 때는 140 Ω으로, 전류가 1A 일 때는 115 Ω으로 떨어진다.

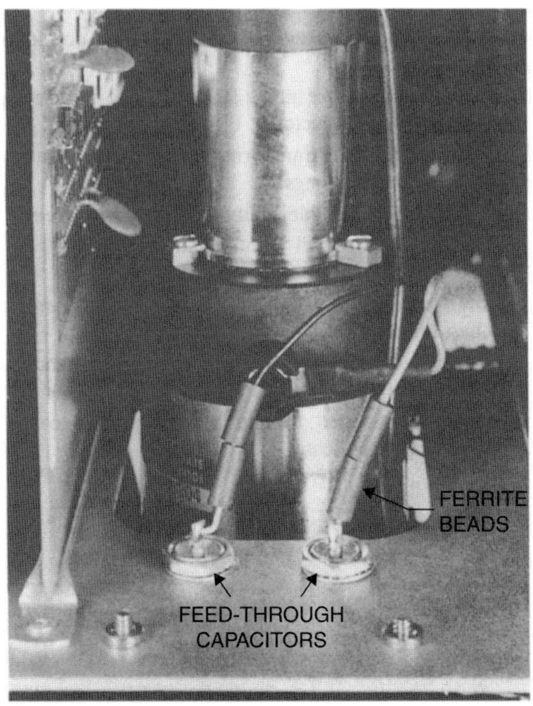

그림 5-30 직류 모터의 전원리드에서 정류자 잡음을 필터링 하기 위해 사용된 페라이트 비드와 관통형 커패시터.

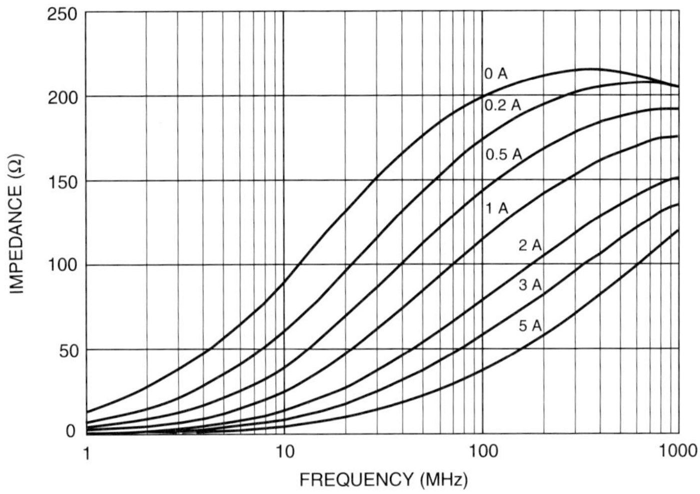

그림 5-31 직류 바이어스 전류의 함수로 나타낸 주파수에 대한 페라이트 비드의 임피던스 특성(© 2005 Fair-Rite Corp.).

그림 5-32 방사성 방출을 억제하기 위하여 USB 케이블에 사용된 페라이트 코어.

페라이트 코어는 다중도체 케이블에 대해 공통모드 초크로 널리 사용된다(3.5절 참조). 예를 들어 컴퓨터 본체와 비디오 모니터를 연결하는 비디오케이블에는 대부분 페라이트 코어가 사용된다. 페라이트 코어는 도선을 1번 감은 변압기나 공통모드 초크의 역할을 하므로 케이블로부터의 전도성 방출과 방사성 방출을 감소시키고 케이블로 유입되는 고주파 잡음을 억제하는 데에 효과적이다. <그림 5-32>을 보면 범용 직렬 버스(USB) 케이블에 페라이트 코어를 설치하여 케이블로부터의 방사성 방출을 줄이고 있다. 그리고 잠금형코어(snap on core)(<그림 5-22>)는 이미 설계가 완료된 경우에도 사후 대책으로 케이블에 쉽게 설치할 수 있는데, 특히 케이블 끝에 큰 커넥터가 달려있는 경우에도 가능하다.

요약 SUMMARY

- 전해 커패시터는 저주파용 커패시터다.
- 모든 커패시터는 어떤 특정 주파수에서 자체적으로 공진한다. 이로 인해 고주파수 영역에서 커패시터를 사용하지 못하게 된다.
- 마이카와 세라믹 커패시터는 우수한 고주파용 커패시터다.
- 공기 코어 인덕터는 토로이드 같은 폐로형(고리형)코어 인덕터보다 더 많은 외부 자기장을 발생시킨다.
- 자기 코어 인덕터는 공기 코어 인덕터보다 간섭을 일으키는 자기장을 잘 포착(수신)한다.
- 정전기 차폐 변압기, 즉 패러데이 차폐 변압기는 권선 사이의 용량성 결합을 감소시키는 데 사용될 수 있다.
- 모든 저항기는 그 종류에 상관 없이 동일한 양의 열잡음을 발생시킨다.
- 저레벨 회로에서는 직류 전류가 가변저항기를 통해 흐르지 않도록 해야 한다.
- 가청 주파수 이상에서 도체는 보통, 저항보다 유도성 리액턴스가 더 크다.
- 납작한 사각형 도체는 같은 단면적의 원형 도체보다 교류저항과 인덕턴스가 작다.
- 도체의 교류 저항은 주파수의 제곱근에 비례한다.
- 전송선로는 전자기 에너지를 한 장소에서 다른 장소로 전송하는 데 사용되는 일련의(쭉 이어진) 도체다.
- 도체가 파장의 1/10보다 길게 되면 전송선로로 다루어야 한다.
- 펄스 신호의 상승시간이 도체선로상의 전파지연 시간의 2배보다 작은 경우에는 그 도체선로는 전송선로로 다루어야 한다.
- 무손실 전송선로의 특성 임피던스는 $\sqrt{L/C}$이다.
- 전송선로에서 전파 속도는 $c/\sqrt{\varepsilon_r}$이다.
- 전송선로의 가장 중요한 특성은 다음과 같다:
  - 특성 임피던스
  - 전파상수
  - 고주파 손실
- 일반적으로, PCB에서는 신호가 6 in 거리를 전파하는 데 1 ns가 걸린다.

- PCB에 전파하는 펄스신호의 상승시간은 대략 전파거리에 따라 10 ps/in의 비율로 증가한다.
- 특성 임피던스와 유전상수가 서로 같은 모든 전송선로는 단위 길이 당 인덕턴스와 커패시턴스가 서로 같다.
- 전송선로에서 발생하는 두 가지 주요 손실은 다음과 같다.:
  - 저항손실
  - 유전손실
- 저항손실은 주파수의 제곱근에 비례하고 유전손실은 주파수에 비례한다.
- 유전손실은 고주파에서 두드러진다(우세하다).
- 전송선로에서 가장 중요한 물질은 도체가 아니라 유전체다.
- 교류 전류는 끝이 끊어진 개방 전송선로에서도 흐른다.
- 아래 세 가지 전송선로의 경우에는 정확한 특성 임피던스 공식이 있다. 나머지 모든 전송선로들에 대한 공식은 전부 근사식이다:
  - 동축 선로
  - 나란한 두 원형 도체
  - 판 위에 놓인 원형 도체
- 잡음 억제를 위해서는 페라이트를 임피던스가 저항성인 주파수 범위에서 사용한다.
- 페라이트 코어와 페라이트 비드는 고주파 저항기로 동작하여, 거의 0에 가까운 저주파 임피던스를 가지면서 회로에 고주파 저항을 제공한다.
- 페라이트는 보통 주파수에 대한 임피던스 변화를 명시하는 방식으로 특성을 나타낸다.
- 케이블에 설치하는 페라이트 코어는 공통모드 초크 역할을 하므로 전도성 방출과 방사성 방출을 감소시키는 데 효과적이다.

연습문제 PROBLEMS

5.1 a. 일반적으로 커패시터의 특성을 결정하는 파라미터(항목)은 무엇인가?

b. 커패시터의 종류를 선정하는 데 가장 중요하게 고려해야 할 항목은 무엇인가?

5.2 a 저주파용 커패시터의 종류를 두 개 말하라.

b. 중간주파용 커패시터의 종류를 두 개 말하라.

c. 고주파용 커패시터의 종류를 두 개 말하라.

5.3 다음의 용도에 적합한 케패시터 종류는 무엇인가

a. 고주파에서 저전압용

b. 고주파에서 고전압용

c. 디지털 논리회로의 디커플링용

5.4 도체의 인덕턴스와 도체의 지름과의 관계를 말하라.

5.5 다음의 주파수에서 22번 구리 선(직경 0.644 mm)의 교류 저항 대 직류 저항의 비를 구하고 이를 표로 만들어라: 0.2, 0.5, 1, 10, 50 MHz.

5.6 어떤 구리 도체의 단면이 0.5×2 cm 인 사각형이다.

a. 이 도체의 단위길이당 직류 저항(Ω/m)은 얼마인가?

b. 10 MHz에서 단위길이당 저항(Ω/m)은 얼마인가?

5.7 a. 고주파에서는 대부분의 전류가 <그림 P5-7>과 같이 전류가 도체의 표면에서 그 도체의 표피깊이 δ에 해당하는 폭의 안쪽 영역에 국한되어 흐른다. $d \gg \delta$로 가정할 때, 식 (5-9b)를 유도하라.

b. $d \geq 10\,\delta$인 경우에 위 a항의 $d \gg \delta$ 조건을 만족한다고 가정하자. 이 경우에 a항의 답이 성립하려면 $d\sqrt{f}$ 는 어떤 조건을 만족해야 하는가?

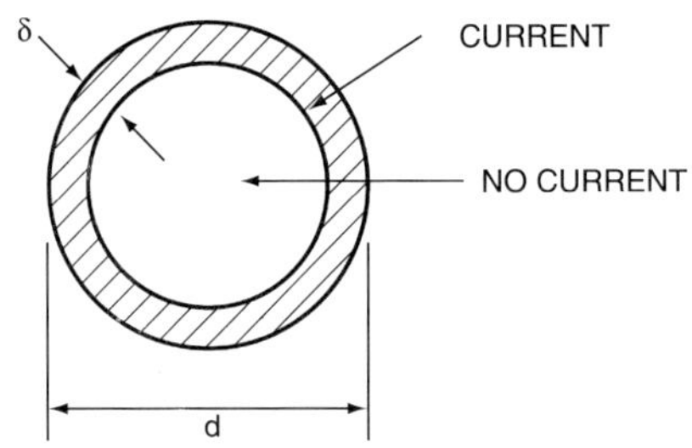

그림 P5-7

5.8 도체의 유도성 리액턴스와 교류 저항은 주파수에 따라 어떻게 변하는가?

5.9 <그림 P5-9>는 주파수에 따른 사각형 도체의 교류저항과 직류 저항의 변화를 로그-로그 그래프로 나타낸 것이다. 사각형 도체의 단면은 폭이 w이고 두께가 t이다.

a. 사각형 도체의 경우, 절점주파수(break frequency)는 도체의 표피 깊이가 얼마가 될 때 발생하는가?

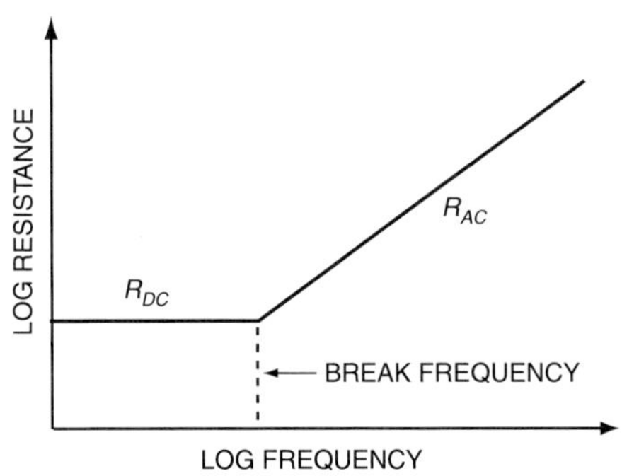

그림 P5-9

b. $t \ll w$일 때 a항을 되풀이하라.

c. 위 b항의 답의 타당성을 설명하라.

d. <그림 P5-9>의 그래프에서 교류 저항 부분의 기울기는 얼마인가?

5.10 지름이 0.25 in인 원형 도체와 폭 0.5 in × 두께 0.1 in인 사각형 도체가 접지면 위 1 in 높이에 각각 놓여있다.

a. 각 도체의 단면적은 얼마인가?

b. 10 MHz에서 원형 도체의 직류 저항과 교류 저항, 그리고 인덕턴스를 계산하라.

c. 10 MHz에서 사각형 도체의 직류 저항과 교류 저항, 그리고 인덕턴스를 계산하라.

d. 위 b, c의 결과를 비교하여 두 도체의 특성을 분석하고 결론을 내려라.

5.11 어떤 PCB 트레이스의 폭이 0.008 in, 두께가 0.0014 in이다. 이 트레이스는 접지판 위 0.020 in에 위치해 있다. 100 MHz에서 이 트레이스의 저항과 유도성 리액턴스를 구하라.

5.12 도파관만이 갖는 특성 두 가지를 말하시라.

5.13 일반적인 전송선로에서 신호가 3 ft 거리를 전파하는 데 걸리는 시간은 대략 얼마인가?

5.14 어떤 75 Ω 전송선로가 17 pF/ft 정전용량을 갖는다. 이 선로의 인덕턴스는 얼마인가?

5.15 내부도체의 지름이 0.108 in, 외부도체 지름이 0.350 in 이고 상대 유전율이 2인 동축선로의 특성 임피던스는 얼마인가?

5.16 전파속도 및 유전손실은 전송선로의 어떤 파라미터에 따라 달라지는가?

5.17 상대 유전율이 2인 50 Ω 전송선로의 인치당 인덕턴스 및 인치당 커패시턴스는 얼마인가?

5.18 어떤 전송선로가 8.25 nH/in의 인덕턴스와 3.3 pF/in의 커패시턴스를 갖는다.

a. 선로의 특성 임피던스는 얼마인가?

b. 선로를 따라 10 ft 이동하면 10-MHz 사인파의 위상 천이(지연)는 얼마인가?

5.19 FR4 에폭시-유리 PCB상에 폭이 0.006-in, 두께가 0.0014-in인 50 Ω 스트립 선로가 있다. 3 GHz에서 이 선로의 감쇠를 근사적으로 구하라.

5.20 페라이트 코어의 임피던스를 증가시키기 방법 두 가지를 써라.

참고문헌 REFERENCES

Bogatin, E. *Signal integrity*—Simplified. Upper Saddle River, NJ, Prentice Hall, 2004. Campbell, R. H. Jr. and Chipman, R. A. "Noise From Current-Carrying Resistors, 25-500 kHz," Proceedings of the IRE, vol. 37, August 1949, pp. 938-942.

Danker, B. "New Methods to Decrease Radiation from Printed Circuit Boards," *6th Symposium on Electromagnetic Compatibility*, Zurich, Switzerland, March 5-7, 1985.

Fair-Rite Products Corp. Fair-Rite Products Catalog, 15th ed. Wallkill, NY, 2005.

Hall, S. H. Hall, G. W. and McCall, J. A. *High-Speed Digital System Design*. New York, Wiley, 2000.

IPC-D-317A, *Design Guidelines for Electronic Packaging Utilizing High-Speed Techniques*. Northbrook, IL, IPC, 1995.

Johnson, H. W. and Graham, M. *High-Speed Digital Design*. Englewood, NJ, Prentice Hall 1993.

Jordan. E. C., ed. *Reference Data for Engineers: Radio, Electronics, Computer, and Communications*, 7th ed. Indianapolis, IN, Howard W. Sams, 1985, p. 6–7.

Skilling, H. H. *Electric Transmission Lines*. New York, McGraw Hill, 1951.

Whalen, J. J. and Paludi, C. "Computer Aided Analysis of Electronic Circuits—the Need to Include Parasitic Elements." *International Journal of Electronics*, vol. 43, no.5, November 1977.

심층자료 FURTHER READING

Henney, K. and Walsh, C. *Electronic Components Handbook, Vol. 1. New York*, McGraw-Hill, 1957.

Rostek, P. M. "Avoid Wiring-Inductance Problems." *Electronic Design*, vol. 22, December 6, 1974.

Chapter 6

차폐

Shielding

차폐물(shield)은 공간의 두 영역 사이에 놓여있는 금속 칸막이다. 전자기장이 한 영역에서 다른 영역으로 전파하는 것을 제어(통제)하는 데 사용된다. 차폐물로 <그림 6-1>과 같이 잡음원(noise source)을 둘러싸면 전자기장을 차폐물 내에 가둘 수 있다. 이 구성은 차폐물 밖에 위치한 모든 민감한 장비를 보호한다. 차폐물은 또한 <그림 6-2>와 같이 어떤 영역을 전자기 방사로부터 보호하기 위하여 사용될 수 있다. 이 방법은 차폐물 속에 들어있는 특정 장비를 보호한다. 전체적인 시스템 관점에서 보면 잡음원을 차폐하는 것이 피해장치(receptor, 잡음수신장치)를 차폐하는 것보다 더 효율적이다. 하지만 경우에 따라서는 잡음원이 반드시 전자기 에너지를 방사하도록 허용해야 하므로 (즉 방송국), 피해장치별로 차폐를 할 필요가 있다.

아무리 차폐물을 잘 설계해도 케이블과 같은 별도의 경로를 통해 전자기 에너지가 차폐물 속으로 들어가거나 차폐물 밖으로 나온다면 차폐를 하는 의미가 없어진다. 이 경우 케이블은 차폐물 한 쪽에서 잡음을 포착하여 이를 차폐물의 반대쪽으로 전도할 것이다. 이렇게 전도된 잡음은 다시 방사될 것이다. 차폐된 인클로저의 완전성(무결성)을 유지하려면, 차폐물을 관통하는 모든 케이블로부터 잡음전압을 필터링해야 한다. 이 방법은 신호 케이블은 물론 전원 케이블에도 적용해야 한다. 차폐된 인클로저를 관통하는 케이블의 차폐도체는 경계면을 가로질러 잡음이 결

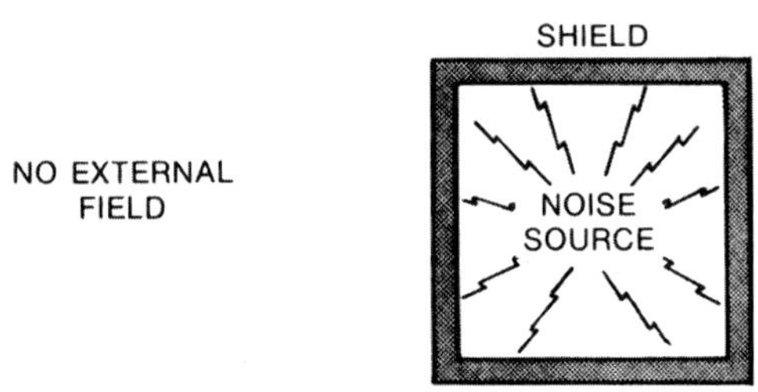

그림 6-1 차폐물로 잡음원을 차폐하면 잡음원이 차폐물 밖의 장비로 결합되는 것을 방지한다.

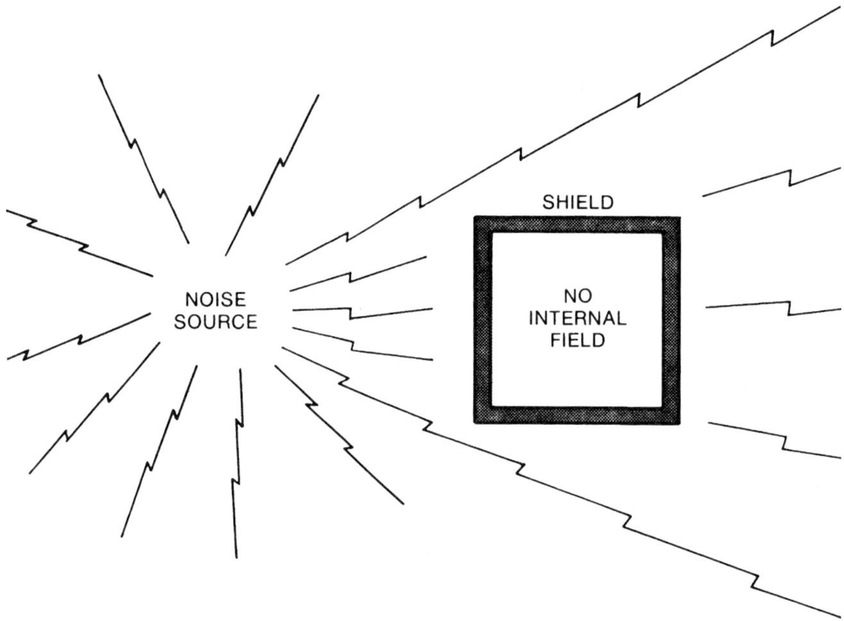

그림 6-2 차폐물로 피해장치(receptor, 수신장치)를 차폐하면 잡음이 피해장치에 침투하는 것을 방지한다.

합되는 것을 막기 위해서 인클로저에 접합되어야 한다.

이 장은 두 부분으로 나뉜다. 첫째 부분은 어떠한 개구면(aperture)도 없는 균일한 차폐물에 대해 다룬다. 둘째 부분은 6.10절부터 시작되는데 차폐물에 있는 개구면이 차폐효율에 미치는 영향을 다룬다.

6.1 근거리장과 원거리장(NEAR FIELDS AND FAR FIELDS)

전자기장의 특성은 발생원(source)(안테나), 발생원을 둘러싼 매질 및 발생원과 관측점사이의 거리에 의해 결정된다. 발생원으로부터 가까운 곳에서 전자기장 특성은 주로 발생원 특성에 의해 결정된다.

발생원으로부터 먼 곳에서 전자기장 특성은 주로 전자기장이 전파되는 매질에 의해 결정된다. 따라서 <그림 6-3>에서 보듯이 방사를 일으키는 발생원을 둘러싼 공간은 두 영역으로 나눌 수 있다. 발생원에서 가까운 곳의 전자기장은 근거리장인 유도장이 된다. 파장(λ)를 2π로 나눈 값(대략 파장의 1/6)보다 먼 거리에서는 전자기장이 원거리장인 방사장이 된다. $\lambda/2\pi$ 부근의 영역은 근거리장과 원거리장 사이에서 변화하는(옮겨가는) 전이영역이다.

파동 임피던스는 전기장(E)과 자기장(H)의 비(ratio)이다. 원거리장에서 이 비는 매질의 특

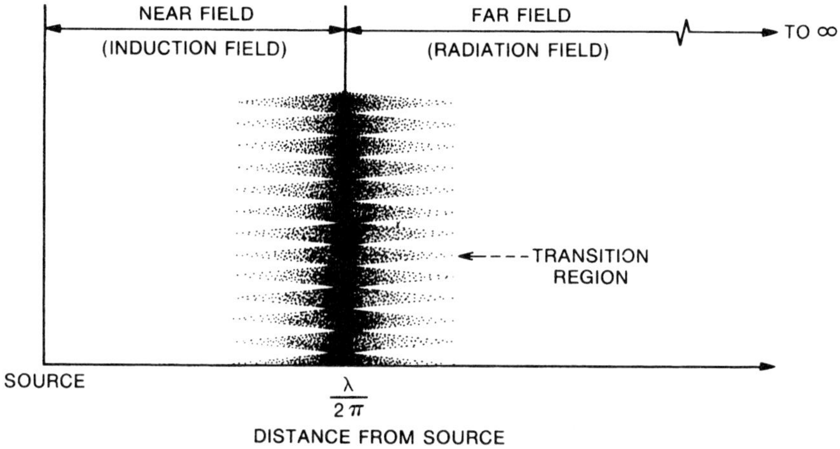

그림 6-3 발생원을 둘러싼 공간은 두 영역으로 나눌 수 있다: 근거리장과 원거리장. $\lambda/2\pi$ 거리에서 근거리장에서 원거리장으로 바뀐다.

성 임피던스($E/H = Z_0 = 377\ \Omega$)와 같다. 근거리장에서 이 비는 발생원의 특성과, 발생원과 전자기장의 관측점 사이의 거리에 따라 달라진다. 발생원이 전류가 크고 전압이 작은 경우 ($E/H<377$)에는 근거리장에서 자기장이 두드러지게 나타난다. 반대로 잡음원이 전류가 작고 전압이 큰 경우 ($E/H > 377$)에는 근거리장에서 전기장이 자기장보다 우세하다(강하다).

막대형 안테나(rod antenna), 즉 직선 도선 안테나의 경우에는, 전원(신호원) 임피던스가 높다. 전기장이 우세한 안테나 근처에서는 파동 임피던스도 높다. 거리가 증가함에 따라 전기장은 상보 관계에 있는 자기장을 발생시키면서 그 세기가 어느 정도 약해진다. 근거리장에서 전기장은 $(1/r)^3$의 비율로 감쇠되는 반면 자기장은 $(1/r)^2$의 비율로 감쇠된다. 따라서 <그림 6-4>에서 보듯이 직선 도선 안테나로부터 발생하는 전자기장의 파동 임피던스는 거리에 따라 감소하면서 점차적으로 원거리장에서의 자유공간의 임피던스에 근접한다.

루프 안테나에서 발생하는 전자기장과 같이 자기장이 우세한 경우에는 안테나 근처의 파동 임피던스는 낮다. 안테나로부터의 거리가 증가함에 따라 자기장은 $(1/r)^3$의 비율로 감쇠되는 반면 전기장은 $(1/r)^2$의 비율로 감쇠된다. 따라서 파동 임피던스는 거리에 따라 증가하다가 $\lambda/2\pi$의 거리에서 자유공간의 임피던스에 근접한다. 원거리장에서는 전기장과 자기장은 모두 $1/r$ 비율로 감쇠된다.

근거리장에서는 전기장과 자기장이 비가 일정하지 않기 때문에 전기장과 자기장을 따로 고려해야 한다. 하지만 원거리 영역장에서는 전기장과 자기장이 377 Ω의 일정한 임피던스를 갖는 평면파를 형성한다. 따라서 평면파를 논의할 때는 전기장과 자기장이 원거리장에 있다고 가정한다. 전기장과 자기장을 별도로 다룰 때는 전기장과 자기장이 근거리장에 있다고 가정한다.

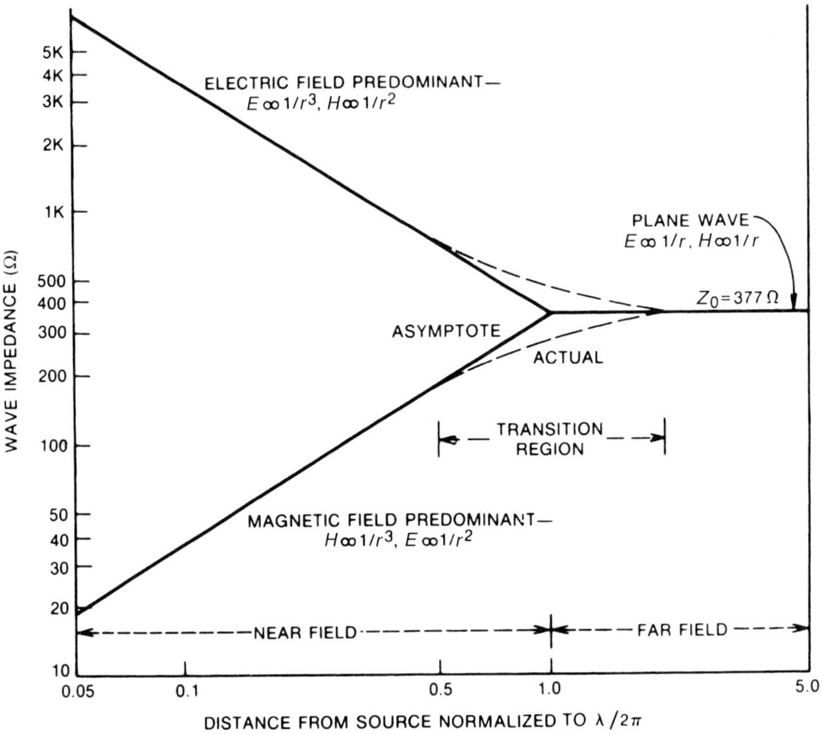

그림 6-4 파동 임피던스는 발생원으로부터의 거리에 따라 달라진다.

6.2 특성 임피던스와 파동 임피던스 (CHARACTERISTIC AND WAVE IMPEDANCES)

이 장에서 사용하는 매질의 특성상수는 다음과 같다:

투자율,	μ (4 × 10^{-7} H/m, 자유공간의 경우).
유전상수,	ε (8.85 × 10^{-12} F/m, 자유공간의 경우).
도전율,	σ (5.82 × 10^{7} S/m, 구리의 경우).

전자기파의 파동 임피던스는 다음과 같이 정의된다:

$$Z_w = \frac{E}{H} \tag{6-1}$$

매질의 특성 임피던스는 다음 식으로 정의된다(Hayt, 1974).

$$Z_0 = \sqrt{\frac{j\omega\mu}{\sigma + j\omega\varepsilon}} \tag{6-2}$$

원거리장에서 매질 속을 전파하는 평면파의 경우, 파동 임피던스 Z_w는 매질의 특성 임피던스 Z_0와 같다. 절연체의 경우($\sigma \ll j\omega\varepsilon$), 특성 임피던스는 주파수와 무관하며 다음 식과 같다:

$$Z_0 = \sqrt{\frac{\mu}{\varepsilon}} \tag{6-3}$$

자유공간의 경우, Z_0는 377 Ω이다. 도체의 경우($\sigma >> j\omega\varepsilon$)에는 특성 임피던스를 차폐 임피던스 Z_s라 하는데, 식으로 쓰면 다음과 같다:

$$Z_s = \sqrt{\frac{j\omega\mu}{\sigma}} = \sqrt{\frac{\omega\mu}{2\sigma}}(1+j) \tag{6-4a}$$

$$|Z_s| = \sqrt{\frac{\omega\mu}{\sigma}} \tag{6-4b}$$

구리의 경우 1 MHz에서, $|Z_s|$는 3.68×10^{-4} Ω이다. 식 (6-4b)에 값을 직접 대입하면 다음 결과를 얻을 수 있다:

구리의 경우,

$$|Z_s| = 3.68 \times 10^{-7}\sqrt{f} \tag{6-5a}$$

표 6-1 다양한 물질의 상대 전도율과 상대 투자율.

물질	상대 전도율(σ_r)	상대 투자율(μ_r)
Silver	1.05	1
Copper—annealed	1.00	1
Gold	0.7	1
Chromium	0.664	1
Aluminum (soft)	0.61	1
Aluminum (tempered)	0.4	1
Zinc	0.32	1
Beryllium	0.28	1
Brass	0.26	1
Cadmium	0.23	1
Nickel	0.20	100
Bronze	0.18	1
Platinum	0.18	1
Magnesium alloy	0.17	1
Tin	0.15	1
Steel (SAE 1045)	0.10	1,000
Lead	0.08	1
Monel	0.04	1
Conetic (1 kHz)	0.03	25,000
Mumetal (1 (kHz)	0.03	25,000
Stainless steel (Type 304)	0.02	500

알루미늄의 경우,

$$|Z_s| = 4.71 \times 10^{-7}\sqrt{f} \tag{6-5b}$$

강철의 경우,

$$|Z_s| = 3.68 \times 10^{-5}\sqrt{f} \tag{6-5c}$$

일반적인 도체의 경우,

$$|Z_s| = 3.68 \times 10^{-7}\sqrt{\frac{\mu_r}{\sigma_r}}\sqrt{f} \tag{6-5d}$$

6.3 차폐효율(SHIELDING EFFECTIVENESS)

이 절부터는 근거리장과 원거리장에서 차폐효율(shieding effectiveness)을 살펴본다. 차폐효율은 다양한 방법으로 분석할 수 있다. 그 중 하나는 <그림 6-5>와 같이 회로이론을 사용하는 방법이다. 회로이론 방법에서는 입사 자기장은 차폐물에 전류를 유도하고, 이 전류는 다시 자기장을 추가로 발생시키는데, 이 자기장은 원래의 자기장을 상쇄시키게 된다. 개구면을 다룰 때 우리는 이 방법을 취할 것이다(6.10절).

하지만 이 장에서는 대부분, S.A. Schelkunoff (1943, pp. 303~312)가 개발한 해석방법을 사

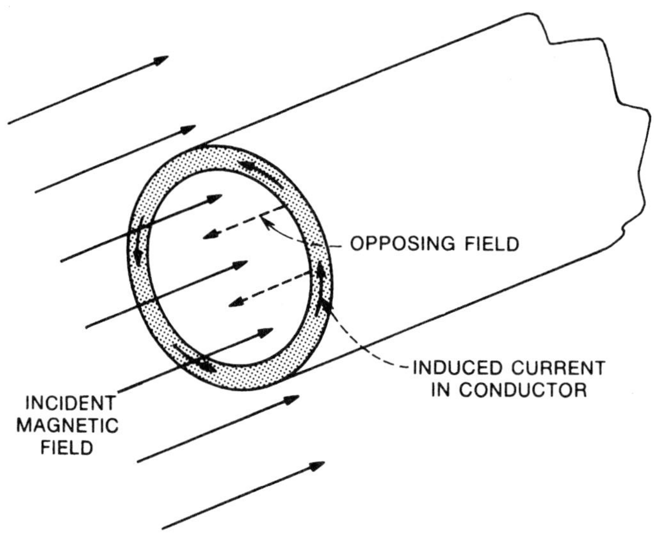

그림 6-5 비자성체로 자기장 차폐를 할 수 있다. 입사 자기장은 도체에 전류를 유도하고, 이 전류는 차폐물로 둘러싸인 영역 내에 입사 자기장을 상쇄시키는 반대방향의 자기장을 발생시킨다.

용할 것이다. Schelkunoff의 방법은 차폐를 손실과 반사로 이루어진 전송선로 문제로 다룬다. 손실은 차폐 내부에서 발생한 열에 의한 것이고, 반사는 입사파의 파동 임피던스와 차폐 임피던스 사이의 임피던스 차이에 의한 것이다.

차폐는 차폐에 의한 자기장과 전기장의 감소 정도로 나타낼 수 있다. 이 차폐효율을 데시벨(dB) 단위로 표현하는 것이 편리하다.[1)] 전기장에 대해 차폐효율(S)은 다음 식으로 정의한다:

$$S = 20\log\frac{E_0}{E_1}\ \text{dB} \tag{6-6}$$

자기장의 경우에는 다음과 같이 정의한다:

$$S = 20\log\frac{H_0}{H_1}\ \text{dB} \tag{6-7}$$

이들 식에서 $E_0(H_0)$은 입사 전기장(자기장)의 세기이고, $E_1(H_1)$는 차폐를 통과한 후의 전기장(자기장)의 세기이다.

차폐된 인클로저를 설계할 때 고려해야 할 두 가지 중요한 항목은 다음과 같다: (1) 차폐재료 자체의 차폐효율 (2) 차폐물상의 불연속 구조와 개구면에 의한 차폐효율. 이 두 항목은 이 장에서 별도로 다룬다.

먼저 이음매나 개구면이 없이 균일한(solid) 차폐물의 차폐효율을 구한 다음, 불연속 및 개구면이 차폐효율에 미치는 영향을 고려한다. 고주파에서 차폐물의 전체적인 차폐효율을 결정하는 것은 개구면의 차폐효율이지 차폐물질 고유의(자체의) 효율이 아니다.

차폐효율은 주파수, 차폐물의 기하학적 구조, 차폐물내 전기장을 측정하는 위치, 감쇠되는 전자기장 종류, 입사각 및 편파에 따라 달라진다. 이 절에서는 평판(plane sheet) 형태의 전도성 재료의 차폐를 살펴본다. 이렇게 단순한 구조를 사용하면 일반적인 차폐 개념을 이해하기 쉽고 차폐재료의 특성 중에서 어떤 것이 차폐효율을 결정하는지 알기 쉽지만 차폐 구조에 의한 영향을 파악하기는 어렵다. 평판의 차폐효율 계산 결과는 다양한 재료의 상대적인 차폐효율을 추정할 때 유용하다.

전자기파가 금속 표면에 입사하는 경우에는 두 종류의 손실이 발생한다. 입사 전자기파의 일부는 표면에서 반사되고, 반사되지 않고 남은 부분은 차폐물을 통과하면서 감쇠된다. 후자를 흡수손실 또는 투과손실이라고 하는데 그 현상은 전기장이나 자기장에 대해 동일하며 근거리장에서나 원거리장에서나 동일하다. 하지만 반사손실은 전자기장의 종류와 파동 임피던스에 따라 달라진다.

개구면이 없는 균일한 물질의 총 차폐효율은 흡수손실(A)과 반사손실(R)의 합에 얇은 차폐

---

1) 데시벨 단위에 관해서는 부록 A를 참조하라.

물에서의 다중반사를 고려한 보정인자(B)를 더한 것과 같다.[2] 따라서 총 차폐효율을 다음과 같이 쓸 수 있다:

$$S = A + R + B \text{ dB} \tag{6-8}$$

식 (6-8)의 모든 항은 반드시 데시벨 단위로 나타내야 한다. 다중반사 인자 B는 흡수손실 A가 9 dB보다 크면 무시할 수 있다. 또한 실제적인 관점에서는 전기장과 평면파에 대해서는 B를 무시할 수 있다.

6.4 흡수손실(ABSORPTION LOSS)

<그림 6-6>에서 보듯이 전자기파가 매질을 통과할 때 그 전자기파의 진폭은 지수함수적으로 감소한다 (Hayt, 1974). 이러한 감소는 차폐물에 유도된 전류가 저항손실을 일으키고 이에 따라 매질(물질)에 열이 발생하기 때문에 일어난다. 따라서 전기장과 자기장을 다음과 같이 쓸 수 있다:

$$E_1 = E_0 e^{-t/\delta} \tag{6-9}$$

$$H_1 = H_0 e^{-t/\delta} \tag{6-10}$$

여기에서 $E_1(H_1)$은 <그림 6-6>에서 보듯이 차폐물 내의 거리 t에서 전자기장의 세기이다. 전자기

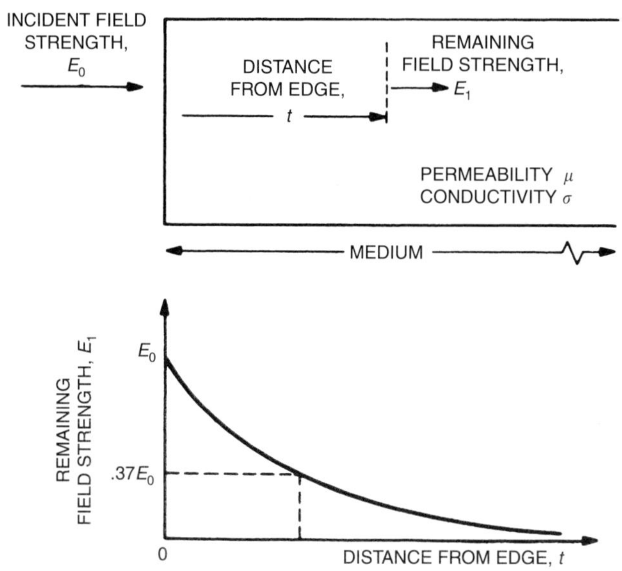

그림 6-6 흡수 물질을 통과하는 전자기파는 지수함수적으로 감쇠한다.

2) $R + B$는 실제로 총 반사손실이다. 편의상, 반사손실을 두 부분, 즉 다중반사를 무시한 반사손실 R과 다중반사가 무시된 경우에 대한 보정인자 B로 나눈다.

표 6-2 다양한 물질의 표피 깊이.

주파수	구리 (in)	알루미늄 (in)	강철 (in)	뮤메탈 (in)
60 Hz	0.335	0.429	0.034	0.014
100 Hz	0.260	0.333	0.026	0.011
1 kHz	0.082	0.105	0.008	0.003
10 kHz	0.026	0.033	0.003	—
100 kHz	0.008	0.011	0.0008	—
1 MHz	0.003	0.003	0.0003	—
10 MHz	0.0008	0.001	0.0001	—
100 MHz	0.00026	0.0003	0.00008	—
1000 MHz	0.00008	0.0001	0.00004	—

파의 세기가 원래 값의 $1/e$, 즉 37%로 감쇠하는 거리를 표피 깊이로 정의한다. 이를 식으로 쓰면 다음과 같다:

$$\delta = \sqrt{\frac{2}{\omega\mu\sigma}}\ \text{m} \quad (6\text{-}11\text{a})$$ [3]

식 (6.11)의 μ와 σ에 실제값을 대입하고 단위를 인치로 변경하면 다음과 같이 표피 깊이를 를 쓸 수 있다:

$$\delta = \frac{2.6}{\sqrt{f\mu_r\sigma_r}}\ \text{in} \quad (6\text{-}11\text{b})$$

여기에서 μ_r과 σ_r은 차폐물의 상대 투자율과 상대 전도율이다. 다양한 물질의 상대 투자율 값과 상대 전도율 값을 <표 6-1>에 나타내었다.

구리, 알루미늄, 철 및 뮤메탈의 대표적인 표피 깊이를 <표 6-2>에 수록하였다:

$$A = 20\log\frac{E_0}{E_1} = 20\log e^{t/\delta} \quad (6\text{-}12\text{a})$$

$$A = 20\left(\frac{t}{\delta}\right)\log(e)\ \text{dB} \quad (6\text{-}12\text{b})$$

$$A = 8.69\left(\frac{t}{\delta}\right)\ \text{dB} \quad (6\text{-}12\text{c})$$

식 (6-12c)에서 알 수 있듯이 차폐물의 두께가 표피 깊이와 같으면 흡수손실은 대략 9 dB이다. 차폐물 두께를 표피 깊이의 두 배로 하면 손실은 데시벨 단위로 두 배가 된다.

<그림 6-7>은 다양한 t/δ에 대한 흡수손실을 dB로 나타낸 것이다. 이 곡선은 전기장, 자기장 또는 평면파에 대해 사용할 수 있다.

---

3) 6.2절의 상수값(MKS 단위계로 표현)을 사용하여 식 (6-11a)의 표피 깊이를 계산하면 단위는 미터로 나온다.

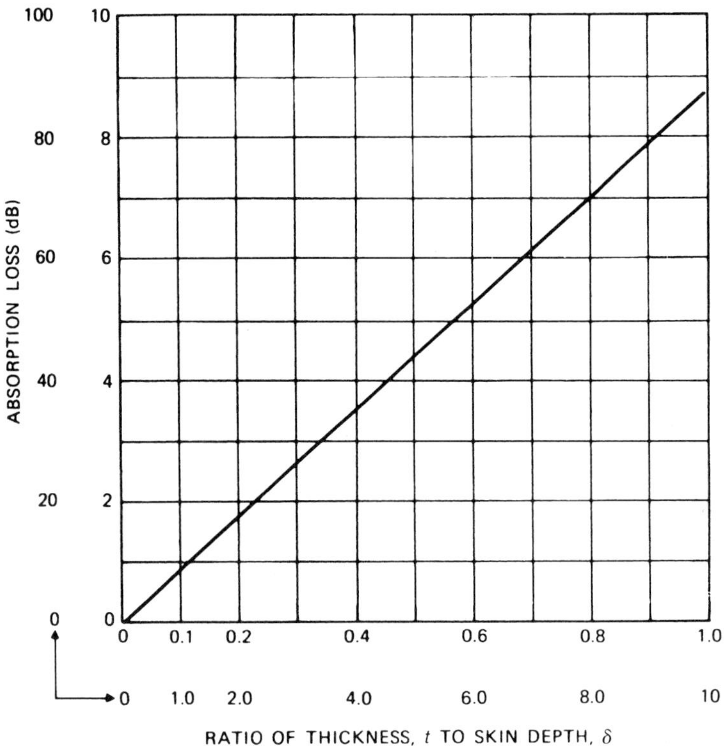

그림 6-7 흡수손실은 차폐 재료의 두께에 비례하고 표피 깊이에 반비례한다. 이 그래프는 전기장, 자기장 또는 평면파에 대해 사용할 수 있다.

식 (6-11b)를 식 (6-12c)에 대입하면 흡수손실에 대한 다음의 일반식을 얻는다:

$$A = 3.34t\sqrt{f\mu_r\sigma_r} \ \text{dB} \tag{6-13}$$

이 식에서 t는 차폐물의 두께(인치)이다. 식 (6-13)에서 흡수손실(dB)이 차폐물의 투자율과 전도율의 곱의 제곱근에 비례하는 것을 알 수 있다.

<그림 6-8>은 식 (6-13)을 그림으로 나타낸 것이다. 이는 범용 흡수손실 곡선이다. 이 그래프는 $t\sqrt{f\mu_r\sigma_r}$에 따른 흡수손실 A(dB)의 변화를 나타낸 것으로, t는 차폐물 두께(인치)이고 f는 주파수(Hz)이며, μ_r과 σ_r은 각각 차폐물의 상대 투자율과 상대 전도율이다.

구리와 강철별로 두 가지 두께에 대하여 주파수에 따른 흡수손실의 변화를 <그림 6-9>에 나타내었다. 그림에서 보듯이 얇은 (0.02 in) 구리판은 1 MHz에서 흡수손실(66 dB)이 상당히 크지만 1000 Hz 이하의 주파수에서는 거의 손실이 없다. <그림 6-9>로부터 강철의 흡수손실이 구리의 흡수손실보다 큰 것을 분명히 알 수 있다. 하지만 강철을 사용하더라도 1000 Hz 이하에서 어느 정도의 흡수손실을 얻기 위해서는 반드시 두꺼운 판을 사용해야 한다.

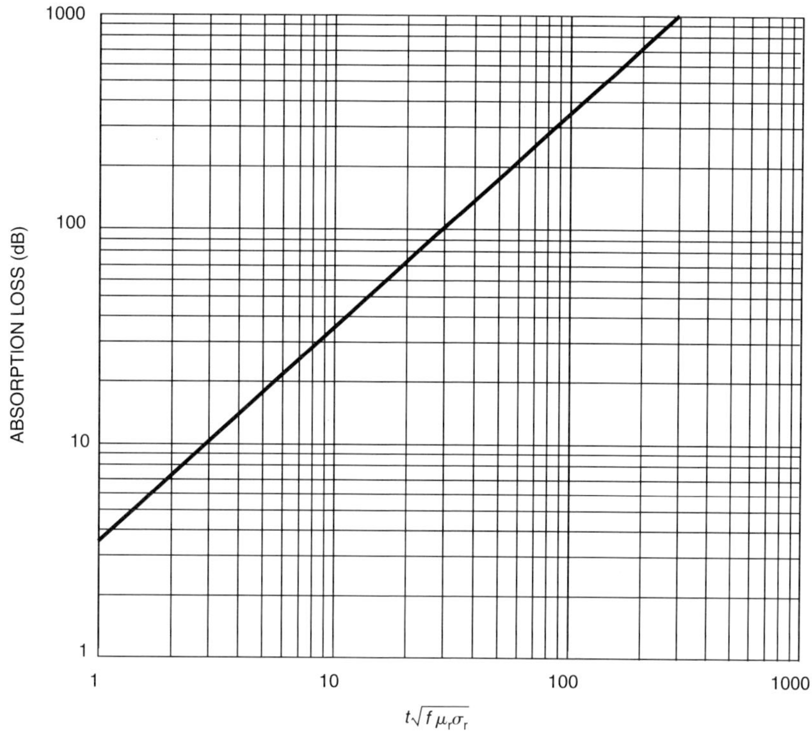

그림 6-8 범용 흡수손실 곡선.

6.5 반사손실(REFLECTION LOSS)

두 매질 사이의 경계면에서 반사손실은 <그림 6-10>에서 보듯이 매질 사이의 특성 임피던스의 차이와 관련이 있다.

임피던스 Z_1인 매질로부터 경계면을 지나 임피던스 Z_2인 매질로 전송된(투과된) 전자기파의 세기는 다음과 같다:

$$E_1 = \frac{2Z_2}{Z_1 + Z_2} E_0 \tag{6-14}$$

$$H_1 = \frac{2Z_1}{Z_1 + Z_2} H_0 \tag{6-15}$$

$E_0(H_0)$은 입사파의 세기이고 $E_1(H_1)$은 투과파의 세기이다.

전자기파가 차폐물을 통과하는 과정에서 <그림 6-11>에서 보듯이 두 개의 경계면과 만나게 된다. 두 번째 경계면은 임피던스 Z_2인 매질과 임피던스 Z_1인 매질 사이에 놓여있다. 이 두 번째

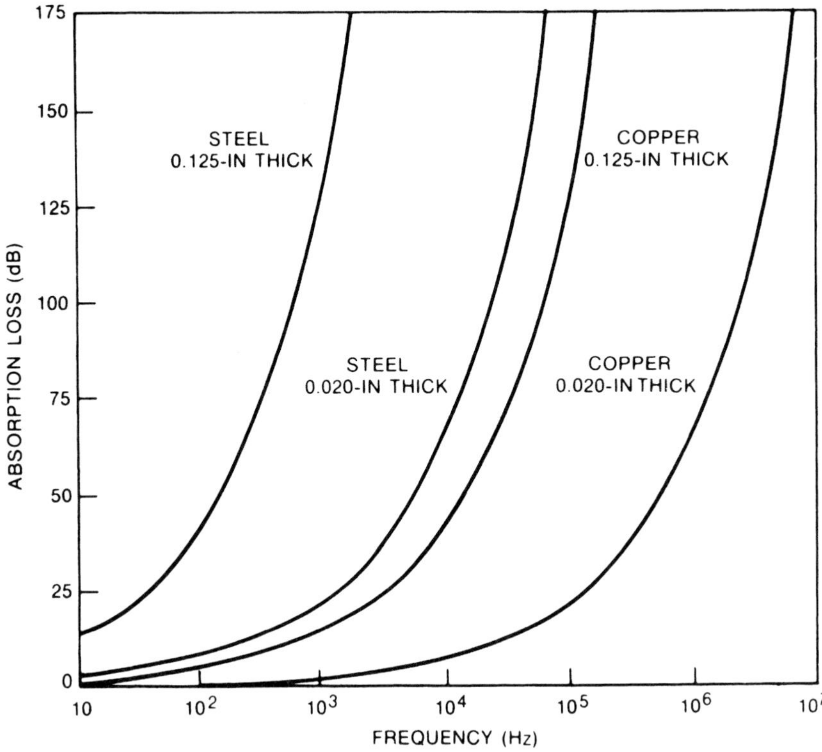

그림 6-9 흡수손실은 주파수와 차폐물 두께에 따라 증가한다; 강철은 동일한 두께의 구리보다 흡수손실이 크다.

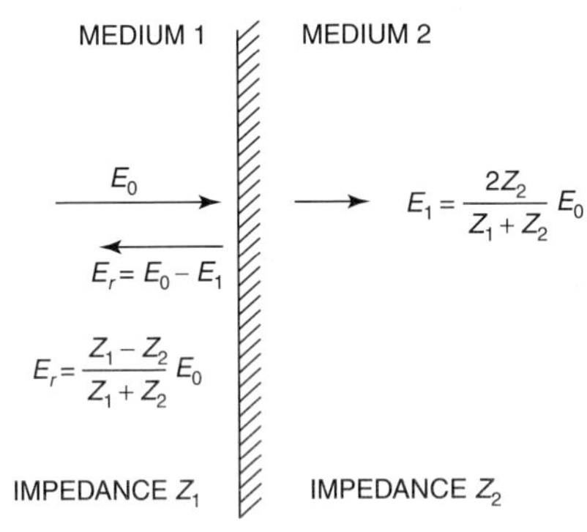

그림 6-10 입사파는 두 매질 사이의 경계면에서 일부가 반사되고, 나머지 경계면을 통과하여 전송된다. 전송된(투과된) 전기장은 E_1이고 반사된 전기장은 E_r이다.

경계면을 통과한 투과파 $E_t(H_t)$는 다음과 같다:

$$E_t = \frac{2Z_1}{Z_1 + Z_2} E_1 \tag{6-16}$$

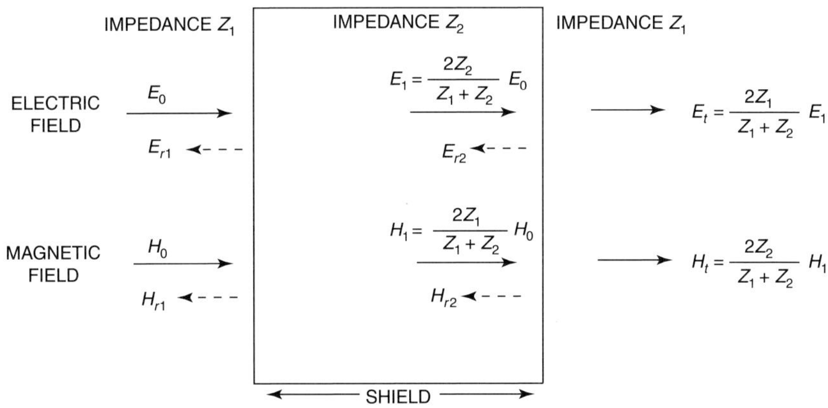

그림 6-11 부분 반사와 투과가 차폐물의 양쪽 경계면에서 발생한다.

$$H_t = \frac{2Z_2}{Z_1 + Z_2} H_1 \tag{6-17}$$

표피 깊이에 비해 차폐물이 두꺼우면[4] 투과된 총 전자기파의 세기는 식 (6-14)와 (6-15)를 각각 식 (6-16)과 (6-17)에 대입하여 구할 수 있다. 이것은 앞에서 식 (6-13)으로 표시한 흡수손실은 무시한 것이다. 따라서 두꺼운 차폐물에 대한 총 투과파는 다음과 같다:

$$E_t = \frac{4Z_1Z_2}{(Z_1 + Z_2)^2} E_0 \tag{6-18}$$

$$H_t = \frac{4Z_1Z_2}{(Z_1 + Z_2)^2} H_0 \tag{6-19}$$

전기장과 자기장은 각 경계면에서 다르게 반사되지만 두 경계를 통과한 뒤의 최종 결과는 전기장과 자기장 모두에 대해 동일하다는 것을 잘 알아두어야 한다. 차폐물이 금속이고 그 주위가 절연체이면 $Z_1 >> Z_2$이다. 이러한 상황에서는 전기장의 경우, 파가 차폐물로 들어갈 때(즉 첫 번째 경계면에서) 반사가 최대로 일어나며 자기장의 경우, 파가 차폐물을 빠져나올 때(즉 두 번째 경계면에서) 반사가 최대로 일어난다. **전기장의 경우, 가장 크게 반사되는 곳이 첫 번째 표면이므로, 차폐물질이 아주 얇아도 양호한 반사손실을 제공한다.** 하지만 자기장의 경우에는 가장 큰 반사가 두 번째 경계면에서 발생하는데 나중에 살펴보겠지만 차폐물 내에서 다중반사가 일어나면 차폐효율이 상당히 감소한다. $Z_1 >> Z_2$일 때 식 (6-18)과 (6-19)는 다음과 같이 간단해진다:

---

4) 차폐물이 얇을 경우 흡수손실이 크지 않으므로 양쪽 표면에서 다중반사가 발생한다(6.5.6절 "얇은 차폐물에서의 다중반사" 참조).

$$E_t = \frac{4Z_2}{Z_1} E_0 \tag{6-20}$$

$$H_t = \frac{4Z_2}{Z_1} H_0 \tag{6-21}$$

Z_1에 파동 임피던스 Z_w를 대입하고 Z_2에 차폐 임피던스 Z_s를 대입한 다음, 다중반사를 무시하면 E나 H에 대한 반사손실을 다음과 같이 쓸 수 있다:

$$R = 20 \log \frac{E_0}{E_t} = 20 \log \frac{Z_1}{4Z_2} = 20 \log \frac{|Z_w|}{4|Z_s|} \text{ dB} \tag{6-22}$$

여기서

Z_w = 차폐물에 들어가기 전의 파동 임피던스(식 (6-1))

Z_s = 차폐물의 특성 임피던스(식 (6-5d))

이 반사손실 공식은 평면파가 차폐물에 수직으로 입사하는 경우에 대한 것이다. 전자기파가 수직 입사하지 않는 경우에는 반사손실은 입사각에 따라 증가한다. 경계면이 굽은 경우에도 그 곡률반경이 표피 깊이보다 훨씬 클 때는 이들 결과식을 적용할 수 있다.

6.5.1 평면파에 대한 반사손실(Reflection Loss to Plane Waves)

평면파의 경우(원거리장), 파동 임피던스 Z_w는 자유공간의 특성 임피던스 Z_0(377 Ω)와 같다. 따라서 식 (6-11)는 다음과 같이 된다:

$$R = 20 \log \frac{94.25}{|Z_s|} \text{ dB} \tag{6-23a}$$

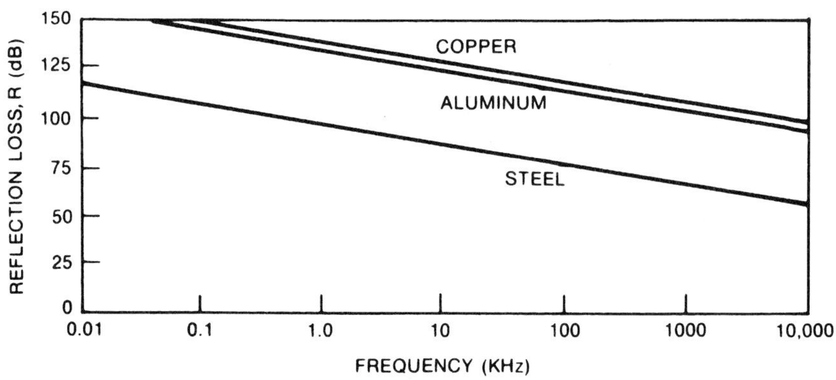

그림 6-12 평면파의 반사손실은 주파수가 낮을수록, 물질의 전도율이 클수록 더 커진다.

따라서 차폐물의 특성임피던스가 낮을수록 반사손실은 크다. 식 (6-23a)의 $|Z_s|$에 식 (6-5d)를 대입하여 정리하면 다음 식을 얻을 수 있다:

$$R = 168 + 10\log(\sigma_r/\mu_r f)\ \text{dB} \tag{6-23b}$$

<그림 6-12>에 세 가지 재료-구리, 알루미늄, 강철-의 주파수에 따른 반사손실을 나타내었다. <그림 6-9>와 비교해 보면 강철이 구리보다 흡수손실은 크지만 반사손실은 작음을 알 수 있다.

6.5.2 근거리장에서 반사손실(Reflection Loss in the Near Field)

근거리장에서는 전기장 대 자기장 비가 더 이상 매질의 특성 임피던스에 의해 결정되지 않고, 발생원(안테나)에 의해 결정된다. 발생원이 전압이 크고 전류가 작으면 파동 임피던스는 377 Ω보다 높고 장은 고 임피던스 장 또는 전기장이다. 발생원이 전압이 작고 전류가 크면 파동 임피던스는 377 Ω보다 낮고 장은 저 임피던스 장 또는 자기장이다.

반사손실 (식 (6-22))은 파동 임피던스와 차폐 임피던스 비의 함수이므로 반사손실은 파동 임피던스에 따라 변한다. 고 임피던스 (전기)장은 평면파보다 높은 반사손실을 갖는다. 마찬가지로 저 임피던스(자기)장은 평면파보다 낮은 반사손실을 갖는다. <그림 6-13>에, 구리 차폐물과 발생원 사이의 거리가 1 m인 경우와 30 m인 경우에 대해 전기장과 자기장의 이러한 반사손실

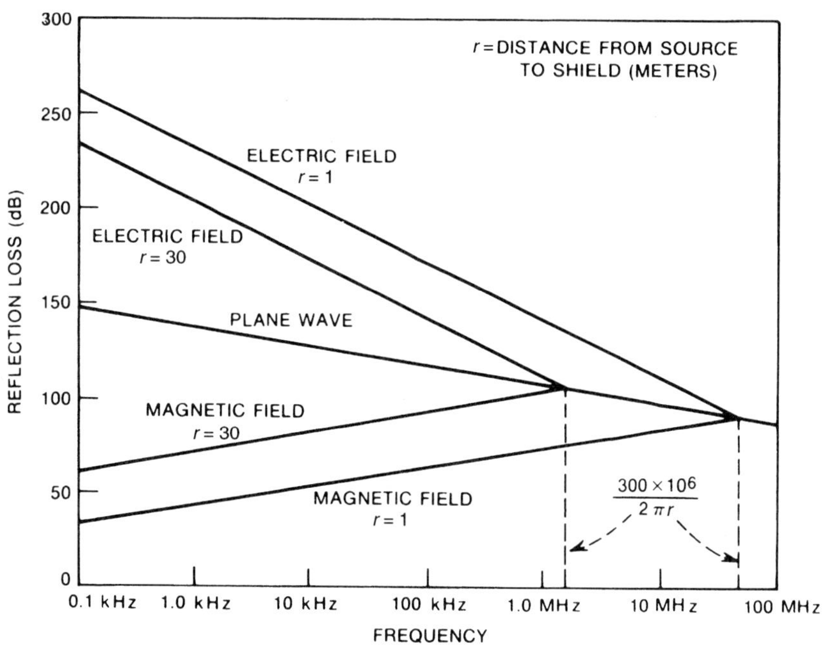

그림 6-13 구리 차폐물에서 반사손실은 주파수, 발생원과의 거리 및 파의 종류에 따라 변한다.

을 나타내었다. 또한 비교를 위해 평면파의 반사손실도 함께 나타내었다.

발생원과 차폐물 사이의 거리가 얼마이든 <그림 6-13>의 세 곡선(전기장, 자기장, 평면파)은 발생원과 차폐물 사이의 거리를 $\lambda/2\pi$가 되게 하는 주파수에서 만난다(λ는 파장). 간격이 30 m일 때 전기장과 자기장 곡선은 1.6 MHz의 주파수에서 서로 만난다.

<그림 6-13>의 곡선은 전기장 또는 자기장만을 발생시키는 점 전원(point source)에 대한 것이다. 그런데 실제 발생원은 대부분 전기장과 자기장을 함께 발생시킨다. 따라서 실제 발생원에 대한 반사손실은 그림에 표시되어있는 전기장 곡선과 자기장 곡선 사이의 어떤 곳을 지나는 곡선이 된다.

<그림 6-13>을 보면 전기장의 반사손실은 발생원과 차폐물 사이의 거리가 $\lambda/2\pi$ 될 때까지 주파수에 따라 감소한다. 거리가 여기에서 더 커지면 반사손실은 평면파와 동일하다. 자기장의 반사손실은 떨어진 거리가 $\lambda/2\pi$가 될 때까지 주파수에 따라 증가한다. 그 이상에서는 손실은 평면파와 같은 비율로 감소한다.

6.5.3 전기장 반사손실(Electric Field Reflection Loss)

전기장을 발생시키는 점 전원으로부터의 거리가 $r < \lambda/2\pi$일 때 파동 임피던스는 다음 식으로 근사적으로 구할 수 있다:

$$|Z_w|_e = \frac{1}{2\pi f \varepsilon r} \tag{6-24}$$

여기에서 r은 발생원에서 차폐물까지의 거리(m)이고 ε는 유전상수다. 반사손실은 식 (6-24)를 식 (6-22)에 대입해서 구할 수 있다:

$$R_e = 20 \log \frac{1}{8\pi f \varepsilon r |Z_s|} \text{ dB} \tag{6-25}$$

이 식의 ε에 자유공간 값을 대입하면

$$R_e = 20 \log \frac{4.5 \times 10^9}{f r |Z_s|} \text{ dB} \tag{6-26a}$$

여기서 r의 단위는 m이다. 식 (6-26a)에 식 (6-5d)의 $|Z_s|$를 대입하여 정리하면 다음 식을 얻는다.

$$R_e = 322 + 10 \log \frac{\sigma_r}{\mu_r f^3 r^2} \text{ dB} \tag{6-26b}$$

<그림 6-13>에서 "전기장(electric field)"라고 표시된 곡선은 거리 r이 1 m와 30 m일 때 구리 차폐물에 대해 식 (6-26b)를 그래프로 그린 것이다. 수식과 그림은 전기장만 발생시키는 점 전원으로부터 특정 거리만큼 떨어진 곳에서 반사손실을 나타낸다. 그런데 실제 전기장 발생원은 전기장 외에 작은 크기의 자기장도 발생시킨다. 따라서 실제 전기장 발생원의 반사손실은 <

그림 6-13>의 전기장 곡선과 평면파 곡선 사이의 어떤 곳을 지나는 곡선이 된다. 일반적으로 이 두 그래프 사이 어디에 실제 발생원의 반사손실이 놓이게 될지 모르기 때문에 평면파에 대한 식 (식 (6-23b))을 전기장에 대한 반사손실을 계산하는 데 사용하는 것이 보통이다. 실제 반사손실은 식 (6-23b)으로 계산한 것과 같거나 더 크다.

6.5.4 자기장 반사손실(Magnetic Field Reflection Loss)

자기장을 발생시키는 점 전원으로부터의 파동 임피던스는 $r < \lambda/2\pi$라고 가정할 때 다음 식을 써서 근사적으로 구할 수 있다:

$$|Z_w|_m = 2\pi f \mu r \tag{6-27}$$

여기에서 r은 발생원(점 전원)에서 차폐물까지의 거리(m)이고 μ는 투자율이다. 반사손실은 식 (6-27)를 식 (6-22)에 대입해서 구할 수 있다:

$$R_m = 20 \log \frac{2\pi f \mu r}{4|Z_s|} \text{ dB} \tag{6-28}$$

여기서 μ의 자유공간 값을 대입한다:

$$R_m = 20 \log \frac{1.97 \times 10^{-6} fr}{|Z_s|} \text{ dB} \tag{6-29a}$$

여기에서 r의 단위는 미터이다. 식 (6-29a)의 $|Z_s|$에 식 (6-5d)를 대입하여 재정리하면 다음을 얻는다:

$$R_m = 14.6 + 10 \log \left(\frac{fr^2 \sigma_r}{\mu_r} \right) \text{ dB}^{5)} \tag{6-29b}$$

r의 단위는 미터이다.

<그림 6-13>에서 "자기장(magnetic field)"라고 표시된 곡선은 거리 r이 1 m와 30 m 일 때 구리 차폐물에 대해 식 (6-29b)를 그래프로 그린 것이다. 식 (6-29)와 <그림 6-13>은 자기장만 발생시키는 점 전원으로부터 특정거리만큼 떨어진 곳에서의 반사손실을 나타낸다. 그런데 실제 자기장 발생원은 자기장 외에 작은 전기장을 발생시킨다. 따라서 실제 자기장 발생원의 반사손실은 <그림 6-13>의 자기장 곡선과 평면파 곡선 사이의 어떤 곳에 놓이게 된다. 일반적으로 이 두 그래프 사이 어디에 실제 발생원의 반사 손실이 놓일지 모르기 때문에 평면파에 대한 식 (6-29b)을 자기장에 대한 반사손실을 계산하는 데 사용하는 것이 보통이다. 실제 반사손실은 식 (6-29b)으로 계산한 것과 같거나 더 크다.

---

5) R을 계산한 결과가 음수가 되면 이를 무시하고 $R = 0$을 사용하며 다중반사 인자 B를 무시한다. 계산결과 R 값이 0에 가까운 양수가 되면 식 (6-29b)는 약간의 오차를 가진다. 이 오차는 식을 유도하는 과정에서 사용한 $Z_1 >> Z_2$라는 가정이, 이 경우에는 만족되지 않기 때문이다. $R = 0$일 때 오차는 3.8 dB이고 R이 커지면 오차는 감소한다. 그렇지만 실제적인 측면에서는 이 오차는 무시할 수 있다.

표 6-3 식 (6-30)에 사용되는 상수.

전자기장 종류	C	n	m
전기장	322	3	2
평면파	168	1	0
자기장	14.6	−1	−2

발생원까지의 거리를 모르는 경우, 저주파수에서 근거리 자기장의 반사손실은 보통 0으로 가정한다.

6.5.5 반사손실에 대한 일반식(General Equations for Reflection Loss)

다중반사를 무시하면 반사손실에 대한 일반식을 다음과 같이 쓸 수 있다.

$$R = C + 10 \log \left(\frac{\sigma_r}{\mu_r}\right)\left(\frac{1}{f^n r^m}\right) \tag{6-30}$$

여기서 평면파, 전기장, 자기장에 대해 상수 C, n, m 값을 <표 6-3>에 나타내었다.

식 (6-30)은 평면파에 대한 식 (6-23b), 전기장에 대한 식 (6-26b), 자기장에 대한 식 (6-29b)와 같다. 식 (6-30)을 보면 반사손실이 차폐 물질의 투자율로 전도율을 나눈 값의 함수라는 것을 알 수 있다.

6.5.6 얇은 차폐물에서 다중반사(Multiple Reflections in Thin Shieldes)

차폐물이 얇은 경우에는 <그림 6-14>에서 보듯이 두 번째 경계면에서 반사된 파가 첫 번째 경계면에서 재반사되어 다시 두 번째 경계면으로 되돌아와 다시 반사되기를 거듭한다. 이러한 다

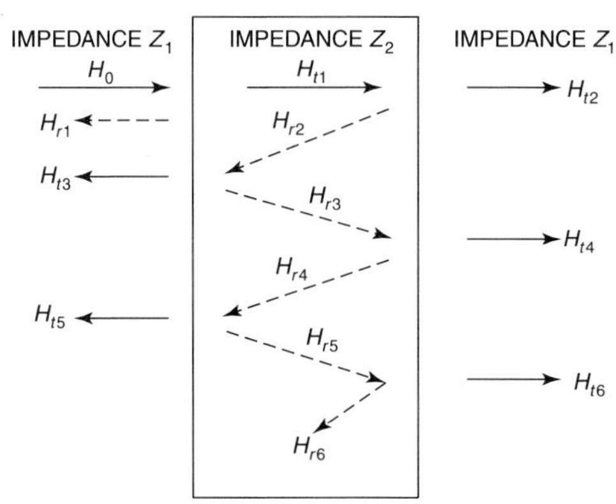

그림 6-14 다중반사는 얇은 차폐물에서 발생한다; 파의 일부는 반사가 일어날 때마다 두 번째 경계면 통해 전송(투과)된다.

중반사는 두꺼운 차폐물의 경우에는 흡수손실이 크기 때문에 무시할 수 있다. 전자기파가 두 번째로 두 번째 경계면에 도달하는 경우, 두꺼운 차폐물을 세 번이나 통과했기 때문에 그 전자기파의 진폭을 무시할 수 있다.

전기장의 경우, 대부분의 입사파는 첫 번째 경계면에서 반사되고 아주 작은 양만 차폐물로 들어간다. 이것은 식 (6-14)와 $Z_2 \ll Z_1$이라는 사실로부터 알 수 있다. 따라서 전기장에 대해서는 차폐물 내부의 다중반사는 무시할 수 있다.

자기장의 경우, 대부분의 입사파는 $Z_2 \ll Z_1$일 때 식 (6-15)에서 알 수 있듯이 첫 번째 경계면에서 차폐물 안으로 들어온다. 투과된 파의 진폭은 실제로 입사파 진폭의 두 배가 된다. 차폐물 내의 자기장의 진폭이 이렇게 크기 때문에 차폐물 내 다중반사의 영향을 반드시 고려해야 한다.

차폐물 내 다중반사에 대한 보정인자는 다음과 같다. 이 식에서 t는 차폐물의 두께이고 δ는 표피깊이이다.

$$B = 20\log\left(1 - e^{-2t/\delta}\right)\ \text{dB}^{6)} \tag{6-31}$$

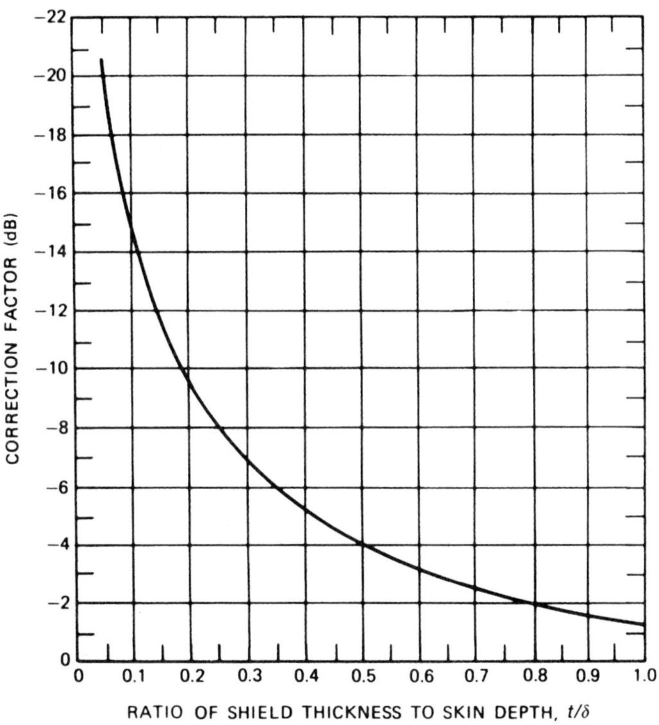

그림 6-15 자기장에 대한 얇은 차폐물의 다중반사 손실 보정인자 (B). t/δ 값이 매우 작은 경우의 B 값은 <표 C-1> 참조.

6) 이 식의 계산에 대해서는 부록 C를 참조하라.

<그림 6-15>는 t/δ의 함수로서 보정인자 B를 그래프로 나타낸 것이다. 보정인자는 음수인데, 이는 얇은 차폐물에서는 다중반사로 인해 식 (6-30)으로 예측한 것보다 낮은 차폐효율이 얻어진다는 것을 나타낸다.

6.6 총 손실(COMPOSITE ABSORPTION AND REFLECTION LOSS)

6.6.1 평면파(Plane Waves)

원거리장에서 평면파의 총 손실은 식 (6-8)에 나타낸 것과 같이 흡수손실과 반사손실의 합이다. 평면파에 대해서는 반사손실이 매우 높고 보정인자가 작기 때문에 다중반사 보정인자 B는 보통 무시한다. 흡수손실이 1 dB 이상이면 보정인자는 11 dB 이하이다; 흡수손실이 4 dB 이상이면 보정인자는 2 dB 이하이다.

<그림 6-16>에 두께가 0.020-in 인 구리 차폐물의 전체적인 감쇠, 즉 차폐효율을 나타내었다. 차폐 임피던스 Z_s는 주파수에 따라 증가하기 때문에 그림에서 보듯이 **반사손실은 주파수에 따라 감소한다. 하지만 표피 깊이가 주파수에 따라 감소하기 때문에 흡수손실은 주파수에 따라서 증가한다.** 그래서 차폐효율은 중간의 어떤 주파수에서 최소가 되는데, 이 경우에는 10 kHz이다. <그림 6-16>에

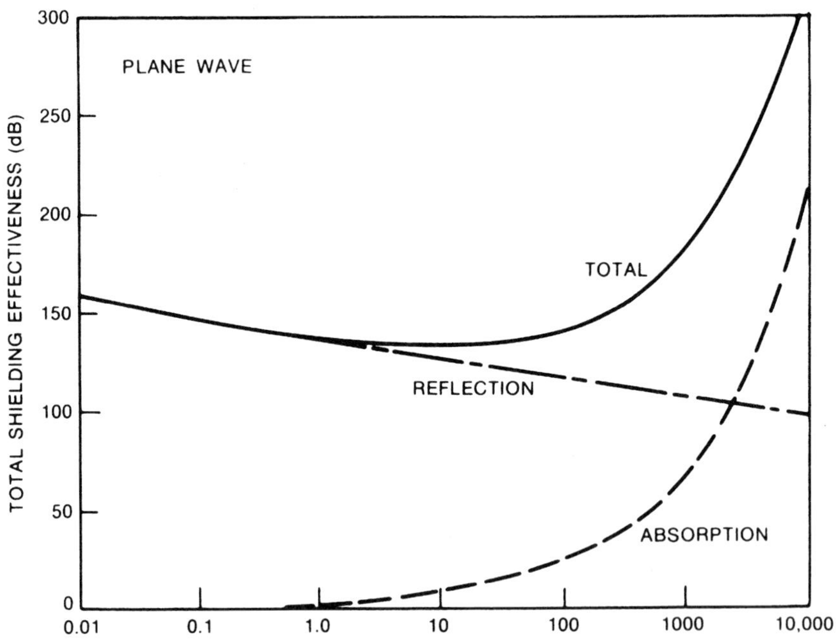

그림 6-16 원거리장에서 두께가 0.02-in인 구리 차폐물의 차폐효율.

서, 저주파 평면파에 대해서는 반사손실이 대부분의 감쇠를 차지하고, 반면에 고주파에서 대부분의 감쇠는 흡수손실로부터 온다는 것을 분명히 알 수 있다.

6.6.2 전기장(Electric Fields)

전기장의 총 손실은 식 (6-8)에 나타낸 것처럼 흡수손실(식 (6-13))과 반사손실(식 (6-26))의 합이다. 전기장의 경우, 반사손실은 매우 크고 보정인자는 작기 때문에 보통 다중반사 보정인자 B를 무시한다. **저주파에서는 반사손실이 전기장에 대한 주된 차폐 메커니즘이다. 고주파에서는 흡수손실이 전기장에 대한 주된 차폐 메커니즘이다.**

6.6.3 자기장(Magnetic Fields)

식 (6-8)에 나타낸 것처럼 자기장의 총 손실은 흡수손실(식 (6-13))과 반사손실(식 (6-29))의 합이다. 차폐물이 두꺼우면 (흡수손실 $>$ 9 dB) 다중반사 보정인자 B를 무시할 수 있다. 차폐물이 얇으면 식 (6-31) 또는 <그림 6-15>의 보정인자를 반드시 포함시켜야 한다.

근거리장에서는 저주파 자기장에 대한 반사손실은 작다. 얇은 차폐물에서는 다중반사 때문에 이러한 결과가 더욱 두드러지게 나타난다. **자기장에 있어 주된 손실은 흡수손실이다.** 저주파에서는 흡수손실과 반사손실이 모두 작기 때문에 총 차폐효율이 낮다. 따라서 저주파 자기장을 차폐하는 것은 어렵다. 저주파 자기장을 추가로 막으려면 보호하려는 회로 주위를 자기장이 우회하도록 자기저항(reluctance)이 낮은 경로를 만들어주는 방법밖에는 없다. 이 방법을 <그림 6-17>에 나타내었다.

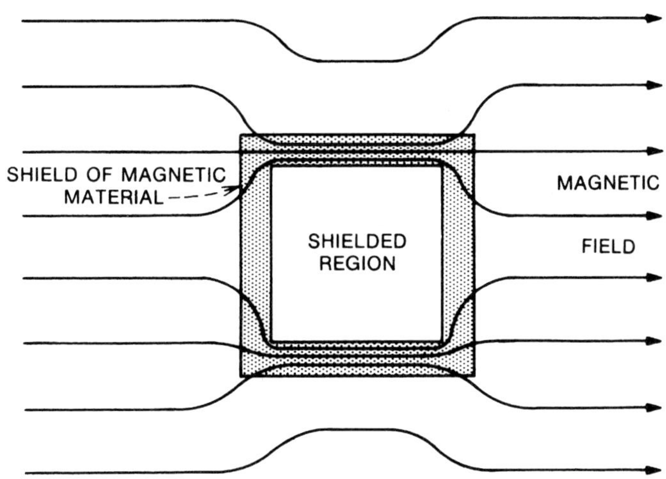

그림 6-17 차폐물의 재료로 자성체를 사용하면 자기장에 대해 자기저항(reluctance)이 낮은 경로가 만들어지므로 차폐영역 주위로 자기장을 우회시킬 수 있다.

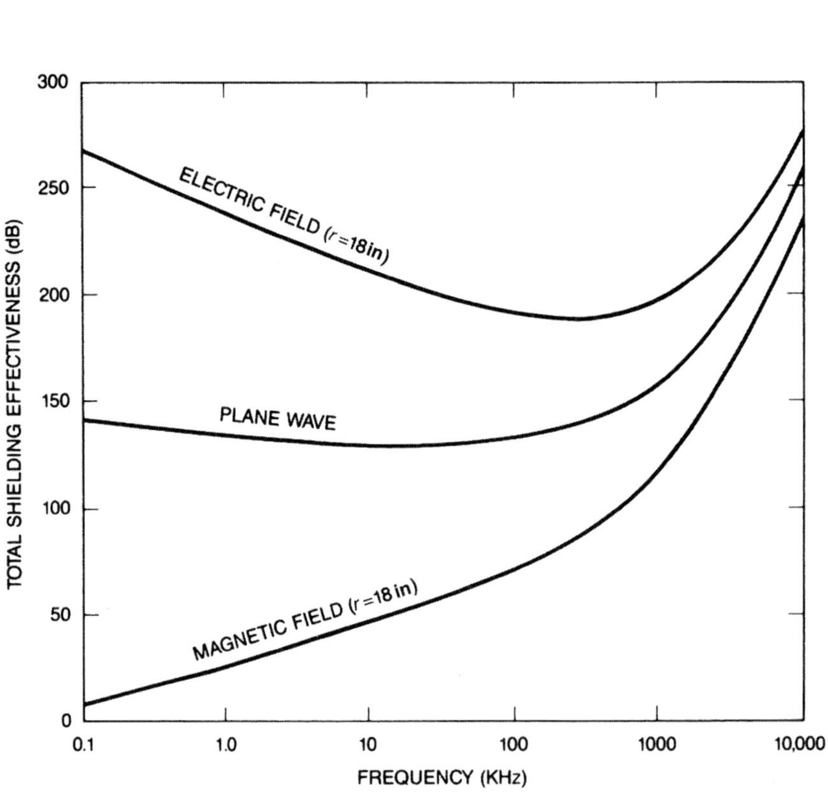

그림 6-18 두께가 0.02-in인 균일한 알루미늄 차폐물의 전기장, 평면파, 자기장 차폐 효율.

6.7 차폐 수식 요약(SUMMARY OF SHIELDING EQUATIONS)

<그림 6-18>에 전기장, 평면파 및 자기장에 대해 두께가 0.02-in 인 균일한 알루미늄 차폐물의 총 차폐효율을 나타내었다. 그림에서 알 수 있듯이 저주파 자기장을 제외한 모든 경우에 상당한 차폐가 존재한다.

고주파(1 MHz 이상)에서는 흡수손실이 주가 되므로 실현가능한 범위내에서 충분한 두께를 갖는 균일한 차폐물은 충분하고도 남는 차폐효율을 제공한다.

<그림 6-19>는 다양한 조건에 대해 각 조건에 해당하는 차폐효율을 구하려면 어떤 식을 사용하면 되는지 알 수 있도록 정리한 표이다. 다양한 조건에서 균일한 차폐물이 제공하는 차폐를 정상적으로 분석하여 정리한 표를 6장 맨 뒤의 요약부분에 수록하였다(표 6-9).

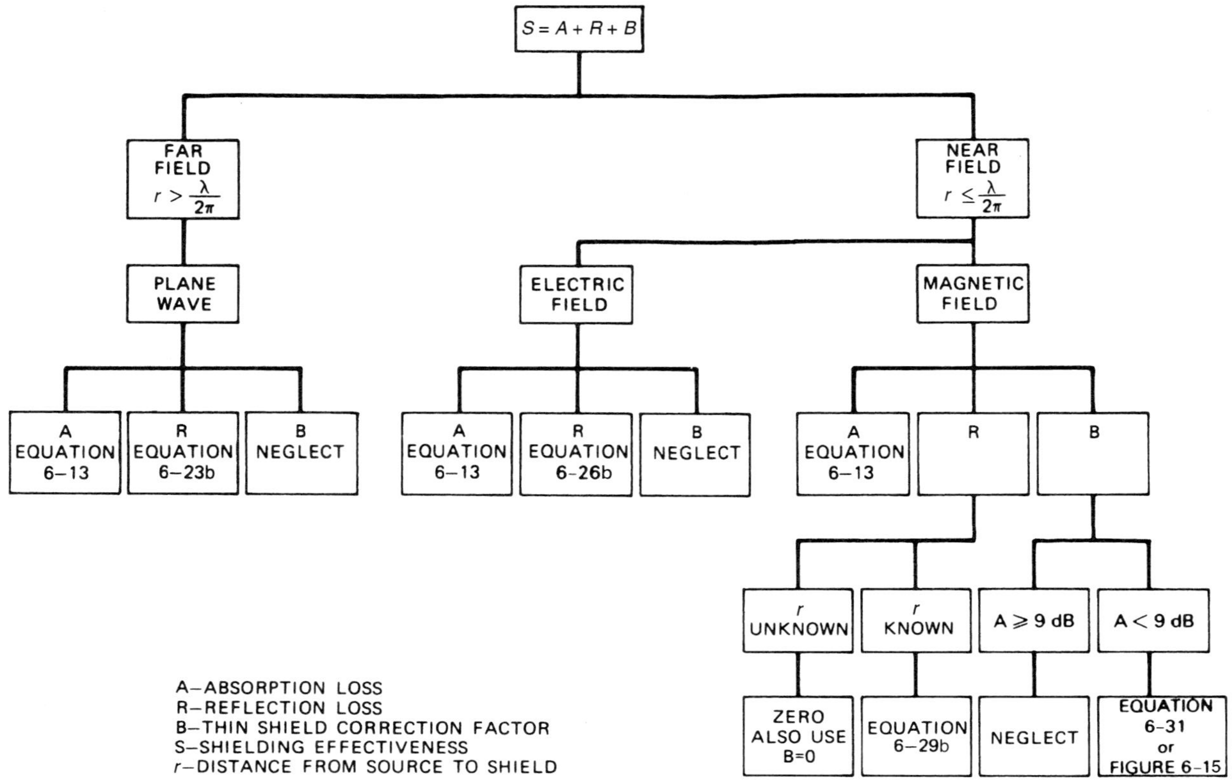

그림 6–19 다양한 조건에 대한 차폐효율을 계산할 때 어느 식이 사용되는지를 알려주는 일람표.

6.8 자성체를 사용한 차폐 (SHIELDING WITH MAGNETIC MATERIALS)

양도체(good conductor) 대신 자성체를 차폐물질로 사용하면 투자율 μ가 증가하고, 전도율이 감소하므로 다음의 효과가 있다:

1. 대부분의 자성체의 경우, 전도율이 감소하는 정도보다 투자율이 증가하는 정도가 더 크기 때문에 흡수손실이 증가한다(식 (6-13) 참조).
2. 반사손실이 감소한다(식 (6-30) 참조).

차폐물의 총 손실은 흡수손실과 반사손실의 합이다. 저주파 자기장의 경우 매우 적은 반사손실이 발생하며 흡수손실이 주된 차폐 메커니즘이다. 이런 상황에서는 자성체를 사용하면 흡수손실을 증가시키는 데 도움이 되는 것이 보통이다. 저주파 전기장이나 평면파의 경우, 주된 차폐 메커니즘은 반사이므로 자성체를 사용하게 되면 오히려 차폐를 감소시킨다.

자성체를 차폐물질로 사용할 때 반드시 고려해야 할 세 가지 특성은 다음과 같다. 이를 무시하는 경우가 흔하므로 주의해야 한다.

1. 투자율은 주파수에 따라 감소한다.
2. 투자율은 전자기장의 세기에 따라 달라진다.
3. 뮤메탈 같은 투자율이 높은 자성재료의 경우, 기계 가공이나 작업으로 자기적 특성이 변화할 수 있다.

자성체의 투자율 값은 정적 투자율, 즉 직류 투자율이다. 주파수가 증가함에 따라 투자율은 감소한다.

보통 직류 투자율이 클수록 주파수에 따라 감소하는 정도가 크다. <그림 6-20>에 다양한 자성체에 대해 주파수에 따른 투자율의 변화를 나타내었다. 그림에서 알 수 있듯이 뮤메탈(니켈, 철, 구리, 몰리브덴의 합금)은 직류 투자율이 냉연강(cold rolled steel)의 13 배 이지만, 100 kHz에서는 냉연강보다 투자율이 낮다. 고투자율 자성체가 자기장 차폐재료로 가장 유용한 주파수 범위는 10 kHz 이하이다.

100 kHz 이상에서 강철은 점차 투자율이 낮아지기 시작한다. <표 6-4>는 강철의 대표적인 상대 투자율을 주파수별로 나타낸 것이다.

흡수손실은 고주파에서 우세하다. 그리고 식 (6-13)에 나타낸 것처럼 흡수손실은 투자율과 전도율의 곱의 제곱근으로 구해진다. 구리의 경우, 상대 전도율에 상대 투자율을 곱하면 1이 된다. 강철의 전도율이 구리의 약 1/10이기 때문에 (<표 6-1>) 상대 투자율이 10으로 떨어지면 상대 전도율과 상대 투자율 곱은 1이 된다. 강철의 경우, 이러한 일이 1.5 GHz에서 발생한다(<표

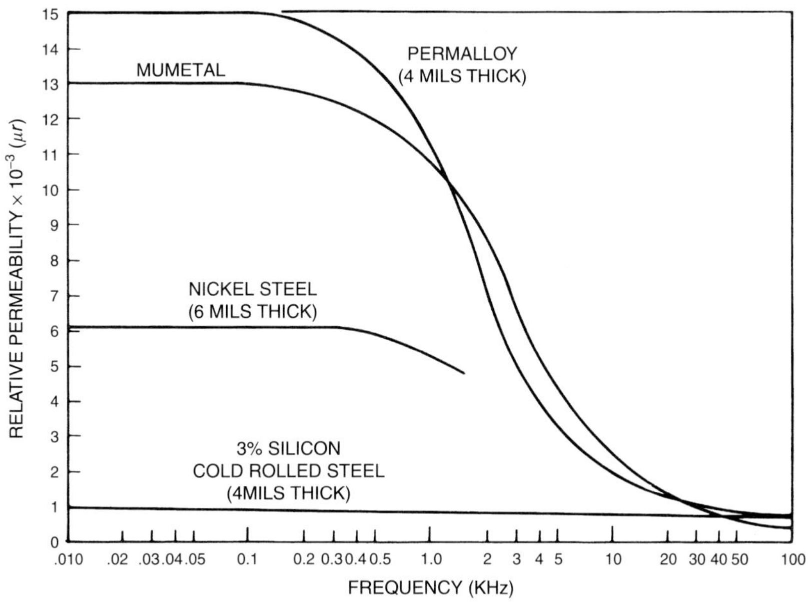

그림 6-20 다양한 자성체의 투자율과 주파수 관계.

표 6-4 강철의 주파수별 상대 투자율

주파수	상대 투자율(μ_r)
100 Hz	1000
1 kHz	1000
10 kHz	1000
100 kHz	1000
1 MHz	700
10 MHz	500
100 MHz	100
1 GHz	50
1.5 GHz	10
10 GHz	1

6-4>). 따라서 주파수가 이 주파수보다 높아지면 강철의 투자율이 강철의 낮은 전도율에 의한 영향을 극복할 수 있을 정도로 충분히 크지 않기 때문에 강철의 흡수손실은 구리보다 작다.

차폐물로 사용되는 자성체의 유용성은 자기장의 세기에 따라 변한다. 대표적인 자화곡선을 <그림 6-21>에 나타내었다. 직류 투자율은 B와 H의 비이다. 그림에서 알 수 있듯이 최대 투자율, 즉 최대차폐는 자기장의 세기가 중간 정도일 때 발생한다. 자기장의 세기가 아주 크거나 작은 경우에는 투자율이 낮아지므로 차폐도도 낮아진다. 강한 자기장은 자성체를 포화시킬 수 있다. 이러한 현상은 자성체의 종류와 두께에 따라 변한다. 포화점을 상당히 초과할 경우에는 상대

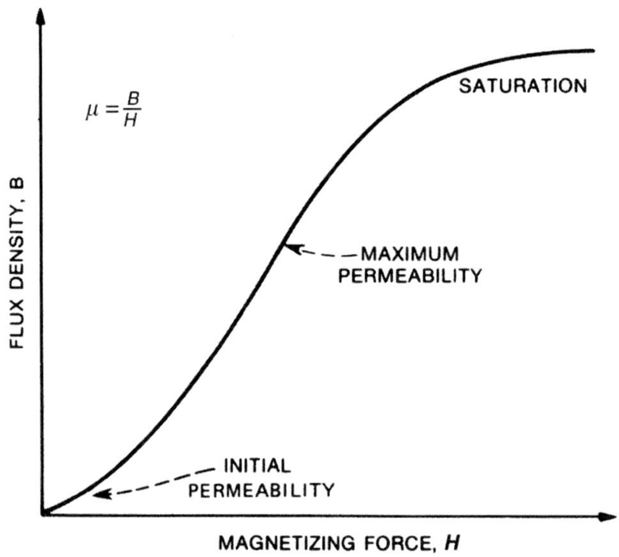

그림 6-21 대표적인 자화곡선. 투자율은 곡선의 기울기와 같다.

투자율이 급격히 떨어진다. 일반적으로 투자율이 높을수록 포화를 일으키는 자기장의 세기가 낮다. 대부분의 경우 자성체의 투자율을 가장 좋은(큰) 투자율 값, 즉 최적의 주파수와 최적의 자기장 세기에서의 값으로 명시하는데, 이러한 규격은 판단을 그르치게 할 수 있다.

포화현상을 극복하기 위해 여러 층으로 된 다층 자성체 차폐물을 사용할 수 있다. 그 예를 <그림 6-22>에 나타내었다. 첫 번째 차폐물(강철같은 저투자율 자성체)은 세기가 강한 자기장에서 포화되고 두 번째 차폐물(뮤메탈 같은 고투자율 자성체)은 세기가 약한 자기장에서 포화된다. 첫 번째 차폐물은 자기장 진폭을 두 번째 차폐물을 포화시키지 않을 정도로 감소시킨다; 이어서 두 번째 차폐물에서 대부분의 자기장 차폐가 이루어진다. 이러한 구성방식에서 첫 번째 차폐물로 구리같은 도체를 사용하고, 두 번째 차폐물로 자성체를 사용하는 것도 가능하다. 투자율이 낮고 포

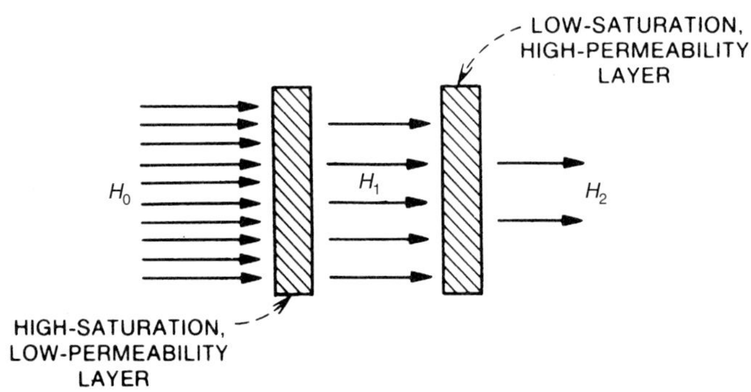

그림 6-22 자성체 차폐물을 여러 층으로 하여 포화현상을 해결할 수 있다.

화 자기장의 세기가 큰 재료는 항상 자기장의 발생원에 가까운 쪽에 위치시켜야 한다. 경우에 따라서는 원하는 자기장 감쇠를 얻기 위해 추가로 차폐물 층이 필요할 수 있다. 다층 차폐물의 또 다른 장점은 반사면이 추가로 생기므로 반사손실을 증가시킬 있다는 것이다.

뮤메탈이나 퍼멀로이 같은 몇몇 고투자율 자성체는 기계 가공이나 작업으로 인해 자기적 특성이 저하될 수 있다. 이런 현상은 자성체를 떨어뜨리거나 충격을 주면 일어날 수 있다. 자성체가 가진 원래의 자성 특성을 회복시키려면 기계 가공이나 성형 후에 반드시 담금질을 다시 해야 한다.

6.9 실험 데이터(EXPERIMENTAL DATA)

다양한 종류의 금속 판(sheet)에 대해 저주파 자기장 차폐효율을 측정한 실험 결과를 <그림 6-23>과 <그림 6-24>에 나타내었다. 이것은 발생원과 피해장치(수신장치)가 0.1 인치 떨어진 근거리장에서 측정한 결과이다. 차폐물의 두께는 3~60 mils (in × 10^{-3})이고 시험 주파수 범위는

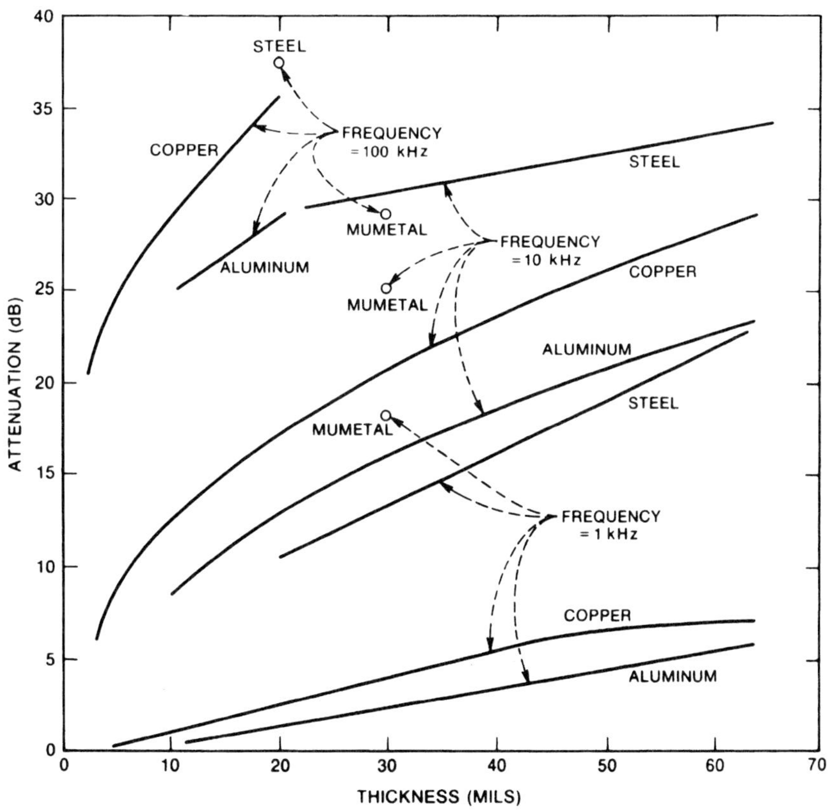

그림 6-23 근거리장에서 금속 판의 자기장 감쇠에 대한 실험 데이터.

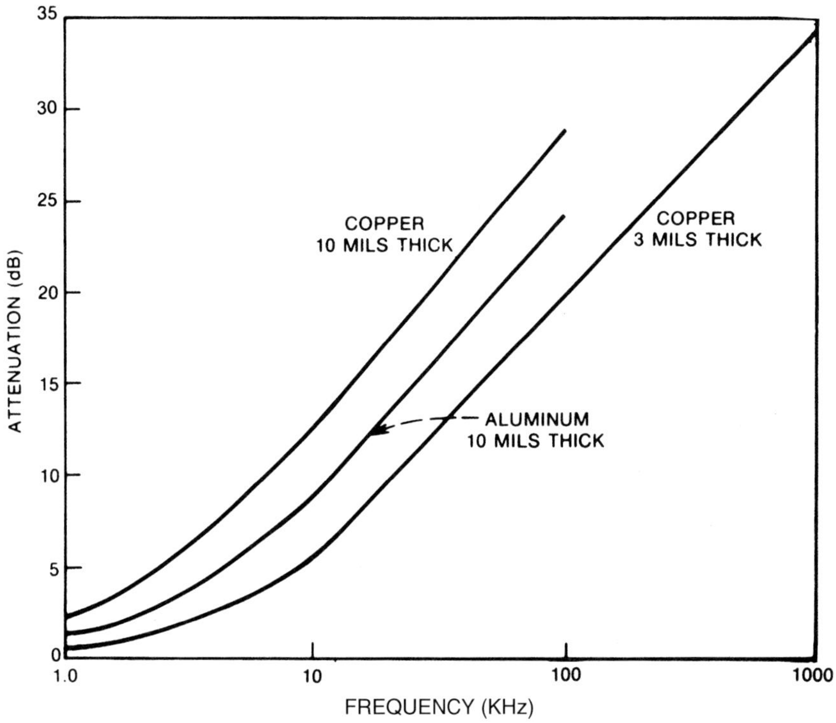

그림 6-24 근거리장에서 전도성 판의 자기장 감쇠를 측정한 시험 결과.

1~100 kHz이다. <그림 6-23>은 1 kHz에서 강철이 구리에 비하여 자기장 차폐 특성이 우수함을 확실히 보여준다. 하지만 100 kHz에서는 강철이 구리보다 약간 좋은 정도이다. 100 kHz~1 MHz 사이 어느 지점부터는 구리의 차폐효율이 강철보다 우수하게 된다.

또한 <그림 6-23>은 자성체 차폐물로 사용되는 뮤메탈의 주파수 특성을 보여주고 있다. 1 kHz에서는 뮤메탈이 강철보다 더 효과가 좋지만 10 kHz에서는 강철이 뮤메탈보다 더 효과가 좋다. 100 kHz에서는 강철, 구리 및 알루미늄이 모두 뮤메탈보다 우수하다.

<그림 6-24>은 1 kHz~1 MHz의 다양한 주파수에서 얇은 구리 및 알루미늄 차폐물에 의한 자기장 감쇠를 보여주고 있는데 <그림 6-23>의 몇 가지 데이터를 여기에 다시 그려 넣었다.

지금까지 내용을 간추려보면, 강철이나 뮤메탈 같은 자성체는 알루미늄이나 구리 같은 양도체보다 저주파에서 더 양호한 자기장 차폐 특성을 가진다. 하지만 고주파에서는 양도체의 자기장 차폐특성이 더 좋다.

균일한 비자성체 차폐물의 자기장 차폐효율은 주파수에 따라 증가한다. 따라서 차폐효율의 측정은 관심주파수 범위의 최저 주파수에서 이뤄져야 한다. 자성체의 차폐효율은, 주파수에 따라 투자율이 줄어들기 때문에 주파수에 따라 감소한다. 균일하지 않은 차폐물의 차폐효율은 개구면을 통한 자기장의 누설이 증가하기 때문에 주파수에 따라 감소한다.

6.10 개구면(APERTURES)

이 장에서는 지금까지 개구면(aperture)이 없는 균일한(solid) 차폐물을 가정했다. 저주파수 자기장을 제외하면 100 dB 이상의 차폐효율을 쉽게 얻을 수 있음을 살펴보았다. 하지만 대부분의 차폐물은 균일하지 않다. 차폐물에는 보통 출입 덮개(cover), 문(door), 케이블용 구멍, 환기구, 스위치, 표시창, 그리고 연결부위와 이음매 등이있다. 이들 개구면 모두는 차폐효율을 상당히 감소시킨다.

실제로는 고주파에서 차폐물 재료 자체의 고유 차폐효율은 개구면을 통한 전자기장의 누설보다 덜 중요하다.

개구면은 전기장 누설보다 자기장 누설에 더 큰 영향을 미친다. 그러므로, 자기장 누설을 최소화하는 방법에 역점을 두어야 한다. 대부분의 경우 자기장 누설을 최소화하는 방법은 전기장 누설을 최소화하는 데도 적합하다.
개구면을 통해 누설되는 전자기장의 양은 주로 다음 세 항목에 의해 결정된다:

1. 개구면의 최대 길이(면적이 아님)
2. 전자기장의 파동 임피던스
3. 전자기장의 주파수

최대 치수(면적이 아닌 길이)가 누설량을 결정한다는 사실을 차폐에 회로이론을 적용해서 시각적인 방법으로 살펴보자. 이 방법을 적용해보면 먼저 입사 전자기장은 전류를 차폐물 내로 유도시킨다. 그러면 이 전류는 다시 전자기장을 발생시킨다. 새로 발생한 이 전자기장은 공간의 어느 영역, 특히 입사 전자기장으로부터 차폐물의 반대편에 위치한 영역에서 원래의 전자기장을 상쇄한다. 이러한 전자기장의 상쇄가 일어나려면, 차폐물에 유도되는 전류는 유도된 방식 그대로 방해 없이 흘러야 한다. 개구면에 의해 유도된 전류가 다른 경로로 흐르게 되면 이 전류에 의해 발생된 전자기장은 원래 전자기장을 완전히 상쇄하지 못하므로 차폐효율은 감소한다. 전류가 더 많이 우회하게 될수록 차폐효율은 더욱 감소한다.

<그림 6-25>를 보면 개구면이 어떤 식으로, 유도된 차폐 전류에 영향을 끼치는지를 알 수 있다. <그림 6-25A>에 개구면이 없는 차폐물의 한 부분과 함께, 그곳에 유도된 차폐 전류를 나타내었다. <그림 6-25B>는 사각형 슬롯(slot, 구멍)이 어떤 식으로 유도된 전류를 우회시켜서 누설을 발생시키는지를 보여주고 있다. <그림 6-25C>는 길이는 같지만 폭이 훨씬 좁은 슬롯을 보여주고 있다. 이 좁은 슬롯은 유도된 전류에 <그림 6-25B>의 넓은 슬롯과 거의 같은 영향을 미치고 있으므로 개구 면적이 상당히 줄었음에도 불구하고 같은 양의 누설을 발생시킨다. <그림 6-

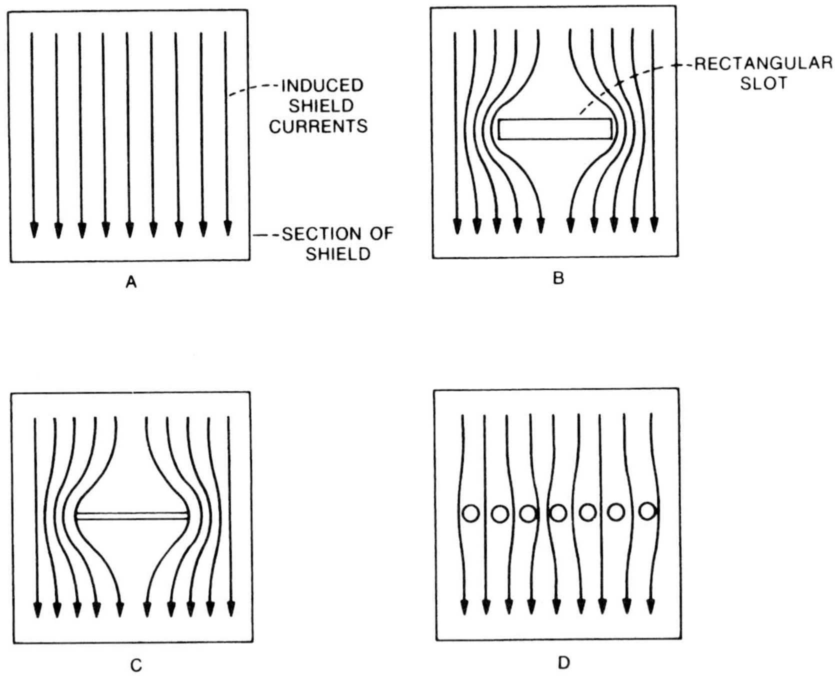

그림 6-25 자기적으로 유도된 차폐도체 전류에 차폐 불연속이 미치는 영향.

25D>에는 작은 작은 구멍이 여러 개 뚫려있는데 이들은 <그림 6-25B>보다 전류를 적게 우회시키므로 두 개구면의 총 면적이 동일하더라도 누설을 적게 발생시킨다. 따라서 다수의 작은 구멍이, 총 면적이 같은 큰 구멍 하나보다 확실히 누설을 적게 발생시킨다.

<그림 6-25B>와 <6-25C>에 나타낸 사각형 슬롯은 슬롯 안테나를 형성한다 (Kraus 와 Marhefka, 2002). 이러한 슬롯은 그 폭이 아무리 좁아도 길이가 파장의 1/10 이상이면 상당한 누설을 생기게 한다. 이음매와 연결부위는 종종 효율적인 슬롯 안테나를 형성한다. 최대 길이가 파장의 1/2과 같으면 슬롯 안테나로부터 최대 방사가 발생한다.

슬롯 안테나 이론을 바탕으로 단일 개구면의 차폐효율을 구할 수 있다. 슬롯 안테나의 최대 최대 길이가 파장의 1/2일 때 가장 효율적으로 방사를 하기 때문에 이 치수에 대한 차폐를 0 dB로 정의하기로 한다. 개구면이 길이가 짧아지면 방사효율도 20 dB/decade의 비율로 감소된다. 따라서 차폐효율은 같은 비율로 증가한다. 그러므로 최대 길이가 파장의 1/2 이하인 개구면의 차폐효율(dB)은 다음과 같다:

$$S = 20\log\left(\frac{\lambda}{2l}\right) \tag{6-32a}$$

여기에서 λ는 파장이고 l은 개구면의 최대 최대 길이이다. 식 (6-32a)는 다음과 같이 다시 쓸 수

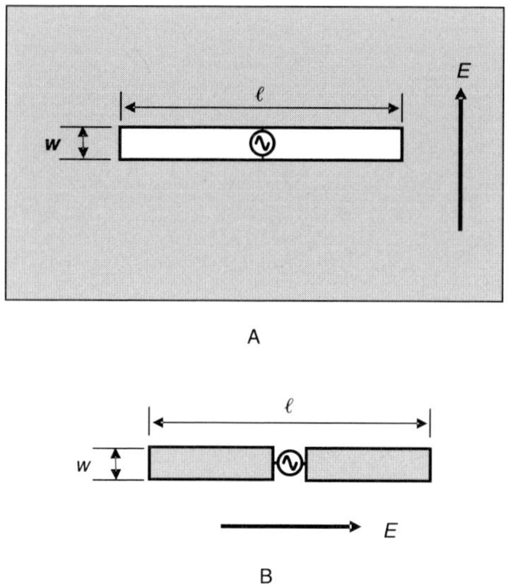

그림 6-26 (A) 슬롯 안테나와 (B) 그 상보 다이폴 안테나.

있다:

$$S = 20\log\left[\frac{150}{f_{MHz}l_{meters}}\right] \tag{6-32b}$$

길이 l에 대해 식 (6-32b)를 풀면 다음을 얻는다:

$$l_{meters} = \frac{150}{10^{\frac{S}{20}}f_{MHz}} \tag{6-33}$$

여기에서 S는 데시벨 단위로 표시된 차폐효율이다.

슬롯 안테나 이론에 따르면 슬롯 안테나로부터의 방사 크기와 패턴은 편파가 90° 회전되고 전기장과 자기장이 서로 바뀌는 것만 제외하면 그 상보 안테나의 방사 크기, 패턴과 동일하다 (Kraus와 Marhefka, 2002, p.307).

상보 안테나(complementary antenna)는 원래 안테나의 각 부분이 서로 바뀐 것이다. 따라서 <그림 6-26>에서 보듯이 공기 (즉, 슬롯)가 금속으로 교체되고 금속이 공기로 교체된다. 슬롯 안테나의 상보안테나는 다이폴 안테나이다.

<그림 6-27>에 다양한 슬롯 길이에 대해 주파수에 따른 차폐효율을 나타내었다. 식 (6-32)와 <그림 6-27>은 모두 개구면 한 개의 차폐효율을 나타낸다. 상용 제품의 슬롯 길이를 다룰 때는 파장의 1/20(차폐효율 20 dB에 해당하는 길이)보다 긴 개구면을 피하는 것이 최선이다. <표 6-5>에 다양한 주파수에 대해 파장의 1/20이 되는 최대 슬롯 길이를 수록하였다.

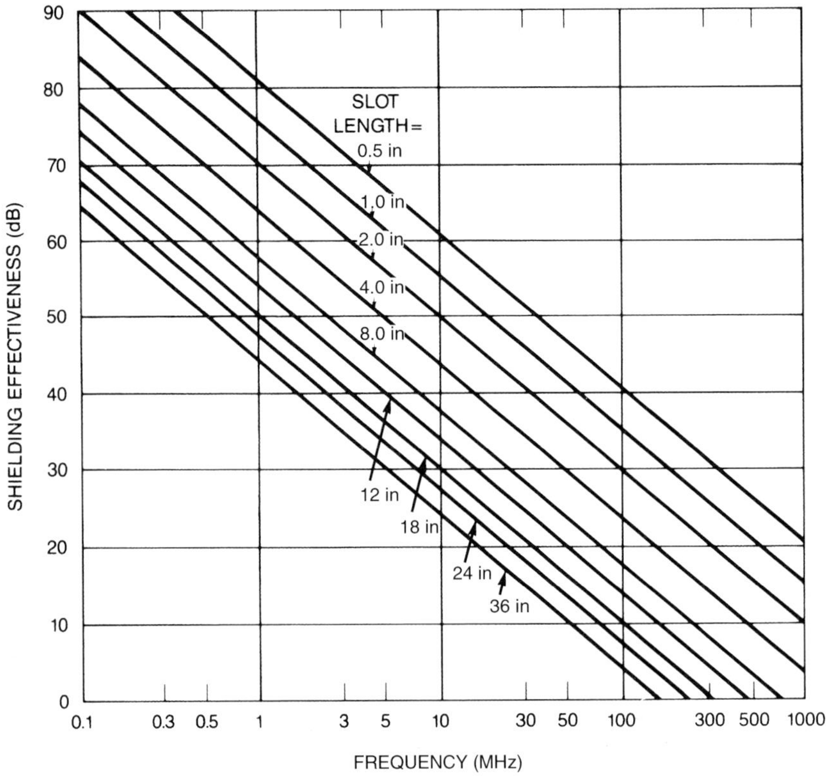

그림 6-27 주파수와 슬롯 길이에 따른 차폐효율.

표 6-5 차폐효율이 20-dB 가 되는 주파수별 최대 슬롯 길이

주파수(MHz)	최대 슬롯 길이(in)
30	18
50	12
100	6
300	2
500	1.2
1000	0.6
3000	0.2
5000	0.1

6.10.1 다중 개구면(Multiple Apertures)

인클로저에 여러 개의 개구면이 있으면 인클로저의 차폐효율이 감소한다. 감소량은 (1) 개구면의 수, (2) 주파수, (3) 개구면 사이의 간격에 따라 달라진다.

여러 개의 개구면이 가까운 간격으로 직선형태로 배열된 경우, 차폐 효율은 개구면 수(n)의 제곱근에 비례하여 감소한다. 따라서 다중 개구면이 있는 경우 차폐 효율(dB)은 다음과 같다:

$$S = -20\log\sqrt{n} \tag{6-34a}$$

이를 다시 쓰면

$$S = -10\log n \tag{6-34b}$$

식 (6-34)는, 각 개구면은 크기가 모두 같고 좁은 간격으로 일직선 형태로 배치되어 있으며 총 길이가 파장의 1/2 이하가 되는 경우에 적용된다. 식 (6-34)에서 S는 음수로 나온다는 것을 알아두기 바란다.

크기가 같은 구멍이 일직선으로 배열된 경우, 총 차폐효율은 구멍 하나의 차폐효율(식 (6-32b))에 다중 개구면 차폐효율(식 (6-34a)) 또는 다음 식을 더한 값이 된다.

$$S = 20\log\left[\frac{150}{f_{MHz}l_{meters}\sqrt{n}}\right] \tag{6-35}$$

다른 표면에 위치한 개구면들을 서로 다른 방향으로 방사하기 때문에 전체적인 차폐효율을 감소시키지 않는다. 따라서 어떤 한 방향으로 방사를 줄이는 데는 개구면을 제품의 표면 주위로 분산하는 것이 도움이 된다.

<표 6-6>은 식 (6-34)를 사용하여 다중 개구면에 의한 차폐효율의 감소를 계산하여 나타낸 것이다.

식 (6-34)는 <그림 6-28A>와 같이 간격이 좁은 개구면이 직선형태로 배열된 경우에 적용된다. <그림 6-28B>와 같이 개구면이 평면형태로 배열된 경우에는 곧바로 적용할 수 없다. 하지만 이 개구면 배열의 첫째 가로배열의 경우는 간격이 좁은 개구면의 선형배열이기 때문에 식 (6-34)를 적용할 수 있다. 개구면의 첫째 가로배열은 자기장에 의하여 차폐물에 유도된 전류를 <그림 6-25D>와 같이 구멍들 주위로 우회하게 하므로 차폐효율이 감소한다.

표 6-6 개구면 수에 따른 차폐효율 감소

개구면 수	S (dB)	개구면 수	S (dB)
2	−3	20	−13
4	−6	30	−15
6	−8	40	−16
8	−9	50	−17
10	−10	100	−20

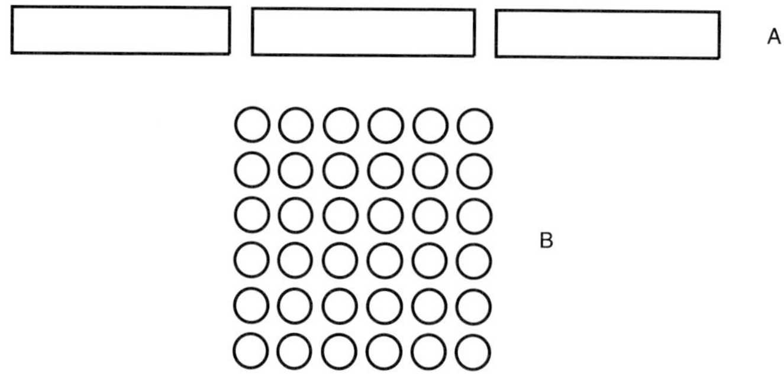

그림 6-28 (A) 좁은 간격으로 배치된 3개의 사각형 개구면의 직선형태의 배열, (B) 36개의 원형 구멍의 2차원 배열.

두 번째 배열이 추가되어도 눈에 띌만큼 추가적인 전류 우회는 발생하지 않는다; 따라서 두 번째 개구면 배열이 차폐효율을 떨어뜨리지는 않는다. 개구면의 셋째 배열에서 여섯째 배열까지 모두 마찬가지이다. 따라서 <그림 6-28B>의 첫째 열의 개구면들, 이 경우에는 6개의 구멍만 고려하면 된다. 이 해석방법은 근사적 방법이다. 하지만 경험에 비춰보면 이것은 복잡한 문제를 단순하게 만드는 합리적인 설계 방법이라고 할 수 있다. 따라서 이 방법에 따라 식 (6-34)를 개구면의 평면배열에 적용할 수 있다. 다중 개구면에 대한 자세한 내용은 Quine(1957)의 자료를 참조하기 바란다.

일반적으로 식 (6-34)를 개구면의 평면배열에 적용할 경우에는 평면배열에서 수평방향, 수직방향, 대각성 방향 중 구멍의 수가 최대인 방향을 구해, 그 구멍의 수를 n으로 사용한다. 예를 들어 72개의 구멍이 6 × 12의 2차원 형태로, 배열된 경우 n은 12이다. 따라서 이 경우에는 다중 개구면배열에 의해 차폐효율이 11 dB 감소한다.

6.10.2 이음매(Seams)

이음매는 폭이 좁은 긴 슬롯으로 그 길이를 따라 여러 지점에서 전기적으로 접촉이 되어 있을 수도, 그렇지 않을 수도 있다.

이음매 상의 개구면(열린틈)의 치수(길이)가 매우 작은 경우(수천분의 1인치 정도)에는 이음매가 전자기장을 방사하는 방사구조라는 사실을 믿기 어렵다. 앞에서 설명한 대로 슬롯으로부터 방사되는 전자기장의 진폭이 상보 안테나의 진폭과 동일하다는 사실을 고려하면 이음매에서의 방사를 잘 설명할 수 있다.

길고 좁은 이음매의 상보구조는 길고 가는 도선으로, 이것은 효율이 좋은 안테나인 다이폴 안테나의 구조와 같다. 이 개념은 방사성 방출을 결정하는 데 있어 왜 슬롯의 면적보다 슬롯의 길이가 더 중요한지 명확히 설명해주고 있다. 슬롯의 길이는 등가 상보 다이폴 안테나의 길이와 같다. 이음매의 길이가 파장의 약 1/2이면 효율이 좋은 안테나가 된다. 따라서 안테나로서 동작하는 길이를 줄이기 위하여 이음매를 따라 많은 점에서 전기적인 접촉이 이루어지게 할 필요가 있다. 주기적 접촉점이 있는(일정한 간격마다 전기적으로 접촉되어 있는) 이음매는 간격이 가까운 개구면의 선형배열로 볼 수 있다.

원하는 차폐효율을 얻기 위해서는 이음매 길이를 따라 충분히 좁은 간격으로 전기적 접촉점이 있어야 한다. 접촉은(1) 다중 조임장치(multiple fastner), (2) 접촉버튼(contact button), (3) 접촉 핑거(contact finger), 또는 (4) 전도성 개스킷(conductive gasket)을 이용해서 얻을 수 있다. 이음매를 따라 모든 곳에서 연속적인 접촉이 이루어지게 하는 것은 바람직하기는 해도 매우 큰 차폐량이 요구되는 경우가 아니거나 고주파 영역이 아니라면 보통은 하지 않는다.

제대로 설계된 이음매는 결합되는 부분들 사이에 양호한 전기적 연속성을 제공한다. 이음매 양단의 전달 임피던스는 관심 주파수 범위에서 약 5 mΩ 정도가 되어야 하며, 시간의 경과나 노후화에 따라 크게 증가하지 않아야 한다. 자동차공학회(SAE) 규격 ARP 1481은 이음매 임피던스를 2.5 mΩ으로 권고하고 있다. 전달 임피던스의 의미에 대한 자세한 설명은 6.10.3 절을 참조하기 바란다.

결합되는 두 표면 사이의 접촉저항을 낮게 하려면 특히 다음 두 항목에 주의해야 한다:

1. 표면에 전도성을 갖게 하거나 전도성 마감처리를 할 것
2. 적당한 압력을 가할 것

이음매 양쪽의 물질은 전도성을 가져야 한다. 대부분의 금속표면은 처음에는 임피던스가 낮은 양호한 특성을 보이지만, 코팅하지 않은 상태로 두면 산화되거나(oxidize), 양극화되거나(anodize), 또는 부식되어 표면 임피던스가 크게 증가한다. 또한 서로 다른 두 금속이 접촉하면 공기 중의 습기와 만나 갈바니 전지(galvanic cell)를 형성하므로 갈바니 부식이 일어난다(1.12.1절 참조). 이것을 피하는 한 가지 방법으로 이음매의 양 접촉면에 동일한 금속을 사용하는 것이 있다.

제품의 수명이 다할 때까지 결합부위의 임피던스를 낮게 유지하려면 금속 표면에 전도성 마감처리를 해주어야 한다. <표 6-7>에 몇 가지 허용되는 전도성 마감의 종류를 수록하였다. 표에

표 6-7 금속에 대한 전도성 마감. 효과가 높은 순으로 위에서부터 배열하였음.

마감	압력(psi)	노화 성능
금 (Gold)	< 5	우수
주석 (Tin)	< 5	우수
전기 도금 (아연) (Electro-galvanize(Zinc)	50~60	매우 양호
니켈 (Nickel)	> 100	매우 양호
용융 도금 (알루미늄-아연) (Hot-dipped (Aluminum-Zinc))	> 100	양호
아연 도금 (Zinc plated)	> 100	양호
스테인리스강 (부동태처리)(Stainless steel (passivated))	> 100	매우 양호
알루미늄 (비처리)	> 200	보통
투명 크로메이트처리 알루미늄(Clear chromate on aluminum)	> 200	보통
황색 크로메이트처리 알루미늄(Yellow chromate on aluminum)	> 200	보통/나쁨

서 위쪽에 있을수록 더 좋은 성능을 나타내는 마감이고 아래로 갈수록 차폐성능이 감소한다. 이 표는 결합되는 두 표면이 동일하다고 가정한 것이다. 적절한 성능을 위해서는 대부분의 금속에 100~200 psi 정도의 압력을 가해주어야 한다는 것을 잘 알아두어야 한다. 금과 주석은 둘 다 연하고 전성과 연성이 있으므로 다른 마감 방법보다 훨씬 작은 압력을 가하여 결합부 임피던스를 낮게 만든다.

귀금속인 금은 접촉저항이 낮으며 어떤 환경에 노출되어도 대부분 안정적이다. 전성과 연성이 있는 금을 사용하면 작은 접촉압력으로도 결합부 임피던스를 낮게 할 수 있다. 금에 있어 단 하나의 부정적인 측면은 가격이다. 신뢰도 높은 설계에는 금이 흔히 사용되며 보통 모든 환경에 적합하다. 보통 50마이크로인치(μin) 정도의 얇은 금 코팅이면 충분하다. 금은 보통 100 μin 두께의 니켈 위에 도금하는데, 니켈은 금이 비금속(base metal)안으로 확산되는 것을 막아주는 방벽의 역할을 한다. 금은 이음매에서 니켈, 은, 스테인레스 강철과 전기화학적 융화성(galvanical compatibility)을 가지고 있다. 융화성이란 적당한 압력을 가해주면 다른 처리 없이도 이음매에서 함께 사용될 수 있고 처음에는 물론 시간이 흐르더라도 낮은 결합부 임피던스를 유지한다는 것을 의미한다. 그러나 금은 습기가 잘 조절된 환경이 아니면 주석과 융화적이지 않다.

주석 또한 낮은 접촉저항을 제공하며 대부분의 환경에서 안정적이다. 주석은 전성과 연성이 강하여 약 5 psi보다 더 큰 압력을 가해주어도 접합부 임피던스는 더 이상 낮아지지 않는다. 주석은 성능이 금과 거의 같으면서도 가격은 상당히 저렴하고 모든 환경에 친화적이다. 주석은 이음매에서 전기화학적으로 니켈, 은, 스테인리스 강, 알루미늄과 융화적이지만 금과는 융화적이지 않다.

주석에 있어 제일 부정적인 면은 금속 위스커 성장(metal whisker growth) 가능성이다. 위스커는 어떤 금속의 표면으로부터 성장하는 극히 미세한 결정이다. 단결정은 아주 작아서 지름이 몇 마이크로미터밖에 되지 않고 길이는 50~100 μm 정도이다. 이것이 표면에서 떨어져 나오면 전자 장비에서 회로를 단락(short)시킬 수 있다.

주석에서 금속 위스커 성장은 다음과 같은 방법으로 제거하거나 최소화할 수 있다(MIL-HDBK-1250, 1995):

1. 얇은 도금 대신 두꺼운 도금 사용
2. 전기도금 주석 대신 용융도금 주석 사용
3. 스트레스 완화를 위한 리플로우 방식의 주석도금
4. 주변 습기 최소화
5. 2~5% 용착 납(co-deposited lead)이 있는 주석 도금 사용
6. 유기 광택제 사용 금지

니켈도 대부분의 환경에서 안정적이며, 적절한 압력을 가해주면 낮은 접촉저항을 가진다. 니

켈은 단단하기 때문에, 100 psi 이상의 압력이 요구된다. 니켈은 이음매에서 주석, 스테인리스강, 은 및 금과 전기화학적 융화성을 가지고 있다.

스테인리스 강은 의료 전자장치뿐만 아니라 저가 제품에 많이 사용되고 있다. 스테인리스 강은 이차 도금작업이 필요 없기 때문에 종종 주석이나 니켈 도금 강철을 대신하는 저가 재료로 쓰인다. 스테인리스 강이 알루미늄이나 강철보다 전도성이 훨씬 낮지만 이음매에 사용될 때 충분한 압력을 가해주기만 하면 대부분의 환경에서 특유의 표면 안정성을 나타내므로 전도율이 낮다는 단점을 상쇄하고도 남는다. 대부분의 경우, 추가 처리나 코팅이 필요하지 않다. 스테인리스 강은 이음매에서 전기화학적으로 주석, 니켈 및 금과 융화적이다.

아무런 처리를 하지 않은 알루미늄이 공기에 노출되면 안정적인 얇은 초기 산화물이 형성되어 양호한 내식성(부식저항성, corrosion resistance)을 갖는다. 이 산화막은 전도성이 없지만 충분한 압력이 가해지면 쉽게 뚫려 전도성을 가지게 된다. 비처리 알루미늄은 이음매에서 주석과 융화적이다.

일반적으로 알루미늄이나 마그네슘 합금과 같은 금속의 부식을 막기 위하여 크로메이트 처리 코팅이 사용된다. 코팅 과정을 살펴보면 먼저 알루미늄을 산으로 부식시키고 강력한 산화제를 발라서 표면을 산화시킨다. 이렇게 하면 표면에 극히 얇은 막(일반적으로 몇 마이크로 인치 밖에 되지 않는)이 생긴다. 그런데 이 코팅은 **비전도성**이다. 결합되는 두 표면 사이에 양호한 전기접촉이 만들어지려면 비전도성 크로메이트 표면의 막은 반드시 관통되어야 한다. 관통의 난이도는 크로메이트 처리 코팅의 두께에 따라 정해지는데, 그 정도를 쉽게 제어할 수도 없고 측정하기도 쉽지 않아 색상으로 구분하는 것이 더 쉽다. 코팅 두께가 증가함에 따라 코팅 색상은 투명 색, 황색, 녹색, 갈색으로 점점 어두워진다. 두꺼운 코팅은 내부식성 및 전기저항을 증가시킨다.

<표 6-8>에 크로메이트 코팅의 종류를 수록하였다(ASTM B 499, 1994).

결합부위에 전기적 접촉이 이루어지게 하기 위해서는 반드시 투명색, 경우에 따라서는 황색 크로메이트 코팅만을 사용해야 한다. MIL-STD-C-5541E, Class 3 코팅규정으로 투명 크로메이트 마감상태를 명시하는 것이 가장 좋다. MIL-STD-C-5541E, Class 3은 200 psi 전극 압력으로 측정할 때 초기 표면저항이 1 in^2당 5mΩ 이하여야 하고 168시간 염수 분무(salt spray) 노출 후 1in^2당 10 mΩ 이하여야 한다고 규정하고 있다. 이에 반해 짙은 갈색과 녹색 코팅은 1000 Ω 이상의 표면저항을 가질 수 있다.

표 6-8 크로메이트 코팅 분류.

등급	외관	부식 방지
1	황색~갈색	최대
2	황색	보통
3	투명 색	최소
4	옅은 녹색~녹색	보통

Alodine®과 Iridite™은 상업적으로 이용 가능한 크로메이트 처리 공정의 상표명이다.[7)]

코팅 두께외에 크로메이트 마감처리의 접촉저항에 영향을 주는 중요한 변수는 다음과 같다:

1. 압력
2. 표면 거칠기(roughness)
3. 결합부 표면의 편평도(flatness)

압력, 결합부 표면의 거칠기, 표면의 편평도가 증가할수록 접촉저항이 감소한다.

투명 크로메이트 처리가 된 알루미늄은 이음매에서 전기화학적으로 주석 및 니켈과 융화적이다.

마그네슘 합금 주물은 디지털 카메라 같은 소형 휴대용 전자장치에 많이 이용되고 있다. 이러한 곳에 응용되는 경우에 마그네슘은 (1) 무게가 가볍고, (2) 우수한 유동성(fluidity)을 가지기 때문에 이를 사용하여 최소의 구배(minimum draft) (즉, 기울기가 직각에 가깝게)와 최대 정밀도로 얇은 두께의 주조물을 제작할 수 있다. 이음매에 마그네슘을 사용하는 경우에 발생하는 문제는 쉽게 부식될 수 있다는 점이다. 모든 구조물용 금속 중 가장 흔하고 <표 1-13>에서 보듯이 갈바니 서열에서 양극(anode)쪽 끝에 위치한다(금의 반대쪽 끝). 금이 결합부에 가장 좋은 금속이면 마그네슘은 가장 나쁜 금속이다. 마그네슘은 아주 부식이 잘되어서 대부분의 환경에서 별 문제없이 사용되려면 최소 0.001 인치 두께의 주석판으로 마감처리를 해주어야 한다(ARP 1481, 1978).

결합부에 두 전도성 금속을 사용하는 것만으로는 결합부 임피던스를 충분히 낮출 수 없다. 결합부 표면 사이에 충분한 압력을 기계적으로 가해주어야 한다. 조임쇠(fastner)나 스프링을 사용하여 결합부에 압력이 가해지도록 설계한다. 치수오차에 따라 발생할 수 있는 최악조건하에서, 또 제품의 노화에 따른 상황하에서도 적절한 압력이 가해지는 것을 보장할 수 있게 설계해야만 한다. 대부분의 표면마감에는 100 psi 이상의 압력을 가해주어야 한다.

6.10.3 전달 임피던스(Transfer Impedance)

이음매나 결합부위의 차폐효율은 정확하게 측정하기가 어려운데, 이를 위해서는 많은 변수를 갖는 복잡한 방사성 방출시험이 필요하기 때문이다. 차폐물의 결합부위 사이의 전기적 접촉의 품질을 측정하는 데 있어 이 시험보다 더 신뢰할 수 있고 재현성이 있는 측정방법은 결합부의 전달임피던스를 측정하는 것이다. 전달 임피던스(transfer impedance) 개념은 75년 전에 차폐된 케이블의 차폐효율을 측정하는 수단으로 처음 제안되었다; 2.11절을 참조하기 바란다(Schelkunoff, 1934). 이후 이 개념은 차폐된 인클로저 결합부 특성을 나타내는 방식으로 확대

7) Alodine은 미시간주 매디슨 하이츠(Madison Heights)에 있는 Henkel Surface Technologies사의 등록상표이다. Iridite는 코네티컷 주 워터베리(waterbury)에 있는 MacDermid Industrial Soultions사의 등록상표이다.

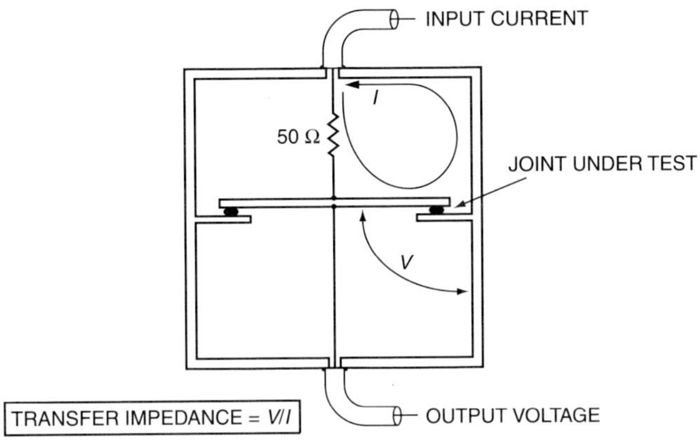

그림 6-29 동축형 전달 임피던스 시험장치.

되었다(Faught, 1982).

기본적으로 전달 임피던스 시험에서는 결합부 양단에, 값을 아는 어떤 고주파 전류를 흘리고 결합부 양단의 전압을 측정한다. 이 전압과 전류의 비가 전달 임피던스다. 트래킹 발진기(tracking generator)를 내장한 스펙트럼 분석기와 <그림 6-29>와 같은 적절한 동축 시험장치를 이용해서 시험샘플(test sample)의 전달 임피던스를 광범위한 주파수 대역에서 쉽게 측정할 수 있다.[8)]

차폐효율은 측정된 전달 임피던스의 역수에 비례한다. 차폐품질(차폐효율의 훌륭한 근사치)은 SAE ARP 1705에서 입사파의 파동 임피던스 Z_w를 전달 임피던스 Z_T로 나눈 비로 정의한다. 이로부터 파동 임피던스와 차폐효율 사이의 관계는 다음과 같이 쓸 수 있다:

$$S = 20\log\frac{Z_W}{Z_T} \tag{6-36a}$$

평면파의 경우, 식 (6-36a)는 다음과 같이 된다:

$$S = 20\log\frac{377}{Z_T} \tag{6-36b}$$

<그림 6-30>은 에이징(aging) 시험을 하기 전과 후에, 서로 다른 금속 사이의 다양한 조합에 대해 측정한 전달 임피던스 데이터를 보여주고 있다(Archambault 및 Thibeau, 1989). 에이징은, 제품의 통상적인 사용기간인 5~8년 동안에 노출되는 환경을 시뮬레이션하는 시험이다. 시험샘플을 10 ppb의 염소, 200 ppb의 산화 질소, 10 ppb의 황화 수소가 들어있고 온도와 습도가 제어되는 환경챔버에 14일 동안 넣어두었다.

8) 측정은 간단하지만 시험 장치의 구성과 배치는 그렇지 않다. 시험장치 자체를 포함하여 전체 구성장치는 일반적으로 1 GHz까지의 시험 주파수 범위에서 반드시 50-Ω 임피던스를 유지해야 한다. 이렇게 해주어야 시험 시스템에서 반사가 발생하지 않으므로 측정결과에 오차가 생기는 것을 막을 수 있다.

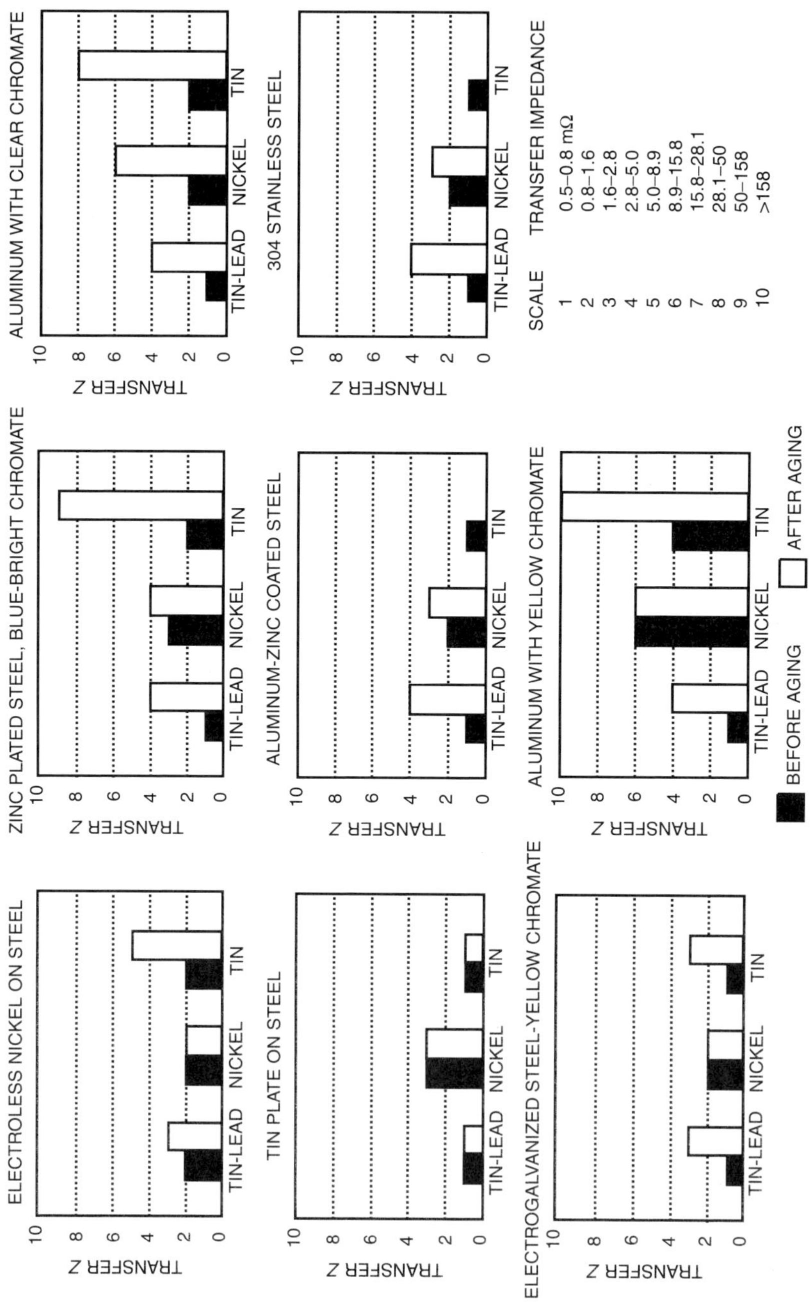

그림 6-30 전달 임피던스의 비교(IEEE 1989).

각 그래프는 한 코팅금속에 세 종류의 전도성 개스킷이 결합된 경우에 대해 전달 임피던스를 비교한 것이다. 세 종류의 개스킷은 주석 도금, 니켈 도금, 주석-납 도금된 베릴륨 구리 스프링 핑거로 되어있다. 검은색 막대그래프는 초기 전달 임피던스를 나타내고 백색 막대그래프는 에이징 시험 후 임피던스를 나타낸다. 알루미늄-아연이 코팅된 강철 또는 스테인리스 강과 함께 주석 도금된 개스킷을 사용한 경우, 에이징 후에는 아무 데이터도 얻을 수 없었다.

1 MHz~1 GHz 주파수 범위 전체에 걸쳐 시험샘플의 전달 임피던스를 측정했지만 <그림 6-30>에는 최악의 경우의 임피던스(worst-case impedance)만 나타내었다. 수직 축은 실제 전달 임피던스가 아닌 상대적 비율을 나타낸다. 각 비율값에 해당하는 전달 임피던스 범위를 그림에 함께 수록하였다.

전달 임피던스 유지 기준인 5mΩ 이하는 <그림 6-30>의 막대 그래프에 수직축의 값 4 이하와 같다. 주석 도금 강철은 에이징 시험 후에도 임피던스가 증가하지 않는 유일한 시험샘플이다.

이음매의 임피던스는 <그림 6-31A>와 같이 저항 성분과 커패시턴스 성분이 병렬로 연결된 형태이다. 저항은 서로 결합되는 부분의 실제 전기적 접촉저항의 함수인데 주로 표면 마감 상태와 압력에 의해 결정된다. 커패시턴스는 실제 전기적 접촉이 아닌 이음매의 양쪽 부분의 간격과

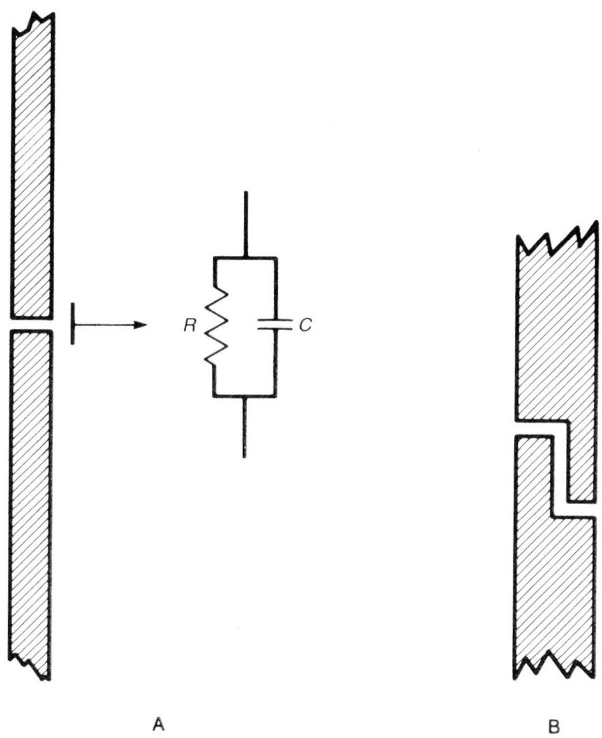

그림 6-31 (A) 이음매의 임피던스는 저항성분과 커패시턴스성분으로 구성된다; (B) 이음매 겹침은 결합부 사이의 커패시턴스를 증가시킨다.

표면적에 의해 결정된다. 맞댐 이음(<그림 6-31A>)으로 하는 대신 플랜지나 겹침(<그림 6-31B>)을 갖도록 이음매를 설계하면 커패시턴스를 증가시키는 데 도움이 된다. 하지만 서로 결합되는 부분에 충분한 압력을 가하여 직접적인 전기접촉이 이루어지게 하지 않고 커패시턴스만 증가시키면 결합부 임피던스를 충분한 정도까지 낮출 수 없다. 앞에서 지적했듯이 양호한 차폐 효율을 얻기 위해서는 이음매 전체에 걸쳐 전달 임피던스가 몇 밀리옴 이상이어서는 안 된다. 이음매의 커패시턴스로는 큰 값인 100 pF은 1 GHz의 주파수에서 임피던스가 1.6 Ω이다. 이 값은 수 밀리옴보다 거의 1000배 가량 큰 것이다; 그러므로 이음매의 커패시턴스를 증가시킨다 해도 연결부의 총 임피던스에 미치는 영향이 작으므로 이음매의 총 결합 임피던스를 감소시키는 데는 효과적이지 않다.

6.11 차단주파수 이하에서 동작하는 도파관 (WAVEGUIDE BELOW CUTOFF)

구멍(hole)이 <그림 6-32>와 같이 깊이를 가지고 있어서 도파관의 구조를 이루게 되면 추가적인 감쇠를 얻을 수 있다. 도파관은 차단 주파수 이하에서 감쇠기로 동작한다. 원형 도파관의 경우 차단 주파수는 다음과 같다:

$$f_c = \frac{6.9 \times 10^9}{d}\ \text{Hz} \tag{6-37}$$

여기서 d는 지름으로, 단위는 인치이다. 사각형 도파관의 차단 주파수는 다음과 같다:

$$f_c = \frac{5.9 \times 10^9}{l}\ \text{Hz} \tag{6-38}$$

여기서 l은 도파관의 사각형 단면 중 큰 치수로, 단위는 인치이다.

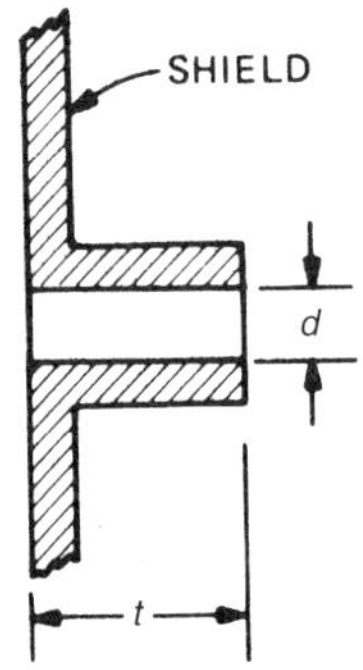

그림 6-32 지름이 d이고 깊이가 t인 구멍의 단면. 구멍은 도파관 구조를 하고 있다.

동작 주파수가 차단 주파수보다 훨씬 낮은 경우에는, 원형 도파관의 자기장 차폐효율은 다음과 같다(Quine, 1957):

$$S = 32\frac{t}{d}\ \text{dB} \tag{6-39}$$

<그림 6-32>에서 보듯이 d는 구멍의 지름이고 t는 구멍의 깊이이다. 사각형 도파관의 경우 차폐효율은 다음과 같다(Quine, 1957):

$$S = 27.2\frac{t}{l}\ \text{dB} \tag{6-40}$$

여기에서 l은 사각형 구멍의 단면 중 큰 치수이고 t는 구멍의 길이 또는 깊이이다.

식 (6-39)나 식 (6-40)으로부터 구한 감쇠량은 개구면의 크기로부터 구한 감쇠량(식 (6-32b))에 더해진다. 도파관이 길이가 지름의 3배일 경우 100 dB에 가까운 추가 차폐를 얻을 수 있다.

이 원리를 적용한 대표적인 예가 <그림 6-33>에 나타낸 벌집형 통풍 패널(honeycomb ventilation panel)이다. 이를 설치할 때는 패널의 테두리 전체는 반드시 섀시와 전기적으로 접촉되어야 한다. 구멍의 최대 치수는 보통 1/8-in이고 패널의 두께는 보통 1/2-in 이다. 이 경우 t/d비는 4이고, 패널은 도파관 효과에 의해 128 dB 추가 차폐를 제공한다.

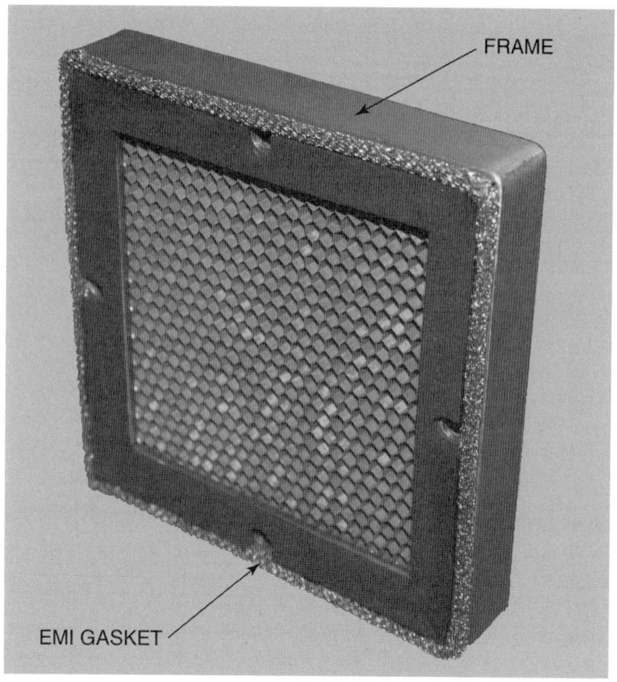

그림 6-33 벌집형 통풍 패널의 뒷면. 장착된 섀시와 전기적접촉을 이루기 위하여 사용된 EMI 개스킷을 볼 수 있다.

6.12 전도성 개스킷(CONDUCTIVE GASKETS)

이상적인 차폐물은 개구면이 없는 연속적인(균일한) 전도성 인클로저, 즉 패러데이 상자(Faraday cage)다. 용접(welding), 경납땜(brazing), 또는 연납땜(soldering)을 통해 빈틈없이 결합된 이음매는 최대의 차폐를 제공한다. 리벳(rivet)이나 나사(screw)의 사용은 이보다는 덜 바람직하지만 더 실용적인 경우가 많다. 나사를 사용하는 경우에는 좁은 간격으로 촘촘히 박아야 한다. 이들 접촉점 사이에 만들어지는 슬롯의 길이가 길어져서 필요한 차폐도를 얻지 못하는 일이 없도록 접촉점 간의 최대간격을 제한해야 한다. 만약 요구되는 나사 간격이 너무 좁아서 실현할 수 없는 경우에는 전자파 장해(EMI) 개스킷을 고려해야 한다.

EMI 개스킷의 주요 기능은 이음매의 두 결합부 사이에 전도성 경로를 제공하는 것이다. 마감처리가 제대로 된 인클로저 표면에 EMI 개스킷을 사용하면 결합부 사이에 양호한 전기적 연속성을 제공하므로 결합부 임피던스를 최소화하고 인클로저의 차폐효율을 증가시킨다. EMI 개스킷은 이음매의 틈을 막아주는 것뿐 아니라 이음매 양단에 임피던스가 낮은 전도성 경로를 만들어줌으로써 효과를 발휘한다는 점을 잘 기억해야 한다.

흔히 이용되는 EMI 개스킷으로는 전도성 탄성체(elastomer, 고무), 금속 스프링 핑거, 도선망(wire mesh), 나선형 리본(spiral ribbon), 전도성 조직을 겉에 두른 발포제(fabric over foam) 등이 있다. 개스킷에 적용되고 있는 새로운 기술에는 wire knit, form in place, die cut이 있다. 각 기술마다 장점과 단점이 있다. 시중에 나와 있는 개스킷의 종류는 매우 다양하다. 단면의 형태도 다양하고, 재질도 다양하며 마감처리도 주석, 니켈, 베릴륨-구리, 은, 스테인리스 강 등 다

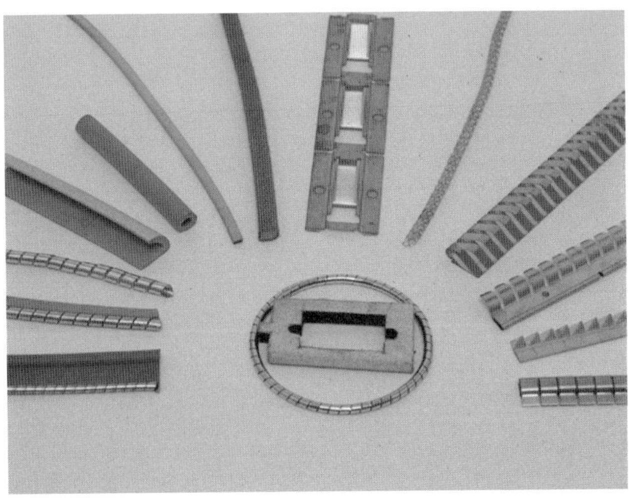

그림 6-34 다양한 종류의 EMI 개스킷.

양하다. 전도성 접착제, 코크(caulk, 채움재) 및 실런트(sealant, 밀봉재)의 이용도 가능하다. 여러 종류의 개스킷을 <그림 6-34>에 나타내었다.

6.12.1 서로 다른 금속의 연결부(Joints of Dissimilar Metals)

두개의 다른 금속이 결합되면 1.12.1절에서 살펴본 것처럼 갈바니 쌍(galvanic couple, 전지쌍)이 형성된다. 따라서 개스킷 재료는 부식을 최소화하기 위해 반드시 결합하게 될 표면과 전기화학적으로 융화성을 가져야 한다.

주석,니켈, 스테인리스강은 모두 서로 간에 융화성을 가지고 있어서 결합부나 이음매에서 접촉되어도 아무런 문제가 발생하지 않는다. 이 재료들은 모두 100 psi 이상의 압력을 가해 결합시킨 경우에는 에이징 시험 후에도 원래의 전도율을 거의 유지한다.

알루미늄은 이들보다 사용이 까다롭다. 알루미늄은 그 자신, 그리고 주석과 융화적이다. 투명 크로메이트 처리와 황색 크로메이트 처리를 한 알루미늄은 니켈과도 융화적이다.

은은 알루미늄과 융화적이지 않지만 fabric over foam 개스킷과 전도성 탄성체 개스킷의 전도성 재료로 사용된다. 경험에 의하면, 은을 넣은 전도성 탄성체 개스킷과 발포제 주위에 은 섬유를 두른 개스킷(silver cloth over foam gasket)의 전기화학적 특성은 순수한 은과 같지는 않다. 오히려, 전기화학적 부식(갈바니 부식)이 예상보다 훨씬 적게 생기는데, 특히 알루미늄과 접촉할 때는 더욱 그렇다. 이들 개스킷과 다른 금속과의 융화성을 알아내기 위해서는 개스킷 제조사의 데이터를 참고해야 한다.

스프링 핑거 EMI 개스킷은 베릴륨 구리가 스프링 재료 중 가장 높은 전도성을 가지기 때문에 흔히 베릴륨 구리로 만든다. 하지만 베릴륨 구리는 다른 재료와 그다지 융화적이지는 않다. 따라서 베릴륨-구리 스프링 핑거를 사용하여 인클로저와 결합할 때는 이들 사이에 융화적인 접촉면이 형성될 수 있도록 베릴륨구리를 주석이나 니켈로 도금해야 한다. 스프링 핑거가 베릴륨-구리와 결합하는 경우에는 도금되지 않은 상태로 사용할 수 있다.

<그림 6-30>은 여러 종류의 갈바니 쌍에 대해 에이징 시험 이전과 이후에 측정된 전달 임피던스를 보여주고 있다. 미국 자동차기술자협회(SAE) 항공우주권고안(Aerospace Recommended Practices) ARP 1481 '인클로저 설계에서 부식 제어 및 전기 전도성(Corrosion Control and Electrical Conductivity in Enclosure Design)' 에는 경험, 시험, 실제 사용을 통해 개발된 약 50여종의 금속, 합금, 마감재에 대해 다양한 갈바니쌍 조합의 융화성을 상세히 정리해 놓은 표가 수록되어 있다.

6.12.2 전도성 개스킷의 장착(Mounting of Conductive Gaskets)

<그림 6-35>는 인클로저와 그 덮개 사이에 EMI 개스킷을 설치하는 올바른 방법과 잘못된 방법

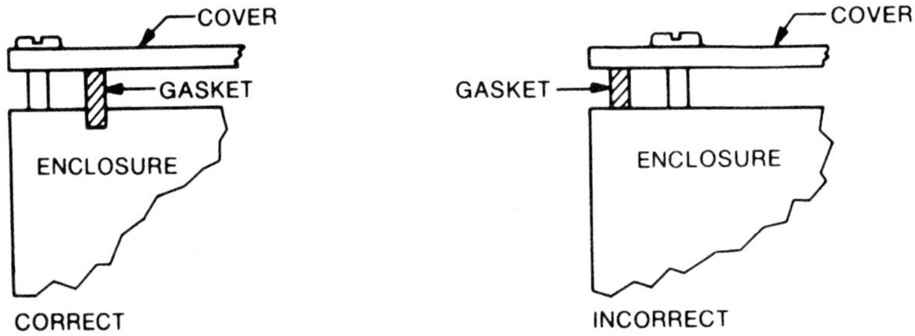

그림 6-35 EMI 개스킷의 올바른 설치법과 잘못된 설치법.

을 보여준다. 개스킷은 나사 구멍 주위에서 발생하는 누설을 막을 수 있도록 슬롯 안에 있어야 하고 또 나사에 대해 안쪽에 위치해야 한다. 연결부와 이음매 양단의 전기적 연속성이 이루어지도록 금속 표면에는 페인트, 산화물 및 절연막(절연필름)이 없어야 한다. 결합면에는 전도성 마감처리를 하여 부식을 방지해야 한다.

EMI의 방지와 주변환경으로부터의 보호가 동시에 필요하면, 두 개의 개스킷을 별도로 사용하거나 EMI 개스킷과 환경 개스킷이 결합된 것을 사용할 수 있다. 이 결합 개스킷은 대개 전도성 EMI 개스킷과 실리콘 고무 환경 개스킷을 결합한 구조이다. 환경 개스킷과 EMI 개스킷을 둘 다 설치하는 경우에는 결합된 개스킷 1개이든 두 개의 개스킷을 별도로 사용하든 EMI 개스킷을 환경 개스킷 안쪽에 위치시켜야 한다.

금속판으로 만든 인클로저인 경우, EMI 개스킷은 <그림 6-36>에 나타낸 방법 중 하나를 이용하여 장착할 수 있다.

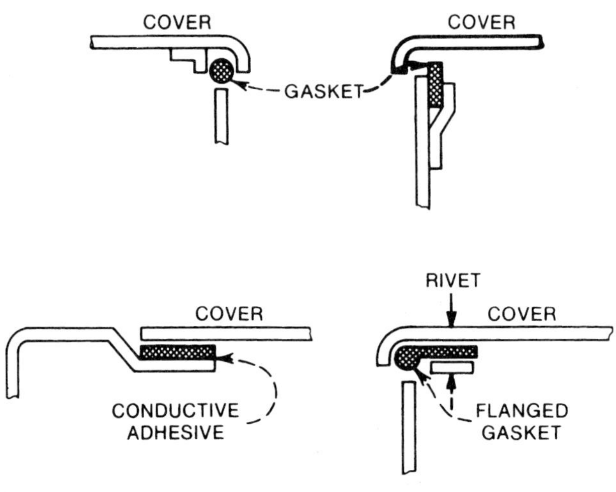

그림 6-36 금속판으로 된 인클로저에 EMI 개스킷을 설치하는 방법.

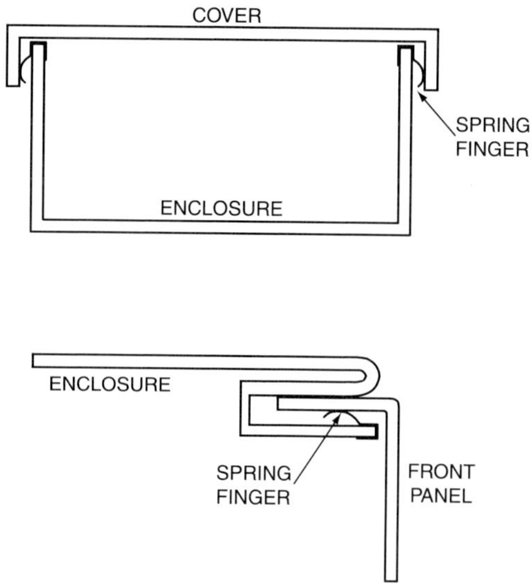

그림 6-37 조임장치가 필요 없는 EMI 개스킷 장착 방법. 개스킷은 압착하는 대신 만곡부에 장착된다.

<그림 6-35>와 <6-36>에 나타낸 이음매 설계에서, EMI 개스킷은 압축되어야 하므로 개스킷이 적절하게 압축될 수 있도록 나사 또는 다른 수단으로 필요한 압력을 가해주어야 한다. 하지만 <그림 6-37>에 나타낸 이음매 설계에서는, 개스킷 자체만 장착되어 있고 압력을 가해주기 위해 필요한 조임장치(fastner)가 없다. 개스킷만 사용하는 경우 이음매가 조립되면 이음매 자체가 압력을 제공한다. 또한 <그림 6-37>의 설계에서는 이음매의 성능이 덮개나 정면패널(front panel)의 위치에 따라 달라지지 않는다.

표면 마감처리방법과 장착 방법 이외에 EMI 개스킷을 선정할 때 고려해야할 항목들은 다음과 같다:

- 요구되는 차폐도
- 환경(공기 조절, 높은 습도, 염수 분무 등)
- 압축변형(compression set, 압축영구 뒤틀림)
- 요구되는 압축압력
- 조임장치 간격 요건
- 개스킷 부착 방법
- 유지보수성(maintainability, 보전성), 개폐 수명 주기(open and close life cycle) 등

이음매 설계부는 결합부 임피던스를 낮게 유지할 수 있도록 개스킷 재료를 제대로 압축하는 데 필요한 압력을 가해주어야 한다. 그런데 개스킷이 너무 많이 압축되면 영구히 변형되어 탄성을

잃는다. 그 이후에 개폐를 하면 개스킷이 제대로 성능을 유지하는 데 필요한 충분한 압력을 제공하지 않는다. 따라서 과도한 압축에 의해 영구변형이 일어나지 않게 해야 한다.

영구변형을 피하기 위해 개스킷의 최대 압축값 (일반적으로 개스킷 지름이나 높이의 90%)을 초과하지 않도록 기계적인 멈춤 장치를 이음매 내에 설치하여야 한다. 또 다른 방법으로 개스킷을 홈(groove)에 장착하는 것이 있다. 홈을 사용할 경우에는 그 깊이만 중요한 것이 아니라 폭 또한 중요하다. 홈의 단면은 완전히 압축된 개스킷을 유지할 수 있을 만큼의 충분한 공간을 갖도록 설계해야 한다. 도브테일 홈(dovetail groove)은 비용이 많이 들지만 이 경우에 매우 효과적이다. 도브테일 홈을 제대로 설계하면 이음매를 분해할 때 개스킷이 홈 밖으로 떨어지는 것을 막아주는 추가적 장점이 있다.

대부분의 주요 캐스킷 생산 업체에는 목표로 하는 응용분야에 적합한 개스킷과 표면 마감의 선택을 컨설팅해주는 부서가 있다.

큰 개구면을 덮기 위해 다공판(perforated sheet)이나 스크린망(screening)을 사용하는 경우에는, 이들을 구성하는 물질(재료)은 양쪽 사이에서 전기적 연속성을 가지고 있어야 한다. 또한 스크린망의 둘레 전체는 반드시 인클로저와 전기적으로 접촉이 되어야 한다. 스크린의 목적은 전류가 개구면을 가로질러 흐르도록 하는 것이지 단지 개구면을 덮기 위한 것이 아님을 알아야 한다.

전도성 개스킷은 <그림 6-38>과 같이 스위치나 제어장치 주위에 사용하여 차폐 패널에 장착할 수 있다.

미터나 액정 표시창 (LCD)을 장착하기 위해 차폐 패널에 만든 큰 구멍은 차폐효과를 완전히 떨어뜨릴 수 있다. 미터나 LCD를 차폐 패널에 사용하는 경우에는 <그림 6-39>와 같이 장착하여 미터나 LCD의 구멍을 차폐해야 한다. 사실상 이 방법에서는 미터나 표시창 뒤쪽에 차폐물이 위치하게 된다. 표시창에 연결되는 모든 도선은 차폐효율을 떨어뜨리지 않도록 3장과 4장에서 살펴본 대로 반드시 차폐하거나 필터링을 해주어야 한다.

일반적인 환경 개스킷 대신에 EMI 개스킷을 사용하여 인클로저를 "전기적으로 방수"하는 것으로 생각하면 가장 좋은 차폐를 할 수 있다.

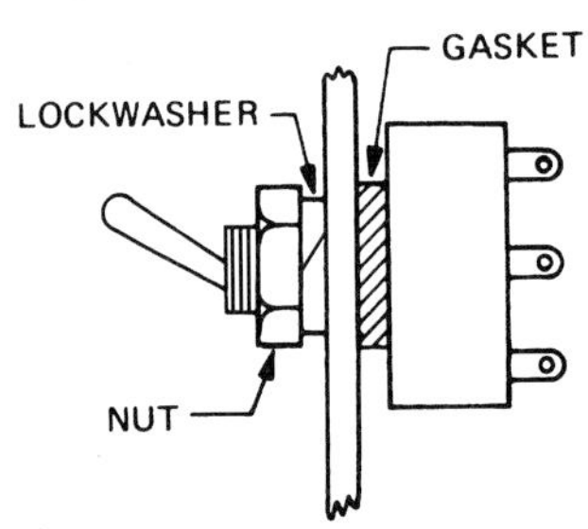

그림 6-38 EMI 개스킷을 사용해서 차폐 패널에에 장착한 스위치.

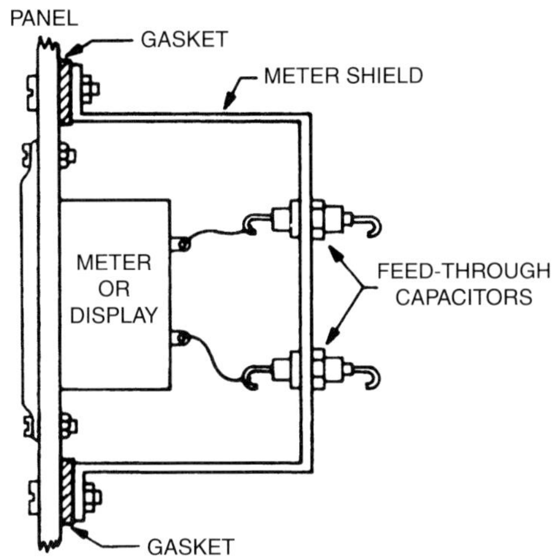

그림 6-39 차폐 패널에 미터 또는 표시창을 장착하는 방법.

6.13 "이상적" 차폐(THE "IDEAL" SHIELD)

여러분이 설계비용이나 설계복잡성을 고려하지 않고 이상적인 차폐를 설계한다고 가정하자. 여러분은 십중팔구 흡수손실을 최대화하기 위해 자성체를 이용하여 차폐물을 만들 것이다. 강철은 훌륭한 선택이 될 수 있다. 이음매 양단에서 녹이 스는 것을 막고 양호한 전기적 연속성을 제공하기 위해 주석과 같이 대부분의 환경에 안정적이고 낮은 접촉저항을 갖는 물질(재료)로 강철을 도금할 것이다. 이음매에서 전자기 에너지가 누설되는 것을 막기 위해 단 하나만을 제외하고 모든 이음매를 용접하거나 납땜할 것이다; 지금 비용은 중요한 것이 아니라는 것을 기억하라. 용접이나 납땜을 하지 않는 단 하나의 이음매는 바로 덮개로 전자장치를 설치하고 꺼내야 하므로 용접이나 납땜을 할 수 없다.

덮개와 인클로저 사이의 이음매는 전도성 표면 마감처리를 해주어야 한다. 강철에 이미 주석 도금을 하였으므로 추가적 비용이나 복잡한 문제는 발생하지 않을 것이다. 최대 차폐효율을 얻기 위해 이음매의 두 결합부위는 그 길이 전체를 따라 모든 곳에서 양호한 전기적인 접촉이 이루어지도록 설계해야 한다. 또한 이음매 설계를 설계할 때는 두 결합부 사이의 압력이 100~200 psi 이상이 되도록 해야 한다. 비용은 고려대상이 아니긴 하지만 개스킷이나 조임장치(fastner)를 사용하지 않고도 덮개와 인클로저 사이에 전기적 연속성을 확보하고 적절한 압력을 가하는 것이 가능하다면 좋을 것이다. 비록 이렇게 되는 것이 흔치 않은 일이기는 해도 말이다. 축하한다! 여러분은 드디어 "이상적" 차폐물 즉, "페인트통" 비슷한 것의 설계를 완성해냈다. 지난번(2008년)에 내가 확인해보니 1갤런 용량의 페인트통의 소매가격은 소량으로 구매하는 경우에 3달러 이하였다. 대량으로 구매하는 경우에는 가격은 절반이하로 내려갈 것이다. 여기서 얻을 수 있는 결론, 제대로 설계하면 비용을 많이 들이지 않고도 효과가 좋은 차폐물을 만들 수 있음!

6.14 전도성 창(CONDUCTIVE WINDOWS)

대형 투시창은 광학적 투과도가 높아야 하므로 차폐하기가 어렵다. 이 때문에 이러한 곳에는 특수 전도성 창이 사용된다. 전도성 창(conductive window)을 만드는 주요 두 방법은 다음과 같다: (1) 투명 전도성 코팅, (2) 도선망 스크린(wire mesh screen, 철망스크린).

6.14.1 투명 전도성 코팅(Transparent Conductive Coatings)

극히 얇고 투명한 전도성 코팅을 플라스틱이나 유리 같은 광학 기판 위에 진공으로 증착시킬 수 있다. 이 방법으로 적당한 광학적 투과도를 가진 양호한 차폐창이 만들어진다. 증착된 막의 두께가 수 마이크로 인치 정도이므로 흡수손실은 거의 발생하지 않고 주요 차폐효과는 반사손실에서 발생한다. 그러므로 전도성이 좋은 물질이 사용된다. 차폐효율이 코팅의 저항률(두께에 의존하는)의 함수이고 , 광학적 투과도가 코팅의 두께에 달려있기 때문에 반드시 절충(trade offs)이 이루어져야 한다. 일반적으로 표면저항은 10~20 Ω이고, 광학적 투명성은 70~85%이다.

일반적으로 금, 인듐, 은, 또는 아연 산화물은 안전성이 높고 전도성이 좋아서 증착 재료로 사용된다. 또한 전도성 코팅을 광학용 폴리에스테르 막 위에 증착한 다음, 이를 두 장의 유리나 플라스틱 사이에 접합시켜 창을 만들 수 있다.

6.14.2 도선망 스크린(Wire Mesh Screens)

전도성 도선망이나 다공 금속, 스크린을 두 장의 플라스틱판이나 유리판 사이에 접합시켜 차폐창을 만들 수 있다. 차폐창을 만드는 또 다른 방법은 도선망 스크린을 투명한 플라스틱 내에 주조하는 것이다. 코팅 창문과 비교할 때 도선망 스크린의 주요 장점은 광학적 투과도이다. 도선망 스크린 창문의 광학적 투과도는 98%다. 다공 금속 스크린이 투시창으로 사용된 좋은 예로 전자레인지의 문을 들 수 있다.

도선망 스크린은 보통 인치 당 10~50개의 도선을 가진 망으로 구리나 스테인리스강으로 만든다. 이 스크린은 높은 광학적 투과도(일반적으로 80~90%)를 제공한다. 인치 당 50~150개의 도체가 들어있는 망으로 만든 스크린은 높은 차폐효율을 제공하지만 광학적 투과도를 감소시킨다. 모든 도선망 스크린에서는 양호한 차폐효율을 얻기 위해 도선이 교차하는 곳마다 접합(bonding)을 해주어야 한다.

일반적으로 도선망이나 다공 금속 스크린은 전도성 코팅 창보다 더 큰 차폐효율을 제공한다. 가장 큰 단점은 회절로 인해 안이 들여다보이지 않게 되는 일이 가끔 생긴다는 것이다.

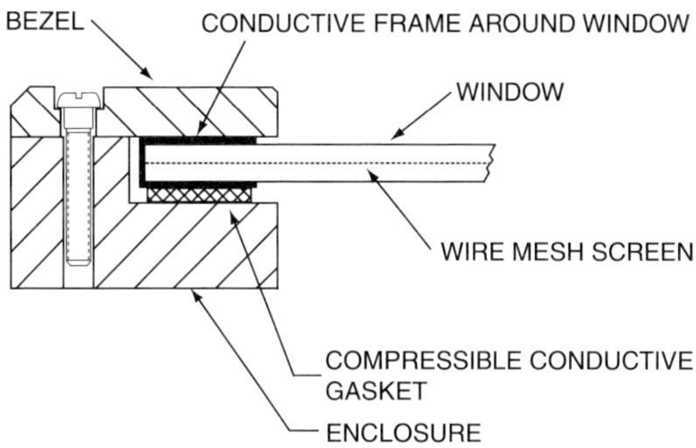

그림 6-40 전도성 창을 장착하는 법.

6.14.3 창문 장착(Mounting of Windows)

차폐된 창문(도선망이든 전도성 코팅이든) 장착에 사용되는 방법은 전체적인 성능을 결정하는 데 있어 창문 자체의 재료만큼 중요하다. 창문을 장착할 때는 반드시 창문의 둘레 전체를 따라 도선망(또는 전도성 코팅)과 장착되는 인클로저의 표면 사이에 양호한 전기적 접촉이 이루어져야 한다. 전도성 코팅이나 도선망이 조립부 둘레의 가장자리에서 접속될 수 있도록 창을 설계해야 한다. <그림 6-40>에 전도성 창문을 장착하는 한 가지 방법을 나타내었다.

6.15 전도성 코팅(CONDUCTIVE COATINGS)

전자제품의 패키지에 널리 사용되는 것이 플라스틱이다. 차폐를 하려면 플라스틱은 반드시 전도성을 가져야 한다. 이를 위해 다음의 두 가지 기본 방법을 사용할 수 있다: (1) 플라스틱을 전도성 재료로 코팅하거나 (2) 플라스틱 안에 전도성 충전재(conductive filler)를 채워 넣는 것이다. 전도성 플라스틱을 사용할 때, 중요하게 고려할 사항으로는 요구되는 차폐효율, 비용, 최종제품의 미관 등이 있다.

앞에서 살펴보았듯이, 차폐효율은 사용된 재료뿐만 아니라 인클로저의 이음매와 개구면을 통한 누설의 제어정도에 따라 결정된다. 개구면의 제어에 대해 다룬 6.10절의 모든 내용을 전도성 코팅 플라스틱 차폐에 적용할 수 있다. 균일한 금속 차폐물의 경우와 마찬가지로 전도성 플라스틱 차폐물에서도 개구면이 고주파에서의 차폐효율을 제한하는 요소이다. 전도성 플라스틱을 사용하는 경우에 가장 어렵고, 따라서 비용이 많이 드는 부분은 개구면, 특히 이음매를 통한 누설을 제어(억제)하는 것이다. 개구면이나 슬롯의 최대 길이는 식 (6-33)으로 주어지며, 고정된 슬롯 길이 l에 대한 차폐효율은 식 (6-32b)로 주어진다.

플라스틱에 사용된 전도성 코팅은 보통 얇다; 따라서 흡수손실은 높은 주파수가 아닌 경우에는 그다지 크지 않다. 따라서 일반적으로 반사손실이 주요 차폐 메커니즘이 된다.

효과적인 차폐물이 되려면 전도성 플라스틱은 반드시 단위면적 당 수 Ω 이하의 표면 저항을 가져야 한다. 따라서 은, 구리, 아연, 니켈 또는 알루미늄과 같이 전도율이 높은 재료를 사용해야 한다. 전도성 코팅의 반사손실은 식 (6-22)로 근사적으로 구할 수 있다. 여기에서 Z_w는 파동 임피던스이고 Z_s는 단위면적당 저항으로 표시되는 코팅의 표면저항이다. 예를 들어 단위 면적당 1 Ω의 표면저항을 갖는 전도성 코팅은 대략 39.5 dB의 평면파(Z_w = 377) 반사손실을 갖는다.

그렇지만 정전기 방전(ESD)을 막기위해 단위면적당 몇 백 옴정도가 되는 상당히 높은 표면 저항을 사용할 수 있다. 따라서 ESD 방지가 유일한 요구조건인 경우에는 탄소나 흑연(graphite) 재료를 사용할 수 있다.

전도성 코팅 플라스틱을 사용할 때 또 한 가지 고려해야 할 사항은 IEC 60950-1과 기타 전기 안전 요건에서 노출된 금속캔(용기)의 경우 25A의 서지 전류를 견딜 수 있어야 한다고 규정한 부분이다. 얇은 전도성 코팅은 이 시험을 통과하지 못할 수도 있다.

전도성 플라스틱 인클로저를 제작하는 방법은 다음과 같다:

1. 전도성 페인트(conductive paint)
2. 화염/아크 스프레이(flame/arc spray)
3. 진공 증착(vacuum metalizing)
4. 무전해 도금(electroless plating)
5. 금속포일 라이닝(metal foil lining, 금속박 안감)
6. 플라스틱 안에 금속 충전재를 채워 넣어 성형(metalic fillers molded into the plastic)

전도성 페인트와 무전해 도금은 EMI 차폐에서 가장 널리 이용되는 두 가지 방법이다.

6.15.1 전도성 페인트(Conductive Paints)

오늘날 사용되는 많은 전자제품은 전도성 도료로 코팅되어 있다. 코팅은 결합재(보통 우레탄이나 아크릴)와 전도성 안료(은, 구리, 니켈 또는 흑연(graphite))로 구성된다. 대표적인 혼합 방법은 전도성 충전재 80%와 유기 결합재 20%다. 니켈이나 구리는 가장 흔히 사용되는 충전재다.

전도성 페인트의 전기 전도성은 페인트내의 전도성 입자 사이의 접촉을 통해서만 이뤄지기 때문에 순수한 금속만큼 양호하지는 않지만 그래도 양호한 표면 전도율을 제공한다(단위 면적당 1 Ω 이하). 전도성 도료의 표면 전도율은 일반적으로 순수한 금속보다 수십~수백 배 가량 떨어진다.

전도성 페인트는 일반 분무(spray) 장비로 쉽게 바를 수 있는데, 이때 필요하면 인클로저의 일부를 가려서 페인트가 칠해지지 않게 할 수 있다. 이 공정은 비용이 많이 들지는 않지만 최대 차폐효율을 얻기 위해서는 반드시 이음매 전체에 걸쳐 적절한 압력과 전기적 연속성을 제공하도록 인클로저를 설계해야 한다. 그런데 이렇게 하면 플라스틱 부분의 금형이 복잡해진다. 플라스틱 인클로저를 전도성 코팅을 할 가능성을 고려하지 않고 설계한 경우에는 양호한 차폐효율을 가지도록 이음매를 설계하기에 적합하지 않을 확률이 높다.

은을 함유한 전도성 안료를 제외하면 일반적인 전도성 코팅방법 중 가장 비용이 적게 드는 것이 전도성 페인트를 사용하는 것이다.

6.15.2 화염/아크 스프레이(Flame/Arc Spray)

화염/아크 스프레이 코팅방법에서는 용융점이 낮은 금속 도선이나 분말 (보통 아연)을 특수 스프레이 건(spray gun) 안에서 녹여서 플라스틱 재료에 분사한다. 이 방법은 우수한 전도성을 갖는 강하고 조밀한 코팅(hard and dense coating)을 제공한다. 단점은 바르는(분사) 과정에서 특수 장비와 기술이 요구된다는 것이다. 따라서 이 방법은 스프레이 페인팅보다 비용이 많이 든다. 하지만 전도성 페인트의 경우처럼 비전도성 결합재 내에만 금속입자가 있는 것이 아니라 순수한 금속이 플라스틱에 증착되므로 더 좋은 결과를 제공한다.

6.15.3 진공 증착(Vacuum Metalizing)

진공 증착방법에서는 알루미늄과 같은 순수한 금속이 진공챔버에서 증착된 다음, 챔버내의 플라스틱 표면에 응축되어 결합한다. 이 경우 표면에는 순수한 알루미늄이 상당히 균일하게 코팅된다. 그런데 이렇게 한 코팅은 무전해도금으로 한 만큼은 균일하지 않지만 사용하기에는 문제가 없는 수준이다. 이 방법을 사용하면 금속을 증착할 부분과 하지 않을 부분을 쉽게 조절할 수 있다. 이 방법으로 접착성과 전도성이 좋은 표면을 만들 수 있다. 이 방법의 단점은 고가의 특수 장비가 필요하다는 점이다.

금속을 진공 증착하는 방법은 소규모 생산이나 신속한 생산이 필요한 경우에 흔히 사용된다. 또한 이 방법은 플라스틱에 크롬처럼 보이도록 도금을 하여 자동차의 트림(automotive trim, 구조물 테두리), 장난감, 모형, 장식물 등을 생산하는 데도 사용된다.

6.15.4 무전해 도금(Electroless Plating)

무전해 도금-더 정확한 명칭은 화학증착(chemical deposition)-은 금속(보통 니켈이나 구리) 자신이 촉매로 작용하여, 조절된 화학반응에 의해 그 금속이 플라스틱 표면 위에 코팅되는 것이다. 도금할 부분을 화학 용액(chemical bath)에 잠기게 하면 도금이 이루어진다. 이 방식으로 매우 양호한 전도율을 갖는 균일하고 순수한 금속 코팅을 할 수 있으며, 단순한 형상은 물론 복잡한 형상에도 이 방식을 적용할 수 있다. 이 경우 전도율은 순수한 금속의 전도율에 근접한다. 이 방법은 앞서 설명한 코팅 방법보다 비용이 더 들지만 그 우수한 성능 때문에 널리 사용된다.

이 방식은 인쇄 회로기판상에 도금된 관통홀(비어)을 만드는 방법과 유사하다.

전자파적합성(EMC)을 위해 차폐를 하는 경우 두 단계의 과정이 수행된다. 즉 두꺼운 구리층 위에 얇은 니켈층을 증착한다. 대부분의 차폐는 구리 층에 의해 이루어지지만 니켈은 다음과 같은 구리의 두가지 단점을 보완한다; (1) 구리는 연하여 결합부의 분해조립을 여러 번 하게 되면 쉽게 마찰되거나 마모될 수 있다, 그리고 (2) 구리는 시간이 흐르면서 산화되어 비전도성 표면을 형성한다. 니켈은 단단하고 안정적이어서 구리의 이러한 두 단점을 해결해 준다. 복잡하긴 해도 플라스틱 부품의 특정 부위에 대해 선택적 도금을 할 수 있다. 하지만 이렇게 하려면 추가 과정이 필요하므로 비용이 증가한다.

많은 경우에 무전해 도금은 플라스틱 인클로저가 높은 수준의 차폐효율을 갖게 하는 좋은 방법이다. 이 방법은 다른 모든 코팅 방법을 평가하는 기준으로 사용된다. 이음매 설계를 제대로 하고 개구면 제어(억제)를 잘 한 상태에서 무전해 도금을 하게 되면 높은 수준의 차폐효율을 얻을 수 있다.

6.15.5 금속포일 라이닝(Metal Foil Linings)

이 방법은 접착제가 발린 금속포일 (보통 구리 또는 알루미늄)을 플라스틱 부분의 안쪽에 붙이는 방법이다. 금속포일 라이닝은 아주 양호한 전도율을 제공한다. 이 방법은 실험을 할 때 자주 사용된다. 금속 포일 라이닝 방법은 느리고 많은 수작업을 필요로 하기 때문에 생산시에는 바람직하지 않은 것이 보통이다. 복잡한 형태의 부품에 이 방식을 사용하는 것은 어렵다.

6.15.6 충전된 플라스틱(Filled Plastics)

사출 성형 전에 플라스틱 수지와 전도제(conductive agent)를 혼합하여 전도성 플라스틱을 만들 수 있다. 이렇게 해서 나온 것이 사출 성형이 가능한 복합재이다. 전도성 재료는 섬유(fiber), 박편(flake) 또는 분말의 형태이다. 이 방법을 사용하면 추가 코팅 작업 없이도 다양한 범위의 전도율 값을 갖도록 만들 수 있다. 대표적인 전도성 충전재는 알루미늄 박편, 니켈이나 은으로 코팅된 탄소 섬유, 또는 스테인리스강 섬유다. 플라스틱의 전도율은 플라스틱내의 전도성 입자 사이의 접촉에 의해 생기는 것이므로 이러한 충전재를 사용하여 얻을 수 있는 전도율은 한계가 있다.

전도성 충전재를 첨가하는 정도는 원하는 전기적 특성이 어느 정도인가에 따라 10~40% 사이에서 변한다. 그런데 충전재를 많이 첨가하게 되면 종종 기계적인 특성, 착색성(colorability)과 원재료의 미관을 허용할 수 없을 정도까지 변화시키는 경우도 종종 발생한다.

충전된 플라스틱의 가장 큰 장점은 전도성을 얻기 위해 추가로 코팅해 주는 단계가 필요없다는 것이다. 하지만 전도성 재료가 플라스틱 내부에 있기 때문에 표면의 전도율이 높지 않을 수 있다. 이것은 이음매나 결합부 양단의 전도율 조절을 어렵게 만든다. 이음매에서 전도성 입자를 노출시키기 위해 재질 가장자리에 추가로 기계 가공작업이 필요할 수 있다. 이렇게 되면 추가 공정 단계를 필요로 하지 않는 장점이 무색해진다.

EMC 차폐를 위하여 전도성 충전 플라스틱을 사용한다는 생각은 약 35년 전 대대적 광고와 함께 소개되었지만 기대에 부응하지는 못했다. 전도성 충전 플라스틱은 ESD와 같이 아주 높지 않은 전도율을 필요로 하는 몇몇 분야에 사용되어 성공을 거두었지만 기대했던 것만큼 플라스틱의 EMC 차폐문제를 간단하게, 비싸지 않게, 보편적으로 해결하지는 못했다.

6.16 내부 차폐(INTERNAL SHIELDS)

차폐가 항상 인클로저 수준에서 이뤄지는 것은 아니다. 인클로저 내부에서 개별 모듈, 카드 상자(card cage) 등을 차폐하는 방식으로 하위조립부(subassembly) 수준에서 이뤄질 수 있다. 또한 기판에 놓인 개별 부품들의 주위를 둘러싸는 방식처럼 인쇄회로기판(PCB)수준 차폐까지 내려갈 수 있다. 기판수준에서는 PCB 위에 다섯 면으로 된 차폐물을 설치하고 이를 관통홀(비어)이나 표면장착기술(SMT)을 사용하여 접지판에 연결한다.

<그림 6-41>은 휴대 전화의 PCB와 그 PCB에 장착한 차폐물이다. 이 차폐물은 기판 전체를 차폐해줄 뿐만 아니라 기판 내의 다른 부분들 사이에서도 차폐를 해주고 있다. 이 예에서는 차폐물은 스테인레스 강으로 되어있고 PCB상의 결합되는 표면은 금 도금으로 되어있다. 보통 휴대전화의 나누어진 두 부분을 고정하는 6개 나사가 PCB에 차폐물을 부착하는 데에도 사용된다. 차폐물에 설치한 좁은 간격의 굽은 스프링 탭(bent spring tab)은 나사 구멍 사이에서 일정한 간격으로 기판과 차폐물을 접촉시킨다. 나사 구멍이 1 3/4 in 만큼 서로 떨어져 있지만 스프링 탭에 의해 개구면의 최대 길이가 0.1 in로 제한된다. 이 길이는 5.9 GHz에서 파장의 1/20에 해당한다.

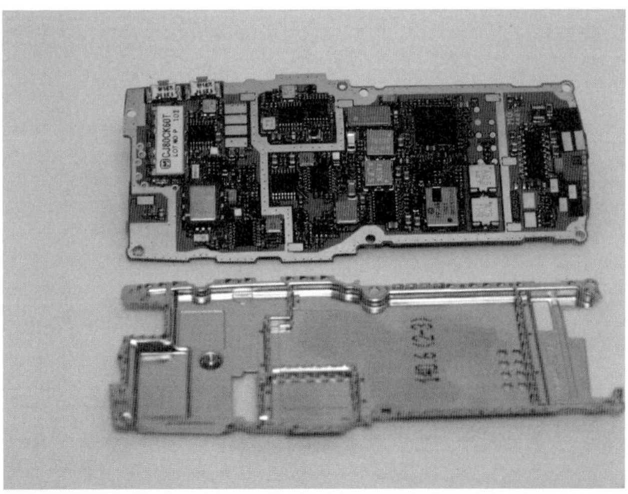

그림 6-41 휴대전화 PCB(위)와 이를 차폐하는 차폐물(아래)

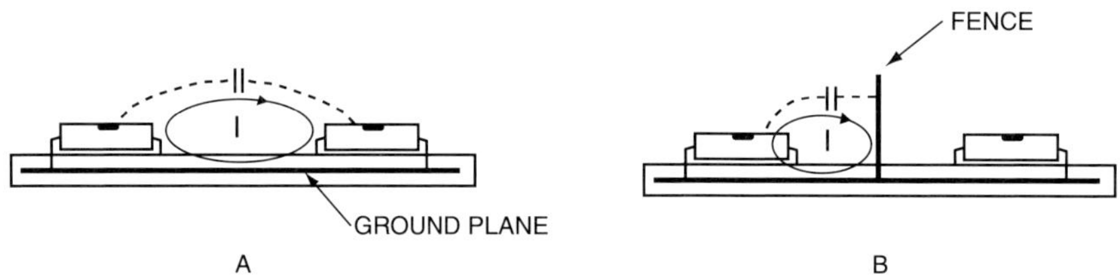

그림 6-42 (A) 집적회로(IC) 사이의 기생 커패시턴스 결합. (B) PCB 울타리를 이용하며 기생 결합을 차단하는 방법. 전류 I는 기생 커패시턴스를 통한 잡음결합을 나타낸다.

이 장은 지금까지 제품을 완전히 둘러싸는 차폐물만 다루었고, 개구면 제어(억제)의 중요성을 강조했다. 그런데 경우에 따라서는 부분차폐물이 내부차폐에 효과가 있을 수 있다. 예를 들어 <그림 6-42>와 같이 PCB 주위 민감한 부품 주위에 울타리(fence)를 치면 근거리장 용량성 결합을 감소시키는 데 효과적일 수 있다. 어떤 사람은 이것은 당연히 진짜 차폐물이 아니고 인접한 회로간 용량성 결합을 차단하는 방법일 뿐이라고 주장할 수 있다. 차단된 용량성 결합에 의한 전류가 흐르는 귀환 전류 경로를 제공할 수 있도록 <그림 6-42b>에서 보듯이 울타리는 반드시 PCB 접지판과 연결해야 한다. 디지털 논리회로와 입/출력(I/O)회로 사이에 울타리를 치면 디지털 잡음이 I/O로 결합(전달)되는 것을 효과적으로 차단할 수 있다.

PCB의 전원판과 접지판을 이용하여 두 판 사이에 위치한 층을 차폐할 수 있다. 이러한 예의 하나를 <그림 16-17>에 나타내었다. 고속신호는 3층과 4층에 배선되어 있는데 2층과 5층에 있는 판에 의해 차폐된다. PCB내의 1-oz 구리판(단위피트당 28.35 g의 구리가 코팅된 것으로 두께는 약 0.035 mm)의 두께는 30 MHz 이상 모든 주파수에서 표피 깊이의 3배 이상이 된다. 2 oz 구리판은 10 MHz 이상에서 이렇게 된다.

그런데 기판의 가장자리에서 여전히 방사가 발생할 수 있다. 층이 많은 다층 기판에서는 다수의 접지판을 차폐의 목적으로 사용할 수 있으므로, 기판 가장자리에서 촘촘한 간격의 접지비어로 접지판 주위를 모두 연결하면 기판 가장자리에서 발생하는 전자파 방사를 감소시키거나 완전히 없앨 수 있다. GHz 대의 펄스 신호를 사용하는 고주파 기판의 경우 완전한 차폐를 위하여 기판 가장자리를 구리로 도금하기도 한다.

6.17 공동 공진(CAVITY RESONANCE)

금속 상자로 둘러싸인 에너지는 상자 내부 벽에서 반사된다. 전자기 에너지가 상자 안으로 들어가면, 즉 상자 안에 상자 내부 발생원에서 생기거나 상자 속으로 새어들어온 외부에너지가 있으면, 상자는 공동 공진기(cavity resonator)의 역할을 한다. 에너지가 상자의 각 표면에서 반사되면 정지파(standing wave, 정재파)가 형성되는데, 그 형태는 인클로저의 크기와 모양에 따라 정해진다. 상자가 공진하는 주파수에서 이 정지파에 의해 인클로저 내의 어떤 지점에서는 전자기장의 세기가 아주 크고 다른 어느 지점에서는 0이 된다. **정육면체 상자**에 대해 **최저 공진 주파수**는 다음과 같다(White, 1975).

$$f_{MHz} = \frac{212}{l} \tag{6-41}$$

여기에서 f_{MHz}는 공진 주파수(단위: MHz)이고 l은 상자 한면의 길이이다(단위: m). 이보다 높은 주파수에서 추가공진이 계속해서 일어난다.

일반적으로 직사각형 상자는 다음과 같은 공진 주파수를 갖는다 (White, 1975).

$$f_{MHz} = 150\sqrt{\left(\frac{k}{l}\right)^2 + \left(\frac{m}{h}\right)^2 + \left(\frac{n}{w}\right)^2} \tag{6-42}$$

여기에서 l, h, w는 각각 상자의 길이, 높이, 넓이이다(단위: m). k, m, n은 발생 가능한 공진 모드를 나타내는 양의 정수(0, 1, 2, 3, ⋯)이다. 세 정수 중에서 두 개 이상이 동시에 0이 되면 안 된다. 예를 들어 $k = 1, m = 0, n = 1$은 TE_{101} 모드에 대한 최저 공진 주파수를 나타낸다. 가장 차수가 낮은 전파모드의 공진 주파수는 세 정수(k, m, n) 중 2개는 1이고 나머지 하나가 0이다.

식 (6-42)은 $w = h = l$로 하면 정육면체 상자에 적용할 수 있다. 최저 공진 주파수는 순서에 상관없이 정수 k, m, n중 하나만 0일 때 발생한다. 이 조건을 식 (6-42)에 대입하면 식 (6-41)을 얻을 수 있다.

6.18 차폐물의 접지(GROUNDING OF SHIELDS)

완전히 제품을 둘러싼, 빈틈이 없이 균일한 차폐물(패러데이 상자)은 그 차폐물의 전위가 얼마이든 여전히 효과적인 차폐를 제공한다. 즉, 외부 전자기장이 차폐물 내부 회로에 영향을 미치는 것을 방지하고 그 반대도 마찬가지다. 따라서 이러한 차폐물은 접지할 필요가 없고 차폐물의 역할을 하기 위해 차폐물의 전위를 어떤 특정 값으로 해줄 필요도 없다. 하지만 대부분의 경우, 차폐물과 차폐된 인클로저 내부 회로 사이에 전위차가 생기는 것을 막기 위해 차폐물은 회로의 접지(기준)에 반드시 연결해야 한다.

그런데 많은 실제적인 경우에는, 차폐물은 다른 이유로 접지되어야 한다. 제품이 교류전력선(전원선)으로부터 전력을 공급받는 경우에는 안전성요건(safety requirement)으로 접지를 반드시 해주어야 한다 접지된 차폐물은 고장시 발생하는 전류의 귀환 경로를 제공하므로, 고장전류에 의해 회로차단기(circuit break)가 작동되어 장비에 공급되는 전원이 끊어지게 만들어 제품을 안전하게 한다. 또한 접지는 차폐물 상에 정전하가 축적되는 것을 막는다.

차폐물의 접지 여부와 관계없이 시스템의 모든 금속 부위는 전기적으로 서로 연결되어 있어야 한다. 각 부분은 가급적이면 적어도 두 곳 이상에서 다른 금속 부분과 낮은 임피던스로 연결돼야 한다. 이들이 전도성 마감처리가 되어 있다면 나사를 사용하여 이들 부분을 서로 결합할 수 있다. 별 모양 워셔나 나사산이 있는 나사(thread cutting screw)를 사용하여 비전도성 페인트와 비전도성 마감을 뚫고 들어가게 할 수 있다.

요약 SUMMARY

- 차폐된 인클로저에 드나드는 모든 케이블은 차폐하거나 필터링을 해야 한다.
- 차폐된 인클로저로 들어가는 차폐된 케이블의 차폐도체는 인클로저에 접합되어야 한다.
- 반사손실은 전기장과 평면파의 경우에 크다.
- 반사손실은 보통 저주파 자기장의 경우에 작다.
- 두께가 표피 깊이와 같은 차폐물은 약 9 dB의 흡수손실를 제공한다.
- 반사손실은 주파수에 따라 감소한다.
- 흡수손실은 주파수에 따라 증가한다.
- 자기장은 전기장보다 차폐하기가 더 어렵다.
- 저 임피던스 자기장을 차폐하기 위하여 상대 투자율이 높은 재료를 사용한다.
- 전기장, 평면파, 고주파 자기장을 차폐하기 위하여 전도율이 높은 재료를 사용한다.
- 흡수손실은 '투자율×전도율' 의 제곱근의 함수다.
- 반사손실은 전도율÷투자율' 의 함수다.
- 차폐재료의 투자율이 증가하면 흡수손실은 증가하고 반사손실은 감소한다.
- 개구면 제어(억제)는 고주파 차폐의 열쇠다.
- 개구면의 최대 길이(면적이 아님)가 누설량을 결정한다.
- 누설을 최소화하기 위해서는 차폐된 인클로저의 이음매 전체에 걸쳐 전기접촉이 이루어져야 한다.
- 차폐효율은 개구면 수의 제곱근에 비례해서 감소한다.
- 대부분 차폐 재료에서는, 1 MHz 이상에서 흡수손실이 지배적이다(더 크다).
- 저주파 차폐효율은 주로 차폐재료에 의해 결정된다.
- 개구면 제어는 금속 차폐물의 경우와 마찬가지로 전도성 코팅된 플라스틱 인클로저에서도 중요하다.
- 차폐는 인클로저 수준에서뿐만 아니라 모듈 수준과 PCB 수준에서도 이뤄질 수 있다.
- 차폐물을 반드시 접지해야 차폐효과를 발휘하는 것은 아니다.
- <표 6-9>는 개구면이 없는 균일한 차폐물의 차폐효율을 정성적으로 요약한 것이다.

표 6-9 차폐효율의 정성적 요약.

재료	주파수 (kHz)	흡수 손실[a]	반사 손실		
		모든 전자기장	자기장[b]	전기장	평면파
자성체	<1	불량-미흡	불량	우수	우수
($\mu_r = 1000$,	1~10	보통-양호	불량-미흡	우수	우수
$\sigma_r = 0.1$)	10~100	우수	미흡	우수	양호
	>100	우수	미흡-평균	양호	보통-양호
비 자성체	<1	불량	부족	우수	우수
($\mu_r = 1$,	1~10	불량	보통	우수	우수
$\sigma_r = 1$)	10~100	미흡	보통	우수	우수
	>100	보통-양호	양호	우수	우수
판단기준	감쇠				
불량	0~10 dB				
미흡	10~30 dB				
보통	30~60 dB				
양호	60~90 dB				
우수	>90				

[a] 두께가 1/32-in 두께 차폐물에 대한 흡수 손실

[b] 발생원으로부터 1 m 거리에서의 자기장 반사손실 (거리가 1 m 이하이면 차폐효율은 내려가고 거리가 1 m 이상이면 증가한다.)

연습문제 PROBLEMS

6.1 10 kHz에서 은, 황동(brass), 스테인리스 강의 특성 임피던스의 크기는 얼마인가?

6.2 두께가 0.062 in인 황동으로 만든 차폐물에 대해 다음의 주파수에서 표피 깊이와 흡수손실을 계산하라.

a. 0.1 kHz, b. 1 kHz, c. 10 kHz, d. 100 kHz.

6.3 흡수손실만 고려할 때 60-Hz 전자기장에 대해 30 dB의 감쇠를 제공하기 위한 차폐물의 설계방법을 설명하라.

6.4 a. 두께가 0.001 in 인 구리로 된 차폐물의 1,000 Hz 평면파에 대한 반사손실은 얼마인가?

b. 두께가 0.01 in로 증가하면 반사손실은 얼마가 되는가?

6.5 10-kHz 자기장의 발생원에서 1 in거리에 위치한 0.015 -in 두께의 구리 차폐물에 대한 차폐효율을 계산하라.

6.6 원거리장에서 <문제 6.5>의 차폐물의 차폐효율을 계산하라.

6.7 10-kHz 전기장의 발생원에서 1 ft 떨어진 곳에 위치한 두께 0.032-in의, 연성 알루미늄(soft aluminum) 차폐물의 차폐효율은 얼마인가?

6.8 차폐물이 전기장 또는 자기장의 발생원에서 6 in 떨어진 곳에 놓여있다. 원거리장이 되려면 주파수는 얼마 이상이어야 하는가?

6.9 1-kHz 자기장에 대해 두께가 각각 0.020 in, 0.040 in, 0.060 in 구리 차폐물의 흡수손실을 계산하라.

6.10 동일한 구멍(hole) 10개가 직선형태로 배열되어 있는 차폐물이 있다.이 차폐물은 100 MHz에서 30 dB의 차폐효율을 제공해야 한다. 구멍 한 개의 최대 길이는 얼마인가?

6.11 차폐물에 지름이 1/8 in인 구멍이 5 × 12 형태로 배열되어 있다. 250 MHz에서 차폐효율은 얼마인가?

6.12 차폐된 통풍 패널(ventilation panel)에 1/8 in 원형 구멍이 20 × 20 형태로 배열되어 있다. 이 패널의 두께는 1/2 in이다(즉 구멍의 깊이는 1/2 in 이다). 250 MHz에서 패널의 차폐차폐효율을 근사적으로 구하라.

6.13 어떤 제품을 20 dB의 차폐효율을 갖도록 설계해야 한다. 제품냉각을 위해 100개의 원형 구멍(모두 같은 크기)을 10×10 형태로 배열하려고 한다. 구멍 한 개의 최대 지름을 얼마로 해야 하는가? 200 MHz에서 20 dB의 차폐가 요구된다.

6.14 이음매 전체에 걸쳐 양호한 전기적 연속성이 이루어지게 하려면 어떤 두 항목이 필요한가?

6.15 개스킷이 있는 결합부의 전달 임피던스가 10 mΩ로 측정되었다. 평면파에 대한 결합부의 차폐효율은 얼마인가?

6.16 한 모서리의 길이가 2 ft인 정육면체 인클로저의 최저 공진 주파수는 얼마인가?

6.17 2-ft × 3-ft × 6-ft 캐비닛의 최저 공진 주파수는 얼마인가? (이 문제를 풀기 위해서는 몇 가지 생각을 더 해봐야 한다)

참고문헌 REFERENCES

Archambeault, B. and Thibeau, R. "Effects of Corrosion on the Electrical Properties of Conducted Finishes for EMI Shielding," *IEEE National Symposium on Electromagnetic Compatibility*, Denver, CO, 1989.

ARP 1481. *Corrosion Control and Electrical Conductivity in Enclosure Design*, Society of Automotive Engineers, May 1978.

ARP 1705. *Coaxial Test Procedure to Measure the RF Shielding Characteristics of EMI Gasket Materials*, Society of Automotive Engineers, 1994.

ASTM Standard B 449. *Standard Specifications for Chromates on Aluminum*, April 1994.

Faught, A. N. "An Introduction to Shield Joint Evaluation Using EMI Gasket Transfer Impedance Data," *IEEE International Symposium on EMC*, August 1982, pp. 38–44.

Hayt, W. H. Jr. *Engineering Electromagnetics*, 3rd. ed. New York, McGraw Hill, 1974.

IEC 60950-1, *Information Technology Equipment—Safety—Part 1: General Requirements*, International Electrotechnical Commission, 2006.

Kraus, J. D., and Marhefka, R. J. *Antennas*. 3rd ed., New York, McGraw-Hill, 2002.

MIL-HDBK-1250, *Handbook For Corrosion Prevention and Deterioration Control in Electronic Components and Assemblies*, August 1995.

MIL-STD-C-5541E, *Chemical Conversion Coatings on Aluminum and Aluminum Alloys*, November 1990.

Quine, J. P. "Theoretical Formulas for Calculating the Shielding Effectiveness of Perforated Sheets and Wire Mesh Screens," *Proceedings of the Third Conference on Radio Interference Reduction*, Armour Research Foundation, February, 1957, pp. 315–329.

Schelkunoff, S. A. "The Electromagnetic Theory of Coaxial Transmission Lines and Cylindrical Shields," *Bell Sys Tech J*, Vol.13, October 1934. pp. 532–579.

Schelkunoff, S. A. *Electromagnetic Waves*. Van Nostrand, New York, 1943.

White, R. J. A Handbook of Electromagnetic Shielding Materials and Performance, Don White Consultants, Germantown, M.D., 1975.

심층자료 FURTHER READING

Carter, D. "RFI Shielding Windows," Tecknit Europe, May 2003, Available at www.tecknit.co.uk/catalog/windowsguide.pdf. Accesed July 2008.

Cowdell, R. B. "Nomographs Simplify Calculations of Magnetic Shielding Effectiveness," *EDN*, vol. 17, September 1, 1972. Available at www.lustrecal.com/enginfo. html. Accessed July 2008.

Cowdell, R. B. Nomograms Solve Tough Problems of Shielding," *EDN*, April 17, 1967. Available at www.lustrecal.com/enginfo.html. Accessed July 2008.

Chomerics. *EMI Shielding Engineering Handbook*. Woburn, MA, 2000.

IEEE Transactions on Electromagnetic Compatibility, Special Issue on Electromagnetic Shielding, vol 30-3, August 1988.

Kimmel, W. D. and Gerke, D. D. "Choosing the Right Conductive Coating," *Conformity*, August, 2006.

Miller, D. A. and Bridges, J. E. "Review of Circuit Approach to Calculate Shielding Effectiveness," *IEEE Transactions on Electromagnetic Compatibility*, vol. EMC-10, March 1968.

Molyneux-Child, J. W. *EMC Shielding Materials, A Designers Guide*, Butterworth-Heinemann, London, U.K. 1997.

Paul, C. R. *Introduction to Electromagnetic Compatibility*, Chapter 11, Shielding, 2nd ed., Wiley, New York, 2006.

Schultz, R. B. Plantz, V. C. and Bush, D. R. "Shielding Theory and Practice," *IEEE Transactions on Electromagnetic Compatibility*, vol. 30-3, August 1988.

Schultz, R. B. *Handbook of Electromagnetic Compatibility*, (Chapter 9, Electromagnetic Shielding), Perez, R., ed., New York, Academic Press, 1995.

Vitek, C. "Predicting the Shielding Effectiveness of Rectangular Apertures," *IEEE National Symposium on Electromagnetic Compatibility*, 1989.

White, R. J. and Mardiguian, M. *Electromagnetic Shielding*, Interference Control Technologies, Gainesville, V.A., 1988.

Young, F. J. "Ferromagnetic Shielding Related to the Physical Properties of Iron," *IEEE Electromagnetic Compatibility Symposium Record*, IEEE, New York, 1968.

Chapter 7

스위치 접점보호

Contact Protection

전기회로에서 스위치 또는 릴레이의 접점(contact) 개폐 시 두 단자 사이에서 절연파괴(electrical breakdown)가 발생할 수 있다. 접점이 서로 접촉한 상태가 아니라 접점간격이 매우 작을 때 절연파괴가 시작된다. 접점이 닫히는 과정에서 절연파괴가 시작되면 두 접점이 서로 접촉할 때까지 절연파괴가 계속된다. 접점이 열리는 경우에는 접점간격이 증가하여 절연파괴 조건에서 벗어날 때까지 절연파괴가 계속된다. 절연파괴가 발생하면 접점에 손상이 발생하여 스위치의 수명이 단축된다. 또한 절연파괴는 고주파 방사를 일으키고 회로 상에서 전압과 전류가 순간적으로 급증하는 서지(surge)을 초래하며 다른 회로에 간섭(interference)을 일으킬 수 있다.

절연파괴에 의한 접점손상을 방지하는 방법은 방사성 간섭(radiated interference)이나 전도성 간섭(conducted interference)을 제거하는 방법과 유사하다. 이 장에서 다루는 접점 보호회로는 접점 개폐 시 잡음을 크게 감소시키며, 또한 접점의 수명을 연장시킨다. 접점에서의 절연파괴는 기체방전(gas discharge)의 일종인 글로우 방전(glow discharge)과 금속증기 방전의 일종인 아크방전(arc discharge)에 의해 발생된다.

7.1 글로우 방전(GLOW DISCHARGES)

반복적으로 발생하며 스스로 유지되는 글로우 방전(코로나 방전)은 접점 사이의 기체가 이온화될 때 발생하며 타운젠드 방전(Townsend discharge)이라고도 한다.[1] 글로우 방전이 시작되기 위한 전압은 기체의 종류, 접점간격, 기체압력 등에 의해 결정된다. 표준온도와 표준압력의 대기

1) 기체에서는 방사성 붕괴, 우주 방사선, 광선 등에 의해 소량의 자유전자와 자유이온이 존재한다. 여기에 전기장이 인가되면 이들 자유전자와 이온이 이동하여 미세한 전류가 흐른다. 강한 전기장이 인가될 경우 자유전자는 충분한 속도(에너지)를 얻게 되고 전기적으로 중성인 원자 또는 분자와 충돌하여 전자를 떼어 냄으로써 기체를 이온화시킨다. 인가된 전압이 기체의 지속적인 이온화에 필요한 전기장을 유지시킬 경우 글로우 방전은 중단되지 않고 지속된다.

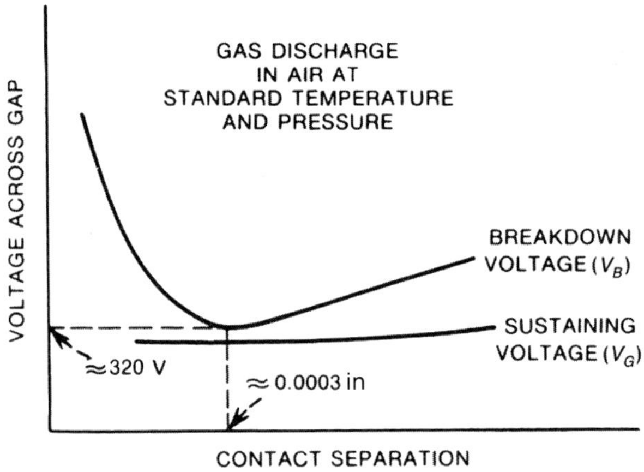

그림 7-1 접점 간격에 따른, 글로우 방전이 발생하기 위한 절연파괴 전압의 변화

(공기)에서는 접점간격이 0.0003 인치(7.62 μm)일 경우 320 V의 전압에서 글로우 방전이 시작된다. 접점간격이 이보다 작거나 크면 더 큰 전압이 요구된다. <그림 7-1>에 접점간격에 따른, 글로우 방전이 개시되기 위한 절연파괴 전압(V_B)의 변화를 나타내었다. 절연파괴가 발생된 후에는 개시전압보다 약간 작은 유지전압(V_G) 하에서도 기체의 이온화가 지속된다. 공기의 경우 V_G는 약 300 V이다. <그림 7-1>에서 볼 수 있듯이 유지전압은 접점간격에 관계없이 거의 일정하다. 글로우 방전이 지속되려면 최소 2~3 mA의 전류가 흘러야 한다.

글로우 방전을 피하려면 접점 사이의 전압을 300 V 이하로 유지해야 한다. 이 경우 아크 방전에 의한 접점손상만이 문제가 된다.

7.2 아크방전(METAL-VAPOR OR ARC DISCHARGES)

글로우 방전의 경우보다 훨씬 작은 접점간격과 전압에서 아크방전이 발생할 수 있다. 기체가 없어도 되므로 아크방전은 진공에서도 발생할 수 있다. 아크방전은 전기장에 의한 전자(electron) 방출[2)]에 의해 발생되는데, 이를 위해서는 약 0.5 MV/cm(0.1 μm 접점간격에서 5 V 전압)의 전기장이 필요하다. 접점간격이 작을 경우 흔히 전기장은 아크방전 개시값을 초과하므로 단자가 개폐될 때마다 아크가 발생한다. 아크방전이 발생하면 전기장이 가장 강한 곳인 음극(cathode)의 좁은 영역에서 전자가 방출된다.

2) 금속 내부에서 전자는 자유롭게 이동할 수 있다. 전자의 일부는 외부 전기장으로부터 에너지를 받아 금속표면으로부터 이탈하기에 충분한 속도를 가지게 된다. 그런데 금속 표면에서 방출된 전자는 전기장을 생성하여 방출된 전자를 잡아당겨 금속표면으로 되돌아오게 한다. 외부에서 인가된 전압이 충분히 클 경우에는 방출된 전자를 다시 금속 표면으로 돌아오게 하는 힘을 이겨내고 전자가 양극 방향으로 이동하게 된다.

현미경으로 확대해 보면 접점표면이 완벽하게 매끈하지 않고 요철이 있으므로, 음전극 표면에서 높이가 가장 높고 뾰족한 지점에서 전기장이 가장 강하게 되어, <그림 7-2>에 보인 것처럼 이곳에서 금속의 자유전자가 방출된다. 방출된 전자의 흐름은 접점 사이를 가로지르면서 점점 확장되다가 마침내 양극(anode) 표면과 충돌하게 된다. 이렇게 좁은 영역을 통해 흐르는 전류는 밀도가 매우 높으므로, 도체저항에 의한 $I^2 R$ 손실이 커서 접점표면의 온도가 수천 K까지 오르게 되는데, 이는 접점의 금속물질을 증발시키기에 충분한 온도이다. 음극이나 양극 중에서 어느 곳의 금속이 먼저 증발되는가 하는 것은 두 접점에 열이 전달되고 사라지는 속도에 따라 결정되는데, 이 속도는 접점의 크기, 접점 금속의 종류, 접점간격 등에 따라 달라진다.

접점 표면에서 금속이 녹으면 방출된 전자의 흐름에 의해 금속증기 아크(metal-vapor arc)가 발생하게 된다. 이는 보통 1 ns 이하의 짧은 순간에 발생한다. 일단 금속이 녹기 시작하면 접점 사이에 전도성 교량(bridge)이 형성되어 전압의 변화율(즉 전기장의 세기)이 방전을 일으키는 데 필요한 값보다 낮아도 아크방전이 계속 유지되게 한다.

금속증기 교량에 흐르는 전류는 인가된 전압과 회로의 임피던스에 의해서만 제한된다. 아크가 시작된 이후에는 외부회로에서 음극 접점전위를 이겨내기에 충분한 전압이 공급되고 양극이나 음극의 물질을 증발시키기에 충분한 전류가 공급되는 동안에는 아크가 계속 유지된다. 스위치 접점간격이 증가하면 금속증기 교량이 당겨져 늘어나다가 결국 끊어지게 된다. 아크방전을 지속시키는 데에 필요한 최소 전압과 전류를 각각 최소 아크 방전전압(V_A)과 최소 아크 방전전류(I_A)라 부른다. 최소 아크 방전전압과 최소 아크 방전전류의 통상적인 값을 <표 7-1>에 수록하였다

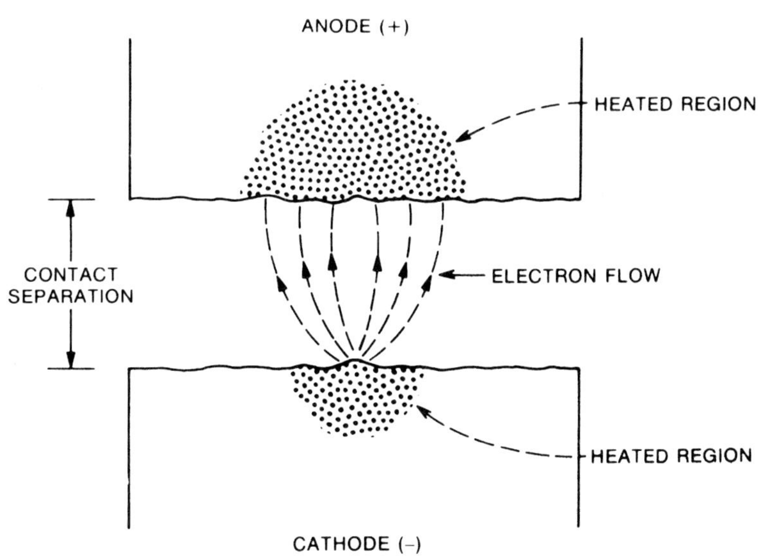

그림 7–2 아크방전의 개시

표 7-1 스위치 접점의 아크방전 특성

물질	최소 아크방전 전압 V_A(V)	최소 아크방전 전류 I_A(mA)
은	12	400
금	15	400
금 합금[a]	9	400
팔라듐	16	800
백금	17.5	700

[a] 금 69%, 은 25%, 백금 6%

(출처: Realy and Switch Industry Association, 2006). 스위치 접점의 전압이나 전류가 <표 7-1>의 값보다 작게 되면 아크방전이 중지된다.

두 접점을 이루는 금속의 종류가 다를 경우 V_A는 음극 금속(−접점)에 의해 결정되는데, I_A는 음극 물질이나 양극물질의 최소 아크방전 전류 중에서 더 작은 값으로 가정하였다. <표 7-1>에 제시된 값은 손상되지 않은 온전한 접점의 경우에 적용된다. 아크방전에 의해 단자가 손상될 경우, 최소 아크방전 전류는 <표 7-1> 값의 1/10 정도까지 작을 수도 있다.

요약하자면 아크방전은 상대적으로 낮은 전압과 높은 전류에 의해 발생하며 이는 단자 금속 종류에 따라 다르다. 반면에 글로우 방전은 상대적으로 높은 전압과 낮은 전류에 의해 발생하며 이는 접점 사이의 기체(보통 공기)에 따라 다르다. 7.8절에서 설명된 것과 같이, 아크방전은 낮은 전압으로도 발생할 수 있으므로 방지하기가 어렵다. 아크방전이 발생할 경우 스위치 접점에 흐를 수 있는 전류를 최소 아크방전 전류보다 작아지게 하여 아크방전이 지속되지 않게 해야 한다.

7.3 교류회로 대 직류회로(AC VERSUS DC CIRCUITS)

스위치 접점을 오래 보존하려면 아크방전이 발생하자마자 이를 신속히 중지시켜 접점손상을 최소화해야 한다. 아크방전이 신속히 차단되지 않을 경우 금속물질이 한 접점에서 다른 접점으로 이동하게 된다. 아크방전에 의한 손상은 아크방전의 에너지, 즉 (전압) × (전류) × (시간)에 비례한다.

접점 간의 전압이 클수록 아크방전의 차단이 어렵다. 아크가 발생한 상황에서는 접점 양단 전압이 정격전압 이하가 되면 두 접점은 정격전력(전압과 전류의 곱)에 견딜 수(처리할 수) 있다. 그렇지만 접점 양단전압이 정격전압 이상이 되면 접점이 반드시 정격전력에 견딘다고 할 수는 없다.

스위치 접점이 견딜 수 있는 교류전압은 직류전압에 비해 훨씬 높은데, 그 이유는 다음과 같다.

1. 교류전압의 평균값은 실효값(rms value)보다 작다.
2. 전압이 10-15 V 이하인 시간 동안에는 아크가 발생할 확률은 아주 작다.

3. 교류전압은 극성이 주기적으로 바뀌므로 각 단자는 같은 시간 비율로 음극과 양극이 된다.
4. 전압이 0의 값을 통과하는 순간에는 아크가 소멸된다.

직류 30 V에 대해 잘 동작하는 스위치 접점은 보통 교류 115 V도 잘 처리할 수 있다. 그러나 교류의 경우 접점 보호회로 구현이 훨씬 더 어렵다는 단점이 있다.

7.4 스위치 접점재료(CONTACT MATERIAL)

스위치 접점에 흐르는 전류의 크기에 따라 다른 종류의 접점재료가 요구된다. 전류가 흐르지 않는 회로(dry circuit)에서뿐만 아니라, 큰 전류가 흐르는 회로에서도 잘 동작하는 접점재료는 없다. 팔라듐(palladium)은 접점 부식(eroding) 상황 하에서 높은 전류에 잘 동작한다. 은과 은-카드뮴 합금 재료는 높은 전류에서 잘 동작하지만, 아크가 일어나지 않는 상황에서 접점동작에 문제가 발생할 수 있다. 금과 금 합금 재료의 경우 낮은 전류에서는 잘 동작하나, 높은 전류에서는 전극이 심하게 부식된다.

0에서부터 2 A의 전류까지 동작하는 소위 '범용 릴레이(general purpose relay)' 가 제조되어 판매되고 있다. 이 릴레이 단자는 대개 고전류에 적합한 은 또는 팔라듐 재료 위에 경질 금(hard gold)을 도금하여 제작된다. 금도금으로 인해 낮은 전류에서는 접촉저항이 낮다. 높은 전류에서 최초 몇 번 동작하는 동안에 금은 증발되고 고전류 접점 물질만 남게 된다. 이로 인해 높은 전류에 사용된 이후에는 범용 릴레이를 더 이상 낮은 전류 용도로 사용할 수 없게 된다.

은에 연질 금(soft gold)을 도금한 경우 가끔 문제가 발생한다. 내부에 있는 은이 금으로 침투하여 접점표면에 고저항의 황화은(silver-sulfide) 피막을 형성하므로 두 단자가 접촉한 상태에서도 표면코팅 저항이 크게 되어 정상적인 스위치로서 동작할 수 없게 된다.

7.5 스위치 접점 정격(CONTACT RATING)

스위치 접점의 정격(rating)은 저항성(resistive) 부하에 스위치에 연결될 때 스위치에 흘릴 수(스위치가 견딜 수) 있는 전압과 전류의 최대값으로 정의된다. 스위치 접점이 정격조건에서 동작할 때 스위치 개폐 시에는 짧은 시간 동안 아크가 발생한다.[3] 이렇게 정격조건에서 동작하면 스위치 접점은 정해진 전기적 수명(electrical life) 동안 동작한다. 스위치의 기계적 수명(mechanical life)은 전류가 흐르지 않은 경우의 사용기간이다.

3) 소량의 아크는 접점 표면에 형성된 절연막을 연소시키기 때문에 실제로는 아크가 유용할 수도 있다.

저항 부하뿐만 아니라 유도성 부하(inductive load)에 대해서도 스위치 접점의 정격이 제시되기도 한다. 또한 정상적(normal)으로 동작하는 정상상태(steady state)에서보다 처음 동작할 때에 훨씬 많은 전류가 흐르는 부하에 대해서는 모터 정격(motor rating)이나 램프 정격(lamp rating)이 제시되기도 한다.

이상의 세 가지 정격은 모두 접점 보호회로가 사용되지 않은 경우를 가정한 것이다. 잘 설계된 접점보호회로를 사용할 경우, 정격조건 하에서는 스위치 접점의 수명이 연장될 수 있으며, 정격보다 큰 전압과 전류가 단자에 인가되더라도 정격 수명 동안 스위치가 정상적으로 동작할 수 있다.

7.6 초기에 과전류가 흐르는 부하 (LOADS WITH HIGH INRUSH CURRENTS)

스위치에 연결된 부하가 저항이 아닐 경우, 접점의 정격 전압/전류보다 낮은 전압/전류를 사용하거나 접점 보호회로를 사용해야 한다. 램프, 모터 및 용량성 부하는 모두 정상상태에서보다 접점이 닫혀 동작을 개시하는 순간에 훨씬 큰 전류가 흐른다. <그림 7-3>에 보인 것처럼 램프의 전열선에는 정상상태의 정격전류보다 10~15배 큰 시동전류가 흐른다. 따라서 램프에 사용되는 스위치의 경우 저항 부하에 대한 정격의 20%에 해당하는 값을 스위치 접점의 정격으로 한다.

용량성 부하(capacitive load)에도 매우 큰 시동전류가 흐른다. 커패시터의 충전전류는 외부회로의 직렬저항에 의해서만 제한된다.

모터에는 정상상태 정격전류보다 5~10배 큰 시동전류가 흐른다. 또한 모터에 흐르던 전류가 끊기면 모터의 인덕턴스로 인해 높은 유도전압(inductive kick, 유도성 역전압)이 발생한다. 이로 인해 아크가 발생한다. 모터는 스위치가 열릴 때와 닫힐 때 모두 접점의 손상을 초래하기 때문에

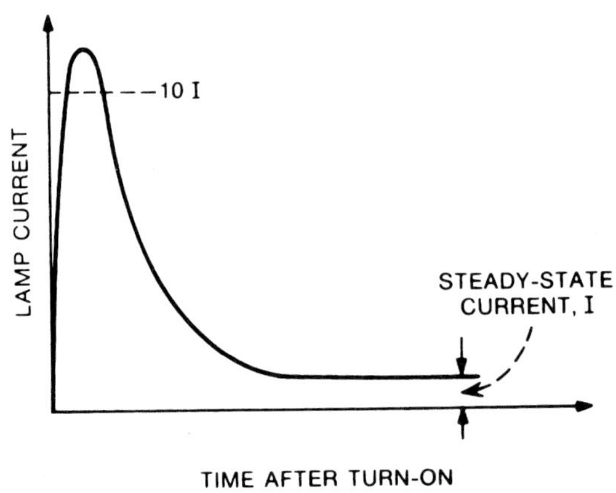

그림 7-3 시간에 따른 램프 전류의 변화

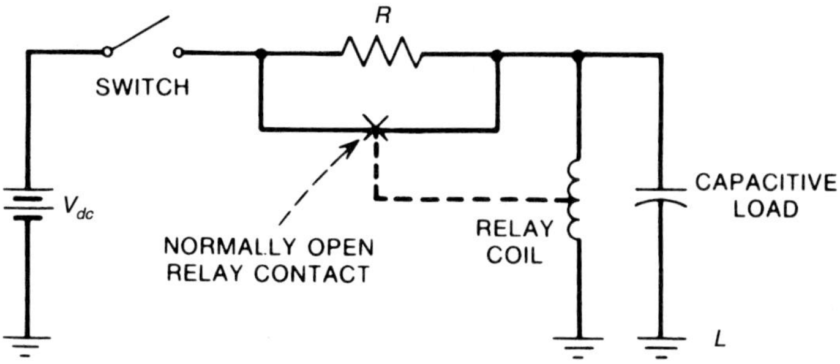

그림 7-4 스위치가 닫힐 때 접점을 보호하기 위해 전류제한 저항의 연결을 전환하는 회로

스위칭이 어렵다.

처음 동작할 때 큰 돌입전류(inrush current)가 흐르는 회로가 스위치의 부하로 연결된 경우, 스위치 접점을 보호하기 위해 시동전류를 제한해야 한다. 스위치에 직렬로 저항을 연결하여 시동전류를 제한하는 방법은 정상상태 전류도 감소시키므로 적용을 할 수 없는 경우도 있다.

저항이 부적합한 경우, 낮은 직류저항성분을 가진 인덕터를 사용하여 시동전류를 감소시킬 수 있다. 전류가 그다지 크지 않은 회로에 스위치를 사용할 때는 스위치 접점 리드에 페라이트 비드(ferrite bead)를 달아주어 정상상태 전류에 영향을 주지 않고 시동전류를 제한할 수 있다.

상황이 심한 경우에는 <그림 7-4>와 같은 방식으로, 전류제한 저항의 연결을 전환하는 회로를 사용할 수 있다. 릴레이 코일은 용량성 부하에 병렬로 연결되고 릴레이의 두 접점은 전류제한 저항 양단에 병렬로 연결된다. 이때 릴레이의 접점은 평상시(전류가 흐르지 않을 때) 개방되어 있는 NC (normally open) 접점이다.[4] 스위치가 닫히면 커패시터 충전전류는 저항 R에 의해 제한된다. 커패시터 양단 전압이 증가하여 릴레이가 동작하면 릴레이 접점이 닫히므로 저항은 단락되어 전류는 저항 대신 릴레이를 통해서만 흐른다.

접점이 닫힐 때 발생하는 문제 중의 하나는 접점의 접촉 불안정(이를 채터링(chattering) 또는 바운싱(bouncing)이라고 한다.)으로 접점이 접촉된 후에 단자의 접촉이 불안정하여 다시 개방될 수 있다. 어떤 경우에는 스위치 접점의 닫힘과 열림 동작이 10 회 이상 계속되기도 하는데 그때마다 회로에 전류가 흘렀다 끊겼다를 반복한다. 접점의 불안정한 접촉은 회로동작에 문제를 일으킬 뿐만 아니라, 접점손상과 고주파 방사를 크게 증가시킨다.

4) 릴레이 대신에 전력용 전계효과 트랜지스터(FET)를 사용할 수도 있다.

7.7 유도성 부하(INDUCTIVE LOADS)

인덕턴스가 L인 인덕터 양단전압은 다음 식으로 주어진다.

$$V = L\left(\frac{di}{dt}\right) \tag{7-1}$$

위 식으로부터 전류가 갑자기 차단될 경우 큰 과도전압이 발생한다는 것을 알 수 있다. 전류 흐름이 갑자기 끊길 경우 전류 변화량 di/dt는 큰 음의 값을 가지게 되므로 이 결과 음의 방향으로 큰 과도전압, 즉 유도성 역전압(inductive kick)이 발생한다. 만약에 전류가 0초만에(즉, 순간적으로) 유한한 값에서 0으로 감소한다면 이론적으로는 유도전압이 무한대가 된다. 접점에서 발생하는 아크와 회로의 커패시턴스 때문에 실제로는 유도전압이 무한대가 되지 않는다. 그러나 유도전압이 매우 큰 값을 가질 수는 있다. 전류 변화율 di/dt를 최소화함으로써 높은 유도전압의 발생을 억제할 수 있다.

12 V 직류전원으로 동작하는 인덕터가 들어있는 회로에서 인덕터를 통해 흐르는 전류가 갑자기 차단되면 인덕터에 50~500 V의 유도전압이 발생하는 것이 드문 일이 아니다. <그림 7-5>는 인덕터 전류가 끊길 때 인덕터 양단에 유도되는 전압 파형을 보인 것이다. 인덕터에 유도되는 높은 전압은 스위치 접점에 상당한 손상을 초래하며 적절한 접점 보호회로를 사용하지 않을 경우 방사잡음과 전도잡음을 발생시킬 수 있다. 보호회로를 사용하지 않을 경우 인덕터에 저장된 대

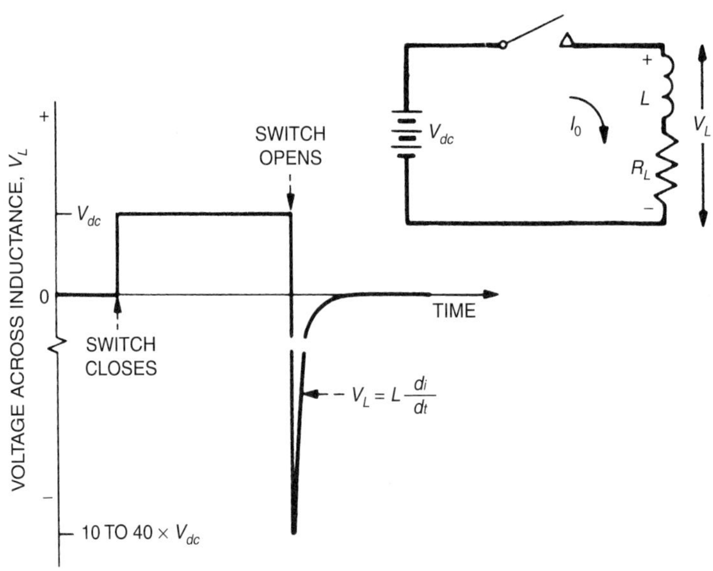

그림 7–5 스위치 개폐 시 유도성 부하 양단에 발생하는 전압

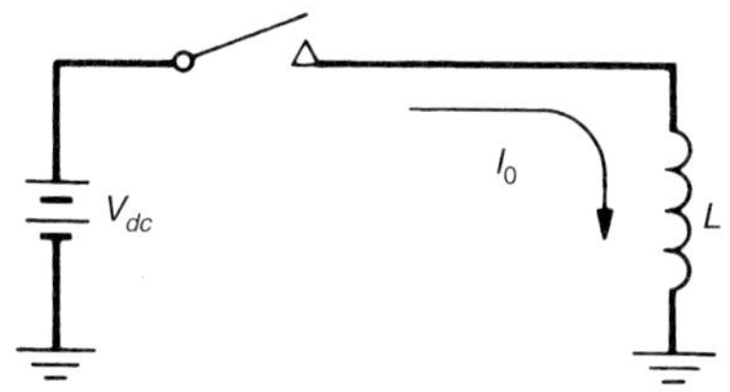

그림 7-6 스위치로 제어되는 유도성 부하. 스위치가 열리면 인덕터에 저장된 에너지가 대부분 스위치 접점에서 아크 형태로 소모됨

부분의 에너지는 아크가 발생하면서 소모되며 이로 인해 접점은 심하게 손상된다.

<그림 7-6>의 회로를 이용하여 유도성 부하에 의한 스위치 접점의 손상을 설명할 수 있다. 이 그림에서 인덕터는 스위치 단자를 통해 배터리에 연결된다. 여기서 인덕터의 저항은 무시할 정도로 작다고 가정한다. 실제로 저항이 작은 직류 모터는 이 조건을 만족한다. 정상상태 전류는 회로의 저항이 아니라 모터의 역기전력에 의해 제한된다. 이제 인덕터에 I_0의 전류가 흐를 때 스위치가 열린다고 하자. 인덕터의 자기장에 저장된 에너지는 $(1/2)\,LI_0^2$이다.

스위치가 열릴 때 인덕터의 자기장에 저장된 에너지는 어떻게 될까? 회로의 저항을 무시할 경우 인덕터에 저장된 에너지는 모두 접점에서 발생하는 아크의 형태로 소모되거나 방사될 것이다. 이 경우에 보호회로를 사용하지 않으면 스위치는 오래 가지 않을 것이다.

7.8 스위치 접점 보호의 기초 (CONTACT PROTECTION FUNDAMENTALS)

<그림 7-7>은 접점전압과 접점 사이 거리의 관계를 나타내는 그래프를 이용하여 접점의 파괴 조건을 표시한 것이다. 그림에는 글로우 방전이 시작되는 데 필요한 접점파괴전압이 표시되어 있는데 이 값은 글로우 방전이 유지되기 위해 필요한 최소 전압이기도 하다. 또한 아크방전이 발생하는 데 필요한 0.5 MV/cm의 전기장 세기와 최소 아크방전 유지전압(V_A)도 표시되어 있다. 이 그림에서 굵은 선으로 표시된 곡선은 글로우 방전이나 아크방전에 의해 스위치 접점의 절연파괴가 발생하기 위한 조건이다. 이 그래프의 아래 쪽 영역은 접점의 절연파괴가 발생하지 않는 영역이며 위쪽은 발생하는 영역이다. <그림 7-7>의 접점 파괴 조건을 거리 대신 시간에 따른 절연파괴전압의 그래프로 표현하면 더 유용하다. 접점이 움직이는(접점 간격이 멀어지는) 속도를 사용하면 거리를 시간으로 변환할 수 있다. 이 방법으로 시간의 함수로 접점의 절연파괴 특성을 나타낸 것이 <그림 7-8>의 그래프이다. 이 그림으로부터 접점의 절연파괴를 방지하기 위한 두 가지 요건을 다음과 같이 정리할 수 있다.

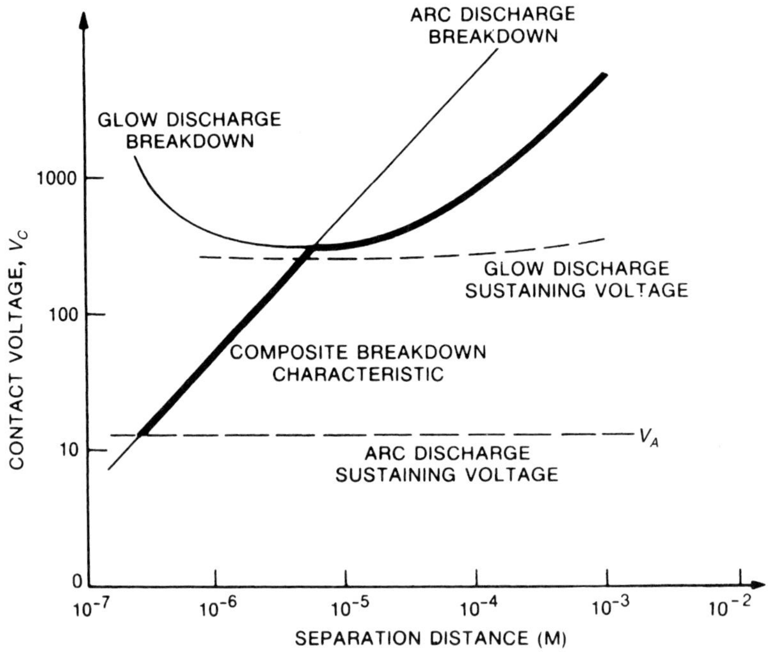

그림 7-7 스위치 접점 전압과 접점 사이의 거리에 따른 접점파괴 특성

1. 글로우 방전을 방지하기 위해 접점전압을 300 V 이하로 한다.
2. 아크방전을 방지하기 위해 시동 시 초기 접점 전압 증가율을 아크방전에 필요한 값 이하로 낮춘다(대부분의 접점에 대해서 1 V/μs 이하면 충분하다.).

현재 스위치가 사용되는 상황에서 접점의 절연파괴가 발생하는 것을 피할 수 없다면 절연파괴가 스스로 지속되는 것을 막아야 한다. 이를 위해 스위치에 흐르는 전류가 절연파괴를 유지하기 위한 값보다 항상 작아지도록 회로를 만들어주어야 한다.

어떤 특정한 경우에 접점의 절연파괴 발생 여부를 확인하기 위해서는 접점이 개방될 때 접점 양단에 걸리는 전압을 구해야 한다. 이를 구한 다음에는 <그림 7-8>의 그래프에서 절연파괴 조건과 비교한다. 접점전압이 <그림 7-8>의 굵은 선 그래프 보다 위쪽에 있다면 접점의 절연파괴가 발생할 것이다.

<그림 7-9>를 보면 스위치 *S*를 통해 배터리에 인덕터가 연결되어 있다. 절연파괴가 발생하지 않는 상태에서 개방되는 스위치 접점 양단에 걸리는 전압을 "회로의 가용전압(available circuit voltage)"이라 부른다. <그림 7-9>의 회로에 대한 가용전압을 <그림 7-10>에 나타내었다. 여기서 I_0는 스위치가 개방되는 순간 인덕터에 흐르는 전류이며 C는 회로 도선의 부유(stray) 커패시턴스이다. <그림 7-11>은 회로의 가용전압(<그림 7-10>)과 접점 절연파괴 특성(<그림 7-8>)을

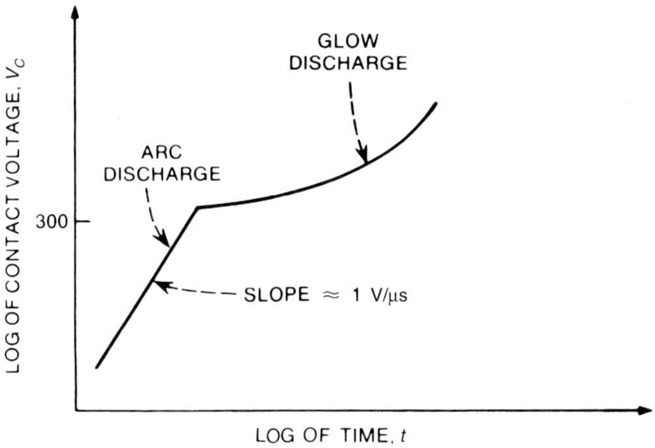

그림 7-8 시간에 따른 접점 파괴 특성

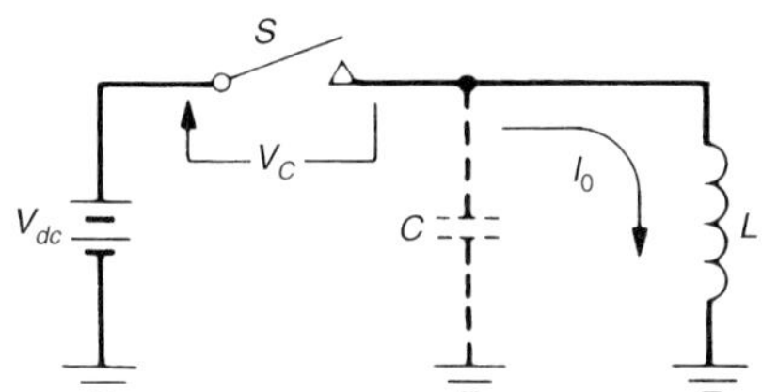

그림 7-9 유도성 부하를 제어하는 스위치. C는 회로 도선의 부유 커패시턴스이다

비교한 것이다. t_1부터 t_2까지의 구간에서 가용전압이 절연파괴 전압을 초과하므로 이 시간 동안 접점에서 절연파괴가 발생한다.

절연파괴가 발생한다는 것을 알았으므로 이제 <그림 7-9>에서 접점이 개방될 때 정확히 어떤 현상이 발생하는지 더욱 자세히 분석해본다. 스위치가 개방되더라도 인덕터의 자기장에 의해 전류 I_0는 갑자기 끊기지 않고 계속해서 흐르려고 한다. 이때 스위치를 통해서는 전류가 흐를 수 없으므로 대신에 부유 커패시터 C를 통하여 전류가 흐르게 된다. 이렇게 되면 C가 충전되므로 C의 전압은 <그림 7-12>와 같이 초기 증가율 I_0/C로 증가한다. C의 전압이 절연파괴 전압곡선을 초과하는 순간 스위치 접점 사이에 아크가 발생한다. 이때 가용전류가 아크방전 유지전류 I_A보다 작다면 C의 전압이 아크방전 유지전압 V_A 이하로 방전되는 시점에서 아크는 사라진다(멈춘다). 커패시터 C가 방전된 후에 회로의 전류는 다시 C를 충전하여 이로 인해 아크가 발생하고, 다시 C가 방전되고 다시 아크가 발생하는 이 과정은 C의 전압이 글로우 방전 개시전압을 초과할 때(<그림 7-12>에서 A점)까지 되풀이 된다. 글로우 방전을 유지하는 데에 필요한 전류가 공급되

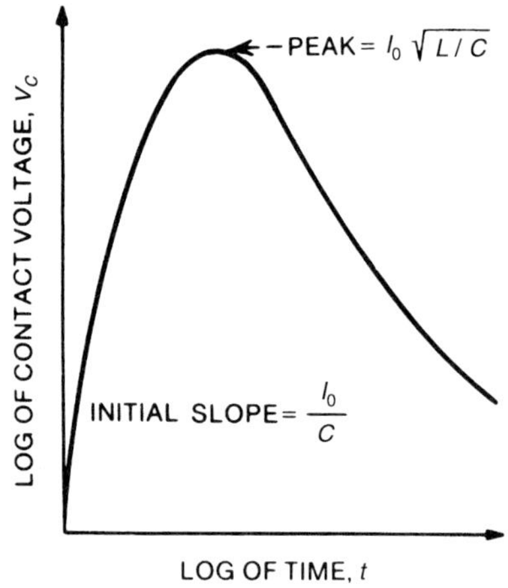

그림 7-10 <그림 7-9> 회로에서 단자 절연파괴가 발생하지 않는 상태에서 개방되는 스위치 접점 양단에 발생하는 가용 회로전압

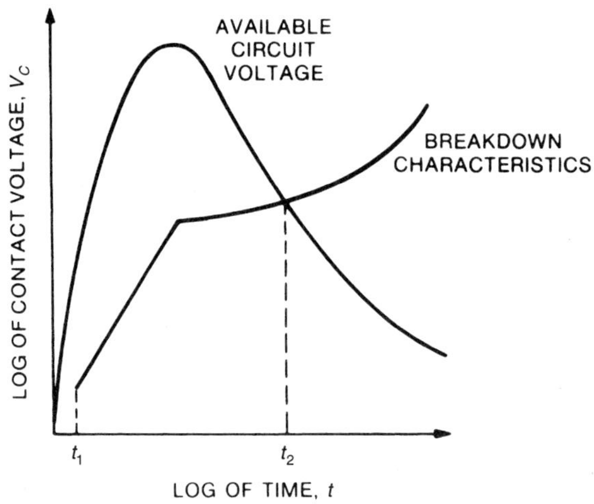

그림 7-11 <그림 7-9> 회로에서 가용 회로전압과 접점 절연파괴 전압의 비교

지 않으면 C의 전압이 글로우 방전 유지전압 V_G 이하로 떨어지면서 글로우가 멈춘다.[5)] C의 충전 → 글로우 방전 → C의 충전 → 글로우 방전 과정은 회로의 가용전압이 글로우 방전 유지전압 V_G 이하로 감소되는 t_2까지 지속된다.

위에서 만약에 회로의 가용전류가 아크방전 유지전류 I_A를 초과할 때는 안정적인 아크 방전

5) 충분한 전류가 이제 공급이 되면 글로우 방전에 의해 아크가 발생하면서 전압은 V_G 가 아닌 V_A까지 떨어진다. 그런데 V_A같이 낮은 전압에서는 보통 아크를 유지하는 데 필요한 전류가 흐를 수 없으므로 이 시점에서는 아크가 소멸한다.

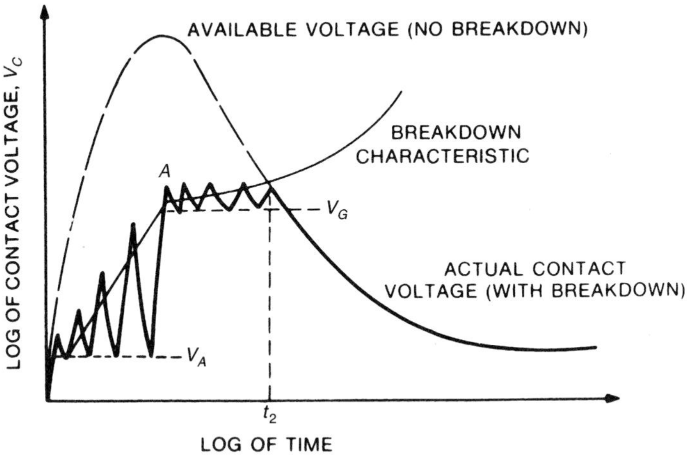

그림 7-12 <그림 7-9> 회로에서 전류가 연속적인 글로우 방전을 유지하기에 부족한 경우의 실제 스위치 접점 전압

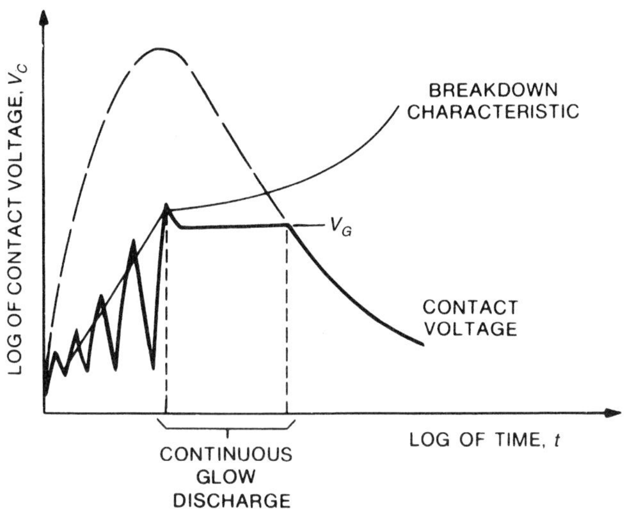

그림 7-13 <그림 7-9> 회로에서 전류가 연속적인 글로우 방전을 유지하기에 충분한 경우의 스위치 접점전압

이 개시되어 회로의 가용전압이나 전류가 글로우 방전 유지전압이나 전류 이하로 떨어질 때까지 지속된다. <그림 7-13>은 글로우 방전을 유지하기에는 충분하지만 아크방전을 유지하기에는 부족한 전류가 스위치 접점에 흐르는 경우의 스위치 접점의 전압파형이다.

부유 커패시턴스 C가 충분히 크거나 인덕터와 병렬로 커패시터가 연결된 경우, 접점 전압의 피크값과 초기 증가율이 감소하여 아크방전이 발생하지 않는다. 이 경우의 스위치 접점전압 파형을 <그림 7-14>에 나타내었다. 그렇지만 이런 식으로 커패시터를 사용하면 커패시터 충전전류

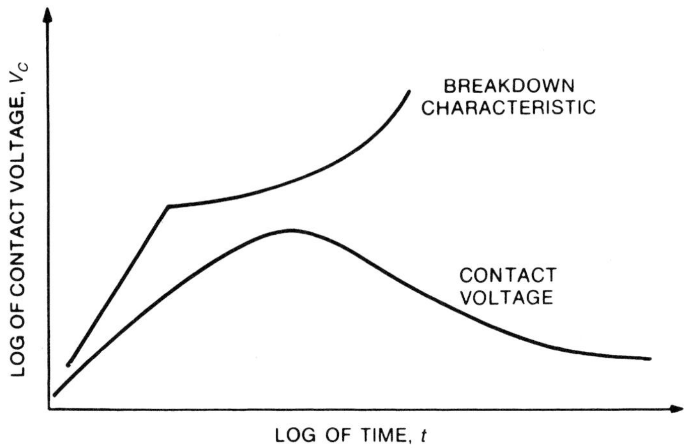

그림 7-14 <그림 7-9> 회로에서 커패시턴스가 충분히 커서 절연파괴가 발생하지 않는 경우의 스위치 접점 전압

가 커져서 접점이 닫힐 때 접점의 손상이 초래된다.

스위치 열릴 때 <그림 7-9>의 공진회로에서 발생하는 발진은 인접한 장비에 고주파 간섭을 일으킬 수 있다. 충분한 크기의 저항과 커패시턴스를 추가하여 회로의 감쇠를 크게 하면(over-damping, 과감쇠) 발진을 피할 수 있다. 발진이 일어나지 않는 조건은 7.10.2절의 식 (7-6)으로 주어진다.

7.9 유도성 부하에서 과도현상의 억제 (TRANSIENT SUPPRESSION FOR INDUCTIVE LOADS)

유도성 부하를 제어하는 스위치 접점을 보호하고 방사성잡음과 전도성잡음을 최소화하기 위해서는 접점 보호회로를 인덕터 부하 양단, 스위치 접점 또는 두 곳 모두에 연결한다. 인덕터 부하 또는 스위치 중 어느 곳에 보호회로를 연결해도 똑같은 효과를 얻는 경우도 있다. 대형 회로에서는 부하를 제어하는 데 여러 개의 접점이 사용된다. 따라서 각 개별접점마다 보호회로를 연결하는 것보다는 부하에 보호회로를 연결하는 것이 더 경제적이다.

상황이 심각한 경우에는 인덕터 부하와 스위치 접점 모두에 보호회로를 연결하여 간섭을 줄이고 접점을 보호할 필요가 있다. 경우에 따라서는 접점 보호회로의 사용이 회로의 동작 요건으로 인해 제한을 받을 수 있다. 예를 들어, 릴레이 코일에 병렬로 연결된 보호회로에 의해 릴레이의 개방시간(복구시간, release time)이 증가한다. 이 경우에는 회로의 동작상의 요건과 릴레이를 제어하는 접점 보호 요건을 적절한 수준에서 동시에 만족시키는 절충안을 적용한다.

잡음제거 측면에서는 잡음원–이 경우에는 인덕터–양단에 발생하는 과도전압을 최대한으로 억제하는 것이 바람직하다. 이렇게 하면 대부분의 경우에 스위치 접점이 잘 보호된다. 그렇지 않은 경우에는 접점양단에 추가로 보호대책을 세워주어야 한다.

접점 보호회로 부품값의 정확한 계산은 어려운 작업이다. 이를 위해서 연결도선의 인덕턴스와 커패시턴스 및 접점 개방속도 등 쉽게 알 수 없는 변수값이 요구된다. 아래에 제시된 간단한 설계공식을 이용하여 보호회로의 초기 설계값을 얻을 수 있으며, 대부분의 경우 초기 설계만으로도 만족할 만한 결과를 얻을 수 있다. 그렇지만 실제 동작조건에서 설계한 보호회로의 성능을 실험적으로 확인해야 한다.

접점 보호회로를 다음의 두 가지로 나눌 수 있다: 인덕터 부하양단에 연결하는 보호회로와 스위치 접점양단에 연결하는 보호회로. 그렇지만 보호회로 중에는 인덕터 부하와 스위치 접점 중 어떤 곳에든 연결하여 사용할 수 있는 것들도 있다.

<그림 7-15>는 릴레이 코일과 같이 인덕턴스를 갖는 부하 양단에 연결되어, 전류가 끊길 때 발생하는 과도전압을 감소시킬 목적으로 널리 사용되는 여섯 가지의 보호회로를 보인 것이다. <그림 7-15A>는 인덕터 양단에 저항 R을 연결한 보호회로이다. 스위치가 개방되면 접점이 열리기 전에 인덕터에 흐르던 전류가 저항 R로 흐르게 된다. 이 경우 과도전압의 피크값은 저항 R의 값에 따라 증가하지만 그 크기는 정상상태 전류에 저항값 R을 곱한 값으로 제한된다. 저항 R이 부하저항 R_L과 같을 경우 과도전압은 전원전압의 크기로 제한된다. 이 경우 스위치 접점 양단전압은 전원전압에 유도전압을 합한 값이므로 전원전압의 2 배가 된다. 이 회로에서는 부하에 에너지가 공급되는 경우에는 저항 R에도 항상 전류가 흐르므로 보호회로 소자인 저항 R에서 전력이 소모된다. R이 부하저항 R_L과 같은 경우에는 R에서 소모되는 정상상태 전력은 부하전력과 같다.

<그림 7-15B>는 또 다른 구조의 보호회로로서 배리스터(전압제어 저항) V가 인덕터 양단에 연결되어 있다. 배리스터 양단전압이 작을 경우에는 배리스터의 저항이 크지만 전압이 커지면 저항이 작아진다. 정상상태에서 보호회로의 전력소모가 크게 감소된다는 점을 제외하면 이 회로는 <그림 7-15A>와 같은 원리로 동작한다.

이들 보다 우수한 보호회로는 <그림 7-15C>이다. 이 구조에서는 직렬로 연결된 저항 R과 커패시터 C가 인덕터 양단에 연결된다. 스위치가 닫혀 인덕터에 전류가 흐르는 동안에는 커패시터 C 양단의 전압이 전원전압과 같은 값으로 충전되어 보호회로에서는 전력이 소모되지 않는다. 스위치가 개방되는 순간, 커패시터는 단락(short) 회로처럼 동작하므로(즉 단락된 것으로 볼 수 있으므로) 인덕터의 전류는 저항 R로 흘러서 소모된다. 저항 R과 커패시터 C의 값은 7.10.2절의 $R-C$ 회로설계 방법으로 계산할 수 있다.

<그림 7-15D>는 인덕터 양단에 다이오드 D를 연결한 회로이다. 스위치가 닫힌 상태에서는 다이오드에 전류가 흐르지 않도록 다이오드의 연결방향(극성)을 설정한다. 스위치접점이 열리면 인덕터 양단에는 전원전압과 극성이 반대이며 크기는 더 큰 전압이 유도된다. 이 역전압은 다이오드를 순방향으로 도통되게 하므로 인덕터 양단의 과도전압은 아주 작은 값으로 제한되는데

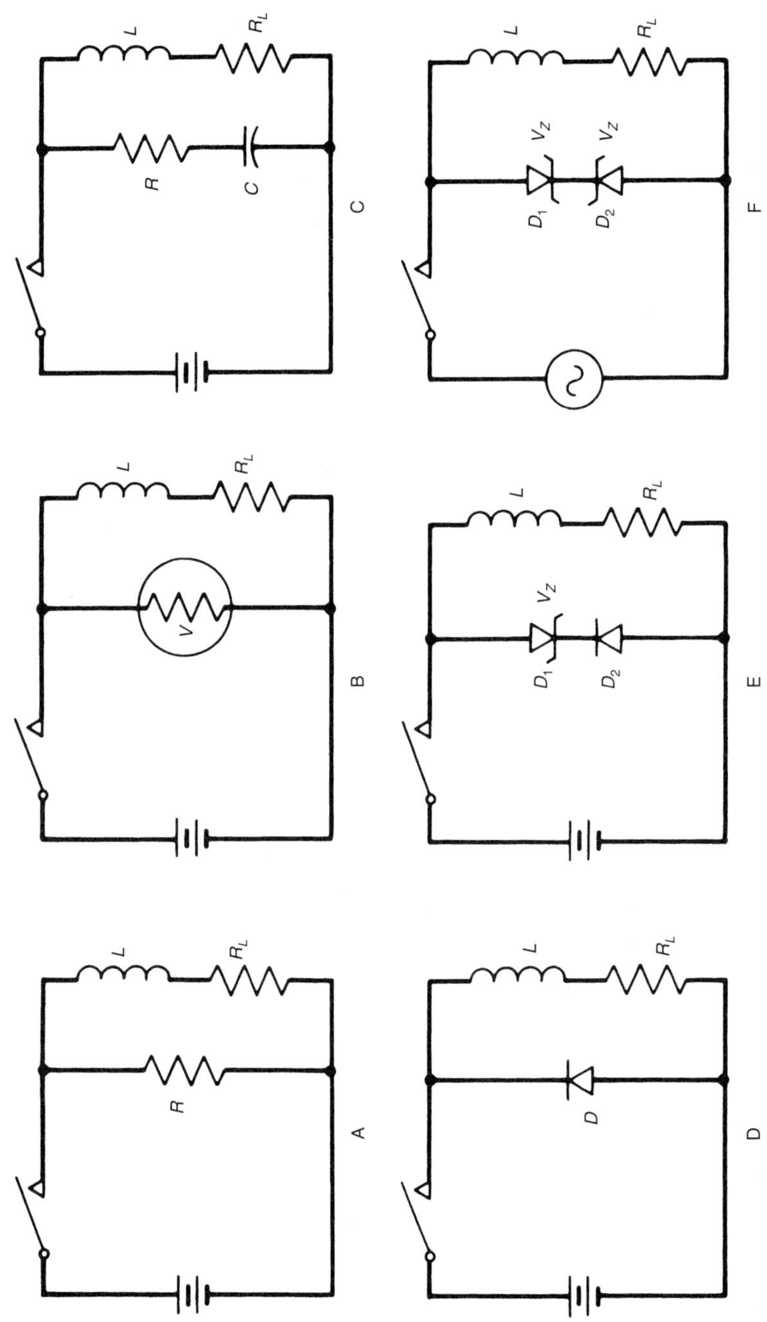

그림 7–15 전류가 차단될 때 인덕터에서 발생하는 유도성 역전압을 최소화하기 위해 부하 양단에 연결하는 보호회로

그 크기는 다이오드의 순방향 전압강하에 다이오드 저항에 의한 *IR* 전압강하를 더한 값과 같다. 따라서 개방된 스위치 접점 양단전압은 전원전압과 거의 같다. 이 회로는 과도전압을 억제하는 데에 매우 효과적이다. 그러나 인덕터 전류의 감쇠시간이 앞의 회로보다 훨씬 길므로 회로의 동작에 문제를 일으킬 수도 있다.

예를 들어 부하가 릴레이일 경우 접점의 개방속도가 감소한다(즉 복구시간이 증가한다). 다이오드에 작은 저항을 직렬로 연결하면 릴레이의 복구시간을 감소시킬 수 있지만 그 대신 과도전압의 크기가 더 증가한다. 다이오드의 역방향 전압정격은 전원전압의 최댓값보다 커야 한다. 다이오드의 순방향 전류정격은 부하 전류의 최댓값보다 커야 한다. 스위치가 어쩌다 한 번씩 작동하는 경우에는 다이오드의 피크 전류 정격을 고려한다. 스위치가 1 분당 여러 번 작동하는 경우에는 다이오드의 연속 전류정격을 고려해야 한다.

<그림 7-15E>처럼 정류 다이오드 D_2와 직렬로 제너 다이오드 D_1을 연결하면 인덕터 전류가 더 빨리 감쇠된다. 이 회로는 앞의 정류 다이오드만 사용한 경우보다는 성능이 떨어지며 부품이 하나 더 들어간다는 단점을 가진다. 이 회로에서 스위치 개방 시 개방된 접점 양단전압은 제너 다이오드 전압과 전원전압의 합과 같다.

<그림 7-15D/E>의 회로는 다이오드를 포함하기 때문에 교류회로에서 스위치 접점 보호용으로 사용할 수 없다. 교류회로나 + 직류전원과 − 직류전원을 함께 사용하는 회로에는 <그림 7-15A/B/C>의 회로를 사용하거나 <그림 7-15F>처럼 두 개의 제너 다이오드 D_1, D_2를 서로 극성을 반대로 하여 직렬로 연결하여 사용한다. 이 경우 각 제너 다이오드의 항복전압정격은 교류 전원전압의 피크값보다 커야 하며 전류정격은 최대 부하전류보다 커야 한다.

7.10 유도성 부하용 스위치 접점 보호회로 (CONTACT PROTECTION NETWORKS FOR INDUCTIVE LOADS)

7.10.1 *C* 회로(*C* Network)

<그림 7-16>은 유도성 부하용 스위치 접점양단에 연결하는 보호회로의 세 가지 예를 보인 것이다. 직류전류를 차단할 때 발생하는 아크를 억제하는 가장 간단한 방법은 <그림 7-16A>와 같이 접점양단에 커패시터를 연결하는 것이다. 커패시턴스가 충분히 큰 경우 스위치가 열릴 때 부하전류는 커패시터로 흐르게 되어 아크가 발생하지 않는다. 하지만 이때 커패시터는 직류전원 전압 V_{dc}로 충전된다. 그러고 나서 스위치가 닫힐 때 커패시터는 접점을 통해 방전하는데, 이때 흐르는 전류는 도선의 기생저항성분과 접점의 기생저항성분에 의해서만 제한된다.

커패시터의 커패시턴스와 전원전압이 클수록 커패시터에 에너지가 많이 저장되므로 접점이 닫힐 때 아크에 의한 접점 손상이 커진다. 스위치가 닫힐 때 짧은 시간동안 여러 번의 개폐가 발

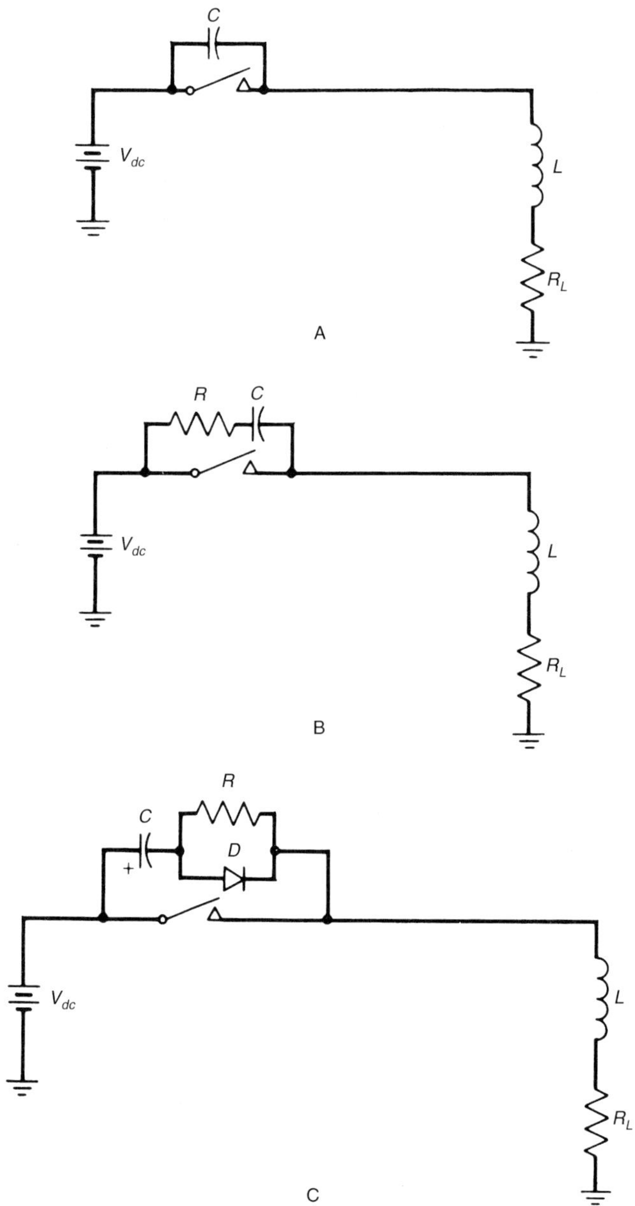

그림 7-16 유도성 부하용 스위치에 연결하는 접점 보호회로

생하는 바운싱, 즉 채터링이 발생하면 접점이 개폐되는 횟수가 증가하여 추가적인 단자 손상이 발생한다. 이와 같은 이유로 커패시터를 이용한 스위치 단자 보호는 일반적으로 권장되지 않는다. 이 회로를 사용하는 경우에는 다음 절에서 설명하는 방법으로 커패시턴스 값을 결정한다.

7.10.2 *R–C* 회로(*R – C* Network)

<그림 7-16B>의 회로는 <그림 7-16A> 회로의 단점을 보완한 것으로, 커패시터와 직렬로 R을 달아주어 접점이 닫힐 때 흐르는 커패시터의 방전전류를 제한한다. 접점이 닫힐 때는 방전전류를 제한하기 위해 저항값이 클수록 좋지만, 접점이 열릴 때는 저항 값이 되도록 작아야 아크를 방지하는 커패시터의 효과를 떨어뜨리지 않는다. 따라서 이 두 상충되는 요구 조건을 절충하는 저항 R값을 선택해야 한다.

R의 최솟값은 접점이 닫힐 때의 조건에 의해 결정된다. 즉 커패시터의 방전전류가 접점의 아크방전 유지전류 I_A[6] 이하가 되도록 R을 정한다. R의 최댓값은 접점이 열릴 때의 조건을 고려하여 결정한다. 접점이 개방될 때 접점양단의 초기전압은 $I_0 R$과 같다. 여기서 I_0는 접점이 열리는 순간 인덕터에 흐르는 전류이다. R값이 부하저항값과 같으면 접점이 열린 순간 접점양단의 전압은 전원전압과 같다. 따라서 R의 범위를 다음과 같이 쓸 수 있다.

$$\frac{V_{dc}}{I_a} < R < R_L \tag{7-2}$$

여기서 R_L은 부하저항이다.

커패시턴스 C의 값은 다음 두 요건을 충족하도록 선택한다. (1) 접점 양단전압의 최댓값은 글로우 방전을막을 수 있도록 300 V를 초과해서는 안 된다. (2) 아크방전을 방지하기 위해 접점 양단전압의 초기 증가율은 1 V/μs를 초과해서는 안 된다. 이 중 두 번째 조건은 부하전류가 최소 1 μF/A 이상이면 만족된다.

커패시터 양단의 피크전압은 회로의 저항을 무시하고 유도성 부하에 저장된 에너지가 모두 커패시터로 전달된다고 가정하여 다음과 같이 계산할 수 있다.

$$V_{C(peak)} = I_0\sqrt{\frac{L}{C}} \tag{7-3}$$

여기서 I_0는 단자 개방 시 부하 인덕터에 흐르는 전류이다. 커패시턴스 C의 값은 $V_{C(\text{peak})}$가 300 V를 초과하지 않도록 항상 다음과 같은 조건을 만족해야 한다.

$$C \ge \left(\frac{I_0}{300}\right)^2 L \tag{7-4}$$

6) 방전전류가 0.1 I_A가 되도록 하는 것이 가장 좋다. 그렇지만, 접점이 열릴 때 아크방전을 방지하려면 R을 되도록 작게 해야 하므로 R–C 회로에서는 이 조건을 적용하기 어렵다.

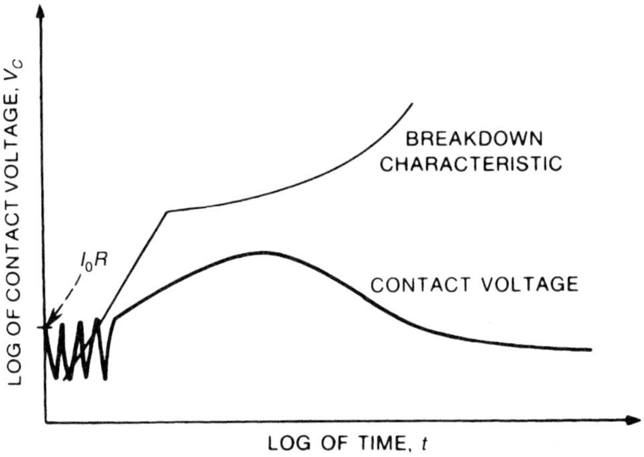

그림 7-17 *R–C* 보호회로가 있는 스위치의 접점이 개방될 때, 접점 양단에 발생하는 전압

또한 접점전압의 증가율을 1 V/μs 이하로 제한하기 위해 커패시턴스 C는 다음 조건을 만족해야 한다.

$$C \geq I_0 \times 10^{-6} \tag{7-5}$$

어떤 경우에는 부하 인덕터와 커패시터 C로 구성되는 공진회로가 발진하지 않는 것(과감쇠)이 바람직하다. 발진이 일어나지 않을 조건은

$$C \geq \frac{4L}{R_1^2} \tag{7-6}$$

이다. 여기서 R_1은 L–C 회로와 직렬로 연결된 총 저항이다. <그림 7-16B> 회로의 경우 $R_1 = R_L + R$이다. 그렇지만 비발진 조건은 큰 값의 커패시턴스를 요구하므로 적용하지 않는 경우가 많다.

<그림 7-16B>의 *R–C* 보호회로는 비용이 싸고 소형이므로 가장 널리 사용된다. 또한 이 회로는 부하의 복구시간(release time)에 영향을 적게 준다. 그러나 *R–C* 회로가 100% 효과적인 것은 아니다. 저항으로 인해 접점이 열리는 순간에 크기가 I_0R인 전압이 접점 양단에 발생하므로 아크가 생길 수 있다. <그림 7-17>은 적절한 *R–C* 보호회로가 연결된 스위치가 개방될 때 접점 양단에 발생하는 전압을 나타낸 것으로, 비교를 위해 접점절연파괴특성도 함께 표시하였다. 그림을 보면 접점 양단의 순간적인 전압증가에 의해 초반에 아크가 발생하는 것을 알 수 있다.

7.10.3 *R–C–D* 회로(*R–C–D* Network)

<그림 7-16C>는 <그림 7-16A>와 <그림 7-16B> 회로의 단점을 보완한 것으로 비용은 더 많이 든다. 스위치가 개방되면 커패시터 C는 그림에 표시된 극성으로 전원전압의 값까지 충전된다.

스위치가 닫히면 커패시터는 전류 제한용 저항 R – 스위치 – 커패시터로 이루어진 회로루프를 통해 방전한다. 단자가 닫힌 상태에 있다가 열리는 순간 다이오드 D는 도통되어 저항을 단락시키므로 부하전류는 아주 짧은시간 동안 커패시터와 다이오드를 통과하여 흐르게 한다.

다이오드의 순간 피크 전류정격은 최대 부하전류보다 커야 하며 다이오드의 역방향 항복전압은 전원전압보다 커야 한다. 커패시터의 값은 R-C 회로의 경우와 동일하게 선정한다. 접점 개방 시 다이오드가 저항을 단락시키므로 저항값에 대해서는 절충안을 해줄 필요가 없다. 저항값은 접점이 닫힐 때 흐르는 전류가 아크발생 전류의 1/10 이하가 되도록 선정한다. 즉,

$$R \geq \frac{10V_{dc}}{I_A} \tag{7-7}$$

R–C–D 회로는 가장좋은 접점 보호 성능을 발휘한다. 그러나 다른 회로에 비해 비용이 많이 들고 교류 회로에는 적용할 수 없다.

7.11 트랜지스터 스위치에 의해 제어되는 유도성 부하 (INDUCTIVE LOADS CONTROLLED BY A TRANSISTOR SWITCH)

트랜지스터 스위치에 의해 유도성 부하를 제어하는 경우, 전류가 차단될 때 인덕터에 의해 발생되는 과도전압이 트랜지스터의 항복전압(breakdown voltage)을 초과하지 않도록 주의해야 한다. 가장 효과적이고 널리 사용되는 방법은 <그림 7-18>과 같이 인덕터 양단에 다이오드를 연결하는 것이다. 이 회로에서 트랜지스터가 인덕터에 흐르는 전류를 차단할 때 트랜지스터의 컬렉터 전압을 $+V$로 제한함으로써 트랜지스터에 걸리는 전압이 $+V$를 초과하지 않도록 한다. <그림 7-15>의 다양한 회로들도 트랜지스터 스위치와 함께 사용할 수 있다. 트랜지스터 컬렉터

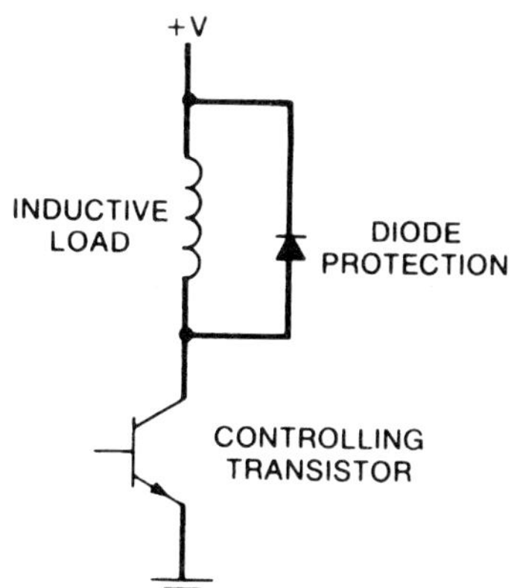

그림 7-18 유도성 부하를 제어하는 트랜지스터를 보호하기 위해 사용된 다이오드

와 이미터 사이에 제너 다이오드를 병렬로 연결하는 것도 흔히 사용되는 방법이다. 어떤 회로를 사용하든지 트랜지스터에 걸리는 전압을 트랜지스터의 항복전압정격보다 작게 하여야 한다.

<그림 7-18>의 회로에서는 인덕터와 다이오드로 이루어진 루프에 매우 큰 과도전류가 흐른다. 따라서 과도전류에 의한 전자파 방사를 제한하기 위해 이 루프의 면적을 최소화해야 한다. 이를 위해 다이오드는 인덕터에 되도록 가깝게 설치해야 가깝게 설치해야 한다. 이 조건은 보호용 다이오드가 릴레이 구동 IC에 내장되어 있을 경우에 특히 중요하다; 이 조건을 고려하지 않으면 인덕터와 다이오드로 이루어진 루프의 면적이 커지게 된다.

7.12 저항 부하를 제어하는 스위치 접점의 보호 (RESISTIVE LOAD CONTACT PROTECTION)

300 V 이하의 전원전압에 의해 동작되는 저항성 부하의 경우 글로우 방전이 일어나지 않으므로 글로우 방전은 걱정하지 않아도 된다. 전원전압이 최소 아크 유지전압 V_A(약 12 V)보다 클 경우, 스위치가 열리거나 닫힐 때 아크방전이 발생된다. 일단 발생된 후에는 아크방전의 지속 여부는 부하전류의 크기에 달려 있다.

부하전류가 최소 아크 유지전류 I_A보다 작을 경우, 아크는 최초 발생 후 신속하게 소멸된다. 이 경우 접점의 손상은 경미한 수준이며 일반적으로 접점 보호회로를 사용하지 않아도 된다. 회로의 기생 커패시턴스 또는 단자의 바운싱(bouncing)으로 인해 아크의 발생과 소멸은 여러 번 반복된다. 이 경우 고주파 방사가 발생할 수 있으므로 이를 억제하기 위한 보호회로가 필요하다.

부하전류가 최소 아크 유지전류 I_A보다 클 경우, 계속해서 아크가 발생되므로 접점에 상당한 손상을 초래한다. 부하전류가 저항성 부하에 대한 접점의 전류 정격값보다 작고 접점의 정격동작 횟수가 충분한 경우에는 접점보호를 하지 않아도 된다.

저항성 부하에 대해 접점보호가 필요하다면 어떤 형태의 회로를 사용해야 하는가? 저항성 부하의 경우 접점이 열리거나 닫힐 때 발생하는 최대전압은 전원전압과 같다. 따라서 전원전압이 300 V 이하일 경우 접점 보호회로는 고전압 방지기능을 갖지 않아도 된다. 이 경우 보호회로가 갖추어야 할 기능은 아크방전의 발생을 억제하기 위해 단자전압의 초기 증가율을 제한하는 것이다. 이렇게 하는 데 <그림 7-16C>의 R–C–D 회로가 가장 적합하다.

7.13 접점 보호회로 선정 지침 (CONTACT PROTECTION SELECTION GUIDE)

여러 가지 부하에 대한 접점 보호회로의 종류를 결정할 때 다음의 선정 지침을 사용한다.

1. 아크 유지전류 이하의 전류가 흐르는 비유도성 부하의 경우, 접점보호회로가 필요 없다.
2. 아크 유지전류 이하의 전류가 흐르는 유도성 부하의 경우, *R*–*C* 회로 또는 다이오드 회로를 사용해야 한다.
3. 아크 유지전류 이상의 전류가 흐르는 유도성 부하의 경우 *R*–*C*–*D* 회로 또는 다이오드 회로를 사용해야 한다.
4. 아크 유지전류 이상의 전류가 흐르는 비유도성 부하의 경우 *R*–*C*–*D* 회로를 사용해야 한다. 전원전압이 300 V 이하인 경우 식 (7-4)의 조건이 만족되지 않아도 된다.

7.14 접점 보호회로 사례(EXAMPLES)

몇 가지 예제를 풀어보면서 접점보호회로를 선정하고 설계하는 방법을 알아보자.

예제 7.1

150 Ω, 0.2 H의 릴레이 코일이 은으로 만들어진 스위치 접점을 통해 12 V 직류전원에 연결되어 동작한다. 이 경우 릴레이 양단에 연결할 접점 보호회로를 설계하라.

부하에 흐르는 정상전류(직류전류)는 80mA로 이는 은으로 된 접점의 아크 유지전류보다 작다. 따라서 *R*–*C* 회로 또는 다이오드 회로가 적합하다. 단자전압 증가율을 1 V/μs 이하가 되게 하려면 식 (7-5)로부터 보호회로의 커패시턴스는 0.08 μF보다 커야 한다. 단자 개방 시 단자전압을 300 V 이하로 하려면 식 (7-4)로부터 커패시턴스는 0.014 μF보다 커야 한다. 식 (7-2)로부터 저항은 30 Ω에서 150 Ω 사이의 값을 가져야 한다. 따라서 적절한 보호회로는 0.1 μF와 100 Ω을 직렬로 연결한 후 이를 스위치 접점 또는 부하양단에 연결하는 것이다.

예제 7.2

어떤 자기 제동기(magnetic brake)가 1 H의 인덕턴스와 53 Ω 저항을 가지고 있다. 이 제동기는 은으로 된 접점을 가진 스위치를 통해 48 V 직류전원에 연결되어 동작된다. 릴레이 양단에 연결할 접점보호회로를 설계하라.

R–*C* 접점 보호회로를 사용할 경우 저항은 식 (7-2)로부터 $120 < R < 53$을 만족해야 한다. 그러나 이것은 실현 불가능하므로 *R*–*C*–*D* 회로와 같이 더 복잡한 보호회로를 사용해

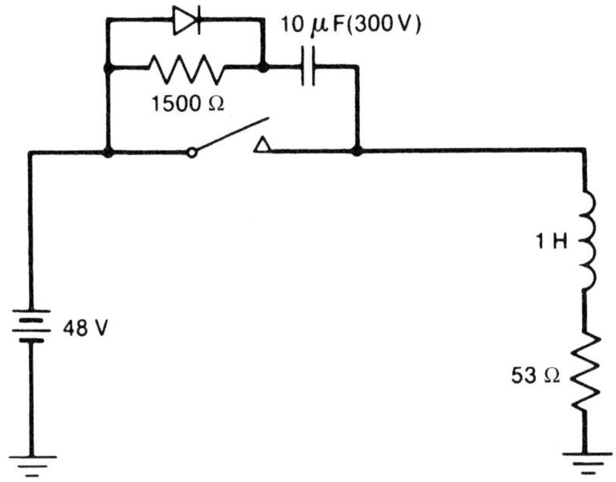

그림 7-19 <예제 7-2>의 접점 보호회로

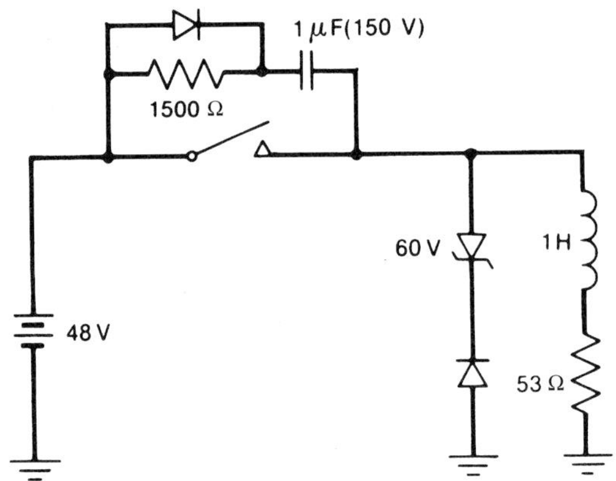

그림 7-20 <예제 7-2>의 또 다른 접점 보호회로. 이 회로에는 사이즈(크기)가 작은 커패시터가 사용됨

야 한다. 식 (7-7)로부터 *R*–*C*–*D* 회로에서 저항은 1200 Ω 이상이어야 한다. 정상상태에서 제동기에 흐르는 직류전류는 0.9 A이다. 따라서 식 (7-5)로부터 스위치 개방 시 접점전압 증가율을 적절하게 제한하기 위해 커패시턴스를 0.9 μF보다 크게 해야 한다. 또한 식 (7-4)로부터 커패시턴스는 9 μF보다 커야 한다. 이상의 결과를 종합해서 <그림 7-19>와 같이 300 V 정격의 10 μF 커패시터, 1500 Ω의 저항, 다이오드로 구성된 보호회로를 선정할 수 있다.

여기서 10 μF, 300 V 커패시터는 당연히 사이즈가 매우 클 수밖에 없다. 사이즈가 큰 커패시터의 사용을 피하기 위해 다음의 대안을 선택할 수 있다. 60 V 제너 다이오드와 정류다이오드의 직렬회로를 부하양단에 연결하면 부하에서의 최대 과도전압을 60 V로 제한할 수 있다. 스위치 개방 시 접점에 걸리는 최대전압은 제너전압과 전원전압의 합인 108 V가 된다. 이렇게 접점양단전압이 다이오드에 의해 이미 108V로 제한되기 때문에 보호회로의 커패시터는 접점의 최대 전압을 300 V 이하로 제한해줄 필요가 없다 이제 커패시터가 만족해야 할 조건은 식 (7-5) 밖에 없다. 따라서 <그림 7-20>과 같이 1 μF, 150 V 커패시터를 사용해도 되므로 사이즈가 큰 10 μF, 300 V 커패시터를 사용할 필요가 없다.

요약 SUMMARY

- 스위치 접점에서는 두 가지 형태의 절연파괴가 중요하다: 글로우(기체) 방전, 아크(금속 증기) 방전
- 아크방전은 스위치 접점에 사용된 금속재료의 함수이다.
- 글로우 방전은 접점 사이에 존재하는 기체의 함수이다.
- 아크방전은 저전압과 고전류에서 발생한다.
- 글로우 방전은 고전압과 저전류에서 발생한다.
- 글로우 방전을 방지하려면 단자전압을 300 V 이하로 유지해야 한다.
- 아크방전을 방지하려면 단자전압 초기 증가율을 1 V/μs 이하로 유지해야 한다.
- 부하가 램프, 모터, 커패시터인 경우에는 스위치가 닫힐 때 매우 큰 돌입전류(inrush current)가 흐르게 되어 접점이 손상된다.
- 유도성 부하의 경우에는 전류차단시 고전압이 발생하여 스위치 접점이 손상된다.
- *R–C* 회로는 접점 보호회로용으로 가장 널리 사용된다.
- R-C-D 회로 또는 다이오드를 한 개만 사용한 회로는 가장 효과적인 접점 보호회로이다.
- 접점 보호회로가 릴레이의 개방속도(복구시간)에 미치는 영향을 고려해야 한다.
- 인덕터 양단에 다이오드를 달아주면 매우 효과적으로 과도 전압을 억제할 수 있다; 그렇지만 다이오드에 의해 인덕터 전류가 감소하지 않게 되므로 회로의 동작에 문제를 일으킬 수 있다.

연습문제 PROBLEMS

7.1 글로우 방전과 아크방전 중 어떤 것을 막기가 더 어려운가? 또 그 이유는 무엇인가?

7.2 1 H, 400 Ω 릴레이 코일이 30 V 전원전압으로 동작한다. 릴레이를 제어하는 스위치의 접점은 백금으로 되어있다. 이 회로의 접점보호를 위한 *R–C* 회로를 설계하라.

7.3 <그림 7-15E>의 제너 다이오드를 이용한 접점 보호회로에서 접점이 닫힐 때와 열릴 때 발생하는, 다음 전압의 파형을 그려라. 단 접점절연파괴는 발생하지 않는다고 가정한다.

a. 부하 양단전압(V_L)

b. 부하 전류(I_L)

c. 접점 양단전압(V_c)

7.4 a. 접점이 은으로 된 기계적 스위치로 권선저항이 240 Ω, 권선인덕턴스가 10 mH인 24 V 릴레이를 제어하려고 한다. 스위치 접점을 보호하기 위한 *R–C* 회로의 저항과 커패시턴스 값을 구하라.

b. 접점보호회로에 100 Ω 저항을 사용하는 경우, 보호회로가 발진하지 않기 위한(과제동) 커패시턴스 값은?

7.5 <문제 7.4a>의 접점을 보호하기 위해 <그림 7-16C>의 *R–C–D* 회로를 사용할 경우, *R*과 *C*의 적절한 값과 다이오드 *D*의 특성을 구하라.

참고문헌 REFERENCES

Relay and Switch Industry Association(RSIA). *Engineers' Relay Handbook*, 6th ed., Arlington, VA. 2006.

심층자료 FURTHER READING

Auger, R. W. and Puerschner, K. *The Relay Guide*, New York, Reinhold, 1960.

Bell Laboratories. *Physical Design of Electronics Systems*, Vol. 3: Integrated Device and Connection Technology, Chapter 9(Performance Principles of Switching Contacts), Englewood Cliffs, N.J., Prentice-Hall, 1971.

Dewey, R. "Everyone Knows that Inductive Loads Can Greatly Shorten Contact Life," *EDN*, April 5, 1973.

Duell, J. P. Jr. "Get Better Price/Performance from Electrical Contacts," *EDN*, June 5, 1973.

Holm, R. *Electrical Contacts*. 4th ed. Berlin, Germany, Springer-Verlag, 1967.

Howell, K. E. "How Switches Produce Electrical Noise," *IEEE Transactions on Electromagnetic Compatibility*, vol. EMC-21, no. 3, August, 1979.

Oliver, F. J. *Practical Relay Circuits*. New York, Hayden Book Co., 1971.

Penning, F. M. *Electrical Discharge in Gases*. New York, Philips Technical Library, 1957.

Chapter 8

고유 잡음원

Intrinsic Noise Sources

외부로부터 유입되는 모든 잡음을 회로에서 제거해도 이론적으로 어떤 최소크기의 잡음이 존재하게 되는데, 이는 고유 잡음원, 다시 말해 내부 잡음원이 잡음을 발생시키기 때문이다. 내부잡음의 실효값(rms값)은 명확하게 나타낼 수 있지만, 순시값은 확률로만 예측할 수 있다. 고유잡음은 거의 모든 전자부품에 존재한다.

본 장에서는 가장 중요한 세 가지 고유 잡음원인 열잡음(thermal noise), 산탄잡음(shot noise) 및 접촉잡음(contact noise)을 살펴본다. 이와 함께 팝콘잡음(popcorn noise)과 불규칙 잡음(무작위 잡음, random noise)의 측정 방법도 다룬다.

8.1 열잡음(THERMAL NOISE)

열잡음은 저항 내부에 있는 전자가 열 에너지를 받아 불규칙하게 운동을 하는 열교란(thermal agitation)에 의해 발생한다. 회로에 존재하는 잡음의 최솟값은 열잡음의 크기에 따라 결정된다. 열잡음은 저항잡음이라고도 하며 발견자인 J. B. Johnson의 이름을 따서 '존슨잡음' 이라고도 부른다. 1928년에 존슨은 모든 도체에서 비주기적인 전압이 존재하며 그 크기는 온도와 관계가 있다는 사실을 발견하였다. 존슨은 저항에서 발생되는 개방회로 잡음의 실효값이 다음으로 주어진다는 것을 밝혔다.

$$V_t = \sqrt{4kTBR} \tag{8-1}$$

여기서

k = 볼츠만 상수(1.38 × 10^{-23} joules/K)
T = 절대온도(K)

B = 잡음 대역폭 (Hz)

R = 저항(Ω)

상온 (290 K)에서 $4kT$의 값은 1.6×10^{-20} W/Hz이다. 식 (8-1)에서 대역폭 B는 분석하고자 하는 시스템의 등가 잡음 대역폭이다. 등가 잡음 대역폭의 계산은 8.3절에서 다룬다.

열잡음은 저항 성분을 가지고 있는 모든 전자 부품에 존재한다. <그림 8-1>은 17°C (290 K)에서 저항값과 잡음 대역폭에 따른 열잡음 전압의 변화를 나타낸 것이다. 일상적인 보통 환경에서의 온도변화에 따른 열잡음 전압 변화는 작다. 예를 들어 117°C에서의 잡음전압은 17°C에서의 값보다 16% 밖에 크기 않다.

식 (8-1)에서 보듯이 열잡음 전압은 대역폭의 제곱근과 저항의 제곱근에 비례한다. 따라서 열잡음을 줄이기 위해서 시스템의 저항과 대역폭을 줄이는 것이 좋다. 열잡음이 계속해서 문제가 된다면 회로를 절대온도 0에 가까운 극저온에서 동작시키거나 파라메트릭 증폭기(parametric amplifier)를 사용하여 열잡음을 상당히 감소시킬 수 있다. 파라메트릭 증폭기의 이득은 리액턴스를 고속으로 변화시켜서 얻어지므로 증폭기에서 열잡음이 발생되지 않는다.

저항에서 발생되는 열잡음의 등가회로는 <그림 8-2>와 같이 열잡음 전압원 V_t가 저항과 직렬로 연결된 형태로 표시할 수 있다. 열잡음 전압원 V_t의 크기는 식 (8-1)로 구한다. 경우에 따라

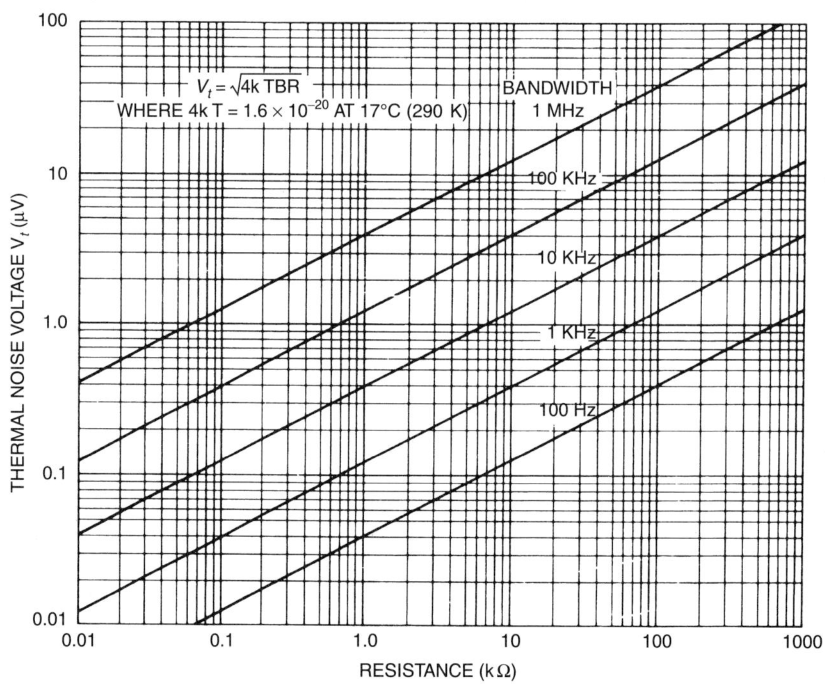

그림 8-1 저항과 대역폭에 따른 열잡음 전압

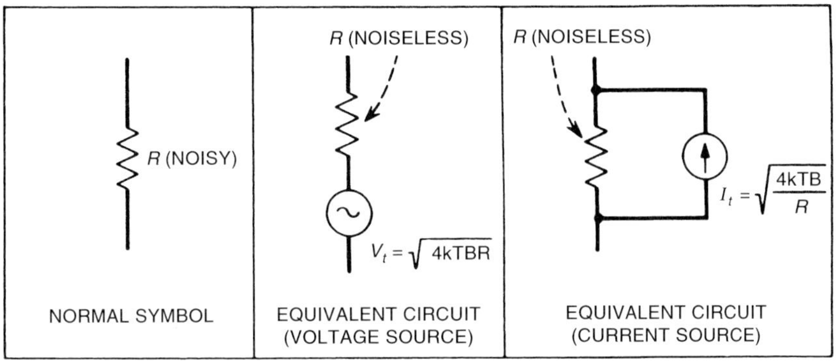

그림 8–2 저항의 열잡음(왼쪽)은 전압원(가운데) 또는 전류원(오른쪽)을 사용한 등가회로로 표현할 수 있다.

서는 열잡음을 실효값을 등가 잡음 전류원과 저항의 병렬회로로 나타내는 것이 편리하다. 이때 등가잡음 전류원의 크기(실효값)는 다음 식과 같다. 이 등가회로를 <그림 8-2>에 나타내었다.

$$I_t = \sqrt{\frac{4kTB}{R}} \tag{8-2}$$

열잡음은 저항의 구성성분에 관계없는 보편적인 함수이다. 예를 들어 1000 Ω 탄소저항은 1000 Ω 탄탈륨 필름저항과 같은 양의 열잡음을 가진다. 실제 저항의 잡음은 열잡음보다 더 크며 절대로 열잡음보다는 작을 수 없다. 실제 저항의 잡음이 열잡음보다 커지는 것은 다른 잡음원이 존재하기 때문이다. 실제 저항에서의 잡음은 5.4.1절에서 살펴보았다.

전기회로소자들은 에너지를 소모하는 경우에만 열잡음을 발생시킬 수 있다. 따라서 리액턴스는 열잡음을 발생시키지 않는다. 이것을 <그림 8-3>과 같이 저항과 커패시터가 연결된 회로를 사용하여 확인해보자. 여기서 커패시터가 잡음전압 V_{tc}를 발생시킨다고 가정해보자. 물론 이것은 잘못된 가정이다. 전원 V_{tc}가 저항에 공급하는 전력은 $P_{cr} = N(f)V_{tc}^2$로, 여기서 $N(f)$는 0이 아

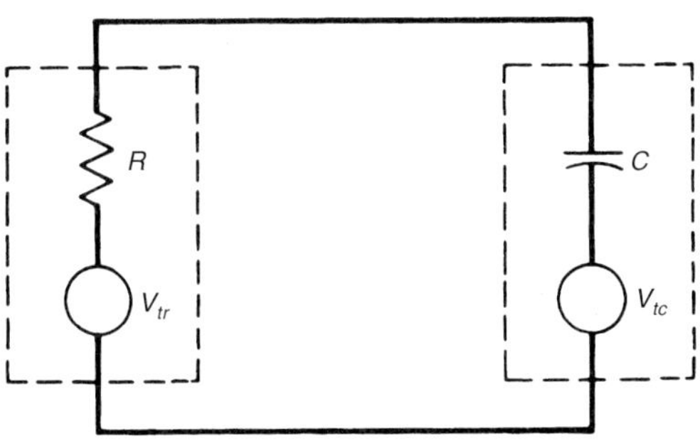

그림 8–3 V_{tc}가 0일 경우에만 $R–C$ 회로가 열평형 상태에 있을 수 있다.

닌 회로망 함수이다.[1)] 전원 V_{tr}이 커패시터에 공급하는 전력은 0이다. 그 이유는 커패시터가 전력을 소모하지 않기 때문이다. 열평형 상태에서 저항이 커패시터에 공급하는 전력은 커패시터가 저항에 공급하는 전력과 같아야 한다. 그렇지 않으면 한 부품의 온도는 증가하고 다른 부품의 온도는 감소해야 한다. 따라서

$$P_{cr} = N(f)V_{tc}^2 = 0 \tag{8-3}$$

함수 $N(f)$는 회로망의 함수이므로 모든 주파수에 대해 0이 될 수는 없다. 따라서 전압 V_{tc}가 0이어야 하므로 결국 커패시터는 열잡음을 발생시킬 수 없음을 알 수 있다.

다음으로 <그림 8-4>과 같이 동일한 온도에서 저항값이 다른 두 저항을 연결하고 열평형을 살펴보자. 전원 V_{t1}이 저항 R_2에 공급하는 전력은

$$P_{12} = \frac{R_2}{(R_1 + R_2)^2} V_{t1}^2 \tag{8-4}$$

과 같다. V_{t1}에 식 (8-1)을 대입하면 다음 식을 얻는다.

$$P_{12} = \frac{4kTBR_1R_2}{(R_1 + R_2)^2} \tag{8-5}$$

전원 V_{t2}가 저항 R_1에 공급하는 전력은

$$P_{21} = \frac{R_1}{(R_1 + R_2)^2} V_{t2}^2 \tag{8-6}$$

이다. V_{t2}에 식 (8-1)을 대입하면 다음 식을 얻는다.

$$P_{21} = \frac{4kTBR_1R_2}{(R_1 + R_2)^2} \tag{8-7}$$

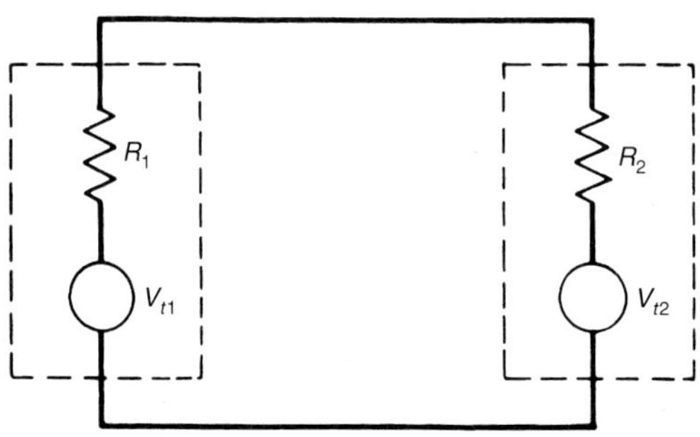

그림 8-4 병렬로 연결된 두 개의 저항은 열평형 상태에 있다.

1) 이 예에서는 $N(f) = [j\omega/(j\omega + 1/RC)]^2/R$이다.

식 (8-5)와 식 (8-7)로부터 다음의 결과를 얻는다.

$$P_{12} = P_{21} \tag{8-8}$$

이로부터 두 저항은 열평형 상태에 있음을 알 수 있다.

앞의 계산에서 전원 V_{t1}이 저항 R_1에 공급하는 전력은 고려할 필요가 없었다. 이 전력은 R_1에서 나오고 R_1에서 소모된다. 그러므로 이것은 R_1의 온도 변화에 아무런 영향을 주지 않는다. 마찬가지로 전원 V_{t2}가 저항 R_2에 제공하는 전력은 고려할 필요가 없다.

다음으로 <그림 8-4>에서 두 저항의 값이 같으며 따라서 저항 사이에 최대전력이 전달되는 경우를 분석해 보자. 이 경우 다음 식이 성립한다.

$$P_{12} = P_{21} = P_n = \frac{V_t^2}{4R} \tag{8-9}$$

V_t에 식 (8-1)을 대입하면 다음 식을 얻는다.

$$P_n = kTB \tag{8-10}$$

여기서 kTB를 "가용 잡음전력(available noise power)"이라고 한다. 상온(17°C)에서 이 잡음전력은 1 Hz 대역폭당 4 $\times 10^{-21}$ W이며 저항값에 무관하다.

수동소자들로 이루어진 임의의 회로에서 발생하는 열잡음은 이 회로의 등가회로 임피던스의 실수값과 같은 저항에서 발생하는 열잡음과 같다는 것을 증명할 수 있다(van der Ziel, 1954, p. 17). 이것은 복잡한 회로망의 열잡음을 계산하는 데에 유용하다.

8.2 열잡음의 특성(CHARACTERISTICS OF THERMAL NOISE)

주파수에 따른 열잡음 전력의 분포는 균일하다. 주파수 스펙트럼 상의 어떤 주파수를 중심으로 대역폭이 주어져도 가용 잡음전력은 일정하며 저항값에 상관이 없다. 예를 들어 100~200 Hz 사이의 100 Hz 대역폭에 있는 열잡음은 1000.0~1000.1 kHz 사이의 100 Hz 대역폭에 있는 열잡음과 동일하다. 광대역 오실로스코프를 이용하여 열잡음을 관측할 경우 <그림 8-5>와 같은 파형으로 나타난다. 주파수에 따라 균일한 전력분포를 갖는 이와 같은 잡음을 "백색 잡음(white noise)"이라 하는데, 이 용어는 잡음이 여러(모든) 주파수 성분으로 이루어졌다는 것을 의미한다. 열잡음 외의 다른 많은 잡음도 이러한 특성을 가지므로 열잡음과 마찬가지로 백색잡음이라 부른다.

열잡음의 실효값은 명확하게 나타낼 수 있지만, 순시값은 확률로만 표시할 수 있다. 열잡음의 순시값은 가우스 확률분포, 즉 정규(normal) 확률분포를 따른다. 평균값은 0이며, 실효값은 식 (8-1)로 주어진다. <그림 8-6>에 열잡음의 확률분포 함수를 나타내었다.

열잡음 전압의 순시값이 어떤 두 값 사이에 있을 확률은 두 값 사이의 확률 밀도함수의 적분

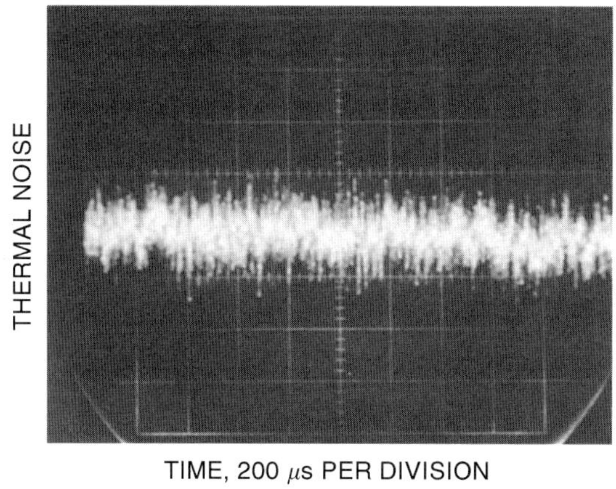

그림 8-5 광대역 오실로스코프로 관측한 열잡음(수평 스위프 설정값: 200 μs/div)

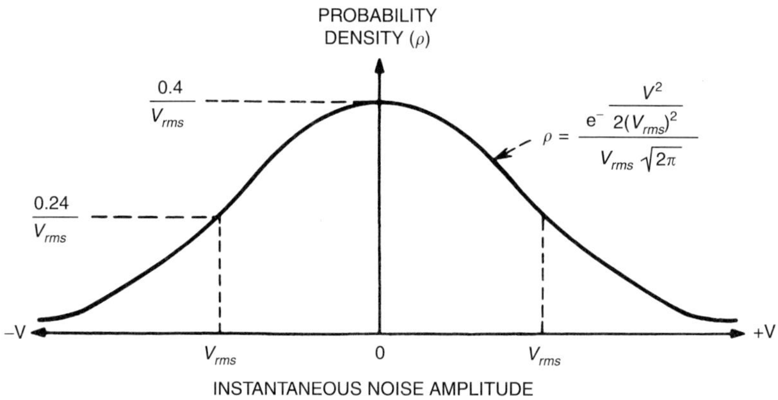

그림 8-6 열잡음의 확률 밀도함수(가우스 분포)

값과 같다. 확률 밀도함수는 0에서 최대값을 갖는데, 이는 열잡음 전압의 순시값이 0인 경우가 가장 흔하다는 것을 의미한다.

전압파형의 파고율(crest factor)은 최댓값과 실효값의 비로 정의된다. <그림 8-6>에 나타낸 확률 밀도함수를 갖는 열잡음의 경우, 크기(진폭)가 +나 −로 큰 값이 될 확률은 거의 0에 가깝다. 확률 밀도함수는 결코 0에 도달하지는 않으므로 잡음전압의 순시값은 상한값과 하한값이 유한한 값으로 한정되지 않는다. 이 경우 열잡음 전압파형의 파고율은 무한대가 되는데 이는 별로 쓸모가 없다. 이보다 유용한 것은, 피크값이 명시된 값보다 큰 시간의 백분율로 파고율을 나타내는 것이다. <표 8-1>에 이것을 표시하였다. 예를 들어 열잡음의 피크값이 2.6 × 실효값을 초과하는 시간은 전체시간의 1% 이상이다. 일반적으로 전체시간의 0.01% 동안에 발생하는 열잡음의 피크값을 고려하는데, 이 피크값의 파고율 값으로 대략 4를 사용하면 된다.

표 8-1 열잡음의 파고율(crest factor)

초과시간 백분율(%)	파고율(피크값/실효값)
1.0	2.6
0.1	3.3
0.01	3.9
0.001	4.4
0.0001	4.9

8.3 등가 잡음 대역폭(EQUIVALENT NOISE BANDWIDTH)

회로 또는 시스템의 잡음 대역폭 B는 전압이득 제곱의 대역폭이다. 시스템의 잡음 대역폭을 정의할 때 이득은 통과대역 내에서는 균일하며 통과대역 밖에서는 0이라 가정한다. <그림 8-7>은 저역통과 회로와 대역통과 회로의 이상적인 이득특성을 보인 것이다.

실제 회로는 이와 같은 이상적인 특성이 아니라 <그림 8-8>과 유사한 특성을 가진다. 따라서

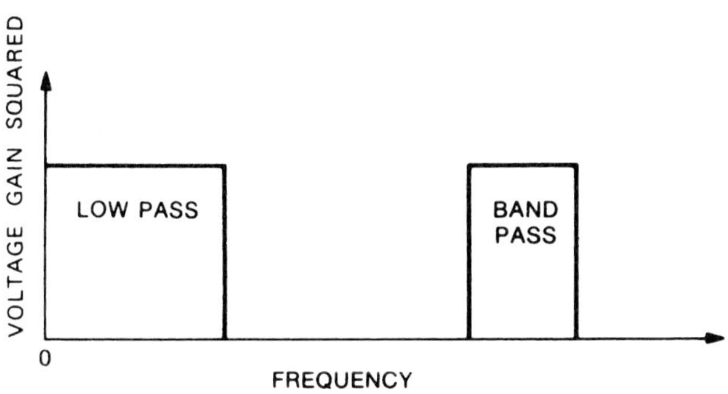

그림 8-7 저역통과 및 대역통과 회로의 이상적인 대역폭

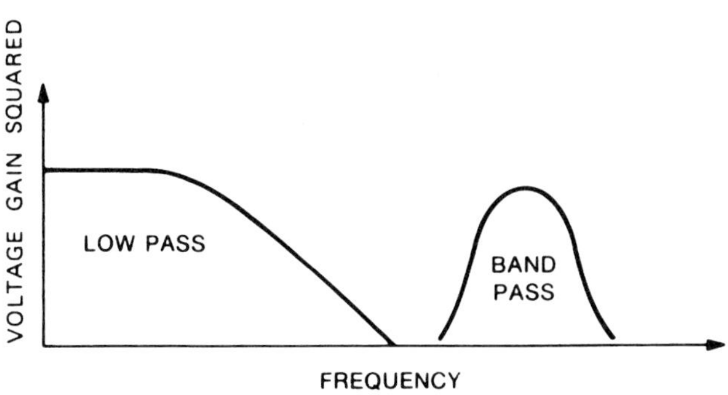

그림 8-8 저역통과 및 대역통과 회로의 실제 대역폭

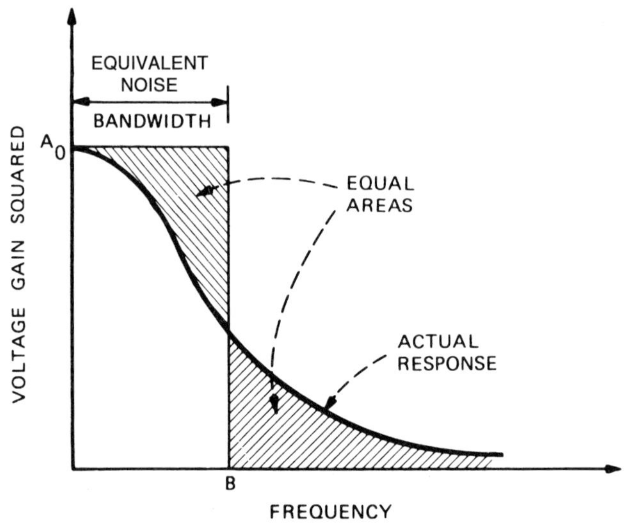

그림 8-9 저역통과 회로의 실제 응답특성과 등가 잡음 대역폭(선형 눈금 사용)

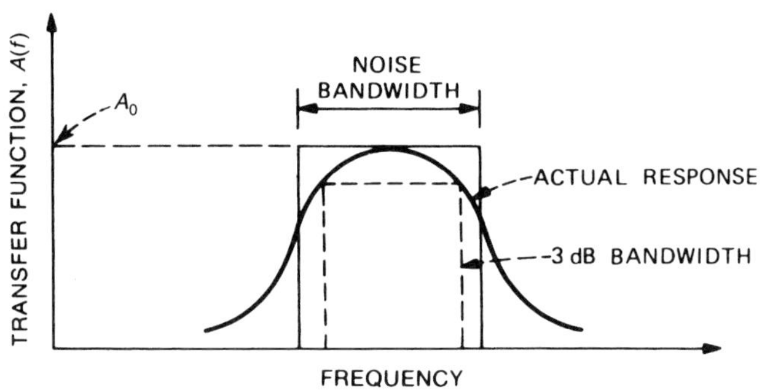

그림 8-10 임의의 회로망 전달함수는 일정한 전달률(transmission ratio)을 가지는 등가 대역폭으로 표현될 수 있다.

잡음 공식을 사용하여 이상적이지 않은 특성의 실제 주파수 대역폭과, 같은 결과를 나오게 하는 등가 잡음 대역폭을 구할 필요가 있다. 백색 잡음(주파수 스펙트럼상의 위치에 관계없이, 대역폭이 같으면 잡음전력도 같은 잡음)의 경우, 실제 이득곡선 아래부분의 면적과 같아지는 이상적인 이득 대역폭을 구하면 등가 잡음 대역폭이 된다. 임의의 회로망 전달함수(즉, 전압비 또는 전류비) $A(f)$에 대해 등가 잡음 대역폭 B는 다음 식으로 구할 수 있다. 여기서 A_0는 대역폭 내의 일정한 크기의 전달률(transmission ratio)이다.

$$B = \frac{1}{|A_0|^2} \int_0^\infty |A(f)|^2 df \tag{8-11}$$

<그림 8-10>은 전형적인 대역통과함수의 그래프이다. A_0는 보통 $A(f)$의 최대 절댓값과 같게 한다.

예제 8.1

<그림 8-11>의 간단한 R–C 회로의 등가 잡음 대역폭을 구하라. 극(pole)이 하나인 이 회로의 주파수에 따른 전압이득은 다음과 같다.

$$A(f) = \frac{f_0}{jf + f_0} \tag{8-12}$$

여기서

$$f_0 = \frac{1}{2\pi RC} \tag{8-13}$$

<그림 8-11>에 표시되어 있듯이 주파수 f_0에서의 전압이득은 최댓값보다 3 dB 낮다. $f = 0$에서 $A(f) = A_0 = 1$이다. 식 (8-12)를 식 (8-11)에 대입하면 다음을 얻는다.

$$B = \int_0^{\infty} \left(\frac{f_0}{\sqrt{f_0^2 + f^2}} \right)^2 df \tag{8-14a}$$

$$B = f_0^2 \int_0^{\infty} (f_0^2 + f^2)^{-1} df \tag{8-14b}$$

$f = f_0 \tan\theta$로 놓으면 $df = f_0 \sec^2\theta d\theta$가 된다. 이들을 식 (8-14b)의 적분식에 대입하여 정리하면 다음과 같다.

$$B = f_0 \int_0^{\pi/2} d\theta \tag{8-15}$$

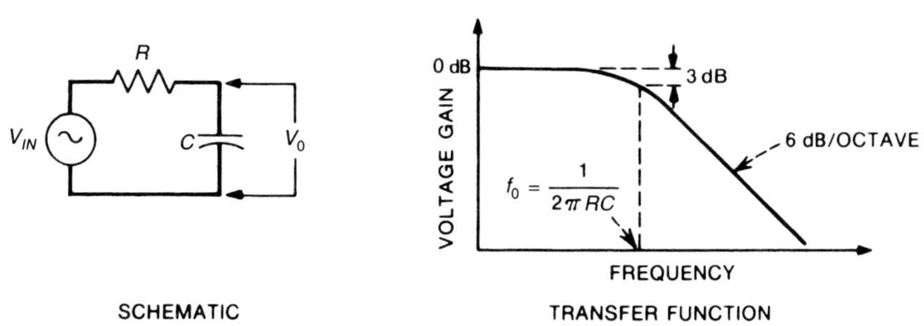

그림 8-11 R–C 회로

표 8-2 잡음 대역폭 B와 3 dB 대역폭 f_0의 비

극(pole) 수	B/f_0	고주파 감쇠율(dB/octave)
1	1.57	6
2	1.22	12
3	1.15	18
4	1.13	24
5	1.11	30

그러므로

$$B = \frac{\pi}{2} f_0 \tag{8-16}$$

이로부터 이 회로의 등가 잡음 대역폭은 3 dB 전압 대역폭 f_0의 $\pi/2$ 배, 즉 1.57배임을 알 수 있다. 이 결과는 1극 저역통과 필터(single-pole low-pass filter)로 표현되는 임의의 회로에 적용할 수 있다. 이 결과는 또한 트랜지스터와 같이 1극 저역통과 필터로 모델링할 수 있는 능동소자에도 적용할 수 있다.

<표 8-2>에 동일한 극(pole)을 여러 개 가지는 회로의 3 dB 대역폭에 대한 잡음 대역폭의 비를 수록하였다. 이 표로부터 극의 개수가 증가함에 따라 잡음 대역폭은 3 dB 대역폭에 접근함을 알 수 있다. 3개 이상의 극을 가지는 경우에는 3 dB 대역폭을 잡음 대역폭으로 사용해도 오차가 작다.

잡음 대역폭을 구하는 두 번째 방법은 그래프를 직접 적분하는 것이다. 우선 선형눈금으로 된 그래프용지(모눈종이)에 전압이득 제곱의 그래프를 그린다. 다음에 <그림 8-9>와 같이 실제 곡선 아래의 면적과 같아지도록 잡음 대역폭 사각형을 그린다.

8.4 산탄잡음(SHOT NOISE)

산탄잡음은 전위 장벽을 통과하여 흐르는 전류와 관련이 있다. 산탄잡음은 전자 또는 정공이 무작위(random)로 방출되기 때문에 전류가 평균값으로부터 변동되어 발생한다. 산탄잡음은 진공관과 반도체 소자에서 모두 존재한다. 진공관의 경우 산탄잡음은 음극에서 전자가 무작위로 방출되기 때문에 발생한다. 반도체 소자의 경우 산탄잡음은 트랜지스터의 베이스를 통해 전자와 정공이 무작위로 확산되고, 전자-정공 쌍이 무작위로 생성되고 재결합되면서 발생한다.

산탄 효과(shot effect)는 1918년 W. Schottky에 의해 이론적으로 분석되었다. 그는 잡음전류의 실효값이 다음과 같다는 것을 보였다(van der Ziel, 1954, p. 91).

$$I_{sh} = \sqrt{2qI_{dc}B} \tag{8-17}$$

여기서

q = 전자의 전하량(1.6 × 10^{-19} C)

I_{dc} = 평균 직류 전류(A)

B = 잡음 대역폭(Hz)

식 (8-17)는 식 (8-2)와 유사한 형태를 가진다. 산탄잡음의 전력밀도는 주파수에 따라 일정하며 진폭은 가우스 분포를 가진다. 산탄잡음은 백색잡음이며 앞에서 설명한 열잡음과 같은 특성을 가진다. 식 (8-17)을 대역폭의 제곱근으로 나누면 다음 식을 얻는다.

$$\frac{I_{sh}}{\sqrt{B}} = \sqrt{2qI_{dc}} = 5.66 \times 10^{-10}\sqrt{I_{dc}} \tag{8-18}$$

식 (8-18)에서 대역폭의 제곱근 당 잡음전류는 소자에 흐르는 직류전류만의 함수임을 알 수 있다. 따라서 소자에 흐르는 직류전류를 알면 산탄잡음의 크기를 정확하게 산출할 수 있다.

9.2절에 설명되어 있듯이 증폭기의 잡음지수를 측정할 때에 가변 백색 잡음원이 있다면 측정이 훨씬 용이해 진다. 백색 잡음원으로 다이오드를 사용할 수 있다. 산탄잡음이 다이오드에서 주된 잡음원일 경우, 잡음전류의 실효값은 다이오드에 흐르는 직류전류를 측정함으로써 쉽게 구할 수 있다.

8.5 접촉잡음(CONTACT NOISE)

접촉잡음은 두 물질 사이의 불완전한 접촉에 의해 전도율이 변동하여 발생한다. 스위치와 릴레이 접점과 같이 두 도체가 한 곳에서 만나는 경우에는 언제나 접촉잡음이 발생된다. 접촉잡음은 불완전한 접촉으로 인해 트랜지스터와 다이오드에서도 발생되며 또한 미세한 입자를 몰딩하여 만든 합성 저항과 탄소 마이크로폰에서도 발생된다.

접촉잡음은 다른 명칭으로도 불린다. 저항에서는 "과잉잡음(excess noise)"이라고 불리며 진공관에서는 "플리커 잡음(flicker noise)"이라고 불린다. 독특한 주파수 특성으로 인해 접촉잡음은 또한 "$1/f$ 잡음", "저주파 잡음"이라고도 불린다.

접촉잡음은 소자에 흐르는 직류전류 값에 정비례한다. 전력밀도는 주파수의 역수($1/f$)에 비례하며 진폭은 가우스 분포를 따른다. 대역폭 제곱근 당 잡음전류 I_f는 근사적으로 다음과 같이 표현된다(van der Ziel, 1954, p. 209).

$$\frac{I_f}{\sqrt{B}} \approx \frac{KI_{dc}}{\sqrt{f}} \tag{8-19}$$

여기서

I_{dc} = 직류전류 평균값(A)
f = 주파수(Hz)
K = 재료의 종류와 형태(구조)에 의해 결정되는 상수
B = 주파수 f를 중심으로 한 대역폭(Hz)

접촉잡음이 가진 $1/f$ 특성에 의해 저주파에서는 접촉잡음의 크기가 매우 크게 된다. 접촉 잡음에 관한 여러 이론들은 대부분 어떤 낮은 주파수에서 접촉잡음의 진폭이 일정한 값이 된다고 예측한다. 그럼에도 하루에 몇 번 정도에 불과한 매우 낮은 주파수에서 측정된 접촉잡음은 $1/f$의 주파수 특성을 보인다. 특이한 주파수 특성 때문에 접촉잡음은 저주파 회로에서 가장 중요한 잡음원이다.

$1/f$ 잡음, 즉 접촉잡음은 또한 "분홍잡음(pink noise)"이라고도 불린다. 분홍잡음은 대역폭이 제한된 백색잡음이다. 분홍잡음은 백색잡음이 주파수가 2배 증가할 때마다 전달계수가 3 dB 감소하는(감소율이 3 dB/octave) 필터를 통과한 경우와 비슷한 특성을 가진다. 백색잡음은 단위 주파수마다 동일한 잡음전력을 가지며 주파수의 로그값을 수평축으로 하여 그래프를 그리면 주파수가 2배 증가할 때마다 전력이 3 dB(증가율이 3 dB/octave) 증가하게 된다. 분홍잡음은 2배수 대역폭 또는 10 배수 대역폭 당 동일한 잡음전력을 가지므로 주파수의 로그값을 수평축으로 하여 잡음 전력밀도그래프를 그리면 평평한 곡선이 된다. 예를 들어 2~4 kHz의 2 배수 대역폭에 포함된 분홍잡음 전력은 20~40 kHz의 2배수 대역폭에 포함된 분홍잡음 전력과 같다. 반면에 20~40 kHz 대역에 포함된 백색잡음 전력은 2~4 kHz 대역에 포함된 백색잡음 전력보다 10배(10 dB)만큼 크다.

저주파에서 크며 2배수 당 동일한 전력을 가지는 분홍잡음은 사람의 청각의 특성과 매우 유사하다. 또한 분홍잡음의 주파수 스펙트럼은 사람의 음성의 주파수 스펙트럼 특성과 비슷하다. 이러한 이유로 분홍 잡음원은 종종 오디오 시스템의 시험에 사용된다. 오디오 시험용의 분홍잡음은 보통 백색잡음을 다이오드와 같은 소자를 통과시켜서 얻는다.

8.6 팝콘잡음(POPCORN NOISE)

폭발잡음이라고도 불리는 팝콘잡음(popcorn noise)은 반도체 다이오드에서 최초로 발견된 것으로 집적회로(IC)에서도 나타난다. 팝콘잡음을 증폭하여 스피커에 가해주면 열잡음이 만드는 튀김할 때 나는 소리를 배경으로 옥수수가 뻥 터지는 소리가 나므로 팝콘잡음이라는 이름이 붙었다.

이 장에서 설명하는 다른 잡음과는 달리 팝콘잡음은 제조상의 결함에 의해 발생되므로 제조 공정을 개선하여 제거할 수 있다. 팝콘잡음은 반도체 소자의 접합의 결함, 주로 금속 불순물에 의

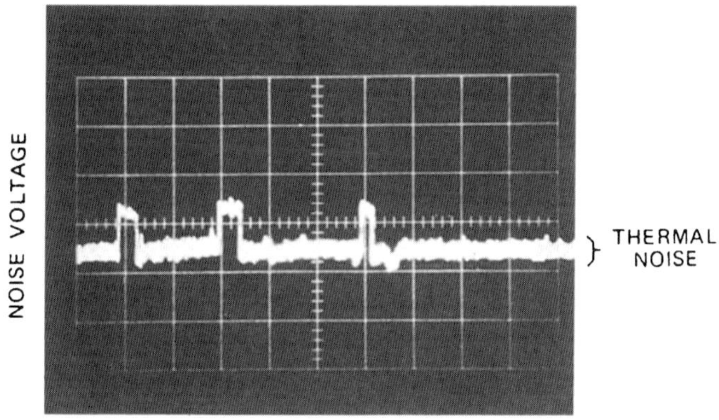

그림 8-12 집적회로(IC) 타입 연산증폭기의 출력파형에 나타난 팝콘잡음. 기준선과 팝콘잡음 펄스에 실려 있는 불규칙한(random) 잡음은 열잡음이다.

해 발생된다. 팝콘잡음은 <그림 8-12>와 같이 버스트성으로(짧은 시간 동안 연속적으로) 발생하며 크기가 불연속적으로 변한다. 팝콘잡음의 지속시간은 수 마이크로 초에서 수 초 사이로 다양하다. 팝콘잡음은 비주기적이며, 반복율은 초당 수백 펄스에서부터 분당 1회 이하까지 다양하다. 그렇지만 팝콘잡음은 반도체 접합의 결함에 의한 것이므로 어떤 특정소자의 팝콘잡음의 진폭은 변하지 않는다. 보통 팝콘잡음의 진폭은 열잡음 진폭의 2~100배 가량 된다.

팝콘잡음의 전력밀도는 $1/f^n$ 특성을 가지는데, n 값은 보통 2이다. 팝콘잡음은 전류와 관계되는 현상이므로 팝콘잡음 전압은 연산증폭기의 입력회로와 같이 임피던스가 높은 회로에서 크다.

8.7 잡음전압의 합(ADDITION OF NOISE VOLTAGES)

관련성이 없이 독립적으로 발생된 잡음전압 또는 잡음전류는 상관관계가 없다. 상관관계가 없는 잡음원이 합쳐질 경우 총 전력은 각 전력의 합과 같다. 두 잡음전압 V_1과 V_2이 전력을 기준으로 합쳐질 경우 다음 식으로 쓸 수 있다.

$$V_{\text{total}}^2 = V_1^2 + V_2^2 \tag{8-20}$$

따라서 총 잡음전압은 다음과 같다.

$$V_{\text{total}} = \sqrt{V_1^2 + V_2^2} \tag{8-21}$$

즉, 서로 상관 관계가 없는 잡음전압들의 합은 각 잡음전압을 제곱하여 더한 다음 제곱근을 취한 것으로 주어진다.

서로 상관관계를 가진 두 개의 전압은 다음 식을 이용하여 더할 수 있다.

$$V_{\text{total}} = \sqrt{V_1^2 + V_2^2 + 2\gamma V_1 V_2} \tag{8-22}$$

여기서 γ는 상관계수로 -1에서 $+1$ 사이의 값을 가진다. γ가 0일 경우 두 전압 사이에는 상관관계가 없다. $|\gamma|$가 1일 경우 두 잡음은 완전한 상관관계를 가진다. γ 값이 0에서 1 사이, 또는 -1에서 0 사이에 있을 경우 두 잡음은 부분적인 상관관계를 가진다.

8.8 불규칙 잡음의 측정(MEASURING RANDOM NOISE)

잡음은 보통 회로나 증폭기의 출력에서 측정한다. 그 이유는 (1) 입력보다는 출력잡음이 커서 측정하기가 더 쉬우며 (2) 입력에서 잡음을 측정할 경우, 잡음 측정기가 측정하고자 하는 장치의 입력회로의 평형, 접지, 차폐를 망가뜨릴 가능성을 막을 수 있기 때문이다. 등가 입력잡음 값이 필요할 경우에는 출력잡음을 측정한 후 이를 회로이득으로 나누어서 구한다.

대부분의 전압계는 사인파 전압 측정용이므로 무작위 잡음(불규칙 잡음, random noise)에 대한 전압계의 반응을 분석할 필요가 있다. 잡음 측정기(noise meter, 잡음계)에 일반적으로 요구되는 세 가지 사항은 (1) 잡음 측정기는 잡음전력에 반응해야 하며, (2) 잡음 측정기는 4 이상의 파고율을 가져야 하며, (3) 잡음 측정기의 대역폭은 피측정 회로의 잡음 대역폭의 최소 10배 이상이어야 한다는 것이다. 이제 여러 가지 전압계의 잡음 측정 특성을 살펴본다.

대역폭과 파고율이 충분할 경우, 진성 실효값 계측기(true rms meter)가 잡음 측정용으로 가장 적합하다. 파고율이 3인 경우에는 오차가 1.5% 미만이며, 파고율이 4인 경우에는 오차가 0.5% 미만이다. 계기 표시값을 수정할 필요가 없다.

가장 널리 사용되고 있는 교류 전압계는 파형의 절대값의 평균을 측정한 다음 실효값을 표시하도록 보정된다. 교류전압계는 정류기와 직류 계기를 사용하여 피측정 파형의 평균값을 측정한다. 사인파의 경우 실효값은 평균값의 1.11배이므로 측정된 평균값의 1.11배가 표시되도록 계기에 눈금이 매겨져 있다. 백색잡음의 경우 실효값은 절대값 평균에 1.25배를 한 값이다. 따라서 평균값에 반응하는 교류 전압계를 사용하여 백색잡음을 측정할 경우 실제보다 낮은 값으로 측정된다. 대역폭과 파고율이 충분하다면 이 계측기를 사용하여 백색잡음을 측정한 후 표시된 값에 1.13배를 곱하거나 또는 1.1 dB를 더해서 실효값을 구할 수 있다. 잡음 파형의 피크가 잘리는 것을 방지하기 위해 계기 눈금 최대값의 절반 이하 범위에서 백색잡음을 측정해야 한다.

피크값을 측정하는 전압계는 해당 계측기의 충전 및 방전 시간에 따라 측정결과가 다르므로 잡음측정에는 사용할 수 없다.

오실로스코프는 흔히 간과하기 쉽지만 아주 우수한 백색잡음 측정 장치이다. 다른 계측기와

표 8-3 백색잡음 측정 시 계측기 종류별 특성

계측기 형태	보정계수	비고
진성 실효값 계기	불필요	계기 대역폭이 잡음 대역폭의 10 배 이상이며 계기의 파고율이 3 이상이어야 함.
평균값 측정 후 실효값으로 보정하는 계측기	1.13를 곱하거나 1.1 dB를 더함	계기 대역폭이 잡음 대역폭의 10배 이상이며 계기의 파고율이 3 이상이어야 함. 피크가 잘리는 것을 막기 위해 최대 눈금 절반 범위에서 측정해야 함.
피크값 측정 후 실효값으로 보정하는 계측기	잡음 측정용으로 사용 안 함	
오실로스코프	실효값 ≈ 피크대 피크값의 1/8	측정잡음이 주변잡음이 아니라 무작위 잡음임을 확인할 수 있음. 가끔 발생하는 극단적인 피크값은 무시.

달리 잡음파형을 관측할 수 있다는 것이 오실로스코프의 장점이다. 오실로스코프를 사용하면 주변 신호나 60 Hz 험(hum)신호가 아니라 실제로 의도한 무작위 잡음을 측정하고 있는지 확인할 수 있다. 백색잡음의 실효값은 오실로스코프에서 측정된 잡음 파형의 피크대 피크값을 8로 나누어 구할 수 있다.[2)] 오실로스코프를 이용하여 피크대 피크값을 측정할 때 파형의 나머지 부분에 비해 비정상적으로 큰 1~2개의 피크값은 사용하지 말아야 한다. 약간의 경험만 있으면 이 방법으로 오실로스코프를 이용하여 백색잡음의 실효값을 쉽게 측정할 수 있다. 오실로스코프를 사용하면 60 Hz 험이나 다른 종류의 잡음(무작위 잡음이 아닌)이 있더라도 화면으로 이들을 구별해서 별도로 측정할 수 있으므로 백색잡음만 측정할 수 있다.

<표 8-3>은 여러 가지 계측기의 백색잡음 측정 특성을 요약한 것이다.

요약 SUMMARY

- 열잡음은 저항성분을 가진 모든 회로소자에 존재한다.
- 리액턴스는 열잡음을 발생시키지 않는다.
- 수동소자들로 구성된 임의의 회로망에서 열잡음은 등가 회로망 임피던스의 실수부와 동일한 값의 저항에서 발생되는 열잡음과 같다.
- 산탄잡음은 전위장벽을 통해 흐르는 전류에 의해 발생한다.
- 접촉잡음($1/f$ 잡음) 전류가 비균질 물질을 통해 흐를 때 발생한다.

2) 백색잡음의 파고율이 4라고 가정할 경우

- 접촉잡음은 저주파에서만 문제가 된다.
- 팝콘잡음은 제조공정을 개선하면 없앨 수 있다.
- 잡음 대역폭은 3 dB 대역폭보다 크다.
- 회로 전달함수의 극(pole)의 수(시정수)가 증가하면 잡음 대역폭은 3 dB 대역폭에 접근한다.
- 백색잡음의 파고율 값으로는 통상적으로 4를 사용한다.
- 열잡음과 산탄잡음처럼 단위 주파수 대역폭마다 동일한 전력을 가지는 잡음을 백색잡음이라 한다.
- 2배수 대역폭 또는 10배수 대역폭 당 동일한 전력을 갖는 잡음(1/*f* 잡음 또는 접촉잡음)을 분홍잡음이라고 한다.
- 분홍잡음은 백색잡음이 3 dB/octave의 감쇠특성을 가지는 저역통과 필터를 통과한 경우와 유사한 특성을 가진다.
- 서로 상관관계가 없는 잡음전압들의 합은 전력을 기준으로 하여 다음과 같이 산출한다.

$$V_{\text{total}} = \sqrt{V_1^2 + V_2^2 + \cdots + V_m^2}$$

연습문제 PROBLEMS

8.1 상온(290 K)에서 대역폭이 100 kHz인 50 Ω 기반의 측정 시스템의 최소 잡음전압은 얼마인가?

8.2 대역폭이 10 kHz인 시스템에서 5000 Ω 저항의 온도가 다음과 같을 때 잡음전압을 구하라.

a. 27°C (300 K)

b. 100°C (373 K)

8.3 <그림 P8-3>의 회로에 대해 대역폭의 제곱근 당 열잡음 전압을 계산하라.

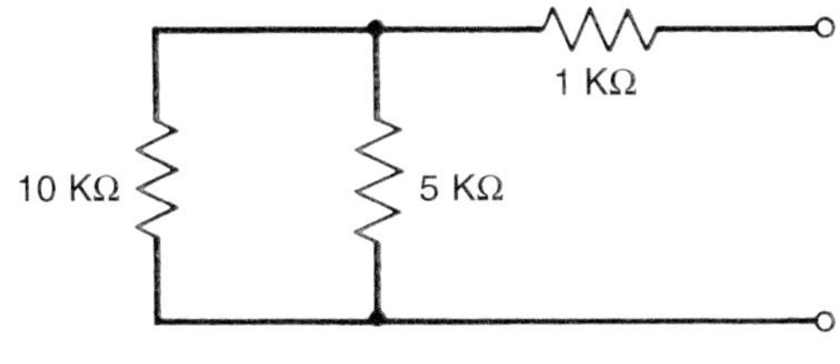

그림 P8-3

8.4 증폭기의 주파수 특성이 다음과 같다고 가정할 때 <그림 P8-4>의 증폭기 출력단에서의 잡음전압을 구하라.

a. 차단 주파수가 2 kHz인 이상적인 저역통과 필터

b. 통과 대역이 99~101 kHz인 이상적인 대역통과 필터

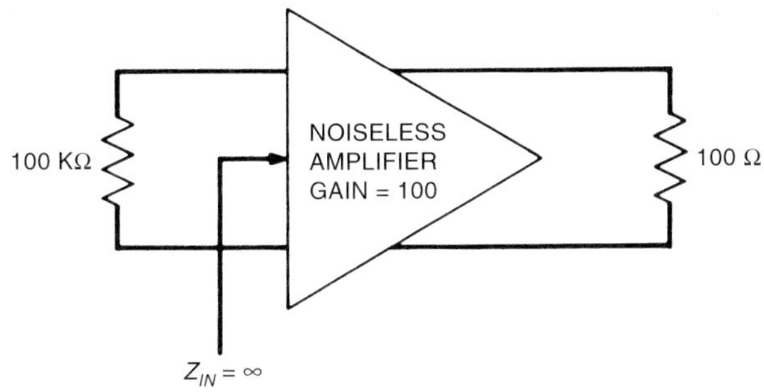

그림 P8-4

8.5 주파수가 1590 Hz인 경우, 상온에서 <그림 P8-5> 회로의 A-A 단자 양단에 발생되는 대역폭의 제곱근 당 잡음전압을 구하라.

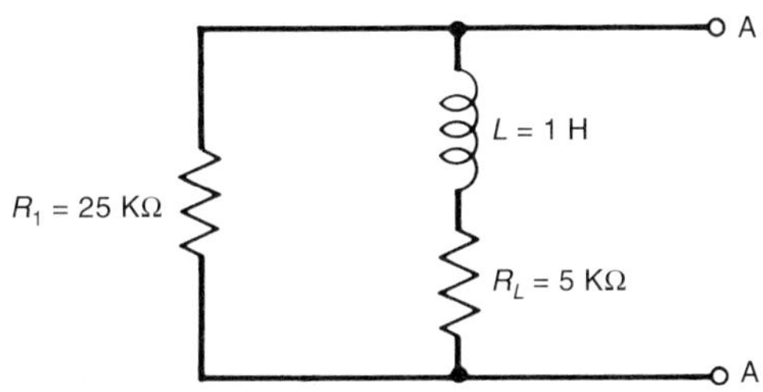

그림 P8-5

8.6 $T = 290$ K, $B = 1$ MHz일 경우 100 kΩ 저항의 등가 잡음 전류원을 구하라.

8.7 3 dB 대역폭이 3.3 kHz이며 12 dB/octave의 감쇠특성을 가지는 저역통과 필터의 잡음 대역폭을 구하라.

8.8 다이오드가 백색 잡음원으로 사용된다. 다이오드 전류는 10 mA이다. $\sqrt{B}$ 당 잡음전류를 계산하라.

8.9 잡음원이 $1/f$ 형태의 주파수 분포를 가진다. 100~200 Hz 대역에서 측정한 잡음전압은 2 μV이다.

a. 200~800 Hz 대역에서의 잡음전압을 구하라.

b. 2000~4000 Hz 대역에서의 잡음전압을 구하라.

8.10 어떤 시스템에 서로 상관관계가 없는 잡음전압의 크기가 각각 10 μV, 20 μV 및 32 μV이다. 총 잡음전압을 구하라.

참고문헌 REFERENCES

Johnson, J. B. "Thermal Agitation of Electricity in Conductors," *Physical Review*, vol. 32, July 1928, pp. 97–109.

Nyquist, H. "Thermal Agitation of Electric Charge in Conductors," *Physical Review*, vol. 32, July 1928, pp. 110–113.

van der Ziel, A. *Noise*, Englewood Cliffs, N.J., Prentice-Hall, 1954.

심층자료 FURTHER READING

Baxandall, P. J. "Noise in Transistor Circuits, Part 1," *Wireless World*, vol. 74, November 1968.

Bennett, W. R. "Characteristics and Origins of Noise—Part I," *Electronics*, vol. 29, March 1956, pp. 154–160.

Campbell, R. H., Jr. and Chipman, R. A. "Noise from Current-Carrying Resistors 20 to 500 Kc," *Proceedings of I.R.E.*, vol. 37, August 1949, pp. 938–942.

Dummer, G. W. A. *Fixed Resistors*, London, U.K., Sir Issac Pitman, 1956.

Lathi, B. P. *Signals, Systems and Communications*, Chapter 13, New York, Wiley, 1965.

Mumford, W. W. and Scheibe, E. H. *Noise Performance Factors in Communication Systems*, Horizon House, Dedham, M.A., 1969.

van der Ziel, A. *Fluctuation Phenomena in Semi-Conductors*, New York, Academic, 1959.

Electromagnetic Compatibility Engineering

Chapter 9

능동소자 잡음

Active Device Noise

양극 트랜지스터(bipolar transistor), 전계효과 트랜지스터(field effect transistor, FET) 및 연산 증폭기는 고유한 잡음발생 메커니즘을 가진다. 이 장에서는 능동소자의 내부 잡음원을 살펴보고 잡음특성을 최적하기 위한 조건을 알아본다.

능동소자 잡음을 검토하기 전에 우선 잡음을 정의하고 측정하는 방법에 대해 전반적으로 설명한다. 이 과정에서 여러 가지 소자에서의 잡음을 해석하는 데 사용되는 몇 가지 표준 잡음 파라미터를 알아본다. 소자의 잡음을 표시하는 통상적인 방법으로 (1) 잡음지수 및 (2) 잡음전압과 잡음전류를 사용하는 방법이 있다.

9.1 잡음인자(NOISE FACTOR)

잡음인자(noise factor)의 개념은 1940년대에 진공관에서의 잡음을 평가하기 위한 방법으로 개발되었다. 몇 가지 심각한 제약조건에도 불구하고 이 개념은 오늘날에도 널리 사용되고 있다.

잡음인자(F)는 이상적인 무잡음 소자와 비교한 특정 소자의 잡음특성을 나타내는 값이다. 잡음인자는 다음과 같이 정의된다.

$$F = \frac{\text{해당 소자의 출력단 잡음전력}(P_{no})}{\text{이상적인 소자의 출력단 잡음전력}} \tag{9-1}$$

이상적인 소자의 출력단 잡음은 신호원 저항의 열잡음에 의해 발생한다. 신호원의 잡음전력을 측정할 때 표준온도는 290 K로 가정한다. 따라서 잡음인자를 다음과 같이 표현할 수 있다.

$$F = \frac{\text{해당 소자의 출력단 잡음전력}(P_{no})}{\text{신호원 잡음에 의한 출력단 잡음전력}} \tag{9-2}$$

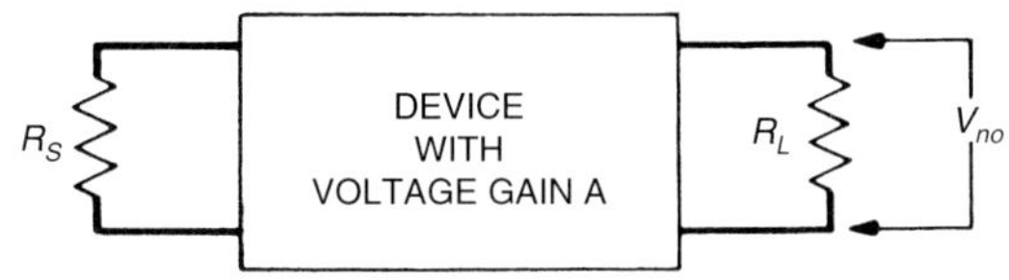

그림 9-1 잡음인자 측정에 사용되는 저항원(신호저항).

이와 동등한 잡음인자의 또 다른 정의는 입력단에서의 신호 대 잡음비를 출력단에서의 신호 대 잡음비로 나눈 것이다.

$$F = \frac{S_i/N_i}{S_o/N_o} \tag{9-3}$$

입력 임피던스와 부하 임피던스가 서로 같지 않은 경우에는 식 (9-3)의 *S*/*N*비는 반드시 전력비가 되어야 한다. 두 임피던스가 서로 같은 경우에는 *S*/*N*비는 전력비는 물론, 전압비의 제곱, 전류비의 제곱도 될 수 있다. 잡음인자 측정 시에는 <그림 9-1>에 나타낸 것과 같이 저항원(신호원 저항)을 사용해야 한다. 따라서 개방회로 입력 잡음전압(open circuit input noise voltage)은 신호원 저항 R_s의 열잡음 전압과 같다. 즉,

$$V_t = \sqrt{4kTBR_s} \tag{9-4}$$

290 K에서 위 식은

$$V_t = \sqrt{1.6 \times 10^{-20} BR_s} \tag{9-5}$$

가 된다. 저항 R_L 양단의 출력전압과 개방회로 입력전압의 비로 정의되는 전압이득이 A일 경우, R_s의 열잡음에 의한 출력 잡음전압은 AV_t이다. R_L 양단에서 측정되는 총 출력 잡음전압 V_{no}를 사용하여 잡음인자를 다음과 같이 표현할 수 있다.

$$F = \frac{(V_{no})^2/R_L}{(AV_t)^2/R_L} \tag{9-6}$$

$$F = \frac{(V_{no})^2}{(AV_t)^2} \tag{9-7}$$

여기서 V_{no}는 신호원 잡음과 소자 잡음으로 구성되어 있다. 식 (9-4)를 식 (9-7)에 대입하면 다음 식을 얻을 수 있다.

$$F = \frac{(V_{no})^2}{4kTBR_sA^2} \tag{9-8}$$

식 (9-8)로부터 다음과 같은 잡음인자의 특성을 파악할 수 있다.

1. 잡음인자는 부하저항 R_L에 무관하다.
2. 잡음인자는 신호원저항 R_s에 따라 달라진다(상관이 있다).
3. 소자가 잡음을 전혀 발생시키지 않으면 이 소자의 잡음인자는 1이다.

잡음인자를 데시벨로 나타낸 것을 잡음지수(noise figure)라 하며 다음과 같이 쓸 수 있다.

$$NF = 10\log F \tag{9-9}$$

정성적인 관점에서 보면 잡음인자와 잡음지수는 서로 같으므로 특별한 경우가 아니면 두 용어를 구분 없이 사용한다.

식 (9-8)의 분모에 있는 대역폭을 고려하여 잡음인자를 다음과 같은 두 가지로 표시할 수 있다. (1) 명시된 주파수에서 1 Hz 대역폭 구간에 대해 측정된 스폿잡음(spot noise) (2) 명시된 대역폭에서 측정된 평균잡음. 소자의 잡음이 백색잡음(white noise)이며 회로의 대역폭 제한 부분 이전에서 발생된 것이면 스폿잡음과 평균잡음은 같다. 그 이유는 대역폭이 증가함에 따라 총잡음과 신호원 잡음이 같은 비율로 증가하기 때문이다.

잡음인자 개념이 가지는 근본적인 문제점(한계점)에는 다음 세 가지가 있다.

1. 신호원 임피던스가 증가하면 회로의 총잡음이 증가함에도 불구하고 잡음인자는 감소한다.
2. 신호원 임피던스가 순허수일 경우 신호원잡음이 0이 되므로 잡음인자는 무한대가 되어 잡음인자가 무의미해진다.
3. 저잡음 FET의 경우처럼 소자에서 발생된 잡음이 신호원 열잡음에 비해 매우 작을 경우 크기가 거의 같은 두 수를 나누어서 잡음인자를 구하게 된다. 이 경우 정확하지 않은 결과가 나올 수 있다.

두 잡음인자의 직접 비교는 신호원 저항이 같을 경우에만 의미가 있다. 잡음인자는 신호원 저항뿐만 아니라 바이어스 조건, 주파수 및 온도에 따라 달라지므로 잡음인자를 명시할 때 이것들이 모두 정의되어야 한다.

한 값의 신호원 저항에 대한 잡음인자를 알고 있다고 해서 이로부터 다른 신호원 저항값에 대한 잡음인자를 구할 수 있는 것은 아니다. 그 이유는 신호원 잡음과 소자 잡음이 모두 신호원 저항에 따라 변하기 때문이다.

9.2 잡음인자의 측정(MEASUREMENT OF NOISE FACTOR)

잡음인자 측정 방법을 살펴보면 잡음인자에 대한 이해를 높일 수 있다. 잡음인자 측정 방법에는 다음 두 가지가 있다. (1) 단일 주파수 방법 (2) 잡음 다이오드 방법, 즉 백색잡음 방법.

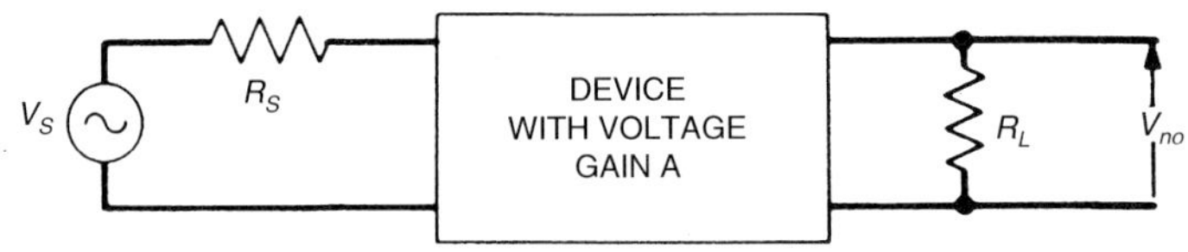

그림 9-2 잡음인자 측정에 사용되는 단일 주파수 방법.

9.2.1 단일 주파수 방법(Single-Frequency Method)

단일 주파수 방법을 <그림 9-2>에 나타내었다. V_s는 측정 주파수를 발생시키는 발진기의 전압이며 R_s는 신호원 저항이다. 신호원 V_s를 끈 상태에서 출력 잡음전압 V_{no} 의 실효값을 측정한다. 이 전압은 열잡음 전압 V_t와 소자의 잡음으로 구성된다.

$$V_{no} = \sqrt{(AV_t)^2 + (\text{소자잡음})^2} \tag{9-10}$$

다음으로 신호원 전압 V_s를 켜고 출력전력이 위에서 측정한 값의 2배(3 dB 증가)가 되도록 입력신호를 증가시킨다. 이 경우에는 다음 식이 성립한다.

$$(AV_s)^2 + (V_{no})^2 = 2V_{no}^2 \tag{9-11}$$

따라서

$$AV_s = V_{no} \tag{9-12}$$

식 (9-12)를 식 (9-7)에 대입하면 다음을 얻는다.

$$F = \left(\frac{V_s}{V_t}\right)^2 \tag{9-13}$$

V_t 대신에 식 (9-5)를 대입하면 다음과 같다.

$$F = \frac{V_s^2}{1.6 \times 10^{-20} BR_s} \tag{9-14}$$

잡음인자는 R_L의 함수가 아니므로 측정과정에서 부하저항은 어떤 값이 되어도 상관이 없다.

이 방법의 단점은 측정하려는 소자의 잡음 대역폭을 알아야 한다는 것이다.[1)]

9.2.2 잡음 다이오드 방법(Noise Diode Method)

잡음인자를 측정하는 더 좋은 방법은 백색 잡음원으로 잡음 다이오드를 사용하는 것이다. 측정

---

1) 잡음 대역폭은 보통 3 dB 대역폭과 같지 않음을 유의하라(8.3절 참조).

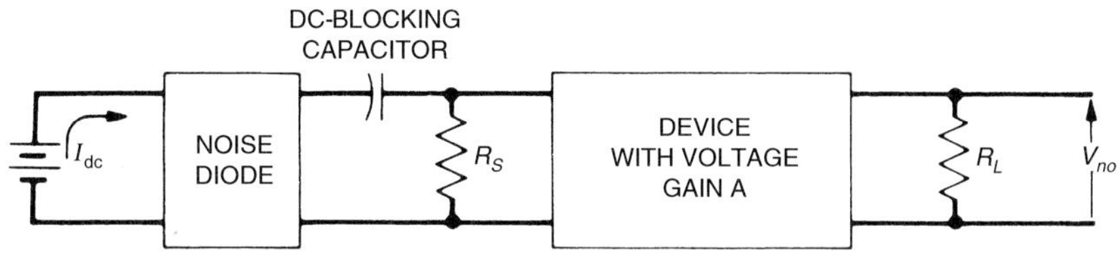

그림 9-3 잡음인자 측정에 사용되는 잡음 다이오드 방법.

회로를 <그림 9-3>에 나타내었다. I_{dc}는 잡음 다이오드를 통해 흐르는 직류전류이며 R_s는 신호원 저항이다. 다이오드의 산탄잡음은 다음과 같다.

$$I_{sh} = \sqrt{3.2 \times 10^{-19} I_{dc} B} \tag{9-15}$$

테브낭 정리를 이용하여 산탄잡음 전류원을 전압원 V_{sh}와 저항 R_s가 직렬로 연결된 등가회로로 나타낼 수 있다. 여기서

$$V_{sh} = I_{sh} R_s \tag{9-16}$$

우선 다이오드 전류를 0으로 한 상태에서 출력 잡음전압의 실효값 V_{no}를 측정한다. 이 전압은 신호원 저항의 열잡음과 소자의 잡음전압으로 구성되어 있다. 따라서

$$V_{no} = \sqrt{(AV_t)^2 + (\text{소자잡음})^2} \tag{9-17}$$

다음으로 다이오드의 전류를 증가시켜서 출력잡음 전력이 2배(출력 잡음전압 실효값이 3 dB 증가)가 되도록 한다. 이 경우에는 다음 식이 성립한다.

$$(AV_{sh})^2 + (V_{no})^2 = 2(V_{no})^2 \tag{9-18}$$

따라서

$$V_{no} = AV_{sh} = AI_{sh} R_s \tag{9-19}$$

식 (9-19)의 V_{no}를 식 (9-7)에 대입하면 다음을 얻을 수 있다.

$$F = \frac{(I_{sh} R_s)^2}{V_t^2} \tag{9-20}$$

I_{sh}와 V_t에 식 (9-15)와 (9-5)를 대입하면 다음 식을 얻는다.

$$F = 20 I_{dc} R_s \tag{9-21}$$

이제 잡음인자를 다이오드의 직류전류와 신호원 저항만의 함수로 나타내었다. 이 두 양은 쉽게 측정할 수 있다. 따라서 소자의 이득이나 잡음 대역폭은 이제 알 필요가 없다.

9.3 잡음인자로부터 신호 대 잡음비 및 입력잡음 전압의 계산 (CALCULATING S/N RATIO AND INPUT NOISE VOLTAGE FROM NOISE FACTOR)

잡음인자를 구하고 나면 이 값으로부터 신호 대 잡음비와 입력잡음 전압을 계산할 수 있다. 단 이 경우에는 회로에서 사용하는 신호원 저항이 잡음인자를 측정할 때 사용한 것과 동일해야 한다. 식 (9-8)를 다시 쓰면 다음과 같다.

$$V_{no} = A\sqrt{4kTBR_sF} \tag{9-22}$$

입력전압이 V_s일 경우 출력 신호전압은 $V_o = AV_s$이다. 따라서 출력신호 대 잡음 전력비

$$\frac{S_o}{N_o} = \frac{P_{\text{signal}}}{P_{\text{noise}}} \tag{9-23}$$

는 다음과 같다.

$$\frac{S_o}{N_o} = \left(\frac{AV_s}{V_{no}}\right)^2 \tag{9-24}$$

이 식에 식 (9-22)의 V_{no}를 대입하면 다음을 얻는다.

$$\frac{S_o}{N_o} = \frac{(V_s)^2}{4kTBR_sF} \tag{9-25}$$

식 (9-23), (9-24) 및 (9-25)에서 보듯이 신호 대 잡음비는 전력비를 나타낸다. 그러나 어떤 경우에는 신호 대 잡음비를 전압비로 나타내기도 한다. 두 경우의 값이 다르므로 명시된 신호 대 잡음비가 전력비인지 전압비인지 주의해야 할 필요가 있다. 데시벨로 표현할 경우 신호 대 잡음 전력비는 $10 \log (S_o/N_o)$이다.

또 다른 유용한 물리량으로, 출력 잡음전압(식 9-22)을 이득으로 나눈 값으로 정의되는 총 등가입력 잡음전압 (V_{nt})이 있다.

$$V_{nt} = \frac{V_{no}}{A} = \sqrt{4kTBR_sF} \tag{9-26}$$

총 등가입력 잡음전압은 회로의 총 잡음을 나타내는 단일 잡음원이다. **가장 좋은 잡음성능을 얻으려면 V_{nt}를 최소화해야 한다.** 신호전압이 일정할 경우, V_{nt}를 최소화하는 것은 신호 대 잡음비를 최대화하는 것과 같다. 이에 대해서는 최적 신호원 저항에 관한 9.7절에서 더 자세히 설명하기로 한다.

등가 입력잡음 전압은 신호원의 열잡음 성분과 소자의 잡음에 의한 성분, 이렇게 두 부분으로 구성된다.

소자 잡음전압을 V_{nd}로 표시하면 총 등가 입력 잡음전압을 다음과 같이 나타낼 수 있다.

$$V_{nt} = \sqrt{(V_t)^2 + (V_{nd})^2} \tag{9-27}$$

여기서 V_t는 신호원 저항의 개방회로 열잡음 전압이다. 식 (9-27)을 V_{nd}에 대해 풀면 다음과 같다.

$$V_{nd} = \sqrt{(V_{nt})^2 - (V_t)^2} \tag{9-28}$$

식 (9-4)와 (9-26)을 식 (9-28)에 대입하면 다음 식을 얻는다.

$$V_{nd} = \sqrt{4kTBR_s(F-1)} \tag{9-29}$$

9.4 전압전압–등가전류 모델(NOISE VOLTAGE AND CURRENT MODEL)

잡음인자가 가진 한계점을 해결할 수 있는 더 좋은 방법으로서 잡음을 등가잡음전압과 등가잡음전류로 모델링하는 방법이 있다. <그림 9-4>와 같이 실제 회로망을 잡음이 없는 회로망의 입력측에 두 개의 잡음원 V_n과 I_n이 연결된 것으로 모델링할 수 있다. V_n은 R_s가 0일 경우에 존재하는 회로망의 잡음이며 I_n은 R_s가 0이 아닐 경우에 발생하는 소자의 잡음을 나타낸다. 이 두 개의 잡음원과 복소 상관계수(<그림 9-4>에는 표시되어있지 않음)를 사용하여 소자의 잡음성능을 완전하게 나타낼 수 있다(Rothe and Dahlke, 1956). 보통 V_n과 I_n 사이에는 어느 정도 상관관계가 있지만 제조사의 데이터 시트에 상관계수값이 제공되는 일은 거의 없다. 따라서 상관계수를 0으로 하는 것이 관행인데 이 장에서는 이 관행을 따르기로 한다.

<그림 9-5>는 전형적인 잡음전압과 잡음전류의 그래프로서 주파수에 따른 $V_n/\sqrt{B}$와 $I_n/\sqrt{B}$의 변화를 나타낸 것이다. 특정 주파수 대역 내의 잡음전압 또는 잡음전류는 $[V_n/\sqrt{B}]^2$ 또는 $[I_n/\sqrt{B}]^2$를 주파수에 대해 적분한 후 제곱근을 취하여 구한다. $V_n/\sqrt{B}$ 또는 $I_n/\sqrt{B}$이 원하는 주파수 대역 내에서 일정한 경우, 총 잡음전압 또는 잡음전류는 $V_n/\sqrt{B}$ 또는 $I_n/\sqrt{B}$에 대역폭의 제곱근을 곱하여 쉽게 구할 수 있다.

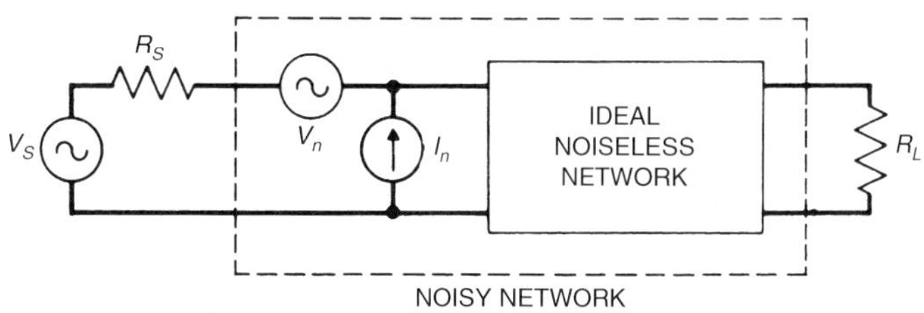

그림 9-4 잡음이 있는 임의의 회로망을, 잡음이 없는 이상적인 회로망의 입력에 잡음전압과 잡음전류가 연결된 것으로 모델링할 수 있다.

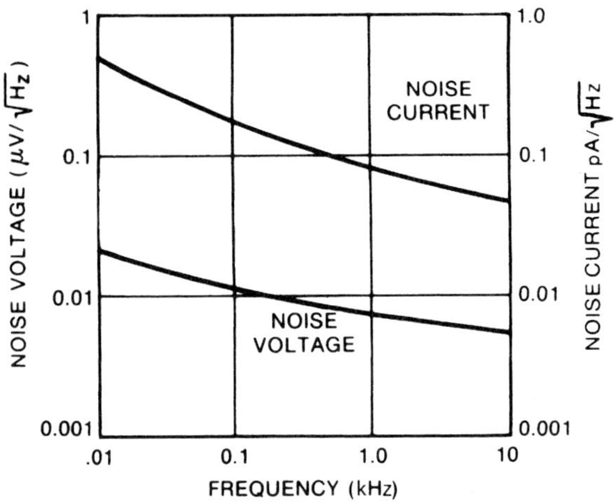

그림 9–5 전형적인 잡음전압 $V_n/\sqrt{B}$과 잡음전류 $I_n/\sqrt{B}$ 곡선

이 곡선과 <그림 9-4>의 등가회로를 이용하여 임의의 회로에 대해 총 등가 입력 잡음전압, 신호 대 잡음비 또는 잡음인자를 구할 수 있다. 신호원 임피던스가 저항성이든 리액턴스성이든 상관없이, 또 주파수 대역이 어디든 상관없이 이 방법을 적용할 수 있다. 하지만 피측정 소자는 이들 잡음곡선을 얻는 데 사용된 바이어스 조건이나 그 조건 근처에서 동작해야 한다. 바이어스점(동작점)에 따른 이들 잡음원의 변화를 나타내는 곡선이 추가로 주어지는 것이 보통이다. 이들 일단의 잡음곡선으로부터 소자의 잡음특성을 모든 동작조건 하에서 완전하게 나타낼 수 있다.

잡음데이터를 등가 파라미터 V_n과 I_n으로 나타내는 방법은 모든 종류의 소자에 적용할 수 있다. FET와 연산증폭기의 잡음특성은 보통 이 방법으로 명시된다. 일부 양극 트랜지스터 제조사들도 잡음인자 대신에 V_n–I_n 파라미터를 사용하기 시작하고 있다.

어떤 소자의 총 등가 입력 잡음전압은 중요한 파라미터이다. 잡음원 사이의 상관관계가 없는 경우를 가정하면 총 등가 입력 잡음전압은 다음과 같이 V_n, I_n 및 신호원의 열잡음으로 구성된다.

$$V_{nt} = \sqrt{4kTBR_s + V_n^2 + (I_n R_s)^2} \tag{9-30}$$

여기서 V_n과 I_n은 대역폭 B에 포함된 잡음전압과 잡음전류이다. 가장 좋은 잡음성능을 얻으려면 식 (9-30)으로 주어지는 총 잡음전압을 최소화해야 한다. 이에 대해서는 9.7절에서 최적 전원저항을 설명할 때 더욱 상세히 다루기로 한다.

대역폭의 제곱근 당 총 등가입력 잡음전압은 다음과 같이 쓸 수 있다.

$$\frac{V_{nt}}{\sqrt{B}} = \sqrt{4kTR_s + \left(\frac{V_n}{\sqrt{B}}\right)^2 + \left(\frac{I_n R_s}{\sqrt{B}}\right)^2} \tag{9-31}$$

소자 잡음으로부터의 등가 입력잡음 전압을 구할 때는 식 (9-30)에서 열잡음 성분만 빼주면

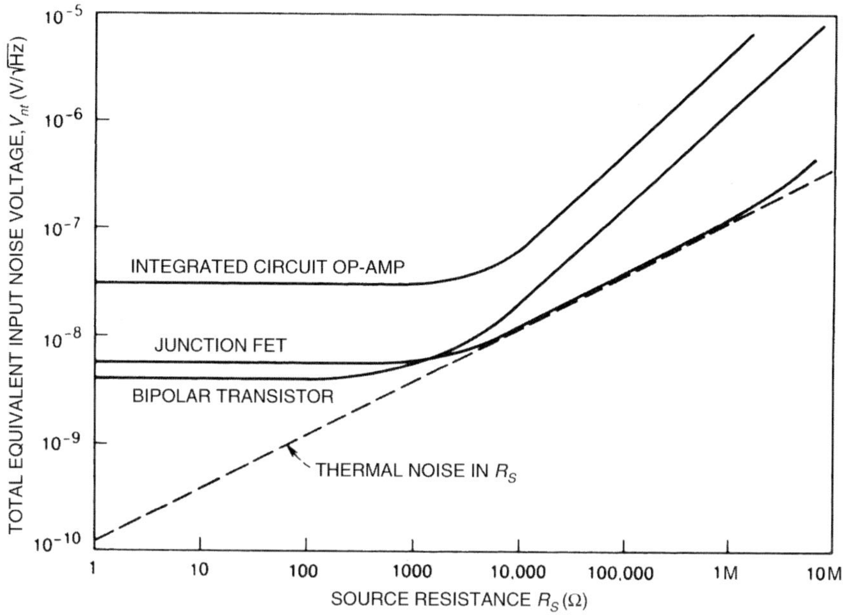

그림 9-6 세 가지 소자에 대한 전형적인 총 등가 잡음전압 곡선

된다. 따라서 등가입력 소자잡음전압은 다음과 같다.

$$V_{nd} = \sqrt{V_n^2 + (I_n R_s)^2} \tag{9-32}$$

<그림 9-6>은 전형적인 저잡음 양극 트랜지스터, 접합 FET, 연산증폭기의 대역폭 제곱근 당 총 등가 잡음전압을 그래프로 나타낸 것이다. 신호원저항에 의해 발생한 열잡음 전압의 그래프도 표시되어 있다. 열잡음 곡선은 총 입력 잡음전압의 하한 값이다. 이 그래프에서 알 수 있듯이 전원저항이 10 kΩ~1 MΩ일 경우 이 FET의 총 잡음전압은 신호원 저항의 열잡음보다 약간 클 뿐이다. 잡음을 기준으로 할 경우, 입력저항이 10 kΩ~1 MΩ의 범위에 있을 때 이 FET는 이상적인 소자의 특성에 가깝다. 반면에 신호원 저항이 작을 경우에는 양극 트랜지스터가 일반적으로 FET보다 작은 잡음을 가진다. 대부분의 경우, 연산증폭기는 양극 트랜지스터와 FET보다 큰 잡음을 가진다. 그 이유에 대해서는 9.12절에서 연산증폭기의 잡음을 다룰 때 설명하기로 한다.

9.5 V_n과 I_n의 측정(MEASURMENT OF V_n AND I_n)

소자의 잡음전압 V_n과 잡음전류 I_n를 측정하는 것은 비교적 간단하다. <그림 9-4>와 식 (9-30)으로 이 방법을 설명할 수 있다. 식 (9-30)의 총 등가잡음전압 V_{nt}를 다시 써보면 다음과 같다.

$$V_{nt} = \sqrt{4kTBR_s + V_n^2 + (I_n R_s)^2} \tag{9-33}$$

우선 V_n를 구하기 위해 전원 저항 R_s를 0으로 하여 식 (9-33)의 첫째 항과 셋째 항이 0이 되도록 한 다음, 출력 잡음전압 V_{no}를 측정한다. 회로의 전압이득이 A일 경우 다음이 성립한다.

$$V_{no} = AV_{nt} = AV_n, \qquad R_s = 0 \text{ 일 때} \tag{9-34}$$

등가 입력 잡음전압은

$$V_n = \frac{V_{no}}{A}, \qquad R_s = 0 \text{ 일 때} \tag{9-35}$$

다음으로 신호원 저항을 매우 크게 한 상태에서 I_n을 측정한다. 이때 식 (9-33)의 처음 두 항을 무시할 수 있을 정도로 신호원 저항을 크게 해야 한다. 이것은 측정된 출력 잡음전압 V_n이 다음 조건을 만족하면 충족된다.

$$V_{no} \gg A\sqrt{4kTBR_s + V_n^2}$$

이 조건에서는 등가 입력 잡음전류는 다음과 같다.

$$I_n = \frac{V_{no}}{AR_s}, \qquad R_s \text{가 클 때} \tag{9-36}$$

9.6 V_n과 I_n으로부터 잡음인자와 신호 대 잡음비 계산 (CALCULATING NOISE FACTOR AND S/N RATIO FROM V_n–I_n)

등가 입력 잡음전압 V_n과 잡음전류 I_n, 그리고 신호원 저항 R_s을 알면 식 (9-4)를 이용하여 잡음인자를 구할 수 있다. 이를 구하는 식은 다음과 같다. 이 식의 유도는 <연습문제 9.10>으로 남겨 놓았다.

$$F = 1 + \frac{1}{4kTB}\left(\frac{V_n^2}{R_s} + I_n^2 R_s\right) \tag{9-37}$$

여기서 V_n과 I_n은 관심 대역폭 B에 포함된 등가 입력 잡음전압과 잡음전류이다.

잡음인자를 최소로 하는 전원저항 R_s 값은 식 (9-37)을 R_s에 대해 미분하여 구할 수 있다. 이렇게 구한, 잡음인자를 최소로 하는 R_s 값은 다음과 같다.

$$R_{so} = \frac{V_n}{I_n} \tag{9-38}$$

식 (9-38)을 식 (9-37)에 대입하면 최소 잡음인자를 다음과 같이 구할 수 있다.

$$F_{\min} = 1 + \frac{V_n I_n}{2kTB} \tag{9-39}$$

<그림 9-4>의 회로를 이용하여 출력전력의 신호 대 잡음비를 다음과 같이 계산할 수 있다. 이 식의 유도는 <연습문제 9.11>로 남겨둔다.

$$\frac{S_o}{N_o} = \frac{(V_s)^2}{(V_n)^2 + (I_n R_s)^2 + 4kTBR_s} \tag{9-40}$$

여기서 V_s는 입력신호의 전압이다.

V_s가 일정할 경우, 최대 신호 대 잡음비는 R_s가 0일 때 발생하며, 그 값은 다음 식으로 주어진다.

$$\left.\frac{S_o}{N_o}\right|_{\max} = \left(\frac{V_s}{V_n}\right)^2 \tag{9-41}$$

V_s가 일정하고 R_s가 변하는 경우, 최소 잡음인자는 $R_s = V_n/I_n$일 때 발생하며 최대 신호 대 잡음비는 $R_s = 0$일 때 발생한다. 따라서 최소 잡음인자가 항상 최대 신호 대 잡음비 또는 최소 잡음을 보장하는 것은 아니다. 이 사실은 전형적인 소자의 총 등가 입력 잡음전압을 나타낸 <그림 9-7>의 그래프로부터 알 수 있다. $R_s = V_n/I_n$일 때 소자 잡음 대 열잡음의 비는 최소가 된다. 그러나 $R_s = 0$일 때 소자 잡음과 열잡음이 모두 최소가 된다. 최소 등가 입력 잡음전압 및 최대 신호 대 잡음비는 수학적으로 $R_s = 0$일 경우에 발생하지만 <그림 9-7>에 나타난 것처럼 이들 값이 일

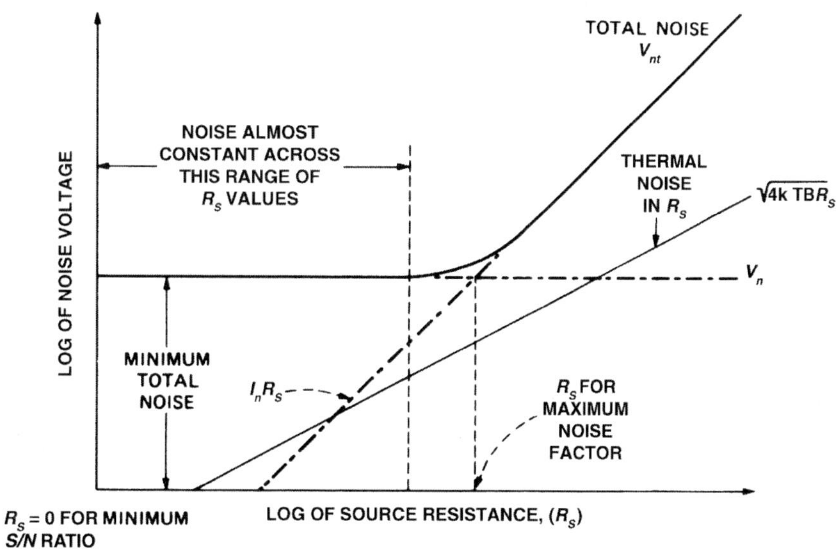

그림 9-7 전형적인 소자의 총 등가 입력 잡음전압 V_{nt}. 이 총 등가 입력잡음 전압은 식 (9-30)과 같이 열잡음, V_n, I_nR_s의 세 가지 성분으로 구성된다.

정하게 유지되는 R_s의 범위가 존재한다. 이 범위에서는 소자의 V_n이 주된 잡음원이다. 신호원 저항일 클 경우에는 I_n이 주된 잡음원이다.

9.7 최적 신호원저항(OPTIMUM SOURCE RESISTANCE)

최대 신호 대 잡음비는 $R_s = 0$에서 발생하며 최소 잡음인자는 $R_s = V_n/I_n$일 경우에 발생하므로 최고의 잡음성능을 내기 위해서는 신호원 저항 값을 얼마로 해야 하는가라는 문제가 제기된다. $R_s = 0$인 조건은 실제 소자라면 모두 유한한 신호원저항을 가지므로 현실적이지 않다. 그런데 <그림 9-7>에서 볼 수 있듯이 R_s 값이 작은 경우에는 총 잡음전압이 거의 일정하게 유지되는 R_s 값의 범위가 존재한다.

실제로는 회로 설계자가 언제나 신호원 저항을 자신이 원하는 값으로 설계할 수 있는 것은 아니다. 여러 가지 이유로 흔히 고정된 값의 신호원저항이 사용된다. 그렇다면 이 신호원 저항 값을 잡음인자를 최소로 만드는 값으로 변환해 주어야 하는가라는 질문이 생긴다. 이 질문에 대한 대답은 어떤 방법으로 저항을 변환하는가에 따라 달라진다.

실제 전원저항이 $R_s = V_n/I_n$보다 작을 경우, 저항을 증가시키기 위해 R_s와 직렬로 실제 저항을 연결해서는 안 된다. 이렇게 하면 다음과 같은 세 가지 나쁜 결과가 발생한다.

1. 신호원저항이 더 커지므로 열잡음이 증가한다(증가량은 $\sqrt{R}$에 비례).
2. 입력 잡음 전류원이 더 큰 저항을 통해 흐르므로 잡음이 증가한다(증가 정도는 R에 비례).
3. 증폭기에 인가되는 신호가 감소한다.

그러나 변압기를 사용하여 R_s의 값을 $R_s = V_n/I_n$에 가까운 값으로 증가시키면 소자에서 발생하는 잡음이 최소화되므로 잡음성능을 개선할 수 있다. 저항값이 증가함과 동시에 신호는 변압기의 권수비(turn ratio)에 의해 증가하게 된다. 신호가 증가하는 이 효과는 신호원 저항의 열잡음도 동일한 비율로 증가하므로 상쇄되어 사라진다. 그러나 변압기의 사용으로 신호 대 잡음비에 알짜 증가분이 발생한다.

실제 신호원 저항이 최소 잡음인자를 발생시키는 값보다 큰 경우에도 변압기를 사용하여 $R_s = V_n/I_n$에 가까운 값으로 낮추어주면 잡음성능을 개선할 수 있다. 그러나 이때는 신호원 임피던스가 작은 경우보다 잡음이 더 커진다.

가장 좋은 잡음성능을 얻으려면 되도록 작은 신호원 저항을 사용해야 한다. 일단 이렇게만 하면 신호원 저항을 변압기를 써서 $R_s = V_n/I_n$으로 변환하여 잡음성능을 개선할 수 있다.

식 (9-3)을 다음과 같이 다시 써보면 변압기를 사용하는 경우에 신호 대 잡음비를 개선할 수 있다는 것을 보일 수 있다.

$$\frac{S_o}{N_o} = \frac{1}{F}\left(\frac{S_i}{N_i}\right) \tag{9-42}$$

신호원 저항이 고정되어 있을 경우, 임의의 권수비를 가지는 변압기를 추가하여도 입력 신호 대 잡음비는 변하지 않는다. 입력 신호 대 잡음비가 일정한 경우, 출력 신호 대 잡음비는 잡음인자 F가 최소일 때 최대가 된다. F는 소자가 신호원을 바라볼 때 신호원의 임피던스가 $R_s = V_n/I_n$인 경우에 최소가 된다. 따라서 변압기를 사용하여 F를 최소화하면 신호 대 잡음비를 최대화할 수 있다. 신호원 저항이 고정되어 있지 않을 경우, F가 최소가 되도록 R_s를 선택하여도 반드시 최적 잡음성능을 얻을 수 있는 것은 아니다. 그러나 신호원 저항이 특정값으로 주어진 경우에는 F가 최소일 때 회로의 잡음이 최소가 된다.

변압기를 사용할 경우, 변압기 권선저항에서 발생하는 열잡음을 반드시 고려해주어야 한다. 이를 위해 신호원 저항에, 변압기의 1차 권선저항과 2차 권선저항을 권수비의 제곱으로 나눈 값을 더해준다. 권수비는 2차 코일의 권선수를 1차 코일의 권선수로 나눈 값이다. 변압기의 권선저항에 의해 열잡음이 증가하지만 신호원 저항이 최적값과 10배 이상 차이가 날 경우에는 변압기를 사용할 때 증가하는 신호 대 잡음비가 훨씬 크므로, 변압기를 사용하는 것이 절대적으로 유리하다.

변압기를 사용할 경우 고려해야 할 또 다른 잡음원은 주변 자기장으로부터 변압기에 유도되는 잡음이다. 변압기에 유도되는 잡음을 허용되는 수준으로 낮추기 위해서는 변압기를 차폐할 필요가 있다.

변압기를 사용하여 개선되는 신호 대 잡음비를, 다음 식으로 정의되는 신호 대 잡음비 개선인자(SNI, singal-to-noise improvement)로 나타낼 수 있다.

$$\text{SNI} = \frac{(S/N)_{\text{변압기 있을 때}}}{(S/N)_{\text{변압기 없을 때}}} \tag{9-43}$$

신호 대 잡음비 개선인자는 다음과 같이 더욱 유용한 형태로 나타낼 수 있다.

$$\text{SNI} = \frac{(F)_{\text{변압기 없을 때}}}{(F)_{\text{변압기 있을 때}}} \tag{9-44}$$

9.8 직렬연결 회로망의 잡음인자 (NOISE FACTOR OF CASCADED STAGES)

최적 잡음성능을 얻기 얻기 위해서는 시스템의 구성요소들의 설계 시 신호 대 잡음비와 총 등가입력 잡음전압을 고려해야 한다. 시스템의 구성요소들을 설계한 후에는 각 구성요소의 잡음성능

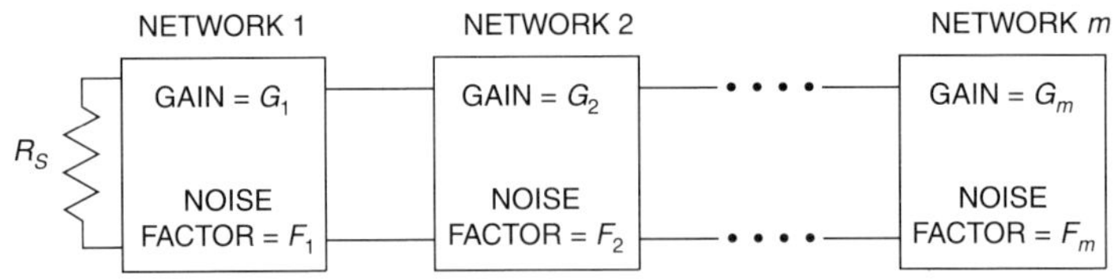

그림 9-8 직렬로 연결된 회로망.

을 잡음인자로 표현하는 것이 유용하다. 다양한 구성요소들의 잡음인자는 다음과 같이 결합할 수 있다.

<그림 9-8>과 같이 직렬로 연결된 회로망 전체의 잡음인자는 다음과 같다 (Friis, 1944).

$$F = F_1 + \frac{F_2 - 1}{G_1} + \frac{F_3 - 1}{G_1 G_2} + \cdots + \frac{F_m - 1}{G_1 G_2 \cdots G_{m-1}} \tag{9-45}$$

여기서 F_1과 G_1은 각각 첫 번째 회로망의 잡음인자와 가용 전력이득[2)]이며, F_2와 G_2는 두 번째 잡음인자와 가용전력이득이고, 나머지도 같은 방식이다.

식 (9-45)로부터 다음과 같은 중요한 사실을 알 수 있다. **시스템의 첫 번째 단의 이득 G_1이 충분히 클 경우 총 잡음인자는 첫 번째 단의 잡음인자 F_1에 의해 결정된다.**

예제 9.1

<그림 9-9>를 보면 전송선로 상에 여러 개의 동일한 증폭기가 직렬로 연결되어 있다. 각 증폭기의 가용 전력이득은 G이며 증폭기 사이를 연결하는 전송선의 손실도 역시 G이다. 이와 같은 배치방식은 전화 중계망회로 또는 CATV 분배망에 사용된다. 증폭기는 모두 가용 전력이득 G와 잡음인자 F를 가진다. 증폭기 사이의 케이블은 삽입손실 $1/G$와 잡음인자 G를 가진다. 그러면 식 (9-45)를 다음과 같이 쓸 수 있다.[3)]

$$F_t = F + \frac{G-1}{G} + \frac{F-1}{1} + \frac{G-1}{G} + \frac{F-1}{1} + \cdots + \frac{F-1}{1} \tag{9-46}$$

이 식을 다시 쓰면

$$F_t = F + 1 - \frac{1}{G} + F - 1 + 1 - \frac{1}{G} + F - 1 + \cdots + F - 1 \tag{9-47}$$

---

2) $G = A^2 R_s/R_o$로 여기서 A는 개방회로 출력전압을 신호원 전압으로 나눈 값인 개방회로 전압이득이다. R_s는 신호원 저항이며 R_o는 회로망의 출력 임피던스이다.

3) 이 식은 케이블 구간에 대해 기본적인 잡음인자 정의식인 식 (9-1)을 적용하여 유도할 수 있다. 각 케이블 구간은 케이블의 특성 임피던스에서 동작하는 정합된 전송선로로 가정한다.

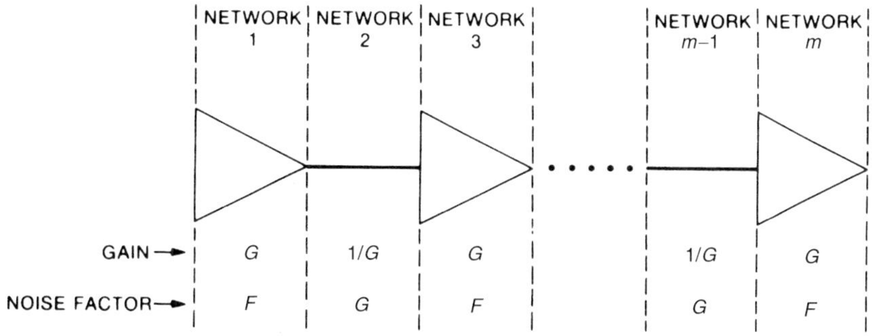

그림 9–9 전송선로 상에서 균일한 간격으로 연결된 동일한 증폭기

K개의 증폭기와 K–1개의 케이블 구간에 대해 총 잡음인자는 다음과 같다.

$$F_t = KF - \frac{K-1}{G} \tag{9-48}$$

만일 $FG \gg 1$인 경우에는 다음과 같이 간단해진다.

$$F_t = KF \tag{9-49}$$

전체 잡음지수는 다음과 같다.

$$(NF)_t = 10 \log F + 10 \log K \tag{9-50}$$

따라서 전체 잡음지수는 첫 번째 증폭기의 잡음지수에, 증폭단의 개수의 로그에 10을 곱한 것을 더한 것과 같다. 이 결과로부터 증폭단의 개수가 두 배가 될 때마다 잡음지수는 3 dB 증가한다는 것을 알 수 있다. 이 때문에 최대로 연결할 수 있는 증폭기의 개수에는 한계가 있다.

예제 9.2

<그림 9-10>을 보면 특성 임피던스가 300 Ω인 정합 전송선로에 의해 TV 세트와 안테나가 서로 연결되어 있다. 전송선로의 삽입손실이 6 dB이고, TV 세트가 14 dB의 잡음지수를 가질 경우, TV 세트 단자에서 40 dB의 신호 대 잡음비를 얻으려면 안테나 단자에 나타나는 신호전압은 얼마가 되어야 하는가? 이 문제를 풀기 위해서는 시스템의 모든 잡음원을 어떤 한 점의 등가 잡음전압으로 변환해주어야 하는데, 이 경우에는 이 점이 TV 세트의 입력단이 된다. 이렇게 한 다음에는 잡음전압을 모두 결합하여 필요한 신호 대 잡음

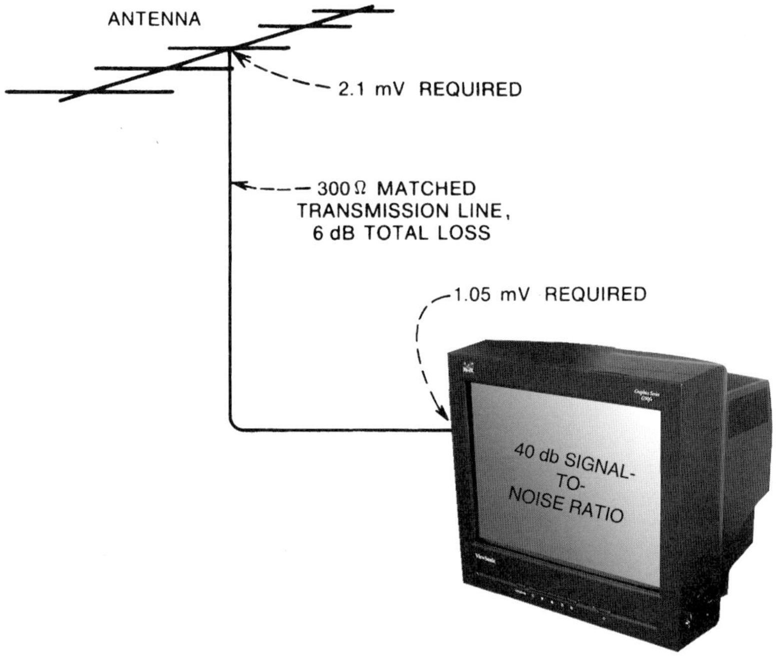

그림 9-10 안테나에 연결된 TV 세트.

비를 얻기 위한 신호의 크기를 산출한다.

4 MHz 대역폭과 300 Ω 입력 임피던스로부터 TV 세트 입력에서 발생하는 열잡음 전압을 계산하면 −53.2 dBmV(2.2 μV)이다.[4)]

TV 세트에 의해 입력 열잡음 전력에 14 dB의 잡음이 더해지므로 총 입력 잡음전력은 −53.2 dBmV + 14 dB인 −39.2 dBmV이 된다. 40 dB의 신호 대 잡음비를 얻기 위해서는 TV 세트 입력에서의 신호전압은 +0.5 dBmV가 되어야 한다(−39.2 dBmV+ 40 dB). 전송선로가 6 dB의 손실을 가지므로 안테나 단자에서의 신호전압은 +6.5 dBmV, 즉 2.1 mV가 되어야 한다. 이 예제에서처럼 잡음전압을 곧바로 더할 수 있으려면 모든 수치를 동일한 임피던스 값, 이 경우에는 300 Ω를 기준으로 표시해야 한다.

4) 300 Ω 저항과 4 MHz 대역폭의 경우, 상온(290 K)에서 개방회로 잡음전압은 4.4 μV이다. 300 Ω 신호원이 300 Ω 부하저항에 연결될 경우 개방회로 전압의 1/2, 즉 2.2 μV가 부하에 걸리게 된다.

9.9 잡음온도(NOISE TEMPERATURE)

회로 또는 소자의 잡음성능을 나타내는 또 다른 방법은 등가 입력 잡음온도(T_e)의 개념을 사용하는 것이다.

회로의 등가 입력 잡음온도는 회로의 출력에서 측정된 잡음전압을 발생시키는 데 필요한 신호원 저항의 온도증가로 정의된다. 잡음온도 측정시 기준이 되는 표준온도 T_0는 290K이다.

<그림 9-11>에 신호원 저항 R_s를 가지며 온도가 T_0인 잡음이 있는 증폭기를 나타내었다. 측정된 총 출력 잡음전압은 V_{no}이다. <그림 9-12>는 신호원 저항 R_s를 가지며 <그림 9-11>의 증폭기와 동일한 이득을 가지는 무잡음 증폭기이다. 이제 신호원 저항의 온도를 T_e 만큼 증가시켜 측정된 총 출력 잡음전압 V_{no}가 <그림 9-11>의 경우와 같아지게 한다. 그러면 이때 T_e가 증폭기의 등가 잡음온도이다.

등가 입력 잡음온도와 잡음인자 F 사이에는 다음 관계가 성립한다.

$$T_e = 290(F - 1) \tag{9-51}$$

또 등가 입력 잡음온도와 잡음지수 NF 사이에는 다음 관계가 성립한다.

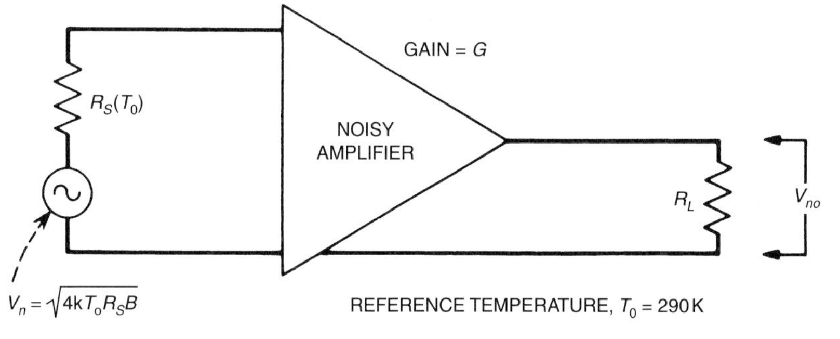

그림 9-11 잡음이 있는 증폭기.

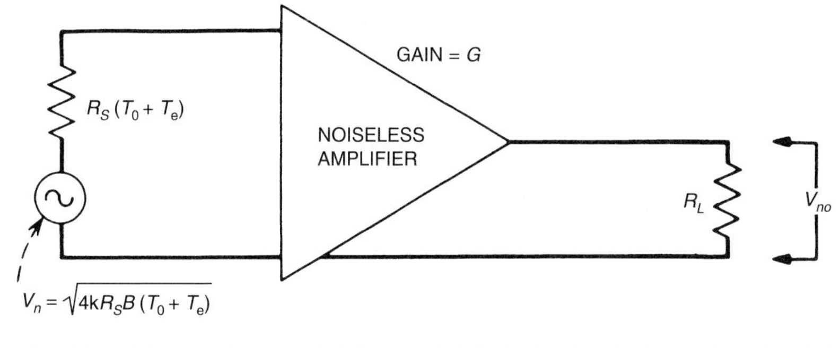

그림 9-12 등가 입력 잡음온도: 증폭기의 잡음을 나타내기 위해 신호원저항의 온도를 증가시킨다.

$$T_e = 290(10^{NF/10} - 1) \tag{9-52}$$

잡음온도를 등가 입력 잡음전압과 잡음전류(V_n, I_n)를 써서 나타내면 다음과 같다.

$$T_e = \frac{V_n^2 + (I_n R_s)^2}{4kBR_s} \tag{9-53}$$

여러 개의 증폭기가 직렬로 연결된 경우 등가 입력 잡음온도는 다음과 같다.

$$T_{e(\text{total})} = T_{e1} + \frac{T_{e2}}{G_1} + \frac{T_{e3}}{G_1 G_2} + \cdots \tag{9-54}$$

여기서 T_{e1}과 G_1은 첫 번째 단의 등가 입력 잡음온도와 가용 전력이득이며, T_{e2}와 G_2는 두 번째 단에 해당되는 같은 값이다. 나머지도 같은 방식이다.

9.10 양극 트랜지스터 잡음(BIPOLAR TRANSISTOR NOISE)

<그림 9-13>은 전형적인 양극 트랜지스터의 주파수에 따른 잡음지수 그래프이다. 그림에서 보듯이 잡음지수는 중간 주파수 대역에서 일정하다가 낮은 주파수와 높은 주파수로 갈수록 증가한다. 저주파에서는 "$1/f$" 잡음, 즉 접촉잡음에 의해 잡음지수가 증가한다. $1/f$ 잡음과 f_1은 컬렉터 전류가 증가함에 따라 증가한다.

주파수 f_1 이상에서의 잡음은 백색신호원에 의해 발생하는 것으로 이 백색잡음원은 베이스 저항의 열잡음과 이미터-컬렉터 접합에서의 산탄잡음으로 구성된다. 백색잡음원은 베이스의 저항을 작게 하고, 전류이득을 크게 하고 알파 차단 주파수를 높게 하여 최소화할 수 있다. f_2 이상의 주파수에서 잡음지수를 증가시키는 요인은 (1) 이 주파수 대역에서 트랜지스터의 이득증가

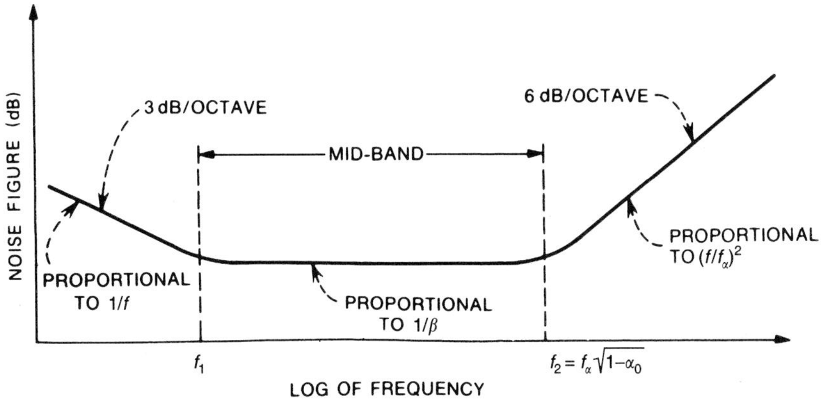

그림 9-13 양극 트랜지스터의 주파수에 따른 잡음 지수의 변화 특성.

(2) 출력(컬렉터) 접합에서 발생하는 트랜지스터 잡음 (따라서 트랜지스터의 이득에 관계없음)이다.

전형적인 오디오 트랜지스터의 경우 f_1은 1~50 kHz 범위에 있으며 f_2는 보통 10 MHz 이상이다. 고주파용으로 설계된 트랜지스터의 경우 f_2는 이보다 훨씬 크다.

9.10.1 트랜지스터 잡음인자(Transistor Noise Factor)

<그림 9-14>의 트랜지스터 T 등가회로를 이용하여 양극 트랜지스터 잡음인자에 대한 이론적인 수식을 유도할 수 있다. 이때 누설전류 I_{CBO}는 무시한다. r_c를 무시하고($r_c >> R_L$), 네 가지 잡음원인 (1) 베이스 저항의 열잡음, (2) 이미터 다이오드의 산탄잡음, (3) 컬렉터의 산탄잡음, (4) 신호원저항의 열잡음을 집어넣어 <그림 9-15>와 같은 등가회로를 만들 수 있다.

<그림 9-15>의 회로와 다음 관계식을 이용하여 잡음인자를 구할 수 있다.

$$I_c = \alpha_o I_e \tag{9-55}$$

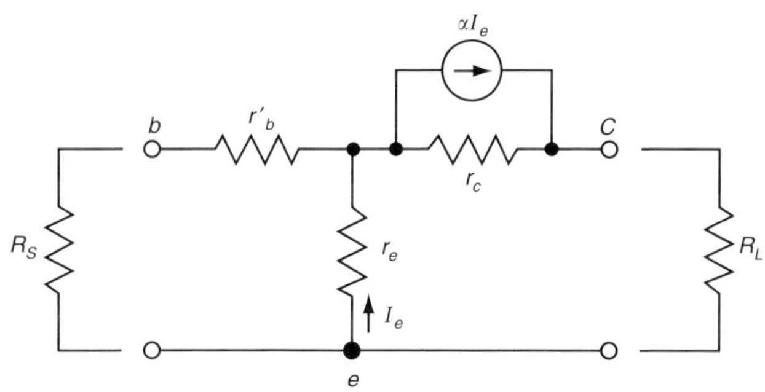

그림 9-14 양극 트랜지스터의 T 등가회로

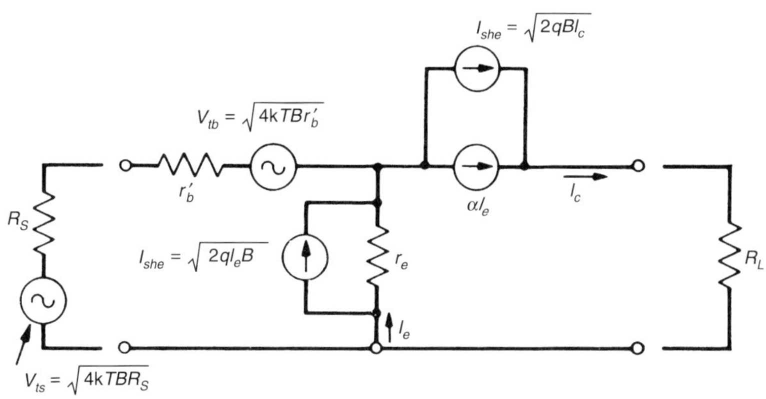

그림 9-15 양극 트랜지스터의 잡음 등가회로.

$$r_e = \frac{kT}{qI_e} \approx \frac{26}{I_e(\text{mA})} \tag{9-56}$$

$$|\alpha| = \frac{|\alpha_o|}{\sqrt{1 + (f/f_\alpha)^2}} \tag{9-57}$$

여기서 α_0는 트랜지스터의 공통 베이스 전류이득 α의 직류값이며, k는 볼츠만 상수, q는 전자의 전하량, f_α는 트랜지스터의 알파 차단 주파수, f는 주파수이다. 이 등가회로를 이용하여 Nielsen (1957)은 다음과 같이 잡음인자를 유도하였다.

$$F = 1 + \frac{r_b'}{R_s} + \frac{r_e}{2R_s} + \frac{(r_e + r_b' + R_s)^2}{2r_e R_s \beta_o}\left[1 + \left(\frac{f}{f_\alpha}\right)^2 (1 + \beta_o)\right] \tag{9-58}$$

여기서 β_0는 공통 이미터 전류이득 β의 직류값으로 다음과 같이 쓸 수 있다.

$$\beta_o = \frac{\alpha_o}{1 - \alpha_o} \tag{9-59}$$

위 식에는 $1/f$ 잡음의 효과는 포함되어 있지 않으며 f_1 이상의 모든 주파수에서 성립한다. $1/f$ 잡음은 컬렉터 회로의 αI_e와 병렬로 전류원을 추가하여 모델링할 수 있다.

식 (9-58)의 두 번째 항은 베이스의 열잡음, 세 번째 항은 이미터의 산탄잡음, 그리고 네 번째 항은 컬렉터의 산탄잡음을 나타낸다. 이 식은 공통 이미터 회로와 공통 베이스회로에 모두 적용할 수 있다.

식 (9-58)을 R_s에 대해 미분한 다음 이를 0으로 놓으면 최소 잡음인자를 발생시키는 신호원 저항 R_s를 다음과 같이 구할 수 있다.

$$R_{so} = \left[(r_b' + r_e)^2 + \frac{(2r_b' + r_e)\beta_o r_e}{1 + (f/f_\alpha)^2 (1 + \beta_o)}\right]^{1/2} \tag{9-60}$$

대부분의 양극 트랜지스터의 경우 잡음인자를 최소로 만드는 신호원 저항의 값은 전력이득을 최대가 되게 하는 값에 가깝다. 대부분의 트랜지스터는 알파 차단 주파수보다 훨씬 낮은 주파수에서 동작한다. 이와 같이 $f \ll f_\alpha$인 경우에 $\beta_0 \gg 1$를 가정하면 식 (9-60)은 다음과 같이 된다.

$$R_{so} = \sqrt{(2r_b' + r_e)\beta_o r_e} \tag{9-61}$$

r_b'을 무시할 수 있을 경우(이 가정은 항상 성립하지는 않는다) 식 (9-61)은 다음과 같이 된다.

$$R_{so} \approx r_e\sqrt{\beta_o} \tag{9-62}$$

위 식은 최소 잡음인자를 얻을 수 있는 신호원 저항을 신속히 계산하는 데에 유용하다. 식 (9-62)로부터 공통 이미터 전류이득 β_o가 클수록 R_{so}의 값이 크다는 것을 알 수 있다.

9.10.2 트랜지스터의 V_n과 I_n ($V_n - I_n$ for Transistors)

트랜지스터의 등가 입력 잡음전압과 잡음전류를 구하기 위해서는 먼저 총 등가 입력 잡음전압 V_{nt}를 구해야 한다. 식 (9-58)을 식 (9-26)에 대입한 후 그 결과를 제곱하면 다음을 얻을 수 있다.

$$V_{nt}^2 = 2kTB(r_e + 2r_b' + 2R_s) + \frac{2kTB(r_e + r_b' + R_s)^2}{r_e\beta_o} \times \left[1 + \left(\frac{f}{f_\alpha}\right)^2 (1 + \beta_o)\right] \tag{9-63}$$

등가 입력 잡음전압의 제곱 V_n^2은 식 (9-63)에서 $R_s = 0$으로 놓아 다음과 같이 구할 수 있다(식 (9-34) 및 (9-35) 참조).

$$V_n^2 = 2kTB(r_e + 2r_b') + \frac{2kTB(r_e + r_b')^2}{r_e\beta_o}\left[1 + \left(\frac{f}{f_\alpha}\right)^2 (1 + \beta_o)\right] \tag{9-64}$$

I_n^2은 식 (9-63)을 R_s^2으로 나눈 후 R_s를 매우 크게 하여 다음 식과 같이 구할 수 있다.

$$I_n^2 = \frac{2kTB}{r_e\beta_o}\left[1 + \left(\frac{f}{f_\alpha}\right)^2 (1 + \beta_o)\right] \tag{9-65}$$

9.11 FET의 잡음(FIELD-EFFECT TRANSISTOR NOISE)

접합 FET에서 세 가지 중요한 잡음발생 메커니즘은 (1) 역 바이어스된 게이트에서 발생하는 산탄잡음, (2) 소스와 드레인 사이의 채널에서 발생하는 열잡음, (3) 게이트와 채널 사이의 공간전하 영역에서 발생되는 1/f 잡음이다.

<그림 9-16>은 접합 FET의 잡음 등가회로이다. 잡음원 I_{sh}은 게이트 회로에서의 산탄잡음을

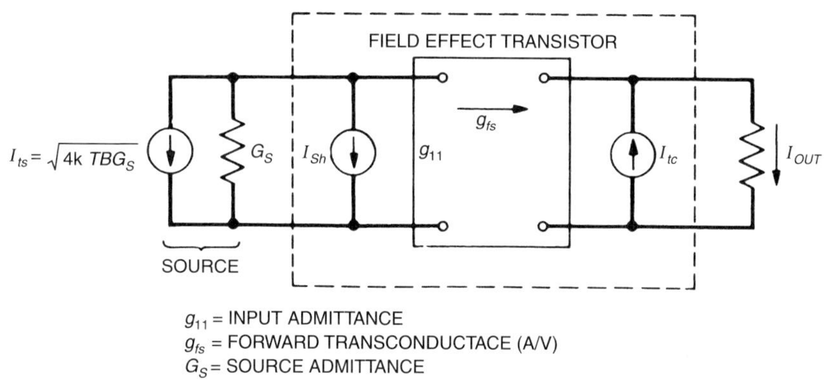

그림 9-16 접합 FET의 잡음 등가회로

나타내고, I_{tc}는 채널에서의 열잡음을 나타낸다. I_{ts}는 신호원 어드미턴스 G_s의 열잡음이다. FET는 입력 어드미턴스 g_{11}과 순방향 전달컨덕턴스(transconductance) g_{fs}를 가진다.

9.11.1 FET의 잡음인자(FET Noise Factor)

<그림 9-16>에서 I_{sh}와 I_{tc} 사이에 상관관계가 없다고 가정하면[5] 총 출력 잡음전류를 다음과 같이 쓸 수 있다.

$$I_{\text{out}} = \left[\frac{4kTBG_s g_{fs}^2}{(G_s + g_{11})^2} + \frac{I_{sh}^2 g_{fs}^2}{(G_s + g_{11})^2} + I_{tc}^2\right]^{1/2} \tag{9-66}$$

열잡음원만에 의한 출력 잡음전류는 다음과 같다.

$$I_{\text{out}}(\text{source}) = \left(\frac{\sqrt{4kTBG_s}}{G_s + g_{11}}\right) g_{fs} \tag{9-67}$$

식 (9-66)의 잡음인자를 제곱하고 이를 식 (9-67)을 제곱한 것으로 나누어 잡음인자를 구하면 다음과 같다.

$$F = 1 + \frac{I_{sh}^2}{4kTBG_s} + \frac{I_{tc}^2}{4kTBG_s(g_{fs})^2}(G_s + g_{11})^2 \tag{9-68}$$

I_{sh}는 입력 산탄잡음으로 다음 식과 같다.

$$I_{sh} = \sqrt{2qI_{gss}B} \tag{9-69}$$

여기서 I_{gss}는 게이트의 총 누설전류이다. I_{tc}는 채널의 열잡음으로 다음과 같다.

$$I_{tc} = \sqrt{4kTBg_{fs}} \tag{9-70}$$

식 (9-69)와 (9-70)을 식 (9-68)에 대입하고 다음 관계식

$$\frac{2q}{4kT} I_{gss} = g_{11} \tag{9-71}$$

을 이용하여 잡음인자를 다음과 같이 쓸 수 있다.

$$F = 1 + \frac{g_{11}}{G_s} + \frac{1}{G_s g_{fs}}(G_s + g_{11})^2 \tag{9-72}$$

어드미턴스 대신에 저항을 사용하여 식 (9-72)을 다시 정리하면 다음과 같다.

$$F = 1 + \frac{R_s}{r_{11}} + \frac{R_s}{g_{fs}}\left(\frac{1}{R_s} + \frac{1}{r_{11}}\right)^2 \tag{9-73}$$

---

5) 고주파에서는 잡음원 I_{sh}와 I_{tc}가 어느 정도 상관 관계를 가진다. 그러나 실제로는 상관 관계가 없다고 가정하는 것이 보통이다.

식 (9-72)와 (9-73)에는 $1/f$ 잡음이 포함되어 있지 않다. 위 식의 두 번째 항은 게이트 접합에서의 산탄잡음에 의한 것이며 세 번째 항은 채널의 열잡음에 의한 것이다.

저잡음 성능을 갖기 위해서는 FET가 높은 이득(큰 g_{fs})과 높은 입력저항 r_{11}(작은 게이트 누설전류)을 가져야 한다.

보통 저주파에서는 신호원 저항 R_s가 게이트 누설저항 r_{11}보다 작다. 이 경우 식 (9-73)을 다음과 같이 쓸 수 있다.

$$F \approx 1 + \frac{1}{g_{fs} R_s} \tag{9-74}$$

게이트가 절연된 FET (IGFET) 또는 산화금속 FET (MOSFET)의 경우 게이트 pn 접합이 없으므로 산탄잡음이 발생하지 않으며 따라서 식 (9-74)가 적용된다. 그러나 IGFET와 MOSFET은 보통 접합 FET(JFET)보다 더 큰 $1/f$ 잡음을 가진다.

9.11.2 V_n과 I_n을 이용한 FET 잡음 해석($V_n - I_n$ Representation of FET Noise)

식 (9-73)을 식 (9-26)에 대입하여 총 등가 입력 잡음전압을 다음 식으로 구할 수 있다.

$$V_{nt}^2 = 4kTBR_s \left[1 + \frac{R_s}{r_{11}} + \frac{R_s}{g_{fs}} \left(\frac{1}{R_s} + \frac{1}{r_{11}} \right)^2 \right] \tag{9-75}$$

식 (9-75)에서 $R_s = 0$으로 하면 등가 입력잡음의 제곱을 구할 수 있다(식 (9-34)와 (9-35) 참조).

$$V_n^2 = \frac{4kTB}{g_{fs}} \tag{9-76}$$

I_n^2을 구하기 위해 식 (9-75)를 R_s^2으로 나눈 후 R_s를 매우 크게 하면 다음을 얻을 수 있다(식 (9-34)와 (9-36) 참조).

$$I_n^2 = \frac{4kTB(1 + g_{fs} r_{11})}{g_{fs} r_{11}^2} \tag{9-77}$$

$g_{fs} r_{11} >> 1$인 경우 식 (9-77)은 다음과 같이 된다.

$$I_n^2 = \frac{4kTB}{r_{11}} \tag{9-78}$$

9.12 연산증폭기의 잡음(NOISE IN OPERATIONAL AMPLIFIERS)

연산증폭기의 잡음성능을 결정하는 데 있어서 가장 중요한 부분이 입력단이다. 대부분의 집적회로 연산증폭기의 입력단에는 2개, 경우에 따라서는 4개의 입력 트랜지스터로 이루어진 차동입력 구조가 사용된다. <그림 9-17>은 2개의 트랜지스터로 구성된 전형적인 연산증폭기 입력 회

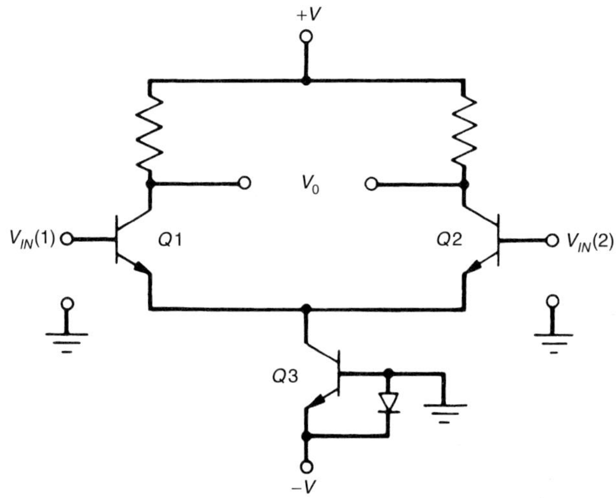

그림 9-17 집적회로 연산증폭기의 전형적인 입력회로 구조. 입력 트랜지스터 Q_1과 Q_2의 직류 바이어스는 정전류원인 Q_3에 의해 공급된다.

로의 구조이다. 2개의 트랜지스터가 사용되므로 트랜지스터 1개만 입력단에서 사용한 경우의 잡음전압보다 약 $\sqrt{2}$ 배 큰 잡음전압이 발생한다. 일부 집적회로 트랜지스터는 개별타입의 트랜지스터보다 작은 전류이득(β)을 가지므로 더 큰 잡음을 발생시킨다.

따라서 일반적으로 연산증폭기는 개별타입의 트랜지스터보다 기본적으로 더 큰 잡음을 발생시킨다. 이 사실은 <그림 9-6>의 전형적인 등가 입력 잡음전압 곡선에서도 확인할 수 있다. 연산증폭기 전단에 개별타입의 트랜지스터 단을 사용하면 연산증폭기의 장점을 유지하면서도 더욱 우수한 잡음성능을 얻을 수 있다. 연산증폭기는 평형입력, 온도 변화에 따른 작은 동작점 변화, 작은 오프셋 전류 등의 장점을 가진다.

연산증폭기의 잡음특성은 등가 입력 잡음전압과 잡음전류인 V_n과 I_n을 이용하여 쉽게 모델링할 수 있다. <그림 9-18A>는 전형적인 연산증폭기 회로이다. <그림 9-18B>는 동일한 회로에 등가 잡음전압원과 전류원을 포함시킨 것이다.

<그림 9-18B>의 등가회로를 이용하여 총 등가 입력 잡음전압을 다음과 같이 구할 수 있다.

$$V_{nt} = \left[4kTB(R_{s1} + R_{s2}) + V_{n1}^2 + V_{n2}^2 + (I_{n1}R_{s1})^2 + (I_{n2}R_{s2})^2\right]^{1/2} \tag{9-79}$$

여기서 V_{n1}, V_{n2}, I_{n1}, I_{n2}는 모두 대역폭 B의 함수이다.

식 (9-79)의 두 잡음전압을 다음과 같이 결합해보자.

$$(V_n')^2 = V_{n1}^2 + V_{n2}^2 \tag{9-80}$$

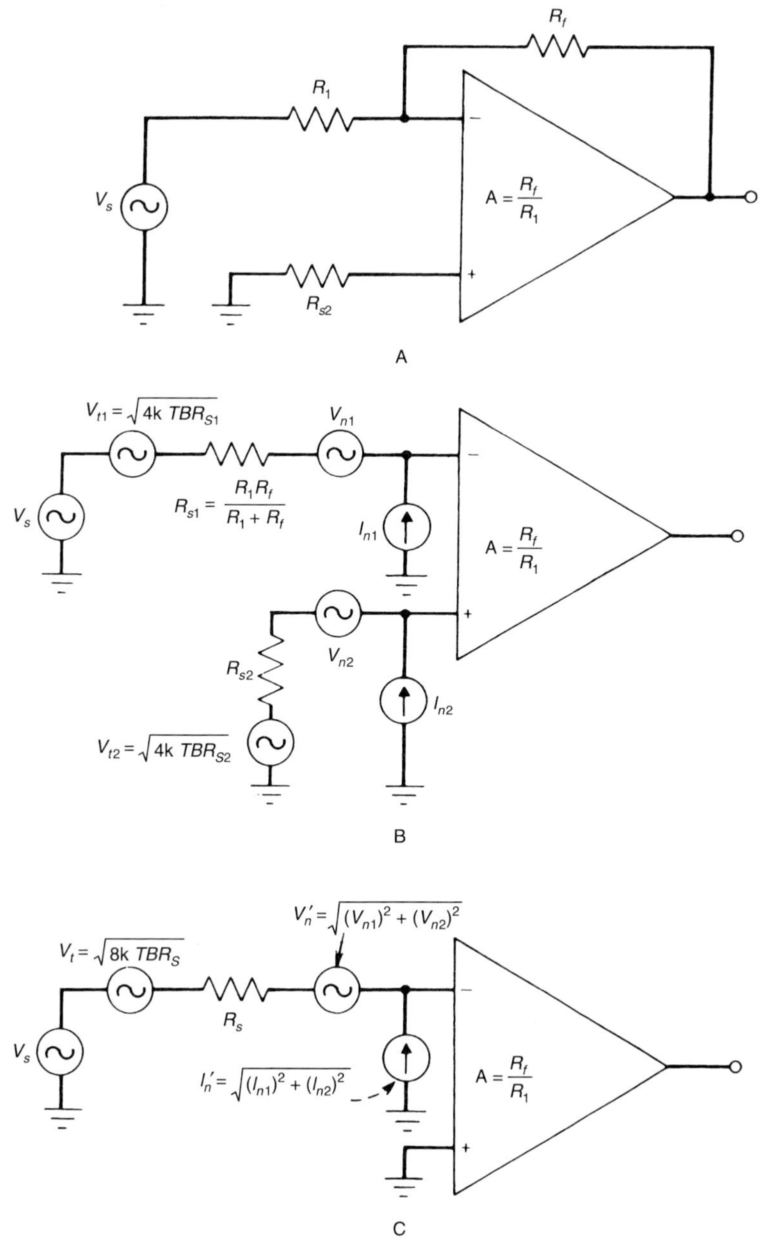

그림 9-18 (A) 전형적인 연산증폭기 회로; (*B*) 연산증폭기 회로의 잡음 등가회로; (*C*) 회로 *B*에서 $R_{s1} = R_{s2} = R_{s3}$인 경우 입력단자 한 곳으로 잡음원을 결합하여 나타낸 회로.

그러면 식 (9-79)를 다음과 같이 다시 쓸 수 있다.

$$V_{nt} = \left[4kTB(R_{s1} + R_{s2}) + (V_n')^2 + (I_{n1}R_{s1})^2 + (I_{n2}R_{s2})^2\right]^{1/2} \tag{9-81}$$

잡음 전압원은 하나로 결합하여 나타냈지만 식 (9-81)에는 여전히 두 개의 잡음 전류원이 들어있다. 연산증폭기에서는 입력 바이어스 전류에 의한 직류 출력 오프셋 전압을 최소로 하기 위해 보통 $R_{s1} = R_{s2}$의 조건이 만족된다. 이 경우에는 두 잡음 전류원을 다음과 같이 결합시킬 수 있다.

$$(I_n')^2 = I_{n1}^2 + I_{n2}^2 \tag{9-82}$$

$R_{s1} = R_{s2} = R_s$로 놓으면 식 (9-81)을 다음과 같이 쓸 수 있다.

$$V_{nt} = \left[8kTBR_s + (V_n')^2 + (I_n'R_s)^2\right]^{1/2} \tag{9-83}$$

식 (9-83)을 등가회로로 나타낸 것이 <그림 9-18C>이다. 연산증폭기에서 최적의 잡음성능(최대의 신호 대 잡음비)를 얻으려면 총 등가 입력 잡음전압 V_{nt}를 최소로 해야 한다.

9.12.1 연산증폭기의 잡음을 명시하는 방법(Methods of Specifying Op-Amp Noise)

연산증폭기 제조사에서 연산증폭기의 잡음특성을 명시하는 데 사용되는 방법에는 여러 가지가 있다. 이 가운데 <그림 9-19A>의 등가회로와 같이 각 입력 단자에서 V_n, I_n 값을 제공하는 것이 있다. 입력 회로는 대칭구조이므로 각 단자에서의 잡음전압과 잡음전류는 같다. 다른 방법으로 <그림 9-19B>의 등가회로와 두 단자의 V_n, I_n을 하나로 결합한 V_n', I_n'값을 제공하는 것이 있다. 이 경우 두 잡음 전류원을 하나로 결합하기 위해서는 두 입력 단자에 동일한 신호원 저항이 연결되어야 한다. <그림 9-19A>의 V_n, I_n으로부터 <그림 9-19B>의 V_n', I_n'은 다음 식으로 구할 수 있다.

$$V_n' = \sqrt{2}V_n \tag{9-84}$$

$$I_n' = \sqrt{2}I_n \tag{9-85}$$

어떤 경우에는 <그림 9-19C>와 같이 잡음전류값은 각 입력단자의 잡음전류 I_n 값을 그대로 제공하고 잡음전압값은 결합된 값인 V_n'를 제공하는 제조사도 있다. 따라서 사용자는 제조사에서 제공하는 잡음정보를 사용하기 전에 그 정보가 어떤 등가회로에 적용되는지를 알아야 한다. 현재로서는 연산증폭기의 잡음을 명시하는 데 사용되는 통일된 표준 방법이 제정되어 있지 않다.

9.12.2 연산증폭기의 잡음인자(Op-Amp Noise Factor)

보통 연산증폭기와 관련해서는 잡음인자를 사용하지 않는다. 그렇기는 해도 식 (9-83)을 식 (9-26)에 대입한 후 F에 대해 정리하면 다음과 같이 잡음인자를 구할 수 있다.

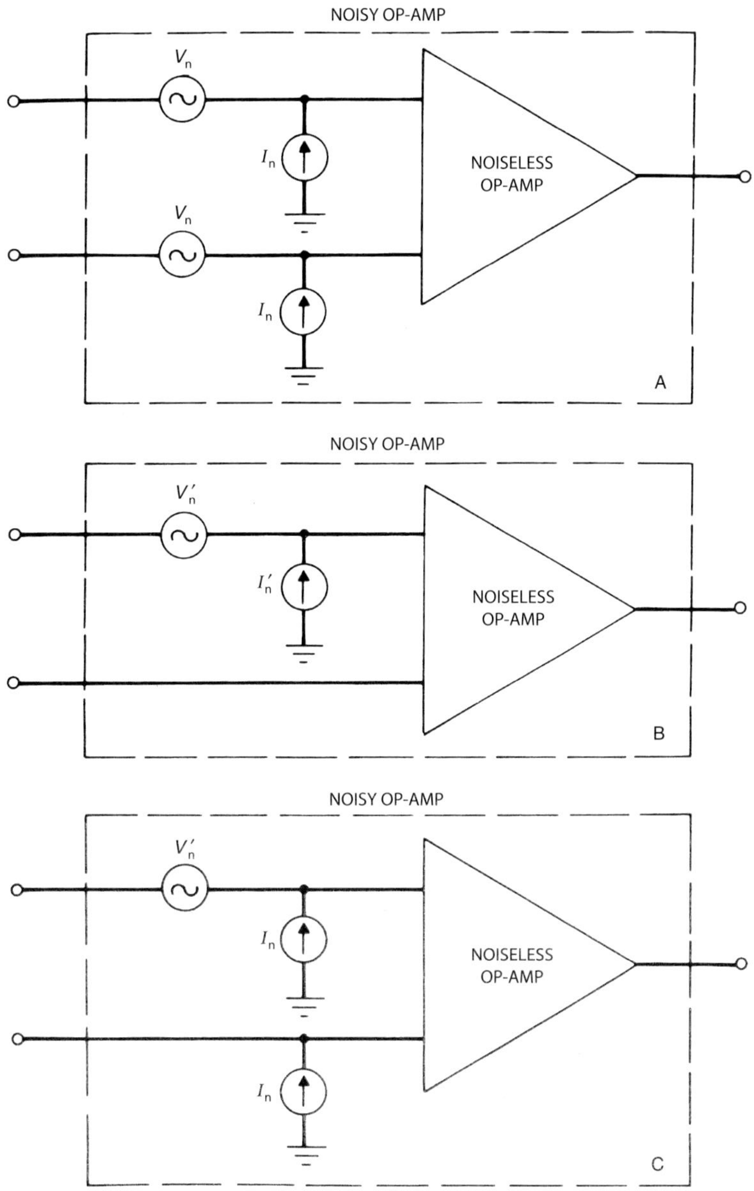

그림 9-19 연산증폭기의 잡음을 모델링하는 방법: (*A*) 각 입력 단자에 개별적인 잡음원 연결; (*B*) 잡음원을 결합하여 한 입력 단자에 연결; (*C*) 잡음 전류원은 각 입력 단자에 연결하고 잡음 전압원은 결합하여 한 입력 단자에 연결.

$$F = 2 + \frac{(V_n')^2 + (I_n' R_s)^2}{4kTBR_s} \tag{9-86}$$

식 (9-86)에서는 두 신호원 저항 중 하나에서만 열잡음이 발생한다고 가정하였다. 이것은 연산증폭기에 불평형 방식(싱글엔드형, single-ended)으로 입력할 때 성립한다. 사용하지 않은 입력 단자의 저항 R_s의 열잡음은 증폭기 잡음의 일부가 되는데 이는 이러한 입력 방식으로 증폭기를 사용할 때 감수해야 할 불이익이다.

연산증폭기를 반전증폭기 형태로 사용하는 경우, 사용하지 않은 입력 단자의 R_s에서 발생한 열잡음은 바이패스 커패시터를 사용하여 접지로 흘려보낼 수 있다. 이 방법은 비반전 연산증폭기 구조에는 적용할 수 없는데 그 이유는 바이패스 커패시터를 연결해야 하는 지점에 귀환회로를 연결해야 하기 때문이다.

연산증폭기의 잡음인자를 정의하는 두 번째 방법은 신호원 잡음이 두 개의 신호원 저항(이 경우 $2R_s$)의 열잡음에 의한 것이라 가정하는 것이다. 이 경우 잡음인자를 다음과 같이 쓸 수 있다.

$$F = 1 + \frac{(V_n')^2 + (I_n' R_s)^2}{8kTBR_s} \tag{9-87}$$

식 (9-87)은 연산증폭기의 두 입력 단자에 모두 신호를 연결하는 차동 증폭기 형태로 연산증폭기를 사용하는 경우에 성립한다.

요약 SUMMARY

- 신호원 저항이 변하고 신호원 전압이 일정한 경우, 잡음인자를 최소화하여도 가장 좋은 잡음성능을 보장하지는 못한다.
- 신호원 저항이 주어진(일정한) 경우 잡음인자를 최소화하면 잡음이 가장 작아진다(가장 좋은 잡음성능을 가진다).
- 가장 좋은 잡음성능을 얻으려면 출력단 신호 대 잡음비를 최대로 해야 하며 이는 총 입력 잡음전압(V_{nt})을 최소화하는 것과 동일하다.
- 신호원이 리액턴스 성분만을 가진 경우에는 잡음인자개념은 의미가 없어진다.
- 신호원 전압이 일정한 경우 가장 좋은 잡음성능을 얻으려면 신호원저항을 작게 해주어야 한다.
- 변압기를 이용하여 신호원 저항이 $R_s = V_n/I_n$ 값이 되게 하면 잡음성능을 개선할 수 있다.
- 시스템에서 첫 번째 단의 이득이 충분히 큰 경우에는 시스템의 총 잡음은 첫 번째 단의 잡음에 의해 결정된다.
- 능동 소자의 잡음은 다음과 같이 여러 가지 방법으로 명시한다.
  - 잡음인자를 사용

- 등가 입력 잡음전압 V_n과 잡음전류 I_n을 사용
- 등가 입력 잡음온도 T_e를 사용

연습문제 PROBLEMS

9.1 식 (9-1)로부터 식 (9-3)을 유도하라.

9.2 다음 중 어떤 소자가 가장 작은 등가 입력 잡음전압($V_{nd}/\sqrt{B}$)을 가지는가?

a. $R_s = 10^4\ \Omega$에서 10 dB의 잡음지수를 가지는 양극 트랜지스터

b. $R_s = 10^5\ \Omega$에서 6 dB의 잡음 지수를 가지는 FET

9.3 신호원 저항이 1.0 MΩ일 때 3 dB의 잡음지수를 가지는 트랜지스터가 있다. 신호원 저항 1.0 MΩ 를 통해 0.1 mV의 신호를 트랜지스터에 입력시킬 때 출력 전력의 신호 대 잡음비를 구하라. 트랜지스터 회로의 등가 잡음 대역폭은 10 kHz로 가정하라.

9.4 FET의 잡음이 다음과 같이 명시되어 있다. 등가 입력 잡음전압은 0.06×10^{-6} V/$\sqrt{\text{Hz}}$이며 등가 입력 잡음전류는 0.2×10^{-12} A/$\sqrt{\text{Hz}}$이다.

a. FET가 신호원 저항이 100 kΩ이며 등가 잡음 대역폭이 10 kHz인 회로에 사용될 경우 잡음지수를 구하라.

b. 최소의 잡음지수를 제공하는 R_s의 값과 이 값에서의 잡음 지수를 구하라.

9.5 저잡음 전치 증폭기(preamplifier)가 신호원저항이 10 Ω인 신호원에 의해 구동된다. 제조사에서 제공하는 동작 주파수에서의 전치 증폭기의 V_n, I_n 값은 다음과 같다.

$$\frac{V_n}{\sqrt{B}} = 10^{-8} \quad \text{V}/\sqrt{\text{Hz}}$$

$$\frac{I_n}{\sqrt{B}} = 10^{-13} \quad \text{A}/\sqrt{\text{Hz}}$$

a. 가장 좋은 잡음성능을 제공하는 입력 변압기의 권수비를 구하라.

b. 위 (a)에서 구한 변압기를 사용할 경우 회로의 잡음지수를 구하라.

c. 전치 증폭기가 변압기 없이 10 Ω 저항에 직접 연결될 경우 잡음지수를 구하라.

9.6 <그림 P9-6>을 보면 75 Ω 동축선을 통해 FM 수신기와 FM 안테나가 서로 연결되어 있다. 좋은 수신 품질을 위해서는 FM 수신기 입력단에서 18 dB의 신호 대 잡음비가 요구된다. 수신기의 잡음지수는 8 dB이다.

a. 케이블의 삽입손실이 6 dB일 경우, 좋은 수신 품질을 얻으려면 안테나와 케이블에 접속되는 지점에서 신호의 크기는 얼마가 되어야 하는가? 수신기의 잡음 대역폭은 50 kHz이다.

b. 위에서 구한 신호의 크기가 9.8절의 예제 9-2의 TV 세트에서 구한 신호 세기보다 상당히 작은 이유는 무엇인가?

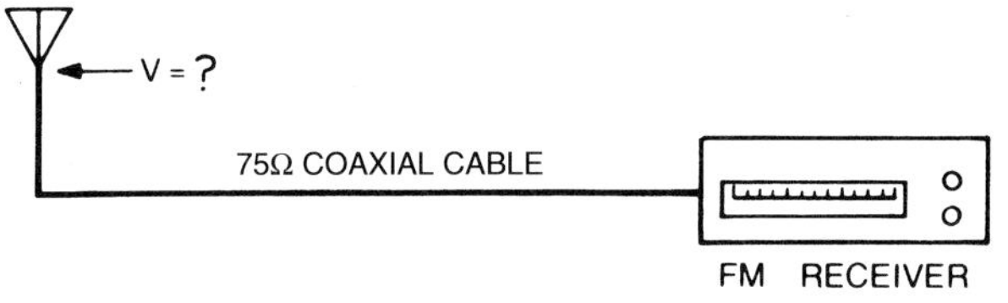

그림 P9-6

9.7 등가 잡음온도(T_e)가 290 K인 시스템의 잡음 지수는?

9.8 어떤 트랜지스터가 $f \ll f_\alpha$인 주파수에서 동작한다. 이 트랜지스터의 파라미터는 $r_b' = 50\ \Omega$, $\beta_0 = 100$이다. 컬렉터 전류가 다음과 같을 경우 최소 잡음인자와 이때의 신호원 저항을 구하라.

a. 10 μA

b. 1.0 mA

주: $r_e \approx 26/I_C$(mA)

9.9 어떤 접합 FET가 100 MHz에서 $g_{fs} = 1500 \times 10^{-6}$ S, $g_{11} = 800 \times 10^{-6}$ S를 갖는 것으로 측정되었다. 전원저항이 1000 Ω인 전원에 이 FET가 연결될 경우에 잡음지수를 구하라.

9.10 <그림 9-4> 등가회로와 식 (9-1)을 사용하여 식 (9-37)을 유도하라.

9.11 <그림 9-4> 등가회로를 사용하여 식 (9-40)을 유도하라.

참고문헌 REFERENCES

Friis, H. T. "Noise Figures of Radio Receivers," *Proceedings of the IRE*, vol. 32, July 1944.

Mumford, W. H. and Scheibe, E. H. *Noise Performance Factors in Communication Systems*, Horizon House, Dedham, MA, 1968.

Nielsen, E. G. "Behavior of Noise Figure in Junction Transistors." *Proceedings of the IRE*, vol. 45, July 1957, pp. 957–963.

Rothe, H. and Dahlke, W. "Theory of Noisy Fourpoles." *Proceedings of IRE*, vol. 44, June 1956.

심층자료 FURTHER READING

Baxandall, P. J. "Noise in Transistor Circuits." *Wireless World*, Vol. 74, November-December 1968.

Cooke, H. F. "Transistor Noise Figure." *Solid State Design*, February 1963, pp. 37–42.

Gfeller, J. "FET Noise." *EEE*, June 1965, pp. 60–63.

Graeme, J. "Don't Minimize Noise Figure." *Electronic Design*, January 21, 1971.

Haus, H. A., et al. "Representation of Noise in Linear Twoports." *Proceedings of IRE*, vol. 48, January 1960.

Letzter, S. and Webster, N. "Noise in Amplifiers." *IEEE Spectrum*, vol. 7, no. 8, August 1970, pp. 67–75.

Motchenbacher, C. D. and Connelly, J. A., *Low Noise Electronic System Design*. New York, Wiley, 1993.

Robe, T. "Taming Noise in IC Op-Amps." *Electronic Design*, vol. 22, July 19, 1974.

Robinson, F. N. H. "Noise in Transistors." *Wireless World*, July 1970.

Schiek, B., Rolfes, I., and Siwevis, H. *Noise in High-Frequency Circuits and Oscillators*, New York, Wiley, 2006.

Trinogga, L. A. and Oxford, D. F. "J.F.E.T. Noise Figure Measurement." *Electronic Engineering*, April 1974.

van der Ziel, A. "Noise in Solid State Devices and Lasers." *Proceedings of the IEEE*, vol. 58, August 1970.

van der Ziel, A. *Noise in Measurements*. New York, Wiley, 1976.

Watson, F. B. "Find the Quietest JFETs." *Electronic Design*, November 8, 1974.

Chapter 10

디지털 회로의 접지

Digital Circuit Grounding

디지털 시스템은 일종의 고주파(rf) 시스템으로서 잡음을 발생하고 간섭을 일으키기 쉽다. 디지털 시스템 설계자는 대부분 디지털 설계에 대해서는 잘 알고 있지만 고주파 시스템의 설계와 분석에 관해서는 잘 알고 있지 못하는 경우가 많아서 생각지도 않게 다른 것을 설계하는 일이 일어난다. 그래서 디지털 엔지니어들은 자신도 모르는 사이에 디지털 시스템 속에 성능 좋은 안테나를 설계해 넣는 일을 종종 하고는 한다.

또한 예전의 많은 아날로그 회로 설계자들이 후에 디지털 회로를 설계하게 되면서, 디지털 회로의 접지, 전원분배, 부품과 소자의 상호연결을 하는 데 여러 가지 다양한 기술이 필요하다는 사실을 간과하는 경우가 많다. 일부 저주파 아날로그 회로에서는 일점 접지가 바람직하지만, 디지털 회로에서는 일점 접지가 잡음의 결합과 방출의 주된 원인이 된다.

수 mA의 직류전류를 소모하는 소규모 디지털 논리회로가 언뜻 보기에는 중대한 잡음원이 아닌 것처럼 보일 수도 있다. 부품 연결선의 인덕턴스와 빠른 스위칭 속도 때문에 간단한 논리회로도 주된 잡음원이 될 수 있다. 인덕터의 전류가 변할 때 인덕터 양단에 유도되는 전압은 다음과 같다.

$$V = L\frac{di}{dt} \tag{10-1}$$

여기서 L은 인덕턴스이며 di/dt는 시간에 따른 전류의 변화율이다. 예를 들어 전원공급 도선의 인덕턴스가 50 nH라 하자. 논리 게이트가 스위칭할 때 과도전류가 50 mA이며 스위칭 속도가 1 ns라 하면, 식 (10-1)로부터 논리 게이트 하나가 상태를 바꿀 때(스위칭이 일어날 때), 전원공급 도선에 2.5 V의 전압이 유도된다. 디지털 시스템에는 많은 수의 게이트가 사용되므로 이 값의 수 배에 달하는 유도전압이 발생된다. 통상적인 디지털 시스템의 전원전압이 3.3 V인 것을 감안하면 논리 게이트 스위칭이 주된 잡음원이 될 수 있다는 것을 쉽게 알 수 있다. 잡음전압은 접지선, 전원선 및 신호선에 존재한다.

10, 11, 12, 14장은 (1) 접지, (2) 회로의 전원분배, (3) 방사잡음 제어(억제), (3) 디지털 회로의 잡음 내성(감응성)에 관한 이론과 설계기법을 다룬다.

10.1 주파수 영역 대 시간 영역(FREQUENCY VERSUS TIME DOMAIN)

디지털 회로 설계자는 시간 영역에서 생각한다. 전자파 적합성(EMC)을 다루는 경우에는 주파수 영역에서 생각하는 것이 더 낫다. 커패시터, 페라이트, 필터 및 차폐장치 등 잡음의 간섭을 제어(억제)하는 부품의 특성은 주파수 영역에서 명시되며, 시스템에서 방출되는 전자기파에 대한 법적인 규정(요건)도 주파수 영역에서 정의된다. 주파수 영역과 시간 영역은 푸리에 변환(Paul, 2006)으로 상호 연관되는데 이에 대해서는 12.1.3절에서 자세히 설명한다.

사각형 파형의 고조파 성분은 무한대까지 분포한다. 그러나 어떤 점을 넘어서면 고조파에 담긴 에너지가 아주 작아서 무시할 수 있다. 이 지점까지가 디지털 회로의 대역폭인데, 이 지점은 푸리에 변환의 계수가 20 dB/decade가 아니라 40 dB/decade로 감쇠되기 시작하는 점이다(12.1.3절의 설명 참조). 디지털 펄스 신호의 대역폭과 펄스 상승시간 t_r 사이에는 다음의 관계가 성립한다.

$$BW = \frac{1}{\pi t_r} \tag{10-2}$$

예를 들어 1 ns의 상승시간은 318 MHz의 대역폭에 해당한다. 집적회로(IC)의 최신 기술을 적용하면 1 ns 이하의 상승시간을 쉽게 구현할 수 있다. 예로서, 저전압 차동신호 기술 (LVDS)에서는 300 ps의 상승시간을 가지는 펄스 신호가 사용되는데 이것을 대역폭으로 환산하면 1 GHz이다.

10.2 아날로그 회로 대 디지털 회로 (ANALOG VERSUS DIGITAL CIRCUITS)

아날로그 회로에는 보통 증폭기가 들어있다. 외부로부터 미약한 잡음이 이러한 아날로그 회로에 결합되면 간섭을 일으킬 수 있다. 이러한 간섭은 mV 또는 μV 정도의 크기가 작은 신호를 취급하는 회로와 고이득 증폭기를 포함하는 회로에서 흔히 발생된다.

반면에 디지털 회로는 증폭기를 포함하지 않으며 민감한 아날로그 회로에 비해 상대적으로 높은 신호 레벨에서 동작한다. 상보 산화금속 반도체(CMOS) 회로에서는 잡음 여유(noise margin)가 V_{cc} 전압의 0.3배, 즉 5 V 전원의 경우 1.5 V이다. 따라서 디지털 회로는 작은 레벨의 잡음 유입에 대한 원천적인 면역성을 가진다. 그러나 최근 전원전압이 3.3 V와 1.75 V 등으로 낮아지면서 디지털 회로의 원천적인 잡음 면역성이 감소되고 있는 추세이다.

10.3 디지털 논리회로의 잡음(DIGITAL LOGIC NOISE)

아날로그 회로에서는 외부잡음이 주된 고려 사항인 반면 디지털 회로에서는 내부잡음이 중요하다. 디지털 회로에서 내부잡음의 원인은 (1) 접지선 잡음(접지변동(ground bounce)라고도 함), (2) 전원선 잡음, (3) 전송선로에서의 신호반사, (4) 누화(crosstalk) 등이다. 이 중에서 가장 중요한 접지선 및 전원선 잡음은 10장과 11장에서 각각 살펴본다. 누화는 2장에서 다루었다. 전송선로에서의 신호반사는 Blakeslee(1979), Barna(1980), Johnson과 Graham(2003)가 쓴 디지털 논리회로 설계에 관한 책에 잘 설명되어 있으므로 이 책에서는 다루지 않는다.

10.4 내부 잡음원(INTERNAL NOISE SOURCES)

<그림 10-1>은 4개의 논리 게이트로 이루어진 간단한 디지털 시스템을 보인 것이다. 게이트 1의 출력이 'high(고)' 상태에서 'low (저)' 상태로 변할 때 어떤 현상이 발생하는지 검토해 보자. 게이트 1이 스위칭하기 전에 게이트 1의 출력은 'high' 상태이며 게이트 1과 게이트 2를 연결하는 도선의 부유 커패시턴스(stray capacitance)는 전원전압으로 충전되어 있다. 게이트 1이 스위칭할 때 부유 커패시턴스가 방전되어야 'low' 논리신호가 게이트 3으로 전송될 수 있다. 이를 위해서는 부유 커패시턴스의 전하가 모두 방전되어야 하는데, 이때 큰 과도전류가 접지로 흐르게 된다. 접지선의 인덕턴스로 인해 게이트 1과 2의 접지 단자에 잡음전압 펄스가 발생된다. 게이트 2의 출력이 'low' 상태에 있는 동안, <그림 10-1>에 표시된 것처럼 이 잡음 펄스가 게이트 4의 입력에 인가된다. 이 잡음펄스에 의해 게이트 4가 스위칭할 수 있으므로 신호 무결성(signal integrity) 문제가 발생한다.

<그림 10-1>을 보면 접지선 잡음과 관련된 또 다른 문제인 케이블 방사가 표시되어 있다. 시스템으로 들어가거나 나오는 케이블은 이 그림에 나타낸 것처럼 회로의 접지선과 연결되어 있

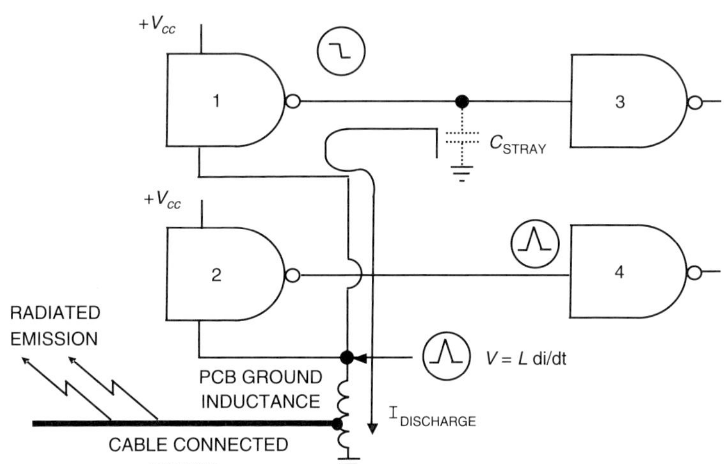

그림 10-1 게이트 1의 출력이 'high'에서 'low'로 스위칭할 때 접지잡음이 발생된다.

다. 따라서 접지선 잡음의 일부는 케이블을 따라 흘러 들어가는데, 이때 케이블이 안테나로 동작하여 전자파를 방사하므로 EMC 문제를 일으킨다. EMC 문제를 발생시키는 데에 필요한 잡음전압의 크기는 신호 무결성 문제를 일으키는 데에 필요한 잡음전압보다 약 1000배 가량 작다. 접지선 잡음을 줄이는 가장 유용한 방법은 접지 시스템의 인덕턴스를 감소시키는 것이다.

부유 커패시턴스와 게이트 1의 출력을 거쳐 접지선까지 이어지는 방전경로에는 저항성분이 거의 없다. 이 경로는 높은 Q 값을 가지는 직렬 공진회로를 형성하는데, 이 회로가 발진(공진)을 하면 <그림 10-2>와 같이 게이트 1의 출력전압 상에 음의 방향으로 큰 링잉이 발생한다.

직렬 공진회로의 Q 값 (즉, 공진 시 이득)은 다음과 같다.

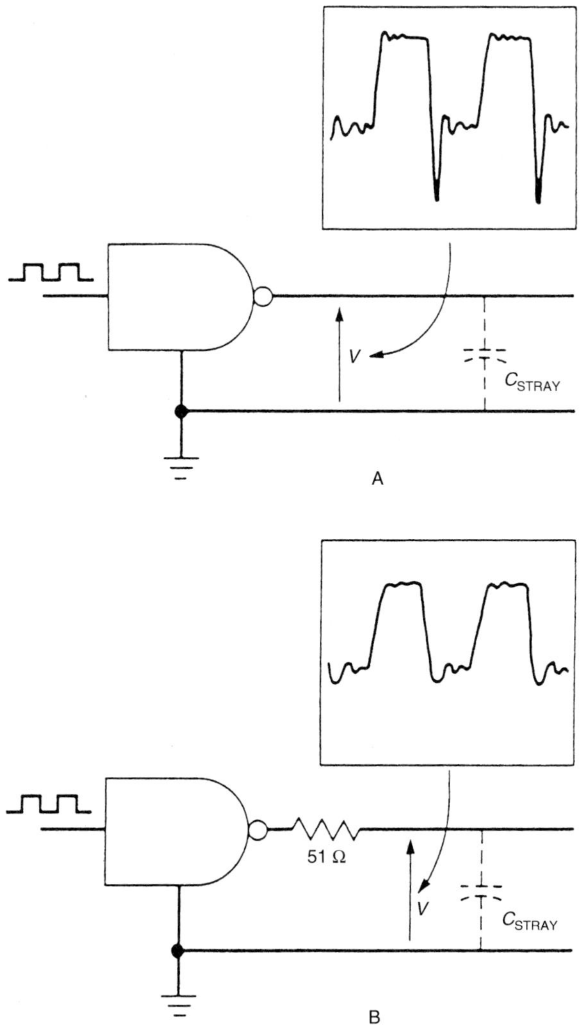

그림 10-2 (A) 부유 커패시턴스와 접지 인덕턴스에 의해 TTL 출력전압파형에 발생하는 링잉 (B) 출력에 저항을 연결하면 링잉이 감소된다.

$$Q = \frac{1}{R}\sqrt{\frac{L}{C}} \tag{10-3}$$

<그림 10-2B>에서와 같이 게이트 출력에 저항 또는 페라이트 비드를 연결하면 신호감쇠가 일어나 링잉이 줄어든다.

TTL(transistor-transistor logic) 게이트의 경우, 양 (+)의 전원전압과 직렬로 내부저항이 연결되어 있다. 따라서 <그림 10-2>에서 보인 것과 같이 대부분의 링잉은 게이트의 출력이 '고' 에서 '저' 로 변할 때 발생한다. <그림 10-3>에서 보듯이 CMOS 논리 게이트에는 내부저항이 들어있지 않으므로 논리출력이 '고' 에서 '저' 로 변할 때와 '저' 에서 '고' 로 변할 때 모두 링잉이 발생한다.

<그림 10-3>은 풀다운 트랜지스터 위에 풀업 트랜지스터가 배치된 **토템폴** 출력회로를 가지는 CMOS 인버터 게이트를 나타낸 것이다. 이 회로를 이용하여 디지털 논리회로의 두 번째 잡음원을 이해해보자. 출력이 'high' 상태일 경우 p 채널 트랜지스터(위쪽)는 on 상태이며 n 채널 트랜지스터(아래쪽)는 off 상태이다. 반대로 출력이 'low' 상태일 경우 n 채널 트랜지스터는 on 상태이며 p 채널 트랜지스터는 off 상태에 있다. 그러나 스위칭이 일어나는 도중에는 짧은 시간동안 두 트랜지스터가 동시에 on 상태가 된다. 때문에 전원과 접지가 낮은 임피던스로 서로 연결되므로 논리 게이트 당 50~100 mA나 되는 커다란 과도 전원전류 스파이크가 발생한다. 마이크로프로세서와 같은 대규모 집적회로에서는 10 A 이상의 과도 전원전류가 발생할 수 있다. 이 전류는 overlap current, contention current, shoot-through current 등의 다른 명칭으로도 불린다. TTL 회로와 다른 대부분의 논리회로에서도 이와 같은 과도 전원전류가 발생하지만 TTL의 토템폴 출

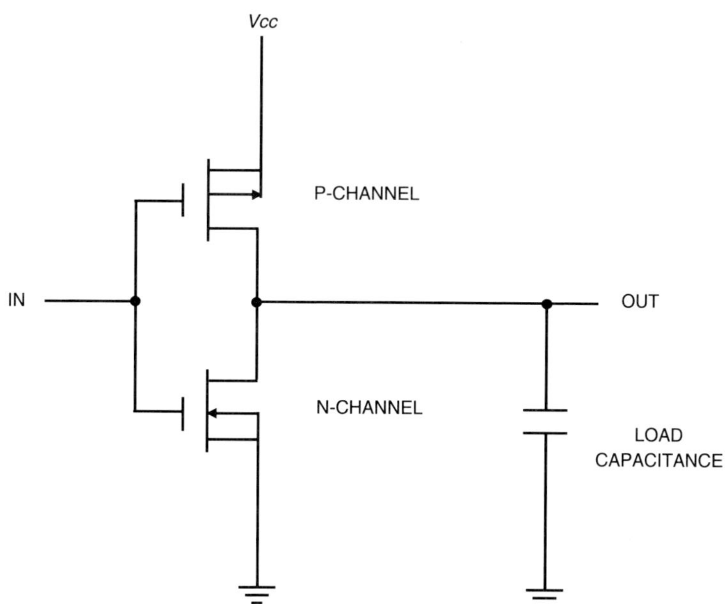

그림 10-3 토템폴 출력을 가지는 CMOS 논리 게이트의 기본구조

력회로에는 전류제한저항이 달려있으므로 피크과도전류의 크기가 작다. 이미터 결합논리(ECL) 회로에서는 토템폴 출력구조가 사용되지 않기 때문에 스위칭 시 과도전류가 발생하지 않는다.

이상으로부터 디지털 논리게이트에서 스위칭이 일어날 때마다 전원으로부터 큰 과도전류가 흐르게 된다는 것을 알 수 있다. 이 전류는 부하 커패시터를 충전시키며 토템폴 출력회로에 단락 회로 (short circuit) 전류를 제공한다. 이 전류는 전원선과 접지선을 통과하여 흐르게 되므로 전원전압에 큰 과도 전압강하가 발생한다. 크기가 큰 이 과도전원 전류는 CMOS 논리회로 잡음의 주된 원인이며 방사성 방출 (emission)을 일으킨다. 이에 대한 해결책은 이 전류가 전원선과 접지선이 가진 전체 인덕턴스를 통해 흐를 필요가 없도록 각 IC 바로 옆에 디커플링 커패시터 (decoupling capacitor)를 한 개 이상 달아주어 이것이 전원공급기 대신 전하의 공급원이 되게 하는 것이다(11장 참조).

위에서 살펴본 두 내부 잡음원에서 발생되는 잡음을 최소화하려면 디지털 논리 시스템 설계 시 다음 사항을 갖추어야 한다.

1. 저 임피던스 (저 인덕턴스) 접지 시스템
2. 각 IC 근처에 설치된 전하 공급원 (디커플링 커패시터)

이 10장은 저 인덕턴스의 접지를 구현하는 방법을 다루며 11장은 디커플링과 전원분배(공급) 문제를 다룬다.

10.5 디지털 회로의 접지잡음(DIGITAL CIRCUIT GROUND NOISE)

과도 접지전류는 회로 내의 잡음전압의 주된 원인이며 동시에 전도성 방출과 방사성 방출의 주된 원인이다. 이를 최소화하려면 접지의 임피던스를 최소화해야 한다. 전형적인 인쇄 회로 기판의 트레이스(접지도체 위 0.02인치에 놓인 폭이 0.006인치인 1온스 구리로 된 트레이스)는 82 mΩ/in의 저항(식 (5-10))과 15 nH/in의 루프 인덕턴스(식 (10-5))를 가진다. 15 nH 인덕턴스의 주파수에 따른 임피던스 변화를 <표 10-1>에 나타내었다. 여기서 주파수와 논리신호 상승/하강 시간 사이의 관계는 식 (10-2)와 같다.

이 표에서 알 수 있듯이 주파수가 1 MHz 이상이면 15 nH 인덕터의 임피던스는 82 mΩ 저항보다 크게 된다. 10 MHz 이상에서는 인덕터의 임피던스가 저항보다 수십, 수백, 수천 배 커지게 된다. 1 ns의 상승시간(식 (10-2)로부터 318 MHz의 대역폭)을 가지는 디지털 신호의 경우, 접지 도체는 30 Ω/in의 유도성 리액턴스를 가진다. 따라서 디지털 회로 기판을 설계(배치, 배선)할 때는 인덕턴스를 가장 중요하게 고려해야 한다. 접지회로의 임피던스를 최소화하려면 인덕턴스를 10배 또는 그 이상 감소시켜야 한다.

표 10-1 15 nH의 인덕턴스를 가지는 1인치 길이의 인쇄회로기판 트레이스의 임피던스

주파수(MHz)	상승시간(ns)	임피던스(Ω)
1	318	0.1
10	32	1.0
30	11	2.8
50	6.4	4.7
100	3.2	9.4
300	1.1	28
500	0.64	47
1000	0.32	94

10.5.1 인덕턴스의 최소화(Minimizing Inductance)

인덕턴스를 억제하려면 회로의 물리적 성질에 따라 인덕턴스가 어떻게 변하는지를 알 필요가 있다.

인덕턴스는 도체의 길이에 정비례한다. 따라서 클록 선로, 신호 드라이버 또는 버스 드라이버 선로와 같은 큰 과도전류가 흐르는 고주파 선로의 길이를 최소화하면 인덕턴스를 줄일 수있다. 그러나 이 방법을 항상 적용할 수 있는 것은 아니다. 대형 시스템에서는 일부 선로의 길이가 길 수밖에 없다. 이러한 경우에는 대규모 집적회로(LSI)의 장점이 두드러진다. 다량의 회로를 단일 IC칩에 모아놓고 배선하므로 연결선의 길이, 결국 인덕턴스가 획기적으로 감소된다.

인덕턴스는 원형도체의 지름 또는 평판(납작한 사각형)도체의 폭의 로그값에 반비례한다. 지름이 d 이며 접지판 위로 h만큼 떨어진 곳에 위치한 단일 원형도체의 루프 인덕턴스는 다음과 같다.

$$L = 0.005\ln\left(\frac{4h}{d}\right)\ \mu\text{H/in} \tag{10-4}$$

위 식은 $h > 1.5\,d$인 경우에 성립한다.

PCB의 트레이스의 형태인 평판도체의 경우 루프 인덕턴스는

$$L = 0.005\ln\left(\frac{2\pi h}{w}\right)\ \mu\text{H/in} \tag{10-5}$$

로 주어진다. 여기서 w는 도체의 폭이다. 위 식은 가늘고 $(h \geq w)$ 긴 평판도체의 경우에 적용된다.

식 (10-4)와 (10-5)를 같게 놓으면 지름이 d인 원형도선과 동일한 인덕턴스를 가지는 평판도체의 폭 w를 다음과 같이 구할 수 있다.

$$2w = \pi d \tag{10-6a}$$

즉

$$w = 1.57d \tag{10-6b}$$

트레이스(평판도체)의 폭이 두께보다 훨씬 클 경우, 식 (10-6b)로부터 원형도체가 스트립 도체와 표면적이 같으면 동일한 인덕턴스를 가진다는 것을 알 수 있다.

식 (10-4)와 (10-5)에서 인덕턴스는 도선의 지름이나 도체 폭의 로그함수로 주어지므로 도선 지름 또는 도체의 폭을 증가시켜도 인덕턴스는 크게 감소되지 않는다. 도선 지름 또는 도체의 폭이 2 배 증가해도 인덕턴스는 20% 밖에 감소하지 않는다. 인덕턴스를 50% 감소시키려면 도체의 크기를 1200% 증가시켜야 한다. 인덕턴스를 크게 줄여야 하는 경우에는 도선의 크기를 증가시키는 방법 대신 다른 방안을 강구해야 한다.

회로의 인덕턴스를 감소시키는 또 다른 방법은 전류가 흐르는 대체 경로를 확보하는 것이다. 전류의 경로는 물리적이 아닌 전기적으로 평행해야 한다. 두 개의 인덕터가 평행하게(즉, 병렬로) 연결될 경우 총 인덕턴스는 인덕터 한 개의 인덕턴스의 절반이 된다. 여기서 상호 인덕턴스는 무시하였다. 만일 4개의 경로가 병렬로 연결된다면 인덕턴스는 1/4로 감소할 것이다. 인덕턴스는 병렬로 연결된 경로의 개수에 반비례하므로, 상호 인덕턴스를 적절히 제어(최소화)할 수 있다면, 이 방법을 사용하여 인덕턴스를 효과적으로 감소시킬 수 있다.

10.5.2 상호 인덕턴스(Mutual Inductance)

두 도체가 병렬로 평행하게 배치된 경우, 총 인덕턴스를 계산할 때 상호 인덕턴스를 고려해야 한다. 두 평행 도체에 같은 방향으로 전류가 흐를 때 부분 인덕턴스(partial inductance)는 다음 식과 같다.

$$L_t = \frac{L_1 L_2 - M^2}{L_1 + L_2 - 2M} \tag{10-7}$$

여기서 L_1, L_2는 각 각 도체의 부분 자체 인덕턴스(partial self inductance), M은 두 도체 간의 부분 상호 인덕턴스(partial mutual-inductance)이다. 두 도체가 동일할 경우($L_1 = L_2$) 식 (10-7)은 다음과 같이 된다.

$$L_t = \frac{L_1 + M}{2} \tag{10-8}$$

식 (10-8)로부터 평행 도체 간의 상호 인덕턴스로 인해 총 인덕턴스의 감소에는 한계가 있다는 것을 알 수 있다. 두 도체가 매우 인접한 경우(강한결합), 상호 인덕턴스는 자기 인덕턴스에 근접하므로($L_1 \approx M$), 총 인덕턴스는 도체 한 개의 인덕턴스와 같다.

두 도체가 멀리 떨어져 있을 경우(약한결합)에는 상호 인덕턴스가 작으며, 총 인덕턴스는 도선 한 개의 인덕턴스의 1/2에 가깝게 된다. 따라서 도체 간격이 상호 인덕턴스에 미치는 영향을 파악할 필요가 있음을 알 수 있다.

부분 인덕턴스 이론(부록 E 참조)을 이용하여 같은 방향으로 전류가 흐르는 두 평행 도체의 부분 인덕턴스에 도체 간격이 미치는 영향을 도출할 수 있다. 부록 E의 식 (E-14)를 식 (10-8)의

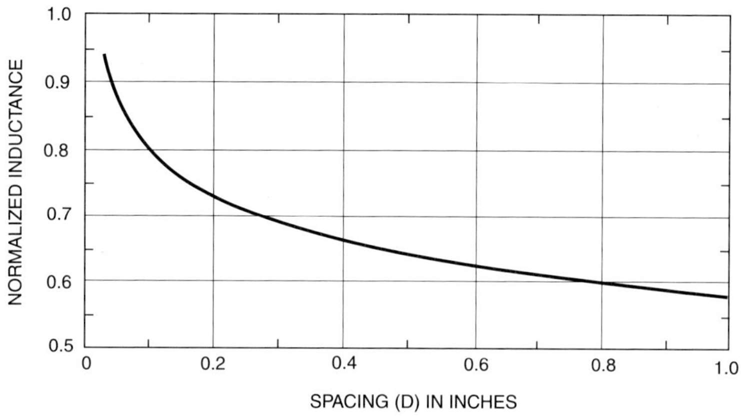

그림 10-4 전류가 같은 방향으로 흐르는 두 평행 도체의 인덕턴스에, 도체 간격이 미치는 영향. 총 인덕턴스를 단일 도체의 인덕턴스로 나누어 정규화하였다.

부분 자체 인덕턴스 L_1에 대입하고 식 (E-17)을 식 (10-8)의 부분 상호 인덕턴스에 대입하면 두 평행 도체의 정규화(규준화)된 부분 인덕턴스를 다음과 같이 구할 수 있다.

$$\frac{L_t}{L_1} = \frac{\ln\left(\frac{2l}{r}\right) + \ln\left(\frac{2l}{D}\right) - 2}{2\left[\ln\left(\frac{2l}{r}\right) - 1\right]} \tag{10-9}$$

여기서 D는 도체 간격, l은 도체 길이($l >> D$), r은 도체 반지름이다.

길이가 3인치인 24번 게이지 도선(지름 0.51 mm)의 경우에 대해 식 (10-9)를 계산하여 <그림 10-4>에 그래프로 나타내었다. 그래프를 보면 인덕턴스의 감소는 대부분 도선 간격이 0.5인치 이하일 때 일어나며, 간격이 0.5인치 이상일 경우에는 인덕턴스가 감소하는 정도가 작다는 것을 알 수 있다.

10.5.3 디지털 회로에 사용되는 실제 접지 시스템(Practical Digital Circuit Ground Systems)

고속 디지털 회로에 사용되는 실제 접지 시스템은 서로 신호를 주고받는 IC들 사이의 가능한 모든 연결의 조합에 대해 낮은 임피던스(낮은 인덕턴스)의 연결경로를 제공해야 한다. 이를 위한 가장 실용적인 방법은 되도록 많은 수의 대체(병렬) 접지경로를 만들어 주는 것인데 접지 그리드(ground grid)를 사용하면 이것을 가장 손쉽게 구현할 수 있다.

인덕턴스의 임피던스는 주파수에 정비례한다. 따라서 주파수가 증가해도 동일한 접지 임피던스를 유지할 수 있으려면 접지의 인덕턴스가 주파수에 비례하여 감소해야 한다. 이렇게 되려면 디지털 논리회로의 주파수가 증가함에 따라 접지 격자의 개수가 늘어나고 간격이 점점 촘촘해져서 더 많은 병렬 접지경로를 제공해야 한다. 이 개념을 계속해서 밀고 나가면 결국 병렬 접지경로의 개수가 무한히 많아져야 하는데 이것이 바로 균일한 접지판이다. 접지판이 가장 좋은 성능을 제

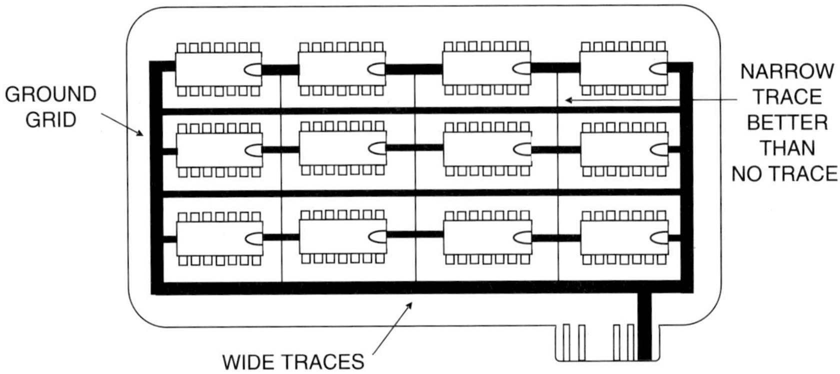

그림 10-5 인쇄 회로 기판 상의 격자 형태의 접지

공하지만 이것이 접지 격자라는 기본 구조에서 시작된다는 것을 기억하고 있어야 한다.

접지격자는 <그림 10-5>에서와 같이 인쇄회로기판 상에 수평 및 수직방향으로 접지 트레이스를 인쇄하여 구현할 수 있다. 양면기판의 경우, 수평트레이스를 기판의 한 면에 배선하고 수직트레이스를 반대면(즉 뒷면)에 배선한다. 양면(윗면과 아랫면)의 트레이스는 도금된 스루홀(plate through hole) 또는 비어(via)를 이용하여 교차하는 곳에서 서로 연결한다. 접지 구조를 이렇게 만들면 회로 구현에 필요한 모든 신호선들을 배선할 수 있는 공간을 충분히 확보할 수 있다.

회로기판을 맨 처음 설계할 때 약간의 노력만 더 기울여도 많은 부품들로 가득한 복잡한 기판 상에 만족스러운 접지 격자 구조를 구현할 수 있다. 이 경우에는 신호 트레이스 배선을 하기 전에 접지 격자를 먼저 배치하는 것이 중요하다. 신호 트레이스를 배선한 다음에 접지 격자를 배치하기는 매우 어렵다. 접지 격자는 제품단가를 증가시키지 않으므로 비용대비 효과가 높은 잡음제거 기술이다. 주요 접지분배 도선은 직류전류가 흐를 때 접지 전압 강하를 적게 발생시켜야 하므로 폭이 넓은 트레이스로 구현해야 하지만 접지 격자는 폭이 좁은 트레이스를 서로 연결해서 만들어도 된다. 그 이유는 트레이스들이 서로 연결되어 많은 병렬 접지경로가 추가로 만들어지기 때문이다. 설계자들은 보통 접지 시스템용으로 좁은 트레이스의 사용을 꺼리므로 위의 내용을 이해하는 것이 중요하다. 트레이스의 폭은 저항의 크기를 결정하므로 그 폭을 조절하는 것은 직류 또는 저주파에서 고려해야 할 사항이다. 반면에 접지 격자는 인덕턴스의 크기를 결정하므로 격자간격을 조절하는 것은 고주파에서 고려해야 하는 사항이다. 이 두 효과는 서로 개별적으로 작용한다.

트레이스 사이의 간격이 상당히 넓은 격자를 사용해도 일점 접지를 사용한 경우보다 접지잡음을 10 배 이상 감소시킬 수 있다. German (1985)이 발표한 <표 10-2> 데이터는 양면 PCB상에 설치된 IC들 사이의 다양한 조합에 대해 동일한 부품 배치 상태에서 접지 격자의 유무에 따라 각 IC의 접지핀 사이의 잡음전압 측정 결과가 어떻게 달라지는지 보여주고 있다. 접지 격자

표 10-2 두 IC의 접지핀 사이의 접지잡음 전압의 피크값(mV)

위치	일점 접지	접지 그리드
IC1-IC2	150	100
IC1-IC3	425	150
IC1-IC4	425	150
IC1-IC5	450	150
IC1-IC6	450	150
IC1-IC7	450	150
IC1-IC8	425	225
IC1-IC9	400	175
IC1-IC10	400	150
IC1-IC11	625	200
IC1-IC12	400	150
IC1-IC13	425	250
IC14-IC11	900	200
IC15-IC7	850	125
IC15-IC10	900	125
IC15-IC16	1000	100

를 사용할 경우 최대 접지 전위차는 1000 mV에서 250 mV로 감소되며 IC15와 IC16의 접지 핀 사이의 전압은 1000 mV에서 100 mV로 감소하였다. 일점접지의 경우 최대 방사전기장은 42.9 μV/m인 반면 접지 격자를 사용한 경우 35.8 μV/m가 되어 7.1 dB만큼 개선되었다.

부록 E에서 설명된 부분 인덕턴스 이론을 이용하여 Smith와 Paul (1991)은 격자 간격이 인덕턴스에 미치는 영향을 분석하였다. 이 결과에 의하면 접지잡음을 가장 크게 줄이기 위해서는 격자 간격을 0.5인치 이하로 해야 한다.

양면기판의 경우에는 수십 MHz의 주파수까지 접지 격자를 사용하여 성공적인 결과를 얻을 수 있다. 그러나 5 MHz 또는 10 MHz를 넘어서면 접지판의 사용을 진지하게 고려할 필요가 있다.

<그림 10-6>은 인쇄회로기판의 전형적인 접지판을 보인 것이다. 접지판에는 마치 스위스치즈처럼 많은 구멍이 뚫려있다.이 구멍은 비어(via), 즉 스루홀(through-hole) 형태의 연결선이 접지판에 닿지 않고(전기적으로 접촉되지 않고) 통과하기 위한 것이다. 사실상 <그림 10-6>의 접지판 형태는 판이라기보다는 간격이 아주 좁은 격자에 가깝다.

접지 시스템은 디지털 회로용 인쇄회로기판의 밑바탕을 이루는 것이다. 접지 시스템이 제대로 설계되지 않은 경우, 이를 고치는 것은 매우 어려우며 차라리 처음부터 다시 시작하여 접지 시스템을 적절히 설계하는 것이 더 낫다. 따라서 모든 디지털 인쇄회로기판은 접지판 또는 접지 격자를 사용하여 설계해야 한다.

10.5.4 루프면적(Loop Area)

인덕턴스를 감소시키는 또 하나의 중요한 방법은 전류가 흐르는 도선에 의해 형성되는 루프(폐

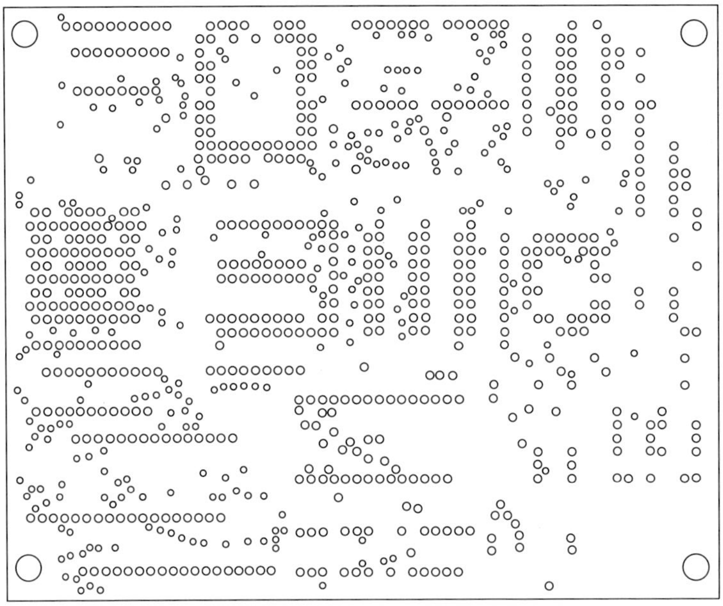

그림 10-6 전형적인 인쇄회로기판의 접지판

회로)의 면적을 최소화하는 것이다. 두 도체에 서로 반대 방향의 전류가 흐를 때(예를 들어, 신호선과 접지 귀환선), 총 루프 인덕턴스 L_t는 다음과 같다.

$$L_t = L_1 + L_2 - 2M \tag{10-10}$$

여기서 L_1, L_2는 각 도체의 부분 자체 인덕턴스이며 M은 두 도체 사이의 부분 상호 인덕턴스이다. 두 도체가 똑같은 경우 식 (10-10)은 다음과 같이 된다.

$$L_t = 2(L_1 - M) \tag{10-11}$$

총 루프 인덕턴스를 최소화하려면 도체 사이의 부분 상호 인덕턴스를 최대로 해야 한다. 따라서 두 도체는 가능한 한 서로 가까이 배치하여 두 도체 사이의 면적이 최소가 되게 해야 한다.

두 도체 간의 자기 (magnetic) 결합계수 k가 1인 경우에는 다음 식으로부터 상호 인덕턴스는 자체 인덕턴스와 같게 된다.

$$M = k\sqrt{L_1 L_2} \tag{10-12}$$

이 경우 폐루프의 총 인덕턴스는 0이 된다. 고주파에서 동축 케이블은 이러한 이상적인 조건에 가까운 특성을 가진다.

그러므로 신호경로와 이의 귀환경로를 가깝게 배치하는 것이 인덕턴스를 줄이는 효과적인 방법이다. 이 방법을 적용한 것이 촘촘하게 꼰 도선쌍(twisted pair)과 동축 케이블이다. 이러한 선로 구조에서는 인덕턴스를 1 nH/in 보다 작게 하는 것도 가능하다.

접지 귀환경로가 여러 개인 경우에 루프면적은 어떻게 구해야 하는가? 이 경우에는 실제로 전류가 흐르는 루프의 총 면적을 고려하면 된다(Ott, 1979). 따라서 신호원으로 되돌아오는 전류가 거치는 접지경로를 중요하게 다루어야 한다. 종종 이 경로는 회로기판 설계자가 의도한 경로가 아닐 수도 있다.

식 (10-8)와 (10-11)을 비교해보면서 다음과 같은 아주 중요한 결론을 도출할 수 있다. 총 인덕턴스를 최소화하려면 같은 방향의 전류가 흐르는 두 도선(예를 들어, 두 개의 접지선)은 서로 멀리 떨어 뜨려야 한다. 그러나 반대 방향의 전류가 흐르는 두 도선(예를 들어, 전원선과 접지선, 신호선과 접지 귀환선)은 가능한 한 가까이 배치해야 한다.

부록 E에 인덕턴스에 대한 더욱 상세한 설명이 실려있는데, 특히 루프 인덕턴스와 부분 인덕턴스의 중요한 차이점이 설명되어 있다.

10.6 접지판의 전류 분포 및 임피던스 (GROUND PLANE CURRENT DISTRIBUTION AND IMPEDANCE)

고주파 인쇄회로기판에서는 접지의 형태와 구조가 매우 중요하다. 대부분의 고주파 회로기판에서는 접지판이 사용되므로 접지판의 특성을 이해하는 것이 중요하다. 예를 들어, 신호트레이스 아래의 접지판에서 귀환전류는 실제로 어떻게 분포하여 흐르는가? 또 접지판의 임피던스는 얼마인가 등은 중요한 문제이다.

인쇄회로기판 상에 전압강하가 발생하면 기판에 연결된 케이블에 전류가 흐르게 된다. 그러면 <그림 10-1>에 표시된 것처럼 케이블은 다이폴 또는 모노폴안테나로 동작하므로 케이블로부터 전자파가 방사된다. 1 m 길이의 안테나가 연방통신위원회(FCC)의 전자파 방사 기준을 초과하는 전자파를 방사하는 데에는 2~3 μA 정도의 낮은 전류이면 충분하다. 이 정도 크기의 전류를 흐르게 하는 데에는 2~3 mV의 전압이면 충분하므로 접지 잡음전압을 작게 하는 것이 중요하다.

접지판의 인덕턴스가 신호 트레이스보다 훨씬 작기는 하지만 그래도 접지판의 인덕턴스를 무시할 수는 없다. 접지판은 전류를 퍼져 흐르게 하므로 수많은 병렬경로가 형성되어 인덕턴스가 감소한다. 접지판의 인덕턴스를 계산하려면 우선 접지판의 전류분포를 알아야 한다.

접지판의 인덕턴스를 해석하는 많은 연구논문과 기사(예를 들어, Leferink와 van Doorn, 1993)들이 발표되었다. 그런데 이들 연구에서는 보통 전류가 접지판의 단면 전체에 걸쳐 균일하게 퍼져 흐르는 것으로 가정하였는데, 실제로 전류는 이런 식으로 흐르지 않는다.

10.6.1 기준판 전류분포(Reference Plane Current Distribution)

10.6.1.1 마이크로스트립 선로 마이크로스트립 선로는 기준판 위에 트레이스가 기준판과 평

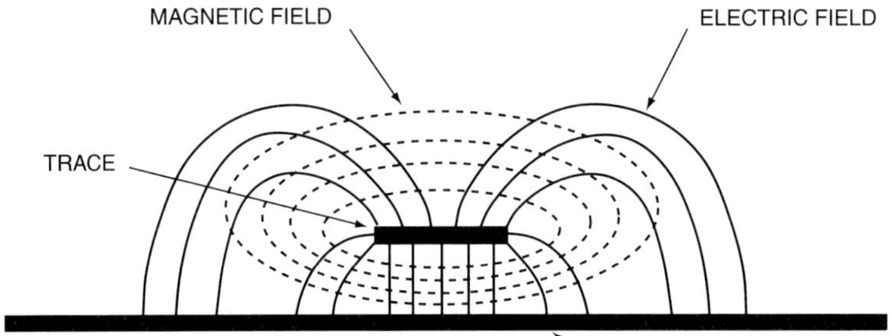

그림 10-7 마이크로스트립 선로 주위에 분포하는 전기장과 자기장

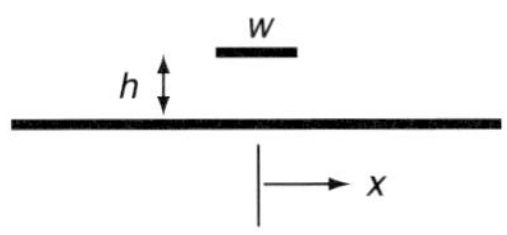

그림 10-8 마이크로스트립 선로의 구조

행하게 배치된 구조이다. <그림 10-7>은 마이크로스트립 선로 주변에 분포하는 전자기장을 그림으로 나타낸 것이다. 표피효과(6.4 절 참조)로 인해 고주파 전자기장은 기준판을 뚫고 나갈 수 없다.[1] 기준판 전류(귀환전류)는 트레이스에 인접한 기준판 상에서 전기장선이 끝나는 지점에 흐른다.[2] <그림 10-7>로부터 마이크로스트립 트레이스 아래의 기준판 전류는 트레이스의 폭을 넘어서는 범위까지 양쪽으로 퍼져서 흐르며 따라서 수많은 병렬 전류경로가 존재한다는 것을 알 수 있다. 그렇다면 기준판에서 전류는 정확히 어떻게 분포하는가?

Holloway와 Kuester(1995)는 마이크로스트립 선로의 기준판에 흐르는 전류밀도에 관한 수식을 유도하였다. 그들은 <그림 10-8>과 같이 기준판으로부터 높이 h에 폭 w인 트레이스가 놓여있는 마이크로스트립 선로를 분석하였다. 트레이스의 중심으로부터 x만큼 좌우로 떨어진 위치에서의 기준판 전류 밀도 $J(x)$는 다음 식으로 주어진다.

$$J(x) = \frac{I}{w\pi}\left[\tan^{-1}\left(\frac{2x - w}{2h}\right) - \tan^{-1}\left(\frac{2x + w}{2h}\right)\right] \tag{10-13}$$

여기서 $J(x)$는 전류밀도이며 I는 트레이스와 기준판으로 구성된 폐루프를 따라 흐르는 총 전류이다.

식 (10-13)으로 주어지는 전류밀도는 인덕턴스를 최소로 만드는 전류 분포이다. 기준판의 저

1) 1 oz 구리 도체판의 경우 주파수가 30 MHz를 넘으면 구리판의 두께가 표피깊이의 3배 이상이 되어 이것이 성립한다. 1/2 oz 구리 판의 경우 120 MHz 이상에서 성립하며 2 oz 기판의 경우 8 MHz 이상에서 성립한다.

2) 트레이스에 인접한 판이 접지판이든 전원판이든 상관없이 이것이 성립한다. 따라서 이 절에서는 인접한 판을 접지판이나 전원판이라 부르지 않고 기준판이라고 부르기로 한다.

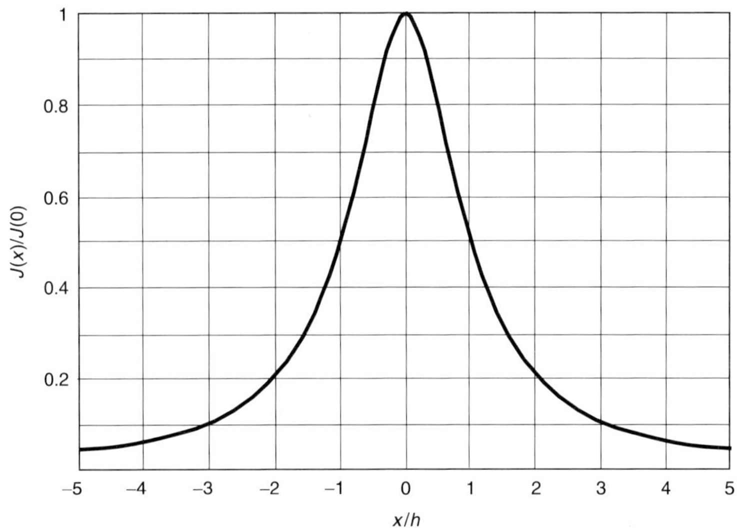

그림 10-9 마이크로스트립 선로의 기준판에 흐르는 정규화 전류밀도

항값이 기준판의 유도성 리액턴스에 비해 무시할 수 있을 정도로 작아지는 주파수 범위에서는 식 (10-13)의 전류밀도는 주파수 값에 관계없이 변하지 않는다. 전류의 주파수가 수백 kHz 이상이면 대체로 이 조건이 만족된다.

<그림 10-9>는 식 (10-13)의 정규화(규준화)된 전류밀도 $J(x)/J(0)$를 x/h의 함수로 나타낸 것이다. 수직축은 전류밀도 $J(x)$를 트레이스의 중앙 바로 아래의 전류밀도인 $J(0)$로 나눈(정규화한) 값이고, 수평축은 트레이스의 중앙으로부터 떨어진 거리 x를 트레이스의 높이 h로 정규화한 값이다. 이 그래프에서 볼 수 있듯이 대부분의 전류는 트레이스 가까이에 분포한다. 트레이스 중심에서 좌우로 선로 높이(h)의 5배 만큼 떨어진 위치에서의 전류밀도는 매우 작은 값이며 그래프의 기울기는 매우 완만하다. 완만한 기울기로 인해 트레이스로부터 멀리 떨어진 위치에서도 약간의 전류가 존재한다.

식 (10-13)을 $-x$에서부터 $+x$까지 적분하면 트레이스의 중심을 기준으로 $-x/h$와 x/h 사이의 구간에 흐르는 마이크로스트립 귀환전류의 비율을 구할 수 있다. <그림 10-10>에 이 결과를 나타내었다. 여기서 수평축은 트레이스의 높이로 정규화하였다(x/h). 이 그래프로부터 총 전류의 50%는 선로 중심으로부터 좌우로 h 만큼 떨어진 구간 내에 흐르며 80%의 전류는 $\pm 3h$ 구간 내에 흐르며, 97%의 전류는 $\pm 20h$ 구간 내에 흐른다는 것을 알 수 있다.

트레이스의 폭이 높이보다 작을 경우($w \le h$), 식 (10-13)은 근사적으로 다음과 같이 쓸 수 있다.

$$\frac{J(x)}{J(0)} = \frac{1}{1 + \left(\frac{x}{h}\right)^2} \tag{10-14}$$

$x \gg h$인 경우 식 (10-14)는

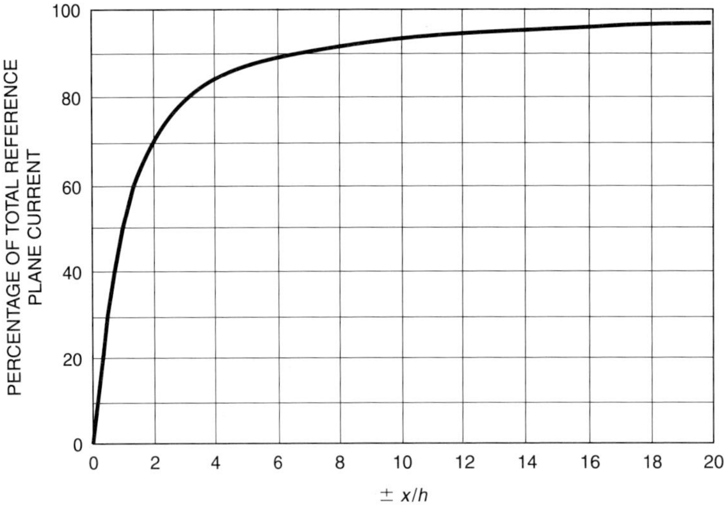

그림 10-10 $\pm x/h$ 사이의 마이크로스트립 기준판 전류분포의 적분값

$$\frac{J(x)}{J(0)} = \frac{h^2}{x^2} \tag{10-15}$$

로 간단해진다.

인접한 트레이스 사이의 누화(혼선, crosstalk)는 각 트레이스에 의해 발생하는 전자기장의 상호작용의 결과이다. 이때 전기장선이 끝나는 지점은 전류가 흐르는 곳이다. 따라서 식 (10-15)로부터 인접한 마이크로스트립 트레이스 사이의 누화는 트레이스 간격의 제곱으로 트레이스 높이의 제곱을 나눈 값에 비례한다. 식 (10-15)가 설명하는 중요한 점은 다음과 같다. **트레이스 사이의 간격이 동일하더라도 기준판으로부터의 트레이스의 높이(즉 기판 두께)를 줄이면 누화가 감소된다.** 이것은 누화를 감소시키는 효과적인 방법으로, 이렇게 하면 트레이스의 간격을 증가시키는 방법의 경우에 PCB상의 귀중한 공간을 낭비하는 단점을 피할 수 있다.

10.6.1.2 스트립 선로 스트립 선로는 <그림 10-11>과 같이 두 도체 판 사이에 대칭적으 배치된 트레이스로 구성된다. Chris Holloway의 2000년 논문 부록에는 스트립 선로구조에서 기준판 상의 전류밀도 식이 유도되어있다. 트레이스의 중심으로부터 x 만큼 떨어진 위치에서의 기준판 전류밀도는 다음 식으로 주어진다.

$$J(x) = \frac{I}{w\pi}\left\{\tan^{-1}\left[e^{\left(\frac{\pi(x-w/2)}{2h}\right)}\right] - \tan^{-1}\left[e^{\left(\frac{\pi(x+w/2)}{2h}\right)}\right]\right\} \tag{10-16}$$

식 (10-16)은 스트립 선로의 두 기준판 중 어느 한 판에서의 전류밀도이다. 기준판의 총 전류밀도는 식 (10-16)의 2 배이다. <그림 10-12>는 스트립 선로와 마이크로스트립 선로의 전류밀

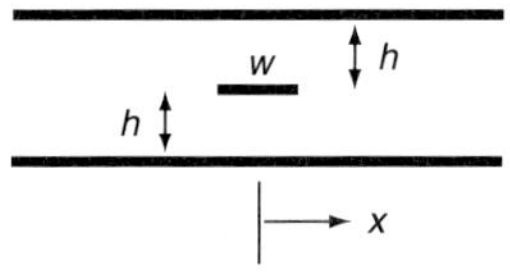

그림 10-11 스트립 선로의 구조

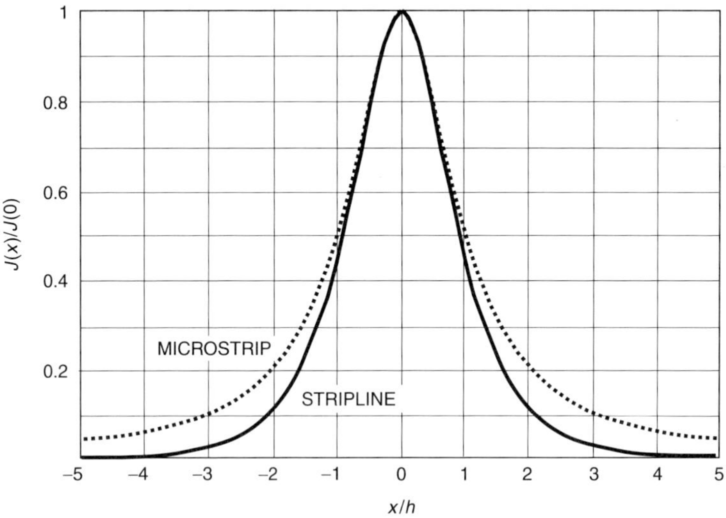

그림 10-12 스트립 선로(실선)와 마이크로스트립 선로(점선)의 기준판에 흐르는 정규화 전류밀도

도 분포를 비교한 것이다. 마이크로스트립 선로의 경우 식(10-13)으로부터 정규화 전류밀도 $J(x)/J(0)$를 그린 것이고, 스트립 선로의 경우에는 식 (10-16)으로부터 $J(x)/J(0)$를 계산하고 여기에 2배를 한 결과(즉 두 개의 판에 흐르는 총 정규화 전류밀도)를 그린 것이다. 이 그래프로부터 스트립 선로의 전류가 마이크로스트립의 경우보다 트레이스 부근에 더 집중되어 흐른다는 것을 알 수 있다. 스트립 선로의 경우 트레이스의 중심에서 좌우로 스트립 높이 h의 4 배 만큼 떨어진 지점에서는 전류밀도가 거의 0이 된다.

<그림 10-13>은 식 (10-16)을 $-x$에서부터 $+x$까지 적분하여 2를 곱한 값을 그래프로 그린 것이다. 따라서 이 그래프는 두 판에 흐르는 총전류를 나타내는 것으로 어느 한 판에 흐르는 전류는 이 그래프의 절반이다. 이 그래프는 스트립 중심으로부터 $\pm x/h$ 만큼 떨어진 지점 사이의 판에 흐르는 귀환전류의 비율을 나타낸다. 트레이스 중심으로부터 좌우로 h 이내의 판에 총 전류의 74%, $3h$ 이내에 99%의 전류가 흐른다. 스트립 선로의 기준판 전류는 마이크로스트립 선로의 경우보다는 트레이스로부터 훨씬 덜 퍼져서 흐른다.

10.6.1.3 비대칭 스트립 선로 비대칭 스트립 선로는 <그림 10-14>에서처럼 두 도체 평면 사이에 트레이스가 비대칭적으로 배치된 구조이다.

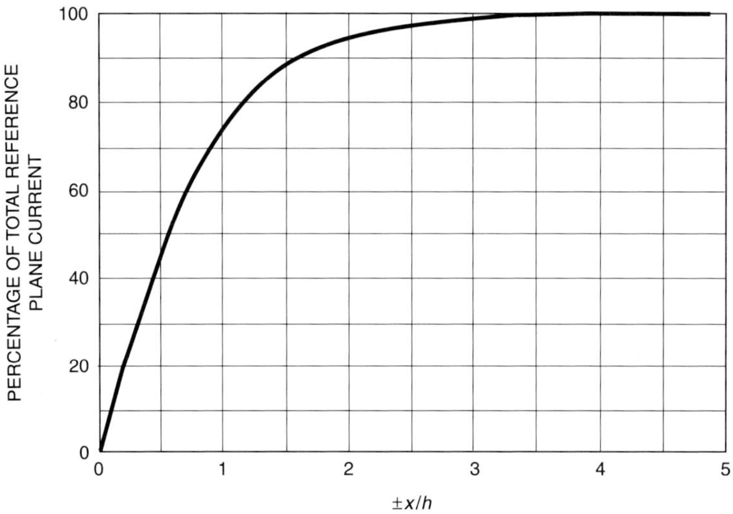

그림 10-13 $\pm x/h$ 사이의 스트립 선로 기준판의 총 전류분포의 적분값. 이 전류의 절반이 두 기준판에 각각 흐른다.

비대칭 스트립 선로는 두 기준판 사이에 서로 수직으로 교차하는 신호 배선층이 두 개 들어 있는 디지털 논리회로기판을 구현할 때 보통 사용된다. 두 신호층에 배선된 트레이스들이 수직으로 교차하므로 이들 사이의 상호작용이 최소화된다. 스트립 선로 회로가 2개이면 3개의 기준판이 필요하지만 이런 식으로 2개의 트레이스를 배치하면 2개의 기준판만 사용해도 2개의 스트립 선로 회로를 구현할 수 있다. <그림 10-14>에서 h_2는 $2h_1$과 같다.

Holloway와 Kuester (2007)은 비대칭 스트립 선로에 대해서도 기준판 전류밀도 식을 유도하였다. 트레이스에서 더 가까운 기준판 상의 전류밀도는

$$J_{close}(x) = \frac{I}{w\pi}\left[\tan^{-1}\left(\frac{e^{\frac{\pi(x-w/2)}{h_1+h_2}} - \cos\left(\frac{\pi h_1}{h_1+h_2}\right)}{\sin\left(\frac{\pi h_1}{h_1+h_2}\right)}\right) - \tan^{-1}\left(\frac{e^{\frac{\pi(x+w/2)}{h_1+h_2}} - \cos\left(\frac{\pi h_1}{h_1+h_2}\right)}{\sin\left(\frac{\pi h_1}{h_1+h_2}\right)}\right)\right] \tag{10-17a}$$

로 주어진다. 여기서 여기서 x는 트레이스의 중심에서 떨어진 거리이며 h_1, h_2는 <그림 10-14>에 표시된 트레이스와 기준판 사이의 간격(높이)이다. 트레이스에서 더 먼 기준판 상의 전류밀도는 다음과 같이 주어진다.

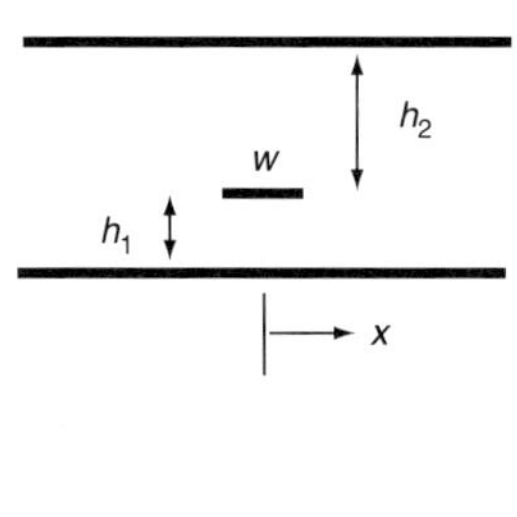

그림 10-14 비대칭 스트립 선로의 구조

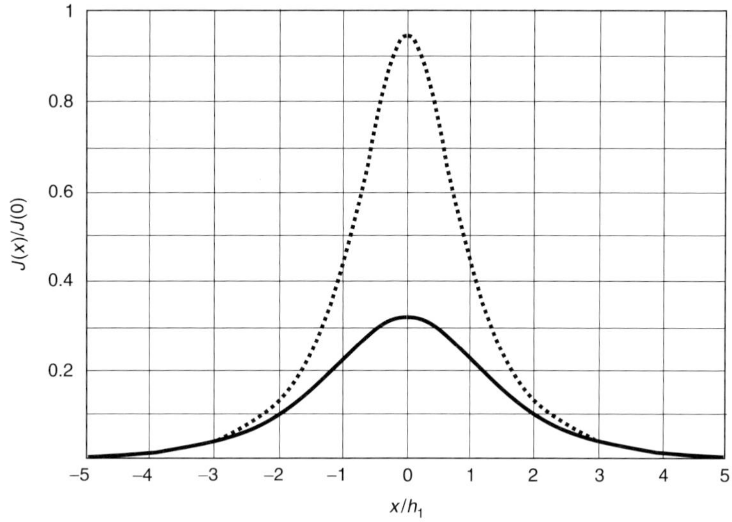

그림 10-15 $h_2 = 2h_1$인 경우 비대칭 스트립 선로의 기준판에 흐르는 정규화 전류밀도(실선: 트레이스에서 더 먼 기준판, 점선: 더 가까운 기준판)

$$J_{far}(x) = \frac{I}{w\pi}\left[\tan^{-1}\left(\frac{e^{\frac{\pi(x-w/2)}{h_1+h_2}} - \cos\left(\frac{\pi h_2}{h_1+h_2}\right)}{\sin\left(\frac{\pi h_2}{h_1+h_2}\right)}\right) - \tan^{-1}\left(\frac{e^{\frac{\pi(x+w/2)}{h_1+h_2}} - \cos\left(\frac{\pi h_2}{h_1+h_2}\right)}{\sin\left(\frac{\pi h_2}{h_1+h_2}\right)}\right)\right] \tag{10-17b}$$

<그림 10-15>는 $h_2 = 2h_1$인 경우 식 (10-17a)와 (10-17b)의 전류밀도를 x/h_1의 함수로 하여 그래프로 나타낸 것이다. 이 그래프는 두 기준판 전류밀도의 최댓값(즉 트레이스 중심 바로 아래지점의 전류밀도)의 합으로 정규화(규준화)한 것이다. $x = 0$의 위치에서는 총 전류의 75%가 가까운 판에 흐르며 나머지 25%는 먼 기준판에 흐른다. $x = 3h$ 이상 떨어진 위치에서는 두 기준판에 흐르는 전류밀도가 같아진다.

<그림 10-16>은 위의 세 가지 경우(비대칭 스트립 선로($h_2 = 2h_1$), 대칭 스트립 선로, 마이크로스트립 선로)의 전류밀도를 동일한 그래프에 나타낸 것이다. 스트립 선로와 비대칭 스트립 선로의 경우, 두 기준판 전류밀도의 합을 사용하였다. $x/h_1 \le 2$인 경우, 비대칭 스트립 선로의 전류밀도는 마이크로스트립 선로와 유사하며 $x/h_1 \ge 4$인 경우에는 스트립 선로와 유사하다.

식 (10-17a)와 (10-17b)를 $-\infty < x < +\infty$ 구간에서 적분하면 총 전류를 다음과 같이 구할 수 있다.

$$I_{close} = \left(1 - \frac{h_1}{h_1 + h_2}\right)I \tag{10-18a}$$

$$I_{far} = \left(\frac{h_1}{h_1 + h_2}\right)I \tag{10-18b}$$

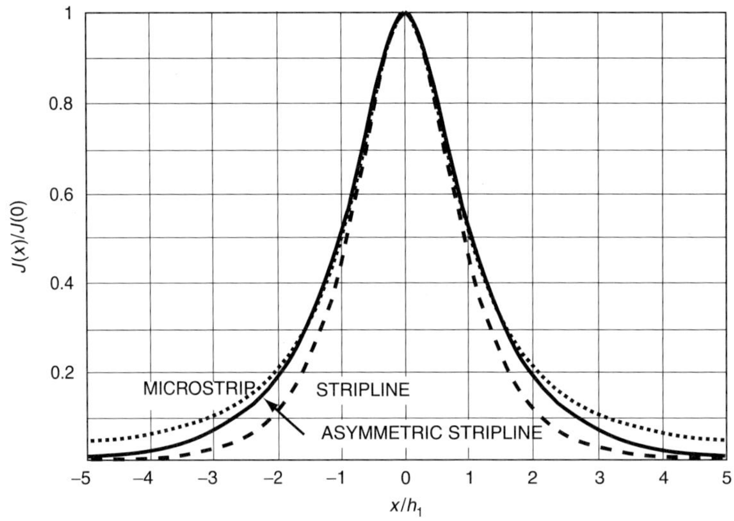

그림 10-16 마이크로스트립 선로(점선), 스트립 선로(쇄선), 비대칭 스트립 선로(실선)의 기준판에 흐르는 정규화 전류밀도. 스트립 선로와 비대칭 스트립 선로의 경우에는 두 기준판 전류밀도의 합을 사용하였다. 비대칭 스트립 선로는 $h_2 = 2h_1$ 로 하였다.

표 10-3 비대칭 스트립 선로에서 총 전류에 대한 각 기준판 상의 전류 비율

h_2/h_1	가까운 기준판 전류	먼 기준판 전류
1	50%	50%
2	67%	33%
3	75%	25%
4	80%	20%
5	83%	17%

여기서 h_1은 가까운 기준판까지의 거리이고 h_2는 먼 기준판까지의 거리이다. <표 10-3>에 h_2/h_1에 따른 각 기준판 상의 총 전류 비율의 변화를 나타내었다. 식 (10-17a)와 (10-17b)에 $h_2 = h_1$을 대입하면 두 식은 모두 스트립 선로에 대한 식 (10-16)과 같아진다. 또한 h_2를 무한대에 접근하게 하면 두 식은 모두 마이크로스트립 선로에 대한 식 (10-13)과 같아진다. 그러므로 식 (10-17a)와 (10-17b)는 널리 사용되는 세 가지 인쇄회로기판 전송선로 구조에 적용되는 일반식임을 알 수 있다.

기준판 상의 전류분포에 대해 17장의 혼성신호 PCB의 레이아웃 부분에서 추가로 다루기로 한다. 17.2, 17.6.1과 17.6.2 절을 참조하라.

10.6.2 접지판 임피던스(Ground Plane Impedance)

도선 또는 PCB 트레이스의 인덕턴스 계산은 간단하지만 도체 판(plane)의 인덕턴스 계산은 복잡하다. 1994년에 저자(Ott)는 마이크로스트립 접지판의 알짜 부분 인덕턴스를 측정하였다.

10.6.2.1 인덕턴스 측정결과 접지판 양단의 전압강하는 전류와 임피던스의 곱이다. 즉,

$$V_g = I_g\left[R_g + j\omega L_g\right] \tag{10-19}$$

여기서 R_g는 접지판의 저항이며 L_g는 접지판의 부분 인덕턴스이다.

전압과 전류의 시간 변화율 사이의 관계를 나타내는 것이 인덕턴스이다. 식 (10-1)은 이 관계를 시간영역에서 표현한 것이다. 접지판 상의 어떤 구간 양단의 전압강하를 시간영역에서 다음과 같이 표현할 수 있다.

$$V_g = L_g\left(\frac{di}{dt}\right) + IR_g \tag{10-20}$$

높은 주파수에서는 인덕턴스에 의한 임피던스가 우세하므로 저항이 들어간 항은 무시할 수 있다.

$$L_g = \frac{V_g}{di/dt} \tag{10-21}$$

이러한 가정의 타당성에 대해서는 10.6.2.3절에서 더욱 상세히 설명하기로 한다. 식 (10-21)로부터, 접지판 상의 전압강하를 측정할 수 있고 신호의 전류 변화율 *di/dt*를 알고 있을 경우, 접지판의 인덕턴스를 구할 수 있음을 알 수 있다.[3)]

10 MHz 사각파형을 마이크로스트립 선로에 인가한 상태에서 접지판 상의 특정 구간 사이의 전압강하를 측정하였다. 전류 변화율은 부하저항 양단의 신호를 측정하여 구하였다. 전압강하와 전류 변화율로부터 식 (10-21)을 이용하여 인덕턴스를 계산하였다.

<그림 10-17>은 시험에 사용된 PCB 기판이다. 이 기판은 양면 기판으로 아래쪽에는 접지판이 있으며 위쪽에는 트레이스가 한 개 배선되어 있다. 여러 가지 두께의 기판을 사용하는 방식으로 마이크로스트립 선로의 높이를 변화시켰다. 선로(트레이스)의 길이는 6인치이며 100 Ω 저항을 맨 끝에 연결하였다. 접지판 전압강하는 1인치 간격으로 측정하였다. 접지판 전압은 <그림 10-18>에서 보듯이 선로가 위치한 기판의 윗면에서 고주파 50-Ω 차동(differential) 프로브를 사용하여 측정하였다. 측정 장치구성과 방법에 대한 더욱 상세한 설명은 부록 E의 E.4절에 수록하였다.

<그림 10-19>에 접지판 인덕턴스 측정결과를 나타내었다.[4)] 전체 트레이스 길이의 가운데 부근에서 1인치 구간의 접지판 인덕턴스를 측정하였다. <그림 10-19>는 트레이스의 높이가 낮아질수록 상호 인덕턴스가 증가하므로 접지판 인덕턴스가 감소하는 것을 확실히 보여주고 있다.

---

3) 이 실험을 정확하게 수행하는 것은 어려운 작업이다. 여기서 사용된 방법은 부록 E의 E.4절에 설명하였다.
4) 7 mil에 대한 데이터 값은 이 그래프에 표시하지 않았다. 이 데이터의 문제점에 대해서는 10.6.2.3절에서 설명하였다.

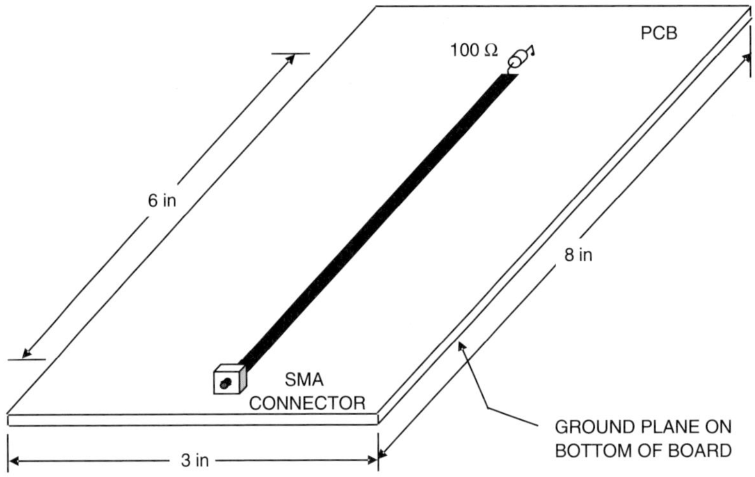

그림 10-17 접지판 인덕턴스 측정을 위한 시험용 PCB

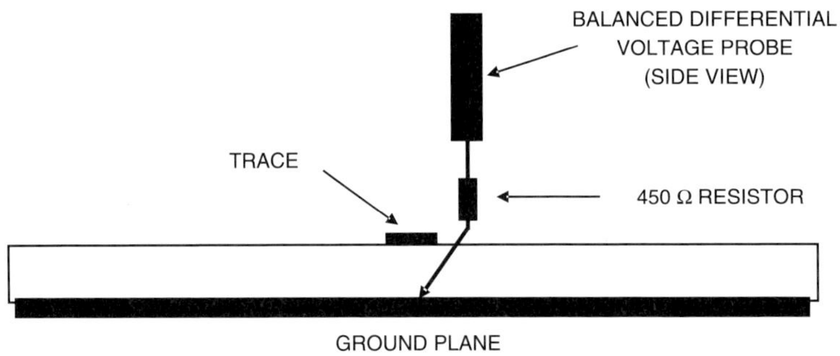

그림 10-18 접지판 전압 측정을 위한 구성 및 방법

트레이스의 높이가 0.010인치에서 0.060인치까지 변할 때 접지판 인덕턴스는 0.1~0.7 nH/in의 값을 가진다. 이에 비해 전형적인 PCB 트레이스의 인덕턴스는 15 nH/in의 값을 가진다. 트레이스의 높이가 감소하면 접지판 인덕턴스가 감소할 뿐만 아니라, 더욱 중요하게는 접지판 상의 전압강하가 감소한다. 이렇게 되면 결과적으로 기판에서 방출되는 전자기파가 감소한다.

인덕턴스는 트레이스 폭의 로그함수이므로 대부분의 경우에 있어서 인덕턴스는 트레이스 폭에 무관하다고 가정할 수 있다. 트레이스의 높이가 0.020인치일 경우 접지판 인덕턴스의 측정값은 약 0.15 nH/in이다. 이것은 전형적인 PCB 트레이스의 인덕턴스보다 100배 정도 작은 값이다. 접지판 인덕턴스는 작지만 그래도 무시할 수는 없다. 접지판에 40 mA의 디지털 논리회로 전류가 흘렀을 때 접지판 상의 전압강하는 15 mV/in로 측정되었다.

10.6.2.2 접지판 인덕턴스의 계산값 식 (10-13)으로 주어지는 마이크로스트립 접지판의 전류

분포 식을 이용하여 Holloway와 Kuester (1998)는 접지판의 인덕턴스를 계산하였다. 복잡한 적분식 때문에 인덕턴스를 일반적인 수식형태(closed-form)로는 표시하지는 못했지만 다양한 구조의 마이크로스트립 선로에 대해 인덕턴스를 계산한 결과를 그래프의 형태로 제시하였다. 이 그래프의 곡선 중 하나가 마침 저자(Ott)가 측정결과(1994년)를 얻을 때 사용한 것과 동일한 마이크로스트립 구조에 대해 계산한 결과였다. <그림 10-20>은 폭이 0.050인치인 트레이스에 대해 저자의 측정결과(1994)와 Holloway와 Kuester (1998)의 계산결과를 비교한 것이다. 트레이스 높이가 10 mil 이상인 경우 측정결과와 계산결과가 비교적 잘 일치한다(1 mil = 0.001인치).

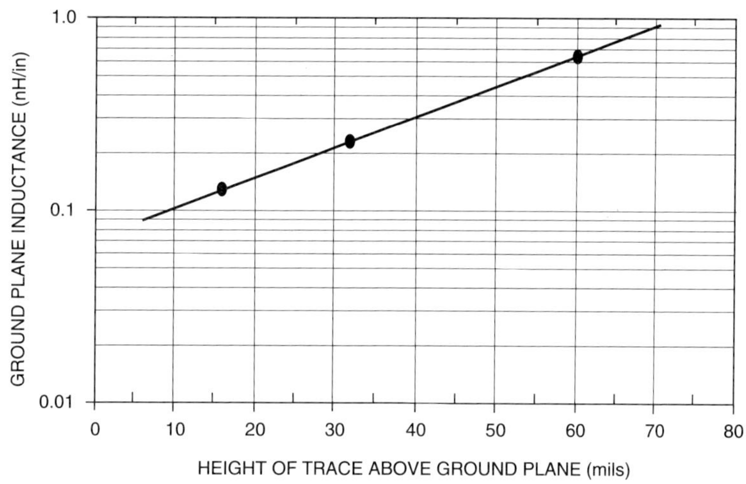

그림 10-19 트레이스 높이(1 mil = 0.001인치)에 따른 접지판 인덕턴스 측정값의 변화. 트레이스 높이가 7 mil인 경우는 오류로 판단되어 생략하였다. 10.6.2.3절 참조

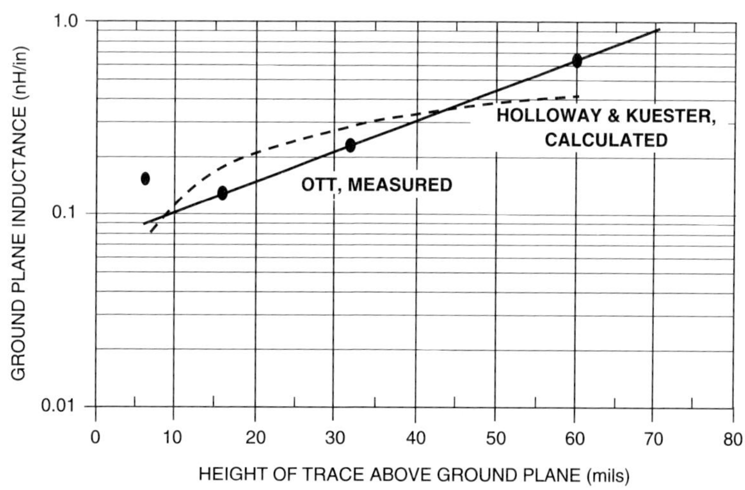

그림 10-20 트레이스 높이에 따른 접지판 인덕턴스의 측정값과 계산값의 비교

10.6.2.3 트레이스 높이가 작은 경우 오차 선로 높이가 10 mil 이하일 경우 마이크로스트립 접지판 인덕턴스의 측정결과와 계산결과는 변화추세가 완전히 반대로 나타난다. 높이가 작을수록 이론적 계산결과는 감소하는 반면 측정결과에서는 16 mil의 경우보다 7 mil의 경우에 인덕턴스 값이 크다. 이에 대한 이유로 우선 생각해볼 수 있는 것이 7 mil의 측정결과에 오류가 있다는 것이다. 알아내지 못한 어떤 다른 효과가 실험하는 과정에서 작용하여 측정상의 오류가 발생했을 수 있을 것이다.

<그림 10-20>의 그래프로부터 트레이스의 높이가 작을 경우 접지판 인덕턴스는 트레이스 인덕턴스의 1/150 정도로 감소함을 알 수 있다. 또한 <그림 10-9>로부터 접지판 전류가 퍼져흐르는 정도는 트레이스 높이의 함수임을 알 수 있다(전류분포가 x/h의 함수이므로). 트레이스 높이가 작을 경우 전류는 스트립으로부터 조금밖에 퍼져 흐르지 않는다. 그 결과 전류가 흐르는 도체의 단면적이 줄어들므로 접지판의 저항이 증가할 것이다. 트레이스 높이가 작은 경우에 발생하는 이 두 현상(인덕턴스 감소 및 저항 증가)은 우리로 하여금 식 (10-21)로 되돌아가서 다음과 같은 의문을 가지게 한다. 무시할 정도로 작다고 가정한 접지판 저항이 트레이스 높이가 작아지면서 측정 데이터에 영향을 주기 시작한 것은 아니었을까?

10.6.2.4 접지판 저항 Holloway와 Kuester (1997)는 마이크로스트립 접지판의 교류저항 계산에 필요한 정보를 제공하였다. 식 (10-13)의 전류분포로부터 접지판 저항을 다음과 같이 구하였다.

$$R_g = \frac{2R_s}{w\pi}\left\{\tan^{-1}\left(\frac{w}{2h}\right) - \frac{h}{w}\left[\ln\left\langle 1 + \left(\frac{w}{2h}\right)^2\right\rangle\right]\right\} \tag{10-22}$$

여기서 R_s는 레온토비치 표면저항(Leontovich surface impedance)으로, 다음 식으로 주어진다.

$$R_s = \frac{1}{\sigma\delta} \tag{10-23}$$

위 식에서 σ는 금속재료의 전도율(구리의 경우 5.85×10^7 S/m), δ는 표피두께이다. 식 (6-11)의 표피두께를 식 (10-23)에 대입하면 다음을 얻는다.

$$R_s = \sqrt{\frac{\pi f \mu}{\sigma}} \tag{10-24}$$

위 식으로부터 R_s는 주파수의 제곱근의 함수임을 알 수 있다. 따라서 접지판 저항 R_g는 주파수, 트레이스 폭, 트레이스 높이 등의 함수이다. 주파수가 증가함에 따라 접지판 저항은 증가한다.

<그림 10-21>은 주파수가 100 MHz일 때, 폭이 0.010인치인 트레이스에 대해 트레이스의 높이에 따른 접지판 저항의 변화를 식 (10-22)로 계산하여 나타낸 것이다. 트레이스 높이가 10 mil 이상일 경우 저항은 작다. 그러나 트레이스 높이가 10 mil 이하로 점점 작아질 경우 저항이 급격히 증가한다. 이러한 사실로부터 트레이스 높이가 작을 경우 접지판 저항이 인덕턴스 측정에 영향을 미칠 수 있음을 알 수 있다.

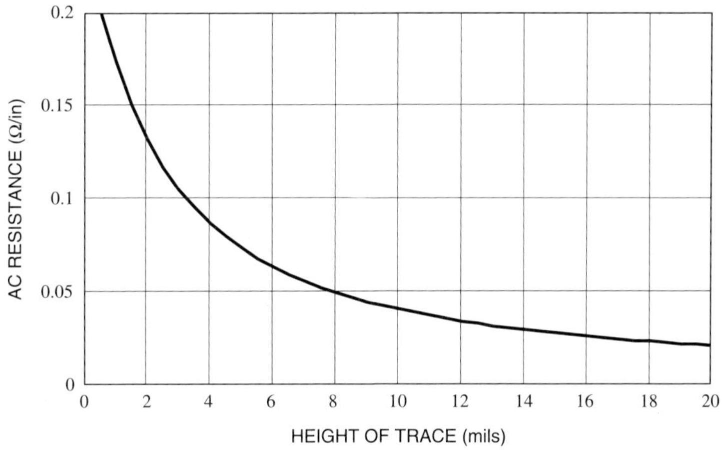

그림 10-21 100 MHz에서 트레이스의 폭이 0.010인치일 때, 트레이스 높이(단위 mil)에 따른 접지판 교류저항 (Ω/in)의 변화.

10.6.2.5 접지판 인덕턴스와 저항의 비교 위에서 언급한 것처럼 접지판 인덕턴스를 구하는 식은 기본 함수들로 이루어진 일반적인 수식 형태(closed-form)로 제시된 것은 아직 없다. <그림 10-19>의 데이터로부터 곡선맞춤기법(curve matching 또는 curve fitting)을 사용하여 다음과 같이 접지판 인덕턴스에 관한 경험식(실험식, empirical equation)(단위 nH/in)을 구할 수 있다.

$$L_g = 0.073 \times 10^{15.62h} \tag{10-25}$$

여기서 h는 트레이스 높이로 단위는 인치이다.

식 (10-25)는 폭이 0.050인치인 트레이스의 접지판 인덕턴스에 대한 실험식이다. 그런데 Holloway와 Kuester (1998)는 접지판 인덕턴스가 트레이스 폭에 민감하지 않다는 것을 증명하였는데 저자(Ott)의 실험으로도 이 내용이 확인되었다. 트레이스 폭이 10배 증가하여도 인덕턴스는 5% 미만밖에 감소하지 않는다. 따라서 트레이스 폭에 관계없이 접지판 인덕턴스 계산에 식 (10-25)를 사용할 수 있다.

식 (10-25)로부터 접지판의 유도성 임피던스는 다음과 같다.

$$X_{Lg} = 2\pi f L_g = 4.59 \times 10^{-10} f 10^{15.62h} \tag{10-26}$$

<그림 10-22>는 100 MHz에서 트레이스의 폭이 0.010인치인 마이크로스트립 선로에 대해 트레이스 높이에 따른 접지판의 유도성 리액턴스 X_{Lg}와 접지판의 저항 R_g의 변화를 그래프로 그린 것이다.

<그림 10-22>를 보면 트레이스 높이가 감소함에 따라 접지판의 유도성 리액턴스는 감소하지만 접지판의 저항은 급격히 증가함을 알 수 있다. 6.5 mil의 높이에서는 이 두 값이 같으며 트레이스 높이가 이보다 작을 경우에는 저항이 더 크다.

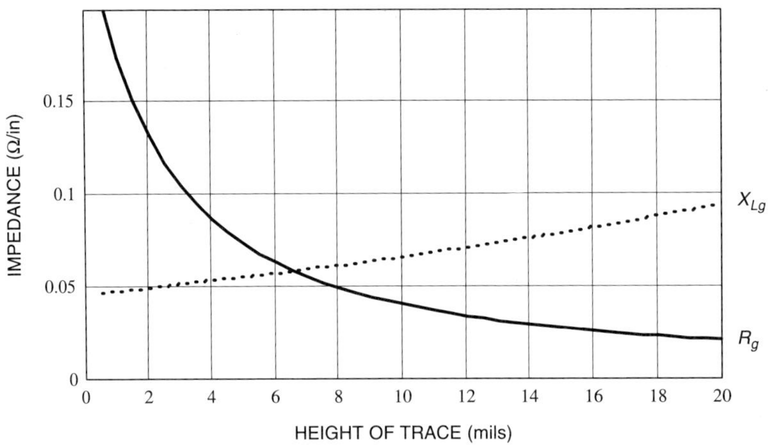

그림 10-22 100 MHz에서 트레이스의 폭이 0.010인치일 때, 트레이스 높이(단위 mil)에 따른 접지판 유도성 리액턴스 X_{Lg}와 저항 R_g의 변화.

<그림 10-23>은 주파수만 200 MHz로 변경한 경우의 그래프이다. <그림 10-22>와 <10-23>로부터 접지판의 저항이 접지판의 유도성 리액턴스보다 커지는 트레이스 높이는 주파수가 증가함에 따라 감소함을 알 수 있다. <그림 10-22>와 <10-23>는 트레이스 높이가 작을 경우 접지판 저항이 접지판의 주된 임피던스 성분이다라는 사실을 확실히 보여준다. 이러한 이유로 트레이스 높이가 9 mil 이하일 경우, 측정된 인덕턴스는 예측값보다 크게 된다. 이러한 내용을 바탕으로 다음과 같은 중요한 사실을 알 수 있다. 트레이스 높이를 감소시켜서 접지판의 임피던스를 줄이는 데에는 한계가 있다.

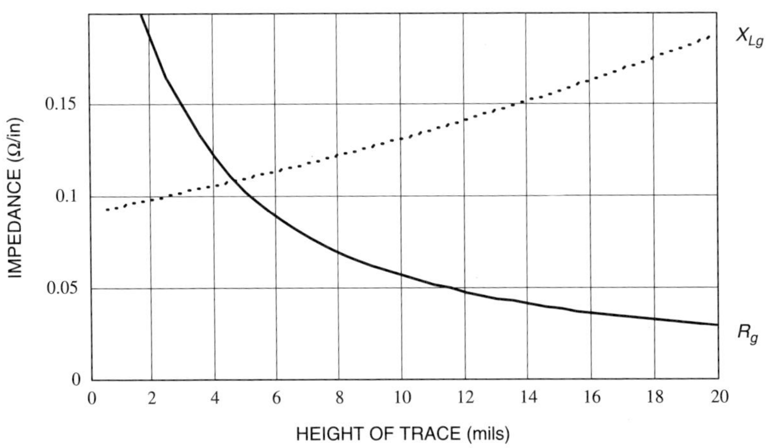

그림 10-23 200 MHz에서 트레이스의 폭이 0.010인치일 때, 트레이스 높이(단위 mil)에 따른 접지판 유도성 리액턴스 X_{Lg}와 저항 R_g의 변화

식 (10-22)의 접지판 저항은 식 (10-13)과 <그림 10-9>에 표시된 전류 분포를 이용하여 구한 것이다. 전류 분포를 하는 과정에서 Holloway와 Kuester (1997)는 접지판의 유도성 리액턴스가 접지판 임피던스의 대부분을 차지한다고 가정하였다. 다시 말해, 전류분포는 인덕턴스를 최소가 되게 하는 전류분포를 계산해낸 다음, 이 전류분포로부터 접지판 저항을 구하였다. 따라서 이렇게 구한 전류분포는 저항이 유도성 리액턴스에 비해 무시할 수 있을 정도로 작은 범위에서만 정확할 것이다. 위에서 설명한 바와 같이 이 가정은 트레이스 높이가, 접지판 저항이 접지판의 유도성 리액턴스와 같아지는 트레이스 높이보다 큰 경우에만 성립한다. **따라서 트레이스 높이가 10 mil 이하인 경우에는 <그림 10-20>의 측정 인덕턴스와 계산 인덕턴스는 모두 정확하지 않다.**

10.6.2.6 임계높이 접지판의 교류저항이 유도성 리액턴스와 같아지는 트레이스 높이를 **임계높이**라고 하며 h_c로 표시한다. 위의 설명을 읽다보면 트레이스 높이가 h_c보다 작을 경우에는 접지판 전류분포는 어떻게 되는가라는 의문이 생긴다. 현재로서는 이 의문에 대한 확실한 답을 제시할 수는 없으나 그럴 가능성이 높은 답을 추측해볼 수는 있다. 식 (10-22)는 <그림 10-9>의 전류분포에 기반을 두고 있는데, 이는 임계높이 h_c보다 트레이스 높이가 작을 경우에는 맞지 않으므로 트레이스 높이가 감소할 때 접지판 저항은 <그림 10-21>에서와 같이 계속 증가하지는 않을 것이다.

그러나 우리는 다음과 같이 하나하나 따져가며 분석을 해나갈 수 있다:

> 트레이스 높이가 h_c 보다 작은 경우에는 저항이 임피던스의 대부분을 차지한다. 트레이스의 높이를 여기에서 약간 더 감소시키면 임피던스의 주된 성분인 저항을 감소시키기 위해 접지판 전류는 <그림 10-9>의 분포보다 트레이스로부터 멀리 퍼져 흐를 것이다. 그러나 전류가 더 멀리 퍼져 흐르면, 인덕턴스는 증가하는데, 이렇게 되면 저항은 더이상 영향력을 발휘하지 못하므로 퍼져 흐르게 되는 일은 일어나지 않을 것이다. 그러나 인덕턴스의 관점에서 보면 <그림 10-9>에서 보듯이 전류는 덜 퍼져흐르려고(집중하여 흐르려고) 할 것이다. 그러나 전류가 집중하여 흐르면 저항은 더욱 증가하게 되므로 이것 또한 발생되지 않을 것이다. 이상과 같은 분석으로부터 내릴 수 있는 합리적인 결론은 다음과 같다. **트레이스 높이가 임계높이 이하로 감소되더라도 전류분포는 크게 변하지 않는다.**

위의 분석으로부터 다음과 같은 결론을 얻을 수 있다: 트레이스의 높이가 h_c보다 작은 경우에는 전류분포가 일정하며 따라서 접지판 임피던스도 일정하다. 다시 말해, **트레이스 높이를 줄여서 접지판 임피던스를 감소시키는 데에는 한계가 있다.** 트레이스 높이가 h_c 이하로 감소하여도 접지판의 임피던스는 더 이상 감소하지 않고 일정하게 된다.

임계높이에서는 접지판의 저항과 유도성 리액턴스 크기가 같으며 90°의 위상차를 가지므로 임계높이에서의 임피던스 크기는 $1.41X_{Lg}$(또는 $1.41R_g$)가 된다. 임계높이의 값은 트레이스 폭과 주파수의 함수이다. 그러나 트레이스 폭에 따른 변화는 작으므로 무시할 수 있다.

<그림 10-24>는 0.010인치 폭의 트레이스에 대해 주파수에 따른 임계높이(h_c)값의 변화를

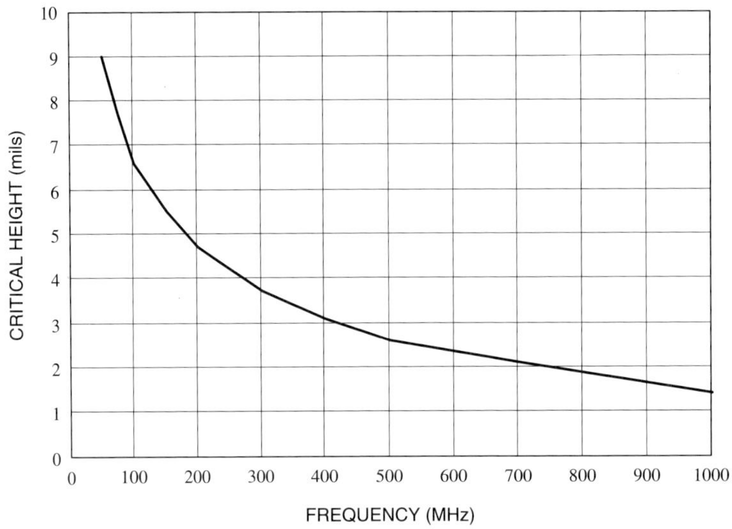

그림 10-24 폭이 0.010인치인 트레이스의 주파수에 따른 임계 높이의 변화

나타낸 것이다. 트레이스 높이를 이 값보다 작게 할 경우 접지판 임피던스는 더 이상 감소하지 않고 일정하게 된다.

<그림 10-25>는 폭이 0.010인치인 트레이스의 높이가 임계높이일 경우(즉 $R_g = X_{Lg}$), R_g(또

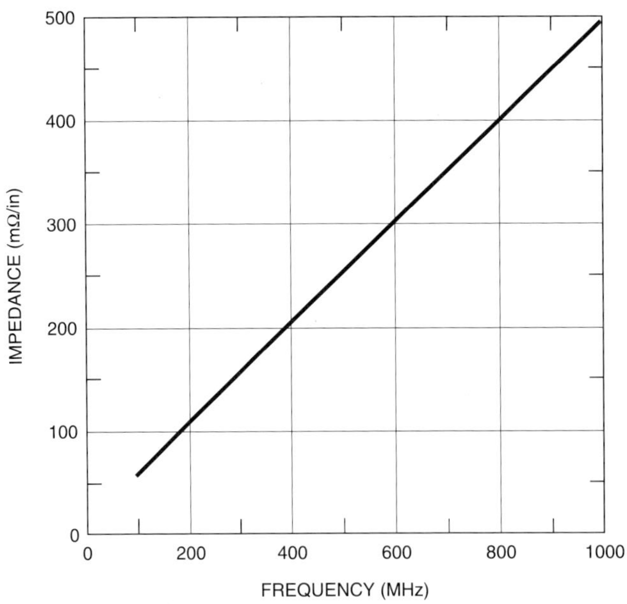

그림 10-25 트레이스 높이가 임계 높이와 같을 경우, 폭이 0.010인치인 트레이스의 주파수에 따른 접지판 임피던스(R_g 또는 X_{Lg})의 변화 (단위 mΩ/in)

는 X_{Lg})의 크기를 주파수에 따라 그래프로 그린 것이다. 이 경우 접지판 임피던스의 크기는 $1.41R_g$(또는 $1.41X_{Lg}$)와 같다. 임피던스가 주파수에 따라 선형적으로 증가하는 것을 잘 살펴보기 바란다.

지금까지 내용을 요약하면 다음과 같다. 트레이스 높이가 클 경우에는 접지판 인덕턴스가 주된 임피던스 성분이다. 트레이스 높이가 감소함에 따라 인덕턴스는 감소하고 접지판 저항은 증가한다. 트레이스 높이를 계속 감소시키면 저항이 유도성 리액턴스와 같아지며(이때 트레이스 높이가 h_c) 이때부터는 트레이스 높이를 계속 감소시켜도 임피던스 값은 더이상 줄어들지 않는다.

10.6.3 접지판 전압(Ground Plane Voltage)

EMC 측면에서는 접지판 임피던스보다 이것에 의해 발생하는 접지판 전압강하가 더 중요하다. 이 접지판 전압은 PCB에 연결된 케이블을 여기시켜 공통모드 방사를 일으킨다(12.2절과 12.3절 참조). 이제 이 접지판 전압을 계산하는 식을 구해보자. 식 (10-22)와 (10-25)를 식 (10-19)에 대입하여 접지판 저항과 인덕턴스에 의해 발생하는 접지판 전압의 식을 다음과 같이 구할 수 있다.

$$V_g = I_g\left\langle \frac{2\sqrt{\frac{\pi f \mu}{\sigma}}}{w\pi}\left\{\tan^{-1}\left(\frac{w}{2h}\right) - \frac{h}{w}\left[\ln\left\langle 1+\left(\frac{w}{2h}\right)^2\right\rangle\right]\right\} + j\omega 0.073 \cdot 10^{15.62h}\right\rangle \tag{10-27}$$

<그림 10-26>은 폭이 0.050 인치인 트레이스에, 50 MHz에서 40 mA의 접지 전류가 흐를 때 식 (10-27)로 계산한 접지판 전압과 측정값을 함께 나타낸 것이다. 측정값은 계산값과 비교적 잘 일치함을 알 수 있다.

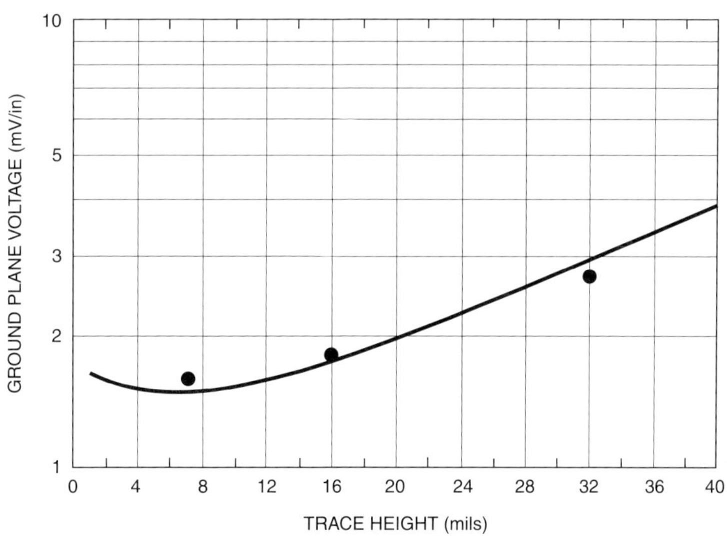

그림 10-26 50 MHz에서 0.050인치 폭 트레이스의 접지판 전압(mV/in)의 계산값(실선)과 측정값(점선)

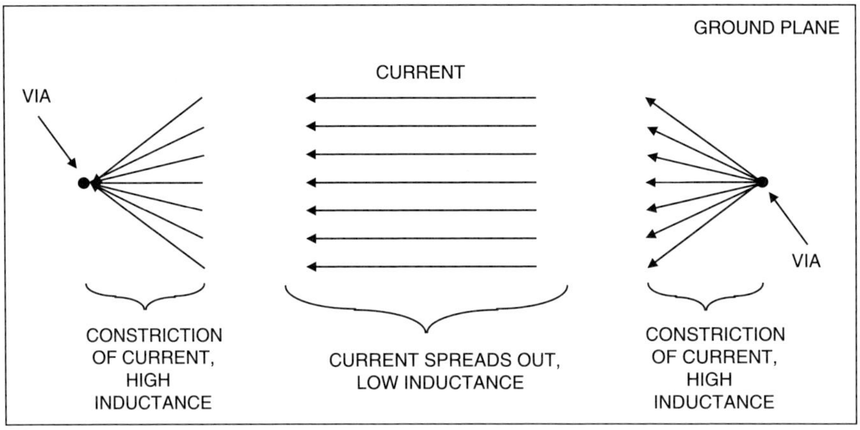

그림 10-27 마이크로스트립 트레이스 아래의 접지판에 흐르는 전류의 모습

10.6.4 트레이스 양쪽 끝의 비어의 영향(End Effects)

앞에서 살펴본 접지판 전류분포와 접지판 임피던스는 <그림 10-8>과 같이 단면의 모양이 간단한 구조를 분석한 것인데 지금까지 발표된 논문들도 거의 전부가 같은 상황이다. 따라서 트레이스의 양쪽 끝에서 비어(via)를 통해 전류가 접지판으로 들어가거나 접지판으로부터 나올 때 어떤 현상이 일어나는지는 다루지 않았다.

<그림 10-27>은 마이크로스트립 트레이스 아래에 위치한 접지판에 흐르는 접지판 전류의 분포를 나타낸 것이다. 선로의 양쪽 끝에서 멀리 떨어진 곳에서는 전류가 식 (10-13)으로 정의되며 <그림 10-9>와 같은 형태로 퍼져 흐른다. 전류가 퍼지면 접지판의 인덕턴스는 감소한다. 그렇다면 트레이스 양끝에 있는 비어에서는 전류가 비어를 통해 접지판으로 흘러 들어가거나 비어를 통해 접지판에서 흘러나오기 위해 전류가 한 데 모여야 하는데, 이곳에서 인덕턴스는 어떻게 되는가? 전류가 퍼져 흐르면 인덕턴스가 감소하므로 전류가 한 점으로 모여 흐르는 트레이스 양쪽 끝의 비어에서는 인덕턴스가 증가할 것이다. 따라서, **트레이스의 길이 전체를 따라 접지판이 갖는 총 인덕턴스는 트레이스 양쪽 끝에 뚫려있는 비어에서의 큰 인덕턴스가 대부분을 차지하는데, 이는 전류가 비어로 집중해서 흐르기 때문이다.**

비어 부근에서 접지판의 인덕턴스가 실제로 증가하는지 확인하기 위해 비어로부터 다양한 거리만큼 떨어진 곳에서, 1 인치 구간에 대해 인덕턴스를 측정하였다. 비어에서 가까운 곳에서는 1/2 인치와 1/4인치 구간에 대해 인덕턴스를 측정하였다. <그림 10-28>에 측정결과를 그래프로 나타내었다. 수평축에 표시된 값은 비어에서 측정이 이루어지는 구간의 중심까지의 거리이다. 그림에서 알 수 있듯이 비어에서 멀리 떨어진 위치에서는 인덕턴스가 작으며 일정한 값을 가진다. 그러나 비어에서 가까울수록 인덕턴스가 증가한다. 전류의 집중에 의해 생기는 접지판 인덕턴스의 증

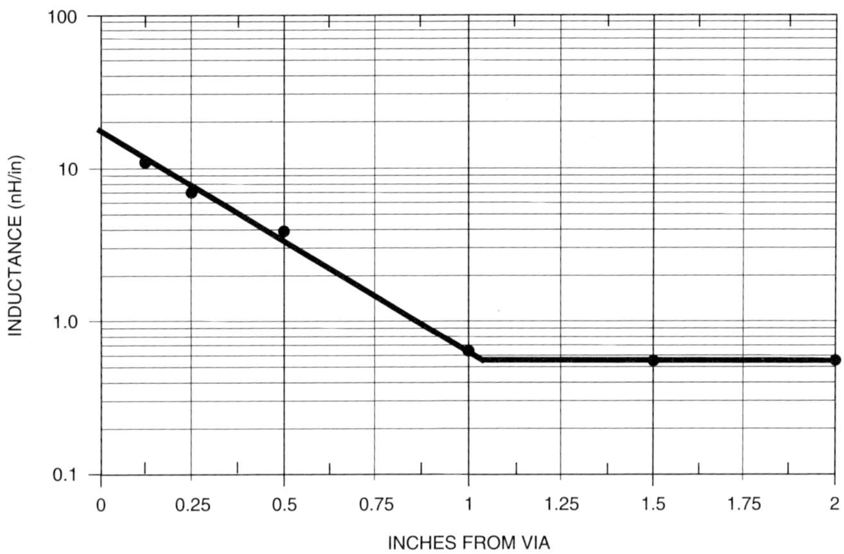

그림 10-28 비어로부터의 거리에 따른 접지판 인덕턴스의 변화

가는 전부가 비어로부터 1인치 이내의 거리에서 발생한다. 흥미로운 점은 비어로부터의 거리가 0에 접근할 때 그래프의 곡선이 트레이스의 인덕턴스인 15 nH/in에 접근한다는 사실이다.

여러 개의 비어를 사용할 경우 전류의 집중도가 감소하므로 인덕턴스의 증가를 억제할 수 있다. <그림 10-29>는 비어가 1개 있을 때와 3개 있을 때, 비어로부터 거리에 따른 인덕턴스의 측정값의 변

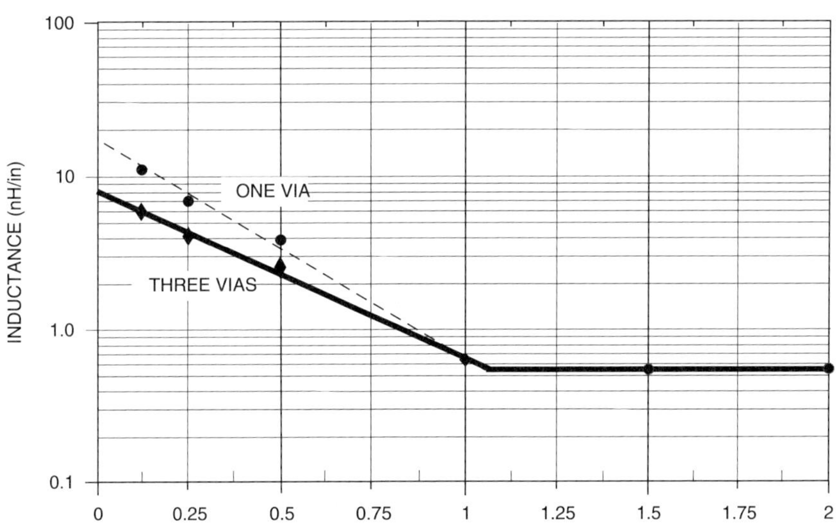

그림 10-29 1개 비어(점선)와 3개 비어(실선)의 경우, 비어로부터의 거리에 따른 접지판 인덕턴스의 변화

화를 나타낸 것이다. 3개의 비어는 트레이스의 방향과 수직이 되게 0.1인치 간격으로 설치하였다. 비어가 3개인 경우, 비어로부터의 거리가 0일 때의 인덕턴스는 비어가 1개인 경우의 약 절반이다.

많은 부품이 장착된 고밀도 PCB에서는 다수의 비어를 사용하는 것이 실용적이지 못한 경우가 많다. 하지만 PCB상에 공간적 여유가 있다면 디커플링 커패시터를 장착할 때 다수의 비어를 사용하여 디커플링 커패시터와 직렬로 연결되는 인덕턴스성분을 줄이는 것이 바람직하다. 이와 관련된 내용이 11.7절에 설명되어있다.

10.7 디지털 논리회로의 전류 흐름(DIGITAL LOGIC CURRENT FLOW)

앞 절에서 설명했듯이 고주파 전류에 대한 최저 임피던스(인덕턴스) 신호경로는 트레이스에서 가장 가까운 접지판 상에 있다. <그림 10-30>에 나타낸 적층 구조로 된 PCB의 경우, 맨 위층 신호의 전류 귀환경로는 전원판(power plane)이 될 것이다. 앞에서 살펴보았듯이 마이크로스트립 트레이스(신호도체)로부터 시작되는 전기장선은 <그림 10-7>에 표시된 것처럼 인접한 판에서 끝이 나는데, 이때 그 판이 접지판이든 전원판이든 아니면 다른 목적의 판이든 상관이 없다. 고주파에서는 전자기장이 도체판을 뚫고 지나갈 수 없으므로 트레이스의 신호는 전원판 아래에 접지판이 있는지 알지 못한다. 따라서 신호의 귀환전류는 전원판을 따라 흐를 것이다. 그런데 이렇게 되면 문제가 발생하지 않는가? 신호의 귀환전류가 접지판에 흐르는 것이 더 낫지 않은가? 이 물음에 대한 답을 얻기 위해서는 먼저 디지털 논리신호의 전류가 실제로 어떻게 흐르는지 분석할 필요가 있다.

많은 엔지니어와 설계자들이 디지털 귀환전류가 어떤 방식으로 어디에 흐르는지, 또 그 발생원이 무엇인지 혼동하고 있다. 우선 드라이버 IC가 전류원이 아니라는 것을 밝혀 둔다. 드라이버 IC는 전류의 흐름을 제어하는 스위치의 역할을 할 뿐이다. 귀환전류의 발생원은 디커플링 커패시터, 트레이스의 기생 커패시터와 부하 커패시터이다.

잡음이나 EMC 관점에서는 과도(스위칭) 전류만이 중요하다. 과도전류의 흐름은 전송선로의 맨 끝에 연결된 부하의 영향을 받지 않는다(<그림 5-19>와 관련된 설명 참조). 선로에서 신호가 전파되는 데에는 유한한 시간이 소요되므로 신호가 전송선로의 맨 끝에 도달하기 전까지 과도전류는 부하 임피던스가 어떤 값인지 알지 못한다.

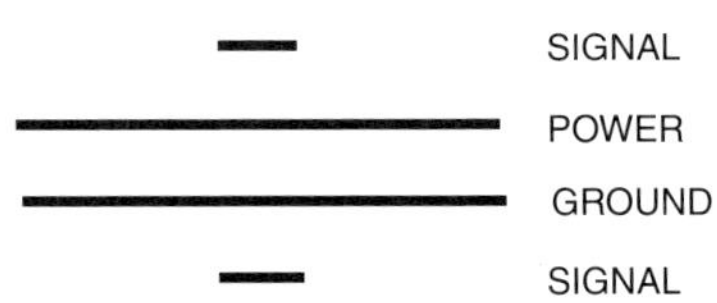

그림 10-30 일반적인 4층 인쇄회로기판의 적층 구조

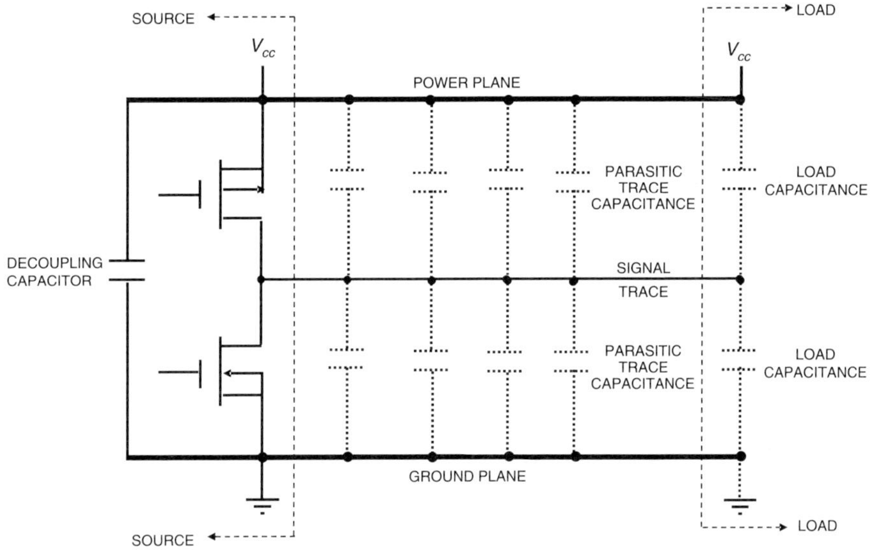

그림 10-31 전원판과 접지판 사이에 배치된 스트립 선로에 출력핀이 연결된 CMOS 논리 게이트 회로

귀환전류의 경로는 스트립 선로 또는 마이크로스트립 선로 등과 같이 전송선로의 구조와 형태에 따라 달라지며 논리신호가 '고(H)' 에서 '저(L)' 로 변하는지 또는 반대로 변하는지에도 영향을 받는다. 마이크로스트립 선로의 경우, 트레이스에 가장 가까운 판이 접지판인지, 전원판인지에 따라 귀환전류 경로가 달라진다. 스트립 선로의 경우, 트레이스가 두 접지판 사이에 있는지, 접지판과 전원판 사이에 있는지, 두 전원판 사이에 있는지에 따라 귀환전류 경로가 달라진다.

<그림 10-31>의 CMOS 논리 게이트 회로를 보면 출력 신호 트레이스가 전원판과 접지판 사이에 놓여있는 스트립 선로구조로 되어있다. 그림에는 또한 부하 IC, 전원 디커플링 커패시터, 신호트레이스의 기생 커패시터, 부하 커패시터 등이 표시되어 있다. <그림 10-32>에서 <10-37>까지 몇가지 가능한 구조에 대해 귀환전류의 경로를 나타내었다.

10.7.1 마이크로스트립 선로(Microstrip Line)

<그림 10-32>는 마이크로스트립 선로의 트레이스가 접지판과 인접한 구조에서, 논리신호가 '저' 에서 '고' (L→H)로 변할 때의 전류 흐름을 나타낸 것이다. 그림에서 보듯이 이 경우 전류 공급원은 디커플링 커패시터이다. 전류는 CMOS 논리 게이트의 위쪽 트랜지스터를 지나 신호트레이스를 따라서 부하로 흘러가면서 트레이스–접지간 기생 커패시턴스[5]를 통해 접지판으로 건너가 접지판을 따라 디커플링 커패시터로 귀환된다.

---

5) 이 절에서 말하는 트레이스–접지간 기생 커패시턴스는 트레이스 기생 커패시턴스와 부하임피던스를 모두 포함한다.

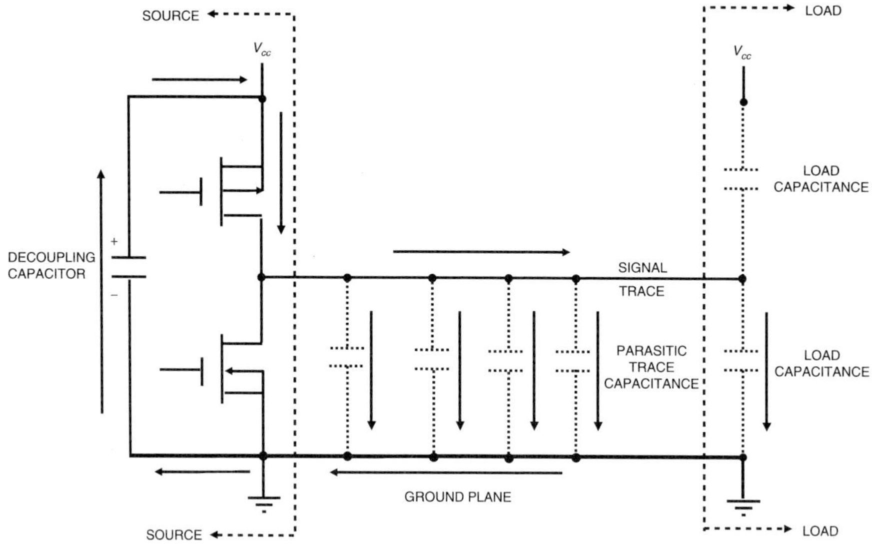

그림 10-32 논리신호가 '저' 에서 '고' 로 변할 때 접지판에 인접한 마이크로스트립 선로 상의 전류의 흐름

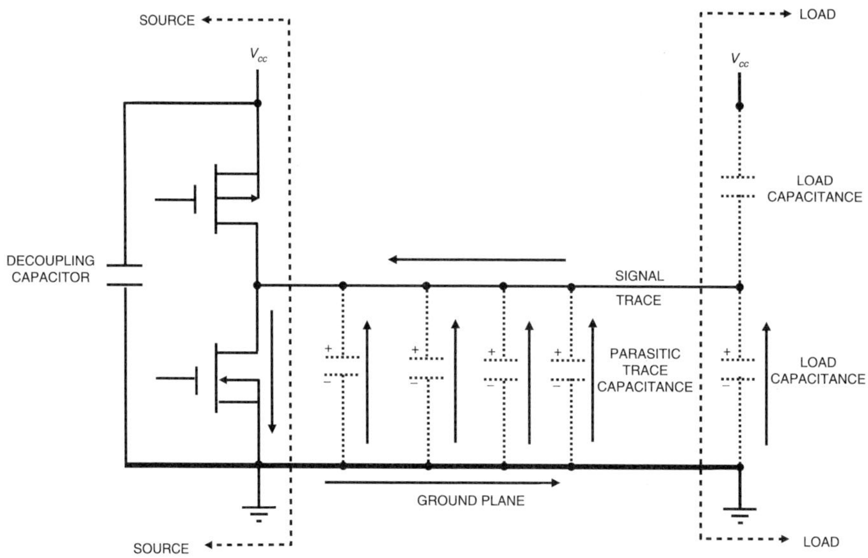

그림 10-33 논리신호가 '고' 에서 '저' 로 변할 때 접지판에 인접한 마이크로스트립 선로 상의 전류의 흐름

<그림 10-33>은 <그림 10-32>와 같은 구조에서 논리 신호가 '고' 에서 '저' (H→L)로 변할 때의 전류경로를 나타낸 것이다. 그림에서 알 수 있듯이 이 경우 전류원은 트레이스-접지간 기생 커패시턴스이다. 전류는 신호 트레이스를 따라 드라이버 IC를 향해 흐르며 CMOS의 아래 쪽

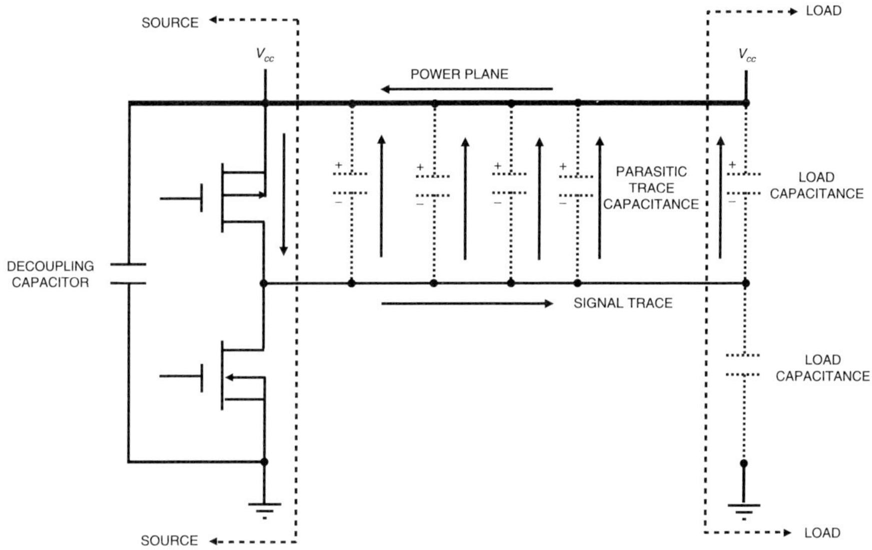

그림 10-34 논리신호가 '저' 에서 '고' 로 변할 때 전원판에 인접한 마이크로스트립 선로 상의 전류의 흐름

트랜지스터를 통과하여 접지판을 따라서 귀환한다. 이 경우 트레이스–접지간 기생 커패시턴스를 CMOS 드라이버의 아래 쪽 트랜지스터가 단락시킴으로써 전류의 흐름이 발생한다. 주목할 것은 이 경우에 디커플링 커패시터로는 전류가 흐르지 않는다는 사실이다.

<그림 10-34>는 마이크로스트립 선로의 트레이스가 전원판과 인접한 구조에서 논리 신호가 '저' 에서 '고' (L→H)로 변할 때 형성되는 전류경로를 나타낸 것이다. 그림에서 알 수 있듯이 전류원은 트레이스-전원판간 기생 커패시터이다. 전류는 전원판을 따라서 전원 쪽을 향해 흐르며 CMOS 드라이버의 위쪽 트랜지스터를 통과한 후 신호트레이스를 따라 귀환한다. 이 경우, 트레이스-전원판간 기생 커패시턴스를 CMOS 드라이버의 위쪽 트랜지스터가 단락시킴으로써 전류의 흐름이 발생한다. 이때도 앞의 경우와 마찬가지로 디커플링 커패시터로는 전류가 흐르지 않는다.

<그림 10-35>는 <그림 10-34>와 같은 구조에서 논리신호가 '고' 에서 '저' (H→L)로 변할 때의 전류경로를 나타낸 것이다. 이 경우 그림에 표시된 것처럼 전류원은 디커플링 커패시터이다. 전류는 전원판을 따라서 흐르며 트레이스-전원판간 기생 커패시터를 통과하여 신호트레이스를 따라 흐르다가 드라이버 IC의 아래쪽 트랜지스터를 통과하여 디커플링 커패시터로 되돌아온다.

10.7.2 스트립 선로(Stripline)

<그림 10-36>은 신호 트레이스가 전원판과 접지판 사이에 배치된 스트립 선로구조에서 논리신

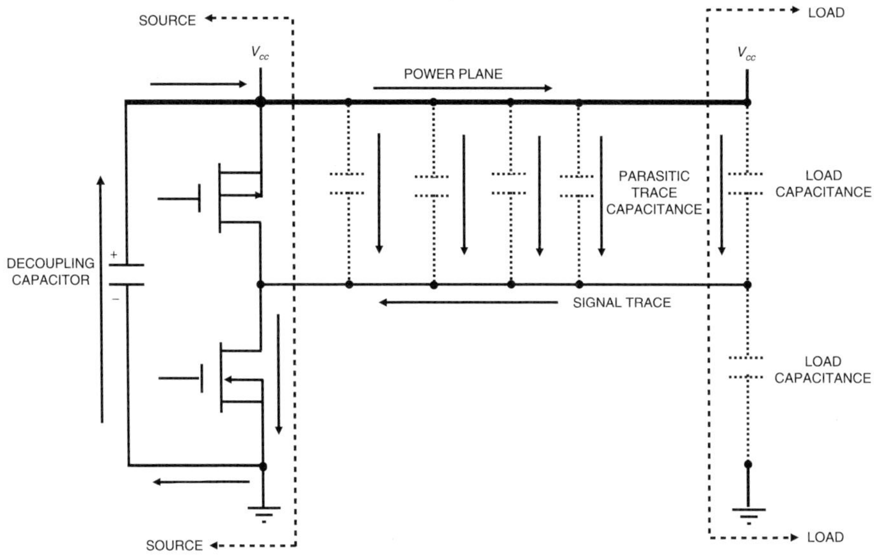

그림 10-35 논리 신호가 '고' 에서 '저' 로 변할 때 전원판에 인접한 마이크로스트립 선로 상의 전류의 흐름

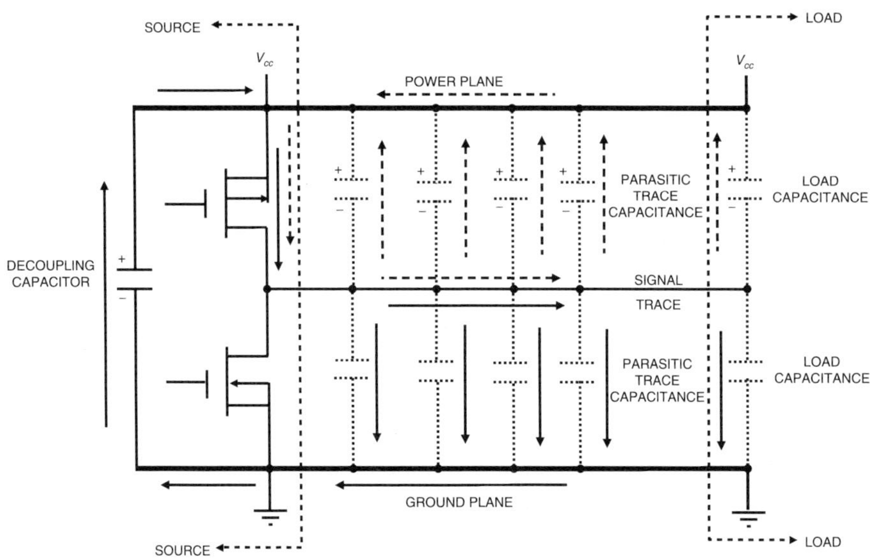

그림 10-36 논리 신호가 '저' 에서 '고' 로 변할 때 전원판과 접지판에 인접한 스트립 선로 상의 전류의 흐름

호가 '저' 에서 '고' (L →H)로 변할 때의 전류경로를 나타낸 것이다. 그림에서 알 수 있듯이 이 경우 전류원은 디커플링 커패시터와 트레이스-전원판간 기생 커패시턴스이다. 디커플링 커패시터의 전류(실선 화살표)는 CMOS 드라이버의 위쪽 트랜지스터를 지나 신호트레이스를 따라

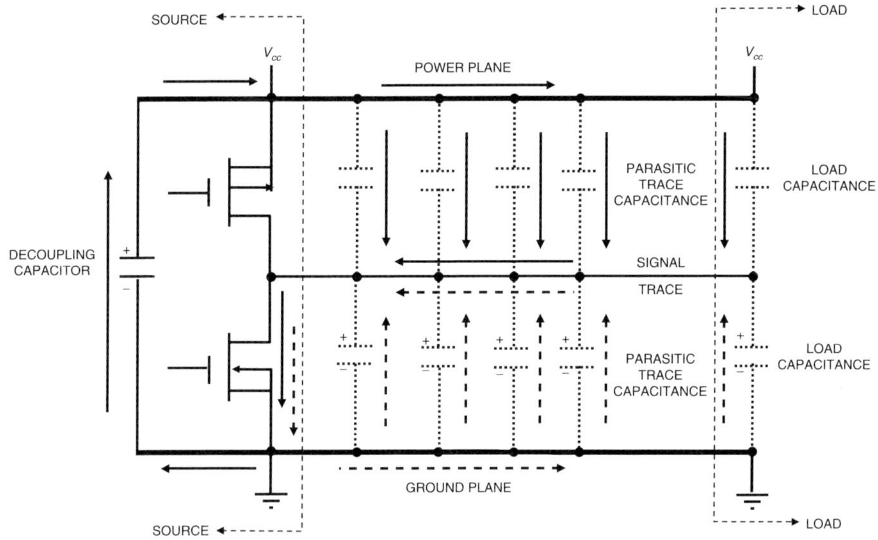

그림 10-37 논리 신호가 '고' 에서 '저' 로 변할 때 전원판과 접지판에 인접한 스트립 선로 상의 전류의 흐름

부하로 흘러들어가면서 트레이스-접지판간 기생 커패시턴스를 통해 건너가 접지판을 따라 흘러서 디커플링 커패시터로 귀환한다. 트레이스-전원판간 기생 커패시턴스 전류(점선 화살표)는 전원판을 따라서 드라이버 IC를 향해 흐르다가 드라이버 IC의 위쪽 트랜지스터를 통과하여 신호트레이스를 따라 되돌아온다. 주목할 것은 이러한 구조에서는 접지판과 전원판 모두에 전류가 흐르며 전류가 흐르는 방향(이 경우에는 부하에서 전원 쪽으로)은 서로 같다는 사실이다.

<그림 10-37>은 <그림 10 -36>과 동일한 스트립 선로구조에서 논리신호가 '고' 에서 '저' (H→L)로 변할 때의 전류경로를 나타낸 것이다. 그림에서 알 수 있듯이 이 경우 전류원은 디커플링 커패시터와 트레이스-접지판간 기생 커패시턴스이다. 디커플링 커패시터의 전류(실선 화살표)는 전원판을 따라 흘러가면서 트레이스-전원판간 기생 커패시턴스를 통과해 건너가 신호트레이스를 따라 드라이버 IC로 되돌아온다. 다음, 드라이버 IC의 아래쪽 트랜지스터를 통과한 후 디커플링 커패시터로 귀환한다. 트레이스-접지판간 기생 커패시턴스 전류(점선 화살표)는 신호트레이스를 따라서 드라이버 IC 쪽으로 흐르다가 드라이버 IC의 아래쪽 트랜지스터를 통과하여 접지판으로 되돌아온다. 주목할 것은 이 경우에는 접지판과 전원판 모두에 전류가 흐르며 두 전류가 흐르는 방향은 서로 같다는 점이다(이 경우에는 전원에서 부하 방향으로).

기준판으로 두 개의 접지판을 사용하는 스트립 선로의 경우, 전류원과 전류경로는 접지판 한 개를 기준판으로 사용하는 마이크로스트립 선로의 경우(<그림 10-32>및 <10-33>)와 동일하다. 다만 두 접지판에 총 전류가 절반씩 나뉘어 흐른다는 것이 다르다. 기준판으로 두 개의 전원판을 사용하는 스트립 선로의 경우, 전류의 흐름은 전원판 한 개를 기준판으로 하는 마이크로스트립

선로의 경우(<그림 10-34> 및 <10-35>)와 같다. 각 전원판에는 총 전류의 1/2만 흐른다.

스트립 선로 구조에서는 언제나 전류가 두 개의 서로 다른 신호 루프를 따라 흐르는데, 흐르는 방향이 서로 반대이다. 즉 어느 한 루프에서는 전류가 반시계 방향으로 흐르고 다른 루프에서는 시계 방향으로 흐른다. 각 루프에는 총 전류의 절반이 흐른다. 따라서 두 루프에서 방사되는 전자파가 감소하는 것은 물론 서로 상쇄된다. 따라서 스트립 선로구조는 마이크로스트립 선로 구조보다 방사가 훨씬 적게 발생한다. 또한 두 개의 기준판이 전자파 방사에 대해 차폐도체로 작용하므로 방사량은 더욱 줄어든다.

10.7.3 디지털 회로에서의 전류 흐름 요약(Digital Circuit Current Flow Summary)

위의 예로부터 기준판이 접지판이든 전원판이든 전류에 대해서는 아무런 차이가 없다는 것을 알 수 있다. 앞에서 살펴본 모든 경우에 있어서 전류는 아무런 어려움 없이 작은 면적의 루프를 통해서 전류원으로 귀환한다. 어떤 경우에도 전류가 이 루프 경로를 벗어나거나 더 큰 면적의 루프를 형성하면서 전류원으로 되돌아오는 일이 없다. **따라서 기준판은 전원판이든 접지판이든 상관이 없다.**

<표 10-4>에 위에서 살펴본 10가지 구조에 대해, 전류원과 귀환전류경로를 간추려 정리하였다.

구조에 관계없이 논리신호가 '저' 에서 '고' 로 변하는 경우에는 전류가 전원핀을 통해 드라이버 IC 안으로 들어가고 신호핀을 통해 드라이버 IC 밖으로 나온다는 점에 주목하라. 논리신호가 '고' 에서 '저' 로 변하는 경우에는 전류가 신호핀을 통해 드라이버 IC 안으로 들어가고 접지핀을 통해 드라이버 IC 밖으로 나온다는 것에 주목하라. 이것은 회로의 구조나 기준판의 종류(전원판, 접지판)에는 상관이 없다.

표 10-4 디지털 논리 전류 흐름 요약

회로 구조	기준판	논리신호 변화	전류원	전류 귀환경로
마이크로스트립	접지판	저 → 고	디커플링 커패시터	접지판
마이크로스트립	접지판	고 → 저	트레이스의 기생 커패시턴스	접지판
마이크로스트립	전원판	저 → 고	트레이스의 기생 커패시턴스	전원판
마이크로스트립	전원판	고 → 저	디커플링 커패시터	전원판
스트립 선로	전원/접지판	저 → 고	디커플링/트레이스 기생 커패시턴스	전원/접지판
스트립 선로	전원/접지판	고 → 저	디커플링/트레이스 기생 커패시턴스	전원/접지판
스트립 선로	접지/접지판	저 → 고	디커플링 커패시터	접지/접지판
스트립 선로	접지/접지판	고 → 저	트레이스 기생 커패시턴스	접지/접지판
스트립 선로	전원/전원판	저 → 고	트레이스 기생 커패시턴스	전원/전원판
스트립 선로	전원/전원판	고 → 저	디커플링 커패시터	전원/전원판

요약 SUMMARY

- 빠른 스위칭 속도로 인해 디지털 논리회로는 방사성 방출의 주요 발생원이다.
- 디지털 시스템은 아날로그 시스템과는 다른 접지 방법을 필요로 한다.
- EMC(전자파적합성) 문제를 일으키는 전압의 크기는 SI(신호무결성) 문제를 일으키는 전압보다 약 1000배 가량 작다.
- 디지털 논리회로의 잡음을 제어(억제)하기 위해 가장 중요하게 고려해야 할 사항은 접지판 인덕턴스이다.
- 디지털 시스템의 접지판 인덕턴스는 접지 격자 또는 접지판을 사용하여 최소화할 수 있다.
- 접지판의 인덕턴스는 신호트레이스의 인덕턴스보다 약 100배 가량 작다.
- 접지판 인덕턴스가 신호트레이스의 인덕턴스에 비해 작기는 하지만 그 영향은 무시할 수 없다.
- 접지판의 인덕턴스가 작은 이유는 전류가 접지판에 퍼져 흐르기 때문이다.
- 귀환판과 트레이스의 간격이 증가하면 귀환판의 인덕턴스도 증가한다.
- 고주파 신호에 대해 임피던스가 가장 작은 귀환경로는 트레이스 바로 아래에 있는 판에 형성된다. 따라서 디지털 논리회로 전류는 트레이스에 가장 인접해있는 판을 통해서 전류원으로 귀환하며 이때 전류는 귀환판 상에서 신호 트레이스를 따라 양쪽으로 어느정도 퍼져서 흐른다.
- 귀환전류가 적게 퍼져 흐르는 순서로 전송선로의 구조를 써보면 다음과 같다.
  - 스트립 선로
  - 비대칭 스트립 선로
  - 마이크로스트립
- 스트립 선로에서는 99%의 귀환전류가, 트레이스의 중심으로부터 트레이스 높이의 ± 3배 이내의 귀환판 영역을 통해 흐른다.
- 마이크로스트립 선로의 경우 97%의 전류가, 트레이스 중심으로부터 트레이스 높이의 ± 20배 이내의 귀환판 영역을 통해 흐른다.
- 기준판과 트레이스의 간격(높이)을 줄이면
  - 기준판의 인덕턴스가 감소한다.
  - 기준판 상의 전압강하가 감소한다.
  - 방사성 방출이 감소한다.
  - 인접 트레이스 간의 누화가 감소한다.
- 트레이스와 기준판의 간격이 0.010인치 이상이면, 기준판의 인덕턴스가 임피던스의 대부분을 차지한다.
- 트레이스와 기준판의 간격이 임계높이 이하로 감소하면 접지판 저항이 임피던스의 대부분을 차지한다.

- 임계높이는 주파수의 함수이며 주파수가 증가함에 따라 감소한다.
- 전류는 비어를 통해서 기준판으로 들어가거나 기준판에서 나온다. 비어에 전류가 집중하여 흐르므로 비어 부근에서 인덕턴스가 증가한다.
- 많은 엔지니어들이 디지털 논리회로의 전류가 어떤 방식으로 어디에 흐르는지, 그리고 디지털 논리전류의 발생원이 무엇인지 잘못 알고 있다.
- 잡음이나 EMC 측면에서는 과도전류(스위칭 전류)만이 중요하다.
- 디지털 논리 전류의 발생원은 논리 게이트가 아니다.
- 디지털 논리 전류의 발생원은 (1) 디커플링 커패시터와 (2) 트레이스의 기생 커패시턴스 및 부하 커패시턴스이다.
- 기준판이 전원판이든 접지판이든 전류의 흐름과 인덕턴스 값에 있어서는 아무런 차이가 없다.
- 치수가 비슷한 경우, 스트립 선로는 마이크로스트립보다 방사를 훨씬 적게 발생시킨다.

연습문제 PROBLEMS

10.1 인덕턴스가 작은 기본 접지 구조는 무엇인가?

10.2 a. 접지 트레이스의 폭은 어떤 파라미터에 영향을 주는가? 또 어떤 주파수 범위에서 중요한가?

b. 접지를 그리드 형태로 구현하면 어떤 파라미터에 영향을 주는가? 또 이 방법은 어떤 주파수범위에서 중요한가?

10.3 다음의 선로 구조에서, 트레이스 중심에서 양쪽으로 트레이스 높이(트레이스와 기준판 간의 간격)의 2배 거리 이내의 기준판 영역을 통해 흐르는 전류는 전체 전류의 몇 퍼센트인가?

a. 마이크로스트립 선로

b. 스트립 선로

10.4 마이크로스트립 선로의 경우 인접한 두 트레이스 간의 누화가 다음 변수에 따라 어떤 식으로 변하는가?

a. 기준판 위의 트레이스의 높이

b. 두 트레이스 간의 간격

10.5 비대칭 스트립 선로가 한 기준판과는 0.005인치, 다른 기준판과는 0.015인치만큼 떨어져 있을 때:

a. 가까운 기준판을 통해 신호전류의 몇 %가 되돌아오는가?

b. 먼 기준판을 통해 신호전류의 몇 %가 되돌아오는가?

10.6 <그림 10-18>에 표시된 것처럼 접지판 전압을 접지판의 위쪽면에서 측정해야 하는 까닭

은 무엇인가? 접지판 아랫면에서 측정하는 것이 훨씬 쉬울텐데 말이다.

10.7 트레이스 폭이 0.010인치인 마이크로스트립 선로의 경우,

a. 600 MHz에서 접지판 임피던스의 최솟값은?

b. 위 최솟값은 기판 높이가 얼마일 때 생기는가?

10.8 디지털 논리 전류를 흐르게 하는 발생원 두 가지를 말하라.

10.9 마이크로스트립 선로보다 스트립 선로에서 방사가 적게 발생하는 이유 두가지를 말하라.

10.10 a. 트레이스가 두 개의 전원판 사이에 들어있는 스트립선로 구조에서 논리신호가 '저' 에서 '고' 로 변할 때 디지털 논리 전류가 흐르는 경로를 그림으로 그려라.

b. 논리신호가 '저' 에서 '고' 로 변할 때 전류원은 무엇인가?

c. 논리신호가 '고' 에서 '저' 로 변할 때 전류원은 무엇인가?

참고문헌 REFERENCES

Barna, A. *High Speed Pulse and Digital Techniques*, New York, Wiley, 1980.

Blakeslee, T. R. *Digital Design with Standard MSI and LSI*, 2nd ed., New York, Wiley, 1979.

German, R. F. "Use of a Ground Grid to Reduce Printed Circuit Board Radiation," *6th Symposium and Technical Exhibition on Electromagnetic Compatibility*, Zurich, Switzerland, March 5-7, 1985.

Holloway, C. L. "Expression for Conductor Loss of Strip-Line and Coplanar-Strip (CPS) Structures," *Microwave and Optical Technology Letters*, May 5, 2000.

Holloway, C. L. and Hufford, G. A. "Internal Inductance and Conductor Loss Associated with the Ground Plane of a Microstrip Line," *IEEE Transactions on Electromagnetic Compatibility*, May 1997.

Holloway, C. L. and Kuester, E. F. "Closed-Form Expressions for the Current Density on the Ground Plane of a Microstrip Line, with Application to Ground Plane Loss," *IEEE Transactions on Microwave Theory and Techniques*, vol. 43, no. 5, May 1995.

Holloway, C. L. and Kuester, E. F. "Net Partial Inductance of a Microstrip Ground Plane," *IEEE Transactions on Electromagnetic Compatibility*, February 1998.

Holloway, C. L. and Kuester, E. F. "Closed-Form Expressions for the Current Densities on the Ground Plane of Asymmetric Stripline Structures," *IEEE Transactions on Electromagnetic Compatibility*, February 2007.

Johnson, H. W. and Graham, M. *High-Speed Signal Propagation, Advanced Black Magic*, Upper Saddle River, NJ, Prentice Hall, 2003.

Leferink, F. B. J. and van Doorn, M. J. C. M. "Inductance of Printed Circuit Board Ground Planes," *IEEE International Symposium on Electromagnetic Compatibility*, 1993.

Ott, H. W. "Ground — A Path for Current Flow," *IEEE International Symposium on Electromagnetic Compatibility*, 1979.

Paul, C. R. *Introduction to Electromagnetic Compatibility*, 2nd ed. (Chapter 3, Signal Spectra—the Relationship between the Time Domain and the Frequency Domain), New York, Wiley, 2006.

Smith, T. S. and Paul, C. R. "Effect of Grid Spacing on the Inductance of Ground Grids," *1991 IEEE International Symposium on Electromagnetic Compatibility*, Cherry Hill, NJ, August 1991.

심층자료 FURTHER READING

Grover, F. W. *Inductance Calculations, Working Formulas and Tables*, Research Triangle Park, NC, Instrument Society of America, 1973.

Mohr, R. J. "Coupling between Open and Shielded Wire Lines over a Ground Plane," *IEEE Transactions on Electromagnetic Compatibility*, September 1967.

찾아보기

한글 찾아보기

ㄱ

ㄹ

ㅁ

ㅂ

ㅅ

ㅇ

ㅈ

ㅊ

ㅋ

ㅌ

ㅍ

ㅎ

기타

영문 찾아보기

A

B

C

D

E

F

G

H

I

L

M

N

O

P

R

옮긴이 약력

유태훈 thyoo@dongyang.ac.kr

연세대학교 전자공학과 학사
연세대학교 전자공학과 석사
연세대학교 전기컴퓨터공학과 박사
삼성전자 정보통신 연구소 연구원
Syracuse University Visiting Scholar
현재: 동양미래대학교 정보통신과 교수
[주요 연구 분야] 전자기 해석, 마이크로파 시스템 해석과 설계, 안테나 해석과 설계, EMI/EMC
[주요 저서] 『EMC를 고려한 PCB 설계기술(M. I. Montrose)』(진한엠엔비, 2006), 『전자기학(C. R. Paul)』(생능출판사, 2010), 『전자기학(Jay Kyoon Lee)』(한빛아카데미, 2013), 『공학도를 위한 매트랩(H. Moore)』(생능출판사, 2009)

김동일 dikim@hhu.ac.kr

한국해양대학교 졸업(공학사)
한국해양대학교 대학원 졸업(공학석사)
동경공업대학 전기전자공학과 대학원 졸업(공학박사)
산학협동상 대상, 과학기술진흥유공 대통령표창 수상
한국전자파학회/한국항해항만학회 각 학술상 수상
한국교육대상 수상
IEEE EMC Korea Chapter Chairman 역임
정보통신부 주파수심의위원회 위원 /전파자문위원회 위원장 역임
현재: 한국전자파학회 명예회장(제6대 회장 역임)
한국공학한림원 회원
한국해양대학교 교수
[주요 연구 분야] 고성능 전파흡수체의 설계 · 제작, 다기능 전자파 흡수/방열 시트 개발, 전자파장해대책(EMI/EMC), 마이크로파/밀리미터파 수동회로, CATV 전송회로의 설계 등

김인석 ihnkim@khu.ac.kr
경희대학교 전파공학과 학사
University of Ottawa 전기공학과 석사
University of Ottawa 전기공학과 박사
한국방송공사 기술사원
Com Dev (Canada) Technical Staff
General Instrument Engineer
Canadian Space Agency Research Scientist
한국이동통신선임연구원
현재: 경희대학교 전자전파공학과교수
한국전자파기준문위원회 위원(B 소위원회위원장)
한국전자파학회 편집위원장 (1997~1998년)
IEEE Trans. Microwave Theory &Techniques 편집위원(1999~현재)
IEEE Microwave and Wireless Components Letters 편집위원(2000~현재)
한국전파교육대학협의회장(2004~2007년)
한국전자파학회 전파교육연구회 위원장 (2008~2012년)
[주요 연구 분야] 마이크로파 공진/결합회로/필터/방향성결합기, 마이크로웨이브 발진기, UWB 소자및 발생기, EMI/EMC

박병권 bkpark@daelim.ac.kr
현재: 대림대학교 전자통신과 교수

안병철 bician@cbu.ac.kr
서울대학교 전기공학과 학사
한국과학기술원 전기전자공학과 석사
University of Mississippi 전기전자공학과 박사
국방과학기술연구소 연구원
현재: 충북대학교 정보통신공학부 교수

PART II

Ott의 EMC공학 실무 응용편

ELECTROMAGNETIC COMPATIBILITY ENGINEERING

도서출판 學山 학산미디어

WILEY

Electromagnetic Compatibility Engineering
by Henry W. Ott

PART II

HENRY W. OTT

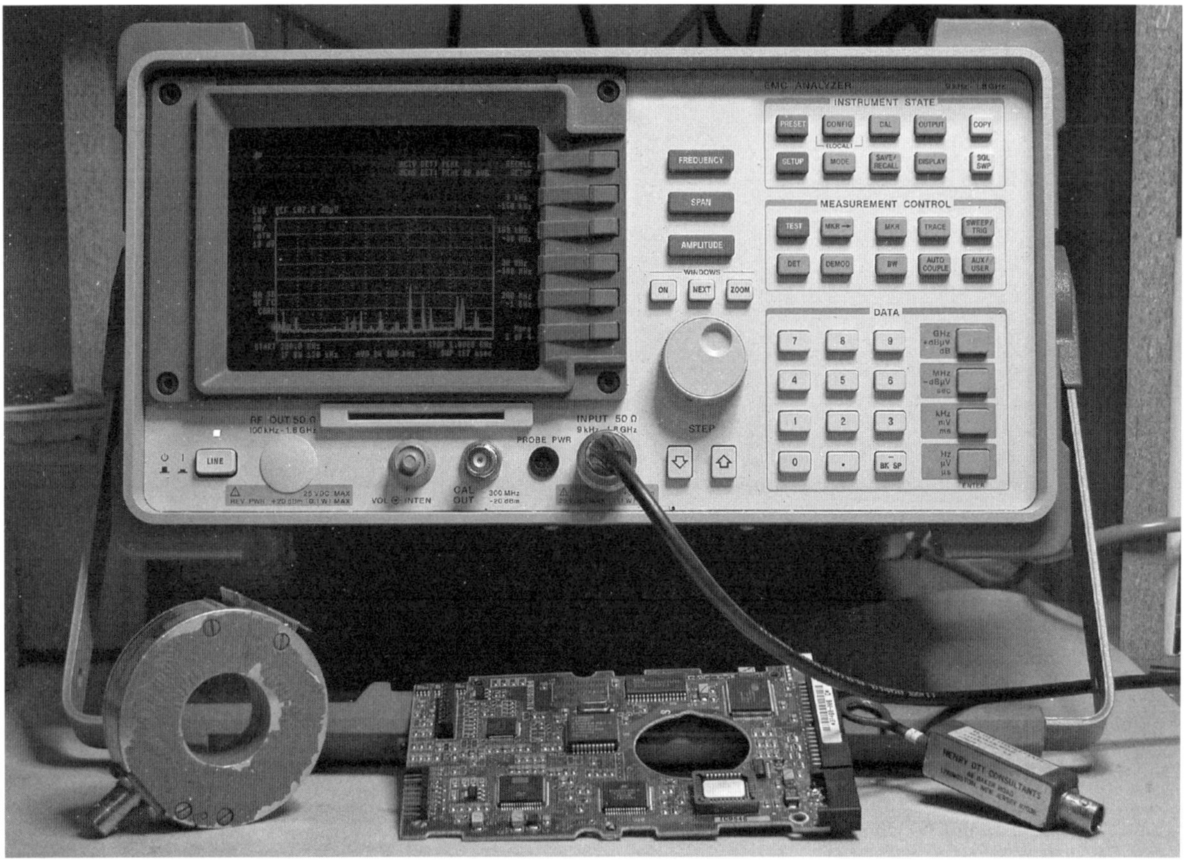

Ott의 EMC공학

실무 응용편

ELECTROMAGNETIC COMPATIBILITY ENGINEERING

유태훈 · 육종관 · 홍익표 옮김

WILEY

學山 도서출판 학산미디어

Ott의 EMC 공학 Part II 실무응용편

Electromagnetic Compatibility Engineering

발 행 일 | 2013년 1월 20일
저　　자 | Henry W. Ott
역　　자 | 유태훈 육종관 홍익표
발 행 인 | 문정임
발 행 처 | 학산미디어
기　　획 | 이덕선
주　　소 | 서울시 노원구 상계동 1256 은빛아파트 202-401
전　　화 | 02-935-0670 / 010-3223-7340
팩　　스 | 02-935-0670
이 메 일 | sorgento2000@hanmail.net
등록번호 | 제25100-2011-000001호
편　　집 | 우일미디어디지텍

ISBN (세트) 978-89-966211-4-0 94560
ISBN 978-89-966211-3-3 94560

정가 32,000원

옮긴이 머리말

EMC 분야의 종사자라면 누구나 Henry W. Ott가 저술한 『*Noise reduction techniques in electronic systems*(1977(1st Ed), 1988(2nd Ed), John Wiley & Sons)』를 잘 알고 있고, 실무에서 중요한 참고도서로 사용하고 있을 것으로 생각합니다. Ott는 Bell Lab에서 30년간 실무와 연구를 수행하였고, EMC 분야의 Distinguished Member of the Technical Staff 및 consultant로 활동할 당시에 책을 출판하였습니다. 이 책은 Ott가 『*Noise reduction techniques in electronic systems*』을 수정/보완/추가하여 새롭게 3rd Edition으로 발간한 『*Electromagnetic compatibility engineering* (2009년 발간)』을 번역한 책입니다. 새롭게 발간된 책은 비록 이전 책의 3번째 판으로 발간되었지만 책의 바뀐 제목에서 알 수 있듯이 이전 책을 대폭 보완하였고, 새로운 내용이 상당히 추가되어 18개의 Chapter와 6개의 부록으로 구성되어 있습니다. 내용면으로 보면 이전 책의 12개 Chapter가 모두 새롭게 다시 쓰였으며, 6개의 새로운 Chapter와 2개의 부록이 추가가 되어 부록의 내용을 포함하면 900여 페이지가 되는 방대한 내용을 다루고 있습니다. 새롭게 추가된 부분은 저자가 20년이 넘게 EMC 기술을 강의하고 기업을 상대로 컨설팅과 교육훈련을 하면서 얻은 경험들을 바탕으로 한 디지털, 아날로그 및 혼성신호 회로 설계와 관련한 EMC 이론과 그 이론의 실제적인 응용 내용이 주를 이루고 있습니다.

이 책에 대하여 EMC 분야의 또 다른 대가인 Clayton R. Paul (*Introduction to Electromagnetic Compatibility* 등 19권의 EMC 분야의 책 저술, IEEE의 Life Fellow이며 IEEE EMC society의 Honorary Life Member. 2012년 6월 별세함)은 "내가 목요일 집에 도착했을 때 이 EMC 책이 기다리고 있었고, 난 그날 밤부터 토요일까지 이 책을 끝까지 읽는 동안 내려놓을 수가 없었다. 정말 훌륭한 책이며, 지금까지 발간된 EMC 분야의 책 중 최고이다"라고 평을 했습니다. 또한 2009년 12월호 Test and Measurement World 잡지의 서평에서는 "만약 내가 EMC 설계와 관련하여 단 하나의 책만 소유할 수 있다면 바로 이 책이 될 것이다"라고 평한 바가 있습니다. 이밖에도 많은 EMC 전문가들과 관련분야 종사자들이 이 책을 EMC 분야 최고의 책으로 손을 꼽았고, 이에 역자들은 이러한 훌륭한 책을 국내에 소개하여 EMC 분야에 대한 관심과 발전에 조금이나마 도움을 줄 수 있어야겠다는 사명감과 책임감을 갖고 부족한 지식과 경험에도 불구하고 번역을 하게 되었습니다.

이 책은 Part 1 EMC 이론과 Part 2 EMC 응용으로 구성이 되어 있으며, Part 1은 이전 책의 수정 및 보완된 부분이고, Part 2는 EMC 응용 관점에서 대부분 새로이 작성된 부분들로 이루어져 있습니다. 이번 번역에서는 시급성 및 독자들의 필요성을 고려하여 Part 2를 먼저 한글로 번역하여 출판하게 되었습니다. 특히 Part 2는 "EMC application"이라는 부제가 붙어 있어 EMC 분야의 엔지니어나 EMC 응용분야를 공부하는 학생들에게 실질적인 도움이 될 것으로 생각합니다. 다루고 있는 본문내용을 살펴보면 디커플링 커패시터 장착을 위한 접근방법과 장단점 및 효과를 고려한 디지털 회로에서의 전원판 구성에 관련한 이론 및 응용, 디지털 회로에서의 차동모드 및 공통모드 방사이론, 전원공급시스템에서의 다양한 방사와 그에 따른 필터링 방법, RF 및 시간에 따라 변화하는 노이즈 신호에 대한 대책, 정전기 방전에 대한 이론 및 대책방안, 다층구조 PCB에서의 다양한 레이아웃과 적층구조, 최근 들어 많은 문제가 되고 있는 혼성신호 PCB에서의 다양한 현상 및 대책, 그리고 마지막으로 효과적이며 간단하게 수행할 수 있는 사전적합성 시험방법 등 EMC 응용과 관련한 전반적인 분야를 총체적으로 다루고 있습니다. 또한 부록에서는 데시벨의 개념, EMC 방사를 최소화하기 위한 방법, 자기장의 다중반사 이론, 다이폴안테나를 통한 방사의 원리와 개념, 부분 인덕턴스의 개념 등을 다루고 있어 본문내용을 뒷받침하고 있습니다.

이 책의 중요한 장점 중 하나는 원문 자체가 이해하기 쉽고 명확한 영어로 잘 쓰여진 책이며, 저자가 오랜 동안 산업체를 상대로 컨설팅과 교육훈련을 하며 쌓은 수많은 know-how를 복잡하지 않은 수식을 사용하여 간결하고 명확하게 설명하고 있다는 점입니다. 대부분 공과대학교의 교육과정에서 EMC와 관련한 수업 및 교육이 많지 않기 때문에 산업현장에서 직면하는 다양한 EMC에 관련된 문제들의 분석과 해결을 위해 담당 엔지니어들이 상당히 많은 시간과 노력을 투자하고 있으며, 구전되어 오는 회사들 나름대로의 대책기법들, 또는 개인적으로 습득한 경험을 바탕으로 문제를 해결해 나가고 있는 것이 현실입니다. 하지만 전수되는 상당수의 기법들이나 개인적인 경험들이 이론적인 근거가 희박하거나, 적용대상에 따라 다른 결과를 나타내는 현상이 일반적이고, 그에 따라 현장의 엔지니어들이 체계적이고 이론적이며, 실무적으로 적용 가능한 지식에 대하여 많은 아쉬움을 가지고 있는 것이 사실입니다. 이러한 현실을 비추어 본다면 이번 Henry Ott의 새로운 책은 전기전자 분야를 전공하여 곧바로 산업체로 진출하려는 대학교 3, 4학년 학생들, 관련 EMC 분야를 연구하는 대학원생이나 현장에서 실무를 하고 있는 많은 EMC 엔지니어들에게 무척이나 도움이 되리라 생각됩니다.

EMC 문제는, 또 어떤 경우에는 EMC 문제인 것조차 인식하지 못하는 많은 문제들은, 일반적으로 어떤 특정 회로나 부품의 문제일 수도 있지만, 부품들 간의 상호 영향과 부품과 시스템 간의 상호 작용으로 발생하거나, 디지털 회로와 아날로그 회로가 공존하면서 발생하거나, 심지어는 접지시스템에 따라서도 발생할 수도 있으며, 전기적 문제와 기계적, 또는 건축시설물 자체에 의한 영향까지 고려되어야 하는 다학제적 결합문제라고 볼 수 있습니다. 따라서 EMC 엔지니어의 경우 다양한 학문 분야의 지식의 습득과 이해가 필수적이라 할 수 있습니다. 예를 들어 전기전자 분야 EMC에 국한하여 생각해 볼 때, EMC 문제는 회로설계, PCB 디자인, 패키지 설계, 회로의 배치, 외부 장치와의 연결 등까지 모두 고려해야 하는 경우가 상당히 많으며, 부품수준에서 문제를 이해하고 해결하려고 한다면 이해가 되지 않거나 심지어는 문제의 원인을 파악조차 하지 못하는 경우가 있음을 인식해야 합니다. 그렇기 때문에 그 동안 EMC 엔지니어링을 black magic 이라고 한다든지 엔지니어의 손끝에 달려 있다라고 애매하게 말할 수밖에 없었지 않았나 생각합니다. 하지만 EMC 문제는 전자기이론, 회로이론 및 반도체 소자이론을 기반으로 발생하고 있는 물리적인 현상을 이해해야 하는 영역이며, 집적회로의 micrometer(μm) 수준에서 시작해서 시스템의 meter(m) 수준까지 모두 고려해야 하는 흥미로운 분야이기도 합니다. 물론 양자역학적 관점에서 출발하여 이론을 전개할 수도 있겠으나, 좀 더 현실적이고 실무적용이 가능한 방식인 전자파이론을 바탕으로 회로이론으로 EMC 현상을 설명하는 것이 좀 더 직관적이고 산업현장에서 적용 가능하리라 생각되며, 상당수의 EMC 문제는 전자파 현상이 주된 원인이기 때문에 전자파 이론을 이해하고 이를 분석할 수 있는 능력을 키우는 것도 매우 중요할 것입니다. 이 책에서는 위에서 언급한 회로이론과 전자기이론을 잘 배합하여 다양한 EMC 문제들을 해석하고 이해를 할 수 있도록 배려하고 있습니다.

최근 들어 EBG(electromagnetic bandgap)나 Metamaterial 등을 이용해서 PCB 수준에서의 EMC 문제를 해결하려는 연구결과들이 다양하게 발표되고 있습니다. 하지만 기초가 튼튼해야 좀 더 진보된 방향으로 발전할 수 있는 것처럼, 다학제적 다분야적 EMC 현상의 원인을 총체적으로 제대로 이해하지 못한 상태에서 어느 일부분을 전체화하는 오류를 범하는 것을 빈번하게 볼 수 있습니다. 이러한 관점에서 Henry Ott 책은 다양한 회로나 시스템에서 일어나는 EMC 현상을 이해하기 쉽게 개념적으로 설명을 하고 있으며, 현장에서 적용 가능한 간단한 경험적 또는 유도된 수식들을 적용하는 방법도 소개하고 있다는 점에서 EMC 현상의 기초부터 응용까지 내용이 체계적으로 매우 잘 기술된 책이라고 말할 수 있습니다.

이 책이 나오기까지 세심하게 배려해 주신 도서출판 학산미디어의 이덕선 대표님을 비롯한 관계자 여러분들께 감사드립니다. 언제나 보이지 않는 곳에서 물심양면으로 돌봐주고 격려해준 가족들, 친구들, 그리고 한국전자파학회의 EMC연구회 위원들에게도 고마운 마음을 전하고 싶습니다. 혹 역자들의 부족한 지식과 경험으로 저자가 전달하고자 하는 개념이나 의미를 제대로 표현하지 못하였다면 독자들에게 양해를 구하며, 마지막으로 잘못된 내용을 찾으셨거나 좋은 의견이 있으신 분들은 언제라도 연락주시면 추후에 반영하여 더 좋은 책이 될 수 있도록 노력하겠습니다. 이 책이 늘 이론과 실제 사이에서 고민하는 EMC 분야의 엔지니어들과 학생들에게 많은 도움이 되길 바랍니다.

2013년 1월

옮긴이 유태훈, 육종관, 홍익표

머리말

이전에 내가 낸 책인 『*Noise Reduction Techniques in Electronic Systems*』의 개정 3판을 쓰려고 시작한 것이 완성하고 보니 그 이상이 되어 아예 책 제목을 바꿔 발간한 것이 이 책 『*Electromagnetic Compatibility Engineering*』이다. 이전 책에 담긴 12개의 장 전체를 완전히 다시 썼다. 그리고 6개의 새로운 장과 2개의 새로운 부록을 추가함으로써 새로 들어가거나 내용이 바뀐 것이 600쪽 이상이고 새로운 그림 342개도 추가하였다. 새로이 추가한 부분은 거의 전부가 전자파적합성(Electromagnetic Compatibility, EMC) 이론의 실제응용과 관련된 것으로, 지난 20년 이상에 걸쳐 내가 EMC 컨설팅 일을 하면서 쌓은 경험과 EMC 교육 세미나에서 강의한 경험을 바탕으로 한 것이다.

설계 엔지니어가 당면하는 매우 어렵고 당혹스러운 문제 중에는 전자파적합성(EMC)과 규격인증에 관련된 것들이 많다. 대부분의 엔지니어들은 이러한 문제들을 잘 처리하지 못하는데, 학교에서는 보통 이러한 주제를 가르치지 않기 때문이다. EMC 문제는 관련 이론을 사용하는 대신 시행착오를 겪어가면서 해결하는 것이 보통이다. 이런 식의 노력은 시간이 매우 오래 걸릴 뿐 아니라 해결결과도 만족스럽지 못한 것이 보통이다. 이러한 상황은 유감스러운데, 그 이유는 이 문제와 관련된 이론은 대부분 간단하여 기초물리학으로 설명될 수 있기 때문이다. 이러한 상황을 개선하고자 하는 것이 바로 이 책의 목적이다.

이 책은 주로 전자장치와 시스템 설계분야에 종사하거나 EMC와 규격인증 문제를 다루는 현장의 엔지니어를 대상으로 하고 있다. 이 책은 EMC 공학의 실제적인 측면에 역점을 두고 있으며 방출(emission)과 내성(immunity) 문제를 모두 다루고 있다. 이 책에 수록된 개념은 아날로그 회로와 디지털 회로 모두에 대해, 음성주파수에서 GHz 범위의 주파수까지 적용된다. 복잡한 수학을 피하고 수학의 사용을 최소로 하면서 비용대비 효과가 높은 EMC 설계를 강조하고 있다. 이 책으로 공부하는 여러분은 전자파 환경에 적합하고 국내외 EMC 규정을 준수하는 전자장치를 설계하는 데 필요한 지식을 얻을 수 있다.

이 책은 대학의 고학년 과정이나 졸업 후 평생교육 과정에서 EMC를 교육하는 교재로 사용하기에 적합하도록 쓰였다. 이를 위해, 이 책에 251개의 문제를 수록하여 학생들이 풀어볼 수 있도록 하였다. 문제의 답은 <부록 F>에 실려 있다.

이 책은 크게 두 부분으로 나뉜다. 「1부 EMC 이론」은 1장에서 10장까지로, 「2부 EMC 실무응용」은 11장에서 18장까지로 구성된다. 또한 6개의 부록에 추가자료가 실려 있다.

이 책의 구성은 다음과 같다. 1장은 EMC를 소개하는 내용과 유럽연합(EU) 규정, FCC 규정, 미국 국방부의 군용규정 등을 비롯한 국내외의 EMC 규정을 다룬다. 2장에서는 전기장과 자기장에 의한 케이블 커플링(결합, coupling)과 혼선(누화, crosstalk)을 다룬다. 3장에서는 안전용 접지(safety ground), 전원 접지(power ground), 신호 접지(signal ground), 하드웨어 접지(hardware ground), 시스템 접지(system ground)를 다룬다.

4장에서는 밸런싱(평형, balancing), 필터링(filtering)과 더불어 차동증폭기와 저주파 아날로그회로 디커플링을 살펴본다. 수동부품(passive component)을 다루는 5장에서는 부품의 비이상적 특성이 부품의 성능에 미치는 영향을 살펴본다. 저항, 커패시터, 인덕터와 함께 페라이트 비드, 도체, 전송선로를 다룬다. 6장에서는 금속판과 플라스틱 위에 전도성코팅이 된 경우의 차폐효율을 자세히 분석하고 개구면(틈이나 구멍, aperture)이 차폐효율에 미치는 영향에 대해서도 자세히 분석한다.

7장에서는 릴레이와 스위치의 접점보호에 대해 살펴본다. 8장과 9장에서는 부품과 능동 장치(active device)의 내부 노이즈원(noise source)을 살펴본다. 8장에서는 열 노이즈(thermal noise)와 산탄 노이즈(shot noise)와 같은 고유 노이즈원(intrinsic noise source)을 다룬다. 9장에서는 능동장치의 노이즈원을 다룬다.

10, 11, 12장에서는 디지털 회로와 관련된 EMC 문제를 다룬다. 10장은 접지판 임피던스, 디지털 회로 접지를 살펴보고 디지털 논리회로의 전류가 어떤 식으로 흐르는지 살펴본다. 11장에서는 디지털 회로의 전원공급과 디커플링에 대해 다룬다. 12장에서는 디지털 회로에서 공통모드 방사와 차동모드 방사가 일어나는 원리와 과정을 살펴본다.

13장에서는 교류전원선은 물론 직류전원선에서 일어나는 전도성방출을 살펴보고 아울러 스위칭 전원공급기와 변속모터 드라이브(variable-speed motor drive)와 관련된 EMC 문제를 다룬다. 14장에서는 RF와 과도전류에 대한 내성문제와 더불어 전자파 환경에 대해서 살펴본다. 15장에서는 전자제품의 정전기방전 보호대책을 다룬다. 여기서는 기구적 설계, 전기적 설계, 소프트웨어 설계라는 세 가지 방식의 중요성에 초점을 맞춘다.

16장에서는 보통은 잘 다루지 않는 주제인 PCB 레이아웃과 PCB 적층구조를 살펴본다. 17장은 분할(partitioning) 방법과 접지(grounding) 방법과 관련한 어려운 문제와 혼성신호 PCB(mixed-signal printed circuit board)의 레이아웃을 살펴본다.

마지막 장인 18장에서는 제품의 개발실에서 간단하고 저렴한 측정장비를 사용하여 그 제품의 EMC 성능과 관련된 측정을 수행하는 간이 EMC측정에 대해 살펴본다.

각 장의 끝에는 그 장에서 가장 중요하게 다룬 내용을 요약하고 문제를 수록하여 풀어보도록 하였다. 각 장에서 다루는 주제에 대한 추가 정보가 필요할 경우를 대비하여 많은 참고문헌과 추가목록을 수록하였다.

6개의 부록에는 보충정보를 추가로 담았다. 부록 A는 데시벨, 부록B는 전자파를 "많이" 방출하는 제품을 만드는 10가지 방법을 다룬다. 부록 C는 얇은 차폐(shield) 내부에서 일어나는 자기장의 다중 반사를 나타내는 방정식을 유도한다.

부록 D에서는 다이폴 안테나의 동작원리에 대한 통찰력과 직관을 기를 수 있도록 간단한 다이폴 모형을 다룬다. 어떤 제품이 전자기 에너지를 수신하거나 방출하면 그것이 바로 안테나이다. 따라서 몇 가지 기본이 되는 안테나 이론을 이해하는 것은 엔지니어 — 특히 EMC 엔지니어 — 에게 도움이 된다.

부록 E에서는 중요하지만 사람들이 잘 모르고 있는 부분 인덕턴스(partial inductance) 이론을 설명한다. 부록 F에는 각 장의 끝에 실린 문제의 해답이 실려 있다.

이전 책 「*Noise Reduction Techniques in Electronic Systems*」에 대해 여러 가지 의견을 주신 모든 분들에게 감사드린다. 또한 이 책 『*Electromagnetic Compatibility Engineering*』을 쓰도록 격려해주신 분들에게도 고마움을 전한다. 특히 John Celli, Bob German, Dr. Clayton Paul, Mark Steffka, Jim Brown 씨에게 감사를 드린다. 이 분들은 책 원고의 대부분에 대해 통찰력 있는 검토를 해주고 격려를 해주었으며 저와 함께 EMC를 주제로 유익한 토론을 많이 해주었다. 이들 덕분에 『*Electromagnetic Compatibility Engineering*』은 더 좋은 책이 되었다.

미시간 대학(University of Michigan-Dearborn)의 Mark Steffka 교수는 2007년과 2008년에 EMC 강좌에서 이 책(원고)을 사용하여 강의를 한 바 있다. 이 2년 동안 강의를 수강한 학생들은 대단히 많은 의견과 제안을 제게 보내주었다. (이 책에 실린 여러 추가 문제들에 대한 제안을 포함하여, 여러 가지 제안과 의견을 이 책에 반영하였다.) 이 학생들에게 마음으로부터의 감사를 보낸다. 또한 Mark Steffka 교수와 저 사이에 이견이 없었을 만큼 매우 유용한 의견을 보내준 James Styles 씨에게도 고마움을 전한다.

끝으로, 이 책 원고의 여러 부분을 검토하고 유용한 의견과 제안을 해준 동료 모두에게 감사를 드린다.

더 많은 기술정보와 EMC 규정에 대한 최신정보, 그리고 이 책의 정오표는 Henry Ott Consultants 사의 웹사이트(www.hottconsultants.com)에서 입수할 수 있다.

HENRY W. OTT
Livingston, New Jersey
January 2009

Electromagnetic Compatibility Engineering

차 례

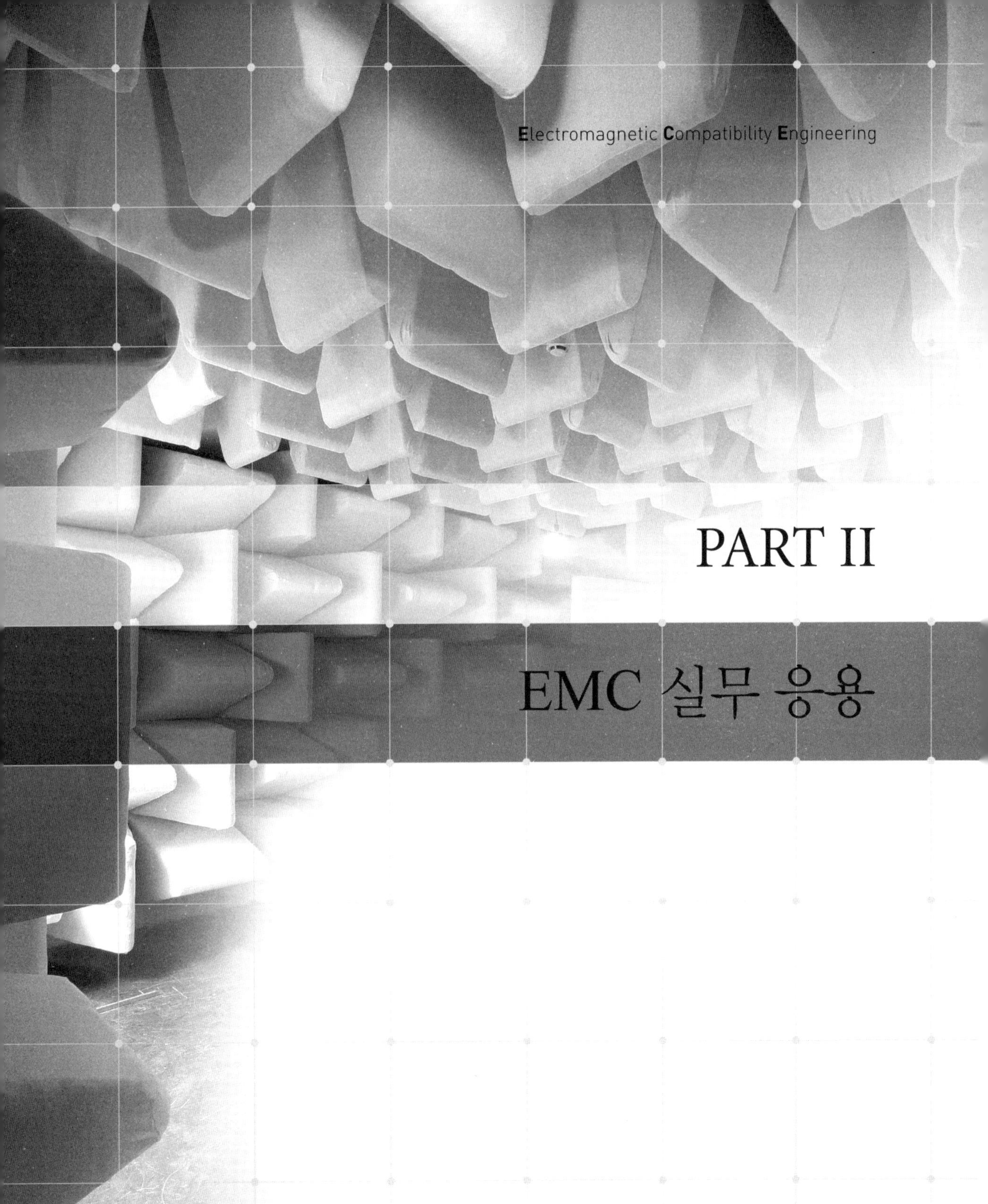

PART II

EMC 실무 응용

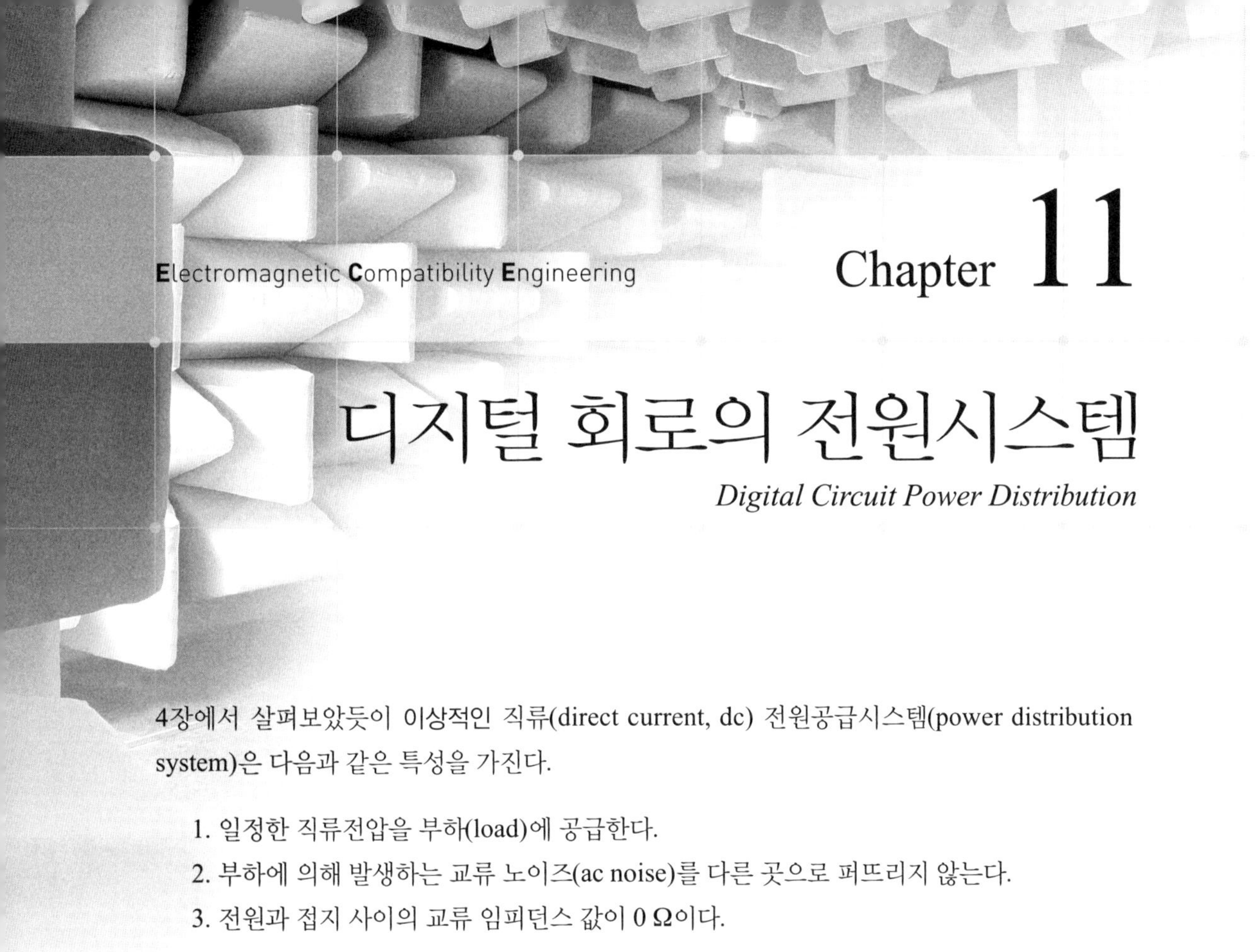

Chapter 11

디지털 회로의 전원시스템

Digital Circuit Power Distribution

4장에서 살펴보았듯이 이상적인 직류(direct current, dc) 전원공급시스템(power distribution system)은 다음과 같은 특성을 가진다.

1. 일정한 직류전압을 부하(load)에 공급한다.
2. 부하에 의해 발생하는 교류 노이즈(ac noise)를 다른 곳으로 퍼뜨리지 않는다.
3. 전원과 접지 사이의 교류 임피던스 값이 0 Ω이다.

이상적으로는, 전원시스템의 레이아웃(layout)은 접지시스템과 똑같으면서 서로 평행이 되어야 한다. 그러나 실제로는 이렇게 레이아웃을 하는 것이 불가능하거나 할 필요가 없는 경우도 있다. 전원노이즈(power supply noise)는 적절한 전원 디커플링(power supply decoupling), 전원그리드(전원격자, power grid), 또는 전원판을 이용한 전원공급시스템(power plane distribution system) 등의 방식을 적용하여 줄일 수 있다. 하지만 이러한 방식들이 바람직한 것이기는 해도 접지시스템(ground system) 만큼 중요하지는 않다. 만약 절충을 해야만 할 경우라면 기판에서 이용 가능한 모든 공간을 최선의 접지시스템을 만드는 데 활용하고 전원노이즈는 다른 방법으로 줄이는 것이 더 나은 경우가 많다.

실제로 1999년에 Janssen, 2004년에 Leferink과 Etten 등을 비롯한 많은 연구자들은 PCB(printed circuit board, 인쇄회로기판)에서 전원판을 없앤 경우의 여러가지 좋은 점들을 발표하였다.

11.1 전원 디커플링 (POWER SUPPLY DECOUPLING)

전원 디커플링은 어떤 회로의 기능이 그 회로에 전원을 공급하는 전원 버스(power bus)에 의해 영향을 받지 않게 하는 방법이다. 이 방법은 다음과 같은 두 가지 유익한 효과를 제공한다.

1. 한 IC(integrated circuit, 집적회로)가 다른 IC에 주는 영향을 줄인다. 즉 IC 사이의 결합(inter-IC coupling)을 감소시킨다.
2. 전원과 접지 사이의 임피던스를 낮게 하여 IC가 설계자의 의도대로 동작하도록 한다. 즉 IC 내부의 결합(intra-IC coupling)을 감소시킨다.[1]

<그림 11-1A>에서 보듯이 논리게이트(logic gate)의 논리상태가 바뀌면 전원공급시스템에서는 과도전류(current transient) dI가 발생한다. 이 과도전류는 접지트레이스(ground trace)와 전원트레이스(power trace)를 따라 흐른다. 과도전류가 접지트레이스의 인덕턴스와 전원트레이스의 인덕턴스를 통과해 흐르면 전압이 발생하므로 논리게이트의 V_{cc} 단자와 접지단자 사이에 노이즈전압(noise voltage)이 나타난다. 또한 과도전류는 큰 루프를 형성하므로 성능 좋은 루프 안테나로 동작하게 된다.

전원의 과도전압(voltage transient)의 크기를 줄이려면 인덕턴스 L_p와 L_g를 감소시키거나 이들 인덕턴스를 통해 흐르는 전류의 변화율(dI/dt)을 감소시켜야 한다. 10장에서 살펴본 것처럼 전원판/접지판(power plane/ground plane)을 사용하거나 전원그리드/접지그리드(power grid/ground grid)를 사용하면 인덕턴스를 줄일 수 있다. 그렇지만 어떻게 해도 완전히 없앨 수는 없다.

<그림 11-1B>와 같이 논리게이트 근처에 커패시터를 한 개 또는 여러 개 연결하여 과도전류가 이 커패시터에 의해 공급되도록 하면 루프의 면적과 인덕턴스를 둘 다 줄일 수 있다. 이 경우에 논리게이트 양단에 걸리는 노이즈전압은 커패시터 C_d, 게이트와 커패시터를 연결하는 트레이스(즉 <그림 11-1B>의 인덕턴스 L_{p2}와 L_{g2}) 의해 결정된다. 커패시터의 개수, 종류, 값, IC와의

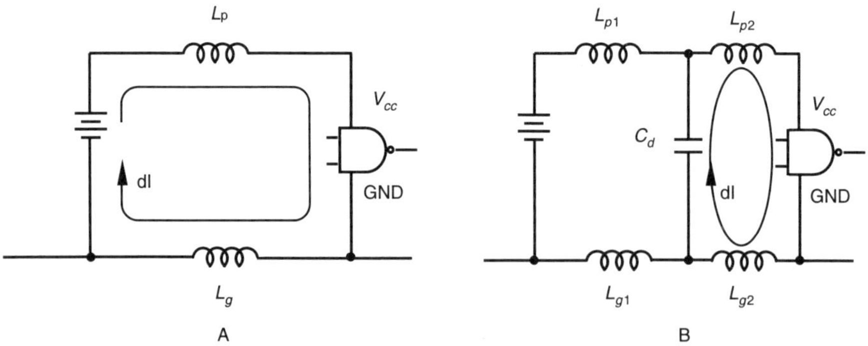

그림 11-1 전원의 과도전류 (A) 디커플링 커패시터가 없는 경우 (B) 디커플링 커패시터가 있는 경우

1) 아날로그 및 디지털 전자회로와 IC가 정상적으로 동작하기 위해서는 전원과 접지사이의 교류 임피던스가 낮아야(이상적으로는 0 Ω) 한다. 이렇게 되려면 전원의 교류전위와 접지의 교류전위가 서로 같아야 한다.

거리(연결위치)가 이 방식의 효과를 결정하는 요소이다.

그러므로 디커플링 커패시터는 다음 두 가지 목적으로 사용된다. 첫째, IC 근처에서 전하(charge)를 제공하는 공급원의 역할이다. 디커플링 커패시터는 IC의 논리상태가 변할 때 필요한 과도전류를 낮은 임피던스 경로(low impedance path)를 통해 공급한다. 커패시터가 필요로 하는 전류를 공급하지 못하면 전원버스의 전압이 낮아져서 IC가 제대로 동작하지 않을 수 있다. 디커플링 커패시터를 사용하는 두 번째 목적은 전원과 접지사이의 교류임피던스를 낮추는 것으로, 이렇게 하면 IC에 의해 발생하는 노이즈가 전원/접지 시스템으로 사실상 주입되지 못하도록(short out) 하거나 주입되더라도 최소화하는 효과를 얻을 수 있다.

11.2 전원 과도전류 (TRANSIENT POWER SUPPLY CURRENTS)

디지털 IC의 논리상태가 바뀔 때 발생하는 전원 과도전류에는 두 가지가 있다. 이를 <그림 11-2>에 나타내었다. 먼저, 논리게이트가 low에서 high로 변하는 경우에는 부하 커패시턴스 C_L을 충전하기 위해 과도전류 I_L이 흐른다. 이 전류는 게이트의 출력이 외부 부하와 연결된 경우에만 흐른다. 또 다른 과도전류는 IC의 출력이 토템폴(totem pole) 구조로 되어있기 때문에 흐르는 전류로 논리상태가 low에서 high로 전이(transition, 옮겨감)되든 high에서 low로 전이되든 어느 경우에나 발생한다. 논리상태의 변화가 이루어지는 도중에는 두 트랜지스터가 동시에 ON이 되는

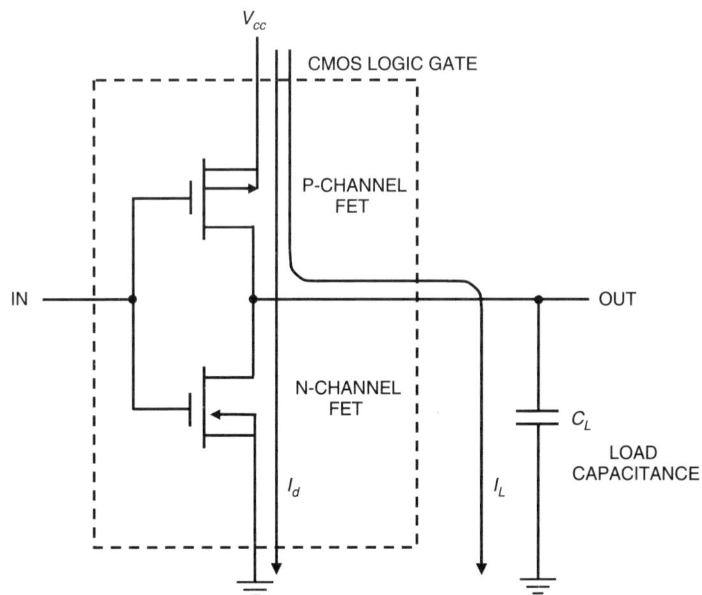

그림 11-2 CMOS 논리게이트의 논리상태가 바뀔 때 발생하는 과도전류

상황이 발생하는데, 그러면 전원과 접지사이에 낮은 임피던스 경로가 만들어져 <그림 11-2>에서 보듯이 전원으로부터 과도전류 I_d가 흘러들어온다. 순간 내부전류(dynamic internal current)라고 하는 이 과도전류는 게이트가 외부 부하와 연결되지 않은 경우에도 흐른다.

이 과도 전원전류는 논리회로가 상태를 바꿀 때마다 흐른다. IC의 종류에 따라 두 가지 과도전류 중에서 어느 쪽이 더 크게 흐르는지가 정해진다. 클록 드라이버(clock driver), 버퍼(buffer), 버스 컨트롤러(bus controller)와 같이 많은 입/출력 구동기(driver)를 가진 디지털 IC의 경우에는 과도 부하전류 I_L이 더 크게 흐른다. 대용량 ASIC(application- specific integrated circuit, 주문형 반도체), 마이크로프로세서, 그밖에 내부처리용량이 큰 장치들의 경우에는 과도 내부전류 I_d가 더 크게 흐른다. 지금부터는 이들 전류의 크기를 계산하는 방법을 살펴본다.

11.2.1 과도 부하전류 (Transient Load Current)

과도 부하전류의 크기를 구하려면 <그림 11-2>에서 보듯이 IC와 연결된 용량성 부하 C_L의 영향을 고려해야 한다. 논리상태가 변하는 동안, 부하 커패시턴스를 통해 흐르는 과도전류는 $I_L = (C_L V_{cc})/t_r$이 된다. IC에 여러 개의 부하가 연결된 경우에는 C_L에 부하의 개수 n을 곱해야 하므로 과도 부하전류의 크기는 다음 식과 같다.

$$I_L = \frac{nC_L V_{cc}}{t_r} \tag{11-1}$$

여기서 C_L은 부하 한 개의 커패시턴스, n은 IC에 연결된 부하의 개수, V_{cc}는 IC의 전원전압, t_r은 출력파형의 상승시간(rise time)이다. 일반적인 CMOS(complementary metal-oxide semiconductor) 게이트는 부하로 동작하는 경우에 7~12 pF 정도의 입력 커패시턴스 값을 가진다.

과도전류 펄스 파형은 <그림 11-3>과 같은 삼각파로 어림잡을 수 있다. 이때 삼각파의 피크값은 식 (11-1)로 구한 값으로 하고 펄스폭은 상승시간 t_r의 두 배로 한다(2002년 Archambeault, 1998년 Radu 등). 이 과도 부하전류는 보통 low에서 high로 전이될 때 발생하는데, 그 까닭은 <표 10-4>에 나타나 있듯이 low에서 high로 전이될 때만 전원이나 디커플링 커패시터가 과도 부하전류의 전류원이 되기 때문이다.[2)]

예를 들어, 전원전압이 5 V이고 출력펄스의 상승시간이 1 ns인 어떤 부품이 입력 커패시턴스가 10 pF인 CMOS 부하 10개를 구동하는 경우, 과도 I/O(입출력) 전류는 500 mA가 된다.

2) 이에 대한 예외가 하나 있다. 전원판과 접지판 근처에 놓인 스트립라인(stripline)이 이것인데, 이 경우에는 디커플링 커패시터가 low에서 high로 바뀔 때는 물론 high에서 low로 바뀔 때도 과도전류의 원천이 된다.

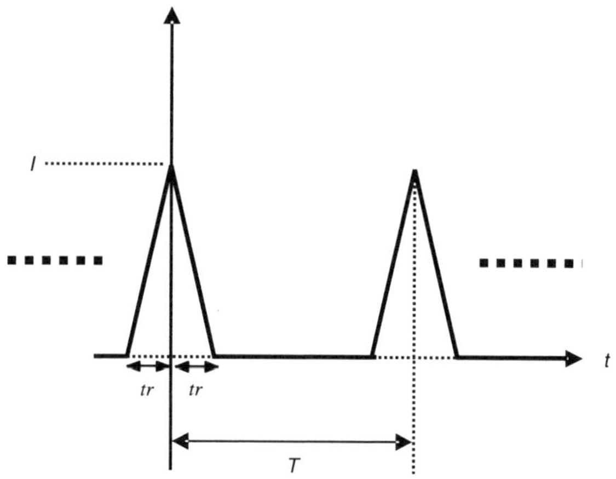

그림 11-3 이등변 삼각형 파형

11.2.2 순간 내부전류 (Dynamic Internal Current)

과도 부하전류보다 내부를 관통해 흐르는 순간 내부전류를 계산하는 것이 더욱 어려운 것이 보통이다. IC 데이터시트는 대체로 IC가 전원에서 끌어들이는 과도 전원전류에 대한 정보는 제공하고 있지 않지만 '등가 전력소비 커패시턴스(equivalent power dissipation capacitance)' C_{pd} 값을 알려줌으로써 내부소비전력에 대한 정보를 제공하고 있다. 이 전력소비 커패시턴스를 관통전류의 크기를 계산하는 데 이용할 수 있다. 이것은 앞서 부하 커패시턴스 C_L 값을 이용하여 과도 부하전류의 크기를 계산했던 방법과 비슷하다. 이 커패시턴스는 보통 게이트당 커패시턴스 값으로 표시된다. 총 전력소비 커패시턴스 값은 게이트당 커패시턴스 C_{pd} 값에 동시에 스위칭되는(논리상태가 바뀌는) 게이트의 개수를 곱한 값이 된다(이 게이트의 개수를 구하는 것은 쉽지 않다). 어떤 데이터시트에는 '순간 전원전류(dynamic power supply current)' I_{ccd} 값이 A/MHz 단위로 실려 있다.

순간 내부전류 I_d는 다음의 두 식 가운데 어느 하나를 골라 계산할 수 있다.

$$I_d = I_{ccd} f_0 \tag{11-2a}$$

$$I_d = \frac{n C_{pd} V_{cc}}{t_r} \tag{11-2b}$$

여기서 I_{ccd} 는 순간 전원전류, f_o는 클록 주파수, C_{pd}는 게이트당 전력소비 커패시턴스, n은 동시에 스위칭되는 게이트 개수, V_{cc}는 전원전압, t_r은 게이트의 스위칭시간(상승시간)이다.

이 순간 전류펄스의 파형도 삼각파로 어림잡을 수 있다. 이 삼각파는 클록의 양쪽 에지(edge, 모서리)와 관련이 있는 것으로 삼각파의 피크값은 식 (11-2a)나 식 (11-2b)로 구한 값이며 펄스

폭은 상승시간 t_r의 2배이다(2002년 Archambeault, 1998년 Radu 등). 순간 내부전류는 클록에 전이(low에서 high와 high에서 low)가 일어날 때마다 발생하기 때문에 순간 내부전류에는 '2 × 클록주파수' 의 정수배가 되는 고조파(harmonic) 성분들이 들어있다.

11.2.3 과도전류의 푸리에 스펙트럼 (Fourier Spectrum of the Transient Current)

파형이 <그림 11-3>과 같은 이등변 삼각형인 경우, n번째 고조파 전류의 진폭(amplitude)은 다음 식으로 주어진다(1985년 Jordan, 7~10쪽).

$$I_n = \frac{2It_r}{T}\left(\frac{\sin\left(\frac{n\pi t_r}{T}\right)}{\frac{n\pi t_r}{T}}\right)^2 \tag{11-3}$$

여기서 I는 삼각파의 진폭, t_r은 상승(하강)시간, T는 주기, n은 고조파의 차수이다. <그림 11-4>는 $t_r/T = 0.1$인 삼각파의 포락선(envelope, 싸개선)을 로그-로그 형식의 그래프로 나타낸 것이다. 그림에서 보듯이 주파수가 $1/\pi\, t_r$ 이상이 되면 고조파의 진폭은 40 dB/decade의 비율로 주파수에 따라 감소한다. 고조파는 짝수 고조파와 홀수 고조파가 모두 나타난다.

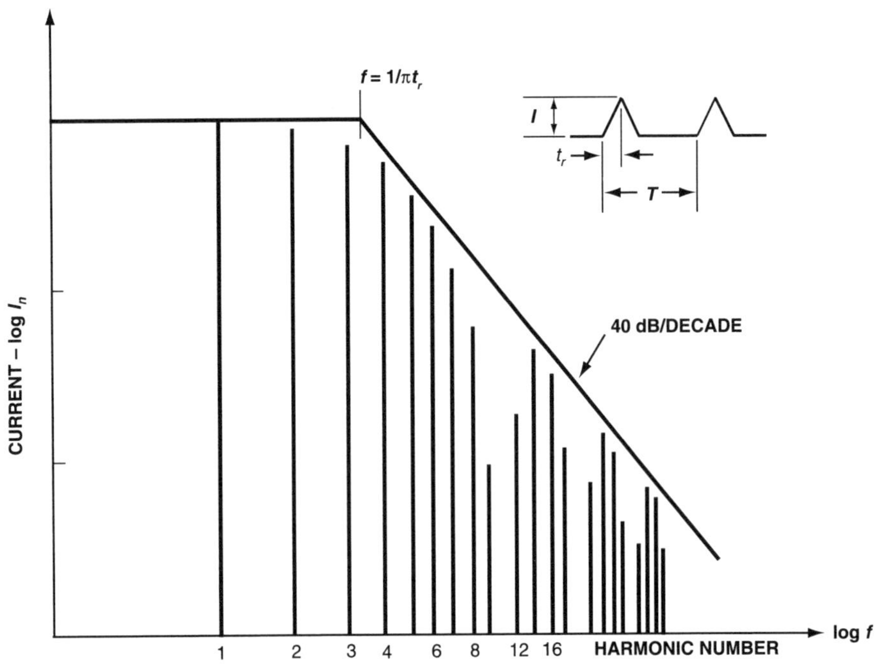

그림 11-4 이등변 삼각형 파형에 대한 푸리에 스펙트럼의 포락선

표 11-1 이등변 삼각형 파형의 경우, t_r/T 값과 처음 6개 고조파의 백분율 전류 사이의 관계

	고조파(Harmonic)					
t_r/T	1	2	3	4	5	6
0.05	10%	10%	9%	9%	8%	7%
0.1	19%	18%	15%	12%	8%	5%
0.2	35%	23%	10%	2%	0%	<1%
0.3	44%	15%	2%	2%	3%	<1%

<표 11-1>은 t_r/T 비의 값에 따라 처음 6개 고조파 전류에 대해 진폭의 백분율을 나타낸 것이다. 상승시간이 빠를수록(즉 t_r/T 값이 작을수록) 기본파(1차 고조파) 백분율 전류는 작아지며 주파수(즉 고조파 차수)가 증가함에 따라 감소하는 비율은 느리다(작다). t_r/T 값이 0.1보다 작으면 기본파 주파수성분이 차지하는 비율은 전체 전류의 20% 미만이 된다.

k를 다음과 같게 놓으면

$$k = \left(\frac{1}{\pi}\right)\left(\frac{T}{t_r}\right) \tag{11-4}$$

$1/\pi t_r$이 되는 주파수는 기본파 주파수에 k를 곱한 값이다. <표 11-1>에서 굵은 선 아래쪽에 있는 것들은 주파수가 $1/\pi t_r$보다 높은 고조파들이다.

11.2.4 전체 과도전류 (Total Transient Current)

IC가 전원에서 끌어들이는 전체 과도전류는 과도 부하전류 I_L과 순간 내부전류 I_d의 합이다. <그림 11-5>에 전체 과도전류 파형을 나타내었다. 과도 부하전류는 클록주파수에서 뾰족한 스파이크(spike)가 나타나지만 순간 내부전류는 2 × 클록주파수에서 스파이크가 나타난다.

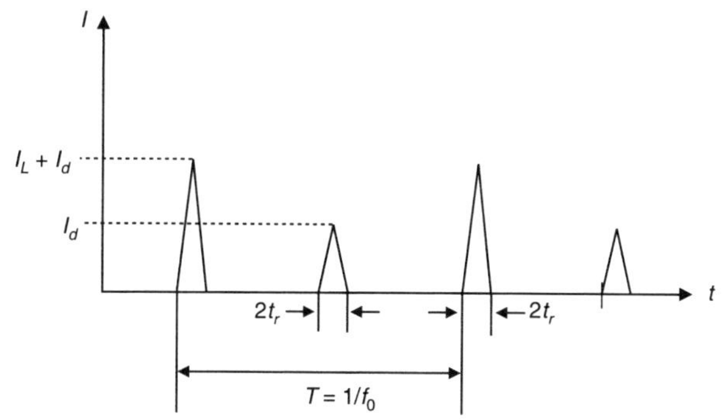

그림 11-5 전원에서 IC로 흐르는 전체 과도전류파형

Archambeault(2002년, 127~129쪽)는 <그림 11-5>의 파형을 사용하여 V_{cc}와 접지 사이의 노이즈전압을 예측하고 이것이 실제 측정결과와 잘 들어맞는다는 것을 증명하였다.

11.3 디커플링 커패시터 (DECOUPLING CAPACITORS)

클록 주파수가 높아지고 상승시간이 빨라지면서 효과적인 전원 디커플링을 하기가 갈수록 더욱 더 어려워지고 있다. 효과적이지 못한 디커플링은 과도한 방사성 방출을 일어나게 할 뿐만 아니라 과도한 전원버스 노이즈를 발생시킨다.

많은 설계자들은 디지털 논리 IC 근처에 0.1 μF이나 0.01 μF 커패시터 한 개를 달아주는 방식으로 IC를 디커플링 한다. 이것은 지난 50년 동안 디지털 IC에 사용해온 바로 그 방법인데, 지금도 여전히 옳은 방법일까? 요컨대 IC 기술은 지난 50년 동안 얼마나 변했을까? 이 방법이 그렇게 오랫동안 통용되어 왔다는 사실이 내게는 흥미로운 일이다. 이제 디지털 IC의 디커플링을 위해 새로운 방법이 필요한 시점에 와 있다는 것은 결코 놀랄 일이 못된다.

디커플링은 <그림 11-6A>처럼 과도 스위칭 전류의 공급을 위해 IC 근처에 커패시터를 달아주는 방법이 아니라는 것을 이해하는 것이 중요하다. 오히려 <그림 11-6B>와 같이 스위칭 전류의 공급을 위해 IC 근처에 *'L–C 회로'* 를 달아주는 방법이라고 할 수 있다. 모든 디커플링 커패시터는 인덕턴스 성분을 가지는데, 이 성분은 자신과 직렬로 연결된다. 따라서 디커플링 회로는 직렬공진회로이다. <그림 11-7>에서 보듯이 인덕턴스는 다음 세 곳에서 생긴다.

1. 커패시터 자체
2. PCB의 트레이스와 비어(via)
3. IC 내부의 리드프레임(lead frame)[3)]

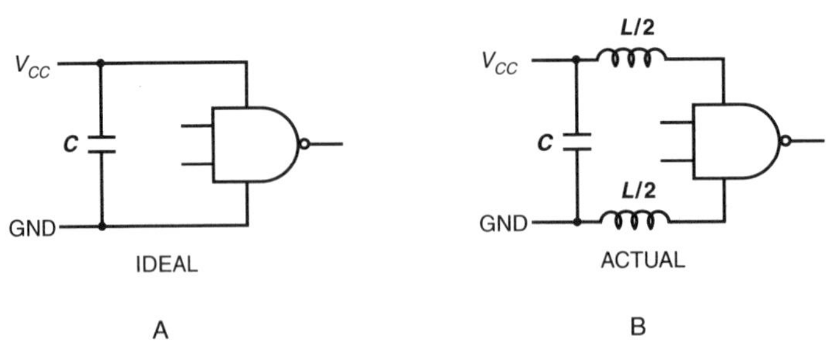

그림 11-6 (A) 이상적인 디커플링 회로 (B) 실제 디커플링 회로

3) (옮긴이) IC 속의 칩을 외부 회로기판과 연결해 주는 역할을 하는 IC 내부의 금속선

<그림 11-7>의 등가회로는 DIP(dual-in line package) 패키지(package)에 대한 것이지만 다른 IC 패키지에 대해서도 총 인덕턴스를 구하여 같은 등가회로로 나타낼 수 있다. <그림 11-7>은 커패시터의 두 단자 중 하나는 DIP의 전원핀/접지핀 중 어느 하나에 바로 연결하고 다른 단자는 DIP의 전원핀/접지핀 중 남은 하나와 약 1인치 떨어져 연결된 것으로 가정한 것이다.

SMT(surface mount technology, 표면실장기술) 커패시터는 자체적으로 1~2 nH 정도의 내부 인덕턴스를 갖는 것이 보통이다. 또한 부품을 서로 연결하는 PCB의 트레이스와 비어는 어떤 식으로 레이아웃을 하느냐에 따라 대개 5~20 nH 정도의 인덕턴스를 가지며 IC의 내부 리드프레임은 패키지의 종류에 따라 대체로 3~15 nH 정도의 인덕턴스를 갖는다. 그런데 이 가운데 시스템 설계자가 제어할 수 있는 항목은 PCB 트레이스의 인덕턴스 하나뿐인 것이 보통이다.

그러므로 IC와 디커플링 커패시터 사이를 연결하는 트레이스의 인덕턴스를 최소로 하는 것이 아주 중요하다. PCB 트레이스들은 되도록이면 짧게 하고 가능한 한 서로 가깝게 놓이도록 레이아웃을 하여 트레이스가 만드는 루프 면적을 최소로 해야 한다. <그림 11-7>을 보면 알 수 있듯이 총 인덕턴스에 가장 적은 영향을 주는 것이 디커플링 커패시터이다. 따라서 디커플링 커패시터의 인덕턴스가 중대한 문제는 아니다.

앞에서 살펴보았듯이 총 인덕턴스는 최소 10 nH에서 최대 40 nH 인데, 15~30 nH 범위의 값을 갖는 것이 일반적이다. 디커플링 회로의 효과를 제한하는 것이 바로 이 이 인덕턴스이다. 다음 사실–전원과 접지사이에 디커플링 커패시터를 연결하면 C만 연결한 것이 아니라 L–C 회로를 연결한 것이다–을 잊지 않는 것이 매우 중요하다.

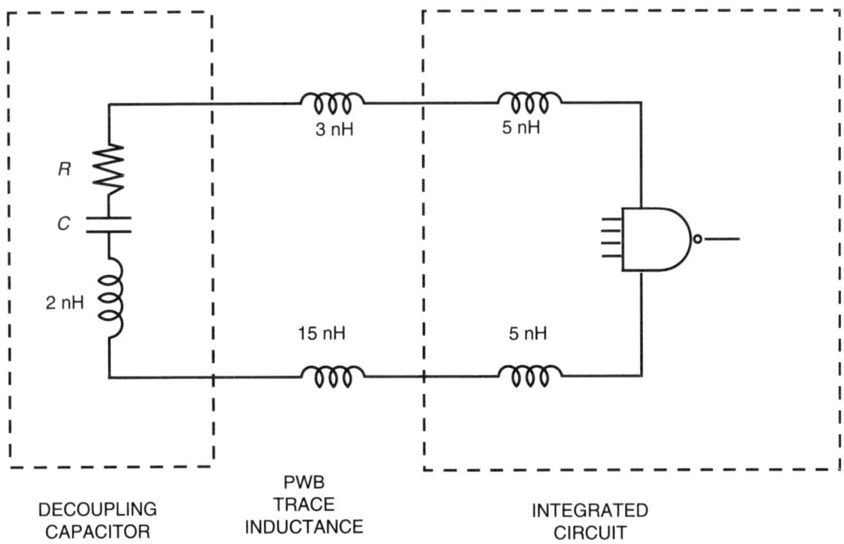

그림 11-7 DIP 패키지 형태의 IC에 디커플링 커패시터를 연결한 경우의 등가회로. 이 IC의 전원핀과 접지핀은 대각선으로 마주보는 위치에 달려있다.

이처럼 커패시턴스와 인덕턴스가 결합되어 있기 때문에 디커플링 회로는 특정 주파수에서 공진을 일으킨다. 공진주파수에서 유도성 리액턴스(inductive reactance)의 크기는 용량성 리액턴스(capacitive reactance)의 크기와 같아져 디커플링 회로의 임피던스가 아주 작은 값이 되므로 디커플링 회로는 아주 효과적인 바이패스(bypass) 회로로 동작한다. 공진주파수보다 높은 주파수에서 디커플링회로는 유도성이 되므로 주파수가 높아짐에 따라 회로의 임피던스가 증가한다.

직렬 *L–C* 회로의 공진주파수는 다음과 같다.

$$f_r = \frac{1}{2\pi\sqrt{LC}} \tag{11-5}$$

<그림 11-8>은 다양한 디커플링 커패시터의 '주파수에 따른 임피던스 변화'를 그래프로 그린 것으로, 각 커패시터에는 30 nH의 인덕턴스가 직렬로 연결된 것으로 가정하였다. 그래프의 위쪽에 놓인 수평축 눈금의 값(시간)은 '등가 디지털 논리 상승시간(equivalent digital logic rise time)'으로 아래쪽에 놓인 수평축 눈금의 값(주파수)과 관련이 있다. 이 시간 값과 주파수 값 사

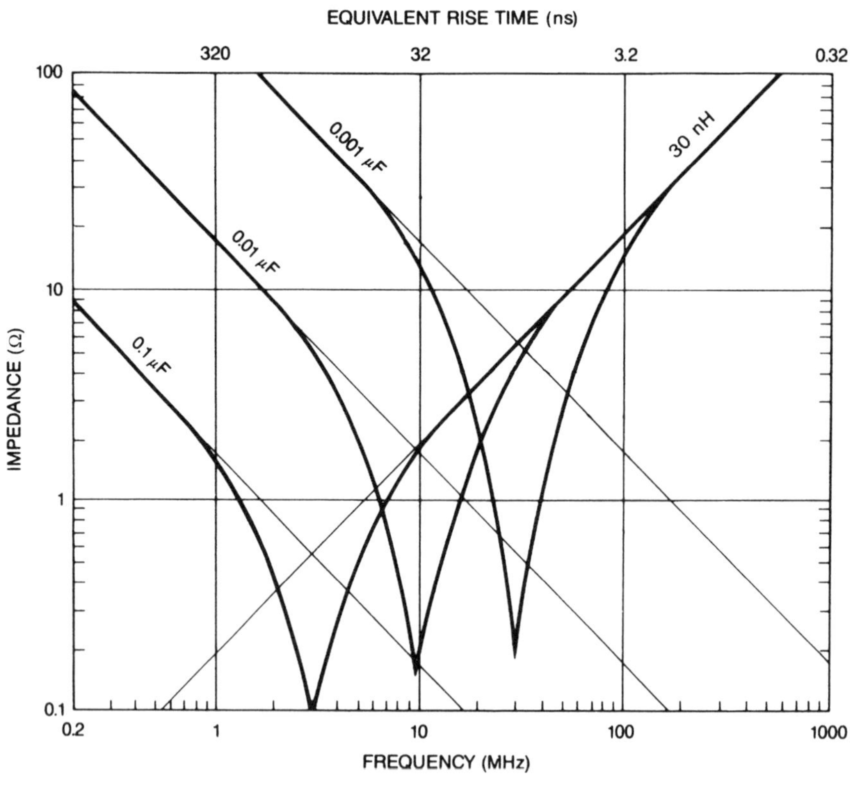

그림 11-8 다양한 디커플링 커패시터의 임피던스(모든 커패시터에는 30 nH의 인덕턴스가 직렬로 연결된 것으로 가정함)

이의 관계는 $t_r = 1/\pi f$이다.

용량성 리액턴스 값과 유도성 리액턴스 값이 같아지는 점이 커패시터와 인덕터가 결합된 회로의 공진주파수이다. 공진주파수에서 임피던스는 작은 값(공진회로 속의 직렬저항 값)이 된다. 이것은 용량성 리액턴스와 유도성 리액턴스가 상쇄되어 저항성분만 남기 때문이다.

<그림 11-8>에서 보듯이 커패시터에 연결된 인덕턴스가 30 nH일 때, 흔히 사용되는 0.1 μF 커패시터는 3 MHz에서 공진을 일으키고 0.01 μF 커패시터는 9 MHz에서 공진을 일으키는데 이들 공진주파수는 오늘날 사용되고 있는 100 MHz 이상의 클록 주파수에는 훨씬 미치지 못한다. 주파수가 대략 50 MHz 이상이 되면 디커플링 회로의 임피던스는 커패시터의 값에 관계없이 30 nH 인덕턴스의 영향을 더욱 크게 받는다. 트레이스의 레이아웃을 잘해서 인덕턴스가 <그림 11-8>의 경우의 절반인 15 nH이 되면 공진주파수는 $\sqrt{2}$ = 1.414배만큼 증가한다. 그러므로 인덕턴스 성분이 15 nH인 경우, 0.1 μF 커패시터는 4 MHz 근처에서 공진을 일으키고 0.01 μF 커패시터는 13 MHz 부근에서 공진을 일으킨다.

<그림 11-8>에서 다음 사실을 확실히 알 수 있다. IC 옆에 커패시터를 1개 연결하는 것은 50 MHz 이상의 주파수에서는 커패시터의 값이 얼마이든, 연결하는 위치가 어디든 관계없이 디지털 로직의 디커플링 방법으로는 효과적이지 못하다. 또한 <그림 11-8>을 보면 대략 50 MHz 이하의 주파수 범위에서는 적절한 값의 커패시터를 선택하여 문제가 되는 주파수에서 디커플링 회로가 공진을 하도록(즉 움푹 파인 형태의 공진 딥(resonance dip)이 나타나도록) 맞출 수 있음을 알 수 있다. 그렇지만 이 방법은 50 MHz 이상이 되는 주파수 범위에서는 적용할 수 없다.

<그림 11-9>는 0.01 μF 디커플링 커패시터를 사용하여, 회로기판에서 V_{cc}와 접지 사이의 노이즈 전압이 주파수에 따라 어떤 식으로 변하는지 측정한 결과를 나타낸 것이다. 노이즈 전압은 기판에 디커플링 커패시터가 있는 경우와 없는 경우에 대해 IC의 전원핀과 접지핀 사이에서 측정하였다. 디커플링 커패시터가 있는 경우에는 20~70 MHz의 주파수 범위에서 V_{cc}와 접지 사이의 노이즈 전압의 크기가 크게 감소하였다. 그렇지만 70~120 MHz의 주파수 범위에서는 디커플링 커패시터가 있든 없든 노이즈 전압은 그대로였다. 이 결과를 보면 이 정도의 높은 주파수 범위에서는 커패시터가 효과가 없다는 것을 알 수 있는데, 이로부터 <그림 11-8>에서 예상한 결과가 맞음을 확인할 수 있다.

11.4 효과적인 디커플링 방법 (EFFECTIVE DECOUPLING STRATEGIES)

디커플링을 효과적으로 하지 못해서 V_{cc} 버스가 클록 고조파에 의해 오염이 되면 신호무결성(signal integrity) 문제를 일으킬 수 있으며 과도한 방사성 방출(radiated emission)의 원인이 될 수 있다. 고속 디커플링 문제의 해결책이 될 수 있는 것으로 다음을 들 수 있다.

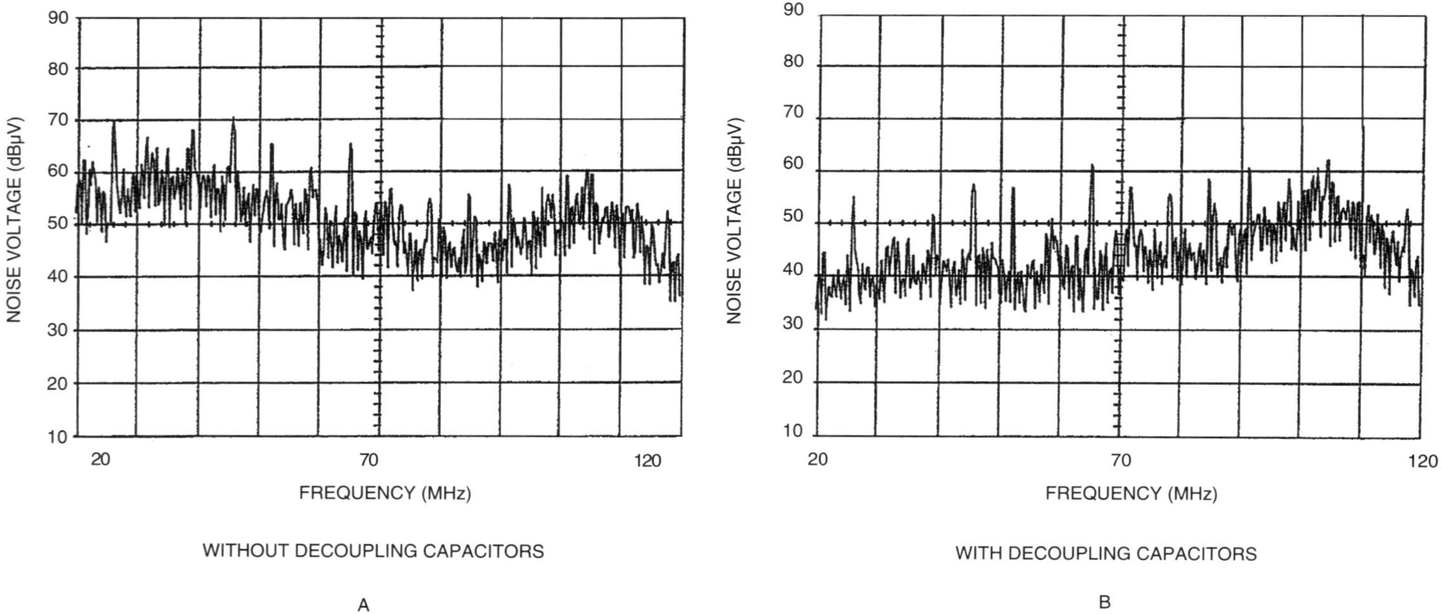

그림 11-9 PCB에서 측정한 V_{cc}와 접지 사이 노이즈 전압의 주파수에 따른 변화. (A) 디커플링 커패시터가 없는 경우, (B) 디커플링 커패시터가 있는 경우

1. 상승시간을 느리게 한다.
2. 과도전류의 크기를 줄인다.
3. 커패시터와 직렬로 연결되는 인덕턴스를 줄인다.
4. 여러 개의 커패시터를 사용한다.

위에 적은 1번과 2번 방법은 기술이 발전하는 방향과는 반대로 가는 것이므로 문제를 해결하기 위한 장기적인 대책은 아니다. 디커플링 커패시터와 직렬로 연결된 인덕턴스를 줄이는 것이 바람직한 것으로 반드시 줄일 수 있는 데까지 줄이도록 해야 한다. 그렇지만 이것만으로 고속 디커플링 문제를 해결할 수는 없다. 커패시터와 직렬로 연결된 총 인덕턴스를 어떻게 해서 1 nH밖에 되지 않도록 줄인 경우에도 디커플링 커패시터의 값이 0.01 μF일 때의 공진주파수는 50 MHz에 지나지 않는다. 따라서 실제로 실현 가능한 커패시턴스 값을 갖는 커패시터를 한 개만을 사용하면 이 커패시터 디커플링 회로의 공진주파수를 수백 MHz로 옮기는 것이 불가능하다.

<표 11-2>에는 다양한 값의 커패시터에 각각 5, 10, 15, 20, 30 nH의 인덕턴스가 직렬로 연결된 경우의 공진주파수를 수록하였다.

<표 11-2>로부터 다음과 같은 결론을 내릴 수 있다. 대부분의 경우, 디커플링 $L-C$ 회로의 공진주파수를 오늘날 대다수의 디지털 장치에서 일반적으로 사용되는 클록주파수보다 높아지도록 하는 것은 불가능하며 고조파의 주파수보다 높아지게 하는 것 역시 불가능하다. 1000 pF 커패시터로는 인덕턴스가 10 nH밖에 되지 않아도 50 MHz의 공진주파수밖에 얻을 수 없다.

디커플링 회로의 공진주파수보다 낮은 주파수범위에서는 다음과 같은 두 가지 중요한 고려사항이 있다.

1. 디커플링 회로의 커패시턴스의 값이 필요한 과도전류를 흘려주기에 충분할 정도로 클 것 [식 (11-12) 참조]
2. 디커플링 회로의 임피던스 값이 IC에 의해 발생하는 노이즈 전류가 디커플링 회로를 통해 흐르기에 충분할 정도로 낮을 것(11.4.5절 참조)

그러나 공진주파수보다 높은 주파수범위에서는 가장 중요한 고려사항이 인덕턴스가 충분히 작은 값이 돼야 한다는 것이다. 그래야 공진주파수보다 높은 주파수에서도 디커플링 회로의 임

표 11-2 다양한 값의 커패시터에 각각 5, 10, 15, 20, 30 nH의 인덕턴스가 직렬로 연결된 경우의 공진주파수(단위: MHz)

Capacitor(μF)	5 nH	10 nH	15 nH	20 nH	30 nH
1	2.3	1.6	1.3	1	0.9
0.1	7.1	5	4.1	3.6	3
0.01	22.5	16	13	11	9
0.001	71.2	50	41	36	30

피던스가 낮아서 디커플링 회로로 노이즈 전류를 흘려보낼 수 있다. 따라서 디커플링 회로의 인덕턴스를 낮출 방법을 찾을 수 있다면 공진주파수보다 높은 주파수에서도 디커플링 회로가 효과를 발휘할 수 있다.

11.4.1 여러 개의 디커플링 커패시터를 사용하는 방법 (Multiple Decoupling Capacitors)

커패시터를 한 개만 사용하여 디커플링 회로를 만들면 인덕턴스 값이 충분히 낮아지도록 할 수 없다. 따라서 고주파 디커플링 문제를 근본적으로 해결하려면 디커플링 커패시터를 여러 개 사용해야 한다. 여기에는 다음과 같은 세 가지 방법이 있다.

1. 같은 값을 갖는 커패시터를 여러 개 사용하는 방법
2. 두 종류의 값을 갖는 커패시터를 여러 개 사용하는 방법
3. 다양한 값을 갖는 커패시터를 여러 개 사용하는 방법. 예를 들어 1 μF, 0.1 μF, 0.01 μF, 0.001 μF, 100 pF 등

11.4.2 같은 값을 갖는 커패시터를 여러 개 사용하는 방법 (Multiple Capacitors of the Same Value)

<그림 11-10>처럼 똑같은 $L-C$ 회로 n개가 병렬로 연결되면 총 커패시턴스 C_t는 다음과 같다.

$$C_t = nC \tag{11-6a}$$

여기서 C는 $L-C$ 회로 1개의 커패시턴스이고 n은 병렬로 연결된 회로의 개수이다.

똑같은 $L-C$ 회로 n개가 병렬로 연결된 경우, 총 인덕턴스 L_t는 다음과 같다.

$$L_t = \frac{L}{n} \tag{11-6b}$$

여기서 L은 $L-C$ 회로 1개의 인덕턴스이다. 식 (10.8)에서 보면 식 (11-6b)는 각 $L-C$ 회로의 인

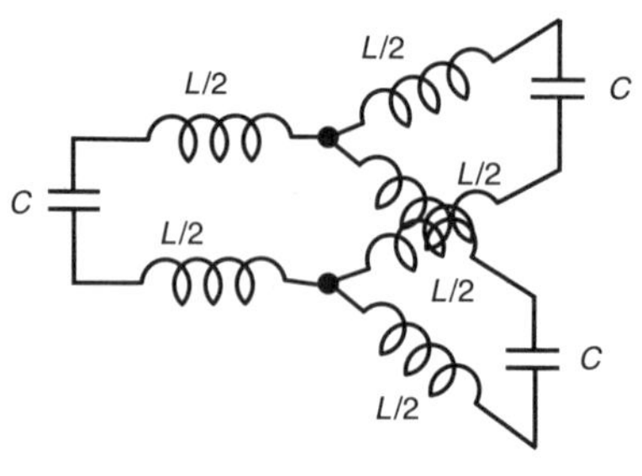

그림 11-10 병렬로 연결된 3개의 똑같은 $L-C$ 회로

덕터들의 자체인덕턴스(self-inductance)에 비해 인덕터들 사이의 상호인덕턴스가 무시해도 될 정도로 작은 경우에만 성립한다. 따라서 $L-C$ 회로는 실질적으로 서로 떨어져 있어야 한다.

식 (11-6a)와 식 (11-6b)에서 알 수 있듯이 똑같은 $L-C$ 회로가 병렬로 연결된 경우, 커패시턴스(바람직한 성분)는 $L-C$ 회로의 개수만큼 곱해져 커지고 인덕턴스(바람직하지 못한 성분)는 $L-C$ 회로의 개수만큼 나누어져 작아진다. 따라서 충분히 많은 수의 $L-C$ 회로를 병렬로 연결만 하면 회로의 인덕턴스를 원하는 값까지 줄일 수 있다.

효과적인 병렬 LC회로를 구성하기 위한 필요조건은 다음과 같다.

1. 모든 커패시터의 값을 같게 한다. 이렇게 하면 전류가 모든 커패시터에 똑같이 나뉘어 흐른다.
2. 각 커패시터는 자신의 인덕턴스를 지나 IC에 전류를 공급해야지 다른 커패시터들의 인덕턴스를 통과해 공급해서는 안 된다. 따라서 상호인덕턴스가 생기는 것을 막으려면 커패시터들을 함께 붙여 놓아서는 안 된다. 커패시터들은 분산되도록 한다.

디커플링 회로의 효과를 분석하는 데 있어서, 공진주파수만을 고려하는 것보다 <그림 11-11> 처럼 IC를 노이즈 전류 발생원으로 고려하는 것이 더 좋은 방법이다. 주의해야할 주파수대역 전체에서 디커플링 회로의 임피던스가 낮아지게 설계하여 노이즈 전류를 디커플링 회로로 흐르도록 함으로써 노이즈 전류가 전원버스로 흘러들어 오염시키는 것을 막아줄 수 있다. 디커플링 회로의 최대 허용 임피던스 값을 **목표 임피던스(target impedance)**라고 한다. 예를 들어, 특정한 디커플링 회로의 목표 임피던스가 100~200 mΩ이면 계산을 통해 이 회로의 임피던스 값이 목표 임피던스 값을 넘지 않는 주파수 범위를 구한다.

<그림 11-12>는 똑같은 $L-C$ 회로가 각각 1개, 8개, 64개, 512개 연결된 경우, 주파수에 따른 회로의 임피던스 변화를 그래프로 나타낸 것이다. 어느 경우나 총 커패시턴스는 0.1 μF이고 각 커패시터에는 15 nH의 인덕턴스가 직렬로 연결된 것으로 하였다.

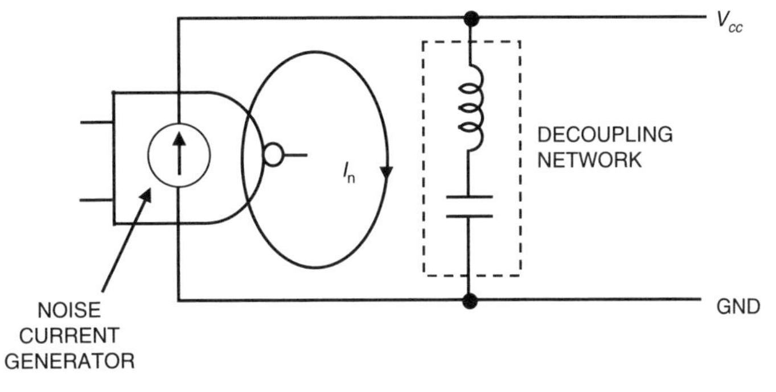

그림 11-11 IC를 노이즈 전류 발생원으로 생각할 수 있다

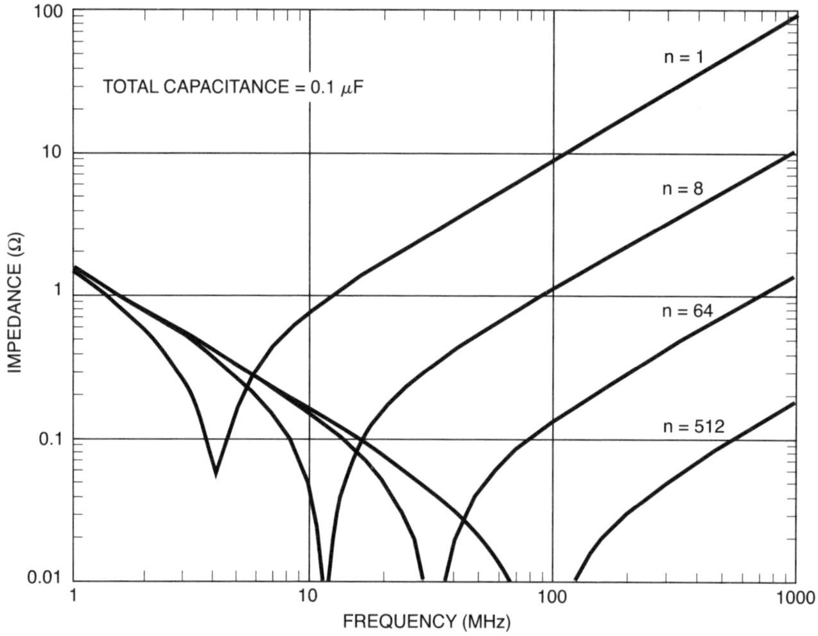

그림 11-12 똑같은 커패시터가 각각 1개, 8개, 64개, 512개 연결된 디커플링 회로의 주파수에 따른 임피던스 변화. 어느 경우나 총 커패시턴스는 0.1 μF이고 각 커패시터에는 15 nH의 인덕턴스가 직렬로 연결되어 있다.

여러 개의 커패시터 회로를 사용하면 높은 주파수에서 임피던스는 급격하게 작아지지만 낮은 주파수에는 그렇게 되지 않고 움푹 파인 공진 딥(resonance dip)이 일어나는 주파수만 이동한다. 실제로 커패시터 한 개로 된 회로에서는 낮은 주파수에서 공진이 일어나는데, 이 공진주파수에서는 여러 개의 커패시터로 된 회로의 임피던스가 한 개의 커패시터로 된 회로의 임피던스보다 높다. 이것은 회로의 총 커패시턴스가 이 경우에 0.1 μF인데, 이 값은 낮은 주파수대역에서는 임피던스 값을 작게 하기에는 충분히 크지 않기 때문이다.

<그림 11-13>은 여러 개의 커패시터의 총 커패시턴스가 1 μF인 것만 제외하고는 <그림 11-12>의 경우와 같게 한 경우의 그래프이다. 결과를 보면 낮은 주파수에서 임피던스가 상당히 줄어들었다. <그림 11-13>을 보면 커패시터의 수가 512개인 경우, $L-C$ 디커플링 회로의 임피던스는 1 MHz~100 MHz의 주파수대역에서 0.2 Ω 이하이다. 커패시터의 수가 64개인 경우, 회로의 임피던스는 1 MHz~350 MHz의 주파수대역에서 0.5 Ω 이하이다. 또한 <그림 11-13>에서 디커플링 회로의 공진주파수는 <그림 11-12> 회로의 공진주파수보다 낮지만 디커플링 효과가 개선된 것(즉 더욱 넓은 주파수 범위에서 낮은 임피던스 값이 유지되는 것) 을 살펴볼 수 있다. 따라서 같은 값을 갖는 커패시터 여러 개를 사용하여 디커플링 회로를 만드는 것은 넓은 주파수범위에서 회로의 임피던스를 낮게 유지하는 데 효과적인 방법이다. 이 방법은 대형, 대용량 IC를 디커플링 하는 경우에 효과적으로 사용할 수 있다.

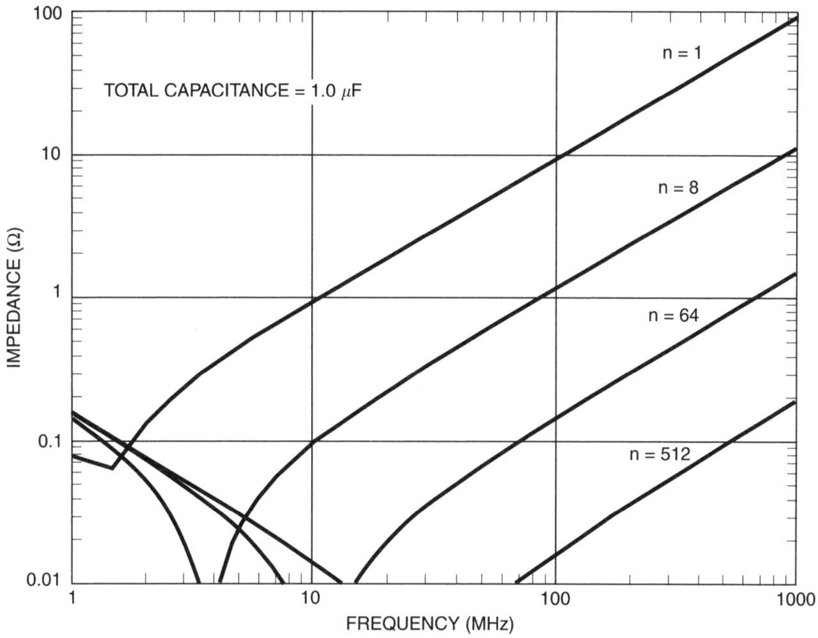

그림 11-13 똑같은 커패시터가 각각 1개, 8개, 64개, 512개 연결된 디커플링 회로의 주파수에 따른 임피던스 변화. 어느 경우나 총 커패시턴스는 1.0 μF이고 각 커패시터에는 15 nH의 인덕턴스가 직렬로 연결되어 있다.

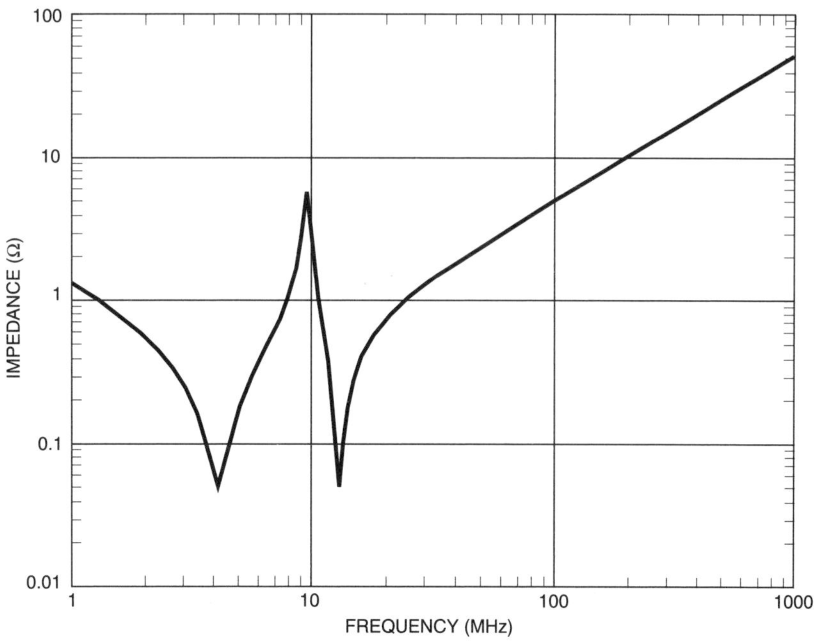

그림 11-14 0.1 μF 커패시터와 0.01 μF 커패시터가 병렬로 디커플링 회로의 주파수에 따른 임피던스 변화. 두 커패시터에는 각각 15 nH의 인덕턴스가 직렬로 연결되어 있다.

11.4.3 두 종류의 값을 갖는 커패시터를 여러 개 사용하는 방법 (Multiple Capacitors of Two Different Values)

때로는 두 종류의 값을 갖는 디커플링 커패시터를 여러 개 사용하는 방법이 추천되기도 하는데, 이는 값이 큰 커패시터는 낮은 주파수의 디커플링에 효과적이고 값이 작은 커패시터는 높은 주파수의 디커플링에 효과적이라는 이론에 따른 것이다. 두 종류의 커패시터 값을 사용하면 <그림 11-14>에서 보듯이 움푹 파인 공진 딥이 두 개 나타나는데, 이것은 바람직하다.

위에서 말한 것이 확실한 경우에도 두 종류의 값을 갖는 커패시터 여러 개를 병렬로 연결하여 사용하면 두 회로 사이에서 발생하는 병렬공진과 관련하여 문제가 일어날 가능성이 존재한다. <그림 11-14>는 0.1 μF 커패시터와 0.01 μF 커패시터가 병렬로 연결된 회로의 임피던스 그래프로, 두 커패시터에는 각각 15 nH의 인덕턴스가 직렬로 연결된 것으로 하였다. <그림 11-14>에서 15 nH의 인덕턴스가 직렬로 연결된, 값이 다른 두 커패시터에 의해 각각 만들어진 두 개의 움푹 파인 공진 딥을 확실히 볼 수 있다. 한 공진주파수는 4.1 MHz이고 다른 공진주파수는 약 13 MHz이다. 그런데 9 MHz 근처에서 뾰족한 임피던스 스파이크가 나타나는데, 이것은 바람직하지 못하다. 이 현상은 1992년 Paul이 설명한 바와 같이 두 회로 사이의 병렬공진에 의해 발생한 것이다.

<그림 11-15A>를 보면서 이 현상이 일어나는 이유를 이해해보자. <그림 11-15A>를 보면 V_{cc}와 접지 사이에 값이 서로 다른 커패시터로 구성된 두 개의 L–C 디커플링 회로가 병렬로 연결되어 있다. $C_1 >> C_2$이고 $L_1 = L_2$라고 가정하자. 커패시터 C_1과 인덕터 L_1으로 이루어진 회로의 공진주파수를 f_{r1}, 커패시터 C_2과 인덕터 L_2로 이루어진 회로의 공진주파수를 f_{r2}라고 하자.

$f < f_{r1}$로 두 회로 중에서 하나만 공진상태에 있게 되는 주파수범위에서는 두 회로 모두 용량성(capacitive)이 되므로 총 커패시턴스는 두 커패시터의 합과 같아져 사실상 두 커패시터 중에서 큰 커패시터의 커패시턴스 값과 같다고 할 수 있다. 따라서 두 커패시터 중에서 값이 작은 커패시터가 디커플링 회로의 성능에 미치는 영향은 아주 작다고 할 수 있다.

$f > f_{r2}$로 두 회로 모두 공진상태에 있는 주파수에서는 주파수범위에서는 두 회로 모두 유도성(inductive)이 되므로 총 인덕턴스는 두 인덕터의 병렬합성 값이 되어 결국 인덕턴스 값의 1/2이 된다. 그러므로 $f > f_{r2}$인 주파수범위에서 디커플링 효과가 좋아진다.

그렇지만 $f_{r1} < f < f_{r2}$로 두 회로의 공진주파수 사이의 주파수범위에서는 두 커패시터 회로 중에서 큰 커패시터 회로는 유도성이 되고 작은 커패시터 회로는 여전히 용량성이다. 따라서 두 회로의 등가회로는 <그림 11-15B>와 같이 커패시터와 인덕터가 병렬로 연결되어 있는 병렬공진회로가 된다. 병렬공진회로는 공진 주파수에서 임피던스가 커지므로 <그림 11-14>에 보이는 뾰족한 공진 스파이크가 나타난다.

두 커패시터 값의 비, 등가직렬저항(ESR, equivalent series resistance) 값, PCB 레이아웃에 따라 이 병렬 공진피크의 형태, 진폭, 위치(주파수)가 달라진다. 두 커패시터 값이 2:1을 넘지 않

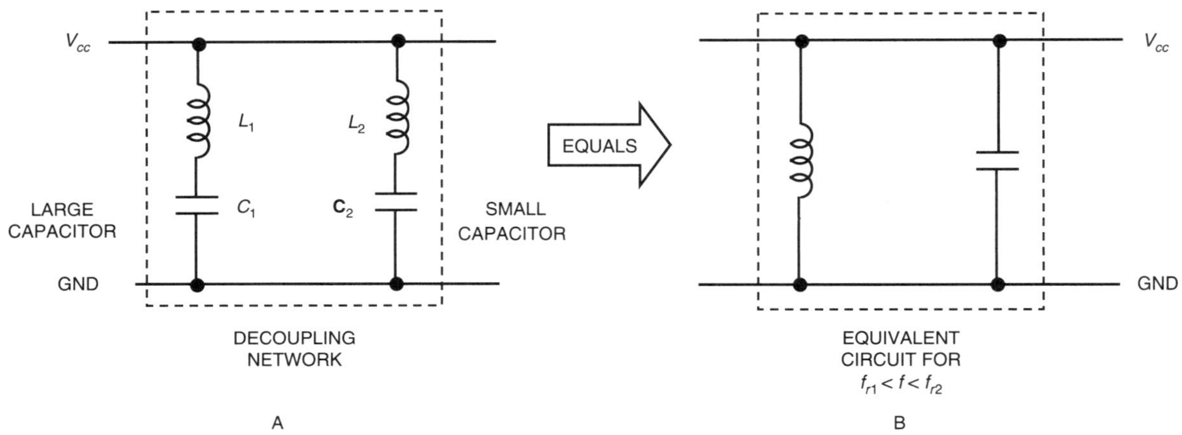

그림 11-15 (A)값이 다른 두 커패시터로 구성된 디커플링 회로 (B) $f_{r1} < f < f_{r2}$ 인 경우의 등가회로

는 경우라면 공진피크의 진폭은 용인될 수 있는 정도의 값으로 줄어든다. 예를 들어, 공칭값(nominal value)이 같은 커패시터들도 허용오차 때문에 실제 값은 서로 다를 수 있다. 똑같은 두 커패시터의 허용오차가 20%, 심지어 50%까지 되더라도 이들 커패시터 사이에서 발생되는 공진피크는 별 문제를 일으키지 않는다. 두 커패시터 값의 차이가 한 자릿수(10배) 이상이 되면 병렬공진과 관련한 심각한 문제가 발생한다.

그러므로 커패시턴스 값이 서로 다른 두 커패시터를 각각 디커플링 회로에 사용하는 경우에 대해 다음과 같은 결론을 내릴 수 있다.

- 값이 큰 커패시터 회로의 공진이 일어나는 주파수보다 낮은 주파수범위에서는 값이 작은 커패시터 회로는 디커플링에 회로의 성능에 아무런 영향을 주지 않는다.
- 두 커패시터 회로 모두가 공진을 하는 주파수보다 높은 주파수범위에서는 디커플링 성능이 좋아진다. 이렇게 되는 이유는 인덕턴스가 작아지기 때문이다.
- 두 커패시터 회로 각각의 공진주파수 사이의 어떤 주파수범위에서는 디커플링 성능이 실제로 나빠진다. 이렇게 되는 것은 병렬공진회로에 의해 바람직하지 않은 임피던스 스파이크가 발생하기 때문이다.

예를 들어, 2001년에 Bruce Archambeault는 테스트 PCB에 다양한 디커플링 방법을 적용한 다음, 네트워크 분석기(network analyzer)를 사용하여 전원판과 접지판 사이의 임피던스를 측정하는 방식으로 디커플링 효과에 대한 정보를 제공하였다. 그는 커패시턴스 값이 서로 다른 두 디커플링 커패시터를 사용한 경우에 대해 다음과 같은 결론을 내렸다.

> 커패시터를 하나 더 달아도 높은 주파수에서는 주목할 만한 디커플링 성능의 개선이 이루어지지 않는다. 실제로는 일반적인 노이즈 에너지가 존재하는 주파수범위(50~200 MHz)에서 디커플링 성능이 악화된다.

Archambeault의 데이터를 보면 두 개의 커패시터 값을 사용한 경우, 모든 커패시터의 값이 같은 값인 경우와 비교하여 50~250 MHz의 주파수범위에서 노이즈가 25 dB만큼 증가했다. 이처럼 두 디커플링 회로 각각의 공진주파수 사이의 어떤 주파수범위에서는 디커플링 성능이 나빠진다.

11.4.4 다양한 값을 갖는 커패시터를 여러 개 사용하는 방법 (Multiple Capacitors of Many Different Values)

다양한 값(보통 10배씩 차이를 둠)을 갖는 커패시터를 여러 개 사용하는 방법이 추천되기도 하는데, 이는 서로 다른 값을 갖는 커패시터들의 공진에 의해 생기는 임피던스 딥(impedance dip, 임피던스에서 움푹 파인 형태)이 이로움을 가져다준다는 이론에 따른 것이다. 이들 임피던스 딥은 여러 주파수에서 낮은 임피던스를 제공해주기 때문이다.

그렇지만 다양한 값을 갖는 디커플링 커패시터를 사용하는 경우에는 임피던스 스파이크(impedance spike, 임피던스에서 뾰족한 형태)도 생긴다. <그림 11-16>은 값이 다른 4개의 디커플링 커패시터가 연결된 회로의 임피던스 그래프로, 모든 커패시터에는 각각 15 nH의 인덕턴스가 직렬로 연결된 것으로 하였다. 그래프에서 실선은 0.1 μF, 0.01 μF, 0.001 μF, 100 pF 커패시터가 모두 병렬로 연결된 경우로 각 커패시터에는 15 nH의 인덕턴스가 직렬로 연결되어 있다. 그래프에서 보듯이 한 커패시터마다 하나씩, 모두 4개의 공진 딥이 생긴다. 그렇지만 병렬공진에 의해 3개의 공진 스파이크도 함께 생긴 것을 그래프에서 볼 수 있다. 만일 몇몇 클록 고조파의 주파수가 이들 스파이크의 주파수와 같거나 비슷하면 전원-접지 사이의 노이즈 전압이 실제로 증가한다. 이 디커플링 방법이 "러시안룰렛(Russian roulette)" 게임을 하는 것과 비슷하다고 말하는 사람들도 있다. 클록의 고조파들이 공진 스파이크들을 피하기를 기대해야 하기 때문이다. <그림 11-16>을 잘 보면 공진 피크의 진폭은 주파수에 따라 커지는 반면에 공진 딥의 임피던스는 변함이 없다.

그러나 커패시터 4개를 모두 다른 값으로 하지 않고 0.1 μF로 통일하여 사용하면 <그림 11-16>의 점선으로 표시된 임피던스 그래프가 나온다. 실선과 점선 모두 같은 개수의 커패시터를 사용한

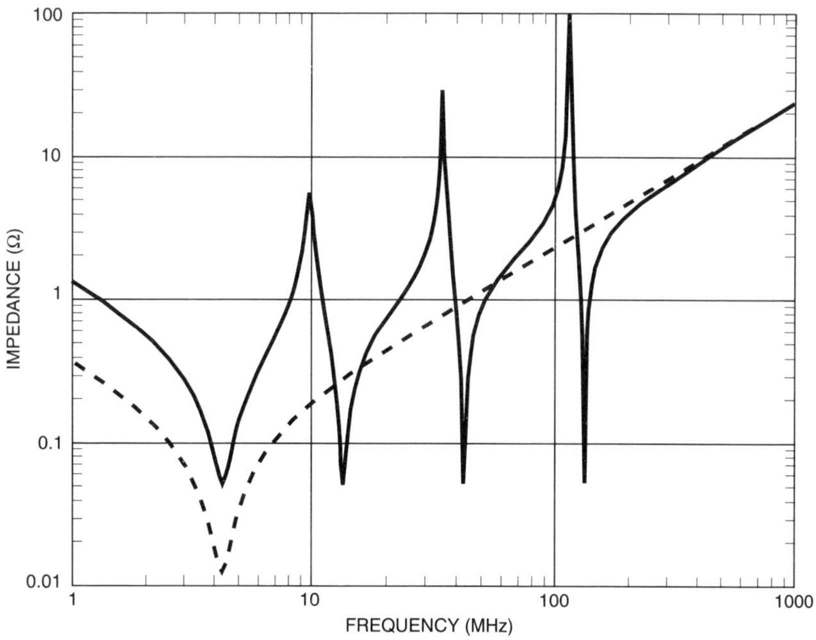

그림 11-16 0.1 μF, 0.01 μF, 0.001 μF, 100 pF 커패시터가 함께 병렬로 연결된 디커플링 회로의 주파수에 따른 임피던스(실선). 0.1 μF 커패시터 4개가 병렬로 연결된 디커플링 회로의 주파수에 따른 임피던스의 변화(점선). 어느 경우에나 각 커패시터에는 15 nH의 인덕턴스가 직렬로 연결되어 있다.

결과이다. 낮은 주파수에서 임피던스가 작아진 것은 0.1 μF 커패시터 4개가 병렬로 연결되어 총 커패시턴스 값이 더 커졌기 때문이다. 공진 스파이크가 나타나지 않은 것은 네 커패시터의 값이 모두 같기 때문이다.

200 MHz를 넘는 주파수 범위에서는 4개의 0.1 μF 커패시터를 사용한 경우나 4개 모두 다른 값의 커패시터를 사용한 경우나 같은 결과가 나온다. 이렇게 되는 것은 이 주파수 범위에서는 커패시터와 이와 직렬로 연결된 인덕턴스 중에서 인덕턴스가 중요해지므로 두 경우 모두 15 nH 인덕턴스 4개가 병렬로 연결된 것으로 볼 수 있기 때문이다.

200 MHz 보다 낮은 주파수 범위에서는 4개의 0.1 μF 커패시터를 사용한 경우에 더 좋은 결과가 나오지만 그렇지 않은 주파수도 몇 개 있다. 예외가 되는 이들 주파수는 모두 다른 값의 커패시터를 사용한 경우에 발생하는 공진 딥에 해당하는 주파수들이다. 여러분은 자신의 장치나 제품에 어떤 임피던스 그래프를 갖는 디커플링 방법을 적용하고 싶은가?

내가 선호하는 효과적인 고주파 디커플링 방법은 값이 같은 커패시터를 여러 개 사용하는 것이다. 이 방법은 효과가 좋고 두 가지 값이나 모두 다른 값을 갖는 커패시터 여러 개를 사용하는 방법보다 생각지 않은 문제들이 일어날 가능성이 적다.

11.4.5 목표 임피던스 (Target Impedance)

효과적인 디커플링 회로가 되려면 주의해야할 주파수대역 전체에서 디커플링 회로의 임피던스가 낮게 유지돼야 한다. 이렇게 되기만 하면 공진주파수의 위치는 문제가 되지 않는다. 커패시터 64개로 된 회로의 목표 임피던스가 200 mΩ일 때, <그림 11-12>로부터 회로의 임피던스가 200 mΩ 이하로 되는 주파수 범위는 약 8 MHz~130 MHz이다.

그렇지만 주파수 범위 전체에서 목표 임피던스 값이 일정하게 유지되도록 하는 것은 과도한 제약조건으로 꼭 그렇게 할 필요는 없다. 식 (11-3)과 식 (11-4)로부터 주파수가 $1/\pi t_r$ 이상이 되면 삼각파의 고조파 진폭은 40 dB/decade의 비율로 주파수에 따라 감소하는 것을 알 수 있다. 따라서 이 주파수보다 높은 주파수에서는 목표 임피던스를 올려도 노이즈 전압은 증가하지 않는다. <그림 11-17>을 보자. 그래프의 실선과 같이 목표 임피던스를 $1/\pi t_r$인 주파수부터 20 dB/decade의 비율로 올려도 노이즈 전압은 20 dB/decade의 비율로 계속 줄어든다. 이 방법을 적용하면 디커플링 회로의 설계가 매우 간단해지며 소요되는 커패시터의 개수를 최소화할 수 있다.

이 방법으로 효과적인 고주파 디커플링에 필요한 디커플링 커패시터의 개수를 쉽게 계산할 수 있다. 최소 커패시터 개수 n은 다음과 같다.

$$n = \frac{2L}{Z_t t_r} \tag{11-7}$$

여기서 L은 각 커패시터에 직렬로 연결되는 인덕턴스, Z_t는 저주파 목표 임피던스, t_r은 IC의 스

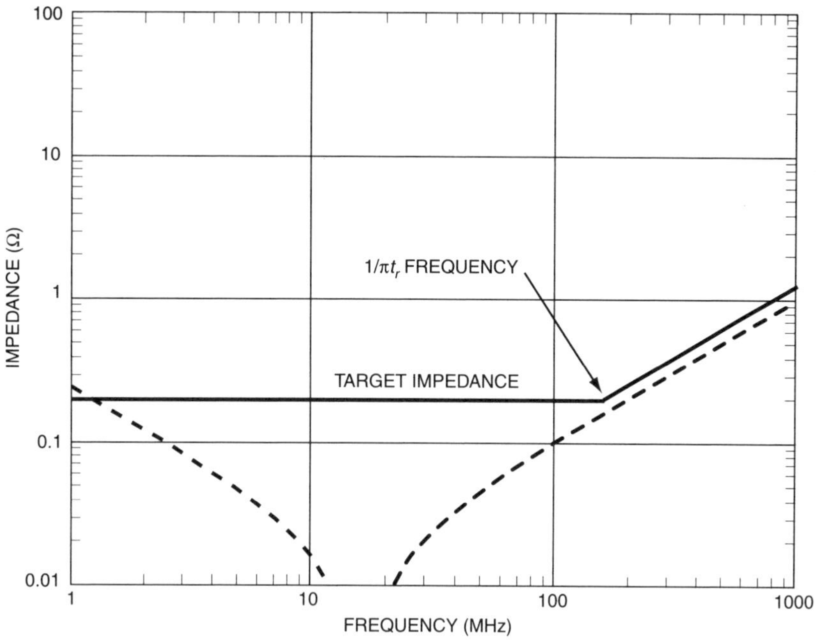

그림 11-17 목표 임피던스(실선). 0.01 μF 커패시터 64개가 병렬로 연결된 디커플링 회로의 주파수에 따른 임피던스 변화. 각 커패시터에는 10 nH의 인덕턴스가 직렬로 연결되어 있다(점선).

위칭시간(상승/하강 시간)이다. 최소한 n개의 커패시터를 사용하면 디커플링 회로의 고주파 임피던스를 목표 임피던스 값이나 그 이하로 유지할 수 있다.

식 (11-7)에서 L에 어떤 인덕턴스 값을 대입하느냐가 최적의 디커플링 설계의 핵심이라고 할 수 있다. IC칩 자체의 전원-접지간 노이즈에 관한 것이라면 총 인덕턴스(디커플링 커패시터, PCB 트레이스, IC 리드프레임)를 고려해야 한다. 그러나 PCB 수준에서는 IC 리드프레임의 인덕턴스에 대해 할 수 있는 것이 아무것도 없다. 뿐만 아니라 IC의 전원-접지 노이즈를 측정할 때는 IC 핀에서 측정하지 칩에서 측정하지 않는다. 또한 PCB 전원버스가 노이즈로 오염이 되는 문제에서, 중요한 것은 IC와 PCB 사이의 인터페이스(즉 IC 핀)에서의 전압이지 IC칩 자체의 노이즈 전압이 아니다.

따라서 디커플링의 목적은 IC 핀에서의 전원-접지간 노이즈 전압을 최소화하는 것이어야 한다. 이렇게 하는 데 있어서 IC의 내부 인덕턴스는 무시할 수 있다. 따라서 여기서는 디커플링 커패시터의 인덕턴스와 PCB 트레이스(비어 포함)의 인덕턴스만을 고려하면 된다. 특성이 좋은 SMT 커패시터의 내부 인덕턴스는 1.5 nH 미만이다. PCB 트레이스의 인덕턴스는 약 10 nH/in, 두께가 0.062 in인 PCB 비어의 인덕턴스는 약 0.8 nH이다.

저주파 목표 임피던스는 전체 과도전류의 크기와 전원전압 변동허용치를 고려하여 결정하는 것이 보통이므로 다음과 같은 식으로 쓸 수 있다.

$$Z_t = \frac{kdV}{dI} \tag{11-8}$$

여기서 dV는 과도 전원전압 변동허용치, dI는 IC가 전원에서 끌어들이는 과도 전원전류의 크기, k는 보정계수이다. k에 대해서는 곧 설명이 시작될 것이다.

우리의 관심사가 V_{cc}-접지간 노이즈 스파이크와 이것이 회로의 동작에 미치는 영향이라고 하자. <표 11-1>로부터 $1/\pi\, t_r$보다 낮은 주파수대역에 들어있는 전류성분은 전체 전류의 50% 미만임을 알 수 있다. 식(11-8)에서 사용된 dI는 전체 과도전류이므로 저주파 목표 임피던스를 2배만큼 올릴 수 있다. 따라서 이 경우에는 식 (11-8)에 $k = 2$를 사용할 수 있다. 이 방법은 전체 노이즈전압 스파이크의 크기가 '목표 임피던스 × 전체 과도전류' 값을 넘지 않도록 제한한다.

전원전압이 5 V이고 상승/하강 시간이 2 ns인 어떤 대형 IC의 디커플링 문제를 예로 들어보자. 여기서는 최대 전원변동값이 전원전압의 5%를 넘지 않도록 유지하려고 한다. 이 IC가 전원에서 끌어들이는 전체 과도전류를 2.5 A라 가정하고, $k = 2$를 사용하여 식 (11-8)로부터 저주파 목표 임피던스 값을 계산하면 200 mΩ이 된다. 각 디커플링 커패시터에 직렬로 연결되는 인덕턴스를 10 nH로 가정하자. 그러면 $t_r = 2$ ns이므로 주파수 $1/\pi\, t_r = 159$ MHz 까지는 목표 임피던스를 200 mΩ로 유지하고 이 주파수 이상에서는 목표 임피던스를 20 dB/decade의 비율로 올릴 수 있다. 목표 임피던스를 이런 식으로 한 것이 <그림 11-17>에 표시된 실선이다.

주파수 159 MHz에서 목표 임피던스 200 mΩ의 조건을 충족하기 위해 필요한 커패시터의 개수를 식 (11-7)에서 계산하면 $n = 50$개가 된다. 주의해야할 주파수대역 중 가장 낮은 주파수가 2 MHz라고 하자. 이 주파수에서 목표 임피던스가 200 mΩ이 되려면 총 디커플링 커패시턴스 값은 400 nF이 돼야 한다. 400 nF을 커패시터의 개수 50으로 나누면 각 커패시터의 최솟값으로 8000 pF을 얻을 수 있다. 총 커패시턴스는 식 (11-12)의 과도전류 기준을 충족해야 하는데, 여기서 구한 400 nF은 이 조건을 충족한다. 0.01 μF 커패시터 64개를 사용하는 디커플링 회로의 주파수에 대한 임피던스 그래프를 그린 것이 <그림 11-17>의 점선이다. 1.3 MHz을 넘는 모든 주파수에서는 디커플링 회로의 임피던스가 목표 임피던스보다 낮게 유지된다.

11.4.6 임베디드 PCB 커패시턴스 (Embedded PCB Capacitance)

값이 같은 커패시터를 여러 개 사용하는 개념을 끝까지 밀고 나가면 이상적인 디커플링 회로는 무한히 작은 커패시터를 무수히 많이 사용하여 구성한 회로라는 결론에 이르게 된다(즉 개별 커패시터(discrete capacitor)[4] 대신 분포 커패시턴스(distributed capacitance)를 사용해야 한다).

---

4) (옮긴이) 개별 커패시터(discrete capacitor)란 낱개 부품 형태의 집중 커패시터(lumped capacitor)를 말한다.

이런 회로를 PCB의 전원판과 접지판 사이의 판간 커패시턴스(interplane capacitance)를 이용하여 만들 수 있을까? 50 MHz 이상의 주파수에서도 효과를 발휘하려면 전원-접지판간 커패시턴스가 1000 pF/in^2 정도는 돼야 한다. 그렇지만 PCB의 표준 층 간격(layer spacing)은 0.005~0.010 in인데, 이 정도의 간격으로 제공할 수 있는 커패시턴스는 필요한 값의 1/5~1/10밖에 되지 않는다.

그러므로 분포 커패시턴스(distributed capacitance)의 개념을 이용하여 필요한 만큼의 커패시턴스를 추가할 수 있는 새로운 PCB 구조를 개발해야 한다. 다음의 두 방법 중 하나를 사용하면 분포 커패시턴스를 증가시킬 수 있다.

1. 층 간격을 줄인다.
2. PCB 제조에 사용되는 물질의 유전상수 (dielectric constant)를 증가시킨다.

11.4.6.1 유효 디커플링 커패시턴스 면적 (Effective Decoupling Capacitance Area) 유효 디커플링 커패시턴스는 총 전원-접지-판 쌍(total power-ground-plane pair)의 커패시턴스와는 다른 것이다. 전자기 에너지(electromagnetic energy)의 전파속도(velocity of propagation)는 유한하다. 따라서 실제 커패시턴스는 <그림 11-18>에 표시된 것처럼 IC를 중심으로 유한한 값 r을 반지름으로 하는 원의 면적이 만드는 커패시턴스로 이것이 유효 판간 커패시턴스(effective interplane

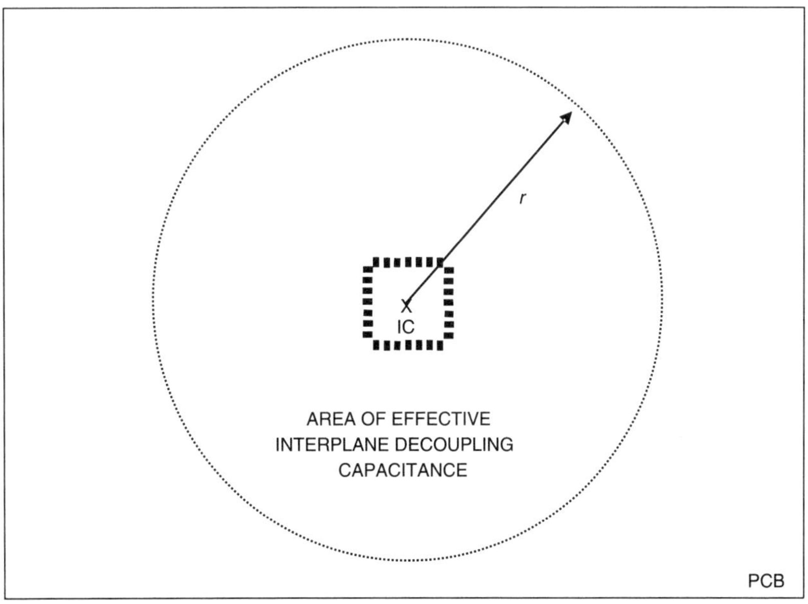

그림 11-18 유효 판간 디커플링 커패시턴스(Effective interplane decoupling capacitance) 면적

capacitance)이다. 유효 판간 커패시턴스에서 멀리 떨어진 부분의 판간 커패시턴스에 저장된 전하는 IC에서 스위칭이 일어나는 동안에 그 IC에 도달할 수 있을 정도로 빨리 움직일 수 없다.

유전체 내부에서 전자기 에너지의 전파속도를 나타내는 식 (5-14)를 여기에 다시 써보면 다음과 같다.

$$v = \frac{c}{\sqrt{\varepsilon_r}} \tag{11-9}$$

여기서 c는 빛의 속도(12 in/ns), ε_r은 물질의 유전상수(dielectric constant, 상대 유전율)이다.

유효 커패시턴스 면적의 반지름은 다음과 같다.

$$r = vt = \frac{12t}{\sqrt{\varepsilon_r}} \tag{11-10}$$

여기서 r은 반지름(단위는 in), t는 전하가 이동하는 데 걸리는 시간(단위는 ns), ε_r은 물질의 유전상수(dielectric constant)이다. 유전상수가 $\varepsilon_r = 4.5$인 FR-4 에폭시-유리(epoxy-glass) PCB에서 0.5 ns 동안 전하가 이동하는 경우, r을 계산하면 약 3 in가 된다.

전원-접지-판 쌍(power-ground-plane pair)의 유효 커패시턴스는 다음과 같다.

$$C = \frac{\varepsilon A_e}{s} \tag{11-11}$$

여기서 ε은 유전율(permittivity), s는 두 판 사이의 간격, A_e는 각 판의 유효면적이다.

커패시턴스는 유효면적(전파속도, IC의 상승/하강시간으로 구한다)과 유전율에 비례하고 두 판 사이의 간격에 반비례한다. 식 (11-11)로부터 **층 간격(*layer spacing*)을 줄이는 것이 기판의 유효 디커플링 커패시턴스를 크게 하는 효과적인 방법이라는 것을 알 수 있다.**

커패시턴스를 증가시키기 위해 PCB의 유전상수를 증가시면 식 (11-9)에서 알 수 있듯이 전파속도가 느려진다. 따라서 유전상수가 증가하면 유효면적의 반지름은 유전상수의 제곱근($\sqrt{\varepsilon_r}$)에 비례하여 줄어든다. 결국 유효 커패시턴스 원의 면적은 유전율(ε)에 비례하여 줄어든다. 따라서 유효면적 A_e는 유전율(ε)의 증가에 비례하여 줄어든다. 따라서 식 (11-11)로부터 ***PCB*의 유전율을 변경하는 것은 유효 디커플링 커패시턴스에 아무런 영향을 주지 못한다는 결론을 얻을 수 있다.** 이렇게 되는 것은 ε이 증가한 만큼 A_e가 감소하기 때문이다.

그러므로 유효 판간 디커플링 커패시턴스는 PCB 물질의 유전상수와는 관계가 없으므로 유전상수에 따라서는 변하지 않는다. 유효 커패시턴스를 증가시킬 수 있는 효과적인 방법은 두 판이 서로 더 가까이 놓이도록 하는 것이 유일하다. 그러므로 디커플링 커패시턴스를 증가시키기 위해 대용량의 고속 디지털 IC용 PCB를 높은 유전율을 가진 새로운(값비싼) 물질을 사용하여 만들어도 아무런 효과를 볼 수 없다. 유효 디커플링 커패시턴스를 증가시키는 효과를 보려면 전원판과 접지판을 더욱 가깝게 하는 방법이나 여러 개의 전원판과 접지판을 사용하는 방법[5)]밖에는 없다.

11.4.6.2 임베디드 커패시턴스의 실제 구현 (Practical Implementation of Embedded Capacitance) 1989년에서 1990년 사이에 Zycon사[6]는 유전체로 표준 FR-4 에폭시-유리를 사용하여 층간 간격이 2 mil인 특수한 PCB 적층(PCB laminate)을 개발하였다. ZBC-2000®라는 상표이름이 붙은 이 적층(laminate)은 500 pF/in^{2}의 판간 커패시턴스를 제공한다.[7] 전원판과 접지판이 상하에 부착된 이 적층을 두 세트 사용하면 우리가 바라는 수준인 1000 pF/in^{2}의 커패시턴스를 얻을 수 있다.

Sanmina사(1992년 Howard와 Lucas)와 Unisys사(1991년 Sisler)가 2 mil 두께의 임베디드 커패시턴스 PCB에 대한 특허를 보유하고 있지만 그 기술을 이용하는 것은 어렵지 않으며 여러 회사에서 기술을 제공하고 있다. 이 기술에 대한 Sanmina사의 상표명은 베리드 커패시턴스(Buried Capacitance®)이다. 이 기술이 처음 나온 것은 15년도 더 되었지만 요즘에야 인기를 끌고 있다. 임베디드 커패시턴스 PCB로 바꾸는 것은 간단하다. PCB의 적층구조만 바뀔 뿐 아트워크(artwork)를 새로 할 필요는 없기 때문이다. 따라서 이 기술의 효과를 시험해보기는 쉽다. 시험용 프로토타입 기판(prototype board) 기판을 두 개 만드는데, 한 기판은 보통 방법으로, 다른 기판은 Buried Capacitance®를 이용하여 만들고 나서 두 기판의 성능을 직접 비교하면 된다. <그림 11-19>는 가장 일반적인 적층구조이다.

임베디드 커패시턴스 방법을 이용한 다른 방식의 적층구조도 가능한데, 이에 대해서는 16.4.2절에서 설명하기로 한다. 임베디드 커패시턴스 방식을 적용하는 데 2개의 전원-접지-판

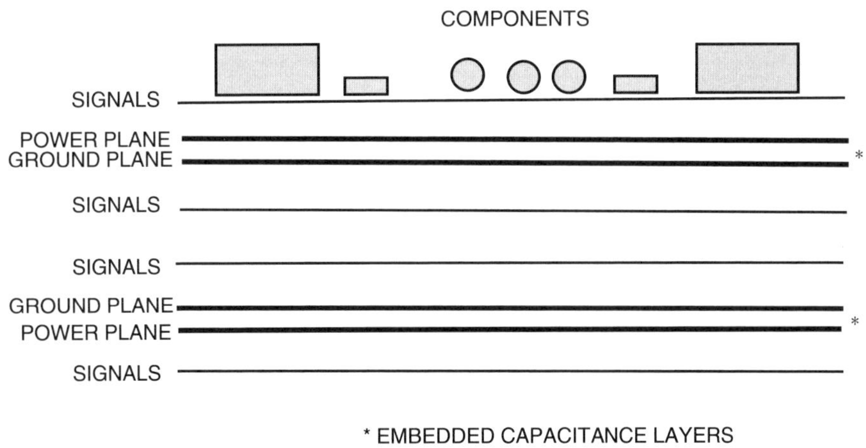

그림 11-19 임베디드 커패시턴스 PCB(embedded capacitance printed circuit board)의 일반적인 적층구조

5) 유효 판간 디커플링 커패시턴스 원의 면적보다 PCB의 면적이 작은 경우에는 기판 면적 전체가 유효 디커플링 면적으로 된다. 이러한 경우에는 PCB 물질의 유전상수를 증가시키면 디커플링 커패시턴스가 증가한다. 유전상수가 높은 물질로 된 PCB에서 유효 디커플링 커패시턴스 원의 반지름을 결정하는 요소인 전파지연(propagation delay)을 계산하는 데는 반드시 물질의 유전상수 ε_r을 사용해야 한다.
6) 이후 Zycon사는 Hadco사를 거쳐 지금은 Sanmina사로 바뀌었다.
7) ZBC-2000®은 Sanmina-SCI사(캘리포니아 산호세 소재)의 등록상표이다.

쌍을 사용하면 4층 기판은 결국 6층 기판이 되고, 6층 기판은 8층 기판이 되는 셈이다. ZBC-2000® 적층이 일반 PCB 적층보다 약간 비싸기는 하지만 비용 상승의 주된 요소는 추가된 2개의 층에 회로를 인쇄하는 데 드는 비용이다.

<그림 11-20>에 나타낸 두 그래프는 1~200 MHz 범위에서 V_{cc}-접지간 노이즈 전압을 측정한 결과이다. 똑같은 PCB기판을, 하나는 <그림 11-19>의 적층구조를 사용한 임베디드 커패시턴스 PCB로 만들어 측정한 결과이고 다른 하나는 전원판과 접지판을 하나씩만 가진 일반 PCB(임베디드 커패시턴스가 없는 기판)로 만들어 측정한 결과이다(1991년 Sisler). <그림 11-20>의 두 그래프를 비교해보면 30 MHz를 넘는 주파수범위에서는 임베디드 커패시턴스 기판에서 노이즈 전압이 훨씬 줄어드는 것을 알 수 있다. 60 MHz 이상의 주파수에서는 노이즈가 거의 측정되지 않는다. <그림 11-20>의 측정데이터는 일반 기판의 경우 135개의 디커플링 커패시터를 사용하여 얻은 결과인 반면, 임베디드 커패시턴스 기판의 경우에는 디커플링 커패시터를 전혀 사용하지 않고서 얻은 결과이다. 두 기판에 사용된 벌크 디커플링 커패시터(bulk decoupling capacitor)들은 서로 똑같다(11.8절 참조).

그렇지만 30 MHz 보다 낮은 주파수대역에서는 임베디드 커패시턴스 기판에서 오히려 상황이 악화되었는데, 특히 20 MHz에서는 더욱 그렇다. 이것은 임베디드 커패시턴스 기판의 총 커패시턴스가 충분히 크지 않아서 이 낮은 주파수대역에서 효과를 발휘하지 못하기 때문이다. 이 결과는 <그림 11-12>에 나타난 결과와 비슷하다. <그림 11-12>의 경우, 커패시터의 개수를 늘리면 전원공급 회로의 고주파 임피던스가 줄어들었지만 저주파 임피던스는 줄어들지 않았다. 저주파 임피던스를 낮추려면 <그림 11-12>와 <그림 11-13>을 비교하면서 설명했듯이 추가로 커패시턴스를 달아주어야 한다.

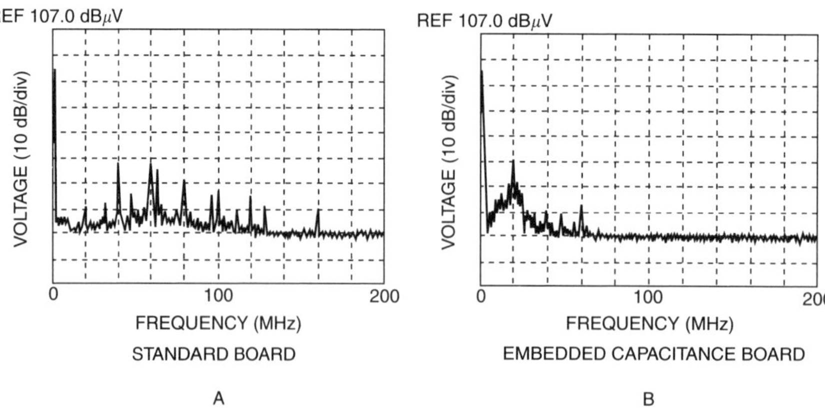

그림 11-20 1~200 MHz 범위의 V_{cc}-접지간 노이즈 전압 측정결과. (A) 일반 PCB의 경우 (B) 임베디드 커패시턴스 PCB의 경우(© 1991 UP Media Group)

<그림 11-20B>의 경우에 대해 원래의 135개의 디커플링 커패시터 중 4개를 다시 달아주어 총 커패시턴스를 증가시킨 결과, 임베디드 커패시턴스 기판 상의 저주파 노이즈 전압을 일반기판의 노이즈 전압 수준까지 감소시켰다.

다른 연구자들이 임베디드 커패시턴스 PCB에 대해 뒤를 이어 수행한 측정 결과, 기판에 개별 디커플링 커패시터(discrete decoupling capacitor)를 아주 적게 혹은 아예 사용하지 않아도 5 GHz 정도의 높은 주파수에서 효과적인 디커플링을 할 수 있음을 확인하였다. 내가 아는 한 5 GHz 이상의 주파수에서 측정을 한 사람은 없지만 그렇다고 해서 이것이 임베디드 커패시턴스 방법이 5 GHz 보다 높은 주파수에서는 효과가 없을 것이라고 의심할 이유는 되지 못한다.

임베디드 커패시턴스 기판은 이것 말고도 다음과 같은 장점을 가지고 있다. 전원-접지판 인덕턴스가 상당히 줄어드는데, 이렇게 된 것은 다수의 전원-접지판을 사용하는 것과 전원-접지판 간격이 좁은 것이 함께 작용한 결과이다. 공진 문제도 최소화되는데, 이것은 임베디드 커패시턴스의 전원/접지판 샌드위치 구조가 Q 값이 낮은 구조이기 때문이다. Q 값이 작은 것은 L/C 비가 작기 때문이다[식 (10-3) 참조]. 또한 디커플링 커패시터의 90%이상과 이와 관련된 비어들을 함께 없앨 수 있으므로 기판의 배선이 아주 간단해져서 많은 경우에 기판의 크기를 줄일 수 있다. 그리고 응용되는 곳에 따라서는 개별 디커플링 커패시터의 대부분을 없앨 수 있으므로 기판의 위아래 면에 표면장착부품(surface mounting component)을 사용할 필요성도 사라진다.

임베디드 커패시턴스 기판은 기판상의 어느 위치에서나 전원-기판 노이즈 전압이 비슷하게 되는 특성을 가진다. 반면에 개별 디커플링 커패시터를 사용하는 일반 기판에서는 기판상의 측정위치에 따라 전원-접지간 노이즈 전압이 달라진다.

나는 임베디드 커패시턴스 PCB 가운데 몇 종류가 장차 산업계의 표준으로 자리 잡을 것으로 확신한다. 왜냐하면 임베디드 커패시턴스 PCB는 개별 커패시터를 최소로 사용하면서도 고주파 전원 디커플링을 가능하게 하는 간단하고 효과적인 방법이기 때문이다. Sanmina사와 Unisys사의 특허가 수년 내 만료되면 임베디드 커패시턴스를 보편적으로 사용하는 상황으로의 전환이 가속화될 것이다. 이론적으로 보면 주파수가 높아질수록 분포 커패시턴스 디커플링은 더욱 효과적이다. 이와 반면에 개별 커패시터 디커플링 회로는 주파수가 높아질수록 효과가 떨어진다.

11.4.7 전원 격리 (Power Supply Isolation)

고주파 디커플링 문제를 해결하는 방법은 개별 커패시터가 되었든 임베디드 커패시터가 되었든 다양한 커패시터를 다수 사용하는 것뿐이다.

불충분한 디커플링이 초래하는 악영향을 최소화하는 데 사용할 수 있으며 실제로 사용되어 온 또 다른 방법이 있다. 비록 이 방법이 디커플링 문제를 근본적으로 풀 수는 없기는 해도 말이다. 이 방법의 목표는 효과적이지 못한 디커플링의 결과로 노이즈를 갖게 된 전원판이 PCB의 나머지 부분을 오염시키지 않도록 하는 것이다.

이러한 목표는 PCB 전원판 중에서 노이즈가 있는 부분을 전원판의 나머지 부분과 격리(isolation) 또는 분할을 하고 <그림 11-21>에 표시한 것처럼 π형 필터를 거쳐 격리된 판에 전원을 공급하는 방법으로 달성할 수 있다. 여기서 주목해야 할 것은 접지판은 분할하지 않고 전원판만 분할한다는 점이다. 이렇게 하면 노이즈가 있어서 격리시킨 전원판의 노이즈를 줄이거나 디커플링 효과를 개선하지는 못하지만 이 노이즈가 주 전원판(main power plane)을 오염시키는 것을 막아준다.

이 방법은 높은 주파수에서 동작하는 회로의 개수가 적은 경우에 가장 효과적이다. 전체 회로에서 고주파 회로나 회로들을 나머지 회로들로부터 격리하고, <그림 11-22>처럼 격리시킨 전원판에서 전원을 공급한다. 예를 들어보자. 만일 마이크로프로세서 1개가 고주파 클록 주파수에서 동작하는 유일한 칩이라면 마이크로프로세서와 그것에 클록을 공급하는 클록발진기(clock oscillator)의 전원은 격리시킨 전원판에서 공급한다. 다른 예를 들어보자. 전체 회로에서 클록발

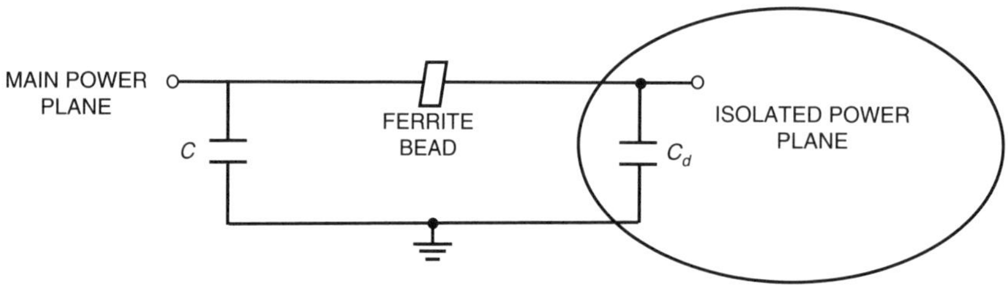

그림 11-21 격리된 판에 전원을 공급하는 데 사용되는 필터

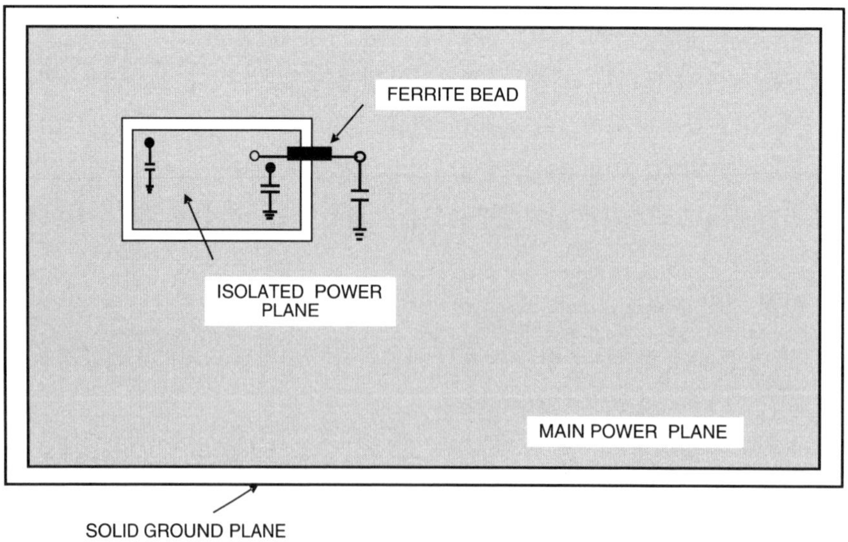

그림 11-22 격리된 전원판의 예

진기와 클록구동기(clock driver)를 나머지 회로들로부터 분리하고, 격리시킨 전원판에서 전원을 공급한다. 격리된 전원판을 여러 개 만들어 각각 다른 회로에 전원을 공급하게 할 수도 있다.

<그림 11-23>은 격리시킨 전원판으로 마이크로프로세서와 그것의 클록발진기의 전원을 공급하게 만든 PCB의 V_{cc}-접지간 노이즈 전압을 20~120 MHz 범위에서 측정한 결과이다. <그림 11-23A>는 마이크로프로세서에 전원을 공급하는 격리된 전원판의 V_{cc}-접지간 노이즈 전압이고 <그림 11-23B>는 주 전원판의 V_{cc}-접지간 노이즈 전압이다. <그림 11-23A>에서는 마이크로프로세서의 디커플링을 효과적으로 하지 못해 클록 노이즈가 크게 발생한 것을 볼 수 있다. <그림 11-23A>와 <그림 11-23B>를 비교해보면 60 MHz 이상에서는 주 전원판에서는 클록노이즈가 거의 제거된 것을 알 수 있다. 그리고 60 MHz 이하의 주파수에서도 주 전원판의 클록노이즈가 격리된 전원판의 노이즈에 비해 많이 줄어든 것을 알 수 있다.

이 방법을 사용하는 경우 주의해야 할 것은 격리된 전원판에 인접한 층의 어떤 신호 트레이스도 전원판을 분할하는 틈 위를 가로지르게 배선하면 안 된다는 점인데, 갈라진 틈이 신호 전류에 대한 귀환 전류경로를 가로막을 수 있기 때문이다. 이에 대해서는 16.3절에서 설명하기로 한다. 격리된 전원판에서 전원을 공급받는 IC를 연결하는 신호 트레이스들을 인접한 층의 전원판이나 접지판 위에 배선하는 경우, 이들 판은 갈라진 틈이 없는 판(solid plane)이어야 한다. 그러므로 이 방법을 사용하면 배선을 하는 데 제약조건이 있는 반면, 분포 커패시턴스 방법을 사용하면 앞에서 설명한 것처럼 더 좋은 효과를 볼 수 있고 커패시터들과 이에 딸린 비어(via)의 사용을 피할 수 있어서 실제로 배선을 간편하게 할 수 있다.

격리된 전원판을 만들 때, 경우에 따라서는 전원판 자체를 분할하는 대신에 여러 신호 층들 중 한 신호 층에 격리된 전원판을 프린트하여 만들기도 한다. 이런 식으로 만든 격리된 전원판을 전원섬(power island) 또는 전원웅덩이(power puddle)이라고 말하기도 한다. 전원판 분할 방법

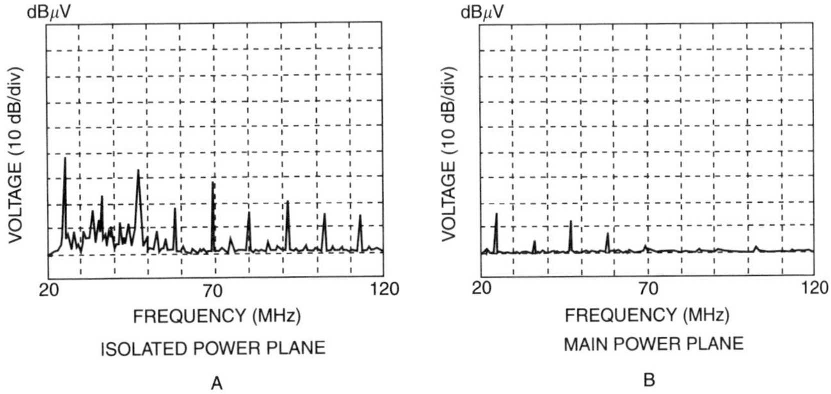

그림 11-23 20~120 MHz 범위의 V_{cc}-접지간 노이즈 전압 측정결과. (A) 격리된 전원판의 경우 (B) 주전원판의 경우

이든 전원섬 방법이든 적용 결과는 똑같다.

11.5 디커플링이 방사성 방출에 미치는 영향 (THE EFFECT OF DECOUPLING ON RADIATED EMISSIONS)

디지털 논리 IC가 스위칭을 할 때 흐르는 과도 전원전류는 방사성 방출(radiated emission)을 발생시킨다. 방사성 방출이 일어나는 방식에는 다음 세 가지가 있다.

1. IC와 디커플링 커패시터에 의해 형성되는 루프를 따라 과도 전원전류가 흐르면 루프에서 방사가 일어난다.
2. 접지의 임피던스를 통과해 과도전류가 흐르면 접지 노이즈 전압이 발생한다. 이 접지 노이즈 전압이 시스템에 연결된 케이블에 가해지면 케이블에서 방사가 일어난다.
3. V_{cc}-접지간 노이즈 전압은 전원버스를 통해 다른 IC(예를 들어 I/O 구동기)로 전달된다. 이렇게 전달된 노이즈 전압은 결국 전원 케이블과 신호 케이블에 가해지므로 이들 케이블에서 방사가 일어난다.

효과적인 디커플링은 앞에서 말한 세 가지 방식에 의한 방사성 방출을 최소화할 수 있다.

<그림 11-24A>을 보면 IC와 디커플링 커패시터 C_1이 있다. 디커플링 루프에서 방사되는 양은 '루프 면적 × 루프 전류 크기'에 비례한다[식 (12-2) 참조]. 커패시터가 IC에 가까울수록 루프의 면적이 작을수록 방사되는 양이 적어진다.

또한 과도 전원전류는 접지에 전압강하가 생기게 한다. <그림 11-24A>에 V_g로 표시된 것이 바로 그것이다. 이 접지 노이즈 전압이 시스템에 연결된 어떤 케이블에 가해지면 <그림 12-2>에서 보듯이 이 케이블에서 공통모드 방사(common-mode radiation)가 일어난다. 이에 대해서는 12.2절에서 자세히 설명하기로 한다.

<그림 12-24B>에 있는 IC는 <그림 11-24A>와 같은 것인데 이번에는 IC 양쪽에 하나씩, 모두 2개의 디커플링 커패시터 C_1, C_2가 달려있다. 두 커패시터는 똑같은 커패시터이다. 두 커패시터의 값이 같고 IC에 대해 대칭인 위치에 달려 있으므로 IC가 스위칭을 할 때 각 커패시터는 IC가 필요로 하는 전류의 절반씩을 공급한다. 그러므로 커패시터 C_1을 포함하는 루프에서 방사되는 양은 절반, 즉 6 dB만큼 줄어든다. 커패시터 C_2를 포함하는 루프에 흐르는 전류는 총 과도전류의 나머지 절반이 되므로 C_1을 포함하는 루프에서 방사되는 것과 같은 양을 방사한다.

그러나 여기서 주목해야 할 것은 C_1을 포함하는 루프의 전류는 시계방향으로 흐르는 반면, C_2를 포함하는 루프의 전류는 반시계방향으로 흐른다는 점이다. 따라서 두 루프에서 방사되는 전자기파는 서로 더해지지 않고 빼진다. 즉 두 루프에서 각각 방출되는 양은 상쇄된다. 완전한 상쇄되지 않는다고 가정하여도 방출량은 크게 줄어든다. 예를 들어 상쇄율이 12 dB밖에 되지 않아

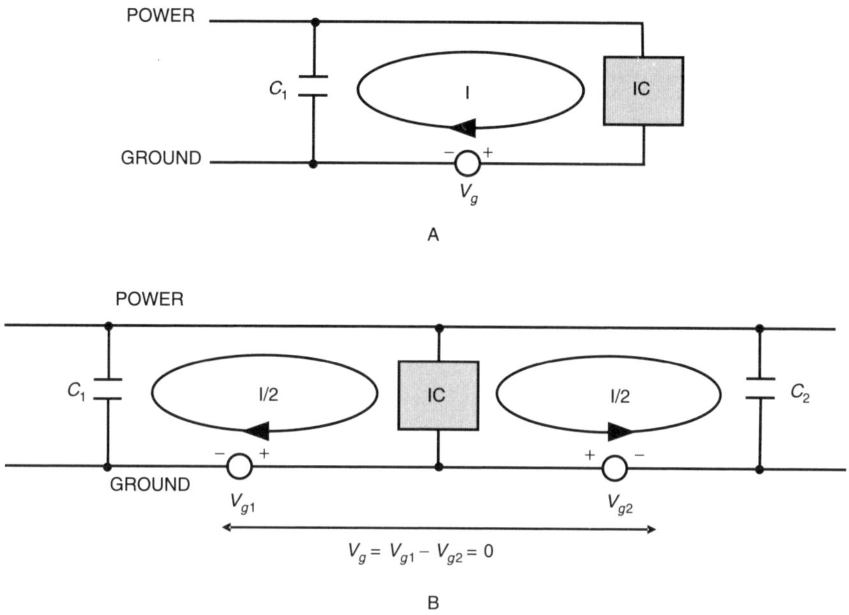

그림 11-24 IC와 디커플링 커패시터가 만드는 루프에 흐르는 전류 (A) 디커플링 커패시터가 1개인 경우 (B) 똑같은 디커플링 커패시터가 2개인 경우

도 루프 방사의 총 감쇠율은 18 dB가 된다(두 루프 사이의 상쇄율 12 dB에, 각 루프의 전류가 절반으로 감소하여 생기는 6 dB의 감쇠율이 더해진다.).

<그림 11-24B>에서 추가로 주목해야 할 것은 과도 전원전류에 의해 두 곳에 접지 노이즈 전압이 생기는데, 이들은 극성이 반대이므로 접지판 중에서 IC를 포함하는 구역 양단의 전압은 0이 된다는 사실이다. 따라서 기판에 연결된 어떤 케이블에서 발생하는 공통모드 방사 또한 상당히 감소한다.

따라서 한 IC에 2개의 디커플링 커패시터를 사용하면 과도 전원전류에 의한 공통모드 방사(common-mode radiation)와 차동모드 방사(differential-mode radiation) 모두를 상당히 줄일 수 있다. 방사를 더 줄이려면 이미 달린 커패시터 개수에 맞춰 2개를 추가로 달아주어야 하므로 총 커패시터 개수는 4개가 된다. 다시 방사를 줄이려면 커패시터 4개를 더 달아주어야 하므로 총 커패시터 개수는 8개가 된다. 이런 식으로 할 때마다 커패시터의 개수는 2배로 늘어난다.

투자 대비 효과가 가장 큰 것이 어느 경우인지 살펴보면 분명히, 두 번째 커패시터를 추가하는 경우이다. 그렇다면 여기에서 의문이 드는 것이 도대체 왜 IC 한 개의 디커플링에 커패시터를 두 개 쓰지 않고 한 개만 쓰는가하는 점이다. 커패시터 하나를 추가하는 데 드는 비용은 아주 작지만 그 개선효과는 아주 크기 때문이다.

다음은 앞에서 설명한 내용을 바탕으로 디지털 IC의 효과적인 디커플링을 위해 권장하는 방법을 정리한 것이다.

- 패키지 종류가 DIP인 경우, IC 1개마다 최소 2개의 커패시터를 사용한다. 커패시터는 IC를 중심으로 양쪽 끝에 배치한다.
- 패키지 종류가 소규모의 정사각형 IC 패키지(예: QFP(quad flat package))인 경우, IC 1개마다 최소 4개의 커패시터를 사용한다. 커패시터는 패키지의 각 모서리에 1개씩 배치한다.
- 과도 전원전류를 많이 끌어들이는 대규모 IC(예: 마이크로프로세서)의 경우, 더욱 많은 디커플링 커패시터를 사용한다 (수백 개를 사용해야 하는 경우도 있다.). IC들에 대해 어떻게 디커플링을 해주어야 할지 IC마다 따로따로 분석한다.

11.4절과 바로 앞에서 설명한 효과적인 디커플링은 V_{cc}-접지간 노이즈 전압의 크기를 최소화하므로 V_{cc} 버스의 오염을 줄일 수 있다. 또한 노이즈 전압이 회로기판 위의 다른 IC들에 전달될 때 발생하는 방사(radiation)도 상당히 줄일 수 있다.

11.6 디커플링 커패시터의 종류와 값 (DECOUPLING CAPACITOR TYPE AND VALUE)

디커플링 커패시터는 고주파 전류를 공급해야 한다. 따라서 이 커패시터는 낮은 임피던스를 갖는 고주파 커패시터이어야 한다. 이러한 까닭에, 디커플링 커패시터로 적합한 것이 적층 세라믹 커패시터(multilayer ceramic capacitor)이다.

(디커플링 회로의 공진주파수보다 낮은) 저주파대역에서 효과적인 디커플링이 이루어지려면 총 디커플링 커패시턴스는 다음 두 조건을 충족해야 한다.

(1) 총 커패시턴스는 주의해야 할 주파수범위 중 가장 낮은 주파수에서 목표 임피던스보다 작은 임피던스 값을 가질 수 있도록 충분히 큰 값이어야 한다(11.4.5절 참조).

(2) 총 커패시턴스는 IC가 스위칭을 할 때 전원전압을 변동허용치 이내로 유지하면서 IC가 필요로 하는 과도 전원전류를 공급할 수 있도록 충분히 큰 값이어야 한다.

조건 (2)를 충족시키기 위한 커패시턴스의 최솟값은 다음 식으로 쓸 수 있다.

$$C \geq \frac{dIdt}{dV} \tag{11-12}$$

여기서 dV는 dt의 시간동안 흐르는 과도전류 dI에 의해 발생하는 전원의 과도전압 허용치이다. 예를 들어, 어떤 IC가 2 ns 동안 500 mA의 과도전류를 필요로 하는 경우, 과도 전원전압이 0.1 V를 넘지 않도록 제한하려고 하면 디커플링 커패시터의 커패시턴스 값은 적어도 0.01 μF 이상이 돼야 한다.

앞에서 설명했듯이 디커플링 회로의 저주파 성능은 커패시턴스의 값에 영향을 받는다. 디커플링 회로의 고주파 성능은 회로의 인덕턴스 값을 얼마나 작게 할 수 있느냐에 달려있다. 인덕턴스를 결정하는 것은 회로에 사용된 커패시터의 개수와 각 커패시터에 직렬로 연결된 인덕턴스의 값이다. 적층 SMT 커패시터의 내부 인덕턴스 값을 좌우하는 것은 커패시터의 패키지 사이즈이다. 패키지 사이즈가 1206인 SMT 커패시터의 인덕턴스는 0603 커패시터의 약 2배이다. 1206 커패시터의 내부 인덕턴스는 1.2 nH인 반면 0603 커패시터의 인덕턴스는 0.6 nH이다.

따라서 디커플링 커패시터를 선택할 때는 실제로 사용할 수 있는 한도 내에서 가장 작은 패키지 사이즈를 선택한 다음, 그 패키지 사이즈에서 쉽게 구할 수 있는 것 중에서 커패시턴스 값이 가장 큰 커패시터로 하는 것이 좋다. 값이 작은 커패시터를 선택하면 높은 주파수에서의 성능 개선 없이 낮은 주파수에서의 성능이 떨어진다.

11.7 디커플링 커패시터의 연결위치와 장착 (DECOUPLING CAPACITOR PLACEMENT AND MOUNTING)

디커플링 커패시터는 가능한 한 IC에 가장 가까운 위치에 연결해야 루프 면적과 인덕턴스를 최소로 할 수 있다.

자주 묻는 질문 중에, '디커플링 커패시터와 IC의 전원핀/접지핀을 트레이스로 직접 연결해야 합니까? 아니면 디커플링 커패시터를 전원판과 접지판에 바로 연결해야 합니까?' 라는 것이 있다. 이 질문에 대한 대답은 '상황에 따라 다르다.' 이다. 트레이스가 짧은 경우에는 인덕턴스가 아주 작으므로 어느 방식으로 연결하더라도 효과가 있다. 인덕턴스를 구할 때는 트레이스의 길이는 물론 비어(via)의 길이도 고려해야 한다. 디지털 IC들로만 이루어진 기판의 경우, 내가 선호하는 방식은 커패시터들과 IC들을 모두 전원판/접지판에 바로 연결하는 것이다.

그렇지만 커패시터를 IC의 전원핀/접지핀에 바로 연결하는 방식에서는 사용될 비어의 개수를 줄일 수 있으므로 IC들이 빽빽이 들어찬 PCB에서 귀중한 공간을 절약할 수 있다. 루프 면적을 작게 유지할 수만 있다면 커패시터를 IC의 전원핀/접지핀에 바로 연결하는 것은 당연히 사용할 수 있는 방법이다. 그러므로 '디커플링 커패시터를 IC에 직접 연결해야하는가, 아니면 전원판/접지판에 바로 연결해야 하는가?' 라는 물음에 대해서는 쉽게 대답할 수 없는 것이다. PCB 설계 때마다 어느 방법을 사용하는 것이 더 좋은지 평가해야 한다.

인덕턴스를 줄인다는 것은 커패시터와 IC에 의해 형성되는 루프 면적을 줄인다는 것과 같은 뜻으로 이렇게 하는 것은 매우 중요하다. 루프 면적이 최소가 되도록 커패시터의 레이아웃을 하면 최고의 성능을 발휘한다.

<그림 11-25>는 0805 SMT 디커플링 커패시터의 장착패드(mounting pad)와 전원-접지-판 쌍(적층 PCB의 중앙에 위치) 사이의 대략적인 인덕턴스 값을 보여주고 있다. 이 값에는 장착패드,

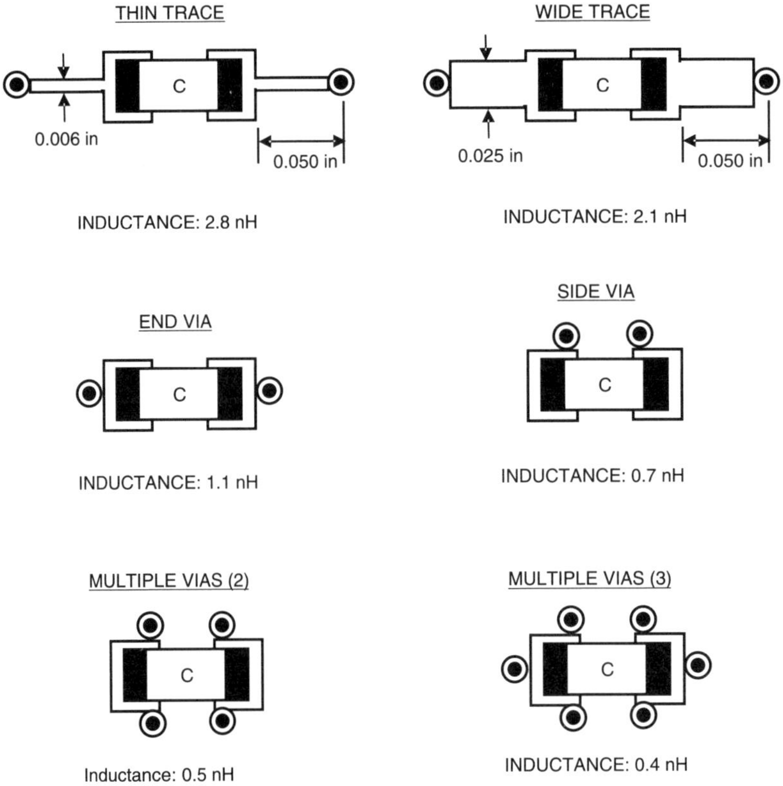

그림 11-25 0805 SMT 디커플링 커패시터의 장착형태 따른 인덕턴스 변화

트레이스, 비어의 인덕턴스만 포함된 것으로, 커패시터 자체의 인덕턴스 값은 여기에 포함되어 있지 않다. 인덕턴스는 0.5 nH보다 약간 작은 값에서 3 nH 근처까지 변한다는 것을 잘 살펴보기 바란다.

다수의 비어를 사용하면 장착패드에서 전원-접지-판 쌍 사이의 인덕턴스가 줄어든다(10.6.4절 참조). 그러나 비어는 기판의 공간을 많이 차지한다. 두 비어에 흐르는 전류가 반대방향일 때, 이 두 비어를 서로 가까운 곳에 위치시키면 두 비어 사이에서 상호결합이 발생하여 인덕턴스가 줄어들다. <그림 11-25>에서 비어를 옆면(side)에 배치한 방식의 인덕턴스가 비어를 양끝(end)에 배치한 방식보다 작아지는 것이 바로 이러한 이유 때문이다.

IC 하나에 디커플링 커패시터를 하나 또는 두 개 사용하는 경우에는 커패시터의 연결위치가 효과에 결정적인 영향을 준다. 그러나 많은 수의 커패시터를 사용하는 경우에는 한두 개를 사용하는 경우보다는 연결위치가 덜 중요해진다. 여러 개의 커패시터들을 IC 주위에 분산시켜 IC를 중심으로 대칭이나 같은 간격이 되게 해보면 된다.

나를 비롯하여 대부분의 설계자들은 IC 별로 디커플링을 하는 것이 일반적이다. 즉 설계자들은 개별 IC마다 적합한 커패시터 개수와 커패시턴스 값을 정한다. 이와는 다르게 PCB 전체를 디커플링 하는 방법도 있다. 이 경우에는 커패시턴스 값이 같은 다수의 커패시터를 IC들의 위치에 관계없이 기판 전체에 고르게 분포하도록 배치한 다음에 이들을 전원판/접지판에 바로 연결한다. 회로기판에 들어있는 IC들의 과도전류 조건이 모두 비슷한 경우에는 PCB 전체를 디커플링 하는 방법이 효과가 좋은 반면, IC마다 과도전류 조건이 많이 다른 경우에는 IC 별로 디커플링을 하는 방법이 효과가 좋은 것이 보통이다.

그밖에 디커플링 커패시터의 연결방법을 정할 때 고려해야 할 사항들은 다음과 같다.

- 회로기판은 단면 SM(single sided surface mount) 기판인가, 양면 SM(double sided surface mount) 기판인가?
- IC 패키지는 PGA(peripheral pin package of a grid array) 타입인가?
- 몇 개의 전원판과 접지판으로 구성된 어떤 적층구조의 PCB인가? 층간 간격은 얼마인가?
- IC는 몇 개의 전원핀과 접지핀을 가지고 있는가?

11.8 벌크 디커플링 커패시터 (BULK DECOUPLING CAPACITORS)

디지털 논리 IC가 스위칭을 하면 IC에 연결된 디커플링 커패시터는 저장하고 있던 전하를 방전한다. IC가 다음 번 스위칭을 하기 전에 IC의 디커플링 커패시터는 다시 충전돼야 한다. 충전전류는 각각의 IC 디커플링 커패시터의 주파수보다 상당히 낮은 주파수에서 발생하며 충전전류는 PCB에 장착되어 있는 한 개 또는 여러 개의 벌크(bulk) 디커플링 커패시터에 의해 공급된다. 각각의 IC 디커플링 커패시터들은 논리 IC의 스위칭속도로 동작해야 하는데, 이 동작속도는 기본적으로 상승/하강 시간과 관계가 있다. 벌크 디커플링 커패시터는 대략 클록주기의 1/2동안 각 디커플링 커패시터를 재충전하는 것이 보통이므로 벌크 디커플링 커패시터는 클록주파수의 약 2배로 동작한다.

벌크 커패시터의 값은 그렇게 중요한 것은 아니지만 자신이 충전하는 IC 디커플링 커패시터들의 값을 모두 합한 것보다는 큰 값이 돼야 한다. 전원이 들어오는 기판의 입구에는 벌크 커패시터 1개를 달아주어야 한다. 기판의 적재적소에 다른 벌크 커패시터들을 달아주도록 한다. 벌크 디커플링 커패시터는 너무 적게 달아주는 것보다는 지나치다 싶을 정도로 많이 달아주는 편이 더 좋다.

벌크 디커플링 커패시터의 커패시턴스 값으로는 5~100 μF 범위(보통 10 μF)가 일반적이다. 벌크 디커플링 커패시터의 등가 직렬 인덕턴스 값은 작아야 한다. 과거에는 탄탈 전해 커패시터(tantalum electrolytic capacitor)를 주로 사용하였다. 그러나 커패시터 기술이 발전하면서 적층 세라믹 커패시터(multilayer ceramic capacitor)가 벌크 디커플링 커패시터로 더 많이 사용되고 있다. 알루미늄 전해 커패시터는 인덕턴스가 탄탈 커패시터보다 10배 이상 크므로 사용하면 안 된다.

벌크 디커플링 커패시터의 커패시턴스 값은 각각의 IC 디커플링 커패시터의 커패시턴스 값과는 다르다. 따라서 두 커패시터의 값이 다를 때 발생하는 병렬공진 임피던스 스파이크가 생기게 된다. 그렇지만 벌크 커패시터의 커패시턴스 값이 훨씬 크므로 임피던스 스파이크는 훨씬 낮은 주파수에서 작은 크기로 발생하여 별 문제가 되지는 않는 것이 보통이다. 공진회로에서 저항은 감쇠를 일으키므로 벌크 커패시터가 갖는 작은 크기의 등가 직렬저항은 혹시 생길 수도 있는 공진피크의 크기를 감소시킨다는 점에서 도움이 된다.

11.9 전원입력단 필터 (POWER ENTRY FILTERS)

외부 노이즈는 도체를 통해 회로기판으로 전도되어 들어올 수 있고 기판 내부의 노이즈는 직류 전원단자를 통해 기판의 외부로 전도되어 나갈 수 있다. 고주파 과도 전원전류는 디지털 IC 기판 내부에 국한돼야 하며 이들 전류가 직류전원을 공급하는 배선을 통해 바깥으로 빠져나가도록 해서는 안 된다. 따라서 전원 입력단 필터는 기본설계항목에 포함돼야 한다.

<그림 11-26>은 대표적인 전원입력단 필터회로이다. 이 회로에는 차동모드 필터와 공통모드 필터가 함께 들어있다. 차동모드 필터는 페라이트 비드(ferrite bead)나 인덕터가 직렬로 연결된 π-필터인 것이 보통이다.

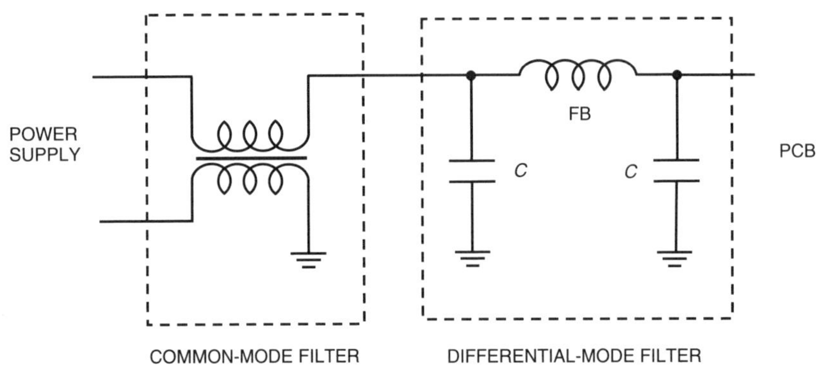

그림 11-26 전형적인 전원입력단 필터

필터를 구성하는 부품의 값은 커패시터의 경우 0.1~0.01 μF, 페라이트 비드의 임피던스는 주의해야할 주파수대역에서 50~100 Ω이 일반적이다. 필터회로에서는 페라이트 비드가 직류전류에 의해 포화(saturation)가 되지 않도록 하는 것이 중요하다. 페라이트 비드 대신 인덕터를 사용하는 경우에는 인덕턴스 값을 0.5~5 μH로 하는 것이 보통이다.

공통모드 필터는 PCB에 공통모드 초크(common-mode choke)를 장착하여 만들거나 페라이트코어에 직류 전원케이블 감아서 만든다.

요약 SUMMARY

- 디커플링 커패시터는 IC 논리 게이트가 스위칭을 할 때 IC로 흘려주어야 할 과도 전원전류를 낮은 임피던스 경로를 통해 공급해야 한다.
- 디커플링 커패시터는 노이즈가 전원/접지 시스템으로 주입되지 못하도록 하거나 주입되더라도 최소가 되도록 해야 한다.
- 디커플링을 위해 커패시터를 IC 근처에 달아주는 것은 과도 스위칭 전류를 공급하기 위해 '*C*만' 연결한 것이 아니라 '*LC*회로'를 연결한 것이다.
- 디커플링 커패시터의 커패시턴스 값은 저주파 디커플링 효과에 영향을 준다.
- 디커플링 커패시터의 커패시턴스 값은 고주파에서는 별다른 영향을 주지 않는다.
- 고주파 디커플링 효과에 가장 큰 영향을 주는 요소는 디커플링 커패시터와 직렬로 연결되는 인덕턴스로, 이 값을 줄여야 한다.
- 효과적인 고주파 디커플링을 하려면 많은 수의 커패시터를 사용해야 한다.
- 대부분의 경우, 값이 같은 커패시터를 여러 개 사용하는 것이 다양한 값의 커패시터를 여러 개 사용하는 것보다 성능이 좋다.
- 최적의 고주파 디커플링을 하려면 개별부품 타입의 커패시터를 사용하지 말고 분포 커패시터 타입의 PCB 구조를 사용해야 한다.
- 디커플링의 제1규칙은 전류가 흐르는 루프를 최소가 되도록 하는 것이다.

연습문제 PROBLEMS

11.1 3.3 V의 전원전압으로 동작하는 어떤 CMOS 부품의 상승시간이 500 ps이다. 이 CMOS 게이트가 2개의 다른 CMOS 게이트를 구동하는 경우, 과도 부하전류의 크기를 구하여라. 단, 각 CMOS 게이트의 입력 커패시턴스는 10 pF으로 가정한다.

11.2 방사성 방출은 효과적이지 못한 디커플링에 의해 발생한다. 방사성 방출이 일어나는 세 가지 방식을 설명하여라.

11.3 디커플링 커패시터와 직렬로 연결되는 인덕턴스를 생기게 하는 세 가지 요인을 말하여라.

11.4 디커플링 회로의 고주파 성능을 결정하는 두 가지 요소를 말하여라.

11.5 디커플링 회로의 저주파 성능을 결정하는 요소를 말하여라.

11.6 어떤 IC에 필요한 총 디커플링 커패시턴스의 최솟값 구하는 경우에, 반드시 충족해야 할 두 가지 조건을 설명하여라.

11-7 IC 1개의 디커플링에는 최소 몇 개의 커패시터를 사용해야 하는가? 또 그렇게 해야 하는 까닭은 무엇인가?

11-8 병렬로 연결되는 여러 개의 커패시터로 효과적인 디커플링을 하기 위한 두 가지 조건을 말하여라.

11-9 값이 같은 커패시터를 여러 개 사용하여 디커플링을 하는 방식의 장점 세 가지를 말하여라.

11-10 위의 문제 11-9에서 답한 세 가지 장점 중에서 값이 다른 디커플링을 사용하는 방식의 장점에 해당되지 않는 것은 어느 것(들)인가?

11-11 값이 다른 디커플링 커패시터들을 사용하는 경우에 발생할 수 있는 문제점은 무엇인가?

11-12 1 MHz를 넘는 모든 주파수에서 어떤 디지털 IC의 스위칭 속도가 3 ns이다. 디커플링 회로의 목표 임피던스 값이 100 mΩ 일 때 다음 물음에 답하여라. 단, 커패시터에 직렬로 연결된 인덕턴스 값은 5 nH로 가정한다.

a. 값이 같은 개별 커패시터를 몇 개 사용해야 하는가?

b. 각 디커플링 커패시터의 최솟값은 얼마인가?

11.13 3.3 V의 전원전압으로 동작하는 대형 마이크로프로세서의 전체 과도전류 값이 10 A이다. 마이크로프로세서의 상승/하강 시간은 1 ns이다. V_{cc}-접지 노이즈 전압 피크의 최대 허용치를 250 mV로 하려고 한다. 각 디커플링 커패시터에 직렬로 연결된 인덕턴스 값은 5 nH이다. 값이 같은 커패시터를 여러 개 사용하는 방식으로 20 MHz 이상의 주파수범위에서 효과적인 디커플링을 하려고 한다. 다음 물음에 답하여라.

a. 주파수에 따른 목표 임피던스의 변화를 나타내는 그래프를 그려라.

b. 최소 몇 개의 디커플링 커패시터를 사용해야 하는가?

c. 각 디커플링 커패시터의 최솟값은 얼마인가?

d. 커패시턴스 값이 더 큰 커패시터를 사용하면 그만큼 효과가 있는가?

11.14 어떤 IC가 1 ns의 스위칭 시간동안 1 A의 과도전류를 끌어들인다. 전원전압이 변동이 0.1 V를 넘지 않게 하기 위해 사용해야 할 디커플링 커패시터의 최솟값은 얼마인가?

11.15 치수가 10 × 12 in인 어떤 임베디드 커패시턴스 FR-4 에폭시-유리 PCB의 전원-접지판 커패시턴스 값이 500 pF/in^{2}이다. 논리 IC 회로의 상승시간은 300 ps이다. 유효 판간 디커플링 커패시턴스 값은 얼마인가? 단, 디커플링 커패시턴스에서 공급하는 전하는 상승시간 동안에 IC에 도착해야 하는 것으로 가정한다.

참고문헌 REFERENCES

Archambeault, B. "Eliminating the MYTHS About Printed Circuit Board Power/Ground Plane Decoupling." *ITEM*, 2001.

Archambeault, B. *PCB Design for Real-World EMI Control*. Boston, MA, Kluwer Academic Publishers, 2002.

Howard, J. R. and Lucas, G. L., Inventors; Zycon Corp., assignee. Capacitor laminate for use in capacitive printed circuit boards and methods of manufacture. U.S. patent 5,079,069, January 7, 1992.

Janssen, L. P. "Reducing The Emission of Multi-Layer PCBs by Removing the Supply Plane." *1999 Zurich EMC Symposium,* Zurich, Switzerland, 1999.

Jordan, E. C. *Reference Data For Engineers*. Indianapolis, IN, Howard W. Sams, 1985.

Leferink, F. B. J. and van Etten, W. C. "Reduction of Radiated Electromagnetic Fields by Removing Power Planes." *2004 IEEE International Symposium on Electromagnetic Compatibility*, Santa Clara, CA, August 9–13, 2004.

Paul, Clayton R. "Effectiveness of Multiple Decoupling Capacitors." *IEEE Transactions on Electromagnetic Compatibility*, May 1992.

Radu, S. , DuBroff, R. E. , Hubing, T. H., and Van Doren, T. P. "Designing Power Bus Decoupling for CMOS Devices." *1998 IEEE EMC Symposium Record*, Denver, CO, August 1998.

Sisler, J., inventor; Unisys Corp., assignee, Method of making multilayer printed circuit board, U.S. patent 5,010,641, April 30, 1991.

Sisler, J. "Eliminating Capacitors From Multilayer PCBs." *Printed Circuit Design*, July 1991.

심층자료 FURTHER READING

Hubing, T. H., et al. "Power-Bus Decoupling With Embedded Capacitance in Printed Circuit Board Design." *IEEE Transactions on Electromagnetic Compatibility*, February, 2003.

Wang, T. "Characteristics of Buried Capacitancet." *EMC Test and Design*, February 1993.

Chapter 12

디지털 회로의 방사

Digital Circuit Radiation

오늘날의 규제 환경에서, EMC(electromagnetic compatibility, 전자파 적합성) 엔지니어는 전자 제품을 시장에 나오게 하는 데 중요한 역할을 한다. 제품의 성능 중에서 기능적인 부분은 제품의 출시일정을 맞추는 데 주된 문제가 되지 않는 것이 보통이다. 주된 문제는 바로 그 제품에 요구되는 EMC 테스트를 통과하는 것이다.

최소한의 비용으로 디지털 시스템에서 방출되는 전자기파를 억제하는 것은 복잡한 디지털 논리회로를 설계하는 것만큼 복잡하고 어려울 수 있다. 방출억제 문제는 시작단계부터 설계문제의 하나로 취급해야 하며 설계가 행해지는 전 과정 동안에 이를 위해 필요한 공학적, 기술적 지원을 받아야 한다.

12장에서는 방사성 방출(radiated emission)을 해석하는 모형(model)을 살펴보고 방사성 방출량에 영향을 주는 파라미터에 대해 간추려 설명한다. 또한 신호의 전기적 특성과 시스템의 물리적 특성으로부터 방사성 방출의 크기를 계산, 예측하는 방법을 다룬다. 방사(radiation)에 영향을 주는 파라미터를 아는 것은 방사를 최소로 하는 기술을 개발하는 데 도움을 준다.

디지털 전자기기로부터의 방사는 **차동모드**(*differential mode*)나 **공통모드**(*common mode*)의 형식으로 발생한다. 차동모드 방사(differential mode radiation)는 **회로가 정상동작**(*normal operation*)**을 하는 과정**에서 일어나는 것으로 <그림 12-1>에서 보듯이 회로의 도체(conductor)에 의해 만들어진 루프를 따라 흐르는 전류에 의해 발생한다. 이들 루프는 소형 루프 안테나로 동작하는데, 이 안테나는 전기장(electric field)과 자기장(magnetic field) 중에서 자기장을 더 크게 방사한다. 회로가 정상적으로 동작하기 위해서 이들 신호 루프가 필요하긴 하지만 설계과정에서 루프의 크기(size)와 면적(area)을 작게 하여 방사를 최소로 해야 한다.

공통모드 방사(common mode radiation)는 **회로내의 기생성분**(*parasitics*)에 의해 발생하는 것으로 도체에서 생긴 뜻하지 않은 전압강하가 이를 일으킨다. 차동모드 전류가 접지 임피던스를 통과해 흐르면 디지털 IC의 접지 시스템에는 전압강하가 생긴다. <그림 12-2>와 같이 시스

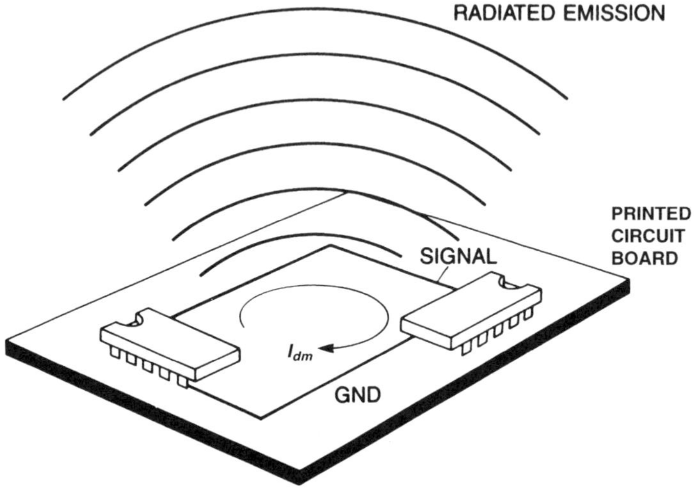

그림 12-1 PCB에서 발생하는 차동모드 방사

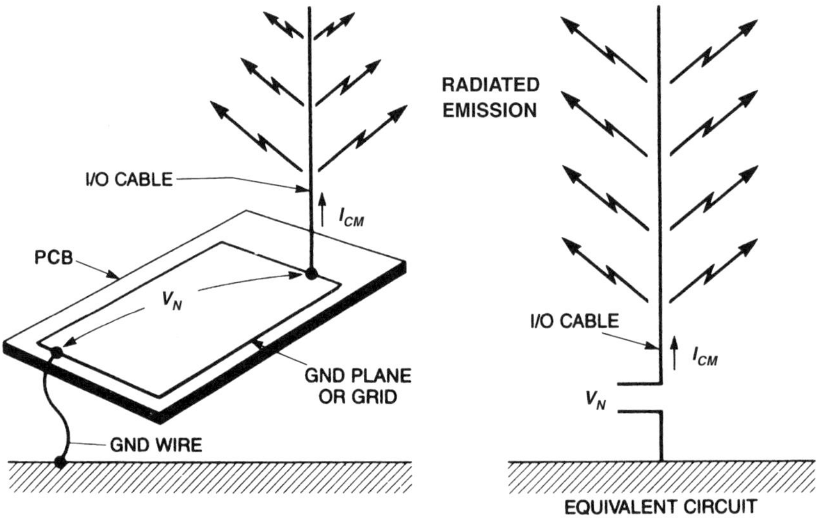

그림 12-2 시스템 케이블에서 발생하는 공통모드 방사

템에 케이블이 연결되어 있는 경우, 이 공통모드 접지 전압이 케이블에 가해진다. 이때 케이블은 <그림 12-2>에서 보듯이 안테나로 동작하는데, 이 안테나는 전기장과 자기장 중에서 전기장을 더 크게 방사한다. 이들 기생 임피던스(parasitic impedance)는 계획에 따라 설계되어 시스템 안에 들어가게 된 것이 아니고 문서에 표시되어 있지도 않으므로 공통모드 방사는 이해하기도 어렵고 따라서 억제하기도 어렵다. 설계 과정에서 공통모드 방출문제를 처리하는 방법을 제공하는 대책들이 취해져야 한다.

12.1 차동모드 방사(DIFFERENTIAL-MODE RADIATION)

차동모드 방사는 소형 루프 안테나(small loop antenna)[1] 모형으로 해석할 수 있다. 소형루프의 면적이 A, 루프에 흐르는 전류가 I_{dm}일 때, 루프에서 r만큼 떨어진 자유공간(free space)[2]에서 측정되는 전기장 E는 다음 식과 같다(2002년 Kraus와 Marhefka, 199쪽, 식 8).

$$E = 131.6 \times 10^{-16}(f^2 A I_{dm})\left(\frac{1}{r}\right)\sin\theta \tag{12-1}$$

여기서 E의 단위는 volt/m, f의 단위는 Hz, 면적 A의 단위는 m^2, I_{dm}의 단위는 A(암페어), r의 단위는 m이고 θ는 루프 평면에 수직인 축과 측정점이 사이의 각도이다.

둘레의 길이가 파장의 1/4보다 작은 소형루프에 흐르는 전류는 루프상의 위치에 관계없이 위상(phase)이 모두 같다. 둘레 길이가 이것보다 큰 루프에서는 위치에 따라 전류의 위상이 다르므로 어떤 전류에서 방사되는 전기장은 다른 전류들의 전기장과 더해지지 않고 빼질 수 있다.

<그림 12-3>에서 보듯이 자유공간에서 소형루프 안테나의 방사패턴은 도넛 형태이다. 최대 방사는 루프의 옆인 루프평면, 다시 말해 루프가 놓여 있는 면으로 일어난다. 루프평면과 수직인

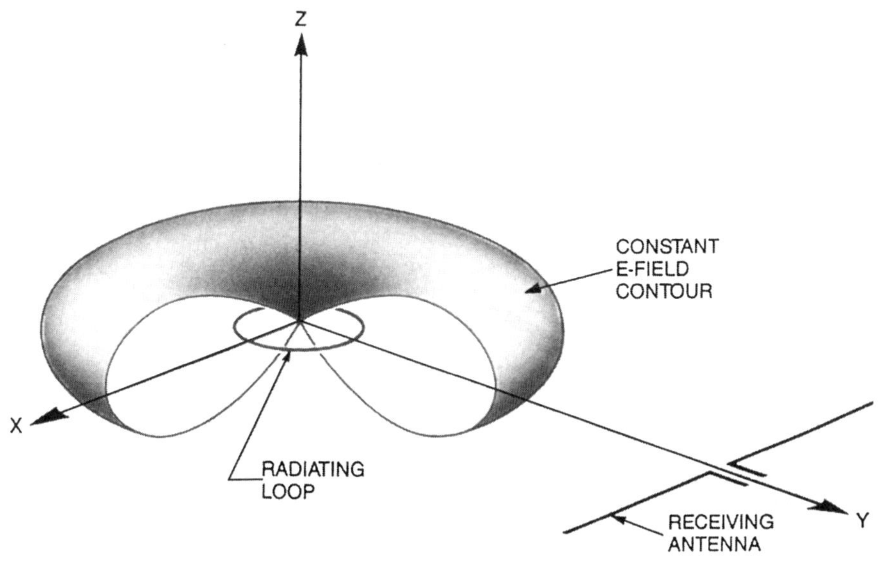

그림 12-3 소형루프 안테나의 자유공간 방사패턴

1) 루프 안테나 중에서 둘레의 길이가 파장의 1/4보다 작은 것을 소형 루프 안테나라고 한다.
2) (옮긴이) 자유공간(free space)이란 유전율 ε과 투자율 μ 값이 각각 $\varepsilon = 8.854 \cdots \times 10^{-12}$ F/m과 $\mu = 4\pi \times 10^{-7}$ H/m인 매질(medium)을 말한다. 자유공간은 전자기학에서 사용하는 추상적인 개념으로 실제로 완벽한 자유공간인 매질은 존재하지 않는다. 자유공간은 다른 매질의 전자기적 성질(ε, μ 값)을 나타낼 때 기준 매질로 사용되는데, 공기(air)나 진공(vacuum)은 ε과 μ 값이 자유공간의 값과 거의 같으므로 근사적으로 자유공간으로 취급한다.

방향으로는 방사가 일어나지 않는다. <그림 12-3>에서 보듯이 전기장의 편파(polarization) 방향은 루프평면과 평행이므로 루프평면과 같은 방향으로 놓여 있는 수신 안테나의 경우에 전기장이 최대로 측정된다.

루프 둘레의 길이가 파장의 1/4보다 큰 경우에는 <그림 12-3>과 같은 방사패턴이 나오지 않는다. 루프의 둘레가 1파장과 같은 경우에는 방사패턴은 90° 만큼 회전한 형태가 되므로 최대 방사는 루프평면에 수직인 방향으로 일어난다. 따라서 소형루프에서 방사패턴에서 0이 되는 방향이 대형루프에서는 최대로 방사가 일어나는 방향이 된다.

식 (12-1)은 원형루프에 대해 유도된 식이지만 어떤 형태의 평면형 루프에도 적용할 수 있다. 그 까닭은 소형루프의 경우, 방사 크기와 방사 패턴이 루프의 모양에는 상관이 없고 루프의 면적에 따라서만 달라지기 때문이다(2002년 Kraus와 Marhefka, 212쪽). **소형루프의 경우 루프의 모양이 달라도 면적이 같으면 방사하는 양은 같다.**

식 (12-1)에서 첫 번째 항은 매질(여기서는 자유공간)의 특성을 나타내는 상수이다. 두 번째 항은 방사원(radiation source)인 루프의 특성을 나타낸다. 세 번째 항은 방사원에서 멀리 전파됨에 따라 감쇠하는 전자기장을 나타낸다. 마지막 항은 <그림 12-3>에서 보듯이 루프평면에 수직인 방향(z축)과 측정점 사이의 각도와 관련된 것이다.

식 (12-1)은 자유공간에 놓인 소형루프에 대한 식으로 루프의 근처에 반사물체가 없는 경우를 가정한 것이다. 그러나 EMC 시험에서는 자유공간 속이 아니라 야외시험장(open site)의 접지판(ground plane) 위에 놓인 전자제품의 방사량을 측정한다. 접지판의 표면에서는 반사가 일어나므로 이를 고려해주어야 한다. 반사를 일으키는 접지판은 방출 세기의 측정치를 6 dB(2배) 만큼 증가시킨다. 이 때문에 식 (12-1)에 2를 곱해주어야 한다. 야외에서, 루프로부터 루프평면 방향($\theta = 90°$)으로 r만큼 떨어진 위치에서 측정한 전기장 E는 접지판 반사까지 고려하여 다음 식으로 주어진다.

$$E = 263 \times 10^{-16}\left(f^2 A I_{dm}\right)\left(\frac{1}{r}\right) \tag{12-2}$$

식 (12-2)에서 알 수 있듯이, 방사 전기장은 전류 I, 면적 A, 주파수 f의 제곱에 비례한다. 이 식의 주파수 제곱 항이 EMC 엔지니어라는 직업의 미래를 보장하고 있다.

거리가 3 m인 경우에 대해 식 (12-2)를 다시 쓰면 다음과 같다.

$$E = 87.6 \times 10^{-16}\left(f^2 A I_{dm}\right) \tag{12-3}$$

그러므로 다음과 같은 방법으로 차동모드 방사를 억제할 수 있다.

1. 전류의 크기를 줄인다.
2. 전류의 주파수, 다시 말해 전류의 고조파 성분을 줄인다.
3. 루프면적을 줄인다.

전류 파형이 사인파(sine wave)가 아닌 경우에는 반드시 전류 파형의 푸리에 급수(Fourier series)를 구한 다음에 식 (12-3)에 대입해야 한다.

12.1.1 루프 면적(Loop Area)

디지털 시스템을 설계할 때, 가장 기본이 되는 차동모드 방사 억제 방법은 전류 루프가 만드는 면적을 최소로 하는 것이다. 이것은 결국 신호선과 그 신호와 관련된 접지-귀환선을 서로 가깝게 위치시켜야 한다는 것을 뜻하는 것으로 클록배선, 특히 백플레인(backplane)[3)], 중간연결케이블(interconnecting cable)에 대해서는 이렇게 설계하는 것이 중요하다.

예를 들어보자. 주파수가 30 MHz이며 크기가 25 mA인 전류가 면적이 10 cm^{2}인 루프를 따라 흐르는 경우, 루프에서 3 m 떨어진 곳의 전기장 세기를 구해보면 197 μV/m가 된다. 이 전기장 세기는 가정용 B급(Class B) 기기에 대한 전자파장해 방지기준 허용한계치의 약 2배에 달한다.

루프면적이 얼마 이하가 돼야 여기서 방출되는 전기장의 세기가 어떤 정해진 값을 넘지 않는지 알아보기 위해, 식 (12-2)를 루프면적 A에 대해 다시 정리하면

$$A = \frac{380Er}{f^2 I_{dm}} \tag{12-4}$$

와 같이 허용 가능한 최대 루프면적을 구하는 식을 얻을 수 있다. 여기서 E는 방사 허용한계치(단위: μV/m), r은 루프와 측정안테나 사이의 거리(단위: m), f는 주파수(단위: MHz), I는 전류(단위: mA), A는 루프면적(단위: cm^2)이다.

예를 들어보자. 어떤 루프를 따라 주파수가 30 MHz이며 크기가 25 mA인 전류가 흐를 때, 루프에서 3 m 떨어진 곳의 전기장 세기가 허용한계치 100 μV/m를 넘지 않게 하는 루프의 면적을 계산하면 5 cm^{2}가 된다(FCC(Federal Communication Commission, 미국 연방통신위원회)와 CISPR(International Special Committee on Radio Interference, 국제무선장해특별위원회)의 전자파 방사의 허용한계치가 100 μV/m이다).

법적인 방사성 방출요건을 충족하는 시스템을 설계하기 위해서는 루프면적을 아주 작게 해야 한다. 이러한 설계과정에서 방사성 방출의 세기를 예측하는 데 식 (12-2)를 이용할 수 있다.

12.1.2 루프전류(Loop Current)

루프에 흐르는 전류의 크기를 알면 식 (12-2)를 이용하여 방사 전기장을 간단히 계산할 수 있다. 그렇지만 전류의 크기를 정확하게 알 수 있는 경우란 거의 없다. 따라서 모형을 만들어 추정하거

---

3) (옮긴이) 백플레인은 회로부품들과 여러 개의 소켓이 장착되어 있는 전자회로기판의 일종으로 전자시스템의 뒷면이나 밑면에 설치되는 것이 보통이다. 소켓에 다른 전자장치, 회로기판, 카드 등을 꽂을 수 있게 만들어 전체가 하나의 시스템으로 구성되도록 해준다.

나 측정해야 한다. 루프에 흐르는 전류의 크기를 결정하는 것은 루프의 끝에 연결된 회로의 부하임피던스(load impedance)와 루프를 구동하는 회로의 전원임피던스(source impedance, 출력임피던스) 둘 다이다.

루프전류는 광대역 전류 프로브(wide-band current probe)로 측정할 수 있다. 전류 프로브를 사용하여 측정을 하려면 신호트레이스의 일부를 잘라낸 다음, 끊긴 트레이스 사이를 도선(wire)으로 연결해야 하는데, 이때 도선의 길이는 전류 프로브의 집게를 물릴 수 있을 정도는 돼야 한다.

12.1.3 푸리에 급수(Fourier Series)

디지털 회로는 사각파형을 사용하므로 전류에 의한 방출 세기를 계산하기 전에 전류를 구성하는 고조파(harmonic) 성분을 반드시 알아야 한다. <그림 12-4>와 같은 좌우가 대칭인 사각파형(실제로는 상승/하강 시간이 0이 아니므로 사다리꼴파형)의 경우, 전류를 구성하는 n번째 고조파 전류성분은 다음 식으로 표시된다(1985년 Jordan, 7~11쪽).

$$I_n = 2Id\left[\frac{\sin(n\pi d)}{n\pi d}\right]\left[\frac{\sin\left(\frac{n\pi t_r}{T}\right)}{\frac{n\pi t_r}{T}}\right] \tag{12-5}$$

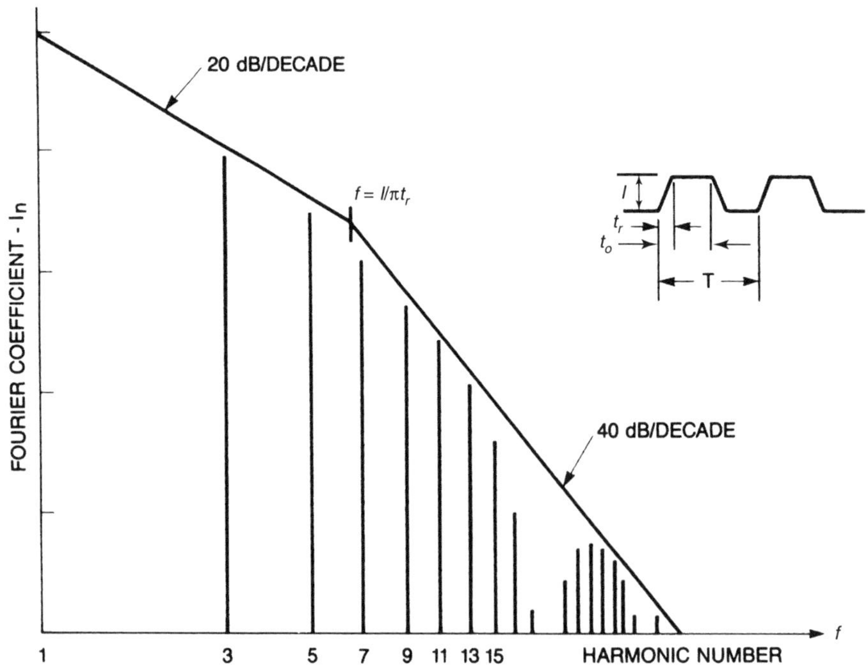

그림 12-4 듀티사이클이 50%인 사다리꼴 파형의 푸리에 스펙트럼 포락선

여기서 I는 <그림 12-4>에 표시한 것처럼 사각파형의 진폭이고, t_r은 상승시간이며, d는 듀티사이클(duty cycle)로 t_o/T와 같고, T는 주기, n은 1에서 무한대 사이의 값을 갖는 정수(integer)이다. I_n의 단위는 전류 I의 단위와 같다. 식 (12-5)은 상승시간과 하강시간이 같다고 가정하여 유도한 식이므로, 상승시간과 하강시간이 같지 않은 경우에는 둘 중 짧은(작은) 값을 대입하여 최악의 경우(worst case)에 대한 결과를 산출해야 한다.

듀티사이클이 50%($d = 0.5$)인 경우, 1번째 고조파성분(기본파 성분)의 진폭은 $I_1 = 0.64\,I$이 되며 홀수 고조파성분만 나타난다. <그림 12-4>는 일반적인 경우인 상승시간 t_r이 주기 T보다 훨씬 작은 조건에서 좌우 대칭인 사각파형의 고조파성분과 포락선을 나타낸 것이다. 고조파의 진폭은 $1/\pi\, t_r$인 주파수가 될 때까지는 20 dB/decade의 비율로 감소하고 이 주파수를 넘어서면 40 dB/decade의 비율로 줄어든다. 이 그림에서 상승시간이 증가하면(느려지면) 차수가 높은 고조파전류의 진폭의 감소한다.

우선 식 (12-5)로 고조파 전류성분을 계산한 다음, 계산된 고조파 성분의 진폭과 주파수를 식 (12-2)에 대입하는 방법으로 차동모드 방사성방출의 세기를 계산할 수 있다. 모든 고조파전류성분의 크기와 주파수에 대해, 한 번에 고조파 하나씩 같은 과정을 되풀이한다.

식 (12-2)에 있는 주파수 제곱항(f^2)을 달리 표현하면 주파수에 따라 방출세기가 40 dB/decade의 비율로 증가하는 것이 된다. 따라서 식 (12-2)와 식 (12-5)를 결합하면, <그림 12-5>와 같이 $1/\pi\, t_r$보다 낮은 주파수범위에서는 방사성 방출의 세기가 20 dB/decade의 비율로 증가하고 이 주파수보다 높은 주파수범위에서는 방출 세기가 일정하게 유지되는 결과를 얻을 수 있다.[4)]

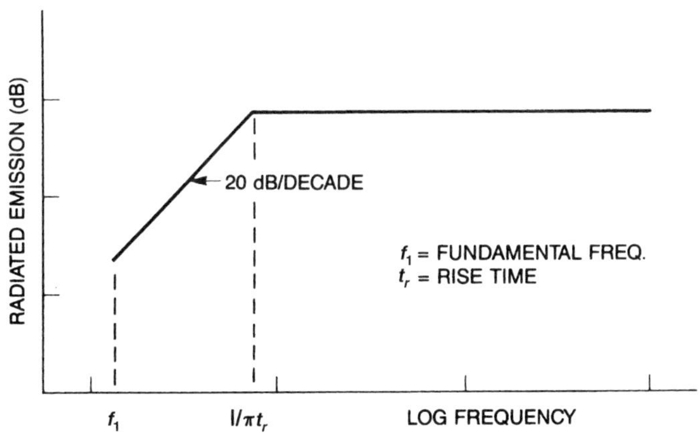

그림 12-5 주파수에 따른 차동모드 방사성 방출의 변화

4) 실제로는 루프의 둘레가 파장 × 1/4이 되는 주파수보다 높은 주파수에서는 방사세기가 감소한다. 이러한 높은 주파수범위에서는 소형루프를 가정한 식 (12-2)이 더 이상 적용될 수 없기 때문이다. 적용 가능 여부의 경계가 되는 주파수는 $f_{\text{MHz}} = 75/C_{meter}$이다. 여기서 C는 루프의 둘레이다.

<그림 12-5>에서 상승시간이 방사성 방출에 미치는 중요한 영향을 확실히 이해할 수 있다. 차동모드 방사가 주파수에 따라 더 이상 증가하지 않게 되는 분기점을 결정하는 것이 바로 상승시간이다. 방출량을 최소로 하려면 기능에 영향을 주지 않는 한도에서 신호의 상승시간을 느리게 하는 것이 바람직하다.

예를 들어보자. 상승시간이 4 ns인 6 MHz 클록이 면적이 10 cm^2(=1.5 in^2)인 루프를 따라 공급되는 경우, 이 루프로부터 3 m 떨어진 곳에서 방사성 방출을 측정한 결과를 나타낸 것이 <그림 12-6>이다. 루프에는 피크진폭이 35 mA인 사각파 형태의 전류가 흐르는 것으로 하였다.

12.1.4 방사성 방출 포락선(Radiated Emission Envelope)

루프면적과 함께 신호의 주파수, 피크전류, 상승시간을 알면 <그림 12-5>에 나타난 방사성 방출

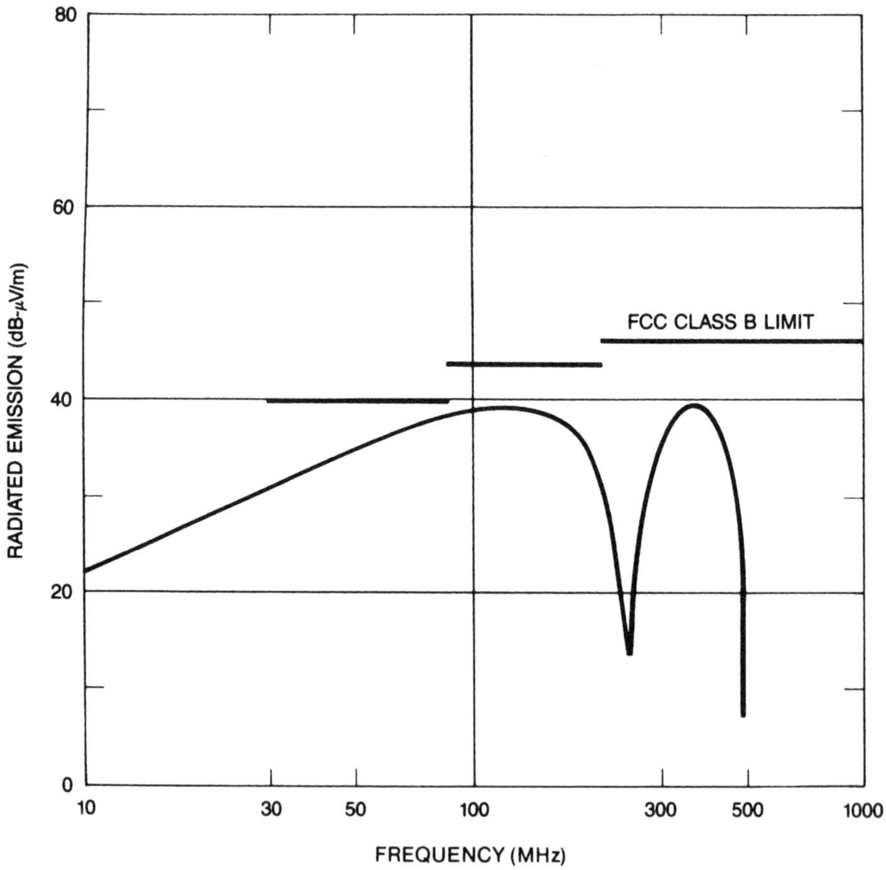

그림 12-6 방사성 방출 스펙트럼과 FCC B급 (Class B) 허용한계. 이 스펙트럼은 면적이 10 cm^{2}인 루프를 따라 흐르는 주파수 6 MHz, 상승시간 4 ns, 크기가 35 mA인 클록신호를 3 m 떨어진 곳에서 측정한 결과이다.

의 포락선을 쉽게 구할 수 있다. 방사성 방출 포락선의 형태는 알려져 있으므로 기본 주파수(fundamental frequency)에서의 방출세기만 계산하면 된다. 듀티사이클이 50%인 사각파형의 경우, 기본주파수(1번째 고조파)의 푸리에 계수는 $I_1 = 0.64\,I$이다. 여기서 I는 사각파 전류의 진폭이다.

기본주파수에서 방출진폭은 사각파 전류 진폭에 0.64를 곱한 값을 식 (12-2)에 대입하여 계산할 수 있다.

이 주파수에서 방사성 방출을 dB μV/m 단위로 하여 세미로그 그래프 상에 점을 찍어 표시한다. 그 다음, 이 점으로부터 $1/\pi\, t_r$인 주파수까지 20 dB/decade의 비율로 증가하는 직선을 그린다. 주파수가 $1/\pi\, t_r$을 넘어서면 수평선을 그린다. 이렇게 그린 것이 차동모드 방사성 방출의 포락선이다.

12.2 차동모드 방사의 억제 (CONTROLLING DIFFERENTIAL-MODE RADIATION)

12.2.1 기판 레이아웃(Board Layout)

차동모드 방사성 방출 억제의 출발점은 PCB 레이아웃(layout)부터이다. 비용면에서 효과적이 되려면 기판을 처음 설계할 때부터 방출 억제를 위한 고려를 해야 한다.

방출을 억제하기 위해 PCB 레이아웃을 할 때는 신호 트레이스에 의해 형성되는 루프면적을 최소화해야 한다. 모든 신호와 과도 전원전류에 의해 만들어지는 루프의 면적을 억제하는 것은 만만치 않은 작업이다. 다행히도 각 루프를 따로따로 조치할 필요는 없다. 심각한 문제가 되는 루프들은 별도로 분석해야 하지만 별 문제가 되지 않는 루프들(대부분의 루프가 여기에 속한다.)은 '효과적인 PCB 레이아웃을 위한 지침' 을 따르기만 하면 자동적으로 억제될 수 있다.

심각한 문제가 되는 루프들은 **가장 높은 주파수**에서 동작하며 주기적인 신호, 다시 말해 파형이 변하지 않고 같은 모양인 신호가 흐르는 루프이다.

다음 설명을 자세히 살펴보면 주기성이 왜 그처럼 중요한지 그 까닭을 이해할 수 있다. 크기(면적)가 상당한 루프에 상당한 크기의 전류가 흘러야 많은 에너지를 방사할 수 있다. 만일 모든 에너지가 하나의 주파수를 갖거나 매우 제한된 개수의 주파수들을 갖는다면 각 주파수의 진폭은 클 것이다. 만일 에너지가 넓은 주파수 대역에 퍼져 있으면 특정한 한 주파수에서의 에너지는 훨씬 작을 것이다. 시스템 내에서는 클록 신호가 주파수가 가장 높으면서 주기적인 것이 일반적이므로 클록 에너지의 대부분은 기본파성분 및 차수가 낮은 홀수 고조파성분들로 이루어진 좁은 주파수대역에 집중된다. 따라서 이 주파수대역 내의 각 주파수에서의 진폭은 커지게 된다.

<그림 12-7A>는 어떤 전형적인 디지털 회로의 방사성 방출 스펙트럼이다. <그림 12-7B>는 같은 회로에서 클록신호만 동작시킨 경우의 방사성 방출 스펙트럼이다. <그림 12-7B>은 회로의 95% 이상이 OFF된 경우이지만 <그림 12-7A>의 경우와 최대 방출세기는 거의 같다. 거의 모든 경우에, 회로의 클록 고조파에서 방사되는 세기가 클록을 제외한 나머지 모든 회로에서 방사되는 세기보다 크다.

클록신호는 PCB에서 첫 번째로 배선해야 하며, 배선을 할 때는 최선을 다해 루프면적이 최소가 되도록 해야 한다. 클록 트레이스의 길이는 최소로 해야 하며 비어의 사용도 최소로 줄여야 한다. 다층 PCB에서는 접지판이나 전원판에 바로 이웃한 층에 클록을 배선하는 경우에는 그 접지판이나 전원판이 반드시 균일해야 한다(즉 판을 분할하는 틈이 없어야 한다). 클록 트레이스 층과 귀환판(return plane) 사이의 간격은 되도록 작아야 한다. 양면 기판에서는 클록 트레이스의 근처에 접지 귀환트레이스(ground return trace)가 위치하도록 해야 한다. **클록배선에 대해서는 거의 편집증적인 수준이 돼야 한다!**

물론 한 시스템 내에서 클록이 유일한 주기신호는 아니다. 클록 말고도 많은 스트로브신호(strobe signal)들이나 제어신호(control signal)들도 주기신호다. 마이크로프로세서 기반 시스템에서 중요한 주기신호들 중에 클록(CLK), 어드레스 래치 인에이블(ALE, address latch enable), 로우 어드레스 스트로브(RAS), 칼럼 어드레스 스트로브(CAS) 등이 있다. 이 책에서 사용되고 있는 클록이라는 용어는 오로지 클록 신호만을 가리키는 것은 아니고 다른 고주파 주기 신호를 아울러 가리키는 것이다.

PCB에 연결된 외부 케이블에 클록이 뜻하지 않게 결합(coupling)되는 것을 막으려면 클록 회로를 입/출력 케이블(I/O cable)이나 입/출력 회로로부터 멀리 떨어진 곳에 위치시켜야 한다.

혼선(누화, crosstalk)을 막으려면 클록 트레이스가 데이터버스(data bus)나 신호선(signal lead)과 서로 나란히 길게 배선되지 않도록 주의해야 한다. 디지털 논리 기판의 혼선을 자세히 다

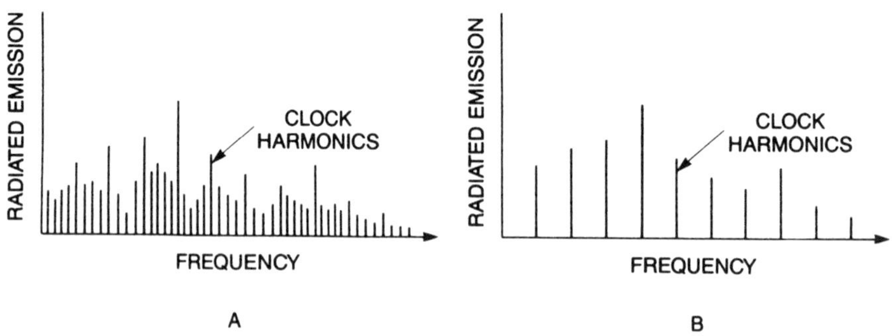

그림 12-7 디지털 회로에서 발생하는 전형적인 방사성 방출 스펙트럼: (A) 회로의 모든 부품이 동작하는 경우 (B) 클록회로만 동작하는 경우

룬 책으로는 Johnson과 Graham(1993년), Paul(1985년), Catt(1967년)이 저술한 것들이 있다.

클록 다음에 주의해야 할 것이 어드레스 버스(address bus)와 데이터 버스(data bus)이다. 그 까닭은 이들 버스에는 끝에 다른 회로가 연결되면서 큰 전류가 흐르는 것이 보통인데, 방사성 방출은 전류에 비례하기 때문이다. 버스가 클록만큼 중요하지 않은 것이 일반적이지만 버스에 의해 형성되는 루프면적을 잘 검토하여 최소가 되도록 해야 한다. 예를 들어 버스 트레이스를 배선할 때는 다층기판의 접지판에 바로 이웃하게 배선하는 방식의 적용을 검토한다.

양면기판에서는 한 데이터그룹(데이터선 8개)이나 한 어드레스그룹(어드레스선 8개)마다 최소한 신호귀환(접지) 트레이스 1개씩을 바로 옆에 배선해야 한다. 이 귀환트레이스는 데이터 그룹의 8개 데이터선 중 최하위(LSB) 데이터선 옆에 위치시키는 것이 가장 좋다.

클록과 버스를 제외한 나머지 대부분의 여러 가지 신호들이 만드는 루프면적은 접지그리드(ground grid)나 접지판(ground plane)을 사용하여 억제할 수 있다. 내부에서 발생하는 노이즈의 양을 최소로 하려면 이들 루프면적의 억제도 필요하다(10장, 11장 참조).

라인 드라이버(line driver)와 버스 드라이버(bus driver)도 방사를 일으키는 노이즈원(noise source)이 될 수 있는데, 이들 드라이버는 큰 전류를 공급하는 것이 보통이기 때문이다. 그러나 드라이버에서 나오는 신호는 비주기적이므로 단위대역폭당 에너지의 양이 작은 광대역 노이즈를 발생시킨다. 버스 드라이버와 라인 드라이버는 자신이 구동하는 선로나 케이블에 가깝게 위치해야 한다. PCB에 연결된 외부 케이블을 구동하는 드라이버는 커넥터와 가까운 곳에 위치해야 한다. PCB 외부에 있는 부하를 구동시키는 데 사용되는 선로구동기 IC는 PCB 내부에 있는 다른 회로를 구동하는 데 사용돼서는 안 된다.

방사성 방출을 일으키는 또 다른 중요한 노이즈원(noise source)이 될 수 있는 것이 디지털 논리 IC가 스위칭을 하는 동안에 IC로 공급되는 과도 전원전류이다. 이는 이 경우에 만들어지는 루프의 면적이 작은 것이 보통이지만 여기에 아주 큰 전류가 흐를 수 있기 때문이다. 이들 루프면적은 11장에서 설명한 적절한 전원 디커플링 방법을 사용하여 억제할 수 있다.

차동모드 방출 세기는 주파수의 제곱에 비례하는데, 차동모드 방출은 루프면적을 최소화하는 방식으로 억제할 수 있다. PCB 레이아웃을 하게 되면 기본적으로 루프가 생기게 된다. 지난 5~10년 동안 클록 주파수는 급격하게 증가하였다. 적어도 10배 이상은 될 것이다. 따라서 차동모드 방출량은 100배 이상 증가한 것이다. 그렇지만 같은 기간 동안에 루프의 크기를 작게 만드는 능력을 결정하는 PCB 기술은 아주 조금밖에 향상되지 않았다. 약 2배 정도로 볼 수 있을 것이다.

결국, 방출 문제는 100배 증가하였지만 이에 대항하여 루프를 더욱 작게 만드는 기술은 기껏해야 2배 정도 향상된 것이다. 차동모드 방사성 방출을 억제하는 능력면에서 보면 방사성 방출과의 전쟁에서 패배한 것이 분명하다. 따라서 이러한 방출의 억제를 위해 PCB를 차폐(shield)하는 방법 이외의 다른 방법을 사용해야 하는 경우라면 기존방식과는 다른 방출 억제방법을 마련해야만 한다. 널리 사용되는 두 가지 방법으로 상쇄루프(canceling loop)와 확산 스펙트럼 클록

(spread spectrum clock)을 사용하는 것이 있다.

12.2.2 상쇄루프(Canceling Loops)

루프가 작아지게 배선할 수 없는 경우라면, 두 개의 루프가 서로를 상쇄하도록 하는 간단한 방법을 찾을 수는 없을까? <그림 12-8A>에 있는 클록 트레이스와 이것의 접지 귀환경로를 살펴보자. 이 루프에서의 방출 세기는 루프면적과 루프에 흐르는 전류의 함수이다. 현재의 PCB 기술로 <그림 12-8A>의 두 트레이스를 더 이상 가까워지게 제작할 수 없다면 PCB를 차폐하는 방법을 사용하지 않고는 방사성 방출을 더욱 줄일 수 없다.

그런데 <그림 12-8B>의 레이아웃을 살펴보자. 여기에는 클록 트레이스 양쪽에 하나씩 모두 두 개의 접지귀환 트레이스가 있다. 따라서 이 경우에는 두 개의 루프가 만들어지며 각 루프의 면적은 <그림 12-8A>의 루프면적과 같다. 두 개의 귀환(접지) 트레이스가 클록 트레이스에 대해 대칭인 경우에는 귀환전류가 이 두 경로로 똑같이 나뉜다. 따라서 <그림 12-8B>의 아래쪽 루프에 흐르는 전류의 크기는 <그림 12-8A>의 루프에 흐르는 전류의 1/2이 되므로 방사세기도 이에 맞추어 1/2이 되므로 6 dB만큼 감소한다.

물론 <그림 12-8B>의 위쪽 루프에도 아래쪽 루프와 같은 크기의 전류가 흐르므로 아래쪽 루프와 똑같은 세기로 방사한다. 그러나 위쪽 루프의 전류는 반시계방향으로 흐르고 아래쪽 루프의 전류는 시계방향으로 흐른다. 따라서 위쪽 루프에서 방사된 전자기파는 아래쪽 루프에서 방사된 전자기파와 더해지지 않고 오히려 상쇄된다. 정확히 상쇄되지 않는 경우라도 그 결과는 아주 좋다. <그림 12-8B>의 레이아웃은 <그림 12-8A>의 레이아웃보다 20 dB 이상 방사가 줄어드는 효과를 낸다.

<그림 12-8>의 트레이스들은 PCB에서 같은 층에 배선된 것을 나타내는 것일 수도 있고 다른 층에 배선된 것일 나타내는 것일 수도 있다. 다른 층에 배선된 경우라면, PCB를 구성하는 두 개의 접지판 층 사이에 끼여 있는 층에 클록이 배선된 것일 수 있다.

12.2.3 확산 스펙트럼 클록(Dithered Clocks)

루프면적을 줄이지 않고도 방사성 방출을 줄이는 또 다른 방법이, 주파수 스펙트럼 상에 넓게 퍼

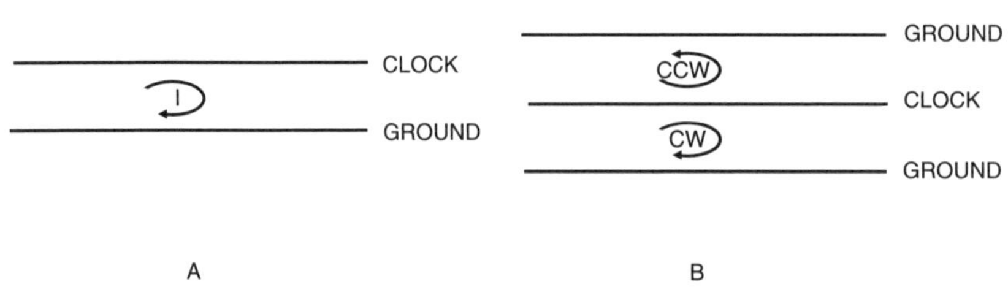

그림 12-8 클록 트레이스: (A) 접지 귀환 트레이스가 1개인 경우 (B) 접지 귀환 트레이스가 2개인 경우

져 방출되게 하는 것이다. 이렇게 하면 어떤 한 주파수에서의 방출 세기가 감소한다. 확산 스펙트럼 클록(spread-spectrum clock, 또는 dithered clock)을 사용하면 방출을 확산시킬 수 있다. 확산 스펙트럼 클록이란 기본적으로 클록을 주파수변조하는 것이다.

클록의 주파수가 정상적인 클록 주파수 부근에서 낮은 빈도로 조금씩 변하도록 의도적으로 만든 것이 확산 스펙트럼 클록이다. 이렇게 하면 클록의 에너지가 주파수 영역에서 넓게 퍼지므로 어떤 한 주파수에서 방출되는 전자기파의 피크진폭을 낮출 수 있다. 이 방법으로 최적설계를 하면 방출 세기를 약 15 dB만큼 줄일 수 있다. 일반적으로 얻을 수 있는 감소효과는 10~14 dB 범위이다. 기본 주파수가 100 kHz 만큼 이동하면 2차 고조파의 주파수는 200 kHz 만큼 이동하고 3차 고조파는 300 kHz, 이런 식으로 고조파의 주파수가 이동한다.

감쇠율은 주파수 주파수편이(frequency deviation)뿐 아니라 변조파형(modulating waveform)에 따라서도 달라진다. 가장 적합한 변조 파형은 일반적인 형태의 파형과는 거리가 멀다. <그림 12-9>와 같은 특별한 형태를 하고 있는데, 이 파형을 보통 "허시 키스(Hershey Kiss)"[5]라고 부른다. Lexmark사(1997년 Hardin)가 이 변조파형에 대하여 특허를 받았다. 여러 가지 변조파형의 특성에 대한 더 자세한 내용을 알고 싶으면 Hoekstra(1997년)의 자료를 찾아보기 바란다.

"허시 키스" 파형은 삼각파형과 크게 다르지는 않다. 삼각형 변조파형의 감쇠특성은 "허시키스"와 견주어 아주 조금밖에 뒤지지 않는다. 따라서 대부분의 클록 변조회로는 삼각파형을 사용한다.

일반적인 확산스펙트럼 클록의 명세서(specifications)에는 다음과 같은 내용이 쓰여 있다.

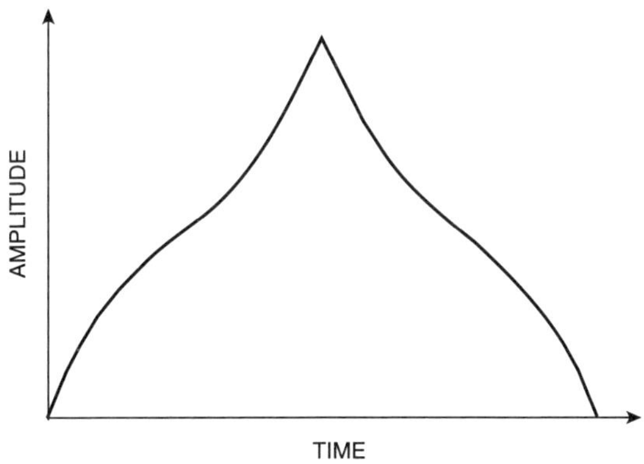

그림 12-9 확산스펙트럼 클록으로 가장 적합한 변조파형

5) (옮긴이) 허시사(Hershey company)에서 제조한 초콜릿의 이름이 허시키스(Hershey's Kisses)이다. 한 입 크기인 이 초콜릿은 그림 12-9의 파형과 같은 독특한 모양(밑바닥이 평평한 눈물방울 모양)을 하고 있다.

- 변조 파형(modulation waveform): 삼각파
- 변조 주파수(modulation frequency): 35 kHz
- 주파수 편이(frequency deviation): 0.6 %
- 변조 방향(modulation direction): 하향(downward)
- 방출 감쇠율(emission reduction): 12 dB

시스템 중에는 확산스펙트럼 클록 방식을 사용할 수 없는 것도 있지만 대부분의 시스템에는 이를 사용할 수 있다. 많은 개인용 컴퓨터와 프린터는 확산스펙트럼 클록을 사용한다. 완벽한 실시간 정확성(real-time accuracy)이 요구되는 경우라면 확산스펙트럼 클록은 문제가 될 수 있다. 그렇지만 대부분의 PLL(phase locked loop, 위상고정루프)은 확산스펙트럼 클록에 대해서도 잘 작동한다.

클록변조를 위해 두 가지 기본적인 방법이 사용되고 있다. 그 하나는 중심확산(center spread)이고 다른 하나는 하향확산(downward spread)이다. 중심확산방식에서는 클록이 변조전의 정상적인 주파수를 중심으로 이보다 높은 주파수와 낮은 주파수 사이에서 변하도록 위, 아래 양쪽으로 변조된다. 하향확산방식에서는 클록이 정상 주파수로부터 아래쪽 방향으로만 확산된다. 어느 방식을 사용하여도 방출을 감소시킬 수 있다. 하향확산방식의 경우, 클록의 주파수가 정상주파수보다 높아지지 않으므로 타이밍 여유(timing margin) 문제를 일으킬 가능성이 더 적다는 장점이 있다.

<그림 12-10>은 60 MHz 클록의 3차 고조파에 의한 방사성 방출을 나타낸 것으로 하나는 클록변조를 한 것이고 다른 하나는 클록변조를 하지 않은 것이다. 이 경우, 하향확산방식에 의한 클록변조를 사용하였는데 13 dB의 방출억제 효과가 있음을 알 수 있다.

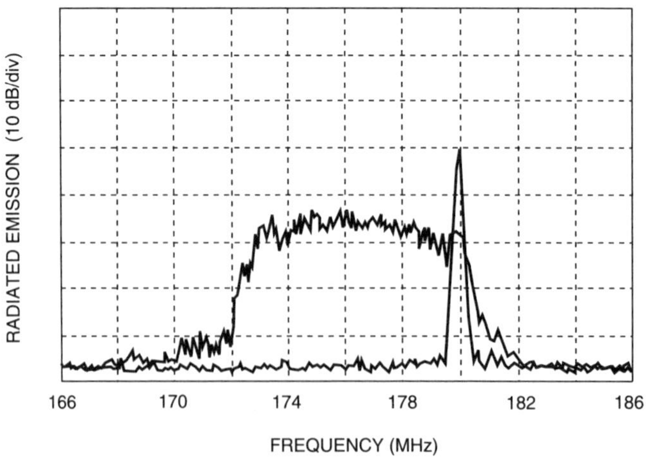

그림 12-10 60 MHz 클록의 3차 고조파 주파수 스펙트럼(클록변조를 한 것과 하지 않은 것을 함께 나타내었음)

루프면적을 줄이거나 상쇄루프를 사용하는 방식으로는 차동모드 방출을 억제할 수 있을 뿐, 같은 클록에 의해 발생될 수 있는 공통모드 방출에는 아무런 영향을 주지 못한다. 그렇지만 클록 주파수를 변조하는 확산스펙트럼 클록방식을 사용하면 차동모드와 공통모드의 방출 모두를 줄일 수 있는데, 이는 이 방식이 방사를 일으키는 원천인 클록의 특성을 변화시키기 때문이다. 따라서 확산스펙트럼 클록방식은 변조된 클록신호와 관련이 있는 모든 방사모드를 감소시키는 중요한 수단이라고 할 수 있다.

12.3 공통모드 방사(COMMON-MODE RADIATION)

차동모드 방사는 PCB를 설계하고 레이아웃 하는 과정에서 억제할 수 있다. 그러나 공통모드 방사는 억제하기가 더 어려우며 제품의 전체적인 방출특성을 결정하는 것이 보통이다.

공통모드 방사의 가장 흔한 유형이 시스템의 케이블에서 유출되는 방사이다. <그림 12-2>에 나타나 있듯이 방사 주파수를 결정하는 것은 공통모드 전압(보통, 접지전압)이다. 공통모드 방사의 경우, 케이블의 용도가 무엇인가는 중요하지 않다. 중요한 것은 케이블이 시스템에 연결되어 있다는 것과 어찌되었든 시스템 접지를 기준으로 한다는 점이다. 방사되는 주파수는 케이블이 본래 전달하는 신호와는 관계가 없다.

공통모드 방출은 케이블을 노이즈전압(접지전압)이 인가된 다이폴 안테나(dipole antenna)나 모노폴 안테나(monopole antenna)로 모형화하여 해석할 수 있다. 길이가 l인 소형 다이폴 안테나(short dipole antenna)의 경우, 안테나로부터 r만큼 떨어진 원거리장(far field)에서 측정되는 전기장의 세기는 다음 식으로 표시된다 (1982년 Balanis, 111쪽, 식 (4-36a)).

$$E = \frac{4\pi \times 10^{-7}(flI_{cm}) \sin\theta}{r} \tag{12-6}$$

여기서 E의 단위는 V/m, f의 단위는 Hz, I는 케이블(즉 안테나)의 공통모드 전류로 단위는 A, l과 r의 단위는 m, θ는 안테나의 축과 측정점 사이의 각도이다. 전기장의 세기는 $\theta = 90°$에서 최대가 되는데, 이 방향은 안테나의 축과 수직인 방향이다.

자유공간에서 소형 다이폴 안테나의 방사패턴은 소형 루프 안테나의 방사패턴(<그림 12-3>)과 같다. 단 <그림 12-3>의 방사패턴은 다이폴 안테나는 z-축을 따라 놓여 있는 경우이다. 무한히 넓은 기준판(접지판) 위에 놓인 모노폴 안테나의 경우, 방사패턴과 전자기장의 세기는 다이폴 안테나와 같지만 방사패턴과 전자기장은 접지판 위쪽에만 존재한다.

식 (12-6)은 균일전류분포(uniform current distribution)를 갖는 이상적인 다이폴 안테나에 대해서만 성립하는 식이다. 실제 다이폴 안테나의 경우, 전류는 도선의 양끝이 개방되어(끊겨) 있으므로 도선의 양끝에서는 0이 된다. 소형 안테나의 경우에는 도선의 양끝에서 중심을 향해 선형적으로 증가한다. 따라서 소형 안테나의 평균전류는 최대전류의 1/2이 된다.

실제로, <그림 12-11>과 같이 다이폴이나 모노폴 안테나의 개방된 끝에 금속캡(metal cap)을 달아 놓으면 안테나의 전류분포를 균일전류분포에 더욱 가까워지게 할 수 있다. 금속캡이 있으면 안테나 양끝 사이의 커패시턴스가 증가하므로 양 끝에 흐르는 전류가 증가한다. 따라서 안테나의 전체길이를 따라 거의 균일한 전류분포가 형성된다. 이러한 안테나를 '커패시터 부가 안테나(capacitor loaded antenna)' 또는 '탑-해트 안테나(top-hat antenna)' 라고 한다(1981년 Stutzman과 Thiel, 81쪽). 안테나 역할을 하는 케이블이 다른 장치와 연결된 경우에는 근사적으로 탑-해트 구조의 안테나로 취급할 수 있다. 그러면 탑-해트 안테나의 전류분포를 근사적으로 이상적인 균일전류분포로 생각할 수 있으므로 식 (12-6)를 적용할 수 있다.

식 (12-6)로부터, 안테나의 축과 수직방향($\theta = 90°$)으로 r만큼 떨어진 곳에서 측정되는 전자기장을 MKS 단위를 사용하여 다시 써보면 다음과 같다.

$$E = \frac{12.6 \times 10^{-7}(flI_{cm})}{r} \tag{12-7}$$

식 (12-7)로부터 방사 세기는 주파수 f, 안테나의 길이 l, 안테나에 흐르는 공통모드 전류의 크기 I에 비례한다. 이 방사를 줄이는 기본적인 방법은 공통모드 전류를 제한하는 것이다. 어떤 공통모드 전류도 회로가 정상동작을 하는 데 사용되지 않는다.

따라서 다음 방법을 사용하여 공통모드 방사(즉 다이폴 방사)를 억제할 수 있다.

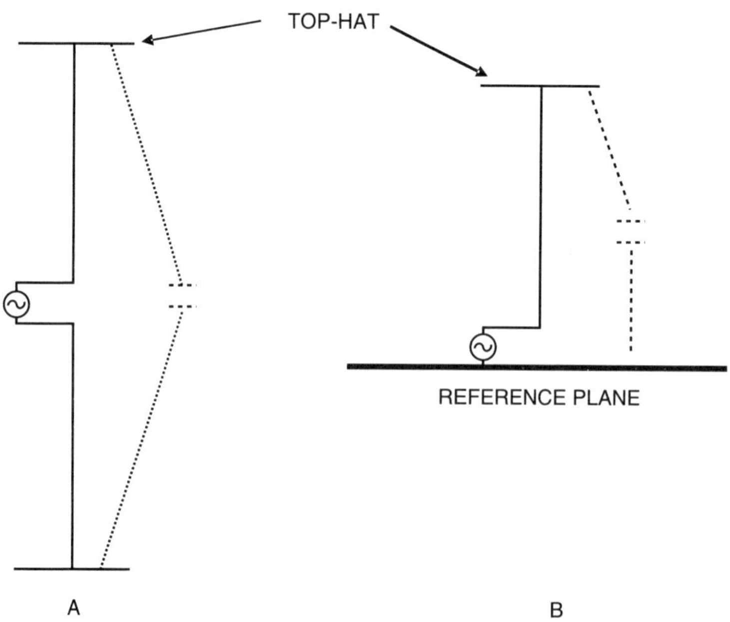

그림 12-11 커패시터가 부가된 다이폴(A)과 모노폴(B)

1. 공통모드 전류의 크기를 줄인다.
2. 전류의 주파수, 다시 말해 고조파 성분을 줄인다.
3. 안테나로 동작하는 케이블의 길이를 줄인다.

전류파형이 사인파가 아닌 경우, 전류의 푸리에 급수를 구한 다음에 그 결과를 식 (12-7)에 대입해야 한다(12.1.4절 참조).

식 (12-7)에 들어있는 주파수 항을 달리 표현하면 주파수에 따라 방출세기가 20 dB/decade의 비율로 증가하는 것이 된다. 따라서 푸리에 계수에 대한 식 (12-5)와 식 (12-7)을 결합하면, 공통모드 방출 스펙트럼의 포락선은 $1/\pi t_r$이 되는 주파수까지는 일정하게 유지되고 이 주파수보다 높은 주파수범위에서는 20 dB/decade의 비율로 감소한다.

<그림 12-12>는 주파수에 따른 공통모드 방출 포락선의 변화를 나타내는 그래프이다. <그림 12-5>와 <그림 12-12>를 비교해보면, 낮은 주파수범위에서는 공통모드 방출이 문제가 될 가능성이 높고 높은 주파수범위에서는 차동모드 방출이 문제가 될 가능성이 높다는 결론을 얻을 수 있다. 상승시간이 1~10 ns 범위라면 대부분의 공통모드 방출은 30~300 MHz의 주파수대역에서 발생한다.

식 (12-7)을 I에 대해 풀면

$$I_{cm} = \frac{0.8Er}{fl} \tag{12-8}$$

이 된다. 여기서 전기장의 세기 E의 단위는 μV/m, I_{cm}의 단위는 A, r과 l의 단위는 m이다.

<표 12-1>은 1 m 길이에 50 MHz의 공통모드 전류가 흐르는 경우, EMC 규격에 명시된 방사성 방출 규정의 허용한계치를 넘지 않게 하는 공통모드 전류의 최대 허용값을 계산하여 수록한 것이다.

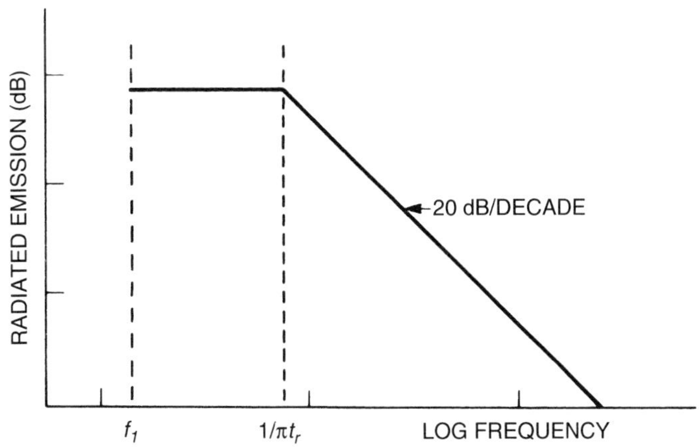

그림 12-12 주파수에 따른 공통모드 방사성 방출의 변화

표 12-1 50 MHz에서 길이가 1 m인 케이블에 흐르는 공통모드 전류의 최대 허용값

규격	허용기준	거리	최대 공통모드전류
FCC Class A	90 μV/m	10 m	15 μA
FCC Class B	100 μV/m	3 m	5 μA
MIL-STD 461	16 μV/m	1 m	0.25 μA

식 (12-2)를 식 (12-7)과 같게 놓고 차동모드 전류와 공통모드 전류의 비(ratio)를 구하면 같은 크기의 방사성 방출을 일으키는 차동모드-대-공통모드 전류비를 다음 식으로 쓸 수 있다.

$$\frac{I_{dm}}{I_{cm}} = \frac{48 \times 10^6 l}{fA} \tag{12-9a}$$

여기서 I_{dm}과 I_{cm}은 각각 같은 크기의 방사성 방출을 발생시키는 차동모드 전류와 공통모드 전류이다. 케이블의 길이 l이 1 m, 루프면적 A가 10 cm^2(=0.001 m^2), 주파수 f가 48 MHz인 경우, 식 (12-9a)는 다음과 같다.

$$\frac{I_{dm}}{I_{cm}} = 1000 \tag{12-9b}$$

식 (12-9b)로부터, 같은 크기의 방사성 방출을 일으키려면 차동모드 전류가 공통모드 전류보다 세 자릿수(1000배)만큼 큰 크기로 흘러야 한다. 다시 말해, 공통모드 방사가 차동모드 방사에 비해 훨씬 효율적으로 발생한다. 즉 수 μA의 공통모드 전류가 발생시키는 방출량은 수 mA의 차동모드 전류가 발생시키는 방출량과 같다.

긴 케이블($l > \lambda/4$)의 전기장을 예측하는 데 짧은 케이블(소형 안테나)에 대해 유도한 식인 식 (12-6)과 식 (12-7)을 사용하면 값이 실제보다 너무 크게 나온다. 따라서 이를 바로잡을 수 있도록 케이블의 길이가 $\lambda/4$와 같아지게 되는 주파수보다 높은 모든 주파수에서는 $l = \lambda/4$일 때의 예측값을 사용해야 한다. 2.17절의 내용을 살펴보면 이렇게 하는 까닭을 이해할 수 있다. 긴 케이블($l > \lambda/4$)에 대해서는 식 (12-7)을 다음 식으로 고쳐 써야 한다.

$$E = \frac{94.5 I_{cm}}{r} \tag{12-10}$$

여기서 I_{cm}은 공통모드 전류이고 r은 측정점까지의 거리로 단위는 m이다. 긴 케이블의 경우, 공통모드 방사성 방출은 케이블이 길이나 주파수의 함수가 아니며 오로지 케이블에 흐르는 공통모드 전류의 함수라는 것을 잘 알아두어야 한다.

12.4 공통모드 방사의 억제 (CONTROLLING COMMON-MODE RADIATION)

공통모드 방출을 감소시키기 위해서는 차동모드 방사의 경우와 마찬가지로 신호의 상승시간과 주파수를 함께 제한하는 것이 바람직하다.

현실적으로, 케이블의 길이는 서로 연결되는 부품들이나 장치 사이의 거리에 좌우되는 것이지 EMC 엔지니어가 마음대로 할 수 있는 것은 아니다. 게다가 케이블의 길이가 λ/4 이상이 되면 방사성 방출 세기는 케이블의 길이에 따라 더 이상 증가하지 않는다(<그림 2-50>과 식 (12-10) 참조). 이렇게 되는 것은 위상이 서로 어긋나는 전류가 존재하기 때문이다.

따라서 식 (12-7)에 들어있는 항목들 중, 설계 과정에서 유일하게 제어할 수 있는 것이 공통모드 전류이다. 공통모드 전류는 방사성 방출량을 제어하는 "조절손잡이(control knob)"라고 생각할 수 있다. 어떤 **공통모드 전류도 시스템의 정상동작에 사용되지 않는다.**

다음과 같은 방법으로 케이블에 흐르는 공통모드 전류를 억제할 수 있다.

1. 공통모드 전압원인 접지 전압을 최소로 한다.
2. 케이블과 직렬로 초크(choke)처럼 큰 값의 공통모드 임피던스를 연결한다.
3. 전류가 케이블로 흐르지 않도록 션트(shunt)[6] 시킨다.
4. 케이블을 차폐(shield)한다.
5. 트랜스포머(transformer)나 광 결합기(optical coupler) 등을 사용하여 케이블을 PCB 접지와 격리(isolation)한다.

공통모드 억제 방법을 사용할 때는 공통모드 전류(보통, 클록 고조파)에만 영향이 미쳐야 하며 정상적 기능 수행에 필요한 케이블의 차동모드 신호에 영향을 주어서는 안 된다. 예전에는 대다수 I/O 신호들의 주파수는 클록 주파수보다 상당히 낮았으므로 위에서처럼 하는 것은 어렵지 않았다. 그러나 오늘날, 다양한 I/O 신호들의 주파수는 클록 주파수와 비슷하거나 경우에 따라서는 훨씬 높다 (예를 들어 USB(universal serial bus)나 이더넷(Ethernet)). 따라서 이런 상황이 공통모드 억제 방법이 정상적인 신호를 방해하지 않아야 한다는 요구조건을 어렵게 만들고 있다.

12.4.1 공통모드 전압(Common-Mode Voltage)

공통모드 방사의 억제를 위한 첫 번째 단계는 (안테나의 역할을 하는) 케이블에 가해지는 공통모

6) (옮긴이) 어떤 회로에 '병렬' 로 임피던스가 낮은 경로(회로)를 접속하여 이곳으로 대부분의 전류가 흐르도록 하는 것

드 전압을 최소로 하는 것이다. 이렇게 하는 것에는 보통 접지전압을 최소로 하는 것이 포함되는데, 접지전압의 최소화는 10장에서 살펴본 것처럼 접지 임피던스의 최소화를 뜻하는 것이다. 이를 위한 효율적인 방법이 접지판이나 접지그리드를 사용하는 것이다. 또한 접지판에 슬롯(slot)이 생기는 않도록 해야 하는 것의 중요성은 아무리 강조해도 지나치지 않다. 접지판의 슬롯이 접지 임피던스를 상당히 크게 증가시킬 수 있기 때문이다(16.3.1절 참조).

또한 어느 곳에, 어떤 식으로 회로접지와 인클로저(enclosure)[7]를 서로 연결되게 만드는가에 따라 케이블에 공통모드 전류를 흐르게 만드는 공통모드 전압의 양이 달라지므로 적절한 접지 및 차폐의 위치와 방식의 선택이 중요하다(3.2.5절 참조). 회로-섀시 접지접속(circuit-to-chassis ground connection)의 위치가 기판상의 케이블 연결 위치로부터 멀리 떨어져 있을수록 두 위치 사이에 더 큰 노이즈 전압이 발생할 가능성이 더욱 높다. 다음 절에서 살펴보겠지만 외부 케이블에 흐르는 공통모드 전류의 기준판(접지판)이 되는 것은 인클로저이다. <그림 12-13A>에서 이것을 볼 수 있다. 따라서 PCB에서 I/O 영역의 회로접지의 전위는 인클로저의 전위와 반드시 같아야 한다. 이렇게 되게 하려면 회로접지와 인클로저가 반드시 이 영역에서 서로 연결돼야 한다. 좋은 효과를 보려면 이렇게 둘을 서로 연결할 때, 주의해야 할 전체 주파수범위에서 연결하는 선(경로)의 임피던스(인덕턴스)를 아주 낮게 해야 한다. 이렇게 하려면 연결을 하나가 아닌 여러 개 해주어야 하는 것이 보통이다.

접지전압을 작게만 하면 공통모드 방사성 방출을 충분히 억제할 수 있다고 말할 수는 없다. 접지전압이 수 mV만 되어도 5 μA 크기의 공통모드 전류를 케이블에 흐르게 한다. 따라서 또 다른 공통모드 방출 억제 기술을 추가로 사용해야 하는 것이 일반적이다.

12.4.2 케이블 필터링과 차폐(Cable Filtering and Shielding)

접지전압을 억제하는 것으로 공통모드 방사성 방출을 충분히 줄일 수 없다면 몇 가지 방식의 필터링(filtering)을 사용하여 공통모드 노이즈가 케이블로 들어가지 못하게 하거나 케이블을 차폐(shielding)하여 케이블로부터 방사가 일어나는 것을 막아주어야 한다.

케이블 차폐와 종단(termination)[8]에 대해서는 2장에서 자세히 다루었다. <그림 12-13>에서 보듯이 케이블 차폐의 종단을 어떤 식으로 처리하느냐에 따라 케이블의 차폐효과가 차이가 난다.

<그림 12-13A>에는 차폐된 인클로저에 차폐되지 않은 케이블[9]이 연결된 구조의 제품이 나

---

7) (옮긴이) 회로 부품, 모듈, 장치 등을 사방에서 둘러싸는 구조물로 대부분 금속재질의 상자 형태를 하고 있다.

8) (옮긴이) 어떤 회로나 전송선로 또는 케이블 등의 맨 끝(終端)에 회로부품(R, L, C)이나 도선 또는 다른 회로 등, 부하(負荷, load)를 연결하는 것

9) (옮긴이) 여기서 차폐되지 않은 케이블(unshielded cable)은 케이블도선의 주위를 감싸는 외부도체가 없는 케이블을 말한다. 이 외부도체를 실드(shield)라고 하는데, 실드가 있는 케이블 중 대표적인 것이 동축 케이블(coaxial cable)이다.

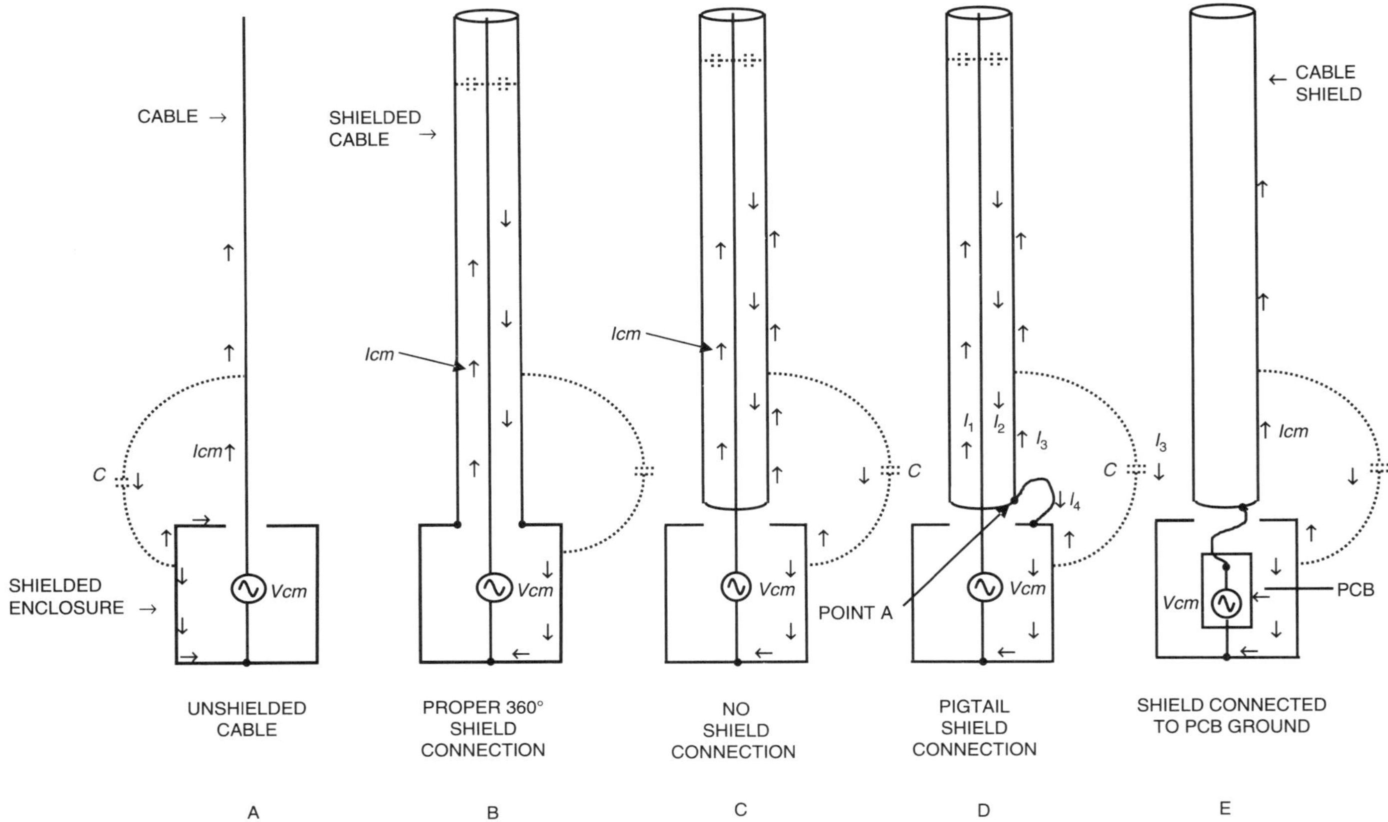

그림 12-13 케이블 실드의 종단방식이 공통모드 케이블전류와 케이블에서의 방사성 방출에 미치는 영향

타나 있다. 공통모드 노이즈 전압(보통, 접지 노이즈) V_{cm}이 차폐되지 않는 케이블을 따라 밖으로 공통모드 전류 I_{cm}을 흘려보내고 있다. 이 전류는 다시 케이블을 따라 되돌아오지 않는다. 그 대신, 케이블과 인클로저 사이에 분포하는 기생 커패시턴스(parasitic capacitance) C를 통해 노이즈 전압원으로 되돌아온다. 케이블에서 일어나는 방사를 다른 방식으로 표현한 것이 바로 기생 커패시턴스를 통해 흐르는 이 전류로, 이에 대해서는 부록 D에 자세히 설명하였다. 케이블에 흐르는 공통모드 전류를 측정하면 이것이 I_{cm}이 되며, 이 값을 사용하여 식 (12-7)로 방사성 방출을 구할 수 있다.

<그림 12-13B>는 <그림 12-13A>와는 달리 제대로 종단된 차폐 케이블을 사용한 것으로 케이블 끝의 외부도체(즉 실드)의 둘레(360°) 전체는 인클로저와 연결되어 있다. <그림 12-13A>의 경우와 마찬가지로 공통모드 노이즈 전압 V_{cm}이 케이블의 중앙도체를 따라 공통모드 전류 I_{cm}을 흘려 내보내고 있다. 그러나 이 경우에는 인클로저와 연결된 케이블의 실드가 중앙도체와 인클로저 사이에 기생 커패시턴스가 생기는 것을 막는다. 따라서 전류는 케이블의 중앙도체와 실드 사이에 분포하는 기생 커패시턴스를 통해 흘러 실드도체의 표면 안쪽를 따라 되돌아간다. 케이블의 실드의 360° 전체가 인클로저와 전기적으로 양호하게 접촉되어 있으므로 전류는 인클로저를 거쳐 노이즈 전압원으로 되돌아간다. 이 경우, 케이블의 중앙과 실드에 흐르는 공통모드 전류는 크기가 같고 방향이 반대이므로 알짜 공통모드 전류(net common-mode current)는 0이 되어 케이블에서 방사가 일어나지 않는다.

<그림 12-13B>에서 주의해야 할 것은 케이블을 실드가 있어서 자동적으로 방사를 막은 것이 아니라는 점이다. 방사가 일어나지 않은 것은 공통모드 전류가 아주 작은 루프를 그리면서 노이즈 전압원으로 돌아갈 수 있도록, 실드가 경로를 만들어주었기 때문이다. 실드에 전류가 흐르지 않으면 방사를 막는 효과가 없어진다. 케이블의 실드가 효과를 발휘하려면 실드에 반드시 귀환전류가 흘러야 하므로 케이블 실드를 어떤 방식으로 종단하는가가 실드의 성능에 결정적인 영향을 준다.

<그림 12-13C>가 <그림 12-13B>와 다른 점은 케이블 실드가 인클로저와 연결되지 않은 것이다. 여기서도 공통모드 노이즈 전압 V_{cm}은 케이블의 중앙도체를 따라 공통모드 전류 I_{cm}을 흘려 내보내고 있다. 케이블의 실드로 인해 케이블의 중앙도체와 인클로저 사이에는 기생 커패시턴스가 생기지 않는다. 따라서 전류는 케이블의 중앙도체와 실드 사이에 분포하는 기생 커패시턴스를 통해 흘러 실드도체 표면의 안쪽을 따라 되돌아간다. 여기까지는 <그림 12-13B>와 <그림 12-13C>는 똑같이 동작한다.

그러나 <그림 12-13C>에서는 케이블의 실드가 종단되지 않았으므로 전류는 인클로저를 통해 노이즈 전압원으로 되돌아갈 수 없다. 따라서 실드의 안쪽 표면을 따라 아래로 흐르던 전류는 끝에서 방향을 바꾸어 실드의 바깥쪽 표면을 따라 위로 흐른다. 위로 흐르던 전류는 실드의 바깥 표면과 인클로저 사이에 분포하는 기생 커패시턴스 C를 통해 노이즈 전압원으로 되돌아간다. 표

피효과(skin effect) 때문에 주파수가 높은 경우에는 도체의 표면에만 전류가 흐른다. 따라서 실드 도체의 바깥쪽 표면과 실드도체의 안쪽표면은 사실상 별개의 도체라고 할 수 있다.

케이블에 흐르는 공통모드 전류를 측정하면 이것이 I_{cm}이 되며, 이 값을 사용하여 식 (12-7)로 방사성 방출을 구할 수 있다. 따라서 <그림 12-13C>와 같은 구조로 하면 실드가 있는데도 불구하고 <그림 12-13A>의 구조에서와 같은 방사성 방출이 발생한다.

<그림 12-13D>에서는 피그테일(pigtail, 연결용 연장선)을 사용하여 실드를 인클로저와 연결하고 있다. 공통모드 전류가 흐르는 경로는 실드도체의 안쪽 표면을 따라 아래로 흘러 맨 끝(<그림 12-13D>의 A점)에 도착할 때까지는 <그림 12-13C>와 같다. A점에 도착한 전류 I_2는 두 갈래로 나뉜다. I_2의 일부는 실드도체의 바깥쪽 표면을 따라 위로 흐르다가 실드의 바깥쪽 표면과 인클로저 사이에 분포하는 기생 커패시턴스를 통해 흐르는 전류 I_3가 된다. I_2의 나머지는 피크테일을 따라 인클로저로 되돌아가는 전류 I_4가 된다.

케이블의 중앙도체를 따라 흐르는 전류 I_1과 실드 도체의 안쪽 표면을 따라 흐르는 전류 I_2는 크기는 같고 방향은 반대이므로 서로 상쇄되어 실드의 바깥쪽 표면을 따라 흐르는 전류 I_3만 알짜 공통모드 전류로 남게 된다. 이 I_3 값을 식 (12-7)에 대입하면 방사성 방출을 구할 수 있다. 피그테일이 길수록 피그테일의 임피던스가 높아져서 전류 I_3 값이 커지므로 방사성 방출 세기가 커진다. <그림 12-13D>와 같은 구조에서는 피그테일의 길이에 따라 방사성 방출량이 달라지므로 효과면에서는 피그테일을 일종의 가변저항기로 볼 수 있다. 어떤 케이블의 실드가 피그테일로 종단된 경우에는 A점에서 전류가 나뉘므로 피그테일로 종단된 케이블에서는 반드시 방사가 일어나며 다만 문제는 방사의 세기가 어느 정도냐 하는 것뿐이라는 결론을 내릴 수 있다.

<그림 12-13D>에서 알아두어야 할 것은 실드의 바깥쪽 표면을 경유하는 전류경로는 용량성(capacitive)인 반면, 피그테일을 경유하는 경로는 유도성(inductive)이라는 점이다. 따라서 케이블에 흐르는 공통모드 전류가 사인파가 아니라 사각파(square wave)인 경우에는, 주파수가 높은 고조파일수록 실드의 바깥쪽 표면을 경유하는 경로로 흘러가서 방사되는 반면, 주파수가 낮은 고조파일수록 피그테일을 경유하는 경로로 흘러가므로 방사되지 않는다.

<그림 12-13E>는 케이블의 실드가 인클로저 대신에 PCB의 회로접지(circuit ground)로 종단된 경우를 나타낸다. 실드를 가진 케이블에서 실드는 밖에 드러나 있다(즉 실드를 감싸는 도체는 없다)는 것을 잊어서는 안 된다. 따라서 공통모드 노이즈 전압 V_{cm}이 실드에 가해지면 실드를 따라 공통모드 전류 I_{cm}이 흘러 나간다. 그러면 실드는 <그림 12-13A>의 실드가 없는 케이블의 경우와 마찬가지로 방사를 일으킨다. <그림 12-13E>의 경우에 문제가 되는 것은 케이블의 실드이므로 케이블의 중앙 도체는 고려할 필요가 없다. 중앙 도체가 있든 없든, 케이블의 공통모드 전류를 측정하면 I_{cm}이 된다.

케이블의 실드는 PCB 접지에 종단(<그림 12-13E>)되지 말고 인클로저에 종단(<그림 12-13B>)돼야 하지만 I/O 커넥터를 인클로저가 아니라 PCB에 장착하는 것이 경제적인 면에서 유

리하다. 그렇지만 이렇게 장착하는 것이 효과가 있으려면 커넥터의 백셸(backshell)[10]의 둘레 전체(360°)를 인클로저에 접촉시켜야 한다. 이렇게 하는 한 가지 방법이 <그림 12-14>에 나타나 있다. 그림을 보면 인클로저 위에 PCB가 놓여 있고 PCB에는 커넥터가 장착되어 있다. 여기서 커넥터의 백셸은 EMI 개스킷(gasket)이나 금속 스프링 핑거(metal spring finger)를 사용하여 나사와 함께 인클로저에 고정되므로 인클로저와 360° 접촉을 이룬다.

I/O 케이블의 필터링(filtering) 방법에는 공통모드 노이즈와 직렬로 높은 임피던스(예: 공통모드 초크나 페라이트 코어)를 연결해주는 것, 또는 병렬로 낮은 임피던스(즉 커패시터)를 연결해주어 공통모드 노이즈가 접지로 빠져나가도록 하는 것이 있다. 그런데 이 경우 어떤 접지로 빠져나가게 해야 할까? 병렬로 달아주는 커패시터는 반드시 인클로저처럼 노이즈가 없는 깨끗한 접지와 연결해주어야지 논리회로의 접지처럼 노이즈가 많은 더러운 접지와 연결해서는 안 된다. 앞에서 설명한 I/O 커넥터의 경우처럼 이들 I/O 케이블 필터 커패시터를 PCB에 장착하는 것이 경제적인 면에서 유리하다. 이에 대해서는 다음 절에서 설명하기로 한다. 다양한 종류의 공통모드 필터에 대해서는 4.2절에서 자세히 다룬 바 있다.

12.4.3 I/O 접지의 분리(Separate I/O Grounds)

I/O 커넥터나 케이블 필터 커패시터를 PCB에 장착하는 경우에는 PCB 상에서 인클로저 접지에 연결할 방법이 있어야 한다. 만일 설계의 초기 단계에서 이를 고려하지 않으면 이러한 접지를 필요로 하는 경우와 이러한 접지를 필요로 하는 곳이 있어도 이것을 이용할 방법이 없게 된다.

이러한 접지와의 연결을 가능하게 하려면 모든 I/O 커넥터를 기판의 한 구역에 배치하고 이 구역에 별도의 "I/O 접지판"을 마련해야 한다. 단 이 I/O 접지판은 인클로저와 낮은 임피던스로

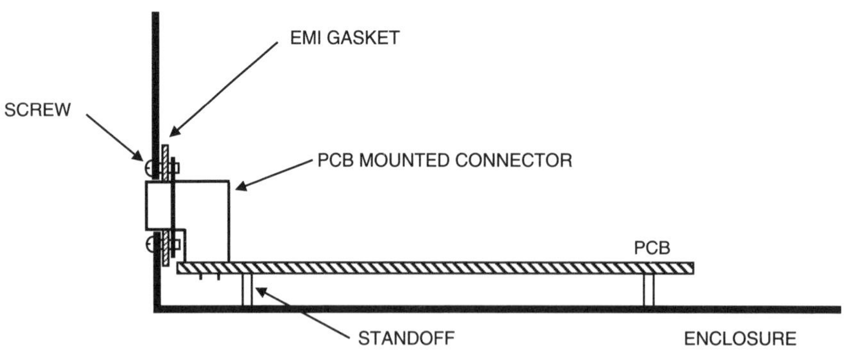

그림 12-14 PCB에 장착되는 커넥터 백셸은 인클로저와 360° 전체가 접촉돼야 한다.

10) (옮긴이) 케이블이 접속되어 고정되는 커넥터의 뒷부분을 백셸(backshell)이라고 한다. 백셸은 케이블과 서로 접속되는 커넥터의 접점들을 둘러싸는 덮개 구조를 하고 있으므로 차폐(shield)의 역할을 한다.

연결돼야 하고 디지털 논리 접지와는 오직 한 곳에서만 연결돼야 한다. 이렇게 하면 노이즈가 있는 디지털 논리 접지 전류는 깨끗한 I/O 접지로는 흘러들어가지 않으므로 이 I/O 접지를 오염시키지 않는다.

<그림 12-15>에 이러한 방법을 적용한 실제 구조를 나타내었다. I/O 접지판이 오염되는 것을 막으려면 I/O 케이블 필터 커패시터와 I/O 커넥터의 백셸만 I/O 접지판에 연결해야 한다. 이 I/O 접지판은 반드시 인클로저와 낮은 임피던스로 연결돼야 한다. I/O 접지판을 인클로저와 연결할 때는 반드시 여러 곳에서 연결을 하여 인덕턴스를 최소로 하고 임피던스가 낮아지도록 해야 한다. I/O 접지와 인클로저 접지를 서로 연결하지 않거나 연결이 되어도 임피던스 값이 (주의해야할 주파수범위에서) 충분히 낮지 않으면 I/O 접지는 별다른 효과를 발휘하지 못하는데, 실제로 이런 경우에는 케이블로부터의 방사가 증가한다. 그렇지만 I/O 접지와 인클로저 접지 사이의 연결을 제대로 하면 좋은 효과를 볼 수 있는데, 실제로 판매되는 많은 제품에는 이런 방식이 잘 적용되고 있다.

제대로만 설계한다면 I/O 접지판의 슬롯을 가로지르는 트레이스는 별다른 문제가 되지 않는다. <그림 12-15>에 나타나 있듯이 드라이버(driver) IC와 커넥터 사이에서 낮은 주파수(5~10

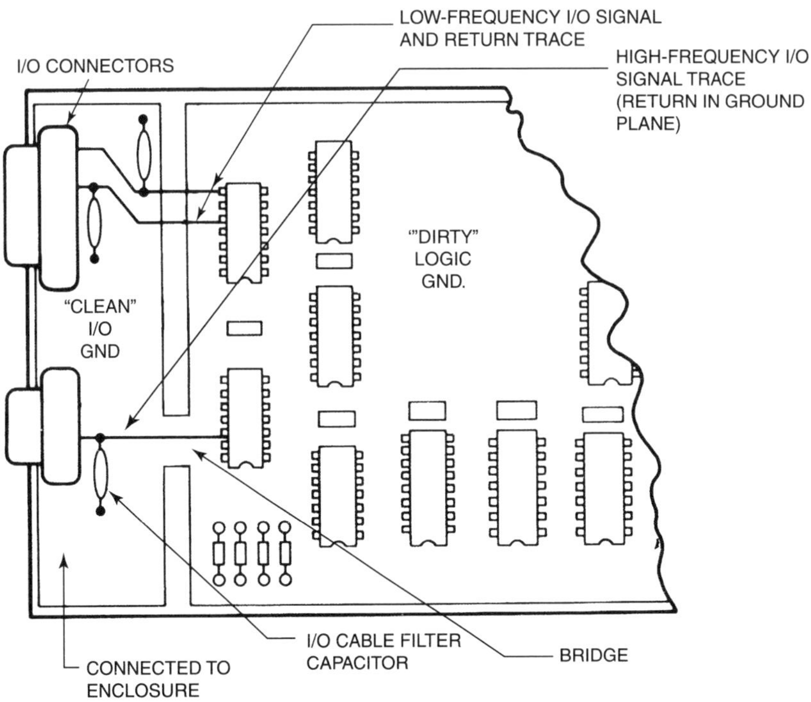

그림 12-15 별도의 "깨끗한" I/O 접지판을 갖는 디지털 PCB. 이 I/O 접지판에는 I/O 케이블 필터 커패시터와 커넥터만 장착한다.

MHz이하)의 I/O 신호를 전달할 경우에는 서로 나란한 두 개의 트레이스(신호 트레이스와 이것과 쌍을 이루는 귀환 트레이스)를 사용해야 한다. 이렇게 하면 신호 귀환전류는 접지판이 아닌 나란히 배선된 귀환 트레이스를 따라 흐른다. 신호와 쌍을 이루는 귀환 트레이스는 I/O 커넥터 핀에만 연결하고 I/O 접지판에는 연결하지 않는다.

<그림 12-15>에서 보듯이 주파수가 높은 I/O 신호(5~10 MHz 이상)를 전달하는 트레이스는 인접한 접지판의 다리(bridge)[11] 위를 건너도록 배선한다. 이런 방식으로 배선하면 귀환전류는 접지판에서 이 트레이스 아래의 경로를 따라 중간에 차단되는 일이 없이 흐른다. 이와 유사한 배선 방식을 <그림 17-1B>에서 볼 수 있는데, 이는 아날로그와 디지털이 함께 들어있는 혼성신호 PCB(mixed-signal PCB)에 대해 적용한 것이다. 다리의 폭은 적어도, 다리 위로 지나게 할 모든 트레이스들을 수용할 수 있어야 하는 넓이에 “트레이스와 접지판 사이 간격(높이)에 20을 곱한 값”(예를 들어 접지판 위 트레이스의 높이가 0.005 인치이면 0.1 인치가 된다)을 더한 값은 돼야 한다. 이 정도의 폭을 갖는 다리는 귀환전류의 97%를 수용할 수 있다. <표 17-1>을 참조하여라.

고주파 신호에 대해 신호 트레이스의 짝이 되는 귀환 트레이스를 나란히 배선하는 대신에 다리를 사용하는 까닭은 귀환경로의 임피던스(즉 인덕턴스)를 낮추기 위해서이다. 10.6.2절에서 설명한 것처럼 접지판의 인덕턴스를 트레이스의 인덕턴스와 비교하면 두 자릿수(1/100) 이하이다(어림잡아, 접지판은 0.15 nH/in, 트레이스는 15 nH/in).

I/O 접지는 인클로저를 연장한 것으로 생각해야 한다. <그림 12-13A>에 나타낸 것처럼 외부 케이블에 흐르는 공통모드 전류에 대해 기준(판)의 역할을 하는 것이 인클로저로, 이에 대해서는 부록 D에 자세히 설명되어있다. 인클로저를 제품의 “고주파기준(high frequency reference)”으로 생각할 수 있다. 나는 이 방법이 PCB 주위를 금속 인클로저의 일부로 감싸는 것으로 볼 수 있다고 생각한다.

이 방법을 다음과 같은 식으로 생각해볼 수도 있다. 즉 논리접지(logic ground)가 끝나는 부분이 PCB의 끝이 되고 외부에 있는 커넥터들이 PCB에서 밖으로 나온 짧은 도선(wire)에 매달려 있는 것으로 생각해본다. 이런 경우에는 각 신호 도선과 ‘인클로저’ 사이에 커패시터를 달아서 고주파 노이즈가 케이블로 가지 못하도록 노이즈를 션트(shunt)시킨다. 실제 상황에서는 커패시터와 커넥터를 기판에 부착된 도선에 달아주는 대신에 편의상 PCB에 장착한 다음, 이들을 I/O 접지판에 연결한다. 이렇게 보면 I/O 접지판은 사실상 인클로저의 연장이다.

이 방식으로 효과를 거두려면 가장 중요한 점이 I/O 접지와 인클로저 사이를 ‘낮은 임피던

11) (옮긴이) 슬롯에 의해 분할된 두 판 사이를 연결하는 폭이 좁은 도체(구리)를 말한다. 일반적으로, 도체로 된 어떤 영역에서 도체를 도려내고 남은 부분이 다리가 된다.

스' 가 되도록 연결하는 것이다. 이 점은 아무리 강조해도 지나치지 않다.

PCB의 전원판이 I/O 접지영역 안쪽까지 연장되지 않도록 주의를 기울여야 한다. 전원판에는 고주파 논리 노이즈가 들어있는 것이 보통이다. 따라서 전원판이 I/O 접지영역 안쪽으로 들어와 있으면 전원판의 노이즈가 I/O 신호와 접지도체로 결합(전달)될 수 있다.

보통, 나는 이 영역에 2개의 I/O 접지판을 인쇄하는데, 한 접지판은 PCB 접지판 층 위에, 나머지 접지판은 PCB 전원층 위에 놓인다.

앞에서 접지판에는 슬롯(slot)이 생기지 않도록 해야 한다는 점을 강조한 바가 있다. 그 까닭은 불평형 신호 트레이스(single-ended signal trace)[12)]가 슬롯 위를 가로지르면 귀환전류경로가 차단될 수 있기 때문이다. '그렇다면 왜 여기서는 접지판에 슬롯을 만들기를 권고하지?' 라는 의문이 들 것이다. 이것은 오해로 실제로는 권고하는 것은 아니다. 디지털 논리 접지판은 슬롯 등이 없는 완전히 균일한 판이고, I/O 판은 사실상 인클로저의 연장으로 PCB 상에 인쇄되어 만들어진다. 앞에서 설명한 바와 같이 이 두 판은 <그림 12-15>에서 보듯이 한 곳(다리)에서 서로 묶인다. 이 다리의 폭은 다리 위를 지나게 할 모든 고주파 신호들을 수용할 수 있을 정도의 넓이만 되면 된다.

이 방법은 어떤 시스템-예를 들어 대규모 멀티보드 시스템(multiboard system)-에도 그 구조와 상관없이 응용될 수 있다. 중요한 점은 시스템 내의 어딘가에는 섀시(chassis)와 연결된 깨끗한 I/O 접지가 있어야 한다는 것이다. 실드가 없는 케이블이 시스템에서 외부로 나갈 때는 이 접지로 디커플링을 해주어야 한다. 대규모 시스템에서는 커넥터와 I/O 케이블 필터 커패시터만으로 이루어진 별도의 PCB를 케이블의 출입구에 설치하는 경우도 있는데, I/O 접지는 이 PCB에 있다. 노이즈를 케이블에서 제거한 다음에는 케이블의 배선(routing)에 주의를 기울여 제거된 노이즈가 다시 케이블로 결합(전달)되는 것을 막아야 한다. 따라서 시스템에서 케이블이 드나드는 곳에는 반드시 깨끗한 I/O 접지가 있어야 한다.

I/O 케이블 필터 커패시터의 효과는 구동회로(driving circuit)의 공통모드 전원임피던스(source impedance, 출력임피던스)에 따라 달라진다. 경우에 따라서는 케이블 필터 커패시터와 직렬로 직렬저항, 페라이트(또는 인덕터)를 연결하거나 아예 필터 커패시터는 빼고 이들만을 사용할 때 더 좋은 결과가 나오기도 한다. 션트(병렬) 커패시터나 직렬 인덕터 부품(보통, 페라이트)이 내장된 필터 핀 커넥터(filter pin connector)도 비슷한 효과를 나타내므로 같은 목적으로 사용할 수 있다.

12) (옮긴이) 신호를 전달하기 위해 하나의 트레이스(경로)를 사용하고 귀환경로는 접지(판)를 사용하는 것을 불평형신호(unbalanced signal 또는 single-ended signal) 방식이라고 한다.

12.4.4 공통모드 방사문제의 처리(Dealing With Common-Mode Radiation Issues)

공통모드전류는 크기가 아주 작아도 방사성 방출문제를 일으키므로 설계과정의 초기 단계부터 이를 막기 위한 대책을 세워 실행하지 않으면 거의 모든 케이블에서 이 문제가 발생한다. 케이블의 공통모드전류가 수 μA 밖에 되지 않아도 방사성문제를 일으키기에 충분하다. 수 μA의 공통모드 전류에 의해 생기는 접지 노이즈 전압은 수 mV에 지나지 않는다.

따라서 새로운 제품의 설계를 시작할 때에는 전원 케이블을 포함하여 모든 케이블의 목록을 만들고 각 케이블의 공통모드 전류를 줄이거나 없애기 위해 사용해야 할 방법(기술)을 문서로 정리하는 것이 좋은 업무수행방식이다. 프로토타입(prototype)[13] 단계에서는 모든 케이블의 공통모드전류를 제품 개발실에서 쉽게 측정할 수 있으며 측정결과를 식 (12.8)으로 계산된 허용한계치와 비교해볼 수 있다. 이때 사용되는 측정방법에 대해서는 18.3절에서 자세히 다룬다. 이렇게 하는 과정을 통해 설계자는 제품의 최종 방사성방출 시험에 앞서 그 제품에 적용한 공통모드 억제방법의 효과를 평가할 수 있다.

요약 SUMMARY

- 제품 개발 초기의 설계 및 레이아웃 단계에서 방출억제문제를 다루어야 한다.
- 차동모드 방사성방출은 주파수의 제곱, 루프면적, 루프에 흐르는 차동모드 전류의 크기에 비례한다.
- 가장 기본이 되는 차동모드 방사 억제 방법은 루프면적을 줄이는 것이다.
- 차동모드 방출 세기는 주파수의 '제곱' 에 비례하여 증가하므로 PCB 기술(루프를 더 작게 제작하는 기술)이 차동모드 방출세기의 증가속도를 따라잡지 못하고 있다.
- 루프를 충분히 작게 만들 수 없는 경우에는 확산스펙트럼 클록, 상쇄루프와 같은 특별한 방법의 사용을 검토해본다.
- 가장 위험한 신호는 다음과 같다.
  - 주파수가 가장 높은 신호
  - 주기적인 신호
- 공통모드 방사성 방출 세기는 주파수, 케이블 길이, 케이블에 흐르는 공통모드전류의 크기에 비례한다.
- 사각파(square wave)의 고조파 성분은 사각파의 기본주파수가 아니라 사각파의 상승시간에 따라 정해진다.

---

13) (옮긴이) 제품의 대량생산에 앞서 시험적으로 만들어보는 원형(原型)을 말한다.

- 가장 기본이 되는 공통모드 방사 억제 방법은 케이블에 흐르는 공통모드 전류를 줄이거나 없애는 것이다.
- 공통모드 전류는 크기가 수 μA 밖에 되지 않아도 방사성 방출 요건을 충족하지 못하게 할 수 있다.
- 공통모드 방사를 줄이는 방법에는 다음과 같은 것들이 있다.
  - 접지 노이즈 전압을 줄인다.
  - I/O 케이블을 필터링한다.
  - I/O 케이블을 차폐(shielding)한다.
- 신호의 주파수를 낮추고 신호의 상승시간을 느리게 하면 공통모드방사와 차동모드방사를 모두 감소시킬 수 있다.
- I/O 커넥터 백셸(backshell)과 케이블 필터 커패시터는 반드시 회로접지(circuit ground)가 아니라 인클로저접지(enclosure ground)에 연결하여야 한다.
- 케이블 실드(shield)는 인클로저와 360° 전체가 접속되어야 한다.
- 공통모드 방사성 방출 문제는 대부분 300 MHz 이하에서 일어나는 반면, 차동모드 방사성 방출 문제는 대체로 300 MHz 이상에서 일어난다.

연습문제 PROBLEMS

12.1 a. 차동모드 방사는 어떤 안테나 모형으로 해석할 수 있는가?

b. 공통모드 방사는 어떤 안테나 모형으로 해석할 수 있는가?

12.2 방출원(source of radiation)이 <그림 11-3>과 같은 이등변 삼각형 형태의 파형인 경우에, 차동모드 방사의 포락선(envelope)과 공통모드 방사의 포락선을 각각 구하여라.

12.3 어떤 사각파 전류의 주파수가 100 MHz, 듀티사이클이 50 %, 진폭이 0.5 A, 상승/하강 시간이 0.5 ns이다. 이 전류의 5차 고조파의 진폭을 구하여라.

12.4 제품에서 나오는 차동모드방사를 줄이는 세 가지 방법을 써라. 단 루프면적, 주파수, 전류의 크기를 줄이는 방법은 제외한다.

12.5 소형루프(small loop)와 소형다이폴(small dipole) 중 어느 것이 더 효율적인 방사구조인가?

12.6 어떤 트레이스에 주파수가 10 MHz이고 상승시간이 3.18 ns인 클록신호가 전달되고 있다. 이 트레이스의 길이는 4인치이고 귀환도체와는 0.062인치 간격으로 떨어져 있을 때 다음을 구하여라. 단 루프에 흐르는 전류는 50 mA이다.

a. 기판에서 3 m 떨어진 곳에서 기본 주파수에서의 방사 전기장의 세기를 dB μV/m 단위로 구해라.

b. 10~350 MHz의 주파수범위에 대해 방사성 방출의 포락선 그래프를 그려라.

c. FCC B급(Class B) 규정의 방사성 방출 허용한계치와 비교할 때 그 차이(margin)가 가장 작은 주파수와 그때의 차이를 구해라.

12-7 a. 위 문제 12-6에서 루프가 더 이상 소형루프가 되지 않아서 주파수가 증가함에 따라 방사성 방출이 감소하기 현상이 나타나기 시작하는 주파수는 얼마인가?

b. 주파수에 따라 방출세기가 감소하는 비율은 얼마인가?

12-8 소형 원형루프와 소형 사각형루프가 하나씩 있다. 두 루프의 면적이 같고 같은 주파수에서 같은 크기의 전류가 루프에 흐르는 경우에 어느 루프가 더 큰 방사성 방출을 발생시키는가?

12-9 클록주파수가 증가하면 차동모드방사와 공통모드방사 중, 어느 것에 더 큰 영향을 주는가?

12-10 길이가 0.5 m인 케이블에 주파수가 75 MHz이고 크기가 50.8 μA인 공통모드 전류가 흐르고 있다. 케이블에서 3 m 떨어진 위치에서 측정되는 전기장의 세기를 구하여라.

12-11 어떤 시스템에 주파수가 94 MHz이고 크기가 25 mV인 접지 노이즈가 있다. FCC A급(Class A) 제품에 대한 방사성방출 허용한계치를 넘지 않게 하려면 이 시스템에 연결되는 케이블의 길이를 얼마 이하로 하여야 하는가? 단 케이블의 공통모드 임피던스는 94 MHz에서 200 Ω으로 가정한다.

12-12 3 m 거리에서 측정하는 경우, FCC B급(Class B) 제품에 대한 방사성방출 허용한계치는 75 MHz에서 100 μV/m이다. 이 허용한계치를 넘지 않게 하려면 길이가 0.5 m인 케이블에 흐르는 공통모드전류의 크기를 얼마 이하로 줄여야 하는가?

참고문헌 REFERENCES

Balanis, C. A. *Antenna Theory, Analysis and Design*, New York, Harper & Row 1982.

Catt, I. "Crosstalk (Noise) in Digital Systems." *IEEE Transactions on Electronic Computers*, December 1967.

Hardin, K. B. inventor; Lexmark International Inc., assignee. Spread Spectrum Clock Generator. U.S. patent 5,631,920. May 20, 1997.

Hoekstra, C. D. "Frequency Modulation of System Clocks for EMI Reduction," *Hewlett-Packard Journal*, August 1997.

Johnson, H. W. and Graham, M. High-Speed Digital Design, Englewood Cliffs, NJ, Prentice Hall, NJ, 1993.

Jordan, E. C. *Reference Data For Engineers*. Indianapolis, IN, Howard W. Sams, 1985.

Kraus, J. D. and Marhefka, R. J. *Antennas*, 3rd ed. New York, McGraw Hill, 2002.

Paul, C. R. "Printed Circuit Board EMC." *6th Symposium on EMC*, Zurich, Switzerland, March 5-7, 1985.

Stutzman, W. L. and Thiel, G. A. *Antenna Theory and Design*, New York, Wiley, 1981.

심층자료 FURTHER READING

Gardiner, S. et al. "An Introduction to Spread Spectrum Clock Generation for EMI Reduction." *Printed Circuit Design*, January 1999.

Hardin, K. B., Fessler, J. T., and Bush, D. R. "Spread Spectrum Clock Generators for Reduction of Radiated Emission." *1994 IEEE International Symposium on Electromagnetic Compatibility*, Chicago, IL, August 1994.

Mardiguian, M. *Controlling Radiated Emission by Design*, 2nd ed. Boston, MA, Kluwer Academic Publishers, 2001.

Nakauchi, E. and Brasher, L. "Techniques for Controlling Radiated Emission Due to Common-Mode Noise in Electronic Data Processing Systems." *IEEE International Symposium on Electromagnetic Compatibility*, September 1982.

Ott, H. W. "Controlling EMI by Proper Printed Wiring Board Layout." *6th Symposium on EMC*, Zurich, Switzerland, March 5-7, 1985.

Electromagnetic Compatibility Engineering

Chapter 13

전도성 방출

Conducted Emission

전도성방출 규정(conducted emission regulation)은 공공 교류 배전시스템(public ac power distribution system, 상용 교류전원시스템)에서 발생하는 방사를 억제하는 것을 목적으로 한다.[1]

이러한 전도성 방사는 전력선(power line, 교류전원선)을 따라 전도되는 노이즈전류에 의해 발생한다. 보통, 이 전류는 크기가 작아서 같은 전력선에 연결된 다른 제품에 직접적인 장해를 일으키지는 않는다. 그렇지만 전류의 크기가 크면 전력선이 방사를 일으켜 다른 제품(예를 들어 AM 라디오)에 장해를 일으키는 원천(source)이 될 수 있다. 전도성 방출의 제한은 30 MHz 이하의 주파수에서 실시하는데, 이 주파수범위에서는 제품 자체가 매우 효율적인 방사기(radiator)로 동작하는 경우는 거의 없지만 교류전원시스템이 효율적인 안테나로 동작할 수 있다. 따라서 **전도성방출 규정이란 방사성방출 규정이 모습을 감추고 있는 것이라고 말할 수 있다.** FCC의 전도성 방출 허용한계치는 <표 1-5>와 <표 1-6>에 수록되어 있으며 <그림 18-12>에는 이를 그래프로 나타내었다.

교류전원시스템에 대해 비선형부하(nonlinear load)로서 동작하는 제품들도 있다. 이들 제품에 흐르는 입력전류파형은 사인파가 아니어서 고조파가 많이 들어있어서 전원시스템의 성능에 좋지 않은 영향을 준다. 이러한 까닭으로 유럽연합(European Union)은 전자제품에서 나오는 고조파방출(harmonic emission)을 규제하는 규정을 가지고 있다.[2] 이 규정의 허용한계치를 <표 18-3>에 수록하였다.

교류전원선과 직접적으로 접촉하는 부분이 제품의 전원공급기(power supply)이므로 전원공급기와 전원필터(power-line filter)의 설계는 방사성방출과 고조파방출에 큰 영향을 준다. 특

---

1) 자동차용 규정(automotive regulation)과 군용 규정(military regulation) 등은 직류전력선(dc power line)에 대한 전도성 방출 허용한계치도 가지고 있다.

2) IEEE Std 519 규정인 「전원 시스템상의 고조파 억제를 위한 요건 및 권고사항」(Recommended Practice and Requirements for Harmonic Control in Electrical Power System)' 에는 개별장치(individual equipment)가 아닌 개별설비(individual facility or individual customer)에 대하여 전원시스템으로 유입되는 고조파의 허용한계치가 규정되어 있다. 이 규정은 개별설비에 의해 전원시스템으로 유입되는 고조파를 제한할 목적으로 미국에서 널리 사용되고 있다.

별히 스위치모드 전원공급기(Switched-Mode Power Supply, SMPS)와 변속모터 드라이브(variable speed motor drive)의 경우에는 이 말이 더욱 잘 맞는다.

13.1 교류전원선 임피던스(POWER LINE IMPEDANCE)

전도성 방출 규정은 어떤 제품이 전도의 방식으로 교류전원선(경우에 따라서는 직류전원선)에 내보내는 공통모드 노이즈전압을 규제한다. 이 노이즈 전압은 교류전원선의 세 도체(hot, neutral, ground) 중에서 핫(hot) 도체와 접지(ground) 사이, 그리고 뉴트럴(neutral)도체와 접지(ground) 사이에서 측정한다. 직류전원선의 경우에는 (+)도체에서 접지 사이, 그리고 (−)도체에서 접지 사이에서 측정한다. 제품의 전도성 노이즈전류는 교류전원선 임피던스에 의해 노이즈 전압으로 변환된다.

<그림 13-1>은 100 kHz~30 MHz의 주파수범위에서 교류전원선의 최대 임피던스와 최소 임피던스를 그래프로 나타낸 것이다(1973년 Nicholson과 Malack). 이 그래프의 데이터는 미국 전역의 서로 다른 장소에서 필터를 사용하지 않은 36곳의 상용 교류전원선에 대해 측정을 한 결

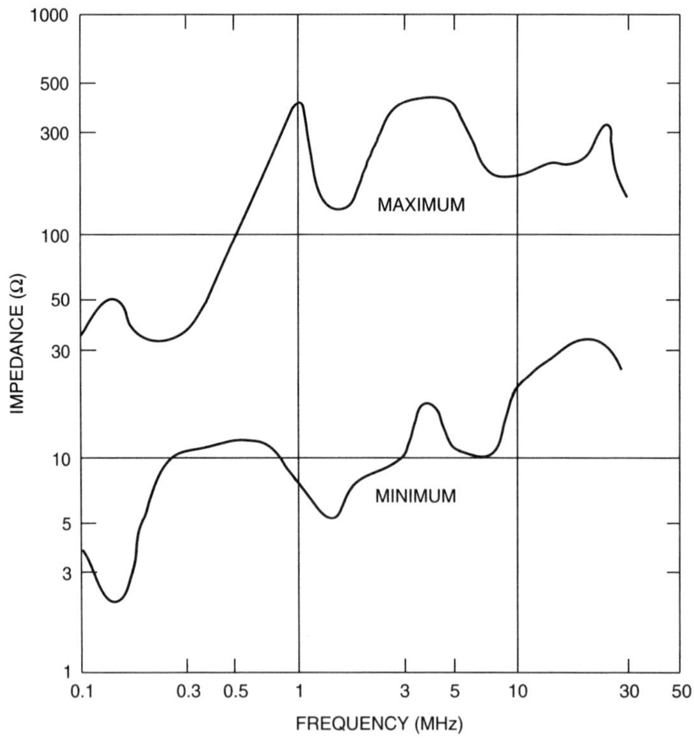

그림 13-1 115 V 교류전원선의 임피던스 측정데이터(출처: © *IEEE 1973*)

과이다. 그래프에서 보듯이 전원선 임피던스는 약 2~450 Ω 정도다.

전원선 임피던스가 이렇게 넓은 범위에서 변동하므로 전도성방출 시험에서 반복(재현)되는 결과를 얻기가 어렵다. 반복되는 결과를 얻으려면 제품에서 교류전원선을 들여다볼 때의 임피던스가 안정되어 있어야(일정하여야) 한다. 전원선 임피던스 안정화회로망(line impedance stabilization network, LISN)을 사용하면 이러한 조건을 충족시킬 수 있다.

13.1.1 전원선 임피던스 안정화회로망(Line Impedance Stabilization Network)

전도성방출 시험을 수행할 때는 제품과 실제 전원선 사이에 전원선 임피던스 안정화회로망 (LISN)[3]을 연결한다. 이렇게 해서 150 kHz~30 MHz 사이의 주파수대역에서 제품의 전원단자에 정해진 임피던스가 나타나도록 한다. 전원선의 핫(hot) 측에 LISN 1개를 끼워 넣고, 뉴트럴(neutral) 측에 LISN 1개를 끼워 넣는다. 3상 전원(three-phase power line)인 경우에는 모두 3개의 LISN을 사용하여야 한다.

<그림 13-2>는 대부분의 전도성방출 시험에 사용되는 50 μH LISN의 회로이다. LISN에서 전원선 측에 연결되는 1 μF 커패시터 C_2는 실제 전원선의 임피던스 변동을 접지로 쇼트(short)시켜 임피던스 변동이 시험결과에 영향을 주지 않도록 한다. 50 μH 인덕터 L_1은 <그림 13-1>에서 나타나는 주파수에 따른 전원선 임피던스 측정값의 상승경향과 비슷한 형태로 주파수에 따라 임피던스가 증가하도록 한다.

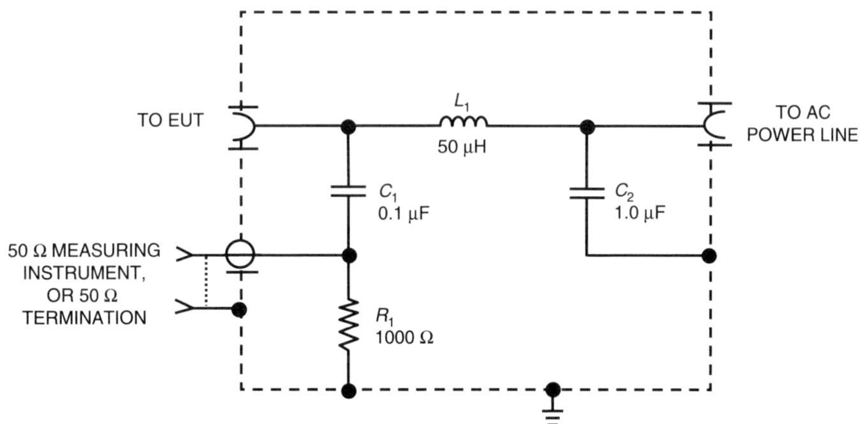

그림 13-2 전도성방출 시험에 사용되는 50 μH LISN 회로

3) LISN을 다른 말로 의사전원회로망(擬似-, artificial mains network, AMN)이라고 하기도 한다.

커패시터 C_1은 전도성방출 측정기기를 전원선과 결합(연결)시키기 위해 사용한다. 1000 Ω 저항 R_1은 전원선에서 LISN을 떼어낼 때 LISN의 커패시터에 충전되어있던 전하를 방전하는 역할을 한다. 이 저항이 있어야 LISN의 충전된 커패시터로 인한 감전사고를 막을 수 있다. 측정기기(스펙트럼분석기(spectrum analyzer) 또는 RF수신기(radio frequency receiver))를 LISN에 접속하면 LISN의 R_1과 병렬로 측정기기 내부의 임피던스 50 Ω이 연결되므로 주파수에 따른 LISN 임피던스의 상승이 제한된다. 측정기기의 입력임피던스 50 Ω이 LISN 임피던스의 일부로 작용한다는 것을 인식하는 것이 중요하다.

<그림 13-3>은 LISN의 EUT 포트(equipment under test port)를 들여다볼 때의 임피던스 그래프이다. 그림에서 보듯이 임피던스는 0.15~30 MHz 주파수대역의 거의 전 범위에서 48 Ω[4]에 가까운 값을 유지한다. 500 kHz 이하의 주파수범위에서는 48 Ω 이하로 상당히 떨어진다.

주파수에 따라 LISN 임피던스가 증가하는 것은 LISN에 들어있는 50 μH 인덕터 때문이다. LISN의 임피던스는 <그림 13-1>에 있는 실제 전원선 임피던스의 측정데이터의 평균값과 거의 비슷하다. 따라서 전도성방출 측정을 수행할 때, 기준 임피던스(standardized impedance)를 사용하는 것은 좋은 선택이다. LISN의 임피던스는 150 kHz~30 MHz의 주파수대역에서 50 Ω에 가까운 값을 유지하므로 LISN을 50 Ω 저항으로 모형화하는 경우가 종종 있다.

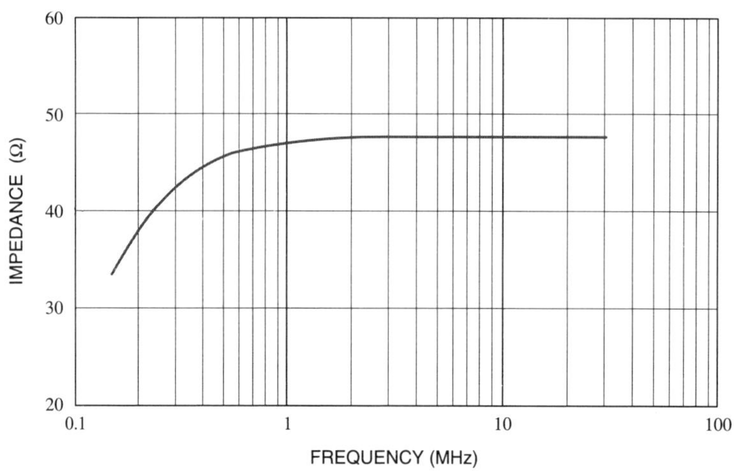

그림 13-3 50 μH LISN의 EUT 단자를 들여다 볼 때의 임피던스(EUT 단자의 입력임피던스)

---

4) LISN의 저항 R_1(1000 Ω)과 측정포트 연결되는 측정기기의 내부저항(50 Ω)의 병렬합성 저항값

13.2 스위치모드 전원공급기(SWITCHED-MODE POWER SUPPLIES)

오늘날 사용되고 있는 매우 정교한 스위치모드 전원공급기(switched-mode power supply, SMPS)는 효율이 85 %를 넘으며 비슷한 성능의 기존의 선형전원공급기(linear power supply)에 비해 크기와 무게가 아주 작고 가볍다. 그렇지만 이런 장점과 더불어 많은 단점도 가지고 있다. 단점을 하나 들어보면 SMPS는 전도성방출과 방사성방출을 일으키는 주요 원천(source)이다. SMPS는 스위칭 주파수의 배수가 되는 주파수에서 크기가 큰 고조파 노이즈전류(공통모드와 차동모드 모두)를 전도의 형식으로 전원선에 내보낸다.

또한 전원선의 전압이 전파정류(full wave rectification)가 된 다음에 커패시터 필터에 입력되면 매 주기, 전압의 (+)피크와 (−)피크에서 필터 커패시터가 재충전되면서 전원선에 전류 스파이크(current spike)가 발생한다. 전류는 한 주기 전체가 아닌 짧은 시간동안만 흐르므로 전류 파형에는 많은 양의 고조파 일그러짐(왜곡)(harmonic distortion)이 생긴다. 그 결과로 생긴 전류 파형은 홀수 고조파(3차, 5차, 7차, 9차, …) 성분의 크기가 더 크며, 전력회사의 트랜스포머(transformer)를 과열시킬 수 있다. 3상 배전시스템(three-phase power distribution system)에서는 이 전류가 뉴트럴 도체에 과도한 전류를 흐르게 한다. <그림 13-4>는 SMPS의 입력에 나타나는 전형적인 전압파형과 전류파형이다. 전원공급기가 전원선으로부터 끌어들이는 맥동 교류 전류(pulsating ac current) 파형의 경우, 같은 정격전력을 갖는 사인파형보다 더욱 주파수가 높은 고조파를 많이 포함하고 있을 뿐만 아니라 고조파의 피크진폭도 훨씬 크다. 전원선 임피던스와 전원선에서 흘러들어오는 피크전류에 따라서 전압파형에도 일그러짐이 생길 수 있으며 피크에서 위쪽이 평평한 형태가 될 수 있다(<그림 13-4>에는 나타나있지 않음).

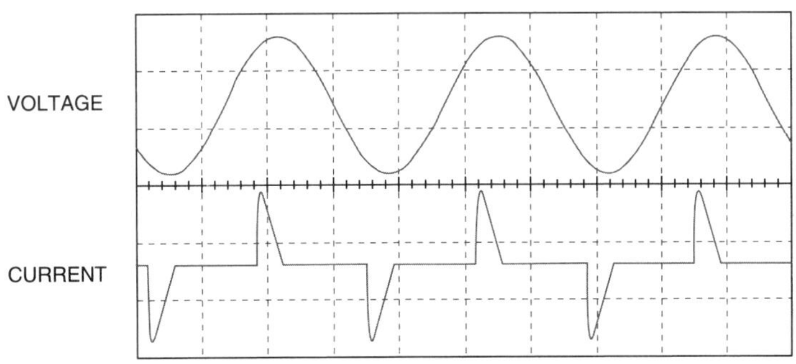

그림 13-4 SMPS의 입력파형. 위는 전압파형, 아래는 전류파형이다.

---

5) 보통 사용되는 방식으로는 벅 컨버터(buck converter), 부스트 컨버터(boost converter), 벅-부스트 컨버터(buck-boost converter), 플라이백 컨버터(flyback converter), 포워드 컨버터(forward converter), 하프 브리지 컨버터(half bridge converter), 풀 브리지 컨버터(full bridge converter), 공진형 컨버터(resonant converter)가 있다.

SMPS는 다양한 방식[5]으로 구현될 수 있는데, 13장에서는 플라이백 컨버터(flyback converter) 방식의 SMPS를 사용하여 SMPS와 관련된 EMC 문제의 실례를 살펴본다. <그림 13-5>는 플라이백 컨버터 SMPS의 회로를 간략하게 나타낸 것이다.

플라이백 컨버터에서는 전파브리지(full-wave bridge)가 교류전압을 정류한다. 전파정류된 전압은 커패시터 C_F에 의해 필터링이 되어 직류전압이 만들어지는데, 이 직류전압의 크기는 교류파형의 피크값과 거의 같다. 펄스폭 조절(pulse width modulation, PWM) 제어기는 스위칭 트랜지스터의 입력에 가해지는 사각파의 듀티사이클을 가변한다. 출력부하의 상태에 맞추어 입력 사각파의 듀티사이클을 변화시킴으로써 출력전압을 일정한 값으로 안정화시킨다.[6] 스위칭 트랜지스터는 트랜스포머의 1차권선 양단에 걸리는 사각파 전압을 발생하며, 이 전압은 2차권선에서 낮아진 다음에 정류되고 필터링이 되어 직류 출력전압으로 바뀐다. 트랜스포머는 여러 개의 2차권선을 가질 수 있으므로 여러 개의 직류전압이 출력되도록 할 수 있다.

트랜스포머는 전원공급기의 스위칭주파수(보통, 50 kHz~1 MHz)에서 동작하므로 50 Hz나 60 Hz 용 트랜스포머보다 크기가 훨씬 작고 가볍다. 전력을 스위칭하는 부품은 쌍극성 트랜지스터(bipolar transistor) 또는 MOSFET(metal oxide semiconductor field effect transistor, 금속 산화막 반도체 전계 효과 트랜지스터)이다. 트랜지스터가 사각파(보통, 상승시간이 25~100 ns)를 스위칭하므로 선형영역(linear region)에서 동작하는 시간이 극히 짧다. 따라서 전력소모를 최소화할 수 있으므로 효율이 높다.

그러나 이러한 방식의 SMPS은 여러 개의 노이즈원(noise source)을 가진다. 이들 노이즈원 중에는 회로의 정상동작 과정에서 발생하는 차동모드 노이즈가 있고 반면에 회로의 기생 커패시턴스로 인해 발생하는 공통모드 노이즈도 있다. 전원공급기는 스위칭 주파수의 배수가 되는 주

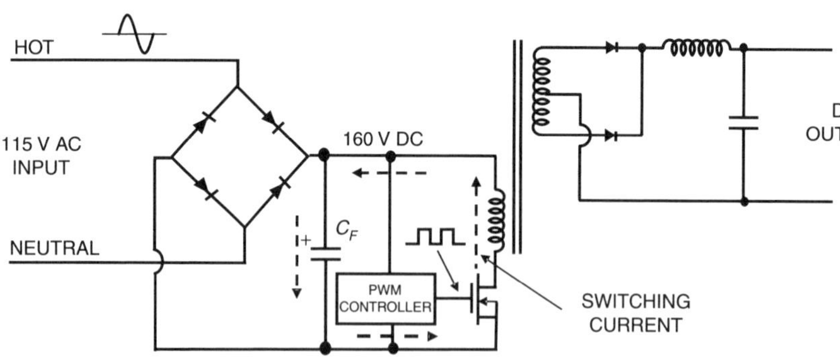

그림 13-5 플라이백 컨버터 SMPS의 회로

6) 출력전압을 (보통, 광 격리기(opto-isolator)를 사용하여) 샘플링한 다음에 PWM 제어기로 피드백한다. 이 피드백 회로는 그림 13-5에는 표시되어 있지 않다. 전원공급기의 출력전압의 변화에 맞추어 스위칭 트랜지스터를 구동하는 사각파의 듀티사이클을 변화시킴으로써 출력전압을 안정화시킨다.

파수에서 공통모드 노이즈전류와 차동모드 노이즈전류를 모두 발생시킨다.

SMPS에서 맞닥뜨리는 전도성방출 문제의 심각성을 이해할 수 있도록 전원공급기 내부에서 동작하는 신호의 크기를 관련규격의 전도성방출 허용한계치와 비교해보자. 교류 115 V 입력에 대해 SMPS는 160 V의 사각파를 발생시키는데, 교류 전원과 SMPS 사이에는 이 둘을 격리(isolation)하는 트랜스포머가 사용되지 않았으므로 이 160 V 사각파는 교류전원선에 직접 연결된다. FCC의 B급(Class B) 전도성방출 허용한계치는 500 kHz~5 MHz 범위에서 631 μV(56 dBμV)이다. 160 V는 631 μV의 253,566배(108 dB)이다. 따라서 방출 허용한계치는 전원공급기 내부의 동작전압 크기의 약 '25만분의 1' 이다. 따라서 관련규격의 허용한계치를 충족하기 위해서는 전원공급기 내부에서 동작하는 신호를 110 dB 이상 억제하여야 한다. 전원공급기는 기본적으로 어느 정도의 노이즈 억제를 할 수 있도록 설계되지만 전도성방출 규격 인증을 받기 위해서는 거의 모든 경우에 전원필터를 추가로 달아줄 필요가 있다.

13.2.1 공통모드 방출(Common-Mode Emissions)

공통모드 방출의 주요 원인이 되는 것이 트랜스포머 1차측과 접지 사이에 분포하는 기생 커패시턴스이다. 이 커패시턴스는 세 종류의 커패시턴스가 합해진 것인데 <그림 13-6>에서 보듯이 스위칭 커패시터와 히트싱크(heat sink, 열발산판) 사이의 커패시턴스, 트랜스포머 권선 사이의 커패시턴스, 1차측 권선과 접지 사이의 커패시턴스이다.

일반적으로 커패시턴스 값이 가장 큰 것은 스위칭 트랜지스터와 히트싱크 사이의 커패시턴스이다. 이 커패시턴스는 다음과 같은 방법으로 줄일 수 있다.

(1) 트랜지스터와 히트싱크 사이에 패러데이 실드(Faraday shield)가 포함된 절연 단열 와셔(insulating thermal washer)를 사용한다.
(2) 산화베릴륨(beryllium oxide)과 같은 재질로 만든 굵은 세라믹 와셔(ceramic washer)를 사용한다.
(3) 히트싱크를 접지와 연결하지 않는다.

패러데이 실드 단열 와셔는 단열물질로 된 두 개의 층 사이에 구리실드(copper shield)를 가지고 있다. 효과가 있으려면 구리실드는 반드시 스위칭 트랜지스터의 소스단자(source terminal, 출력단자)에 연결돼야 한다. 쌍극성 스위칭 트랜지스터의 경우라면 구리실드를 이미터(emitter) 단자에 연결해야 한다. 몇몇 회사에서 패러데이 실드가 포함된 단열 와셔를 제조하고 있다.

히트싱크가 접지로부터 전기적으로 플로우팅(floating)[7]된 경우라면, 안정상의 이유로 반드

7) (옮긴이) 어떤 회로나 부품이 플로우팅(floating) 되었다는 것은 일반적으로 이들이 어떤 외부회로의 단자와도 연결되지 않은 것은 물론 접지, 섀시, 전원 등과도 연결되지 않은 상태를 뜻한다.

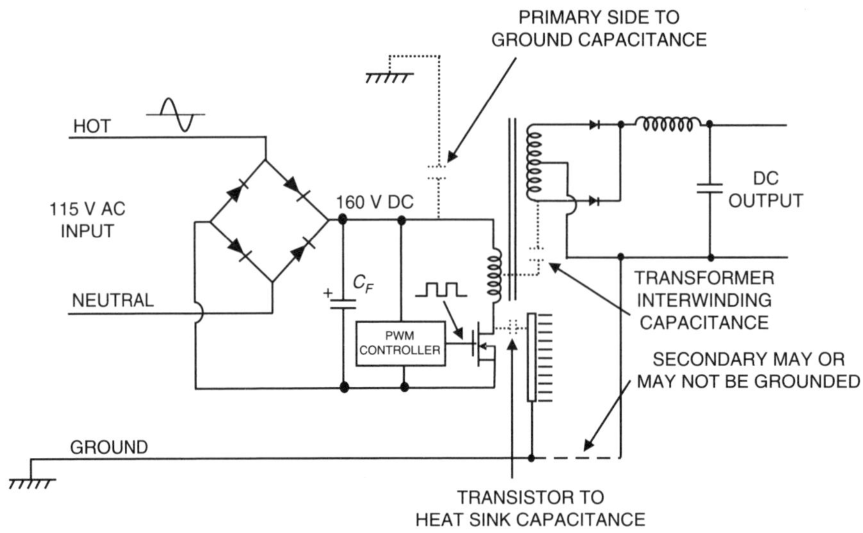

그림 13-6 SMPS에서 회로의 각 부분과 접지 사이에 분포하는 기생 커패시턴스

시 히트싱크에 사람의 손이 닿지 않도록 해야 한다. 스위칭 트랜지스터와 히트싱크 사이의 절연 단열 와셔가 망가지면 히트싱크의 전위가 교류전원의 전위가 같아질 수 있으므로 감전사고로 이어질 수 있다.

두 번째 유형의 기생 커패시턴스는 트랜스포머의 권선 커패시턴스(transformer interwinding capacitance)이다. 설계자들은 작은 사이즈의 트랜스포머를 선호한다. 따라서 트랜스포머의 1차권선과 2차권선이 서로 가까우므로 권선 사이의 커패시턴스가 크다. 권선 사이의 거리가 먼 트랜스포머나 패러데이 실드가 포함된 트랜스포머를 사용하면 이 커패시턴스를 줄일 수 있다. 패러데이 실드 트랜스포머의 단점은 가격이 비싸고 사이즈가 커진다는 점이다.

배선과 PCB 레이아웃에 주의를 기울이는 것과 함께 부품의 배치에도 세심한 신경을 쓰면 세 번째 유형의 기생 커패시턴스인 1차측 권선 커패시턴스(primary side wiring capacitance)를 줄일 수 있다.

<그림 13-7>의 회로는 공통모드 전도성 방출 경로를 설명하기 위해 <그림 13-6>의 회로 일부에 LISN이 연결된 모습을 다시 그린 것이다. 두 개의 50 Ω 저항이 병렬로 연결되어 있으므로 공통모드 전류에게는 LISN 임피던스가 25 Ω으로 보인다. <그림 13-7>의 회로는 <그림 13-6>의 회로를 더욱 간단히 표현하기 위해 스위칭 트랜지스터를 사각파 전압으로 나타낸 것이다. 여기서 사각파 전압의 피크 진폭은 필터 커패시터 C_F 양단의 직류전압의 크기와 같다. 이렇게 간단하게 나타낸 <그림 13-8>의 회로가 SMPS의 공통모드 등가회로이다.

<그림 13-8>로부터 전원공급기는 큰 전원임피던스(source impedance)를 가지며, 이 임피던스의 크기는 C_P의 용량성 리액턴스(capacitive reactance)의 값과 같다는 것을 알 수 있다. 이 기

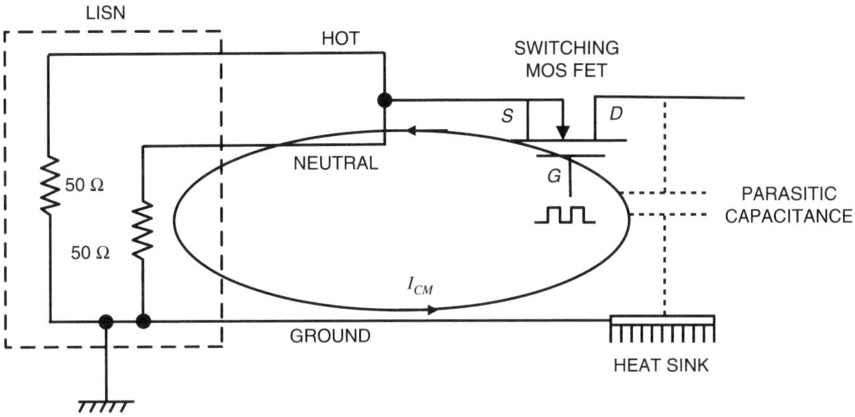

그림 13-7 SMPS의 공통모드 등가회로

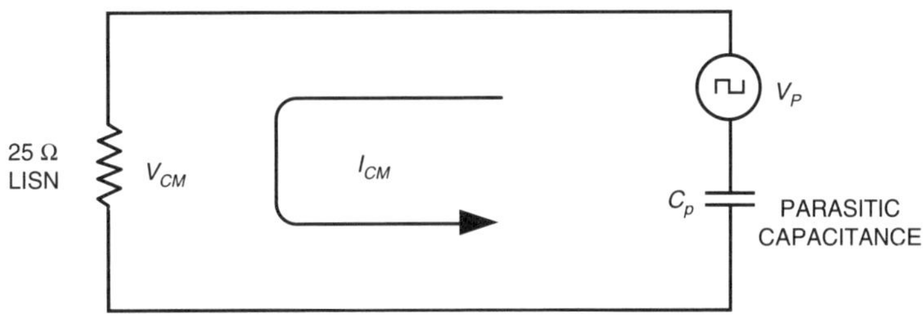

그림 13-8 SMPS의 공통모드 등가회로의 간략화

생 커패시턴스 C_P의 값을 알면 공통모드 전류와 LISN 전압을 차례로 구할 수 있다. C_P는 일반적으로 50 pF~500 pF 사이의 값을 갖는다.

<그림 13-8>의 회로에서 LISN 양단의 공통모드 전압 V_{CM}의 크기는 다음 식으로 쓸 수 있다.

$$V_{CM} = 50\pi f C_P V(f) \tag{13-1}$$

여기서 $V(f)$는 주파수 f에서의 전압원 V_p의 크기이다(문제 13-1 참조).

전압원이 사각파이므로 푸리에 스펙트럼(식 12-5)을 사용하여 전압 $V(f)$의 고조파성분을 구한다. <그림 12-4>를 보면 사각파의 경우에는 푸리에 스펙트럼의 포락선이, $1/\pi\, t_r$이 되는 주파수까지는 20 dB/decade의 비율로 감소하고 이 주파수를 넘어서서는 40 dB/decade의 비율로 감소한다. 여기서 t_r은 스위칭 트랜지스터의 상승/하강시간이다.

식 (13-1)의 주파수항은 달리 표현하면 주파수에 따라 방출세기가 20 dB/decade의 비율로 증가하는 것이 된다. 따라서 식 (13-1)과 푸리에 스펙트럼 $V(f)$을 결합하면 <그림 13-9>와 같이 공통모드 전도성 방출전압 V_{CM}은 $1/\pi\, t_r$이 되는 주파수까지는 평평하고(일정한 값으로 유지되고), 이 주파수를 넘어서서는 20 dB/decade의 비율로 감소한다. <그림 13-9>의 곡선은 공통모드 전도성 방출의 한계를 나타내는 포락선이므로 실제 방사는 기본주파수 F_0의 배수가 되는 주파수들에서만 발생한다.

공통모드 방출 세기가 $1/\pi\, t_r$보다 낮은 주파수까지는 평평하다가 이 주파수를 넘어서면 20 dB/decade의 비율로 감소하는 것을 알고 있으므로 어떤 한 주파수(예컨대 기본주파수 F_0)에서만 방출세기를 계산하면 포락선 전체를 그릴 수 있다. 푸리에 급수에 관한 12.1.3절의 내용을 살펴보면 기본주파수에서의 진폭은 0.64 V_p가 된다. 식 (13-1)에서 f에 기본주파수 F_0을 대입하면 $V(f)$은 0.64 V_p가 되므로 기본주파수 F_0에서의 공통모드 전도성방출의 크기를 구하는 식을 다음과 같이 쓸 수 있다.

$$V_{CM} = 100 V_P F_0 C_P \tag{13-2}$$

예를 들어, 상승시간이 100 ns라면 <그림 13-9>의 그래프에서 분기점은 3.18 MHz가 된다. V_p가 전원선 전압으로 고정된 경우에 식 (13-2)로부터 내릴 수 있는 결론은, 스위칭 전원공급기(SMPS)의 기본 주파수가 일단 정해지면 공통모드 전도성방출을 억제하기 위해 설계자가 건드릴 수 있는 파라미터는 기생 커패시턴스 C_p가 유일하다는 사실이다.

<그림 13-9>로부터 스위칭 트랜지스터의 상승시간을 늦추는 것은 공통모드 전도성방출의 최대 크기를 줄이지는 못함을 알 수 있다. 상승시간을 느리게 하면 트랜지스터의 전력소모가 증가하는 바람직하지 못한 결과가 나온다. 상승시간을 느리게 하여 얻을 수 있는 유일한 효과는 분기점이 더 낮은 주파수로 내려간다는 것이다. 이렇게 되면 고주파 방출은 줄어들지만 저주파 방출의 최댓값은 감소하지 않는다.

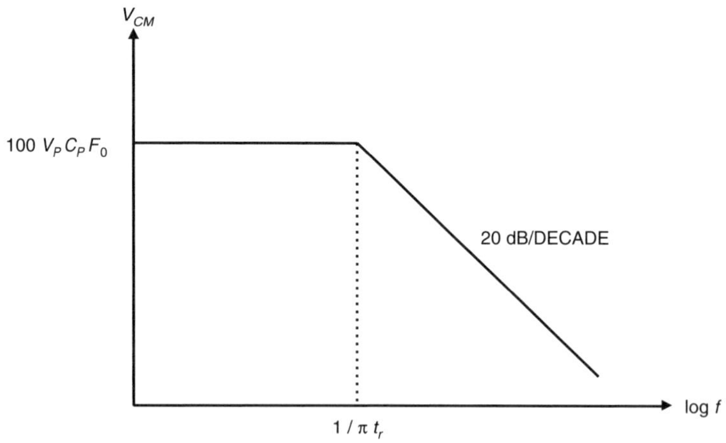

그림 13-9 주파수에 따른 공통모드 전도성방출의 변화

예제 13.1

V_p = 160 V, C_p = 200 pF, t_r = 50 ns, F_0 = 50 kHz인 경우, 공통모드 전도성 방출은 150 kHz~6.37 MHz의 주파수범위에서 160 mV이고 이 주파수범위를 넘어서면 20 dB/decade의 비율로 감소한다. 이 정도 크기는 FCC B급(Class B) 제품에 대한 방출 허용한계치보다 약 48 dB가 높다. 따라서 규격인증을 위해서는 50 dB 이상 공통모드를 감쇠시키는 전원필터를 사용하여야 한다.

13.2.2 차동모드 방출(Differential-Mode Emissions)

전원공급기는 정상동작을 하는 과정에서, <그림 13-5>에 나타나 있듯이 스위칭 트랜지스터가 스위칭 주파수를 갖는 전류를 스위칭 트랜지스터, 트랜스포머, 필터 트랜지스터 C_F로 이루어진 루프를 따라 흘려준다. 스위칭 전류가 이 루프를 따라 전원공급기 내부에만 흐른다면 차동모드 방출을 일으키지 않는다.

그런데 커패시터 C_F의 가장 큰 목적은 전파정류된 교류 전원전압의 필터링을 하는 것이다. 따라서 필터 커패시터는 큰 커패시턴스 값과 큰 정격전압을 가진다(보통, 250~1000 μF이고 정격전압은 250 V 이상). 필터 커패시터의 실제 특성은 이상적인 특성과는 많이 차이가 난다. 필터 커패시터는 상당히 큰 등가직렬 인덕턴스(equivalent series inductance, ESL) L_F와 등가직렬 저항(equivalent series resistance, ESR) R_F를 갖는다. 이들 기생 임피던스 때문에 모든 스위칭 전류가 커패시터 C_F를 통해 흐르지 않는다. <그림 13-10>에서 보듯이 커패시터 C_F의 단자에서 전류가 나눠져 일부는 C_F를 통해 흐르고 나머지는 전파 브리지 정류회로를 통해 전원선으로 흘러나간다. 전원선으로 흘러나가는 스위칭 전류가 LISN을 통해 흐르는 차동모드 전류이다. 차동모드 전류에게는 LISN이 100 Ω 저항(직렬로 연결된 50 Ω 저항 두 개)으로 보인다. <그림 13-10>의 회로에서 스위칭 트랜지스터를 전류원 I_P로 대체하고 브리지 정류회로를 없애면 회로를 더욱 간단하게 나타낼 수 있다. 이렇게 간단하게 한 것이 <그림 13-11>의 차동모드 등가회로로 여기에는 차동모드 전도성 방출 전류경로만이 나타나 있다.

<그림 13-11>의 회로에서, 전원공급기는 낮은 차동모드 전원임피던스를 가진다는 것을 알 수 있다. 이렇게 되는 것은 입력 리플필터 커패시터 C_F의 커패시턴스 값이 크기 때문이다. 기생성분(L_F와 R_F)의 값을 알고 필터 커패시터 C_F 값을 알면 차동모드 전류와 LISN 전압을 차례로 구할 수 있다. 필터 커패시터 C_F를 제대로 장착하지 않으면 이 커패시터에 직렬 인덕턴스 성분이 추가된다.

<그림 13-11>에서 LISN 양단에 걸리는 차동모드 전압 V_{DM}을 계산할 수 있다. 커패시터 C_F의 커패시턴스 값을 정할 때는 전원선 주파수의 2배(100 Hz 또는 120 Hz)가 되는 주파수에서 낮은 임피던스 값이 되게 한다. 전도성 방출은 이보다 수천 배 높은 주파수에서 일어나므로 이 주

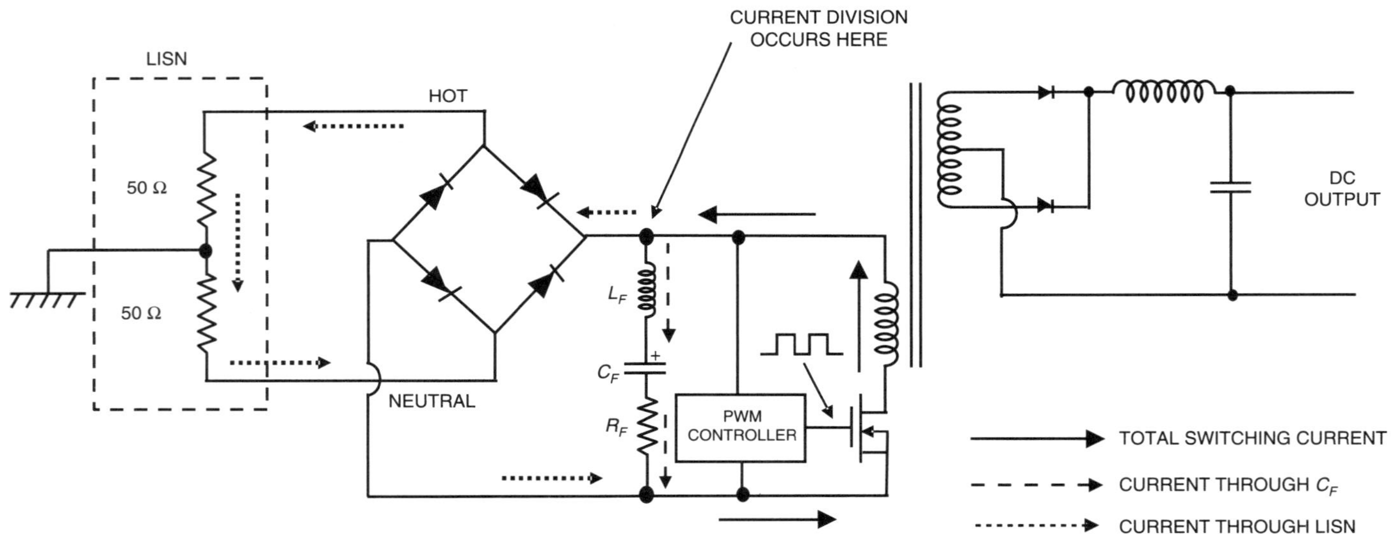

그림 13-10 SMPS 내의 차동모드 전류경로. C_F 단자에서 전류가 나눠지는 것을 볼 수 있다.

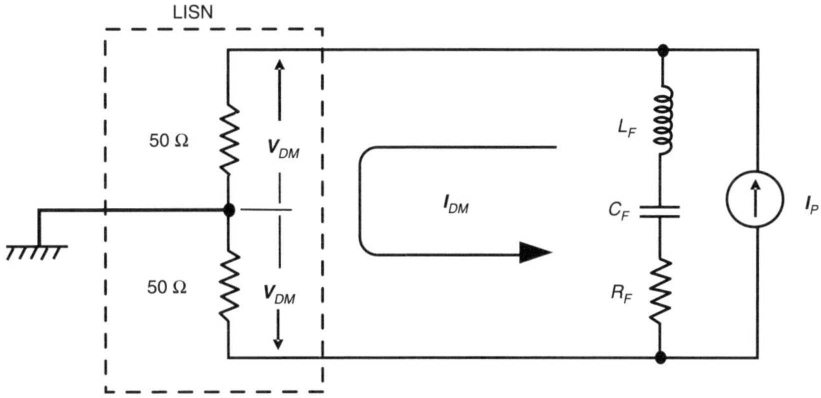

그림 13-11 SMPS의 차동모드 등가회로

파수에서 C_F의 용량성 리액턴스 값은 0에 가까워진다. 예를 들어, 50 kHz에서 이상적인 250 μF 커패시터의 용량성 리액턴스는 0.01 Ω이다. 따라서 스위칭 주파수에서는 기생 성분인 L_F와 R_F의 임피던스 값이 C_F 보다 우세해진다.

13.2.2.1 필터 커패시터의 등가직렬 인덕턴스(ESL)의 영향(Effect of the Filter Capacitor's ESL)

주의해야 할 주파수범위에서 C_F의 용량성 리액턴스 값을 0이라고 가정하자. 또 일단은 R_F도 무시하자. 그러면 차동모드 노이즈전류 I_{DM}을 다음 식으로 계산할 수 있다.

$$I_{DM} = \frac{j2\pi f L_F I(f)}{100 + j2\pi f L_F} \tag{13-3}$$

여기서 $I(f)$는 주파수 f에서 전류원 I_P의 크기이다.

$2\pi f L_F \ll 100$인 경우 (합당한 가정임)[8], 식 (13-3)은 다음으로 간단히 쓸 수 있다.

$$I_{DM} = \frac{j2\pi f L_F I(f)}{100} \tag{13-4}$$

차동모드 LISN 전압 V_{DM}은 '$50 \times I_{DM}$' 과 같으므로 LISN 전압의 크기는 다음과 같다.

$$V_{DM} = \pi f L_F I(f) \tag{13-5}$$

$I(f)$를 구하기 위해 스위칭 전류를 사각파로 근사한 다음, 식 (12-5)으로 푸리에 스펙트럼을 계산한다. <그림 12-4>에서 보듯이 사각파의 푸리에 스펙트럼의 포락선은 $1/\pi t_r$인 주파수가 될 때까지는 20 dB/decade의 비율로 감소하고 이 주파수를 넘어서면 40 dB/decade의 비율로 감소

8) 예를 들어, f = 500 kHz이고 L_F = 50 nH이면, $2\pi f L_F$ = 0.16 Ω 밖에 되지 않는다.

한다. 여기서 t_r은 스위칭 트랜지스터의 상승/하강시간이다.

식 (13-5)에는 주파수 f 항이 있는데, 이는 달리 표현하면 주파수에 따라 크기가 20 dB/decade의 비율로 증가하는 것이 된다. 따라서 식 (13-5)와 전류의 푸리에 스펙트럼 $I(f)$을 결합하면 <그림 13-12>와 같이 차동모드 전도성 방출전압 V_{DM}은 $1/\pi t_r$이 되는 주파수까지는 평평하고(일정한 값으로 유지되고), 이 주파수를 넘어서서는 20 dB/decade의 비율로 감소한다. <그림 13-12>의 곡선은 차동모드 전도성 방출의 한계를 나타내는 포락선으로, 여기서 커패시터의 등가직렬 저항(ESR)의 영향은 무시하였다.

차동모드 방출 세기가 $1/\pi t_r$보다 낮은 주파수까지는 평평하다가 이 주파수를 넘어서면 20 dB/decade의 비율로 감소하는 것을 알고 있으므로 어떤 한 주파수(예컨대 기본주파수 F_0)에서만 방출세기를 계산하면 포락선 전체를 그릴 수 있다. 푸리에 급수에 관한 12.1.3절의 내용을 살펴보면 기본주파수에서의 진폭은 0.64 V_p가 된다. 식 (13-5)에서 f에 기본주파수 F_0을 대입하면 $I(f)$은 0.64 I_p가 되므로 기본주파수 F_0에서의 차동모드 전도성방출의 크기를 구하는 식을 다음과 같이 쓸 수 있다.

$$V_{DM} = 2F_0 L_F I_P \tag{13-6}$$

여기서 I_p는 노이즈 전류원의 피크값이다.

I_p 값은 전원의 정격전력에 의해 정해지므로, 식 (13-6)로부터 내릴 수 있는 결론은, 스위칭 전원공급기(SMPS)의 기본 주파수가 일단 정해지면 차동모드 전도성방출의 최댓값을 억제하기 위해 설계자가 손댈 수 있는 파라미터는 입력 리플필터 커패시터의 기생 인덕턴스 L_F가 유일하다는 사실이다.

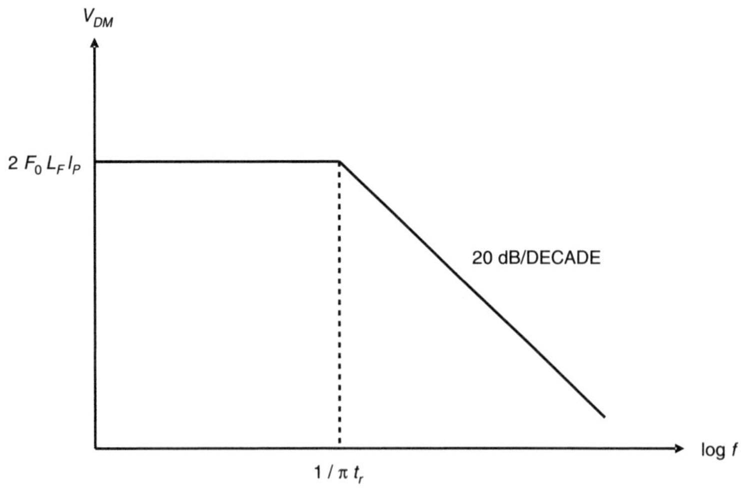

그림 13-12 주파수에 따른 차동모드 전도성방출의 변화. 입력 리플 커패시터의 등가직렬 저항 R_F는 없는 것으로 가정하였다.

예제 13.2

$I_p = 4$ A, $L_F = 30$ nH, $t_r = 50$ ns, $F_0 = 50$ kHz인 경우, 입력 리플필터 커패시터의 ESR을 무시하면 차동모드 전도성 방출의 포락선은 150 kHz~3.18 MHz의 주파수범위에서 크기가 12 mV이고 이 주파수범위를 넘어서면 20 dB/decade의 비율로 감소한다. 이 정도 크기는 FCC B급(Class B) 제품에 대한 방출 허용한계치보다 약 26 dB가 높다. 따라서 규격인증을 위해서는 30 dB 이상 차동모드를 감쇠시키는 전원필터를 사용하여야 한다.

예제 13-2의 결과를 예제 13-1의 결과와 비교하면 공통모드 노이즈 전압이 차동모드 노이즈 전압보다 20 dB 이상 크므로 공통모드 방출이 지배적이라는 사실을 알 수 있다. 식 (13-2)로부터 공통모드 전도성 방출은 스위칭 전압의 크기에 정비례하는 것을 알 수 있고 반면에 식 (13-6)으로부터 차동모드 전도성 방출은 스위칭 전류의 크기에 정비례함을 알 수 있다. 따라서 고전압-저전류 전원공급기인 경우에는 공통모드 방출 세기가 더 큰 반면, 저전압-고전류 전원공급기인 경우에는 차동모드 방출 세기가 더 크다.

식 (13-2)와 식 (13-6)으로부터 공통모드 방출세기가 더 크게 되는 조건을 다음과 같이 구할 수 있다.

$$V_P > \frac{L_F I_P}{50 C_P} \tag{13-7}$$

조건식 $V_{CM} > V_{DM}$에 식 (13-2)와 식 (13-6)을 대입한 다음, V_p에 대해 정리하면 식 (13-7)을 얻을 수 있다. 식 (13-7)의 부등식을 만족하지 않으면 차동모드 방출세기가 더 크다.

13.2.2.2 필터 커패시터의 등가직렬 저항(ESR)의 영향(Effect of the Filter Capacitor's ESR) <그림 13-12>는 입력 리플필터 커패시터의 ESR을 무시한 경우의 차동모드 방출 포락선을 나타낸 것이다. 전원선 주파수(50 또는 60 Hz)에서는 이 커패시터의 임피던스 값 중에 용량성 리액턴스 성분이 우세하다 (다른 성분보다 큰 값을 갖는다.). 대략 1 MHz 이상의 주파수에서는 커패시터의 임피던스 값에서 유도성 리액턴스 성분이 우세하다. 이 두 주파수 사이의 어떤 주파수에서는 임피던스 값에서 커패시터의 저항 성분이 우세하게 된다. 저항성분의 값이 L_F의 유도성 리액턴스 값보다 커야 임피던스에서 저항성분이 우세해진다. 이렇게 되기 위한 조건은 다음과 같다.

$$f < \frac{R_F}{2\pi L_F} \tag{13-8}$$

ESR이 차동모드 전도성방출에 미치는 영향을 살펴보면, <그림 13-13>에서 보듯이 차동모드 전도성방출 포락선 그래프 상에, $R_F/(2\pi L_F)$이 되는 주파수에서 분기점이 하나 더 추가된다는

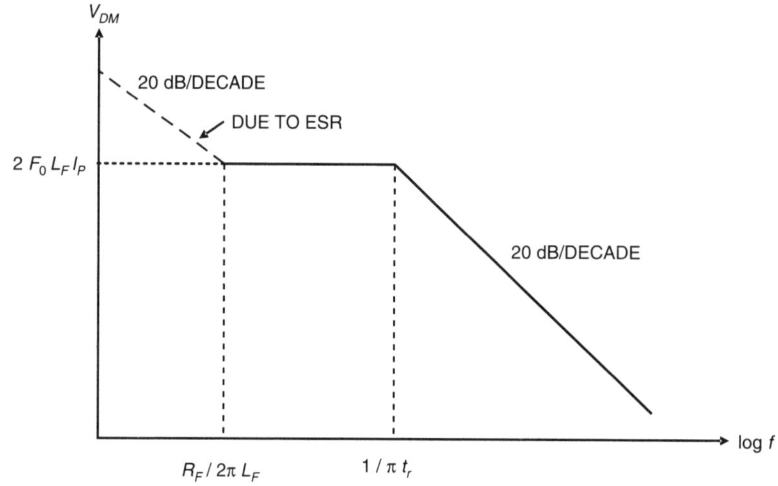

그림 13-13 주파수에 따른 차동모드 전도성방출의 변화. 입력 리플 커패시터의 ESR과 ESL의 영향을 고려하였다.

점이다. 이 분기점보다 낮은 주파수범위에서는 주파수가 감소함에 따라 방출세기가 20 dB/decade의 비율로 증가한다. 예를 들어, 어떤 필터 커패시터의 ESL이 30 nH, ESR이 0.1 Ω인 경우에 아래쪽 분기점의 주파수는 531 kHz이다.

상용 B급(commercial Class B) 전도성 방출 규정과 군용(military) 전도성 방출 규정에서는 허용한계치가 500 kHz 이하의 주파수대역에서 주파수가 감소함에 따라 20 dB/decade의 기울기로 증가한다. 상용 A급(Class B) 허용한계치는 500 kHz이하에서 6 dB 만큼 계단형으로 증가한다. 이러한 형태의 허용기준으로 인해 필터 커패시터의 ESR에 의해 생기는, 주파수의 감소에 따라 차동모드 방출이 증가하는 해로운 영향의 문제점이 축소될 수 있다. 아래쪽 분기점의 주파수가 500 kHz 보다 낮으면 입력필터 커패시터의 ESR은 별 문제가 되지 않는다. 이 분기점이 500 kHz 이하가 되는 조건은 다음과 같다.

$$R_F \leq \pi 10^6 L_F \tag{13-9}$$

위 식에서 입력 리플필터 커패시터는 작은 직렬인덕턴스와 작은 직렬저항 값을 가져야 한다는 것을 확실히 알 수 있다.

위에서 설명한 것과 비슷한 과정으로, 다른 컨버터 방식을 사용한 SMPS의 차동모드 방출의 포락선을 구할 수 있는데, 이 경우에는 스위칭 전류를 사각파로 나타낼 수 없다. 따라서 전류파형의 푸리에 스펙트럼을 구한 다음에 식 (13-5)를 이용하여 차동모드 방출의 포락선을 구해야 한다. 예를 들어, 몇몇 방식의 SMPS의 경우에는 스위칭전류를 삼각파로 나타내어야 더 정확해진다. 폴(Clayton Paul) 교수가 지은 책 「*Introduction to Electromagnetic Compatibility*」의 3장 신호스펙트럼(Signal Spectra)에는 어떤 임의의 파형의 푸리에 스펙트럼을 구하는 방법에 대한 설명이 잘 돼있다(2006년 Paul).

몇몇 컨버터 방식의 SMPS에서는 직렬로 연결된 2개의 필터 커패시터가 입력필터 커패시터로 사용된다. 이렇게 하는 것은 커패시터의 전압정격을 증가시키거나 배전압회로(voltage doubler) 형태를 만들어, 115 V와 220 V 교류전원 모두에서 동작할 수 있게 할 수 있다. 그러나 이 방법에는 좋은 파라미터인 총 커패시턴스는 1/2로 줄고 나쁜 파라미터인 ESR과 ESL 값은 2배로 커져 차동모드 전도성방출이 증가하는 단점이 있다.

<그림 13-8>의 공통모드 등가회로와 <그림 13-11>의 차동모드 등가회로를 결합하여 <그림 13-14>에 표시한 종합적인 SMPS 노이즈 등가회로를 얻을 수 있다. <그림 13-14>에 있는 차동모드 전원임피던스는 전원공급기의 리플필터 커패시터(ESL과 ESR 포함)의 임피던스이다. 공통모드 전원임피던스는 전원공급기의 1차측(교류전원 측) 커패시턴스와 섀시(또는 접지) 사이의 임피던스이다. 2발짜리 전원코드를 사용하는 전원공급기의 경우에는 <그림 13-14>에 표시돼 있는 전원공급기와 LISN 사이의 접지도체는 존재하지 않는다.

<그림 13-14>에는 공통모드 전류경로와 차동모드 전류경로가 함께 나타나있다. 그림에서 보듯이 차동모드 노이즈전류는 전원단자(핫(hot)과 뉴트럴(neutral) 도체)를 통해서만 흐르는 반면, 공통모드 노이즈전류는 외부접지 기준판을 통해서도 흐른다. 이 경우에 핫(hot) 도체에 연결된 LISN 임피던스에 흐르는 공통모드 전류와 차동모드 전류는 서로 더해지고 뉴트럴(neutral) 도체에 연결된 LISN 임피던스에 흐르는 공통모드 전류와 차동모드 전류는 빼진다는 것을 잘 알아두도록 한다. 이러한 지식은 측정한 방출 세기에서 공통모드 방출과 차동모드 방출 중에서 어느 쪽이 우세한지 알아내는 수단으로 활용될 수 있다.

전원공급기의 인클로저는 접지가 되어 있을 수도, 그렇지 않을 수도 있다. 접지가 되어 있지 않은 경우에는 <그림 13-14>에서 보듯이 공통모드 접지전류가 전원공급기의 커패시턴스를 통해 접지로 흐른다. 접지되지 않은 전원공급기의 좋은 예가 프레임(frame)이 개방된 전원공급기(인클로저가 금속이 아닌 전원공급기)인데, 이 경우에는 전원공급기와 접지 사이의 커패시턴스가 공통모드 귀환전류 경로를 구성한다.

13.2.3 직류-직류 컨버터(DC-to-DC Converters)

지금까지 SMPS에 대해 설명한 내용은 직류-직류 컨버터에도 적용할 수 있다. 일반적인 직류-직류 컨버터(dc-to-dc converter) 회로를 간단히 나타내면 <그림 13-5>에서 전파 브리지 정류기가 빠진 형태가 된다. 모두는 아니더라도 대부분의 이론과 결론이 그대로 적용된다. 다음 예에서는 앞에서 전개한 SMPS 이론을 직류-직류 컨버터에 그대로 적용해본다.

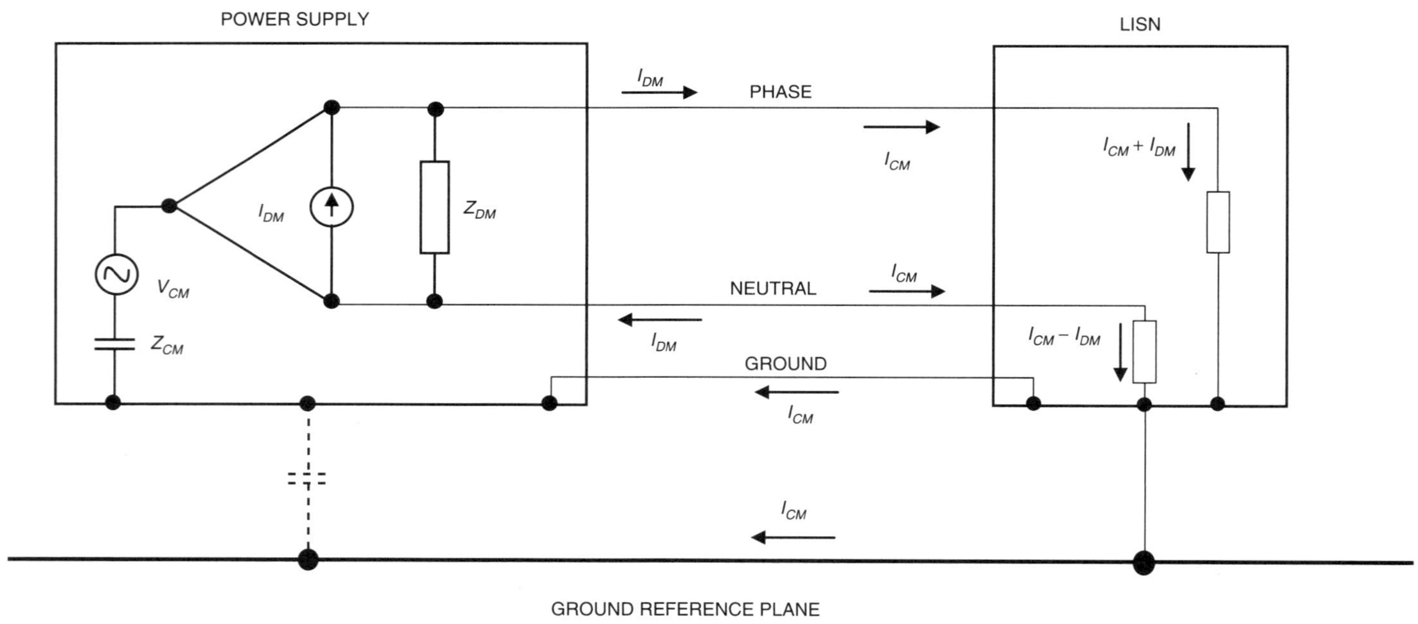

그림 13-14 SMPS와 LISN의 등가회로. 공통모드 및 차동모드 노이즈원과 전류를 함께 나타내었다.

예제 13.3

100 kHz의 주파수로 동작하는 28 V, 20 A의 직류입력 컨버터가 있다. 이 컨버터의 1차측 기생 커패시턴스는 100 pF이고 스위칭 트랜지스터의 상승시간은 100 ns이다. 입력 커패시터의 ESR은 0.05 Ω이고 ESL은 20 nH이다. 식 (13-2)로부터 398 kHz~3.18 MHz 사이의 주파수범위에서는 공통모드 전도성 방출이 28 mV이고 이 주파수범위를 넘어서면 20 dB/decade의 비율로 감소한다. 식 (13-6)로부터 398 kHz~3.2 MHz 사이의 주파수범위에서는 차동모드 전도성 방출이 80 mV이다. 398 kHz 보다 낮은 주파수대역에서는 주파수가 감소함에 따라 20 dB/decade의 비율로 방출이 증가한다. 3.2 MHz 보다 높은 주파수대역에서는 주파수가 증가함에 따라 20 dB/decade의 비율로 감소한다.

이 경우에 차동모드 방출 세기는 공통모드 방출보다 큰데, 이것은 전원이 저전압-고전류 전원공급기이기 때문이다. 식 (13-7)을 사용하여도 같은 결론에 도달할 수 있다.

13.2.4 정류기 다이오드 노이즈(Rectifier Diode Noise)

SMPS에 존재하는 다른 노이즈원(noise source)들에 대해서도 알아보기로 하자. 이들 노이즈원 중 정류를 하기 위해 사용하는 다이오드(diode)가 있다. 다이오드가 순방향 바이어스(forward bias)된 경우에는 다이오드의 접합 커패시턴스(junction capacitance)에 전하(charge)가 저장된다. 다이오드가 오프되면(역방향 바이어스(reverse bias)되면) 이 전하가 제거된다(1989년 Hnatek, 160쪽). 이것을 다이오드 역방향 회복(diode reverse recovery)이라고 한다. 다이오드가 오프될 때 전압파형에 뾰족한 (−) 스파이크(negative spike)가 발생하는데 이것은 상당히 큰 링잉(ringing)을 발생시키므로 고주파 차동모드 노이즈원이 될 수 있다.

다이오드 중에는 고속회복다이오드(fast-recovery diode)가 있는데, 오프시간이 매우 빠르다. 이와 대비되는 것이 완속회복다이오드(soft-recovery diode)로 오프시간이 느리다. 전원공급기 설계자는 고속회복다이오드를 선호하는 것이 보통인데, 이 다이오드는 전력소모가 적어서 더욱 효율적이기 때문이다. 그러나 고속회복다이오드는 완속회복다이오드보다 더욱 높은 주파수 노이즈 스펙트럼을 발생시킨다.

이러한 점에서 2차측 정류회로가 노이즈의 주된 원인이라고 할 수 있는데, 2차측 정류회로의 다이오드에 흐르는 전류의 크기가 2차측 정류회로보다 훨씬 크기 때문이다. 이들 노이즈 펄스는 전원공급기 2차측 외부로 전도되어 나가거나 스위칭 트랜스포머를 통해 되돌아가 전원공급기의 1차측으로 결합(전달)될 수 있다. 어느 경우이든 다이오드 노이즈는 차동모드 전도성 방출로 이어진다.

다이오드 스위칭에 의한 이 고주파 노이즈 문제를 해결하는 방법으로 <그림 13-15>에서 보듯이 스파이크의 크기를 줄이는 완충회로(snubber network)를 각 정류다이오드 양단에 달아준

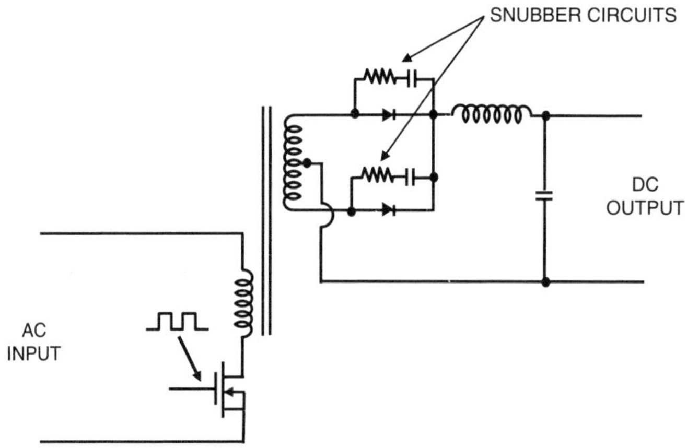

그림 13-15 전원공급기의 2차측 정류다이오드 양단에 달아주는 완충회로

다 (1989년 Hnatek, 190쪽).[9] 완충회로는 직렬 *R–C* 회로로 이루어져 있는데, 각 부품 값은 470 pF과 10 Ω이 일반적이다. 완충회로는 다이오드가 오프되는 순간에 다이오드의 접합 커패시턴스에 저장된 전하가 방전되는 전류경로를 제공한다. 고주파 전류가 '완충회로-다이오드' 가 만드는 루프를 따라 순환하므로 이 루프의 면적이 되도록 작아지게 해야 한다.

어느 순간이든 <그림 13-15>의 두 정류 다이오드 중에서 어느 하나는 on 상태에 있다는 사실을 고려하면 사실상 두 완충회로는 트랜스포머의 2차권선 양단과 연결되어 있는 셈이다. 몇몇 경우, 특히 저전력 컨버터의 경우에는 각 개별 정류다이오드 양단에 완충회로를 연결하는 대신, 2차권선 양단에 완충회로 1개만을 연결할 수 있다.[10]

고주파 노이즈 문제의 또 다른 해결 방법으로 각 정류 다이오드에 직렬로 작은 페라이트 비드(ferrite bead)를 추가로 달아준다. 이렇게 하면 정류회로와 직렬로 연결된 고주파 임피던스가 증가하므로 고주파 링잉 전류의 크기를 줄인다. 페라이트 비드와 완충회로를 함께 사용하는 방법이 가장 효과가 좋은 것이 보통이다.

SMPS에서 링잉을 줄이기 위해 작은 페라이트 비드를 사용하는 개념을 전원공급기 내의 다른 스위칭 부품에도 적용할 수 있다. 작은 페라이트 비드를 다이오드, 정류회로, 스위칭 트랜지스터에 직렬로 달아주는 것은 이들 부품들이 스위칭을 할 때 발생하는 링잉을 줄이는 효과적인 방법이다.

9) 링잉을 줄이기 위해 *R–C* 완충회로를 스위칭 트랜지스터 양단에 달기도 한다.
10) 완충회로는 링잉과 노이즈를 줄이는 데 매우 효과적이다. 그렇지만 다음과 같이 바람직하지 않은 부작용도 있다. 즉 전력 소모가 증가하며 완충회로가 사용되는 부품 양단의 전압과 부품에 흐르는 전류가 증가한다.

13.3 전원 필터(POWER-LINE FILTERS)

앞에서 설명한 내용과 예제에서 살펴보았듯이 SMPS가 전도성방출 규정을 충족하려면 전원필터(power-line filter)가 꼭 필요하다. 이 필터는 공통모드 노이즈 전류와 차동모드 노이즈 전류를 모두 감쇠시켜야 한다.

전원필터는 $L-C$ 저역통과(low pass) 구조이다. 전원 임피던스(전원공급기의 임피던스)와 부하 임피던스(LISN의 임피던스)까지 포함돼야 필터의 완전한 구조가 결정된다. 필터의 감쇠(attenuation)는 임피던스 부정합(impedance mismatch)에 의해 생기는 것으로 볼 수 있으므로 전원필터의 역할은 전원과 부하임피던스 사이의 부정합을 최대로 하는 것이다(1991년 Nave, 43쪽).

공통모드 노이즈에 대해서는, 전원공급기의 임피던스인 전원 임피던스는 높고(기생 커패시턴스 값이 작으므로), LISN의 임피던스인 부하 임피던스는 낮다(25 Ω 저항). 감쇠를 최대로 하려면 높은 임피던스 필터소자(인덕터)는 낮은 임피던스 부하(LISN)와 직렬로 연결돼야 하고, 낮은 임피던스 필터소자(커패시터)는 높은 임피던스 전원(전원공급기)와 병렬로 연결돼야 한다. <그림 13-16>은 전원필터의 일반적인 구조이다. 두 전원선과 접지사이에 연결된 2개의 커패시터 (C_1, C_2)와 공통모드 초크 L_1이 $L-C$ 저역통과필터에서 공통모드 부분을 구성한다.

여러 안전관리기관(safety agency)에서 규제하고 있는 누설요건(leakage requirement)에 의해 전원선-접지간 커패시터의 최댓값이 제한된다. 접지로 흐르는 과도한 누설전류는 감전사고를 일으키므로 규제를 한다. 전 세계적으로 누설요건은 용도와 안전관리기관에 따라 0.5 mA~5 mA 사이에서 다양하다.[11] 예를 들어 UL(Underwriters Laboratories)은 대다수 소비자제품(consumer product)에 대해 0.5 mA의 누설요건을 적용하고 있는데, 이 요건에 의해 필터의 전원선-접지간 커패시터(line-to-ground capacitor)의 최댓값은 0.01 μF로 제한된다.

<그림 13-16>의 커패시터 C_1과 C_2를 Y-커패시터라고 하는데, 반드시 전원선-접지간 커패시터용으로 UL과 같은 안전관리기관의 승인목록에 올라가 있는 것만 사용해야 한다. 이와 마찬가

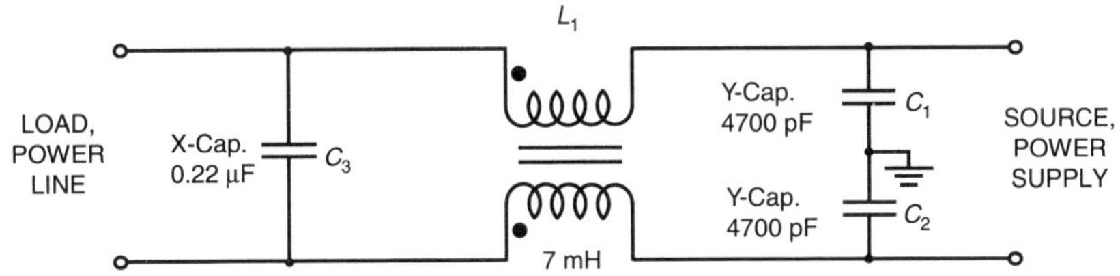

그림 13-16 전원필터의 일반적인 구조. 전형적인 부품 값을 함께 나타내었다.

11) 어떤 종류의 의료용 장비는 누설요건이 10 μA 밖에 되지 않을 정도로 낮다. 이런 용도의 장비의 전원필터에는 전원선-접지간에 커패시터를 사용할 수 없다.

지로 전원선간 커패시터(line-to-line capacitor)도 전원선간 커패시터용으로 승인을 받은 것만 사용해야 한다. 전원선간 커패시터를 X-커패시터라고 한다.

낮은 차수(주파수가 스위칭주파수의 작은 배수)의 고조파를 억제하는 데 필요한 큰 인덕턴스를 얻기 위해서 L_1은 투자율(permeability)이 높은 코어에 감아야 한다. 큰 교류전원 전류가 흘러서 코어가 포화(saturation)되는 것을 막기 위해 인덕터의 두 권선을 한 코어에 감는데, 이렇게 하여 만든 것이 공통모드 초크이다. 각 권선에 흐르는 전원선 전류는 서로 반대방향으로 흐르므로 이들에 의해 코어에 발생하는 자기장(또는 자속)은 상쇄된다.

13.3.1 공통모드 필터링(Common-Mode Filtering)

실제로 사용할 때는 전원선-접지간 커패시터의 값을 누설기준에 의해 허용되는 최대 커패시턴스 값의 1/2로 한다.[12] 공통모드 노이즈전압에게는 두 개의 전원선-접지간 커패시터가 병렬로 연결된 것으로 보인다. 따라서 실질적인 공통모드 커패시턴스는 두 커패시터 값의 합이 된다. 이 커패시턴스 값을 기준으로 하여 필요한 공통모드 감쇠를 제공할 수 있는 공통모드 초크의 값을 선정한다. 일반적인 초크 값의 범위는 2~10 mH이다. 필요한 감쇠를 얻기 위해 10 mH 이상이 요구되는 경우에는 여러 개의 초크를 직렬로 연결하여 사용한다. 이렇게 해야 초크의 기생 커패시턴스를 줄일 수 있다.

13.3.2 차동모드 필터링(Differential-Mode Filtering)

차동모드 노이즈에게는 두 개의 Y-커패시터가 직렬로 연결된 것으로 보인다. 따라서 실질적인 차동모드 커패시터는 한 커패시터 값의 1/2이 된다. 이렇게 되므로 차동모드 필터링이 거의 되지 않는다. 특히 차동모드 필터링이 가장 필요한 낮은 주파수에서 더욱 그렇다. 그렇지만 누설요건(허용누설한계치)기준 때문에 커패시터 값을 크게 할 수는 없다. 이 커패시터들은 차동모드 감쇠를 보통 필요로 하지 않는 약 10 MHz 이상의 주파수에서 차동모드 감쇠에 기여한다. 따라서 차동모드 필터링에 대해서는 이들 커패시터의 영향을 무시하는 것이 보통이다.

차동모드 커패시턴스의 값을 크게 하기 위해, 전원선간 커패시터 C_3(X-커패시터)을 전원필터에 추가로 달아준다. 이 커패시터는 접지와는 연결되지 않으므로 이 커패시터의 값은 누설요건에 영향을 받지 않는다. 이 커패시터의 일반적인 값은 0.1~2 μF이다. 안전상의 이유로 이 커패시터와 병렬로 보통 1 MΩ의 저항을 달아주는 경우도 있다. 이 저항은 전원과의 연결이 끊긴 경

12) 이것은 전원필터의 누설전류가 제품의 허용누설한계치 전체를 다 차지해버리면 안 되기 때문이다. 허용누설한계치의 일부는 전원공급기나 제품 자체를 위해 남겨져 있어야 한다. 따라서 이들 커패시터에 의한 누설전류가 누설허용한계치의 1/2만 되도록 커패시턴스 값을 정한다.

우에 커패시터를 방전시키는 데 사용된다.

전원공급기의 리플필터 커패시터의 특성이 나쁘거나 두 커패시터가 직렬로 연결되는 경우에는 공통모드 초크의 전원공급기측 전원선 양단에 연결된 2번째 X-커패시터가 도움이 된다.

13.3.3 누설 인덕턴스(Leakage Inductance)

전원필터에서 중요한 것이 공통모드 초크의 누설 인덕턴스(leakage inductance)인데, 이는 누설 인덕턴스가 차동모드 인덕턴스가 어느 정도 존재하는지 결정하기 때문이다. 이상적인 공통모드 초크에서는 차동모드 인덕턴스가 전혀 생기지 않는다. 각 권선에 흐르는 차동모드 노이즈전류는 방향이 서로 반대이므로 코어에 발생하는 자기장은 전부 상쇄된다.

초크나 코어의 누설 인턱턴스는 두 권선사이의 결합(coupling)이 완전하지 못한 경우에 생긴다. 한 권선에서 발생한 자기장 전체가 다른 권선에 결합되지 않으면 차동모드 전류가 권선에 흐를 때 상쇄되지 않은 누설 자기장이 존재한다. 이 누설 자기장에 의해 권선은 작은 크기의 차동모드 인덕턴스를 갖게 된다.

전원필터에서 누설 인덕턴스는 좋은 점도 있고 나쁜 점도 있다. 누설 인덕턴스로 인해 초크의 각 권선은 자신과 직렬로 연결되는 작은 차동모드 인덕턴스를 갖게 된다. 이 차동모드 인덕턴스는 X-커패시터와 함께 연결되어 L–C 필터를 구성하는데, 이 필터에 의해 차동모드 필터링이 이루어진다. 그러나 누설 인덕턴스가 지나치게 크면 작은 값의 교류 전원전류가 흘러도 공통모드 초크가 포화되어버리는 바람직하지 않은 특성이 생긴다. 인생의 많은 일들이 그렇듯이 지나친 것은 부족한 것만 못한 법이다.

일반적으로, 공통모드 초크는, 도움이 되는 정도의 차동모드 필터링을 제공하면서 정격 전원선 전류가 흐르는 경우에 포화가 되지 않게 하는 어떤 특정한 값의 누설 인덕턴스를 갖도록 설계 제작된다. 일반적인 전원 초크의 누설 인덕턴스 값은 자신의 공통모드 인덕턴스 값의 0.5~5% 사이이다.

공통모드 초크의 누설 인덕턴스를 측정하는 방법은 두 권선 중의 하나를 쇼트(short)시킨 다음에 나머지 권선 양단의 인덕턴스를 측정하는 것으로 아주 쉽다. 누설 자기장이 없는 경우에는 트랜스포머의 작용에 따라 한 권선의 쇼트가 다른 권선에 유도되므로 인덕턴스를 측정하면 0이 된다. 따라서 이 실험방법에서 0이 아닌 어떤 인덕턴스가 측정되면 이것은 틀림없이 누설 인덕턴스이다.

<그림 13-16>의 회로에 있는 차동모드 필터는 X-커패시터 C_3와 초크 L_1의 누설 인덕턴스로 구성된다. 공통모드 필터의 경우와 마찬가지로 차동모드 필터도 L–C 저역통과 구조인데, 필터의 완전한 구조를 구하려면 전원 임피던스와 부하 임피던스를 포함하여야 한다. 차동모드 노이즈에 대해서는, 전원 임피던스인 전원공급기의 임피던스는 낮고(필터 커패시터 C_F 값이 크므로), 부하 임피던스인 LISN의 임피던스는 높다(LISN의 100 Ω 저항). 감쇠를 최대로 하려면 낮

은 임피던스 필터소자(커패시터)는 높은 임피던스 부하(LISN)와 병렬로 연결돼야 하고, 높은 임피던스 필터소자(L_1의 누설 인덕턴스)는 낮은 임피던스 전원(전원공급기)과 직렬로 연결돼야 한다. 이러한 연결방식은 <그림 13-16>의 부품배치 방법과 정확하게 일치한다. 이 전원필터의 회로구성을 나타내는 그림과 공통모드 및 차동모드의 전원 임피던스와 부하임피던스를 정리한 표를 <그림 13-17>에 나타내었다.

보통, 공통모드 필터를 먼저 설계한 다음, 공통모드 초크의 누설 인덕턴스 값을 사용하여 차동모드 필터를 설계한다. 그러고 나서 필요한 감쇠를 제공하는 전원선간 커패시터의 값을 선정한다.

차동모드 감쇠를 추가로 해주어야 할 필요가 있는 경우에는 <그림 13-18>에서 보듯이 개별부품 형태의 차동모드 인덕터 2개를 필터에 추가로 달아준다. 이 차동모드 인덕터는 투자율이 낮은 코어에 감아서 만드는데, 이것은 이 인덕터에 큰 전원전류가 흘러도 코어가 포화되지 않게 하기 위해서이다. 이 차동모드 인덕터의 값은 일반적으로 수백 μH 정도이다.

<그림 13-17>의 전원필터는 <그림 13-19>에서 보듯이 공통모드 부분과 차동모드 부분으로 나눌 수 있다. <그림 13-19A>는 차동모드 필터 회로를 나타내고 <그림 13-19B>는 공통모드 필터 회로를 나타낸다. <그림 13-19A>에 있는 인덕턴스 L_L은 공통모드 초크 L_1의 누설 인덕턴스를 나타낸다.

<그림 13-20>은 SMPS, 전원필터, LISN을 모두 포함한 전체 노이즈 등가회로이다. 인덕턴스 L_L은 공통모드 초크의 누설 인덕턴스를 나타낸다. 커패시터 C_Y와 초크 L_{CM}은 공통모드 노이

LISN IMPEDANCE	MODE	POWER SUPPLY IMPEDANCE
LOW	COMMON-MODE	HIGH
HIGH	DIFFERENTIAL-MODE	LOW

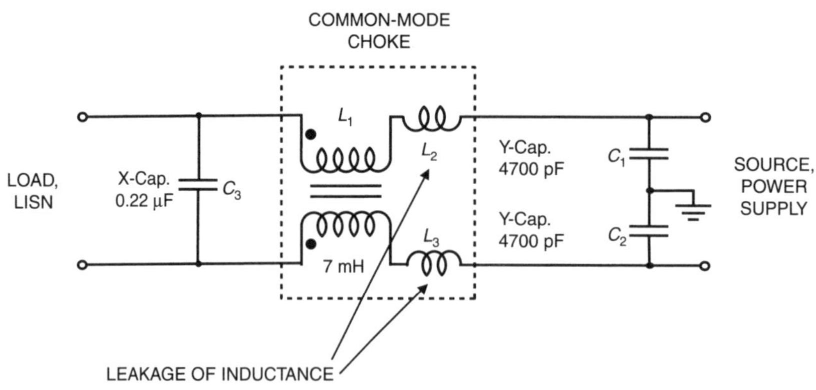

그림 13-17 전원선 필터를 구성하는 공통모드 초크의 누설인덕턴스. 부하임피던스와 전원임피던스 표를 함께 수록하였다.

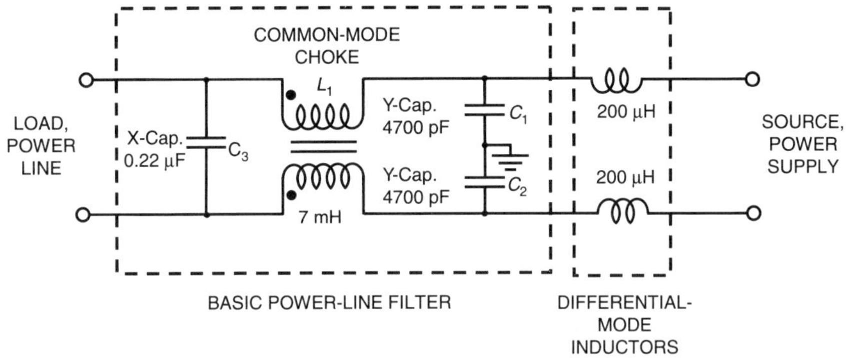

그림 13-18 차동모드 인덕터 2개가 추가로 연결된 전원필터

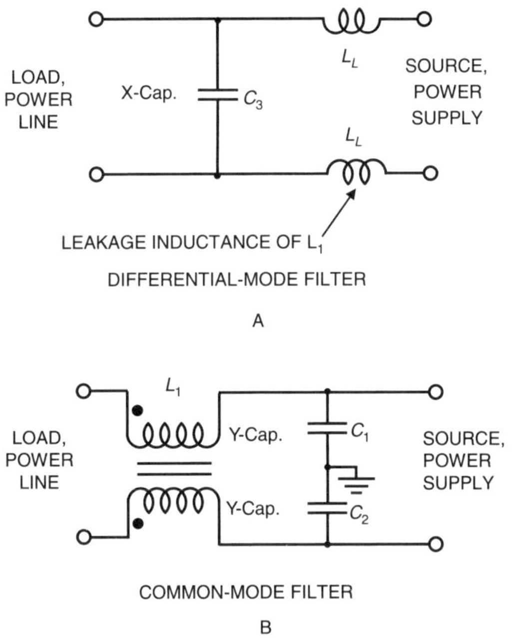

그림 13-19 전원필터의 등가회로: (A) 차동모드 필터 (B) 공통모드 필터. 여기서 L_L은 공통모드 초크 L_1의 누설 인덕턴스이다.

즈를 필터링하는 공통모드 필터를 구성하고, 커패시터 C_X는 누설 인덕턴스 L_L과 함께 차동모드 필터를 이룬다.

<그림 13-20>에서 보듯이 전원필터의 Y-커패시터는 필터의 실드(필터의 인클로저가 금속이 아닌 경우에는 필터의 접지)를 통해 접지와 연결된다. 따라서 이러한 연결경로에서 인덕턴스가 생기면 공통모드 필터를 이루고 있는 부품인 Y-커패시터의 효과를 떨어뜨릴 것이다.

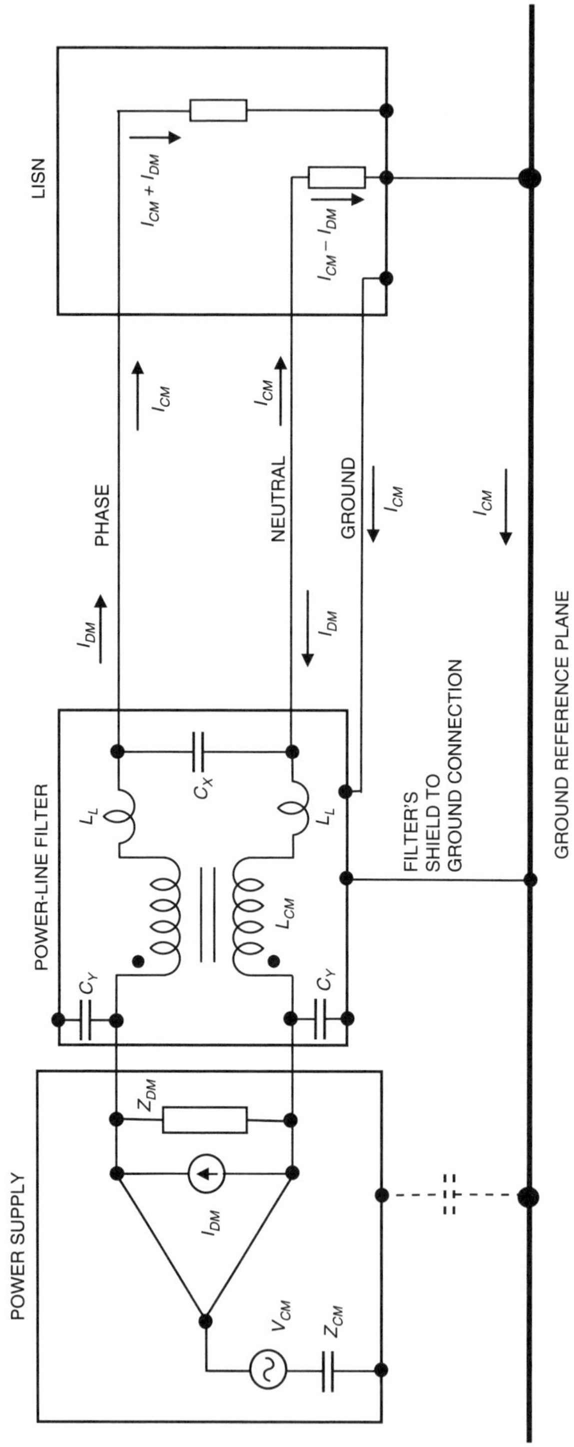

그림 13-20 SMPS, 전원필터, LISN의 노이즈 등가회로

13.3.4 필터 장착(Filter Mounting)

<그림 13-21>은 금속 인클로저 속에 들어있는 상용 전원필터를 나타낸 것이다. 이 필터의 성능에는 필터의 전기적 설계가 주로 영향을 주지만 이에 못지않게 필터의 장착방식과 장착위치, 그리고 필터단자의 배선방식도 작용을 한다. <그림 13-22>는 전원필터의 장착과 관련하여 필터의 효과를 상당히 떨어뜨리는 세 가지 문제점을 보여주고 있다.

첫 번째 문제점은 전원선이 인클로저로 들어가는 위치(즉 인클로저의 입구) 가까이에 필터를 장착하지 않은 것이다. 이런 식으로 하면 인클로저 내부의 전원선은 인클로저 내부의 전기장과 자기장에 노출되므로 이를 수신하여 노이즈가 발생된다. 필터 뒷단에서 교류전원선에 의해 수신된 노이즈를 필터가 제거하는 것은 불가능하다.

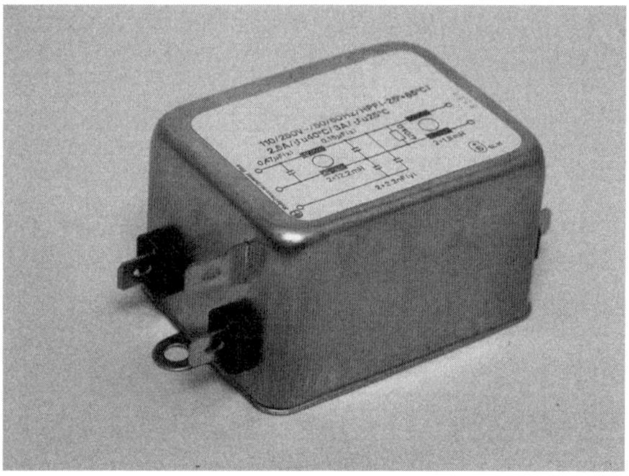

그림 13-21 금속 인클로저 속에 들어있는 상용 전원필터

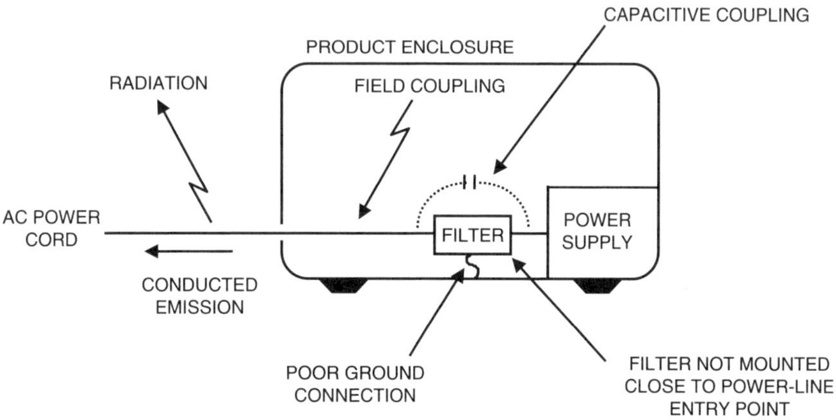

그림 13-22 잘못된 전원필터 장착방법과 접지접속방법

두 번째 문제점은 필터를 인클로저에 접지시키는 도선의 인덕턴스가 크다는 것이다. 이 인덕턴스는 필터에서 Y-커패시터의 효과를 감소시킨다. 필터 제조회사에서는 <그림 14-11C>에 나타낸 방법으로 내부 Y-커패시터를 장착하여 필터의 인클로저와 극히 작은 인덕턴스로 연결되도록 한다.

세 번째 문제점은 노이즈가 실려 있는 '전원공급기와 필터를 연결하는 선'과 '교류전원선' 사이에서 용량성 결합(capacitive coupling)이 발생하는 것이다. 필터의 입력단자를 필터의 출력단자 가까이에 배선하면 안 된다. 이렇게 배선하면 기생 커패시턴스 결합이 커지기 때문이다.

이상의 세 가지 문제점을 해결하는 전원필터의 장착방법을 <그림 13-23>에 나타내었다. 전기장과 자기장이 필터링이 된 전원선에 결합되는 것을 막기 위해 전원선이 인클로저로 들어가는 입구에 필터를 장착하였다. 또한 이렇게 장착한 경우, 금속 인클로저는 필터의 입력케이블과 필터링이 된 전원선 사이에 용량성 결합이 일어나는 것을 막는다.

필터를 장착할 때는 필터의 금속 케이스가 인클로저와 직접 접촉되도록 만드는데, 이렇게 하면 인덕턴스를 없앨 수 있으므로 필터내부의 Y-커패시터와 직렬로 연결되는 인덕턴스가 없다. 필터의 케이스와 인클로저 사이를 도선으로 접속하면 도선의 인덕턴스로 인해 필터의 효과가 떨어진다. 짧은 길이의 도선도 인덕턴스 성분을 가지므로 사용을 피해야 한다.

필터와 전원공급기 사이의 케이블은 서로 가까이 놓이도록 배선해서 노이즈의 수신을 최소로 해야 한다. 필터의 입력단자는 어떤 케이블(특히 디지털 케이블)로부터도 멀리 떨어뜨려야 하며 디지털 논리 PCB 위쪽이나 근처에 배선해서는 안 된다. <그림 13-23>의 배치상태에서 전원공급기를 전원필터 가까이에 장착하면 더 좋은 효과를 볼 수 있다.

지금까지 설명한 내용을 종합해보면 <그림 13-24>에 나와 있는 교류 전원코드 커넥터가 내장된 전원필터의 장점을 알 수 있다. 이 구조에서는 필터가 장착된 위치가 전원코드가 인클로저로 들어가는 곳이 된다. 그리고 필터의 금속 케이스(페인트가 칠해지지 않은 전도성 표면)를 인클로저에 나사나 리벳으로 고정하면 Y-커패시터가 제대로 접지된다. 전원필터의 올바른 장착방

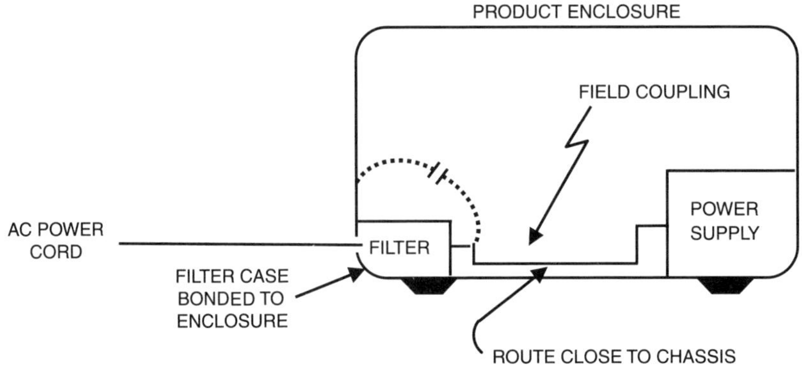

그림 13-23 전원필터의 올바른 장착방법과 접지접속방법

그림 13-24 전원코드 커넥터를 내장한 상용 전원필터

법과 접지와의 접속방법의 중요성은 아무리 강조해도 지나치지 않다.

13.3.5 전원필터가 내장된 전원공급기(Power Supplies with Integral Power-Line Filters)

어떤 SMPS에는 한 PCB에 전원필터와 전원 컨버터(power converter)가 함께 장착되어 있다. 이렇게 하는 것은 보통, 사이즈와 비용을 줄이기 위한 것이다. 일반적으로, 온보드 필터(on-board filter)는 별도의 인클로저를 갖고 있는 상용 필터에 견주어 절반의 비용으로 제작할 수 있다 (1991년 Nave, 29쪽). 그러나 온보드 방식은 앞에서 설명한 올바른 필터의 장착과 접속 규칙을 위반하게 되는 경우가 종종 있다. 온보드 방식의 가장 흔한 문제점 세 가지는 다음과 같다.

1. **Y-커패시터와 인클로저를 연결하는 긴 트레이스** (인덕턴스 성분이 너무 크다) : 많은 경우, Y-커패시터를 접지에 접속하는 도체의 총 길이는 PCB 상에서의 접지 트레이스의 길이(수 인치)에 인클로저와 PCB 사이에 넣은 스탠드오프(standoff)의 높이(1인치 이상)를 더한 값이다. 이처럼 Y-커패시터를 접지에 접속하는 도체의 길이가 상당히 길면 Y-커패시터는 고주파 필터 소자로서의 역할을 하지 못한다.
2. **차폐되지 않은 공통모드 초크로 결합(전달)되는 자기장** : PCB 위에 장착되는 온보드 필터는 거의 차폐를 하지 않으므로 스위칭 트랜스포머와 공통모드 초크, 그리고 변화율(di/dt)이 큰 전류가 흐르는 루프와 공통모드 초크 사이에서 자기장에 의한 결합(coupling)이 일어날 수 있다. 이렇게 되면 전원공급기의 노이즈가 Y-커패시터를 거치지 않고 초크로 직접 결합(전달)되므로 노이즈가 별로 감쇠되지 않은 상태로 전원선 밖으로 전도되어 나간다. 이 문제를 해결하려면 공통모드 초크의 레이아웃과 설치방향을 올바르게 하거나 기판(board) 상에서 초크나 전원필터를 덮는 차폐(shield)를 설치하여야 한다. 이 차폐는 반드시 강철(steel) 등과 같은 자

성체(magnetic material)로 제작된 것이어야 하며 알루미늄으로 만든 것은 안 된다. 자기장 결합을 줄이는 방법에 대한 더 자세한 내용은 13.7절에 수록되어 있다.

3. **필터의 입력트레이스와 출력트레이스 사이의 기생 커패시턴스** : 입력트레이스와 출력트레이스가 둘 사이의 기생 커패시턴스가 큰 값이 되도록 배선되면 필터 여기저기의 노이즈가 전원선으로 결합(전달)된다.

전원공급기에 필터가 달려있을 때, 전도성 방출 시험을 통과하기 위하여 제품에 상용필터를 하나 더 달아주는 일이 많이 있다. **자기장 결합과 큰 값의 접지 인덕턴스는 온보드 필터의 효과를 떨어뜨리는 주요 원인이다.** 필터가 달려있는 전원공급기가 효과가 있으려면 필터의 장착 및 레이아웃과 관련하여 지금까지 설명한 모든 문제들을 설계과정에서 고려해야 한다.

13.3.6 고주파 노이즈(High-Frequency Noise)

전원필터는 스위칭 전원공급기(SMPS)의 고조파(harmonics)를 억제하기에 적합하도록 만들어지므로 고주파 노이즈(10 MHz 이상)를 억제하는 데는 효과적이지 못하다. 전원공급기의 고주파 감쇠를 제한하는(즉 효과를 떨어뜨리는) 주요 원인은 공통모드 초크의 권선사이의 커패시턴스, 그리고 Y-커패시터와 직렬로 연결되는 인덕턴스이다. 필터 속으로 되돌아 들어가는 고주파 노이즈(예를 들어 디지털 파형의 고조파에 의해 생기는 노이즈)는 30 MHz 이하의 주파수범위에서는 교류전원선에 전도성 방출로서 나타나고 30 MHz 이상의 주파수범위에서는 방사성 방출로서 나타난다. 이 문제에 대한 처리는 원천(source)인 디지털 논리 PCB에서 하는 것이 가장 좋은 방법이다. PCB 상에서 기판으로 직류전압이 오는 위치에 공통모드 필터와 차동모드 필터를 설치하도록 한다. 그리고 11.4절과 11.9절에서 살펴본 대로 접지노이즈가 최소가 되고 최적의 디커플링이 이루어지도록 기판을 설계하도록 한다.

이 고주파 노이즈의 대부분은 공통모드이므로 전원공급기의 직류출력(즉 직류 케이블)에 작은 페라이트 비드(ferrite bead)를 달아주면 30 MHz 이상의 노이즈를 효과적으로 억제할 수 있다. 최후의 수단으로 패러데이 실드가 달려있는 전원공급기 트랜스포머를 사용하여, 전원공급기의 출력에서 전원공급기의 입력으로 공통모드 노이즈가 되돌아 들어가는 것을 막을 수 있다.

필터와 전원공급기를 연결하는 교류전원선에 위치한 페라이트 비드는 고주파 노이즈가 필터로 들어오는 것을 효과적으로 막는 데 사용될 수도 있다.

노이즈에 민감한 장치에서 일어날 수 있는 또 다른 문제로, 전원공급기의 직류출력에 실린 고주파 노이즈가 그 전원공급기에서 전원을 공급받고 있는 제품에 장해를 일으키는 것을 들 수 있다. 예를 들어, 민감한 무선 수신기나 낮은 레벨 신호증폭기에 전원을 공급하는 SMPS의 경우이다.

스위칭 주파수(전파정류를 사용하여 직류출력을 만드는 경우에는 스위칭 주파수의 2배)를 갖는 리플과 SMPS의 출력단자에 실린 노이즈는 진폭이 크고 폭이 좁은 전압 스파이크 형태의 파형인데, 스파이크 다음에는 상당한 크기의 링잉이 뒤따르는 것이 보통이며 파형 사이의 간격은 스위칭 주파수와 관련이 있다. 일반적으로 전압 스파이크의 진폭은 피크대 피크 값으로 50 mV~1 V 정도이다. 링잉의 주파수는 보통 5~50 MHz 사이이다. 고주파 노이즈는 차동모드와 공통모드 둘 다인 것이 보통이며 전원공급기의 직류출력측에서 추가로 고주파 필터링을 해주어야 한다.

<그림 13-25>에서 보듯이 직류출력측의 두 도체와 직렬로 페라이트 비드를 달아주고 두 직류출력 단자 사이에 리드를 아주 짧게 하여 고주파 차동모드 커패시터를 달아주면 직류출력에서 고주파 필터링을 할 수 있다. 커패시터의 값을 정할 때는 주의해야할 주파수범위 중 가장 낮은 주파수에서 임피던스가 수 Ω 이하가 되게 해야 한다. 필터링을 해야 할 주파수가 30 MHz 이상인 경우, 1000 pF 정도의 커패시터면 충분하다. 30 MHz 이하라면 0.01 μF 커패시터가 더 좋다. 커패시터를 더 달아서 고주파 노이즈가 출력단자에서 접지(섀시)로 바이패스(bypass) 되게 하여 추가로 공통모드 감쇠를 하게 되면 완벽한 고주파 필터링이라고 할 수 있다.

페라이트 비드는 그 임피던스가 주의해야할 주파수범위 중 가장 낮은 주파수에서 약 50 Ω이 되는 것으로 선택해야 한다. 그리고 페라이트는 출력전류가 흘러도 포화가 되어서는 안 된다. 각 출력단자에 달아주는 비드는 공통모드 필터링과 차동모드 필터링을 모두 해주어야 한다. 더 많은 필터링을 해주어야 하는 경우에는 리드마다 여러 개의 비드를 달아주어 직렬 임피던스를 증가시킨다.

높은 주파수(30 MHz 이상)에서는 직류 출력케이블에서 발생하는 방사는 방사성 방출 문제를 일으킬 수 있다. 이 방사를 줄이려면 케이블의 도체 주위에 페라이트 비드(공통모드 초크)를 달아준다.

민감한 부하에 SMPS로 전원을 공급하는 경우에 사용할 수 있는 방법 중에, 의사공진형(quasi-resonant) 스위칭방식, 영전류형(zero-current) 스위칭방식, 영전압형(zero-voltage) 스위칭방식 등의 스위칭 방식을 사용하는 것이 있다. 이 방식에서는 스위칭 전류파형이 반파 사인형태(half sine wave)로 전류가 0인 점과 전압이 0인 점에서 스위칭이 일어난다. 이 방식에서는 노이즈 스펙트럼 성분이 매우 줄어들므로 훨씬 작은 노이즈만 발생된다.

13.4 1차-2차간 공통모드 결합 (PRIMARY-TO-SECONDARY COMMON-MODE COUPLING)

SMPS에서 공통모드 전류가 발생하는 또 한 가지 방식이 <그림 13-26>에 나타나있다. 이렇게 되는 것은 전원공급기 외부에서 입력회로와 출력회로가 모두 접지되어있기 때문이다. 이 경우에 스위칭 트랜지스터는 노이즈전압 발생기처럼 동작하여 전원 트랜스포머의 1차 권선에 큰 크기의 dV/dt를 발생시킨다. 이 전압의 크기는 0 V와 피크 스위칭전압 사이의 값을 갖는다. <그림 13-26>에 나타나

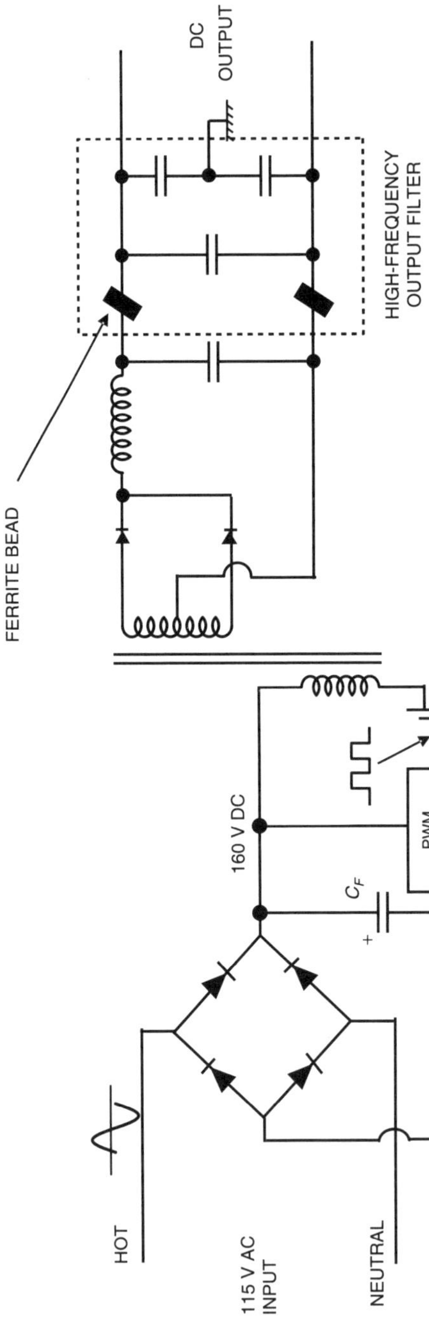

그림 13-25 SMPS에서 직류출력의 고주파 필터링 방법

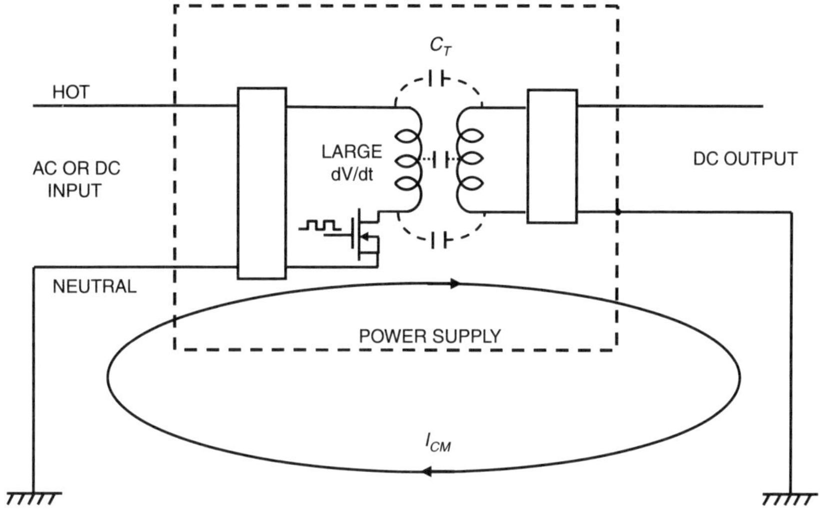

그림 13-26 전원공급기의 1차측과 2차측 사이에서 발생하는 *dV/dt* 결합

있듯이 이 *dV*/*dt*에 의해 발생한 공통모드 전류 I_{CM}는 트랜스포머의 권선사이의 커패시턴스 C_T를 통해 전압공급기의 출력측 접지로 흐른 다음, 다시 입력측 접지로 되돌아간다. 출력회로가 접지되지 않은 경우라도 출력회로와 접지사이의 기생 커패시턴스 때문에 이 전류 루프가 존재할 수 있다.

이러한 외부의 공통모드 전류를 없애거나 줄이려면 전원공급기 내부에 아주 작은 루프를 만들고(인덕턴스를 더욱 작게 하고) 이 루프를 따라 전류가 흐르도록 만든다. 이렇게 만들기 위해 <그림 13-27>에 나와 있는 것처럼 전원공급기 내부의 1차측 회로 접지와 2차측 접지 사이에 '브리지 커패시터(bridge capacitor)' 를 달아준다(2006년 Grasso와 Downing). 이 커패시터는 반드시 안전관리기관의 승인을 받은 것이어야 하는데, 그 까닭은 이 커패시터가 어느 한 교류 입력전원선과 2차측 접지 사이에 연결되는 것이기 때문이다. Y-커패시터의 값은 1000~4700 pF 사이이며 공통모드 필터에 사용되는 커패시터와 같은 종류로 하는 것이 보통이다. PCB상에서 브리지 커패시터를 장착하는 위치는, 이 커패시터에 연결되는 트레이스의 인덕턴스가 최소가 되도록(즉 연결되는 트레이스의 길이가 짧고 폭이 넓어지도록)하는 곳이어야 하며, 트레이스가 만드는 루프는 공통모드 전류에 대해 작게 유지되어야 한다. 그래야 이 방법이 효과를 낼 수 있다.

공통모드 전류 문제를 없애거나 줄이는 다른 방법은 패러데이 실드가 포함된 트랜스포머를 사용하는 것인데, 이렇게 하면 권선 사이의 커패시턴스를 효과적으로 줄일 수 있다. 또 다른 방법으로 직류 출력단자에 공통모드 초크를 달아서 공통모드 전류를 줄이는 것도 있다.

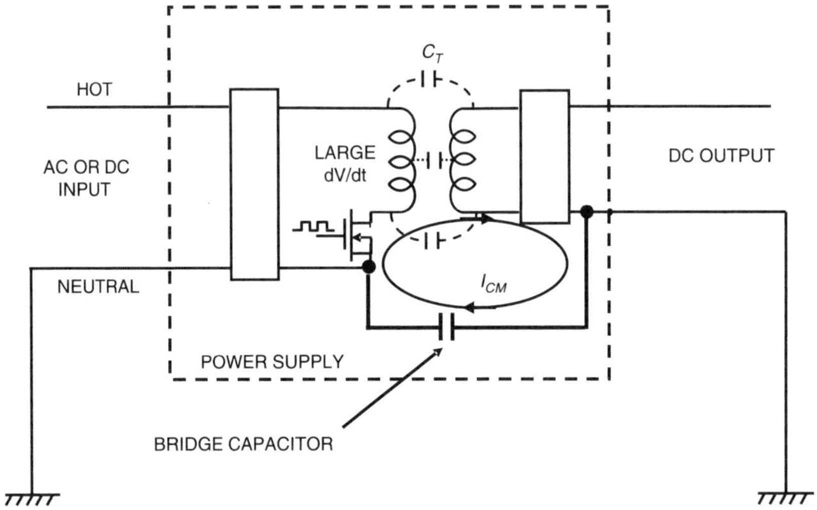

그림 13-27 외부의 공통모드 접지루프를 없애기 위해 사용하는 브리지 커패시터

13.5 주파수 디더링(FREQUENCY DITHERING)

SMPS로부터의 공통모드 방출과 차동모드 방출을 모두 줄이는 또 다른 방법으로 스위칭주파수를 좁은 범위에서 변하게 하여 에너지를 더욱 넓은 주파수 대역으로 확산시키는 것이 있다. 이렇게 하면 어떤 한 주파수에서 피크 진폭이 감소된다. 이 방법은 12.2.3절에서 설명한 클록 디더링(clock dithering, 즉 확산 스펙트럼 클록) 방법과 비슷하다. 몇 종류의 펄스폭 변조 전원공급기 컨트롤러 IC는 이 특성을 내장하고 있다. 보통, 변조파형은 삼각파로 주파수는 수백 Hz이며 최대 주파수편이는 수 kHz이다.

누설 허용요건이 낮은 제품(예를 들어, 허용요건이 10 μA인 의료용 장비)에서는 전원필터에 Y-커패시터를 사용할 수 없거나 사용하더라도 커패시터의 값이 엄격하게 제한되는데, 이러한 제품의 경우에는 주파수 디더링(frequency dithering)이나 브리지 커패시터를 사용하는 것이 공통모드 방출을 줄이는 매우 유익한 방법이다.

13.6 전원공급기 불안정성(POWER SUPPLY INSTABILITY)

어떤 상황에서는 전원공급기와 전원필터 사이의 상호작용으로 인해 전원공급기가 불안정해질 수 있다. SMPS는 (−) 값의 입력 임피던스를 갖는다.[13] 따라서 전원필터에 의해 제대로 종단이

13) 이것은 전원공급기의 피드백 루프(feedback loop) 대역폭 내의 주파수에 대해서만 적용된다.

되지 않으면 실제로 불안정하게 될 수 있다.

안정화 전원공급기(regulated power supply)가 (−)부호의 입력 임피던스를 갖는다는 것을 입증하는 것은 쉽다. 입력전압을 변화시키면서 전원공급기가 어떤 식으로 반응하는지 분석해보면 된다. 출력전압이 일정하면 출력전류는 변하지 않을 것이고 따라서 출력전력도 변하지 않는다. 그러면 입력전력 또한 반드시 일정해야 한다. 일정한 입력전력에 대해 입력전압이 감소하는 경우에는, 입력전류가 증가해야만 입력전력이 일정하게 유지된다. 이처럼 입력전압이 감소할 때 입력전류가 증가하는 현상을 마이너스 저항(negative resistance)[14] 특성이라고 한다.

전원공급기가 낮은 임피던스의 전원선에 직접 연결되어 동작하면 안정적인 것이 보통이다. 그러나 전원필터의 임피던스가 전원공급기와 전원선 사이에 들어가면 전원공급기를 불안정하게 만들 가능성이 있다.

마이너스 입력임피던스를 갖는 전원공급기가 플러스 출력임피던스를 갖는 전원필터에 연결된 경우에 어떤 일이 일어나는지 살펴보자. 입력전원전압이 약간 줄어들면 전원공급기는 더 많은 전류를 끌어들여서 전력을 일정하게 유지한다. 증가한 입력전류에 의해 필터의 출력임피던스 양단에 걸리는 전압강하가 증가한다. 이 전압강하로 인해 전원공급기의 입력전압이 낮아진다. 그러면 전원공급기는 더욱 많은 전류를 끌어들여 결국 입력전압을 더욱 낮추는 상황이 계속해서 되풀이된다. 이렇게 해서 전원공급기의 불안정성이 발생한다.

안정성을 유지하려면 필터의 플러스 출력임피던스의 크기가 전원공급기의 마이너스 입력임피던스보다 작아야 한다(1991년 Nave, 121쪽). 전원공급기의 안정성에 대해 더 자세한 내용을 알고 싶으면 네이브(Mark Nave)가 쓴 책의 '6장 *SMPS*용 전원필터의 설계(*Power Line Filter Design for Switched-Mode Power Supplies*)'를 찾아보기 바란다.

13.7 자기장 방출(MAGNETIC FIELD EMISSIONS)

SMPS는 강한 자기장을 발생시키는데, 이것은 여러 가지 문제점을 일으킬 가능성을 가지고 있다. 군용제품이나 자동차용제품을 제외하곤 자기장방출을 규제하는 허용한계치가 없다. 그러나 자기장은 전원공급기의 동작에 해로운 영향을 미치고 자기장 속에 놓인 다른 회로들의 동작에도 해로운 영향을 준다.

전원공급기 내부에서 자기장을 발생시키는 원천은 다음 두 가지이다.

(1) 전류변화율 di/dt 값이 큰 전류가 흐르는 루프

(2) 스위칭 트랜스포머

14) (옮긴이) 다른 말로 부성저항(負性-), 음성저항(陰性-)이라고도 한다.

저주파 자기장을 효과적으로 차폐하는 것은 어렵기 때문에(6장 참조), 자기장을 없애거나 줄이는 데 있어서 더 좋은 방법은 자기장을 발생시키는 원천에서 자기장을 억제하는 것이다.

di/*dt* 값이 큰 위험한 루프는 루프면적이 최소가 되도록 주의 깊게 배선해야 한다. <그림 13-28>을 보면 SMPS 내부에 있는 가장 위험한 루프 2개가 있다. 하나는 스위칭 트랜지스터 루프(1차루프)이고 나머지 하나는 정류기 루프(2차루프)이다. 둘 중에서 정류기 루프의 *di*/*dt*가 더 큰 것이 보통이므로 자기장을 발생시키는 관점에서 보면 이 루프가 가장 중요하다. 루프에서 일어나는 자기장 방사는 다음 두 파라미터–(1) 루프면적 (2) 루프의 *di*/*dt* 값–에 비례한다. 전원공급기를 설계하는 과정에서 더 쉽게 제어할 수 있는 파라미터는 루프면적이다. 루프면적이 최소가 되도록 PCB의 레이아웃과 배선을 주의 깊게 한다. 1차루프와 2차루프에 흐르는 전류는 서로 분리시켜야 하며 가능한 한 작아지게 만들어야 한다.

전원필터와 전원공급기가 같은 기판상에 장착된 경우에는 전원 트랜스포머와 전원필터 사이에 자기장 결합이 종종 일어난다. 전원공급기 중에는 E-코어 트랜스포머가 사용된 것이 많은데, 이는 가격이 싸고 제조가 쉽기 때문이다. 그러나 이 트랜스포머는 누설 자기장의 양이 상당히 크다. 트랜스포머의 자기장 누설을 줄이는 한 가지 방법은 E-코어 대신에 도넛 모양의 토로이달 코어(toroidal core)를 사용하는 것이다. 토로이달 코어 트랜스포머는 누설자기장은 훨씬 작지만 제조하기가 어렵기 때문에 더 비싸다.

E-코어에서의 누설자기장을 줄이는 가장 쉬운 방법은 쇼티드턴(shorted turn)[15)]을 사용하는 것이다. 쇼티드턴은 트랜스포머의 권선 주위를 감싸는 폭이 넓은 구리띠(copper band)이다(1991년 Nave, 180쪽 참조). 쇼티드턴은 누설 자기장에만 자기적으로 결합되므로 임피던스가 낮은 고전류 2차권선처럼 동작한다. 쇼티드턴에 유도된 전류는 자기장을 발생시키는데, 이 자기

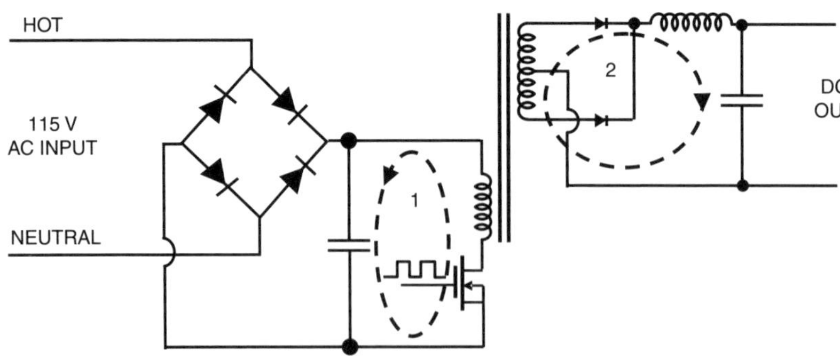

그림 13-28 SMPS 내부에 형성되는 위험한 루프. (A) 스위칭 트랜지스터 루프(1차루프) (B) 정류기 루프(2차루프)

15) 벨리밴드(belly band)라고도 한다.

장의 극성이 누설자기장의 극성과 반대이므로 원래의 누설자기장의 대부분이 상쇄된다.

온보드 전원필터를 사용하는 경우에는 항상 필터와 전원 트랜스포머를 되도록 멀리 떨어뜨려 자기장 결합을 최소로 해야 한다. 멀리 떨어뜨리는 것은 근거리장 결합(near field coupling)을 줄이는 효과적인 방법이다. 이는 근거리장에서는 전기장이나 자기장의 세기가 원천(source)에서 떨어진 거리의 세제곱에 비례하여 감소하기 때문이다.

자기장은 PCB상의 다른 회로에도 결합되어 이들 회로의 신호에 노이즈를 발생시킬 수 있다. 회로의 신호를 보호하는 가장 좋은 방법은 신호배선이 만드는 루프면적을 줄이는 것이다. 이렇게 하는 가장 간단한 방법은 신호 트레이스와 이것의 귀환 트레이스를 서로 가깝게 배선하여 루프면적을 최소로 하는 것이다. 두 도선을 꼬거나(twist) PCB상에서 두 트레이스의 순서를 바꿔가며 배선하는 것은 이들을 자기장 결합으로부터 보호하는 또 다른 효과적인 방법이다. 주의 깊게 보호해야 할 민감한 트레이스로 전압 피드백 신호가 있다. 이 신호는 전원공급기의 출력전압이 안정화되도록 제어하는 역할을 한다. 이 신호를 전원 트랜스포머 가까이에 지나가게 해야할 경우에는 기판상에서 일정한 길이마다 신호 트레이스와 이것의 귀환 트레이스를 순서를 바꿔가며 배선해야 한다. 이는 자기장에 의한 피해를 줄이기 위해 사용하는 방법인 꼰 도선(twisted wire)을 모방한 것이다.

<그림 13-29>는 전원공급기 내부에서 자기장 결합에 의해 직류출력 도체상에 공통모드 노이즈전류가 발생하는 방식을 보여주고 있다. 그림의 빗금 친 영역에 자기장이 결합되면 직류출력 케이블 다발에 공통모드 전압 V_{CM}이 유도된다. 이 전압은 직류출력 케이블상에 공통모드 노이즈전류를 발생시킨다.

이 문제에 대한 새로운 해결책이 <그림 13-30>에 표시되어 있다. 직류출력 케이블다발과 PCB가 접속되는 곳 부근의 섀시와 출력 커넥터 근처의 섀시, 이들 두 섀시 점을 도선으로 연결

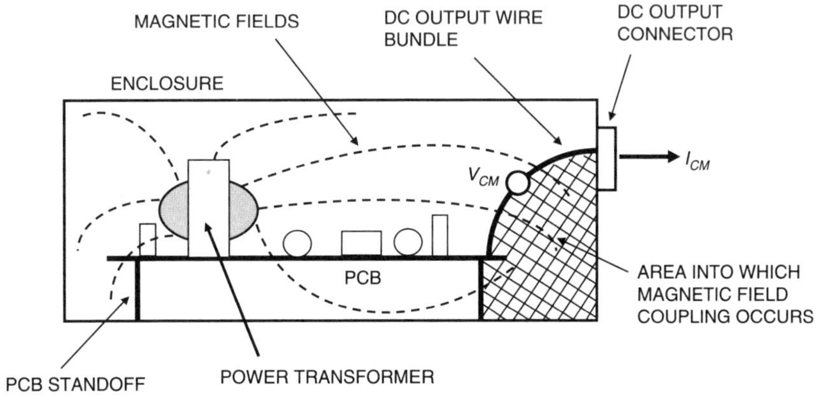

그림 13-29 자기장 결합에 의해 전원공급기의 직류출력 도체에 유도되는 공통모드 전압

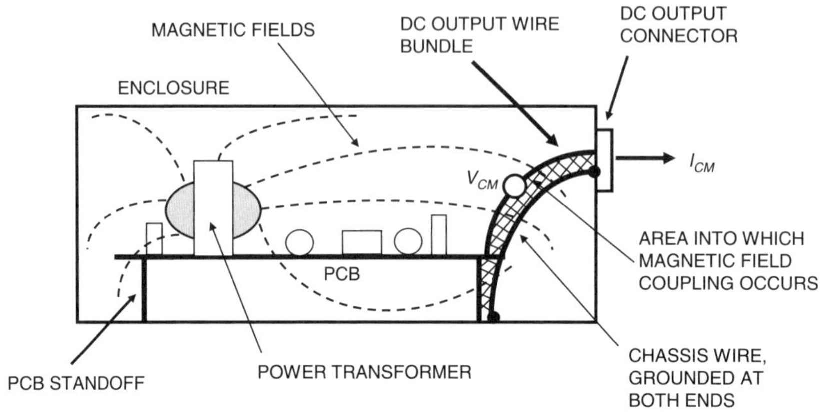

그림 13-30 "섀시 도선"을 사용하여 전원공급기의 직류출력 도체상의 공통모드 전류를 줄이는 방법

한다. 이때 이 도선은 출력도선다발과 서로 가까이 놓이도록 배선해야 한다. 이 방법에 의해 자기장이 결합될 수 있는 루프면적이 크게 줄어들므로 전압도 감소하고 따라서 공통모드 출력 노이즈전류도 감소한다.

섀시도선 방법은, 설명한 자기장 결합을 막기 위해 실드 케이블의 양끝에서 실드를 접지에 연결한 방법(2.5.2절의 설명 참조)을 변형한 것이라 할 수 있다. 섀시 도선은 출력 도선다발상에 질은 좀 떨어지지만 경제적으로 만든 실드로 볼 수 있다. 실제, 직류출력 도선다발에 진짜 실드를 만들고 양끝에서 실드를 섀시에 연결하면 더욱 개선된 효과를 볼 수 있다.

각 직류출력단자와 인클로저 사이에 커패시터를 달아서 이 문제를 줄일 수도 있다. 그러나 좋은 효과를 얻으려면 커패시터들을 달아주는 위치가 반드시 출력 커넥터여야 하며 커패시터의 값이 도선보다 비싸다는 문제가 있다. 이 방법에서 커패시터 필터핀 커넥터(capacitor filter pin connector)를 사용하면 좋은 효과를 볼 수 있다.

최후의 수단으로, 자기장 방출을 줄이기 위해 전원공급기를 차폐해야 하는 경우에는 알루미늄 대신 강철 등과 같은 자성체를 사용하도록 한다.

13.8 변속모터 구동장치(VARIABLE SPEED MOTOR DRIVES)

고출력(high power), 솔리드스테이트(solid state) 변속모터 구동장치(variable speed motor drive)가 산업계에서 널리 퍼져나가고 있다. 그 까닭은 변속모터 구동장치를 사용하면 교류 유도모터(induction motor)의 속도를 쉽게 제어할 수 있으며 그 효율도 높기 때문이다. 변속모터 구동장치는 하이브리드자동차와 전기자동차에서도 널리 사용된다. 변속모터 구동장치가 나오기 전에는 교류 유도모터의 속도를 변화시키는 데 실제로 사용할 수 있는 방법으로는 기어(gear),

벨트(belt), 또는 풀리(pulley, 도르래)를 써서 기계적으로 하는 것이 유일했다. 가변모터 구동장치에서는 모터를 구동하는 전류의 주파수와 전류의 크기를 변화시켜서 속도를 제어할 수 있다. 따라서 변속모터 구동장치를 가변주파수 구동장치(variable frequency drive)라고도 한다.

교류 유도모터의 동기속도(synchronous speed)는 교류 전원의 주파수와 모터의 고정자(stator)에 있는 극(pole, 폴)의 수에 따라 정해지는데, 이 원리에 바탕을 둔 것이 변속모터 구동장치이다. 이들 파라미터 사이의 관계는 다음과 같다.

$$RPM = \frac{120 \times f}{p} \tag{13-10}$$

여기서, RPM은 모터의 분당회전속도(revolution per minute)이고 f는 전원의 주파수이며, p는 모터의 극의 수이다. 유도모터는 슬립(slip)[16] 때문에 동기속도보다 4%정도 느린 속도로 동작할 것이다. 식 (13-10)에서 알 수 있듯이 교류 모터의 속도를 전기적으로 가변하는 간편한 방법은 인가 전원의 주파수를 변화시키는 것이다.

그러나 모터의 토크(torque)는 인가전압과 인가주파수의 비(ratio)에 따라 달라진다. 따라서 일정한 토크를 유지하려면 주파수가 변할 때마다 이에 맞추어 전압을 조정해야 한다. 그래야 전압과 주파수의 비를 일정하게 유지할 수 있다. 예를 들어, 230 V, 60 Hz에서 동작하도록 설계된 모터를 30 Hz 전원으로 동작시키려면 전압을 115 V로 낮추어야 한다.

대부분의 변속모터 구동장치는 전원이 230 V 또는 460 V, 힘(마력)의 범위가 1/4 hp~1000 hp인 3상 모터용으로 설계된다. 변속모터 구동장치를 사용하면 수 Hz의 주파수와 낮은 전압으로 모터를 움직이기 시작하게 할 수 있다. 이렇게 하면 최대 전원전압과 최대 주파수로 모터의 시동을 걸 때 발생하는 큰 크기의 돌입전류(inrush current)를 막을 수 있다는 장점이 있다. 이 방법으로 모터의 시동을 걸면 모터는 아주 느린 속도(0에 가까운 속도)로 돌면서 정격토크 100%를 낼 수 있다. 그러고 나서 구동장치는 주파수를 올리고 이에 맞춰 전압도 증가시키면서 모터를 가속하여 정해진 속도가 되도록 제어하는데 이렇게 하면 모터에 과도한 전류를 흘려주지 않아도 된다. 변속모터 구동장치의 출력주파수 가변 범위는 2 Hz~400 Hz이다.

<그림 13-31>은 기본이 되는 3상 변속모터 구동장치의 블록도이다. 정류기(rectifier)는 3상 입력주파수를 직류전압으로 변환하는데, 이 직류전압은 직류링크(dc link)의 커패시터에 저장된다. 그러면 인버터(inverter)는 직류전압을 주파수가 높고 크기가 일정한 일련의 전압펄스로 변환한다. 출력펄스가 모터권선의 인덕턴스에 의해 필터링이 되면 사인파와 유사한 형태의 전류파

16) 슬립(slip)이란 모터(회전자)의 속도와 고정자에서의 회전하는 자기장 사이의 차이이다. 회전자가 고정자의 회전하는 자기장을 따라가려고 하는 것이 실제로 모터를 회전하게 만드는 것인데, 이것이 슬립이다. 폴이 4개인 60 Hz 모터의 속도를 식 13-10으로 계산하면 1800 rpm 이지만 슬립 때문에 1750 rpm의 속도로 동작하는 것이 일반적이다.

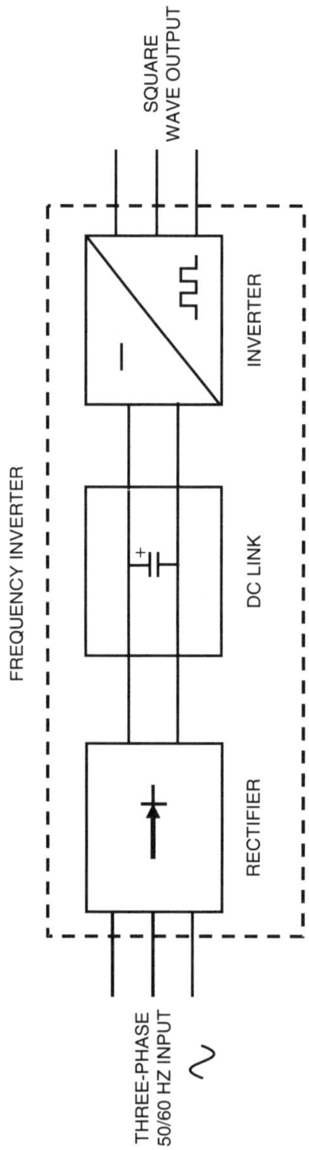

그림 13-31 변속모터 구동장치의 블록도

형이 만들어지고 이 사인파 전류의 진폭은 그 주파수에 비례하여 변하게 되어 있는데, 이 원리에 따라 출력펄스의 폭이 조절된다. 전압펄스의 폭이 넓을수록 모터의 전류는 크고 전압펄스 폭이 좁을수록 모터 전류는 작다. <그림 13-32>는 일반적인 펄스폭 제어 인버터(pulse width modulated inverter)의 전압출력파형과 전류출력파형이다. 구동장치에 내장된 마이크로프로세서는 인버터의 전체적인 동작을 제어하고 출력전압 펄스폭을 적절하게 조절한다.

펄스가 ON, OFF 하는 속도를 스위칭 주파수(switching frequency) 또는 반송파 주파수(carrier frequency)라고 한다. 스위칭 주파수가 높을수록 전류파형은 더욱 매끄러운 형태가 되고 정밀도(resolution, 분해능)가 더욱 높아진다. 이것은 디지털-아날로그 변환기(digital-analog converter)에서 비트(bit) 수가 많을수록 변환된 아날로그파형의 정밀도가 높고 더욱 매끄러운 형태가 되는 것과 유사하다. 전류파형에는 높은 주파수의 노이즈가 실려 있을 수 있다(<그림 13-32>에는 나타나있지 않다). 이 노이즈는 스위칭 주파수의 고조파들로 구성된다.

이것을 수행하는 스위칭 장치에는 몇 가지가 있는데, 그 중에서 오늘날 가장 널리 사용되는 것이 절연게이트 쌍극성트랜지스터 (insulated gate bipolar transistor, IGBT)이다. <그림 13-33>은 펄스폭 제어 변속모터 구동장치의 전력출력단(power output stage)의 회로도이다. 3상 교류전원으로 동작하는 이 구동장치는 3상 모터를 구동한다. 이 구동장치는 SMPS와 많은 특징을 공유하고 있다. 차이가 있다면 구동장치에는 출력전압을 낮추는 트랜스포머가 없고 2차전압을 직류로 변환하는 2차측 정류기가 없다는 점이다. 변속모터 구동장치는 광대역 전도성 방출과 방사성 방출을 일으키는 원천(source)이며 입력 교류전원선에 고조파왜곡(harmonic distortion)이 생기게 하는 주요 원인이다.

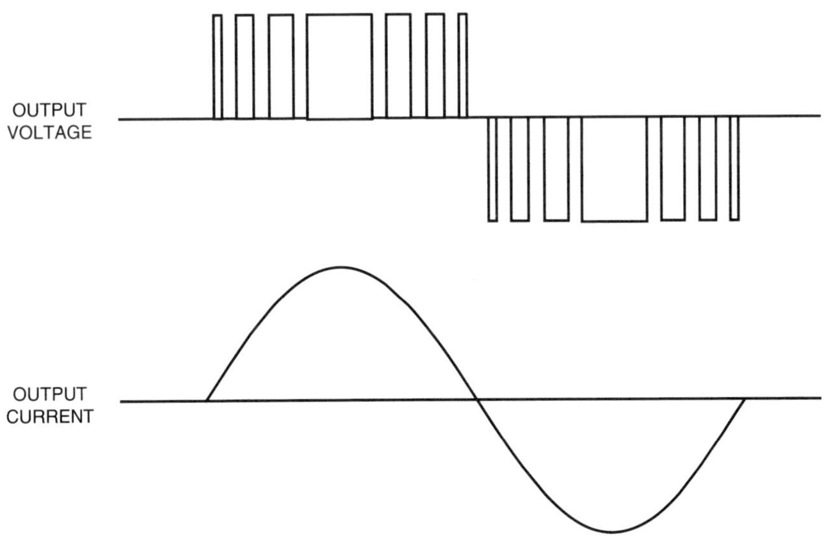

그림 13-32 변속모터 구동장치의 출력파형. 위는 펄스폭 제어 전압이고 아래는 필터링된 모터전류이다.

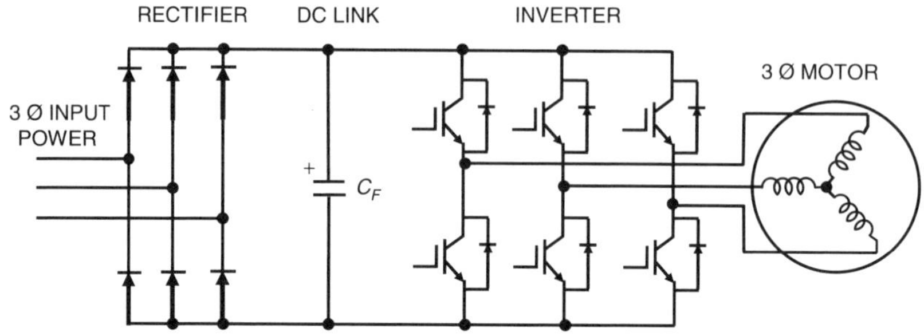

그림 13-33 펄스폭 제어 변속모터 구동장치 회로

이 모터 구동장치의 또 다른 장점 하나는 3상 교류모터가 단상 교류전원(single-phase ac source)로부터 전원을 공급받을 수 있으며 심지어는 하이브리드 자동차나 전기자동차의 경우와 같이 직류전원으로부터 전원을 공급받을 수 있다는 점이다. 어떤 경우든지 입력은 먼저 직류전압으로 변환된 다음에 잘게 나뉘어 펄스폭 제어 사각파로 되는데, 이것에 따라 전류파형(사인파와 유사)의 주파수와 진폭을 조절하면서 3상 모터를 구동한다.

<그림 13-33>은 구동장치의 인버터 부분으로 3쌍의 IGBT 트랜지스터가 들어있다. 각 트랜지스터 쌍은 3상 모터의 상 하나씩을 구동한다. 각 쌍 중의 한 트랜지스터는 출력 'high'를 (+) 직류전원 값이 되게 하고 나머지 트랜지스터는 출력 'low'를 (−)직류전원 값이 되게 한다. 이것은 디지털 논리게이트의 '토템폴(totem pole) 출력'과 유사하다. 한 쌍의 트랜지스터의 동작을 살펴보면서 그 동작을 이해해보자.

<그림 13-34>는 기본이 되는 변속모터 구동장치를 간단하게 표시한 회로로 한 쌍의 트랜지스터만 나타내었다. 전원은 커패시터 C_F에 직류전압을 공급하고 있다. 이때 직류전압은 직류전원에서 직접 공급할 수도 있고 단상(single phase)이나 3상(three phase) 교류전원을 정류기로 정류하여 공급할 수도 있다. 위쪽 트랜지스터가 ON되면 (아래쪽 트랜지스터는 OFF) 구동장치는 (+)값의 전압펄스를 출력한다. 아래쪽 트랜지스터가 ON되면 (위쪽 트랜지스터는 OFF) 구동장치는 (−)값의 전압펄스를 출력한다. 이렇게 ON, OFF 전환을 반복하는 사각파 출력의 주파수는 2~15 kHz인 것이 일반적이다. SMPS과 비교하여 설명해보면 모터 권선은 SMPS의 트랜스포머와 비슷하고 IGBT는 스위칭 트랜지스터와 비슷하다.

변속모터 구동장치와 관련하여 발생하는 주요 노이즈 문제는 모터 케이블로부터의 공통모드 전도성방출과 방사성방출이다. 공통모드 전도성방출이 생기는 방식은 앞서 13.2.1절에서 SMPS의 경우에 대해 설명한 것과 비슷하다.

1차측(입력) 전도성방출은 보통 2단 전원필터를 사용하면 억제할 수 있는데, 2단 전원필터에는 <그림 13-35>에서 보듯이 2개의 공통모드 초크가 들어있다.[17)]

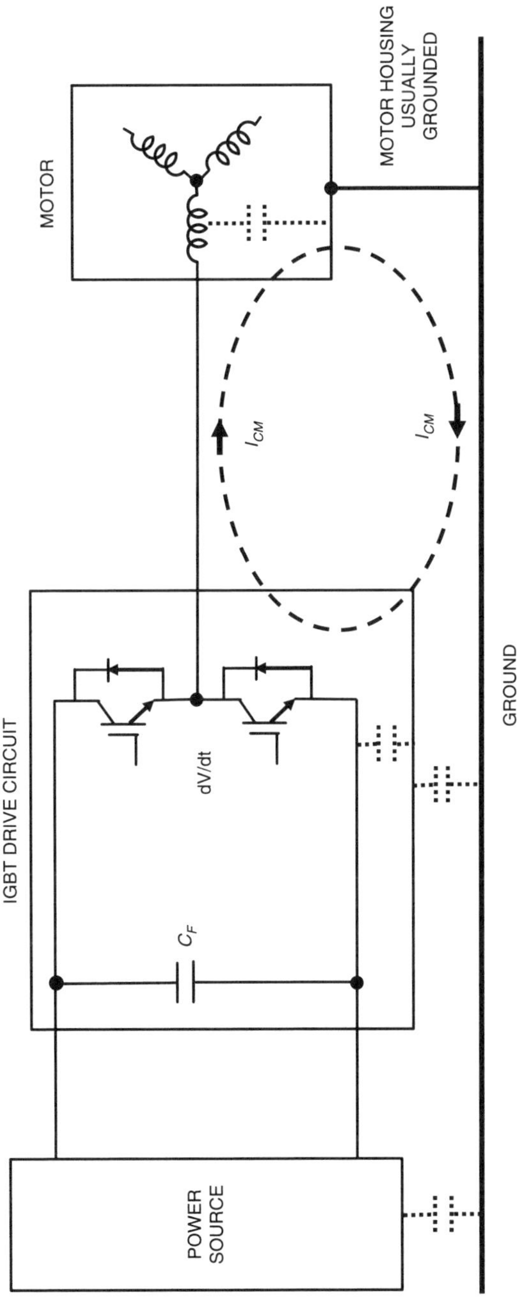

그림 13–34 변속모터 구동장치 출력회로

변속모터 구동장치에서는 더 문제가 되는 것은 2차측(출력) 공통모드 전류로, 억제하기가 더 어려운 것이 보통이다. <그림 13-34>를 보면 두 IGBT가 연결된 점에 큰 값의 *dV/dt*가 나타난다. 이것이 노이즈원(noise source)으로 모터 케이블에 공통모드 전류 I_{CM}을 흐르게 한다. 모터권선(motor winding)과 모터하우징(motor housing) 사이의 기생 커패시턴스(보통 100~500 pF) 때문에 공통모드 전류는 외부의 접지를 따라 IGBT 구동회로로 되돌아온다.

실제로, 3개의 부품(전원, IGBT 구동회로, 모터)은 어느 것이나 의도적으로 접지와 연결할 수도, 연결하지 않을 수도 있다. 이들 부품을 접지와 연결하지 않은 경우에도 기생 커패시턴스에 의해 공통모드 전류루프가 형성된다. 이러한 상황은 <그림 13-26>에 나타나 있는 SMPS의 경우와 비슷하다. 두 경우 모두, 스위칭 부품이 *dV/dt*을 발생시키는 원천이고, 이것에 의해 공통모드 전류가 기생 커패시턴스를 통해 접지로 흐른다. 전원공급기의 경우, 공통모드 전류는 트랜스포머의 두 권선간 커패시턴스를 통해 흐른다. 모터 구동장치의 경우, 전류는 모터권선-접지간 커패시턴스를 통해 흐른다.

개념적으로 보면 노이즈원-이 경우에는 스위치의 *dV/dt*-을 줄이는 것이 더 좋다. 그렇지만 스위치의 상승시간을 느리게 하여 *dV/dt*를 줄이는 것은 기능적인 관점에서 보면 바람직하지 않다. 왜냐하면 상승시간이 느려지면 스위칭 트랜지스터가 선형영역에 머무르는 시간이 길어져 더 많은 전력을 소모하게 되므로 구동기의 효율이 떨어지기 때문이다. 상승시간을 느리게 한 경우, $1/\pi\, t_r$인 주파수보다 높은 주파수범위에서만 공통모드 전도성방출이 줄어든다. 그렇지만 스위치를 느리게 하면 그 정도가 아주 조금이라도 높은 주파수의 고조파에는 큰 영향을 줄 수 있다는 것을 기억해두어야 한다. IGBT의 게이트 구동장치에 *R–C* 필터나 경우에 따라서는 페라이트 비드를 끼워 넣는 것은 쉽게 시행할 수 있는 방법이다.

또 다른 방법으로 공통모드 전류가 외부접지 대신 다른 귀환 경로로 흐르게 하는 것이 있다.

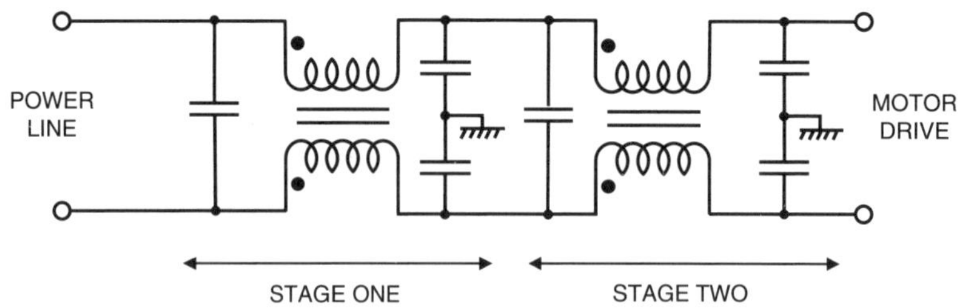

그림 13-35 단상 교류전압입력을 갖는 변속모터 구동장치에 사용하는 2단 전원필터

17) 2단으로 하는 것은 더 많은 감쇠를 하기 위해서이다. 공통모드 초크를 1개 더 달면 그만큼 인덕턴스가 증가함에도 불구하고 이 경우에 2개의 공통모드 초크를 사용하는 것이 더 좋은 까닭에는 두 가지가 있다. 첫째, 값을 크게 하여 초크 1개로 하면 전원선 전류에 의해 포화될 가능성이 훨씬 크다. 둘째, 큰 값의 초크 1개만을 사용하면 초크의 권선간 커패시턴스가 증가한다. 따라서 13.3.1절에서 살펴봤듯이 2개의 초크를 사용한 경우보다 고주파 필터효과가 나빠진다.

이중 한 가지 해법이 모터 케이블에 귀환도선을 추가하는 것이다. 이 귀환도선은 모터의 하우징과 스위치-공통(즉 (−)직류전원)을 연결한다. 그렇지만 이 방법은 실제로 구현하기가 불가능한 경우가 많다. 모터 하우징은 반드시 접지로부터 플로우팅되어 있거나 스위치-공통(switch-common)이 반드시 접지와 연결돼 있어야 하는데, 두 가지 상황 모두가 실제로 일어날 가능성은 없다.

이보다 실용적인 방법은 <그림 13-36>에 나타나 있듯이 모터하우징과 변속 구동장치 인클로저 사이를 접지도선으로 연결하고 구동장치 인클로저와 스위치의 공통(접지) 사이를 커패시터로 연결하는 것이다. 이 방법은 <그림 13-27>의 SMPS에서 브리지 커패시터를 사용한 방법과 개념상으로 비슷하다.

모터 케이블의 실드를 접지도선으로 사용할 수 있다. 이 방법은 실용적일뿐만 아니라 실드가 모터 구동장치 케이블로부터의 방사성 방출을 줄여주는 좋은 효과를 추가로 제공하므로 두 가지 역할을 동시에 수행한다고 볼 수 있다. 케이블에 페라이트 코어를 추가로 달면 (구동장치에 가깝게) 낮은 주파수의 차동모드 모터 구동전류에 영향을 주지 않으면서 높은 주파수에서 케이블의 공통모드 임피던스를 증가시킨다. 페라이트는 케이블로부터의 방사뿐만 아니라 공통모드 전류도 감소시킨다. 모터 구동장치 케이블이 실드가 있는 것이든 아니든 상관없이 페라이트 코어 방법을 사용할 수 있다.

또 다른 방법으로 모터 구동장치의 각 트랜지스터 쌍의 출력마다 인덕터[18]를 직렬로 달아주는 것이 있다. 이 방법은 모터전류의 스위치에서의 전력소모를 증가시키지 않으면서 상승시간을 느리게 한다. 상승시간이 느려진 만큼 케이블에서 공통모드 전류의 주파수성분이 줄어든다. 인덕터가 포화되지 않으면서 모터전류를 흐르게 하기 위해서는 인덕터의 실제 사이즈가 커져야 한다는 것이 이 방법의 단점이다.

<그림 13-37>은 공통모드 전류와 고조파를 동시에 억제(다음 절 참조)하는 기능을 가진 변속모터 구동장치의 블록도이다. 실드가 있는 케이블에서 케이블 실드와 케이블 상의 페라이트 코어는 출력 공통모드 전류와 케이블 방사를 억제한다. 전원필터는 변속모터 구동장치의 전원측 상의 전도성방출을 억제한다.

13.9 고조파 억제(HARMONIC SUPPRESSION)

유럽연합(European Union)은 공공 교류전력분배시스템(public ac power distribution system, 교류전원)에 직접 연결되는 제품에 흐르는 전류의 고조파성분을 제한하는 규정을 가지고 있다.

18) 이를 라인 인덕터(line inductor) 또는 dV/dt 초크라고 부른다.

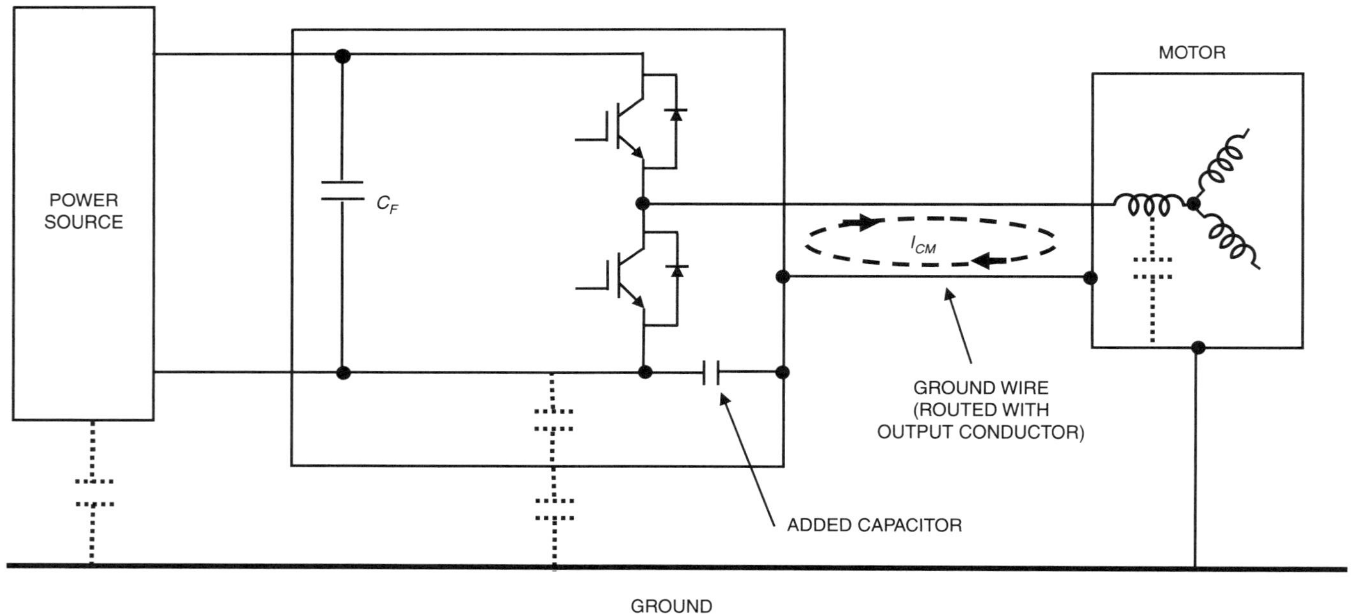

그림 13-36 모터하우징과 변속 구동장치 인클로저 사이를 접지도선으로 추가로 접속하고 구동장치 인클로저와 스위치의 공통(접지) 사이에 커패시터를 연결하여 공통모드전류가 흐르는 귀환경로를 만든다.

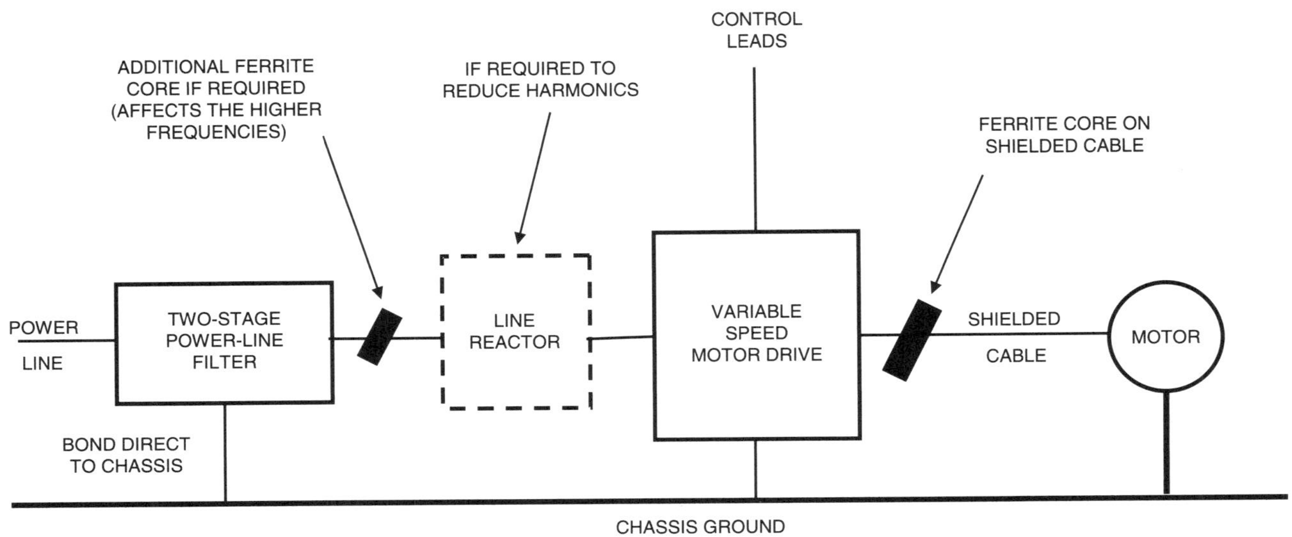

그림 13-37 전도성방출과 고조파를 동시에 억제하는 기능을 가진 변속모터 구동장치의 블록도

<표 18-3>에 이 허용한계치를 수록하였다.

고조파의 발생은 교류전원선에 연결된 부하의 비선형(nonlinear) 특성 때문이다. 고조파 발생문제의 주요 원인이 되는 것은 커패시터 입력필터 앞쪽에 있는 전파정류기(full wave rectifier)이다. 이렇게 전파정류기와 커패시터가 차례로 연결된 것은 SMPS와 변속모터 구동장치 모두에서 흔히 볼 수 있는 구조이다. 이 회로에서 입력전압의 크기가 입력필터 커패시터의 전압보다 클 때는 전류가 교류전원선에서 회로로 흘러들어간다. 따라서 <그림 13-4>에 나와 있듯이 전압파형의 피크에서만 전류가 흐른다. 이렇게 해서 생긴 전류파형은 홀수 고조파 성분의 크기가 더 크다. 이러한 상황에서는 총 고조파 왜곡(total harmonic distortion, THD) 값이 70~150% 사이가 되는 것도 드문 일이 아니다.

이 문제를 해결하기 위해서는 몇 가지 형태의 역률개선회로(power factor correction circuitry)가 필요하다. 역률개선 회로는 크게 수동(passive)과 능동(active), 이렇게 두 종류로 나눌 수 있다. 수동 역률개선회로(passive power factor correction circuitry)는 수동부품-보통 인덕터-로만 구성된다. 수동 역률개선회로는 간단하지만 고조파왜곡의 크기가 낮은 값이 되도록 하기가 어렵다. 또한 수동부품들이 교류전원 주파수에서 동작해야 하므로 부품의 실제 사이즈가 커야 한다.

한편, 능동 역률개선회로(active power factor correction circuitry)에는 수동부품과 능동부품이 모두 들어있다. 능동부품으로는 보통 스위칭 트랜지스터와 IC 컨트롤러가 사용된다. 수동부품으로는 다이오드와 인덕터가 사용되는 것이 보통이다. 회로는 높은 주파수에서 동작하므로 인덕터는 교류 전원주파수에서 동작하는 인덕터보다 작다. 능동 역률개선회로로는 낮은 THD 값을 얻을 수 있는데, 어떤 경우에는 이 값이 5% 이하가 된다.

고조파 성분을 줄이기 위해서는 전류펄스의 폭이 퍼져서 전압파형의 한 주기 안에서 넓은 부분을 차지해야 한다. 이렇게 되도록 하는 세 가지 방법은 다음과 같다.

- 정류기 다음에 용량성(capacitive) 입력필터 대신 유도성(inductive) 입력필터를 사용한다.
- 능동 역률개선회로를 사용한다.
- 정류기의 교류측에 역률개선 인덕터를 추가로 달아준다.

13.9.1 유도성 입력필터(Inductive Input Filters)

유도성 입력필터를 사용하면 전류파형이 넓게 퍼진다. 따라서 많은 경우에 제품이 규격인증을 받기에 충분할 정도로 고조파가 줄어든다. <그림 13-38>은 유도성 입력필터를 가진 SMPS의 전형적인 입력파형을 보여주고 있다. 인덕터는 di/dt 값을 제한하므로 전류파형의 상승시간을 느리게 한다. 또한 전류펄스가 넓게 퍼지게 만들므로 피크진폭이 줄어들고 따라서 파형의 총 고조파 성분도 줄어든다. <그림 13-38>의 전류파형을 <그림 13-4>의 전류파형과 비교해보기 바란다.

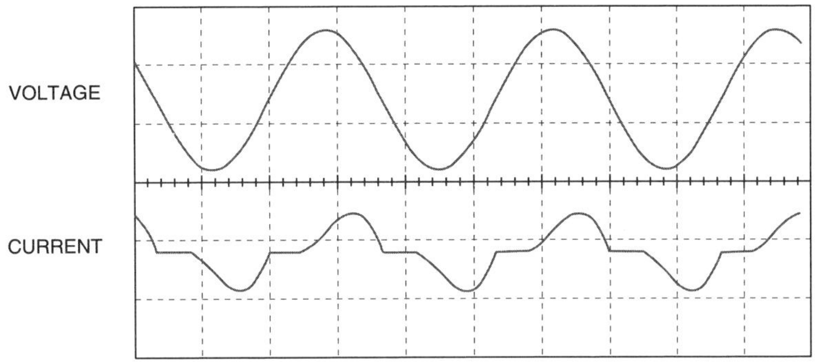

그림 13-38 유도성 입력필터를 가진 SMPS의 입력파형. 위는 전압파형이고 아래는 전류파형이다.

13.9.2 능동 역률개선(Active Power Factor Correction)

SMPS의 경우, 고조파 문제에 대한 훨씬 좋은 해결책은 능동 역률개선(power factor corrector, PFC) 회로를 사용하는 것이다. 이 회로는 사이즈가 작으며 전류 왜곡을 낮은 레벨로 줄일 수 있다. 전류펄스를 전체 주기에 걸쳐 넓게 퍼지도록 하는 PFC 회로에는 여러 유형이 있다. <그림 13-39>에 널리 사용되는 능동 역률개선 방법을 나타내었다. 이 회로는 부스트 컨버터(boost converter) 방식을 사용하여 능동 고조파필터(active harmonic filter)를 만든다. 이 회로는 불연속전류모드 PFC(discontinuous current mode power factor corrector) 회로로 수백 와트(watt) 이하의 전원공급기에 사용되는 것이 보통이다. 몇몇 IC 제조회사에서는 PFC 컨트롤러와 PWM 전원공급기 컨트롤러의 기능을 통합하여 한 개의 IC로 만든다.

PFC 컨트롤러는 전파 정류된 입력전압과 전류를 모두 감시한다. 컨트롤러는 PFC 스위치를 높은 주파수(수십 kHz)로 PFC 스위치의 ON과 OFF를 계속 반복한다. 이렇게 하면 삼각파 형태의 입력전류가 PFC 인덕터를 통해 흘러들어오는데, 각 삼각형 펄스의 피크진폭은 입력전압에 비례하도록 조절된다. 결국 삼각형 펄스의 포락선은 사인파 형태가 되며, 이 사인파의 피크진폭은 전원공급기의 전력요구량에 따라 변한다. <그림 13-39>에서 PFC 회로의 입력인 A점에서의 전압과 전류를 <그림 13-40>에 나타내었다. 이 결과는 교류전원의 입력전압의 한 주기 전체에 대해 나타낸 것이다.

삼각형 전류펄스가 PFC 인덕터를 통해 연속해서 흐르므로 평균전류는 사인곡선 형태가 되며 이 사인파의 피크값은 삼각형 펄스의 피크값의 1/2이 된다. 차동모드 인덕턴스를 사용하면 삼각형 펄스의 평균을 만들 수 있다. 차동모드 인덕턴스에 의해 만들어진 사인파 전류는 전원필터에 입력되는데, 이 전류의 진폭은 SMPS의 전력요구량에 비례한다.

PFC 스위치가 ON일 때, 삼각형전류는 PFC 인덕터에 에너지를 저장한다. 그 다음, PFC 스위치가 OFF되어 있는 동안에 PFC 인덕터는 다이오드 D_1을 거쳐 전원공급기의 필터 커패시터 C_F를 충전한다. 다이오드가 필요한 것은, PFC 스위치가 ON일 때 충전된 필터 커패시터 C_F가

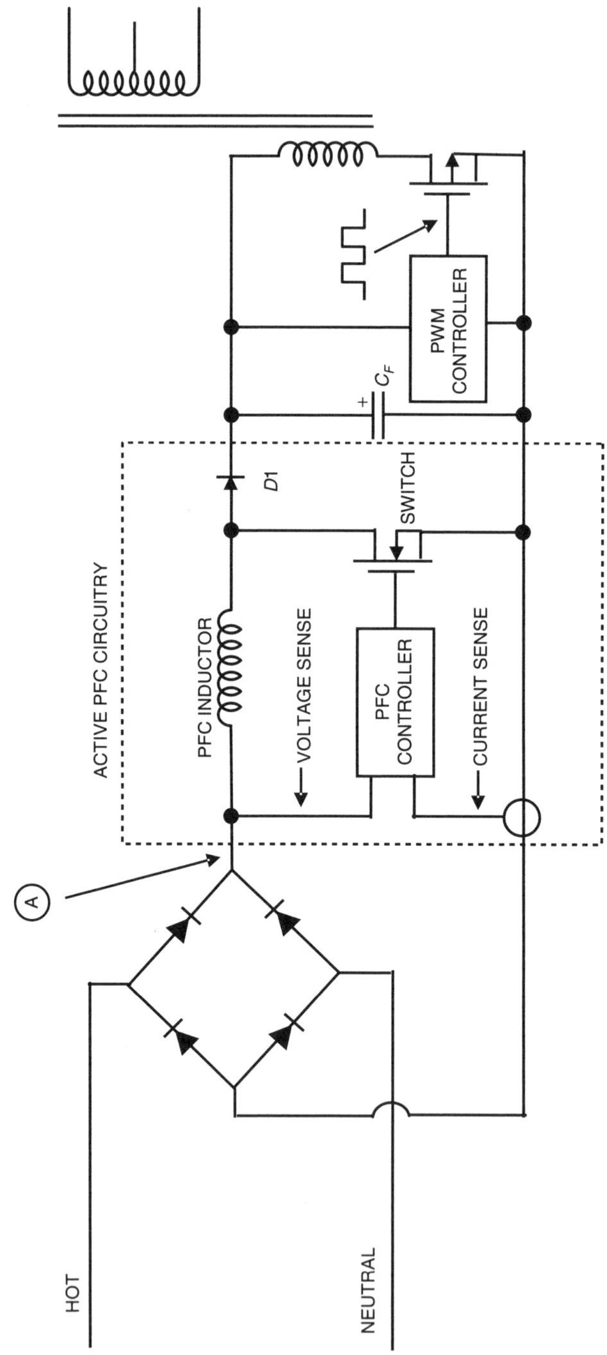

그림 13-39 능동 역률개선 방식을 사용한 SMPS

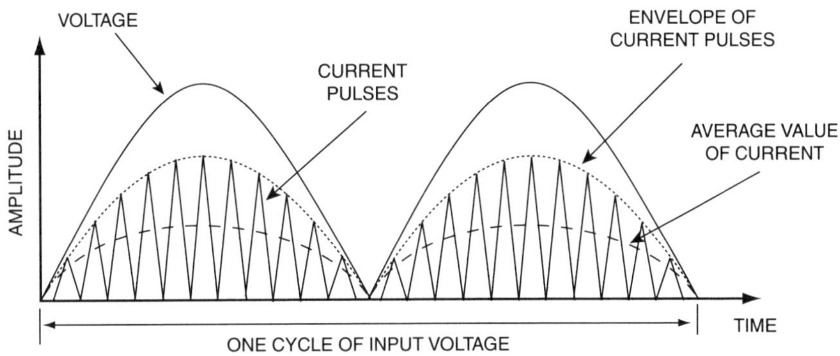

그림 13-40 능동 역률 개선회로의 입력 전압파형과 전류파형. 이들 파형은 그림 13-39의 A점의 파형이다.

PFC 회로쪽으로 방전하는 것을 막기 위해서이다.

13.9.3 교류 라인 리액터(AC Line Reactors)

정류기의 교류측에 연결된 역률 인덕터(power factor inductor)는 유도성 입력필터의 인덕터와 비슷한 결과를 만들어낸다. 그런데 인덕터를 전원공급기의 교류측에 연결할 경우, 단상 교류전원에는 2개의 인덕터를 사용해야 하고 3상 교류전원에는 3개의 인덕터를 사용해야 한다. 이렇게 해야 하는 것은 전원선이 불평형(unbalance)이 되지 않게 하고 공통모드 노이즈가 차동모드 노이즈로 변환되지 않게 하기 위해서이다. 이 방법은 SMPS의 경우에 실제로 거의 사용되지 않는다.

그러나 교류전원선에 교류 라인 리액터(인덕터)를 사용하는 것은 변속모터 구동장치의 고조파 문제를 해결하는 데 널리 적용되는 효과적인 방법이다. 이 방법은 단상 교류전원과 3상 교류전원에 모두 사용할 수 있다. <그림 13-37>은 변속모터 구동장치의 블록도로 고조파를 억제하는 교류 라인 인덕터가 들어있다. 라인 인덕터는 교류 전원선상의 과도 과전압(transient overvoltage)로부터 구동장치를 보호하는 데도 효과를 발휘한다.

요약 SUMMARY

- 100 kHz~30 MHz의 주파수 범위에서 교류 전원선의 임피던스는 2~450 Ω 사이의 값을 갖는다.
- SMPS로부터의 공통모드 방출은 전원공급기의 입력전압에 비례한다.
- SMPS로부터의 공통모드 방출은 1차측-새시간(또는 접지간) 기생 커패시턴스의 값에 비례한다.
- SMPS로부터의 차동모드 방출은 입력전류의 크기에 비례한다. 따라서 이 차동모드 방출은 전원공급기의 정격전력의 함수이다.
- 전원공급기의 부품 중에서 차동모드 방출에 가장 큰 영향을 주는 것은 입력 리플필터 커패시

터이다.

- 대략 500 kHz 이상의 차동모드 방출은 입력 리플필터 커패시터의 ESL에 비례하고 500 kHz 이하의 차동모드 방출은 방출은 입력 리플필터 커패시터의 ESR에 비례한다.
- 공통모드 방출과 차동모드 방출은 둘 다 전원공급기의 스위칭 주파수에 정비례한다.
- 전원필터의 부품 중에서 공통모드 감쇠에 영향을 주는 것은 Y-커패시터와 공통모드 초크이다.
- 전원필터의 부품 중에서 차동모드 감쇠에 영향을 주는 것은 X-커패시터와 공통모드 초크의 누설 인덕턴스이다.
- 전원필터의 성능에는 필터의 전기적 설계가 주로 영향을 주지만 이에 못지않게 필터의 장착방식과 장착위치, 그리고 필터단자의 배선방식도 영향을 미친다.
- 전원필터와 전원공급기가 같은 PCB 상에 장착돼 있는 경우에는 자기장결합, Y-커패시터와 직렬로 연결되는 큰 접지임피던스, 이 두 가지가 필터의 효과를 크게 떨어뜨린다.
- 어떤 경우에는 전원공급기와 전원필터 사이의 상호작용에 의해 전원공급기의 불안정성이 발생할 수 있다.
- 전원공급기에서 자기장을 줄이는 방법은 다음과 같다.
  - *di*/*dt* 값이 큰 전류가 흐르는 루프의 면적이 최소가 되도록 한다.
  - E-코어 트랜스포머 대신 토로이덜(torridal) 코어 트랜스포머를 사용한다.
  - E-코어 트랜스포머에 쇼티드턴(shorted turn)을 추가한다.
  - 장치를 강철 등의 자성체로 차폐한다. 알루미늄을 사용해서는 안 된다.
- 브리지 커패시터는 SMPS에서 어떤 특정한 종류의 공통모드 전도성방출을 줄이는 데 효과적이다.
- 전원공급기의 주파수를 의도적으로 변화시키는 것(즉 주파수디더링(frequency dithering)을 사용하는 것)은 공통모드 전도성방출과 차동모드 전도성방출을 줄이는 방법 중의 하나이다.
- 교류전원선상에 고조파를 생기게 하는 주요 발생원은 커패시터 입력필터 앞쪽에 있는 전파정류기이다. 이렇게 전파정류기와 커패시터가 차례로 연결된 것은 다음 장치에서 흔히 볼 수 있는 구조이다.
  - SMPS
  - 변속모터 구동장치
- 여러 가지 점에서 변속모터 구동장치는 SMPS와 비슷한 방식으로 동작하므로 EMC 문제도 서로 비슷하다.
- 일반적으로, 변속모터 구동장치의 교류입력상에 발생하는 전도성방출은 전원필터—보통 2단으로 된 공통모드필터—로 줄일 수 있다.
- 변속모터 구동장치의 출력에 발생하는 공통모드 방출을 줄이는 가장 좋은 방법은 모터하우징

과 구동장치 공통(common) 사이를 접지선과 커패시터로 연결하는 것이다. 이들은 공통모드 노이즈전류가 흐르는 귀환경로를 제공한다.

- SMPS와 변속모터 구동장치에서 교류전원선에 발생하는 고조파 전류를 줄이는 데 사용되는 방법은 다음과 같다.
  - 정류기 다음에 용량성(capacitive) 입력필터 대신 유도성(inductive) 입력필터를 사용한다.
  - 능동 역률개선회로를 사용한다.
  - 교류전원선에 역률개선 인덕터(라인 인덕터)를 추가로 달아준다.

연습문제 PROBLEMS

13-1 a. 식 (13-1)을 유도하여라.

b. 식 (13-1)을 유도하는 과정에서 어떤 가정을 해야 하는가?

c. 위의 문제 b의 가정이 타당하다는 것을 증명하여라.

13.2 누설 요건이 0.5 mA일 때, 이 허용한계치를 넘지 않으려면 230 V, 50 Hz 교류전원에 사용하는 전원필터의 전원선-접지간 커패시턴스(Y-커패시터의 커패시턴스)의 값이 얼마 이하가 되어야 하는가?

13.3 <그림 13-4>와 <그림 13-38>의 전류 파형 사이의 두드러진 차이점 세 개를 말하여라.

13.4 어떤 SMPS의 특성이 다음과 같다. 150 kHz~30 MHz의 주파수범위에서 공통모드 전도성방출의 포락선을 로그-로그 그래프로 그려라.

- 스위칭 주파수: 100 kHz
- 최대 스위칭 전류: 4 A
- 입력전압: 교류 115 V(입력 리플필터 커패시터의 직류전압은 160 V)
  - 입력 리플필터 커패시터의 특성
    - 커패시턴스: 470 μF
    - 정격 전압: 250 V
    - ESL: 30 nH
    - ESR: 0.1 Ω
  - 스위칭 트랜지스터의 상승시간: 75 ns
  - 1차(입력)회로-접지간 기생 커패시턴스: 150 pF

13.5 위의 문제 13-4의 전원공급기에 대해 150 kHz~30 MHz 의 주파수범위에서 차동모드 전도성방출의 포락선을 로그-로그 그래프로 그려라.

13.6 12 V, 10 A 입력의 직류-직류 컨버터(dc-to-dc converter)에서 공통모드 전도성방출과 차동모드 전도성방출 중에서 어느 것이 더 우세한지 말하여라. 단, 입력 리플필터의 특성은

문제 13-4와 같고 1차회로-접지간 기생 커패시턴스는 100 pF이다.

13-7 교류 전원필터의 공통모드 초크의 인덕턴스가 미치는 영향을 말하여라.

13-8 전원필터가 적절하게 장착되어 있는 경우에, 필터의 고주파 공통모드 효과를 떨어뜨리는 파라미터에는 어떤 것(들)이 있는가?

13-9 어떤 제품이 10 μA의 누설전류요건을 충족해야 한다. 이 제품이 115 V, 60 Hz 전원선에 연결되는 경우에 전원필터의 Y-커패시터의 최댓값을 구하여라.

13-10 SMPS의 경우, 스위칭 주파수와 피크 전류정격을 제외한 나머지 파라미터 중에서 차동모드 전도성방출에 가장 큰 영향을 주는 것을 두 개만 말하여라.

13-11 SMPS에서 발생하는 공통모드 전동성방출의 최댓값에 가장 큰 영향을 주는 것은 스위칭 주파수와 스위칭 트랜지스터의 상승시간 중에서 어느 것인가?

참고문헌 REFERENCES

Grasso, C. and Downing, B. "Low-Cost Conducted Emissions Filtering in Switched-Mode Power Supplies." *Compliance Engineering*, 2006 Annual Reference Guide.

Hnatek, E. R. *Design of Solid State Power Supplies*, 3rd ed. New York, Van Nostrand Reinhold, 1989.

Nave, M. J. *Power Line Filter Design for Switched-Mode Power Supplies*. New York, Van Nostrand Reinhold, 1991.

Nicholson, J. R. and Malack, J. A. "RF Impedance of Power Lines and Line Impedance Stabilization Networks in Conducted Interference Measurements." *IEEE Transactions on Electromagnetic Compatibility*, May 1973.

Paul, C. R. *Introduction to Electromagnetic Compatibility*, 2nd ed. New York, Wiley, 2006.

심층자료 FURTHER READING

EN 61000-3-2. *Electromagnetic Compatibility (EMC)—Part 3-2: Limits—Limits for harmonic current emissions (equipment input current ≤ 16 A per phase)*. CENELEC, 2006.

Erickson, R. W. and Maksimovic, D. *Fundamentals of Power Electronics*. 2nd ed. New York, Springer, 2001.

Fulton, D. "Reducing Motor Drive Noise." Part 1, *Conformity*, July 2004.

IEEE Std. 519. *Recommended Practices and Requirements for Harmonic Control in Electrical Power Systems*. IEEE, 1992.

Schneider, L. M. "Noise Source Equivalent Circuit Model for Off-Line Converters and its Use in Input Filter Design." *IEEE 1993 International Symposium on Electromagnetic Compatibility*, Washington, DC, August 1983.

Severns, R. *Snubber Circuits For Power Electronics*, ebook, www.snubberdesign.com/snubber-book.html, Rudolf Severns, 2008.

Chapter 14

RF 내성과 과도 내성

RF and Transient Immunity

1996년 이후, 유럽연합(European Union)이 상용제품에 대해 방출(emission)과 내성(immunity)을 모두 포함하는 규제를 실시하면서 전자파 내성(electromagnetic immunity) 문제에 대한 관심이 증가하고 있다. 방사를 일으키는 원인을 제공하는 것은 주로 디지털 회로인 반면 (12장 참조), RF 감응성(radio frequency susceptibility)과 관련하여 주로 관심을 가져야 할 것은 낮은 레벨의 아날로그 회로이다. 그런데 디지털 회로는 RF 전자기장(RF field)보다는 정전기방전(electrostatic discharge, ESD)과 같은 높은 과도전압(high-voltage transient)에 의해 피해를 입을 가능성이 훨씬 크다. 이 책(예를 들어 케이블링과 차폐를 다룬 장들)에서 이미 살펴본 많은 내용들은 방출(emission)에도 적용되고 내성(immunity)에도 똑같이 적용된다.

내성의 정의는 '어떤 제품이 전자파 방해가 존재하는 곳에서 성능이 저하되는 일이 없이 동작하는 능력' 이다. 내성(immunity)의 반대가 감응성(susceptibility)이다. 감응성의 정의는 '어떤 제품이 전자파 장해가 존재하는 곳에서 성능의 저하나 오동작을 일으키는 상태' 이다.

14장에서는 내성을 갖도록 전자시스템을 설계하는 문제에 대해 살펴본다. RF 내성, 과도 내성, 전원선 장해에 대한 내성 문제를 모두 다룬다. 모든 장비의 내성 정도를 똑같게 해줄 필요가 없음은 너무나 분명하다. 어느 정도로 내성수준을 맞출지 정할 때는 제품의 용도, 오동작이 초래할 수 있는 결과, 사용자(소비자)의 기대수준, 해당 규정의 허용기준을 고려해야 한다.

내성 규정을 충족해야할 필요가 없는 제품(예를 들어, 미국에서 판매되는 상용제품)의 경우에도 시장에서의 불량을 막고 소비자의 만족을 유지하려면 제품이 내성을 갖추도록 설계하고 시험하는 것이 현명한 일이다. 그러므로 모든 제품이 최소한의 전도성내성, 방사성내성, 과도내성, 전원선내성을 갖출 수 있도록 설계하고 시험을 해야 한다.

14.1 성능기준(PERFORMANCE CRITERIA)

내성규정 및 내성시험과 관련한 문제(방출과는 관련이 없는 문제)는 어떤 경우를 실패(failure)로 보아야 하는가라는 것이다. 만일 내성시험 도중에 '어떤 제품이 장해를 겪거나 안전하지 못한 상태가 되면 실패다' 라고 한다면 누구나 동의할 수 있다. 그러나 제품이 장해를 겪거나 안전하지 못한 상태가 되지 않으면 어떤 정도까지를 실패로 볼 것인가에 대해 여러 가지 해석의 여지가 있다. 예를 들어, TV 세트에 대한 내성시험 도중에 디스플레이(display)의 수직동기조절(vertical hold control)에 문제가 생겨 스크린 디스플레이가 수직방향으로 한두 번 흔들린 경우, 이를 실패로 봐야 하는가? 이 문제에 대해서는 사람마다 다른 대답이 나올 수 있다.

유럽연합의 내성규격(immunity standard)은 세 가지 실패기준(failure standard)을 정의하고 있으며, 각 내성 시험마다 세 가지 실패기준 중에서 어느 것을 기준으로 적용할지 구체적으로 명시한다. 세 가지 실패기준은 다음과 같다(2007년, EN 61000-6-1).

기준 *A*(*Criteria A*) : 기기는 내성시험 **도중과 종료 후**에 의도된 동작을 지속하여야 한다. 성능저하(degradation)나 기능손실은 허용되지 않는다.

기준 *B*(*Criteria B*) : 기기는 내성시험 **종료 후**에 의도된 동작을 지속하여야 한다. 시험이 종료된 후에는 성능저하나 기능손실은 허용되지 않는다. 시험 도중에는 성능저하나 기능손실이 허용된다. 그러나 동작상태의 변화나 저장된 데이터의 변화는 허용되지 않는다.

기준 *C*(*Criteria C*) : 자체적으로 정상복원이 가능한 기능이거나 기기를 제어하여 정상으로 복원할 수 있는 기능이라면 **일시적인 기능손실은 허용**된다.

기준 A는 RF내성에 적용된다. 기준 B는 과도내성과 전원선 장해(power-line disturbance)에 적용된다. 기준 C는 심각한 전원선 순간전압강하(power-line dip)과 정전(power-line interruption)에 적용된다.

14.2 RF 내성(RF IMMUNITY)

가정용 엔터테인먼트 기기(home entertainment equipment)에서 컴퓨터, 자동차, 군용장비, 의료기기, 대규모 산업용 공정관리장치(process control equipment)에 이르기까지 모든 전자시스템에 심각한 문제가 되는 것이 RF 장해(radio frequency interference, RFI)이다.

RF내성 규격은 전자기장에 대한 제품의 감응성을 억제하거나 제한하기 위해 있는 것이다. 일반적으로 50 MHz 이상의 높은 주파수에서는 전자기 에너지가 장비와 케이블로 쉽게 결합(전달)된다. 50 MHz 이하의 낮은 주파수에서는 대부분의 제품의 사이즈는 전자기 에너지를 효과적으로 수신할 수 있을 정도의 크기가 되지는 못한다. 따라서 이러한 낮은 주파수에서는 전자파 결합은 대부분이 케이블에서 일어난다. 케이블의 길이가 파장의 1/4이나 1/2인 경우, 이 케이블은 매우 성능이 좋은 수신안테나가 된다. 50 MHz에 대해 1/2 파장은 3 m이다.

3 m 길이의 케이블이 균일한 전자기장 속에 놓이도록 하는 것은 매우 어렵다. 이렇게 하려면 큰 시험챔버(test chamber)가 필요하다. 그러므로 13장에서 살펴본 전도성방출의 경우와 비슷하게, 전자기장이 케이블에 수신되는 상황을 만들기 위해 케이블의 도체에 전압을 주입하여 시험을 수행한다. 이것을 '전도성내성 시험(conducted immunity test)' 라고 하는데, 이 시험은 실제로는 방사성내성 시험(radiated immunity test)의 변형에 지나지 않는다.

일반적으로, 상업용 제품에 대한 전도성 RF내성규격이 요구하는 것은 다음과 같다. 150 kH~80 MHz 사이의 주파수 대역에서 80%로 AM변조(amplitude modulation)된 크기 3 V (주거용/상업용 제품의 경우) 또는 10 V (산업용 장비의 경우)의 RF 전압이 교류전원 케이블에 공통모드로 결합(전달)될 때 제품은 성능저하 없이 정상적으로 동작하여야 한다(성능기준 A) (2007년 EN 61000-6-1). 신호 케이블, 직류전원 케이블, 접지 도체의 길이가 3 m 이상인 경우에는 이들에 대해서도 같은 시험을 실시해야 한다. 전압을 인가할 때는 케이블 도체에 공통모드 전압으로 인가해주어야 한다. 실드가 없는 케이블에서는 전압이 150 Ω의 공통모드 임피던스를 통해 각 도체에 용량성으로 결합된다(각 도체에는 신호원의 전원임피던스 50 Ω + 100 $n\Omega$ 이 연결, n은 케이블의 도체의 개수). 실드가 있는 케이블의 경우에는 전압이 150 Ω 저항을 통해 실드로 직접 결합된다(신호원의 전원임피던스 50 Ω + 100 Ω 저항).

일반적으로, 상업용 제품에 대한 방사성 RF내성 규격이 요구하는 것은 다음과 같다. 80~1000 MHz 사이의 주파수 대역에서 80%로 AM변조(amplitude modulation)된 크기 3 V/m (주거용/상업용 제품의 경우) 또는 10 V/m(산업용 장비의 경우)의 전기장(electric field)을 쏴 줄 때 제품은 성능저하 없이 정상적으로 동작하여야 한다(성능기준 A). 자동차나 군용제품에 대해서는 이보다 훨씬 높은 200 V/m 전기장을 인가한다.

14.2.1 RF 환경(The RF Environment)

송신기에서 d만큼 떨어진 거리에서의 전기장의 세기를 쉽게 계산할 수 있다. 송신기를 소형 등방성 방사기(isotropic radiator, 모든 방향으로 똑같이 방사하는 기기)로 가정하면, 송신기에서 d만큼 떨어진 거리에서의 전력밀도 P는 다음 식과 같이 ERP(effective radiated power, 실효 방사전력)을 반지름이 d인 공의 표면적으로 나눈 값과 같아진다.

$$P = \frac{\text{ERP}}{A_{sphere}} = \frac{\text{ERP}}{4 \cdot \pi \cdot d^2} \tag{14-1}$$

전력밀도 P (단위는 W/m^2)는 전기장 E와 자기장 H의 곱과 같다. 원거리장(far field)의 경우, $E/H = 120\pi\Omega = 377\ \Omega$이다. 이것을 식 (14-1)에 대입한 다음, E에 대해 정리하면 다음 식을 얻을 수 있다.

$$E = \frac{\sqrt{30 \cdot ERP}}{d} \quad (14\text{-}2)$$

여기서 ERP는 '송신전력 × 안테나이득' 이다. 소형 휴대용 송신기의 경우, 안테나이득은 1로 가정하는 것이 보통이다. 다이폴 안테나의 경우, 이득은 등방성 방사기를 기준으로 2.14 dB이다. 2.14 dB는 1.28배를 뜻한다.

FM 전송에는 식 (14-2)를 적용할 수 있다. AM 전송의 경우, 식 (14-2)에 1.6을 곱하는데, 이는 변조피크 (80%의 AM변조를 가정)를 고려한 것이다.

예를 들어, 출력전력이 50,000 W인 FM 송신소에서 1.6 km (약 1마일) 떨어진 곳의 전기장의 세기는 0.77 V/m이다. 그러나 출력전력이 600 mW인 휴대폰에서 1 m 떨어진 곳의 전기장의 세기는 4.24 V/m이다. 이 두 예에서 알 수 있듯이, 저출력의 송신기라도 가까운 곳에 있으면 먼 곳에 있는 고출력의 송신기보다 전자장비에 더 큰 위협이 될 수 있다.

캐나다의 정부기관인 Industry Canada에서는 캐나다의 무선환경을 조사한 후 다음과 같은 결론을 내렸다. 도시지역과 교외지역에서의 최대 전기장의 세기는 10 kHz~10,000 MHz 사이의 주파수범위에서 1~20 V/m 사이로 예상된다(1990년 Industry Canada).

전기장의 세기가 10 V/m를 넘지 않으면 디지털 회로는 이 정도의 방사성 RF 에너지에 의해 피해를 입지 않는 것이 보통이다. 그렇지만 전압안정기(voltage regulator)와 같은 낮은 레벨의 아날로그 회로는 1~10 V/m 정도의 방사성 RF 전기장에도 장해를 겪는 일이 흔히 있다.

14.2.2 오디오정류(Audio Rectification)

RF 감응성(radio frequency susceptibility)에 포함되는 것으로 오디오정류(audio rectification)가 있다. 오디오정류란 저주파 회로에서 비선형 부품에 의해 의도하지 않은 고주파 RF에너지의 검파(detection)(즉 정류)가 일어나는 것을 말한다. 변조된 RF 신호가 비선형 부품(예: 바이폴라 트랜지스터의 베이스-이미터 접합)을 만나면 RF 신호는 정류되어 회로에는 변조주파수를 갖는 신호(즉 낮은 주파수 신호)가 나타난다. 변조되지 않은 RF 신호의 경우, 직류오프셋(dc offset) 전압이 발생된다. 변조된 RF 신호의 경우, 변조주파수에 비례하는 교류전압이 회로에 나타난다. 직류 오프셋이나 변조주파수는 저주파 아날로그 회로의 통과대역 안에 들어오는 것이 일반적이므로 장해가 발생한다. 오디오정류에 의한 장해의 전형적인 예로, 27 MHz 대역을 사용하는 CB(citizen band)의 무선 송수신이 가정의 하이파이(high fidelity) 스테레오 시스템에 장해를 일으키는 현상을 들 수 있다.

오디오정류가 발생할 수 있는 곳은 스테레오 시스템, 전화, 마이크로폰(microphone), 증폭기(amplifier), 텔레비전 등과 같은 오디오/비디오 회로는 물론, 전압안정기(voltage regulator) 전원공급기(power supply), 산업 공정제어시스템(process control system), 온도센서 및 압력센서와 같은 저주파 피드백 제어시스템이며, 드물지만 디지털 회로에도 가능하다. 각종 오디오/비디오 시스템의 경우, 복조된 RF 신호가 소리나 영상으로 나타나는 것이 일반적이고 피드백 제어시스템에서는 복조된 RF 신호가 직류나 저주파 오프셋 전압을 제어시스템에 발생시켜 제어기능에 이상을 일으킨다.

오디오정류가 문제가 되려면 다음 두 가지 현상이 일어나야 한다.

- 먼저, RF 에너지가 수신돼야 한다.
- 그 다음, 수신된 RF 에너지가 정류돼야 한다.

위의 두 현상 중에서 어느 하나를 없애면 오디오정류는 일어나지 않는다.

RF 에너지는 보통 케이블에서 수신되는데, 주파수가 아주 높은 경우에는 회로자체에서 수신되기도 한다. 대부분의 경우, 검파(정류)는 RF 에너지를 만나는 첫 번째 p-n 접합에서 일어난다. 드물기는 하지만 납땜이 불량하게 된 연결부위나 불량한 접지접속부위에 생긴 정류특성에 의해 검파가 되는 경우도 있다.

보통, 가장 영향을 받기 쉬운 회로는 증폭기나 선형 전압안정기 회로와 같은 낮은 레벨의 아날로그 회로이다.

14.2.3 RFI 경감 대책(RFI Mitigation Techniques)

방사성 RF 내성과 전도성 RF 내성은 모두 방사 전자기파의 결합과 관련이 있으므로 같은 방법을 사용하여 이 두 가지 문제를 다룬다. <그림 14-1>은 일반적으로 회로에 발생하는 RFI를 보여주고 있다. 회로는 센서, 실드가 없는 케이블, PCB로 구성돼있다. 보통, 케이블은 RF 에너지를 공통모드나 차동모드 형태로 수신한다. 수신된 신호는 센서회로나 PCB 회로에서 정류된다.

케이블은 도선을 꼬아 트위스티드 페어(twisted pair)로 만들거나 (차동모드 대책), 공통모드

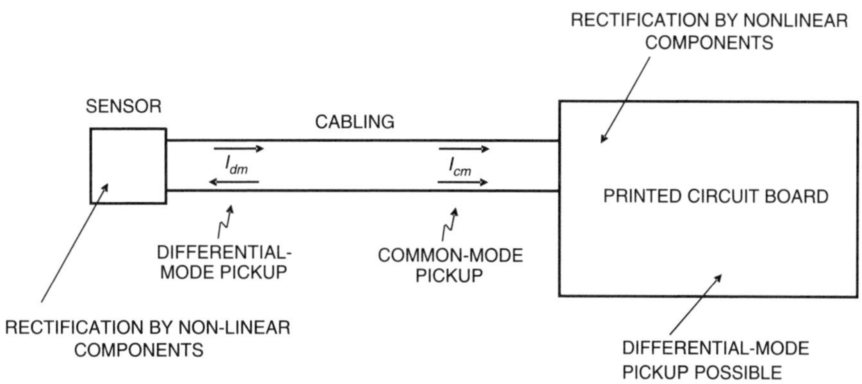

그림 14-1 RF 내성의 예

초크를 달거나 (공통모드 대책), 실딩을 해준다(차동모드 및 공통모드 대책). 많은 제품의 경우, RFI를 가장 받기 쉬운 주파수는 케이블이 공진하는 주파수이다. 센서, PCB 상의 케이블의 입구, 정류를 담당하는 부품에는 적절한 필터링을 해주어 RF 에너지를 우회시키면 문제를 없앨 수 있다.

RFI 경감 대책을 해주어야 할 부분은 다음과 같다.

- 부품
- 케이블
- 인클로저

14.2.3.1 부품 수준의 보호(Device Level Protection) RFI 억제 대책은 부품 수준에서부터 시작해야 하며 그 다음에 인클로저와 케이블 수준으로 올라가면서 추가, 보완할 수 있다. 가장 위험이 큰 회로는 낮은 신호레벨로 동작하는 회로와 I/O 케이블에서 가장 가까운 곳에 위치한 회로이다.

위험이 큰 신호루프의 면적은 되도록 작게 해주어야 하며 특히 낮은 레벨 증폭기의 입력회로나 피드백회로에서는 이것에 신경을 써야 한다. 민감한 IC는 입력에 직접 RF 필터를 달아서 보호해야 한다. <그림 14-2>에서 보듯이 직렬임피던스(페라이트 비드[1]), 저항, 인덕터)와 병렬 커패시터로 구성된 *R-C* 저역통과필터를 민감한 부품의 입력에 달아서 RF 전류가 부품으로 들어가지 않고 우회하도록 만들어 오디오정류를 막는다.

주의해야 할 주파수대역에서 50~100 Ω 정도의 임피던스를 갖는 직렬부품과 수 Ω 이하의 임피던스를 갖는 병렬부품(보통, 커패시터)을 사용하면 효과적인 RFI 필터를 만들 수 있다.

직류 전압강하가 있어도 괜찮은 경우에는 직렬부품으로 저항을 사용할 수 있다. 페라이트 비드는 30 MHz 이상의 주파수범위에서 좋은 성능을 발휘한다. 페라이트 비드는 전압강하를 거의

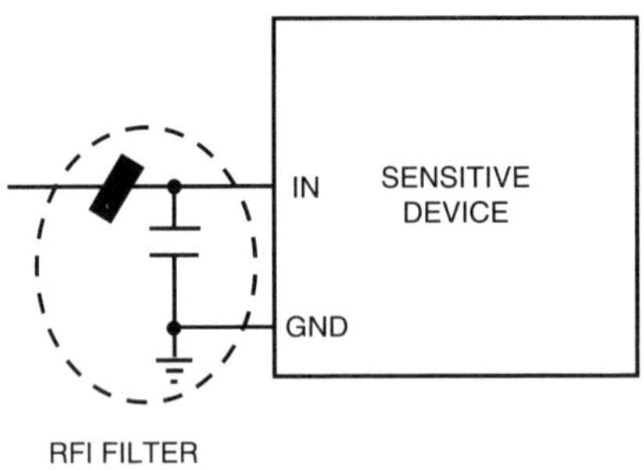

그림 14-2 민감한 부품의 입력에 연결하는 RFI 필터

1) 0~1 MHz 범위에서 페라이트 비드(ferrite bead)는 임피던스가 0 Ω에 가까운 저항처럼 동작한다. 페라이트 비드는 30 MHz 이상의 주파수에서 가장 효과적이다.

일으키지 않는다.

직렬부품은 50~100 Ω의 임피던스를 가져야 하므로 약 10 MHz 이하의 주파수에서는 인덕터를 사용한다. 직렬 임피던스가 62.8 Ω인 경우를 예로 들어 살펴보자. 이 값을 고른 것은 인덕터의 값을 편하게 계산할 수 있기 때문이다. 유도성 리액턴스의 크기는 다음과 같이 쓸 수 있다.

$$X_L = 2\pi fL = 62.8 \tag{14-3}$$

$$fL = 10 \tag{14-4}$$

따라서 주파수와 인덕턴스의 곱이 10이 되는 인덕터를 고른다. 예를 들어 1 MHz 에서는 10 μH, 10 MHz에서는 1 μH이 된다.

케이블이나 PCB 트레이스가 인덕턴스를 가지고 있는 경우에는 병렬 커패시터 한 개만 사용하여도 효과를 볼 수 있다.

<표 14-1>에 여러 주파수에서 이상적인 커패시터(직렬 인덕턴스성분과 저항성분이 0인 커패시터)의 임피던스 값을 수록하였다. 80~1000 MHz 사이의 주파수범위(유럽연합의 규격에서 방사성 내성시험을 요구하는 주파수범위)에서는 RF 필터의 커패시터로 1000 pF을 사용하는 것이 효과적인데, 이 주파수 범위에서 1000 pF 커패시터의 임피던스가 0.16~1.99 Ω으로 적당하기 때문이다. 이보다 낮은 주파수대역의 내성문제인 경우에는 1000 pF보다 큰 커패시터가 필요하다.

필터의 병렬부품의 임피던스는 수 Ω 이하여야 하므로 1.6 Ω인 경우를 예로 들어 살펴보자. 그러면 용량성 리액턴스의 크기는 다음으로 쓸 수 있다.

$$X_C = 1/2\pi fC = 1.6 \tag{14-5}$$

$$fC = 0.1 \tag{14-6}$$

따라서 주파수와 커패시턴스의 곱이 0.1이 되는 커패시터를 고른다. 예를 들어 100 MHz에서는 1000 pF이 된다.

표 14-1 이상적인 커패시터의 임피던스(Ω)

주파수(MHz)	0.047 μF	0.01 μF	4700 pF	1000 pF	470 pF	100 pF
0.3	11.3	53	112.9	530	1129	5300
1.0	3.3	15.9	33.9	159	339	1590
3.0	1.1	5.3	11.3	53	113	530
10	0.3	1.59	3.4	15.9	33.9	159
30	0.11	0.53	1.1	5.3	11.3	53
100	0.03	0.16	0.34	1.6	3.4	15.9
300	0.01	0.05	0.11	0.53	1.13	5.3
1000	0.003	0.02	0.03	0.16	0.34	1.6

예를 들어보자. 신호선에 *L*- 필터가 설치되어 있는데, 이 필터의 양쪽에는 낮은 전원임피던스를 갖는 신호원과 높은 임피던스를 갖는 부하가 각각 연결돼있다. 이 필터의 직렬부품의 임피던스가 62.8 Ω, 병렬부품의 인덕턴스가 1.6 Ω이면 필터의 감쇠율은 32 dB이다.

필터가 제대로 효과를 내려면 병렬 커패시터를 설치할 때 단자를 짧게 하여 임피던스가 거의 0이 되게 해주어야 한다. 이것은 너무나 중요하여 아무리 강조해도 지나치지 않는다. 많은 필터에서 문제가 되는 것이 병렬 커패시터에 직렬로 연결되는 인덕턴스이다. 이 인덕턴스에는 민감한 부품의 입력과 접지사이에 커패시터를 연결하기 위해 사용되는 PCB 트레이스의 인덕턴스 성분과 커패시터 자체의 인덕턴스 성분이 포함된다.

바이폴라 트랜지스터 증폭기의 경우에는 베이스-이미터 접합(junction)에서 RF 에너지의 정류가 이루어지는 것이 보통이다. <그림 14-3>에서는 트랜지스터의 베이스와 이미터 사이에 연결된 *RC* 필터를 볼 수 있다. <그림 14-3>에서 <그림 14-5>까지 필터의 직렬부품은 모두 저항이다. 그렇지만 앞에서 살펴본 것처럼 페라이트 비드나 인덕터를 직렬부품으로 사용할 수도 있다.

대부분의 IC 타입 증폭기의 경우, IC의 핀에서 입력 트랜지스터의 베이스-이미터 접합에 직접 접근할 수 없다. 이런 경우에는 부품의 입력에 반드시 RF 필터를 달아서 RF 에너지가 패키지로 들어가지 않도록 해줘야 한다. <그림 14-4>에서 이런 식으로 연산증폭기(operational amplifier)의 입력에 연결된 RFI 필터를 볼 수 있다.

<그림 14-5>에서 보듯이 어떤 IC 증폭기(예: AD620 계측증폭기(instrumentation amplifier))는 입력 트랜지스터의 베이스와 이미터에 직접 접근할 수 있게 돼있어서 사용자가 베이스-이미터 접합에 RF필터를 직접 연결할 수 있다.

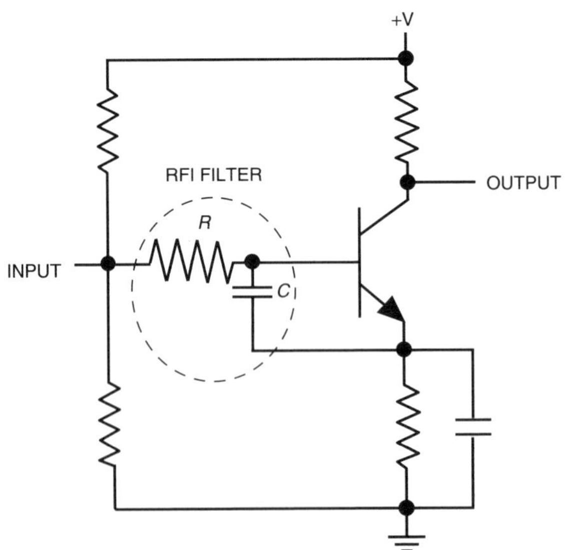

그림 14-3 트랜지스터 증폭기의 베이스-이미터 접합에 연결된 RFI 필터

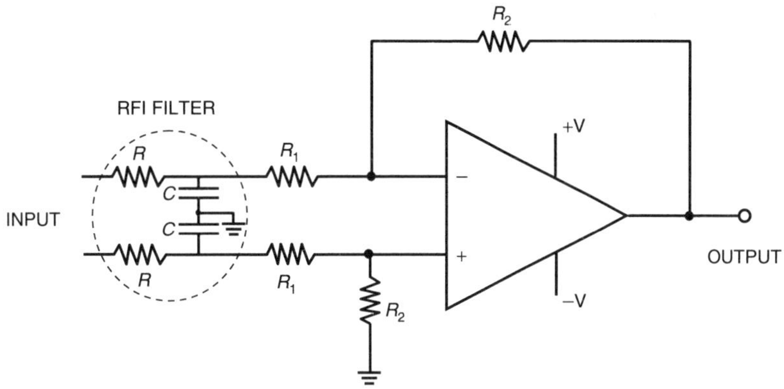

그림 14-4 연산증폭기의 입력에 연결된 RFI 필터

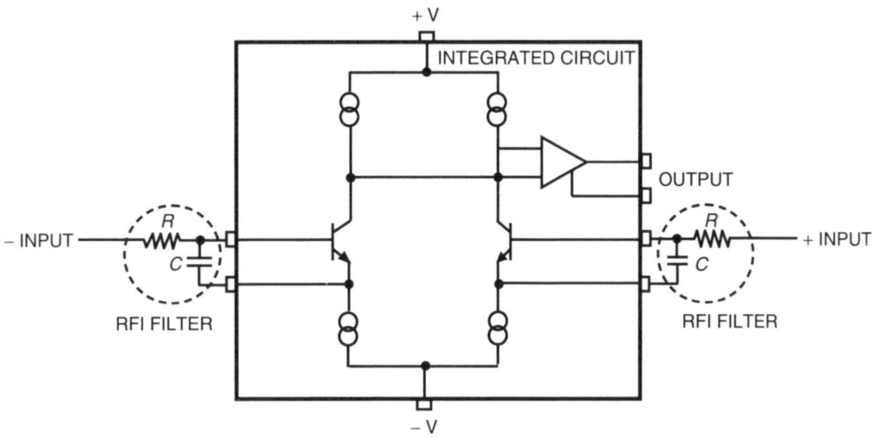

그림 14-5 입력 트랜지스터의 베이스-이미터 접합에 RFI 필터가 직접 연결돼있는 IC 계측증폭기

<그림 14-1>에 나타나 있는 비선형 부품(트랜지스터, 다이오드, solid state 증폭기 등)으로 이루어진 센서에 보호대책을 세워주면 오디오정류를 막을 수 있다. 센서의 도선은 수신안테나로 동작할 수 있고 센서의 p-n 접합은 정류기로 동작할 수 있다. 이런 경우에는 센서와 PCB의 케이블 입구에 필터를 달아서 오디오정류를 막아야 한다. <그림 14-6>에서는 발광다이오드(light-emitting diode, LED)와 포토트랜지스터(phototransistor)로 구성된 광학인코더(optical encoder)에 RFI 필터링을 해주고 있다. 필터에는 직렬부품으로 비드, 병렬부품으로 커패시터가 사용되고 있다.

전원판과 접지판을 갖는 다층 PCB는 단면 PCB나 양면 PCB보다 RF 내성이 훨씬 크다. 그 까닭은 다층 PCB에서는 판(plane)이 사용되므로 접지 임피던스가 더 작아지고 루프면적도 더 작아진다. 강한 RF 내성을 갖기 위해서는 전원과 접지사이에 연결된 벌크 커패시턴스가 충분해

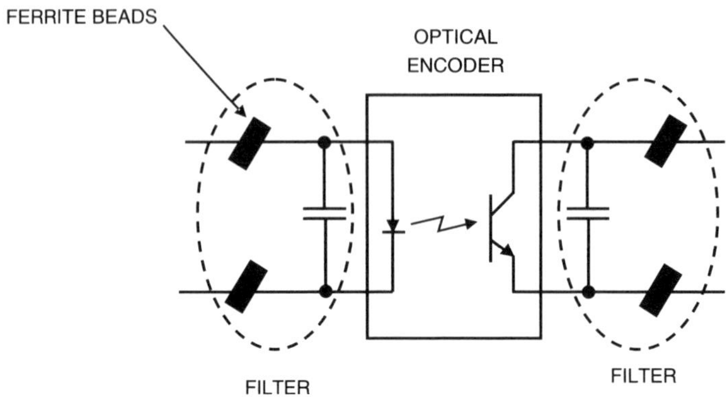

그림 14-6 오디오정류를 제거하기 위한 광학인코더의 필터링

야 하고 효과적인 고주파 전원 디커플링을 해주어야 한다. 이것은 저주파 아날로그 회로에도 마찬가지로 적용된다. 직접적인 전자기장 유도 노이즈에 대해서는, 외부 영상판(image plane)[2]을 단면 PCB나 양면 PCB에 추가하면 기판내의 접지판이 유도 노이즈에 대해 보인 효과와 유사한 결과를 얻을 수 있다. RF 주파수에서 영상판에 유도된 전류는 직접적인 전자기장 유도를 상쇄하는 전자기장을 발생시킨다. 영상판이 PCB에 접속되지 않은 경우에도 전자기장 상쇄효과는 나타난다. 금속섀시 근처에 PCB를 장착하면 비슷한 효과를 얻을 수 있다.

I/O 영역에서 회로접지와 섀시 사이는 낮은 임피던스로 접속돼야 한다(3.2.5절과 12.4.3절 참조). 그래야 존재하는 RF 에너지를 섀시로 돌려보낼 수 있다. 고주파 기판에서는 회로접지-섀시 접속을 추가로 해 줄 필요가 있다. 그러나 이 추가 접지접속은 I/O 영역의 접지접속을 보충해주는 것이지 이것 대신에 해주는 것이 아니다.

3단자 전압안정기(voltage regulator, 정전압회로)는 RF 전자기장에 의해 피해를 입을 수 있다. 이 문제는 RF 필터 커패시터를 전압안정기의 입력과 출력에 직접 달아서 처리할 수 있다. 보통, 커패시터의 값은 1000 pF이 적당하다. 전압안정기의 입력단자와 출력단자에 추가한 소형 페라이트 비드는 필터의 효과를 높인다. 이 커패시터는 <그림 14-7>에 나타나 있듯이 전압안정기의 정상동작과 안정성(stability)에 필요한 큰 값의 커패시터에 추가하여 안정기의 핀에 직접 연결해줘야 한다.

14.2.3.2 케이블 보호 방법(Cable Suppression Techniques) 대부분의 경우, RF 에너지는 케이블에서 수신된다. 따라서 양호한 RF 내성 설계라는 측면에서 볼 때 이 수신을 줄이는 것이 중

2) PCB의 밑에 PCB와 나란히 설치한 도체판을 말한다. 이 도체판의 작용은 도체판에 유도된 등가 영상전류(current image)에 의한 결과와 완전히 같으므로 이 도체판을 영상판(image plane)이라고 한다 (1990년 German, Ott, Paul).

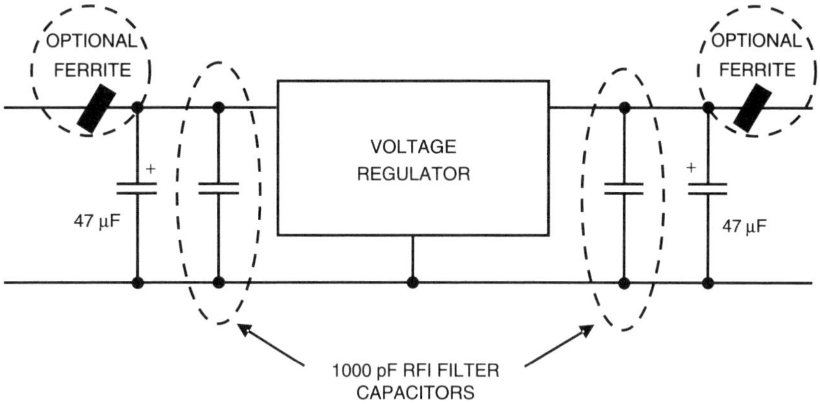

그림 14-7 전압안정기의 RF 장해 대책

요하다. 실드 케이블의 경우에는 좋은 품질의 하이커버리지 브레이드(high coverage braid), 다중 브레이드(multiple braid), 또는 브레이드 오버 포일(braid over foil) 케이블에 피그테일(pigtail) 도선을 쓰지 않고 제대로 종단(termination)을 하여 사용하도록 한다(2.15.1절 참조). RF 내성을 위해서는 스파이럴 실드 케이블(spiral shielded cable)을 사용하지 않도록 한다. 금속 백셸(backshell)을 가진 케이블 커넥터로 360° 접속을 하는 것이 이상적인 실드 종단 방법이지만 이 방법보다 저렴하게 효과를 볼 수 있는 방법도 있다. <그림 14-8>은 금속 케이블 클램프(cable clamp)를 사용하여 실드 케이블을 효과적으로 종단하는 방법을 보여주고 있다. 케이블 클램프는 인클로저 상의 케이블 입구에 되도록 가까이 위치하도록 해야 한다.

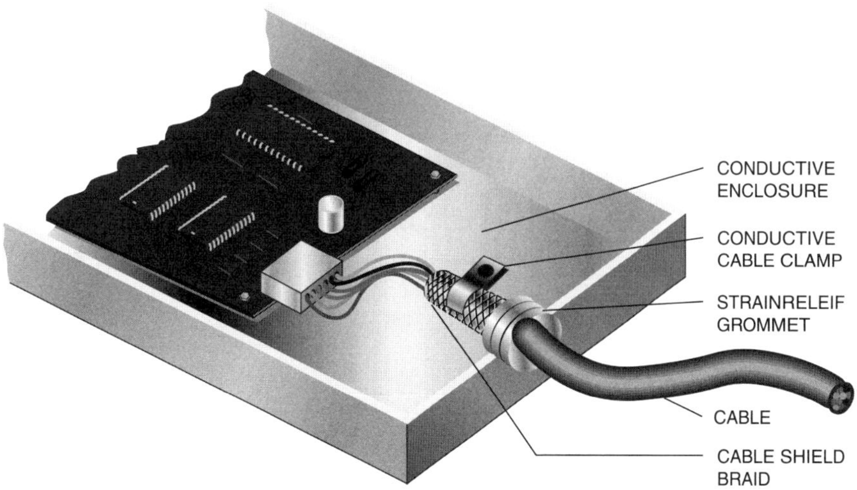

그림 14-8 피크테일 도선이나 동축커넥터를 쓰지 않고 실드 케이블을 효과적으로 종단하는 간단한 방법

케이블 실드는 차폐된 인클로저의 연장으로 생각할 수 있다. 따라서 '실드가 얼마나 효과적인가' 라는 문제는 '케이블 실드를 인클로저에 어떤 식으로 종단하는가' 라는 문제와 관계가 있다. 360° 전체를 회로접지가 아닌 인클로저에 종단하여라.

I/O 케이블을 실드하지 않는 경우에는 트위스티드 페어(twisted pair, 꼰 도선쌍)를 사용하고 케이블이 인클로저에 드나드는 곳에 필터를 설치한다. 이것은 앞에서 설명한 민감한 부품에 설치하는 필터에 추가로 해주는 것이다. I/O 필터는 될 수 있으면 I/O 커넥터에 가까운 곳에 설치한다. 그리고 I/O 필터의 병렬커패시터는 회로접지가 아닌 인클로저에 연결한다. 값이 더 비싸기는 하지만 커패시터 필터 핀 커넥터는 이러한 점에서 효과적일 수도 있다. 외부 케이블에 공통모드 초크(페라이트 코어)를 사용하면 RF 감응성을 감소시키는 데 도움이 될 수 있다.

최적의 RF 내성을 위해서는 리본 케이블(ribbon cable)과 플렉스 회로(flex circuit)[3)]에는 많은 수의 접지도체가 케이블 전체에 퍼져 있어야 한다. 폭이 케이블의 전체 폭과 같은 접지판이 들어있는 리본케이블과 플렉스회로는 더욱 좋다. 케이블 접지판을 종단할 때는 그 폭 전체에 걸쳐 많은 부분이 접속되도록 한다. 플랫 케이블(flat cable)의 어느 한 면에 구리테이프(copper tape)를 붙이고 이를 적절하게 접지시키면 케이블 접지판과 유사한 효과를 볼 수 있다.

케이블과 도체에 여러 개의 접지도체가 들어있으면 신호루프의 면적을 줄이고 케이블 양끝 사이의 접지차이를 최소로 할 수 있다. 이상적인 신호도체-대-접지도체 비는 1:1 이지만 2:1이어도 두 개의 신호도체 사이에 한 개의 접지도체가 가까이 놓이므로 좋은 성능을 발휘한다. 적정 설계비는 3:1 인데, 이 정도면 총 도체의 수와 접지도체의 수가 모두 적절하다고 할 수 있다. 케이블이 전달하는 신호의 주파수가 높을수록 접지도체의 수는 더 많아져야 한다. 어떤 경우에도 이 비가 5:1을 넘어서는 안 된다.

내부 케이블도 감응성문제를 일으키는 원인이 될 수 있다. 페라이트 공통모드 초크를 사용하고 케이블을 섀시에 가깝고 틈이나 구멍에서 멀리 떨어지게 배선하면 내성을 증가시킬 수 있다. 내부 케이블에 케이블 실딩을 사용하는 경우, 케이블 양쪽 끝에서 실드와 섀시를 접속시켜 종단하는 것이 가장 좋은 방법이다. 그러나 길이가 짧은 내부 케이블의 경우에는 한쪽 실드만 섀시접지에 접속하여도 충분하지만 피그테일 대신 올바른 종단방법을 사용해야 한다.

인클로저가 실드되지 않은 제품의 경우, 케이블 필터를 영상판에 접속할 수 있다(1990년 German, Ott, Paul). 영상판은 PCB의 직접 RF 수신을 줄이는 역할도 한다. 어떤 방법도 선택할

3) (옮긴이) 폴리이마이드(polyimide), PEEK(Polyether Ether Ketone, 폴리에테르 에테르 케톤), 투명 도전성 폴리에스테르 필름(transparent conductive Polyester flim) 등의 재질로 만든 플렉서블(연성) 플라스틱 기판(flexible plastic substrates) 위에 전자부품을 장착하여 제작한 회로, 또는 회로를 제작하는 기술. 플렉스 회로로 만든 커넥터는 다양한 곳에 응용되고 있는데 특히 유연성, 공간상의 제약, 제작상의 제약으로 보통의 경성 회로기판(rigid circuit board)을 사용하기 어려운 곳에 많이 사용된다. flexible circuit 이라고도 함.

길이 없을 때는 필터를 회로접지판에 접속하는데, 이 방법은 인클로저에 접속하거나 별도의 영상판에 접속하는 방법만큼 효과적이지 못하다.

14.2.3.3 인클로저 보호 방법(Enclosure Suppression Techniques) 고주파 방사성 RF 전자기장은 제품의 회로와 내부 케이블로 직접 결합될 수 있다. 알루미늄, 구리, 또는 강철로 만든 얇은 실드는 구멍(aperture)을 적절히 규제하면 효과를 발휘한다 (6.10절 참조). 이에 대한 유일한 예외가 저주파 자기장이다. 낮은 주파수의 자기장(< 500 kHz)을 막으려면 두꺼운 강철 실드가 필요하다. 예를 들어, 스위칭 주파수가 50 kHz인 SMPS의 실드는 알루미늄 대신 강철로 만들어야 한다.

실드된 인클로저 상의 구멍(틈, 냉각 홀 등)은 최대 길이를 파장의 1/20 이하가 되도록 제한해야 한다. 이렇게 하면 구멍을 통과할 때 약 20 dB의 감쇠가 생긴다. 상황에 따라서는 구멍의 길이를 더욱 작게 제한해야 한다. <표 14-2>에 10 MHz~5 GHz 범위에서 여러 주파수에 대해 파장의 1/20에 해당하는 길이를 계산하여 수록하였다.

RF 내성 규정들은 대부분 1000 MHz 의 주파수까지 시험할 것을 요구하고 있으므로 구멍의 최대길이를 1.5 cm (=0.6 in)로 하는 것은 좋은 설계기준이다.

RF가 유출되는 구멍의 최대길이는 말 그대로 구멍의 길이이지 구멍의 면적이 아니라는 것에 주의해야 한다 (6.10절 참조). 접합부의 틈처럼 좁고 긴 어떤 슬롯(slot)이 냉각 홀보다 면적이 훨씬 작지만 길이가 길면 훨씬 많은 RF 전자기장을 유출한다.

인클로저의 접합부 사이의 전기적 접촉을 좋게 하려면 적절한 기계적 설계를 통해 접합면에 도전성 가공처리를 하고 접합면 사이에 적절한 압력이 가해지도록 해야 한다(6.10.2절). 낮은 임피던스로 접촉되게 하려면 압력이 100 psi 이상이 되도록 접합면을 처리해줘야 한다.

필터링 하지 않은 케이블이 실드된 인클로저를 관통하면 인클로저의 안에서 밖으로, 또는 밖에서 안으로 RF 에너지를 전달할 수 있다. 따라서 실드를 통과하는 모든 케이블은 필터링을 해주거나 실드를 해주어 인클로저의 외부와 내부 사이에서 에너지의 전달이 일어나는 것을 막아야 한다.

표 14-2 여러 주파수와 파장의 1/20에 해당하는 길이

주파수(MHz)	1/20 파장의 길이
10	1.5 m (5 ft)
30	0.5 m (1.6 ft)
50	0.3 m (12 in.)
100	0.15 m (6 in.)
300	5 cm (2 in.)
500	3 cm (1.2 in.)
1000	1.5 cm (0.6 in.)
3000	0.5 cm (0.2 in.)
5000	0.3 cm (0.1 in.)

디지털 회로도 RF 에너지의 영향을 받을 수 있지만 전기장의 세기가 10 V/m를 넘지 않으면 그다지 문제가 되지 않는 것이 보통이다. 디지털 회로가 장해를 겪는 경우에 대한 대책은 앞에서 설명한 아날로그 회로의 장해를 막는 방법과 유사하다. 케이블로 부터의 RF 에너지를 디커플링 해주고 민감한 디지털 회로의 입력에는 필터를 사용한다. 그렇지만 디지털 회로에 관련된 감응성 문제는 빠른 상승시간과 고전압의 과도펄스로 인해 발생하는 것이 일반적이다.

14.3 과도 내성(TRANSIENT IMMUNITY)

유럽연합은 높은 과도전압(high voltage transient)에 대해서도 제품을 시험할 것을 요구하고 있다. 전자장비의 설계시 고려해야 하는 높은 과도전압의 종류는 기본적으로 다음과 같이 나눌 수 있다.

- ESD
- EFT (electrical fast transient, 전기적 고속 과도현상)
- 낙뢰(번개) 서지 (lightning surge)

높은 과도전압에 가장 취약한 회로는 리셋(reset), 인터럽트(interrupt), 제어라인(control line)과 같은 디지털 제어회로이다. 이 회로들이 과도전압에 의해 트리거(trigger)되면 전체 시스템의 상태가 바뀔 수 있다.

유럽연합이 상업용 제품에 대해 적용하는 과도내성 기준에서 요구하는 것은 다음과 같다. 제품은 과도내성 시험 종료 후에 성능저하나 기능의 손실 없이 의도된 동작을 계속해야 한다. 그렇지만 동작상태나 저장된 데이터의 변화는 허용된다(성능기준 B). 몇몇 위험이 큰 응용분야(의료기기 등)에서는 ESD 시험 도중에도 이상동작이 허용되지 않는다(2007년, EN 60601-1-2).

<표 14-3>에 세 종류의 높은 과도전압의 특성을 간추렸다. 가장 중요한 파라미터는 상승시간과 에너지이다. <표 14-3>에서 알 수 있듯이 ESD와 EFT는 상승시간과 에너지양이 비슷하다. 그러나 서지(surge)의 상승시간을 보면 단위가 ns가 아닌 μs로 ESD와 EFT보다 훨씬 느리므로 서지가 갖는 에너지의 양은 이들보다 수천~수만 배 많다. 따라서 ESD와 EFT는 서로 비슷한 방법으로 다룰 수 있지만 서지는 이들과는 다른 방식으로 처리해야 한다.

표 14-3 높은 과도전압의 특성

과도전압의 종류	전압	전류	상승시간	펄스폭	펄스 에너지
ESD	4 – 8 kV	1 – 10s A	1 ns	60 ns	1 – 10s mJ
EFT(단일 펄스)	0.5 – 2 kV	10s A	5 ns	50 ns	4 mJ
EFT(버스트)	0.5 – 2 kV	10s A	n/a	15 ms	100s mJ
서지	0.5 – 2 kV	100s A	1.25 μs	50 μs	10 – 80 J

14.3.1 정전기 방전(Electrostatic Discharge)

ESD에 해당되는 두 가지 시험 방법은 접촉방전(contact discharge)과 공중방전(air discharge)이다. 접촉방전에서는 대전되지 않은 방전전극(discharge electrode)을 시험대상기기(equipment under test, EUT)에 접촉시키고 나서 시험기(tester) 내의 스위치를 사용하여 방전을 일으킨다. 그렇지만 공중방전에서는 전하로 대전된 시험기의 전극을 EUT를 향해 방전(스파크)이 생길 때까지 움직인다. 접촉방전에서 되풀이되는(재현되는) 결과가 더 많이 나오므로 접촉방전 시험이 선호된다. 공중방전이 실제 ESD의 상황을 더욱 가깝게 모방하고 있지만 접촉방전만큼 재현되는 결과가 나오지 않는다. 따라서 공중방전은 인클로저가 플라스틱인 제품과 같이 접촉방전을 적용할 수 없는 경우에만 사용된다.

유럽연합의 ESD 시험에서는 ±4 kV의 접촉방전과 ±8 kV에 대해 성능기준 B를 만족할 것을 요구하고 있다. 시험기 내부의 발생기의 전원임피던스는 330 Ω이므로 8 kV 방전에 의한 방전전류의 크기는 24.24 A를 넘지 않는다. 방전을 인가하는 위치는 통상적인 제품 사용과정과 제품 수리과정에서 이용하는 점(곳)과 표면으로 한다.

ESD 경감대책은 15장에서 살펴본다.

14.3.2 전기적 고속 과도현상(Electrical Fast Transient)

동작중인 릴레이(relay)나 접촉기(contactor)와 같은 유도성 부하에 공급되는 전원을 끊으면 짧은 시간동안 전원시스템에 고주파 임펄스(impulse)의 버스트(burst)가 발생된다. 진동하는 전원 과도전압을 발생시키는 또 다른 원인으로 역률개선 회로(utility power factor corrector)의 커패시터 스위칭을 들 수 있다.

<그림 14-9>은 유럽연합의 EFT/버스트 시험 임펄스의 파형을 나타낸 것이다. 이 파형을 보면 75개의 펄스로 이루어진 버스트가 300 ms 마다 반복되며 지속시간은 적어도 1분 이상이어야 한다. 각각의 펄스는 상승시간이 5 ns이고 펄스폭은 50 ns이며 펄스반복주파수(pulse repetition frequency)는 5 kHz 이다. 주거용/상업용 제품의 경우, 각 펄스의 진폭은 교류전원선에 대해서

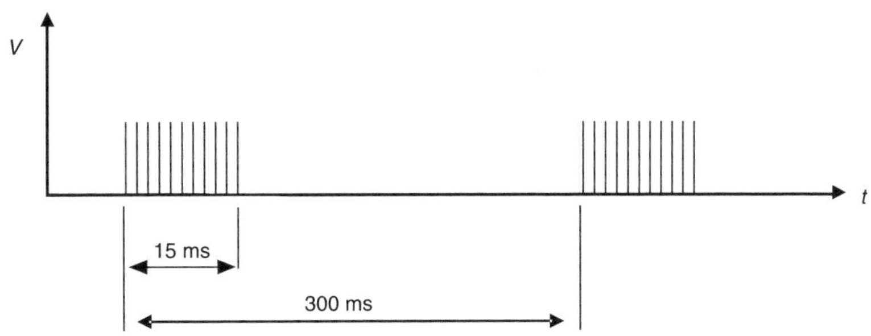

그림 14-9 EFT 시험 임펄스

는 ±1 kV, 신호선과 제어선과 직류전원선의 경우에는 ±0.5 kV를 공통모드 전압의 형태로 인가한다. 산업용 제품의 경우, EFT 펄스의 진폭은 교류전압과 직류전압에 대해서는 ±2 kV, 신호선에 대해서는 ±1 kV로 높아진다. 시험기 내부의 발생기의 전원임피던스는 50 Ω이다. 시험은 신호선과 제어선에 대해 요구되며 접지도체는 길이가 3 m를 초과하는 경우에만 해주면 된다.

14.3.3 번개 서지(Lightning Surge)

유럽연합의 서지 규정은 교류전원선에 직접 떨어지는 번개를 재현하려는 의도를 가지고 있지 않다. 오히려 전원선 근처에 떨어지는 번개에 의해서 발생하거나, 사고 또는 폭풍에 의해 전봇대가 쓰러지면서 발생하는 전압서지(voltage surge)를 재현하려는 의도를 가지고 있다. 전압서지는 큰 전류가 흐르는 부하(load)가 갑자기 OFF 상태가 될 때 전원선의 인덕턴스에 의해서도 발생할 수 있다.

유럽연합의 서지 시험 발생기(test generator)는 개방회로(open circuit)에는 상승시간이 1.25 μs, 펄스폭(진폭이 50%가 되는 두 점 사이의 시간)이 50 μs인 전압서지를 주입하고, 단락회로(short circuit)에는 상승시간이 8 μs, 펄스폭이 50 μs인 전압서지를 주입한다. 시험 발생기의 유효전원임피던스(effective source impedance)는 2 Ω이다. 전압서지는 교류전원선과 직류전원선에만 공통모드와 차동모드로 인가하며 신호선에는 인가하지 않는다. 교류전원선에 대해서는 선과 접지 사이(line to ground)에는 ±2 kV의 전압레벨을 인가하고, 선과 선 사이(line to line)에는 ±0.5 kV의 전압레벨을 인가한다. 직류전원선에 대해서는 선과 접지 사이, 선과 선 사이(line to line)에 ±0.5 kV의 전압레벨을 인가한다. 모든 접지도체에도 ±0.5 kV의 펄스를 인가해야 한다.

ESD를 제외한 대부분의 높은 과도전압은 케이블에 가해진다. ESD는 인클로저에 가해진다. <표 14-4>에 주거용/상업용 제품[4]에 대한 EFT 및 서지 전압레벨과 시험전압을 인가할 때 공통모드나 차동모드 중에서 어떤 모드로 해야 하는지 간추려 정리하였다(2007년, EN 61000-6-1).

표 14-4 주거용/상업용 제품에 대한 EFT 및 서지 전압레벨과 인가모드

케이블 종류	EFT	서지	서지
	공통모드	공통모드	차동모드
교류전원선	±1 kV	±2 kV	±1 kV
직류전원선[a]	±0.5 kV	±0.5 kV	±0.5 kV
신호선[a]	±0.5 kV	n/a	n/a
접지도체	±0.5 kV	n/a	n/a

[a] 길이가 3 m 이상인 케이블에만 적용된다.

4) 산업용 제품의 경우, EFT 펄스 레벨이 직류전원선과 교류전원선에 대해서는 ±2 kV, 신호선에 대해서는 ±1 kV로 올라간다(2005년 EN 61000-6-2).

14.3.4 과도 억제 회로(Transient Suppression Networks)

과도 보호회로가 갖춰야 할 몇 가지 바람직한 특성은 다음과 같다.

- 전압 크기를 제한한다.
- 전류 크기를 제한한다.
- 전류를 우회시킨다.
- 동작시간이 빠르다.
- 에너지를 처리할 수 있다.
- 과도전압을 견딘다.
- 시스템의 정상동작에는 거의 영향을 주지 않는다.
- 고장시 안전장치가 있다.
- 비용이 저렴하고 사이즈가 작다.
- 유지보수가 거의 또는 전혀 필요없다.

대부분의 경우, 이런 특성을 동시에 충족하지는 못한다.

과도전압 억제회로의 일반적인 구조를 <그림 14-10>에 나타내었다. 회로는 직렬부품과 병렬부품으로 구성된다. 병렬부품으로 커패시터와 같은 선형부품이 사용될 수 있지만 대부분의 경우에는 비선형 브레이크다운(breakdown, 항복) 부품이 사용된다. 이 비선형 부품은 회로가 정상동작을 하는 동안에는 큰 임피던스를 갖지만 높은 과도전압이 인가되면 훨씬 낮은 임피던스를 갖는다. 이러한 결과는 제너 다이오드(zener diode)나 가스관(gas tube)이나 전압 가변 저항기(voltage variable resistor)와 같이 브레이크다운 특성이나 클램핑(clamping)[5] 특성을 갖는 부품

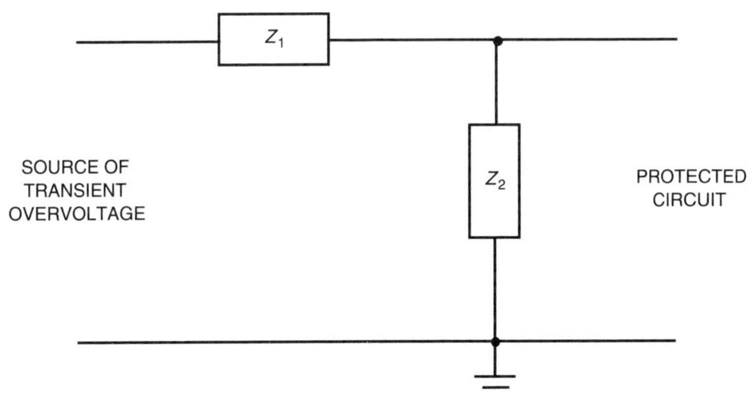

그림 14-10 1단 과도전압 보호회로

5) (옮긴이) 전압의 변화가 특정한 범위를 벗어나지 않도록 일정한 레벨로 고정시키는 것

을 사용하여 얻을 수 있다. 브레이크다운 특성을 갖는 부품이 사용된 경우, 과도전압의 크기가 부품의 브레이크다운 전압을 넘어서면 병렬 부품의 양단의 전압은 거의 일정하게 유지된다. 클램핑 특성을 갖는 부품이 사용된 경우, 과도전압의 크기가 부품의 브레이크다운 전압을 넘어서면 병렬 부품의 양단의 저항값이 거의 일정하게 유지된다.

직렬부품은 병렬부품으로 흐르는 과도전류를 제한하기 위해 사용된다. Z_1, Z_2로 구성된 전압 분배기에 의해 낮아진 전압은 보호할 회로로 인가된다. 직렬부품으로는 저항, 인덕터, 페라이트를 사용할 수 있다. 그런데 어떤 경우에는 이들 직렬 부품이 기생 인덕턴스성분, 도선의 저항성분, 과도전압 발생기의 전원임피던스로 구성되기도 한다. 전원회로에서는 퓨즈(fuse)나 회로차단기(circuit breaker)의 임피던스도 직렬 임피던스의 일부가 된다.

회로의 어딘가에는 반드시 직렬부품이 존재한다는 사실을 이해하는 것이 중요하다. 직렬부품이 없으면 브레이크다운이 일어난 병렬부품을 통해 흐르는 전류의 크기는 무한대가 된다. 따라서 과도 억제회로를 사용할 때마다 어느 곳에 있는 어떤 것이 직렬 임피던스를 구성하는지 잘 살펴야 한다. 직렬 임피던스는 별도의 부품일 수도, 과도 발생기의 전원임피던스일 수도, 부품에 연결된 도선이나 PCB 트레이스의 임피던스일 수도 있다.

효과적인 과도 억제를 위해서는 다음 세 가지 대책이 필요하다.

- 첫째, 과도전류를 우회시킨다.
- 둘째, 민감한 부품이 손상되거나 이상동작을 하지 않도록 보호한다.
- 셋째, 과도현상에 강한 소프트웨어를 만든다(이 주제는 15.10절에서 다룬다).

과도 억제에 사용되는 많은 방법은 앞서 살펴본 RFI 내성을 위해 사용하는 방법들과 유사하다. 대부분의 높은 과도전압은 케이블에 인가되므로 과도내성 설계라는 측면에서 볼 때 중요한 것이 케이블 보호이다.

14.3.5 신호선 보호(Signal Line Suppression)

I/O 신호케이블 보호를 위해서는 제품으로 케이블이 들어가는 위치에 과도전압 억제(transient voltage suppression, TVS) 다이오드를 추가로 연결한다. TVS 다이오드는 zenor 다이오드와 비슷하지만 더 넓은 p-n 접합을 갖는다. p-n 접합의 면적은 다이오드의 과도전력정격의 크기에 비례한다. 접합 면적이 증가하면 다이오드의 커패시턴스도 증가한다. 그러면 신호선에 용량성 부하가 추가로 연결된 것과 같은 효과가 나타나므로 경우에 따라서는 회로의 정상동작에 나쁜 영향을 줄 수 있다.

TVS 다이오드(실리콘 애벌린치 다이오드(silicon avalanche diode)라고도 함)는 양방향 특성을 갖는 것과 단방향 특성을 갖는 것이 모두 나와 있다. TVS 다이오드에는 다음 세 개의 중요한 파라미터가 있다.

- 역방향 스탠드오프 전압(reverse standoff voltage)
- 클램핑 전압(clamping voltage)
- 피크 펄스 전류(peak pulse current)

TVS 다이오드를 선택할 때는, 역방향 스탠드오프 전압이 보호해야할 회로의 최대 동작전압보다 반드시 커야한다. 그래야 다이오드가 회로의 최대동작전압이나 신호전압을 클리핑(clipping)[6]하는 일이 일어나지 않게 할 수 있다. 최대 클램핑 전압은 다이오드에 피크 펄스 전류가 흐를 때 다이오드 양단에 나타나는 피크전압을 말한다. 보호를 받는 회로는 과도전압이 인가되는 동안에 손상되는 일 없이 이 전압을 견뎌야 한다.

피크 펄스전류는 다이오드가 손상되지 않고 견딜 수 있는 최대 과도전류이다. 회로에서 TVS 다이오드 앞에 저항과 같은 직렬 임피던스(<그림 14-10>의 Z_1)를 추가하면 다이오드를 통해 흐르는 피크 펄스전류를 제한하는 데 도움이 된다.

TVS 다이오드는 섀시에 낮은 임피던스로 접속돼야 한다. 그래야 과도 에너지가 취약한 회로로 들어가지 않도록 이를 우회시킬 수 있다. 예를 들어보자. 브레이크다운 전압이 9 V인 TVS 다이오드의 양쪽에 1/2인치 길이의 PCB 트레이스가 연결돼있다. 여기에 10 A/ns의 과도펄스가 흐르면 이 부분 양단의 전압은 159 V가 된다. 이 전압은 트레이스 인덕턴스를 15 nH/in로 하여 계산한 것이다. 전형적인 과도펄스는 PCB의 트레이스 양단에 6 V/mm (150 V/in)의 전압강하를 발생시킬 수 있다. 따라서 레이아웃을 올바르게 하는 것은 최적의 성능을 얻는 데 결정적인 요인이 된다.

<그림 14-11>를 보면 세 가지 방법으로 TVS 다이오드가 PCB 상에 레이아웃 되어있다. <그림 14-11A>는 전형적인 배치방법으로 다이오드 양쪽에 연결된 트레이스에 의해 상당한 인덕턴스를 갖는다. 이 인덕턴스는 다이오드가 트레이스 상의 과도전압을 제한하는 효과를 떨어뜨린

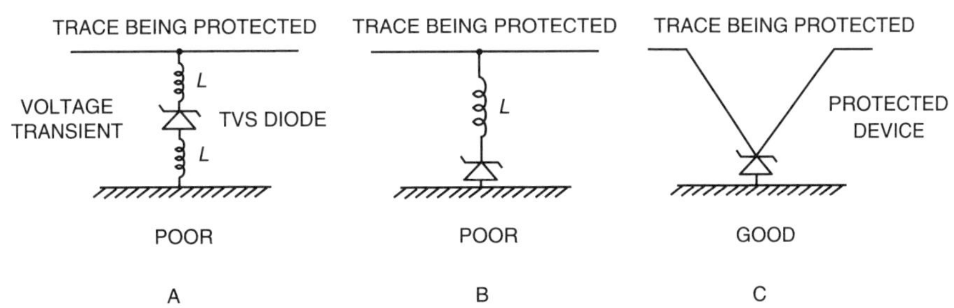

그림 14-11 TVS의 장착방법. (A)와 (B)는 잘못된 장착방법이고 (C)는 올바른 장착방법이다.

6) (옮긴이) 기준전압보다 높은 전압이나 낮은 전압을 잘라서(clipping) 전압의 최대 레벨이나 최소 레벨이 특정한 범위를 벗어나지 않도록 제한하는 것.

다. <그림 14-11B>에서 다이오드는 접지 부근에 장착되어 있어서 다이오드-접지간 인덕턴스가 거의 0으로 줄어든다. 다이오드와 보호를 받는 트레이스 사이를 연결하는 트레이스에 의해 상당한 인덕턴스가 생겨 TVS 다이오드와 직렬로 연결되므로 마찬가지로 다이오드의 효과를 떨어뜨린다. <그림 14-11C>에서도 다이오드는 접지 부근에 장착되어 있지만 여기서는 다이오드와 보호를 받는 트레이스 사이를 트레이스로 연결하는 대신, 보호를 받는 트레이스를 다이오드에 직접 연결되도록 배선하였다. 이렇게 하면 다이오드에 직렬로 연결되는 인덕턴스가 거의 0이 되어 효과적인 과도전압 보호를 할 수 있다.

<그림 14-12>을 보면 4개의 바이폴라 TVS 다이오드를 사용하여 RS-232 인터페이스를 과도 과전압으로부터 보호하고 있다. 접지도체도 TVS 다이오드로 보호하고 있는 것을 주목하기 바란다. 이렇게 할 필요가 있는 까닭은 회로접지와 섀시접지 사이의 내부 접속이 이루어진 위치가 케이블이 제품으로 들어오는 입구가 아니어서 이 접지접속이 낮은 인덕턴스를 갖지 않을 수 있기 때문이다.

마이크로프로세서의 리셋, 인터럽트, 기타 제어입력과 같이 디지털 부품의 동작상태를 바꿀 수 있는 신호들은 빠른 상승시간의 과도전압에 의해 잘못 트리거링이 되는 일이 없도록 보호해줘야 한다. 이를 위해 <그림 14-2>에 있는 것과 유사한 방식으로 작은 커패시터 한 개 또는 $R-C$ 회로(50~100 Ω, 500~1000 pF)를 IC 입력에 추가로 달아주어 ESD나 EFT에 의해 발생하는 날카롭고 폭이 좁은(1~50 ns) 과도펄스에 의한 피해를 줄이도록 한다.

전원판과 접지판을 가진 다층 PCB는 단면 PCB나 양면 PCB보다 과도내성이 강하다. 이렇게 되는 것은 접지 임피던스가 낮고 층간 커패시터와 직렬로 연결되는 인덕턴스가 낮기 때문이다. 11.4.6절에서 살펴보았듯이, 임베디드 PCB 커패시턴스 또한 과도내성을 효과적으로 증가시

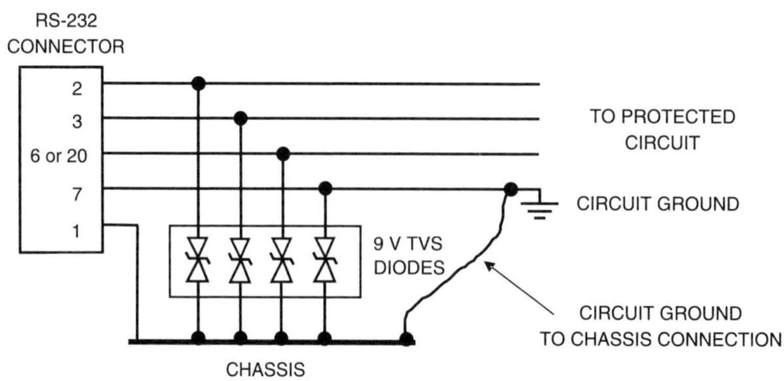

그림 14-12 4개의 TVS 다이오드를 사용하여 과도 과전압으로부터 RS-232 입력을 보호하는 방법

7) 전하 Q는 Idt의 적분과 같다.

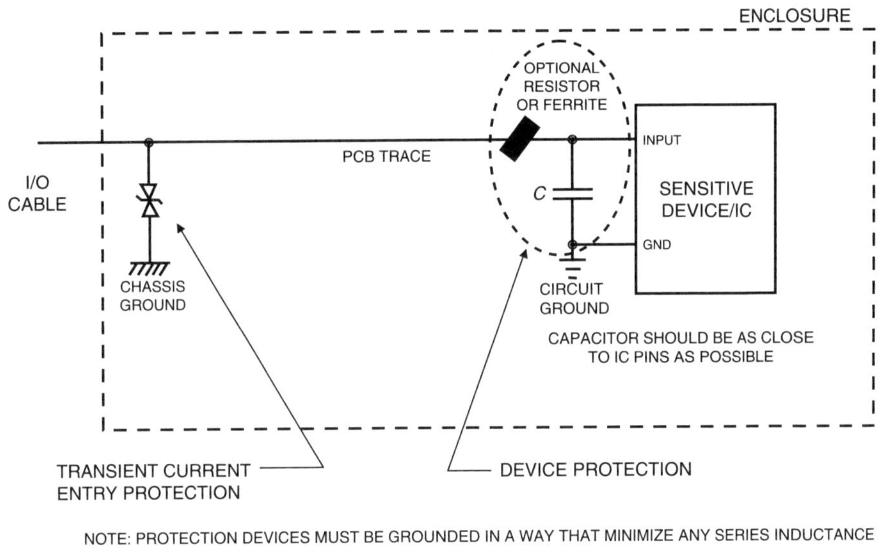

그림 14-13 과도전압 보호 부품의 접지접속방법

키는 데 사용될 수 있다. 충분히 큰 벌크 디커플링 커패시턴스도 과도 내성을 향상시키는 데 효과적이다. 그 까닭은 이 커패시턴스가 과도 전하(transient charge)[7]에 의해 발생하는 전원전압의 변동을 감소시키기 때문이다. 전압, 전하, 커패시턴스 사이의 관계는 식 (15-1)과 같다. 이 식에서 알 수 있듯이 과도전류에 의해 발생하는 전하 Q의 변화를 일정하게 놓으면 전압의 변동은 커패시턴스 값에 따라 정해진다. 시스템에 전하가 추가로 주입될 때 커패시턴스가 클수록 전압의 변동이 작아진다.

<그림 14-13>에는 과도전류의 유입을 억제하고 민감한 부품을 보호하는 방법이 나타나 있다. 입력 케이블에 연결한 과도억제부품(transient suppressor)이 섀시에 접속돼 있는 것을 잘 보기 바란다. 이렇게 한 것은 과도전류를 우회시켜 PCB로 흘러들어가지 않게 하기 위해서이다. 그렇지만 민감한 부품의 입력에 연결한 보호 필터는 회로접지에 접속돼 있는데, 이것은 부품의 입력핀과 접지판 사이에 나타나는 과도전압을 최소로 하거나 아예 과도전압이 나타나지 않도록 하기 위해서이다.

14.3.6 고속 신호선의 보호(Protection of High-Speed Signal Lines)

USB 2.0, 고속 이더넷(high-speed Ethernet), IEEE Std 1394 (FireWire와 iLink)와 같이 데이터 전송속도가 100 Mb/s 이상인 고속 I/O 인터페이스는 과도전압 보호와 관련하여 특별한 문제를 일으키고 있다.

정상적인 신호에 영향을 주는 것을 막으려면 이들 인터페이스 선에 접속되는 용량성 부하의 값이 수 μF 이하가 되도록 해야 한다. 가스관(gas tube)를 제외한 대부분의 TVS 다이오드와 다른 과도 억제 부품은 너무 큰 커패시턴스를 갖고 있다. 그렇지만 가스관은 ESD나 EFT 보호용으로 사용하기에는 반응속도가 너무 느리다. 대부분의 TVS가 가진 커패시턴스 값은 수십~수백 pF 사이이다. 1~10 pF 범위의 낮은 커패시턴스를 갖는 특수한 TVS 다이오드도 나와 있다. 일반적으로, 100 MB/s 정도의 데이터 전송속도까지는 이 다이오드를 사용할 수 있지만 그 이상은 안 된다.

특별히 이러한 고속 응용분야를 위해 개발된 것이 특수한 고분자(polymer) 전압 가변 저항기(voltage variable resistor, VVR)이다.[8] 이 저항기는 바이폴라 부품으로, 커패시턴스 값은 0.1~0.2 μF이고 오프상태(off state)의 저항값은 10^{10} Ω이며 온상태(on state)의 저항은 수 Ω이다. 그렇지만 트리거링 전압(triggering voltage)은 대부분의 TVS 다이오드보다 상당히 높다. VVR은 크로우바 부품(crowbar device)[9]으로 부품이 ON이 된 후의 클램핑 전압은 트리거링 전압보다 낮다. 전형적인 트리거링 전압은 150 V이고 클램핑 전압은 35 V이며 피크 과도전류정격은 30 A이다. 이들 고분자 VVR은 최대 2 GHz의 신호주파수를 갖는 데이터 선에 사용될 수 있다.

<그림 14-14>는 TVS 다이오드와 VVR을 함께 사용하여 세 종류의 고속 인터페이스를 과도

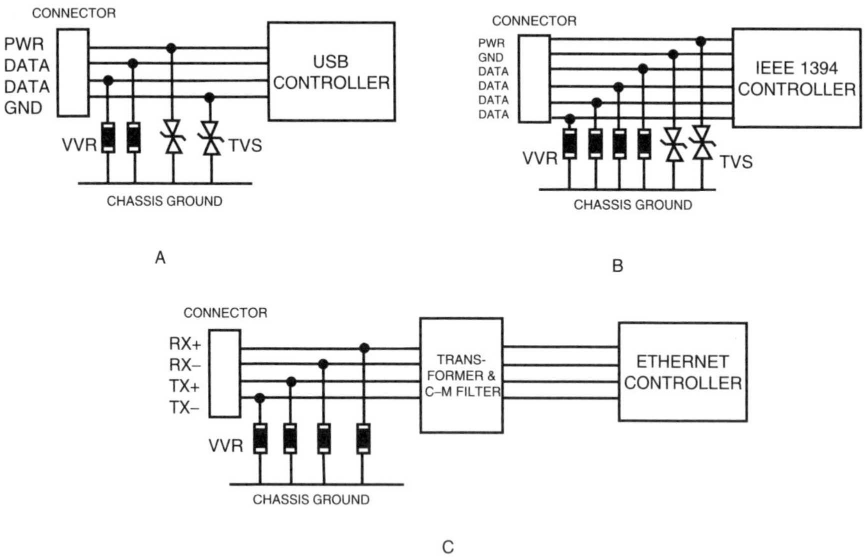

그림 14-14 과도전압으로부터 고속 인터페이스를 보호하는 방법: (A) USB (B) IEEE Std 1394 (FireWire) (C) 이더넷 인터페이스

8) 전압 가변 저항기로 리틀퓨즈사(Littlefuse)의 PulseGuard®와 쿠퍼전자(Cooper Electronics)의 SurgX®가 있다.
9) (옮긴이) 과전압(overvoltage)에 의해 회로가 손상되는 것을 막아주는 부품. 이 부품은 트리거 되면 트리거 전압보다 작은 전압으로 낮춘다.

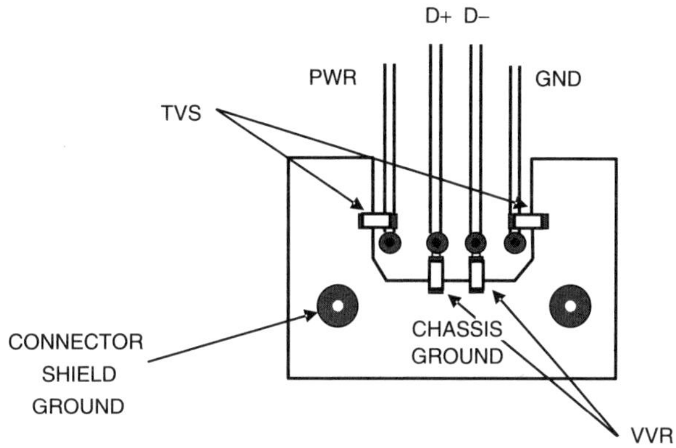

그림 14-15 고속 USB 포트를 보호하는 과도억제 부품의 PCB 레이아웃 방법

전압으로부터 보호하는 예를 보여주고 있다. TVS 다이오드는 직류전원선에 사용하고 VVR은 고속 데이터선에 사용한다. <그림 14-12>의 경우와 마찬가지로 보호부품이 섀시 접지에 접속된 것을 주의 깊게 보기 바란다.

<그림 14-15>는 USB 인터페이스를 보호하는 과도억제부품을 장착하는 가장 좋은 방법의 예이다. 그림은 USB 커넥터 아래에 있는 PCB의 뒷면을 보여주고 있다. 표면장착(surface mount) 타입의 억제부품은 자신과 직렬로 연결되는 인덕턴스가 최소가 되도록 장착돼야 한다. 또 이들 부품은 회로접지가 아닌 섀시접지와 접속해야 한다. 그렇게 해서 과도전류를 우회시켜 회로로 흘러들어가지 않도록 한다. PCB 섀시 접지판은 섀시접지와 직접 접속해야 하고 여러 곳에서 다점 접속(multiple connection)을 해야 한다.

14.3.7 전원선 과도 억제(Power Line Transient Suppression)

교류전원이나 직류전원이 들어오는 입구인 전원필터에서 과도전압보호를 해주어야 할 필요가 종종 있다. 이것은 EFT와 서지로부터 회로를 보호하기 위해서이다. 자동차 공정제어장치(process control equipment)와 몇몇 산업용 공정제어장치는 큰 전원선 스파이크가 많은 환경에서 사용되므로 전원선 과도 보호를 필요로 한다.

많은 전원필터는 ESD와 EFT와 같은 낮은 과도 에너지를 처리할 수 있다. 전원선에서 추가로 EFT나 ESD를 억제해야 할 필요가 있는 경우에는 전원필터나 전원공급기로 입력되는 케이블에 공통모드 페라이트 초크를 달아준다. 전원필터는 고주파노이즈는 물론 전원 과도전압을 감쇠시키는 선형 회로이다. 필터는 낮은 레벨의 고주파 노이즈 억제를 잘 하도록 만든 것이지만 높은 과도전압도 감쇠시키며 공통모드 과도전압과 차동모드 과도전압도 어느 정도 막아준다.

그러나 서지는 ESD나 EFT보다 수천 배 이상 큰 펄스 에너지 레벨을 가지며 완전히 다른 문제를 일으킨다. 이러한 고 에너지 펄스에 대한 과도보호대책은 전원필터의 전단에서 해줄 필요가 자주 있다. 높은 과도전력에 대해 널리 사용되는 비선형 과도 보호부품에는 다음 세 가지가 있다.

- TVS 다이오드
- 가스 방전관(gas discharge tube)
- 금속 산화물 배리스터(metal oxide varistor, MOV)

TVS 다이오드와 MOV는 전압 클램핑(clamping) 부품이다. 이들 부품은 전압을 정해진 레벨로 제한한다. 이들 부품이 ON이 되면 과도펄스 에너지를 부품 내부에서 소모해야 한다. 그러나 가스관은 크로우바 부품(crowbar device)이다. 이 부품이 ON이 되면 부품 양단의 전압은 아주 낮은 전압으로 떨어진다. 따라서 부품에서 소모해야 하는 전력이 아주 줄어든다. 가스관은 아주 큰 전류를 처리할 수 있다.

TVS 다이오드는 신호선과 직류 전원선에 사용되는 것이 보통이다(14.3.5절). TVS 다이오드는 MOV보다 전류를 흘릴 수 있는 능력이나 에너지를 소모하는 능력이 떨어진다. 그러나 TVS 다이오드는 MOV보다 낮은 클램핑 전압을 갖는다. TVS 다이오드를 사용하기 위해서는 보통, 서지전류를 100 A 이하로 제한해야 한다. TVS 다이오드의 반응시간은 ps 범위로 ESD, EFT, 서지 보호에 사용될 수 있다. 앞에서 이야기한 세 가지 과도 보호부품 중에서 가장 약한 것이 TVS 다이오드이다.

가스 방전관은 주로 통신 회로에 사용된다. 가스 방전관의 반응시간은 μs 단위로 보호부품 중에서 반응시간이 가장 느리다. 따라서 이 부품은 ESD나 EFT 보호용으로 사용할 수 없다. 가스 방전관은 크로우바 부품이므로 부품 내부에서 큰 에너지를 소모할 필요가 없다. 그래서 세 가지 과도 보호부품 중에서 가장 튼튼한 것이 가스 방전관이다. 가스 방전관은 수만 A의 전류도 견딜 수 있다.

MOV는 다양한 산화아연(Zinc Oxide)으로 만들어진 전압가변(비선형) 저항으로 이 부품 양단 전압의 크기가 문턱전압(threshold voltage)을 넘으면 저항값이 감소한다(1989년 Standler, 8장). <그림 14-16>에 MOV의 전형적인 *V-I* 곡선을 나타내었다. 그림에서 알 수 있듯이 MOV는 대칭성을 갖는 바이폴라 부품으로 (+)전압과 (−)전압을 모두 제한한다. 일반적으로 MOV의 클램핑 전압은 MOV에 1 mA가 흐를 때의 전압으로 정의된다. MOV는 전압을 고정시키므로 과도펄스의 모든 에너지는 MOV 자체에서 소모돼야 한다.

기존 MOV가 가장 널리 사용되는 곳은 교류전원선이다. MOV의 반응시간은 TVS 다이오드보다는 느리지만 가스관보다는 빠르다. MOV의 반응시간은 수백 ns 범위로 서지 보호용으로는 충분히 빠르지만 EFT나 ESD 보호용으로는 빠른 편이 아닌 것이 보통이다. MOV는 수백 A 또는 수천 A의 전류를 견딜 수 있으며 수십 줄(Joule) 이상의 에너지를 소모할 수 있다.

MOV에 서지전류가 흐르면 MOV의 성능은 점점 떨어진다. 그렇지만 이것은 별로 문제가 되지 않는데, 그 까닭은 MOV는 수백만 번의 서지를 처리할 수 있도록 제작되기 때문이다. 모든

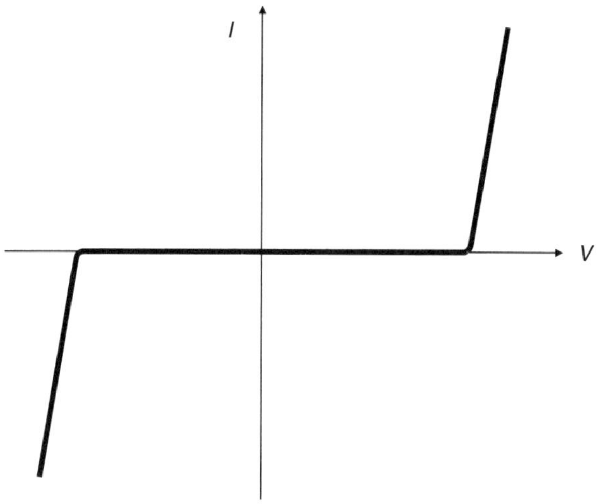

그림 14-16 전형적인 MOV의 전압-전류 관계

것을 종합해보면 교류전원선 서지로부터 전자장치를 보호하는 부품 중에서는 MOV가 가장 좋다고 할 수 있다.

새로운 다층(multilayer) MOV는 PCB에 장착될 수 있도록 표면장착형 패키지(surface mount package)로 나와 있다. 이 부품의 반응시간은 ns 이하이며 부품이 갖는 커패시턴스는 100 pF 이하이다. 이 부품은 ESD와 EFT 보호용으로 사용하기에 충분히 빠르다. 이 부품의 클램핑 전압은 10~50 V 범위이다. 이 새로운 MOV의 전력소모(보통 1 J 이하)와 전류정격(보통 100 A 이하)은 기존 MOV 만큼 높지는 않다. 그렇지만 이들의 특성을 이용하기에 적합한 응용분야가 많이 있다.

공통모드 번개(서지)로부터 어떤 시설이나 구조물을 보호하기 위해 전력회사와 전화회사에서는 자신들의 전선(wire)이 시설과 구조물로 들어오는 곳에 조치를 취한다. 교류전원선의 경우에는 <그림 3-1>처럼 배전용 트랜스포머(power distribution transformer)의 케이스를 대지접지(earth ground)에 연결하고 뉴트럴도체와 접지도체도 한데 묶어 인입구 패널(service entrance panel)에서 대지접지에 연결하는 대책을 수행한다.

전화선의 경우, 공통모드 서지보호 대책은 전선이 시설로 들어오는 곳 가까이에 위치한 보호 블록에서 수행한다. 대부분의 경우, 두 전화선과 접지 사이에 두 개의 가스관을 달아주는 방법을 사용한다. 이 방법은 차동모드보호도 해주지만 가스관의 클램핑 전압의 두 배의 전압으로 제한된다.

이처럼 전원선과 전화선이 공통모드 서지로부터 보호되고 있으므로 시설이나 구조물 안에 들어있는 전자제품에는 차동모드 서지보호만 추가로 해주면 된다. 차동모드 서지보호는 전원선이나 전화선의 경우, <그림 14-17>처럼 핫선(hot line)과 뉴트럴선(neutral line) 사이에 MOV

한 개를 연결하는 방법으로 쉽게 수행할 수 있다.

<그림 14-18>는 흔히 사용되는 전원선 서지보호회로로, 차동모드보호와 공통모드보호를 동시에 제공한다. 이 회로에는 3개의 MOV가 사용되고 있다. 핫과 접지선, 뉴트럴과 접지선, 그리고 핫과 뉴트럴선 사이에 하나씩 연결돼있다. 많은 경우에, 이 회로는 서지억제가 내장된 교류전원 아웃렛 스트립(ac power outlet strip)[10] 안에 들어있다. 그러나 이 방법은 인입구 다음에 사용될 때 단점을 가지고 있다. 접지에 접속된 MOV는 큰 서지전류(수백 A 이상)[11]를 설비내로 흘러 들어오게 하여 안전용 접지(safety ground)로 흘려버린다.

따라서 <그림 14-18>의 서지보호회로는 전자제품이나 교류전원 아웃렛 스트립에 사용하지 않는 것이 좋다. 접지도체로 유입되는 큰 서지전류로 인해 안전용 접지에 높은 전압강하가 발생한다. 예를 들어, 길이가 100 ft이고 게이지(gauge)가 12인 도선(저항 1.59 mΩ/ft)에 500 A의 서지전류가 흐르면 이 도선에는 80 V의 전압강하가 발생한다. 그러면 이 접지전압은 장비의 여러 부분을 연결하는 신호도체 양단에 나타나 피해를 줄 수 있다.

<그림 14-17>의 보호회로에서는 MOV가 접지에 연결되지 않으므로 이런 문제가 일어나지

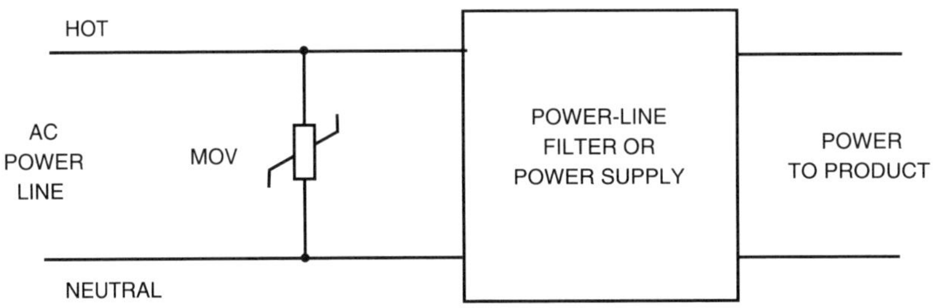

그림 14-17 교류전원선을 차동모드 서지로부터 보호하기 위해 사용하는 1개의 MOV

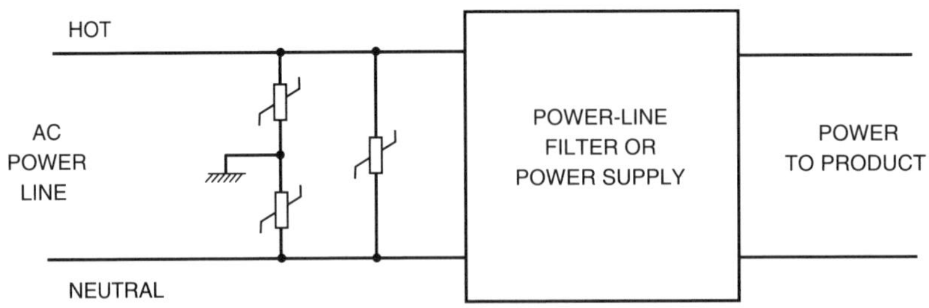

그림 14-18 교류전원선을 공통모드 서지와 차동모드 서지로부터 동시에 보호하기 위해 사용하는 3개의 MOV

10) (옮긴이) 전자장치의 전원코드를 교류전원에 접속하기 위해 플러그를 꽂을 수 있게 만든 접속장치, 소켓(socket), 콘센트(consent), 리셉터클(receptacle) 등 여러 가지 용어가 함께 사용된다.
11) 예를 들어, 2 kV 서지는 1000 A의 전류를 발생시킬 수 있다.

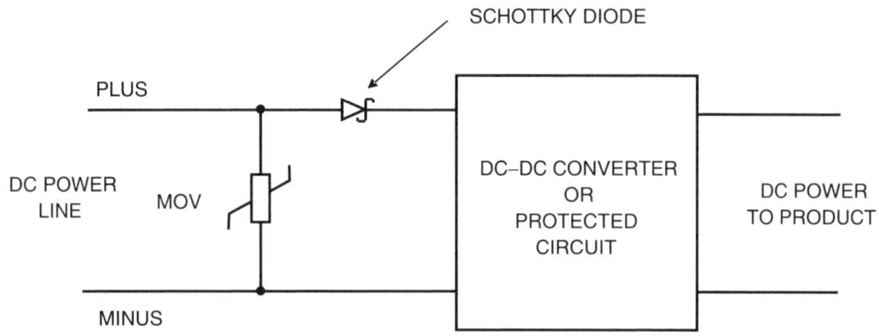

그림 14-19 교류전원선을 차동모드 서지로부터 보호하기 위해 사용하는 MOV와 쇼트키 다이오드

않는다. 이렇게 설계된 회로는 차동모드 서지보호만을 제공하지만 이 특성을 이용하기에 적합한 응용분야가 많이 있다. 그러나 유럽연합의 서지시험 규정을 충족하기 위해서 MOV를 접지에 연결해야 하는 경우도 있다.

격리(절연) 트랜스포머(isolation transformer)(3.1.6절 참조)는 설비의 교류 전원 배선 상에 설치된다. 이 트랜스포머는 자신이 들어있는 분기회로(branch circuit)에서 공통모드 과도전압을 억제하는 데 있어서 효과를 발휘한다. 그렇지만 차동모드 과도전압은 막지 못한다.

<그림 14-19>의 회로는 직류전원선을 차동모드 서지로부터 보호해준다. 이 회로는 <그림 14-17>과 비슷한데, 여기에 쇼트키 다이오드(Schottky diode)를 추가하여 역방향 전압에 대해서도 회로를 보호해준다. 쇼트키 다이오드가 사용되는 까닭은 순방향(forward) 전압강하가 낮기 때문이다. 이 다이오드는 역방향 전압이 MOV의 브레이크다운 전압을 넘는 경우에도 이를 견딜 수 있어야 한다.

<표 14-5>에 널리 사용되는 다양한 과도억제 부품의 특성을 간추려 정리하였다.

14.3.8 하이브리드 보호회로(Hybrid Protection Network)

EFT나 ESD와 같이 상승시간이 빠른 과도현상과 서지와 같이 에너지와 전류가 큰 과도현상에 대한 보호를 동시해 해주어야 하는 경우에 <그림 14-2>와 같은 1단 회로로 필요한 모든 규정을 충족시키는 설계를 하는 것은 어렵다. 이런 경우에는 2단 하이브리드 과도억제 회로를 고려해야 한다(1989년 Standler, 113쪽, 236~242쪽). 2단 하이브리드 회로는 <그림 14-20>과 같이 TVS 다이오드와 가스관(또는 MOV)으로 구성된다. TVS 다이오드는 보호해야 할 회로의 최대 전압 정격보다 낮은 전압에서 먼저 ON 된다. TVS 다이오드는 초기 과도전압의 에너지를 흡수하여 나중에 가스관이나 MOV가 ON 될 시간을 벌어준다. TVS 다이오드를 통해 흐르는 전류는 직렬 저항 양단에 전압을 발생시키는데, 이로 인해 가스관 양단의 전압은 브레이크다운 전압에 이를 때까지 증가한다. 가스관 양단의 전압이 브레이크다운 전압을 넘어서면 가스관은 ON 되어 과도

표 14-5 다양한 과도억제 부품의 일반적인 특성

부품종류	동작유형	상승시간	커패시턴스	장점	단점	과도전압 종류	대표적 응용분야
TVS 다이오드	클램핑	<1 ns	>10 pF	• 싼 가격 • 낮은 클램핑전압	• 전력처리능력에 한계가 있음 • I < 100 A	ESD, EFT, 서지[a]	• 신호선 • 직류전원선
표준 MOV	클램핑	수백 ns	10~10,000 pF	• 싼 가격 • 큰 전력처리능력	• 높은 클램핑전압 • 서지가 인가될 때마다 성능이 저하	서지	• 교류전원선 • 직류전원선
다층 MOV (표면장착타입)	클램핑	<1 ns	10~2500 pF	• 낮은 클램핑전압 • 빠른 스위칭 • 작은 사이즈	• 낮은 전력처리 능력	ESD, EFT, 서지	• PCB
VVR	크로우바	<1 ns	<1pF	• 매우 낮은 커패시턴스 • 빠른 스위칭	• 높은 클램핑전압	ESD, EFT	• 고속 신호선
가스관 (gas tube)	크로우바	μs 범위	<1pF	• 매우 높은 서지 전류처리능력 • 높은 신뢰성 • 가장 튼튼함	• 비싼 가격 • 높은 브레이크다운 전압 • 느린 스위칭	서지	• 통신
L–C 필터	선형	해당없음	높음	• 회로에 이미 사용중인 경우가 많음 • 소모전력이 낮음	• 전압이 클램핑되지 않음 • 링잉(ringing)을 일으킬 수 있음	ESD, EFT, 서지	• 전원공급기 • 신호선

[a] 전류크기가 허용한계 이하인 경우

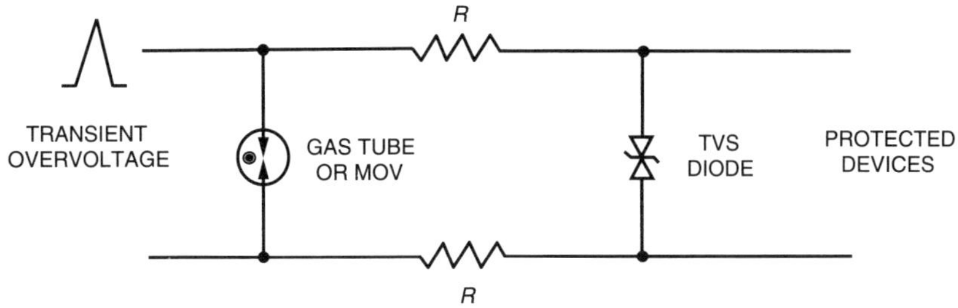

그림 14-20 2단 하이브리드 과도 보호회로

에너지의 대부분을 흡수한다.

직렬 저항의 값을 선택할 때는 과도펄스의 전원 저항값이 더해지는 것을 고려해서 TVS 다이오드 전류를 안전한 값으로 제한할 수 있는 값으로 해야 한다. 또한 직렬 저항은 가스관 양단의 전압이 TVS 다이오드의 브레이크다운 전압 이상으로 증가하도록 하여 가스관이 ON 되도록 한다. 어떤 경우에는 요구되는 저항의 값이 회로의 정상동작을 위해 허용되는 값보다 커지기도 한다. 이런 경우에는 직렬부품으로 저항을 사용해서는 안 된다. 상승시간이 빠른 과도전압의 경우에는 직렬부품으로 인덕터(또는 페라이트)나 저항과 인덕터(또는 페라이트)의 조합을 사용할 수 있다.

예를 들어, 1 μH 인덕터에 1000 V/μs의 과도펄스(서지)가 인가되면 이 인덕터 양단의 전압강하는 100 V가 된다. 간혹 권선형 저항(wire-wound resistor)을 직렬부품으로 사용하여 부품 하나로 저항값과 인덕턴스를 동시에 제공하기도 한다.

14.4 전원선 장해(POWER LINE DISTURBANCES)

장비를 설계할 때 문제가 되는 그 밖의 전원선 장해로 순간전압강하(voltage sag)와 정전(voltage interruption)이 있다. 순간전압강하는 교류전원 상의 실효(root mean square, rms) 전압이 몇 주기 미만의 짧은 시간동안 작아지는 것으로 전력시스템의 고장이나, 모터나 대형 히터와 같이 큰 돌입전류(inrush current)가 흐르는 제품을 켤 때 발생할 수 있다. 순간 정전은 전압이 수 sec 동안 완전히 사라져 0이 되는 것으로 전력회사에서 전력시스템의 일시적 고장을 수리하기 위해 조치를 취하는 과정에서 발생하는 것이 일반적이다.

<표 14-6>은 유럽연합의 교류전원에 대한 순간전압강하와 정전 요건으로 주거, 상업, 경공업 환경에서 동작하는 제품에 적용되는 것이다(2007년 EN 61000-6-1).

표 14-6 교류전원에 대한 순간전압강하와 정전 요건

Test	Voltage Reduction	Duration	Performance Criteria
Voltage dip	30%	0.5 cycles	B
Voltage dip	60%	5 cycles	C
Voltage Interruption	>95%	250 cycles	C

순간전압강하나 순간정전의 영향을 받지 않으려면 에너지를 저장하는 원천(source)이 필요하다. 직류 전원공급기의 출력에 충분한 커패시턴스가 있으면 이것이 가능하다. 제품을 설계할 때는 충분히 큰 커패시턴스를 갖게 해서 적어도 17 ms (60 Hz 교류전원 주파수의 대략 한 주기) 동안 교류전압이 완전히 사라져도 정상적으로 동작할 수 있게 해야 한다.

커패시터의 전압-전류 관계는 다음과 같다.

$$i = C\frac{dv}{dt} \tag{14-7}$$

이 식을 다음으로 다시 쓸 수 있다.

$$C = \frac{i}{dv/dt} = \frac{i \cdot dt}{dv} \tag{14-8}$$

예제 14.1

전원공급기가 어떤 제품에 정상상태에서 1 A의 전류를 공급하고 있다. 정상동작을 위한 전원전압은 12 V ± 3 V이다. 전원공급기에 입력되는 교류전압이 10 ms 동안 완전히 사라질 때 영향을 받지 않지 않으려면 전원공급기 출력에는 얼마만큼의 커패시턴스의 값이 필요한가? 식 (14-8)을 이용하여 계산하면 $C = 10 \times 10^{-3}/3 = 3{,}333\ \mu F$을 얻는다.

14.4.1 전원 내성 곡선(Power Line Immunity Curve)

1980년대 초, ITI(Information Technology Industry Council, 미국 정보기술산업위원회)의 전신인 CBEMA(Computer and Business Equipment Manufacturers Association, 미국 컴퓨터 사무기기 공업협회)에서는 IT 장비(information technology equipment, 정보기술장비)에 대한 실제적인 전원 내성 곡선을 만들었다. 이 곡선은 대부분의 IT 장비가 동작을 중단하거나 성능이 저하되는 일이 발생하지 않은 채로 견뎌낼 수 있는 교류전원선 전압의 한계를 나타낸다. 2000년에, 광범위한 추가 연구결과를 바탕으로 ITI는 이 곡선을 고쳐 새로운 곡선을 만들었는데, 이것이 <그림 14-21>에 나타나있다. 이 곡선은 ITI 산업계는 물론 다른 산업계 내에서 표준으로 사용되고 있다. 이 곡선을 간단히 CBEMA 곡선이라고 한다(2000년 ITI).

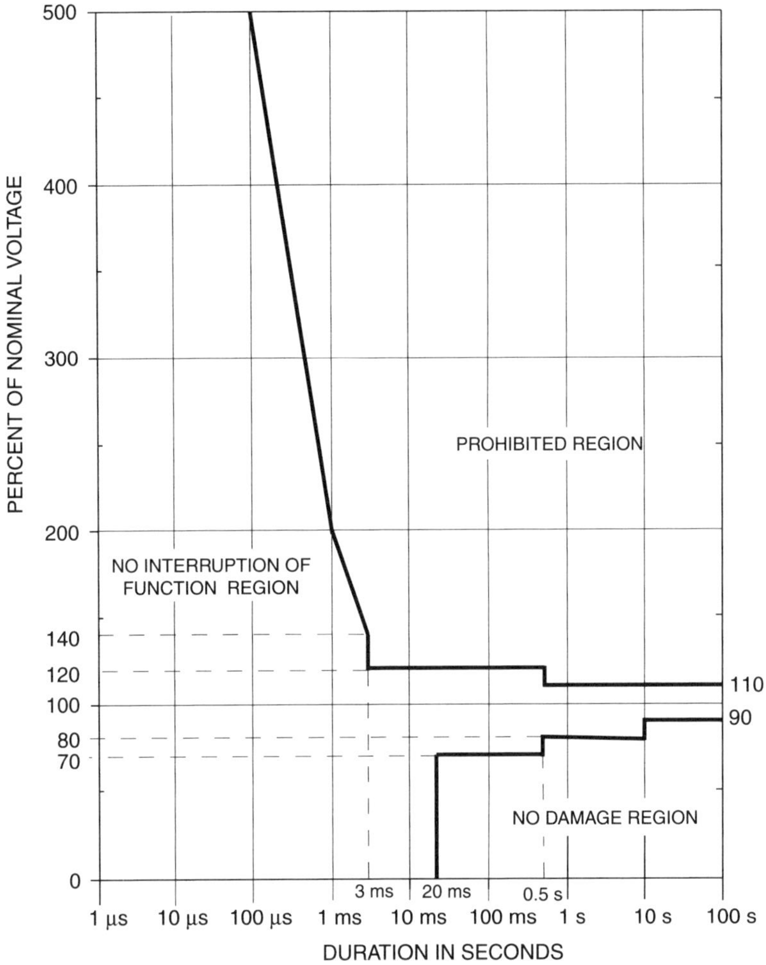

그림 14-21 단상 120 V 장비에 적용되는 CBEMA 곡선 (2000년에 개정). 장비에 적용되는 허용전압의 한계를 나타낸다. (출처: *Information Technology Industry Council, 2000*년)

이 곡선은 장비의 디자인 스펙(design specification) 용으로 만들어진 것은 아니지만 실제 이런 용도로 사용되는 일이 흔히 있다. 품질이 좋은 제품을 만들고 싶어 하는 제조사에서는 CBEMA 곡선을 전원장해에 대한 내성을 확보하기 위한 가이드라인(guideline)으로 사용한다. 전원품질 전압시험기(power quality voltage tester)라는 장비가 있는데, 이것은 교류전원선의 전압을 계속해서 감시하면서 CBEMA 곡선의 "no interruption of function" 한계값을 넘는 사건을 기록한다.

CBEMA 곡선은 단상 120 V, 60 Hz 장비에 적용되는 허용전압의 한계를 표시한 것으로 과도상태(transient state)와 정상상태(steady state, 定常狀態)를 모두 포함한다. 이 곡선은 지속시간

(time duration)에 대한 교류전압의 변동(%)을 세미로그 그래프로 나타낸 것이다. 그래프는 세 가지 영역으로 나뉜다. 곡선 왼쪽의 영역은 허용전압영역으로 이 영역에서는 제품이 성능 저하 없이 정상적으로 동작해야 한다(no interruption of function 영역). 곡선의 오른쪽 아래 영역인 순간전압강하(voltage sag) 영역에서는 제품이 제대로 동작하지 않아도 되지만 손상이 돼서는 안 된다(no damage 영역). 곡선의 오른쪽 위 영역인 전압서지(voltage surge) 영역은 금지영역이다. 장비가 이 영역에 있게 되면 이상동작을 하거나 손상 될 수도 있다.

이 곡선을 보면 전압변동이 ±10 % 범위를 넘지 않으면 제품은 절대로 중단되는 일이 없이 동작해야한다는 것을 알 수 있다. 제품은 20%의 순간전압강하는 10 s 동안, 30% 전압강하는 0.5 s 동안 견딜 수 있어야 하며 전압이 완전히 사라져도 20 ms 동안은 정상적으로 동작해야 한다.

또한 이 곡선을 보면 제품은 20%의 전압서지에는 0.5 s 동안, 40% 전압서지에는 3 ms 동안, 100%의 전압증가에는 1 ms 동안 정상적으로 동작해야 한다.

곡선의 왼쪽영역 중 지속시간이 100 μs 이하인 영역에서 발생하는 전압서지는 가까운 곳에 번개가 떨어질 때 생기는 것이 일반적이다. 곡선의 이 영역에서는 과도전압의 크기가 아니라 과도전압의 에너지가 중요하다. 이 영역에서 제품이 최소한 80 J의 과도내성을 가질 수 있게 하는 것이 목적이다. 이것은 유럽연합의 서지시험과도 서로 맞아떨어지는데, 그 까닭은 <표 14-3>에서 보듯이 서지가 갖는 에너지는 80 J 이하이기 때문이다.

CBEMA 곡선은 120 V, 60 Hz 시스템에만 적용되는 것이기는 하지만 <표 14-5>에 수록된 유럽연합의 순간전압강하와 정전 규정은 이 곡선의 한계값과 맞아떨어진다. 유럽연합의 규정인 0.5주기(50 Hz 전원의 경우 10 ms) 동안 30%의 순간전압강하를 나타내는 점은 CBEMA 곡선에서 "no interruption of function" 영역 안쪽에 들어오므로, 이것은 유럽연합의 성능기준 B와 맞아떨어진다. 5주기(50 Hz의 경우 100 ms) 동안 60%의 순간전압강하와 250주기(50 Hz의 경우 5 s) 동안 95%의 순간전압강하를 나타내는 점은 "no damage" 영역 안쪽에 들어오므로 유럽연합의 성능기준 C와 맞아떨어진다.

요약 SUMMARY

- RF 감응성 문제의 대부분은 오디오정류때문에 발생한다.
- 오디오정류가 문제가 되려면 다음 두 가지 현상이 일어나야 한다.
  - 먼저, RF 에너지가 수신돼야 한다.
  - 그 다음, 수신된 RF 에너지가 정류돼야 한다.
- RFI 경감 대책은 부품 수준에서 시작해서 케이블과 인클로저로 올라가며 적용해야 한다.
- 민감한 신호의 루프면적은 되도록 작아지게 한다.
- 민감한 부품의 입력에 RFI 필터를 추가로 연결한다.

- 필터의 직렬부품은 주의해야할 주파수범위에서 50~100 Ω 사이의 임피던스를 가져야 한다.
- 필터의 직렬부품으로 저항, 인덕터, 또는 페라이트를 사용할 수 있다.
- RFI 필터의 인덕터로는 주파수와 인덕턴스의 곱이 10이 되는 인덕터를 고른다.
- RFI 필터의 병렬부품의 임피던스는 주의해야할 주파수범위에서 수 Ω 이하여야 한다.
- RFI 필터의 커패시터로는 주파수와 커패시턴스의 곱이 0.1이 되는 커패시터를 고른다.
- 80~1000 MHz 사이의 주파수범위에서는 1000 pF 커패시터가 효과적이다.
- 회로가 낮은 주파수에서 동작하는 경우에도 RF 디커플링을 사용하도록 한다.
- 전원판과 접지판을 갖는 다층 PCB를 사용하도록 한다.
- 가능하면 평형회로(balanced circuit)를 사용하도록 한다. 특히 증폭기의 낮은 레벨 입력에 이를 사용한다.
- 전압 안정기(voltage regulator, 정전압기)의 입력과 출력에 고주파 용량성 필터를 추가로 연결하도록 한다.
- 실드 케이블의 경우에는 좋은 품질의 하이커버리지 브레이드(high coverage braid) 케이블이나 브레이드 오버 포일(braid over foil) 케이블을 사용하도록 한다.
- RF 내성을 위해서는 스파이럴 실드 케이블(spiral shielded cable)을 사용하지 않도록 한다.
- 리본케이블(ribbon cable)의 경우에는 신호도체-대-접지도체의 비를 3:1로 하는 것이 적절하다.
- 실드된 인클로저 상의 구멍(aperture)은 주의해야할 주파수 중에서 가장 높은 주파수에 대해, 최대 길이가 파장의 1/20 이하가 되도록 제한해야 한다.
- 500 kHz 이상의 주파수범위에서는 알루미늄이나 구리로 만든 얇은 실드도 효과를 발휘한다.
- 500 kHz 이하의 주파수범위에서는 강철로 만든 실드를 사용하도록 한다.
- 전자장비에 영향을 주는 높은 과도전압에는 다음의 세 가지가 있다.
  - ESD(electrostatic discharge, 정전기 방전)
  - EFT(electrical fast transient, 전기적 고속 과도현상)
  - 낙뢰(번개) 서지 (lightning surge)
- 효과적인 과도 억제를 위해서는 다음 세 가지 대책이 필요하다.
  - 첫째, 과도전류를 우회시킨다.
  - 둘째, 민감한 부품이 손상되거나 이상동작을 하지 않도록 보호한다.
  - 셋째, 과도현상에 강한 소프트웨어를 만든다(15.10절 참조).
- 100 MB/s 이상의 데이터 전송속도를 갖는 고속인터페이스를 과도전압으로부터 보호하려면 아주 낮은 임피던스를 갖는 고분자(polymer) VVR을 사용해야 한다.
- ESD와 EFT를 막기 위해 사용하는 방법은 서로 유사하다.
- 그러나 서지는 ESD나 EFT보다 수천 배 이상 큰 펄스 에너지 레벨을 가지므로 이 에너지를 처리할 수 있는 특별한 보호 부품이 필요하다.

- 서지보호는 교류전원선과 직류전원선에만 해주면 된다.
- ns 이하의 과도현상과 서지에 대한 보호를 동시에 해주어야 하는 경우에는 2단 하이브리드 회로를 사용할 수 있다.
- <표 14-5>에는 다양한 과도억제 부품의 특성이 정리되어 있다.
- 순간전압강하(voltage dip)와 정전(voltage interruption), 그리고 서지(surge)와 같은 전원선장해(power-line disturbance)는 현실에서 피할 수 없는 것으로 이들에 의한 피해를 막아야 한다.
- CBEMA 곡선(<그림 14-21>)은 제품에 대한 전원전압 허용내성의 가이드라인(guideline)으로 사용될 수 있다.

연습문제 PROBLEMS

14-1 유효방사전력이 10,000 W인 AM 방송국에서 1 km 떨어진 곳의 전기장 세기는 얼마인가?

14.2 소형 휴대용 FM 송신기에서 1 m 떨어진 곳의 전기장 세기는 얼마인가?

14.3 FM 송신기로부터 다이폴 안테나로 100 W의 전력이 입력되고 있다. 이 안테나에서 10 m 떨어진 곳의 전기장 세기는 얼마인가?

14.4 전기장은 전기장 세기(V/m) 또는 전력밀도(W/m^2 또는 mW/cm^2)로 측정하거나 표시하는 것이 일반적이다. 원거리장(far field)에서 전력밀도를 사용하여 전기장 세기를 구하는 방정식을 써라.

14.5 어떤 송신기에서 방사된 전자기장의 전력밀도가 원거리장에서 10 mW/cm^{2}이다. 전기장 세기(V/m)로 나타내면 얼마인가?

14.6 오디오정류(audio rectification)에 대해 설명하여라.

14-7 a. 5 MHz 송신기에 의해 발생하는 전자기장에 의한 피해를 막으려면 RFI 필터를 구성하는 직렬 인덕터의 인덕턴스 값은 얼마로 하는 것이 적절한가?

b. 이 RFI 필터를 구성하는 병렬 커패시터의 커패시턴스 값은 얼마로 하는 것이 적절한가?

14-8 *L*-필터의 감쇠율을 계산하는 경우, 필터의 앞뒤에 낮은 전원임피던스와 높은 부하임피던스 회로가 연결되는 것으로 가정하는 것이 일반적이다.

a. 전원임피던스가 낮지 않은 경우에는 필터의 성능에 어떤 영향을 주는가?

b. 부하임피던스가 높지 않은 경우에는 필터의 성능에 어떤 영향을 주는가?

14-9 0~650 MHz 사이의 주파수범위에서 실드된 인클로저의 구멍이 20 dB의 차폐(감쇠)를 하려면 이 구멍의 최대길이는 얼마가 돼야 하는가?

14-10 300 MHz에서 길이가 1 in 인 PCB 트레이스(다이오드의 두 단자에 각각 1/2 in 씩)와 직렬로 연결된 12 V TVS 다이오드에 크기 2 A, 상승시간 500 ps인 ESD 펄스가 인가될 때 이 TVS 다이오드 양단의 전압강하는 얼마인가?

14-11 a. 300 MHz에서 길이가 3/4 in인 PCB 트레이스와 직렬로 연결된 470 pF 필터 커패시터의 임피던스는 얼마인가?

b. 300 MHz에서 길이가 이상적인 470 pF 커패시터(직렬 인덕턴스 성분이 0)의 임피던스는 얼마인가?

14-12 a. 유럽연합의 ESD 시험용 발생기가 4 kV 접촉방전으로 맞춰져 있다. 어떤 단락회로(short circuit)에 접촉 방전을 할 때 피크전류는 얼마가 되는가?

b. 단락회로에 1 kV EFT 펄스를 인가할 때 피크전류는 얼마가 되는가?

c. 유럽연합의 ESD 시험용 발생기가 단락회로로 2 kV의 서지를 방전할 때 피크전류는 얼마가 되는가?

14-13 <그림 14-20>의 하이브리드 보호회로에 브레이크다운 전압이 150 V인 가스관과 12 V인 양방향 TVS 다이오드가 사용되고 있다. 직렬저항은 각각 10 Ω이다. 크기 1000 V, 상승시간 1 μs, 펄스폭 50 μs인 서지(전원임피던스가 5 Ω)가 회로에 인가되었다.

a. TVS 다이오드를 통해 초기에 흐르는 최대전류는 얼마인가?

b. 가스관이 ON된 다음에 TVS 다이오드를 통해 흐르는 최대전류는 얼마인가?

c. 가스관을 통해 흐르는 최대전류는 얼마인가?

14-14 전원공급기로부터 어떤 제품으로 0.5 A의 정상상태 전류가 공급되고 있다. 제품이 정상동작을 하려면 직류 전원전압이 9 V ± 2 V이어야 한다. 전원공급기의 입력에 공급되는 교류전압이 완전히 사라져도 20 ms 동안 제품이 동작할 수 있으려면 전원공급기 출력에 얼마만큼의 커패시턴스 값이 필요한가?

14-15 전원공급기로부터 어떤 제품으로 95 mA의 전류가 공급되고 있다. 이 제품의 스펙에 따르면 직류 전원전압은 12 V ± 2 V가 돼야 한다. 전원공급기는 1200 μF의 출력 커패시턴스를 갖고 있다. SMPS의 입력에 공급되는 60 Hz 교류전압이 중단된 경우, 60 Hz의 몇 주기 동안 제품이 계속 동작할 수 있는가?

14-16 아래의 각 경우에, 120 V, 60 Hz 전원으로 동작하는 컴퓨터나 프린터가 유럽연합의 성능기준 A를 만족하는가?

a. 0.5 주기 동안 80% 전압강하

b. 5 주기 동안 40% 순간전압강하

c. 1 ms 동안 150% 전압서지

d. 위의 세 가지 조건에서 제품은 손상되는가?

14-17 교류전원이 어떤 조건(전압변동과 그 지속시간)에 있을 때, IT 장비가 정상적으로 동작하지 않거나 손상될 것으로 예상할 수 있는지 말하여라.

참고문헌 REFERENCES

EN 60601-1-2. *Medical Electrical Equipment°™Part 1-2: General Requirements for Safety—Collateral Standard: Electromagnetic Compatibility—Requirements and Tests*, CENELEC, 2007.

EN 61000-6-1. *Generic Immunity Standard for Residential, Commercial, and Light-Industrial Environments*, CENELEC, 2007.

EN 61000-6-2. *Generic Immunity Standard for Industrial Environments*, CENELEC, 2005.

German, R. F., Ott H. W., and Paul, C. R. "Effect of an Image Plane on Printed Circuit Board Radiation", *IEEE Electromagnetic Compatibility Symposium*, Washington, DC, August 21–23, 1990.

Industry Canada. EMCAB 1, Issue 3. "Immunity of Electrical/Electronic Equipment Intended to Operate in the Canadian Radio Environment (0.010–10,000 MHz)." Industry Canada, June 1990.

ITI (CBEMA) Curve Application Note. Information Technology Industry Council. 2000. Available at www.itic.org/archive/iticurv.pdf.

Standler, R. B. *Protection of Electronic Circuits from Overvoltage*. Wiley, New York, 1989. [Out of print]

Standler, R. B. *Protection of Electronic Circuits from Overvoltage*. Frederica, DE, Dover, 2002 [Paperback reprint of above book].

심층자료 FURTHER READING

AN-671. *Reducing RFI Rectification in Instrumentation Amplifiers*. Analog Devices, Norwood, MA, 2003.

Lepkowski, J. AND8229/D. *An Introduction to Transient Voltage Suppression Devices*, ON Semiconductor, 2005.

Lepkowski, J. and Johnson, J. *Zener Diode Based Integrated Filters, an Alternative to Traditional EMI Filter Devices*, ON Semiconductor.

General Electric. *Transient Voltage Suppression*, 5th ed. 1986.

Electromagnetic Compatibility Engineering

Chapter 15

정전기 방전

Electrostatic Discharge

정전기(static electricity, 靜電氣)는 우리에게는 친숙한 것으로, 옷이 서로 달라붙고 문의 손잡이나 금속물체에 손을 가져갈 때 번쩍하고 불꽃이 생기고 번개(lightning)가 치고 하는 것은 모두 정전기 때문에 일어나는 현상이다. 약 2000년 전에 고대 그리스(Greece) 사람들은 정전기에 대해 알고 있었다. 중세 시대에 마술사들은 정전기 현상을 이용한 마술기법을 구사하였다. 오늘날에는 정전기를 이용하여 여러 가지 유용한 기능을 수행하고 있다. 정전기를 이용하는 제품으로 복사기(copier), 집진기(dust precipitator), 공기청정기(air purifier), 정전기 도장기(electrostatic spray painter)가 있다.

그러나 우리가 마음대로 제어할 수 없는 정전기방전(electrostatic discharge, ESD)은 전자산업계에 위험이 되고 있다. 1960년대 초반 이후 많은 IC(integrated circuit), MOS(metal-oxide semiconductor), 그리고 필름 저항 커패시터 크리스털과 같은 개별(discrete) 전기부품 등이 ESD에 의해 쉽게 손상되는 것이 알려져 왔다. 전자장치의 크기가 더욱 작아지고 속도는 더욱 빨라지고 동작전압이 더욱 낮아지면 이들 장치는 ESD에 더욱 취약해진다.

EMC와 과도내성이라는 큰 주제에 속하는 특수한 경우가 ESD 억제문제이다. 앞으로 살펴보겠지만 어떤 시스템의 감응성을 줄이기 위해 사용되는 많은 방법들은 과도내성을 갖게 하고 방사성방출을 억제하는 데 사용하는 방법들과 유사하다.

15.1 정전기의 발생(STATIC GENERATION)

정전기가 생기는 방식에는 여러 가지[1]가 있지만 그중에서 가장 흔한 경우는 물체들이 서로 접촉

1) 예를 들어, 마찰, 유도작용(induction), 압전효과(piezoelectric effect)에 의한 정전기의 발생이 있다.

했다가 떨어지는 과정에서 생기는 것이다. 이때 물체는 고체(solid), 액체(liquid), 기체(gas), 어느 것이나 가능하다. 부도체(절연체)인 물체 2개가 접촉하면 한 물체에서 다른 물체로 일부 전하(즉 전자)가 옮아간다. 전하는 절연체에서 잘 움직이지 못하므로 두 물체가 붙었다 떨어지면 옮아간 전하는 원래의 물체로 돌아가지 않는다. 처음에 전기적으로 중성이었던 두 물체는 이제 전기를 띠게 되는데(대전되는데), 한 물체는 (+)전기를 띠고 (+로 대전되고) 다른 물체는 (−)전기를 띤다(−로 대전된다).

이렇게 정전기를 발생시키는 방식을 '마찰대전(triboelectric charging)' 이라고 한다. 아주 먼 옛날에는 호박(amber, 琥珀)에 털(wool)을 문질러 정전기를 발생시켰다. 그리스어로 '마찰(rubbing)' 을 뜻하는 단어는 '*tribos*' 이며 호박을 뜻하는 단어는 ' lektron' 이므로 'triboelectric' 은 '호박 마찰' 을 의미한다. 사람들은 보통 두 물체 사이에서 정전기를 발생시키려면 반드시 마찰이 필요하다고 생각하지만 이 말은 정확하지 않다. 정확하게 말해보면 두 물체를 접촉시켰다가 떼어내는 것이 정전기 발생에 필요한 전부이다.

어떤 물체는 전자를 쉽게 받아들이는 반면, 다른 물체는 전자를 쉽게 잃는 성질을 가지고 있다. 마찰대전순서(triboelectric series)는 전자를 잃어버리기 쉬운 정도가 큰 순서로 물체를 나열한 것이다. <표 15-1>은 일반적인 마찰대전순서이다. 표의 위쪽에 있을수록 전자를 쉽게 잃어버리므로 (+)전하로 대전된다. 표의 아래쪽에 있을수록 전자를 쉽게 받아들이므로 (−)전하로 대전된다. 그런데 이 마찰대전순서는 근사적인 것임을 잘 알아두어야 한다.

표 15-1 마찰대전 순서

(+) 극성	
1. 공기(air)	18. 경질 고무(hard rubber)
2. 사람 피부(human skin)	19. 마일라(mylar)®[a]
3. 석면(asbestos)	20. 에폭시-유리(epoxy-glass)
4. 유리(glass)	21. 니켈(nickel), 구리(copper)
5. 운모(mica)	22. 황동(brass), 은(silver)
6. 사람 머리칼(human hair)	23. 금(gold), 백금(platinum)
7. 나일론(nylon)	24. 폴리스티렌 폼(polystyrene foam)
8. 양털(wool)	25. 아크릴(acrylic)
9. 동물 털(fur)	26. 폴리에스터(polyester)
10. 납(lead)	27. 셀룰로이드(celluloid)
11. 비단(silk)	28. 올론(orlon)
12. 알루미늄(aluminum)	29. 폴리우레탄 폼(polyurethane foam)
13. 종이(paper)	30. 폴리에틸렌(polyethylene)
14. 솜(cotton)	31. 폴리프로필렌(polypropylene)
15. 나무(wood)	32. 폴리염화비닐(polyvinyl chloride, PVC)
16. 강철(steel)	33. 실리콘(silicon)
17. 호박(amber)	34. 테플론(teflon)®[a]
	(−)극성

[a] 듀퐁사(DuPont)의 등록상표

두 물체가 접촉하면 마찰대전순서에서 위쪽에 있는 물체에서 아래쪽에 있는 물체로 전하가 옮아간다. <표 15-1> 상에서 두 물체가 얼마나 떨어져 있느냐가 발생하는 전하의 양을 결정하지만 이것만이 전부가 아니다. 발생 전하의 양은 마찰대전순서상의 물체의 위치뿐만 아니라 물체 표면의 청결정도, 접촉압력, 마찰정도, 접촉면적, 표면 매끄러움의 정도, 접촉물체를 떼어내는 속도에 의해서도 달라진다. 전하는 같은 물체끼리 접촉했다가 떨어지는 경우에도 발생할 수 있는데, 이 경우에는 어느 쪽에 (+)전하가 생기고 어느 쪽에 (−)전하가 생길지 예측하는 것이 불가능하다. 실제로 쇼핑백(plastic bag)의 입구에서 이런 일이 생긴다.

전하(량)의 단위는 쿨롱(coulomb, C)이다. 전하를 측정하는 것은 어렵다. 따라서 물체의 전하보다는 물체의 정전위(electrostatic potential, 즉 전압)를 사용하여 나타낸다. 전하, 전압, 커패시턴스 사이의 관계는 다음과 같다.

$$V = \frac{Q}{C} \tag{15-1}$$

두 물체를 떼어내면 0이 아닌 어떤 전하량 Q가 남아 없어지지 않고 유지된다. 따라서 VC 값은 상수이다. 두 물체가 서로 가까이 놓이면 커패시턴스는 증가하므로 전압은 감소한다. 두 물체가 서로 멀리 떨어지면 커패시턴스는 작아지므로 전압은 증가한다. 예를 들어, 커패시턴스가 75 pF이고 전하량이 3 μC이면 전압은 40,000 V가 된다.

절연체(insulator)와 도체(conductor)가 붙었다 떨어질 때도 마찰대전이 일어난다. 그렇지만 도체 두 개가 붙었다 떨어질 때는 마찰대전은 생기지 않는다. 도체 두 개가 서로 떨어지기 시작하는 순간, 전하는 원래 자신이 속한 도체로 되돌아간다. 이는 도체에서는 전하의 이동도(mobility)가 크기 때문이다.

그러므로 절연체와 도체가 다른 절연체와 붙었다 떨어지면 절연체와 도체 모두 쉽게 전하를 갖게 된다. 전하가 잘 옮겨갈 수 있도록 두 물체가 잘 밀착되기만 하면 된다. 마찰을 하면 접촉압력이 증가하여 접촉면이 넓어지므로 전하의 이동이 많아진다. 두 물체가 빨리 떨어지면 전하가 원래 물체로 돌아갈 시간이 적어지므로 전하의 이동이 증가하고 이에 따라 전압도 커진다.

DOD-HDBK-263 규격인 <표 15-2>에는 다양한 조건에서 발생할 수 있는 정전기전압이 수록되어 있다. 표를 보면 습도(humidity)가 전압에 큰 영향을 준다는 것을 알 수 있다. 습도가 낮은 상태에서는 (20% 이하) 가정이나 업무환경에서 흔히 보이는 물체상에 10~20 kV 정도의 전압이 발생하는 것은 드문 일이 아니다. 그렇지만 습도가 65% 이상으로 높은 경우에는 발생전압의 크기는 1500 V 이하로 제한된다.

정전기는 표면에서 일어나는 현상이다. 정전하는 오직 물체의 표면에만 존재하며 물체의 내부에는 존재하지 않는다. 절연체에 생긴 전하는 자신이 생긴 영역에 그대로 머물러 있으며 절연체의 다른 부분으로 옮겨가거나 절연체 표면 전체로 퍼지지 않는다. 절연체를 접지와 연결하여도

표 15-2 전형적인 정전기전압

정전기 발생 방식	정전기 전압	
	10%~20% 상대습도	65%~90% 상대습도
카펫 위를 걷는 경우	35,000	1500
비닐 복도 위를 걷는 경우	12,000	250
작업대에서 일하는 근로자	6000	100
비닐 봉투의 입구	7000	600
폴리에틸렌 백	20,000	1200
폴리우레탄폼으로 채워진 쿠션위에 앉아있는 경우	18,000	1500

전하는 사라지지 않을 것이다.

전하들이 도체에 발생하면 같은 극성의 전하끼리는 서로 밀어내므로 전하들은 도체 표면 전체에 퍼진다. 왜냐하면 전하들이 서로서로 가장 멀리 떨어져 있을 수 있는 곳이 바로 표면이기 때문이다. 어떤 전하도 도체 내부에는 존재할 수 없으며 모든 전하는 표면상에만 존재한다. 그런데 절연체와는 달리, 도체를 접지와 연결하면 전하는 사라진다.

보통, 정전기방전(ESD)은 다음과 같이 세 단계의 과정을 따라 발생한다.

1. 절연체에 전하가 발생한다.
2. 직접적인 접촉(contact)이나 유도작용(induction)에 의해 이 전하가 도체로 옮겨가거나 유도된다 (즉 도체가 대전된다).
3. 대전된 도체(전하가 생긴 도체)가 금속물체 근처에 오면 방전(discharge)이 일어난다.

예를 들어, 어떤 사람이 카펫 위를 가로질러 걸어갈 때, 신발 밑창(즉 절연체)[2)]은 카펫과 접촉했다 떨어지면서 전하를 갖게 된다. 이 전하의 유도작용에 의해 그 사람의 몸(즉 도체)에는 전하가 유도된다. 그 사람이 금속 물체(물체의 접지 여부는 상관이 없다.)에 손을 갖다 대면 방전이 일어난다. 접지되지 않은 금속물체(예: 문의 손잡이)로 방전이 일어나면 그 물체와 접지 사이의 커패시턴스를 통해 방전전류가 흐른다.

전하로 대전된 절연체 자체는 곧바로 ESD의 위협이 되지는 않는다. 절연체상의 전하는 자유롭게 움직이지 못하므로 정전기 방전이 생길 수 없다. 전하로 대전된 절연체가 위험한 것은 이 절연체가 유도작용에 의해 도체(예: 사람)에 전하를 생기게 하기 때문인데, 이렇게 유도 전하가 생긴 도체는 방전을 일으킬 수 있다.

2) 어떤 신발은 정전기방지(static dissipative) 기능이 있다(예를 들어, 가죽 밑창이 달린 신발).

15.1.1 유도작용에 의한 정전기 발생(Inductive Charging)

전하로 대전된 물체(절연체 또는 도체) 주위에는 정전기장(electrostatic field)이 발생한다. 전기적으로 중성인 도체를 대전된 물체 근처에 가져다 놓으면 평형을 이루고 있는 중성 도체의 (+)전하와 (−)전하가 <그림 15-1>과 같이 서로 갈라진다. 대전된 물체와 마주보는(가까운) 쪽의 중성도체의 표면에는 대전된 물체와 극성이 반대인 전하가 나타나고 대전된 물체에서 먼 쪽의 중성도체 표면에는 대전된 물체와 극성이 같은 전하가 나타난다. 이렇게 (+), (−) 전하들이 양쪽에 분리되어 나타나도 도체의 (+)전하량과 (−)전하량은 서로 같기 때문에 도체는 여전히 전기적으로 중성이다. 대전된 물체를 이 도체로부터 멀리 떨어뜨리면 도체의 (+)전하들과 (−)전하들은 다시 결합한다.

그런데 <그림 15-2A>에 나타나 있듯이, 중성도체가 대전된 물체 근처에 있는 상황에서 중성도체와 접지가 서로 연결되면 (예를 들어, 중성도체가 사람이나 접지된 물체와 접촉하면) 대전된 도체에서 먼 쪽에 있는 도체 표면의 전하가 접지로 흘러나간다. <그림 15-2B>에서 보듯이, 이 상태에서 접지와의 연결이 끊어지면 (도체는 여전히 대전된 도체 근처에 있는 상황이다.) 도체는 전하를 갖게 된다. 즉 도체와 대전된 물체와 직접 접촉을 하지 않았는데도 전하가 생긴 것이다. 접지와의 연결은 아주 잠깐 동안만 이루어져야 하며 이때의 임피던스는 상당히 큰 값이 될 수 있다 (100 kΩ 이상).

15.1.2 에너지의 저장(Energy Storage)

전하는 물체의 표면에 존재하지만 이 전하와 관련된 에너지(전기장)는 그 물체의 커패시턴스에 저장된다. 커패시턴스는 간격이 가까운 평행한 두 판(plate) 사이에서 생긴다고 생각하는 것이 보통이다. 하지만 모든 물체는 그 자체로 **자유공간 커패시턴스**(*free-space capacitance*)를 가진다. 이것은 물체 자체가 한 판이 되고 무한히 먼 곳에 다른 한 판이 놓여 있는 경우에 두 판 사이의 커패시턴스이다. 이것은 어떤 물체가 가질 수 있는 최소 커패시턴스를 나타낸다. 불규칙한 형태를 가진 물체의 자유공간 커패시턴스를 결정하는 것은 기본적으로 그 물체의 표면적이다. 따

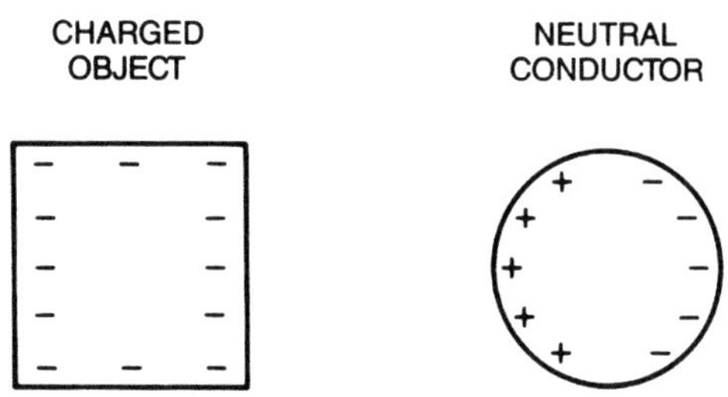

그림 15-1 전기적으로 중성인 도체를 전하로 대전된 물체 근처에 놓으면 중성도체의 전하가 (+)전하와 (−)전하로 갈라진다.

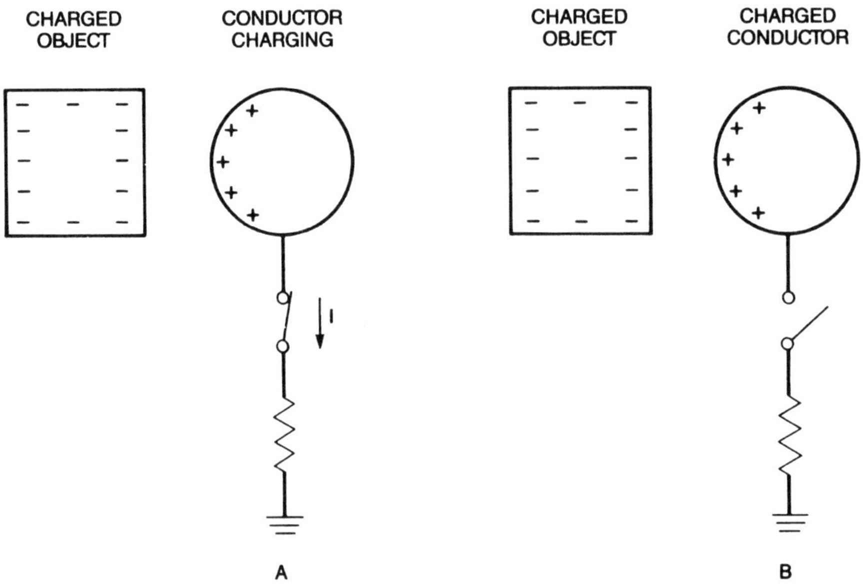

그림 15-2 그림 15-1의 도체를 순간적으로 접지에 접속하면(그림 A) (−)전하가 접지로 흘러나가므로 도체는 (+)전하로 대전된다(그림 B).

라서 임의의 물체의 자유공간 커패시턴스는 그 물체를 기하학적으로 단순한 공(sphere)으로 취급하여 근사적으로 계산할 수 있다. 즉 임의의 물체와 표면적이 같은 공 한 개와, 이 공과 중심이 일치하고 반지름이 무한히 큰 또 다른 공 사이의 커패시턴스를 계산한다.

중심이 서로 같은 두 공 사이의 커패시턴스는 다음과 같다(1974년 Hayt, 159쪽).

$$C = \frac{4\pi\varepsilon}{\left(\frac{1}{r_1}\right) - \left(\frac{1}{r_2}\right)} \tag{15.2}$$

여기서 r_1과 r_2는 두 공의 반지름($r_2 > r_1$)이고 ε은 두 공 사이에 들어있는 매질의 유전율이다.

매질이 자유공간(free space)인 경우, $\varepsilon = 8.85 \times 10^{-12}$ F/m이다. 바깥 쪽 공의 반지름을 무한대로 보내면 식 (15-2)는 다음 식으로 간단히 표시된다.

$$C = 111r \tag{15-3}$$

여기서 C는 커패시턴스(단위는 pF)이고 r은 공의 반지름(단위는 m)이다.

식 (15-3)은 공간에 홀로 놓여있는 물체의 커패시턴스를 나타낸다. 어떤 물체가 가질 수 있는 최소의 커패시턴스를 추정하는 데 이 식을 사용할 수 있다. 물체의 최소 커패시턴스를 추정하는 과정은 다음과 같다.

(1) 자유공간 커패시턴스를 계산하고자 하는 물체의 표면적을 구한다.
(2) (1)에서 구한 값과 표면적이 같은 공의 반지름을 계산한다.
(3) 식 (15-3)을 이용하여 커패시턴스를 계산한다.

<그림 15-3>에 다양한 형태로 된 물체의 표면적을 구하는 식을 나타내었다.

예를 들어보자. 사람의 표면적은 근사적으로 지름이 1 m인 공의 표면적과 같다. 그러므로 인체의 자유공간 커패시턴스는 대략 50 pF이다. 지구(earth)의 자유공간 커패시턴스는 700 μF을 약간 넘는다. 크기가 구슬(marble) 정도인 물체의 자유공간 커패시턴스는 1 pF보다 약간 크다.

어떤 물체는 식 (15-3)으로 주어지는 자유공간 커패시턴스 외에, 자신의 주위에 가까이 위치해 있는 다른 물체로 인해 평행판 커패시턴스를 추가로 갖는다.

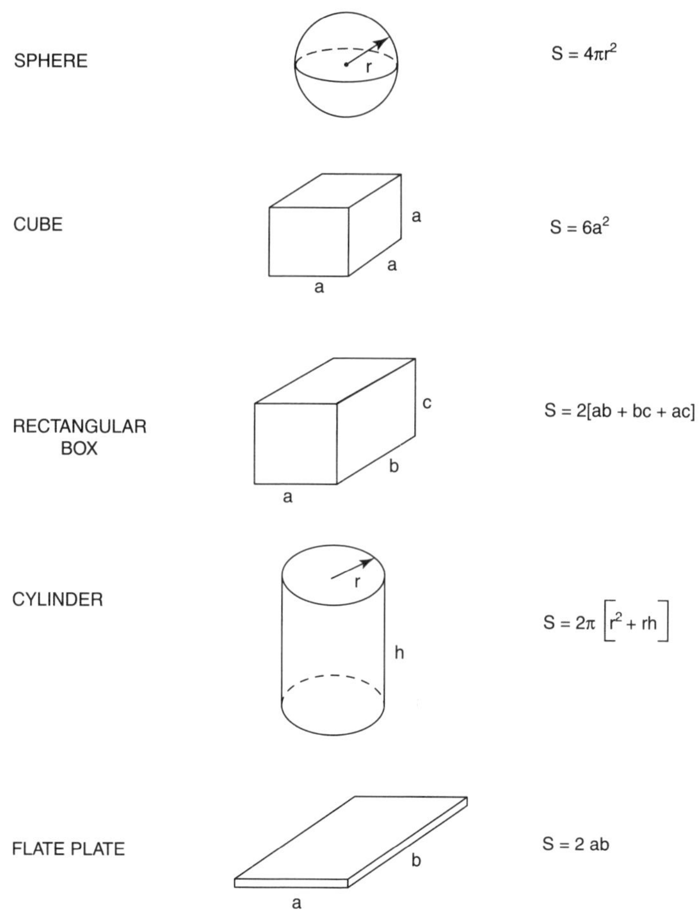

그림 15-3 다양한 형태로 된 물체의 표면적을 계산하는 공식

두 평행판 사이의 커패시턴스는 다음 식과 같다.

$$C = \frac{\varepsilon A}{D} \tag{15-4}$$

여기서 A는 판의 면적이고 D는 두 판 사이의 간격이다.

어떤 물체의 총 커패시턴스는 자유공간 커패시턴스 식 (15-3)와 그 물체 부근의 다른 물체 사이의 평행판 커패시턴스 식 (15-4)를 더한 값으로 된다.

15.2 인체 모형(HUMAN BODY MODEL)

인간은 ESD를 일으키는 주요 원천이다. 앞에서 살펴보았듯이 사람의 몸에는 정전하가 쉽게 쌓인다. ESD가 일어나면서 사람의 몸에 쌓인 전하는 민감한 전자장비로 이동한다.

인체에 의한 방전을 모형으로 만들기 위해 먼저 인체의 커패시턴스를 생각해보자. 인체의 자유공간 커패시턴스는 50 pF이다. 인체의 커패시턴스에 가장 크게 기여하는 것은 발바닥과 접지 사이의 커패시턴스이다. <그림 15-4>에서 보듯이 이 값은 100 pF 정도이다(발바닥 하나에 50 pF). 건물의 구조물, 벽 등과 같이 인체 주위에 가까이 위치해 있는 물체로 인해 인체와 이들 물체 사이에는 50~100 pF 정도의 커패시턴스가 존재할 수 있다. 이 모든 커패시턴스를 더하면 인체의 총 커패시턴스는 50~250 pF 사이가 된다.

<그림 15-5>에 ESD에 대한 인체모형(human body model, HBM)을 나타내었다. 인체 커패시턴스 C_b는 마찰 또는 다른 방식으로 생긴 전하에 의해 전압 V_b로 충전된다. 그러고 나서 인체

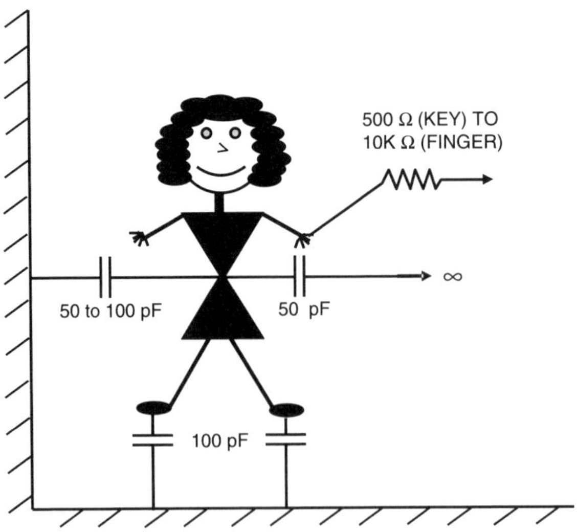

그림 15-4 인체의 커패시턴스와 저항

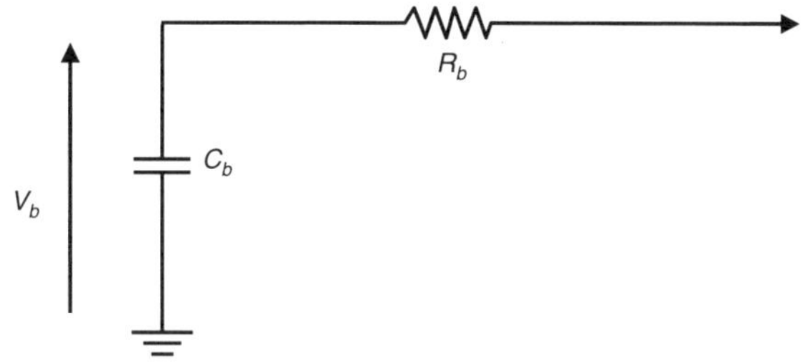

RANGE OF VALUES	
C_b	50 to 250 pF
R_b	500 to 10k Ω
V_b	0 to 20 kV

그림 15-5 인체모형

저항 R_b를 거쳐 ESD가 일어난다. 인체 저항이 중요한 것은 그것이 방전전류를 제한하기 때문이다. 인체 저항은 인체의 어느 부분에서 방전이 일어나는가에 따라 500~10,000 Ω 사이의 값이 된다. 방전이 손가락 끝에서 일어나는 경우에는 인체 저항은 약 10,000 Ω이 된다. 손바닥에서 방전이 일어나는 경우에는 약 1000 Ω이 된다. 손에 쥐고 있는 작은 금속물체(예를 들어, 열쇠 또는 동전)에서 방전이 일어나는 경우에는 약 500 Ω이다. 그런데 사람과 접촉하고 있는 대형 금속물체(의자 또는 쇼핑카트)에서 방전이 일어나는 경우에는 인체 저항은 50 Ω까지 떨어진다.

<그림 15-5>의 회로는 인체에서 일어나는 방전을 모방하는 ESD 시험에 사용된다. ESD 시험 기준에는 여러 가지가 있는데, 기준마다 <그림 15-5>의 인체모형을 구성하는 부품의 값이 다르다. 이 가운데 가장 널리 사용되는 모형은 부품 값이 150 pF과 330 Ω인 것으로 유럽연합의 기본 ESD 기준인 EN 61000-4-2에 이 값이 명시되어있다.

<그림 15-6>은 150 pF과 330 Ω로 구성된 인체방전모형이, 특수한 2 Ω 시험용 타깃(test target)에 방전을 할 때 발생시키는 파형으로 EN 61000-4-2 규격에 명시되어 있다. 상승시간은 0.7~1 ns이다. 8 kV 방전의 경우에는 피크전류가 30 A이고 4 kV 방전의 경우에는 피크전류가 15 A이다.

<그림 15-7>에서 보듯이 이 파형은 사실, 두 방전파형을 결합한 것이다. 상승시간이 빠르고 폭이 좁은 펄스는 ESD 시험기의 프로브 팁(probe tip)의 자유공간 커패시턴스에 의한 방전파형이다. 이보다 상승시간이 느리고 폭이 넓은 펄스는 ESD 시험기의 접지 스트랩 인덕턴스(ground strap inductance)와 직렬로 연결된 150 pF 커패시터(<그림 15-5>에는 나타나있지 않음)에 의한 방전파형이다.

사실, 사람들은 3500 V 미만의 전압에 의해 발생하는 ESD는 거의 느끼거나 알아채지 못한다. 많은 전자장치들은 수백 V밖에 되지 않는 ESD에도 피해를 입을 정도로 민감하기 때문에 사

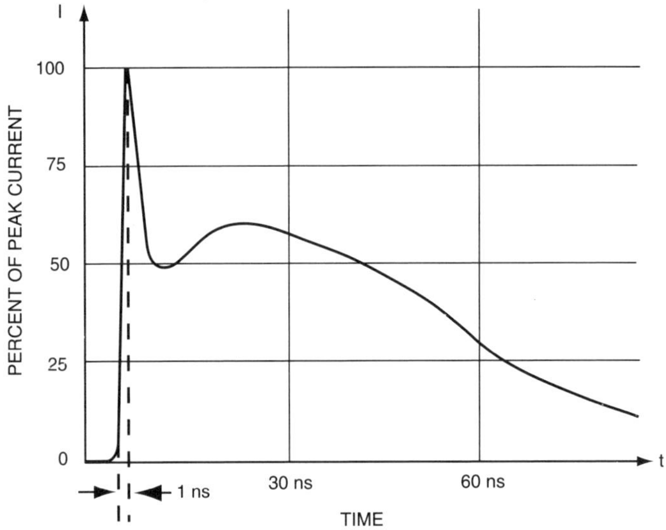

그림 15-6 150 pF과 330 Ω으로 구성된 인체방전 모형에 의해 발생되는 파형

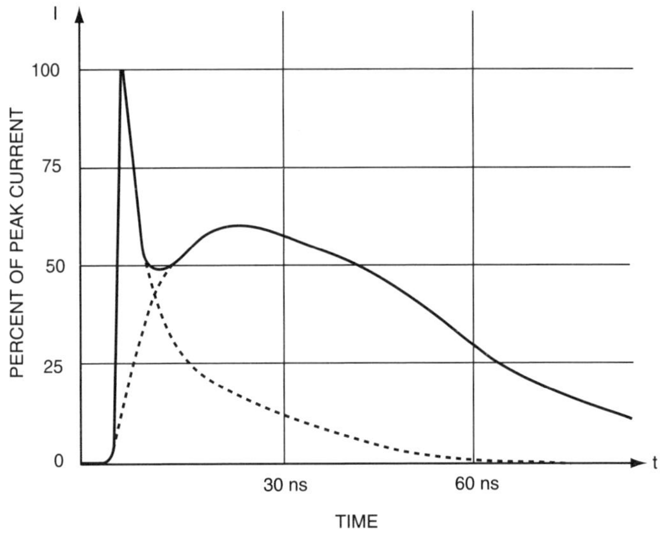

그림 15-7 그림 15-6의 파형은 두 파형이 결합된 것이다. 상승시간이 빠르고 폭이 좁은 펄스는 ESD 시험기의 프로브 팁의 자유공간 커패시턴스에 의한 방전파형이다. 이보다 상승시간이 느리고 폭이 넓은 펄스는 ESD 시험기의 접지 스트랩 인덕턴스와 직렬로 연결된 150 pF 커패시터에 의한 방전파형이다.

람이 전혀 보지도 듣지도 느끼지도 못하는 ESD에 의해 부품이 손상되는 일이 생길 수 있다. 이와 반대로 25 kV 이상의 전압에 의해 발생하는 ESD는 사람들에게 고통을 준다.

15.3 정전기 방전(STATIC DISCHARGE)

어떤 물체에 쌓인 전하는 누출(leakage)되면서 그 물체에서 벗어나거나 불꽃(arc)을 내면서 물체를 떠난다. 불꽃 발생(arcing)을 피하는 것이 좋으므로 누출되도록 하는 것이 더 나은 방법이다. 물체의 전하는 공기 중의 습기 덕분에 공기 중으로 빠져나갈 수 있다. 습도가 높을수록 전하는 물체로부터 더 빨리 벗어날 수 있다. 공기 중에 (+)와 (−)로 대전된 이온을 발생시키는 이온화장치(ionizer)를 이용해도 물체에 쌓인 전하를 없앨 수 있다. 물체의 전하와 극성이 반대인 공기 중의 이온이 물체에 끌어당겨져 서로 결합하면 중성이 된다. 공기 중에 이온이 많을수록 물체의 전하는 더욱 빠르게 중성화된다.

전하로 대전된 도체의 경우, 의도적으로 접지와 연결하면 도체에서 전하를 누출시킬 수 있다. 이 접지는 하드 접지(hard gound, 접지 임피던스가 거의 0 Ω)일 수도 있고 소프트 접지(soft ground, 접지 임피던스가 수백 Ω~수 MΩ으로 큰 값)일 수도 있다. 접지 임피던스는 접지로 흐르는 전류의 크기를 제한한다. 예를 들어 어떤 사람이 접지와 연결된 전도성 밴드(wrist strap, 손목띠)를 손목에 차고 있는 경우, 인체는 도체이며 손목띠에 의해 접지와 접속되어 있으므로 전하를 접지로 빠져나가게 할 수 있다. 그러나 인체가 접지와 접속된 경우에도 사람의 옷(즉 부도체)에 쌓인 정전하나 손에 쥔 스티로폼(Styrofoam)으로 만든 커피컵(부도체)에 쌓인 정전하는 빠져나지 못한다. 이들 물체(옷, 커피컵)에 쌓인 전하를 제거하려면 이온화(inonization)나 높은 습도를 이용해야만 한다.

인체를 접지와 접속할 경우에는 하드 접지를 피해야 하는데, 이는 사람이 교류전원선이나 다른 고전압에 접촉한 경우에 발생할 수 있는 안전상의 위험을 고려한 것이다. 인체 접지에 사용되는 최소 임피던스는 250 kΩ이다. 접지된 손목띠의 접지저항은 1 MΩ이다. 저항이 클수록 전하가 물체에서 빠져나가는 데 더 오랜 시간이 걸린다.

15.3.1 감쇠시간(Decay Time)

어떤 물체에 쌓인 전하가 빠져나가는 데는 어느 정도 시간이 걸린다. 그래서 나오는 중요한 파라미터가 감쇠시간(decay time)으로, 이것은 전하의 양이 처음 값의 37%가 되는 값으로 줄어들 때까지 걸리는 시간을 말한다. 감쇠시간(완화시간(relaxation time)이라고도 한다.)은 다음과 같다(1973년 Moore, 26쪽 식 15).

$$\tau = \frac{\varepsilon}{\sigma} \tag{15.5}$$

여기서 ε는 물질의 유전율(permittivity)이고 σ는 물질의 전도율(conductivity)이다. 감쇠시간은 물질의 표면저항률(surface resistivity)을 써서 다음과 같이 쓸 수도 있다.

$$\tau = \varepsilon\rho \qquad (15.6)$$

식 (15.6)을 이용하면 감쇠시간으로부터 물질의 저항률을 구할 수 있다.

정전기는 물질 표면의 현상이므로 표면저항률을 가지고 물질을 분류할 수 있다. 표면저항률의 단위는 Ω/square이다. 표면저항률은 물질의 정사각형 구역 양단에서 측정한 저항값과 같다. 정사각형 구역의 사이즈에 관계없이 저항률은 같다. 표면저항률은 정사각형 구역의 양 끝에 전극(electrode)이 설치된 픽스처(fixture)로 측정한다. 두 전극 사이의 간격이 각 전극의 길이(폭)와 같은 경우에는 전극의 길이에 관계없이 저항값은 같다. 즉 전극의 길이가 3 cm이면 두 전극 사이의 간격도 3 cm이어야 한다.

DOD-HDBK-263 규격에서는 표면저항률의 값에 따라 물질을 네 종류로 분류하는데, 이를 <표 15-3>에 수록하였다.

표면저항률이 10^9 Ω/square 이하인 물질은 접지와 접속하면 빠르게 방전된다. 어떤 물체에 전하가 쌓여 있는 경우에는 이 전하를 천천히 방전시켜 전류의 크기를 작게 하여 피해를 막아야 한다.

전도성 물질(conductive material)에서는 전하가 빠져나는 데 걸리는 시간이 가장 짧다. 따라서 전하로 대전된 전자장치 근처에서 전도성 물체를 사용하는 것은 위험할 수 있다. 대전된 장치가 접지된 전도성 물체와 접촉하면 그 장치가 전하를 빠른 속도로 방전하므로 큰 전류가 흘러 장해를 일으킬 수 있다.

정전기소산 물질(static-dissipative material, -消散-)이 전도성 물질보다 좋은 것은 전하가 느리게 방전된다는 점이다. 접지된 정전기방지 물질은 전하가 발생하여 쌓이는 것을 막고 이미 쌓인 전하를 안전하게 방전하는 데도 사용할 수 있다.

정전기방지 물질(antistatic material)은 전하를 가장 느리게 방전한다. 그런데 이 물질이 유용한 것은 이 물질에서는 전하가 방전되는 속도가 전하가 발생하는 속도보다 빨라서 전하가 쌓이는 것을 막을 수 있다는 점이다. 이 물질을 사용한 예로 핑크색 폴리에틸렌 백(pink polyethylene bag)을 들 수 있다. 물질의 표면저항률이 10^{12} Ω/square를 넘지 않아야 마찰에 의해 정전기가 생기는 것을 막을 수 있다.

정전기소산 물질이나 정전기방지 물질이 아닌 물질에서는 자신과 같은 물질이나 다른 물질

표 15-3 다양한 물질의 표면저항률

물질의 종류	표면저항률(Ω/square)
전도성 물질(conductive material)	0 to 10^5
정전기소산 물질(static-dissipative material)	10^5 to 10^9
정전기방지 물질(antistatic material)	10^9 to 10^{14}
절연 물질(insulative material)	$>10^{14}$

에서 분리될 때 전하가 발생한다. 여기에 속하는 물질들은 비슷한 곳에 응용되므로 경우에 따라서는 같은 그룹으로 분류하기도 한다. 이 물질은 전자장비의 생산라인과 같이 ESD에 민감한 환경에서 사용하기에 적합하다.

절연 물질(insulative material)에서는 어떤 전하든지 방전되지 않고 남아 있다. 여기에 속하는 물질로 폴리에틸렌 백(polyethylene bag)과 스트로폼 포장재(Styrofoam packing material)를 들 수 있다. ESD에 민감한 환경에서는 이들 물질을 사용해서는 안 된다.

15.4 장비설계에서의 ESD 방지대책 (ESD PROTECTION IN EQUIPMENT DESIGN)

ESD 방지대책은 최초 시스템을 설계할 때부터 시스템의 일부로서 반드시 포함되어야 하며 시험에서 문제가 나타난 뒤에 이를 추가하는 일이 있어서는 안 된다.

효과적인 ESD내성 설계를 위해서는 다음과 같은 세 갈래의 대책이 필요하다.

- 다음의 방법으로 과도전류의 발생을 막거나 최소로 한다.
  - 인클로저(enclosure)를 효과적으로 설계한다.
  - 케이블을 차폐(shielding)한다.
  - 실드가 없는 외부 케이블의 모든 도체에 대해 과도방지대책을 적용한다.

- 다음과 같은 민감한 회로들이 예민하게 반응하지 않도록 회로의 내성을 강화한다.
  - 리셋(reset)
  - 인터럽트(interrupt)
  - 그 밖의 중요한(위험이 큰) 제어입력(control input)

- 다음 부분에서 발생하는 에러를 감지하고 경우에 따라서는 이 에러의 수정까지 가능하도록 내성이 강한 소프트웨어(프로그램)를 작성한다.
  - 프로그램의 진행
  - I/O 데이터
  - 메모리

이상의 세 가지 사항을 모두 고려해야만 최적의 ESD 방지대책이 될 수 있다.

정전기방전(ESD) 과정에서 발생하는 에너지가 전자회로에 결합되는 방식에는 다음의 두 가지가 있다.

1. 직접 전도(direct conduction)

2. 전자기장 결합(field coupling)
   a. 용량성 결합(capacitive coupling)
   b. 유도성 결합(inductive coupling)

방전전류(보통, 수십 A)가 민감한 회로에 직접 흐르는 것이 직접전도이다. ESD에 의해 상승시간이 빠른 높은 전압과 큰 전류가 발생하는데, 이들은 강한 전기장과 자기장을 만들어낸다. 이 전자기장의 세기는 전자회로에 손상을 줄 정도는 아닌 것이 보통이지만 이상 동작이 일어나게 하는 정도의 영향을 주기에는 충분하다. 이런 일은 전자회로가 실제 ESD가 발생한 곳에서 1 m 이상 떨어진 곳에 있어도 일어날 수 있다.

다음 방법들을 사용하면 회로나 시스템을 ESD로부터 보호할 수 있다.

1. ESD 발생원에 쌓인 정전기(전하)를 제거한다.
2. 제품을 절연(insulation)하여 방전을 막는다.
3. 방전전류가 민감한 회로를 바이패스(bypass)할 수 있는 대체 경로를 만든다.
4. 방전에 의해 발생하는 전기장으로부터 회로를 차폐(shielding)한다.
5. 방전에 의해 발생하는 자기장으로부터 회로를 보호하기 위해 루프면적을 줄인다.

이 가운데 처음 세 가지 방법은 직접적인 ESD를 억제하는 것이고 마지막 두 가지 방법은 ESD에 의해 발생하는 전자기장 결합을 억제하는 것이다.

전자 시스템에 ESD가 유발하는 현상으로는 다음 세 가지가 있다.

1. 하드 에러(hard error)
2. 소프트 에러(soft error)
3. 과도 이상동작(transient upset)

하드에러는 시스템의 하드웨어에 실제 손상(예를 들어, IC의 파손)을 일으킨다. 소프트에러는 시스템의 동작에는 영향을 주지만 (예: 메모리 비트나 프로그램 룩업(lookup)의 내용이 바뀜) 물리적 손상을 일으키지는 않는다. 과도 이상동작은 에러를 일으키지는 않지만 이에 의한 현상(예: CRT 화면이 흔들리거나 화면표시 내용이 순간적으로 바뀌는 것)을 인지할 수 있다.

유럽연합 규정에서는 ESD실패기준을 다음과 같이 정의한다.

> 장치는 시험 종료 후에 의도된 동작을 계속해야 한다. 성능저하나 기능손실은 허용되지 않는다. 그렇지만 시험 도중에는 성능저하나 기능손실이 허용된다. 실제 동작상태의 변화나 저장된 데이터의 변화는 허용되지 않는다.

이 기준을 다르게 표현하면 '과도 이상동작은 허용되지만 소프트에러나 하드에러는 허용되지 않는다' 는 말이 된다.

ESD에 대한 내성을 갖도록 제품을 설계하는 첫 번째 단계는 직접 방전이 취약한 회로로 흘러들어가는 것을 막는 것이다. 이렇게 되게 하려면 회로를 절연시키거나 방전전류를 바이패스하는 대체 경로를 만들도록 한다.

절연 방법을 사용할 때는 완벽하게 해야 한다. 스파크는 버튼이나 키보드 상의 틈이나 간격과 같이 극히 좁은 부분을 통해서도 들어갈 수 있기 때문이다. 예를 들어, 바늘구멍(pinhole)과 같이 작은 틈을 통해서도 방전은 일어날 수 있다.

인클로저가 금속인 제품의 경우, 인클로저 자체가 ESD 전류를 바이패스하는 대체 경로로 사용될 수 있다. ESD 전류가 민감한 회로를 우회하게 하려면 인클로저의 모든 금속부품은 서로 접촉되어야 한다. <그림 15-8>에서 보듯이 인클로저 전체가 전기적으로 연결되어 있지 않으면 전류의 일부가 내부회로로 흘러들어갈 수 있다.

ESD 방지를 위한 접속(bonding)과 접지접속(grounding)에서 가장 기본이 되는 원칙은 다음과 같다. *ESD* 전류가 흘러야 할 곳에는 낮은 인덕턴스로 다점 접속(*multipoint bonding*)을 해주고 *ESD* 전류가 흘러서는 안 되는 곳에는 1점 접속(*single-point bonding*)을 해준다. 따라서 모든 연결부위, 이음매, 그리고 인클로저의 경첩(hinge)의 양쪽에는 다점접속을 해주어 높은 주파수에서 양호한 전기적 연결상태가 이루어지게 해야 한다. 제대로 접속되지 않은 인클로저에서는 인클로

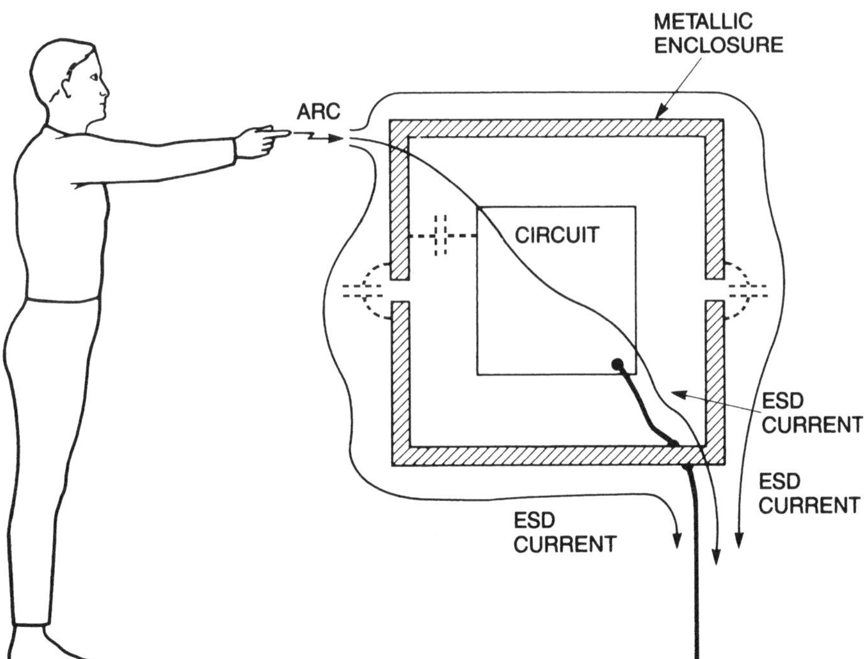

그림 15-8 갈라진 부분이 전기적으로 서로 접촉되어 있지 않은 금속 인클로저에 발생한 ESD

저와 내부회로 사이에 분포하는 기생 커패시턴스를 통해 ESD 전류가 흐르므로 그 경로가 복잡하여 예측할 수 없게 된다.

15.5 ESD 유입 방지대책(PREVENTING ESD ENTRY)

ESD는 대체로 인클로저, 케이블, 키보드 또는 조작패널(control panel) 등을 통해서 유입된다. 인클로저의 재질은 금속이나 플라스틱인데 둘 다 장단점을 가지고 있다. 이들 두 경우에 대해 ESD를 경감하는 대책은 다르다.

15.5.1 금속 인클로저(Metallic Enclosures)

금속 인클로저의 가장 큰 장점은 인클로저가 ESD 전류의 대체경로로 사용될 수 있다는 것이다. 가장 큰 단점은 인클로저가 방전이 잘 일어나게 만든다는 것이다.

<그림 15-9>의 상황을 살펴보자. 그림을 보면 회로가 접지된 금속 인클로저와는 완전히 절연되어 있으면서 사방이 둘러싸여 있다. 회로는 인클로저 외부의 어떤 것과도 연결되어 있지 않다. 접지도체의 큰 인덕턴스 때문에 초기 ESD 전류는 대부분 인클로저와 접지 사이의 기생 커패시턴

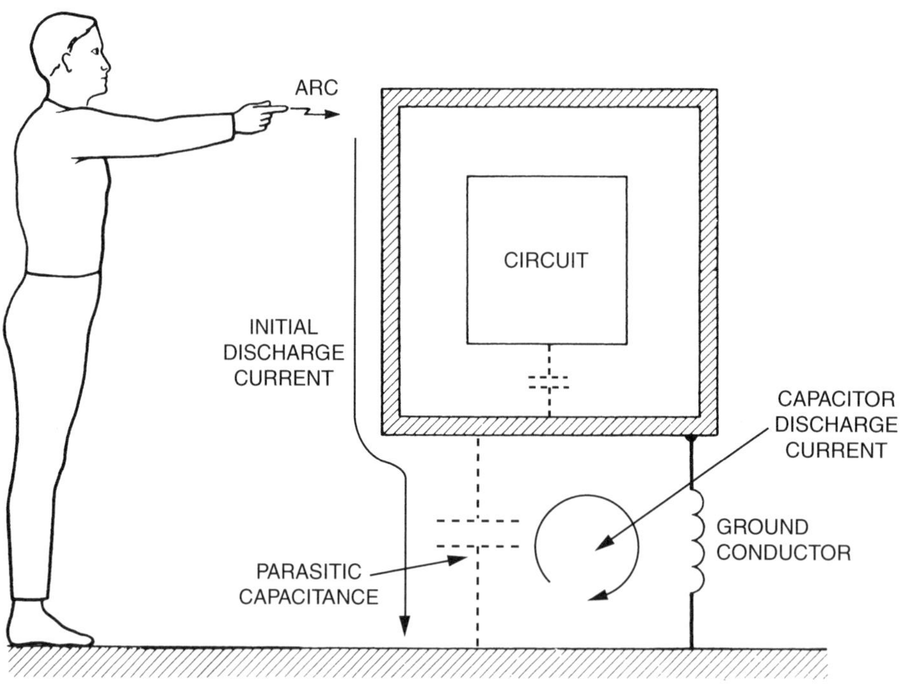

그림 15-9 완전히 한 덩어리로 이루어진 금속 인클로저에 발생한 ESD. 인클로저 내부의 회로는 외부의 어떤 것과도 연결돼 있지 않다.

스를 통해 흐른다. 방전이 일어나면 이 커패시턴스가 충전되므로 인클로저의 전위가 상승한다. 예를 들어, 방전전압이 10,000 V인 경우에는 인클로저의 전위가 약 1000~2000 V로 상승한다.

도체의 인덕턴스를 15 nH/in 로 가정하면 길이가 6 ft인 접지도체의 인덕턴스는 약 1 nH가 된다. 주파수가 300 MHz이고 상승시간이 1 μs인 ESD 펄스의 스펙트럼 성분에 의해 접지도체의 임피던스는 약 2000 Ω이 된다. 인클로저-접지간 기생 커패시턴스가 충전되면서 처음에는 인클로저의 전위가 상승한다. 그 다음에는 접지도체를 통해 훨씬 느린 속도로 인클로저-접지간 커패시턴스에 충전된 전하가 방전되면서 인클로저의 전위는 접지전위로 되돌아간다.

ESD에 의해 인클로저의 전위가 상승하면 인클로저 내부에 있는 회로의 전위도 같은 전위로 올라간다. 따라서 인클로저와 회로 사이, 또는 인클로저와 회로내의 부품들 사이에는 전위차가 없기 때문에 회로는 ESD로부터 보호되며 아주 안전하다.

인클로저에 존재하는 불연속(틈이나 구멍)은 인클로저 상에 차동전압을 발생시킬 뿐만 아니라 ESD에 의해 유도된 전자기장이 인클로저의 내부로 전달되게 한다. <그림 15-8>을 살펴보아라. 내부로 전달된 인클로저 전압과 전자기장은 회로에 결합되어 회로의 동작에 영향을 준다.

이러한 전자기장 결합 문제를 해결하기 위해 두 가지 방법을 사용할 수 있다. 첫 번째 방법은 인클로저를 되도록 완벽하게 만드는 것인데, 이것이 가장 좋은 방법이다. 인클로저 상의 틈이나 구멍이 최소가 되도록 하여 되도록 불연속인 부분이 없도록 해야 한다. ESD에 의해 유도된 전자기장의 결합을 최소로 하려면 인클로저 상에 있는 구멍의 길이가 25 mm (1인치)를 넘지 않게 해야 한다.

두 번째 방법은 회로 상의 루프면적을 최소로 하여 유도성결합을 줄이고, 회로를 차폐하는 내부 실드를 추가로 만들어 인클로저와 회로 사이의 용량성결합을 막는 것이다. 이 방법에 대한 자세한 내용은 <그림 15-11>을 설명하는 부분과 15.9절을 참조하여라.

<그림 15-9>의 상황은 실제 환경과는 거리가 먼데, 그 이유는 회로가 인클로저 외부의 어떤 것과도 전혀 연결되어 있지 않기 때문이다. 이보다 실제 상황에 가까운 것이 <그림 15-10>으로, 이 경우에는 내부 회로가 외부 접지에 접속되어 있다. ESD가 인클로저에 발생하면 인클로저의 전위가 상승하는데, 여기까지는 앞의 경우와 마찬가지이다. 그러나 내부회로가 외부접지와 연결되어 있으므로 회로의 전위는 접지전위와 같거나 접지전위에 가깝다. 따라서 인클로저와 회로 사이에는 큰 전위차가 존재하므로 <그림 15-10>에서 보듯이 2차 방전(불꽃)이 일어날 수 있다. 이 2차 방전 경로에는 전류의 크기를 제한하는 인체저항이 없으므로 2차 방전은 최초에 일어난 1차 방전보다 매우 큰 전류를 발생시킨다. 따라서 2차 방전은 더욱 큰 손상을 일으킬 가능성이 있다.

인클로저가 접지되지 않은 경우에도 비슷한 현상이 일어날 수 있다. 인클로저가 접지된 경우에는 인클로저 전위가 수천 V 정도로 상승했지만 이 경우에는 ESD 발생원의 최대전압에 가까운 값까지 상승할 수 있다. 따라서 ESD로부터 안전하려면 모든 금속 인클로저를 접지와 접속해야 한다.

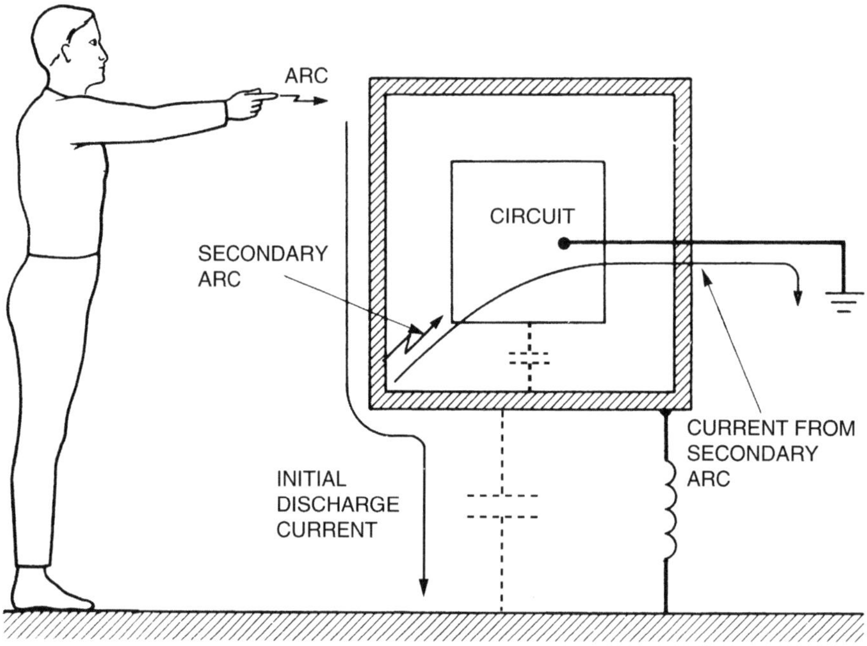

그림 15-10 외부 접지에 접속된 내부 회로를 가진 인클로저에 발생한 ESD

다음과 같은 방법을 사용하면 2차 방전을 막을 수 있다.

(1) 모든 금속부와 회로 사이에 충분한 거리를 확보한다.
(2) 회로와 금속 인클로저를 접속하여 회로와 인클로저의 전위를 같게 유지한다.

이때 접지된 인클로저의 경우에는 금속부와 회로 사이의 간격이 적어도 2000 V의 전위차를 견딜 수 있을 정도가 돼야 하고 접지되지 않은 인클로저의 경우에는 15,000 V의 전위차를 견딜 수 있을 만큼 충분히 떨어져 있어야 한다.

표준 온도 기압(standard temperature and pressure, STP)에서 공기의 절연파괴 전압(breakdown voltage)은 약 3000 V/mm (75,000 V/in)이다. 절연파괴 전압은 대략적으로 압력에 비례하고 절대온도(absolute temperature)에 반비례한다. 불꽃(방전)을 막기 위해 확보해야 하는 안전거리는 이 조건의 약 1/3인 1 mm/kV 정도이다. <표 15-4>에 여러 가지 전압에 대한 안전거리를 수록하였다.

2차 방전이 일어나지 않아도 금속 인클로저와 회로 사이에서 발생한 강한 전기장이 문제를 일으킬 수 있다. 인클로저 내부에 민감한 회로 주위를 감싸는 실드를 하나 더 추가하여 전기장이 결합하는 것을 막는 일이 종종 있다. 전기장을 막아주는 이 두 번째 실드는 <그림 15-11B>에서 보듯이 반드시 회로의 공통(회로접지)과 연결해야 한다.

표 15-4 1 mm/kV를 기준으로 한 안전거리

전압(V)	안전거리(mm)	안전거리(in)
2000	2	1/16
4000	4	3/16
8000	8	5/16
10,000	10	3/8
15,000	15	9/16
20,000	20	13/16
25,000	25	1

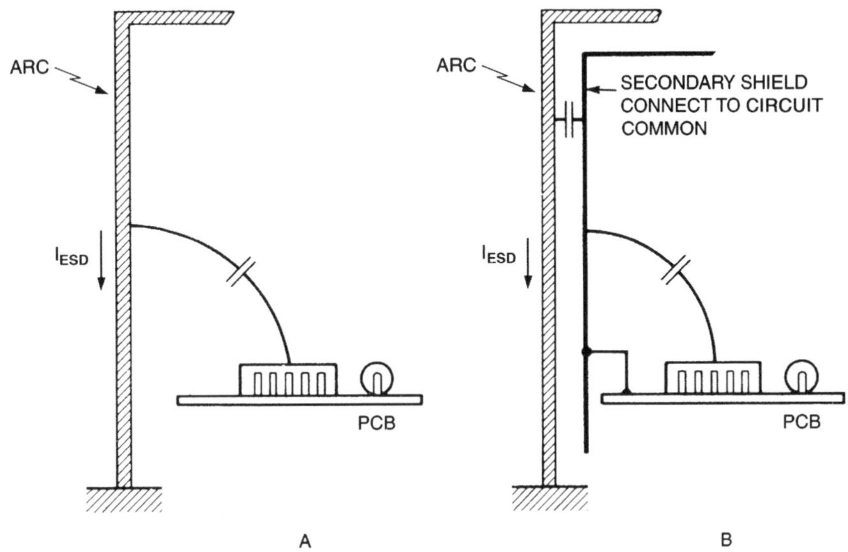

그림 15-11 (A) 인클로저와 내부 회로 사이의 용량성 결합 (B) 실드를 추가하여 회로와 금속 인클로저 사이에 용량성 결합이 일어나는 것을 막는 방법

회로와 인클로저가 연결된 경우에는 이 연결이 PCB의 I/O 영역에서 낮은 인덕턴스로 접속되도록 해야 한다. 이것은 12.4.3절에서 케이블로부터의 공통모드 방사를 제한하기 위해 사용했던 회로-섀시간 접지접속과 유사하다. 결국 이 한 가지 대책으로 일석이조의 효과를 얻을 수 있다.

<그림 15-12>은 결과를 그림으로 설명하고 있다. ESD가 인클로저에 발생하면 인클로저의 전위가 상승한다. 그런데 회로의 공통(회로접지)이 인클로저에 연결되어 있으므로 회로의 전위는 인클로저의 전위에 맞춰 상승한다. 따라서 회로 상의 점들 사이나 회로와 인클로저 사이에는 전위차가 없다.

그런데 인클로저의 전위가 높은 경우에는 어떤 일이 일어나는지 살펴보자. 이 전위는 공통모드 전압의 형태로 인터페이스 케이블로 전달되어 케이블의 반대편에 달려있는 장치나 부품에 가

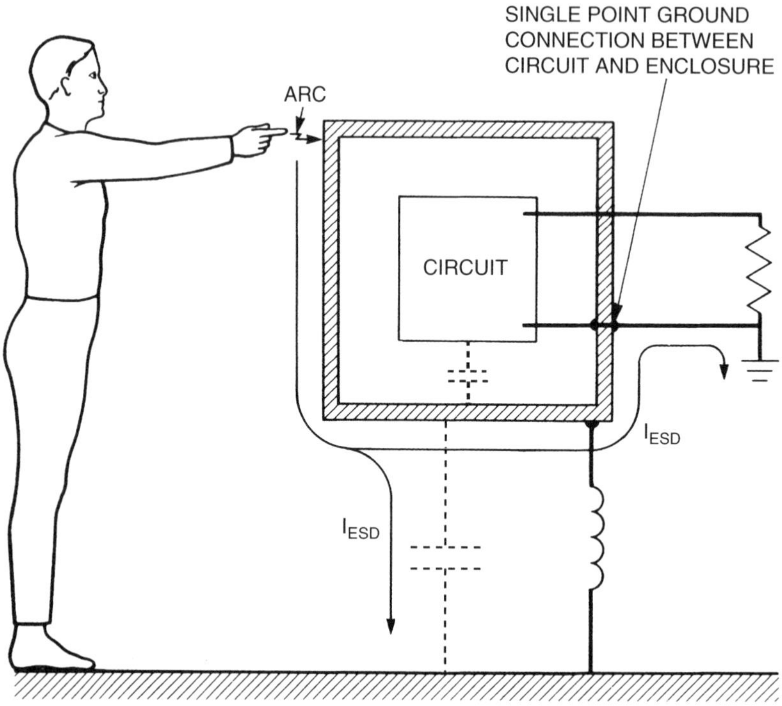

그림 15-12 인클로저와 회로 사이에 1점 접지를 한 경우에 인클로저에 발생한 ESD

해진다. 따라서 ESD가 발생한 인클로저 내부에 들어있는 회로로부터 케이블의 반대편 끝에 달린 회로로 문제가 옮아간다. 이 케이블이 교류 전원 케이블이라면 순간적으로 가해지는 수천 V의 전압은 케이블 끝의 회로에 별다른 해를 끼치지 않는다. 그렇지만 이 케이블이 낮은 레벨의 회로에 연결된 신호케이블인 경우에는 이 회로가 피해를 입을 가능성이 매우 크다.

물론 상황이 반대가 될 수도 있다. 다시 말해, ESD가 케이블 끝에 달린 회로에 발생하여 인클로저 내부의 회로가 피해를 입는 상황이다. 이 책에서는 이 현상을 "전형적 ESD 문제(classic ESD problem)"라고 부른다. 정리하면, 상자 "A"에 ESD가 발생하여 상자 "B" 속의 회로가 피해를 입는 현상, 또는 그 반대로 일어나는 현상이다.

그러므로 어떤 회로가 전도성 인클로저에 완전히 둘러싸여 있고 동시에 회로와 인클로저가 연결된 경우에 발생하는 가장 중요한 ESD 문제는 인터페이스 케이블과 관련된 것이 된다. 이 케이블은 반드시 ESD에 의한 손상을 막을 수 있도록 처리를 해주어야 한다.

15.5.2 I/O 케이블의 처리(Input/Output Cable Treatment)

케이블로 ESD가 유입되는 방식에는 다음 세 가지가 있다.

(1) 직접적인 ESD 방전
(2) 케이블이 안테나 역할을 하는 경우
(3) 앞 절에서 설명한 전형적 ESD 문제

다음 방법을 이용하면 케이블로 유입되는 ESD를 차단하거나 최소로 줄일 수 있다.

1. 케이블 실딩(cable shielding)
2. 공통모드 초크(common-mode choke)
3. 과도전압 억제 다이오드(transient voltage suppression diode)
4. 케이블 바이패스 필터(cable bypass filter)

ESD의 피해를 막으려면 좋은 품질의 브레이드케이블(high-coverage braid cable)이나 브레이드-오버-포일 실드케이블(braid-over-foil shielded cable)[3]을 사용한다. ESD의 피해를 막는 효과를 가장 좋게 하려면 케이블 실드와 인클로저는 360° 전체가 서로 접촉돼야 한다. ESD를 막기 위해 포일 실드케이블(foil shielded cable)을 사용하는 경우의 문제점은 실드가 피그테일 형태의 도선으로 종단되므로 인클로저와 360° 전체에서 접촉되지 못한다는 점이다.

지금부터 ESD 피해방지에 있어서 올바른 실드 종단방법의 중요성을 살펴보자. <그림 15-13>은 "전형적 ESD 문제"로 두 개의 인클로저가 실드 케이블로 서로 연결되어 있다. 두 개의 인클로저가 케이블의 실드에 의해 서로 접속되어 있으므로 두 인클로저를 하나의 인클로저처럼 생각해보자. 그러면 ESD가 발생할 때, 이 구조의 ESD 피해방지 성능을 결정짓는 가장 중요한 파라미터는 인클로저-실드사이의 접속이 된다. <표 15-5>에는 실드종단방법을 여러 가지로 바꾸어가면서 10,000 V의 ESD가 인클로저 A에 발생할 때 케이블 끝에 연결된 50 Ω 저항 양단의 전압을 측정한 결과를 수록하였다(1981년 Palmgren). 모든 경우에 대해 한 인클로저에는 실드가 360° 접촉되도록 하였고 다른 인클로저에는 다양한 방식으로 접촉이 이루어지도록 하였다.

실드를 사용하지 않았거나 실드가 두 번째 인클로저에 접속되지 않은 경우에는 인클로저 "B"의 50 Ω 저항 양단 전압이 500 V를 넘어 1000 V 근처가 된다. 짧은 도선(약 0.75인치)으로 접지에 접속하면 전압은 16 V로 낮아진다. 통상적인 경우와 유사하게 도선의 길이를 3~4인치로 하면 측정전압은 75~100 V 사이가 된다.

실드는 커넥터의 백셸(backshell)에 360° 전체가 납땜으로 접촉돼 있고 백셸은 D-커넥터의 나사잭(jackscrew) 두 개로만 인클로저와 접촉된 경우, 전압은 2 V로 낮아졌다. 실드가 커넥터

3) (옮긴이) 케이블의 외부도체나 실드로 수많은 가닥의 가는 금속선을 엮어 만든 브레이드(braid)를 사용한 것이 브레이드 케이블이다. 외부도체나 실드로 금속 포일(foil)을 사용하고 그 위를 다시 브레이드로 감싼 구조가 브레이드-오버-포일 실드케이블이다.

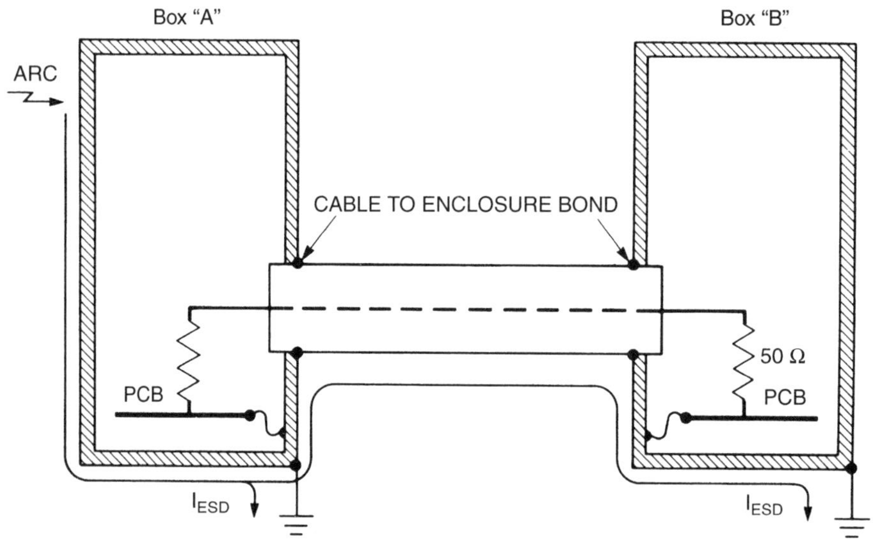

그림 15-13 두 개의 인클로저를 실드 케이블로 연결하여 한 덩어리의 인클로저처럼 만드는 방법

표 15-5 실드 종단방법이 ESD 유도전압의 크기에 미치는 영향

실드 종단방법	유도 전압(V)
실드가 없음. 또는 실드를 인클로저에 연결하지 않음	>500
피크테일 도선으로 인클로저에 연결	16
실드를 커넥터에 납땜으로 연결. 커넥터와 인클로저는 나사잭을 통해서만 접촉시킴	2
실드를 커넥터에 납땜으로 연결. 커넥터와 인클로저는 360° 접촉시킴	1.25
커넥터를 사용하지 않고 실드와 인클로저를 360° 접촉시킴	0.6

백셀과 납땜으로 360° 접촉되고 두 개의 백셀은 인클로저와 360° 접촉된 경우, 측정전압은 1.26 V가 되었다. 마지막으로 커넥터를 없애고 실드를 인클로저에 360° 접촉시킨 경우에는 전압이 0.6 V였다. 따라서 인클로저 "A"에 10,000 V의 ESD가 발생할 때 인클로저 "B" 내부의 50 Ω 부하저항에 유도되는 전압은 케이블 실드의 종단방법만을 다르게 했을 뿐인데도 최대 500 V 이상에서 0.6 V(최댓값의 약 1/1000)까지 변했다.

케이블 실딩에 페라이트를 추가하거나 케이블 실딩 대신 페라이트를 사용하여도 ESD 피해를 방지하는 효과를 볼 수 있다. ESD의 스펙트럼 범위는 100~500 MHz 범위인데, 이 주파수대역에서 대부분의 페라이트는 임피던스를 최대로 갖는다. 인터페이스 케이블 상에 설치한 페라이트나 공통모드초크는 대부분의 과도 방전전압이 케이블 끝에 연결된 회로 대신에 초크 양단에 걸리게 한다. 이 내용이 <그림 15-14>에 나타나 있다. ESD의 상승시간이 빠르므로 초크나 페라이트에 분포하는 부유 커패시턴스(stray capacitance)를 최소로 해야 이들이 효과를 제대로 발휘

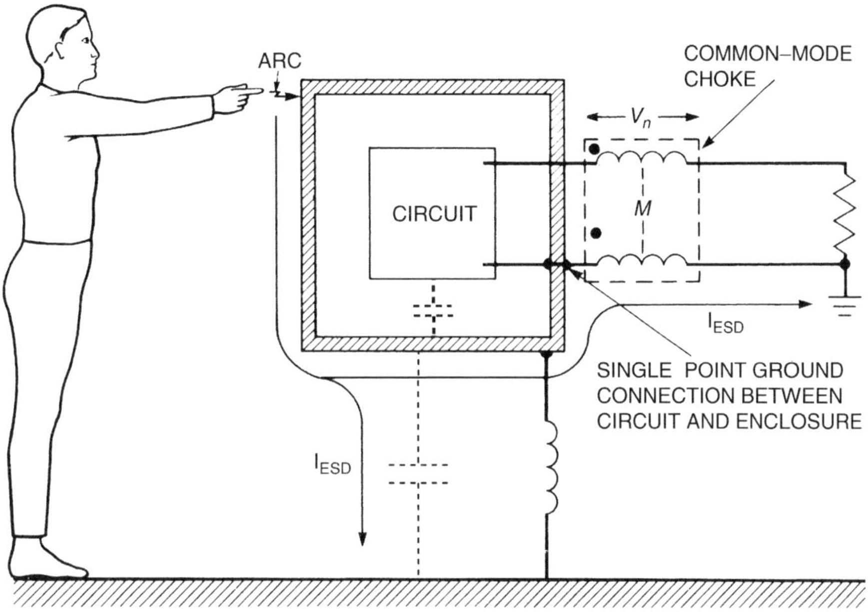

그림 15-14 인터페이스 케이블에 공통모드초크를 사용하여 ESD에 의해 유도된 노이즈전압(V_n)을 줄일 수 있다.

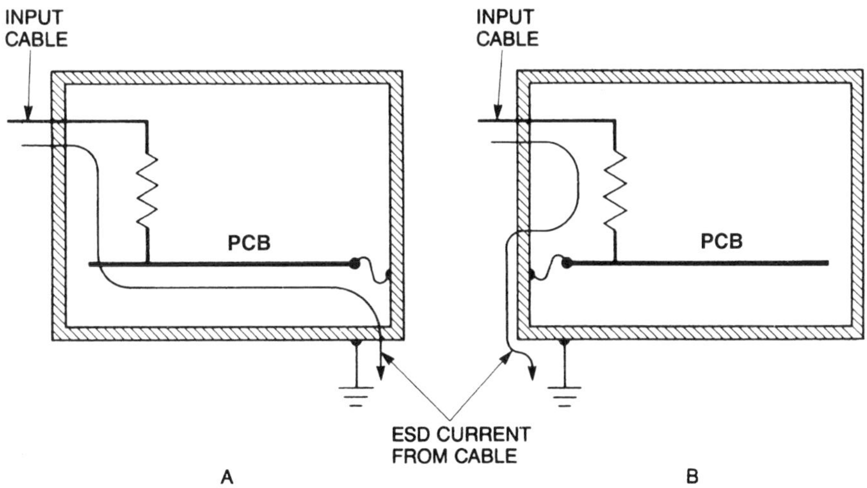

그림 15-15 (A) PCB와 섀시의 잘못된 접속방법. 이렇게 하면 ESD 전류가 PCB로 흘러들어간다. (B) PCB와 섀시의 올바른 접속방법. 이렇게 하면 ESD 전류가 인클로저를 통해 접지로 우회하여 PCB로 흘러들어가지 않는다.

할 수 있다(3.6절, 공통모드 초크의 고주파 분석을 참조). 회로가 인클로저와 오직 한 점에서 연결되는 경우, 그 점은 <그림 15-15B>처럼 인클로저 상의 케이블의 출입구 근처가 돼야지 <그림 15-15A>처럼 출입구에서 멀면 안 된다.

I/O 케이블이 실드되지 않은 경우에는 <그림 14-12>처럼 케이블 상의 모든 도체에 과도전압 방지용 부품이나 필터를 장착해야 한다. 과도전압의 위험을 막아주는 이들 보호용 부품은 동작 속도가 아주 빨라야 하는데 (<< 1 ns) 그래야 ESD 펄스의 상승에지(rising edge) 동안에 ON이 될 수 있기 때문이다. 보호용 부품으로 좋은 것이 과도전압 억제(transient voltage suppression, TVS) 다이오드이다. 이 다이오드는 스위칭 속도가 빠르고 (보통, 10^{-12} s 이하) 접합면의 면적이 커서 상당히 큰 에너지를 소모할 수 있다. 일반적으로, 가스관(gas tube)나 표준 금속산화물 배리스터(metal-oxide varister, MOV)는 ESD 보호용으로 사용하기에는 속도가 느리다. 14.3.5절에서 설명한 것처럼 새로운 다층(multilayer), 표면장착(surface-mount) 타입의 MOV는 속도가 빨라서 ESD 보호용으로 사용될 수 있다.

TVS 다이오드를 달아서 보호를 하고 있는 도체에 도체와 직렬로 임피던스를 추가하여 L형 회로를 구성하면 ESD 보호효과를 더욱 높일 수 있다. 직렬로 연결하는 부품의 임피던스는 100~500 MHz 사이의 주파수범위에서 50~100 Ω이 돼야 한다. 이 부품으로 저항과 페라이트를 사용하면 효과가 좋다. 회로에 저항을 사용할 때 낮은 주파수 전압이나 직류 전압에 대한 저항에서의 전압강하가 심한 경우에는 페라이트를 사용하도록 한다.

과도전압 보호회로 대신에 직렬 저항(또는 페라이트)과 병렬 커패시터로 이루어진 L형 필터를 사용할 수도 있다. 과도전압 보호회로가 입력전압을 정해진 어떤 크기로 제한하는 비선형 부품인 경우, 필터는 선형으로 동작하면서 필터의 감쇠율에 따라 이에 비례하는 양만큼 ESD 과도전압을 줄인다. ESD 에너지의 대부분은 100~500 MHz 범위에 있으므로 필터를 설계할 때는 이 주파수범위에서 감쇠율이 최소 40 dB는 되게 해야 한다. 병렬로 연결하는 부품은 커패시터(100~1000 pF)로 하는 것이 보통이고, 직렬로 연결하는 부품은 저항이나 페라이트(50~100 Ω)로 한다. 케이블 상에 페라이트 코어를 설치하고 인클로저 상에 용량성 필터- 핀 커넥터(capacitive filter-pin connector)를 직접 장착해도 ESD의 피해를 막아주는 훌륭한 L형 필터가 된다.

이들 보호용 부품은 <그림 15-16>과 같이 인클로저나 별도의 I/O 접지에 연결하여 ESD에 의한 전류가 회로 접지(circuit ground)를 통해서 흐르지 않게 해야 한다(12.4.3절 참조).

방금 설명한 케이블 입력 보호 방법은 부품이 손상되는 것을 막아주지만 소프트에러(soft error)나 과도 이상동작(transient upset)을 막아주지는 못한다. 그 이유는 노이즈 전압은 입력측에 여전히 존재하기 때문이다. 소프트에러를 막으려면 시스템에 노이즈 내성 대책을 추가로 만들어 넣어서 이들 노이즈 신호를 줄여야 한다. 이러한 노이즈 내성 대책으로는 민감한 부품에 추가적인 필터링을 해주고 평형입력(balanced input) 회로와 스트로브 입력(strobed input) 회로를 사용하고 과도노이즈에 강한 소프트웨어를 설계하는 방법이 있다(15.10절 참조).

15.5.3 절연 인클로저(Insulated Enclosures)

절연 인클로저의 가장 큰 장점은 이것이 방전이 발생하는 것을 막는다는 점이다. 그러나 인클로

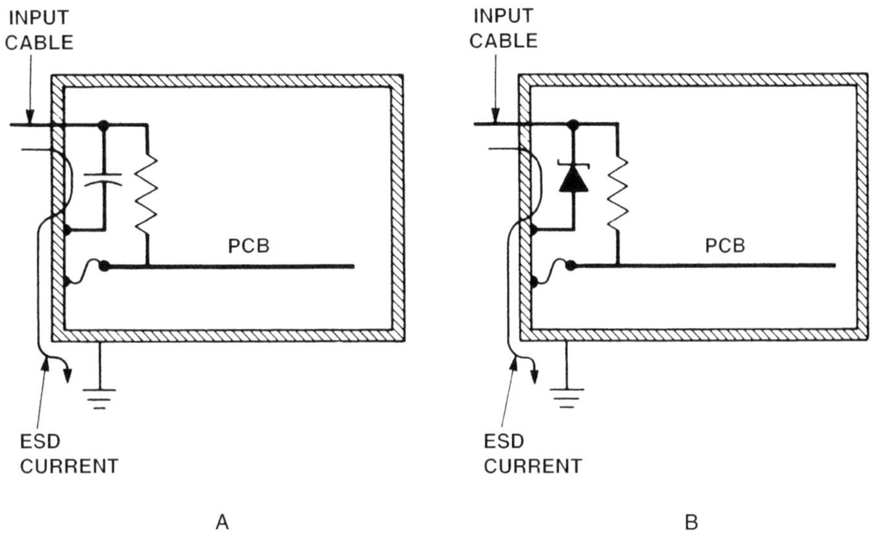

그림 15-16 (A) 커패시터와 접지의 올바른 접속방법 (B) 과도전압 억제 다이오드와 접지의 올바른 접속방법. 이렇게 하면 케이블상의 ESD 전류를 인클로저로 우회시킬 수 있다.

저가 완벽하게 절연되지 않으면 인클로저의 틈이나 구멍을 통해 ESD가 발생할 수 있다.

금속 인클로저의 경우, 섀시나 인클로저는 방전전류가 내부회로를 통해 흐르지 않도록 해주는, 인덕턴스 값이 낮은 대체 경로로 사용될 수 있다. 그렇지만 비금속 인클로저의 경우에는 이 낮은 인덕턴스 경로가 존재하지 않는데, 이것이 여러 가지 면에서 ESD를 훨씬 억제하기 어렵게 만든다.

절연 인클로저의 가장 큰 단점은 다음과 같다.

- 직접 방전에 의한 방전전류의 대체경로를 제공하지 못한다. 교류전원코드의 접지 도선(초록색 도선)은 *ESD*접지로는 쓸모가 없다. 15.7절을 참조하여라.
- 간접 방전(전자기장 결합)에 대해 차폐를 하지 못한다.
- 다음 장치를 연결하기에 적당한 장소가 없다.
  - 케이블 실드
  - 커넥터 백셸
  - 과도전압 억제회로
  - 입력 케이블 필터

인클로저의 재질이 플라스틱인 제품의 경우에는 케이블 실드, 과도전압 억제회로, I/O 필터를 어느 곳에 연결해야 할까? 이 질문에 대해서는 다음 세 가지가 가능하다.

1. 회로 접지판에 연결한다. (가장 안 좋은 선택)
2. 별도의 I/O 접지판에 연결한다(12.4.3절의 설명을 참조). (두 번째로 좋은 선택)
3. 제품의 밑바닥에 추가로 설치한 대형 금속 플레이트(metal plate)에 연결한다. (가장 좋은 선택)

ESD 전류를 우회시키기 위해 회로접지를 사용하는 경우, 큰 접지전압이 발생할 수 있다. 특히 균일한 접지판을 사용하지 않은 경우에는 이 전압은 직접적인 손상을 가져오거나 소프트에러를 유발할 수 있다.

시스템에 연결된 모든 케이블이 PCB의 같은 구역에 있는 경우, 별도의 I/O 접지판(12.4.3절 참조)을 사용하여 ESD 케이블 전류를 바이패스 할 수 있다. 그러나 이 경우에는 인클로저의 재질이 금속이 아니므로 I/O 접지는 인클로저에 접속되지 않는다. ESD 전류는 별도의 I/O 접지판을 통과하고 나서 판과 실제 접지 사이의 커패시턴스를 통해 흐르므로 내부회로를 우회한다. 이 방법의 효과는 I/O 접지판의 크기, 이 판과 접지사이의 커패시턴스의 크기에 따라 달라진다.

그렇지만 가장 바람직한 방법은 시스템에 별도의 ESD 접지 플레이트를 마련하여 이것이 기준전위의 역할과 ESD전류를 흐르게 하는 낮은 인덕턴스 경로의 역할을 함께 맡도록 하는 것이다. 접지를 제공하는 것은 이 접지 플레이트의 자유공간 커패시턴스이다. <그림 15-17>에 이 방법을 적용한 배치 예를 나타내었다. 이 방법을 고려하는 과정에서 늘 묻게 되는 것이 ESD 접지

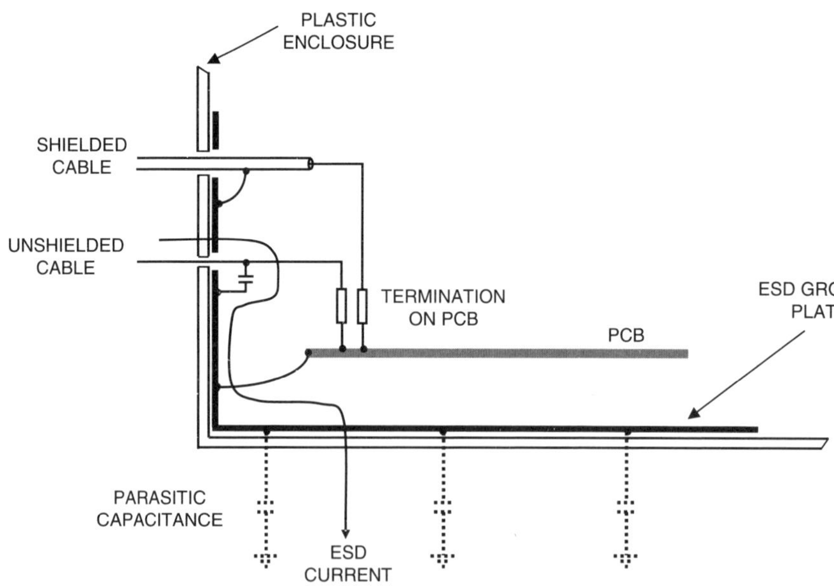

그림 15-17 금속재질의 ESD 접지 플레이트를 사용하면 ESD 전류를 우회시켜 PCB로 흘러들어가지 못하게 할 수 있다.

판을 어느 정도의 크기로 해야 하는가라는 점이다. 대답은 간단하다. ESD 접지판은 인클로저 내에서 크면 클수록 좋은데, 그래야 판과 접지사이의 커패시턴스를 최대로 할 수 있기 때문이다. ESD 접지판은 두껍거나 무거울 필요는 없지만 반드시 넓어야 한다. 따라서 금속포일(metal foil, 금속박)이면 좋은 효과를 볼 수 있고 플라스틱 내부의 아래쪽 표면에 전기가 통하도록 전도성 코팅을 해도 마찬가지로 효과를 거둘 수 있다.

인클로저의 재질이 플라스틱인 제품인 경우에 ESD 전류를 민감한 회로로부터 우회시키는 또 다른 방법은 <그림 15-18A>에 나와 있는 것처럼 전원공급기의 전원에 다이오드 클램프(diode clamp)를 사용하는 것이다. 다이오드는 서지전류(surge current)를 전원 버스로 우회시켜 이 전류가 보호해야 할 회로의 입력으로 들어가지 않도록 한다. 그렇지만 ESD 전류를 전원 버스로 돌려보내는 것은 공급전압을 일시적으로 상승하게 하거나 하강하게 할 수 있다. 공급전압의 이러한 변화는 전원 버스를 공유하고 있는 피보호 회로나 다른 회로들의 이상동작을 일으키고 경우에 따라서는 물리적인 손상을 입히기에 충분하다.

그렇지만 다이오드 방법에 두 개의 부품을 추가로 달아주면 좋은 효과를 볼 수 있다. 먼저 다이오드 앞에 직렬 저항(또는 페라이트)을 달아서 ESD 전류의 크기를 제한하고 다음으로 전원을 공급하는 전원선 양단에 벌크 커패시턴스(5~50 μF)를 달아준다. 이 방법이 <그림 15-18B>에 나타나있다.

식 (14-8)로 표시된 커패시터의 전압-전류 관계식을 다시 쓰면 다음과 같다.

$$dV = \frac{idt}{C} \tag{15-7}$$

idt는 Q를 나타내므로 식 (15-7)을 다음 식으로 다시 쓸 수 있다.

$$dV = \frac{dQ}{C} \tag{15-8}$$

따라서 ESD의 발생에 의해 전원-접지 시스템으로 유입되는 전하량 dQ가 일정한 경우, 커패시턴스 C가 클수록 전압의 변화량 dV는 작아진다.

플라스틱 인클로저를 사용하는 경우, 전자회로를 인클로저의 틈이나 구멍에서 멀리 떨어뜨

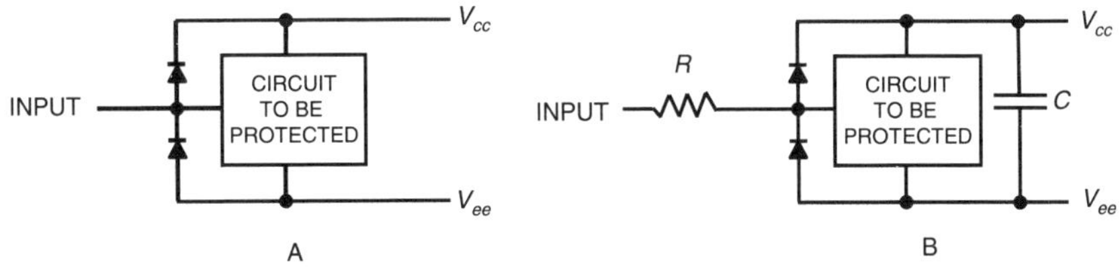

그림 15-18 (A) 전원에 연결하는 다이오드 클램프 (B) 다이오드 클램프에 추가로 연결한 직렬저항과 벌크 전원 커패시터

려야 한다. 이 틈과 구멍으로 ESD가 유입될 수 있기 때문이다. 1 mm/kV의 안전거리 기준을 사용하여라. 필요한 안전거리를 확보할 수 없으면 구멍과 전자회로 사이에 유전체를 추가로 넣어준다.

실드되지 않은 인클로저를 사용하는 제품의 경우에는 내부 케이블을 보호하기 위한 대책을 고려해주어야 한다. 이들 내부 케이블이 ESD에 직접 맞을 가능성은 없지만 ESD에 의해 발생되는 전자기장의 결합에 대해서는 취약하다. 내부 케이블로 결합되는 전자기장은 대부분 공통모드이므로 전체 케이블에 대해 페라이트 코어를 사용하면 대체로 효과를 볼 수 있다.

리본 케이블(ribbon cable)은 특히 ESD에 취약하므로 페라이트 코어를 사용하여 공통모드 결합을 최소로 해야 한다. 리본 케이블은 차동모드 결합에도 취약한데, 그 정도는 케이블을 구성하는 접지도선(신호 귀환선)의 개수와 위치에 따라 달라진다. 리본 케이블에는 많은 수의 접지선이 케이블 전체에 고르게 퍼져 있어야 신호의 루프면적을 최소로 할 수 있다. 이상적으로는 케이블의 각 신호도선마다 접지도선이 하나씩 있어야 한다. 그러나 보통은 이 기준을 완화하여 신호도체 3개마다 접지도선을 하나씩 할당(신호-대-접지비 = 3 대 1)하고 최대로는 신호-대-접지비를 5대1까지 허용한다.

15.5.4 키보드와 조작패널(Keyboards and Control Panels)

키보드와 조작패널도 방전이 일어나지 않도록 설계해야 하며 방전이 일어난 경우에는 전류가 민감한 전자회로로 곧장 흘러들어가지 않고 대체 경로를 통해 우회하도록 설계해야 한다. 많은 경우에 <그림 15-19>에서 보듯이 키와 회로 사이에 금속 스파크 어레스터(spark arrestor, 불꽃 방지기)를 설치하여 방전전류에 대한 대체 경로를 제공한다. 인클로저가 금속인 경우, 스파크 어레스터는 인클로저에 접속하고 인클로저가 금속이 아니면 별도의 금속 ESD 접지 플레이트에 접속한다.

이밖에 다른 방법들이 <그림 15-19>에 표시돼 있다. <그림 15-19B>와 같이 절연 샤프트(insulated shaft)나 대형 노브(knob)를 사용하여 ESD가 조절기(control, 즉 전위차계)를 때리지 않도록 막아주거나 <그림 15-19C>와 같이 키보드 전체를 덮는 절연체를 사용하여 틈이 생기지 않게 해준다. <그림 15-19A>의 구조는 ESD 전류를 흐르게 하는 대체 경로를 제공하는 반면, <그림 15-19B>와 <그림 15-19C>의 구조는 ESD가 발생하지 않게 해준다.

15.6 민감한 회로의 내성 강화(HARDENING SENSITIVE CIRCUITS)

ESD 전류의 유입을 막기 위한 모든 대책을 적용하고 나서 다음으로 해야 할 일은 민감한 회로의 내성을 강화하는 것이다. ESD의 상승시간이 빠르므로 디지털 회로는 아날로그 회로보다 ESD의 영향으로 이상동작을 하기가 더욱 쉽다. 그렇지만 ESD의 영향에 취약한 것은 아날로그 회로

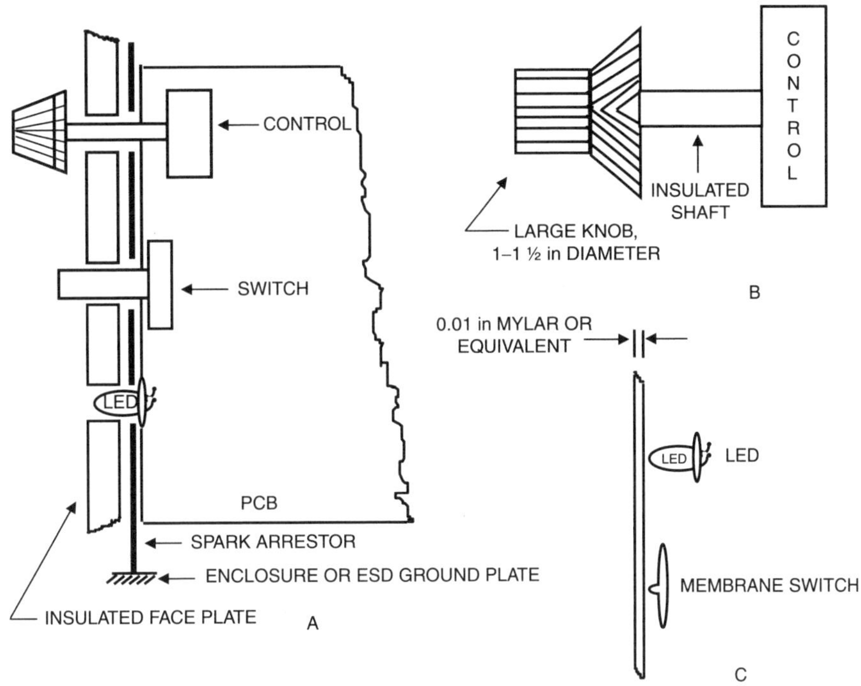

그림 15-19 ESD로부터 키보드와 조작패널을 보호하는 방법. (A) 키보드나 조작패널 아래에 스파크 어레스터를 설치한다. (B) 조절기에 대형 노브나 절연 샤프트를 사용한다. (C) 키보드와 조작패널 전체를 덮는 절연체를 사용한다.

나 디지털 회로나 마찬가지이다.

부품의 동작상태를 바뀌게 하는 리셋, 인터럽트, 기타 여러 제어입력 등의 신호들은 잘 보호해주어서 빠른 상승시간과 좁은 펄스폭을 갖는 ESD에 의해 잘못된 트리거링이 일어나지 않게 해야 한다. 이를 위해 작은 커패시터, 또는 저항/커패시터(또는 페라이트/커패시터) 회로(50~100 Ω, 100~1000 pF)를 IC 입력에 달아서 ESD에 의해 발생하는 뾰족하고 폭이 좁은 과도 펄스에 의한 피해를 줄인다(<그림 14-2> 참조). 이에 대한 내용을 14.2.3.1절에서 살펴봤는데 이를 표준설계지침으로 삼아야 한다.

다층 PCB(multilayer PCB)는 양면 PCB보다 ESD의 내성이 10배 이상 강하다. 이렇게 내성특성이 좋은 것은 전원판과 접지판의 사용으로 인해 전원임피던스와 접지임피던스가 더욱 낮아지고 신호의 루프면적이 더욱 작아지기 때문이다.

충분히 큰 벌크 디커플링 커패시턴스도 과도 내성을 향상시키는 데 효과를 발휘한다. 그 까닭은 15.5.3절에서 설명한 것처럼 이 커패시턴스가 과도 전하에 의해 발생하는 전원전압의 변동을 감소시키기 때문이다.

15.7 ESD 접지(ESD GROUNDING)

ESD 접지에 대해 맨 처음 기억해두어야 할 것은 교류 전원코드의 초록색 접지도선이 ESD 주파수에서는 높은 임피던스를 가진다는 사실이다. 앞에서 설명하였듯이 일반적인 도체는 약 15 nH/in의 인덕턴스를 갖는다. 따라서 6 ft 길이의 전원코드에 들어있는 접지도체는 300 MHz에서 2000 Ω의 유도성 임피던스를 갖는다. 전원코드의 초록색 접지도체는 빌딩 벽에 달린 리셉터클(receptacle, 콘센트)을 통해 벽 뒤에 배선된 교류전원선에 연결되어 실제 "접지"와 접속하게 되므로 위의 유도성 임피던스 값에는 이렇게 벽 뒤에 배선된 초록색 접지도체의 인덕턴스가 빠져 있다. 이 도선의 길이는 50 ft 이상이 되기 쉬운데, 이로 인해 17,000 Ω이 접지도체에 추가되므로 총 전원코드 접지 임피던스는 300 MHz에서 거의 20,000 Ω에 근접한다.

*ESD*에 **대한 실제 접지(즉 기준)는 섀시(즉 인클로저)** 또는 제품 내부의 ESD 접지 플레이트와 이것의 자유공간 커패시턴스이다(<그림 15-9> 참조). 인클로저나 ESD 접지의 커패시턴스가 26 pF인 경우에 300 MHz에서 임피던스는 20 Ω이다. 이 값은 교류 전원코드가 가진 임피던스의 1/1000밖에 되지 않는다.

따라서 ESD 전류가 회로를 우회하게 만드는 방법은 회로 입력에 설치하는 과도전압 보호회로나 필터를 인클로저에 접속하는 것이다. 인클로저가 금속이 아닌 경우에는 과도전압 보호회로나 필터를 제품 내부에 있는 별도의 ESD 접지에 접속한다. 금속 인클로저와 ESD 접지가 모두 없는 경우에는 유일하게 할 수 있는 일은 저항이나 페라이트로 방전전류를 제한하고 보호회로나 필터를 접지판(ground plane)에 접속하려는 시도를 하는 것이다. 접지판이 없는 경우는 정말 난처한 상황이다.

<그림 14-13>은 과도전류 보호와 민감한 부품의 내성강화가 결합된 예를 보여주고 있다. 그림을 보면 알 수 있듯이 입력 케이블에 연결된 과도 억제기(transient suppressor)가 섀시 접지에 접속돼 있는데 이렇게 하는 목적은 ESD 전류를 우회시켜 PCB로 들어가지 않게 하기 위한 것이다. 그러나 민감한 부품의 입력에 설치하는 보호용 필터는 회로접지에 접속돼 있는데, 이렇게 하는 목적은 부품의 입력핀과 접지핀 사이에 나타나는 과도전압을 줄이거나 없애기 위한 것이다.

크기가 큰 ESD 전류를 제품에 인접한 접지나 제품 내부의 접지로 우회시킬 때 강한 자기장이 발생하여 시스템에 좋지 않은 영향을 줄 수 있다. 따라서 경우에 따라서는 ESD가 유입되는 점과 접지 사이에 저항을 추가하는 것이 도움이 된다. 이렇게 저항이 추가된 접지를 **소프트 접지**(*soft ground*)라고 한다. 보통, 100~1000 Ω 저항이면 적당하다.

15.8 접지되지 않은 제품(NONGROUNDED PRODUCTS)

접지되지 않은 물체에 ESD가 발생할 수 있을까? 그렇다. 여러분은 접지되지 않은 문손잡이에

ESD가 발생하는 것을 본 적이 있을 것이다. 이 경우에 ESD 전류는 어떤 경로로 흐르는가? 외부의 접지에 접속되지 않는 제품(예: 휴대용 계산기)에 ESD가 발생하면, ESD가 들어온 점에서 시작하여 제품과 접지 사이에서 커패시턴스가 가장 큰(즉 임피던스가 가장 작은) 부분을 통과하여 접지에 도달하는 경로를 따라 ESD 전류가 흐른다. 많은 소형 휴대용 제품상에서 PCB와 접지사이의 커패시턴스가 가장 크다. 일반적으로, ESD 전류가 PCB를 통해 흐르면 바람직한 결과가 생기지 않는다.

이 문제에 대한 해결책은 ESD 전류가 흐를 수 있도록 더 낮은 임피던스(즉 더 큰 커패시턴스)를 갖는 대체 경로를 만들어주는 것이다. 이렇게 하기 위해 보통, 제품의 PCB 밑에 ESD 접지 플레이트를 추가로 설치한다. 이 플레이트는 실제 PCB와 접지 사이의 커패시턴스의 발생을 막는 동시에 플레이트와 접지 사이에 큰 커패시턴스를 생기게 하여 그것을 통해 방전전류가 흐르게 한다. 이것은 금속 인클로저를 사용하는 경우에 일어나는 현상과 유사하다. 이 방법은 계산기와 같은 소형 휴대용장치에서 ESD 피해방지를 위해 사용된다.

<그림 15-20>은 휴대용 계산기의 플라스틱 인클로저의 내부를 보여주고 있다. 사진의 왼쪽을 보면 PCB가 있고 오른쪽을 보면 인클로저의 바닥에 스테인리스 재질의 ESD 접지 플레이트가 놓여 있다. 또한 <그림 15-20>의 왼쪽에는 PCB와 키보드 사이에 놓여 있는 또 다른 플레이트의 아랫부분이 보인다. 이것이 스파크 어레스터(spark arrestor)로 <그림 15-19A>에 나타낸 것과 유사한 것이다. 이 스파크 어레스터는 키보드에서 생긴 ESD에 의해 발생하는 ESD 전류를 우회시키는 대체경로를 제공하기 위해 사용된다.

그림 15-20 휴대용 계산기의 인클로저 사진. ESD 접지 플레이트(오른쪽 사진)와 PCB(왼쪽 사진)을 볼 수 있다.

15.9 전자기장에 의한 이상동작(FIELD-INDUCED UPSET)

제품에 직접 방전이 일어나야만 ESD 문제가 발생하는 것은 아니다. 제품의 근처에 방전이 일어나면 강한 전기장과 자기장이 발생하는데, 이 전자기장이 제품에 결합되면 소프트에러나 과도 이상동작이 일어날 수 있다. 제품에서 수 미터 떨어진 곳에서 방전이 일어나도 이 현상은 일어날 수 있다.

15.9.1 유도성 결합(Inductive Coupling)

과도전류에 의해 루프에 유도되는 전압은 다음과 같다.

$$dV = \left(\frac{2A}{D}\right)\left(\frac{di}{dt}\right) \tag{15-9}$$

여기서, A는 루프면적(단위: cm^2)이고 D는 방전위치와 루프 사이의 거리(단위: cm)이며 di/dt의 단위는 A/ns이다. <그림 15-21>은 유도성 결합이 일어나는 전형적인 상황을 보여주고 있다. 예를 들어보자. PCB 상의 루프면적이 10 cm^2이고 루프에서 5 cm(2 in) 떨어진 곳에서 방전이 발생하였다. ESD 과도전류가 20 A/ns인 경우, 이 루프에 유도되는 전압은 80 V가 된다. 방전 위치가 1 m 떨어진 곳이라면 유도전압은 8 V가 된다. 이 정도의 유도전압은 회로의 이상동작을 유발하기에 충분하며 경우에 따라서는 실제적인 손상을 입힐 수 있다.

흥미로운 점은 어떤 ESD 시험규격에서도 이러한 형태의 유도성 결합을 모방하는 시험을 요구하지 않는다는 사실이다.

15.9.2 용량성 결합(Capacitive Coupling)

<그림 15-22>를 보면 인클로저가 플라스틱인 제품이 테이블 위에 놓여있고 그 옆에는 금속으로 된 파일 캐비닛이 세워져 있다. 파일 캐비닛에 방전이 발생하면 제품과 캐비닛 사이의 기생 커패

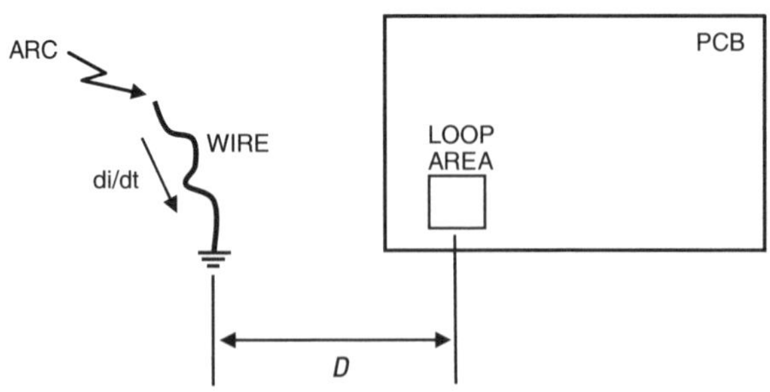

그림 15-21 근처에 발생한 ESD에 의해 일어나는 유도성 결합

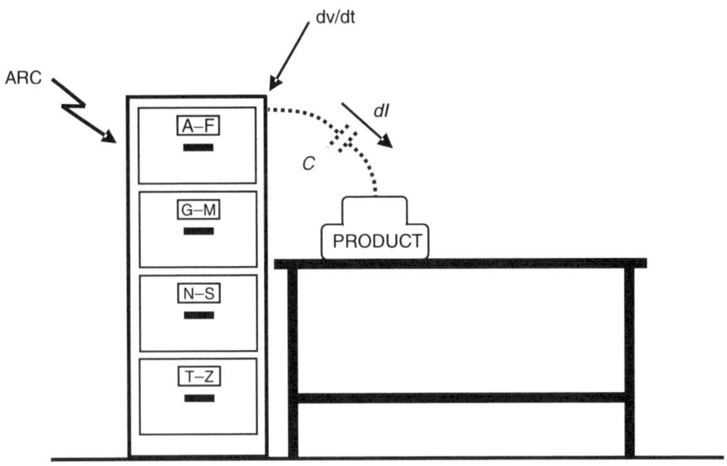

그림 15-22 근처에 발생한 ESD에 의해 일어나는 용량성 결합

시턴스를 통해 방전전류가 제품으로 유입된다.

제품으로 유입되는 과도전류는 다음 식으로 표시된다.

$$dI = C\frac{dV}{dt} \tag{15-10}$$

여기서 C의 단위는 pF, dV/dt의 단위는 kV/ns, t의 단위는 ns이다.

예를 들어보자. 제품과 파일 캐비닛 사이에 10 pF의 기생 커패시턴스가 존재할 때(별로 큰 값은 아니다), 파일 캐비닛을 때린 ESD에 의해 2000 V/ns의 dV/dt가 발생하면 20 A의 과도전류가 제품으로 유입되는데, 이 정도 크기의 전류이면 문제를 일으키기에 충분하다.

현재의 ESD 규격은 대부분 이러한 형태의 용량성 결합을 모방한 시험을 요구하고 있다. 예를 들어, 유럽연합의 ESD 기준인 EN 61000-4-2는 제품에 대한 직접 방전 시험은 물론, 제품 근처에 수직 및 수평 결합플레이트(coupling plate)를 놓고 여기에 방전을 하는 시험도 요구하고 있다. 제품은 수평 결합플레이트 위에 올려놓는데, 제품과 플레이트는 서로 절연되도록 한다. 넓이가 50 cm × 50 cm 인 수직 결합플레이트 4개를 제품의 네 면에서 각각 10 cm 떨어진 곳에 설치한다. 그러고 나서 제품은 물론, 수직 및 수평 결합플레이트에 방전을 일으킨다.

15.10 강한 과도내성을 갖는 소프트웨어 설계 (TRANSIENT HARDENED SOFTWARE DESIGN)

제품을 ESD로부터 보호하는 세 번째 방법은 강한 과도내성을 갖는 소프트웨어/펌웨어를 작성하는 것이다. ESD 문제를 최소화하는 데 있어서 제대로 설계된 소프트웨어나 펌웨어의 역할을 간과해서는 안 된다. 소프트웨어를 설계할 때는 ESD가 프로그램에 이상을 일으키는 경우에 프로그램이 꼼짝을 하지 않는 대신 적절하게 복구될 수 있도록 만들어야 한다. 제대로 설계된 소프트웨어는 ESD에 의해 발생하는 에러를 제거하거나 최소로 줄이는 데 큰 도움을 준다.

ESD 내성을 갖는 소프트웨어에 포함돼야 하는 두 가지 단계는 다음과 같다.

- 첫째, 오류를 감지해야 한다.
- 둘째, 시스템이 알려진 안정된 상태로 적절하게 복구돼야 한다.

이렇게 하려면 소프트웨어는 비정상적인 상태를 주기적으로 검사해야 한다. 이렇게 하는 것은 비정상적인 상태가 어떤 손상을 주기 전에 되도록 빨리 에러를 검사하기 위해서이다.

소프트웨어로 감지하는 에러에는 다음 세 가지 종류가 있다.

1. 프로그램 수행 에러(errors in program flow)
2. 입/출력 에러(input/output errors)
3. 메모리 에러(memery errors)

15.10.1 프로그램 수행 에러 감지(Detecting Errors in Program Flow)

노이즈에 강한 소프트웨어를 만드는 것은 이것이 프로그램 자체의 정상동작을 보장한다는 측면에서 매우 중요하다. 프로그램 수행 에러는 마이크로프로세서의 내부 레지스터(예를 들어, 프로그램 카운터)의 값이 바뀌거나 프로그램 명령어를 구성하는 메모리 비트의 값이 바뀌는 경우에 발생할 수 있다. 이렇게 되면 프로그램이 무한루프에 빠져서 벗어나지 못하는 일이 일어날 수 있다. 프로그램이, 존재하지 않는 메모리영역에서 명령어를 읽으려 하거나 데이터를 명령어로 해석하려고 할 수 있다. 오류에 내성을 갖는 소프트웨어를 만들 때는 ESD에 의해 마이크로프로세서의 프로그램 카운터(program counter) 값이 임의의 값으로 설정되는 경우를 가정해서 작성해야 한다. 그런데, 이렇게 하는 것은 생각보다 훨씬 쉽다.

프로그램이 다음 두 가지 상태에 놓여 있는지 여부를 주기적으로 검사하여 프로그램 수행에러를 감지한다.

- 프로그램 수행에 너무 오랜 시간이 걸리지 않는가?
- 프로그램이 유효한 메모리 영역에서 동작하고 있는가?

이들 상태를 검사하는 것은 어렵지 않으며 명령어 몇 줄만 추가하면 된다. 이 방법 외에도 워치독 타이머(watchdog timer), 소프트웨어 체크포인트(software checkpoint), 에러트랩(error trap), 무동작 명령(no-op/return code) 등을 사용하는 방법과 쓰지 않은 인터럽트 벡터 위치로 트래핑(trapping)하는 방법이 있다.

무한루프에 빠지는 것을 막아주는 가장 효과적인 방법은 워치독 타이머이다. 많은 마이크로프로세서들은 이 타이머를 내장하고 있으며, 타이머를 내장하지 않은 프로세서에는 외부 타이머 회로를 연결할 수 있다. 이 방법에서는 타이머를 맞춘 뒤 정해진 수만큼 카운트가 되면 마이크로프로세서를 리셋(reset)한다. 소프트웨어는 정상펄스를 주기적으로 내보내도록 작성되어 있으므로 타이머의 카운트가 완료되기 전에 타이머는 이 펄스에 의해 계속 새로 맞춰진다. 모든 것이 정상적으로 동작하면 타이머의 카운트가 완료되는 일은 일어나지 않으므로 마이크로프로세서를 리셋시키지 않는다. 프로세서가 무한루프에 빠지면 프로세서는 정상펄스를 출력하지 않는다. 그러면 타이머의 카운트가 완료되어 마이크로프로세서는 리셋되므로 시스템은 무한루프에서 빠져나온다. 이 과정이 일어나는 동안에는 시스템은 오류에 빠져 있지만 그 상태에 머물러 있지 않고 정상으로 복구된다. 정상펄스를 출력하는 명령을 서브루틴으로 만들어 놓고 메인 프로그램에서 이를 반복해서 사용하면 된다. 이렇게 하는 데는 몇 줄의 명령만 추가해주면 된다.

또 다른 방법으로 소프트웨어 토큰(software token)이 있다. 소프트웨어 모듈의 시작점과 종료점에 토큰을 추가한다. 시작토큰(entry token)과 종료토큰(exit token)은 같은 값으로 설정된다. 소프트웨어 모듈에서 나갈 때는 종료토큰 값이 시작토큰 값과 같지 않은 경우에 다른 프로그램 루틴으로 점프(jump)한다. 이때 에러 복구 프로그램으로 들어가게 할 수 있으므로 손상을 최소로 하면서 복구할 수 있다.

메모리가 분할되어 있어서 프로그램이 특정 메모리 영역으로 제한되거나 프로그램 메모리가 ROM(read-only memory)인 경우에는 프로그램이 명령어를 읽을 때 유효 메모리 영역을 벗어난 곳을 액세스(access)하는 것을 막을 수 있도록 소프트웨어에 트랩(trap)을 작성해 넣을 수 있다. 프로그램 메모리에서 사용하지 않는 부분에는 "no op" 명령(또는 이와 비슷한 무동작 명령)을 채우고 끝에 에러처리 루틴으로 점프하는 명령을 넣는다. 이렇게 하면 사용하지 않는 메모리 영역이나 존재하지 않는 메모리 영역으로 점프하는 경우에도 에러처리 루틴을 부르게 된다.

사용하지 않는 마이크로프로세서 하드웨어 인터럽트-벡터 위치가 프로그램 수행 에러를 일으키는 원인이 되는 일이 종종 있다. ESD 과도노이즈가 사용하지 않는 인터럽트 입력에 나타나면 마이크로프로세서는 인터럽트 벡터의 위치로 점프한다. 이 위치에 프로그램 명령이나 데이터가 저장되어 있으면 예측하지 못한 결과가 발생한다. 이에 대한 간단한 해결책으로 사용하지 않는 모든 인터럽트 벡터 위치에 "return" 명령이나 에러처리 루틴으로 점프하는 명령을 넣는다.

일단 프로그램 수행 에러가 감지되면 손상이 일어나는 것을 최소로 하면서 시스템을 알려진 안정된 상태로 되돌리는 것이 필요해진다. 이렇게 하려면 에러처리 루틴으로 제어가 넘어가야 한다. 가장 간단한 에러처리 루틴은 시스템 리셋(system reset)이다. 그러나 어떤 경우에는 이 방법이 허용되지 않는다. 에러복구에는 손상정도를 확인하고 필요할 경우 프로그램을 수리하는 것도 포함된다. 이것을 어떤 식으로 할 것인가 하는 것은 문제가 되는 제품이 무엇이냐에 따라 달라지는데, 이 책에서는 이것까지는 다루지 않는다.

15.10.2 입/출력 에러 감지(Detecting Errors in Input/Output)

입력이나 출력상의 과도펄스는 시스템 안팎으로 부정확한 정보가 전달되게 만든다. 출력을 되돌려 보내게 한 다음, 처음 보낸 데이터와 비교하는 방식으로 출력에러를 감지할 수 있다. 간단한 소프트웨어 필터링 방법은 사이사이에 짧은 지연시간(delay)을 두어 입력 데이터를 *n*번 연속해서 읽는데, 이때 읽은 값이 일치하는 데이터만 받아들이는 것이다. 이런 식으로 유효한 데이터와 과도노이즈 스파이크를 구별할 수 있다. 읽는 사이의 지연시간을 수백 ns 정도로 하면 ESD의 영향을 막는 데 충분하다. 필터링의 정도는 *n* 값이 얼마냐에 따라 달라지므로 쉽게 조절할 수 있다. *n* 값이 클수록 입력 필터링이 커진다. 보통, *n* 값이 2~3 정도면 ESD의 영향을 적절하게 막을 수 있다.

<그림 15-23>은 입력데이터를 *n*번 읽어서 모두 일치하는 경우에 유효한 데이터로 받아들이는 서브루틴의 순서도이다. 이 서브루틴에서는 정상펄스도 주기적으로 발생시킨다. 프로그램에서 폭이 좁은 과도노이즈를 무시하므로 프로그램은 입력데이터에 대해 저역통과필터로 작용한다.

데이터를 받아들이기 전에 데이터의 타입과 범위를 체크하여 데이터의 유효성을 검사하는 방법으로 입력데이터를 보호할 수도 있다. 이 방법을 사용하면 심각한 입력 에러도 시스템으로 입력되어 전파되기 전에 이를 감지하여 알릴 수 있다.

15.10.3 메모리에러 감지(Detecting Errors in Memory)

ESD에 의해 발생하는 과도노이즈에 의한 메모리의 변화는 그 영향이 곧바로 나타나지 않을 수 있다. 그러나 이를 감지하지 않은 채 놔두면 이들 에러가 나중에 시스템에 영향을 줄 수 있다. 이러한 유형의 에러를 감지하려면 메모리에서 읽은 모든 데이터는 사용 전에 유효성이 입증돼야 한다. 데이터의 유효성을 검사하는 유용한 방법들이 많이 있다. 이 가운데 가장 간단한 것은 단일 패리티 비트(single parity bit)를 사용하는 방법이다. 이밖에 체크섬(checksum, 검사합), CRC(cyclic redundancy check), 그리고 다양한 에러정정코드(error-correcting code)를 사용하는 방법들이 있다. 이 모든 방법들은 에러의 발생을 감지할 수 있으며 이들 중 몇몇 방법은 감지한 에러를 정정할 수 있다.

예를 들어, 데이터 워드(word)마다 패리티 비트 하나를 덧붙여 데이터의 에러를 감지할 수 있다. 데이터 워드가 홀수이면 패리티비트는 1로 설정되고 데이터워드가 짝수이면 패리티비트는 0으로 설정된다. 데이터를 메모리에서 읽을 때 시스템이 이 정보를 사용하여 패리티 검사를 통과하지 못한 데이터를 표시하여 유효하지 않음을 알린다.

에러정정코드는 에러를 검사하고 경우에 따라서는 특정한 유형의 에러를 정정할 수 있다. 각 메모리 워드에 여분의 데이터를 추가하면 이런 기능을 수행할 수 있다. 예를 들어 16비트 워드마다 6비트의 데이터를 추가해서 1비트나 2비트 에러를 감지할 수 있으며 1비트 에러의 경우에는 이를 정정할 수 있다. 어느 수준으로 데이터 메모리를 보호하는 것이 필요한가하는 문제는 전체

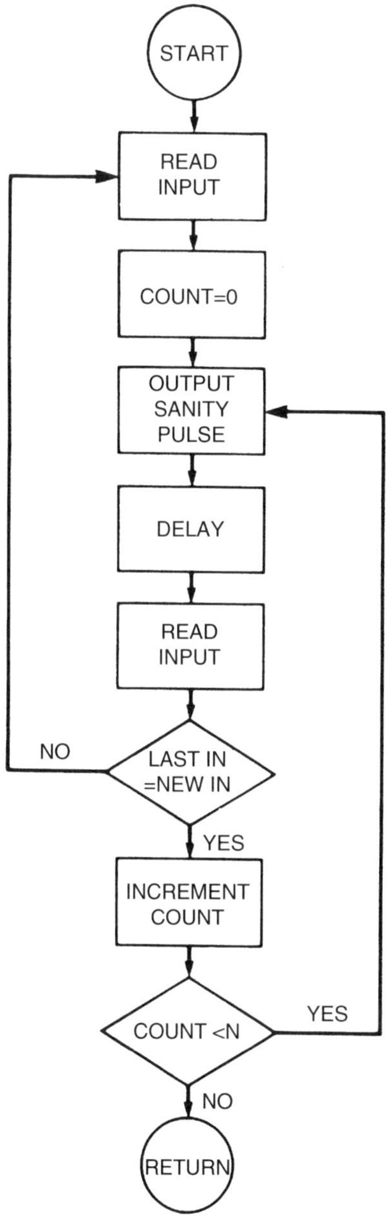

그림 15-23 입력 데이터를 필터링하고 정상펄스를 발생시키는 소프트웨어 서브루틴

시스템의 스펙(specification)의 일부로서 반드시 고려해야 할 사항이다.

에러를 감지하는 또 다른 간단한 방법으로 데이터를 블록에 저장하고 체크섬이나 CRC를 사용하는 것이 있다. 체크섬은 데이터 블록의 숫자를 더해 그 합을 데이터와 함께 저장한다. 데이터를 다시 읽을 때 같은 동작을 수행하여 그 결과와 저장된 체크섬을 비교한다.

이보다 정교하게 블록에 저장된 데이터의 에러를 감지하는 방법이 CRC를 사용하는 것이다. CRC 방식에서는 데이터 블록을 2진수(word) w로 놓고 이를 다른 2진수 k (key word)로 나눈다. 몫(quotient) q는 무시하고 나머지(remainder) r을 CRC로 저장한다. 이 방식에서 새로운 것은 간단한 형태의 나눗셈을 사용한다는 점이다. 이 방법은 잘못될 수도 있는데, 이는 k로 나눌 때 r이 되는 수 w는 여러 개가 있을 수 있기 때문이다. 그렇지만 키워드 k의 자릿수 n이 증가하면 에러를 감지하지 못할 확률이 감소한다. 따라서 n을 충분히 크게 하면 에러를 감지하지 못할 확률이 아주 작아지게 만들 수 있다.

패리티비트는 CRC의 간단한 형태로 볼 수 있다. 즉 CRC에서 키워드 k로 십진수 2(이진수 10)를 사용한 것이 패리티비트이다.

CRC가 많이 사용되는 것은 이것이 과도노이즈에 의해 발생하는 비트 에러를 잘 감지하고 수학적으로 분석하기가 쉬우며 디지털 시스템에서 구현하기가 간단하기 때문이다. UNIX와 LINUX 운영체제(operating system)에는 "cksum" 함수가 있는데, 이 함수는 임의의 파일에 대해 32비트 CRC를 만들어낸다. CRC로 에러를 감지하는 방법이 최초로 설명된 것은 1961년 Peterson과 Brown의 논문이다.

또 다른 간단한 에러 감지 방식으로 중요한 데이터의 복사본을 만들어 저장해놓은 다음, 메모리에서 데이터를 다시 읽어 들일 때 두 복사본을 비교하는 것이 있다. 이 방법은 간단하기는 하지만 메모리의 낭비가 심하다.

15.11 시간창(TIME WINDOWS)

클록으로 동작하는 디지털 시스템에는 많은 시간창(time window)들이 있다. 이들 시간창마다 ESD에 대한 감응성은 서로 다르다. 이렇게 되는 것은, 각각의 시간주기마다 각기 다른 기능을 수행하는데 이 기능 중의 일부만이 ESD에 영향을 받기 때문이다. 예를 들어, 어떤 컴퓨터 시스템은 어느 한 시간창 동안에 하드 드라이브(hard drive)에서 데이터를 읽어 들여 다른 시간창 동안에 이 데이터를 주변장치로 보내거나 계산을 수행한다. 그러고 나서 컴퓨터는 디스플레이를 리프레시(refresh)하거나 데이터를 메모리에 쓴다.

따라서 ESD 시험을 수행할 때, 시험대상기기(equipment under test, EUT)의 모든 동작 모드를 전부 포함 할 수 있도록 충분히 긴 시간주기 동안 ESD 방전을 제품(EUT)에 가해야 한다. 이렇게 하려면 EUT 상의 각 부위에 방전을 여러 번—수백 번에서 수천 번—가해줘야 한다. 또한 ESD 방전은 EUT의 동작에 동기가 돼서는 안 되고 반드시 무작위로 가해져야 한다.

ESD 감응성은 본디 통계적 과정이다. 따라서 재현 가능한 결과를 얻으려면 시험기준이 타당한 수학적 기반을 가지고 있어야 한다. 그러므로 방전을 여러 번 실시해야 한다. 또 합격/실패의 기준도 다음과 같이 통계에 근거해야 한다. 즉, 제품의 어떤 정해진 횟수의 방전에 대해 파괴되지는 않으면서 실패할 확률은 x% 미만이다. 그렇지만 현재의 규격은 어떤 실패도 허용하지 않는 절대기준을 사용한다.

오늘날의 상용 ESD 시험규격에서는 위에 설명한 현상을 고려하지 않고 있다. 예를 들어 EN-61000-4-2 기준에서는 EUT 상의 각 시험점에 대해 방전을 10번만 하도록 요구하고 있으며 어떤 실패도 허용하지 않는다. 이 규정에 따라 시험과정은 간단해지며 시험과정을 빠르게 진행할 수 있다. 그렇지만 이 기준에서 규정하는 방전횟수는 통계학적으로 의미를 갖거나 모든 시간창을 전부 포함하기에는 충분하지 못하다.

요약 SUMMARY

- ESD 보호대책은 최초 시스템을 설계할 때부터 시스템의 일부로서 반드시 포함되어야 한다.
- ESD에 의한 피해를 막으려면 다음 세 가지의 대책을 사용해야 한다.
  - 직접 방전이 유입되는 것을 막는다.
  - 민감한 회로들의 내성을 강화한다.
  - 과도노이즈에 강한 소프트웨어를 작성한다.
- 어떤 시스템의 ESD에 대한 내성을 강화하려면 이를 위한 전기적 설계, 기계적 설계, 소프트웨어 설계를 해주어야 한다.
- ESD의 영향에 취약한 것은 아날로그 회로나 디지털 회로나 마찬가지이다.
- 디지털 IC에서 가장 위험이 큰 입력은 다음과 같다.
  - 리셋(reset)
  - 인터럽트(interrupt)
  - 그 밖의 위험이 큰 제어입력(control input)
- 민감한 장치의 위험이 큰 입력에는 과도보호필터를 달아주어야 한다.
- ESD 보호 필터로 사용되는 부품은 다음과 같다.
  - 커패시터
  - 저항 + 커패시터
  - 페라이트 + 커패시터
- 위험이 큰 장치에 연결하는 과도보호필터는 그 장치의 접지에 접속해야 하며 인클로저에 접속해서는 안 된다.
- ESD의 스펙트럼 성분이 갖는 주파수 범위는 100~500 MHz이다.
- 노출된 모든 금속은 서로 접속돼야 한다.
- ESD의 피해를 막으려면 인클로저 상에 있는 구멍의 길이를 2.5 cm (1인치)를 넘지 않게 해야 한다.

- 인클로저가 플라스틱인 제품에는 "ESD 접지" 플레이트가 있어야 한다.
- ESD의 피해를 막기 위해 모든 케이블에는 다음을 설치해주어야 한다.
  - 케이블 실드
  - 과도전압 억제회로
  - 필터
- 케이블 실드를 사용하는 경우, 케이블 실드와 인클로저는 360° 전체가 서로 접촉돼야 한다.
- 과도전압 억제회로와 케이블 입력필터는 인클로저에 접속해야 하며 회로접지에 접속해서는 안 된다.
- 과도전압 억제회로의 조건은 다음과 같다.
  - 스위칭 속도가 빨라야 한다(< 1 ns).
  - 전류를 처리할 수 있어야 한다.
  - 섀시접지에 접속하는 단자길이가 거의 0이어야 한다.
- 인클로저가 플라스틱인 제품의 경우, 내부 케이블에는 ESD 보호대책을 해주어야 한다.
- 리본 케이블은 특히 ESD에 취약하다.
- 리본 케이블에는 많은 수의 접지선이 케이블 전체에 고르게 퍼져 있어야 한다(신호-대-접지비가 3 대 1 이하가 돼야 한다).
- PCB 상의 모든 루프면적은 되도록 작아지게 해야 한다.
- 다층기판은 양면기판보다 ESD의 내성이 10배 이상 강하다.
- 페라이트는 ESD 전류를 제한하는 데 효과적이다.
- 오류가 발생하면 소프트웨어는 꼼짝하지 않는 대신 정상상태로 복구할 수 있어야 한다.
- 다음 세 가지 종류의 에러에 대한 보호대책이 있어야 한다.
  - 프로그램 수행 에러
  - 입/출력 에러
  - 메모리 에러

연습문제 PROBLEMS

15-1 전하로 대전된 절연체(insulator)에서 ESD가 발생할 수 있는가?

15.2 전기적으로 중성인 도체(conductor)를 전하로 대전된 물체의 근처에 가져다놓고 나서 접지에 접속하였다.

a. 접지와의 접속을 다시 끊은 다음, 중성 도체를 대전된 물체로부터 멀리 옮기면 중성 도체는 전하로 대전되는가?

b. 대전된 물체를 중성 도체로부터 멀리 옮긴 다음, 중성 도체의 접지접속을 끊으면 중성

도체는 전하로 대전되는가?

15.3 폴리에스터(polyester)와 알루미늄(aluminum)을 서로 문지르고 나서 떼어내면 각 물질은 어떤 극성의 전하로 대전되는가?

15.4 a. 어떤 도체(conductor)를 다른 도체와 마찰시켜 전하를 가지게 할 수 있는가?

b. 어떤 도체를 절연체와 마찰시켜 전하를 가지게 할 수 있는가?

15.5 a. 절연체가 홀로 떨어져 있을 때, 이 절연체의 서로 다른 영역에 극성이 반대인 전하들이 존재할 수 있는가?

b. 도체가 홀로 떨어져 있을 때, 이 도체의 서로 다른 영역에 극성이 반대인 전하들이 존재할 수 있는가?

15.6 다음 물체의 자유공간 커패시턴스를 계산하여라.

a. 지름이 1/2 인치인 볼 베어링(ball bearing)

b. 지름이 5 피트인 마일라(Mylar) 풍선(balloon)

15.7 크기가 0.2 m × 0.25 m인 사각형 플레이트의 자유공간 커패시턴스는 얼마인가?

15.8 크기가 0.2 m × 0.3 m × 0.4 m인 육면체 금속 인클로저의 자유공간 커패시턴스는 얼마인가?

15.9 어떤 물체의 표면저항률을 측정할 때 그 물체의 정사각형 부분의 면적을 얼마로 하여 저항률을 측정하든지 상관이 없는 까닭을 설명하여라.

15.10 인클로저가 플라스틱인 제품에서 ESD로부터의 피해를 막기 위해 전원버스에 다이오드 클램프를 연결하였다. 회로의 V_{cc}-접지간 커패시턴스는 0.5 μF이다. ESD가 발생하여 100 ns 동안 20 A의 전류가 전원-접지 버스로 유입되었다(전류는 사각파로 가정하여라.).

a. V_{cc}-접지간 전압은 얼마나 변동하는가?

b. V_{cc}와 접지 사이에 10 μF 커패시턴스를 추가로 연결하면 V_{cc}-접지간 전압은 얼마나 변동하는가?

15.11 ESD에 대한 실제 접지(즉 기준)는 무엇인가?

15.12 ESD를 막는 데 사용하는 "소프트접지(soft ground)"의 장점은 무엇인가?

15.13 면적이 5 cm^{2}인 루프에서 10 cm 떨어진 곳에서 10 A/ns 크기의 방전이 발생하였다. 루프에 유도되는 과도전압을 구하여라.

15-14 인클로저가 플라스틱인 제품 옆에 커패시턴스가 10 pF인 커다란 금속물체가 놓여 있다. 금속물체에 방전이 일어나 그 물체의 전압이 1 ns 동안에 4000 V로 상승했다. 제품으로 유입되는 과도전류를 구하여라.

15.15 ESD의 내성을 갖는 소프트웨어는 일반적으로 세 가지 영역에서 에러를 감지해야 한다. 이 세 가지 영역은 무엇인가?

15.16 CRC에서 메모리의 데이터 블록에서 무작위로 발생하는 에러를 감지하기 위해 어떤 16 비트 워드를 키로 사용하고 있다. 에러를 감지할 확률을 구하여라.

참고문헌 REFERENCES

DOD-HDBK-263. *Electrostatic Discharge Control Handbook*. Washington, DC, Department of Defense, May 2, 1980.

EN 61000-4-2. Electromagnetic Compatibility (EMC)—Part 4-2: Testing and Measurement Techniques—Electrostatic Discharge Immunity Test, 2001.

Hayt, W. H. *Engineering Electromagnetics*. New York, McGraw-Hill, 1974.

Moore, A. D. *Electrostatics and its Applications*. New York, Wiley, 1973.

Palmgren, C. M. "Shielded Flat Cables for EMI and ESD Reduction." *1981 IEEE International Symposium on Electromagnetic Compatibility*, Boulder, CO, August 18–20, 1981.

Peterson, W. W. and Brown, D. T. "Cyclic Codes for Error Detection." *Proceedings of the IRE*, January 1961.

심층자료 FURTHER READING

Anderson, D. C. "ESD Control to Prevent the Spark that Kills." *Evaluation Engineering*, July 1984.

Bhar, T. N. and McMahon, E. J. *Electrostatic Discharge Control*, New York, Hayden Book Co., 1983.

Boxleitner, W. *Electrostatic Discharge and Electronic Equipment*. New York, IEEE Press, 1989.

Calvin, H. , Hyatt, H. , and Mellberg, H. "A Closer Look at the Human ESD Event." *EOS/ESD Symposium*, 1981.

Gerke, D. and Kimmel, W. "Designing Noise Tolerance into Microprocessor Systems." *EMC Technology*, March-April, 1986.

Jowett, C. E. *Electrostatics in the Electronics Environment*. New York, Halsted Press, 1976.

Kimmel, W. D. and Gerke, D. D. "Three Keys to ESD Systems Design." *EMC Test & Design*, September 1993.

King, W. M. and Reynolds, D. "Personal Electrostatic Discharge: Impulse Waveforms Resulting from ESD of Humans Directly and through Small Hand-Held Metallic Objects Intervening in the Discharge Path." *1981 IEEE International Symposium on Electromagnetic Compatibility*, Boulder, CO, August 18-20, 1981.

Mardiguian, M. *Electrostatic Discharge; Understand, Simulate and Fix ESD Problems*. Interference Control Technologies, 1986.

Mardiguian, M. "ESD Hardening of Plastic Housed Equipment," *EMC Test & Design*, July/August 1994.

Sclater, N. *Electrostatic Discharge Protection for Electronics*. Blue Ridge Summit, PA, Tab Books, 1990.

Violette, J. L. N. "ESD Case History—Immunizing a Desktop Business Machine." *EMC Technology*, May/June 1986.

Wong, S. W. "ESD Design Maturity Test for a Desktop Digital System." *Evaluation Engineering*, October 1984.

Chapter 16

PCB 레이아웃과 적층구조

PCB Layout and Stackup

대부분의 제품에서는 전자회로와 장치들이 PCB(printed circuit board, 인쇄회로기판) 위에 장착되어 있다. PCB의 설계와 레이아웃은 제품의 기능과 전자파 적합성(electromagnetic compatibility, EMC)에 중대한 영향을 미친다. PCB는 회로도를 실제로 구현한 것이다.

PCB의 설계와 레이아웃을 제대로 했는지 여부가 그 PCB가 들어있는 제품의 EMC 시험규정의 통과와 실패의 차이를 가져올 수 있다. 부품 배치(component placement), 금지 구역(keep out zone), 트레이스 배선(trace routing), 층 수(number of layers), 기판적층(layer stackup) (기판적층 순서와 층간 간격), 귀환경로 불연속(return path discontinuities)과 같은 것들은 PCB의 EMC 성능에 매우 중요한 역할을 한다.

16.1 PCB 레이아웃 시 일반적인 고려 사항 (GENERAL PCB LAYOUT CONSIDERATIONS)

16.1.1 분할(Partitioning)

부품 배치는 기판의 EMC 성능에 큰 영향을 미치는 PCB 레이아웃 요소지만 이를 고려하지 않고 넘어가는 경우가 많이 있다. 부품들은 같은 논리기능을 갖는 것끼리 그룹으로 묶어야 한다. <그림 16-1>에서 이렇게 그룹별로 나눈 여러 종류의 논리기능블록—(1) 고속의 논리회로, 클록, 클록 드라이버(clock driver), (2) 메모리, (3) 중/저속 논리회로, (4) 비디오, (5) 오디오 및 기타 저주파 아날로그 회로, (6) 입/출력 드라이버, (7) 입/출력 커넥터와 공통 모드 필터—을 볼 수 있다.

기판을 분할(partitioning)할 때는 메모리와 고속 논리회로 블록이 입/출력 영역(I/O area) 근처에 위치하게 하면 안 된다. 크리스털 발진기(crystal oscillator)나 고주파 발진기는 이들을 사용하는 IC 근처에 배치해야 하며 기판의 입/출력 영역과는 멀리 떨어지게 해야 한다. 입/출력 드

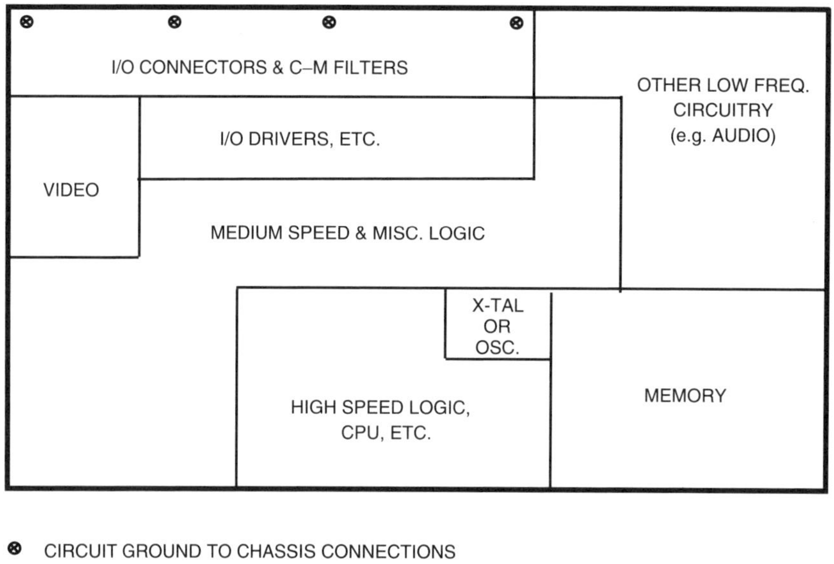

그림 16-1 PCB에 분할 방법을 올바르게 적용한 예

라이버는 커넥터 가까이에 배치해야 하며, 비디오 및 저주파 아날로그 회로는 기판의 고주파 디지털 영역을 통과하지 않으면서 입/출력 영역에 연결되게 해야 한다.

올바른 분할 기법을 사용하면, 트레이스의 길이가 최소가 되게 할 수 있으며, 신호의 품질을 향상시키고, 기판의 기생성분에 의한 결합(coupling)을 최소로 하고 PCB의 방출(emission)과 감응성(susceptibility, 민감성)을 모두 줄일 수 있다.

16.1.2 배선 금지 구역(Keep Out Zones)

고주파 회로는 물론, 발진기와 크리스털(crystal)은 I/O 영역으로부터 떨어뜨려 배치해야 한다. 이러한 회로들은 고주파 전기장과 자기장을 발생시키는데, 이 전자기장은 I/O 케이블과 커넥터, 그리고 다른 회로장치 등에 직접적으로 쉽게 결합(coupling)될 수 있다(<그림 6-42> 참조). 경험에 비추어보면 기판의 사이즈가 충분한 경우에 이러한 회로들을 I/O 영역에서 적어도 0.5 in.(13 mm) 이상 떨어뜨려 놓으면 기생 결합을 최소로 할 수 있다.

모든 위험신호트레이스(16.1.3절에서 정의)들은 10.6.1절에서 설명한 것처럼 귀환전류가 이들 트레이스의 아래 부분을 따라 퍼져 흐를 수 있도록 기판의 모서리에서 떨어뜨려 배선해야 한다. 좋은 배선방법은 기판의 주변(모서리)을 따라 배선금지구역을 설정하는 것인데, 이 금지구역의 폭은 '신호층-접지판 간격(두께)'의 20배로 한다. 위험신호들을 배선금지구역에 배선해서는 안 된다(<그림 16-2> 참조).

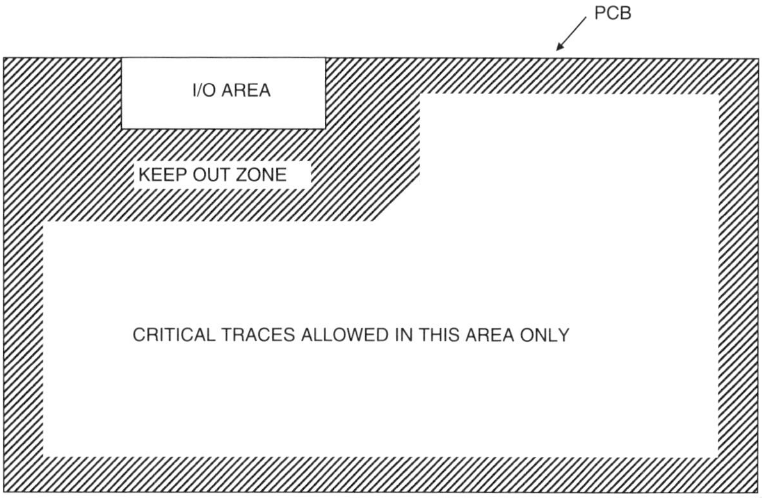

그림 16-2 위험신호를 위한 배선금지구역이 설정된 PCB.

16.1.3 위험신호(Critical Signals)

경험적으로 보면 PCB 회로 중의 10%가 PCB 문제의 90%를 일으킨다. 따라서 PCB 레이아웃을 할 때는 이들 10% 회로에 주로 관심을 기울여야 한다. 방사(emission)의 측면에서 가장 문제가 되는 것은 클록, 버스, 제어 신호와 같이 반복되는 파형을 갖는 고주파(상승시간이 빠른) 디지털 회로이다. 이러한 신호들은 진폭이 큰 고조파 성분들로 이루어져 있다. 문제를 많이 발생시키는 차례대로 써보면 일반적으로 클록, 버스, 주기적인 제어신호 순이다.

위험신호로 분류하는 데 유용한 기준으로 "신호속도(Signal Speed)" 개념이 있다 (Paul, 2006, p. 805). 어떤 신호의 방사는 그 신호 전류의 고주파 스펙트럼 성분과 직접적인 관련이 있다. 고주파 스펙트럼 성분과 신호의 속도는 다음 요소에 비례한다.

- 신호의 기본 주파수(fundamental frequency) F_0
- 상승/하강 시간 t_r의 역수
- 게이트가 스위칭을 할 때 발생하는 과도 구동 전류(transient drive current)의 크기 I_0

따라서 신호 분류의 효과적인 기준인 신호 속도(단위: A/s^2)를 다음 식으로 정의할 수 있다.

$$\text{신호 속도} \approx (F_0 I_0)/t_r \tag{16-1}$$

전류가 크고 상승/하강 시간이 빠르며 파형이 반복적인 고주파 신호는 넓은 주파수 성분을 갖는다. 따라서 모든 위험신호들에 대하여 신호 속도를 고려해야 한다.

16.1.4 시스템 클록(System Clocks)

시스템 클록에 대해서는 특히 주의를 기울여야 한다! 클록 트레이스는 가능한 한 짧게 하고, 가장 먼저 배선하여 최적의 위치에 놓이도록 해야 한다. 크리스털과 발진기, 공진기(resonator)는 이들이 사용되는 회로에 가능한 한 가깝게 배치해야 한다. 크리스털과 오실레이터, 그리고 클록 드라이버(구동기) 아래의 PCB 부품면(component side) 위에 접지판(ground plane)을 추가로 만든다. 이 접지판을 주 접지판(main ground plane)에 여러 개의 비어(via)를 사용하여 연결한다. 이렇게 하면 크리스털이나 발진기에 의해 스트레이 커패시턴스(stray capacitance)가 발생하는 것(전기장이 발생하는 것)을 막을 수 있고, 크리스털 밑으로 다른 신호들이 배선되는 것을 막을 수 있다. 크리스털과 오실레이터의 케이스가 금속으로 된 경우에는 이들을 PCB 부품면 상에 추가로 만든 접지판에 접지시키고, 꼭 필요한 경우에는 기판수준에서 이 영역을 차폐(shield)하도록 한다.

주파수가 20 MHz 이상인 모든 클록 트레이스에는 작은 직렬 댐핑저항(damping resistor)이나 페라이트 비드(ferrite bead)를 달아준다. 이렇게 하면 링잉(ringing)을 줄일 수 있으며, 반사를 억제할 수 있다. 저항을 달아주어도 아주 짧은 트레이스의 길이를 증가시키지 않는 경우라면, 길이가 짧은 클록 트레이스에도 이 방법을 사용하는 것이 좋다. 통상적으로 사용되는 저항 값은 33 Ω이다.[1)]

클록 발진기와 드라이버들에도 페라이트 비드를 V_{cc} 선로와 직렬로 연결되도록 달아서, 이들 회로를 주 전원공급 시스템과 격리시킨다.

16.2 PCB-섀시간 접지 연결 (PCB-TO-CHASSIS GROUND CONNECTION)

전자 제품에서 방사를 일으키는 원천(source)은 외부 케이블 상의 공통모드전류(common-mode current) 전류이다. 안테나 이론의 관점에서 보면 케이블을 모노폴 안테나로 생각할 수 있는데, 이때 케이블이 부착되어 있는 제품의 인클로저는 그 케이블에 대한 기준판 역할을 한다 (부록 D 참조). 안테나에 인가되는 전압은 케이블과 섀시 사이의 공통모드전압이다. 따라서 방사를 일으키는 케이블에 대해 기준이 되는 것은 섀시이지 대지(earth)와 같은 외부 접지가 아니다.

케이블과 섀시 사이의 전위차를 최소로 만들어야 하므로 PCB의 접지와 섀시 사이의 연결이 매우 중요하다. ***PCB* 내부의 회로 접지를 섀시에 연결할 때는 *PCB* 상에서 케이블이 접속되는 지점과 가능한 한 가장 가까운 위치에서 섀시에 연결해야 한다.** 이렇게 해야 내부 회로접지와 섀시 사

1) 트레이스의 길이가 길면 (트레이스의 길이(단위: in)가 상승시간의 3배(단위: ns)보다 긴 경우) 직렬 댐핑저항의 값을 '전송선로의 특성임피던스에서 드라이버의 출력저항을 뺀 값' 으로 한다.

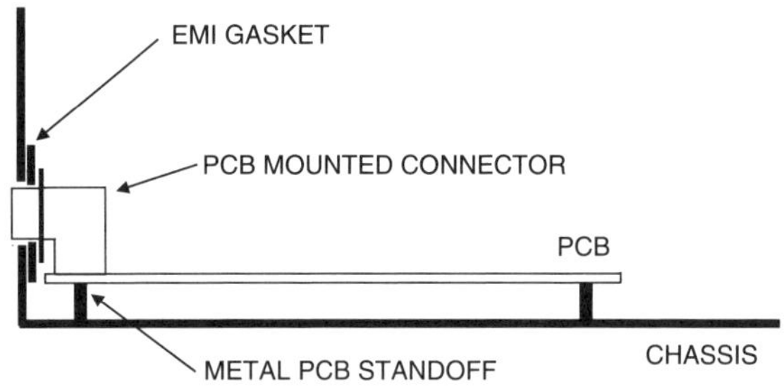

주의: 백셸 커넥터와 섀시는 반드시 360° 전체가 연결돼야 한다.

그림 16-3 360° 전체가 전기적으로 접촉된 I/O 백셸 커넥터와 섀시

이의 전위차를 최소로 할 수 있다. 이러한 둘 사이의 연결은 RF 주파수 대역에서 낮은 임피던스를 가져야 한다. 회로와 섀시 사이에 어떤 임피던스가 존재하면 여기에 전압강하가 발생하고, 이것이 공통모드 전압의 형태로 케이블에 인가되면 케이블에서 방사가 일어난다.

적절하지 않은 지점에 금속 스탠드오프(stand off, 받침대)를 사용하여 회로접지-섀시간 접속을 하게 되면 상당한 크기의 고주파 임피던스가 생기게 된다. 이러한 접속은 EMC 측면에서 보면 적합하지 않다. ***PCB* 회로접지와 섀시간 연결은 제품의 *EMC* 성능에 결정적인 영향을 주는 요소이다.** 이들 사이의 연결은 짧게, 그리고 여러 개를 다중 접속하는데, 이렇게 하면 각 연결이 가진 인덕턴스가 병렬로 합성되어 RF 임피던스가 작아진다. <그림 16-1>에는 회로접지-섀시간 접속이 PCB의 I/O 영역 내의 여러 곳에서 이루어진 예가 나타나 있다. <그림 16-1>은 모든 I/O를 기판의 한 영역에 모아놓은 방식의 장점을 보여주고 있다.

금속 재질의 백셸 커넥터(backshell connector)를 사용하는 경우에는 EMC 개스킷이나 다른 수단을 사용하여 백셸과 인클로저(enclosure) 사이에 전기적인 접촉이 360° 전체에 대해 이루어지게 해야 한다. 이렇게 하면 <그림 16-3>과 같이 백셸 커넥터에 의해 PCB 접지기준판과 인클로저 사이에 낮은 임피던스 접속이 이루어진다.

16.3 귀환경로의 불연속(RETURN PATH DISCONTINUITIES)

PCB 레이아웃을 최적화하기 위해서는 신호의 귀환전류(return current)가 실제로 어느 곳으로 어떻게 흐르는지 이해하는 것이 매우 중요하다. 회로도는 신호경로만 나타낼 뿐이므로 회로도만으로 귀환경로가 어디인지 알 수 없다. 따라서 대부분의 PCB 설계자들은 신호전류가 흐르는 경로(즉 신호 트레이스)만 고려하고 귀환전류가 흐르는 경로는 거의 고려하지 않거나 아예 관심을 두지 않는다.

이 문제를 다루려면 고주파 귀환전류가 어떤 식으로 흐르는지 유념하고 있어야 한다. 어떤 판(plane)에서 임피던스가 가장 작은 귀환경로는, 그 판이 전원판이든 접지판이든 상관없이 신호 트레이스의 바로 밑에 형성되게 된다. 그 까닭은 이 경로가 인덕턴스가 가장 작은 경로이기 때문이다(3-2절 참조). 또한 이 경로는 루프면적이 가장 작은 경로이기도 하다.

이른 바 "표피효과(skin effect)"에 의하여 고주파 전류는 판 속으로 뚫고 들어가지 못하기 때문에, **전원판이나 접지판에 흐르는 모든 고주파 전류들은 표면 전류(*surface current*)가 된다** (10.6.1절 참조). 도체(구리)층이 1-oz인 PCB에서는 이러한 효과(현상)가 30 MHz 이상인 주파수에서 발생한다.[2] **따라서 한 개의 판은 실제로는 두 개의 도체나 마찬가지다.** 즉, 판의 위쪽 표면에는 표면전류가 흐르고 같은 판의 아래쪽 표면에는 다른 전류가 흐르거나 아예 전류가 흐르지 않을 수 있다.

주요 EMC 문제와 신호무결성(signal integrity, SI) 문제들은 귀환전류 경로에 불연속(discontinuity)이 있을 때 발생한다. 이 불연속에 의해 귀환전류가 매우 큰 루프를 그리면서 흐르므로 접지 인덕턴스가 증가하고 기판으로부터의 방사도 증가한다. 아울러 인접한 트레이스들 사이의 혼선(누화, crosstalk)을 증가시켜 파형왜곡(waveform distortion)을 일으킨다. 또한 일정한 임피던스를 갖는 PCB 상에 존재하는 귀환판 불연속은 트레이스의 특성임피던스를 변화시켜 반사파를 발생시킨다. PCB를 설계하는 과정에서 대처해야 할 귀환경로 불연속 중에서 가장 공통이 되는 것 세 가지는 다음과 같다.

- 전원판/접지판 내부의 슬롯(slot)이나 전원판/접지판을 분리하는 갈라진 틈(split)
- 층을 바꾸어 가며 배선된 신호 트레이스. 이것에 의해 귀환전류가 기준판을 바꾸게 된다.
- 접지판에서 커넥터 주위나 IC 밑을 도려낸 부분(cutout)

16.3.1 접지판/전원판의 슬롯(Slots in Ground/Power Planes)

트레이스가 인접한 전원판이나 접지판에 있는 슬롯을 가로지르면, <그림 16-4A>에서 보듯이 귀환전류는 트레이스의 밑이 아니라 슬롯의 주위를 따라 둘러가므로 훨씬 큰 루프를 형성하며 흐른다. 슬롯이 길수록 루프면적이 더 커진다. 전류루프가 클수록 방사가 증가하며 접지판의 인덕턴스도 증가하는데, 이 둘은 모두 바람직하지 않은 현상이다. **따라서 접지판 설계에서 가장 중요한 것은 접지판에 슬롯이 존재하지 않도록 하는 것이다.** 모든 PCB 설계자들이 이 간단한 규칙을 지킨다면 많은 EMC 문제를 피할 수 있을 것이다. 하지만, 슬롯이 꼭 필요하다면 슬롯과 바로 인접한 층에는 슬롯을 가로지르는 트레이스가 없게 해야 한다. 접지판에 있는 슬롯이나 갈라진 틈

2) 이것은 기판의 두께가 표피깊이(skin depth)의 3배 이상이 되는 것을 기준으로 한 것이다. 구리층이 2-oz인 PCB에서는 8 MHz 이상의 주파수에서, 1/2-oz PCB에서는 120 MHz 이상인 주파수에서 이러한 현상이 일어난다.

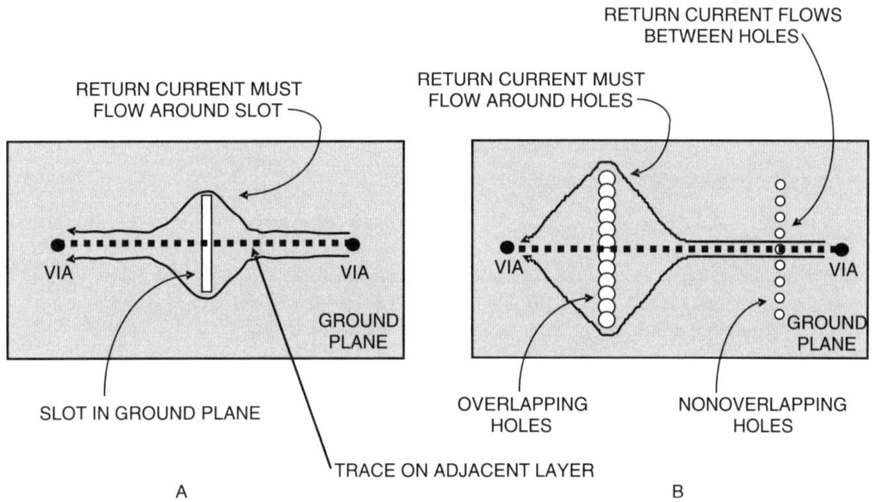

그림 16-4 (A) 슬롯이 뚫린 접지판 (B) 홀(hole)이 뚫린 접지판

(split)은 PCB에서의 방사를 20 dB 이상 증가시킨다.

<그림 16-4B>는 스루홀(through-hole) 부품과 비어(via) 용으로 여러 개의 클리어런스 홀(clearance hole)이 뚫려있는 접지판을 보여주고 있다. 홀이 겹쳐 있으면 슬롯을 형성하므로 <그림 16-4A>의 슬롯의 경우와 마찬가지로 귀환전류가 우회하게 된다. 그러나 홀이 겹쳐있지 않으면 전류는 홀과 홀 사이로 흐르므로 귀환전류 경로를 심각하게 방해하지 않는다. 따라서 기판의 EMC 성능에 나쁜 영향을 주지 않는다.

<표 16-1>은 접지판에 슬롯이 있는 경우와 없는 경우에 대해, 접지판의 전위차를 측정한 결과이다.[3] 슬롯이 놓인 방향은 <그림 16-4A>와 같이 전류 방향과 수직이다. 전압은 트레이스 바로 아래의 접지판에서 1 in. 떨어진 두 점(슬롯에서 양쪽으로 각각 1/2 in 떨어진 두 점) 사이에서 측정했다.

이때 트레이스를 따라 흘러 내려가 접지판을 통해 귀환하는 신호로서 주파수가 10 MHz, 상승시간이 3 ns인 신호를 인가하여 전압을 측정하였다. 측정된 전압이 클수록 접지판 임피던스가 크다는 것을 의미한다.

<표 16-1>의 측정결과에서 확실히 알 수 있듯이 슬롯의 길이가 길수록 접지판의 전위차는 증가한다. 슬롯길이가 1.5 in.(3.81 cm)인 경우, 접지판의 전압(즉, 임피던스)은 슬롯이 없을 때보다 5배(14 dB) 증가하였다. 그러나 겹치지 않은 홀들이 1 in. 길이로 배열돼 있는 경우에는 접지판 전압이 증가하지 않았다.

---

3) 측정에 사용된 방법에 대한 자세한 설명은 부록 E의 E.4절을 참조하여라.

표 16-1 슬롯이 있는 접지판에서 슬롯의 길이에 따른 접지판의 전위차

슬롯의 길이(in)	접지판의 전위차(mV)
0	15
0.25	20
0.5	26
1	49
1.5	75
홀 배열[a]	15

[a] 지름이 0.052 in인 홀 15개가 일렬로 1 in의 길이로 일직선으로 배열되어 있다. 배열 방향은 전류방향과 수직이다. 홀들은 <그림 16-4B>와 같이 서로 겹쳐있지 않다.

16.3.2 갈라진 접지판/전원판(Split Ground/Power Planes)

<그림 16-5>에 나타낸 4층 기판의 예와 같이, 신호 트레이스가 인접한 판(plane)의 스플릿(split, 갈라진 틈)[4)]을 가로지르는 경우에는 신호의 귀환 전류 경로가 가로막힌다. 따라서 전류는 갈라진 경계를 지나가기 위하여 다른 경로를 찾아야 하므로 훨씬 큰 루프를 형성하며 흐르게 된다.

<그림 16-5>와 같이 트레이스가 갈라진 전원판을 트레이스가 가로지르는 경우, 귀환전류는 가장 가까운 디커플링 커패시터로 우회하여 갈라진 부분이 없는 균일한 접지판으로 넘어간다. 그러고 나서 귀환전류는 다시 트레이스 아래에 위치한 원래의 갈라진 전원판으로 되돌아갈 수 있도록 또 다른 디커플링 커패시터를 찾는다. 전원판과 접지판 사이의 판간 커패시턴스(inter-plane capacitance)는 그 값이 너무나 작기 때문에 주파수가 500 MHz 이상으로 높은 경우가 아니면 전류가 흐를 수 있을 만큼 충분히 낮은 임피던스 경로를 제공하지 못한다. 이렇게 귀환전류의 경로가 길어지면 귀환경로의 인덕턴스가 증가하고 귀환경로가 만드는 루프면적도 증가한다.

위의 예에서 전원판과 접지판이 모두 쪼개져 있으면, 귀환전류는 갈라진 틈을 어떻게 넘어갈까? 경우에 따라서는 귀환전류가 전원 공급기(power supply)단까지 되돌아가야 할 수도 있다.

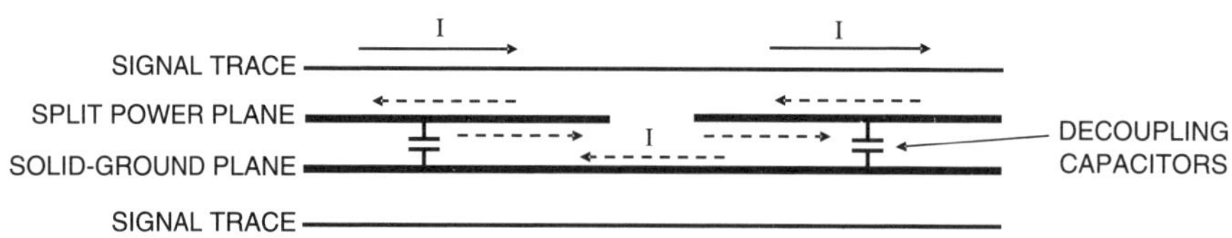

그림 16-5 갈라진 전원판을 가로지르는 신호 트레이스. 실선 화살표는 신호전류의 경로를 나타내고, 점선 화살표는 귀환전류 경로를 나타낸다.

4) 스플릿(split)은 판이 별도의 영역이나 부분으로 완전히 나뉜 것을 말하고(그림 16-6 참조), 슬롯(slot)은 판 내부에 유한한 길이로 좁고 길쭉하게 뚫린 구멍을 말한다(그림 16-4A 참조).

갈라진 전원판 문제를 해결하는 가장 좋은 방법은 어떤 신호 트레이스가 됐든 갈라진 경계를 지나지 않도록 하는 것이며 특히 위험신호의 경우에는 더더욱 그렇게 해야 한다. 위에서 들은 예의 경우에는 신호 트레이스를 갈라진 부분이 없는 균일한 접지판의 아래쪽에 위치해있는 신호배선층에 배선해야 한다. 갈라진 판에 대해서는 17.1절에서 계속 다루기로 한다.

오늘날에는 여러 종류의 직류전압을 사용하여 동작하는 제품들이 많이 있다. 그러므로 전원판을 갈라서 사용하는 것이 흔한 일이 되었다. 그렇기만 갈라진 판을 사용하는 경우에는 트레이스가 갈라진 틈을 지나지 않게 해야 하는 배선상의 제약조건이 따른다는 사실을 꼭 기억해야 한다.

갈라진 전원판에 의해 발생하는 문제를 다루는 방법에는 다음과 같은 5가지 방법이 있다.

- 전원판을 갈라서 사용하되, 이에 따르는 배선상의 제약조건을 지킨다.
- 각 직류전압마다 균일한 전원판을 별도로 사용한다.
- 하나 이상의 전압에 대해 “전원섬(power island)”을 사용한다. 전원섬은 한 개 또는 몇 개의 IC의 밑에 있는 신호층(signal layer, 대개 PCB의 맨 위나 아래층에 위치)상에 만든 격리된 작은 전원판을 말한다.
- 직류전원의 일부나 전부를 신호층에 트레이스의 형태로 배선한다.
- 최후의 방법으로, 트레이스가 갈라진 판의 틈을 가로지르는 곳에 스티칭 커패시터(stitching capacitor)를 달아준다.

각 방법들은 저마다 장점과 단점을 가지고 있다. 전원섬(power island) 방법은 한 개 또는 모여 있는 몇 개의 IC들이 직류전원을 1개만 사용하는 경우에 매우 유용하다.

신호 트레이스는 인접한 판에 있는 갈라진 틈을 가로지르게 배선돼서는 안 되지만 설계상의 제약조건이나 비용을 고려하여 어쩔 수 없이 이렇게 해야 하는 경우가 있는데, 특히 전원판의 경우에는 더욱 그렇다. 신호 트레이스를 갈라진 전원판의 경계를 넘어가도록 배선해야만 하는 경우에는 <그림 16-6>에 나타낸 것처럼 분리된 전원판의 두 부분을 연결하는 소형 스티칭 커패시터를 트레이스 양쪽에 하나씩 달아준다. 이 방법을 사용하면 직류에 대해서는 판의 두 부분 사이의 격리(isolation)를 유지하면서 고주파(교류)에 대해서는 두 부분이 서로 연결되게 할 수 있다. 커패시터는 트레이스에서 0.1 in 거리 이내에 위치해야 하며 신호의 주파수에 따라 0.001 ~ 0.01 μF의 값을 가져야 한다.

그렇지만 이제 귀환전류는 비어, 트레이스, 장착패드(mounting pad), 커패시터, 장착패드, 트레이스를 따라 최종적으로 갈라진 전원판의 다른 쪽 부분으로 흐르기 때문에, 이 방법은 완벽한 해결책과는 한참 거리가 멀다. 이 방법을 사용하면 귀환경로에 약 5 nH 이상의 인덕턴스(임피던스)를 증가시키지만 아무 대책도 적용하지 않은 경우보다는 낫다.

5 nH의 임피던스는 100 MHz에서 3 Ω, 500 MHz에서 16 Ω이다. 이 정도의 임피던스는 균일한 판(갈라지지 않은 판)의 임피던스보다 훨씬 큰 값이다. Archambeault(2002, 76쪽, Fig. 5-

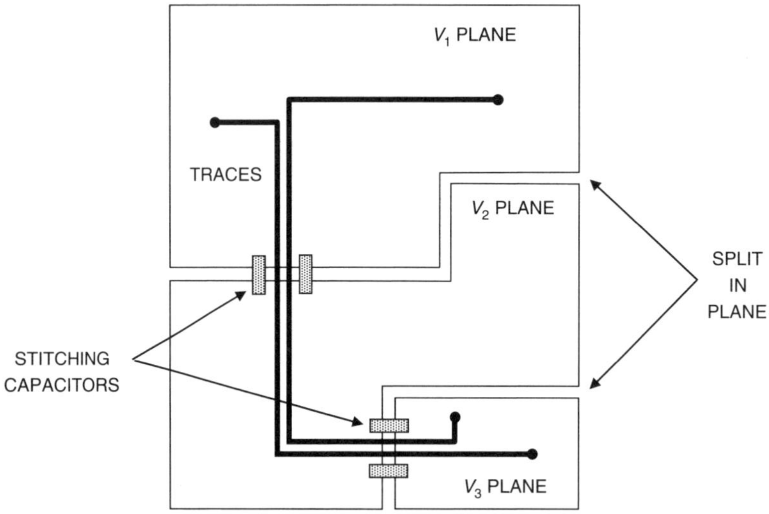

그림 16-6 갈라진 전원판의 경계에 스티칭 커패시터를 달아주면 신호전류에 대한 귀환전류가 갈라진 전원판의 틈을 지나는 경로가 만들어진다.

7)의 연구결과에 따르면 300 MHz 대역에서 한 개의 스티칭 커패시터를 사용한 경우 방사성 방출(radiated emission)이 28 dB 만큼 감소하였고 두 개의 스티칭 커패시터(트레이스 양쪽에 한 개씩)를 사용한 경우에는 32 dB 만큼 감소하였다. 갈라지지 않은 균일한 판인 경우에는 방사성 방출이 37 dB 만큼 감소하였는데, 이 결과와 스티칭 커패시터에 의한 감소결과를 비교해볼 수 있다.

16.3.3 기준판 전환(Changing Reference Planes)

신호 트레이스가 어떤 층에서 다른 층으로 층을 바꿔가며 이동하면 <그림 16-7>에 나타난 것처럼 귀환전류의 기준판도 바뀌므로 귀환전류의 경로가 방해를 받아 막히게 된다.

그렇다면, 이제 문제는 “귀환전류가 어떻게 한 판에서 다른 판으로 흐르는가?” 이다. 앞에서 언급한 갈라진 판의 경우에서도 그랬지만, 층간 커패시턴스는 귀환전류에 대해 낮은 임피던스 경로를 제공할 수 있을 정도로 충분히 크지 않기 때문에, 귀환전류는 가장 인접해 있는 디커플링 커패시터나 판간 비어(plane-to-plane via)를 통해서 기준판을 바꾸게 된다. 기준판이 전환되면 당연히 루프면적이 증가하는데, 이것이 바람직하지 못한 이유로는 갈라진 판의 경우에 대해 앞에서 설명한 모든 이유 그대로이다. 기준판의 전환은 <그림 16-8>에 나타난 것처럼 사실상 귀환경로에 임피던스(인덕턴스)를 추가하는 것이다.

이 문제를 해결하는 한 가지 방법은, 클록과 같은 위험신호에 대해서는 기준판이 전환되는 경우가 일어나지 않게 하는 것이다. 신호의 기준판을 전원판에서 접지판으로 어쩔 수 없이 전환해

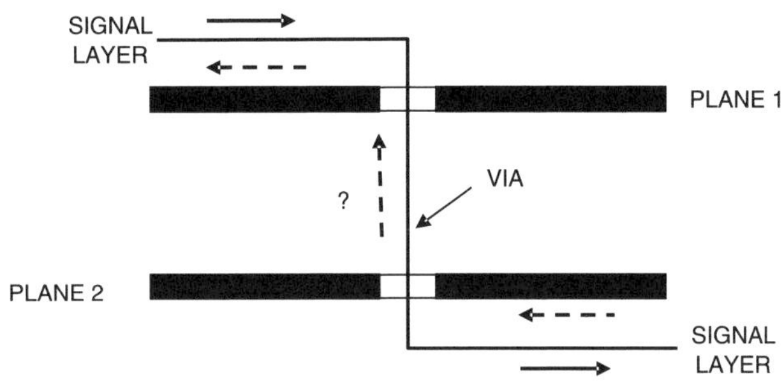

그림 16-7 두 판에 인접한 두 신호층에 배선된 트레이스. 어떤 식으로 귀환전류(점선 화살표)가 판2의 아랫면에서 판1의 윗면에 도달할까? 실선 화살표는 신호전류의 경로를 나타내고 점선 화살표는 귀환전류의 경로를 나타낸다.

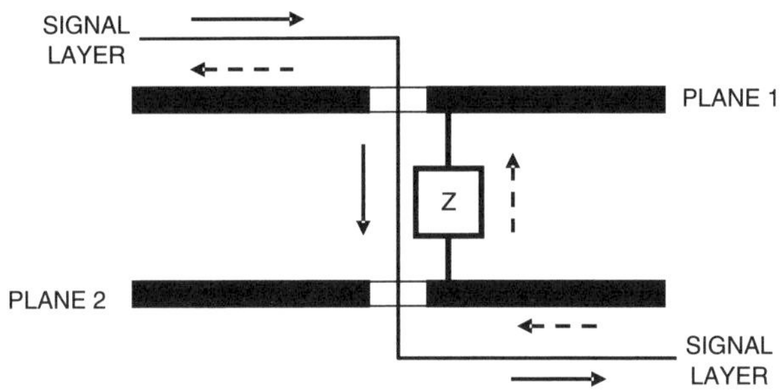

그림 16-8 층을 바꾸어 가며 배선된 신호 트레이스에 의해 생기는 귀환경로 임피던스. 실선 화살표는 신호전류의 경로를 나타내고, 점선 화살표는 귀환전류의 경로를 나타낸다.

야 한다면, 신호 비어에 이웃하게 디커플링 커패시터[5)]를 달아서 두 판 사이에 고주파 전류의 귀환경로를 제공해야 한다. 하지만 이 방법은 귀환 경로의 인덕턴스를 상당히 (보통 5 nH 정도) 증가시키기 때문에 이상적인 방법이라 말하기는 힘들다.

두 기준판이 같은 종류인 경우(즉 둘 다 전원판이거나 둘 다 접지판인 경우), 신호 비어 바로 옆에 있는 커패시터 대신에 판과 판을 연결하는 비어(접지판-접지판간 비어, 전원판-전원판간 비어)를 사용할 수 있다. 이렇게 하는 것이 훨씬 좋은 방법인데, 비어의 사용에 따라 추가되는 인덕턴스(즉 임피던스)가 커패시터와 그 커패시터의 장착에 따라 추가되는 인덕턴스보다 훨씬 작기 때문이다. 따라서 위험신호가 기준판을 전환할 때마다 커패시터나 비어를 달아주는 것은 적극적으로 추천할 만 방법이다.

요즈음 PCB 설계자들은 대체로 이 문제에 별 관심을 두지 않고 있다. 신호가 서로 다른 층 사

5) 전원공급기의 다른 디커플링 커패시터와 같은 값을 사용한다.

이를 바꿔가며 배선되는 것에 특별한 주의를 기울이지 않고 PCB를 설계하는 것이 보통이다. 그래도 PCB가 잘 동작하여 EMC 규정을 충족한다면 이는 아마도 대부분의 PCB에 이미 많은 디커플링 커패시터가 들어있기 때문일 것이다. 설계자가 특별한 주의를 기울이지 않았는데도 이렇게 PCB에 존재하는 디커플링 커패시터에 의해 문제들이 최소화될 수 있다. 그렇지만 PCB 설계단계에서부터 이러한 현상을 고려하여 조치를 하였다면 얼마나 더 좋은 PCB이 되었을지는 생각해 볼 수 있을 것이다.

<그림 16-9>는 길이가 30 cm인 신호 트레이스가 배선된 시험용 4층 PCB에서 발생하는 방사성 방출량을 측정한 결과이다 (Smith, 2006). 시험용 PCB의 적층구조는 <그림 16-7>에 나타낸 것과 비슷하게 접지판 두 개로 이루어져있다. <그림 16-9A>는 신호 트레이스가 1개의 층에만 배선된 경우의 방출량이고 <그림 16-9B>는 트레이스가 전체 길이의 절반이 되는 곳에서 위층에서 아래층으로 층을 바꾼 경우의 방출량이다. 그림에서 확인할 수 있듯이 시험용 기판에서의 방출량은 신호 트레이스가 위층에서 아래층으로 층을 바꾸어 배선된 경우에 상당히 높아진다. 특히, 신호 트레이스가 층을 전환한 경우, 247 MHz(<그림 16-9B>의 다이아몬드로 표시한 위치)에서의 방출량은 신호 트레이스가 같은 층에만 배선된 경우에 견주어 거의 30 dB 커진다. 2 GHz 이상의 대역에서는 판간 커패시턴스가 귀환경로의 임피던스를 상당히 작게 만들게 되므로 두 경우의 방출량은 거의 같다.

<그림 16-9>에 나타낸 데이터는 신호 트레이스에 스펙트럼 분석기(spectrum analyzer)의 트래킹 발생기(tracking generator) 출력을 연결하고 주파수를 3 GHz까지 변화시키면서 신호를 인가하여 측정한 결과이다. 두 개의 접지판은 부하 단(load end)에서 두 곳, 신호원 단(source end)에서 두 곳, 이렇게 모두 네 곳에서 서로 접속되어 있다. 시험용 PCB 상에는 판과 판 사이에 어떤 커패시터도 달려있지 않다. 그렇지 않고 판과 판을 연결하는 커패시터나 판과 판을 연결하는 비어를 사용했다면 <그림 16-9A>와 <그림 16-9B> 사이처럼 방출량의 차이가 극명하게 나타나지는 않았을 것이다. 그렇지만 이 예에서는 신호 트레이스가 PCB의 두 층 사이를 바꿔가며

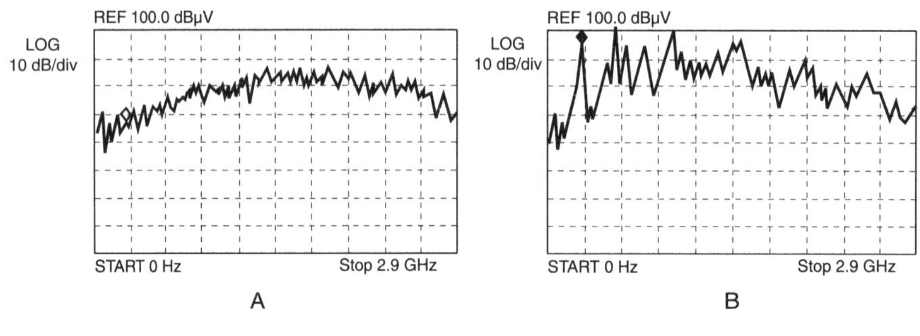

그림 16-9 4층 PCB에서 발생하는 방사성 방출 (A) PCB의 1개 층에만 배선된 신호 트레이스의 방사성 방출 (B) PCB의 위층에서 아래층으로 층을 한 번 바꾸면서 배선된 신호 트레이스의 방사성 방출

배선된 경우에 그 트레이스에 대한 기준판이 달라지므로 신호의 귀환경로에 불연속이 생겨서 방사성 방출이 크게 증가할 수 있다는 것을 확실히 보여주었다.

16.3.4 동일한 판의 윗면과 아랫면의 연결 (Referencing the Top and Bottom of the Same Plane)

신호가 층 사이를 전환하면서 처음에는 어떤 판의 윗면을 기준으로 삼고 전환한 다음에는 같은 판의 아랫면을 기준으로 삼으면 귀환전류는 그 판의 아랫면에서 윗면으로 어떻게 해서 면을 바꿔 도달할 수 있을까? 표피효과 때문에 전류는 판을 뚫고 들어가지는 못하고 오직 판의 표면을 따라서만 흐를 수 있다.

판을 관통하는 신호 비어를 만들 때는 그 판에 클리어런스 홀(clearance hole, anti-pad)을 뚫는다. 그렇게 하지 않으면 신호와 기준판이 단락(short)된다. 클리어런스 홀의 내부 표면은 판의 윗면과 아랫면이 연결될 수 있게 처리하여 <그림 16-10>에 나타낸 것처럼 귀환전류가 판의 윗면에서 아랫면으로 흐를 수 있는 경로가 만들어지게 해야 한다. 이렇게 하면 신호경로가 비어를 통과하여 같은 판의 반대쪽 면까지 끊임없이 이어지므로 귀환전류가 중간에 끊기는 일이 생기지 않는다. 따라서 이 방법은 어떤 위험신호를 두 배선층을 사용하여 배선하는 경우에 유용하다.

고속의 클록과 그 밖의 위험신호들을 배선하는 방법을 바람직한 것부터 순서대로 써보면 다음과 같다.

- 한 개의 판에 이웃해 있는 한 개의 신호층 상에 배선한다.
- 한 개의 판에 이웃해 있는 두 개의 신호층 상에 배선한다.
- 종류가 같은 두 개의 판(접지판 2개 또는 전원판 2개)에 이웃해 있는 두 개의 신호층 상에 배선한다. 이때 신호 트레이스가 층을 전환하는 위치마다 두 판을 판간 비어로 접속한다.
- 종류가 다른 두 개의 판(접지판과 전원판)에 이웃해 있는 두 개의 신호층 상에 배선한다. 이때 신호 트레이스가 층을 전환하여 기준판을 바꿀 때마다 두 판 사이를 커패시터로 접속한다.
- 되도록이면 3개 이상의 신호층 상에 배선하는 일은 없도록 한다.

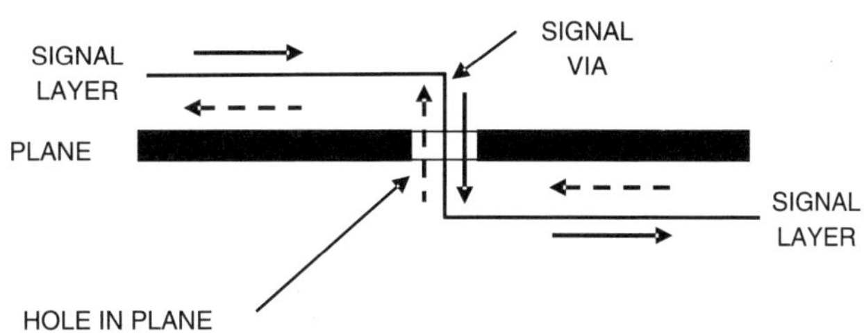

그림 16-10 같은 기준판에 이웃한 두 개의 신호층에 배선된 신호 트레이스. 판을 관통하는 홀의 내부 표면이 귀환전류의 경로를 제공한다.

16.3.5 커넥터(Connectors)

귀환 전류의 불연속이 발생하는 또 다른 위치가 커넥터 부근이다. <그림 16-11A>와 같이 커넥터 밑의 접지판의 구리(copper)를 도려내면 귀환전류는 구리가 제거된 영역을 돌아가면서 큰 루프를 형성하므로 PCB 상에 노이즈가 많은 영역이 만들어진다. 커넥터가 클수록(길이가 길수록) 이 문제는 더욱 악화된다. 이 문제를 해결하는 방법은 <그림 16-11B>와 같이 개별 커넥터 핀 주위의 구리만을 제거하여 신호전류가 만드는 루프를 작게 하는 것이다.

16.3.6 접지 메움(Ground Fill)

접지메움(ground fill 또는 ground pour)은 트레이스가 배선되어있지 않은 PCB 상의 신호층 영역을 구리로 채우는 방법이다. 이렇게 하는 목적은 신호 트레이스로부터의 프린징 필드(fringing field)를 줄이고 기판에 대해 어느 정도의 차폐효과를 제공하여 방출량(emission)과 감응성(민감성, susceptibility)을 줄이기 위한 것이다. 접지메움이 효과가 있으려면 구리로 접지를 채운부분이 기판에 존재하는 접지구조와 여러 곳에서 서로 연결돼야 한다. 접지메움 영역이 제대로 접지와 연결되지 않은 경우에는 실제로 방출량과 감응성이 증가하며 트레이스 사이의 혼선(누화, crosstalk)도 증가한다. 이러한 점에서 접지메움 영역이 작거나 길고 폭이 좁으면 문젯거리가 된다. 작은 영역의 접지메움은 피해야 하는데, 그 까닭은 이것이 별 효력도 없을 뿐 아니라 접지와 제대로 접속되지 않으면 상황을 더욱 악화시키기 때문이다.

만약 어떤 접지메움이 접지되지 않은 상태로 남아있으면, 이렇게 홀로 떨어져 있는 접지메움 영역에 노이즈가 결합(전달, coupling)되며, 그 다음에 인접한 트레이스로 용량성 결합(capaci-

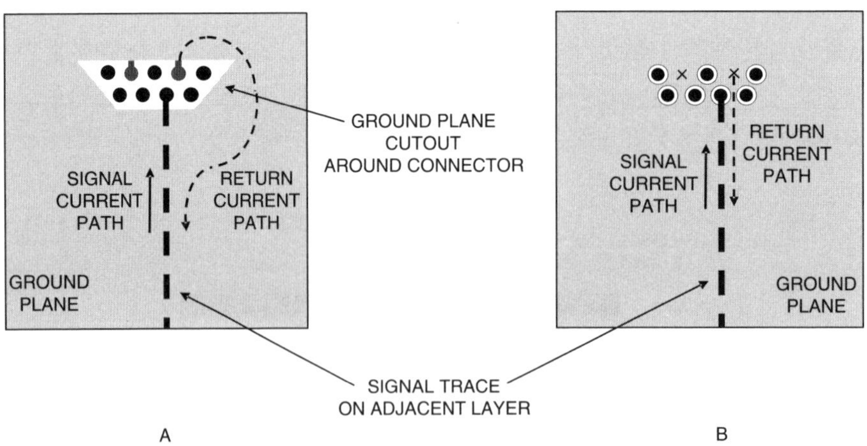

그림 16-11 (A) 모든 커넥터 핀을 포함하는 영역에 대해 접지판의 구리를 도려낸 PCB (B) 개별 커넥터 핀 주위의 접지판에만 작은 클리어런스 홀을 만든 PCB

tive coupling)이 일어나면 혼선(crosstalk)이 증가한다. 또한 제대로 접지되지 않은 접지메움은 ESD 문제도 발생시킬 수 있다. 그러므로 *PCB* 상에는 접지되지 않은 접지메움 영역이 없게 해야 한다.

양면 기판 상에 아날로그 회로를 구성하는 경우에는 접지메움을 종종 사용하지만, 고속 디지털 회로를 구성하는 경우에는 접지메움을 사용하지 않는 것이 좋다. 왜냐하면 접지메움은 임피던스 불연속의 원인이 될 수 있는데, 이것은 발생 가능한 기능상의 문제를 일으킬 수 있기 때문이다. 따라서 다층기판 상에서 접지메움을 사용하는 경우에는 이 접지메움을 PCB의 접지판과 여러 점에서 서로 접속시켜야 한다. 또한 접지메움 방법은 바깥 층(surface layer)에서만 사용해야 한다.

16.4 PCB 적층구조(PCB LAYER STACKUP)

PCB의 적층구조(여러 층들의 적층순서와 층간 간격)는 제품의 EMC 성능을 결정하는 중요한 요소이다. 잘 된 적층구조는 PCB 상의 루프에서 발생하는 방사(차동모드 방출)를 최소로 할 수 있을 뿐만 아니라 PCB에 연결되어 있는 케이블에서 발생하는 방사(공통모드 방출)도 최소로 할 수 있다. 그러나 잘못된 적층구조는 이 두 가지 방식에 의한 방사를 매우 크게 일으킬 수 있다.

기판의 적층구조와 관련된 네 가지 요소는 다음과 같다.

- 층의 수
- 판의 수와 판의 종류(전원판 또는 접지판)
- 층의 순서(적층순서)
- 층 사이의 간격

설계자는 층의 수를 제외한 나머지 요소들을 별로 고려하지 않는 것이 보통이다. 그렇지만 많은 경우에 있어서 나머지 세 가지 요소도 층의 수와 마찬가지로 중요하다. PCB 설계자들이 층간 간격을 모르는 경우도 있는데, 이런 경우에 층간 간격은 PCB 제작자의 재량에 맡겨져 있다.

층의 수를 결정하는 데 있어서는 다음의 항목들을 고려해야 한다.

- 배선할 신호의 개수와 PCB 비용
- 클록 주파수
- 제품이 Class A 방출규정과 Class B 방출규정 중 어느 규정을 충족해야 하는가?
- PCB는 차폐된 인클로저와 차폐되지 않은 인클로저 중 어느 인클로저 속에 들어가는가?
- 설계팀이 가진 EMC 공학에 대한 전문지식

보통은 배선할 신호의 개수와 PCB 비용만을 고려한다. 실제로는 모든 항목들이 매우 중요하며 동등하게 고려해야 한다. 최소의 시간과 비용으로 최적의 설계를 얻기 위해서는 마지막 항목이 특히 중요하며 절대로 무시해서는 안 된다. 예를 들어, 상당한 EMC 전문지식을 보유한 설계팀은 2층 PCB로도 괜찮은 수준의 설계를 할 수 있는 반면, 경험이 적은 설계팀이라면 4층 PCB로 설계를 하는 편이 나을 것이다.

16.4.1 1층 기판과 2층 기판(One- and Two-Layer Boards)

PCB 설계자에게 1층 기판과 2층 기판은 EMC 측면에서 일종의 도전이다. 그래서 이들 기판은 EMC 측면 대신에 비용 측면을 고려하는 경우에 주로 사용된다. EMC 측면에서 볼 때, 이들 기판에서 중요한 것은 가능한 한 루프의 크기를 작게 하는 것이다. 1층이나 2층 기판은 클록 주파수가 10 MHz 보다 낮은 경우에만 사용을 고려해야 하는데, 이 경우에는 세 번째 고조파가 30 MHz 보다 낮다. 1층 기판의 유일한 장점은 비용이다.

1층이나 2층 기판에서는 최적의 설계가 확실히 이루어질 수 있도록 모든 위험신호들(critical signals)(16.1.3절 참조)을 먼저 배선한다. 위험신호들은 가능한 한 짧게 배선해야 하며 그 옆에는 접지 귀환 트레이스를 인접하게 배선한다. 클록 트레이스와 버스 트레이스는 그 양쪽에 접지 귀환 트레이스를 인접하게 배선한다(12.2.2절 참조). 모든 클록의 출력에는 댐핑저항($\approx$ 33 Ω)을 달아주어 링잉(ringing)을 줄이도록 한다. 크리스털이나 발진기의 아래에는 작은 접지판을 만들고 여기에 크리스털이나 발진기의 케이스를 접속해야 한다. 1층이나 2층 기판을 사용하는 경우에는 발진기보다 크리스털을 사용하는 것이 더 좋은데, 이는 크리스털의 고조파 에너지가 더 작기 때문이다.

2층 디지털 기판에서는 접지와 전원은 격자(grid) 형태로 배선한다 (10.5.3절 참조). 접지를 격자 형태로 배선하지 않은 기판을 변경하여 격자 구조로 만들면 방사성 방출량이 10~12 dB만큼 감소하는 결과를 얻는 것은 드문 일이 아니다.

클록을 사용하는 모든 IC 칩의 V_{cc}에는 V_{cc} 라인(전원선)에 직렬로 작은 페라이트를 연결해주는데, 이때 디커플링 커패시터를 기준으로 IC 쪽이 아닌 전원공급기 쪽에 달아준다. 기판에서 쓰이지 않은 영역은 구리로 채워 접지메움으로 만들어 놓되, 이 영역을 기판의 접지구조와 여러 곳에서 연결해야 하며 절대로 연결하지 않은 상태(floating)로 놓아두면 안 된다.

클록은 확산방법(dithering)으로 주파수 스펙트럼 상에서 클록 에너지를 확산시켜 방출량의 피크값을 줄이는 것을 고려해야 한다(12.2.3절의 확산스펙트럼 클록 참조). 또한 IC 한 개마다 최소 두 개의 디커플링 커패시터(정사각형 패키지에는 4개의 커패시터)를 사용해야 하는데, 이때 커패시터는 2개를 IC를 중심으로 맞은편에 각각 달아서 과도 전원전류(transient power supply current)가 흐르는 루프 2개의 영향이 서로 상쇄되게 해야 한다(11.5절 참조).

위에서 설명한 여러 가지 방법들은 다층 PCB에도 응용하여 적용할 수 있다.

마지막 방법으로, 1층이나 2층 기판에서 방사를 줄이기 위해 영상판(image plane)을 사용하는 것이 있다 (German, Ott, Paul, 1990년; Fessler, Whites, Paul, 1996년). 영상판은 기판 가까이에 위치해 있는 비교적 사이즈가 큰 전도성 금속판을 말한다. 알루미늄이나 구리박(copper foil)과 같은 것이 영상판이 될 수 있다. 이러한 영상판을 제대로 사용하면 PCB 뿐만 아니라 연결된 케이블에서의 방사도 줄일 수 있다. 자세한 내용은 참고문헌을 참조하기 바란다.

2층 기판에서 방사와 감응성(민감성)을 줄이기 위해 수행해야 할 두 가지 중요한 사항은 다음과 같다:

1. 클록 등과 같은 위험신호들의 루프를 작게 만든다.
2. 접지구조와 전원구조를 격자(grid) 형태로 만든다.

16.4.2 다층 기판(Multilayer Boards)

판으로 된 접지와 전원(즉 접지판과 전원판)을 사용하는 4층 이상의 다층 기판은 2층 기판보다 방사성 방출을 크게 줄일 수 있다. 모든 조건을 똑같이 한 경우에, 4층 기판은 2층 기판보다 20 dB 이상 방사가 적은 것이 일반적이다. 판을 가진 기판이 판을 가지지 않은 기판보다 특성이 더 좋은 까닭은 다음과 같다.

- 판이 있으므로 마이크로스트립선로(microstripline) 구조나 스트립선로(stripline) 구조로 신호를 배선할 수 있다. 이들 선로구조는 전송선로의 임피던스를 조절할 수 있으므로 1층이나 2층 기판에 임의로 배선되는 트레이스보다 방사를 훨씬 적게 하도록 만들 수 있다.
- 이웃한 판에 귀환전류가 흐르는 경우에는 루프면적이 감소한다.
- 접지판은 접지 임피던스가 상당히 낮으므로 접지 노이즈도 크게 줄어든다.

2층 기판이 차폐되지 않은 인클로저 안에서도 20~25 MHz 사이의 주파수 범위에서 별 문제없이 사용된다 하더라도 이것은 일반적이기보다는 예외적인 경우라고 할 수 있으며 이렇게 되려면 많은 EMC 전문지식을 가진 설계팀이 필요하다. 일반적으로, 주파수가 10 MHz 이상이면 다층 기판의 사용을 심각하게 고려해야 한다.

16.4.2.1 다층 기판 설계목표(Multilayer Board Objectives) 다층 기판을 사용할 때는 다음 6가지의 설계 목표들을 명심해야 한다.

1. 신호층(signal layer)은 언제나 판에 바로 이웃하도록 해야 한다.
2. 신호층은 바로 이웃한 판과 아주 가까이 놓여 있어야 한다(강하게 결합돼야(tightly coupled) 한다).

3. 전원판과 접지판은 서로 단단히(강하게) 결합돼야(closely coupled) 한다.[6)]
4. 고속 신호들은 판 사이에 위치한 층(buried layer, 매립층)에 배선되어야 한다. 이 경우에 판들은 실드(shield, 차폐)의 역할을 하여 고속 신호 트레이스로부터의 방사를 막을 수 있다.[7)]
5. 다수의 접지판을 사용하는 것은 매우 유용한데 이는 접지판이 접지 임피던스(기준판 임피던스)를 낮게 하여 공통모드 방사를 감소시키기 때문이다.
6. 위험신호가 두 층을 바꿔가며 배선될 때에는 한 판(같은 판)의 바로 위, 아래에 인접해 있는 두 층으로 한정돼야 한다. 하지만 앞서 언급했듯이 이 목표를 무시하는 경우가 많이 있다.

대부분의 PCB 설계에서는 앞에서 말한 6개의 목표를 모두 충족할 수 없기 때문에 어느 정도의 절충이 필요하다. 예를 들어, 신호 트레이스와 귀환판이 서로 단단히 결합되게 하는 것(목표 #2)과 전원판과 접지판이 단단히 결합되게 하는 것(목표 #3) 사이에서 선택해야 하는 경우가 자주 발생한다.

같은 판에 인접한 두 층에 신호를 배선하는 것(목표 #6)과 두 판 사이에 여러 신호층을 매립하여 신호층을 실드(차폐)하는 것(목표 #4) 사이에서 선택해야 하는 경우도 자주 있다. 기판의 층의 수가 허용되는 경우, 이 목표 중에 어느 한 쪽은 충족시켜야 한다. EMC(전자파 적합성)와 SI(신호 무결성)의 관점에서 볼 때, 판과 판 사이에 신호층을 매립시키는 것보다는 한 개의 판에 귀환전류가 흐르게 하는 것이 더 중요하다고 할 수 있다.

목표 #1과 #2는 절충해야 할 것이 아니라 어떤 일이 있어도 동시에 만족해야 하는 것이다.

6개의 설계목표 중에 4~5개의 목표를 충족한다면 우수한 적층구조라고 할 수 있다. 실제로 6개의 목표를 모두 충족하는 PCB는 거의 없다. 6개의 설계목표 중에 5개를 충족하기 위해서는 기판이 최소 8층 이상은 되어야 한다. 4층과 6층 기판에서는 6개의 목표 사이에서 항상 절충을 해야 하는데, 설계자는 현재 설계에서 어떤 목표가 가장 중요한지 결정해야 한다.

위에서 말한 것을 4층이나 6층 기판으로는 양호한 EMC 특성을 갖는 설계를 할 수 없다는 것으로 이해해서는 안 되며 실제로 이러한 설계를 할 수 있다. 다만 이 말은 6개 중에서 4개의 목표는 동시에 충족시킬 수 있으며 어떤 목표들 사이에는 어느 정도의 절충이 필요하다는 것을 뜻한다.

역학적인 측면에서 볼 때, 또 하나의 바람직한 목표는 기판의 뒤틀림(warping)을 방지하기 위해 기판 단면이 대칭(또는 균형)을 이루게 해야 하는 것이다. 예를 들어, 8층 기판에서 2번째 층이 판이면 7번째 층도 판이 되어야 한다. 아울러 층의 수를 홀수로 해야 하는가, 아니면 짝수로 하는 것이 좋은가도 고려해야 할 문제이다. 층수가 홀수 개인 PCB를 제작할 수는 있지만 일반적

6) 전원판을 사용하지 않는 것이 바람직한 경우도 있을 수 있다. 또한 특별한 고-커패시턴스 PCB 적층판(high- capacitance PCB laminates)도 전원판-접지판 샌드위치 구조용으로 시장에 나와 있는데, IC 전원 디커플링이 개선된다. 11.4.6절의 내용을 참조.

7) 8층 이하의 기판에서는 목표 #3과 #4를 동시에 충족시킬 수 없다.

으로 짝수 개의 층수를 갖는 기판이 제조도 간단하고 비용도 저렴하다. 이 책에서 제시하는 모든 구조는 대칭적이고 균형을 이루고 있으며 층수는 짝수 개이다. 대칭이 아니거나 층수가 홀수 개인 구조가 허용되는 경우에는 다른 적층구조도 가능하다.

16.4.2.2 4층 기판(Four-Layer Boards) 2층 기판의 EMC 성능과 SI를 개선하는 데 4층 기판이 사용된다. 4층 기판을 사용하면 신호층에 전원 트레이스와 접지 트레이스를 배선하지 않아도 되지만 신호 배선을 위한 층이 추가로 생기지는 않는다.

2개의 신호층과 2개의 판으로 구성된 일반적인 4층 기판이 <그림 16-12>에 나타나 있다[8)] (전원판과 접지판의 위치는 서로 바뀔 수 있다.). 이 구조에서는 내부의 전원판과 접지판을 포함한 4개의 층이 같은 간격으로 배치되어 있다. 외부에 있는 두 배선층에 트레이스를 배선할 때는 한 층의 트레이스의 배선 방향이 다른 층의 트레이스의 배선 방향과 수직을 이루게 하는 것이 보통이다. 두께가 0.062 in (1.57 mm)인 기판에서 층간 간격은 약 0.02 in (0.508 mm)이다.

이 구조의 특성은 2층 기판보다 상당히 좋기는 하지만 이상적인 특성에는 미치지 못한다. 이 적층구조는 6개의 설계목표 중에서 목표 #1만 만족한다. 모든 층간 간격이 균일하므로 신호층과 귀환 전류가 흐르는 판 사이가 많이 떨어져 있다. 또한 전원판과 접지판 사이도 많이 떨어져 있다. 4층 기판에서는 이 두 가지 문제점을 동시에 바로잡을 수 없다.

500 MHz 이하에서 효과적인 디커플링을 성능을 발휘하려면 전원판과 접지판 사이의 커패시턴스가 충분히 커야 하는데, 통상적인 PCB 제작기술로는 이러한 판간 커패시턴스를 얻을 수 없다. 따라서 다른 방법(예를 들어 11장에서 설명하는 적절한 디커플링 커패시터 사용법)을 동원하여 디커플링 효과를 을 수행해야 한다. 그러므로 신호층과 귀환 전류판은 서로 가깝게 위치하게 해야 한다. 신호(트레이스) 층과 신호층과 전류 귀환층 사이를 가깝게 하여 두 층이 서로 단단하게 결합되게 하는 경우에 얻을 수 있는 장점은 전원판과 접지판 사이의 판간 커패시턴스에서 생기는 손실에 따른 단점보다 더욱 크다.

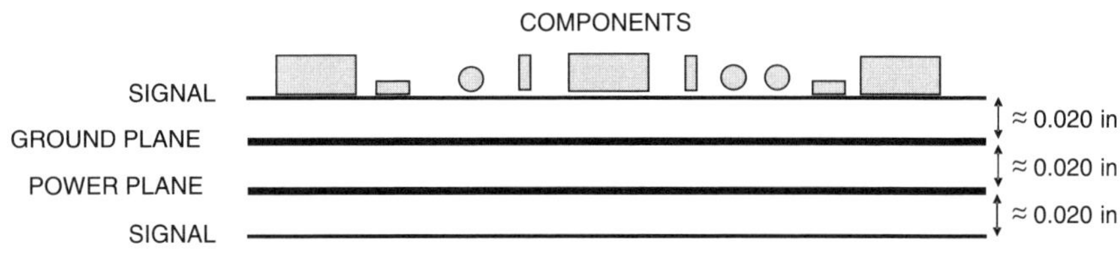

그림 16-12 일반적인 4층 기판 구조. 이 구조는 6개의 설계목표 중 1개만을 만족한다.

8) PCB 적층구조 그림에서 전원판과 접지판을 굵은 선으로 강조하여 나타냈다. 그러나 이렇게 그린 것이 전원판과 접지판이 신호층보다 구리(copper)를 두껍게 해서 만들었다는 뜻은 아니다.

따라서 4층 기판의 EMC 성능을 향상시키는 가장 간단한 방법은 신호층과 판(plane) 사이의 간격이 되도록 가까워지게 하고(≤ 0.010 in), 전원판과 접지판 사이를 <그림 16-13>과 같이 넓게 하는 것(≥ 0.040 in)이다. 이 방법은 3가지의 장점과 함께 몇 가지 단점도 있다.

첫 번째 장점은 신호 루프의 면적이 작아진 만큼 차동모드 방사를 더욱 적게 한다는 것이다. 트레이스 층과 판 층 사이의 간격이 0.005 in. (0.127 mm)인 경우에는 간격이 일정한 구조에 비해 신호의 루프면적이 4분의 1로 줄어든다. 차동모드(루프) 방사는 루프면적에 정비례하기 때문에 추가비용 없이도 간격이 일정한 구조에 견주어 차동모드 방사가 12 dB 만큼 감소할 것이다.

두 번째 장점은 신호 트레이스와 접지판 사이의 강한 결합으로 인해 접지판의 임피던스(인덕턴스)가 감소하므로 기판에 연결되어 있는 케이블로부터의 공통모드 방사가 줄어든다는 사실이다. <그림 10-19>의 실험 데이터를 보면 간격이 0.020 in.에서 0.005 in.로 달라지면 판의 인덕턴스가 0.13 nH/in에서 0.085 nH/in로 약 35% 감소한다. 즉 인덕턴스가 35% 작아진 것이다. 접지판 인덕턴스를 통해 흐르는 차동모드 전류가 접지 노이즈전압을 발생시키기 때문에, 인덕턴스의 감소에 따라 접지 노이즈도 35% 감소할 것이다. 이 전압이 케이블에 인가되면 케이블 상에 공통모드 전류를 발생시키므로 공통모드 전류도 같은 비율로 감소한다. 케이블에서의 방사는 케이블에 흐르는 공통모드 전류에 비례하기 때문에 케이블에서의 방사도 35%, 다시 말해 약 4 dB 조금 못 되게 감소한다.

세 번째 장점은 트레이스와 판 사이의 강한 결합이 인접한 트레이스 사이의 혼선(누화, crosstalk)을 줄인다는 사실이다. 트레이스 사이의 간격이 고정되어 있는 경우, 혼선은 트레이스 높이[9]의 제곱에 비례한다(식 10-15). 따라서 트레이스의 높이가 0.020 in.에서 0.005 in.로 낮아지면 혼선은 1/16 (24 dB)로 감소한다. **이것이 4층 기판에서 방사와 혼선을 줄이는 가장 간단하면서도, 비용이 적게 드는 방법이며, 아울러 가장 많이 무시하고 넘어가는 방법이기도 하다.** <그림 16-13>의 구조는 설계 목표 #1과 목표 #2를 충족한다.

<그림 16-12>나 <그림 16-13>에서 직류 전압을 여러 개 사용할 수 있도록 전원판을 몇 개로 갈라 분리한 경우에는 전원판 아래에 있는 신호층의 트레이스가 전원판의 갈라진 틈을 가로질러

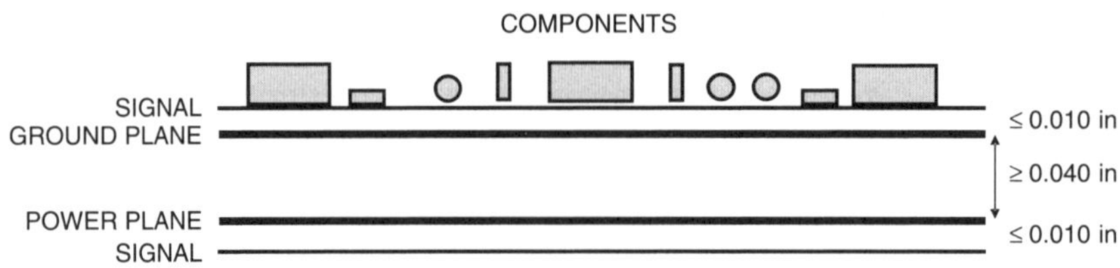

그림 16-13 층 간격을 달리 한 개선된 4층 기판 . 이 구조는 6개의 설계목표 중 2개를 만족한다.

9) 트레이스 층과 이웃한 판 사이의 간격을 말함

지나가지 않도록 배선해야 한다. 어쩔 수 없이 몇몇 트레이스를 갈라진 틈을 지나게 배선해야 하는 경우에는 갈라진 틈 양쪽에 스티칭 커패시터를 달아서 임피던스가 낮은 귀환전류 경로를 만들어준다. 이때 스티칭 커패시터는 갈라진 틈을 통과하는 트레이스에 되도록 가깝게 연결한다.

4층 기판의 거의 전부가 위에서 설명한 것과 같이 2개의 신호층이 바깥에 있고 가운데에 2개의 판이 들어있는 적층구조로 되어 있다. <그림 16-13>의 적층구조는 대부분의 경우에 만족스럽게 동작한다. 하지만 다른 적층구조를 하고 있는 기판도 역시 잘 동작할 수 있다.

종래의 적층구조와는 조금 다르게 하여 <그림 16-14A>와 같이 신호층과 판층의 위치를 서로 맞바꾼 구조가 되게 할 수 있다. 이 적층구조의 가장 큰 장점은 외부에 위치한 두 판층이 중심부에 있는 신호 트레이스를 차폐해준다는 것이다. 단점으로는 먼저, 집적도가 높은 PCB의 경우에 부품 장착용 패드(mounting pad)로 인해 접지판에서 상당히 많은 부분을 도려내야 한다는 것을 들 수 있다. 이러한 문제점은 접지판과 전원판의 배치를 바꾸어 전원판을 부품면(component side)에 위치시키고 접지판을 납땜면(solder side)에 위치시키는 방법으로 어느 정도 완화시킬 수 있다. 두 번째 단점은 설계자에 따라서는 전원판이 겉으로 노출되는 것을 좋아하지 않을 수 있다는 점이고, 세 번째 단점은 신호층이 내부에 묻혀 있으므로 기판을 수정하는 작업이 불가능까지는 아니더라도 무척 어렵다는 사실이다. <그림 16-14A>의 적층구조는 설계목표 #1, #2, #4를 충족한다.

위에서 말한 세 가지 문제 중에서 두 가지는 <그림 16-14B>와 같이 바깥에 위치한 판 2개를 접지판으로 하고 전원을 신호층에 트레이스의 형태로 배선하는 방법으로 완화할 수 있다. 전원은 신호층에서 폭이 넓은 트레이스로 하여 격자 형태로 배선해야 한다. 이 적층구조가 추가로 갖는 장점은 (1) 두 접지판의 낮은 접지임피던스로 인해 케이블에서 발생하는 공통모드 방사가 줄어든다는 것과 (2) 기판의 주위(가장자리)를 따라 두 접지판을 서로 접속하면 모든 신호트레이스를 둘러싸 차폐하는 패러데이 상자(Faraday cage)가 만들어진다는 것이다. 이 구조를 사용하면 4층만을 사용하여도 설계목표 #1, #2, #4, #5를 충족한다.

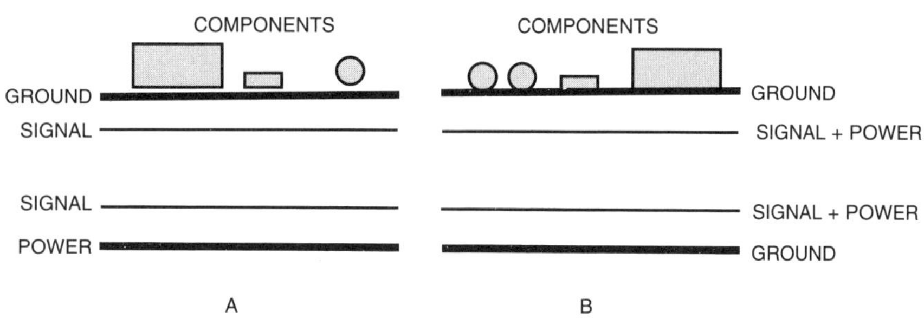

그림 16-14 두 판이 바깥층을 이루고 신호 트레이스가 내부의 층에 배선된 구조의 4층 기판. (A)는 6개의 설계목표 중 4개를 만족하고 (B)도 6개의 설계목표 중 4개를 만족한다.

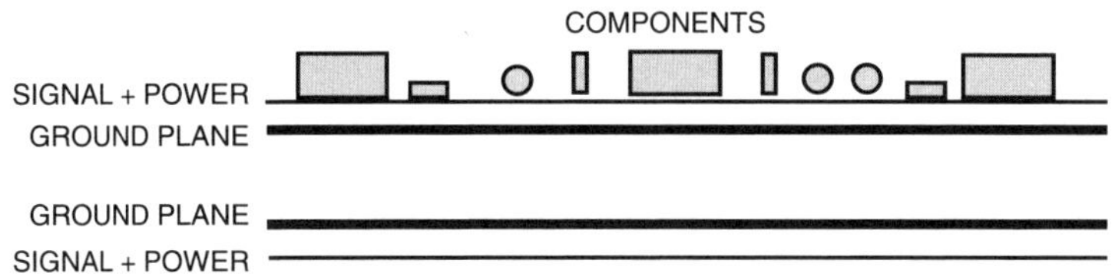

그림 16-15 전원판이 없는 대신 내부에 2개 접지판을 갖는 4층 기판. 이 구조는 6개의 설계목표 중 3개를 만족한다.

흔히 사용되는 것은 아니지만 특성이 좋은 적층구조가 <그림 16-15>에 나타나 있다. 이 구조는 <그림 16-13>과 비슷하지만 전원판이 접지판으로 대체되고 전원은 신호층에서 트레이스의 형태로 배선된다. 이러한 적층구조는 <그림 16-14> 구조가 갖는 재작업(수리) 문제를 해결할 수 있다. 또한 2개의 접지판이 낮은 접지임피던스를 제공한다. 그렇지만 판들은 차폐 역할을 하지는 않는다. <그림 16-15>의 구조는 목표 #1, #2, #5를 충족하지만 #3, #4, #6은 충족하지 못한다. 한 이름난 개인용 컴퓨터의 주변장치 제조사에서는 이 적층구조를 오랫동안 성공적으로 사용해오고 있다.

지금까지 살펴본 것과 같이 4층 기판에 대해 생각했던 것보다 많은 선택사항들이 있다. 4층 구조를 이용하여 앞에서 언급한 6개의 설계목표 중 4개의 목표를 만족하는 것이 가능하다. <그림 16-13>, <그림 16-14B>, <그림 16-15>의 구조들은 모두 EMC 측면에서 우수한 성능을 보일 것이다.

16.4.2.3 6층 기판(Six-Layer Boards) 대부분의 6층 기판은 4개의 신호층과 2개의 판으로 구성되어 있다. EMC의 관점에서 볼 때 6층 기판이 4층 기판보다 더 좋은 것은, 6층 기판에서는 신호층이 두 판 사이에 묻히게 되므로 고속 신호를 차폐하기가 쉽고, 같은 판을 기준으로 삼아 두 신호층에 신호들을 서로 수직을 이루게 하면서 배선하기가 간편하기 때문이다.

<그림 16-16>은 6층 기판에서는 사용해서는 안 되는 적층구조를 나타내고 있다. 이 구조에서는 판이 신호층을 차폐하는 역할을 하고 있지 못하며 신호층 중에서 2개(1번째 신호층과 6번째 신호층)는 판과 바로 이웃해 있지 않다. 이 구조가 웬만큼 동작할 수 있으려면 모든 고속 신호들을 2층과 5층에 배선하고, 1층과 6층에는 주파수가 낮은 신호들을 배선하거나 아예 (부품실장용 패드와 테스트점(test point)을 제외하고는) 아무 신호선도 배선하지 않아야 한다. 이 구조에서는 1층과 6층에서 사용되지 않는 부분을 구리로 채워 "접지메움(ground fill)"을 만들고 비어를 통해 되도록 많은 점에서 기준 접지판과 연결해야 한다. 이 구조는 설계목표 #3만을 충족할 수 있다.

고속신호의 배선을 위해 2개의 내부 층을 할당하는 방법(<그림 16-14>의 4층 기판에 적용한 방법)을 6층 기판에 적용한 것이 <그림 16-17>의 적층구조이다. 이 구조에서는 고속신호의 배

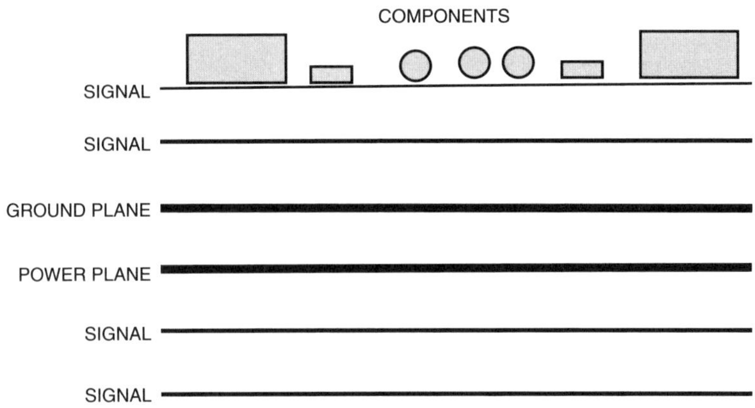

그림 16-16 바람직하지 않은 6층 PCB의 적층구조. 이 구조는 6개의 층을 사용하지만 6개 설계목표 중에서 단 1개만을 충족한다.

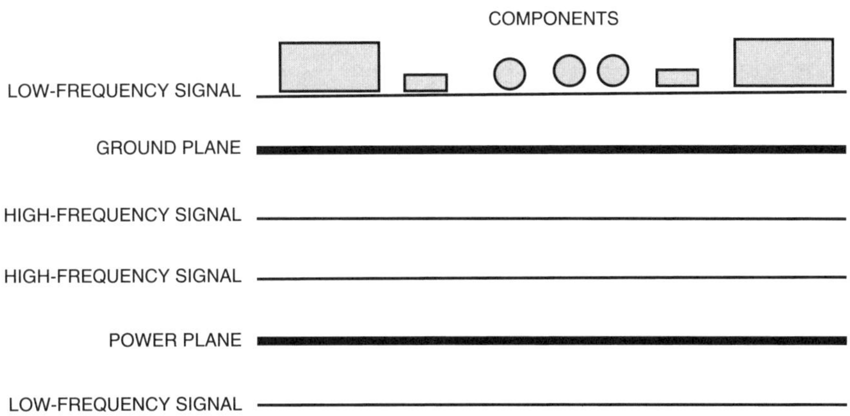

그림 16-17 일반적으로 사용되는 효과적인 PCB 적층구조. 고주파 신호층을 차폐하는 구조이다. 이 구조는 6개의 설계목표 중 3개를 만족한다.

선을 위해 3층과 4층을 사용하고 저속신호를 위해서는 맨 위판과 맨 밑판을 사용한다.

이 구조가 일반적인 6층 적층구조이며, 이러한 구조로 방사를 효과적으로 억제할 수 있다. 이 구조는 설계목표 #1, #2, #4를 충족하는 반면에 설계목표 #3, #5, #6을 충족하지 않는다. 심각한 문제는 아니지만, 이 구조의 가장 큰 단점은 전원판과 접지판이 멀리 떨어져 있다는 것이다. 이렇게 멀리 떨어져 있으므로 전원판과 접지판 사이의 판간 커패시턴스가 거의 없다. 따라서 이 문제를 해결하기 위해서는 디커플링을 신중하게 설계해야 한다.

<그림 16-18>은 흔히 사용되고 있지는 않지만 좋은 특성을 갖는 6층 적층구조이다. 이 구조는 적층순서가 <그림 16-17>과 같지만 층 할당이 다른데, EMC 성능면에서 보면 <그림 16-17>의 구조보다 더 좋은 특성을 갖는다.

<그림 16-18>에서 H_1은 신호1에 대한 수평(가로방향) 배선층을 나타내고, V_1은 수직(세로방향) 배선층을 나타낸다. 신호2에 대한 H_2와 V_2도 마찬가지 의미이다. 이 구조의 장점은 서로 수직을 이루도록 배선되는 신호들이 항상 같은 판을 기준으로 삼는다는 것이다. 단점으로는 1층의 신호와 6층의 신호가 차폐되지 않는다는 것이다. 따라서 신호층을 인접한 판에 가까이 위치시키는 한편, 중심부에는 두께가 굵은 코어(core)를 사용하여 필요한 기판 두께를 확보하도록 한다. 이 기판에 대해서는 층간 간격을 0.005 in. 0.005 in. 0.040 in. 0.005 in. 0.005 in. (0.127 mm 0.127 mm 1.016 mm 0.127 mm 0.127 mm)로 하는 것이 일반적이다.[10] 이 구조는 설계목표 #1, #2, #6을 충족하고 #3, #4, #5는 충족하지 않는다.

여러 개의 직류전압이 필요하여 <그림 16-18>의 적층구조에서 전원판을 여러 개로 갈라야 한다면 모든 위험신호들은 반드시 균일한(갈라지지 않은) 접지판에 인접해 있는 1층과 3층에 배선돼야 한다. 갈라진 전원판의 쪼개진 틈을 가로지르지 않는 신호라면 4층과 6층에 배선할 수 있다. 그러나 직류전압 중 하나를 트레이스의 형태로 신호층에 배선하면 이 문제를 피할 수 있다.

4층 기판보다는 6층 기판이 더 좋은 EMC 성능을 얻기 쉽다. 6층 기판에서는 신호층으로 4개를 사용할 수 있을 뿐만 아니라, 접지판으로 2개의 판을 사용할 수 있다는 장점을 살릴 수 있다. <그림 16-17>과 <그림 16-18>의 구조 모두 좋은 EMC 성능을 갖고 있는데, 차이가 있다면 <그림 16-17>에서는 2개의 고속 신호 선로가 차폐되어 있고 <그림 16-18>에서는 같은 기준판을 사

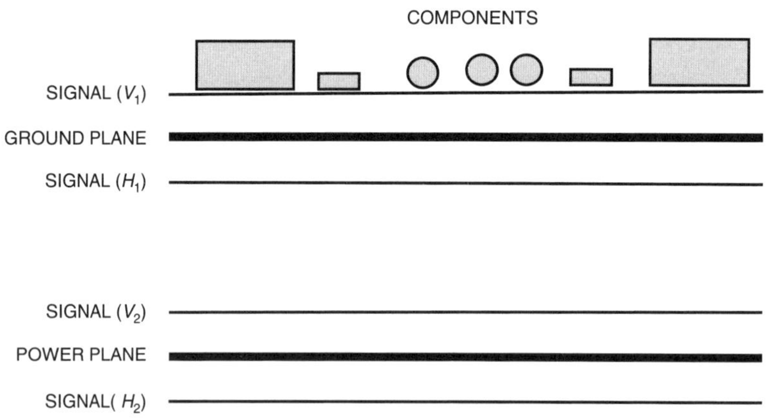

그림 16-18 두 신호층에 배선된 신호들이 서로 수직을 이루고 있는 6층 PCB 적층구조. 두 신호층은 같은 판(한 쌍은 접지판, 한 쌍은 전원판)을 기준으로 하고 있다. 이 구조는 6개의 설계목표 중 3개를 만족한다.

10) 실제 층간 간격은 기판의 전체 두께, 층에 사용되는 구리의 두께 등의 몇 가지 요인에 의해서 달라질 수 있다.

용하는 두 개의 신호층에 각 층의 신호들이 서로 수직을 이루도록 배선할 수 있다는 점이다. 만일 어떤 제품의 인클로저가 실드되어 있지 않은 경우에는 <그림 16-17>의 구조가 더 좋고(두 판이 고속 신호를 차폐하는 구조이므로), 인클로저가 실드되어 있는 경우에는 <그림 16-18>의 구조가 더 좋다.

16.4.2.4 8층 기판(Eight-Layer Boards) 6층 기판에 배선층 2개를 추가하거나 EMC 성능을 향상시키기 위해 판 2개를 추가하여 8층 기판을 만들 수 있다. 실제로 이 두 경우를 적용한 예가 모두 있지만 대부분의 8층 기판은 배선층을 추가하기 위해서라기보다는 두 개의 판을 추가하여 EMC 성능을 향상시킬 목적으로 사용된다. 6층 기판에서 8층 기판으로 가는 데 소요되는 비용 증가분은 4층 기판에서 6층으로 갈 때 드는 비용 증가분보다 훨씬 적은데, 이러한 점은 EMC 성능 향상에 소요되는 비용증가를 합리화하는 근거로 삼기에 충분하다. 그러므로 대부분의 8층 기판(그리고 이 책에서 다루는 모든 8층 기판)은 4개의 신호층과 4개의 판으로 구성되어 있다.

8층 기판에서 6개의 신호층을 사용하는 것은 어떤 적층구조로 하든 바람직하지 않다. 꼭 6개의 신호층이 필요하다면 10층 기판을 사용해야 한다. 그러므로 8층 기판은 6층 기판의 EMC 성능을 더욱 좋게 만든 것으로 생각할 수 있다. 여러 가지 방식의 적층구조가 가능하지만, 이 책에서는 EMC 성능이 우수한 것으로 판명된 적층구조만을 다루기로 한다.

<그림 16-19>는 EMC 성능이 좋은 기본적인 8층 기판의 적층구조를 보여주고 있다. 이 구조는 일반적으로 사용되고 있는 구조로 6개의 설계목표중에서 목표 #6을 제외한 나머지 5개의 목표들을 충족한다. 이 구조에서는 모든 신호층들이 판과 이웃하여 있으며 모든 판들은 서로 밀접하게 결합(coupling)되어 있다. 고속신호들은 판 사이에 묻혀 있다. 따라서 이 판들은 고속신호 트레이스에서 발생하는 방사를 줄이는 차폐(shielding)의 역할을 한다. 또한 이 구조에는 여러

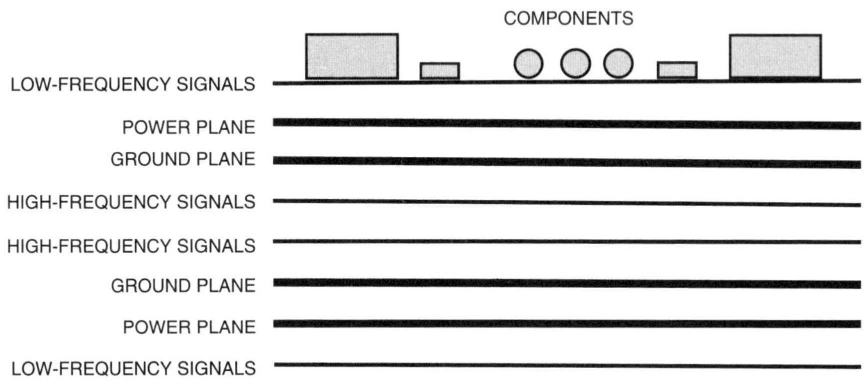

그림 16-19 널리 사용되는 8층 PCB 적층구조로 뛰어난 EMC 성능을 나타낸다. 이 구조는 6개의 설계목표 중 5개를 만족한다.

개의 접지판이 사용되므로 접지 임피던스가 줄어든다.

고속의 위험신호가 층을 바꿀 때(예를 들어, <그림 16-19>의 4층에서 5층으로) 최적의 EMC 성능과 SI 성능을 얻으려면 신호 비어 근처에 두 접지판을 연결하는 접지-접지간 비어를 추가해서 귀환전류가 흐르는 경로를 만들어주어야 한다.

11.4.6절에서 언급한 바와 같이, 2층과 3층 사이, 그리고 6층과 7층 사이에 임베디드 PCB 커패시턴스 기술(embedded PCB capacitance technology)을 사용하면 <그림 16-19>의 적층구조의 특성을 더욱 더 향상시킬 수 있다. 이 방법을 사용하면 높은 주파수에서의 디커플링 특성을 향상시킬 수 있으므로 디커플링 커패시터의 사용을 상당히 줄일 수 있다.

예를 들어, 5 V와 3.3 V 이렇게 두 개의 직류전압을 사용하는 설계를 해야 하는 경우에는 <그림 16-19>와 같은 적층구조를 고려해야 한다. 이 적층구조에서의 두 개의 전원판에 각각 다른 전압을 사용할 수 있다. 이렇게 하면 균일한(갈라지지 않은) 전원판 두 개를 그대로 사용할 수 있으므로 전원판을 갈라서 사용하는 경우에 발생하는 여러 문제들을 피할 수 있다.

<그림 16-20>은 또 다른 우수한 성능의 8층 구조를 보여주고 있다. 이 구조는 <그림 16-18>의 6층 구조와 비슷하지만, 외부에 2개의 접지판이 추가로 있다. 이러한 구조에서는 모든 배선층들이 판 사이에 위치하게 되어 차폐가 가능해지며, 서로 수직으로 배선되어 있는 고속 신호들은 같은 판을 기준으로 삼게 된다.

이 구조는 <그림 16-19>의 적층구조만큼 널리 사용되고 있지는 않지만, 6개의 설계목표 중에 목표 #3을 제외한 나머지 5개의 목표들을 충족한다. 이 구조에 대해서는 층간 간격을 0.010 in. 0.005 in. 0.005 in. 0.020 in. 0.005 in. 0.005 in. 0.010 in.(0.254 mm 0.127 mm 0.127 mm 0.508 mm 0.127 mm 0.127 mm 0.254 mm)으로 하는 것이 일반적이다.

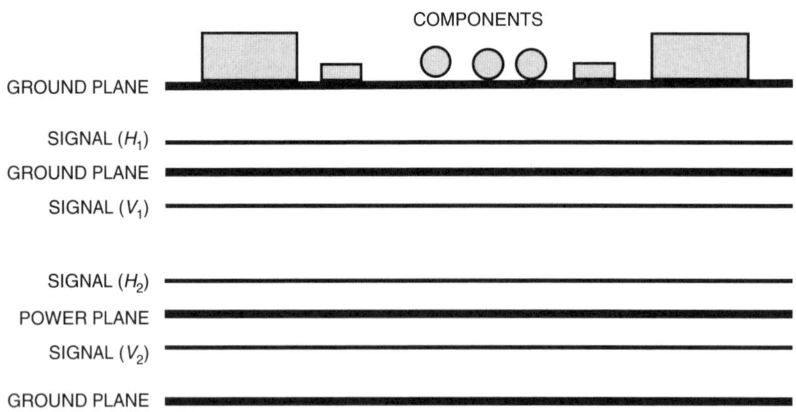

그림 16-20 우수한 성능의 8층 PCB 적층구조. 동일한 판을 기준으로 하는 두 신호층에 배선된 신호들이 서로 수직을 이루고 있다. 고주파 신호가 배선된 신호층은 맨 바깥에 있는 두 접지판 층에 의해 차폐되고 있다. 이 구조는 6개의 설계목표 중 5개를 만족한다.

1층과 2층 사이의 간격은 0.010 in.이므로 2층과 4층에 배선된 신호들의 귀환전류는 대부분이 더 가까운 위치의 접지판(3층)으로 흐르게 된다. 이와 마찬가지로 5층과 7층에 있는 신호들의 귀환전류는 대부분이 6층으로 흐르게 된다. 한 개의 신호층이 2개의 판 사이에 위치해 있을 때, 신호층과 한 판 사이의 거리가 그 신호층과 다른 판 사이의 거리의 2배인 경우에는 귀환전류의 67%가 가까운 쪽 판에 흐르고 33%가 먼 쪽 판에 흐른다(표 10-3 참조).

8층 구조의 간격을 0.015 in 0.005 in 0.005 in 0.010 in 0.005 in 0.005 in 0.015 in(0.381 mm 0.127 mm 0.127 mm 0.254 mm 0.127 mm 0.127 mm 0.381 mm)으로 한 경우에는 <그림 16-20>의 적층구조 보다 우수한 성능을 나타낸다. 이 경우, 신호층에서 더 먼 판까지의 거리가 그 신호층과 가까운 판까지의 거리의 3배인데, 이렇게 되면 가까운 판에는 귀환전류의 75%가, 먼 곳에 있는 판에는 25%의 귀환전류가 흐른다(<표 10-3> 참조).

8층 기판의 또 다른 적층구조로, <그림 16-20>의 적층구조의 맨 바깥에 있는 두 개의 판을 <그림 16-21>과 같이 중심부로 옮겨 놓은 것이 있다. 이 적층구조에서는 선로들을 차폐할 수는 없지만 그 대가로 전원판과 접지판을 강하게 결합시킬 수 있다는 장점이 있다.

근본적으로 이 구조는 <그림 16-18>의 6층 구조의 중심부에 강하게 결합돼있는 전원판과 접지판을 면과 접지면을 추가시켜 8층으로 변형한 것이다. 이 구조의 일반적인 층간 간격은 0.006 in 0.006 in 0.015 in 0.006 in 0.015 in 0.006 in 0.006 in (0.152 mm 0.152 mm 0.381 mm 0.152 mm 0.381 mm 0.152 mm 0.152 mm)이다. 층간간격이 0.006 in이므로 신호층과 귀환전류판 사이, 그리고 전원판과 접지판 사이에 강한 결합이 이루어져 500 MHz 이상의 주파수에서 디커플링 특성이 향상된다. 이 적층구조는 설계목표 #4를 제외한 나머지 목표들을 모두 충족한다. 이 구조는 SI 특성이 아주 우수한 구조로 전원판과 접지판 사이의 결합이 매우 강하기 때문에 <그림 16-20>의 적층구조보다 좋다. <그림 16-21>의 적층구조의 성능을 더욱 향상시키려면 4

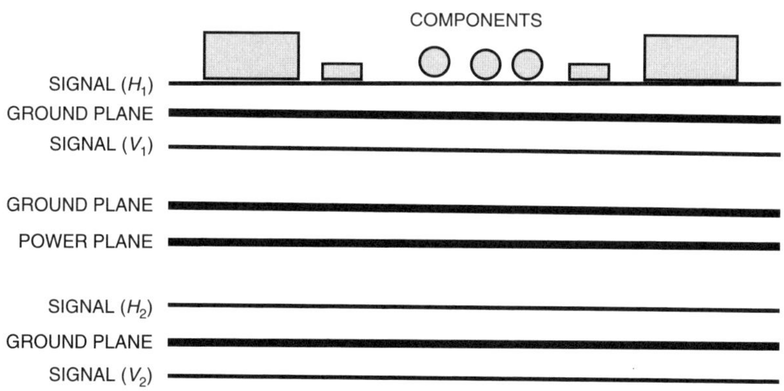

그림 16-21 양호한 EMC 성능과 SI 특성을 나타내는 우수한 8층 PCB 적층구조. 이 구조는 기판의 중심부에 위치한 전원판과 접지판이 서로 강하게 결합되어 있다. 이 구조는 6개의 설계목표 중 5개를 충족한다.

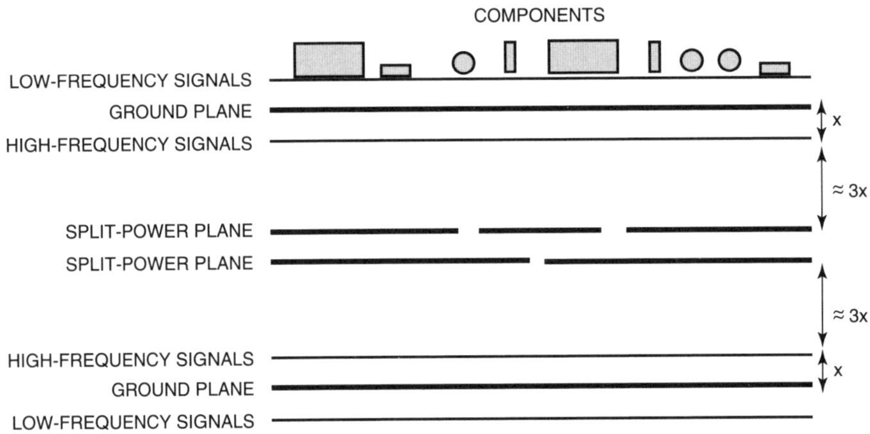

그림 16-22 4개의 신호층과 2개의 갈라진 전원판으로 구성된 8층 PCB 적층구조. 이 구조의 성능은 아주 좋지는 않지만 그런대로 허용할만한 수준이다. 이 구조는 6개의 설계목표 중 4개를 충족한다.

층과 5층에 임베디드 PCB 커패시턴스 기술(embedded PCB capacitance technology)을 사용하면 된다. 이렇게 하면 고주파 디커플링 특성이 개선된다. 내가 개인적으로 고주파 신호에 대한 구조로 가장 선호하는 것이 바로 이 구조이다.

차폐된 인클로저 내에 위치하는 기판의 경우, 이 기판에 높은 주파수 신호(500 MHz 이상의 고조파를 가지는 신호)가 존재할 때는 일반적으로 <그림 16-21>의 적층구조가 더 좋다. 기판의 신호의 주파수가 낮거나 기판이 차폐되지 않은 인클로저 내에 위치하는 경우에는 <그림 16-20>의 적층구조가 더 좋은데, 그 까닭은 이 적층구조가 신호층에 차폐를 제공하기 때문이다.

위에서 설명한 3개의 8층 기판은 모두, 6개의 설계목표 중에 5개를 충족한다는 점은 눈여겨볼 만하다.

<그림 16-22>는 갈라진 전원판이 필요한 경우에 사용할 수 있는 8층 기판으로, 아주 좋지는 않지만 그런대로 허용할만한 수준의 성능을 나타낸다. 이 구조에는 갈라진 전원판 2개와 배선층 4개가 들어있는데, 이 구조에 대한 일반적인 층간 간격은 0.006 in. 0.006 in. 0.015 in. 0.006 in. 0.015 in. 0.006 in. 0.006 in.이다. 이때, 신호층(3층, 6층)에서 갈라진 전원판까지의 거리가 접지판(2층, 7층)까지의 거리의 3배가 되기 때문에, 귀환전류의 75%는 접지판 상에 흐르고 나머지 귀환전류의 25%는 갈라진 전원판 상에 흐르게 된다. 이러한 결과로 인해 전원판이 갈라져 있어서 생기는 좋지 않은 효과가 6 dB 정도 감소한다. 이 구조는 설계목표 중 #1, #2, #4, #5를 충족시키고, 나머지 #3과 #6은 충족시키지 못한다.

8층 이상의 기판을 사용할 경우, 층수의 증가에 따른 EMC 성능 향상은 거의 없다. 보통, 8층 이상은 신호 배선층이 더 많이 필요할 경우에 사용된다. 6개의 배선층이 필요한 경우에는 10층 기판을 사용해야 한다.

16.4.2.5 10층 기판(Ten-Layer Boards) 10층 기판은 보통, 6개의 신호층과 4개의 판으로 구성된다. 10층 기판에서 신호층이 6개를 넘는 것은 바람직하지 않다.

층수가 많은 기판(10층 이상)에는 얇은 유전체를 사용해야 하는데(일반적으로, 두께가 0.062 in.인 기판의 경우 유전체 두께는 0.006 in. 이하), 이로 인해 인접한 모든 층 사이에는 자연스럽게 강한 결합이 존재하므로 설계목적 #2와 #3이 충족된다. 적층구조와 배선을 올바르게 하면 10층 기판은 6개의 설계목표 중 5개, 심지어 6개 모두를 충족시킬 수 있으며 우수한 EMC 성능과 SI 특성을 나타낸다.

거의 완벽한 특성을 갖는 10층 기판의 일반적인 적층구조는 <그림 16-23>과 같다. 이 10층 기판의 구조가 이렇게 좋은 특성을 갖는 이유로는, 먼저 신호와 귀환판이 가깝게 위치하여 강하게 결합되어 있고, 고속 신호층이 차폐되어 있으며, 여러 개의 접지판이 존재하고, 기판 중심부에 있는 전원판과 접지판이 까깝게 위치하여 강하게 결합되어 있기 때문이다. 높은 주파수에서의 디커플링 특성을 향상시키기 위해서 5층과 6층 사이에 임베디드 PCB 커패시턴스 기술을 사용할 수 있다. 고속 신호들은 보통 판 사이에 묻혀 있는 신호층(여기서는 3층과 4층, 그리고 7층과 8층)에 배선된다.

이 적층구조에서 신호를 서로 수직으로 배선하는 두 층을 짝짓는 방법은 1층-10층(낮은 주파수 신호용), 3층-4층과 7층-8층(고속 신호용)으로 하는 것이 일반적이다. 신호들을 이런 방식으로 짝지어 놓음으로써 2층 판과 9층 판 안쪽에 들어있는 고주파 신호 트레이스들이 이 두 판에 의해 차폐된다. 이뿐만 아니라 3층, 4층에 있는 신호들과 7층, 8층에 있는 신호들은 이들 사이에 위치한 전원판/접지판에 의해 격리(차폐)된다. 예를 들어, 고속의 클록신호는 3층이나 4층에 배선하고, 고속 어드레스버스나 데이터버스 신호들은 7층이나 8층에 배치하면 둘 사이에 끼어 있는 전원판/접지판에 의해 버스 신호선들이 클록 노이즈로 인해 오염되는 것이 방지된다.

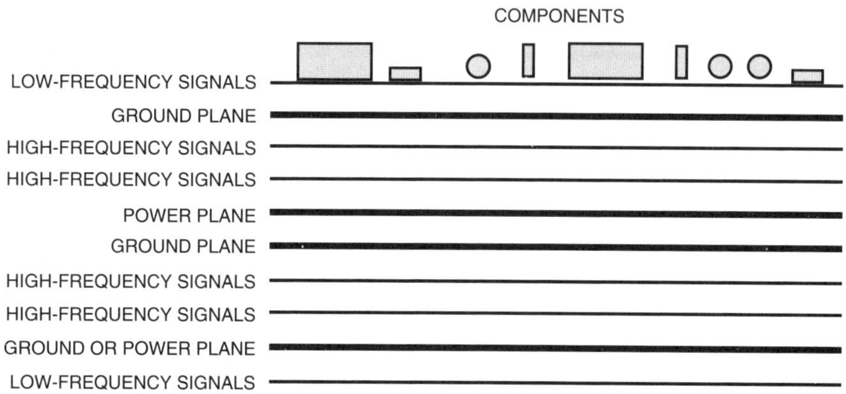

그림 16-23 거의 완벽한 특성을 갖는 10층 PCB의 일반적인 적층구조. 이 구조는 6개의 설계목표 중 5개를 충족한다.

위험신호들이 한 층에서 다른 층으로 층을 바꾸어 배선될 때는 디커플링 커패시턴스를 달거나 판간 비어를 만들어주어 귀환전류 경로의 불연속성이 생기는 것을 막아주어야 한다(16.3.3절 참조). 이 구조는 다층구조 기판의 6개의 설계목표 중 5개를 충족시키며, #6번 목표를 충족시키지 못한다.

<그림 16-23>에 있는 10층 구조에서 신호 트레이스를 서로 수직으로 배선하는 두 층을 짝짓는 방법으로 1층-3층, 4층-7층, 그리고 8층-10층으로 하는 것이 있다. 이렇게 하면 1층과 3층이 같은 판을 기준판으로 갖고, 8층과 10층도 같은 판을 기준으로 갖는다는 장점이 있다. 물론 단점은 1층과 10층에 고주파 신호들이 존재하는 경우에 PCB의 판들이 이들 신호를 차폐하지 못한다는 점이다. 따라서 이들 신호층은 이웃한 판에 가깝게 위치시켜야 한다(10층 기판의 경우에는 자연스럽게 그렇게 된다).

위에서 설명한 10층 기판의 두 가지 적층구조는 각각 많은 장점과 몇 가지 단점을 가지고 있다. 두 구조의 가장 큰 차이점은 서로 수직인 신호를 어떤 방식으로 묶느냐 하는 것이다. 어느 구조이든 주의를 기울여 배선을 하면 우수한 EMC 성능과 SI 특성을 얻을 수 있다.

<그림 16-23>의 적층구조는 5층과 6층에 대해 임베디드 PCB 커패시턴스 기술을 사용하여 성능을 향상시킬 수 있는데, 이렇게 하면 높은 주파수에서 전원판과 접지판 사이의 디커플링 특성이 개선된다.

<그림 16-24>는 10층 기판의 또 다른 적층구조이다. 이 구조는 기존 구조에서 전원판과 접지판 사이의 가까운 간격을 포기하는 대신, 맨 바깥에 있는 2개의 접지판으로 안쪽에 있는 3쌍의 신호배선층을 차폐하고 있으며 세 신호쌍은 서로서로 전원판과 접지판으로 격리되어 있다. 이 구조에서 모든 신호층은 차폐되어 있고 서로서로 격리되어 있다. <그림 16-23>과 같이 맨 바깥

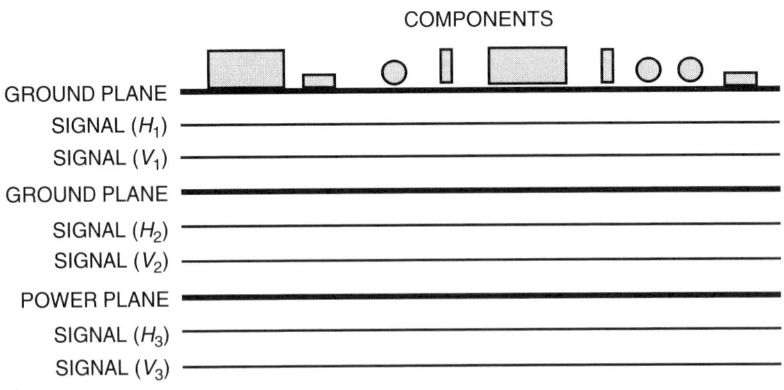

그림 16-24 3쌍의 신호층이 서로 차폐되고 격리되어 있는 10층 PCB의 적층구조. 이 구조는 6개의 설계목표를 모두 충족한다.

층에 배선하는 저속 신호가 거의 없고 대부분의 신호가 고속인 경우에는 <그림 16-24>의 적층구조가 매우 바람직하다.

이 적층구조에서 한 가지 고려해야 할 사항은 높은 집적도를 갖는 PCB의 경우에 맨 바깥에 위치한 접지판이 부품의 장착용 패드(mounting pad)나 비어(via)로 얼마나 심하게 도려내졌는지 하는 점이다. 이 문제를 심사숙고 하면서 맨 바깥의 접지판을 레이아웃 해야 한다. 이 구조는 설계목표 #3과 #6을 제외한 나머지 목표(#1, #2, #4, #5)들을 충족한다.

또 다른 10층 기판의 적층구조를 <그림 16-25>에 나타내었다. 이 적층구조에서는 서로 수직으로 배선되는 두 층의 신호들이 같은 판에 이웃하게 할 수 있지만 그렇게 하는 과정에서 전원판과 접지판을 서로 가깝게 위치하는 것은 포기해야 한다. 이 구조는 <그림 16-20>의 8층 기판의 외부에 저주파 신호층 2개를 추가한 것과 비슷하다.

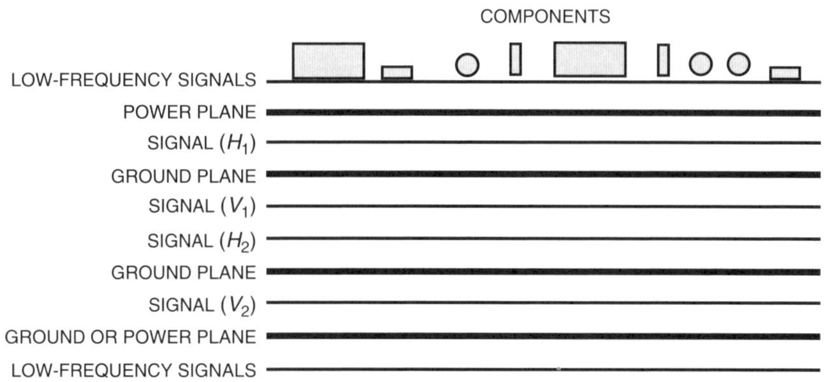

그림 16-25 동일한 판을 기준으로 하는 두 신호층에 배선된 신호들이 서로 수직을 이루고 있는 10층 PCB의 구조. 이 구조는 6개의 설계목표 중 5개를 충족한다.

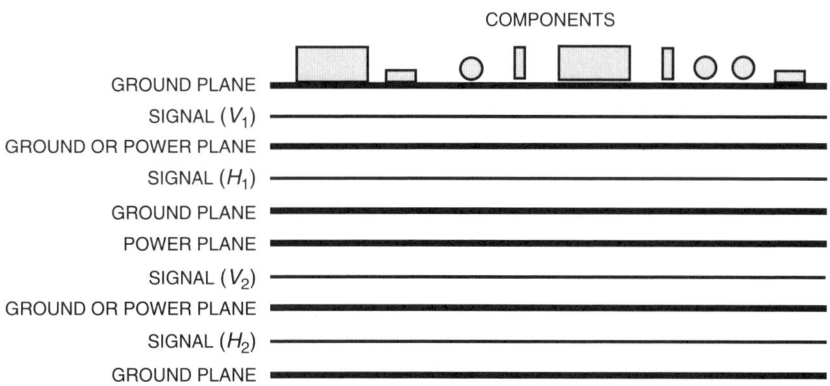

그림 16-26 6개의 설계목표를 모두 충족하는 10층 PCB의 적층구조. 단 신호층이 4개밖에 없다.

<그림 16-25>의 적층구조는 설계목표 #3을 제외한 나머지 목표들(#1, #2, #4, #5, #6)을 충족한다.

<그림 16-25>의 적층구조에서 2층과 9층 대신에 임베디드 PCB 커패시턴스 층을 넣으면(이렇게 하면 목표 #3이 충족) 성능을 더욱 향상시킬 수 있다. 그렇지만 이렇게 하면 실질적으로는 10층이 아닌 12층 기판이 된다.

<그림 16-26>은 6개의 설계목표를 모두 만족시키는 10층 적층구조이지만, 신호 배선층이 4개밖에 안 된다는 것이 단점이다. 이 구조는 EMC와 SI 측면에서 뛰어난 성능을 가진다. 임베디드 PCB 커패시턴스 기술을 5층과 6층에 적용하면 성능을 더욱 향상시킬 수 있다.

16.4.2.6 12층 이상의 다층기판(Twelve and More Layer Boards) 많은 층을 갖고 있는 기판에서는 여러 개의 전원 전압이 필요한 경우에도 각 전압을 별개의 전원판에 할당할 수 있으므로 전원판을 갈라서 사용하지 않아도 된다.

<그림 16-27>은 6개의 설계목표를 모두 충족시키는 우수한 특성의 12층 PCB의 적층구조이다. 이 구조는 설계목표 #3을 충족시키기 위해 <그림 16-25>의 10층 기판에 2개의 판을 추가한 것이다. 이 구조에서 2층과 3층, 그리고 10층과 11층에 임베디드 PCB 커패시턴스 기술을 사용하면 적층구조의 성능을 더욱 향상시킬 수 있다.

만약 여러 개의 직류전압이 필요하여 전원판을 2개로 갈라서 사용해야 할 경우에는 <그림 16-28>의 적층구조를 고려해야 한다. 이 구조에서는 갈라진 전원판과 신호층이, 그 사이에 끼어 있는 균일한(갈라지지 않은) 접지판에 의해 격리되어 있다. 따라서 갈라진 전원판에 바로 이웃하는 신호층은 하나도 없으므로 신호가 갈라진 전원판을 가로지르는 문제는 발생하지 않는다. <그

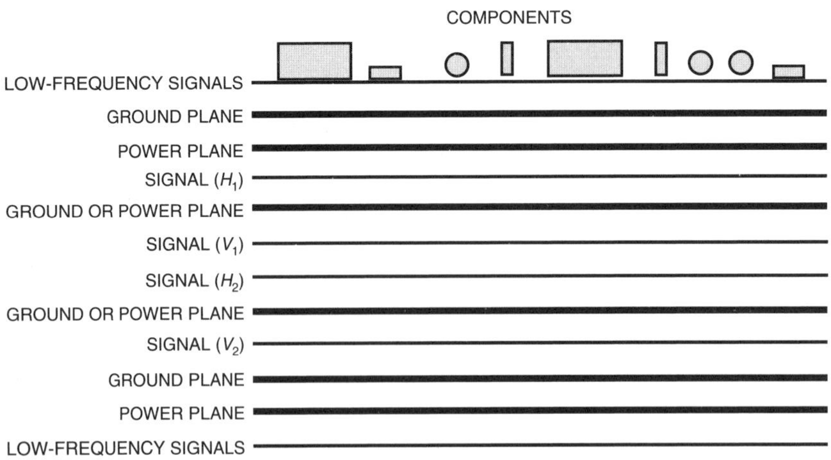

그림 16-27 6개의 신호층을 가진 12층 PCB로 설계목표를 충족한다.

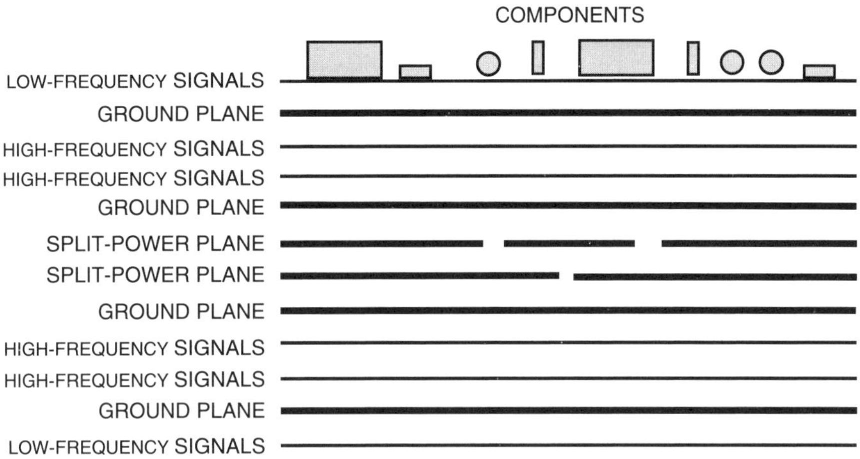

그림 16-28 갈라진 전원판이 필요한 경우에 사용할 수 있는 12층 PCB 적층구조. 6개의 신호층을 갖고 있으며 신호층과 2개의 갈라진 전원판은 접지판에 의해 서로 격리되어 있다. 이 구조는 6개의 설계목표 중 5개를 충족한다.

림 16-28>의 적층구조는 6개의 배선층을 갖고 있으며 설계목표 #6을 제외한 5개의 목표(#1, #2, #3, #4, #5)를 모두 충족한다.

16.4.2.7 다층 PCB 기본 구조(Basic Multilayer PCB Structures) 이번 16장에서 살펴보았듯이 PCB 설계자는 두 판 사이에 위험신호층을 집어넣어 차폐를 하는 구조(설계목표 #4)와 위험신호가 배선된 두 신호층이 동일한 판에 이웃하게 하는 구조(설계목표 #6) 중에 하나를 선택해야 하는 상황에 맞닥뜨리는 일이 많이 있다.

일반적으로 널리 쓰이는 관행과 정반대로 고속 회로에 대해서 위험신호를 판 사이 집어넣어서 차폐를 하는 것보다는 위험신호가 배선된 두 신호층을 동일한 판에 이웃하게 하는 것이 EMC와 SI 측면에서 더 성능이 좋다는 것을 보여주는 상당한 증거가 있다고 나는 생각을 갖고 있다.[11] 이 방법에 의해 고속 PCB의 EMC 성능과 SI를 둘 다 향상할 수 있다(Archambeault, 2002, p. 191). 16.3.3절에서 설명했듯이 대부분의 PCB 설계자들은 신호트레이스 비어에 바로 인접한 판간 비어(plane-to-plane via)를 사용하지 않으므로, 동일한 판의 위, 아래로 이웃해 있는 두 층에 신호를 배선하면 귀환전류경로의 인덕턴스를 크게 줄일 수 있다.

그러면 지금부터 다층 고속 디지털 로직 기판에 가장 적합한 적층구조를 결정하는 일반적인

11) 주파수가 높을수록, SI가 오히려 문제인 경우에는 이 내용과 더욱 잘 들어맞는다. 임피던스가 일정한 전송선로의 경우, 서로 다른 판들을 기준으로 삼으면 변화(전이, transition)의 위치에서 임피던스 불연속이 생긴다.

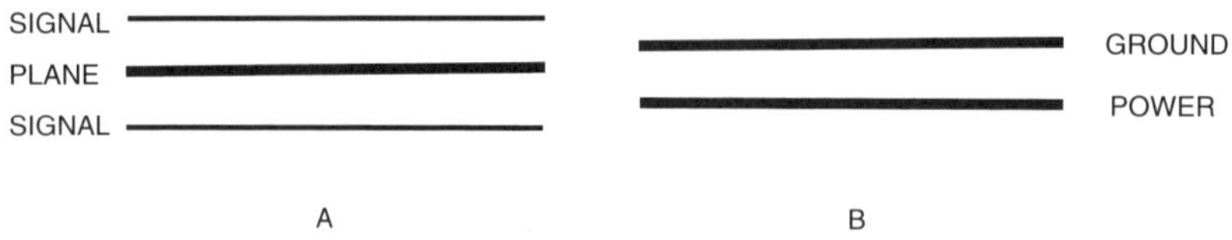

그림 16-29 다층기판의 두 가지 기본구성요소. (A) 한 판에 이웃해 있는 2개의 신호층 (B) 한 쌍의 전원판과 접지판

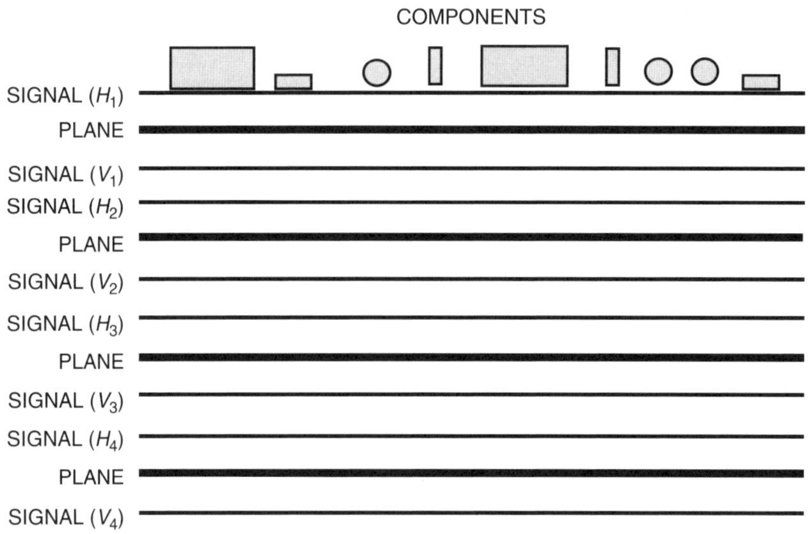

그림 16-30 그림 16-29A의 기본구성요소들로 이루어진 12층 PCB 적층구조. 이 구조는 8개의 배선 층을 갖고 있으며 6개의 설계목표 중 5개를 만족한다.

방법을 제시해본다. 기본 적층구조는 두 종류의 기본구성요소로 이루어져 있다. 한 가지 기본구성요소는 <그림 16-29A>와 같이 한 판에 이웃해 있는 2개의 신호층(신호-판-신호) 형태이고 다른 기본구성요소는 <그림 16-29B>나타나 있는 서로 이웃한 전원판-접지판 쌍이다. 이 두 기본구성요소를 여러 가지 방식으로 결합하여 6층 또는 그 이상의 층을 갖는 PCB를 만들 수 있다.

예를 들어, <그림 16-18>의 6층 기판은 <그림 16-29A>의 기본구성요소 2개로 구성되어 있으며, <그림 16-21>의 8층 기판은 <그림 16-29A>의 구성요소 2개와 <그림 16-29B>의 기본구성요소 1개를 결합한 구조이다.

<그림 16-30>은 8개의 배선층을 갖고 있는 12층 기판으로 <그림 16-29A>의 기본구성요소 4개로 이루어져 있다. 이 적층구조는 인접한 전원판과 접지판 쌍을 갖고 있지 않으므로 6개의 설계목표 중에서 5개만 충족한다.

<그림 16-30>의 기판의 중심부에 <그림 16-29B>의 기본구성요소를 추가하면 6개의 설계

목표를 모두 충족하는 14층 기판이 만들어진다.

16.4.3 일반적인 인쇄회로기판 설계 절차(General PCB Design Procedure)

지금까지 4층~14층으로 고속 디지털 로직 PCB의 적층구조를 만드는 방법에 대해 살펴보았다. 좋은 PCB 적층구조는 방사를 적게 하고, 신호의 품질을 향상시키며 전원버스의 디커플링을 개선한다. 어떤 특정한 구조가 최고라고 할 수는 없다. 각 경우마다 거기에 적합한 몇 가지 구조들이 있으며 여러 목표들 사이에서 어느 정도의 절충이 필요한 것이 보통이다.

<표 16-2>에 널리 사용되는 다양한 다층 PCB에 대해 배선층의 개수와 판의 개수를 정리하여 나타내었다. 이밖에도 여러 가지가 있지만 가장 널리 사용되는 것을 간추린 것이다. 표를 보면, 사용 이유에 따른 층수의 변화를 눈으로 확인할 수 있다.

눈여겨 봐야할 것은, 기판의 층수가 8층 이상이면 다층기판의 설계목표 6개 중에서 5개 또는 6개 전부를 모두 충족한다는 사실이다.

층의 개수, 층의 종류(판, 신호), 층의 배치순서 이외에 다음과 같은 요소들도 기판의 EMC 성능을 결정하는 데 중요한 역할을 한다.

- 층간 간격
- 신호를 서로 수직이 되게 배선하는 신호층 쌍을 할당하는 방법
- 어떤 신호들(클록, 버스, 고속, 저주파 등)을 어떤 신호배선층에 할당할 것인가 라는 문제

여기에서 적층구조에 대해 설명한 내용은 두께가 0.062 in.(1.6mm)이며, 단면이 대칭이며 층 개수가 짝수이고 통상적인 비어기술이 적용된 기판을 가정으로 한 것이다. 비어가 블라인드 비어(blind via), 베리드 비어(buried via), 마이크로 비어(micro via)이거나 기판이 비대칭이거나 층 개수가 홀수인 경우에는 다른 요소들이 작용을 하게 된다. 또한 다른 방식의 적층구조도 가능해지고 이러한 구조들을 여러 가지 경우에 적합하게 사용할 수 있다.

다음은 PCB 적층구조를 만드는 데 필요한 단계이다.

표 16-2 여러 가지 PCB 적층구조와 특징

층 수	배선층 수	판 수	사용 이유	충족하는 설계목표 수
2	2	0	낮은 가격	0개
4	2	2	EMC, SI 성능 개선	1~4개
6	4	2	EMC, SI 성능 개선 + 배선층 2개 추가	3개
8	4	4	EMC, SI 성능 개선	5개
10	6	4	배선층 2개 추가	4~5개
12	6	4	EMC, SI 성능 개선	5~6개
12	8	4	배선층 2개 추가	5개
14	8	6	EMC, SI 성능 개선	6개

- 필요한 신호 배선층의 개수를 결정한다.
- 여러 종류의 직류전압들을 어떻게 처리할 것인지 결정한다.
- 여러 종류의 시스템의 전압에 필요한 전원판의 개수를 결정한다.
- 여러 개의 전압을 동일한 전원판 층에 할당할지 여부를 결정한다. 그 결과에 따라 갈라진 전원판의 사용 여부와 인접한 신호층에 대한 배선상의 제약요건(배선규칙)의 적용여부가 정해진다.
- 각 신호층 쌍에 <그림 16-29A>와 같이 균일한(갈라지지 않은) 기준판을 할당한다.
- 전원판과 접지판 쌍을 <그림 16-29B>와 같이 짝짓는다.
- 층의 배치순서를 결정한다.
- 층간 간격을 결정한다.
- 필요한 배선규칙을 만든다.

이번 16장에서 제시한 설계지침을 따르면 더 우수한 성능을 가진 PCB를 만들 수 있으며 기판과 관련하여 흔히 발생하는 대부분의 EMC 문제를 막을 수 있을 것이다. <그림 16-16>을 제외한 모든 적층구조는 우수한 EMC 성능을 제공한다.

좋은 PCB를 설계하는 데 있어서, 귀환전류경로에 불연속이 생기지 않게 하는 것은 가장 중요한 원칙임에도 불구하고 이를 고려하지 않고 넘어가는 일이 흔하다. **귀환전류가 어디로 흐르는지 늘 생각하여라!**

혼성 신호 PCB(mixed-signal PCB)의 레이아웃과 배선에 대한 내용은 17장에서 다루기로 한다.

요약 SUMMARY

- 다층기판 적층구조의 6가지 주요 설계목표는 다음과 같다.
  - 모든 신호층(signal layer)은 언제나 판에 바로 이웃하도록 해야 한다.
  - 신호층은 바로 이웃한 기준판과 아주 가까이 놓여 있어야 한다 (강하게 결합돼야 한다).
  - 전원판과 접지판은 서로 강하게 결합돼야 한다.
  - 고속 신호들은 판 사이에 위치한 층에 배선하여 차폐돼야 한다.
  - 다수의 접지판을 사용하는 것이 바람직하다.
  - 수직으로 배선된 두 층의 신호가 동일한 판을 기준으로 삼아야 한다.
- 위의 6가지 설계목표 중에서 5개 이상을 충족하려면 8층 이상의 기판이 필요하다.
- 되도록 전원판과 접지판을 갖는 다층 기판을 사용한다.
- 부품의 배치위치와 장착방향에 많은 주의를 기울여야 한다.

- PCB 회로 중의 10% (위험신호)가 PCB 문제의 90%를 일으킨다.
- 위험신호란 스펙트럼 성분이 높고 반복적인 파형을 갖는 신호로, 다음과 같은 신호가 여기에 속한다.
  - 클록
  - 버스
  - 반복적인 제어신호
- 어떤 신호의 신호속도(스펙트럼 성분)는 다음에 비례한다.
  - 기본주파수(fundamental frequency)
  - 클록의 상승/하강 시간의 역수
  - 전류의 크기
- 할 수 있으면 고주파 신호들을 배선하는 두 층을 동일한 판에 이웃하게 한다.
- 대부분의 기판 적층구조에서는 어느 정도의 절충이 필요하다.
- EMC 성능이 우수한 다층기판 구조에는 여러 가지가 있다.
- 판은 우리의 친구이며, 슬롯은 우리의 적이다. (Planes are your friends; slots are your enemies.)
- 위험 디지털 신호들은 기판과 I/O영역의 주위(가장자리)에서 멀리 떨어뜨려 배선 한다.
- 여러 개의 직류전압들을 처리해야 할 경우에는 다음 방법들을 사용할 수 있다.
  - 전원판을 갈라서 여러 개로 나눈다. 단 갈라진 전원판으로 인한 배선상의 제약규정을 지켜야 한다.
  - 각 직류전압마다 별도의 균일한 전원판을 사용한다.
  - 일부 전압에 대해서는 신호층 위에 전원섬(power island)을 만들어 사용한다.
  - 최후의 수단으로 트레이스가 갈라진 전원판의 쪼개진 틈을 가로지를 경우에는 스티칭 커패시터(stitching capacitor)를 사용한다.
- 위험신호들을 배선할 때는 두 개의 층이하가 되도록 하고 배선된 층은 동일한 판에 이웃해 있어야 한다.
- EMC와 SI 측면에서 보면, 위험신호를 판 사이 집어넣어서 배선하여 차폐를 하는 것보다는 위험신호가 배선된 두 신호층을 동일한 판에 이웃하게 하는 것이 더 좋다. 특히 기판이 차폐된 인클로저로 둘러싸인 경우라면 더욱 그렇다.
- 회로접지와 섀시를 인덕턴스를 아주 낮게 하여 기판의 I/O 영역에서 서로 접속하여라.

연습문제 PROBLEMS

16-1 신호의 신호속도(스펙트럼 성분)는 어떤 요소에 비례하는가?

16.2 회로접지와 섀시접지는 어느 곳에서 서로 접속돼야 하는가?

16.3 I/O 커넥터의 금속 백셸은 어느 곳에 어떤 방식으로 접속해야 하는가?

16.4 양면 PCB를 레이아웃하는 경우에 지켜야 할 중요한 목표 2가지는 무엇인가?

16.5 다층 PCB에서 귀환전류경로에 불연속을 생기게 하는 3가지 요인은 무엇인가?

16.6 a. 전원판/접지판에 슬롯이 생기는 것을 막아야 하는 이유 3가지를 말하여라.

b. 전원판이나 접지판에 슬롯이 있는 경우에, 반드시 지켜야할 배선상의 제약규정은 무엇인가?

16.7 다층기판의 6가지 설계목표 중에서 반드시 지켜야 할 두 가지 목표는 무엇인가?

16.8 그림 P16-8에 나와 있는 비대칭 다층 PCB는 6가지 다층기판 설계목표 중에서 어떤 목표를 충족하는가?

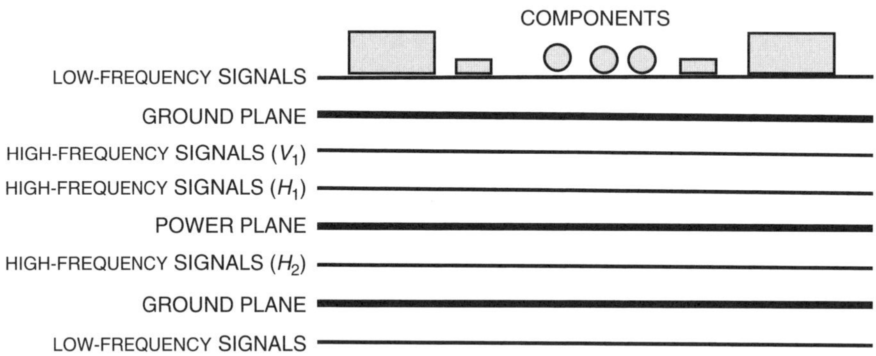

그림 P16-8

16.9 그림 16-19의 적층구조에서 6층과 7층의 전원판과 접지판을 바꾸면 어떤 단점이 있는가?

16.10 그림 16-20의 8층 기판은 6개의 다층기판 설계목표 중에서 어떤 목표를 충족하지 못하는가?

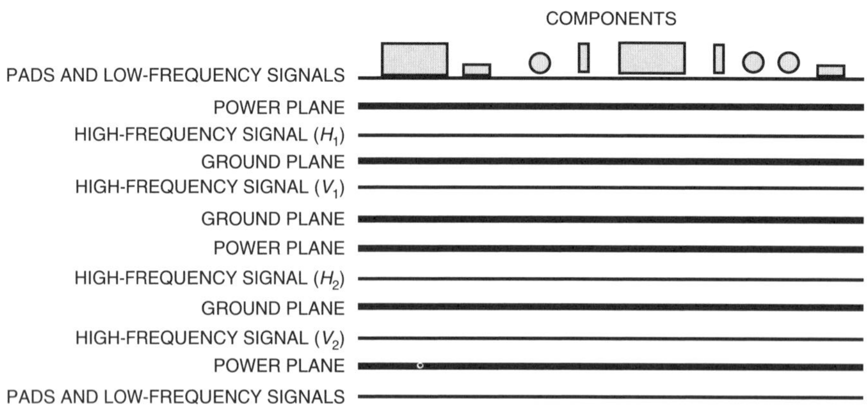

그림 P16-11

16.11 그림 P16-11에 나와 있는 12층 PCB 적층구조는 6가지 다층기판 설계목표 중에서 몇 개를 충족하는가?

16.12 어떤 PCB에서 여러 개의 직류전압 중 하나를 PCB의 맨 위층에 만든 전원섬(power island)에 할당하여 사용하고 있다.

a. 전원섬의 사용으로 인해, 기판 레이아웃과 관련하여 특정한 배선상의 제약규정을 명시해야 할 필요가 있는가?

b. 전원섬이 기판의 맨 아래층에 위시하는 경우에 위의 (a)를 되풀이 하여라.

16.14 이 책에서 다루지 않은 PCB 적층구조를 그려보아라. 여러분이 설계한 적층구조는 6개의 다층기판 설계목표 중에서 어떤 목표를 충족하는가?

참고문헌 REFERENCES

Archambeault, B. *PCB Design for Real-World EMI Control*. Boston, MA: Kluwer Academic Publishers, 2002.

Fessler, J. T., Whites, K. W., and Paul, C. R. "The Effectiveness of an Image Plane in Reducing Radiated Emissions." *IEEE Transactions on Electromagnetic Compatibility*, February 1996.

German, R. F., Ott, H. W., and Paul, C. R. "Effect of an Image Plane on Printed Circuit Board Radiation. *1990 IEEE International Symposium on Electromagnetic Compatibility*, August 21–23, 1990.

Paul, Clayton R. *Introduction to Electromagnetic Compatibility*, 2nd ed. New York Wiley, 2006.

Smith, D. C. *Routing Signals Between PWB Layers*—Part 2, An Emission Example, 2006. Available at www.dsmith.org. Accessed January 2009.

심층자료 FURTHER READING

Archambeault, B. "Effects of Routing High-Speed Traces Close to the PCB Edge." *Printed Circuit Design & Fab*, January 2008.

Bogatin, E. "An EMC Sweet 16." Printed Circuit Design & Manufacture, April 2006.

Ott, H. W. *PCB Stackup*, *Parts 1 to 6*, Henry Ott Consultants, 2002–2004. Available at http://www.hottconsultants.com/tips.html. Accessed January 2009.

Ritchey, L. W. *Right the First Time*, *A Practical Handbook on High Speed PCB and System Design*, vol. 1, Speeding Edge. May 2003. Available www.speedingedge.com. Accessed April 2009.

Chapter 17

혼성신호 PCB의 레이아웃

Mixed-Signal PCB Layout

혼성신호 PCB(mixed-signal printed circuit board)의 설계와 레이아웃은 어렵고 도전적인 과제로 이를 해결하는 방법에 대해서 제대로 다루고 있는 책과 인쇄물을 찾아보기란 쉽지 않다. 혼성신호 PCB 문제는 일반적으로 다음의 두 경우에서 발생한다. 하나는 디지털 로직회로가 낮은 레벨의 민감한 아날로그 회로(가정주파수대의 저주파, 또는 무선주파수대(RF)의 고주파)에 장해(interference, 간섭)를 일으키는 경우이고, 다른 하나는 대용량 모터(high power motor)와 릴레이 구동기(relay driver)가 디지털회로와 아날로그회로에 장해를 일으키는 경우이다.

지금부터 이 책에서 설명하는 내용을 살펴보면서 EMC와 관련한 다음 두 가지 기본 원리를 잊어서는 안 된다. 첫째, 전류는 되도록 작은 루프면적을 만들면서 가장 짧고 가까운 경로로 그 전류의 원천(source, 신호원)으로 귀환해야 한다. 둘째, 한 시스템은 반드시 하나의 기준판(reference plane)을 가져야 한다. 전류가 짧고 가깝게 귀환하지 않으면 이것은 루프 안테나(loop antenna)가 된다. 한 시스템에 2개의 기준판이 있으면 이것은 다이폴 안테나가 된다.[1] 이 둘은 모두 바람직하지 않다.

혼성신호 PCB 레이아웃을 최적화하기 위해서는 접지귀환 전류가 실제로 어느 곳을 어떻게 흐르는지 이해하는 것이 매우 중요하다. 대부분의 PCB 설계자들은 신호전류가 흐르는 경로(즉 신호 트레이스)만을 고려하고 귀환전류가 흐르는 경로에는 관심을 두지 않는다.

고주파 전류에 대한 임피던스가 가장 낮은 신호귀환경로는 3.2절에서 살펴본 것처럼 그 신호 트레이스 바로 아래에 놓인 판에 형성된다. 접지판에 슬롯이 있으면 이 최적의 귀환전류경로가 가로막힌다. 이렇게 되면 접지 임피던스(인덕턴스)가 커지므로 접지판 전압강하도 증가한다.

1) 다이폴 안테나에 대한 더 자세한 내용은 부록 D를 참조하여라.

17.1 갈라진 접지판(SPLIT GROUND PLANES)

설명을 계속해나가기에 앞서, 우리가 해결하려고 하는 기본적인 문제를 정의해 보자. 아날로그 회로가 디지털 회로에 장해(interference)를 일으키기 보다는 고속 디지털 회로가 낮은 레벨의 아날로그 회로에 장해를 일으킬 가능성이 높다. 우리는 디지털 접지전류가 아날로그 접지판에 흐르는 일이 절대로 생기지 않게 하고 싶어 한다. 따라서 접지판을 아날로그 접지구역과 디지털 접지구역으로 갈라서 사용하는 것이 좋다는 말을 자주 듣는다.

그러나 <그림 17-1A>와 같이 접지판이 갈라져 있고, 트레이스가 그 쪼개진 틈을 가로지르면 전류의 귀환경로는 어떻게 될 것인가? 두 개의 판이 어딘가 한 점에서 서로 연결되어 있다고 가정하면 귀환전류는 큰 루프를 형성하며 흐르게 된다. 주파수가 높은 전류가 큰 루프를 따라 흐르는 경우, 방사(radiation)가 발생한다. 큰 루프는 높은 접지 인덕턴스를 생기게 한다. 낮은 레벨의 아날로그 회로의 전류가 큰 루프를 따라 흐르는 경우, 큰 루프는 전자기장을 잘 수신하므로 낮은 레벨의 전류가 영향을 받기 쉽다. 이 두 경우는 모두 바람직하지 않은 결과이다.

접지판을 반드시 갈라야 하고 트레이스가 그 틈을 가로질러가야 하는 경우에는 먼저 <그림 17-1B>와 같이 어느 한 부분에 다리(bridge)를 만들어 갈라진 두 판을 서로 연결한다. 그러고 나서 모든 트레이스가 이 다리 위로 지나가도록 배선하면 전류의 귀환경로가 각 트레이스의 바로 아래에 위치한 다리를 통해 만들어지므로 전류루프의 면적이 작아진다.

광 아이솔레이터(opto-isolator, 광 절연기), 자기저항 아이솔레이터(magnetoresistive isolator), 트랜스포머(transformer, 변압기)를 사용하여 신호가 갈라진 접지판의 틈 위를 지나가게 하는 방법

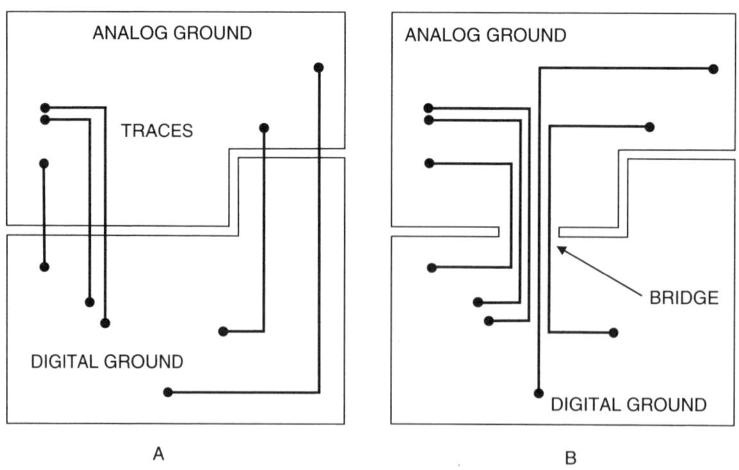

그림 17-1 (A) 갈라진 아날로그 접지판과 디지털 접지판의 틈을 가로지르는 신호 트레이스 (B) 아날로그 접지판과 디지털 접지판을 잇는 다리(bridge) 위를 지나는 신호 트레이스

도 있다. 광 아이솔레이터를 사용하는 경우, 갈라진 틈을 가로질러 넘어가는 것은 빛(light)이고 자기저항 아이솔레이터와 트랜스포머의 경우에는 자기장이 갈라진 틈을 가로질러 넘어간다. 또 다른 방법으로 차동신호(differential signal) 방식을 써서 한 트레이스로 신호를 흘려보내고 다른 트레이스로 귀환하게 하는 것이 있다. 그러나 이 방법은 위의 세 가지 방법만큼 좋지는 않다.[2)]

<그림 17-2>에 나타나 있듯이, 갈라진 두 접지판이 전원공급기에 위치해있는 시스템 접지까지 되돌아가서 연결되면 아주 좋지 않은 구조가 생긴다(이러한 방식의 접지연결을 "스타접지(star ground)"라고 한다.). 이 경우, 갈라진 틈 위를 가로지르는 귀환전류는 그림에 나타난 것처럼 전원공급기 접지까지 돌아가 흘러야 하므로 아주 큰 루프를 형성한다. 또한 아날로그 접지판과 디지털 접지판이 전원공급기 접지에 각각 긴 도선으로 연결된 구조이므로 이것은 다이폴 안테나를 형성한다.

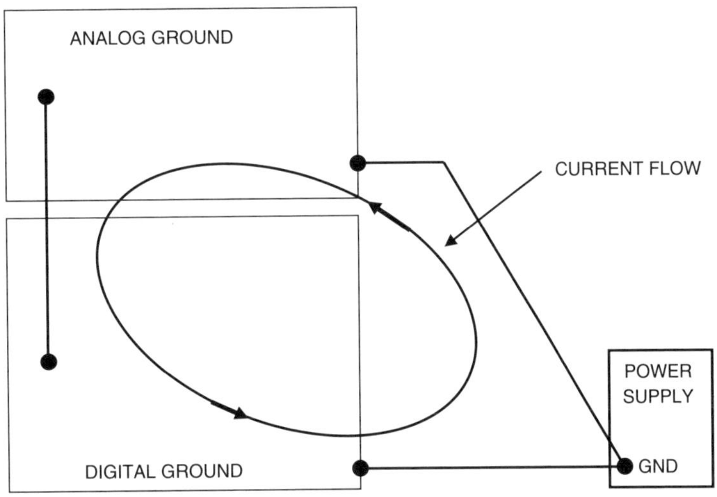

그림 17-2 잘못된 레이아웃 구조. 트레이스가 아날로그 접지판과 디지털 접지판 사이의 갈라진 틈을 가로지르고 있다. 갈라진 두 접지판은 한 점(전원공급기의 접지단자)에서만 서로 접속되어 있다.

2) 차동신호 전송방식의 경우, 접지경로가 여전히 문제가 될 수 있는데 특히 신호의 주파수가 높은 경우에는 더욱 그렇다. 보통, 우리는 차동 신호방식에서는 신호전류는 다른(제2의) 트레이스로 귀환한다고 생각하는데 틀린 말은 아니지만 그렇다고 전부 맞는 것도 아니다. 서로 별개인 두 개의 신호가 싱글엔디드 트레이스(single-ended trace) 형태로 배선되어 있다고 가정하면 이 두 트레이스에 인접한 판에는 각 트레이스의 귀환전류가 흐른다(전자기장에 의해). 그런데 조건을 잘 맞추면 이 두 접지귀환전류가 서로 상쇄될 수 있다.

17.2 마이크로스트립 접지판의 전류분포 (MICROSTRIP GROUND PLANE CURRENT DISTRIBUTION)

앞에서 설명한 문제를 다루기 위해서는 고주파 전류의 특성을 좀 더 이해하는 것이 좋다. 다층 PCB의 경우에 고주파 귀환전류는 신호트레이스와 가장 가까운 판을 따라 흐르는데, 이 경로가 가장 임피던스(인덕턴스)가 낮은 경로이기 때문이다. 마이크로스트립 선로(microstrip line)의 경우, 10.6.1.1절에서 살펴본 바와 같이 귀환전류는 인접한 판(전원판이든 접지판이든 상관없이)에 흐른다. 접지판에 흐르는 귀환전류는 <그림 10-9>와 같이 퍼진 형태로 트레이스의 아래를 따라 흐른다.

<표 17-1>은 마이크로스트립 선로의 중심으로부터 거리 $\pm x/h$만큼 떨어진 거리 안에 포함된 접지판 전류의 백분율을 나타낸 것이다. 여기서, x는 트레이스의 중심을 기준으로 잰 수평거리, h는 접지판과 트레이스 사이의 거리(높이)이다(<그림 10-8> 참조). 트레이스의 폭을 0.005 in, 트레이스의 높이를 0.010 in로 가정하여 식 10-13을 $-x$에서 $+x$까지 적분하여 $\pm x$ 사이에 포함된 전류를 계산하였다. 폭과 높이가 다른 트레이스에 대해서도 비슷한 결과를 얻을 수 있다. 아울러 표에는 트레이스의 중심을 기준으로 x/h만큼 떨어진 거리에서 접지판 전류의 감소량(dB)이 함께 수록되어 있다.

예를 들어, 마이크로스트립 트레이스가 접지판 위의 0.010 in. 높이에 위치해 있는 경우, 귀환전류의 97%가 트레이스의 중심에서 ±0.200 in. 떨어진 거리 안쪽의 접지판에 흐른다.

위에서 살펴본 내용으로부터 디지털 신호 트레이스를 제대로만 배선한다면 디지털 접지전류가 굳이 접지판의 아날로그 접지구역을 따라 흐르고 싶어 할 이유가 없으므로 아날로그 신호에 영향을 주어 오류를 일으키는 일이 일어나지 않는다는 것을 알 수 있다. <그림 17-3>을 보면 갈라진 혼성신호 기판의 접지판 위에 디지털 로직 트레이스가 배선되어 있고 그 트레이스의 귀환

표 17-1 마이크로스트립 선로의 중심으로부터 $\pm x/h$ 만큼 떨어진 거리 내에 포함된 접지판 전류의 백분율

트레이스 중심에서 떨어진 거리	전류 백분율(%)	x/h인 거리에서 접지판전류의 감소율[a]
$x/h = 1$	50%	12 dB
$x/h = 2$	70%	16 dB
$x/h = 3$	80%	20 dB
$x/h = 5$	87%	24 dB
$x/h = 10$	94%	30 dB
$x/h = 20$	97%	36 dB
$x/h = 50$	99%	46 dB
$x/h = 100$	99.4%	50 dB
$x/h = 500$	99.9%	66 dB

[a] 트레이스의 왼쪽과 오른쪽 중에서 어느 한 쪽에 흐르는 전류에 대한 값을 나타내기 위해 6 dB만큼 증가시켰다.

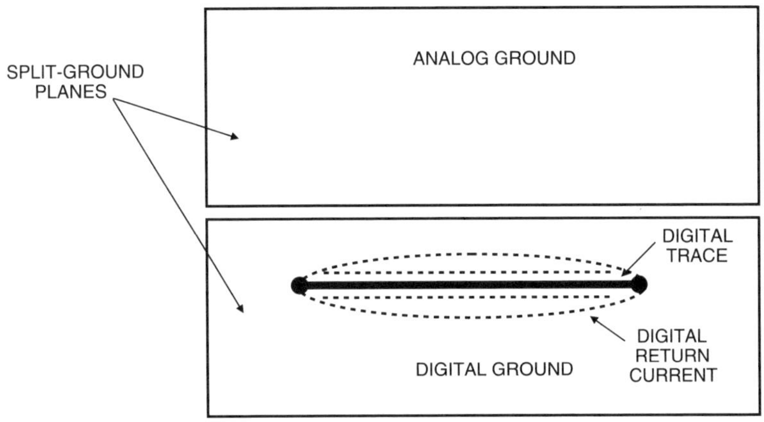

그림 17-3 갈라진 PCB 접지판에 배선된 디지털 로직 트레이스와 이 트레이스의 접지귀환전류. 디지털 귀환전류는 트레이스 아래의 접지판을 따라 흐른다는 사실을 잘 알고 있어야 한다.

전류경로가 표시되어 있다. 그림에서 보듯이, 디지털 귀환전류가 애초에 아날로그 접지판을 흘러야 할 이유가 없는데 이걸 막기 위해 접지판을 갈라야 할 이유가 무엇이란 말인가? 이는 결국 접지판을 꼭 가를 필요는 없다는 말이 된다.

그러므로 나는 PCB에서 접지판을 1개만 사용하고 그 PCB를 아날로그 구역과 디지털 구역으로 분할(partitioning)하는 것이 더 좋은 방법이라고 생각한다. 아날로그 신호는 반드시 기판의 아날로그 부분에만 배선해야 하고 디지털 신호 역시 디지털 부분에만 배선해야 한다. 이 방법을 올바르게 수행하면 <그림 17-4>에서 보듯이 디지털 귀환전류는 아날로그 구역의 접지판에 흐르지 않고 디지털 신호 트레이스 아래의 접지판을 따라서만 흐르게 된다. 아날로그-디지털 변환

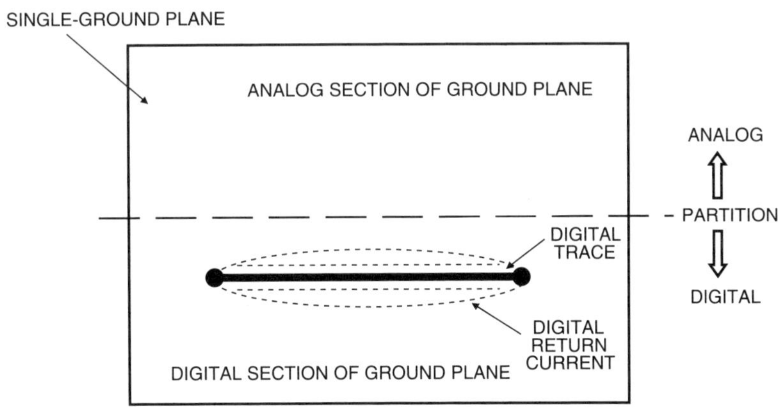

그림 17-4 1개의 접지판을 분할(partitioning)한 구조의 혼성신호 PCB 상에 배선된 디지털 로직 트레이스와 이 트레이스의 접지귀환전류. 분할한 PCB에서 디지털 귀환전류는 여전히 트레이스 아래의 접지판을 따라 흐르고 있음을 잘 살펴보기 바란다.

기(analog-to-digital converter)는 <그림 17-8>과 같이 아날로그 구역과 디지털 구역 양쪽에 걸쳐 놓는 방식으로 경계면을 따라 분할할 수 있다.

<그림 17-3>과 <그림 17-4>를 비교해보면, 접지판이 갈라져 있든 아니든 디지털 로직의 접지전류는 접지판에서 같은 경로로 흐른다. 아날로그 노이즈 문제를 발생시키는 것은 <그림 17-5>와 같이 디지털 신호 트레이스가 기판의 아날로그 구역에 배선된 경우, 또는 반대로 아날로그 신호 트레이스가 디지털 구역에 배선된 경우이다. 이런 경우에는 디지털 접지전류가 아날로그 구역 아래의 접지판에 흐른다. 그런데 이 문제는 접지판을 쪼개지 않아서 생긴 결과라기보다는 디지털 논리 트레이스의 배선을 잘못해서 생긴 결과이다. 따라서 이 문제는 접지판을 나누는 방법보다는 디지털 논리 트레이스를 제대로 배선하는 방법으로 해결해야 한다.

PCB에 접지판을 1개만 두고, 그 PCB를 아날로그 구역과 디지털 구역으로 분할하고, 배선 규칙을 잘 지키면 접지판을 쪼개지 않고도 골치 아픈 혼성신호 레이아웃 문제를 해결할 수 있는데, 이렇게 하면 갈라진 접지판을 사용할 때 추가로 생길 수도 있는 문제를 걱정할 필요가 없다. 따라서 부품의 배치와 분할을 제대로 해야 좋은 혼성신호 레이아웃이 될 수 있다. 레이아웃을 제대로 하면 디지털 접지전류는 기판의 디지털 구역 아래의 접지판에만 흐르므로 아날로그 신호에 간섭(장해)을 일으키지 않는다. 그렇지만 위에서 설명한 배선상의 제약규정이 100% 지켜졌는지 배선을 주의 깊게 점검해야 한다. 단 하나의 트레이스라도 잘못 배선되면 다른 레이아웃이 아무리 완벽해도 망칠 수 있기 때문이다. 혼성신호 PCB를 자동배선(autorouting) 기능을 사용하여 배선하여 완전한 실패작이 되는 경우가 자주 발생하므로 수동(manual)으로 배선을 하는 것이 좋다.

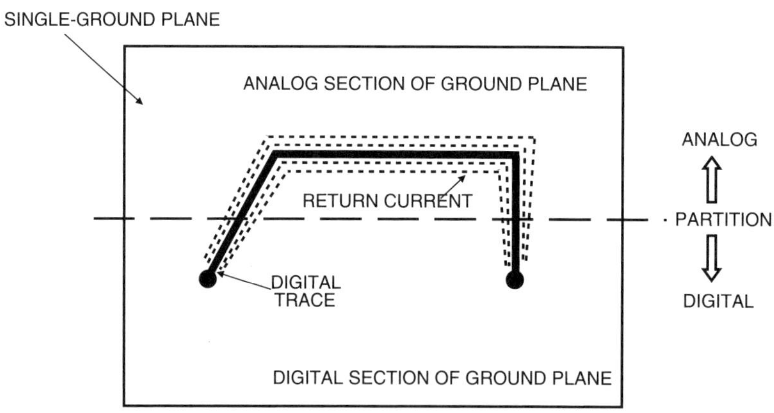

그림 17-5 디지털 로직 트레이스를 잘못 배선한 예. 디지털 귀환전류가 아날로그 구역 아래의 접지판을 통해 흐른다.

17.3 아날로그 접지핀과 디지털 접지핀 (ANALOG AND DIGITAL GROUND PINS)

혼성신호 IC의 경우에 아날로그 접지핀(ground pin)과 디지털 접지핀을 어디에 어떤 식으로 연결해야 하는가라는 문제가 있다. 재미있는 것은, 대부분의 아날로그-디지털 변환기(A/D converter)의 제조업체에서는 *AGND* 핀과 *DGND* 핀을 단자길이를 최소로 하여 외부의 임피던스가 낮은 동일한 접지판에 연결하라고 하고 있는데, 이에 반해 자신들이 제공하는 데이터시트(data sheet)나 응용지침서(application note)에서는 갈라진 접지판을 사용할 것을 권장하고 있다.[3] <그림 17-6>에 나타나 있듯이 *AGND*와 *DGND* 사이를 접속하면서 추가로 생기는 임피던스는 스트레이 커패시턴스(stray capacitance)를 통해 IC 내부의 아날로그 회로로 노이즈를 전달(결합)한다.

<그림 17-6>의 V_{noise}는 *DGND* 리드프레임(lead frame)의 내부 인덕턴스를 통해 흐르는 과

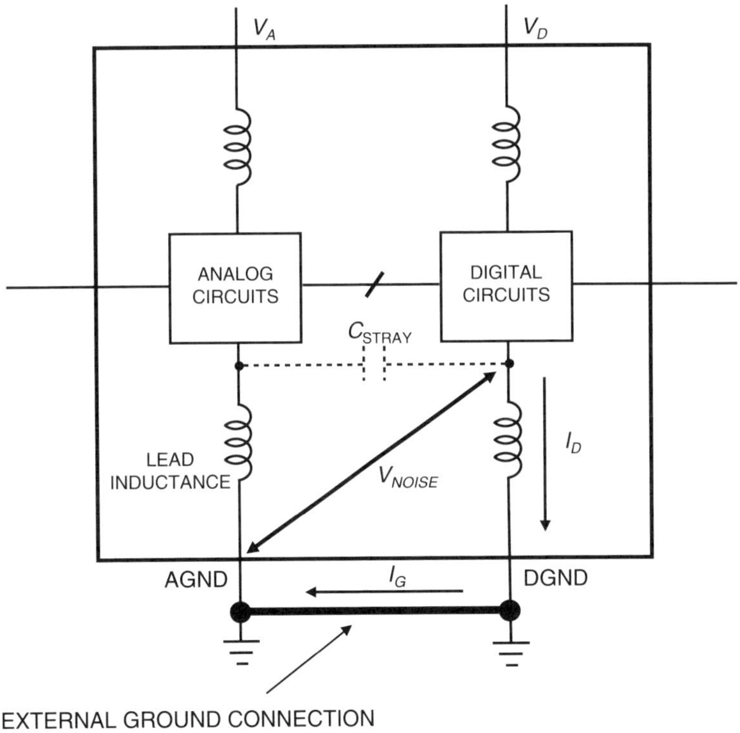

그림 17-6 A/D(또는 D/A) 변환기 내부의 간이모형. 디지털 접지전류에 의해 발생하는 노이즈 전압(Vnoise)이 표시되어 있다.

3) 왜냐하면 대부분의 아날로그-디지털 변환기에서 아날로그 접지와 디지털 접지는 내부에서 서로 연결되어 있지 않기 때문이다. 따라서 이 두 접지가 서로 연결되려면 변환기의 AGND 핀과 DGND 핀이 변환기의 외부에서 접속되어야 한다.

도전류뿐만 아니라 *AGND*와 *DGND*를 접속하는 외부의 접지연결을 통해 흐르는 과도전류에 의해서도 발생한다. 그러나 PCB 설계자가 억제할 수 있는 것은 외부 접지접속의 인덕턴스뿐이다. 그러므로 제조사에서는 A/D 변환기의 *AGND* 핀과 *DGND* 핀을 모두 아날로그 접지판에 접속할 것을 권고한다(17.5절 참조).

시스템 내에 A/D 변환기가 한 개만 있는 경우에는 앞에서 말한 모든 요구조건을 쉽게 충족시킬 수 있다. <그림 17-7>에서 보듯이 접지판을 갈라 아날로그 구역과 디지털 구역으로 분리하고 이 두 구역을 변환기 아래의 한 지점에서 서로 접속할 수 있다. 두 접지판 사이의 다리(bridge)의 사이즈는 IC의 사이즈와 같게 하고 어떤 트레이스도 두 접지판을 분리하는 틈 위를 가로지르지 않게 해야 한다. 이것이 IC 제조업체의 데모용 기판(demo board)의 일반적인 구조이다.

그런데 시스템에 A/D 변환기가 한 개만 있는 것이 아니라 여러 개가 있는 경우에는 어떻게 될까? 아날로그 접지판과 디지털 접지판이 각각의 변환기 아래에서 서로 연결되어 있는 경우, 두 접지판은 여러 지점에서 서로 접속되어 있으므로 판은 갈라져있는 것이 아니다. 두 접지판이 각 변환기 아래에서 서로 연결되어 있지 않은 경우에는 *AGND* 핀과 *DGND* 핀이 낮은 임피던스로 서로 연결돼야 한다는 요구조건을 어떻게 충족시켜야 하는가?

접지판을 1개만 사용하는 것이 문제를 추가로 일으키지 않으면서 *AGND* 핀과 *DGND* 핀을 서로 접속해야 하는 요구조건을 충족시키는 좋은 방법이다. <그림 17-8>에서 보듯이 접지판을 아날로그 구역과 디지털 구역으로 분할해야 한다. 이 레이아웃은 낮은 임피던스의 접지판을 통

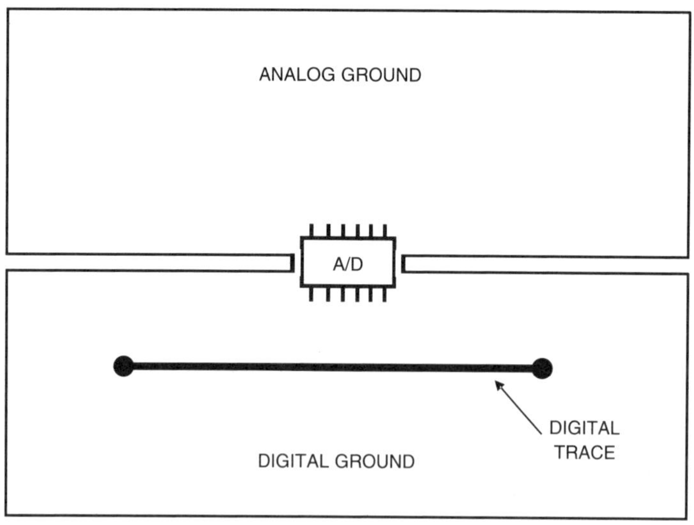

그림 17-7 A/D 변환기 1개와 갈라진 접지판으로 이루어진 혼성신호 PCB의 레이아웃으로 그런대로 괜찮은 성능을 가진다.

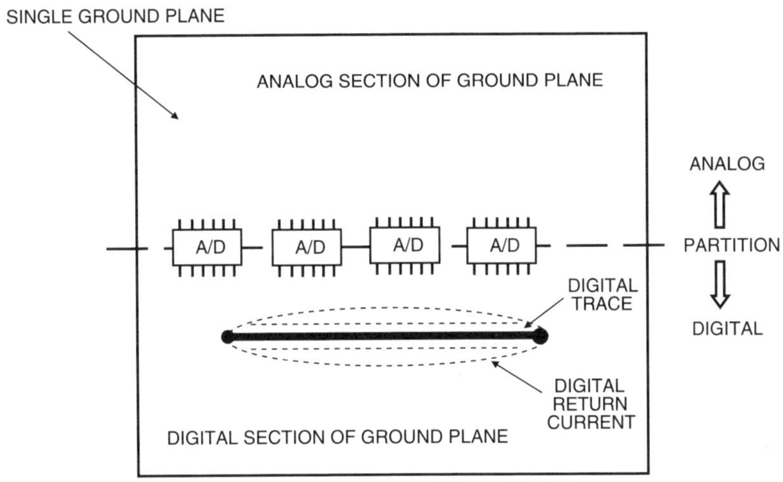

그림 17-8 여러 개의 A/D 변환기와 접지판 1개로 이루어진 혼성신호 PCB의 레이아웃으로 접지판이 적절히 분할되어 있다.

해 아날로그 접지핀과 디지털 접지핀을 연결해야 한다는 요구조건을 충족하는 것은 물론 의도하지 않은 루프 안테나 또는 다이폴 안테나가 생기지 않게 하는 EMC 조건도 충족한다.

Terrell과 Keenan은 "*Digital Design for Interference Specifications*"(1997, 3~18쪽)이라는 책에서 다음과 같이 말하였다.

"너희는 내 앞에 오직 하나의 접지만을 가질지어다(Thou Shalt Have But One Ground Before Thee)."

17.4 갈라진 접지판을 사용해야 하는 경우

갈라진 접지판을 꼭 사용해야만 할까? 다른 것은 몰라도 다음의 세 경우에는 접지판을 사용하는 것이 적합하다고 생각한다.

- 낮은 누설전류 요건(10 μA)을 갖는 의료기기(medical equipment)
- 산업용 공정제어장비(process control equipment)의 출력이 노이즈가 많은 대용량(고출력, high power) 전기기계장비(eletromechanical equipment)에 연결되어 있는 경우
- 처음부터 레이아웃이 제대로 되지 않은 PCB

이 세 가지 중에서 앞의 두 가지 경우에서는 보통 갈라진 접지판의 틈을 지나가는 신호가 광아이솔레이터의 빛이나 트랜스포머의 자기장이므로 갈라진 어떤 트레이스도 접지판의 틈을 가로질러서는 안 된다는 요구사항을 충족한다. 여기서 주의할 점은 이 두 가지 경우에 접지판을 나

눈 것은 외적인 이유 때문이지 디지털 접지전류로부터 아날로그 회로를 보호하기 위한 것이 아니라는 사실이다.

그런데 지금 더욱 관심이 가는 것은 세 가지 중에서 마지막 경우이다. 혼성신호 기판의 레이아웃이 제대로 되어 있지 않은 경우에 갈라진 접지판을 사용하면 기판의 성능이 개선될 수 있음을 확실히 입증할 수 있다.

<그림 17-5>와 같이 고속 디지털 트레이스가 기판의 아날로그 구역에 배선된 경우를 살펴보자. 이렇게 배선한 것은 분할(partition) 방법의 규칙을 확실히 위반한 것이다. 귀환전류는 신호 트레이스의 아래를 따라 흐르므로 아날로그 구역에 배선된 고속 디지털 트레이스의 귀환전류는 아날로그 접지판 부분으로 흐를 것이다. <그림 17-9>와 같이 접지판을 갈라서 디지털 귀환전류가 디지털 접지판에만 흐르도록 제한하면 PCB의 성능은 기능적으로는 개선될 것이다. 그렇지만 이로 인해 신호 트레이스와 귀환전류경로 사이에는 큰 루프가 생기므로 기판으로부터의 방사성 방출(radiated emission)이 증가한다. 또한 이것은 접지판의 임피던스를 증가시켜 결국 기판에 연결된 케이블로부터의 방사량도 증가시킨다. 이 경우, 접지판을 쪼개지 않았다는 사실이 문제라기보다는 고속 디지털 트레이스를 제대로 배선하지 않은 것이 진짜 문제이다. "Two wrongs do not make a right!"(잘못된 것을 잘못된 것으로 바로잡을 수는 없는 법이다!)라는 속담도 있듯이 가장 좋은 방법은 먼저 디지털 신호 트레이스를 올바르게 배선하고 접지판을 분리하지 않는 것이다.

성공적인 PCB 레이아웃의 열쇠는 접지판을 분리하는 것이 아니라 **분할**(*partitioning*)을 한 다음 **배선규칙**(*routing discipline*)을 지키는 것임을 기억하여라. 한 시스템이 하나의 접지판만을 갖는 것이 거의 모든 경우에 더욱 좋다.

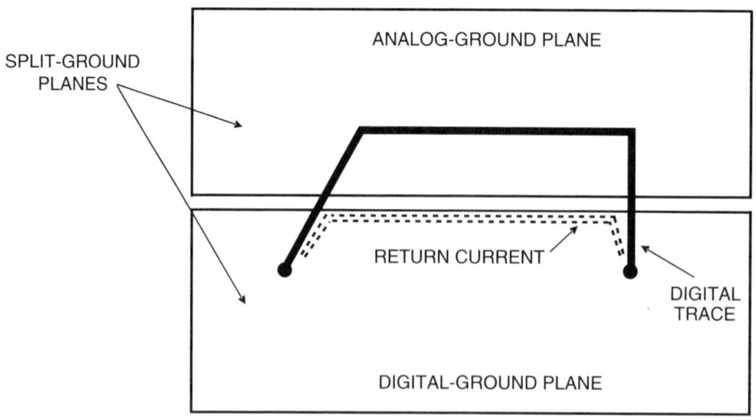

그림 17-9 갈라진 접지판을 가진 혼성 신호 PCB 상에 부적절하게 배선된 디지털 논리 트레이스. 이 경우 디지털 귀환 전류는 디지털 접지판에만 흐른다

판을 분리하는 경우에는 다음 두 가지를 사항을 피해야 한다.

- 판을 서로 겹치게 하는 것
- 트레이스가 갈라진 틈을 가로지르도록 배선하는 것

판을 쪼개 분리한 이유가 격리(isolation) 때문인데 판을 서로 겹치게 하면 층간 커패시턴스가 증가하므로 고주파에서의 격리(isolation) 정도가 낮아진다. 트레이스가 갈라진 곳을 가로지르면 이웃한 트레이스와의 혼선(누화, crosstalk)이 증가하며 방사성 방출이 20 dB 이상 증가하게 된다.

아날로그 접지판과 디지털 접지판이 분리되어 있는 경우에는 커패시턴스가 낮은 쇼트키 다이오드(Schottky diode) 두 개를 극성을 반대로 하여 두 판 사이에 연결하여 판 사이의 직류전압차를 수 백 mV 이내로 제한시키는 일이 종종 있다. 이것은 두 판 모두에 연결되어 있는 혼성신호 IC들이 손상을 입지 않게 하는 데 중요한 역할을 한다. 쇼트키 다이오드를 사용하는 이유는 순방향 전압강하가 낮고(일반적으로 300 mV) 커패시턴스도 낮기 때문이다. 낮은 커패시턴스는 두 판 사이의 고주파 결합을 감소시킨다.

"전기톱 (Chain Saw)" 시험: 갈라진 판을 갖는 기판에서, 개념적으로 어떤 트레이스나 다른 판을 자르지 않으면서 갈라진 틈을 따라 기판을 분리할 수 있으면 이 기판은 아마도 틀림없이 제대로 레이아웃이 되고 배선된 것으로 볼 수 있다.

17.5 혼성신호 IC(MIXED SIGNAL ICs)

A/D 변환기 제조회사의 데이터시트에서 제공하는 레이아웃 정보는 A/D 변환기가 1개만 들어있는 간단한 시스템일 경우에 적합하다(예: 제조회사의 데모기판). 제조회사에서 추천하는 방법은 여러 개의 A/D 변환기나 D/A 변환기로 이루어진 시스템이나 여러 개의 기판으로 이루어진 시스템에는 적합하지 않은 것이 일반적이다.

A/D 변환기와 D/A 변환기는 아날로그 포트(port)와 디지털 포트를 모두 갖는 혼성신호 IC이다. 이러한 부품의 접지연결과 디커플링과 관련하여 혼란스러운 점이 많이 있다. 디지털 엔지니어냐 아날로그 엔지니어냐에 따라 이 부품을 보는 관점이 서로 다른 경우가 종종 있다.

A/D와 D/A 변환기들과 그 밖의 대부분의 혼성신호 IC들은 아날로그 부품으로 취급해야 한다. 즉 이들은 디지털 부분이 일부 들어있는 아날로그 IC이지 아날로그 부분이 일부 들어있는 디지털 IC는 아니다. IC 핀에서 *AGND*와 *DGND*라는 이름이 붙은 핀들은 이 핀들이 IC 내부에서 연결되어 있는 곳을 나타내는 것이지 이 핀들이 IC 밖에서 연결돼야 할 곳이나 연결되는 방식을 의미하는 것이 아니다. 거의 언제나 이 핀들을 아날로그 접지판에 같이 접속하여 그 판을 기준으로 삼아야 하며, 아날로그 접지판으로 디커플링을 해야 한다. 물론 갈라진 접지판 대신 1개의 접지판을 사용하는 경우에는 문제가 좀 까다로워진다.

앞에서 설명한 규칙에서 벗어나는 것이 많은 디지털 처리를 하는 대형 DSP이다. DSP 부품은 디지털 전원공급기에서 많은 전류를 끌어내므로 데이터시트에 특별히 명시되어 있지 않은 경우에는 부품의 *AGND* 핀을 아날로그 접지에 연결하고 *DGND* 핀을 디지털 접지에 연결한다. 이러한 부품들은 내부의 아날로그 회로와 디지털 회로 사이에서 높은 노이즈 내성을 갖도록 특별히 설계된다.

<그림 17-10>은 아날로그 회로, 혼성신호 IC, 디지털 회로로 구성된 일반적인 혼성신호 시스템을 간략히 나타낸 블록도이다. 기판에 접지 전위차가 존재하는 경우, 어느 위치의 접지 전위차가 영향을 가장 적게 줄까?

- 접지 *A*와 *B* 사이
- 접지 *B*와 *C* 사이
- 접지 C와 *D* 사이

접지 *A*와 *B* 사이의 접지 노이즈는 낮은 레벨의 민감한 아날로그 회로에 해로운 영향을 줄 수 있다. 이와 비슷하게, 접지 *B*와 *C* 사이의 접지 노이즈도 혼성신호 IC 안에서 수행되는 아날로그-디지털(또는 디지털-아날로그) 변환에 영향을 줄 수 있다. 가장 적은 영향을 주는 접지 노이즈의 위치는 두 디지털 인터페이스 사이인 접지 *C*와 *D* 사이로 <그림 17-10>에 이 두 점 사이의 접지 노이즈 ΔV가 표시되어 있다. 이렇게 되는 것은 디지털 회로가 본래 아날로그 회로보다 노이즈에 대한 내성이 크기 때문이다. 그러므로 접지 *A*, *B*, *C*는 모두 아날로그 접지판에 연결해야 하고 접지 *D*는 디지털 접지판에 연결해야 한다.

17.5.1 여러 개의 기판으로 구성된 시스템(Multi-Board Systems)

디지털 접지판과 아날로그 접지판을 격리(isolation)시키는 또 다른 방법으로, 한 PCB에는 디지

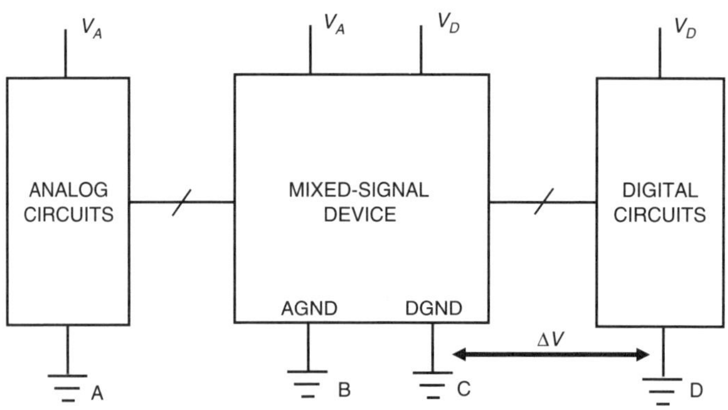

그림 17-10 일반적인 혼성신호 시스템의 접지연결. 접지 *A*, *B*, *C*는 아날로그 접지판에 연결하고 접지 *D*는 디지털 접지판에 연결해야 한다.

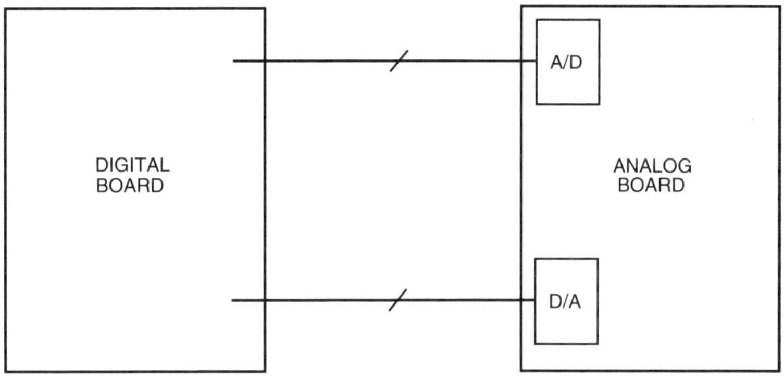

그림 17-11 여러 개의 PCB를 갖는 혼성신호 시스템에서는 A/D 변환기와 D/A 변환기를 아날로그 PCB에 장착한다.

털 회로를 배치하고 다른 PCB에는 아날로그 회로를 배치하는 것이 있다. 그렇다면 이 경우에 A/D 변환기나 D/A 변환기는 두 PCB 중 어느 PCB에 장착해야 하는가? 앞에서 혼성신호 IC를 아날로그 부품으로 취급하라고 했던 말을 기억하고 있다면 이 질문에 대한 정답을 간단히 말할 수 있다. A/D 변환기나 D/A 변환기는 <그림 17-11>과 같이 아날로그 PCB에 장착돼야 한다. 이 방법은 (1) *AGND* 핀과 *DGND* 핀이 임피던스가 낮은 아날로그 접지판을 통해 서로 연결되게 하고, (2) 민감한 아날로그 회로에 대해 가장 짧은 경로를 제공하며, (3) 아날로그회로를 디지털 접지전류로부터 격리시키고, (4) 두 PCB 사이에 접지전위차가 존재하는 경우에 이 전위차가 변환기의 디지털 입력(또는 디지털 출력)에 가해지게 한다(이 전위차가 낮은 레벨의 민감한 아날로그 입력(또는 아날로그 출력)에 가해지는 것보다는 디지털 입력(또는 출력)에 가해지는 것이 덜 문제가 된다).

17.6 고해상도 A/D, D/A 변환기 (HIGH-RESOLUTION A/D AND D/A CONVERTERS)

대부분의 저해상도~중해상도 A/D 변환기(8, 10, 12, 14, 16 비트)에는 1개의 균일한 접지판을 사용하면서 위에서 설명한 방식으로 적절한 분할과 트레이스의 배선을 하면 문제가 없다. 해상도가 높은(18 비트 이상) 시스템의 경우, 충분한 성능을 갖기 위해서는 접지 노이즈 전압을 더욱 잘 격리시킬 필요가 있다. 이러한 변환기는 최소 전압해상도(minimum resolution voltage)가 보통 수 μV 이하인 것이 보통이다.

신중한 설계방법으로 아날로그 접지판의 노이즈 전압을 최소 아날로그신호 레벨을 넘지 않게 하는 것이 있다. A/D (또는 D/A) 변환기의 경우, 최소 신호전압레벨 해상도인 LSB(Least

Significant Bit, 최하위비트)는 변환기의 비트의 수와 최대기준전압(full-scale reference voltage)의 함수이다. 기준 전압이 낮을수록, 비트의 수가 많을수록 최소 신호전압 해상도 값은 작아진다. <표 17-2>에는 기준전압이 1 V인 A/D 변환기의 비트 수에 따른 전압해상도가 수록되어 있다. 이 해상도 값에 적절한 값을 곱하면 다른 기준전압에 대한 해상도로 환산할 수 있다. 예를 들어, 변환기의 기준전압이 2 V인 경우에는 <표 17-2>의 해상도 값에 2를 곱한다.

<표 17-2>에 수록된 다이내믹 영역(dynamic range)의 값은 최대신호(기준 전압)와 최소신호(LSB)의 비(ratio)를 dB 단위로 나타낸 것으로, 이 값은 기준전압의 크기에 따라 달라지지 않는다. 여기서 흥미로운 사실은 대부분의 실제 신호들은 다이내믹 영역이 100 dB 이하라는 점이다. 예를 들어, 라이브 음악은 다이내믹 영역이 120 dB 정도로 넓지만, 녹음된 콤팩트디스크(CD)의 다이내믹 영역은 90 dB로 제한되어 있다.

요구되는 접지판 노이즈전압의 격리도를 추정하기 위해 디지털 접지 노이즈 전압을 50 mV로 가정하는데, 레이아웃이 잘된 PCB의 전형적인 노이즈 전압의 크기가 50 mV이다. 아울러 아날로그 접지 노이즈전압은 5 μV 이하로 제한하는 것이 바람직하다고 가정한다. 이렇게 하면 이 두 접지 노이즈 전압의 비는 10,000:1로 이는 백분율로 0.01%이다. 이를 dB 단위로 환산하면 접지노이즈 격리도 값은 80 dB가 된다.

앞에서 설명한 내용과 <표 17-1>에서 알 수 있듯이 마이크로스트립 트레이스의 경우에 귀환전류의 대부분은 트레이스의 아래나 트레이스의 주위를 따라 흐른다. 디지털 트레이스가 PCB 상의 아날로그 구역에서 0.25 in. 이상 떨어져 있는 경우에 디지털 귀환전류의 99%는 PCB의 디지털 구역 안을 흐르게 된다. 여기서 트레이스는 접지판에서 0.005 in. 만큼 떨어진 높이에 위치해 있다(즉 $x/h = 50$). 그렇지만 디지털 접지판 전류 중에서 아주 작은 양(<1%)은 <그림 17-12>와 같이 아날로그 접지판 안을 흐를 수 있다. 앞에서 설명한 바와 같이 전체 디지털 노이즈전류의 0.1%, 심지어는 0.01%에 지나지 않는 양이라도 아날로그 접지판을 통해 흐르면 문제가 발생할 수 있다. 여기서, 노이즈 전류의 양이 0.01% 이하가 되려면 전류감쇠량이 80 dB 이상의 되어야 하고 노이즈 전류의 양이 1% 이하가 되려면 전류감쇠량은 40 dB 이상이 되어야 한다.

표 17-2 기준전압이 1 V인 경우, 변환기의 전압해상도[a]

Number of Bits	Resolution	Dynamic Range
8	4 mV	48 dB
10	1 mV	60 dB
12	240 μV	72 dB
14	60 μV	84 dB
16	15 μV	96 dB
18	4 μV	108 dB
20	1 μV	120 dB
24	0.06 μV (60 nV)	144 dB

[a] 해상도 값은 기준전압에 따라 달라진다. 예를 들어 기준전압이 2 V인 경우의 해상도 값을 구하려면 2를 곱한다.

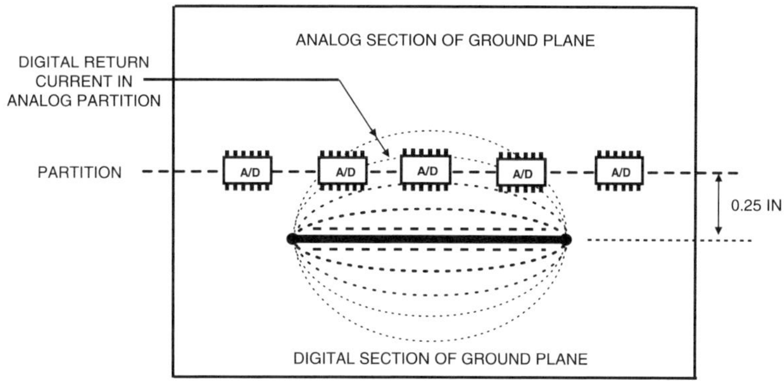

그림 17-12 단일 접지판의 분할을 제대로 하면 아날로그 구역의 접지판에는 디지털 접지전류의 일부(전체의 1% 미만)만이 흐른다.

<표 17-1>로부터 아날로그 접지판과 디지털 트레이스 사이의 거리가 $x/h = 50$에서 더 증가하여도 접지전류는 거의 줄어들지 않는다는 사실을 알 수 있다. 따라서 x/h비가 50을 넘는 곳에 흐르는 아주 낮은 비율의 디지털 로직 접지전류는 계속해서 고해상도 변환기에 대해 노이즈 문제를 발생시킬 수 있다.

17.6.1 스트립선로(Stripline)

접지판을 분리하는 것 말고 이 문제를 해결하는 방법으로 두 가지가 있다. 한 가지 방법은 디지털 로직 트레이스를 스트립선로(stripline) 구조로 하는 것인데, 그 까닭은 스트립선로의 경우 귀환전류가 마이크로스트립 선로보다는 넓게 퍼지지 않기 때문이다. 이 내용은 10.6.1.2절과 <그림 10-12>에서 살펴본 바 있다.

<표 17-3>은 스트립선로의 중심으로부터 $\pm x/h$만큼 떨어진 거리 내에 포함된 접지판 전류의 백분율을 나타낸 것이다. 여기서, x는 트레이스의 중심을 기준으로 잰 수평거리, h는 접지판과 트레이스 사이의 거리(높이)이다(<그림 10-11> 참조). 트레이스의 폭을 0.005 in, 트레이스의 높이

표 17-3 스트립선로의 중심으로부터 $\pm x/h$ 만큼 떨어진 거리 내에 포함된 접지판 전류의 백분율

트레이스 중심에서 떨어진 거리	전류 백분율(%)	x/h인 거리에서 접지판전류의 감소율[a]
$x/h = 1$	74%	24 dB
$x/h = 2$	94%	36 dB
$x/h = 3$	99%	52 dB
$x/h = 5$	99.95%	78 dB
$x/h = 10$	99.9999756%	144 dB

[a] 트레이스의 왼쪽과 오른쪽 중에서 어느 한 쪽에 흐르는 전류에 대한 값만을 나타내기 위해 6 dB만큼 증가시켰고 접지판이 2개 있으므로 또다시 6 dB를 증가시켰다.

를 0.010 in로 가정하여 식 (10-16)을 $-x$에서 $+x$까지 적분하여 $\pm x$ 사이에 포함된 전류를 계산하였다. 폭과 높이가 다른 트레이스에 대해서도 비슷한 결과를 얻을 수 있다. 아울러 표에는 트레이스의 중심을 기준으로 x/h만큼 떨어진 거리에서 접지판 전류의 감소량(dB)이 함께 수록되어 있다.

스트립선로의 경우, 전류의 99%는 트레이스 높이의 ±3배가 되는 거리 내에 포함되는 반면에 마이크로스트립의 경우에는 트레이스 높이의 ±50배가 되는 거리 내에 포함되므로 전류의 퍼짐 정도가 10배 이상 차이가 난다. 스트립선로에서는 트레이스 높이의 10배 이상 떨어진 거리($\pm x/h > 10$)에 흐르는 전류의 백분율은 0.0000244%에 지나지 않는다.

따라서 디지털 스트립선로가 아날로그 구역에서 0.05 in. 이상 떨어져 있으면 (디지털 귀환전류는 거의 100%가 PCB의 디지털 구역 접지판을 벗어나지 않을 것이다(단, 접지판 위의 트레이스의 높이를 0.005 in로 가정한다). 트레이스의 높이가 2배가 되어 0.010 in.인 경우에는 트레이스와 아날로그 구역 사이의 거리를 0.10 in. 이상으로 하면 된다.

17.6.2 비대칭 스트립선로(Asymmetric Stripline)

비용 문제로 디지털 로직 기판에서는 스트립선로가 좀처럼 사용되지 않는다. 그 이유는 스트립선로 구조로 하기 위해서는 신호층 하나에 접지판이 두 개 있어야 하기 때문이다. 그렇지만 비대칭 스트립선로(asymmetric stripline)는 흔히 사용된다. 비대칭 스트립선로의 경우, 트레이스들이 서로 수직으로 배선되어 있는(이렇게 배선하면 트레이스 사이의 결합을 최소로 할 수 있다.) 두 신호층이 두 판 사이에 위치하게 된다. 각 신호층에 대해, 한 판은 신호층의 트레이스에서 h만큼 떨어져 있는 반면 다른 판은 신호층의 트레이스에서 $2h$만큼 떨어져 있다(<그림 10-14> 참조). 스트립선로나 마이크로스트립선로는 물론 비대칭 스트립선로의 경우, 10.7절에서 설명한 바와 같이 전원판이나 접지판 중 어느 판이 기준판이 되어도 상관없다. <그림 17-13>은 마이크로스트립선로, 스트립선로, 비대칭 스트립선로에 대해 정규화(또는 규준화) 접지판 전류밀도(normalized ground plane current density)를 x/h의 함수로 하여 로그-로그 그래프(log-log plot)로 나타낸 것이다. 여기서, 정규화 접지판 전류밀도는 각 선로 트레이스의 중심선을 기준으로 하여 왼쪽, 오른쪽 중 어느 한 쪽에 흐르는 전류에 대한 값으로 트레이스의 폭은 0.005 in, 기준판에 대한 트레이스의 높이는 0.010 in이다. 비대칭 스트립선로의 그래프는 $h_2 = 2h_1$인 경우에 대한 것이다. 그래프에서 알 수 있듯이 비대칭 스트립 선로의 접지판 전류분포 형태는 마이크로스트립의 전류분포보다는 스트립선로의 전류분포에 더 가깝다. 따라서 비대칭 스트립선로의 동작특성은 스트립선로와 비슷하다는 결론을 얻을 수 있다.

<그림 17-13>은 스트립선로(또는 비대칭 스트립선로)는 귀환전류가 넓게 퍼지지 않는다는 점에서 마이크로스트립선로에 비해 좋다는 것을 확실히 보여주고 있다. 고해상도를 변환기는, 디지털 신호 트레이스를 스트립선로(또는 비대칭 스트립선로) 구조로 배선하면서 아날로그-디

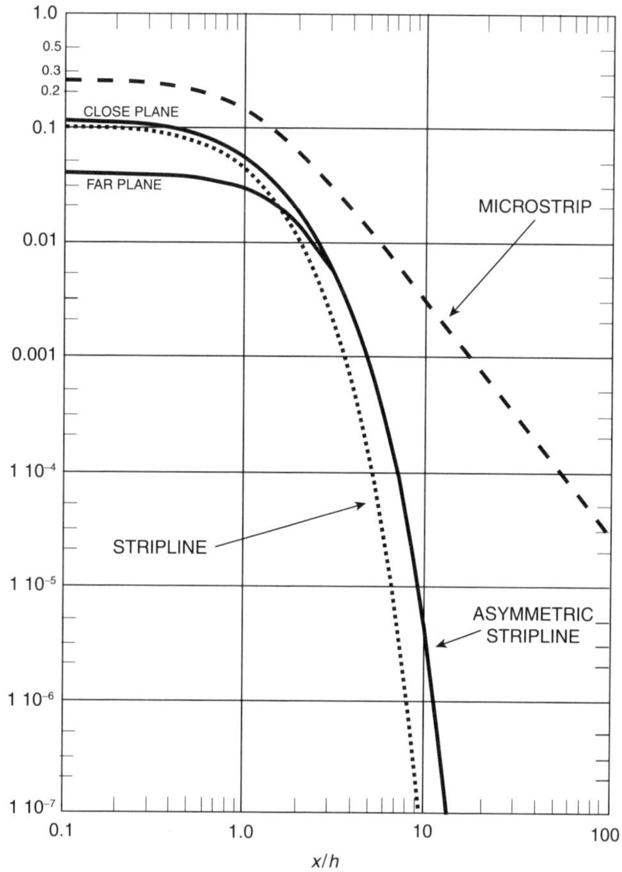

그림 17-13 마이크로스트립선로, 스트립선로, 비대칭 스트립선로에 대해 정규화 접지판 전류밀도를 x/h의 함수로 하여 그린 로그-로그 그래프. 비대칭 스트립선로의 그래프는 $h_2 = 2h_1$인 경우이다.

지털 분할경계로부터 트레이스의 높이의 적어도 5~10배 떨어뜨려 놓으면, 접지판이 하나인 혼성기판을 사용하여 만들어도 아무런 문제가 없다. 흥미로운 점은 비대칭 스트립선로의 경우, 트레이스의 중심선을 기준으로 $x/h = 3$ 이상 떨어진 곳에서는 가까운 접지판에 흐르는 전류와 먼 접지판에 흐르는 전류의 크기가 서로 같다는 사실이다.

17.6.3 아날로그 접지판과 디지털 접지판의 격리 (Isolated Analog and Digital Ground Planes)

고해상도 변환기를 설계하는 데 사용되는 두 번째 방법은 <그림 17-14>에서 보듯이 전체 기판을 아날로그 접지판 영역과 디지털 접지판 영역으로 각각 나누고 이들을 서로 격리시키는 것인데, 이때 격리된 모든 접지판들은 각 A/D 변환기 아래쪽에서 디지털 접지판에 연결된다. 이 방법

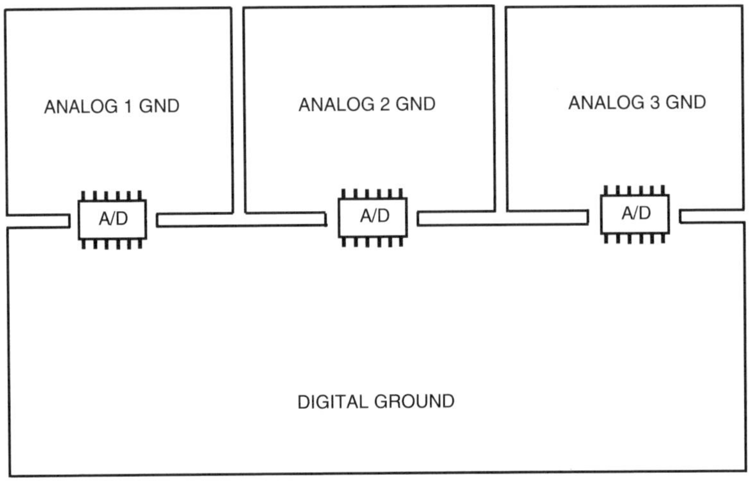

그림 17-14 아날로그 접지판 영역과 디지털 접지판 영역이 서로 격리된 혼성신호 PCB. 이 방법을 사용하면 접지판을 한 개만 가지면서도 고해상도 A/D 변환기에 대해 노이즈 격리가 추가로 이루어진다.

을 사용하면 시스템이 접지판을 한 개만 가지면서도 고해상도 A/D 변환기에 대해 접지 노이즈 격리가 추가로 이루어진다. <그림 17-14>와 같은 레이아웃에서는 디지털 접지판과 아날로그 접지판 사이에 전류루프가 만들어지지 않으므로 디지털 접지판 전류가 아날로그 접지판 영역으로 흐를 수 없다.

다만 이 경우에도 아날로그 접지판과 디지털 접지판이 완전히 쪼개져있지 않다는 것을 주목하기 바란다. 즉 아날로그 접지판과 디지털 접지판은 모두 서로 연결되어 한 개의 연속된 접지판을 이루고 있다. 이 방법을 사용하는 경우에는 어떤 층에 배선된 트레이스도 접지판을 가르고 있는 틈 위를 가로지를 수 없다는 것을 명심하기 바란다.

17.7 A/D 변환기와 D/A 변환기 주변회로 (A/D AND D/A CONVERTER SUPPORT CIRCUITRY)

혼성신호 PCB를 설계하는 경우, 접지 노이즈를 억제하기 위해 PCB 레이아웃에는 상당한 노력을 쏟는 반면, 이에 못지않게 성능에 영향을 미치는 설계상의 다른 측면은 무시하는 일이 종종 있다.

17.7.1 샘플링 클록(Sampling Clocks)

높은 정밀도로 데이터를 샘플링하는 시스템에서는 지터가 낮고(low jitter) 노이즈가 없는(noise free) 샘플링 클록이 필수적이다. 샘플링 클록의 지터는 신호파형이 샘플링 되는 시점을 달라지게 만들어 샘플링이 된 신호에 진폭 에러를 발생시킨다. 이 에러는 클록지터에 샘플링이 될 신호

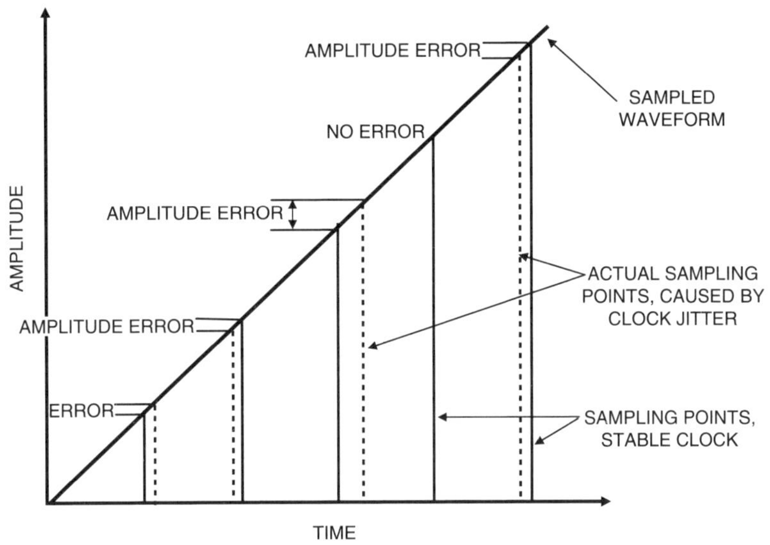

그림 17-15 샘플링 클록지터에 의해 부정확한 시점에서 파형이 샘플링되면 진폭에러가 발생한다.

의 변화율을 곱한 값이 된다. 이것이 <그림 17-15>에 나타나있다. 지터로 인해 파형이 불규칙한 간격으로 샘플링 되고 나면 나중에 정확하게 원래 파형으로 복원할 수 없다.

안정된 클록을 가진 D/A 변환기에서 원래의 아날로그 신호를 복원할 때, 잘못된 시점에서 신호가 샘플링 되었기 때문에 파형에는 에러가 발생할 것이다(<그림 17-16> 참조). 그러므로 샘플들은 부정확한 진폭을 나타낸다. 클록 지터는 시스템의 바닥 노이즈(noise floor, 노이즈의 최저 레벨)를 상승시키는 결과를 가져오는데, 이는 앞에서 설명한 접지 노이즈의 영향과 유사하다.

샘플링 클록지터가 A/D 변환기의 신호대 잡음비(signal-to-noise ratio, SNR)에 미치는 영향은 다음 식으로 주어진다(Kester, 1977; Nunn, 2005).[4]

$$\mathrm{SNR} = 20\log\left(\frac{1}{2\pi f t_j}\right) \tag{17-1}$$

식 (17-1)의 SNR의 단위는 dB이다. 이 SNR 식은 완벽한(클록지터 외에 다른 노이즈원이 없는) A/D 변환기에 대한 것으로 f는 변환기의 사인파 입력의 주파수이며 t_j는 변환기 샘플링 클록 지터의 실효값(rms)이다.

예를 들어, 어떤 완벽한 A/D 변환기의 입력신호의 주파수가 100 MHz이고 샘플링 클록지터가 1 ps (실효값)일 때 이 변환기의 SNR은 64 dB이다. 이 결과를 <표 17-2>에 수록된 변환기의

4) Nunn의 논문에는 오류가 있으므로 논문에 수록된 수식은 잘못되어 있다.

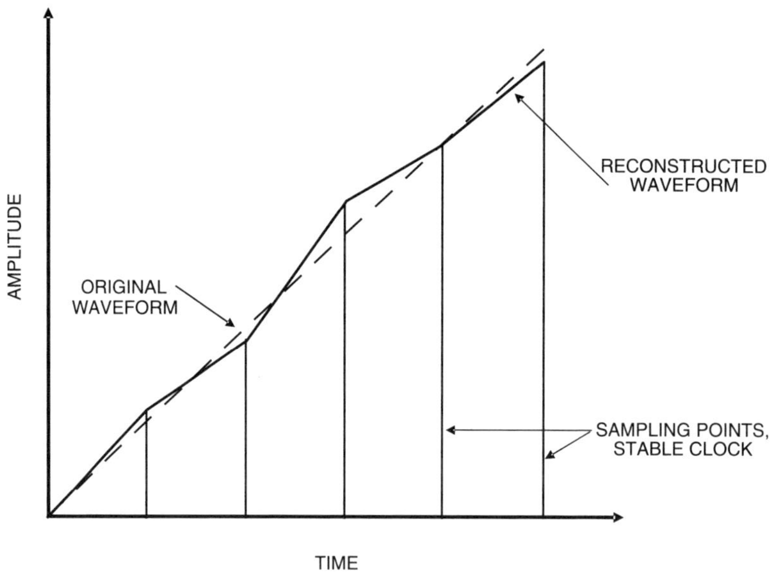

그림 17-16 안정된 클록을 가진 D/A 변환기로 <그림 17-15>를 복원한 파형. 실선은 복원한 파형이고 점선은 원래 파형이다.

다이내믹 영역의 데이터와 비교하면, 위와 같은 조건으로 동작하는 A/D 변환기는 10비트 이상의 해상도(resolution)를 가질 수 없다는 결론을 얻을 수 있다. 이 결과는 놀라운 것이다! 10 ps의 클록지터는 변환기의 해상도를 8비트로 제한한다. 100 MHz 신호를 샘플링 하는 20비트 A/D 변환기의 LSB를 분해하기(나타내하기) 위해서는 클록의 지터가 1.5 fs(femto-second, 펨토초)[5] 미만이 되어야 한다. 따라서 고주파 신호를 샘플링 할 때에는 클록지터가 매우 심각한 문제가 될 수 있다는 결론을 낼 수 있다.

비교적 낮은 주파수 신호를 샘플링 하는 경우에도 클록지터는 주요 노이즈원(noise source)이 될 수 있다. 샘플링 클록의 지터가 5 ps(실효값)인 20비트 A/D 변환기가 1 MHz 신호를 샘플링 하는 경우, 이 변환기의 SNR은 90 dB로 제한된다. 이것은 이 20비트 변환기로 14비트 이상의 해상도를 얻을 수 없다는 것을 의미한다. 이 변환기로 500 kHz 신호를 샘플링 하는 경우에도 16비트를 넘는 해상도는 얻을 수 없다.

위의 몇 가지 예로부터, 많은 경우에 샘플링 클록지터에 의해 발생하는 에러는 혹시 있을 수 있는 어떤 접지 노이즈전압에 의해 발생하는 에러보다 훨씬 크다는 결론을 얻을 수 있다.

5) $1.5\ \text{fs} = 1.5 \times 10^{-15}\ \text{s}$

17.7.2 혼성신호 주변회로(Mixed-Signal Support Circuitry)

혼성신호 IC 주변회로(support circuit)를 제대로 레이아웃하고 접지하는 것은 시스템의 노이즈 성능에 결정적인 요소이다. 부하연결과 출력전류를 최소화하기 위해 혼성신호 부품의 각 디지털 출력에는 부하를 단 한 개만 연결해야 한다.

고해상도 변환기에서는 <그림 17-17>에 나타나 있듯이, 변환기의 디지털 출력을 노이즈가 섞인 디지털 데이터 버스와 격리시킬 수 있도록 디지털 출력을 변환기와 데이터 버스 사이에 위치한 버퍼 레지스터(buffer register)에 연결하는 것이 좋은 생각이다. 버퍼는 변환기의 디지털 출력에 연결되는 부하를 최소로 하고(즉 출력해야 할 전류를 최소로 하고) 시스템 데이터버스의 노이즈가 변환기의 내부 스트레이 커패시턴스(stray capacitance)를 통해 변환기의 아날로그 입력으로 되돌아가 결합(전달)되는 것을 막는다. 또한 출력버퍼저항(100~500 Ω)을 버퍼와 직렬로, 또는 버퍼 대신 직렬로 변환기의 디지털 출력에 연결하면 디지털 출력이 공급하는 할 전류가 감소하므로 변환기 출력의 과도전류의 크기가 줄어든다.

변환기와 외부의 기준전압 사이의 접지 노이즈나 샘플링 클록은 변환기의 성능에 영향을 줄 수 있다. 따라서 기준전압과 샘플링 클록은 모두 아날로그 접지판을 기준판으로 삼아야 하며 디지털 접지판을 기준으로 삼아서는 안 된다. 또한 A/D 변환기의 샘플링 클록은 PCB 상에서 아날로그 구역에 위치해야 하고, 노이즈가 많은 디지털 회로와 격리시켜야 하며, 접지연결과 디커플링은 모두 아날로그 접지판으로 해야 한다.

샘플링 클록이 디지털 접지판 위에 위치해야만 하는 경우에는(샘플링 클록으로 디지털 시스템 클록을 이용하는 경우에 이렇게 될 수 있음), 샘플링 클록을 A/D 변환기나 D/A 변환기에 차동방식으로 전송하거나 중간에 트랜스포머를 연결하여 두 접지 사이의 노이즈 전압을 제거해야 한다.

<그림 17-18>은 접지연결을 제대로 한 혼성신호 변환기와 그 주변회로를 나타내고 있다. 여기서 A는 아날로그 접지, D는 디지털 접지를 나타낸다.

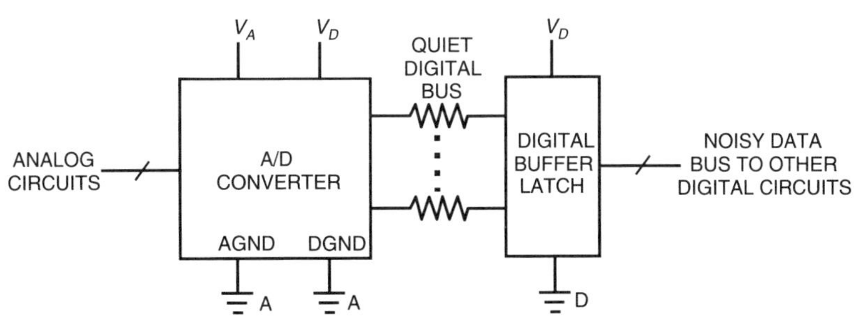

그림 17-17 A/D 변환기에 연결된 디지털 출력 버퍼와 직렬저항. 버퍼와 저항은 변환기의 출력 드라이버가 흘려주어야 할 전류를 감소시키고 디지털 노이즈가 변환기로 되돌아 들어가는 것을 막기 위한 것이다.

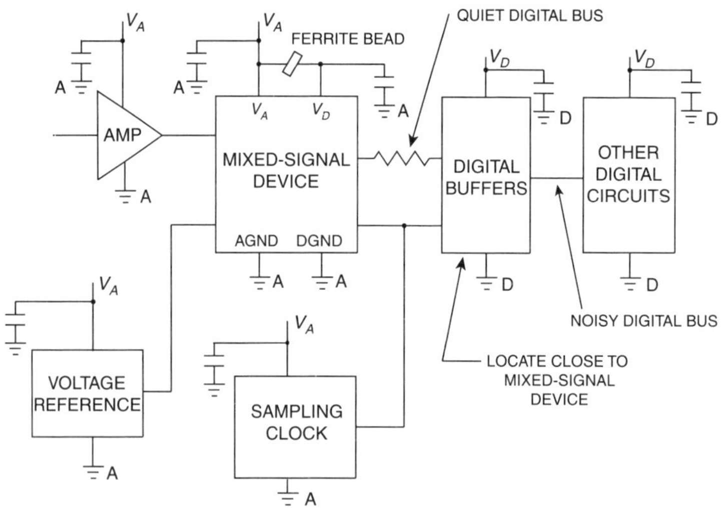

그림 17-18 접지연결이 제대로 된 혼성신호 IC와 주변회로

17.8 수직 격리(VERTICAL ISOLATION)

지금까지 살펴본 것은 PCB 판에서 아날로그 회로와 디지털 회로를 분할거나 분리하는 것이었는데, PCB 판을 이렇게 하는 것을 흔히 수평격리(horizontal isolation)라고 한다. 그런데 아날로그 회로와 디지털 회로를 수직으로, 즉 z축 방향으로 격리하거나 분리하는 것도 가능하다. 예를 들어, 표면장착용 양면기판(double-sided surface-mount board)의 경우에, 디지털 회로를 기판의 위층에 배선하고 아날로그 회로를 아래층에 배선할 수 있다. 이렇게 배선하는 방법을 쓰는 주된 이유는 제품의 사이즈를 줄이기 위해서이다. 이 방법은 휴대폰에서 널리 사용된다. PCB의 한쪽 면 위에 장착된 아날로그 부품은 PCB의 반대쪽 면 위에 장착된 디지털 부품과는 판(접지판 또는 전원판)에 의해 서로 격리되어야 한다.

수직격리(vertical isolation)가 가진 몇 가지 한계는 다음과 같다. 디지털 전원공급기는 층을 바꿔 신호를 배선할 때 사용되는 비어를 통해 노이즈를 아날로그 신호 트레이스로 유도할 수 있다. 이렇게 결합(coupling, 전달)되는 노이즈의 크기는 비어의 위치와 디지털 전원공급기의 디커플링 효과에 따라 달라진다. 또한 관통비어(through-via)에 의해 아날로그 층과 디지털 층 사이의 결합이 발생한다. 기판의 반대쪽으로 연장되어 있는 비어의 일부분은 작은 스터브 안테나(stub antenna)로 동작하여 고주파 에너지를 수신하거나 방사할 수 있다. 이러한 작용을 z-축 결합(coupling)이라고 한다(King, 2004). 또한 전원판과 접지판의 안티패드(antipad, 클리어런스 홀(clearance hole))는 높은 주파수에서 상당한 누설(leakage), 결합(coupling)을 생기게 할 수

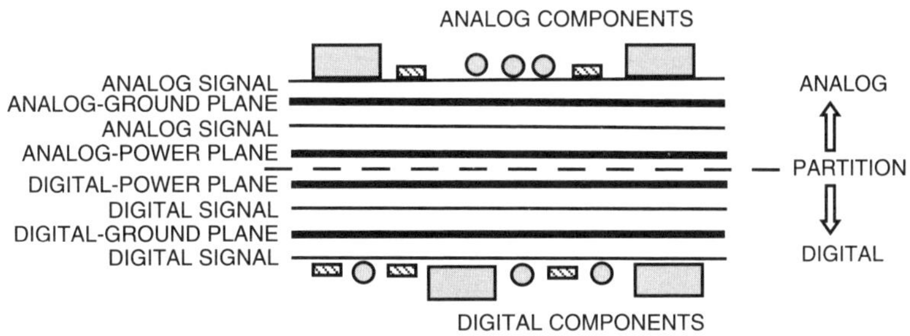

그림 17-19 수직격리를 적용한 혼성신호 PCB의 일반적인 적층구조

있다. 이러한 것들은 모두 블라인드 비어(blind via)와 베리드 비어(buried via)[6]를 사용하여 감소시키거나 제거할 수 있다. 수직격리를 적용한 8층 혼성신호 PCB의 일반적인 적층구조를 <그림 17-19>에 나타내었다.

수직격리를 효과적으로 적용한 혼성신호 PCB를 사용하는 예로 휴대폰을 들 수 있다. 휴대폰은 소비시장에서 대량으로 판매되고 있는 제품으로 가격과 사이즈(소형)가 중요하다. 일반적으로, 8층 기판의 한쪽 면에는 아날로그 회로가 있고 반대쪽 면에는 디지털 회로가 있다. 블라인드 비어(blind via)와 베리드 비어(buried via) 등 마이크로 비어(micro via) 기술을 사용하여 결합(coupling)을 최소로 하고 제품의 크기를 줄인다.

17.9 혼성신호 전원공급(MIXED-SIGNAL POWER DISTRIBUTION)

17.9.1 전원공급(Power Distribution)

혼성신호 PCB에서는 아날로그 회로의 전원과 디지털 회로의 전원을 별도로 공급할 수 있다. 이렇게 하려면 전원판을 갈라서 사용해야 한다. 갈라진 전원판에 인접한 층에 배선된 트레이스가 갈라진 틈을 가로질러 지나가지 않으면 전원판을 갈라서 사용해도 괜찮다.[7] 갈라진 전원판의 틈 위로 가로질러 지나는 트레이스는 균일한 접지판에 인접한 층 위에 배선해야 한다. 많은 경우에, 전원의 일부(보통 아날로그 전원)를 판으로 공급하지 않고 신호층 위에 트레이스로 배선하여 공급하면 갈라진 전원판의 사용을 피할 수 있다.

6) 블라인드 비어(blind via)는 기판을 완전히 관통하지 않는 비어이다. 베리드 비어(buried via)는 기판의 안쪽에 들어있는 층들을 서로 연결하는 비어로 기판 맨 바깥쪽의 위, 아래 표면까지 연장되어 있지 않다.

7) 전원판이 인접한 트레이스 층에 흐르는 신호전류에 대한 귀환전류 경로가 되기 때문에 갈라진 전원판의 틈 위를 가로지르는 신호전류에 대한 귀환전류 경로는 갈라진 틈에 의해 가로막힌다.

아날로그 전원은 다음과 같은 방법으로 공급할 수 있다.

- 별도의 전원공급기로 공급
- 디지털 전원에서 전압안정기(voltage regulator)를 거쳐 공급
- 디지털 전원에서 필터를 거쳐 공급

전압안정기를 사용하는 경우에는 스위칭 전압안정기(switching regulator)보다는 선형 전압안정기(linear regulator)를 사용하는 것이 좋은데, 특히 고해상도 변환기의 경우에는 더욱 그렇다. 그 까닭은 선형 안정기가 스위칭 노이즈를 추가로 발생시키지 않으면서 출력을 공급하기 때문이다. 필터를 사용하는 경우에는 디지털 전압에 필터 1개를 연결하여 이를 통과하게 한 다음에 모든 아날로그 회로에 전원을 공급한다. 또는 IC마다 아날로그 전원핀과 디지털 전원핀 사이에 필터를 각각 연결한다. 경우에 따라서는 이 연결방식을 모두 사용한다.

디지털 회로는 큰 전류를 끌어들이고 큰 과도전류를 흐르게 하므로 전원 커넥터는 반드시 기판의 디지털 구역 내에 위치해야 한다. <그림 17-20>에서 보듯이 전원은 전원커넥터를 통해 디지털 회로에 직접 공급될 수 있다. 디지털 회로에 바로 연결된 전원은 필터나 전압안정기를 거쳐 아날로그 회로의 전원으로 사용될 수 있다.

아날로그 전압안정기나 필터는 A/D 변환기의 경우에서와 마찬가지로 기판의 아날로그 구역과 디지털 구역을 분할하는 경계면의 양쪽에 걸치도록 배치해야 한다.

17.9.2 디커플링(Decoupling)

대부분의 혼성신호 IC에 대해 디지털 전원은 아날로그 접지로 디커플링을 해야 한다. 그러나 아날로그 접지판에 흐르는 디지털 전류를 최소로 하려면 디지털 디커플링 커패시터를 IC의

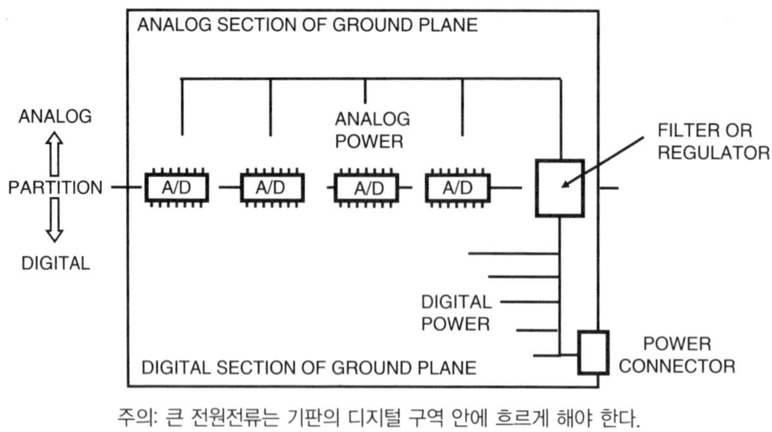

그림 17-20 한 개의 전원공급기로 PCB에 전원을 공급하는 방법(PCB는 제대로 분할되어 있다.)

*DGND*핀에 직접 연결해야 한다. 이것을 <그림 17-21>에 나타내었다.

혼성신호 IC의 디지털 전원핀에는 디지털 전원을 연결하여 사용할 수도, 아날로그 전원을 연결하여 사용할 수도 있다. 어느 경우든 페라이트 비드나 저항과 같이 작은 임피던스를 갖는 부품(<그림 17-21>의 *Z*)으로 전원핀과 전원을 격리시켜야 한다. 아날로그 전원을 사용하는 경우, 이런 식으로 격리를 하면 디지털 노이즈가 아날로그 전원으로 들어가는 것을 막는 데 도움이 된다. 디지털 전원을 사용하는 경우에는 이렇게 하는 것이 디지털 전원 노이즈가 변환기의 디지털 회로와 디커플링 커패시터에 영향을 주는 것을 막는 데 도움을 준다.

위에서 설명한 접지방법에서 예외가 되는 것이 많은 디지털 회로로 구성된 마이크로프로세서와 코덱을 가진 대용량 디지털 신호처리(digital signal processor, DSP) IC이다. 이 IC는 *AGND*와 *DGND*를 각자의 접지판에 제각각 연결하는 것이 보통이다. 일반적으로 이 IC는 아날로그 회로와 디지털 회로 사이에 우수한 노이즈 격리 특성을 갖도록 설계되어 있다. IC의 데이터시트에서 추천하는 방법을 살펴보기 바란다.

<그림 17-22>은 어떤 혼성신호 IC에 디지털 디커플링 커패시터를 연결하기 위한 레이아웃을 보여주고 있다. 그림에서 보듯이, *DGND* 핀은 비어를 통해 아날로그 접지판에 직접 연결되어 있는데 이것에 의해 *AGND* 핀과 *DGND* 핀 사이의 임피던스는 최소가 된다. 그리고 디커플링 커패시터의 접지 끝부분은 아주 짧은 트레이스로 이 비어에 연결되므로 결국 *DGND* 핀에 직접 연

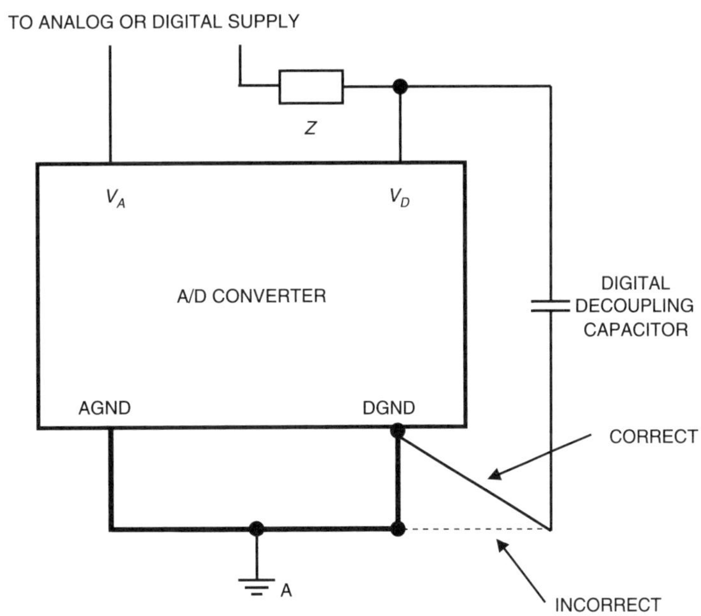

그림 17-21 혼성신호 IC의 디지털 전원에 대한 올바른 디커플링 방법. 디커플링 커패시터는 반드시 혼성신호 IC의 *DGND* 핀에 직접 연결해야 한다.

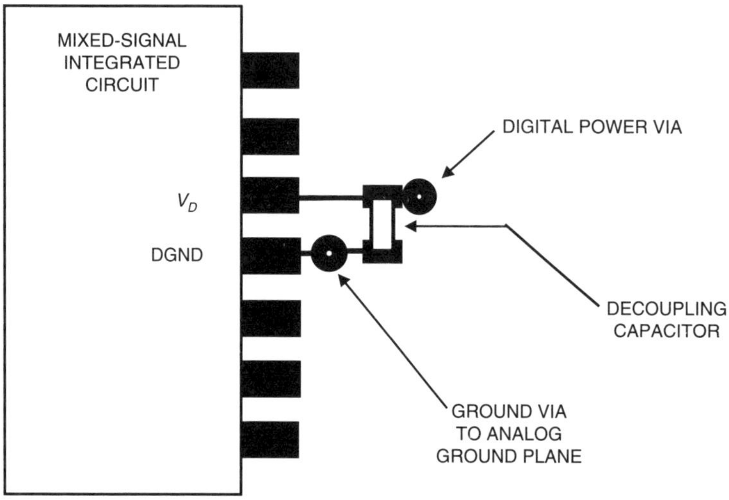

그림 17-22 혼성신호 IC에 디지털 디커플링 커패시터를 연결하기 위한 레이아웃 예

결된다. 이 레이아웃에 의해 과도 디커플링 커패시터 접지전류는 아날로그 접지판으로 흘러들어 가지 못한다.

17.10 산업공정제어 문제(THE IPC PROBLEM)

산업공정제어(Industrial process control, IPC) 장비는 혼성신호 설계자에게 지금까지 설명했던 것과는 약간 다른 문제를 제시한다. 모터(motor), 릴레이(relay), 솔레노이드 드라이버(solenoid driver)와 같이 노이즈를 발생시키는 아날로그 회로들이 디지털 회로나 낮은 신호레벨로 동작하는 아날로그 회로에 장해를 일으키는 것은 흔히 있는 일이다. 모터, 릴레이, 솔레노이드 드라이버의 전류는 주파수가 낮은 신호이므로, 이 신호전류에 대한 귀환전류는 인덕턴스가 가장 낮은 경로인 신호 트레이스의 아래를 따라 흐르지 않고 저항이 가장 작은 경로를 따라 흐른다. 지금까지 설명한 모든 원리가 여전히 유효하지만 이 원리의 적용은 약간 다를 것이다.

IPC 문제를 다루는 몇 가지 방법은 다음과 같다.

- 노이즈가 섞인 아날로그 신호에 대해서는 귀환판 대신 귀환 트레이스를 사용하여라.
- 접지판을 나누고 나뉜 부분을 연결하는 다리(bridge)를 만들어 트레이스들이 이 다리 위를 통해 나뉜 부분 사이를 오고갈 수 있게 하여라.
- 노이즈가 있는 아날로그 트레이스를 배선할 때는 이 트레이스에 대한 귀환경로(가장 인덕턴스가 작은 경로)가 기판의 디지털 구역이나 아날로그 구역을 통해 지나가지 않도록 해야 한다.

- 접지판을 쪼갠 다음, 접지판의 갈라진 틈 위를 가로질러 신호를 배선할 때는 광 아이솔레이터(opto-isolator), 트랜스포머(transformer), 자기저항 아이솔레이터(magnetoresistive isolator) 등을 사용하여라.

<그림 17-23>은 조각난 접지판에 다리(bridge)를 만들어 신호가 한 부분에서 다른 부분으로 지나가게 한 예를 보여주고 있다. 이 방법으로 좋은 효과를 얻으려면 트레이스를 접지판에 난 틈이나 해자(moat) 위를 지나게 배선해서는 안 된다.

<그림 17-24>는 갈라진 접지판을 가진 혼성신호 기판으로 갈라진 틈 사이에 신호를 오가게

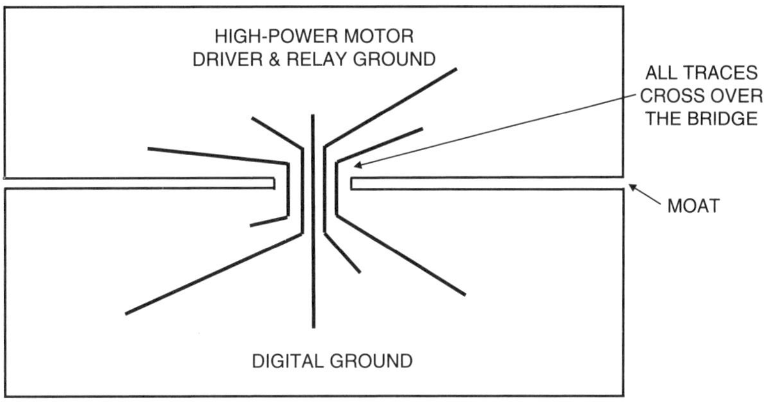

그림 17-23 다리(bridge)를 사용하여 노이즈가 많은 아날로그 접지를 디지털 접지에 연결한 혼성신호 IPC의 예. 갈라진 틈 위를 가로질러 배선되는 트레이스는 없어야 한다. 모든 트레이스는 다리 위를 지나도록 배선돼야 한다.

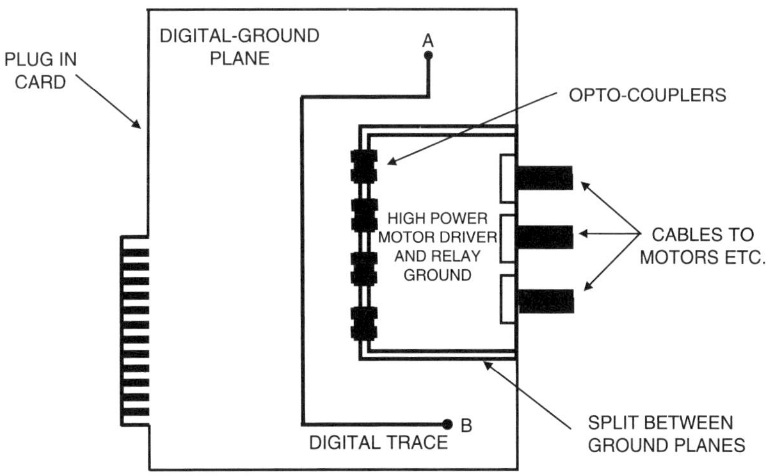

그림 17-24 갈라진 접지판을 가진 혼성신호 IPC 기판의 예. 신호가 갈라진 틈을 가로질러 지나갈 수 있게 하기 위해 광커플러가 사용되었다.

하기 위해 광커플러(optocoupler)를 사용하였다. 이 예에서 *A*점에서 *B*점으로 가는 디지털 트레이스는 반드시 디지털 접지판 구역의 위쪽으로 배선을 해야지 *A*점과 *B*점을 잇는 직선경로를 따라 배선되어서는 안 되는 것에 주의해야 한다. 직선으로 배선하면 접지판의 갈라진 틈 위를 가로지르게 되기 때문이다.

요약 SUMMARY

- 혼성신호 PCB는 아날로그 구역과 디지털 구역으로 분할하여야 한다.
- A/D 변환기나 D/A 변환기는 디지털 구역과 아날로그 구역을 분할하는 경계에, 두 구역을 걸치도록 배치해야 한다.
- 접지판을 쪼개지 말아라. 기판의 아날로그 구역과 디지털 구역의 아래에 한 개의 균일한(갈라지지 않은) 접지판이 놓이도록 하여라.
- 어떤 이유로 접지판이나 전원판을 갈라야 하는 경우에는 갈라진 판에 인접한 층의 트레이스가 갈라진 틈을 가로지르게 배선되어서는 안 된다.
- 갈라진 전원판의 틈을 가로질러야 하는 트레이스가 있을 경우에는 균일한 접지판이 이 트레이스에 인접해 있어야 한다.
- 디지털 신호는 기판의 디지털 구역 안에만 배선해야 한다. 이 규칙은 모든 층에 적용된다.
- 아날로그 신호는 기판의 아날로그 구역 안에만 배선해야 한다. 이 규칙은 모든 층에 적용된다.
- 접지 귀환전류가 실제 어느 곳을 어떤 식으로 흐르는지 생각해야 한다.
- 성공적인 혼성신호 PCB 레이아웃을 달성하는 데 핵심이 되는 것은 단일 접지판 사용, 올바른 분할, 올바른 배선 규칙이다.
- 18비트 이상의 고해상도 변환기 기판에서 디지털 로직 신호에는 스트립선로나 비대칭 스트립선로 구조를 사용하여라.
- 고해상도 A/D 변환기나 D/A 변환기의 경우, 기판을 아날로그 접지구역과 디지털 접지구역으로 나누어 격리하고 격리된 모든 접지구역들을 각 A/D 변환기나 D/A 변환기 아래쪽에서 디지털 접지에 연결되게 한다.
- A/D 변환기와 D/A 변환기, 그리고 대부분의 혼성신호 IC는 아날로그 회로를 일부 포함하고 있는 디지털 부품이 아니라 디지털 회로를 일부 가지고 있는 아날로그 부품으로 간주하여 취급해야 한다.
- 여러 개의 기판으로 이루어진 혼성신호 시스템의 경우에는 A/D 변환기와 D/A 변환기는 아날로그 기판에 장착해야 한다.
- 혼성신호 IC에서 *AGND*라는 핀 이름과 *DGND* 라는 핀 이름은 이 핀들이 IC 내부에서 연결되어 있는 곳을 가리키는 것이지 이 핀들이 IC 외부에서 연결돼야 할 곳이나 연결해야 하는 방법

을 뜻하고 있는 것이 아니다.

- 대부분의 혼성신호 IC에서 *AGND* 핀과 *DGND* 핀은 둘 다 아날로그 접지판에 연결돼야 한다.
- 혼성신호 IC에서 디지털 디커플링 커패시터는 디지털 접지핀에 직접 연결돼야 한다.
- 대부분의 혼성신호 시스템을 성공적으로 레이아웃 하려면 1개의 연속된 접지판을 사용해야 한다.
- 고해상도의 데이터 샘플링 시스템에서는 지터가 낮은 샘플링 클록이 필수적이다.
- 혼성신호 주변회로의 레이아웃을 제대로 하고 접지연결을 제대로 하는 것이 시스템 성능을 최적화 하는 데 필수적이다.

연습문제 PROBLEMS

17.1 성공적인 혼성신호 PCB 레이아웃에 핵심이 되는 요소는 무엇인가?

17.2 디지털 논리 트레이스가 접지판에서 0.010 inch 떨어져 있을 때, 이 트레이스의 중심선을 기준으로 어느 한쪽으로 얼마 떨어진 거리 안에 귀환전류의 99%가 분포해 있는가?

a. 트레이스가 마이크로스트립선로 구조인 경우

b. 트레이스가 스트립선로 구조인 경우

17.3 혼성신호 PCB에서 접지판을 쪼개서 사용하는 경우에 반드시 피해야 할 것 두 가지는 무엇인가?

17.4 혼성신호 PCB에는 몇 개의 기준판이 필요한가?

17.5 고해상도 A/D 변환기를 다루는 두 가지 방법은 무엇인가?

17.6 A/D 변환기와 D/A 변환기에서 *AGND*라는 핀 이름과 *DGND*라는 핀 이름은 무엇을 가리키는가?

17.7 대부분의 혼성신호 IC는 디지털 부품으로 간주하여 취급해야 하는가, 아니면 아날로그 부품으로 취급해야 하는가?

17.8 입력신호가 60 MHz, 샘플링 클록의 지터가 300 fs (실효값)인 이상적인 A/D 변환기의 최대 SNR과 해상도(bit 수)는 얼마인가?

17.9 어떤 A/D 변환기가 1 MHz의 신호를 샘플링 하는 경우에 24비트의 해상도를 얻으려면 샘플링 클록지터의 최대 허용값은 얼마인가?

17.10 최대 주파수가 50 kHz인 어떤 오디오신호를 16비트 A/D 변환기로 샘플링 하는 경우, LSB를 분해하기(나타내기) 위한 클록지터의 최대 허용값은 얼마인가?

17.11 대부분의 혼성신호 부품의 *AGND* 핀과 *DGND* 핀은 어디에 연결해야 하는가?

17.12 문제 17.11의 방법에 예외가 되는 것은 무엇인가?

17.13 혼성신호 IC에서 디지털 디커플링 커패시터의 접지쪽은 어디에 연결돼야 하는가?

참고문헌 REFERENCES

Kester, W. "A Grounding Philosophy For Mixed-Signal Systems." *Electronic Design*, *Analog Applications Issue*, June 23, 1997.

King, W. M. "Digital Common-Mode Noise: Coupling Mechanisms and Transfers in the Z-Axis." *EDN*, September 2, 2004.

Nunn, P. "Reference-Clock Generation for Sampled Data Systems." *High Frequency Electronics*, September 2005.

Terrell, D. L. and Keenan, R. K. *Digital Design for Interference Specifications*, 2nd ed. Pinellas Park, FL, The Keenan Corporation, 1997.

심층자료 FURTHER READING

Holloway, C. L. and Kuester, E. F. Closed-Form Expressions for the Current Densities on the Ground Plane of Asymmetric Stripline Structures. *IEEE Transactions on Electromagnetic Compatibility,* February, 2007.

Johnson, H. "ADC Grounding." *EDN*, December. 7, 2000.

Johnson, H. "Multiple ADC Grounding." *EDN*, February. 2001.

Johnson, H. "Clean Power." *EDN*, August. 2000.

Kester, W. *Mixed-Signal and DSP Design Techniques*, Chapter 10, (Hardware Design Techniques). Norwood, MA, Analog Devices, 2003.

Kester W. *Ask the Application Engineer*—12, Grounding (Again), Analog Dialogue 26-2, Norwood, MA, Analog Devices, 1992.

Ott, H. W. "Partitioning and Layout of a Mixed-Signal PCB," *Printed Circuit Design*, June 2001.

Chapter 18

EMC 사전적합성 측정

Precompliance EMC Measurements

지금까지 살펴본 것은 법에 따른 EMC 측정에 대한 것이 대부분이었다. 다시 말해 여러 가지 EMC 규정에 따라 야외시험장(open area test site, OATS)이나 대형 세미-전자파 무반사실(Semianechoic chamber)과 같은 고가의 복잡한 설비를 사용하여 수행되는 적합성 측정에 관한 내용이었다. 이들 설비는 가격이 수십억 원에 이르는 경우도 있다. 그렇지만 제품개발실에서 저가의 측정기기들을 사용하여 EMC 관련한 제품의 성능을 살펴볼 수 있는 간이 EMC 시험에 대해서는 거의 다루지 않았다.

18장에서는 제품개발실에서 수행할 수 있는 EMC 측정에 관련한 내용을 다룬다. 비교적 저가인 몇 가지 장비들을 사용하여 이러한 간단한 측정을 수행할 수 있다. 스펙트럼 분석기(spectrum analyzer)를 비롯하여 측정에 필요한 모든 장비들을 갖추는 데 3천만원정도면 가능하다. 이미 스펙트럼 분석기를 가지고 있다면 1500만원정도의 예산이면 충분하다. 이러한 간이 시험의 큰 장점은 제품개발자가 자체 개발실에서 설계 초기단계에 이들 시험을 수행할 수 있다는 것이다. 이들 시험은 통제된 환경의 시험설비에서 수행되는, 법으로 규정된 EMC 측정처럼 정확하지는 않다. 그렇지만 이들 시험을 간단하고 빠르게 개발실의 작업대에서 쉽게 수행할 수 있다는 사실은 정확도가 떨어진다는 문제를 충분히 보상하고도 남는다. 특히 설계 초기 단계에서 시험을 수행하는 경우에는 더욱 그렇다. 이 책에서는 이러한 간이 시험을 "개발실 EMC 측정(workbench EMC measurements)"이라는 용어로 부르기로 한다.

제품설계단계에서 초기에 수행하는 EMC 시험의 장점은 다음과 같다.

- 최종 적합성 인증시험에서 통과할 확률이 높아진다.
- EMC 시험실에서 적합성 인증시험 통과에 필요한 재시험 횟수를 줄일 수 있다.
- (EMC 인증 실패로 의해) 설계 막바지에 난처한 일이 일어나는 것을 막을 수 있다.
- EMC를 고려한 설계는 제품설계의 일부로 포함돼야 하는 것이지 나중에 추가로 해주는 작업이 아니라는 점을 확실히 할 수 있다.

EMC 시험연구소의 통계 데이터를 살펴보면 최종 적합성 인증시험에 제출된 제품의 85%는 첫 번째에서 통과하지 못했다. 이번 장에서 설명하는 간단한 '개발실 EMC 측정' 을 사용하면 이 통계는 85% 또는 그 이상의 제품이 법적 EMC 적합성 인증시험을 첫 번째에서 통과한다는 것으로 바뀔 수 있다.

18.1 시험 환경(TEST ENVIRONMENT)

방사성 방출시험(Radiated Emission Test) 시설은 반사(reflection)를 고려하여 주의 깊게 설계하고 건설해야 한다. 즉 반사면(reflective surface)을 오직 한 개만 갖도록 만들어야 하는데 이 반사면이 접지판(ground plane)이다. 이를 위해 야외시험장(OATS)을 부근에 금속성 물체가 없는 공터(야외)에 위치시킨다. 시험장에 있는 금속 접지판이 유일한 반사면이다. 측정거리가 3m, 또는 10 m인 대형 세미-전자파 무반사실[1]의 경우에는 이 조건을 충족시키기 위해 바닥을 금속 접지판으로 하고 벽과 천장에는 RF 흡수물질(탄소재질의 피라미드 모양의 원뿔 또는 페라이트 타일)을 부착하여 RF에너지를 흡수하고 반사를 막는다.

'개발실 EMC 측정' 을 수행하는 환경(즉 설계 연구실)은 위에서 설명한 내용과는 정반대이다. 보통, 이곳에는 금속으로 된 벽뿐만 아니라 금속 파일 캐비닛, 금속 책상, 개발실 작업대와 같은 통제되지 않은 반사면이 많이 있다. 이렇게 통제되지 않은 환경에서 방사성 방출 시험을 수행하는 것은 바람직하지 않다. 따라서 방사성 방출량을 바로 측정하기보다는 방사성 방출량에 비례하는 파라미터들을 측정해야 한다.

여러분이라면 흡수체를 부착하지 않은 소형 차폐실(shielded room)을 만든 다음, 그 안에 제품과 수신 안테나를 놓고 방사성 방출량을 측정하려고 하지 않을 것이 분명하다. 이러한 방법으로 측정을 하면 시험과 관련한 오차가 매우 커진다. 벽과 천장에서 반사되는 양이 큰 경우에는 방사성 방출 패턴 상에 0(null)과 피크(peak)가 생기는데, 이렇게 되면 ±40dB정도의 큰 오차가 발생한다 (1996년 Cruz 와 Larsen).

'개발실 EMC 측정' 이 쓸모가 있으려면 시험이 수행되는 동안 통제되지 않은 환경에 의해 측정이 영향을 받지 않게 (또는 영향을 받더라도 최소가 되게) 해야 한다.

---

1) 국제 EMC 측정 표준위원회에서는 측정거리가 5 m 인 완전 전자파무반사실(fully anechoic chamber, 바닥에 반사면이 없는 차폐실)에서 방사성 방출 측정을 하는 방식을 신중하게 고려하고 있다. 그러나 이 방식의 한 가지 문제점은 허용한계치를 변경해야 한다는 점이다. 시험방법과 허용한계치는 밀접한 관계가 있으므로 허용한계치가 변경되면 제품의 간섭 잠재력(가능성)에 대한 새로운 연구가 필요하다.

18.2 안테나 대 프로브(ANTENNAS VERSUS PROBES)

이 책에서는 18.9절의 시험 이외에는 사전 적합성시험에 안테나를 사용하지 않는다. 안테나는 사이즈가 크며(파장과의 비율이 상당히 큰 것이 보통), 가까운 곳의 반사에 매우 민감하고 주위의 금속으로 된 물체와 상호작용을 한다.

이 책에서는 안테나 대신 사이즈가 파장보다 훨씬 작은 소형 프로브를 사용하는데, 이 프로브는 주위의 금속물체와 아주 가까운 곳에서도 사용할 수 있으며 반사되는 RF 에너지에 아주 둔감하다. 여기서 사용하는 프로브의 사이즈는 수 인치 이하이다. 이에 비해 안테나의 사이즈는 수 피트정도이다. 예를 들어, 30 MHz 수신용 다이폴 안테나의 길이는 5 m(16.4 피트)이다.

18.3 케이블 위의 공통모드 전류 (COMMON-MODE CURRENTS ON CABLES)

사전 적합성 측정방법 중에서 가장 좋은 것은 두말할 나위 없이 제품에 연결된 모든 케이블에 대해 케이블상의 공통모드 전류를 측정하는 것이다.

케이블로부터의 방사는 식 (12-7)에 표현된 것처럼 케이블상의 공통모드 전류에 정비례한다. 공통모드 전류는 케이블에 흐르는 불평형전류(unbalanced current, 귀환하지 않는 전류)이다. 이 전류가 케이블을 통해 귀환하지 않는다면 어디로 가는 것일까? 이 전류가 가는 곳은 방사(radiation)로 공통모드 전류에 의해 방사가 발생한다! 의도적인 신호(차동 모드 신호)의 경우, 전류는 케이블의 한 도선을 따라 흐르다가 이 도선의 가까이에 있는 다른 도선으로 귀환하므로 알짜전류는 0이 되어 공통모드 방사가 제거된다.

모든 경우에 케이블은 제품에서 발생하는 방사의 주된 원천(source)이기 때문에, 공통 모드 전류의 측정은 엔지니어가 습득해야 할 가장 유용한 시험방법중의 하나이다. 고주파, 클램프 전류 프로브(high frequency, clamp-on current probe)(<그림 18-1>에 실린 전류프로브의 품명은 Fischer Custom Communication Model F-33-1)와 스펙트럼 분석기로 공통모드전류를 쉽게 측정할 수 있다. 전류프로브의 지름은 약 2.75인치이고, 한가운데에 케이블이 통과할 수 있도록 1인치의 구멍이 뚫려있다.

시험장치의 구성을 <그림 18-2>에 나타내었다. F-33-1 전류프로브는 2~250 MHz의 주파수범위에서 평탄한 주파수 응답을 갖는다. 전류 프로브의 전달 임피던스(transfer impedance)[2)]

2) 전달 임피던스 Z는 프로브의 출력 전압 V와 피측정 케이블의 전류 I의 비(ratio). 따라서 $Z = V/I$(단위: Ω) 또는 $Z = 20 \log (V/I)$ (단위: dBΩ). 전달임피던스가 클수록 프로브는 더욱 민감하다(감도가 좋다).

그림 18-1 공통모드 전류 클램프(Fischer Custom Communication Inc. 사 제공)

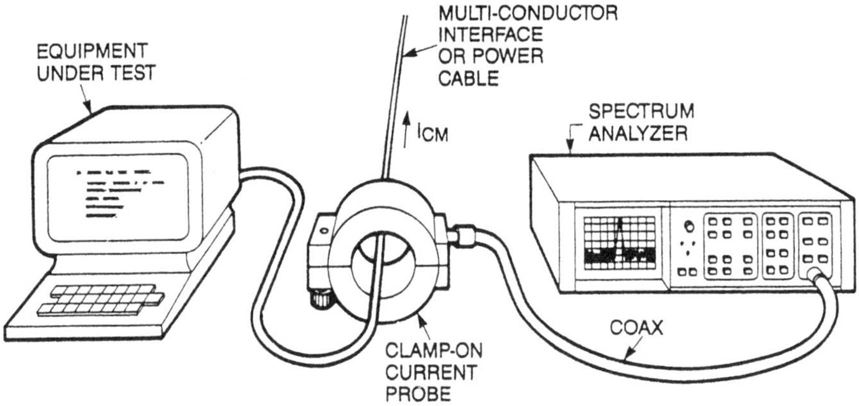

그림 18-2 공통모드 전류 측정을 위한 시험 장치

는 5 Ω(+14 dBΩ)이므로 1 A 전류가 흐르면 전류프로브는 5 V 출력을 발생시킨다.

공통모드 케이블 방사는 대부분 250 MHz 이하에서 발생하므로 F-33-1 프로브는 충분한 대역폭을 가지고 있다고 할 수 있다. 그러나 이보다 넓은 대역폭이 필요한 경우에는 주파수범위가 1 GHz까지 올라가는 F-61 공통모드 전류클램프를 사용하면 된다. 이 프로브는 F-33-1 프로브보다 더 민감하다(감도가 좋다). F-61 프로브의 주파수 응답은 40 MHz～1 GHz의 주파수 범위에서 ±1dB를 벗어나지 않는다. F-61 프로브의 전달임피던스는 18 Ω(+25 dBΩ)이다. 따라서 1 μA 전류가 흐르면 전류프로브에서 18 μV 출력이 발생한다.

엔지니어는 '모든' 케이블에 대해 공통모드 전류를 측정하는 습관을 가져야 한다! 공통모드 전류 측정은 제품개발과정의 초기에, 설계 변경을 하기에 쉬운 시제품 모델(prototype model)에 대해 수행해야 하며 최종 EMC 적합성 인증시험을 수행하기 이전에 해야 한다. 공통모드 전류 시험에서 실패하는 경우에는 방사성 방출 시험에서도 실패하게 된다.

B급(Class B) 제품의 경우, 전류는 5 μA 미만이 돼야 한다 (A급(Class A)의 경우에는 15 μA). 길이가 1 m 이상인 케이블에 대해서는 이 허용한계치를 사용한다. 길이가 1 m 미만인 케이블의 경우, 허용전류의 크기는 케이블 길이에 반비례한다. 예를 들어 길이가 1/2 m인 케이블의 경우에 최대전류는 B급(Class B) 제품에 대해서 10 μA(A급(Class A) 제품에 대해서는 30 μA)가 된다.

5 μA는 14 dB μA와 같다. F-33-1 프로브를 사용하는 경우, 5 μA의 전류에 대한 출력전압은 다음 식과 같이 이 전류 값(dB단위)을 프로브의 전달 임피던스 값(dB단위)에 더하여 구할 수 있다.

$$V = 14\ \text{dB}\mu\text{A} + 14\ \text{dB}\Omega = 28\ \text{dB}\mu\text{V} \tag{18-1}$$

그러므로 길이가 1 m 이상인 케이블에 흐르는 전류를 측정하는 경우, 스펙트럼 분석기에 측정되는 프로브 출력전압이 28 dBμV보다 작아야 Class B 허용기준을 통과할 수 있다. Class A 제품에 대해서는 측정전압이 38 dBμV보다 작아야 한다.

이 방법은 차폐된 케이블과 차폐되지 않은 케이블을 가리지 않고 모두 적용할 수 있다. 그런데 이 방법은 케이블 실드의 종단(termination)방식의 효과를 알아보는 데 아주 좋은 방법이다. 공통모드 방사를 억제하기 위해 케이블에 공통모드 필터나 페라이트 코어를 사용한 경우에는 그 억제 효과를 전류프로브 측정을 통해 알 수 있다. 필터(또는 페라이트)를 장착하기 이전과 이후의 전류를 측정하기만 하면 된다. 차폐효과는 케이블 실드의 종단 방식을 바꾸어가면서 전류를 측정하면 된다.

리본 케이블(ribbon cable)의 전류를 측정하기 위해 <그림 18-3>과 같은 특별한 클램프-온

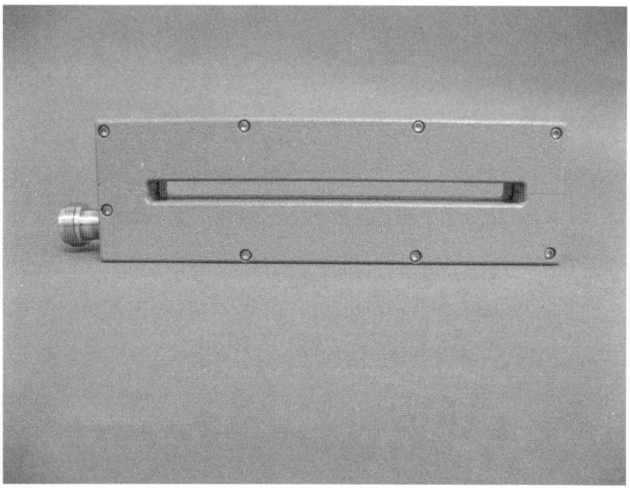

그림 18-3 리본 케이블용으로 설계된 공통모드 전류클램프(Fisher Custom Communications Inc. 제공)

(clamp-on) 전류 프로브를 사용할 수 있지만 대부분의 경우에는 이것을 사용할 필요는 없다. <그림 18-1>의 표준 전류 클램프의 둥근 구멍에 맞도록 리본 케이블을 접으면 전류 측정이 가능하다. 이렇게 케이블을 접어도 공통모드 전류에 영향을 주지는 않는다.

케이블의 용도와 관계없이 모든 케이블에 대해 측정을 해야 한다. 신호 케이블, 전원 코드(교류전원코드 또는 직류전원코드), 광섬유 케이블(fiber-optic cable), 비디오 모니터 케이블(video monitor cable), 입출력 케이블(I/O cable), 통신 케이블(telecom cable), 그밖에 제품에 부착된 모든 케이블을 측정해야 한다. 제품에 연결된 케이블은 공통모드 방사를 일으키는 원천(source)이 될 수 있다.

18.3.1 시험 절차(Test Procedure)

우리가 원하는 것은 모든 케이블의 공통모드 전류를 하나도 빠짐없이 5 μA 이하로(Class A 제품의 경우에는 15 μA) 줄이는 것이다. 그렇지만 케이블 사이에는 상호작용이 일어나기 때문에 한 케이블의 공통모드 전류를 줄이면 다른 케이블의 공통모드 전류가 증가할 수도 있다.

공통모드 전류 클램프를 사용하여 한 번에 한 케이블씩 전류를 측정한다. 공통모드 필터, 페라이트 초크, 케이블 실드(shield) 등을 사용하여 전류가 요구되는 허용한계치 이하가 되게 한다. 그러고 나서 다음 케이블에 대해 동일한 작업을 수행한다. 모든 케이블에 대해 이 작업을 완료한 다음에 이 과정을 되풀이하는데, 이렇게 하는 것은 앞서 조치를 취한 케이블들 중 일부에서 전류가 증가했을 수도 있기 때문이다. 모든 케이블들의 전류가 허용한계치 이하가 될 때까지 이 과정을 되풀이한다. 그러다보면 모든 케이블들에 2~3번 이 과정을 수행해야 할 수도 있다. 모든 과정을 끝마치면, 모든 케이블의 전류는 5 μA 이하(Class A 제품의 경우에는 15 μA)가 되고 케이블은 더 이상 방사성 방출 문제를 일으키지 않게 된다.

18.3.2 주의 사항(Cautions)

케이블은 제품으로부터 결합(전달)되는 에너지를 방사할 뿐만 아니라 현지 FM 방송국이나 TV 방송국과 같은 외부 신호원으로부터 에너지를 수신(pickup)한다. 따라서 모든 측정에 대해 측정하려고 하는 것을 정확히 측정하고 있는지 입증해야 한다.[3)] 공통모드 전류 측정을 위한 간단한 유효성 시험으로, 제품의 전원을 끈 다음에 신호 값이 0이 되는지 살펴보는 것이 있다. 만일 신호가 0이 되지 않으면 이는 외부에서 수신된 신호에 의한 것이다. FM 방송국의 신호는 보통 이러한 방식으로 수신이 되므로 88～108 MHz(미국의 경우) 대역 안에 들어오는 신호는 외부 신호

3) 이것을 "영(零)실험(null experiment)"이라고 한다. 이는 결과가 0이 나오게 하는 시험으로 장비의 시험구성이 유효성 여부를 입증하기 위해 사용한다.

원으로부터 수신된 것으로 의심해볼 수 있다. 따라서 항상 같은 장소에서 시험을 수행하는 경우에는 해당 지역의 모든 FM 방송국의 주파수들을 알아야 한다.

시험중인 케이블에는 정재파(standing wave)가 존재할 수 있다. 정재파가 존재하는 경우에는 케이블을 따라 전류 프로브를 움직여가면서 최대전류의 위치를 알아낼 수 있다. 주파수가 30 MHz 이상인 경우에는 전류프로브를 약 1 m (한 팔의 길이정도)만큼만 움직여보면 최대전류를 감지할 수 있다. 케이블의 길이가 30 m인 경우라면 케이블의 전체를 따라 전류클램프를 이동시킬 필요는 없다. 대부분의 경우, 최대값은 시험대상 제품 가까운 쪽에서 발생한다.

여러 가지 EMC 측정시험 중에서 가장 유용한 것이 공통모드 전류 측정이다. 공통모드 전류 측정은 EMC 규정의 적합성 인증을 획득하는 데 소요되는 비용과 시간을 크게 줄여줄 것이다. **그러니 공통모드 전류측정 방법을 익혀 자주 수행하여라!**

18.4 근거리장 측정(NEAR FIELD MEASUREMENTS)

12장에서 설명했듯이 디지털 전자장치에서 발생하는 방사는 공통모드와 차동모드를 가리지 않고 어느 방식으로든 일어날 수 있다. 조금 전에 살펴본 케이블 전류측정으로는 공통모드 방사 메커니즘에 대한 정보를 얻을 수 있다. 이제 필요한 것은 차동모드 방사 메커니즘에 대한 정보이다. 차동모드 방사는 PCB 상의 루프를 따라 흐르는 전류에 의해 발생한다. 이러한 전류루프는 작은 루프 안테나처럼 동작하므로 자기장을 방사한다. 그러므로 PCB 바로 근처에서 자기장을 측정해야 한다. <그림 2-29C>와 유사한 소형 차폐-루프 프로브(shielded-loop probe)로 이러한 측정을 수행할 수 있다.

Scott Roleson은 1984년 EDN[4]에 실은 기사에서 이 루프 프로브의 설계와 구조에 대해 설명하였다 (Roleson, 1984). 이 자기장 프로브의 상세구조는 <그림 18-4>와 같다. 이 기사에서 설명한 프로브의 상업용 제품은 <그림 18-5>에 있는 Fisher Custom Communication사에서 제작한 F-301 차폐 루프 센서이다. 루프의 지름은 약 3/4인치이며 10～500 MHz의 주파수 범위에서 사용이 가능하다.

자기장으로 프로브를 보정(calibration)할 수는 있다고 하지만 근거리장 측정(near-field measurement)의 결과로부터 원거리장(far field)의 방사 크기를 추정해낼 수는 없다. 근거리장과 원거리장에 대한 더 자세한 내용에 대해서는 6.1절을 참고하기 바란다. 그러므로 이 프로브로 수행하는 측정은 정량적이 아니라 정성적이다. 그렇다 하더라도 이 근거리장 측정은 과도한 차

4) (옮긴이) EDN(Electronics, Design, Strategy, News)은 전자회로 설계 엔지니어를 대상으로 정보, 뉴스, 비즈니스 전략 등을 제공하는 뉴스레터와 잡지이다. http://www.edn.com/

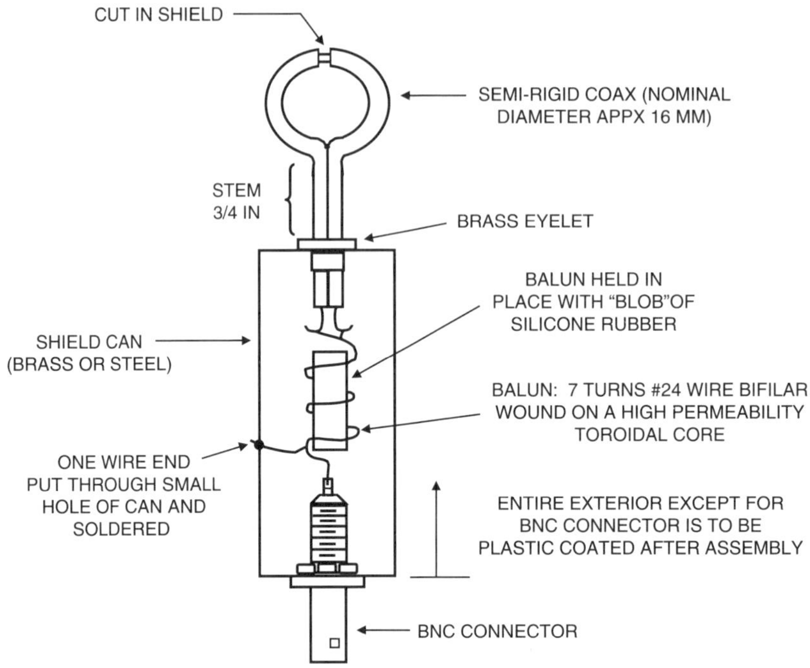

그림 18-4 차폐 루프 자기장 프로브(shielded-loop magnetic field probe)의 상세구조

그림 18-5 소형 스플리트-차폐 자기장 루프 프로브(split-shielded magnetic field loop probe)

동모드 방사를 일으키는 신호원을 찾아내는 데 유용하다. 또한 제품을 변경하거나 수정하는 경우, 이를 실시하기 전과 후의 비교에도 유용하다.

이 자기장 프로브의 대용으로 50 Ω 동축케이블을 이용하여 간이 프로브를 손수 만들 수 있다. <그림 18-6>과 같이 케이블의 한쪽 끝을 구부려 지름이 3/4~1인치인 루프를 만든 다음, 구부린 쪽 중심도체를 반대쪽 외부도체(즉 실드)에 납땜으로 접속한다. 구부린 쪽 외부 실드는 아무 것과도 연결하지 말아야 한다. 이 간이 프로브는 "Roleson 프로브"처럼 전기장을 확실히 제거하지는 못하지만 그 성능은 사전적합성 시험용으로 사용하기에 충분한 편이다. 이 간이 프로브의 장점은 저렴한 비용으로 쉽게 만들 수 있다는 점이다. 이러한 구조를 갖는 프로브가 상용제품으로도 나와 있다. 예를 들어, EMCO (ETS Lindgren)사의 7405 근거리장 프로브 세트, A.R.A. Technologies사의 HFP-7410 프로브 세트가 있는데, 두 프로브 세트 모두에는 자기장 프로브와 전기장 프로브가 함께 들어있다.[5)]

18.4.1 시험 절차(Test Procedure)

프로브로 PCB 위를 스캔(scan)하면서 "핫스팟"(hot spot, 자기장이 가장 강한 지점)을 찾는다. 강한 자기장은 클록의 고조파 주파수들에서 발생하는 것이 보통이다.

핫스팟을 발견하면 그 부근의 PCB 레이아웃을 점검하여 이 책에서 설명한 '바람직한 EMC 설계방법' 에 위배된 것을 찾아낸다. PCB 레이아웃을 수정한 다음에는 다시 시험을 하여 필드 크기가 줄어들었는지 확인한다.

방출이 주로 집적회로(IC)에서 발생하는 경우에는 부품수준을 넘어 기판수준의 차폐(shield) 대책을 고려해야 한다.

이러한 시험을 하는 동안에 프로브의 방향을 수직이나 수평으로 할 수 있다. 프로브를 수직방

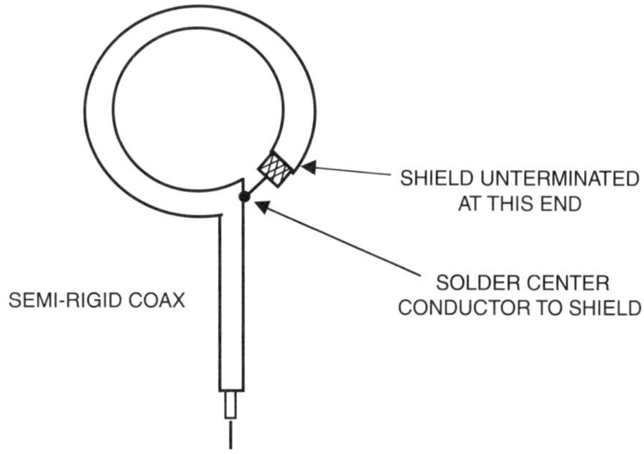

그림 18-6 동축케이블로 만든 간이 자기장 프로브

5) 사전적합성 시험에서는 전기장 프로브를 필요로 하지 않거나 사용하지 않는다.

향(루프평면과 기판이 서로 수직)으로 하는 경우에는 프로브를 제자리에서 0 ~ 90° 로 회전시켜 가며 최대 자기장의 세기를 찾아낸다. 프로브를 수평방향(루프평면과 기판이 서로 평행) 으로 하는 경우에는 회전시킬 필요가 없다. 나는 개인적으로 프로브를 수직방향으로 사용하는 쪽을 선호하는데, 기판에는 높이가 다양한 부품들이 장착돼 있으므로 수직방향으로 해야 이들 부품 사이와 주변을 쉽게 돌아다니며 자기장을 측정할 수 있기 때문이다.

18.4.2 주의사항(Cautions)

두 경우의 자기장(예를 들어 수정 전과 수정 후)의 측정결과를 비교하려고 하면 어느 경우에나 프로브와 기판 사이의 거리를 정확히 같게 유지해야 한다. 이것이 매우 중요한 까닭은 근거리장에서는 자기장의 크기가 신호원(source)으로부터의 거리의 '세제곱' 의 비율로 감소하기 때문이다. 프로브와 신호원 사이의 거리를 0으로 하는 것이 반복하기도 쉽고 기억하기도 쉬우므로 프로브를 수직으로 잡고 기판이나 부품(IC 등)에 접촉시킨다. 이렇게 프로브를 접촉시키면 프로브로 측정되는 값도 최대가 된다.

소형 차폐 자기장 프로브는 외부 필드에는 민감하지 않으므로 이 프로브로 측정하는 자기장은 대부분 피시험 제품으로부터 발생하는 것으로 추정할 수 있다. 이러한 추정이 맞는지는 프로브를 기판으로부터 멀리 떨어뜨려가면서 측정값이 큰 폭으로 감소하는지 여부를 확인하면 되는데, 자기장의 크기는 신호원으로부터의 '거리의 세제곱' 의 비율로 감소하기 때문이다. 물론 피시험 회로의 전원을 OFF 한 다음, 측정값이 사라지는 것을 확인하는 방법으로도 검증을 할 수 있다.

18.4.3 인클로저의 이음매와 구멍(Seams and Apertures in Enclosures)

앞에서 설명한 소형 차폐 자기장 프로브를 사용하여 차폐된 인클로저의 이음매(틈, seam)나 구멍(aperture)에서 새어나오는 필드(filed)를 찾을 수 있다.

<그림 18-7>과 같이 프로브를 인클로저 가까이에 갖다 대는데, 이때 프로브의 루프의 면이 인클로저와 평행이 되도록 한다. 프로브를 이음매나 구멍을 따라 움직이면서 자기장이 강한 지점을 찾는다.

가늘고 긴 구멍의 경우, 구멍의 양끝에서 자기장의 세기가 최대가 되고 구멍의 중앙 지점에서는 0이 된다. 이렇게 되는 것은 <그림 6-25>에 나타낸 것처럼 유도 실드전류(induced shield current)는 구멍의 양끝에서 최대가 되기 때문이다(따라서 이 전류에 의해 발생하는 자기장도 최대가 된다).

지금까지 설명한 두 가지 EMC 사전 적합성 측정(공통모드 전류측정과 PCB 근처의 자기장 측정)은 매우 중요하다. 따라서 이 두 가지 시험은 개발 초기의 시제품 모델에 대해 반드시 수행해야 하며 검정을 수행하는 EMC 시험시설에서 최종 적합성 인증시험을 받기 전에 또 다시 수행해야 한다.

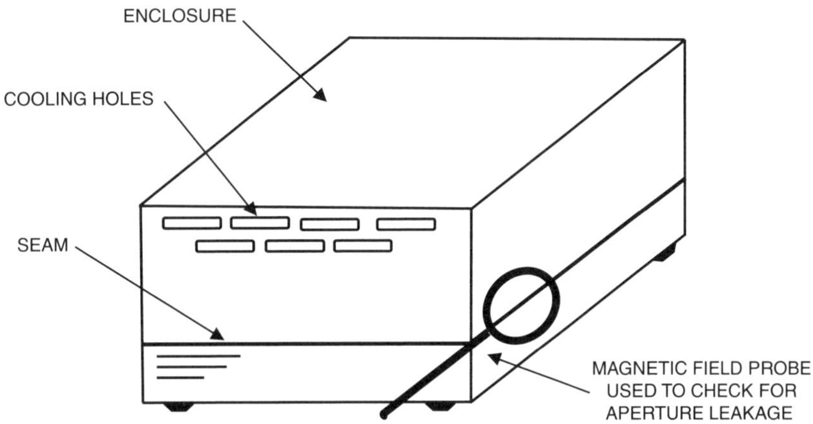

그림 18-7 자기장 프로브를 사용하여 제품의 인클로저에 뚫린 구멍에서 새어나오는 자기장을 측정하는 방법

18.5 노이즈전압 측정(NOISE VOLTAGE MEASUREMENTS)

노이즈전압 측정은 방사성 방출을 일으키는 원천(source)을 정확하게 잡아내는데 도움이 될 수 있다. 표준 ×10 불평형 스코프 프로브(unbalanced scope probe)와 고주파 오실로스코프로 이 노이즈전압 측정을 할 수 있다.

클록파형, IC의 V_{cc}-접지간 노이즈전압, PCB의 접지 차동 노이즈전압, I/O 접지-섀시간 공통모드 전압 등의 측정은 유용하게 쓰인다.

클록파형의 측정은 링잉(ringing)을 비롯하여 파형에 존재하는 언더슈트(undershoot)와 오버슈트(overshoot)를 알아내는 데 유용하다(<그림 10-2A> 참조). 파형에 이러한 것들이 존재하는 경우에는 신호출력에 직렬로 작은 저항이나 페라이트 비드를 달아서 이 과도현상을 제거할 수 있다(<그림 10-2B> 참조). 저항의 값으로 처음에는 33 Ω으로 시작하는 것이 적당한데, 과도현상을 제거할 수 있는 가장 작은 저항값을 찾을 때까지 저항의 값을 변화시킨다.

V_{cc}-접지간 노이즈 측정은 공급전원의 디커플링의 효과를 알아보는 데 유용하다. 오실로스코프로 살펴보면 신호가 변할 때마다(스위칭이 일어날 때마다) 노이즈 스파이크가 나타난다. 오실로스코프 대신에 스펙트럼 분석기를 사용해도 이 현상을 측정할 수 있다. 스펙트럼 분석기를 사용하면 주파수에 따른 디커플링 효과에 대한 정보도 추가로 얻을 수 있는데, 이 정보는 매우 쓸모가 있다.

I/O 영역 (PCB에서 각종 케이블들이 연결되는 구역)에서 PCB 접지와 섀시사이의 공통모드 노이즈전압을 측정하면 케이블로 전달되어 방사를 일으키는 공통모드 잡음전압을 알아낼 수 있다. 물론 케이블 방사를 알아보는 시험으로는 앞 절에서 살펴본 공통모드 케이블 전류 측정이 더 좋은 방법이지만 이 시험방법을 선택할 수도 있다.

18.5.1 평형 차동 프로브(Balanced Differential Probe)

서로 다른 IC의 접지핀들 사이의 차동노이즈 전압을 측정하면 PCB 접지구조가 얼마나 잘 설계되었는지 알 수 있다(<표 10-2> 참조). 접지 위의 두 점(즉 접지 역할을 하는 두 점) 사이의 전압을 측정하므로 표준 불평형 프로브(unbalanced probe) 대신에 평형 차동 프로브(balanced differential probe)를 사용하여 측정해야 한다(부록 E의 E.4절 참조).

측정장비 제조업체들은 대부분 자신들의 장비에 적합하게 만든 고임피던스(FET 입력) 능동 차동 프로브(active differential probe)를 가지고 있다. 이러한 프로브들의 문제점은 값이 비싸고 고장이 나기 쉬우며(FET 입력으로 되어 있어서 과전압이 인가되면 쉽게 손상을 입는다.) 제한된 대역폭을 가진다는 점이다. 이들 문제점은 두 접지점 사이의 노이즈 전압을 측정하는 데 있어서 입력 임피던스가 높을 필요가 없다는 점을 이해하면 모두 해결할 수 있다. 입력 임피던스가 수백 ~1000 Ω 정도만 되어도 두 접지점 사이의 전압측정을 하는 데 아무런 문제가 없다. <그림 18-8>에 나타낸 것은 손수 제작한 ×10 평형 수동 차동 프로브(balanced passive differential probe)이다 (1993년 Smith). 이 프로브의 입력임피던스는 1000 Ω으로 두 접지점 사이의 전압 측정을 잘 수행할 수 있다. 이 프로브는 <그림 4-7>의 평형회로에서 두 개의 동축케이블을 사용한 원리를 실제로 응용한 것이다. 주의할 것은 프로브 팁(probe tip) 끝에서 케이블의 실드와 회로가 연결되면 안 된다는 점이다.

이 평형 프로브를 오실로스코프에 연결하여 사용할 경우, 프로브의 두 입력을 스코프의 두 채널 입력에 연결하는데, 한 채널 입력이 반전되고 두 채널 입력이 더해지도록 조정한다(즉 스코프의 invert, add 기능을 사용한다.). 그런데, 이 수동 차동프로브를 스펙트럼 분석기에 연결하여 사용하는 경우, 스펙트럼 분석기에는 채널 입력이 하나밖에 없으므로 신호를 스펙트럼 분석기로 전달하기에 앞서 두 입력 신호의 차이를 먼저 얻어야 한다. 두 신호의 차이는 고주파 180° 결합

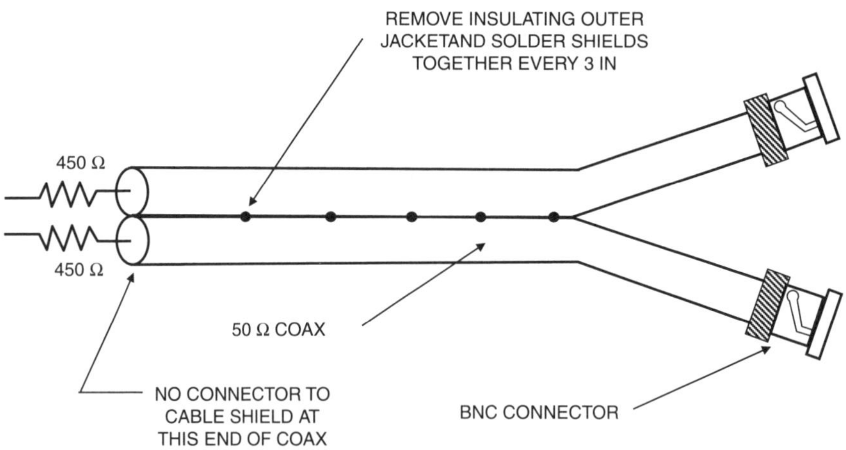

그림 18-8 수동 차동 전압 프로브(passive differential voltage probe)의 상세 구조

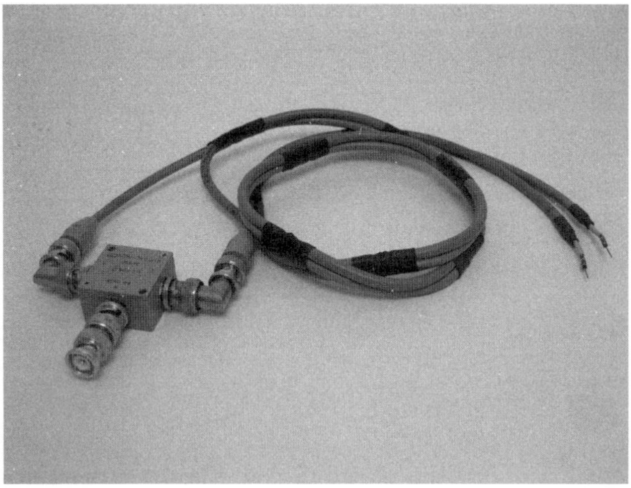

그림 18-9 손수 제작한 ×10 수동 차동 전압프로브(passive differential voltage probe)와 180° 결합기의 연결

기(high frequency 180° combiner)를 사용하여 쉽게 얻을 수 있다. Mini Circuits사의 모델 ZFSCJ-2-1과 같은 결합기는 동작 주파수 범위가 1 MHz~500 MHz 이며 삽입손실이 약 4 dB로 전압을 측정할 때는 이 삽입손실 값을 고려해야 한다. <그림 18-9>에서 180° 결합기와 손수 제작한 간이 수동 ×10 차동프로브가 연결된 것을 볼 수 있다. 이 프로브는 500 MHz까지는 잘 동작하는데, 필요하다면 1 GHz까지 동작하도록 수정할 수 있다. 그런데 프로브가 GHz 범위까지 동작하게 하려면 ×20 프로브가 돼야 한다.

평형 프로브의 두 케이블 중 한 케이블로만 만들면 이것은 입력 임피던스가 500 Ω인 불평형 프로브가 되며 DC~500 MHz 까지 사용할 수 있다.

18.5.2 DC~1 GHz 용 프로브(DC to 1-GHz Probe)

앞에서 설명한 프로브의 주파수 응답이 500 MHz까지로 제한되는 이유는 오실로스코프의 입력 임피던스가 순수하게 50 Ω 저항만으로 되어 있지 않고 50 Ω 저항에 병렬로 스코프의 입력 커패시턴스(보통 3~10 pF)가 연결된 형태로 되어 있기 때문이다. 500 MHz 이상의 주파수에서는 이 커패시턴스에 의해 반사가 일어나므로 프로브의 케이블을 따라 스코프를 향해 들어오던 신호는 반사되어 다시 프로브의 팁 쪽으로 되돌아간다. 프로브 팁의 저항은 50 Ω이 아니라 450 Ω이기 때문에 신호는 다시 스코프 쪽으로 반사된다. 이렇게 케이블의 양끝(프로브 팁과 스코프)에서 계속해서 반사가 일어나면 케이블에는 정재파(standing wave)가 형성되므로 측정오차가 발생한다. 이러한 문제를 해결하려면 450 Ω 저항이 연결된 케이블 쪽의 프로브 팁을 50 Ω 저항으로 종단하면 된다 (즉 케이블의 중심 도체와 외부 실드 사이를 50 Ω 저항으로 연결한다). 이때 저항이 갖는 기생 인덕턴스 성분을 줄이기 위해 200 Ω 저항 4개를 병렬로 연결하여 50 Ω 저항이 되도록 구성한다. Doug Smith의 웹사이트에는 지금 설명한 것과 유사한 불평형 프로브의 구조가 자세히 설명되어 있다(Smith, 2004). 평형 차동 프로브의 경우에는 팁 저항으로 Smith가 제안한 구조의 976 Ω 저항 대신에 450 Ω 저항을 사용하고 접지리드(ground lead)를 그냥 놔두고, 평형 프로브의 두 팁을 앞에서 설명한대로 변경한다. 이러한 구조로 된 평형 프로브를 스펙트럼 분석기에 연결하는 경우에는 위에서 언급한 결합기보다 더 넓은 대역폭을 갖는 결합기를 사용해야 한다.

18.5.3 주의사항(Cautions)

고주파수 노이즈 측정을 할 때는 오실로스코프의 입력임피던스를 1 MΩ이 아니라 50 Ω으로 맞춘다.

PCB상에서 고주파수 노이즈 전압을 측정할 때는 리드(lead)가 PCB에서 발생하는 자기장을 수신(pickup)하지 않도록 주의하여 리드의 방향을 정하는 것이 중요하다. 리드의 방향은 PCB와 수직이 되도록 해야 한다(부록 E의 E.4절 참조).

18.6 전도성 방출 시험(CONDUCTED EMISSION TESTING)

전도성 방출에 대한 사전 적합성시험은 전원선 임피던스 안정화 회로망(line impedance stabilization network, LISN)을 사용하여 쉽게 수행할 수 있다. LISN에 대한 자세한 내용은 13.1.1절을 참조하여라. 전도성 방출 사전적합성 시험은 인증규격에서 규정한 것과 비슷한 방법으로 수행할 수 있다.

<그림 18-10>은 미국연방통신위원회(FCC)와 국제무선장애특별위원회(CISPR)에서 규정한 전도성 방출시험 구성도이다. 사전적합성 시험은 접지판(ground plane) 없이 수행되는 것이

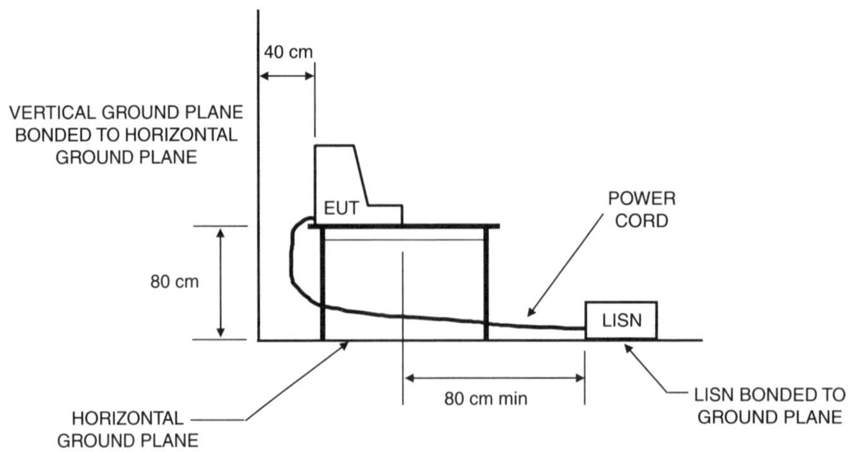

그림 18-10 FCC/CISPR 규정에 따른 전도성 방출 시험 구성도

보통이다. 그렇지만 <그림 18-11>에 나타낸 것처럼 비금속성 개발실 벤치나 카트위에 전도성 방출 시험을 구성하는 것이 더 좋은 방법이다. 이 구성에는 접지판이 포함되어 있는데, 이 접지판의 사이즈는 인증규격에서 규정한 사이즈보다는 작다.

이 시험에서는 두 개의 LISN이 필요한데, 교류 전원선(AC power line)을 구성하는 두 선에 각각 하나씩 연결해야 한다. 따라서 많은 제조업체에서는 두 개의 LISN으로 구성된 인클로저를 만들어서 측정포트를 교류전원선의 한 선에서 다른 선으로 전환할 수 있게 하는 방법을 사용하고 있다. 측정포트가 50 Ω 종단으로 전환되면 자동적으로 미사용 포트로 놓인다.

FCC와 유럽연합에서는 전도성 방출 측정을 준피크값(Quasipeak)(협대역)과 평균값(광대역), 모두에 대해 수행해야 한다고 규정하고 있다. 그림 18-12에 각각에 대한 허용한계를 나타내었다. Class A 제품의 경우, 평균 허용한계치는 피크 허용한계치보다 13 dB가 낮고 Class B 제품의 경우에는 10 dB가 낮은 것을 볼 수 있다.

18.6.1 시험 절차(Test Procedure)

두 접지판(접지판을 사용하는 경우)으로부터 적당한 거리에 피시험 장비(equipment under test, EUT)를 설치한다. EUT를 LISN에 연결하고 LISN을 전원선(power line)에 연결한다. 스펙트럼 분석기를 LISN의 전압측정포트에 연결한다. 피크 검출기(peak detector) 또는 준피크 검출기(quasipeak detector)를 사용하여 스펙트럼 분석기의 분해능 대역폭(resolution bandwidth)을 10 kHz로 설정한다.

전원선의 두 선과 접지 사이(즉 핫(hot)과 그라운드(ground) 사이, 뉴트럴(neutral)과 그라운드 사이)에서 각각 공통모드 전압을 측정하고 측정치를 허용한계치와 비교한다. 스펙트럼 분석

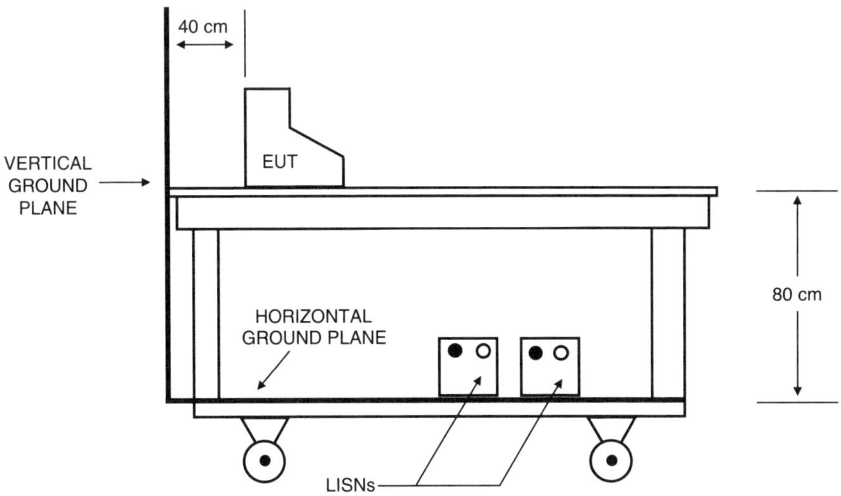

그림 18-11 개발실 카트위의 전도성 방출 사전 적합성시험 구성도(카트는 비금속성이어야 한다)

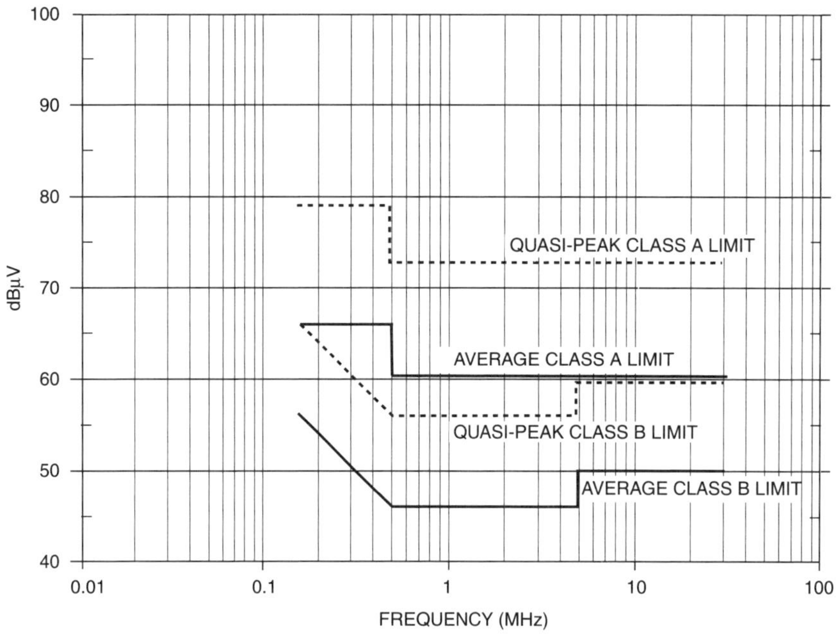

그림 18-12 FCC/CISPR 전도성 방출 허용한계(준피크값(quasipeak)과 평균값)

기의 검출기 설정기능(detector function)을 평균 검출기(average detector)[6]로 변경한 다음, 측정과정을 되풀이한다. 전도성 방출은 150 kHz~30 MHz 범위에서 50 Ω 저항으로 종단된 LISN의 미사용 측정포트로 측정하는 것이 보통이다.

18.6.2 주의 사항(Cautions)

노이즈가 외부의 전원선으로부터 LISN으로 전달될 수 있으므로 측정하려고 하는 것을 정확히 측정하는지를 여부를 입증하는 유효성 시험을 반드시 수행해야 한다. 전도성 방출 측정의 유효성을 입증하는 간단한 유효성 시험으로, 제품을 OFF한 다음에 신호가 없어지지 살펴본다. 사라지지 않고 남아있는 신호가 있다면 이는 외부전원선 노이즈 때문일 가능성이 가장 높다. 이 경우에는 LISN과 외부 교류전원선 사이에 전력선 필터를 연결하면 외부에서 결합(전달)되는 노이즈를 줄이는 데 도움이 된다.

스펙트럼 분석기를 LISN의 측정포트에 직접 연결할 수는 있지만 이렇게 하면 스펙트럼 분석기에 손상을 입힐 수도 있고 측정값이 부정확하게 될 수도 있다. 왜냐하면 교류 전원선에 연결된

6) 피크 검출기(peak detector)나 준피크 검출기(quasipeak detector)를 사용하여 EUT를 측정한 결과가 평균 허용한계치를 만족하는 경우, 평균 검출기(average detector) 측정은 할 필요가 없다. 당연히 만족하기 때문이다.

다른 장비에서 큰 과도전압이 발생하는 경우, 이 전압에 의해 스펙트럼 분석기의 민감한 입력이 손상을 입을 수도 있기 때문이다. 게다가 측정신호에는 크기가 큰 50/60 Hz 성분이 존재하는데, 이것이 스펙트럼 분석기의 입력회로에 과부하가 되어 측정 오차를 일으킬 수 있다.

그러므로 인증규격에서는 요구하지는 않지만 고역통과필터(신호에 포함된 60 Hz성분을 60 dB 이상 감쇄시키는 필터)와 10 dB 감쇄기를 외부에 추가로 달아서 이들이 전원선상에 존재하는 과도신호를 흡수하게 하는 것이 좋다. 이 시험을 위한 구성을 <그림 18-13>의 블록도로 나타내었다. 고역통과 여파기, 10 dB 감쇄기에 다이오드 리미터(과도전압 억제용)까지 추가한 것을 단일부품으로 만든 것도 있는데, <그림 18-14>는 이렇게 만든 Agilent사의 11947 과도 제한기(Transient Limiter)이다. 외부 감쇄기를 사용하므로 스펙트럼 분석기상의 허용기준을 10 dB만큼 올리는 것을 잊지 말아야 한다. 또한 스펙트럼 분석기의 내부 감쇄율을 10 dB로 설정하여 내부회로를 추가적으로 보호할 수 있게 한다.

전도성 방출시험과 관련한 문제점들 가운데 가장 흔한 것이 스펙트럼 분석기의 전원선 주파수 과부하문제와 미사용 측정포트를 50 Ω으로 종단하지 않는 문제, 이렇게 두 가지이다.

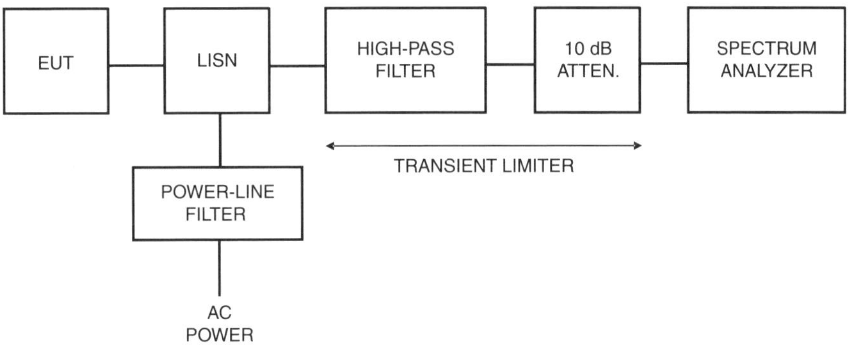

그림 18-13 전도성 방출 시험 구성도. 고역통과필터(high pass filter)와 10 dB 감쇄기(attenuator)가 들어 있다.

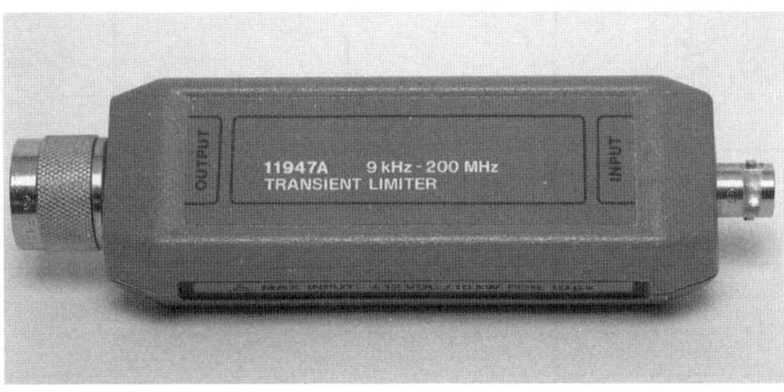

그림 18-14 전도성 방출 시험에 사용되는 과도 제한기

18.6.3 C-M 노이즈와 D-M 노이즈의 분리(Separating C-M From D-M Noise)

바로 앞에서 설명한 전도성 방출시험 과정에서 측정하는 노이즈에는 공통모드 성분과 차동모드 성분이 모두 들어있다. 따라서 전도성 방출 문제를 분석하는 경우에는 공통모드 방출과 차동모드 방출을 구별하는 것이 도움이 된다. 그 까닭은 차동모드 노이즈 전류에 영향을 주는 전원공급기 부품과 공통모드 노이즈 전류에 영향을 주는 전원공급기 부품이 서로 다르기 때문이다. 필요하면 13.2절의 내용을 살펴보기 바란다. 이와 비슷하게 차동모드 노이즈를 억제하는 전원필터(power-line filter)의 부품과 공통모드 노이즈를 억제하는 전원필터의 부품은 다르다. 필요하면 13.3절의 내용을 살펴보기 바란다. 제품의 전도성 방출 스펙트럼에서 어느 모드가 더 우세한지 알게 되면 전원공급기와 전원필터의 부품들 중에서 교체하거나 수정해야 할 필요가 있는 부품을 찾아내는 데 실마리를 얻을 수 있다. 즉, 기본적으로 문제가 두 부분으로 나누어지므로 범위를 좁힐 수 있다.

<그림 18-15>를 보면 전원공급기와 LISN이 연결되어 있는데, 전원공급기로부터 공통모드 노이즈 전류와 차동모드 노이즈 전류가 발생하고 있다. 두 개의 50 Ω 저항은 LISN을 나타낸다. LISN에서 접지(GROUND)와 상(PHASE) 사이의 노이즈 전압은 다음과 같다.

$$V_P = 50\,(I_{CM} + I_{DM}) \tag{18-2}$$

LISN에서 접지(GROUND)와 뉴트럴(NEUTRAL) 사이의 노이즈 전압은 다음과 같다.

$$V_N = 50\,(I_{CM} - I_{DM}) \tag{18-3}$$

상 전압과 뉴트럴 전압을 더하면

$$V_P + V_N = 50\,(2I_{CM}) = 2V_{CM} \tag{18-4}$$

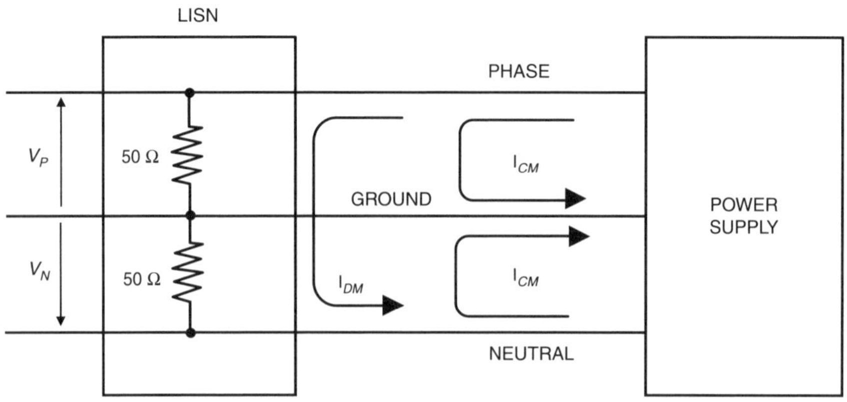

그림 18-15 전원공급기와 LISN의 연결. 공통모드 노이즈전류와 차동모드 노이즈전류가 흐르고 있다.

가 되며 상 전압과 뉴트럴 전압을 빼면

$$V_P - V_N = 50\,(2I_{DM}) = 2V_{DM} \tag{18-5}$$

가 된다.

따라서 두 LISN 전압을 더하거나 빼면 공통모드 노이즈전압과 차동모드 노이즈전압을 구할 수 있다.

그렇지만 상 전압과 뉴트럴 전압을 측정하고 난 다음에 두 전압의 덧셈과 뺄셈을 하면 안 되는데, 측정에서 얻을 수 있는 것은 '크기' 만이며 '위상' 정보는 알 수 없기 때문이다. 따라서 두 전압의 위상 관계를 그대로 유지하면서 두 전압을 더해주거나 빼주는 '회로(network)' 가 필요하다.

<그림 18-16>에 이러한 역할을 하는 회로가 들어있는 전도성 방출시험 구성도를 나타내었다. 이 회로가 상전압과 뉴트럴전압을 더하는 기능을 수행하면 '차동모드 제거 회로' (differential-mode rejection network)이라고 하고 상전압과 뉴트럴전압을 빼는 기능을 수행하면 '공통모드 제거 회로(common-mode rejection network)' 라고 한다. 이 회로는 다음 세 가지 요건을 갖추어야 한다.

- 상 전압과 뉴트럴 전압을 더하는 기능(또는 빼는 기능)을 가져야 한다.
- 두 전압을 더해 나오는 전압을 6 dB만큼 감소시키는 기능(즉 전압의 크기를 1/2로 줄이는 기능)을 가져야 한다.
- 각 LISN 출력에 대해 50 Ω 종단을 제공해야 한다.

18.6.3.1 차동모드 제거 회로(Differential Mode Rejection Network) <그림 18-17>은 다섯 개의 저항들로 이루어진 간단한 차동모드 제거 회로이다(1991년 Nave1, 94쪽). 이 회로는 두 입력 전압을 더하는 기능을 갖는다. 50 dB 이상의 차동모드 제거성능을 얻기 위해서는 허용오차가

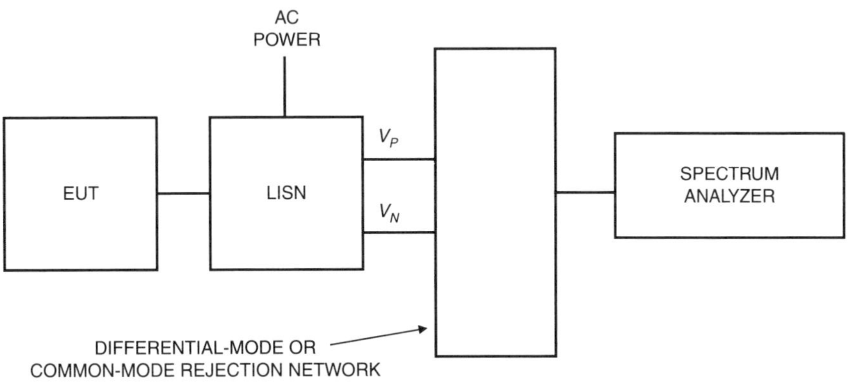

그림 18-16 차동모드 제거 회로(differential-mode rejection network) (또는 공통모드 제거 회로(common-mode rejection network))가 들어있는 전도성 방출시험 구성도

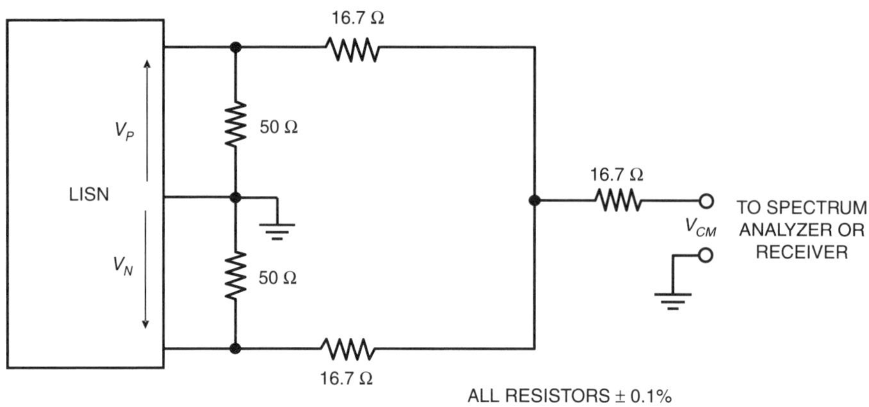

그림 18-17 차동모드제거 회로

0.1%인 저항을 사용해야 하고 저항들을 주의 깊게 배치하여 기생성분을 최소화해야 한다. 전도성 방출시험은 먼저, 차동모드 제거회로 없이 수행하여 총 노이즈전압(즉 공통모드 노이즈전압과 차동모드 노이즈전압의 합)을 측정한다. 그 다음, 차동모드 제거회로를 달고 나서 전압을 측정하여 공통모드 노이즈전압을 얻는다. 그러면 이 두 측정전압의 차이가 차동모드 노이즈전압이다.

18.6.3.2 공통모드제거/차동모드제거 조합 회로(Switchable-Mode Rejection Network) 차동모드와 공통모드를 서로 분리할 수 있는 또 다른 회로를 <그림 18-18>에 나타내었다. (1988년 Paul과 Hardin). 이 회로에서 LISN에서 출력된 상(phase) 신호와 뉴트럴(neutral) 신호는 두 개의 광대역(10 kHz~50 MHz) 트랜스포머의 1차 코일에 각각 입력된다. 두 신호의 차이는 두 트랜스포머의 2차 코일을 직렬로 연결하여 얻을 수 있다. 두 신호의 합은 DP 트랜스퍼 스위치(double pole

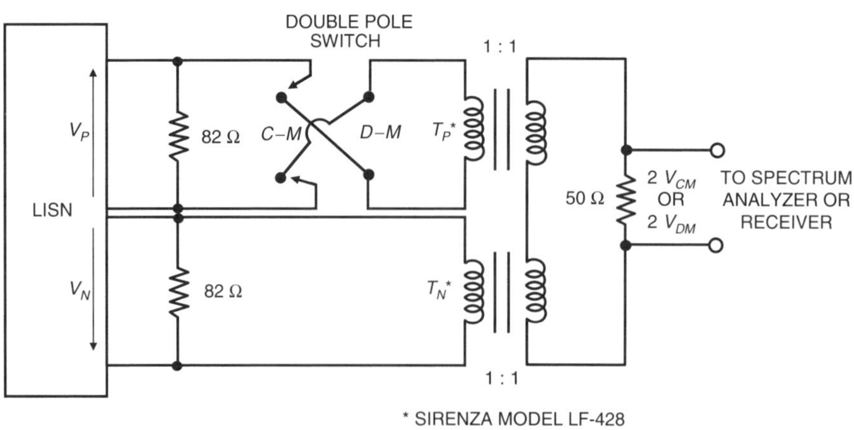

그림 18-18 공통모드 제거/차동모드 제거 조합 회로

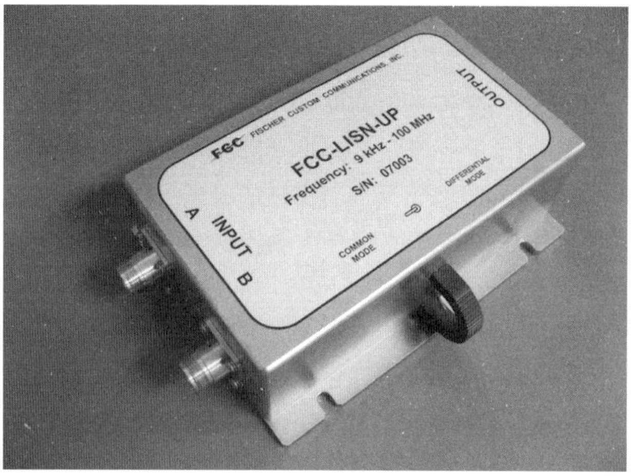

그림 18-19 전도성 방출시험에 사용되는 차동모드제거/공통모드제거 조합회로의 상업용 제품(Fisher Custom Commnications, Inc. 제공)

transfer switch)로 두 1차 신호 중 하나의 극성을 반대로 하면 얻을 수 있다. 이렇게 스위치 하나로 공통모드 노이즈측정과 차동모드 노이즈측정을 쉽게 바꿀 수 있다는 것이 이 회로의 장점이다.

이 회로의 장점은 2극 스위치를 거꾸로 연결하면 공통모드와 차동모드 잡음측정기능을 쉽게 선택하여 바꿀 수 있다는 것이다.

그런데 이 회로에는 출력을 6dB 만큼 감쇄하는 기능이 없으므로 이 회로의 출력전압은 우리가 원하는 공통모드 노이즈전압이나 차동모드 노이즈전압의 2배가 된다. 이 문제는 스펙트럼 분석기의 허용한계치를 6 dB만큼 증가시키는 방법으로 쉽게 해결할 수 있다. 또는 회로의 출력과 스펙트럼 분석기 사이에 6 dB, 50 Ω 감쇄기를 추가로 달아주는 방법도 있는데, 나는 개인적으로 이 방법을 선호한다. 시험구성이 <그림 18-13>과 같은 경우에는 이미 10 dB 감쇄기가 설치되어 있으므로 스펙트럼 분석기의 허용한계치에 4 dB만큼 보정을 해주면 된다. <그림 18-19>에 Fisher Custom Communications사에서 제작한 이 회로의 상업용 제품을 나타내었다.

18.7 스펙트럼 분석기(SPECTRUM ANALYZERS)

스펙트럼 분석기는 사전적합성 시험에 필요한 측정장비 중에서 가장 값비싼 장비이다. 그런데 주요 계측기 제조회사(Agilent, Tektronix, Anritsu, IFR 등)는 2008년 기준으로 가격이 10,000~15,000달러인 소형 휴대용 스펙트럼 분석기를 제작하는데, 이들은 사전적합성 시험에 필요한 기능을 포함, 그 이상을 가지고 있다. 다른 제조회사에서는 제한된 기능을 갖는 스펙트럼 분석기를 10,000달러 이하의 가격으로 내놓고 있는데, 이들 중 일부는 사전적합성 시험에 사용이 가능하다.

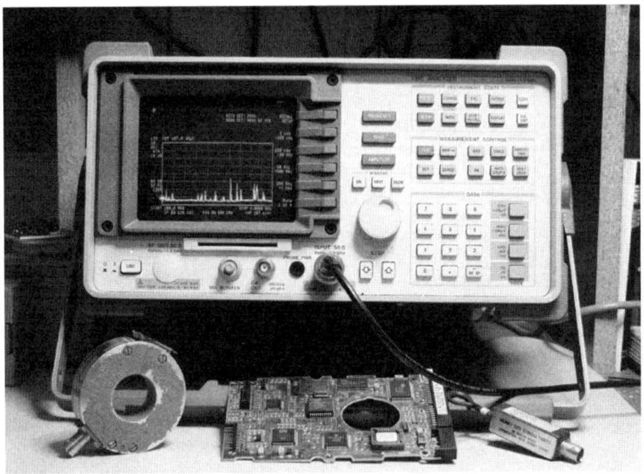

그림 18-20 사전적합성 EMC 시험에 사용되는 휴대용 스펙트럼 분석기, 클램프 온 공통모드 전류 프로브(왼쪽 아래), 차폐 루프 자기장 프로브(오른쪽 아래)

스펙트럼 분석기의 주파수 측정범위는 'max-hold' 모드에서 적어도 1 GHz는 되어야 한다. max-hold 모드에서는 스펙트럼 분석기는 일정한 시간(예: 5초 또는 10초)동안 발생하는 신호의 피크 진폭을 기록한다. 입력 임피던스는 50 Ω이어야 한다. TV 업계에서 사용하는 스펙트럼 분석기의 경우에는 입력 임피던스가 75 Ω이다.

스펙트럼 분석기는 '피크 검출기 기능(peak detector function)'과 '평균 검출기 기능(average detector function)'을 모두 가지고 있어야 한다. 전도성 방출 측정은 피크 검출기와 평균 검출기를 둘 다 사용하여 수행하지만 대부분의 사전적합성 측정은 피크 검출기를 사용하여 측정한다. 사전적합성 측정에 준피크 검출기(quasipeak detector)를 사용하는 것이 바람직하기는 하지만 꼭 해야 하는 것은 아니다.

18.7.1 검출기 기능(Detector Functions)

18.7.1.1 피크 검출기(Peak Detector) 대부분 스펙트럼 분석기에서 디폴트(default) 설정(기본 설정)은 피크 검출기(peak detector)이다. 스펙트럼 분석기에는 중간주파수(intermediate frequency, IF) 증폭기의 출력에 간단한 포락선 검출기(envelope detector) (다이오드와 여기에 병렬로 연결된 커패시터로 구성)가 연결되어 있다. 이 포락선 검출기의 시상수(time constant)는 검파된 IF 신호의 피크 진폭을 따라갈 수 있도록 설정되어 있다.

대부분의 사전적합성 측정은 피크 검출기를 사용하여 이루어지는데, 이렇게 하면 준피크 검출기나 피크 검출기로 측정하는 경우보다 훨씬 빠르기 때문이다. 피크 검출기 측정 결과는 언제나 다른 검출기로 측정한 결과보다 크거나 같다. 그러므로 어떤 제품에 대해 피크 검출기로 측정한 신호들이 허용한계치보다 낮은 경우에는 다른 검출기로 측정한 결과도 허용한계치보다 낮게 나올 것이 확실하므로 다른 검출기로는 더 이상 시험을 할 필요가 없다.

18.7.1.2 준피크 검출기(QuasiPeak Detector) 대부분의 방사성 방출 허용한계치나 전도성 방출 허용한계치는 준피크 검출기의 사용을 전제로 한 것이다. 준피크 검출기는 신호의 펄스반복율(pulse repetition rate)에 따라 그 신호에 가중치를 주는데, 이를 통해 AM 라디오에 대한 신호의 간섭 잠재력(가능성)을 어림잡아 헤아릴 수 있다. 준피크 검출기를 보면 포락선 검출기의 출력에 필터가 연결되어 있다. 이 필터의 충전속도는 방전속도보다 훨씬 빠르다. 따라서 신호의 반복율이 높을수록 필터 커패시터에 충전되는 전하량이 많아지므로 준피크 검출기의 출력이 높아진다. 준피크 검출기로 측정한 결과는 언제나 피크 검출기로 측정한 결과보다 작거나 같다. 펄스가 아닌 연속신호(continuous signal)의 경우에는 준피크 검출기와 피크 검출기로 측정한 값은 항상 서로 같다. 준피크 검출기의 특성은 CISPR 16-1-1에 설명되어 있다(2006).

준피크 검출기는 좋은 특성을 가지고 있지만 사전적합성 시험에서는 이를 꼭 사용할 필요는 없다. 대부분의 제품에 대해서는 피크 검출기의 측정결과와 준피크 검출기의 측정결과는 서로 같다. 두 측정결과가 다른 제품의 경우에는 피크 검출기의 측정결과가 준피크 검출기의 측정결과보다 크게 나온다. 따라서 피크 검출기 결과에서 시험을 통과하면 추가적인 여유도(degree of margin)를 확보할 수 있다.

18.7.1.3 평균 검출기(Average Detector) 평균 검출기는 전도성 방출시험에서는 꼭 사용해야 하는 것으로, 검파된 포락선(envelope)의 평균값을 측정한다. 평균 검출기에서 포락선 검출기의 출력은 필터를 통과하게 되는데, 이 필터의 대역폭은 스펙트럼의 분해능 대역폭(resolution bandwidth), 다시 말해 IF 대역폭보다 훨씬 작다. 이 필터는 포락선 검출기의 출력신호 중에서 고주파 성분을 차단하여 신호의 평균값을 만들어낸다.

스펙트럼 분석기의 여러 가지 '검출기 기능(detector function)' 에 대한 더 자세한 내용은 Schaefer(2007)를 참고하기 바란다.

<표 18-1>에 사전적합성시험에 사용되는 스펙트럼 분석기가 갖추어야 할 최소 규격을 수록하였다.

표 18-1 사전적합성시험용 스펙트럼 분석기의 최소 규격

파라미터	규격
주파수 범위	100 kHz~1 GHz
분해능 대역폭(IF 대역폭)	9 kHz 또는 10 kHz, 100 kHz또는 120 kHz
검출기 기능	피크, 평균 (준피크는 선택사항)
감도	100 kHz 대역폭에서 20 dB μV 이하
디스플레이	Free run 모드, max-hold 모드
입력 임피던스	50 Ω

18.7.2 일반적인 시험 절차(General Test Procedure)

스펙트럼 분석기의 입력에 신호원(signal source)이나 프로브를 연결한다. 주파수 범위와 분해능 대역폭을 적절하게 설정한다(공통모드 전류 클램프 측정과 자기장 프로브 측정을 하는 경우에는 분해능 대역폭을 100 kHz 또는 120 kHz로 설정하여라). 검출기 기능(detector function)을 피크 검출기(peak detector)로 설정한다. 전도성 방출의 경우에는 피크 검출기 기능과 평균 검출기 기능으로 측정을 해야 한다. 수직축(vertical axis) 설정을 dB μV로 하고, 주 눈금(major division)의 크기를 한 칸 당 10 dB로 설정한다. 공통모드 전류 측정과 자기장 측정의 경우에는 내부 감쇄기를 0 dB로 설정하고 전도성 방출 측정의 경우에는 내부 감쇄기를 10 dB로 설정한다. 트레이스가 스펙트럼 분석기의 화면에 잘 나타나도록 기준레벨(reference level, 화면 맨 윗줄의 값)을 적절하게 설정하여라. 사전적합성 측정(방사성 또는 전도성 방출)을 할 때 일반적으로 설정하는 기준레벨은 70~80 dBμV이다.

오래전에 제조되었거나 제한된 기능을 가진 스펙트럼 분석기 가운데 일부는 dBμV 대신 dBm[7]로만 측정값을 나타낼 수 있다. dBm 과 dBμV 사이에는 다음 식에서 보듯이 107 dB 차이가 난다.

$$\text{dBm} = \text{dB}\mu\text{V} - 107\,\text{dB} \tag{18-6}$$

스펙트럼 분석기는 화면에 표시된 측정결과를 플로터(plotter)로 보내어 인쇄할 수 있도록 해야 한다. 스펙트럼 분석기 중에는(예를 들어 Agilent사 제품) 화면에 측정된 결과를 휴대용 잉크젯 프린터로 또한 출력한다. 대부분의 스펙트럼 분석기는 화면의 측정결과를 내부 메모리에 저장할 수 있으며 나중에 다시 불러내어 현재 측정결과와 비교할 수 있다.

18.8 EMC 응급 카트(EMC CRASH CART)

'개발실 EMC 측정' 을 수행하는 데 필요한 장비들이 개발실 여기저기에 흩어져 있으면 필요할 때 찾기가 어려울 수 있으므로 이 모든 장비들을 한 곳에 모아놓은 이른바 'EMC 응급 카트(EMC crash cart)' 를 갖출 수 있다. 이 EMC 응급 카트는 <그림 18-11>의 전도성 방출 시험 카트를 기본으로 하여 여기에 몇 가지 변경을 가하고 서랍 두어 개를 추가하는 식으로 하면 <그림 18-21>과 같이 쉽게 만들 수 있다.

카트는 나무, 플라스틱, 유리섬유(fiberglass) 등으로 만들 수 있지만 금속은 안 된다. 카트에는 바퀴 등을 달아 필요한 장소로 쉽게 옮길 수 있어야 한다. 또한 사전적합성 시험을 수행하는

7) 1 mW를 기준으로 계산한 데시벨(dB) 값 (부록 A 참조)

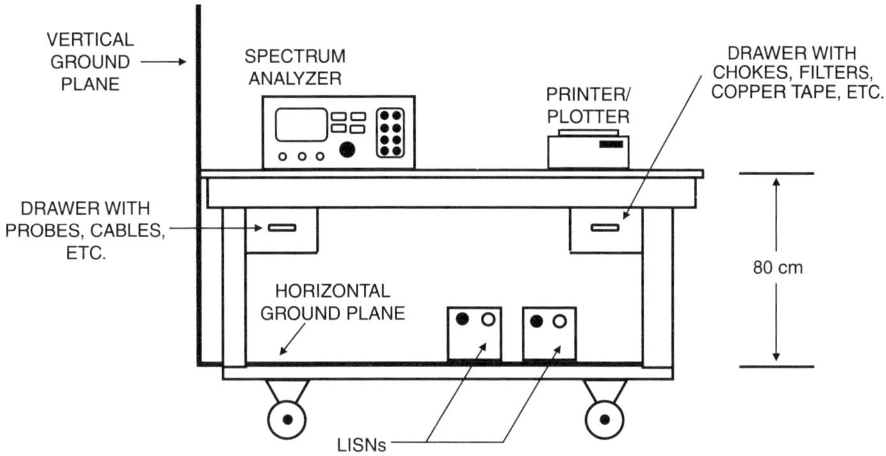

그림 18-21 사전적합성 시험에 필요한 모든 계측기들을 가진 EMC 응급 카트

데 필요한 모든 것을 갖추어야 하며 제품의 문제 해결에 사용되는 것들도 구비해야 한다. 스펙트럼 분석기, 플로터, 프린터 등은 카트의 위에 배치한다. 두 서랍 중 하나에는 다음과 같은 시험장비들을 구비해 놓는다.

- 공통모드 전류 클램프(common-mode current clamp)
- 자기장 루프 프로브(magnetic field loop probe)
- 평형 전압 프로브(balanced voltage probe)
- 과도 리미터(transient limiter)
- 공통모드 제거회로와 차동모드 제거 회로(common-mode and differential-mode rejection network)
- 동축 케이블, 감쇄기(coaxial cable, attenuator)
- 소형 손 공구(small hand tool)

두 서랍 중 다른 서랍에는 방출을 줄이는 데 필요한 EMC 경감용 부품을 보관하는 데 사용한다. 이에 대해서는 18.8.1절을 살펴보기 바란다.

대부분의 사전적합성 측정은 스펙트럼 분석기와 플로터를 카트 위에 그대로 둔 채로 수행하는 것이 보통이다. 그렇지만 전도성 방출 시험을 수행할 때는 스펙트럼 분석기와 플로터를 응급 카트에서 치운 다음, 그 자리에 피시험장비(EUT)를 수직 접지판(vertical ground plane)에서 40 cm 떨어뜨려 배치한다(피시험장비는 카트의 테이블 위에 올려놓을 수 있는 사이즈라고 가정한다).

18.8.1 EMC 경감용 부품(Mitigation Parts List)

다음 품목들과 부품들은 장비에서 발생하는 EMC 문제들을 찾아내고 해결하는 데 유용한 것들로 EMC 응급카트의 서랍에 갖추어 놓아야 한다.

- 페라이트 코어(ferrite core): 케이블에서 발생하는 공통모드 방출을 감소시키기 위해 사용한다. 대부분의 페라이트 제조사들에서는 케이블 노이즈 억제에 사용되는 다양한 페라이트를 모아놓은 키트를 판매하고 있다.
- 알루미늄 박(aluminum foil)과 구리 테이프(copper tape): 인클로저와 케이블의 차폐를 향상시키기 위해 사용한다.
- 구리 브레이드(copper braid): 케이블 실드선, 접지 접속선으로 사용한다.
- 소형 금속 케이블 클램프(cable clamp): 케이블 실드의 종단(termination) 성능을 향상시키기 위해 사용한다. 금속 클램프가 없는 경우에는 플라스틱 케이블 클램프에 구리 테이프를 붙여서 전도성을 갖게 하면 된다.
- AC 전원필터 (AC power-line filter)와 필터-핀 커넥터(filter-pin connector) (필터의 구조 DB-9, DB-25, RJ-11, RJ-45 등 일반적인 커넥터 형태)
- 전원선용 X 커패시터와 Y 커패시터 : 전기안전관리 기관 제시목록에 수록된 1000 pF～2 μF 커패시터
- 커넥터 백셸(backshell) 접지용 클립과 일반 커넥터용 EMI 개스킷(gasket) : 커넥터의 백셸을 섀시에 바로 접속하여 접지시키기 위해 사용한다.
- 전도성 EMI 개스킷과 스프링 핑거(spring finger): 인클로저의 이음매의 전도성을 높여 이음매 양쪽을 전기적으로 접속되게 한다. 다양한 종류의 개스킷과 핑거를 구비한다.
- 10～1000 Ω 저항: 클록 발진을 완화시키는 데 사용한다.
- 소형 세라믹 커패시터: 470 pF～0.1 μF
- 소형 페라이트 비드(ferrite bead): 임피던스 50～100 Ω
- 사포(sandpaper): 인클로저상의 페인트, 비전도성 코팅 제거용

응급카트를 사용하면 요구되는 사전적합성 측정을 수행하는 데 필요한 모든 것과 제품의 문제해결에 사용되는 모든 것을 이 카트에서 구할 수 있다. 따라서 이런 것들을 찾기 위해 개발실을 헤맬 필요가 없으므로 시간을 절약할 수 있다. 또한 카트를 만들어 놓으면 장비가 어디 있는지 몰라서 실험을 하지 못하는 일을 막을 수 있으므로 장비를 더욱 적극적으로 사용하게 될 것이다.

18.9 1-미터 방사성 방출 측정 (ONE-METER RADIATED EMISSION MEASUREMENTS)

18.9.1 시험 환경(Test Environment)

18.1절에서는 반사가 통제되지 않은 환경에서 방사성 방출 시험을 수행하는 것이 바람직하지 않음을 이야기하였다. 이 문제를 해결할 방법을 찾기 위해 사전적합성 시험의 일환으로 방사성 방출 측정을 수행할 수 있다.

방사성 방출에 대한 사전적합성 시험이 가능하려면 다음 두 가지가 이루어져야 한다.

1. 반사되는 전자기장의 크기를 최소가 되게 한다.
2. 피시험제품(EUT)에서 직접 오는 신호의 크기를 최대가 되게 해야 한다.

반사되는 에너지를 최소화하려면 EUT를 반사면(즉 금속)으로부터 되도록 멀리 떨어뜨려 놓아야 한다. 따라서 시험을 수행할 장소로 야외의 빈 공간을 찾을 필요가 있을 것이다. 사용하지 않고 있는 회의실, 휴게실, 카페테리아, 빈 창고 공간 등의 실내공간을 시험장소로 사용할 수도 있다. 빈 주차창, 운동장 등의 실외공간을 사용할 수도 있다. 가능하면 EUT와 안테나 모두로부터의 거리가 3 m인 영역 안에는 큰 금속물체가 없는 장소를 찾아야 한다. 실외시험장의 경우에는 기상조건이 불리하므로 실내시험장이 더 좋다고 할 수 있다.

시험 안테나가 제품으로부터 직접 오는 신호를 최대로 측정할 수 있도록 안테나와 제품 사이의 거리는 상업용 시험시설에서 주로 사용되는 3 m나 10 m로 하는 대신, 1 m로 한다. 안테나와 제품 모두로부터 3 m 거리 이내에 반사를 일으키는 물체가 없는 경우, 안테나로부터 1 m 떨어진 제품에서 안테나에 직접 도달하는 신호의 레벨은 반사되는 경로로 안테나에 도달한 신호의 레벨보다 15 dB 이상 높다.[8)]

최대 방출량을 측정하기 위해서는 피시험제품을 회전시킬 수 있는 비전도성 턴테이블이 필요하다. <그림 18-22>에 기본적인 시험구성을 나타내었다.

앞에서 설명한 사전적합성 시험들을 하지 않고 방사성 방출 시험만을 해서는 안 된다. 방사성 방출 시험은 앞의 사전적합성 시험 외에 추가로 수행해야 한다.

8) 이것은 원거리장조건을 가정한 것이다. 이 조건에서는 신호의 세기가 거리 r에 따라 $1/r$의 비율로 감소된다. 이 감소율은 보수적으로 잡은 값으로, 실제 전자기장은 거리에 따라 이보다 더욱 빠른 비율로 감소한다. 6.1절을 참고하기 바란다.

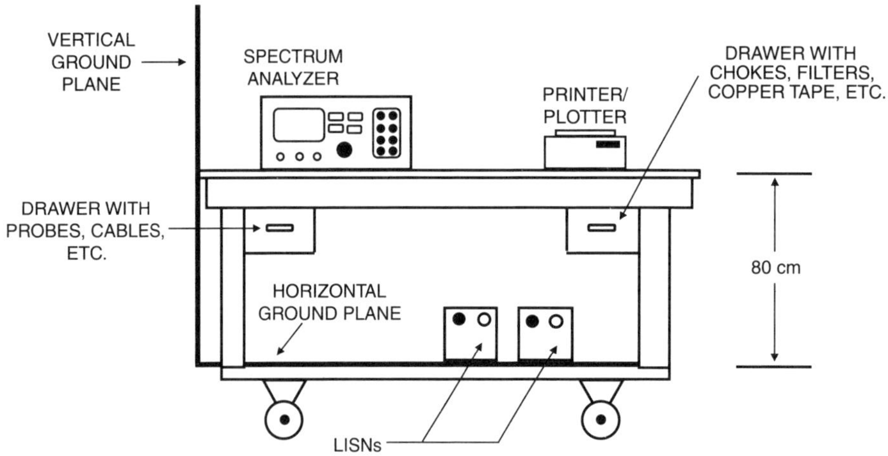

그림 18-22 1 m 방사성 방출 시험 구성도

18.9.2 1 m 시험에 대한 허용한계치(Limits for 1-m Testing)

원거리장(far field)에서는 측정거리에 반비례하도록 방사방출 허용한계치를 조정할 수 있다. 따라서 측정거리가 3 m에서 1 m로 짧아지면 허용한계치는 3배 (약 10 dB)만큼 증가한다. 그런데 1 m에서 시험을 하는 경우에는 제품 사이즈, 안테나 사이즈 등의 여러 가지 복잡한 요소들이 작용하므로 단순하게 '거리에 반비례' 하는 식으로 추정하는 것이 정확하지 않을 수 있다.

지금까지 1 m 시험에서 얻은 경험을 종합하면 6 dB 보정값을 사용하는 경우에 실제결과에 가까워진다(1994년 Curtis). 이 보정값은 다소 보수적으로 잡은 것이기 때문에 사전적합성 시험용으로 이 값을 사용하여도 충분한 정확도를 확보할 수 있다. <그림 18-23>에 1 m 시험에 맞춰 6 dB만큼 보정한 FCC 및 CISPR 방사성 방출 허용한계치를 나타내었다.

18.9.3 1 m 시험용 안테나(Antennas for 1-m Testing)

1 m EMC 시험에는 소형 광대역 안테나를 사용하는 것이 가장 좋다. 주로 주파수 범위가 30~200 MHz인 바이코니컬 안테나(biconical antenna, 쌍원뿔 안테나)와 200~1000 MHz 범위의 로그주기 안테나(log periodic antenna)안테나를 사용하여 시험을 수행한다. 비록 완벽하지는 못하지만 이 방법으로 많은 경우에 있어서 유효한 결과를 얻을 수 있다.

18.9.3.1 주의사항(Cautions) 로그주기 안테나의 사용과 관련하여 주의해야할 사항이 있다. 로그주기안테나를 구성하는 여러 소자들은 주파수에 따라 사이즈(길이)가 다르다. 피시험장비(EUT)와 로그주기안테나의 붐(boom, 중앙지지대) 사이의 거리가 1 m인 경우, 로그주기안테나를 구성하는 고주파 소자(길이가 짧은 소자)와 EUT 사이의 거리는 1 m보다 가까워지고 저주파

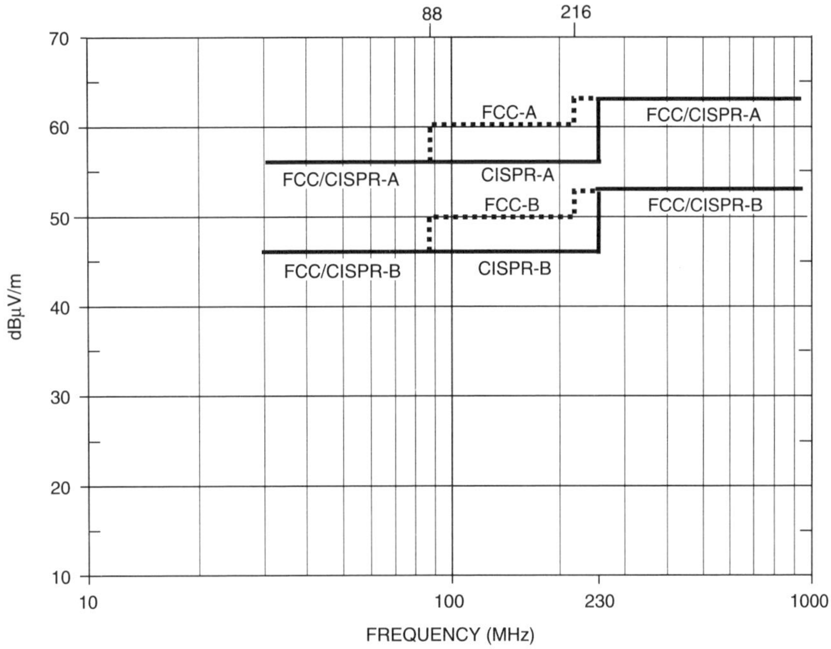

그림 18-23 1 m 시험에 맞춰 보정한 FCC 및 CISPR 방사성 방출 허용한계치

소자(길이가 긴 소자)와 EUT 사이의 거리는 1 m보다 멀어진다. 따라서 1 m 시험에 사용하는 로그주기 안테나로는 붐의 길이가 가장 짧은 것을 사용해야 한다. 그런데, 로그주기 안테나의 붐이 짧다는 것은 안테나의 감도(즉 이득)가 떨어진다는 것을 뜻한다. 공인 EMC 시험시설에서 측정을 하는 경우에도 같은 현상이 일어난다. 그렇지만 시험거리가 3 m, 또는 10 m이므로 이 거리에 대한 로그주기안테나 구성소자들의 위치 변화율이 시험거리가 1 m 인 경우보다는 훨씬 작기 때문에 그 영향도 크지 않다.

1 m 시험이 가진 또 다른 문제로 사이즈(길이)가 큰 안테나 소자의 영향을 들 수 있다. 즉 제품에서 방출되는 전자기장의 방사 빔폭(beam width) 안에 전체 안테나가 들어가지(포함되지) 못할 수도 있다는 것이 문제다. 그러나 전체 안테나에 전자기장이 균일하게 입사(uniform illumination)하는 것으로 만드는 보정안테나계수(전자기장의 세기를 전압출력으로 변환하는 데 사용)를 이용하여 해결할 수 있다.

18.9.3.2 1 m 시험용 최적 안테나(Ideal Antenna for 1-m Testing) 1 m 사전적합성 시험용으로 가장 적합한 안테나가 갖춰야할 조건은 다음과 같다.

1. 동작주파수대역이 30～1000 MHz인 광대역특성을 가질 것
2. 사이즈가 12인치보다 작을 것

3. 안테나 인자(antenna factor)[9]가 6 dB 미만으로 감도가 매우 높을 것
4. 동작주파수대역에서 주파수 응답이 균일할 것

안테나의 실제 사이즈가 작아야 한다는 요구조건과 안테나의 감도가 매우 높아야 한다는 요구조건은 서로 맞지 않고 어긋난다. 소형 안테나는 300 MHz 이하의 주파수 범위에서는 효율이 좋지 못하므로 감도가 좋지 않다. 앞의 4가지 요구조건을 모두 충족하는 안테나는 존재하지 않는다. 그렇지만 능동안테나(active antenna)를 사용하면 요구조건을 거의 충족시킬 수 있다.

18.9.3.3 능동안테나(Active Antennas) 능동안테나의 장점은 소형(small size), 광대역(broad bandwidth), 고감도(high sensitivity) (작은 안테나 인자), 균일한 주파수 응답과 같은 특성이다 (즉 증폭기 이득을 조정하여 보통 안테나의 주파수 응답에서 저하되는 특성이 나타나는 부분을 보상할 수 있다). 물론 능동안테나에서도 증폭기의 안정성(stability) 문제, 비선형 왜곡(nonlinear distortion) 문제, 다이내믹 영역(dynamic range) 문제(강한 신호에 의해 과부하가 걸리는 것) 등이 발생한다는 단점이 있다. 처음 두 문제들은 적절한 능동부품을 선택하고 증폭기를 잘 설계하면 해결할 수 있다. 세 번째 문제는 스펙트럼 분석기로 증폭기 대역폭 내의 모든 주파수에 대해 출력 레벨이 포화레벨(saturation level)을 넘지 않도록 감시하는 방법으로 해결할 수 있다.

주요 안테나 제조업체에서는 위의 조건을 충족하는 안테나를 생산하지 않는다. 그렇지만 이들보다 작은 업체에서 만든 안테나 중에서 위의 조건을 거의 충족하는 것들이 그동안 시장에 나온 바 있는데 내가 아는 한 아직까지 시장에 남아 있는 것은 하나도 없다.

내가 1 m 사전적합성 시험용으로 1997년부터 잘 사용해오고 있는 능동안테나가 하나 있는데 이 안테나는 애리조나(Arizona)의 투손(Tucson)에 위치한 ETA Engineers 라는 회사에서 만든 제품이다. 그렇지만 지금은 더 이상 이 안테나를 구할 수 없다. 이 안테나는 능동안테나로 모델명은 Model 1000 Bowtop Antenna이다(그림 18-24 참조). 이 안테나는 기본적으로 보타이 안테나(bow-tie antenna)의 절반 모양을 하고 있으며 위쪽에 용량성 원판(capacitive top hat)이 부착된 모노폴 안테나(monopole antenna) 구조이다. 안테나의 규격은 다음과 같다. 안테나의 최대 지름은 7.5인치이다. 사용 주파수 범위는 30 MHz～700 MHz이다. 사용 주파수 범위에서 안테나 인자는 +6 dB～−3.5 dB 사이의 값을 갖는다. 이 안테나는 주파수 응답특성이 1 GHz까지 균일하지는 않는데 이 점을 제외하면 1 m 사전적합성 시험용 안테나가 갖춰야 할 이상적인 요구조건(작은 사이즈, 고감도)을 충족한다. 이 안테나는 성능이 좋아서 나는 사전적합성 시험인 1 m 방사성 방출시험을 수행할 때마다 이 안테나를 사용하고 있다.

9) 안테나 인자(AF)는 안테나의 입사 전기장 세기 E와 안테나 단자의 전압 V의 비로 정의되며 단위는 1/m 이다. 따라서 $AF = E/V$ 또는 $V = E/AF$. 그러므로 안테나 인자가 작을수록 안테나 감도는 높다.

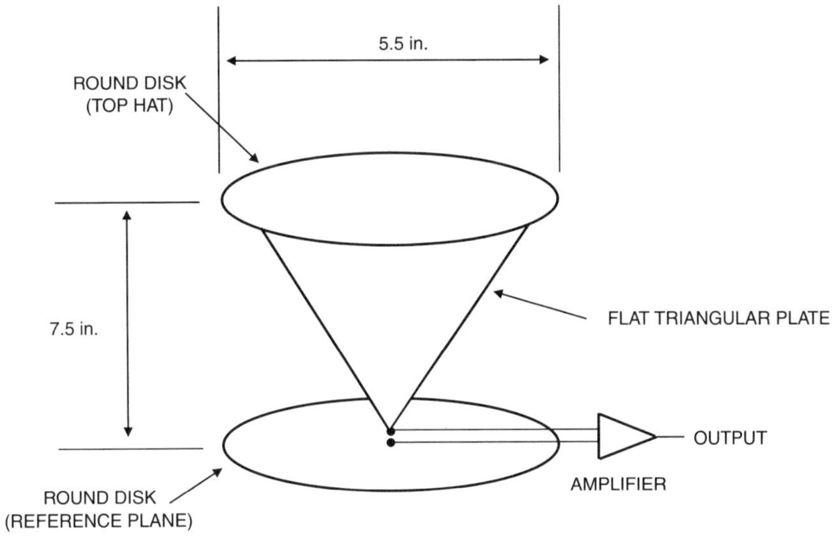

그림 18-24 능동 보탑 안테나(active bowtop antenna)

주의사항: 3 m 또는 10 m 시험을 수행할 때는 안테나 높이를 변화시켜야 하지만 1 m EMC 시험을 수행할 때는 그렇게 하지 않아도 된다. 안테나의 높이를 변화시키면서 시험하는 것은 그 과정에서 피시험장비(EUT)에서 곧바로 오는 직접파(direct wave)와 접지판에서 반사되어 오는 반사파(reflected wave)가 동위상으로 겹쳐져 서로 더해지는 높이를 확실히 찾을 수 있기 때문이다. 1 m 시험의 경우, EUT에서 나오는 파는 안테나가 놓인 위치를 벗어난 지점에서 반사되는 것이 보통이므로 반사파는 안테나에 수신되지 않는다. 1 m 시험은 안테나의 수평편파(horizontal polarization)와 수직편파(vertical polarization) 모두에 대해 수행해야 한다. 시험을 수행하는 동안에는 최대 방출크기를 얻을 수 있도록 턴테이블을 회전하고 케이블을 처리해야 한다.

흥미로운 사실은 FCC가 무작위로 제품을 선택하여 EMC 적합성 시험을 수행할 때 1 m 실내 방사성 방출 시험시설을 사용한다는 점이다(안테나로는 바이코니컬 안테나와 로그주기 안테나를 사용). 여기서 주목해야 할 것은 1 m 시험 데이터가 허용기준을 통과하면 그 제품은 인증 승인을 받으며 더 이상 추가시험을 하지 않는다는 사실이다. 그렇지만 1 m 시험 결과 제품이 기준 통과에 실패한 것으로 나오면 FCC의 3 m 야외시험장(OATS)에서 그 실패를 확인하기 위한 시험을 다시 실시한다.

EMC 시험과 대책기술에 대한 더욱 자세한 내용을 알고 싶으면 '*Testing for EMC Compliance*(2004년 Montrose와 Nakauchi)' 라는 책을 참고하길 바란다.

18.10 사전적합성 내성시험(PRECOMPLIANCE IMMUNITY TESTING)

18장에서 지금까지 논의된 내용은 주로 제품의 EMC 방출(radiation)과 관련한 '간이 EMC 시험' 에 대한 것이었다. 내성(immunity)에 대해서는 FCC는 규제를 하고 있지 않지만 유럽연합(EU)이나 군(military)에서는 규제를 실시하고 있다. 또한 의료 장비(medical equipment), 자동차 장비(automotive equipment), 그리고 항공 전자기기(avionics)들도 내성관련 요건을 반드시 만족해야 한다. 그러므로 이번 절에서는 제품의 방사성 내성(radiated immunity), 전도성 내성(conducted immunity), 과도 내성(transient immunity)과 관련한 몇 가지 '간이 사전적합성 시험' 에 대해 논의하기로 한다.

18.10.1 방사성 내성(Radiated Immunity)

30 MHz～1 GHz 범위의 주파수를 갖는 RF 에너지를 실외의 개방된 공간에 부주의하게 방출하면 허가된 무선 서비스(radio service)에 간섭(장해)을 일으켜 FCC 또는 다른 규제기관의 규제를 불러오는 일이 반드시 생긴다. 사람들이 이러한 점을 확실히 인식하지 못했었다는 사실이 분명한 것은 FCC가 Public Notice 63811의 내용을 공시할 필요성을 느꼈던 사실로 알 수 있다. 다음은 이 공시내용의 일부를 발췌한 것이다(1996년 FCC).

> 연구소는 허가 없이 야외시험장(OATS)에서 전자장비의 RF 내성 측정을 수행하지 않도록 주의해야 한다.…야외시험장에서 RF 내성시험을 수행하려는 당사자는 차폐실이나 무반사실이 한정된 영역에 RF 에너지를 국한시키는 것과 같은 방식으로 RF 내성시험을 수행하여 다른 통신에 간섭(장해)을 일으키는 것을 막아야 한다. 이 사항을 이행하지 않으면 1934년에 개정된 미국의 연방통신법 301조를 위반하는 것이다.

그렇지만 사전적합성 방사성 내성시험을 수행하는 것이 소형 차폐실에서는 어려울 수 있다. 이것은 소형 차폐실에서 방사성 방출시험을 하는 경우, 반사문제로 인해 방사전자기장 패턴상에 생각지도 않은 큰 피크(peak)와 0(null)이 발생할 수 있다는 문제점 때문에 시험이 어려운 것과 같은 이유이다.

그러므로 사전적합성 방사성 내성시험을 하기 위한 다른 방법을 찾을 필요가 있다. 가능성이 있는 방법으로 두 가지가 있다. 한 가지 방법은 저전력(low power) 광대역 방사 신호원을 사용하고 이를 EUT 가까이에 위치시키는 것이다. 두 번째 방법은 FRS(Family Radio Service)나 CB(Citizen Band)와 같이 허가 없이도 누구나 사용이 가능하도록 FCC에 의해 승인을 받은 협대역 무선 송신기(narrowband radio transmitter)를 사용하는 것이다. 그러나 이 방법은 전체 주파수 대역 내의 어떤 특정한 주파수에 대해서만 내성 시험이 수행된다는 단점이 있다.

전기드릴(electric drill)이나 Dremel® 모터 툴(motor tool)과 같이 브러시(brush)를 사용하는

소형모터는 광대역 방사 전자기장을 잘 방출하는 신호원이다. 모터의 브러시에서 발생하는 아크(arc)에 의해 낮은 레벨의 광대역 방출이 발생한다. <그림 18-25>는 Dremel® 모터 툴의 방사성 방출 스펙트럼이다. 이 방출 스펙트럼은 보탑(bowtop) 안테나(<그림 18-24> 참조)를 사용하여 30 cm 떨어진 곳에서 측정된 것이다. <그림 18-25>에서 보듯이 방출 스펙트럼은 1～10 MHz 범위에서는 비교적 일정하며, 10 MHz에서 500 MHz까지는 20 dB/decade의 비율로 감소한다. 1～10 MHz 범위에서 신호레벨은 약 90 dBμV/m (=0.03 V/m)이다.

방사되는 전자기장에 대한 PCB의 감응성(susceptibility)을 알아보는 간단한 시험방법으로 PCB와 Dremel® 모터 툴 사이의 거리를 약 1인치로 유지하고 모터 툴을 PCB 전체를 따라 움직이면서 제품이 잘못된 동작을 하는지 관찰하는 것이 있다. 이 시험에서 발생하는 전기장의 세기는 수 V/m로 상당히 낮은 크기이지만 전기장에 매우 취약한 회로를 찾아낼 수 있다. 이 시험은 제품의 초기 설계단계에서 수행하는 데 적합한 방법이다. 어떤 제품이 이 시험을 통과하지 못하면 그 제품은 RF 전자기장에 매우 취약한 것이다. 따라서 이 제품이 법적인 내성요건을 충족할 필요가 없는 제품인 경우라도 그 제품을 반드시 수정해야 한다. 또한 이 시험은 레이아웃을 제대로 하지 않은 PCB－특히 단면 또는 양면 기판에 아날로그 회로의 레이아웃을 제대로 하지 않은 PCB－를 찾아내기에 좋은 방법이다. 대부분의 디지털 회로들은 이 시험을 쉽게 통과할 수 있다.

어떤 특정한 주파수에 대한 RF 내성시험에 소형 휴대용 송신기를 사용할 수도 있다. CB(Citizen Band) 무전기, FRS(Family Radio Service) 송신기, 무선전화(cordless phone), 휴대전화(cell phone) 모두 소형 휴대용 송신기로서 시험에 사용할 수 있다. <표 18-2>에 미국에서 허가 없이 이용할 수 있는 다양한 무선 서비스에 대해 해당 송신기에서 1 m 떨어진 곳에서 해당 주파수, 전기장의 세기, 전력을 수록하였다. 다른 나라에서도 유사한 무선 서비스들이 이루어지고 있다.

전력과 거리에 따른 전기장 세기의 변화는 식 (14-2)으로 어림잡아 구할 수 있다. 1 W 송신기

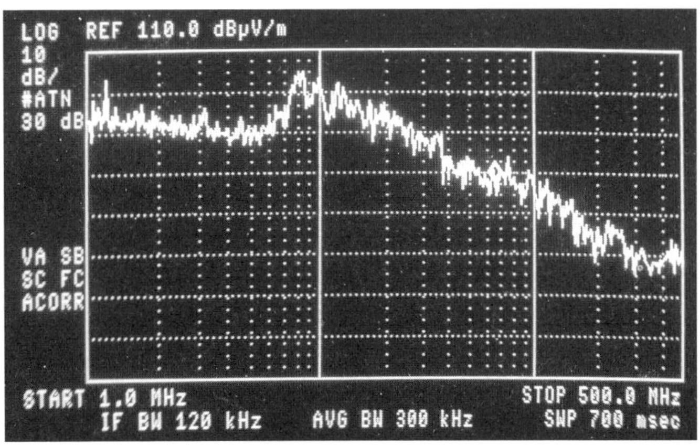

그림 18-25 Dremel 모터 툴의 방사성 방출 스펙트럼(1～500 MHz 범위)

표 18-2 다양한 저전력 송신기의 규격

서비스	주파수	최대전력	1 m 떨어진 곳에서의 전기장 세기
Citizen band	27 MHz	5 W	12.3 V/m
Family Radio Service	465 MHz	500 mW	3 V/m
휴대전화(Cell phone)	830 MHz/1.88 GHz	600 mW	6 V/m
무선전화(Cell phone)	다양한 주파수[a]	200 mW	2.5 V/m
GMRS[b]	465 MHz	1～5 W	5.5～12.3 V/m

[a] 현재(2006년) 무선전화가 이용하고 있는 주파수 대역의 종류는 다음과 같다: 400 MHz, 900 MHz, 2.4 GHz, 5.8 GHz

[b] General Mobile Radio Service (GMRS)는 FCC 허가를 받아야 하는데, 많은 업체들은 이미 GMRS 사용허가를 보유하고 있다. GMRS 송수신기가 빌딩이나 쇼핑몰 구역을 순찰하는 경비원들이 사용하는 워키토키(walkie-talkie)이다.

에서 1 m 떨어진 곳의 전기장의 세기를 구해보면 약 5.5 V/m로 숫자가 간단하므로 기억하기에 편하다. 전기장의 세기가 전력의 제곱근에 비례하고 거리에 반비례하므로 전력과 거리가 1이 아닌 경우에는 그 비율에 따라 이 값(5.5)을 조정하면 된다.

주의사항: 휴대전화는 수신되는 신호의 세기에 따라 자신이 송신하는 전력의 크기를 자동적으로 조절한다. 따라서 각 경우마다 방사전력이 얼마인지 알기가 어렵다. 여러 종류의 저전력 무선 송신기 모델의 규격은 <표 18-2>와는 다를 수 있다. 따라서 이들을 사전적합성 시험에 사용하기 전에 해당 제품의 규격을 살펴 전력과 주파수를 확인하는 것이 현명하다.

사전적합성 시험을 수행하는 경우에는 송신기를 EUT와 케이블로부터 적당한 거리만큼 떨어뜨린다. 그러고 나서 잠깐 동안 송신을 하고 제품의 반응을 관찰하는 식으로 시험을 한다..

18.10.2 전도성 내성(Conducted Immunity)

"채터링 릴레이(Chattering Relay)"를 DC 전원선이나 AC 전원선에 연결하면 그 전원선에 노이즈가 발생한다. <그림 18-26>을 보면 두 전원선 양단에 릴레이와 NC 접점(normally closed contact, 보통 때 닫혀있는 접점)이 직렬로 연결되어 있다. 전원이 ON 되면 릴레이가 동작하여 접점을 당기므로 NC 접점은 개방(open)되면서 릴레이가 떨어진다. 그러면 NC 접점은 다시 닫히면서 지금까지의 과정이 다시 반복된다. 이러한 상황은 릴레이 양단에 연결된 전원이 OFF 될 때까지 되풀이되므로 이 릴레이를 '채터링 릴레이'라고 한다. 릴레이가 떨어지는 순간, 전원선 양단에는 다음 식으로 표시되는 아주 큰 유도성 킥 전압(inductive kick voltage)이 발생한다.

$$V = -L\,dI/dt \tag{18-7}$$

이 전압은 일반적으로 전원선 전압의 10～100 배이므로 수백 V, 심지어는 수천 V까지 될 수 있다. <그림 18-26>에서 보듯이 릴레이 양단에 제너 다이오드(Zener diode) 두 개를 서로 반대 방향으로 달아주면 이 전압을 제어할 수 있다. 다양한 항복전압(breakdown voltage) 값을 갖는

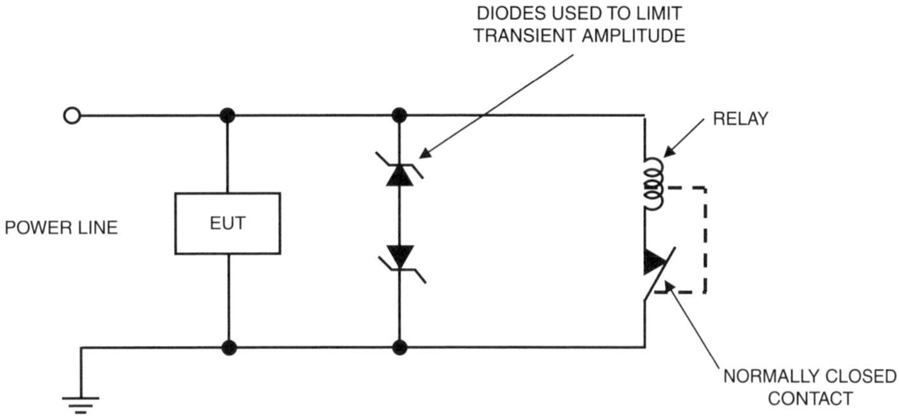

그림 18-26 다이오드 전압 리미터가 달려있는 채터링 릴레이 회로

다이오드들이 로터리 스위치를 통해 릴레이 양단에 연결되도록 하면 로터리 스위치의 위치에 따라 전원선 상의 노이즈전압의 크기를 바꿀 수 있다. 이 시험은 전원선의 노이즈에 대한 EUT의 내성을 알아보는 데 좋다. 전원선에는 릴레이나 솔레노이드가 달려있는 경우가 많으므로 이 시험은 실제 상황을 그대로 반영하고 있는 것으로 볼 수 있다.

<그림 18-27>에 나타낸 것처럼 신호 케이블에 노이즈 전압을 유도하기 위해 채터링 릴레이를 사용할 수 있다. 채터링 릴레이에는 별도의 전원을 사용하여 별도의 케이블을 통해 전원을 공급한다. 별도의 이 케이블과 시험대상 신호케이블이 1 m 정도 나란히 지나가도록 서로 붙여놓는다. 스위치로 항복전압 값이 서로 다른 다이오드들이 릴레이 회로에 연결되도록 조정하여 유도시험전압의 크기를 가변한다.

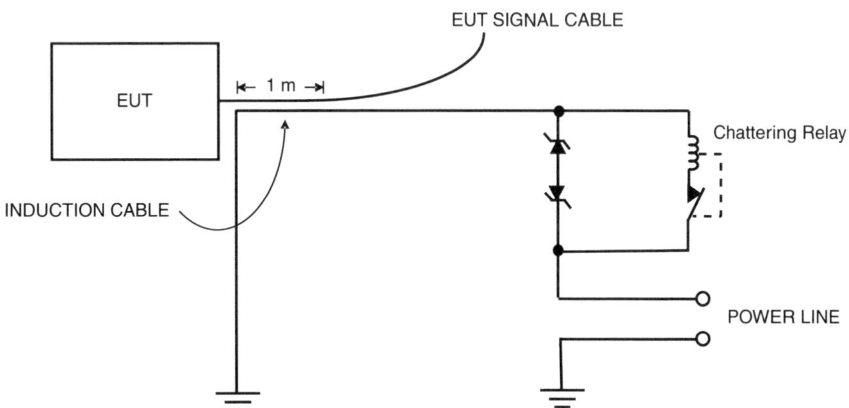

그림 18-27 EUT 신호 케이블에 노이즈를 유도하기 위해 사용되는 채터링 릴레이

소형 휴대용 송신기를 시험대상 케이블 가까이에 가져가는 방법으로 전도성 RF 내성시험을 시뮬레이션 해볼 수도 있다(18.10.1절 참조).

18.10.3 과도 내성(Transient Immunity)

18.10.3.1 정전기 방전(Electrostatic Discharge) 사전적합성 정전기 방전(electrostatic discharge, ESD) 시험은 <그림 18-28>과 같이 소형이고 휴대가 간편하며 배터리로 동작하는 ESD 시뮬레이터(simulator)를 사용하여 수행할 수 있다. 상업용으로 판매되는 ESD 시뮬레이터로 Thermo Scientific사의 MiniZap®[10]이 있다.

ESD 시뮬레이터는 스펙트럼 분석기 다음으로 비싼 사전적합성 시험장비이다. 가격은 보통 5000~10000 달러 (2008년 기준)이다. 그러나 값싼 압전 가스 바비큐 점화기(piezoelectric gas barbecue lighter)를 사용하여 고가의 ESD 시뮬레이터를 대신하는 경제적인 ESD 발생기(generator)[11]를 만들 수 있다. 이 기기는 출력전압을 반복하거나 제어하지는 못하지만 약 10~15 kV 범위의 전압을 발생시키므로 간이 ESD 시험에 사용할 수 있다. 예전에 내가 표준 ESD 시뮬레이터를 이용할 수 없었을 당시에 ESD 시험을 꼭 해야 할 경우마다 이 기기를 여러 번 사용하였다.

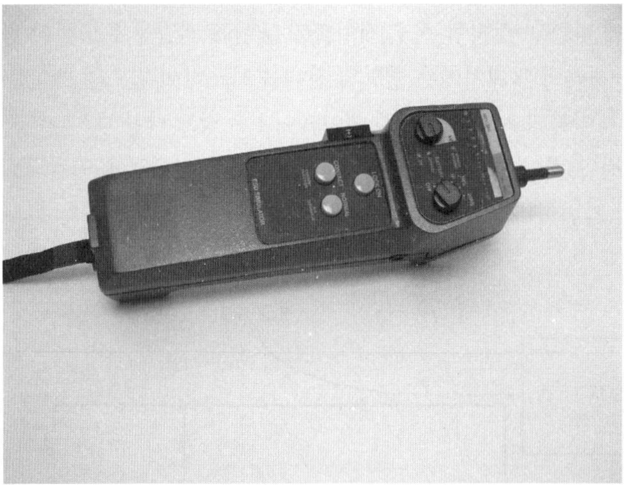

그림 18-28 배터리로 동작하는 소형 ESD 시뮬레이터

10) Thermo Fisher Scientific, Inc (Waltham, MA)의 등록상표

11) 상업용으로 판매되는 Zerostat 정전기 제거권총(antistatic gun)은 압전기기의 일종으로 이를 간이 ESD시험에 사용할 수 있다. 이 기기는 원래 레코드 판(vinyl phonograph record)에서 정전기를 제거하기 위해 개발된 것으로 수 kV의 전압을 발생시킨다. 이 기기의 권총손잡이를 당기면 (+)전압이 발생되고 손잡이를 놓으면 (−)전압이 발생된다. 가격은 약 100 달러(2008년 기준)이다. 어떤 장비가 이 기기로 수행한 ESD 시험을 통과하지 못하면 그 제품은 정전기에 지나치게 취약한(민감한) 것이므로 반드시 바로잡아야 한다.

사전적합성 시험에 사용되는 ESD 발생기는 (+)전압과 (−)전압을 모두 발생시킬 수 있어야 하며 접촉방전(contact discharge)과 비접촉방전(air discharge, 공기방전)을 모두 할 수 있어야 한다. 그리고 1∼10 kV 범위에서 전압을 조정할 수 있어야 한다. ESD 발생기는 150pF 과 330 Ω의 RC회로로 구성된 인체모형(human body model)을 시뮬레이션 할 수 있어야 하며 초당 1∼10개의 속도로 단일펄스나 반복펄스를 인가하는 기능을 갖추는 것도 바람직하다.

테이블에 올려놓고 사용하는 소형 장비(small tabletop equipment)에 대한 전형적인 ESD 시험 구성을 <그림 18-29>에 나타내었다. 방전시험은 접근이 가능한 모든 EUT의 표면은 물론 수직 및 수평 결합플레이트(coupling plate)의 모서리에도 수행해야 한다. 시험은 (+)극성의 시험전압과 (−)극성의 시험전압 모두에 대해 수행해야 한다.

18.10.3.2 전기적 고속 과도현상(Electrical Fast Transient) ESD 시뮬레이터는 EUT의 케이블에 과도전압을 유도하는 데도 사용할 수 있다. <그림 18-30>에 나타낸 것처럼 한쪽 끝이 접지된 도선과 EUT 케이블이 1 m 만큼 나란히 지나가도록 서로 붙여놓고 도선의 개방된 쪽에 ESD 펄스

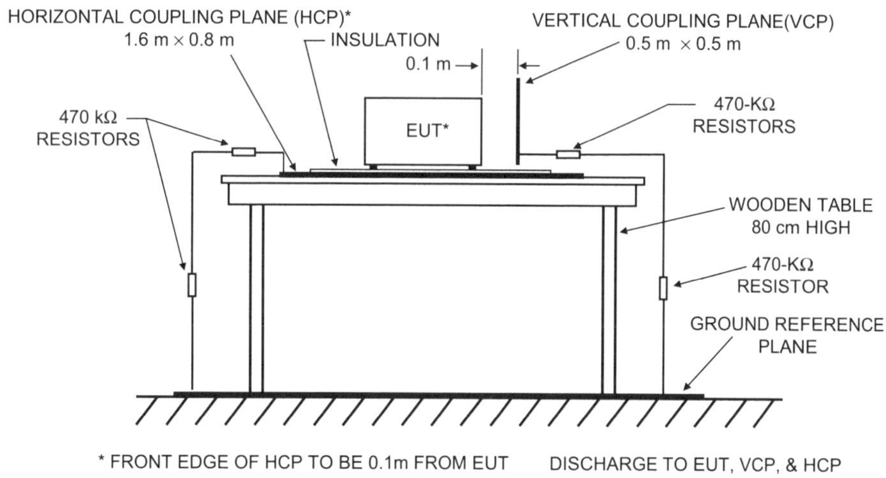

그림 18-29 테이블 위에서 사용하는 장비에 대한 전형적인 ESD 시험구성도

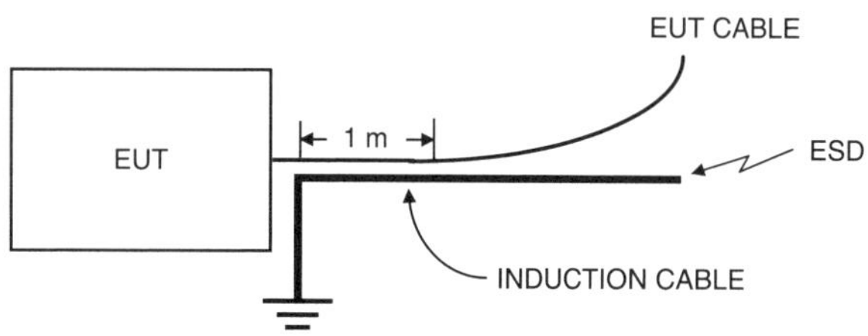

그림 18-30 케이블에 ESD에 의한 과도전압을 유도하는 방법

를 인가한다. 발생기에서 초당 10~20개의 펄스로 이루어진 반복펄스가 발생하도록 ESD 발생기를 설정하면 전기적 고속 과도현상(EFT) 시험을 시뮬레이션 할 수 있다.

도선과 시험대상 케이블 사이의 결합계수를 0.5로 가정하면(합리적인 값임), ESD 시뮬레이터의 전압을 원하는 EFT 전압의 두 배로 설정해야 한다. 예를 들어 2 kV EFT 과도전압을 시뮬레이션하기 위해서는 ESD 시뮬레이터의 설정을 4 kV 반복방전(repetitive discharge)으로 한다.

18.11 사전적합성 전력 품질 시험 (PRECOMPLIANCE POWER QUALITY TESTS)

유럽연합에서 독특하게 요구하는 두 가지 시험이 1.7.2절에서 설명한 고조파(harmonics) 시험과 플리커(Flicker) 시험이다. 고조파 규정에서는 교류 전원선에서 제품으로 유입되는 전류의 고조파 성분을 40번째 고조파까지로 제한하고 있다. 주요 고조파 문제를 발생시키는 것은 스위칭 전원공급기, 형광등(fluorescent lamp), 변속 모터 구동장치(variable motor drive)와 같은 비선형 부하로 이 모든 장치들은 고조파 성분이 많이 들어있는 전류를 흐르게 만든다(13.9절 참조). 플리커 규정에서는 제품으로 유입되는 과도 교류 전원 전류(돌입전류(inrush current))를 제한한다. 전원선은 유한한 임피던스를 갖고 있으므로 큰 과도 전류가 흐르면 전원선 전압의 변동이 발생하여 전등이 깜빡거리는(flickering) 현상이 일어난다.

18.11.1 고조파(Harmonics)

제품으로 유입되는 고조파 전류는 소형 휴대용 전력계(power meter)/고조파 분석기(harmonic analyzer)를 사용하여 쉽게 측정할 수 있다. <그림 18-31>은 이들 계측기에 표시된 소형 전원공급기의 고조파 왜곡을 보여주고 있다. <표 18-3>에는 Class A 제품(개인용 컴퓨터, TV 세트, 휴대용 공구, 조명 장치를 제외한 대부분의 제품)의 경우에 대해 홀수 고조파와 짝수 고조파에 대

표 18-3 Class A 장치에 대한 유럽연합의 고조파 전류 허용한계치(20번째 고조파까지)

Harmonic Number	Current (A)	Harmonic Number	Current (A)
1	-----	2	1.08
3	2.30	4	0.43
5	1.14	6	0.30
7	0.77	8	0.23
9	0.40	10	0.18
11	0.33	12	0.15
13	0.21	14	0.13
15	0.15	16	0.12
17	0.13	18	0.10
19	0.12	20	0.09

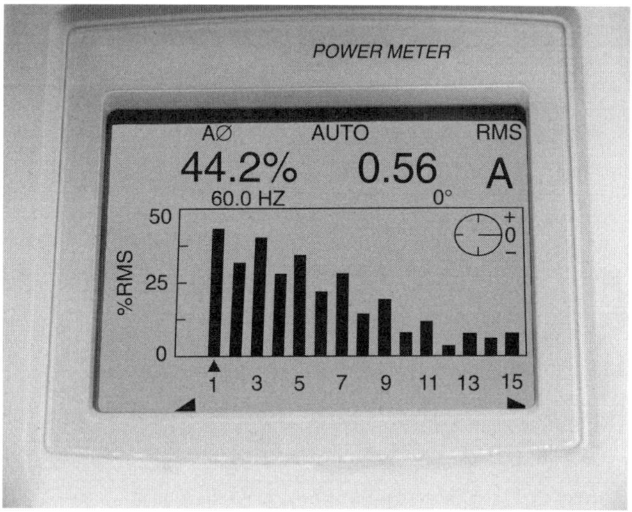

그림 18-31 고조파 측정기(harmonic meter)에 표시된 소형 스위칭 전원공급기의 고조파 전류

한 고조파 허용한계치를 20번째 고조파까지 수록하였다.

고조파 요건에서 19번 고조파보다 번호가 높은 홀수 고조파에 대한 전류 허용한계치는 2.25/n을 넘지 않는다. 여기서 n은 고조파의 번호이다. 20번 고조파보다 번호가 높은 짝수 고조파에 대한 전류 허용한계치는 1.84/n이다. 이 허용한계치는 40번째 고조파까지 적용된다.

개인용 컴퓨터와 TV 세트들은 Class D 허용한계치를 반드시 만족해야 한다. Class D 기준은 더욱 엄격하며 제품의 전력정격에 근거하여 정해진다. Class D 제품들은 <표 18-3>의 허용한계치를 초과해서도 안 된다.

고조파 분석기를 가지고 있지 않다면 오실로스코프로 입력전류파형을 측정하는 간이 방법으로 고조파 왜곡을 추정할 수 있다. 파형을 눈으로 측정하는 방법만으로도 5% 이상의 왜곡은 쉽게 알아낼 수 있다. 전류 파형이 사인파형과 거의 비슷한 경우, 제품이 고조파 방출 시험을 통과할 가능성이 아주 높다. 그러나 파형이 <그림 13-4>와 비슷하면 통과하지 못할 것이 거의 확실하다. 파형에 왜곡이 있기는 하지만 <그림 13-4>처럼 나쁘지는 않다면 제품이 기준을 통과할지 아닐지 알아내는 것이 쉽지 않다. 펄스의 상승시간이 느릴수록, 또한 펄스가 주기에 걸쳐 더 많이 확산될수록 제품이 허용기준을 통과할 가능성은 높아진다.

18.11.2 플리커(Flicker)

플리커 기준에서는 많은 측정을 수행한 다음, 측정데이터(크기, 지속시간, 파형, 교란(disturbance) 반복율)에 대해 통계분석을 수행하여 플리커율(flicker factor)을 구할 것을 요구한다. 이 시험은 사전적합성 시험의 일환으로 쉽게 수행할 수 있는 것은 아니다.

표 18-4 유럽연합의 최대 피크돌입전류 요건

시험 레벨	최대 상대전압변동	피크돌입전류(A)
Level A	4%	20.3
Level B	6%	30.5
Level C	7%	35.6

그러나 플리커 기준 중의 한 부분은 측정할 수 있는데, 이것이 최대 돌입전류(inrush current)이다. 최대 돌입전류는 돌입전류측정 기능을 가지고 있는 클램프-온 전류계(예를 들어 Fluke 330 Series True RMS Clamp Meter)를 사용하여 측정할 수 있다.

플리커 기준에는 세 단계의 인증레벨이 있다. 제품의 급(class)에 따라 적용되는 인증레벨이 달라진다. Level A는 Level B나 Level C에 해당되지 않는 제품에 적용된다. Level A의 요건이 가장 까다롭다. Level B는 수동으로 전원을 ON/OFF 하거나 하루에 2번 넘게 전원을 자동적으로 ON/OFF하는 제품에 적용한다. Level C 제품은 사용중에는 사용자가 옆에 있는 제품(예를 들어, 헤어드라이어나 진공청소기)이나 하루에 2번 이하로 전원을 자동적으로 ON/OFF하는 제품에 적용된다. Level C 요건이 가장 덜 까다롭다.

Level A 제품의 경우, 교류전원의 최대 순간전압강하(voltage dip)에 대한 허용기준은 4%이고, Level B의 경우에는 6%, Level C의 경우에는 7%이다. 플리커 시험세트의 전원선 전원임피던스(source impedance)는 $0.4 + j0.25\ \Omega$로 크기를 구해보면 $0.472\ \Omega$이다. 이 임피던스를 사용하여 3가지 시험레벨에 대해 최대로 허용 가능한 돌입전류를 계산할 수 있다. 240 V 교류 전원에 대해 구한 결과를 <표 18-4>에 수록하였다.

120V 교류 전원의 경우, 돌입전류의 크기는 <표 18-4>에 수록된 값의 1/2이 된다.

18.12 마진(MARGIN)

측정 마진(test margin)이라는 주제는 사전적합성 시험과는 직접적인 관계가 없지만 반드시 살펴봐야할 중요한 주제이다. 이번 18장은 EMC 시험과 관련이 있는 유일한 장이므로 이 주제에 대한 정보를 이 장에 포함시킨 것이다. 이 절에서 다루는 내용은 사전적합성시험에 관련된 것이 아닌 공식적(법적)인 EMC 적합성 인증시험에 관련된 것이다.

법적으로 모든 제품들은 자신에 적용되는 EMC 규정을 따르기만 하면 한다. 그런데 마진(margin, 여유)이 필요한 까닭은 무엇인가? 두 가지 주요 이유는 (1) 제품은 변하며 (2) 측정 불확도(measurement uncertainty)가 항상 존재하기 때문이다.

18.12.1 방사성 방출 마진(Radiated Emission Margin)

방사성 방출의 측정 불확도(measurement uncertainty)를 가져오는 요인으로 5가지를 들 수 있다. 첫 번째 요인은 시험장(야외시험장이나 무반사실)의 품질로, 접지판의 품질과 반사의 억제(제어) 정도 등이 여기에 영향을 준다. 이 요인으로 인해 ±2 dB 정도의 측정불확도는 쉽게 발생한다.

두 번째 요인은 장비(케이블 포함)의 장비의 정확도(accuracy)와 보정(교정, calibration) 정도이다. 스펙트럼 분석기나 무선 수신기와 같은 측정기기의 정확도는 ±1.5 dB를 넘지 않는다. 마찬가지로 안테나 교정의 정확도는 대체로 ±2 dB를 넘지 않는다. 안테나와 스펙트럼 분석기 사이를 연결하는 길이 50피트 케이블의 손실을 구하는 것에 대해 생각해보자. 케이블 손실은 측정해서 구한 것인가, 아니면 핸드북(handbook)의 표로부터 얻은 값인가? 측정해서 구한 것이라면 그 케이블은 1년 이상 접지위에 놓여있던 케이블인가, 아닌가, 또 사람들에게 밟힌 적이 있는가, 아닌가? 이를 고려하면 ±0.5 dB 정도가 된다. 전치증폭기(preamplifier, 프리앰프)를 사용하는 경우에는 ±1.5 dB 정도의 측정불확도가 추가로 생긴다.

위의 값들의 실효값(root mean square)을 계산하면 총 측정불확도는 ±3.6 dB으로 이 값은 제품의 변화나 아래에서 다루는 다른 문제들을 고려하지 않은 것이다.

세 번째 요인은 시험과정이다. 턴테이블을 회전하면서 최댓값을 찾고, 그러고 나서 피크를 구하기 위해 안테나를 수직방향으로 움직였는가? 아니면 안테나를 수직방향으로 움직이면서 최댓값을 찾고, 그러고 나서 피크를 구하기 위해 턴테이블을 회전시켰는가? 이 두 시험결과는 서로 다를 수 있다!

네 번째 요인은 시험 구성이다. 제품에 연결된 케이블의 길이는 얼마이며, 어떤 식으로 배선되었는가? 케이블이 접속된 피시험제품의 정확한 배치는 무엇인가?

다섯 번째 요인은 시험자의 기술이다. 예를 들어 각 주파수에서 최대 방출값을 찾기 위해 케이블을 배치하고 제품을 회전하는 데 얼마나 많은 시간이 소요됐는가?

방사성 방출 측정의 재현성(reproducibility)과 관련한 한 연구에 따르면 7개의 10 m 야외시험장에서 30~400 MHz의 주파수 영역에서 측정한 데이터는 평균의 ±4 dB 범위를 벗어나지 않았다(1988년 Kolb).

ANSI C63-4 규정에서는 방사성 방출 시험장은 30~1000 MHz의 주파수 범위에서 정규화 시험장 감쇄량[12)](NSA, Normalized site attenuation)을 측정하여 시험장의 유효성을 입증할 것을 요구하고 있다. 시험장의 유효성을 인정받으려면 측정된 NSA는 이상적인 시험장의 NSA 값으로부터 ±4dB 범위내에 들어야 한다 (2003년 ANSI C6304). 그러므로 유효성이 입증된 두 시

12) 편평한 반사면(접지판)위에 두 개의 안테나가 규정된 높이에서 규정된 거리만큼 서로 떨어져 있을 때, 이 두 안테나 사이의 경로손실(path loss)을 나타내는 척도를 시험장 감쇄량이라고 한다.

험장의 측정데이터는 서로 8 dB만큼 차이가 날 수 있으며, 그런 경우에도 허용될 수 있다.

이러한 측정불확도 때문에 많은 업체에서는 그들의 제품이 규격에서 규정하는 허용한계치에 대해 6 dB의 마진을 갖도록 하고 있다. 최종 적합성 시험의 경우에는 6 dB 마진이 가장 좋기는 하지만 4~6 dB 정도면 적절하다고 할 수 있다. 그렇지만 사전적합성 측정의 경우에는 마진이 이보다 커야하는데 보통 6~8 dB이다.

18.12.2 정전기 방전 마진(Electrostatic Discharge Margin)

15.11절에서 말했듯이 ESD는 본디 통계적 과정이다. 제품은 실패 확률을 갖고 있다. 실패 확률이 낮으면 수천 번 이상 방전(discharge) 시험을 수행하지 않는 이상 제품이 실패하는 것을 볼 수 없을 것이다. 유럽연합의 ESD 기준은 각 시험위치에 10번 방전할 것을 요구하고 있으므로 통계적으로 유효한 샘플은 아니다.

15.11절에서 설명한 것처럼 디지털 기기는 "시간창(time window)"를 갖는다. 예를 들어 컴퓨터와 같은 기기는 하드디스크에서 데이터를 읽고, 하드디스크에 데이터를 기록하고, RAM을 읽고, 프린터에 데이터를 출력하는 등 서로 다른 시간에 서로 다른 기능들을 수행한다. 이렇게 수행하는 기능들 중 하나만 ESD에 민감한 경우를 가정하면 이 기능이 수행되는 시간과 ESD 방전이 일어나는 시간이 일치 했는가 하는 문제가 있다.

환경도 ESD 시험 결과에 영향을 준다. 습도, 온도, 고도(altitude)와 같은 환경요인에 따라 다른 시험 결과가 나올 수 있다. ESD 총(gun)의 접지 스트랩(strap, 접속선)의 연결방식에 따라서도 시험결과에 영향을 줄 수 있는데, 이것은 접지 스트랩의 위치가 달라지면 방전전류에 의해 발생하는 전자기장도 달라지기 때문이다.

시험기술에 따라서도 시험결과가 달라진다. 예를 들어 비접촉 방전시험(air discharge test)의 경우, ESD 시뮬레이터의 팁을 제품에 갖다 대는 속도가 시험결과에 영향을 줄 수 있다. 마찬가지로 제품을 기준으로 시뮬레이터가 위치하고 있는 각도에 따라서 다른 결과가 나올 수 있다. 마지막으로 여러 시험샘플이 저마다 ESD 내성에 있어 차이가 나기 때문에 결과가 달라질 수 있다.

측정결과가 달라지는 문제를 해결하고 측정결과의 신뢰성을 향상시키려면 사전적합성 시험에서 마진(margin)을 확보해야 한다. 예를 들어 유럽연합의 ESD 규격에서는 제품이 4 kV의 접촉방전과 8 kV의 비접촉방전(공기방전) 시험을 통과해야 한다고 규정하고 있다. 따라서 사전적합성 시험을 수행할 때는 제품에 대해 5 kV의 접촉방전과 10 kV의 비접촉방전을 수행하는 방식으로 마진을 확보할 수 있다.

요약 SUMMARY

- 사전적합성 EMC 측정은 초기 설계 단계부터 수행하여야 한다. 이 시험은 최종적인 공식 적합성 인증시험을 하기 전에 실시해야 한다.
- 가장 유용하면서도 중요한 사전적합성 시험은 모든 케이블에 대해 공통 모드 전류를 측정하는 시험이다.
- 그 다음으로 중요한 사전적합성 시험은 자기장 프로브를 사용하여 PCB를 스캐닝(scanning)하는 시험이다.
- 차폐된 인클로저(enclosure)의 이음매나 구멍 등을 통해 누출되는 자기장이 있는지 검사하는 데에도 자기장 프로브를 사용한다.
- 노이즈전압 측정은 방사성 방출 문제를 일으키는 원천(source)을 정확히 찾아내는데 도움이 될 수 있다.
- 유용한 노이즈 전압측정으로 클록파형측정, IC의 V_{cc}-접지간 전압측정, 두 IC 접지간 노이즈 전압측정, I/O접지-섀시간 공통모드 전압측정 등을 들 수 있다.
- 사전적합성 EMC 시험에 필요한 모든 장비들은 한 곳(예: EMC 응급카트)에 모아놓고 사용하도록 한다.
- 만약 사전적합성시험의 일환으로 방사성 방출시험을 하는 경우에는 개방공간(금속물체가 없는 공간)에서 수행하며 시험거리는 1 m로 한다.
- 공통모드 전류 측정을 하지 않고 사전적합성 방사성 방출시험만을 수행해서는 안 된다. 공통모드 전류측정을 하고 추가로 사전적합성 방사성 방출시험을 하는 것은 가능하다.
- 사전적합성 전도성 방출시험은 LISN과 스펙트럼분석기를 사용하여 개발실에서 쉽게 수행할 수 있다.
- 전도성 방출 사전적합성 시험을 수행하는 경우, 공통모드 제거회로나 차동모드 제거회로를 사용하면 차동모드 전도성 방출과 공통모드 전도성 방출은 쉽게 분리할 수 있다.
- 방사성 내성 시험은 소형 휴대용 송신기(Personal Radio Service, Citizen' s band radio)나 전기드릴이나 Dremel® 모터 툴(motor tool)과 같은 노이즈원(noise source)을 사용하여 어떤 특정 주파수에 대해 수행할 수 있다.
- 채터링 릴레이(chattering relay)는 교류 전원선이나 직류 전원선에 과도전압을 유도하는 데 유용하다.
- ESD 시험은 배터리로 동작하는 소형 ESD 발생기, 또는 값싼 압전 가스 바비큐 점화기(piezoelectric gas barbecue lighter)를 사용하여 수행할 수 있다.
- 사전적합성 1 m 방사성 방출 시험용으로 이상적인 안테나는 30∼1000 MHz의 동작대역을 갖고, 사이즈가 12 인치를 넘지 않아야 하며 안테나 인자로 6dB 이하가 돼야 한다.

- 1 m 시험용으로는 소형 능동(active) 광대역 안테나가 더욱 좋지만 상업용으로 판매되는 것을 구하기가 어렵다.
- 1 m 방사성 방출시험에서는 안테나 높이를 가변시킬 필요는 없지만 수평편파와 수직편파는 반드시 시험해야 한다.
- 1 m 방사성 방출시험을 수행하는 동안에는 최대 방출을 찾을 수 있도록 제품이 놓인 턴테이블을 회전시키고 케이블들을 배치해야 한다.
- 3 m 방사성 방출 허용한계치를 6 dB만큼 올린 것으로 1 m 방사성 방출 허용한계치로 삼는다.
- 소형 차폐실(무반사실이 아닌 곳) 안에서 방사성 방출 시험을 수행하면 안 된다.
- 방사성 방출의 측정불확도는 ±4 dB를 넘는다.
- 제품은 다음과 같은 마진을 가져야 한다.
  - 최종 적합성 시험을 하는 경우에는 규격에서 정한 허용한계치에 대해 4~6 dB의 마진을 가져야 한다.
  - 사전적합성 시험을 하는 경우에는 6~8 dB의 마진을 가져야 한다.

연습문제 PROBLEMS

18.1 소형의 차폐된 공간에서 방사성 방출 측정시험을 하는 것이 적합하지 않은 까닭은 무엇인가?

18.2 F-33-1 공통모드 전류 클램프로 100 μA의 공통모드 전류가 흐르는 케이블을 측정할 때 전류 클램프의 출력전압은 얼마인가?

18.3 F-33-1 전류 클램프를 사용하여 길이가 3 m인 케이블에 흐르는 공통모드 전류를 측정할 때 Class B 제품에 대해 전류클램프로 측정되는 최대허용값(dBm 단위로)은 얼마인가?

18.4 스펙트럼 분석기와 F-61 공통 모드 전류 클램프로 길이가 1/3 m인 케이블을 측정하고 있다. FCC의 Class A 방사성 방출시험을 통과하기 위해서는 스펙트럼 분석기로 측정되는 전압레벨이 몇 dBμV를 넘지 않아야 하는가?

18.5 a. 영 실험(null experiment) 시험이란 무엇인가 ?

b. 영 실험의 목적은 무엇인가 ?

18.6 평형 차동 프로브를 사용하여 IC의 V_{cc}-접지간 노이즈 측정을 하는 경우, 어떤 영 실험을 수행하는 것이 좋은가?

18.7 제품에 연결된 케이블에 대한 공통모드 전류시험을 수행할 때, 측정된 전류가 외부의 어떤 신호원에 의해 발생한 것이 아니고 시험중인 제품으로부터 발생한 것이라는 것을 어떤 방법으로 확신할 수 있는가?

18.8 다음의 EMC 사전적합성 측정이 정량적인지 정성적인지 말하여라.

a. 공통모드 전류 클램프 측정

b. 자기장 루프 프로브 측정

c. 노이즈 전압 측정

d. 전도성 방출 측정

18.9 소형 자기장 루프 프로브의 용도를 두 가지만 들어라.

18.10 다음 항목에 대한 정보를 얻으려면 어떤 사전적합성 EMC 측정을 수행해야 하는가?

a. 제품에서 발생하는 차동모드 방사성 방출

b. 제품에서 발생하는 공통모드 방사성 방출

c. 제품에 유입되는 교류전원 전류의 파형왜곡

18.11 유용한 사전적합성 노이즈전압 측정 종류를 4가지만 들어라.

18.12 상업용으로 판매되는 능동 차동프로브의 단점을 4가지만 들어라.

18.13 a. 전도성 방출시험을 수행할 때 과도 리미터가 제공하는 세 가지 기능은 무엇인가?

b. 전도성 방출 측정에 과도 리미터를 사용하는 까닭은 무엇인가?

18.14 스펙트럼 분석기에 들어있는 세 종류의 검출기는 무엇인가?

18.15 1 m 방사성 방출 사전적합성 시험을 수행하고 있다. 이 시험이 수행되는 장소는 제품과 안테나 모두로부터의 거리 5 m 이내에 금속물체가 없는 곳이다. 반사된 다음에 안테나로 들어오는 신호의 레벨은 반사 없이 직접 안테나로 들어오는 신호보다 몇 dB 낮은가?

18.16 유럽연합의 고조파 전류 요건에서 Class A 제품에 대한 33번째 고조파 전류의 허용한계치는 얼마인가?

18.17 사전적합성 방사성 내성 시험에서 RF 전자기장을 발생시키는 두 가지 방법은 무엇인가?

18.18 방사성 방출 측정불확도를 가져오는 5가지 요인은 무엇인가?

참고문헌 REFERENCES

ANSI C63-4. *American National Standard for Methods of Measurement of Radio-Noise Emissions from Low-Voltage Electrical and Electronic Equipment in the Range of 9 kHz to 40 GHz*, 2003.

CISPR 16-1-1. *Specification for Radio Disturbance and Immunity Measuring Apparatus and Methods Part 1-1: Radio Disturbance and Immunity Measuring Apparatus–Measuring Apparatus*, International Special Committee on Radio Interference (CISPR), 2006.

Cruz, J. E. and Larsen, E. B. *Assessment of Error Bounds for Some Typical MILSTD461/462 Types of Measurements*. NBS Technical Note 1300, October 1986.

Curtis, J. "Toil and Trouble, Boil and Bubble: Brew Up EMI Solutions at Your Own Inexpensive One-Meter EMI Test Site." *Compliance Engineering*, July/August 1994.

FCC. Public Notice 63811, *Conditions For The Use of Outdoor Test Ranges For RF Immunity Testing*. July 3, 1996.

Kolb, L., *Reproducibility of Radiated EMI Measurements*. Pan Alto, CA, Hewlett Packard, April 15, 1988.

Montrose, M. I. and Nakauchi, E. M. "Testing for EMC Compliance," New York, IEEE Press, Wiley Interсiences, 2004.

Nave, M. J. *Power Line Filter Design for Switched-Mode Power Supplies*. New York, Van Nostrand Reinhold, 1991.

Paul, C. R. and Hardin, K. B. "Diagnosis and Reduction of Conducted Noise Emissions." *1988 IEEE International Symposium on Electromagnetic Compatibility*, Seattle, WA, August 2–4, 1988.

Roleson, S. "Evaluate EMI Reduction Schemes with Shielded-Loop Antennas." *EDN*, May 17, 1984.

Schaefer, W. "Narrowband or Broadband Discrimination with a Spectrum Analyzer or EMI Receiver." *Conformity*, December 2007.

Smith, D. C. *High Frequency Noise and Measurements in Electronic Circuits*. New York, Van Nostrand Reinhold, 1993.

Smith, D. C. "DC to 1GHz Probe Construction Plans." 2004. Available http://www.emcesd.com/1ghzprob.htm. Accessed April 2009.

심층자료 FURTHER READING

AN-150. *Spectrum Analyzer Basics*, Agilent Technologies, 2004.

AN-1328. *Making Precompliance Conducted and Radiated Emissions Measurements with EMC Analyzers*, Agilent Technologies, 2000.

Gerke, D. and Kimmell, W. *EDN The Designer's Guide to Electromagnetic Compatibility*, Chapter 13 (EMI Testing: If You Wait to the End, It's Too Late). St. Paul, MN, Kimmel Gertes Asssociates, 2001.

LISN-UP™ *Application Note*. Fischer Custom Communications, 2005.

Roleson, S. "Using Field Probes as EMI Diagnostic Tools." *Conformity*, March 15, 2007.

Roleson, S. "Field Probes as EMI Diagnostic Tools." *Conformity*, September 2006.

Smith, D. C. "Build It! Magnetic Field Probe." *Conformity*, June 2003.

Appendix A
데시벨

전기전자공학 분야에서 가장 널리 사용되면서도 종종 잘못 이해되고 있는 용어가 데시벨(decibel)이다. 데시벨을 줄여서 dB로 표시한다. 데시벨은 두 전력의 비(ratio)를 나타내는 데 사용되는 로그단위로 다음과 같은 식으로 정의한다.

$$\mathrm{dB} = 10 \log \frac{P_2}{P_1} \tag{A-1}$$

데시벨은 절대값이 아니다. 데시벨은 항상 두 값의 비(ratio)이다. $P_2 > P_1$(전력이득)인 경우에는 dB 값이 양수가 되며 $P_2 < P_1$(전력손실)인 경우에는 dB 값이 음수가 된다.

데시벨은 그레이엄 벨(Alexander Graham Bell)의 이름을 본떠 만든 단위인 "벨(bel)"에서 생긴 것이다. 두 전력의 비가 10이 되는 것을 1 bel로 정의한다. bel은 원래 전화통신에서 음향전력(acoustic sound power)의 비를 측정하는 데 사용되었다. bel 단위는 큰 단위이기 때문에 bel의 1/10을 뜻하는 decibel 단위가 더욱 널리 사용된다.

데시벨은 두 수의 비에 로그를 취하므로 넓은 범위에 걸쳐있는 양을 간편하게 나타내거나 쉽게 그래프로 그릴 수 있게 해준다. 데시벨의 이러한 장점은 EMC 측정의 경우에 유용하다. 예를 들어, 전압비(voltage ratio) 1,000,000을 데시벨로 나타내면 120 dB가 된다.

A.1 로그함수의 성질(PROPERTIES OF LOGARITHMS)

데시벨은 로그함수를 이용하므로 로그함수의 성질을 살펴볼 필요가 있다. 관심 있는 어떤 수가 있다고 하자. 10을 몇 제곱해야 그 수가 되는지 알고 싶은 경우에는 그 수의 상용로그(common logarithm) 값을 계산하면 된다[1](즉 10을 어떤 수의 상용로그 값만큼 제곱하면 그 수가 된다). 그

1) e (약 2.718)를 몇 제곱해야 어떤 수가 되는지 알고 싶은 경우에는 그 수의 자연로그(natural logarithm) 값을 계산하면 된다(즉 e를 어떤 수의 자연로그 값만큼 제곱하면 그 수가 된다). 상용로그와 자연로그 사이의 관계는 다음과 같다. $\log x = (\log e)(\ln x)$ 이므로 $\log x = 0.4343 \ln x$.

러므로

$$y = \log x \tag{A-2}$$

이면

$$x = 10^{y} \tag{A-3}$$

이 성립한다. 로그함수와 관련한 몇 가지 유용한 성질과 관계식은 다음과 같다.

log 1 = 0
1보다 큰 수의 log 값은 양수
1보다 작은 수의 log 값은 음수

$$\log(ab) = \log a + \log b \tag{A-4}$$

$$\log(a/b) = \log a - \log b \tag{A-5}$$

$$\log a^{n} = n \log a \tag{A-6}$$

위의 식에서 알 수 있듯이 두 수의 곱은 로그를 취하면 각각의 로그 값의 합이 되고 두 수의 나누기는 로그를 취하면 각각의 로그 값의 차가 된다. 이러한 성질은 EMC 측정에 유용하다. 예를 들어보자. 전자기장을 수신하고 있는 안테나와 스펙트럼 분석기를 긴 케이블로 연결하여 스펙트럼 분석기로 안테나에서 오는 전압을 측정하고 있다고 가정하자. 이 전압을 구하려면 입사 전자기장의 세기에 안테나 인자(antenna factor)를 곱하고 다시 여기에 안테나와 스펙트럼 분석기를 연결하는 케이블의 손실(loss)을 곱하고 나서 또다시 여기에 증폭기를 사용했으면 증폭기의 이득(gain)을, 감쇠기를 사용했으면 감쇠기의 손실(loss)을 곱해야 한다. 그렇지만 이 모든 항목 값들이 데시벨 단위로 표시된 경우에는 이 값들을 더하고 빼기만 하면 되므로 훨씬 간편하다.

A.2 전압과 전류에 대한 데시벨 (USING THE DECIBEL FOR OTHER THAN POWER MEASUREMENTS)

데시벨은 전력을 기준으로 정의되지만 다음과 같이 전압비(voltage ratio)와 전류비(current ratio)를 나타내는 데도 널리 사용되고 있다. 전압비와 전류비에 대해 데시벨은 다음과 같이 정의된다.

$$\text{dB voltage gain} = 20 \log \frac{V_2}{V_1} \tag{A-7}$$

$$\text{dB current gain} = 20 \log \frac{I_2}{I_1} \tag{A-8}$$

단, 이 식을 올바르게 사용하려면 두 전압 V_1과 V_2가 반드시 같은 값의 임피던스 양단에서 측정된 값이어야 한다(또한 두 전류 I_1과 I_2는 같은 값의 임피던스를 통해 흐르는 전류이어야 한다). 그런데 전압을 측정하는 임피던스 값을 고려하지 않고 식 (A-7)과 식 (A-8)을 사용하는 경우가 아주 흔한데 이는 이 식을 잘못 사용하고 있는 것이다.

<그림 A-1>에 대해 전압이득(voltage gain)과 전력이득(power gain) 사이의 관계를 구해보기로 한다. 먼저 증폭기의 입력전력은 다음과 같다.

$$P_1 = \frac{V_1^2}{R_1} \tag{A-9}$$

증폭기의 출력전력은

$$P_2 = \frac{V_2^2}{R_2} \tag{A-10}$$

이 된다. 증폭기의 전력이득 G를 dB로 나타내면 다음과 같다.

$$G = 10\ \log\frac{P_2}{P_1} = 10\ \log\left[\left(\frac{V_2}{V_1}\right)^2 \frac{R_1}{R_2}\right] \tag{A-11}$$

식 (A-4)와 식 (A-6)의 관계식을 이용하면 식 (A-11)을 다음과 같이 다시 쓸 수 있다.

$$G = 20\ \log\frac{V_2}{V_1} + 10\ \log\frac{R_1}{R_2} \tag{A-12}$$

식 (A-12)을 식 (A-7)과 비교해보자. 식 (A-12)의 전력이득에서 첫 번째 항은 식 (A-7)에서 정의된 전압이득과 같다. 식 (A-12)에서 $R_1 = R_2$이면 전력이득의 두 번째 항은 0이 되어 dB로 표시된 전압이득과 전력이득은 서로 같은 값이 된다. 식 (A-12)에서 알 수 있듯이 전압이득이 주어진 경우에 전력이득을 구하려면 저항 R_1과 R_2의 값을 반드시 알아야 한다.

같은 방법으로 <그림 A-1>에 대해 회로의 전류이득과 전압이득 사이의 관계를 구해보면

$$G = 20\ \log\frac{I_2}{I_1} + 10\ \log\frac{R_2}{R_1} \tag{A-13}$$

과 같이 된다. 식 (A-13)의 경우에 두 번째 항에 들어있는 저항비(resistance ratio)는 식 (A-12)

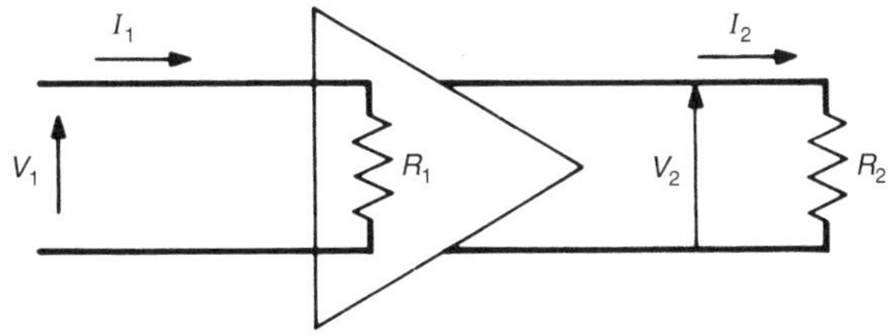

그림 A-1 전력이득과 전압이득 사이의 관계를 알아보기 위한 회로

의 저항비의 역수라는 것을 잘 살펴보기 바란다.

예제 A.1

어떤 회로의 전압이득이 0.5, 입력임피던스가 100 Ω, 부하임피던스가 10 Ω이다. 식 (A-7)을 사용하여 전압이득을 dB로 나타내면 −6 dB가 된다. 식 (A-12)를 사용하여 전력이득을 계산하면

$$\text{dB power gain} = -6 + 10\log\frac{100}{10} = 4\text{ dB} \tag{A-14}$$

이 된다. 따라서 이 경우에는 데시벨 전압이득은 음수이지만 데시벨 전력이득은 양수이다.

A.3 전력손실(POWER LOSS)

점 ②의 전력 P_2이 점 ①의 전력 P_1보다 작은 경우에 점 ①에서 점 ②로 갈 때의 전력이득(즉 점 ①을 기준으로 한 점 ②의 전력이득)을 계산해보자. 전력이득을 데시벨로 나타내면

$$G = 10\log\frac{P_2}{P_1} \tag{A-15}$$

( )안의 수를 1보다 크게 만들기 위해 식 (A-15)를 다시 쓰면

$$G = 10\log\left(\frac{P_1}{P_2}\right)^{-1} \tag{A-16}$$

이 된다. 식 (A-6)의 관계식을 이용하면 전력이득 식을 다음과 쓸 수 있다.

$$G = -10\log\frac{P_1}{P_2} \tag{A-17}$$

따라서 데시벨 전력이득 앞에 붙은 (−)부호는 이것이 전력손실(power loss)임을 나타내고 있다.

A.4 절대전력(ABSOLUTE POWER LEVEL)

데시벨을 사용하여 절대전력 값을 나타낼 수도 있다. 이렇게 하려면 식(A-1)의 분모를 실제 값을 갖는 기준전력 P_0(예를 들어 P_0 = 1 mW)로 대체하여 사용하면 된다. 이를 식으로 쓰면

$$\text{Number of dB(absolute)} = 10\log\frac{P}{P_0} \tag{A-18}$$

식 (A-18)은 기준전력 P_0를 기준으로 하는 절대전력 레벨을 나타낸다. 이때 사용자는 기준전력 값이 얼마인지 반드시 알아야 하는데, 이 값을 알 수 있도록 dB 바로 옆에 영문자를 추가로 붙여

표 A-1 여러 가지 dB 단위에 사용되는 기준레벨

dB 단위	종류	기준레벨	용도	비고
dBa	전력	$10^{-11.5}$ W	노이즈	F1A weighting 으로 측정
dBm	전력	1 mW		
dBrn	전력	10^{-12} W	노이즈	기준 노이즈 전력
dBrnc	전력	10^{-12} W	노이즈	C-message weighting 으로 측정
dBspl	음압	20 μPa[a]	음향	
dBu	전압	0.775 V[b]	오디오	
dBV	전압	1 V		
dBmV	전압	1 mV		
dB μV	전압	1 μV		
dB μV/m	전기장 세기(강도)	1 μV/m	전기장	
dBw	전력	1 W		

[a] SPL은 Sound Pressure Level(음압레벨)의 약자. SPL 값 0은 1 kHz의 소리를 들을 수 있는 한계값으로 20 μPa에 해당한다. 데시벨을 최초로 사용한 것이 SPL이다.

[b] 임피던스가 600 Ω인 경우에는 dBu 단위는 dBm 단위와 같다. 다시 말해 600 Ω 양단에 걸린 전압 0.775 V 전압은 전력 1 mW와 같다.

준다. 예를 들어, dBm은 기준전력이 1 mW라는 것을 나타낸다. <표 A-1>에 일반적으로 많이 사용되는 데시벨 단위와 그 기준레벨을 나타내었다.

EMC 측정에서는 보통 dB μV(또는 dBμV/m)를 사용하여 이야기하는 일이 많은데, 이 단위의 기준레벨은 1 μV(또는 1 μV/m)이다. 예를 들어, 측정된 신호 레벨이 40 dBμV이면 이 신호의 크기는 100 μV이다. 80 dBμV 신호는 10,000 μV 신호와 같다.

데시벨은 두 숫자의 비로 어떤 절대적인 양을 나타내는 것이 아니라는 것을 잊어서는 안 된다. 이를테면 '어떤 증폭기의 전압이득이 22 dB이다.' 는 표현은 맞는 말이다. 이 말은 출력전압을 입력전압으로 나누어 구한 비에 로그를 취한 다음 20을 곱하면 22가 된다는 것이다. 그러나 '증폭기에서 출력되는 신호의 레벨이 40 dB이다.' 는 표현은 잘못된 말인데, 데시벨은 어떤 절댓값을 나타내지 않기 때문이다. 그렇지만 '증폭기에서 출력되는 신호의 레벨이 40 dBm이다.' 라고는 말할 수 있는데, 40 dBm은 1 mV보다 40 dB만큼 큰 절댓값 100 mV이기 때문이다.

따라서 다음과 같이 하면 데시벨을 올바르게 사용할 수 있다.

- 첫째, 증폭기의 이득(*gain*), 또는 필터의 감쇄(*loss*)와 같이 두 수의 비(ratio)를 다루는 것이 분명한 경우에 데시벨을 사용한다.
- 둘째, 한 수를 어떤 기준과 비교하여 데시벨로 나타내는 경우에는 데시벨 바로 옆에 그 기준을 표시하는 아래첨자를 붙인다.

A.5 데시벨로 표시된 전력의 합 (SUMMING POWERS EXPRESSED IN DECIBELS)

어떤 기준 전력레벨(예: dBm)을 기준으로 표시된 두 데시벨 전력의 합을 구해야 하는 경우가 종종 발생한다. 이를 위해 두 데시벨 전력을 절대 전력으로 각각 변환한 다음, 이들을 서로 더하고 다시 데시벨 전력으로 변환할 수 있는데 이것은 시간이 많이 걸린다. 이렇게 하는 대신 다음과 같은 과정으로 두 전력을 더할 수 있다.

기준전력레벨 P_0를 기준으로 데시벨로 표시한 전력레벨을 Y_1과 Y_2라고 하자. Y_1과 Y_2에 해당하는 절대전력 레벨은 각각 P_1, P_2이다. 여기서는 $P_2 \geq P_1$라고 가정한다. 식 (A-18)과 식 (A-3)으로부터 다음과 같이 쓸 수 있다.

$$\frac{P_1}{P_0} = (10)^{Y_1/10} \tag{A-19}$$

$$\frac{P_2}{P_0} = (10)^{Y_2/10} \tag{A-20}$$

따라서

$$\frac{P_1}{P_2} = (10)^{(Y_1 - Y_2)/10} \tag{A-21}$$

이 된다. 데시벨로 표시된 두 전력의 차를 D라고 하면

$$D = Y_2 - Y_1 \tag{A-22}$$

이 되므로 다음과 같이 쓸 수 있다.

$$P_1 = P_2\,(10)^{-D/10} \tag{A-23}$$

P_2를 양 변에 각각 더하면

$$P_1 + P_2 = P_2\left(1 + 10^{-D/10}\right) \tag{A-24}$$

P_0를 기준으로 전력 P_1과 P_2의 합을 데시벨로 표시하면

$$Y_T = 10\log\left(\frac{P_1 + P_2}{P_0}\right) \tag{A-25}$$

이 된다. 이 식은 다음과 같이 다시 쓸 수 있다.

$$Y_T = 10\log(P_1 + P_2) - 10\log P_0 \tag{A-26}$$

식 (A-26)의 $P_1 + P_2$에 식 (A-24)를 대입하면 다음을 얻을 수 있다.

$$Y_T = 10\log\left[P_2\left(1 + 10^{-D/10}\right)\right] - 10\log P_0 \tag{A-27}$$

표 A-2 데시벨로 표현되는 두 전력의 합

두 전력의 차이 D(dB)	두 전력 중 큰 전력의 증가분(dB)
0	3.00
0.5	2.77
1	2.54
1.5	2.32
2	2.12
3	1.76
4	1.46
5	1.19
6	0.97
7	0.79
8	0.64
9	0.51
10	0.41
11	0.33
12	0.27
15	0.14
20	0.04

$$Y_T = 10\log\left(\frac{P_2}{P_0}\right) + 10\log\left(1 + 10^{-D/10}\right) \tag{A-28}$$

식 (A-28)의 첫 번째 항은 데시벨로 표시된 두 전력 중에서 값이 큰 Y_2를 나타낸다. 두 번째 항은 두 전력을 더할 때 Y_2 레벨이 얼마나 더 증가하는지를 나타낸다.

따라서 데시벨로 표시된 두 전력의 합은 두 값 중 큰 값에 다음 식으로 표시된 증가분을 더한 것과 같다.

$$10\log\left(1 + 10^{-D/10}\right) \tag{A-29}$$

여기서 D는 데시벨로 표시된 두 전력사이의 차와 같다. $D = 0$일 때 식 (A-29)는 3 dB이다. 그러므로 동일한 두 전력을 더하면 크기는 3 dB만큼 증가한다. D의 값에 따른 식 (A-29)의 계산결과의 변화를 <표 A-2>에 나타내었다.

APPENDIX B Electromagnetic Compatibility Engineering

전자파를 "많이" 방출하는 제품을 만드는 10가지 방법

EMC 컨설턴트인 나로서는 부록 B의 내용이 필요한지 확신할 수 없다. 내 경험에 비춰보면 많은 제품설계 엔지니어들은 이미 이러한 방법들에 대해 알고 있으며 이들을 실무에 적용하고 있다. 그러나 이 분야의 일을 처음 시작한 이들이나 복습을 원하는 이들에게는 부록 B가 빠른 시간 안에 능숙해지고 경력이 많은 동료들과 어깨를 나란히 하는 데 도움이 될 것이다.

이제부터 제품에서 전자파가 많이 방출되게 하는 10가지 방법을 설명해보기로 한다.

1. 보통, 전자파를 **많이** 방출되게 하기가 가장 좋은 것이 '**클록**(*clock*)' 이다. 가장 주파수가 높고 될 수 있으면 상승시간도 가장 빠른(짧은) 클록을 선택하여라. 주파수가 100 MHz 이상이면서 상승시간이 나노초(ns)보다도 짧은 클록이면 특히 바람직하다. 클록을 배선할 때는 우선 필요한 주파수보다 높은 신호가 PCB를 빙 둘러서 부하(load)에 전달되도록 트레이스를 배선하고 부하에서 주파수 분주를 하여 필요한 주파수로 낮춘다. 상승시간이 나노초보다 짧은 클록을 오실로스코프로 관찰하면, 스크린에는 상승시간이 느린(긴) 클록을 관찰할 때 나타나는 사다리꼴 파형(trapezoidal wave)이 아니라 디지털전문가가 보고 싶어 하는 이상적인 사각파형(square wave)이 나타날 것이다.
2. '**클록의 배선**(*clock routing*)' 은 매우 중요하다. 반드시 클록 트레이스는 가능한 한 길게 배선해야 한다. 또한 클록신호는 접지판, 전원판, 다른 접지트레이스 또는 귀환트레이스에 멀리 떨어지도록 배선해야 한다. PCB상에 IC 등의 부품을 장착할 때는 클록 트레이스의 길이가 가능한 한 길어지도록 모든 IC가 장착되는 위치와 장착하는 방향을 정해야 한다. 클록신호는 PCB 의 가장자리를 따라서 배선한다. 클록신호를 I/O영역(input/output area) 근처나 이 영역을 지나가게 배선하는 것 또한 아주 바람직하다.

3. 접지판과 전원판에 반드시 많은 '**슬롯**(*slot*, 구멍이나 틈)' 이 뚫려 있어야 한다. 추가로 판에서 구리(copper, 동박)를 제거하면 PCB의 무게를 줄일 수 있을 뿐만 아니라 귀환전류(return current)가 흐르는 경로가 더 큰 루프를 형성하므로 접지판의 인덕턴스와 전원판의 인덕턴스가 증가한다. 접지 임피던스가 증가하면 접지전압도 증가하는데, 이 접지전압이 I/O 케이블에 가해지면 케이블에서 전자파가 방출되므로 방출량이 증가한다.
4. '**접지판을 분할**' (예를 들어, 한 접지판을 아날로그용 접지판과 디지털용 접지판으로 분할)하여 사용하는 경우에는 많은 고주파 클록 트레이스들(또는 버스와 같은 고주파 신호들)이 반드시 분할된 두 접지판 사이의 틈(gap, 갭) 위를 가로지르도록 배선해야 한다. 이 방법으로 배선을 하면 접지 귀환전류가 큰 루프를 형성하는 경로를 따라 흐르게 된다. 이 방법을 아주 잘 적용하면 귀환전류는 전원공급기의 접지단자(분할된 두 접지판이 단일점접속 방식(single-point connection)으로 연결되는 위치)까지 되돌아가게 만들 수 있다. 전원판을 분할하여 사용하는 경우에도 같은 원리가 적용된다.
5. 디지털 논리회로(디지털 IC)에 대해 실시하는 고주파 '**디커플링**(*decoupling*)' 이 효과를 발휘하지 못하게 하려면 IC 부근 어딘가에 0.1 μF 커패시터 한 개를 달아준다(0.1 μF이 없으면 0.01 μF도 괜찮다). 이런 식으로 하는 디커플링 방법은 지금까지 40년 넘게 디지털 IC에 대해 실시해온 방법이므로 지금도 여전히 효과를 발휘할 것이 분명하다. 물론, 비용을 줄이는 것이 목적이라면 디커플링 커패시터를 하나도 사용하지 않거나 IC 3~5개당 1개씩만 달아준다. 무슨 일이 있어도 IC 1개당 1개 이상의 커패시터를 사용해서는 안 된다. 어쨌든 커패시터를 많이 사용하면 비용이 올라가고 PCB상에 공간이 추가로 필요하며 배선을 하기가 더욱 어려워지기 때문이다.
6. '**실드**(*shield*)**가 없는** *I/O* **케이블**' 에는 공통모드필터나 페라이트 초크를 사용하면 안 된다. 페라이트 코어를 케이블에 달면 케이블이 불룩해지므로 이상해 보인다. 게다가 사용자들은 페라이트 코어가 뭔지도 모르고 왜 거기에 달았는지도 모른다. 필터를 사용하는 경우에는 가능한 한 필터에 기생성분이 많이 생기도록 PCB 레이아웃을 해야 한다. 즉 필터의 직렬소자에는 이것과 병렬인 기생 커패시턴스가 많이 생기고 필터의 병렬소자에는 이것과 직렬인 기생 인덕턴스가 많이 생기게 해야 한다. 또한 필터는 인클로저 상의 케이블이 드나드는(장착되는) 부분에서 멀리 떨어진 곳에 설치해야 한다. 이렇게 하면 I/O 신호는 필터를 지난 다음, PCB상의 고주파 회로영역을 거치고 나서 인클로저를 빠져나가게 된다.
7. I/O 신호에 '**실드**(*shield*)**가 있는 케이블**' 을 사용하는 경우에는 케이블의 실드(shield)를 긴 접속도선(pigtail, 피그테일)으로 종단(termination)하여라. 접속도선의 길이는 3~4인치정도면 충분하며 6~8인치가 되면 더욱 효과가 좋다. 특히 효과가 좋은 방법은 접속도선을 커넥터의 한 핀에 연결하는 것이다. 그러고 나서 제품 내부에서 그 핀에 추가로 접

속도선을 연결하고 실드를 회로의 접지에 종단(접속)한다. 그러나 이것보다 더 좋은 방법은 케이블의 실드를 어느 것에도 종단(접속)하지 않는 것으로, 이렇게 하면 제품의 제조비용도 줄일 수 있다.

8. '**논리접지**(*logic ground*)' 는 섀시 어딘가에 접속되어야 한다. 한 가지 접속방법은 I/O 케이블에서 가장 먼 PCB 가장자리를 섀시에 접속하는 것이다. 이 방법을 사용하면 I/O 케이블에 걸리는 PCB의 접지전압을 가장 크게 만들어 I/O 케이블이 전자기파를 잘 방사하게 할 수 있다. 단일점접속방식(single-point connection)으로 섀시와 한 점에서만 연결되도록 할 때는 반드시 길고 가는 도선이나 트레이스로 연결해야 한다. 이러한 회로접지와 새시사이의 접속방법을, 앞에서 언급한 방법들(케이블 실드 종단을 제대로 하지 않는 방법, 실드가 없는 케이블에 필터링을 비효과적으로 하는 방법)과 함께 사용하면 매우 효과적으로 I/O 케이블에서 많은 전자파가 방출되게 할 수 있다.
9. 제품을 둘러싸는 '**인클로저**(*enclosure*)**가 금속**(*metal*)' 인 경우에는 전자파를 많이 방출하도록 많은 것을 할 수 있다. 우선 모든 이음매(접합면, seam)에는 반드시 페인트를 두껍게 바르거나 비전도성 마감 칠(nonconductive finish)을 해준다. 이렇게 하면 부식(corrosion)을 막고 외관을 보기 좋게 하는 데 도움이 된다. 접합면에 전도성 마감 칠(conductive finish)을 꼭 해야 하는 경우에는 반드시 양쪽 접합면에 압력이 거의 가해지지 않도록 기계적인 설계를 하여 전기적인 접촉이 이루어지지 않도록 해야 한다. 또한 되도록 접합면의 수를 많게 하고 각 접합면의 길이도 가능한 한 길게 하여라. 냉각용 구멍(cooling hole)을 크게 하는 것도 전자파를 많이 방출되게 하는 효과적인 방법이다.
10. '**전원필터**(*power-line filter*)' 를 사용하는 경우, 인클로저 상에 전원코드(power cord)가 들어가는 위치에서 멀리 떨어진 곳에 이 필터를 장착해야 한다. 이렇게 하면 인클로저 내부에서 전원코드가 길게 빙 돌아가는 경로를 거쳐서 전원필터로 들어간다. 또한 긴 도선을 사용하여 필터를 접지에 접속해야 한다. 무슨 일이 있어도 필터의 금속 케이와 섀시를 직접 접속해서는 안 된다. 내가 가장 좋아하는 방법은 필터의 입력 전원케이블과 출력 전원케이블을 함께 묶어놓는 것이다. 이렇게 하면 배선이 깔끔해 보인다.

이밖에도 전자파를 많이 방출하는 제품을 만들기 위해 설계과정에서 사용할 수 있는 많은 방법들이 있지만 위에서 말한 10가지 방법이 사용하기에 가장 좋은 것들이다. 부록 B에서 설명한 방법들을 사용하면 적어도 20～40 dB 만큼 전자파 방출을 증가시킬 수 있다.

그렇지만 여러분이 시제품(prototype)을 만들어 시험을 하고 난 다음, 실제로 제품을 판매하겠다는 결심을 할 경우에는 EMC 엔지니어의 컨설팅이 필요할 것이다. EMC 엔지니어는 여러분이 제품에 대해 필요한 해결책을 적용하도록 도울 수 있을 것이며 그렇게 하고 나면 적합성 인증시험을 통과할 것이다. 행운이 있길!!

Appendix C

얇은 차폐 내부에서 일어나는 자기장의 다중 반사

6.5.6절의 <그림 6-14>나타낸 것과 같이 특성임피던스(characteristic impedance)가 Z_2인 얇은 차폐물질에 파동임피던스(wave impedance)가 Z_1인 자기장이 입사하는 경우를 생각해보기로 하자. 차폐물질의 두께가 얇고 전파 속도(velocity of propagation)가 크기 때문에, 차폐물질을 전파하면서 생기는 위상변화(phase shift, 즉 위상지연)는 무시할 수 있다. 이상의 조건을 가정하면 차폐물질을 통과한 전체 투과파(transmitted wave)는 다음과 같이 쓸 수 있다.

$$H_{t(\text{total})} = H_{t2} + H_{t4} + H_{t6} + \cdots \tag{C-1}$$

식 (6-10)과 식 (6-15)로부터 다음과 같이 쓸 수 있다.

$$H_{t2} = \frac{2Z_1H_0}{Z_1 + Z_2}(e^{-t/\delta})K \tag{C-2}$$

여기서 K는 <그림 6-14>의 두 번째 경계면에서의 매질 2에서 매질 1로 갈 때의 투과계수이다 (식 6-17 참조)

H_{t4}에 대한 식을 다음과 같이 쓸 수 있다.

$$H_{t4} = \frac{2Z_1H_0}{Z_1 + Z_2}(e^{-t/\delta})(1-K)(e^{-t/\delta})(1-K)(e^{-t/\delta})K \tag{C-3}$$

이 식은 다음과 같이 간단하게 쓸 수 있다.

$$H_{t4} = \frac{2Z_1H_0}{Z_1 + Z_2}(e^{-3t/\delta})(K - 2K^2 + K^3) \tag{C-4}$$

차폐물질이 금속(metal)인 경우를 고려해 보자. 금속차폐물인 경우에는 $Z_2 \ll Z_1$이므로 $K \ll 1$, $K^2 \ll K$, $K^3 \ll K$, …가 된다. 그러면 전체 투과파를 다음과 같이 쓸 수 있다.

$$H_{t(\text{total})} = 2H_0K(e^{-t/\delta} + e^{-3t/\delta} + e^{-5t/\delta} + \cdots) \tag{C-5}$$

식 (C-5)에서 괄호안의 무한급수는 다음과 같은 극한값을 갖는다.

$$e^{-t/\delta}+e^{-3t/\delta}+e^{-5t/\delta}+\cdots=\frac{\operatorname{cosech}(t/\delta)}{2}=\frac{1}{2\sinh(t/\delta)} \tag{C-6}$$

식 (C-5)의 K에 식 (6-17)을 대입하고 식 (C-6)의 결과를 이용하면 다음을 얻을 수 있다.

$$H_{t(\text{total})}=\frac{4H_0Z_2}{Z_1}\left[\frac{1}{2\sinh(t/\delta)}\right] \tag{C-7}$$

$$\frac{H_0}{H_{t(\text{total})}}=\left(\frac{Z_1}{4Z_2}\right)2\sinh\left(\frac{t}{\delta}\right) \tag{C-8}$$

차폐효율(Shielding effectiveness)은 식 (C-8)에 20 log를 취하여 다음과 같이 쓸 수 있다.

$$S=20\log\frac{Z_1}{4Z_2}+20\log\left[2\sinh\left(\frac{t}{\delta}\right)\right] \tag{C-9}$$

Z_1을 파동 임피던스 Z_W로, Z_2를 차폐물질의 임피던스 Z_s로 바꿔 쓰면 다음과 같이 차폐효율 S에 대한 식을 얻을 수 있다.

$$S=20\log\frac{Z_w}{4Z_s}+20\log\left[2\sinh\left(\frac{t}{\delta}\right)\right] \tag{C-10}$$

식 (C-10)의 첫 번째 항은 식 (6-22)에서 정의한 반사손실(reflection loss) R이다. 보정계수 B를 구하기 위해 식 (C-10)이 식 (6-8)과 같은 형태가 되도록 만든다. 그러면 식 (C-10)의 두 번째 항은 $A+B$와 같아야 하므로 다음과 같이 쓸 수 있다.

$$B=20\log\left[2\sinh\left(\frac{t}{\delta}\right)\right]-A \tag{C-11}$$

이 식의 A에 식 (6-12a)를 대입하면

$$B=20\log\left[2\sinh\left(\frac{t}{\delta}\right)\right]-20\log e^{t/\delta} \tag{C-12}$$

된다. 두 항을 하나로 결합하면

$$B=20\log\left[\frac{2\sinh(t/\delta)}{e^{t/\delta}}\right] \tag{C-13}$$

이 된다. $\sinh(t/\delta)$를 지수함수 형태로 바꾸어 쓰면, 보정계수 B를 다음과 같이 쓸 수 있다.

$$B=20\log\left[1-e^{-2t/\delta}\right] \tag{C-14}$$

<그림 6-15>는 t/δ 값에 따라 식 (C-14)의 보정계수 B가 어떻게 변하는지 나타낸 그래프이다. 보정계수 B는 항상 음수인데, 이것은 얇은 차폐물질 내에서 일어나는 다중반사로 인해 얇은 차폐물질에서 얻을 수 있는 차폐효과가 작다는 것을 나타낸다.

표 C-1 얇은 차폐물질에 대한 반사손실 보정계수(B)

t/δ	B(dB)
0.001	−54
0.002	−48
0.004	−42
0.006	−38
0.008	−36
0.01	−34
0.05	−20

<표 C-1>에 <그림 6-15>에는 표시하지 않은 매우 작은 t/δ 값에 대한 B 값을 나타내었다.

APPENDIX D

Electromagnetic Compatibility Engineering

초보자와 전자기학 박사학위가 없는 모든 사람들을 위한 다이폴 안테나 강의

부록 D는 안테나 이론과 관계된 것인데, 이러한 내용을 EMC를 주제로 한 이 책에서 다루는 까닭은 무엇일까? 그것은 바로 안테나와 관련한 몇 가지 기본 이론을 이해하는 것이 모든 전기전자 분야의 엔지니어, 특히 EMC 분야의 엔지니어에게 도움이 되기 때문이다. 어떤 제품이 전자기에너지(즉 전자기파)를 방사(radiation)하거나 전자기에너지의 영향을 받는다는 것은 마이크로프로세서, 집적회로(IC), 인쇄회로기판(PCB), 전원코드(power code), RS-232 케이블 등이 어찌되었든 안테나로서 동작한다는 것을 의미한다.

꼭 기억하고 있어야 할 안테나의 중요한 성질로 가역성(reciprocity)이라는 것이 있다. 안테나에서 가역성이란 어떤 구조(즉 안테나)가 에너지를 잘 방사하면, 그 구조는 역으로 에너지 수신도 잘 한다는 것을 뜻한다(즉 안테나는 에너지를 잘 방사하는 것이 에너지 수신도 잘하고, 에너지를 잘 수신하는 것이 에너지 방사도 잘 하는데 이것이 안테나의 가역성이다). 따라서 어떤 안테나가 에너지를 외부로 방사하는 것을 막는 것은 그 안테나가 외부 에너지를 수신하지 못하게 하는 것과 마찬가지다. 따라서 전자파 방출문제와 전자파 감응성(내성)문제를 해결하는 데 같은 방법을 사용할 수 있다.

D.1 초보자와 비전문가를 위한 초급 다이폴 안테나 이론

다이폴(dipole)은 가장 기본이 되는 안테나로 <그림 D-1>에서 보듯이 일직선으로 놓인 두 개의 도선으로 구성되어 있다(이 도선을 안테나의 팔(arm) 또는 폴(pole, 극)이라고 한다). 다이폴에서 알아야 할 첫 번째 사항은 둘을 뜻하는 접두어 “di”에서 알 수 있듯이 두 부분으로 구성된다는 것이다.

그렇다면 다이폴 안테나의 두 팔을 이루고 있는 도선의 끝이 끊겨 있는데도 다이폴 속으로 다이폴을 구동하는 전류가 흘러들어간다는 사실을 어떻게 설명할 수 있을까? 이 곤혹스러운 딜레마

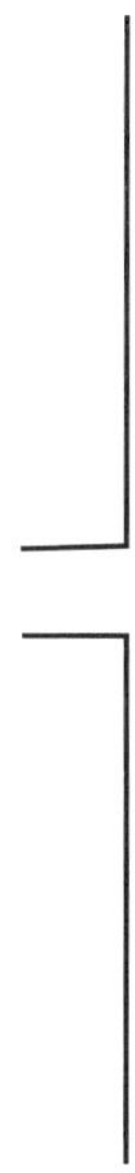

그림 D-1 다이폴 안테나

를 전자기 이론을 사용하지 않고도 간단히 해결하는 방법은, <그림 D-2>에 나타낸 것처럼 안테나의 두 팔(폴) 사이에 존재하는 기생 커패시턴스 에 의해 전류가 흐르는 귀환경로(return path)가 만

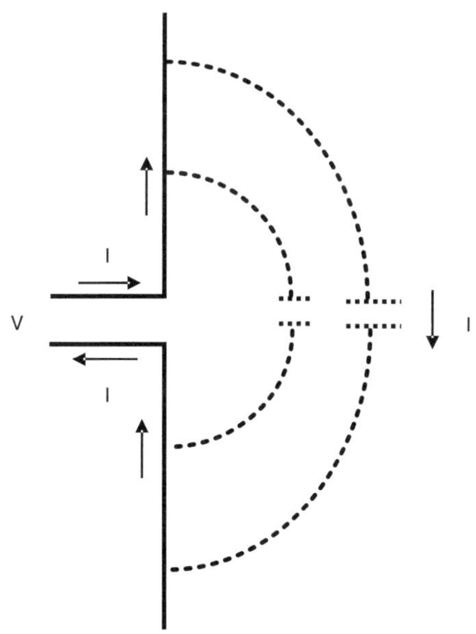

그림 D-2 다이폴의 두 팔(두 폴) 사이의 커패시턴스를 통해 흐르는 다이폴 안테나의 전류

들어지는 것으로 생각하는 것이다. 높은 주파수에서는 이 기생 커패시턴스는 낮은 임피던스 값을 갖는다. 이 기생 커패시턴스에 흐르는 전류가 곧 방사(radiation)를 나타내는 것이다.

따라서 다이폴이 방사하려면 두 부분이 필요하며 다이폴이 방사하는 양은 다이폴에 흐르는 전류에 비례한다. <그림 D-2>에서 주의 깊게 살펴야 할 것은 다이폴은 접지(*ground*)가 없어도 동작한다는 사실이다. 즉 다이폴의 두 부분(두 팔) 사이에 커패시턴스만 존재하면 된다.

다이폴의 동작을 우리가 두 손으로 박수를 칠 때의 상황에 비유하면 다이폴을 이해하는 데 도움이 된다. 박수를 치는 것이 음파(acoustic wave)를 발생시키는 것처럼 다이폴은 전자기파를 발생시킨다. 박수를 치기 위해 두 손이 필요한 것처럼 다이폴이 방사를 하기 위해서는 두 팔(arm)이 필요하다.

모노폴의 경우에는 어떨까? 모노폴은 한 부분만 있어도 방사할 수 있는가? 대답은 '아니오'이다. 모노폴 또한 두 부분이 필요하다. 보면 알 수 있듯이 모노폴은 다이폴을 반으로 자른 것이다. 모노폴의 두 번째 부분은 <그림 D-3>에서 보듯이 한 팔(한 폴) 아래쪽에 놓인 기준판인 것이 보통이다. 기준판(즉 모노폴 안테나의 두 번째 부분)이 없는 경우에는 모노폴은 자신이 동작하기 위해 필요한(즉 두 번째 부분의 역할을 할) 무언가를 찾는데, 보통 주변에 있는 큰 금속물체가 여기에 해당한다. <그림 D-3>에서 보듯이 모노폴의 전류경로는 모노폴의 한 팔과 접지판 사이의 기생 커패시턴스를 통과한다. 여기서 주목할 것은 기준판의 역할을 하는 것이 반드시 실제 판(plane)일 필요는 없으며 접지가 되어 있어야 할 필요도 없다. 모노폴의 한 팔(폴)과의 사이에서 커패시턴스를 발생시킬 수 있는 금속물체라면 어떤 모양이라도 상관이 없다. 모노폴 안테나로 동작하는 여러 가지 구조의 예를 <그림 D-4>에 나타내었다.

다이폴 안테나는 물론 모노폴 안테나의 경우에도 동작하는 데 "접지가 꼭 필요한 것은 아니다."는 사실에 주의해야 한다.

다시 박수치는 상황에 비유해보자. 여러분이 한 손을 주머니에 넣은 상태에서 다른 손으로 박수를 쳐야하는 상황이라고 생각해보자. 그러면 여러분은 자유롭게 움직일 수 있는 손으로 쳐서 소리를 낼 수 있는 대상-무릎, 테이블, 벽-을 찾아야 한다. 이것이 바로 모노폴이 동작하는

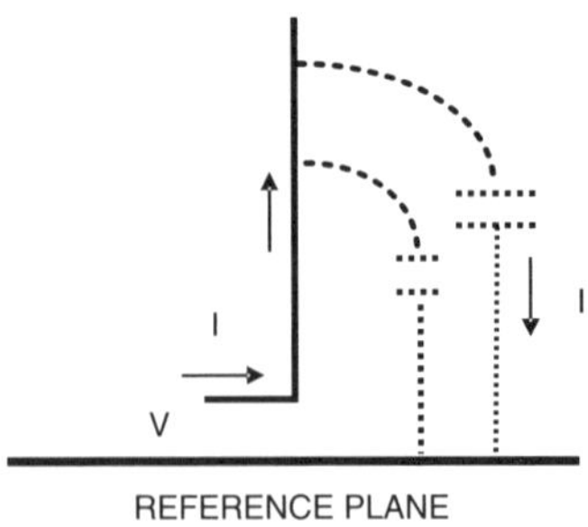

그림 D-3 모노폴 안테나는 한 팔(한 폴)과 기준판(reference plane)으로 구성된다.

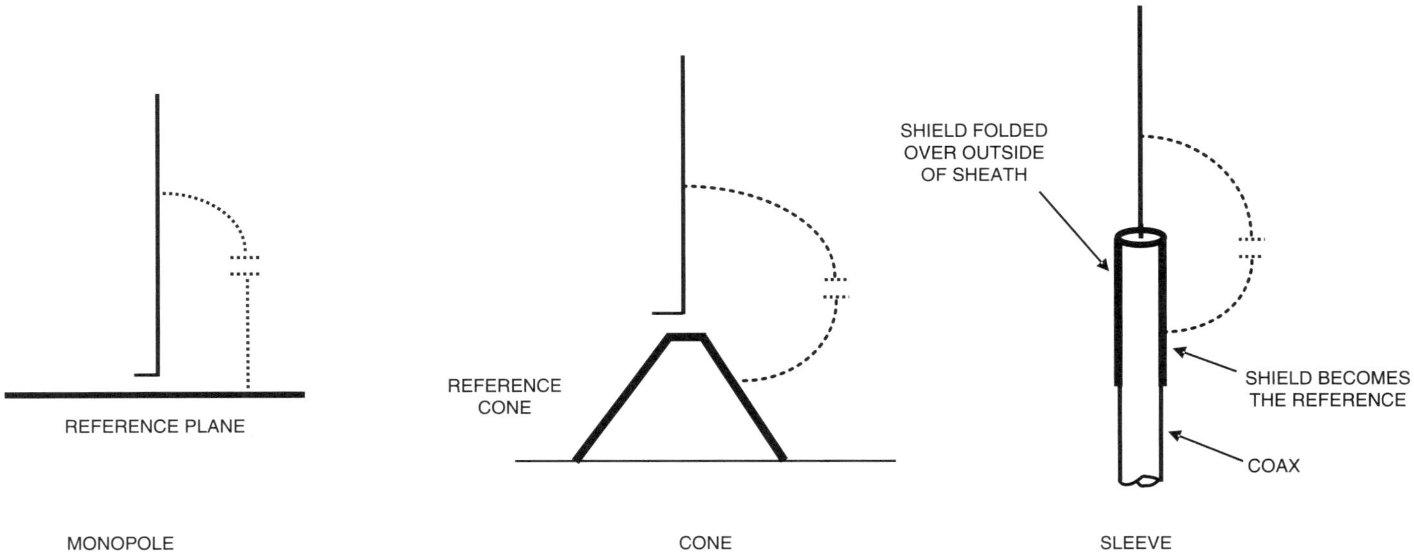

그림 D-4 모노폴 안테나로 동작하는 다양한 구조

원리이다.

그러므로 두 개의 금속물체 사이에 *RF* 전위(*radio frequency potential*)가 걸리면(인가되면) 안테나(다이폴이나 모노폴)가 만들어진다. 이때 두 금속물체 사이에 형성되는 커패시턴스는 전류귀환경로를 제공한다.

방사를 막는 방법은 안테나의 두 부분을 서로 연결하여 두 부분의 전위가 같아지게 하는 것이다. 이때 두 부분 사이에 전위차가 존재하지 않기만 하면(즉 두 부분의 전위가 같기만 하면) 그 두 부분이 어떤 전위를 갖더라도 상관이 없다.

다시 박수치는 상황의 비유로 되돌아가보자. 여러분의 두 손을 테이프로 감싸면(이것은 다이폴의 두 팔을 같은 전위로 만드는 것에 비유할 수 있다) 두 손을 서로 떨어뜨릴 수 없으므로 박수를 칠 수 없다.

'그건 그렇고 지금까지 설명한 내용이 도대체 EMC와 무슨 관계가 있나?' 고 묻고 싶을지도 모른다. 이 질문에 대답을 하자면 '상당한 관계가 있는 것으로 밝혀졌다.' 이다. <그림 D-5>에 나타낸 것처럼 금속 인클로저 속에 들어있는 회로에 케이블이 부착된 구조를 갖는 간단한 제품을 살펴기로 하자. 상황을 더 흥미롭게 하기 위해 이 제품을 로켓에 싣고 우주로 발사해서 지금 이 제품이 지구 주위를 돌고 있다고 가정하자. 이러한 상황이라면 '제품을 어떻게 접지시켜야 하는가?' 라는 논의를 건너뛸 수 있다.

그러나 이런 상황에서도 섀시와 케이블 사이에 전위차가 존재하는 경우에는 모노폴 안테나가 만들어지므로(케이블은 모노폴의 한 팔이 되고 섀시는 모노폴의 기준판이 된다) 케이블은 전

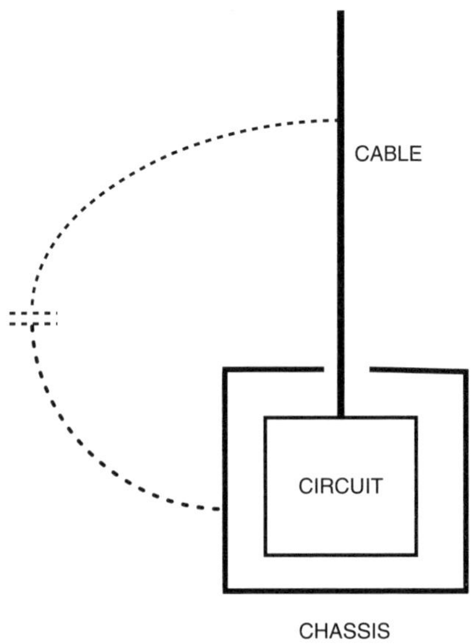

그림 D-5 금속 인클로저 속에 들어있는 회로에 케이블이 부착된 구조의 제품

자기파를 방사한다. 이 전위차를 공통모드 전압(common-mode voltage)라고 한다.

섀시와 케이블 사이에 전위차가 존재하지 않게 하려면 내부회로와 섀시의 연결방법에 세심한 주의를 기울여야 한다. 내부회로의 기준(이를 보통 회로접지라고 한다)과 섀시를 연결할 때는 섀시 상의 케이블의 접속위치에서 되도록 가까운 곳에 있는 섀시(점)에 연결해야 한다. 회로기준(회로접지)과 섀시를 연결하는 접속경로는 RF 주파수에서 낮은 임피던스를 가져야 한다. 회로접지와 섀시 사이에 임피던스가 존재하면 여기에 전압강하가 발생하는데, 이것에 의해 제품에서는 전자파의 방사가 일어난다. 이러한 금속 스탠드오프(metal standoff)로 접지와 섀시를 연결할 때 접지-섀시간 접속위치를 잘못 고른 경우가 실제로 종종 있는데 이 경우에는 상당한 임피던스를 가질 수 있다. 이 접지-섀시간 접속을 EMC 목적에 잘 맞게 하기란 매우 어렵다. 접지-섀시간 접속을 어떤 방식으로 하느냐는 제품의 EMC 성능에 결정적인 영향을 준다(3.2.5절 참조).

케이블 방사를 줄일 수 있는 두 번째 방법은 모든 케이블의 도체(접지 도체 포함)와 섀시 사이에 커패시터를 부착하여 케이블과 섀시 사이의 RF 전위를 단락(short)시키는 것이다(즉 0 V로 만든다).

세 번째 방법은 케이블 상에 공통모드 초크(페라이트 코어)를 사용하여 케이블의 공통모드 임피던스를 증가키는 것이다. 이렇게 하면 섀시와 케이블 사이의 공통모드 전압에 의해 발생하는 케이블 전류를 줄일 수 있다.

마지막 방법으로 차폐 케이블의 실드(shield)를 올바른 종단방식으로 섀시에 접속(360° 전체가 섀시에 접속되도록 연결, 2.15절 참조)한다. 이렇게 하면 케이블은 실질적으로 인클로저와 한 몸이 된다. 케이블 실드는 섀시의 연장으로 생각할 수 있으며 이 방법이 이런 식으로 얼마나 잘 동작하는가 못하는가는 실드-섀시간 접속을 얼마나 잘했는가에 밀접하게 관계된다.

주의할 것은, 위의 예에서 섀시 전위가 대지(earth)를 기준으로 몇 V인가, 또는 섀시 전위가 어떤 임의의 기준에 대해 몇 V인가 하는 것은 중요하지 않다는 사실이다. 중요한 것은 섀시와 케이블 사이의 전위차이다.

이제, 앞에서 지구 주위를 회전하게 만든 제품을 다시 지구로 가져오도록 하자. 섀시를 지구의 대지나 전원선의 접지(ground)와 같은 외부의 기준과 어떤 식으로 연결하는가라는 문제가 중요한가? EMC의 관점에서 보면, 대답은 '아니다.' 제품이 지구상에 있을 때나 지구 주위를 돌고 있을 때나 적용되는 기준은 같다. 단 하나의 필요한 조건은 케이블과 섀시 사이에 공통모드 전압을 갖게 해서는 안 된다는 것이다.

D.2 초보자와 비전문가를 위한 중급 다이폴 안테나 이론

자, 이제 여러분은 다이폴 안테나와 모노폴 안테나가 어떤 식으로 동작하는지 알게 되었다. 지금부터는 조금 더 깊이 들어가서 모노폴 안테나의 팔(폴)을 따라 전류가 어떻게 분포하는지 알아보

자. 모노폴 안테나의 결과를 다이폴 안테나의 두 팔에 각각 적용하면 이것이 다이폴 안테나에 대한 것이 된다.

<그림 D-6>에 나타나 있듯이 모노폴 안테나의 맨 아래 부분으로 전류 *I*가 공급되고 있다고 가정하자. 안테나의 맨 꼭대기에서 전류는 0이어야 한다(맨 꼭대기가 끊겨 있으므로). 그러므로 전류의 크기는 맨 아래 부분에서 맨 꼭대기로 가면서 *I*에서 0으로 줄어든다. 안테나의 길이가 1/4 파장에 비해 짧은 경우(예를 들어 1/10 파장 미만), 전류분포는 맨 아래에서 맨 꼭대기까지 직선 형태(선형, linear)로 줄어든다. 안테나의 길이가 길면 전류분포는 사인모양이 된다. 이것을 <그림 D-7>에 나타내었다.

분명히, 안테나는 안테나의 전체길이를 따라 균일하게 방사하지 않는다. 아래쪽 수 mm 부분에서는 최대로 방사를 하고 위쪽 수 mm 부분에서는 거의 방사를 하지 않을 것이다. 길이가 짧은 소형 안테나의 경우, 평균전류는 0.5 *I*이며, 길이가 1/4 파장인 안테나의 경우에는 평균전류가 0.637 *I*이다. 이상적인 안테나(ideal antenna, 안테나의 전체길이를 따라 전류크기가 균일)와 비교하면 소형 다이폴은 이상적인 안테나의 50%만큼 방사하고, 1/4 파장 다이폴은 이상적인 안테나의 64%만큼 방사한다.

이 결과를 이용하여 안테나의 유효길이(effective length), 다른 말로 유효높이(effective height)의 개념을 설명할 수 있다. 어떤 안테나의 유효길이(단위: m)에, 여기에 입사하는 전기장 세기(V/m)를 곱한 결과는 그 안테나에 의해 수신되는 전압이 된다. 이상적인 (균일한 전류분포를 갖는) 다이폴이나 모노폴 안테나의 유효길이는 그 안테나의 실제길이와 같다. 그렇지만 소형 다이폴이나 모노폴 안테나의 유효길이는 그 안테나의 실제길이의 1/2이 된다.

어떻게 하면 안테나를 더욱 효율적으로 만들 수 있을까? 답은 '평균전류를 증가시킨다!' 이다. 이 말은 더 많은 전류를 안테나의 맨 꼭대기까지 흐르게 하는 것을 의미한다. 안테나의 전류는 안테나의 팔(폴)과 기준면 사이에 분포하는 기생 커패시턴스를 통해 흐르므로 안테나의 맨 꼭대기에서 기준면 사이에 분포하는 커패시턴스를 증가시켜야 한다.

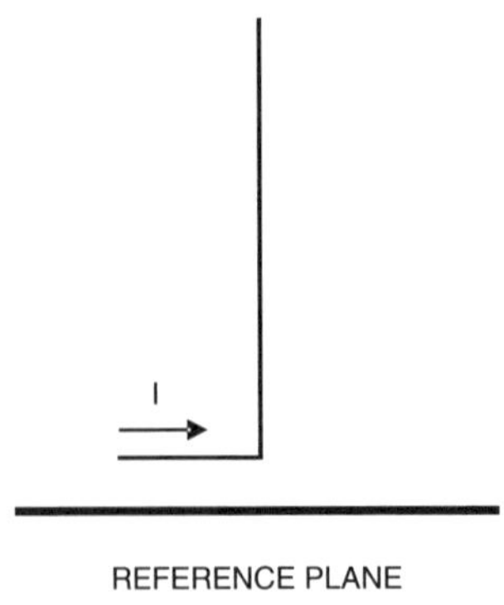

그림 D-6 모노폴 안테나에 공급되는 전류

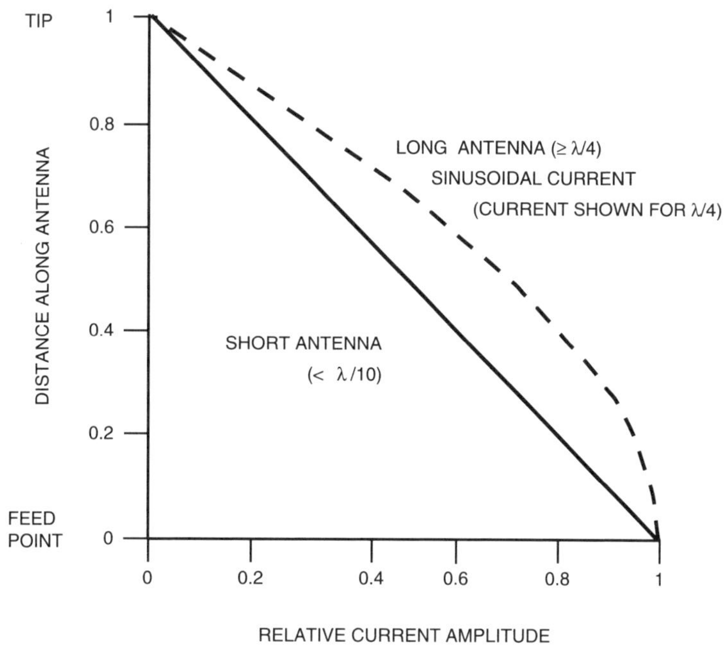

그림 D-7 모노폴 안테나 상의 전류 분포

<그림 D-8>은 "top hat(탑햇, 꼭대기 모자)" 또는 커패시턴스 부가 안테나(capacitive loaded antenna)라는 이름으로 불리는 안테나이다. 안테나의 맨 꼭대기에 커다란 금속판을 부착하면 안테나의 꼭대기와 기준판 사이의 커패시턴스가 증가하므로 안테나의 맨 꼭대기로 흐르는 전류가 증가한다. "top hat"으로는 금속 원판, 방사형 도선(radial wire), 금속구(metal sphere)를 사용할 수도 있다. 모노폴의 맨 꼭대기에서 기준면 사이의 커패시턴스를 증가시킬 수만 있다면 "top hat"은 어떤 모양이어도 상관이 없다.

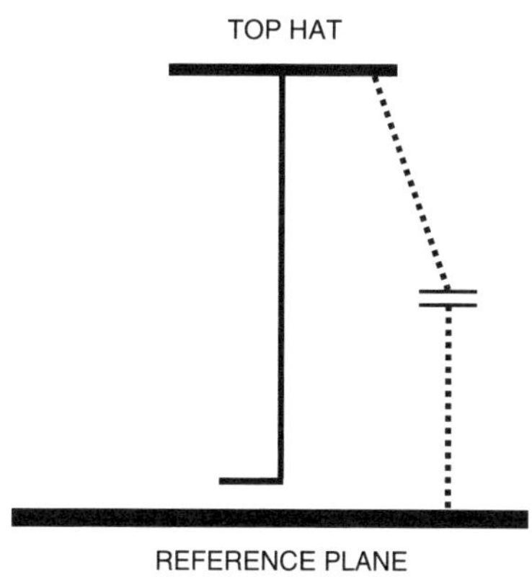

그림 D-8 커패시턴스 부가 모노폴 안테나

앞에서 말했듯이, 다이폴 안테나에도 같은 방법을 사용할 수 있는데, 다이폴의 경우에는 "top hat"을 양쪽 팔(폴)의 끝에 부착해야 한다. 이렇게 해서 만든 안테나를 덤벨(아령) 안테나(dumb-bell) 안테나라고 부르기도 한다(<그림 D-9> 참조).

그러므로 **다이폴이나 모노폴 안테나의 맨 끝에 금속(커패시턴스)을 부가하면 안테나의 방사효율을 높일 수 있다**는 결론을 얻을 수 있다. "top hat"은 커패시턴스를 증가시키고 이 커패시턴스에 의해 안테나 맨 꼭대기에도 전류가 흐른다. 이렇게 되면 안테나의 공진길이(resonance length)가 감소하는 효과를 가져온다(D.3.2절 참조). <그림 D-16>을 잘 살펴보면 이러한 사실을 유추해낼 수 있다.

그런데 지금까지 이 절에서 설명한 내용이 EMC와 무슨 관계가 있을까? 여러분이 제품을 만들 때 그 제품에 "top hat" 안테나 구조가 생기지 않도록 해야 한다는 것, 그것이 바로 EMC와 관련이 있다.

<그림 D-10>에 나타낸 제품을 살펴보기로 하자. 그림을 보면 금속 섀시와 그 위로 상당한 거리만큼 떨어져 있는 PCB가 긴 케이블로 연결되어 있다. 이것 자체가 바로 "top hat" 안테나 구조를 하고 있으므로 이것은 전자파를 잘 방사한다. 케이블이 모노폴의 한 팔이 되고 섀시는 기준판이 되며, PCB는 "top hat"이 된다. 그러므로 **금속 섀시를 갖는 제품에 *PCB*를 설치할 때는 되도록 섀시에 가깝게 장착해야 하며 *PCB*의 기준(접지)을 섀시에 접속해야 한다.**

<그림 D-11>에 나타낸 것처럼 PCB 위에 도터보드(daughterboard, 부 회로기판)를 설치할 때도 비슷한 상황이 일어난다. 이 상황은 <그림 D-10>의 경우만큼 나쁜 것은 아닌데, 이는 사이즈가 <그림 D-10>에 비해 훨씬 작기 때문이다. 그렇지만 이 상황도 간혹 문제가 될 수 있다. 이 경우에는 해결책도 더욱 간단해서 도터보드의 접지를 마더보드(motherboard, 주 회로기판)의 접지에 연결하면 되는데, 이때 여러 개의 금속 스탠드오프(metal standoff)를 사용하거나 그 밖의 다른 수단을 사용하여 두 접지간에 접속이 이루어지게 해야 한다.

<그림 D-12>에 재미있는 예가 나와 있다. 이것은 <그림 D-5>의 예와 비슷한데, 회로가 들어 있는 인클로저(상자)가 금속이 아니라 플라스틱이라는 차이가 있다. 이 경우에는 제품은 모노폴

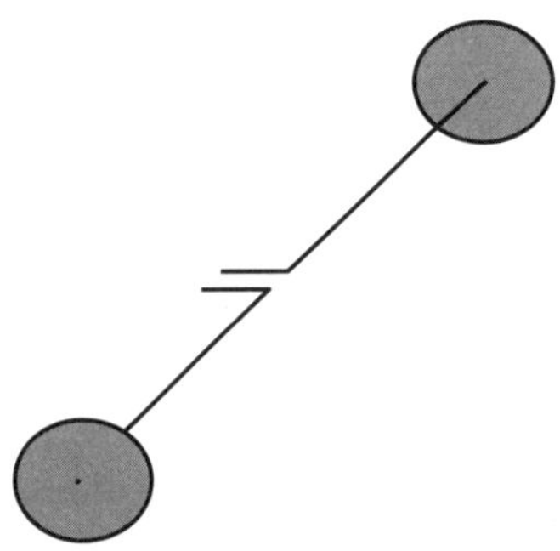

그림 D-9 커패시턴스 부가 다이폴 안테나

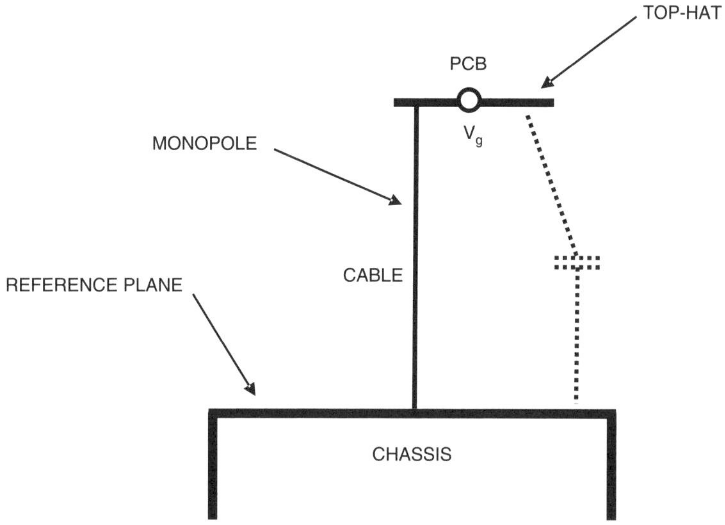

그림 D-10 설치된 PCB가 금속 섀시위의 top-hat 안테나를 형성

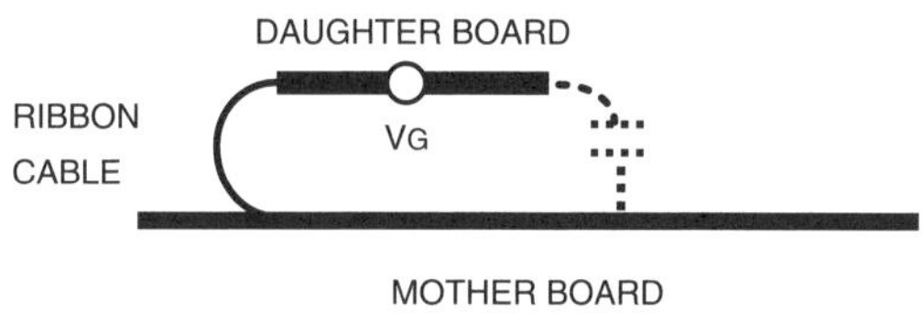

그림 D-11 PCB 위에 설치된 도터보드가 top-hat 안테나를 형성한다.

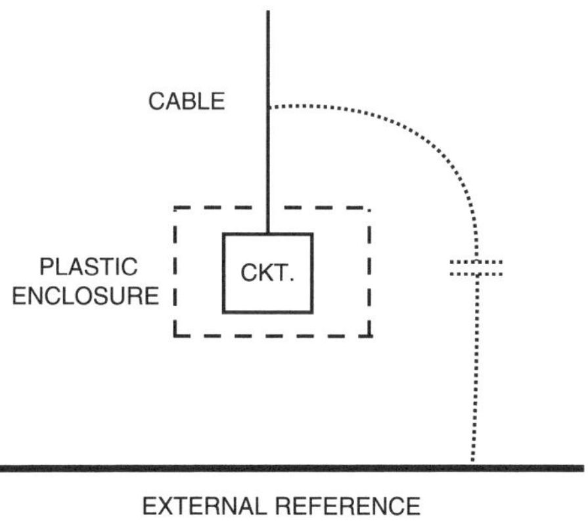

그림 D-12 플라스틱 인클로저 속에 들어있는 회로에 케이블이 부착된 구조의 제품

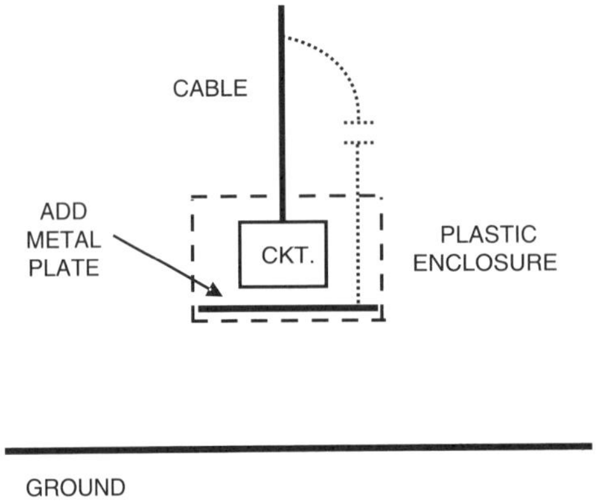

그림 D-13 인클로저 속에 금속 기준판을 추가한 구조의 제품

이 동작하는 데 필요한 기준판을 제공하지 않는다. 따라서 모노폴은 기준판의 역할을 해줄 수 있는 대상을 제품의 밖에서 찾는다. 이 기준판이 될 수 있는 것으로 실제 접지(즉 대지), 금속 테이블, 파일 캐비닛, 그밖에 근처에 있는 금속물체 등을 들 수 있다. 따라서 제품이 어느 곳에 놓여있는가에 따라 기준판의 역할을 하는 대상은 달라질 수 있다. 상황이 이런데, 공통모드 방사를 어떻게 제거해야 하는가?

이러한 경우에는 모노폴 안테나가 놓인 위치에 따라 기준판이 되는 무언가를 찾도록 내버려 두는 대신, 제품 자체에 기준판의 역할을 하는 부분을 의도적으로 만드는 것이 좋다. 이렇게 하는 방법 중에 <그림 D-13>에 나타낸 것처럼 플라스틱 인클로저의 바닥면에 금속판을 추가하고 모노폴과 이 금속판을 단락(short)시켜버리는 것이 있다. 이 금속판은 두껍거나 무거울 필요는 없지만(금속박(metal foil)이면 충분하다.) 충분히 넓어야 한다. 그래야 이 판과 모노폴 사이의 커패시턴스가 최대가 되게 할 수 있다. 이쯤에서 보통 등장하는 질문이 '판이 얼마나 넓어야 하는가?' 이다. 답은 간단하다. '인클로저 넓이만큼.'

D.3 초보자와 비전문가를 위한 고급 다이폴 안테나 이론

지금까지의 설명한 내용을 잘 따라왔다면 이제 다이폴에 대해서 상당히 많은 것을 알게 되었을 것이다. 이제 고급 과정으로 넘어갈 준비가 완료되었다. 여기에서는 다이폴의 임피던스를 구해본다. 안테나의 임피던스가 중요한 것은 이것이 안테나가 에너지를 방사하는 능력과 에너지를 수신하는 능력에 영향을 주기 때문이다.

D.3.1 다이폴 안테나의 임피던스(Impedance of a Dipole)

<그림 D-2>를 보면 커패시터가 안테나 임피던스를 구성하는 성분 중의 하나가 될 것임을 알 수 있다. 또한 다이폴 안테나를 구성하는 도선으로 된 팔은 인덕턴스를 가지고 있는데 이 인덕턴스는 커패시턴스와 직렬로 연결된다.

안테나가 에너지를 방사하면 에너지를 잃어버리게 되는데, 안테나 해석을 위한 모형(model)은 반드시 이렇게 손실되는 에너지를 설명할 수 있어야 한다. 회로소자 중에서 에너지를 소모하는 것으로는 저항이 유일하다. 따라서 이 저항을 인덕터와 커패시터로 구성된 모형에 직렬로 연결한다. 따라서 다이폴 안테나의 등가회로는 <그림 D-14>와 같이 직렬 R, L, C 회로가 된다. 여기서 저항 R_R을 "방사저항(radiation resistance)"이라고 하는데, 이런 이름이 붙은 것은 이 저항이 방사(radiation)라는 방식으로 잃어버리는 에너지를 나타내기 때문이다.

<그림 D-14>를 보면 다이폴은 실제로 직렬 공진회로(series resonant circuit)라는 것을 알 수 있다. 공진(resonance)이 일어나는 주파수보다 낮은 주파수 범위에서 임피던스는 용량성(capacitive)이 되며, 공진 주파수보다 높은 주파수 범위에서는 유도성(inductive)이 된다. 그리고 공진 주파수에서는 저항성(resistive)이 된다.

모노폴 안테나의 임피던스는 다이폴 안테나의 1/2이다. <그림 D-15>를 잘 살펴보면 이 사실을 이끌어낼 수 있다. <그림 D-15A>는 다이폴 안테나와 그 임피던스를 보여주고 있다. <그림 D-15A>의 다이폴을 아래쪽 절반을 잘라낸 다음 그 자리에 기준판을 놓으면 <그림 D-15B>와 같은 모노폴 안테나가 만들어진다. 모노폴 안테나의 인덕턴스와 저항은 다이폴 안테나의 1/2배가 되며 커패시턴스는 다이폴의 2배가 된다.

D.3.2 다이폴 안테나의 공진(Dipole Resonance)

<그림 D-14>를 보면 공진주파수보다 낮은 주파수범위에서 안테나의 입력 임피던스(input impedance)는 큰 값(1000 Ω 이상)이 되는데, 이 범위에서는 커패시터의 임피던스가 우세하기 때문이다. 공진주파수보다 높은 주파수범위에서 안테나의 입력임피던스는 역시 큰 값(1000 Ω 이상)이 되는데, 이 범위에서는 인덕턴스의 임피던스가 우세하기 때문이다. 그렇지만 공진주파수에서는 안테나의 입력임피던스 값이 낮은데, 이는 유도성 리액턴스와 용량성 리액턴스가 상쇄

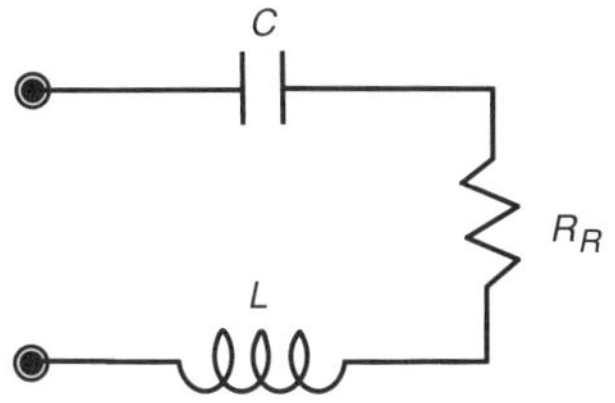

그림 D-14 다이폴 안테나는 등가적으로 직렬 R-L-C 회로로 나타낼 수 있다.

되어 방사저항만 남기 때문이다.

안테나의 입력임피던스가 큰 경우에는 공통모드 전압(또는 중요한 다른 전압)이 안테나에 많은 전류를 흐르게 하기가 어렵다. 그러나 공진주파수에서는 입력임피던스가 낮으므로 안테나에 전류를 흐르게 하기가 쉽다. 그러므로 EMC와 관련하여 다이폴(또는 모노폴) 안테나의 공진은 중요하다. 공진주파수에서는 안테나에 에너지를 결합(전달)하거나 안테나로부터 에너지를 받아내기가 훨씬 쉽다. 그러므로 공진주파수에서 안테나는 전자기 에너지를 잘 방출하는 방사기(*radiator*)나 잘 받아들이는 수신기(*receptor*)가 된다.

다이폴(또는 모노폴) 안테나의 공진주파수는 안테나의 길이와 관련이 있다. 공진은 안테나에서 한 팔의 길이가 1/4 파장이 되는 주파수에서 발생한다. 따라서 다이폴 안테나는 그 전체길이가 1/2 파장이 되는 주파수에서 공진을 하고 모노폴 안테나는 그 길이가 1/4 파장이 되는 주파수에서 공진을 한다.

모노폴의 전류에 대한 <그림 D-7>의 설명을 다시 잘 살펴보면 이렇게 되는 까닭을 이해할 수 있다. 어떤 임의의 순간에 안테나를 구성하는 도선의 길이를 따라 도선상의 각 위치에 분포하는 전

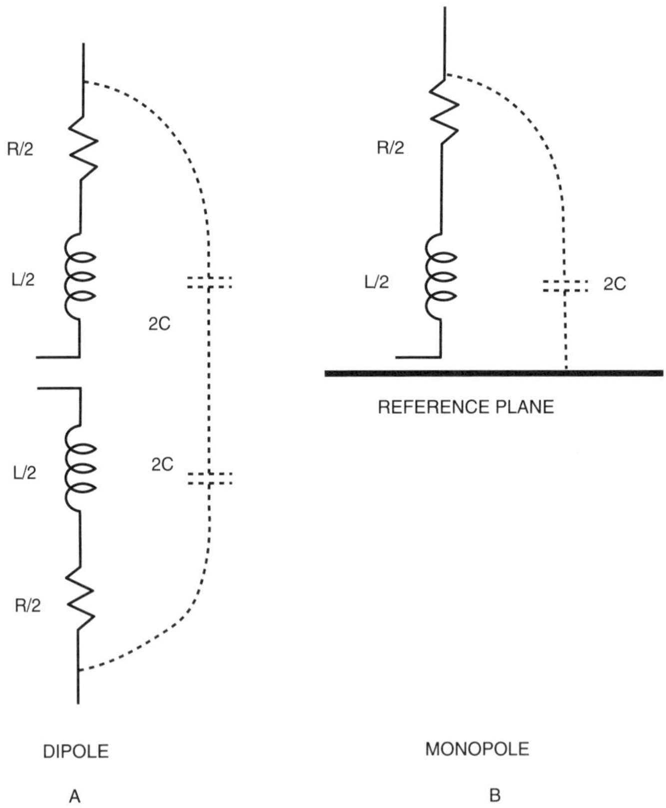

그림 D-15 (A) 다이폴 안테나의 임피던스 (B) 모노폴안테나의 임피던스. 다이폴을 반으로 자르면 모노폴이 된다.

류의 크기는 <그림 D-16A>에 나타낸 것처럼 사인 형태가 된다. 안테나 도선에 대해서는 '도선의 끝에서 전류가 0' 이 되는 경계조건이 적용된다. <그림 D-16B>에 도선 끝에서 전류가 0인 다양한 길이의 안테나를 나타내었다. 그림에서 알 수 있듯이 안테나 도선의 길이가 1/4 파장일 때 안테나의 입구(즉 입력단)에서 전류의 크기가 최대가 된다. 안테나 전류가 최대인 점(point)이 임피던스가 최소인 점이다. 따라서 이때 도선의 길이가 공진길이(resonant length)가 된다.

안테나 도선의 길이가 1/4 파장보다 짧은 경우, 안테나의 입력단에서 전류의 크기는 작아진다. 따라서 이 점에서의 임피던스는 커지므로 이때 안테나는 공진주파수 이하인 상태이다.

안테나 도선의 길이가 1/4 파장보다 긴 경우, 안테나의 입력단에서 전류의 크기는 역시 작아진다. 따라서 이 점에서의 임피던스는 커지므로 이때 안테나는 공진주파수 이상인 상태이다.

안테나 도선의 길이가 1/4 파장의 홀수 배와 같을 때는 계속해서 공진이 발생할 것이다. <그림 D-16>에서 <그림 D-16A>의 전류파형(사인파형)을 왼쪽으로 더 연장해서 그린 후에 <그림 D-16B>의 안테나 입력단을 다음 번 전류피크까지 이동시켜보면 이러한 사실을 이끌어낼 수 있다. 이렇게 공진이 일어나는 주파수에서는 케이블 방사도 증가할 것이다.

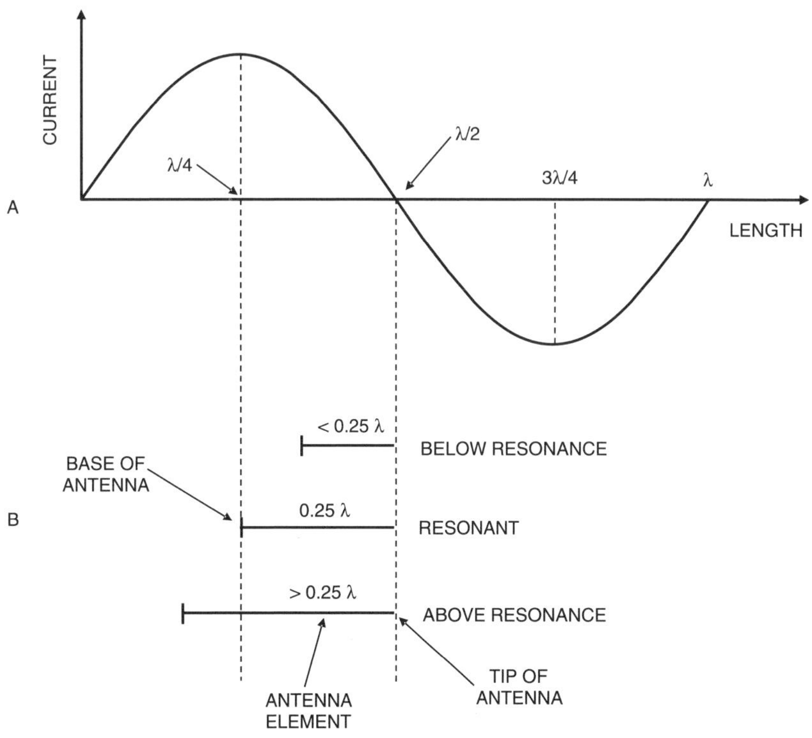

그림 D-16 (A) 안테나 도선상의 전류분포(도선의 길이를 따라 분포하는 전류크기) (B) 다양한 길이의 안테나 도선상의 전류분포

D.3.3 수신 다이폴 안테나(Receiving Dipole)

<그림 D-17A>를 보면 다이폴 안테나에 전기장 E가 입사하고 있다. <그림 D-17B>는 <그림 D-17A>의 수신 다이폴 안테나의 등가회로이다. 여기서, Z_A는 다이폴 안테나의 임피던스(<그림 D-14>)를 나타내고, R_L은 부하 임피던스를 나타낸다. 다이폴의 유효길이가 L_e라면 입사 전기장 E가 안테나에 유도하는 전압은

$$V_i = L_e E \tag{D-1}$$

이 된다. 이 전압의 크기는 안테나의 길이나 안테나의 공진상태 여부와는 상관이 없다.

안테나의 단자에 연결되는 부하 R_L에 걸리는 전압은 다음과 같다.

$$V_L = \left(\frac{R_L}{R_L + Z_A}\right) V_i = \left(\frac{R_L}{R_L + Z_A}\right)(L_e E) \tag{D-2}$$

<그림 D-14>에서 안테나의 임피던스 Z_A는

$$Z_A = R_R + X_L - X_C \tag{D-3}$$

이 되는데, 이 값은 주파수에 따라 달라진다. 안테나 임피던스 Z_A는 공진주파수보다 높거나 낮은 주파수에서는 큰 값을 가지며, 공진주파수에서는 X_L과 X_C가 같아져 상쇄되므로 R_R만 남게 되므로 작은 값을 갖는다. 그러므로 V_L은 공진주파수(Z_A이 최소)에서 최대가 되고 공진주파수보다 높거나 낮은 주파수(Z_A가 큰 값)에서는 감소한다.

위의 세 식과 <그림 D-17B>에서 주의해야 할 것은 안테나에 유도되는 전압 V_i는 주파수에 무관하지만 안테나 단자의 전압 V_L은 주파수에 따라 변한다는 사실이다. 그러므로 공진상태가

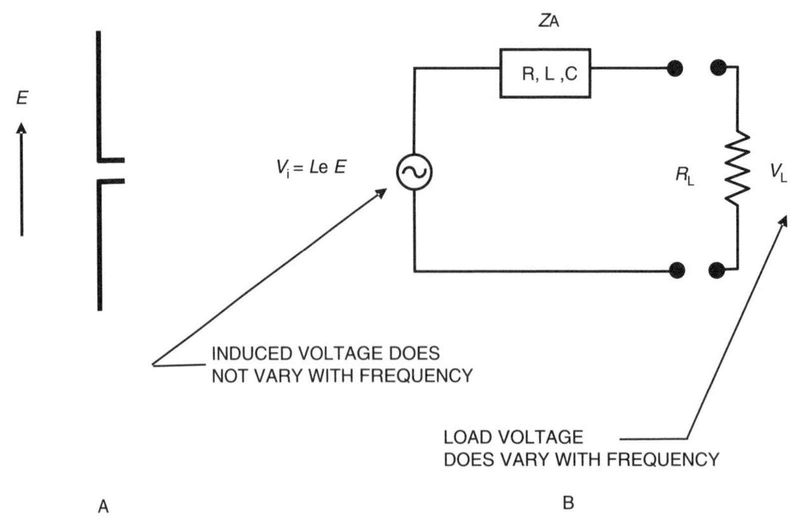

그림 D-17 (A) 수신 다이폴 안테나 (B) 수신 다이폴 안테나의 등가회로

아닌 안테나의 문제는 이 안테나가 전압을 수신하지 않는 것이 아니다. 정확히 말하면 안테나가 전압을 수신하지만 안테나의 임피던스가 Z_A가 크기 때문에 수신한 전압이 안테나 밖으로(즉 부하로) 전달되지 않는 것이 문제이다.

D.3.4 영상이론(Theory of Images)

다이폴 안테나와 모노폴 안테나가 방사기(radiator)로 동작하는 경우에 두 안테나의 성능을 비교해보자. 예를 들어, <그림 D-18A>와 같이 다이폴 안테나의 축을 기준으로 45° 방향으로 안테나에서 d m 만큼 떨어진 위치에서 전자기장을 측정한다고 가정하자. 또 <그림 D-18B>와 같이 길이가 다이폴의 1/2이고 다이폴과 같은 크기의 전류가 흐르는 모노폴 안테나로부터 다이폴의 경우와 같은 조건(같은 방향으로 같은 거리만큼 떨어진 위치)에서 전자기장을 측정하고 있다고 하자. 이렇게 다이폴 안테나로 측정한 결과와 모노폴 안테나로 측정한 결과를 비교하면 어떻게 될까?

이 질문에 대한 답을 얻을 수 있도록 영상이론(theory of image)을 사용해보자. 영상이론을 가장 쉽게 이해하는 방법은 우리 모두에게 친숙한 '거울(mirror)'을 생각하는 것이다. 어쨌든 빛도 전자기 에너지로, 주파수가 아주 높다는 것만 제외하면 우리가 지금까지 살펴봤던 전자기 에너지와 똑같다.

우리가 거울(반사면)을 들여다보면 무엇이 보이는가? 바로 우리 자신이다. 우리가 거울로부터 세 걸음만큼 뒤로 움직이면 거울 속 우리의 영상(image)도 세 걸음 뒤로 움직인다. 거울은 거울 앞에 놓인 물체의 영상을 만들어낸다. 그리고 거울 속에서 영상이 위치하는 거리(깊이)는 거울과 거울 앞에 놓인 물체 사이의 거리와 같다.

이것과 똑같은 현상이 기준판(반사면) 위의 모노폴에서도 일어난다. 즉, 기준판은 판 아래에

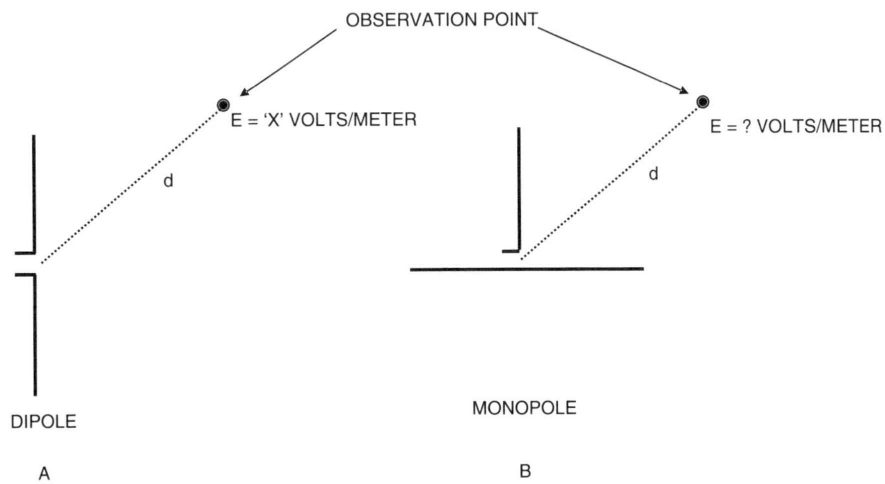

그림 D-18 (A) 송신 다이폴 안테나 (B) 송신 모노폴 안테나

판 위에 놓여있는 모노폴 안테나의 영상을 만들어낸다. 이를 약간 다른 방식으로 말해보면 다음과 같다. 기준판(반사면) 위에 수직으로 놓인 도체가 이 판 '위쪽' 영역의 임의의 점에 만드는 전자기장은, 기준판을 없앤 상태에서 원래 도체가 그 점에 만드는 전자기장에, 판 아래에 생긴 원래 도체의 영상이 만드는 전자기장을 더한 것과 같다. <그림 D-19>는 두 경우가 서로 같은 결과를 만들어 낸다는 것을 나타내고 있다. 그러므로 기준판의 '위쪽' 영역에서는 모노폴과 다이폴은 서로 같다.

이제 이 절의 앞에서 한 원래 질문에 답을 해보자. '기준판의 위쪽 영역만 고려하면' **모노폴 안테나와 다이폴 안테나는 같은 위치(점)에 똑같은 크기의 전자기장을 발생한다**(즉 두 안테나가 발생하는 전자기장은 서로 같다).

D.3.5 다이폴 안테나 배열(Dipole Arrays)

여러 개의 다이폴 안테나를 각각 따로따로 사용해야만 하는 것은 아니다. 오히려 여러 개의 다이폴 안테나를 함께 사용하여 방사특성과 수신특성을 조정하는 일이 종종 있다. 흔히 볼 수 있는 다이폴 배열 안테나로 야기 안테나(Yagi antenna)와 로그주기 안테나(log periodic antenna)가 있다.

야기 안테나의 구조를 <그림 D-20>에서 볼 수 있다. 야기 안테나는 1개의 구동다이폴(driven dipole)과 여러 개의 기생 다이폴로 이루어져 있다. 기생 다이폴 중에서 구동다이폴보다 길이가 짧은 것들은 구동다이폴 앞쪽에 위치하는데 이들을 도파기(director, 유도기)라고 부른다. 기생 다이폴 중에서 구동다이폴보다 길이가 긴 것들은 구동다이폴 뒤쪽에 위치하는데 이들을 반사기(reflector)라고 부른다. 야기 안테나를 만든 목적은 안테나의 이득(gain)을 증가시키기 위함이다. 안테나는 수동구조(passive structure)이기 때문에 이득을 얻을 수 있는(즉 한 방향에서 많은 에너지를 얻는) 유일한 방법은 다른 방향에서 에너지를 가져오는 것, 다시 말해 다른 방향의 에너지를 줄이는 것이다. 이렇게 하면 안테나의 빔폭 (beamwidth)이 감소하고 지향성(directiv-

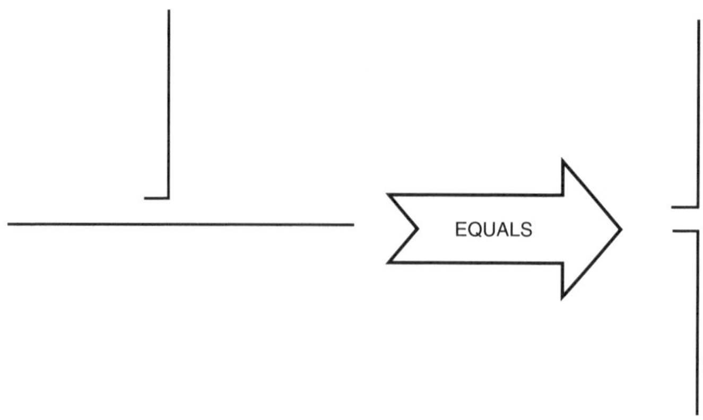

그림 D-19 다이폴과 모노폴은 서로 등가이다.

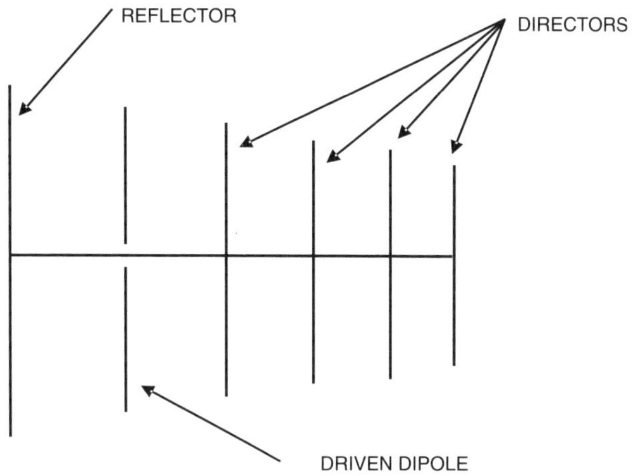

그림 D-20 야기 안테나

ity)이 증가한다. 잘 설계된 야기 안테나의 이득은 다이폴 안테나보다 10 dB 이상 높다. 야기 안테나는 VHF(very high frequency) 대역의 TV 안테나로 널리 사용된다.

로그주기 안테나는 <그림 D-21>에서 나타낸 것처럼 길이와 간격을 줄여가며 구동다이폴을 배열한 것이다. 로그주기 안테나는 교차형 급전 선로(crisscrossing feed-line)에 의해 앞에서부터 차례로 급전된다. 로그주기 안테나의 목적은 넓은 주파수 범위에서 잘 동작하는 안테나를 만들기 위해서이다. 다이폴 안테나들은 저마다 다른 주파수에서 동작한다. 공진주파수를 벗어나 있어서 공진되지 않고 있는 다이폴의 임피던스는 큰 값을 갖기 때문에, 공진되지 않는 다이폴에는 급전선로로부터 전류가 흐르지 않거나 작게 흐른다.

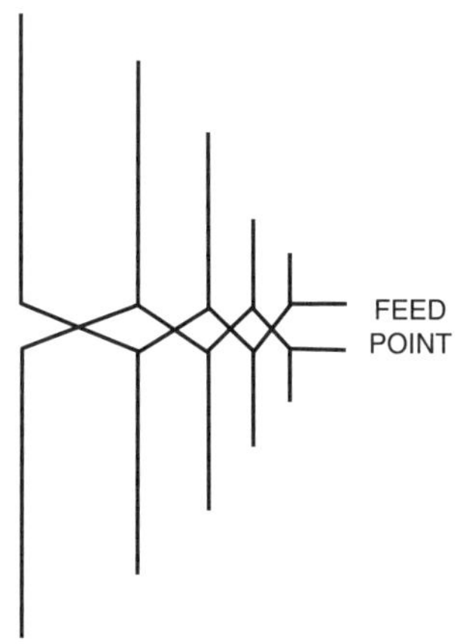

그림 D-21 로그주기 안테나

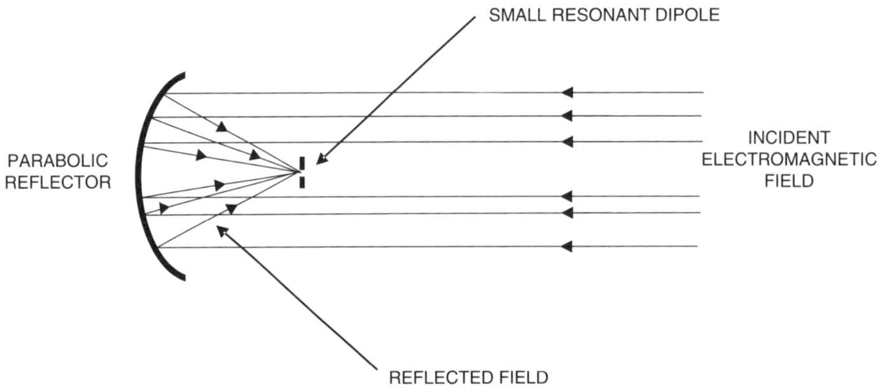

그림 D-22 소형 다이폴의 뒤쪽에 포물선모양의 반사판((parabolic reflector)을 부착하면 높은 주파수에서 잘 동작하는 안테나가 된다.

로그주기 안테나는 가장 긴 다이폴의 공진주파수부터 가장 짧은 다이폴의 공진주파수까지의 주파수 범위에서 매우 균일한 임피던스와 방사패턴(radiation pattern)을 갖는다. EMC 시험에는 300~1000 MHz의 주파수 영역에서 동작하는 로그주기 안테나가 종종 사용된다.

D.3.6 VHF 다이폴 안테나(Very High-Frequency Dipoles)

1 GHz 이상의 매우 높은 주파수에서 공진 다이폴 안테나의 길이는 매우 짧아서 3 GHz에서는 2 인치에 지나지 않는다. 그러므로 식 (D-1)에서 알 수 있듯이 유도전압은 입사 전기장의 세기 E와 안테나의 실제길이보다도 작은 값인 유효길이 L_e의 곱과 같으므로 이러한 안테나는 에너지를 거의 방사하지 않거나 수신하지 않는다. 그렇다고 다이폴 안테나를 크게 만들면 안테나의 임피던스가 커지기 때문에, 에너지를 안테나로 전달하거나 안테나에서 에너지를 받아들일 수 없다. 이러한 딜레마를 해결하려면 어떻게 해야 할까? <그림 D-22>에서 보듯이 작은 공진 다이폴 안테나의 뒤쪽에 큰 반사판(reflector)을 부착하면 많은 에너지가 이 반사면의 초점(focal point)에 모이는데, 이 초점에 공진 다이폴을 놓는 방법은 어떨까? 이렇게 하면 다이폴에 입사하는 전기장의 세기 E가 증가하므로 안테나가 수신하는 전압이 증가한다. 위성 수신 안테나가 바로 이런 식으로 만들어진 안테나이다.

요약 SUMMARY

- 다이폴 (또는 모노폴) 안테나는 두 부분으로 이루어져 있다.
- 방사 크기는 다이폴 (또는 모노폴) 안테나의 전류에 비례한다.

- 다이폴 (또는 모노폴) 안테나가 동작하는 데 접지가 꼭 필요한 것은 아니다 (접지가 없어도 동작할 수 있다.).
- 모노폴은 알고 보면 다이폴과 똑같다.
- 두 개의 금속이 둘 사이에 RF 전위를 가지면 그들은 다이폴 (또는 모노폴) 안테나로 동작한다.
- 안테나를 구성하는 두 부분 사이에 전위차를 갖지 않게 하면 방사가 일어나지 않으므로 방사를 막을 수 있다.
- 제품의 내부 회로기준(즉 접지)을 섀시에 연결할 때는 섀시 상의 케이블의 접속위치에서 되도록 가까운 곳에 있는 섀시(점)에 연결해야 한다.
- 안테나의 유효길이(유효높이)는 안테나로 유도되는 전압(안테나 단자의 전압이 아님)을 입사 전기장의 세기로 나눈 것으로 정의된다.
- 다이폴 (또는 모노폴) 안테나의 맨 꼭대기에 금속(커패시턴스)을 부가하면 방사효율을 증가시킬 수 있다.
- PCB를 장착할 때는 되도록 금속 섀시에 가깝게 해야 하며 PCB의 접지를 그 섀시에 직접 접속해야 한다.
- 플라스틱 인클로저를 갖는 전자제품의 경우, 인클로저 속에 금속 기준판이 들어있어야 한다.
- 다이폴 (또는 모노폴) 안테나의 등가회로는 직렬 R-L-C 회로이다.
- 모노폴의 임피던스는 다이폴의 1/2이다.
- 공진주파수에서는 안테나에 에너지를 훨씬 쉽게 전달(결합)할 수 있으므로 안테나는 공진주파수에서 훨씬 잘 동작한다.
- 안테나의 공진은 다이폴 (또는 모노폴)의 한 팔(폴)의 길이가 1/4 파장일 때 발생한다
- 안테나의 팔의 길이가 1/4 파장의 홀수배가 되는 고조파 주파수마다 공진이 발생한다.
- 모노폴과 다이폴이 방사하는 전자기장은 서로 같다.

심층자료 FURTHER READING

German, R. F. and Ott, H. W. *Antenna Theory Simplified*. One-Day Seminar, Henry Ott Consultants, 2003.

Iizuka, K. "Antennas for Non-Specialists." *IEEE Antennas and Propagation*, February 2004.

APPENDIX E

Electromagnetic Compatibility Engineering

부분 인덕턴스

인덕턴스(inductance)는 전기전자 시스템에서 전자파 적합성(EMC) 문제를 분석하는 경우에 잘 알고 있어야 하는 중요한 개념이다. 그렇지만 많은 사람들이 인덕턴스를 제대로 이해하고 있지 못하고 있어서 인덕턴스의 의미뿐만 아니라 인덕턴스의 계산과 측정에 대해 상당히 잘못된 이해와 혼란이 있다. <그림 E-1>에는 인덕턴스(inductance)에 대한 한 가지 해석이 설명되어 있다. <그림 E-1>의 설명이 정확하지 않은 것이라면 인덕턴스란 무엇일까?

그림 E-1 밀리(Milli)와 헨리(Henry)의 "인덕던스(in-duck-dance, 오리춤)" (Otto Buhler 제공)

E.1 인덕턴스(INDUCTANCE)

도체에 전류가 흐르면 <그림 E-2>와 같이 도체 주위에 자속(자기선다발, magnetic flux) ϕ가 발생한다. 전류가 증가하면 자속도 증가한다. 전류와 자속 사이의 비례상수를 인덕턴스라고 한다. 이를 식으로 쓰면 다음과 같다.

$$\phi = LI \tag{E-1a}$$

여기서 ϕ는 전류 I에 의해 발생한 자속이고, L은 도체의 인덕턴스이다. 식 (E-1a)을 인덕턴스 L에 대해 정리하면 다음과 같다.

$$L = \frac{\phi}{I} \tag{E-1b}$$

인덕턴스에는 자체 인덕턴스(self-inductance), 상호 인덕턴스(mutual- inductance), 루프 인덕턴스(loop inductance), 부분 인덕턴스(partial inductance)와 같이 여러 가지 종류가 있다. 이러한 여러 가지 인덕턴스들의 차이를 제대로 이해하는 것이 중요하다. 이들의 차이는 식 (E-1b)로 인덕턴스를 계산할 때 자속으로 어떤 자속을 사용하는가에 따라 생기는 것이다.[1)]

식 (E-1a)을 보면 EMC 엔지니어가 '신호도체와 접지도체의 인덕턴스를 줄이는 것' 의 중요성을 항상 강조하는 까닭을 알 수 있다. 이들 도체에 전류가 흐를 때 그 주위에 발생하는 자속 는 그 도체의 인덕턴스에 비례한다. 발생한 자속은 방사로 이어진다. 그러므로 도체의 인덕턴스가 클수록 그 도체는 더 큰 노이즈를 발생한다. <그림 E-3>을 보면 이 점을 확실히 느낄 수 있을 것이다.

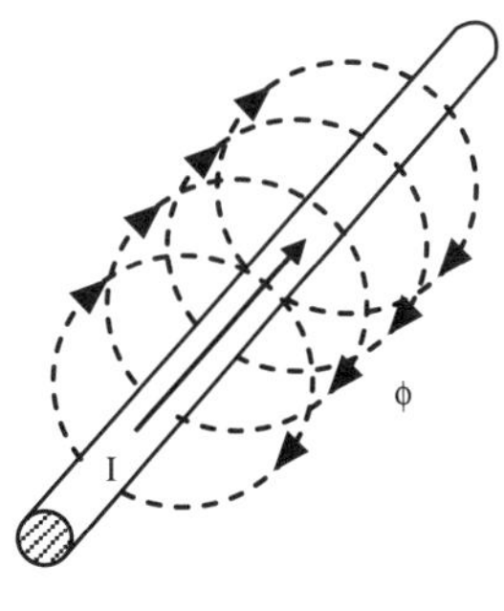

그림 E-2 전류가 흐르는 도체 주위에 발생하는 자기장

1) 이 부록에서는 도체의 외부 인덕턴스(external inductance)만 계산하기로 한다. 외부 인덕턴스는 도체 밖에 분포하는 자기장만을 고려하며 도체 내부에 분포하는 자기장은 고려하지 않는다(그림 E-2 참조). 높은 주파수에서는 내부 인덕턴스는 무시할 수 있을 만큼 작으므로 총 인덕턴스는 외부 인덕턴스와 같다고 볼 수 있다. 5.5.1절을 참조하기 바란다.

그림 E-3 더 많은 "in-duck-dance"는 (오리가 춤을 추면) 더 많은 노이즈(소음)를 만들어낸다. (Kathryn Whitt 제공)

E.2 루프 인덕턴스(LOOP INDUCTANCE)

자속 ϕ가 생기려면 반드시 전류의 흐름이 있어야 하고, 전류가 흐르기 위해서는 반드시 전류루프(current loop)가 있어야 한다. 이러한 점 때문에 '완전한 루프를 이루고 있는 경우에만 인덕턴스를 정의할 수 있다'는 잘못된 결론에 이르는 일이 종종 있다. 심지어 1965년에 Weber는 "루프를 이루고 있지 않은 도선 일부분의 인덕턴스는 아무런 의미가 없음을 아는 것이 중요하다."고까지 말한 바 있다. 그러나 여러분은 이 말이 사실이 아니라는 것을 곧 알게 될 것이다.

전류가 흐르는 도체에서 거리 r 만큼 떨어진 곳의 자속밀도(magnetic flux density)는 비오-사바르 법칙(Biot-Savart Law)을 사용하여 구할 수 있다. 거리 r이 도체의 반지름보다 큰 경우에 대해 이 법칙을 사용하면 다음과 같은 수식을 얻을 수 있다(2.4절의 식 2-14).

$$B = \frac{\mu I}{2\pi r} \tag{E-2}$$

여기서 B는 자속밀도(단위면적당 ϕ), μ는 투자율(magnetic permeability), I는 도체에 흐르는 전류, r은 도체와 자속을 구하는 점 사이의 거리이다.

루프의 자체 인덕턴스(*self-inductance*)는 다음과 같다.

$$L_{loop} = \frac{\phi_T}{I} \tag{E-3}$$

여기서 ϕ_T는 루프의 표면적(즉 루프로 둘러싸인 부분의 면적)을 통과하는 총 자속(total magnetic flux)이고 I는 루프에 흐르는 전류이다.

두 개의 루프, 즉 '루프 1' 과 '루프 2' 사이의 상호 인덕턴스(*mutual inductance*)는 다음과 같다.

$$M_{12} = \frac{\phi_{12}}{I_1} \tag{E-4}$$

여기서 ϕ_{12}는 '루프 1' 에 의해 발생한 자속 중에서 '루프 2' 의 표면적을 통과하는 자속이며 I_1은 '루프 1' 에 흐르는 전류이다.

식 (E-3)과 식 (E-4)를 비교해보면 흥미로운 사실을 알 수 있는데, 상호 인덕턴스의 최댓값이 자체 인덕턴스와 같다는 점이다. 이런 관계가 성립하는 것은 자체 인덕턴스는 총 자속 ϕ_T를 그 총 자속을 발생시킨 전류로 나눈 것인 반면, 상호 인덕턴스는 총 자속의 일부인 ϕ_{12}를 그 총 자속을 발생시킨 전류로 나눈 것이기 때문이다. 어떤 양의 일부가 될 수 있는 것 중에서 가장 큰 것은 바로 그 어떤 양 전체이다. 그러므로 다음과 같이 쓸 수 있다.

$$M_{12} \leq L_{loop} \tag{E-5}$$

E.2.1 사각형 루프의 인덕턴스(Inductance of a Rectangular Loop)

몇몇 간단한 구조를 제외하고는 인덕턴스를 쉽게 계산할 수 없다. 이 말은 인덕턴스 이론은 간단하지만 인덕턴스의 계산은 복잡하다는 중요한 사실을 잘 드러내고 있다.

<그림 E-4>와 같이 변의 길이로 a와 b를 갖는 사각형 루프에 전류 I가 흐르는 경우를 살펴보자. 루프의 왼쪽 변에 흐르는 부분 전류(current segment)에 의해 발생한 자속 중에서 루프의 표면적($S = a\,b$)을 통과하는 자속은 미소 루프표면적 dS를 통과하는 자속을 $r = r_1$부터 $r = a$까지 적분하여 구할 수 있다. 이를 식으로 쓰면

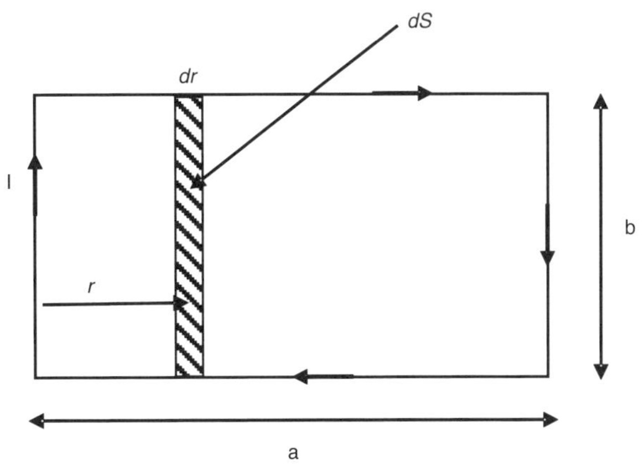

그림 E-4 사각형 루프

$$\phi = BS = \int_{r_1}^{a} \frac{\mu I dS}{2\pi r} \tag{E-6}$$

와 같다. 여기서 r_1은 전류가 흐르는 도체의 반지름이다. 사각형 루프의 왼쪽 변을 이루고 있는 도체에서 거리 r만큼 떨어진 곳에 있는 미소 루프표면적 dS는 다음과 같다.

$$dS = bdr$$

이 값을 식 (E-6)의 dS에 대입하면 다음을 얻을 수 있다.

$$\phi = \frac{\mu Ib}{2\pi} \int_{r_1}^{a} \frac{1}{r} dr = \frac{\mu Ib}{2\pi} \ln \frac{a}{r_1} \tag{E-7}$$

대칭성(symmetry)에 의해, 루프의 오른쪽 변에 흐르는 부분 전류에 의해 발생한 자속 중에서 루프의 면적을 통과하는 자속도 식 (E-7)과 같아진다.

위와 비슷한 방법으로 루프의 윗변에 흐르는 부분 전류에 의해 발생한 자속 중에서 루프의 면적을 통과하는 자속을 구해보면 다음과 같다.

$$\phi = \frac{\mu Ia}{2\pi} \int_{r_1}^{b} \frac{1}{r} dr = \frac{\mu Ia}{2\pi} \ln \frac{b}{r_1} \tag{E-8}$$

이번에도 대칭성에 의해, 루프의 아랫변에 흐르는 부분 전류에 의해 발생한 자속 중에서 루프의 면적을 통과하는 자속은 식 (E-8)과 같아진다.

그러므로 루프가 만드는 면적을 통과하는 총 자속은 식 (E-7)의 2배에 식 (E-8)의 2배를 더한 것이므로

$$\phi_T = \frac{\mu Ib}{\pi} \ln \frac{a}{r_1} + \frac{\mu Ia}{\pi} \ln \frac{b}{r_1} \tag{E-9}$$

로 쓸 수 있다. 따라서 사각형 루프의 인덕턴스는 다음과 같다.

$$L_{loop} = \frac{\phi_T}{I} = \frac{\mu}{\pi} \left[b \ln \frac{a}{r_1} + a \ln \frac{b}{r_1} \right] \tag{E-10}$$

식 (E-10)은 루프의 네 모퉁이(가장자리)에 분포하는 '프린징 자기장' (fringing magnetic field)을 무시한 것이다. 이 프린징 자기장에 의한 영향을 반영하여 구한 더욱 정확한 사각형루프의 인덕턴스 식은 식 (E-20)으로 주어진다.

식 (E-10)으로 표시되는 루프인덕턴스는 루프 상의 어느 지점에나 놓일 수 있다. 이것은 다시 말해 루프 상에서 그 루프인덕턴스가 존재하는 위치가 정확하게 어딘지 지정할 수 없다는 뜻이다. 따라서 루프 인덕턴스의 관점에서 보면 <그림 E-5A> 회로, <그림 E-5B> 회로, <그림 E-5C> 회로

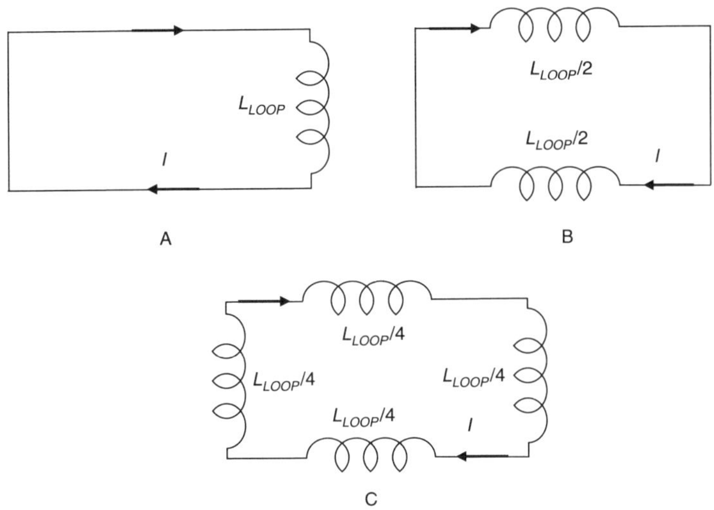

그림 E-5 루프 인덕턴스는 루프 상의 어느 지점에나 놓일 수 있다.

는 모두 똑같은 동작을 하는 회로모형이다. 이들 중에서 어느 것이 정확한 회로모형인가? 정확한 게 하나도 없을 수도 있다. 단지 루프인덕턴스만을 아는 것 가지고는 이 질문에 대답할 수가 없다. 그렇다면 어떻게 하면 루프의 일부분(segment)의 인덕턴스를 구할 수 있을까?

예를 들어, 접지 노이즈 전압을 계산하기 위해 회로의 접지도체의 인덕턴스를 구하려고 하는 경우를 생각해보자. 또는 집적회로(IC)가 스위칭을 하여 큰 과도전류를 흐르게 만들 때 발생하는 전압강하의 크기를 계산하기 위해 PCB상의 전원 트레이스의 인덕턴스를 구하려는 경우를 생각할 수도 있다. 그런데 루프인덕턴스를 알아도 이 두 경우 모두에는 아무런 도움이 되지 않는다.

사각형 루프의 경우, 루프의 네 변에 각각 루프인덕턴스의 1/4씩이 위치해 있는 것으로 가정하는 것이 타당하다고 볼 수 있는데, <그림 E-5C>의 회로모형이 이 가정과 유사하다. 그러나 루프가 정사각형이 아니거나 도체의 길이가 서로 다르고 도체의 지름이 서로 다른 경우에는 어떻게 해야 하는가? 예를 들어, 한 도체는 26게이지 도선(또는 PCB상의 좁은 트레이스)이고 다른 도체는 넓은 접지판인 경우가 있을 수 있다. 이 경우에 두 도체가 만드는 루프의 루프인덕턴스만 알아서는 도체 각각의 인덕턴스를 따로따로 구할 수 없다. 그러나 부분인덕턴스이론(the theory of partial inductance)을 사용하면 루프를 이루고 있는 각 부분(segment)의 인덕턴스를 따로따로 구할 수 있다.

E.3 부분 인덕턴스(PARTIAL INDUCTANCE)

부분 인덕턴스 이론(the theory of partial inductance)은 루프를 이루고 있는 어떤 한 부분이 갖는 고유한 인덕턴스를 구할 수 있게 해주는 유용한 개념으로 잘 이해하는 것이 중요하다. 이 방법을 사용하면 접지변동(ground bounce)이나 전원전압강하(power rail collapse) 현상을 설명할 수 있다. 접지변동, 즉 접지전압은 과도전류가 접지버스(ground bus)나 접지판(ground plane)의 부분인덕턴스(partial inductance)를 통과할 때 생긴다. 전원전압강하(power rail collapse 또는 power voltage dip)는 과도전류가 전원버스(power bus)나 전원판(power plane)의 부분인덕턴스를 통과할 때 생긴다. 부분인덕턴스이론을 사용하지 않고서는 이들 현상을 설명할 수 없는데, 이 이론 말고는 루프의 특정 부분이 갖는 고유한 인덕턴스를 구할 수 없기 때문이다.

Ruehli(1972년)는 Grover(1946년)의 연구결과를 확장하여 완전한 루프가 아닌 일부분(*segment*)에 대해서도 고유한 인덕턴스를 구할 수 있음을 증명하였다. 루프인덕턴스의 경우와 마찬가지로 부분인덕턴스(partial inductance)에도 부분 자체 인덕턴스(partial self-inductance)와 부분 상호 인덕턴스(partial mutual-inductance)의 두 가지가 존재한다.

E.3.1 부분 자체 인덕턴스(Partial Self-Inductance)

부분인덕턴스를 계산하는 경우, 식 (E-1b)에 들어있는 자속 값을 구하기 위해 자속밀도를 어떤 표면적에 대해 적분을 해야 하는데, 이 표면적을 잘 정의하는 능력이 부분인덕턴스를 이해하는데 있어서 매우 중요하다.

Ruehli는 연구결과는 다음과 같다. <그림 E-6>에서 보듯이 전류가 흐르는 도체의 일부분(segment)이 따로 떨어져 있는 경우에, 이 도체부분의 부분 자체 인덕턴스와 관련된 표면적은 사각형으로 둘러싸인 면적이 된다. 여기서, 이 사각형의 왼쪽 변은 도체부분(segment), 오른쪽 변

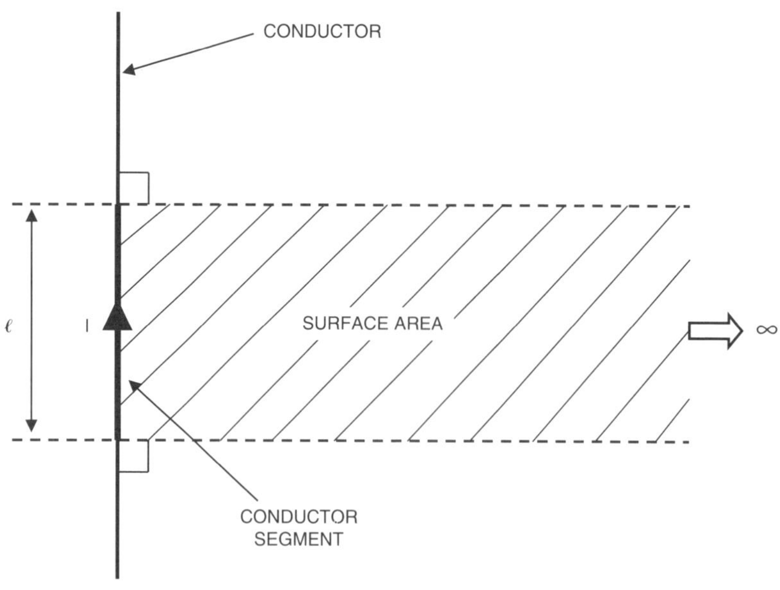

그림 E-6 도체부분의 부분 자체 인덕턴스와 관련된 표면적

은 무한대(∞), 윗변과 아랫변은 각각 도체의 일부분과 수직인 직선이다.

그러므로 도체부분의 부분 자체 인덕턴스는 도체부분과 무한대 사이의 표면적을 통과하는 자속을 도체부분에 흐르는 전류로 나눈 것이다.

<그림 E-6>에 표시된 표면적을 통과하는 자속은 다음과 같이 면적분으로 표현된다.

$$\phi = \int_S \bar{B} \cdot d\bar{S} \tag{E-11}$$

따라서 길이가 ℓ이고 반지름이 r_1인 도체부분의 부분 자체 인덕턴스는

$$L_p = \frac{\mu l}{2\pi} \int_{r_1}^{\infty} \frac{1}{r} dr \tag{E-12}$$

와 같이 쓸 수 있다. 식 (E-12)는 적분의 상한이 ∞이므로 곧바로 적분계산을 할 수 없다. 그런데 자속밀도 $\bar{B}$는 벡터 자기포텐셜(vector magnetic potential) $\bar{A}$의 컬(curl)과 같으므로 $\bar{B} = \nabla \times \bar{A}$로 쓸 수 있다. 스토크스 정리(Stoke's theorem)를 사용하면 식 (E-11)의 면적 S에 대한 면적분은 면적 S의 둘레(감싸는 경로) C에 대한 벡터자기포텐셜 $\bar{A}$의 선적분으로 변환될 수 있다. 따라서 다음과 같이 쓸 수 있다.

$$\phi = \int_S \bar{B} \cdot d\bar{S} = \int_C \bar{A} \cdot d\bar{l} \tag{E-13a}$$

언뜻 보기에 이 방정식은 표면적의 둘레가 무한대이므로 이 무한적분 문제를 풀 수 없을 것처럼 보인다. <그림 E-6>에서 보듯이 표면적의 둘레는 네 변으로 이루어져 있는데, 한 변은 도체를 따라 놓여있고 또 다른 한 변은 무한대 위치에 도체를 따라 놓여있으며 나머지 두 변은 도체에 수직인 방향으로 놓여있다.

그런데 벡터 자기포텐셜의 선적분은 사각형 둘레 중에서 도체 바로 옆의 변을 따라가는 경로에 대해서만 적분계산을 하면 된다. 이것을 쉽게 증명할 수 있다. <그림 E-7>에서 보듯이 벡터 자기포텐셜 $\bar{A}$의 방향은 도체에 흐르는 전류 I와 같은 방향이다. 벡터 자기포텐셜 $\bar{A}$의 크기는 무한대에서는 0이므로 무한대 위치에 있는 오른쪽 변을 따라가는 경로에 대한 선적분은 0이 된다. 도체에 수직인 두 변은 $\bar{A}$와 수직을 이루고 있으므로 두 변을 따라가는 경로에 대한 $\bar{A} \cdot d\bar{l}$의 선적분도 0이 된다. 따라서 사각형 표면적의 둘레에 대한 선적분은 도체 바로 옆의 변을 따라 a점에서 b점까지 선적분을 하는 것으로 간단해진다. 그러므로 식 (E-13a)는 다음 식으로 간단해지는데, 이 적분은 유한한 값을 갖는다.

$$\phi = \int_a^b \bar{A} \cdot d\bar{l} \tag{E-13b}$$

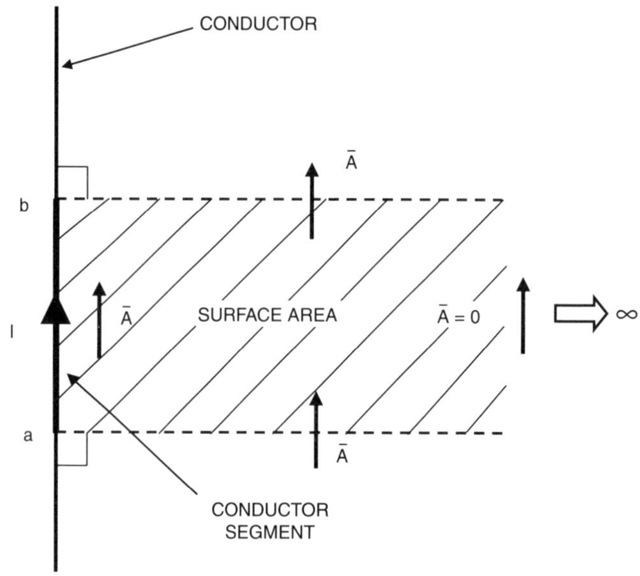

그림 E-7 벡터 자기포텐셜 $\bar{A}$의 방향

벡터 자기포텐셜 $\bar{A}$를 구하고 적분값을 계산할 수 있도록 변환하려면 상당한 수준의 수식전개가 필요한데(1972년 Ruehli 참조), 이것은 이 책의 다루는 범위를 벗어난다. 이것을 보아도 앞에서 '인덕턴스 이론은 간단하지만 실제 인덕턴스의 계산은 복잡하다.' 고 한 말이 괜한 말이 아님을 알 수 있다.

길이가 ℓ이고 반지름이 r_1인 원형 도체의 일부분이 갖는 **부분 자체 인덕턴스**는 다음과 같다(1946년 Grover).

$$L_p = \frac{\mu l}{2\pi}\left[\ln\frac{2l}{r_1} - 1\right] \tag{E-14}$$

여기서 μ는 자유공간의 투자율로 $4\pi \times 10^{-7}$ H/m이다.

E.3.2 부분 상호 인덕턴스(Partial Mutual Inductance)

앞에서 도체의 일부분의 부분 자체 인덕턴스를 구하는 데 사용했던 것과 비슷한 방법으로 임의의 두 도체의 일부분 사이의 **부분 상호 인덕턴스**(*partial mutual inductance*)를 구할 수 있다. 이 경우에 대한 Ruehli의 연구결과는 다음과 같다. <그림 E-8>에서 보듯이 '도체부분 1' 과 '도체부분 2' 사이의 부분 상호 인덕턴스와 관련된 표면적은 사각형으로 둘러싸인 면적이 되는데, 이 사각형의 경계를 이루는 왼쪽 변은 '도체부분 2' 가 되고 오른쪽 변은 무한대(∞)이며, 윗변과 아

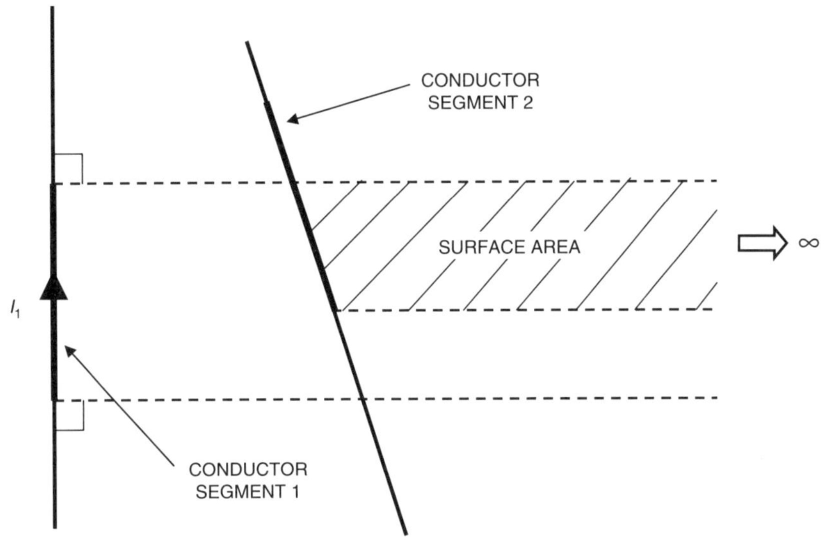

그림 E-8 두 도체부분의 부분 상호 인덕턴스와 관련된 표면적

랫변은 각각 '도체부분1' 과 수직인 직선이다.

<그림 E-8>에 표시된 것은 두 개의 도체부분과 관련된 부분 상호인덕턴스 자속 영역인데, 이 두 도체부분은 평행하지 않으며 높이(위치)도 서로 어긋나있지만 같은 평면상에 놓인 것으로 가정하였다. 두 도체부분이 반드시 같은 평면상에 놓여있을 필요는 없지만 이렇게 해야 해석이 간단하다.

그러므로 두 도체부분('도체부분 1' 과 '도체부분 2') 사이의 부분 상호 인덕턴스는 '도체부분 2' 와 무한대 사이의 표면적을 통과하는 자속을 '도체부분 1' 에 흐르는 전류 I_1으로 나눈 것이다.

<그림 E-9>와 같이 두 개의 평행한 도체부분이 같은 평면상에서 거리 D만큼 떨어져 있는 경우를 살펴보자. 전류 I_1에 의해 발생하는 자속 중에서 부분 상호 인덕턴스 표면적(도체부분 2와 무한대 사이의 면적)을 통과하는 양을 계산한 다음, 이를 전류 I_1로 나누면 두 도체부분 사이의 부분 상호 인덕턴스를 구할 수 있다. 이를 식으로 표시하면 다음과 같다.

$$L_m = \frac{\mu l}{2\pi} \int_D^\infty \frac{1}{r} dr \tag{E-15}$$

여기서 ℓ은 전류가 흐르는 도체부분의 길이이고 D는 두 도체부분 사이의 간격이다.

무한적분은 바로 계산할 수 없기 때문에 이번에도 스토크스 정리(Stokes' theorem)를 사용하여 표면적의 둘레에 대한 벡터 자기포텐셜 $\bar{A}$의 선적분으로 변환한다. 부분 자체 인덕턴스의 경우와 마찬가지도 $\bar{A}$의 적분은 표면적의 둘레를 이루고 있는 네 변 중에서 '도체부분 2' 바로 옆

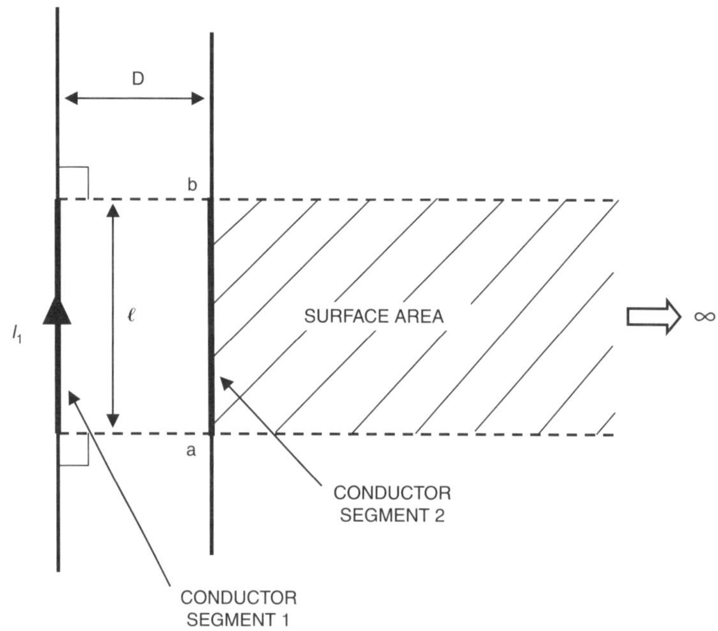

그림 E-9 같은 평면상에 평행하게 배치된 두 도체부분(Two coplanar parallel conductor segments)

의 변을 따라 a점에서 b점까지 선적분만 수행하면 되는데, 이는 다른 세 변에 대한 선적분은 0이 되기 때문이다. 이 계산 역시 상당한 수준의 수식전개가 필요하므로 이 책의 다루는 범위를 벗어난다 (1972년 Ruehli 참조).

길이가 ℓ인 원형 도체부분 두 개가 거리 D만큼 떨어진 경우, 두 도체부분의 **부분 상호 인덕턴스**를 다음과 같이 무한급수로 이루어진 식으로 나타낼 수 있다(1946년 Grover).

$$L_{p12} = \frac{\mu l}{2\pi}\left[\ln\frac{2l}{D} - 1 + \frac{D}{l} + \frac{1}{4}\frac{D^2}{l^2} + \cdots\right] \tag{E-16}$$

$D \ll \ell$인 경우에는 식 (E-16) 은 다음과 같이 간단해진다.

$$L_{p12} = \frac{\mu l}{2\pi}\left[\ln\frac{2l}{D} - 1\right] \tag{E-17}$$

E.3.3 알짜 부분 인덕턴스(Net Partial-Inductance)

어떤 도체부분의 **알짜 부분 인덕턴스**(*net partial inductance*) L_{np}는 그 도체부분의 부분 자체 인덕턴스(partial self-inductance)에, 주변에 있는 전류가 흐르는 모든 도체에 의한 부분 상호 인덕턴스(partial mutual-inductance)들을 더하거나 뺀 것이다. 상호 인덕턴스의 부호는 전류가 방향에 따라 정해진다. 두 도체부분에 흐르는 전류의 방향이 서로 같으면 부분 상호 인덕턴스의 부호는 (+)가 된다. 두 도체부분에 흐르는 전류의 방향이 서로 반대이면 부호는 (−)가 된다. 두 도체부분이 서로 수직으로 놓여 있으면 부분 상호 인덕턴스는 0이 된다.

어떤 루프가 여러 부분으로 이루어져 있는 경우에는 각 조각마다 알짜 부분 인덕턴스(자체 + 상호 부분인덕턴스)를 구한 다음, 이를 모두 합하면 그 루프의 루프인덕턴스(loop inductance)가 된다. 그러므로 부분인덕턴스로부터 루프인덕턴스를 구할 수는 있지만 **루프인덕턴스로부터 부분인덕턴스를 구할 수는 없다**. 따라서 부분인덕턴스 이론이 더욱 기본이 되는 중요한 개념이다. 부분인덕턴스라는 일반이론의 한 가지 특수한 경우가 바로 루프인덕턴스이다.

E.3.4 부분 인덕턴스의 응용(Partial Inductance Applications)

E.3.4.1 사각형 루프(Rectangular Loop) <그림 E-10>에 나타낸 사각형 루프의 경우를 살펴보자. 여기서 r_1은 도체의 반지름이고 a는 한 변의 길이, b는 다른 변의 길이이다. 사각형 루프의 각 변을 도체부분(conductor segment)으로 생각하면 루프의 알짜 부분 인덕턴스를 다음과 같이 쓸 수 있다.

$$L_{loop} = \left(L_{p11} - L_{p31}\right) + \left(L_{p22} - L_{p42}\right) + \left(L_{p33} - L_{p13}\right) + \left(L_{p44} - L_{p24}\right) \qquad \text{(E-18)}$$

여기서 L_{pxx}는 각 도체부분의 부분 자체 인덕턴스이고 L_{pyx}는 각 도체부분의 부분 상호 인덕턴스이다.

식 (E-18)에서 각각의 부분 자체 인덕턴스 항에 식 (E-14)를 대입하고 각각의 부분 상호 인덕턴스 항에 식 (E-17)을 대입하여 다음 식과 같이 사각형 루프의 인덕턴스를 구할 수 있다.

$$L_{loop} = \frac{\mu}{\pi}\left[b \ln \frac{a}{r_1} + a \ln \frac{b}{r_1}\right] \qquad \text{(E-19)}$$

식 (E-19)는 식 (E-10)으로 유도한 루프인덕턴스 식과 동일하다. 이 두 식 모두 루프의 모서

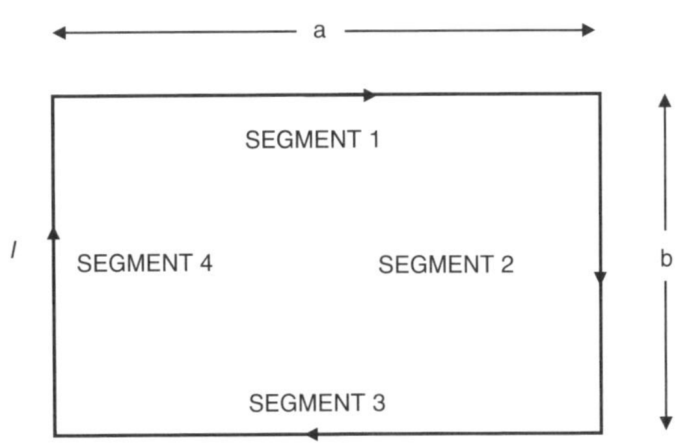

그림 E-10 네 개의 도체부분으로 이루어진 사각형 루프

리에서 발생하는 프린징 자기장을 무시한 것이다.

사각형 루프의 인덕턴스에 대한 더욱 정확한 식은 다음과 같다(1946년, Grover).

$$L_{loop} = \frac{\mu}{\pi}\left[a\ln\frac{2a}{r_1} + b\ln\frac{2b}{r_1} + 2\sqrt{a^2+b^2} - a\sinh^{-1}\frac{a}{b} - b\sinh^{-1}\frac{b}{a} - 2(a+b) + \frac{\mu}{4}(a+b)\right] \tag{E-20}$$

예제 E.1

<그림 E-10>의 사각형 루프에서 $a = 1$ m, $b = 0.5$ m, $r_1 = 0.0001$ m이다. 식 (E-19)로 알짜 부분 인덕턴스를 계산하면 5.25 μH가 된다. Grover의 식 (E-20)으로 계산한 루프인덕턴스는 4.97 μH이다. 두 값이 이렇게 차이가 나는 것은 루프의 모서리에서 발생하는 프린징 자기장 때문이다.

식 (E-18)에서 각각의 부분 자체 인덕턴스 항에 식 (E-12)의 무한적분을 대입하고 각각의 부분 상호 인덕턴스에 식 (E-15)의 무한적분을 대입하고 다음의 정적분 관계식

$$\int_{x_1}^{x_2} \frac{dx}{x} = \ln\frac{x_2}{x_1} \tag{E-21}$$

을 이용한 다음, 여러 가지 수식전개와 수식처리를 하면 식 (E-18)은 식 (E-19)과 같아진다. 이렇게 되는 까닭은 부분 자체 인덕턴스의 모든 무한적분 항과 부분 상호 인덕턴스 식의 모든 무한적분 항이 서로 상쇄되므로 이들 항들의 값을 계산할 필요가 없기 때문이다. 이 유도과정과 비슷한 방법으로 E.3.5절에서는 식 (E-32)로부터 식 (E-33)을 유도한다.

E.3.4.2 지름이 서로 다른 두 평행 도체(Two Unequal Diameter Parallel Conductors) 여기서는 <그림

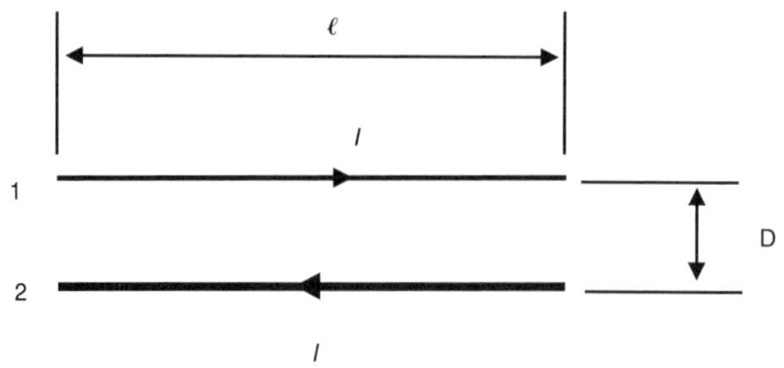

그림 E-11 일정한 간격만큼 떨어져 있는 지름이 서로 다른 두 평행도체

E-11>에 나타낸 것처럼 지름이 서로 다른 두 도체가 가까이 놓여 있는 경우를 살펴본다. 두 도체는 길이는 ℓ이고 ℓ은 간격 D보다 훨씬 큰 것으로 가정한다. '도체 1' 의 반지름은 r_1이고 '도체 2' 의 반지름은 r_2이다.

'도체 2' 의 알짜 부분 인덕턴스는 다음과 같다.

$$L_{np2} = L_{22} - L_{12} \tag{E-22}$$

식 (E-14)를 L_{22}에 대입하고 식 (E-17)을 L_{12}에 대입하면 '도체2' 의 알짜 부분 인덕턴스를 다음과 같이 구할 수 있다.

$$L_{np2} = \frac{\mu l}{2\pi}\left[\ln\frac{2l}{r_2} - \ln\frac{2l}{D}\right] \tag{E-23}$$

식 (E-23)은 중요한 사실을 나타내고 있다. 두 도체에 크기는 같고 방향은 반대인 전류가 흐를 때, 이 두 도체가 서로 가까워지게 하면 두 도체의 알짜 부분 인덕턴스는 감소한다. 그 까닭은 식 (E-23)의 두 번째 항인 부분 상호 인덕턴스가 증가하기 때문이다. 이 방법을 실제 상황에서 인덕턴스를 줄이는 데 적용된다. 인덕턴스를 줄이는 실용적인 방법은 다음과 같다. **크기는 서로 같고 흐르는 방향은 서로 반대인 전류가 흐르는 도체들을 서로 가깝게 위치시켜라.**

지금까지의 내용을 종합해보면 앞의 예에서 '도체 2' 가 접지도체(ground conductor)이고 '도체 1' 이 신호도체(signal conductor)일 때 **접지 인덕턴스는 접지도체의 특성뿐만 아니라 접지도체와 신호도체사이 간격에 따라서도 달라진다는** 것을 분명히 알 수 있다. 또한 신호도체가 접지도체에 가까워지면 접지 인덕턴스가 낮아진다는 것을 알 수 있다. 이 사실은 <그림 E-19>에서 다루는 접지판 측정을 수행하여 확인할 수 있는데, <그림 E-19>는 이 측정을 수행한 결과이다.

E.3.5 전송선로 예(Transmission Line Example)

여기서는 부분인덕턴스 이론을 사용하여 무한히 긴 전송선로의 단위길이당 인덕턴스 L을 계산해보자. 무한길이 전송선로는 <그림 E-12>에 나타낸 것처럼 두 개의 원형도체로 이루어져 있는데, 두 도체의 반지름은 r_1으로 서로 같으며 두 도체의 간격은 D이다. 전송선로의 길이가 무한하

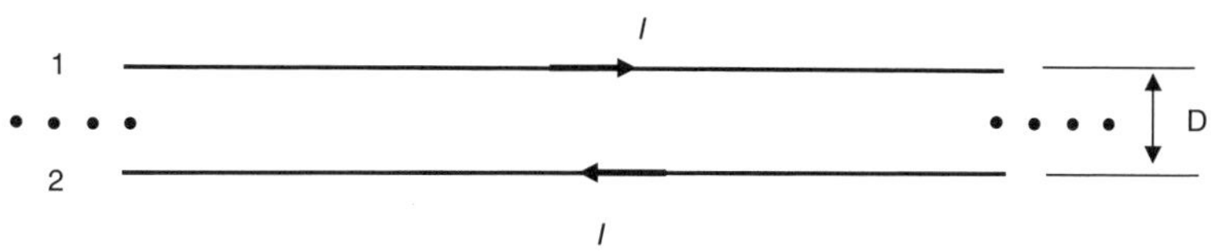

그림 E-12 무한한 긴 2선 전송선로 (An infinite two-wire transmission line)

므로 전송선로의 맨 끝에서 일어나는 여러 가지 현상을 무시할 수 있다.

전송선로의 알짜 부분 인덕턴스는 다음으로 쓸 수 있다.

$$L = \left(L_{p11} - L_{p21}\right) + \left(L_{p22} - L_{p12}\right) \tag{E-24a}$$

대칭성을 이용하면 $L_{p11} = L_{p22}$, $L_{p21} = L_{p12}$이므로

$$L = 2\left(L_{p11} - L_{p21}\right) \tag{E-24b}$$

L_{p11} 자리에 식 (E-14)을 대입하고 L_{p12} 자리에 식 (E-17)을 대입하면

$$L = \frac{\mu l}{\pi}\left[\ln\left(\frac{2l}{r_1}\right) - 1 - \ln\left(\frac{2l}{D}\right) + 1\right] \tag{E-25}$$

이 된다. 이 식을 l로 나눈 다음에 정리하면 2선 전송선로의 단위길이당 루프인덕턴스를 다음과 같이 구할 수 있다.

$$L = \left(\frac{\mu}{\pi}\right)\ln\frac{D}{r_1} \tag{E-26}$$

여기서 $\mu = 4\pi \times 10^{-7}$ H/m이다.

식 (E-26)이 맞는지 검증하기 위해, 이 식을 표준 전송선로방정식을 사용하여 얻은 결과와 비교해보자. 5장에서 전송선로의 단위길이당 인덕턴스는 식 5-30으로 주어졌다.

$$L = \frac{\sqrt{\varepsilon_r}}{c}Z_0 \tag{E-27}$$

여기서 c는 빛의 속도이고 Z_0는 전송선로의 특성임피던스이다.

식 (5-18b)로부터 평행한 두 개의 원형도체로 이루어진 전송선로의 특성임피던스를 다음과 같이 쓸 수 있다.

$$Z_0 = \frac{120}{\sqrt{\varepsilon_r}}\ln\left[\frac{D}{r_1}\right] \tag{E-28}$$

식 (E-27)의 Z_0에 식 (E-28)을 대입하면 전송선로의 인덕턴스를 구할 수 있다.

$$L = \frac{120}{c}\ln\left(\frac{D}{r_1}\right) \tag{E-29}$$

빛의 속도는 다음과 같다.

$$c = \frac{1}{\sqrt{\mu\varepsilon}} = \frac{120\pi}{\mu} \tag{E-30}$$

식 (E-30)을 식 (E-29)에 대입하면 전송선로의 인덕턴스는

$$L = \left(\frac{\mu}{\pi}\right) \ln \frac{D}{r_1} \tag{E-31}$$

이 되는데, 이 결과는 부분인덕턴스 이론을 사용하여 유도한 것식 (E-26)과 동일하다.

<그림 E-12>의 전송선로의 인덕턴스는 식(E-24b)의 부분 자체 인덕턴스 항과 부분 상호 인덕턴스 항에 무한적분식인 식(E-12)와 식(E-15)을 각각 대입하여 계산할 수 있다. 이렇게 하여 정리하면

$$L = \frac{\mu l}{\pi}\left[\int_{r_1}^{\infty} \frac{1}{r} dr - \int_{D}^{\infty} \frac{1}{r} dr\right] \tag{E-32}$$

식 (E-21)의 관계식을 사용하여 적분을 계산하고 그 결과를 ℓ로 나누면 단위길이당 인덕턴스를

$$L = \frac{\mu}{\pi}\left[\ln \frac{\infty}{r_1} - \ln \frac{\infty}{D}\right] = \frac{\mu}{\pi}[\ln \infty - \ln r_1 - \ln \infty + \ln D] = \left(\frac{\mu}{\pi}\right) \ln \frac{D}{r_1} \tag{E-33}$$

로 얻을 수 있는데, 이 식은 식 (E-26)과 동일하다.

E.4 접지판 인덕턴스 측정 방법 (GROUND PLANE INDUCTANCE MEASUREMENT TEST SETUP)

부분인덕턴스 이론을 사용하면 큰 무리 없이 도체의 일부분(예: PCB 접지판이나 PCB 트레이스)의 인덕턴스와 이를 측정하는 방법을 이해할 수 있다. 어떤 도체 양단에 걸리는 전압은 그 도체에 흐르는 전류와 주변에 있는 다른 도체에 흐르는 전류에 의해 달라진다. 도체의 전압이 주변의 다른 도체의 전류에 의해 영향을 받는 것은 그 도체와 주변 도체들 사이의 상호 인덕턴스 때문이다.

어떤 부분도체 양단에 유도되는 전압강하의 크기는 그 부분도체를 통해 흐르는 전류의 변화율에 비례한다. 이것을 식으로 나타낸 것이 식 10-1인데, 여기에 다시 써보면 다음과 같다.

$$V = L\frac{di}{dt} \tag{E-34a}$$

$L = \phi/I$이므로

$$V = \frac{d\phi}{dt} \tag{E-34b}$$

로 쓸 수도 있다. 식 (E-34b)는 패러데이 법칙(Faraday's Law)이다.

저항 양단의 전압은 그 저항을 통해 흐르는 전류에 비례하지만 인덕턴스 양단의 전압은 그 인덕턴스를 통해 흐르는 전류의 변화율에 비례한다는 것에 주의해야 한다.

도체 양단에 걸리는 전압을 계산하기 위해 식 (E-34a)를 사용하는 경우에, 어떤 전압을 구하려고 하는가에 따라서 식에서 사용하는 인덕턴스 L의 종류가 달라진다. 루프 전체에 걸리는 전압을 계산하는 경우에는 루프인덕턴스 L_{loop}를 사용한다. 전체루프의 일부분에 걸리는 전압만을 계산하는 경우에는 그 부분의 알짜 부분 인덕턴스 L_{np}를 사용한다. 식 (E-34b)를 사용하는 경우에 자속 ϕ로 어떤 것을 사용할지 정할 때도 이와 유사한 방식으로 하면 된다.

식 (E-34a)를 이용하여 루프의 어느 한 도체부분에 걸리는 전압 V_S에 대한 식을 다시 쓰면

$$V_S = L_{np}\frac{di}{dt} \tag{E-35}$$

이 된다. 여기서 L_{np}는 그 도체부분의 알짜 부분 인덕턴스이고 di/dt는 그 도체부분을 통해 흐르는 전류의 변화율이다.

Skilling은 그의 연구에서(1951년, pp. 102-103) 전압계의 두 측정단자(lead)를 도체부분과 수직으로 하여 도체부분으로부터 먼 거리까지 길게 만들어 놓으면 두 측정단자 사이의 도체부분의 전압을 측정할 수 있다는 사실을 보여주었다. 측정단자를 이렇게 배치하는 것은 측정되는 도체부분에 흐르는 전류에 의해 발생하는 자기장이 전압계의 측정단자에 영향을 주지 않게 하기 위해서이다.

<그림 E-13>에 전류가 흐르는 도체부분 양단에 유도되는 전압을 전압계로 측정할 때, 그 도체부분 양단에 전압계를 연결하는 옳은 방법과 잘못된 방법을 나타내었다. <그림 E-13A>를 보면 전압계의 단자가 전류가 흐르는 도체와 나란히 달리도록 하고 있다. 이 경우, 전압계의 단자는 전류가 흐르는 도체에 의해 발생하는 자기장과 결합하므로 전압계 단자에는 에러 전압이 유도된다. <그림 E-13B>를 보면 전압계의 단자가 전류가 흐르는 도체와 수직을 이루고 있다. 이 경우, 전압계 단자에는 에러전압이 유도되지 않는다. 그러므로 전압계의 단자를 전류가 흐르는 도체와 수직방향으로 하여 길이가 아주 길어지게, 이상적으로는 길이가 무한대가 되게 만들어야 한다. 실제로 전압계의 단자를 도체에 수직이면서 충분한 길이가 되게 만들면 단자에 결합되는 자기장은 무시할 수 있을 정도로 작은데, 이는 자속밀도가 거리에 따라 감소하기 때문이다(식 (E-2) 참조).

전압계 단자의 배치를 앞에서 설명한 것처럼 해야 하는 이유를 다른 관점에서 말해보면 전압계의 단자가 부분 자체 인덕턴스와 관련된 표면적(<그림 E-6> 참조)을 가로질러서는 안 되기 때문이다. 전압계 두 단자를 이 표면적의 둘레를 따라가게 배치하면 <그림 E-7>과 식 (E-13b)에 표시된 것처럼 벡터 자기포텐셜의 적분값을 결정하는 것은 측정 중인 도체를 따라가는 경로에 대한 것뿐이다.

알짜 부분 인덕턴스에 대해 식 (E-35)을 정리하면 다음과 같다.

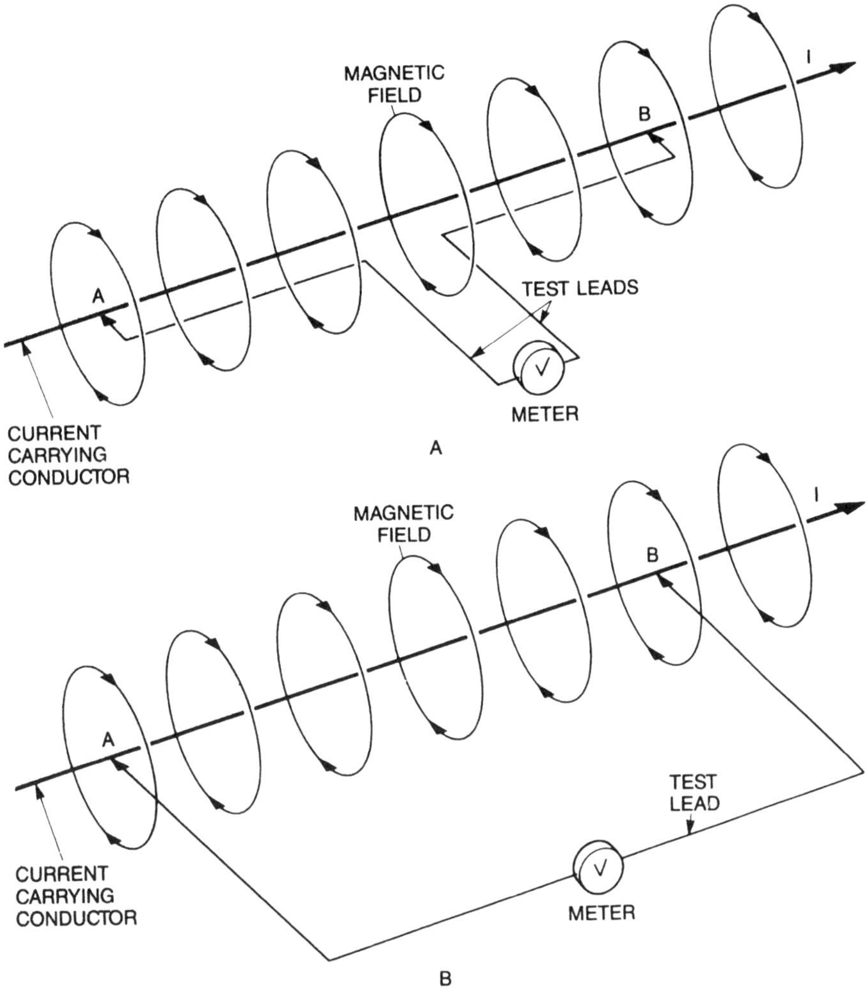

그림 E-13 전류가 흐르는 도체에서 '점 A'와 '점 B' 사이의 도체부분 양단의 전압강하를 측정하는 시험방법 (A) 잘못된 방법: 전압계 단자가 전류가 흐르는 도체와 나란히 달리도록 배치되어 있다. 그러면 도체의 전류에 의해 발생하는 자기장이 단자에 결합되므로 단자에는 에러전압이 유도된다. (B) 올바른 방법: 전압계 단자가 전류가 흐르는 도체와 수직을 이루고 있으므로 단자에는 에러전압이 유도되지 않는다.

$$L_{np} = \frac{V_s}{di/dt} \tag{E-36}$$

식 (E-36)으로부터, 트레이스(trace)의 일부분 또는 판(plane)의 일부분 양단에 걸리는 전압강하 V_s를 측정할 수 있는 경우에는 이 측정전압 V_s를 그 부분을 통해 흐르는 전류의 변화율로 나누는 방법으로 그 부분의 알짜 부분 인덕턴스를 구할 수 있음을 알 수 있다. 전류의 변화율은 신호 트레이스의 맨 끝에 달려있는 종단 저항 양단의 전압을 측정하면 이것을 이용하여 구할 수 있다.

접지판 노이즈전압을 측정할 때는 다음 사항을 반드시 고려해야 한다. (1) 측정기기의 대역폭 (2) 측정기기의 고주파 공통모드 억제비(common-mode rejection ratio, CMRR) (3) 피시험회로에 측정기기 단자를 접속하고 배치하는 방법

접지판 전압을 측정하는 경우에는 반드시 광대역 오실로스코프(wide-band oscilloscope)와 관련 주파수범위에서 고주파 CMRR이 100:1 이상인 광대역 차동프로브(wide-band differential probe)를 사용해야 한다. 노이즈의 고주파성분을 측정하기 위해서는 광대역특성을 가진 측정기기가 필요하다.

전류가 흐르는 도체부분 양단의 전압강하를 측정할 경우에는 CMRR이 높은 차동프로브가 필요한데, 오실로스코프의 접지(ground) 전위는 프로브의 두 단자 중 어느 단자의 전위와도 다를 것이기 때문이다. 이들 사이의 전위차에 의해 고주파 공통모드전류가 측정기기 시스템에 흐르는데, 이것이 측정에 간섭을 일으킬 수 있으므로 반드시 CMRR이 높은 차동 프로브를 사용해야 한다.

10.6.2.1절에서 설명한 접지 인덕턴스측정에는 대역폭이 500 MHz인 디지털 오실로스코프와 10:1 동축 차동프로브(<그림 18-8> 참조)를 사용하였다. 측정시험은 크기가 3 × 8인치인 양면 PCB에 대해 수행하였는데, <그림 10-17>에서 보듯이 이 PCB의 윗면에는 트레이스 1개가 배선되어 있고 아랫면은 전체가 접지판이다. 트레이스는 길이가 6인치, 폭이 0.050인치이며 맨 끝에 100 Ω의 종단저항이 달려있다. 트레이스와 접지판 사이의 간격(즉 높이)을 다르게 하면서 시험하기 위해 다양한 두께의 기판을 사용하였다. 시험용 PCB 구조의 단면을 <그림 E-14>에 나타내었다.

접지전압강하를 측정하는 시험지점은 트레이스 밑의 접지판을 따라 1인치 간격으로 하였다. 표피효과(*skin effect*) 때문에 트레이스 귀환전류(*return current*)는 접지판의 표면에만 존재한다. 그러므로 접지판 전압은 <그림 E-15>에 나타낸 것과 같이 측정하기가 훨씬 어려운 쪽인 트레이스가 있는 PCB의 위쪽에서 측정을 해야 한다. <그림 E-16>에 나타낸 것처럼 평형 차동프로브(balanced differential probe)는 측정단자의 간격이 1인치, 길이가 PCB에 수직으로 갖다 댈 때 2

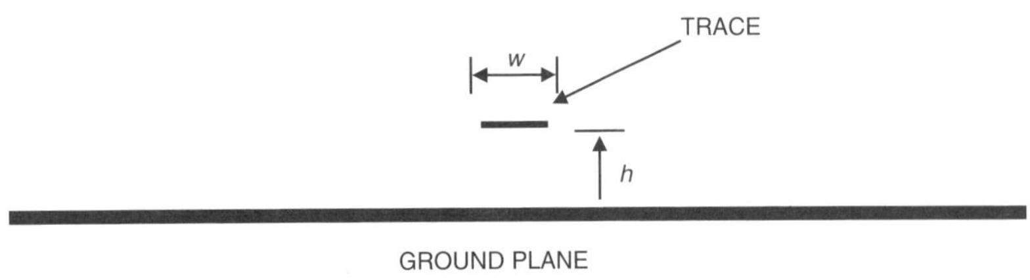

그림 E-14 접지판 인덕턴스를 측정하는 데 사용된 시험용 PCB의 단면

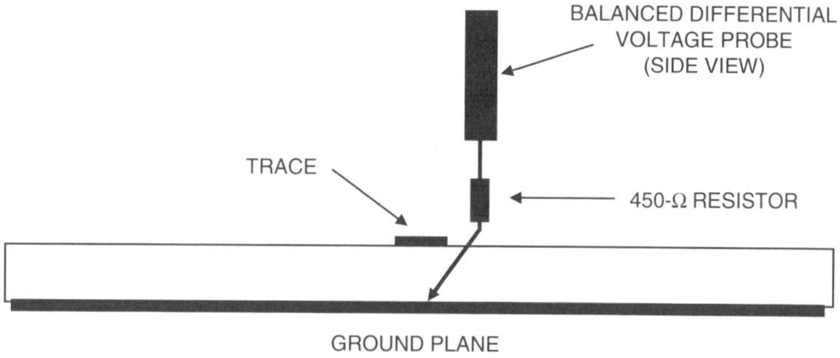

그림 E-15 평형 차동프로브로 접지전압을 측정하는 방법(측면도)

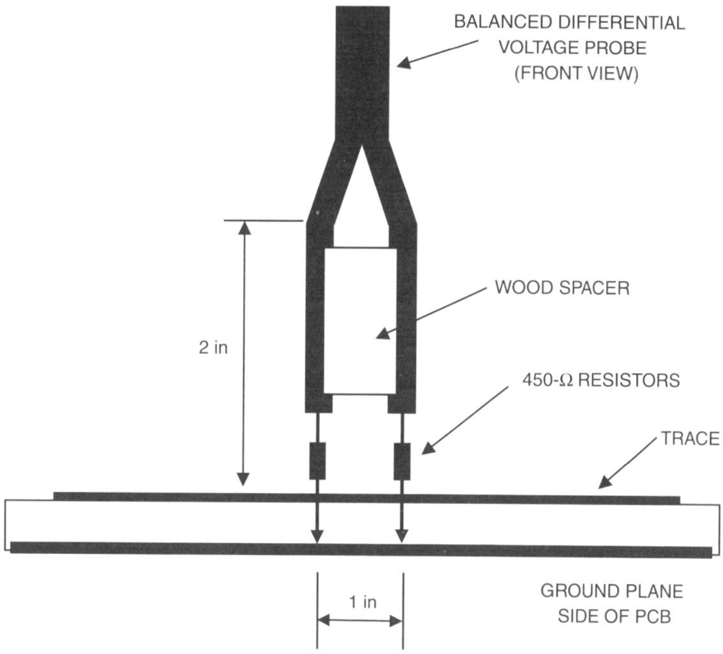

그림 E-16 평형 차동프로브로 접지전압을 측정하는 방법 (정면도)

인치가 되도록 제작되었다.

접지판의 부분 자체 인덕턴스를 구하기 위해 사각파(square wave)로 트레이스를 구동하면서 시간영역 측정을 실시하였다. 이때 사각파는 진폭이 3 V, 상승시간이 3 ns (10%~90% 사이의 시간폭)이다. 주파수영역 측정은 시간영역 측정에 사용한 것과 같은 방법으로 수행할 수 있는데, 다만 사각파 대신에 사인파로 트레이스를 구동해야 한다.

<그림 E-17>은 시간영역 측정과 주파수영역 측정을 위한 시험구성으로 시험에 사용되는 모

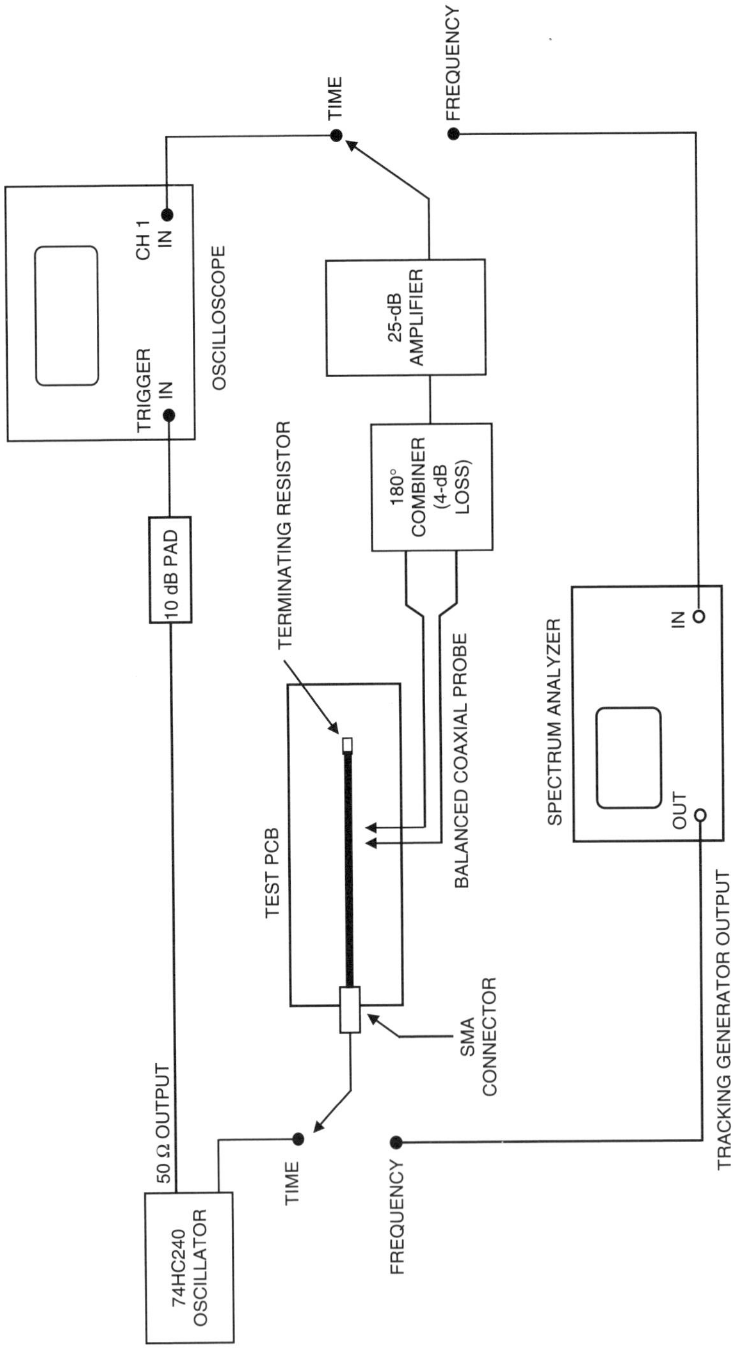

그림 E-17 접지판 전압의 시간영역 측정과 주파수영역 측정을 위한 시험기기 구성

든 장비가 나와 있다. 시간영역 측정을 할 때는 신호원으로 74HC240 사각파 발진기(oscillator)를 직접 만들어 사용하였다.

대역폭이 500 MHz이고 삽입손실(insertion loss)이 4 dB인 180° 결합기(combiner)는 두 차동 입력신호의 차이에 해당하는 크기를 싱글엔디드 형식의 출력(single-ended output)으로 제공한다. 측정된 접지판 전압강하는 매우 작은 것이 보통이고, 평형 차동프로브는 20 dB의 손실(10:1 프로브)을 갖고 있으므로 결합기와 스펙트럼 분석기(또는 오실로스코프) 사이에 이득이 25 dB인 고주파 증폭기(대역폭 1.3GHz)를 사용한다. 프로브 손실, 결합기 손실, 증폭기 이득을 모두 합성하면 1 dB가 되므로 세 측정기기는 전체적으로 +1 dB의 이득을 제공한다.

<그림 E-18>에 나타낸 것은 전형적인 접지 노이즈 전압 파형이다. 접지 노이즈펄스는 사각파 신호가 천이(transition)할 때마다(즉 모서리마다) 발생한다. 'Low' 에서 'High' 로 변할 때는 (+) 접지 노이즈 전압펄스가 발생하고 'High' 에서 'Low' 로 변할 때는 (−) 접지 노이즈 전압펄스가 발생한다.

알짜 부분 인덕턴스 접지판 전압을 측정한 결과는 <그림 10-19>에 나타나있다.

1998년에 Holloway와 Kuester는 접지판의 알짜 부분 인덕턴스를 계산하였다. 그런데 그들이 구한 수식은 closed-form 형태의 방정식이 아닌 복잡한 적분방정식(integral equation) 형태로, 이 적분방정식은 수치해석방법(numerical method)으로만 풀어서 값을 구할 수 있다.

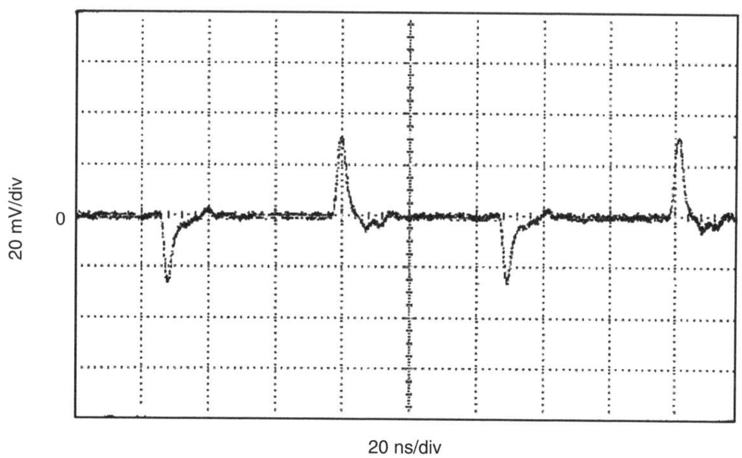

그림 E-18 측정된 접지노이즈 전압파형

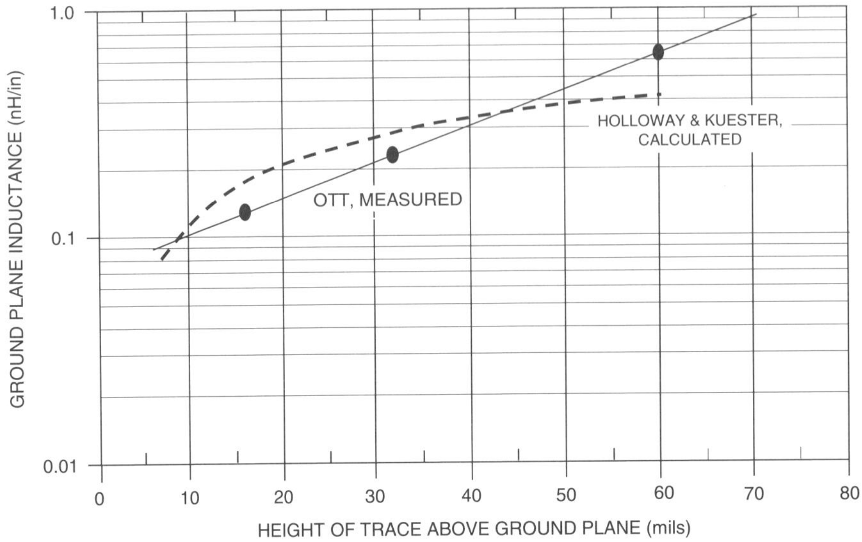

그림 E-19 트레이스 높이에 따른 접지판 인덕턴스 값의 변화로 측정값과 계산값을 비교하였다. 이 그래프는 높이 7 mil일 때의 데이터 값을 제외하면 <그림 E-10>의 그래프와 같다. 7 mil 데이터 값과 관련한 문제는 10.6.2.3절에서 설명하였다.

<그림 E-19>은 <그림 10-20>을 옮겨온 것인데(높이 7 mil 일 때의 데이터 값은 제외), 여기에서 설명한 측정방법을 사용하여 10장에서 측정한 알짜 부분 인덕턴스 값과 Holloway/Kuester의 수식으로 계산한 이론값을 비교하고 있다. 시험용 기판의 구조는 <그림 E-14>에서 트레이스의 폭은 50 mil, 트레이스의 높이는 16, 32, 60 mil이었다. <그림 E-19>에서 보듯이 10 mil~60 mil 사이의 트레이스 높이에 대해서 측정결과와 계산결과는 좋은 상관관계를 나타내고 있다.

E.5 인덕턴스 표기법(INDUCTANCE NOTATION)

부분 인덕턴스(partial inductance)를 나타낼 때는 아래첨자 *p*를 사용하여 L_p와 같이 표시한다. 루프 인덕턴스(loop inductance)는 부분 인덕턴스와 구별할 수 있도록 아래첨자를 붙이지 않거나 아래첨자로 *l*이나 *loop*를 사용하는데, 예를 들어 L_{loop}과 같은 식이다.

대체로 어떤 종류의 인덕턴스를 가리키는 것인지는 인덕턴스를 부르는 용어로 알 수 있다. 예를 들어, 완전한 전류경로의 인덕턴스를 가리키는 경우, 이것은 루프 인덕턴스를 말하는 것이다. 그렇지만 '접지 인덕턴스'와 같이 루프의 일부분의 인덕턴스를 가리키는 경우에는 부분 인덕턴스를 말하는 것이다. 그러므로 이 책에서는 부록을 제외하고는 본문에서 루프 인덕턴스와 부분 인덕턴스를 구별하기 위한 첨자를 사용하지 않았다. 인덕턴스 용어는 확실하게 구별해서 사용해야 한다.

요약 SUMMARY

본 부록에서는 루프를 이루고 있는 부분(segment)들이 저마다 고유한 인덕턴스를 갖는다는 것을 보여주었다. 각 도체부분(conductor segment)마다 부분 자체 인덕턴스(partial self-inductance)와 부분 상호 인덕턴스(partial mutual-inductance)를 가지며 이들의 값을 계산할 수 있다. 부분 인덕턴스는 매우 강력하고 유용한 도구이다. 이것을 사용하면 접지노이즈전압(ground noise voltage)과 전원전압강하(power rail dip)와 같은 것을 구할 수 있다.

부분 인덕턴스 방법의 유효성을 입증하기 위해 다양한 구조의 도체 - 사각형루프, 2개의 평행 비대칭 도체(지름이 서로 다른 도체), 무한 길이 전송선로 - 의 인덕턴스를 부분인덕턴스이론을 사용하여 계산한 다음, 그 계산값을 다른 방법을 써서 얻은 널리 알려진 결과와 비교하였다. 모든 구조에 대해 두 결과가 일치하였다.

폭이 좁은 신호 트레이스가 넓은 접지판 위에 배선된 구조를 하고 있는 PCB처럼 실제적인 경우에는 반드시 부분 인덕턴스 이론을 사용해야 한다. 이 경우, 부분 인덕턴스이론을 사용하지 않고는 루프를 구성하고 있는 두 도체(신호트레이스, 접지판)의 인덕턴스를 따로따로 구하는 것은 불가능하다. 10장에서 실제로 증명한 것처럼 두 부분인덕턴스(트레이스, 접지판)는 크기가 약 2자릿수(100배)만큼 차이가 난다.

루프의 인덕턴스는 루프면적을 통과하는 자속을 구하여 계산할 수 있다. 또는 루프를 구성하는 각 부분들의 부분 자체 인덕턴스와 부분 상호 인덕턴스를 모두 합성하는 방식으로도 계산할 수 있다.

꼭 기억해야 할 중요한 것으로, 부분 인덕턴스를 알면 루프 인덕턴스를 구할 수 있지만 부분 인덕턴스는 루프 인덕턴스를 알아도 구할 수 없다.

마지막으로, 이 부록에서는 부분 인덕턴스와 이 부분 인덕턴스에 걸리는 전압강하를 측정할 수 있음을 입증하였다. 유용한 적절한 측정 방법을 제시하였고 접지판에 대해 부분 인덕턴스를 측정한 결과를 Holloway와 Kuester의 제안식으로 계산한 이론값과 비교하였다. 이 측정값과 이론값은 좋은 상관관계를 보였다.

참고문헌 REFERENCES

Grover, F. W. *Inductance Calculations*. New York, NY, Dover, 1946. Reprinted in 1973 by the Instrument Society of America, Research Triangle Park, NC.

Holloway, C. L. and Kuester E. F. "Net Partial Inductance of a Microstrip Ground Plane." *IEEE Transactions on Electromagnetic Compatibility*, February 1998.

Ruehli, A. "Inductance Calculations in a Complex Integrated Circuit Environment," *IBM Journal of*

Research and Development, September 1972.

Skilling, H. H. *Electric Transmission Lines*. New York, McGraw-Hill, 1951.

Weber, E. *Electromagnetic Theory*. Mineola, NY, Dover, 1965.

심층자료 FURTHER READING

Hoer, C. and Love, C. "Exact Inductance Equations for Rectangular Conductors with Applications to More Complicated Geometries." *Journal of Research of the National Bureau of Standards-C, Engr. Instrum.*, April–June, 1965.

Paul, C. R. "What Do We Mean by 'Inductance'? Part I: Loop Inductance." *IEEE EMC Society Newsletter*, Fall 2007.

Paul, C. R. "What Do We Mean by 'Inductance'? Part II: Partial Inductance." *IEEE EMC Society Newsletter*, Winter 2008.

Appendix F 연습문제 해답

주의사항: 연습문제의 문제들 중 어떤 문제에는 답이 여러 개 있을 수 있다. 그러므로 경우에 따라서는 여기에 수록한 답 이외의 다른 답도 가능하다.

제 1 장

문제 1.1

회로에서 존재하는 신호 중에서 본디 의도한 신호가 아니면 어떤 것이든 노이즈(잡음, noise)이다. 노이즈가 일으키는 바람직하지 않은 효과가 간섭(장해, interference)이다.

문제 1.2

a. 예.

b. 아니오. 전력이 6 nW 면제기준 이하이다.

문제 1.3

a. 아니오. 시험 장비 면제기준 이하이다.

b. 예. 기술기준을 충족시키지 않아도 되는 장비도 비간섭요건(non-interference requirement)은 만족해야 한다.

문제 1.4

a. 제조자(제조업체) 또는 수입업자(수입업체)

b. 사용자

문제 1.5

a. FCC

b. 유럽연합

c. FCC

d. 유럽연합

문제 1.6

a. 216～230 MHz

b. 5.5 dB

문제 1.7

a. 150 kHz～30 MHz

b. 30 MHz～40 GHz

문제 1.8

a. 장비는 그 장비가 발생시키는 전자파 교란(방해)(electromagnetic disturbance)이 무선 통신 장비가 의도하는 기능을 할 수 있게 만들어져야 한다. 또한 장비는 외부에서 발생한 전자파 교란에 대한 내성(immunity)을 가지도록 만들어져야 한다.

b. EMC Directive(지침), 2004/108/EC (이전의 EMC Directive 89/336/EEC를 대체한 것임.)

문제 1.9

국가의 관보(official journal)에 발표

문제 1.10

유럽연합은 내성요건(immunity requirement)이 있지만, FCC는 내성요건이 없다.

문제 1.11

고조파(harmonics)와 플리커(flicker)

문제 1.12

주거/상업/경공업 환경에 대한 일반 기준, 특히 방출기준은 EN 61000-6-1이고 내성기준은 EN 61000-6-3

문제 1.13

아니오. 제품은 기준(standard)은 꼭 따르지 않아도 되지만 EMC 지침(EMC directive)은 반드시 따라야 한다. 유럽연합에서 기준은 법률문서는 아니지만 지침은 법률문서이다.

문제 1.14

1. 적합성선언(a declaration of conformity)
2. 기술문서(a technical construction file)

문제 1.15

FCC Part 15 B : 법률요건(legal requirement)
MIL-STD-461E : 계약요건(contractual requirement)
2004/108/EC, EMC 지침: 법률
항공 전자기기 대상 RTCA/DO-160E : 계약
전화 네트워크 장비 대상 GR-1089 : 계약
통신 단말 장비 대상 TIA-968 : 법률 (FCC Part 68에서 이 장비에 대한 인증을 요구하므로)
자동차 대상 SAE J551 : 계약

문제 1.16

미국(United States): The Federal Register.
캐나다(Canada): The Canada Gazette.
유럽연합(European Union): The Official Journal of the European Union.

문제 1.17

아니오. FCC가 아닌 미국 식품의약국(Food and Drug Administration, FDA)에서 의료장비를 규제

문제 1.18

1. 노이즈원(잡음원, noise source)
2. 전달경로(결합경로, coupling channel.)
3. 수신기(receptor)

문제 1.19

주파수, 진폭, 시간

문제 1.20

a. 마그네슘(Magnesium)

b. 니켈(Nickel, passive)

문제 1.21

아연(zinc)

제 2 장

문제 2.1

a. 2.5 V

b. 314 mV

c. 15.7 mV

문제 2.2

a. 187 mV

b. 12.6 mV

c. 628 μV

문제 2.3

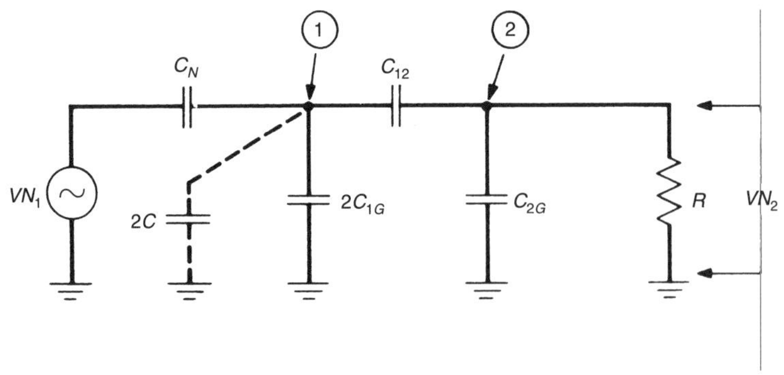

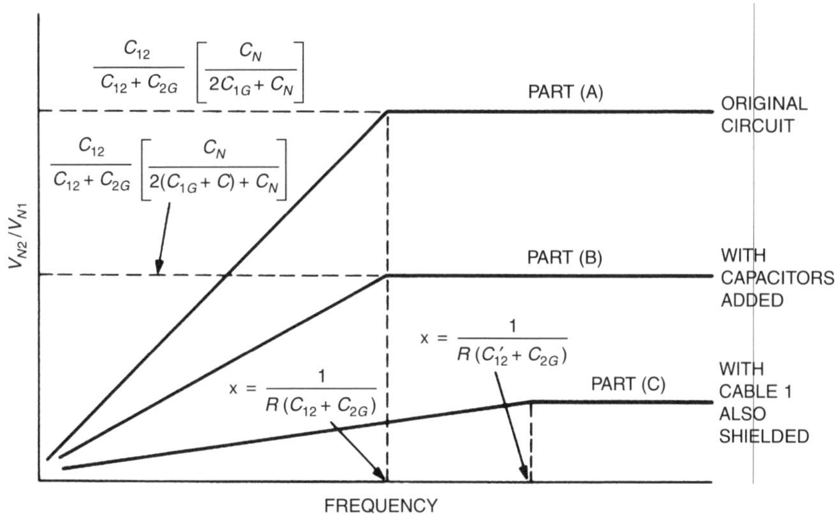

여기에 노이즈결합(noise coupling) 등가회로를 나타내었다. 문제를 간단하게 하기 위해 $2C_{1G} >> C_{12}$라고 가정한다(이는 합리적인 가정이라고 할 수 있다).

a. 그래프에서 맨 위에 있는 곡선이 V_{N2}/V_{N1} 그래프이다.

b. 커패시터 C가 추가되면, C_{1G}가 증가하는 효과가 있으므로 불연속점(꺾인 점)이 생기는 주파수(breakpoint frequency)는 변하지 않고 최대 노이즈결합이 작아진다. 이것을 그래프의 두 번째 곡선으로 나타내었다.

c. '차폐케이블1' 에 의해 C_{12}는 C'_{12}로 값이 줄어든다. 이렇게 되면 최대 노이즈결합이 더욱 작아지고 꺾이는 점은 증가한다. 이것을 그래프의 맨 아래 곡선으로 나타내었다. 또한 차폐는 커패시턴스 C_{1G}를 증가시키므로 노이즈결합이 더욱 작아진다.

문제 2.4

377 μV

문제 2.5

입력 트레이스가 교차하는 지점의 왼쪽과 오른쪽 루프에 수신되는 자기장의 극성이 반대가 되므로 이들에 의한 노이즈 전압이 상쇄된다.

문제 2.6

$$M = \frac{\mu}{2\pi}\ln\left(\frac{b^2}{b^2-a^2}\right)$$

문제 2.7

a. 57.4 nH/m

12.9 nH/m

5.62 nH/m

b. 36 mV/m

문제 2.8

상호 인덕턴스는 자속을 발생시키는 회로의 자체인덕턴스와 같거나 작다.

문제 2.9

a. 1/r

b. $1/r^2$

문제 2.10

<그림 2-9A>와 <그림 2-9B>의 등가회로를 결합하면 문제를 풀 수 있다.

a. 두 저항의 전압은 각각 25 mV와 0 V이다.

b. 두 노이즈전류는 한 종단저항에서는 더해지고, 다른 종단저항에서는 상쇄된다.

c. 25 mV가 걸렸던 종단저항은 0 V가 되고 0 V가 걸렸던 종단저항은 25 mV가 된다.

문제 2.11

식 (2-2)에서 알 수 있듯이 전기장에 의한 용량성 수신(capacitive pickup)은 종단저항 R의 함수이다. 두 선을 꼬아 만든 트위스티드 페어 도선(twisted-pair, 꼰 도선)의 종단저항이 서로 다르면 서로 다른 전압을 수신하게 되므로 두 도선 사이에는 알짜 노이즈전압이 나타난다. 두 종단저항이 동일한 경우에만 같은 전압을 수신하여 두 도선 사이의 알짜 전압이 0이 된다.

문제 2.12

a. 실드 외부는 100%, 실드 내부는 0%

b. 실드 외부는 0%, 실드 내부는 100%

제 3 장

문제 3.1

안전 접지(safety ground)

문제 3.2

거짓, 전원 접지방식(power grounding)은 공통모드 노이즈에만 영향을 준다.

문제 3.3

접지판(ground plane)이나 접지그리드(ground grid)를 사용(ZSRP).

문제 3.4

a. 전류 I_g

b. 임피던스 Z_g

문제 3.5

a. 10~15 Ω

b. 25 Ω

문제 3.6

$$V_B = (I_1 + I_2 + I_3)Z_1 + (I_2 + I_3)Z_2$$

문제 3.7

인클로저와 접지 사이의 인덕턴스를 줄이기 위해

문제 3.8

105 nH

문제 3.9

29 MHz. 각 접지 스트랩(strap, 접속선)의 인덕턴스를 4로 나누는 것을 잊지 말아라. 4개의 스트랩이 병렬로 연결되어 있기 때문이다

문제 3.10

상호연결용(I/O) 신호와 케이블의 처리

문제 3.11

익스텐션을 갖는 중앙시스템(central system with extensions)에서는 각 원격요소(remote element)들이 각자 위치에서 접지되어 있지 않으며 중앙시스템으로부터 전력을 수신한다. 반면에

분산시스템(distributed system)에서는 각 원격요소들이 각자 위치에서 접지되어 있으며 제각각 전원을 이용한다.

문제 3.12

1. 루프를 생기는 것을 막는다(Avoid the loop).
2. 루프를 생기는 것을 용인한다(Tolerate the loop).
3. 루프를 끊어버린다(Break the loop).

문제 3.13

1. 격리용 트랜스포머(Isolation transformer)
2. 광결합기(Opto-coupler)
3. 공통모드 초크(Common-mode choke)

문제 3.14

NEC(National Electrical Code, 미국 전기공사규정) 규정을 위반한다.

문제 3.15

a. 90.4 Hz

b. 10.8 dB at 60 Hz
   20 dB at 180 Hz
   24 dB at 300 Hz

제 4 장

문제 4.1

그림 (4-4)와 그림 (4-5)로부터 다음과 같이 쓸 수 있다.

$$V_{dm} = \left[\frac{R_L}{R_L + R_S} - \frac{R_L}{R_L + R_S + \Delta R_S}\right] V_{cm} = \left[\frac{R_L \Delta R_S}{(R_L + R_S + \Delta R_s)(R_L + R_s)}\right] V_{cm}$$

식 (4-5)로부터

$$CMRR = 20 \log \left(\frac{V_{cm}}{V_{dm}}\right) = 20 \log \left[\frac{(R_L + R_S + \Delta R_s)(R_L + R_S)}{R_L \Delta R_S}\right]$$

문제 4.2

300 μV

문제 4.3

a. 60 dB

b. 89.5 dB

c. 106 dB

문제 4.4

6 dB

문제 4.5

되도록 크게

문제 4.6

a. 9.4 kΩ

b. 57.5 또는 35 dB

c. 137.4 kΩ

d. 1.15 또는 1.2 dB

e. 34 dB

문제 4.7

a. 21 또는 26 dB

b. 60 dB

문제 4.8

계기용 증폭기(instrumentation amplifier)는 차동증폭기(differential amplifer)보다 CMRR이 34 dB 이상 크다.

문제 4.9

신호원(전원) 임피던스(source impedance)가 작고 부하 임피던스(load impedance)가 클 때, 그 반대 경우도 마찬가지

문제 4.10

a. 신호원 임피던스와 부하 임피던스의 합보다 클 때

b. 신호원 임피던스와 부하 임피던스의 병렬합성 값보다 작을 때

문제 4.11

1. 신호원 임피던스 값이 얼마인지 모르는 경우가 많다.
2. 부하 임피던스 값이 얼마인지 모르는 경우가 많다.
3. 필터는 차동모드 신호에 영향을 주어서는 안 된다.

문제 4.12

인클로저나 섀시, 접지에 연결

문제 4.13

올바른 방법으로 레이아웃을 한다.

문제 4.14

전원공급시스템(power distribution system)의 특성임피던스 Z_0

문제 4.15

a. 34.5 mV

b. 1.26 Ω

c. 630 mV

제 5 장

문제 5.1

a. 유전체(dielectric material)

b. 주파수

문제 5.2

a. 알루미늄 커패시터(aluminum capacitor), 탄탈 전해 커패시터(tantalum electrolytics capacitor)

b. 종이 커패시터(paper capacitor), 필름 커패시터(film capacitor)

c. 마이카 커패시터(mica capacitor), 세라믹(ceramic capacitor)

문제 5.3

a. 세라믹(Ceramic)

b. 마이카(Mica)

c. 다층세라믹(Multilayer ceramic)

문제 5.4

인덕턴스는 지름의 로그값에 반비례한다.

문제 5.5

0.2 MHz에서, $R_{ac}/R_{dc} = 1.33$

0.5 MHz에서, $R_{ac}/R_{dc} = 1.96$

1.0 MHz에서, $R_{ac}/R_{dc} = 2.66$

2.0 MHz에서, $R_{ac}/R_{dc} = 3.65$

5.0 MHz에서, $R_{ac}/R_{dc} = 5.63$

10 MHz에서, $R_{ac}/R_{dc} = 7.85$

50 MHz에서, $R_{ac}/R_{dc} = 17.23$

문제 5.6

a. 0.172 m Ω/m

b. 16.57 m Ω/m

문제 5.7

a. 식 (5-6)으로부터 $R = \rho/A$, $\rho = 1.724 \times 10^{-8}$ Ω-m

$d \gg \delta$이므로 $A = \pi d\,\delta$

구리의 경우, δ는 식 (5-12)와 같다.

$R_{ac} = \frac{\rho}{A}$에 ρ와 A를 대입하면 식 (5-9b)를 얻을 수 있다.

b. $d\sqrt{f} \geq 0.66$, 단 d의 단위는 m이다.

문제 5.8

유도성 리액턴스는 주파수에 정비례하고 ac 저항은 주파수의 제곱근에 비례한다.

문제 5.9

a. $\delta = \dfrac{wt}{2(w+t)}$

b. $\delta = \frac{t}{2}$

c. 불연속점이 생기는 주파수(breakpoint frequency)는 도체의 두께가 표피깊이의 두 배가 되는 주파수에서 발생하므로 고주파 전류는 도체의 단면 전체에 퍼져 흐른다. 그러므로 이 주파수에서는 ac 저항과 dc 저항이 서로 같다.

d. 기울기는 $\sqrt{f}$ 에 비례한다. 다르게 표현하면 10 dB/decade 비율로 증가한다.

문제 5.10

a, b, c의 답은 다음 표와 같다.

도체	단면적	R_{dc}	R_{ac}(10 MHz일 때)	L
원형도체	0.05 in^2	13.6 μΩ/in	1.04 mΩ/in	14 nH/in
사각형도체	0.05 in^2	13.6 μΩ/in	0.690 mΩ/in	12.6 nH/in

d. 두 도체는 단면적이 같으므로 dc 저항은 서로 같다. 그렇지만 사각형도체는 원형도체보다 ac 저항은 34% 작고 인덕턴스는 ac 저항과 10% 작다.

문제 5.11

$X_L = 8.69$ Ω/in

$R_{ac} = 0.139$ Ω/in

문제 5.12

다음 중 두 가지만 말하면 된다.

1. 도체가 하나뿐이다.
2. 직류는 전파되지 않는다.
3. TEM 모드는 전파되지 않는다.

문제 5.13

6 ns

문제 5.14

96 nH/ft

문제 5.15

50 Ω

문제 5.16

유전상수(dielectric constant)

문제 5.17

L = 6 nH/in

C = 2.4 pF/in

문제 5.18

a. 50 Ω

b. 1.24 라디안(radian), 또는 71도(degree)

문제 5.19

유전상수가 4.5일 때 (표 4-3)

a_{ohmic} = 0.084 dB/in. 기준판의 손실을 무시하면 $a_{dielectric}$ = 0.293 dB/in.

총 감쇄(total attenuation) = 0.377 dB/in.

문제 5.20

1. 더욱 긴 원통형 코어를 사용한다.
2. 코어에 선을 더욱 많이 감는다.

제 6 장

문제 6.1

은(Silver):	$\lvert Z_s \rvert = 3.6 \times 10^{-5}$ Ω
황동(Brass):	$\lvert Z_s \rvert = 7.2 \times 10^{-5}$ Ω
스테인리스(Stainless):	$\lvert Z_s \rvert = 5.8 \times 10^{-3}$ Ω

문제 6.2

주파수(frequency) (kHz)	표피깊이(skin depth) (in)	흡수손실(absorption loss) (dB)
0.1	0.51	1.1
1.0	0.16	3.3
10	0.05	10.6
100	0.02	33.4

문제 6.3

철을 함유하지 않는 물질을 사용하면 실드(차폐, shield)의 두께가 1.2인치 이상이 돼야 하므로 비현실적이다.

그렇지만 강철(steel)을 사용하면 실드의 두께가 0.12인치가 되므로 이 정도는 합당하다.

뮤메탈(mu-metal)과 같이 투자율(permeability)이 높은 물질을 사용하면 실드의 두께가 0.05인치밖에 되지 않으므로 이것을 사용하는 것이 가장 좋다.

문제 6.4

a. 138 dB

b. 138 dB

문제 6.5

24 dB

문제 6.6

133 dB

문제 6.7

218 dB

문제 6.8

313 MHz 이상

문제 6.9

두께(thickness) (in)	흡수손실(absorption loss) (dB)
0.020	2.11
0.040	4.22
0.060	6.34

문제 6.10

0.6 in (1.5 cm)

문제 6.11
35 dB

문제 6.12
161 dB

문제 6.13
1 in (2.54 cm)

문제 6.14
1. 전도성 표면 마감 칠(conductive surface finish)
2. 적절한 압력

문제 6.15
92 dB

문제 6.16
348 MHz

문제 6.17
183 MHz

제 7 장

문제 7.1
아크방전(arc discharge), 방전이 일어나는 데 필요한 전압이 글로우 방전(glow discharge)보다 훨씬 낮기 때문에

문제 7.2
저항값이 43~400 Ω인 저항과 커패시턴스값이 0.075 μF 이상인 커패시터가 직렬로 연결된 *R*-*C*회로를 부하(load) 또는 접점(contact)의 양단에 병렬로 연결한다(R = 270 Ω, C = 0.1 μF 정도로 하면 좋다).

문제 7.3

대략적인 파형은 다음 그림과 같다.

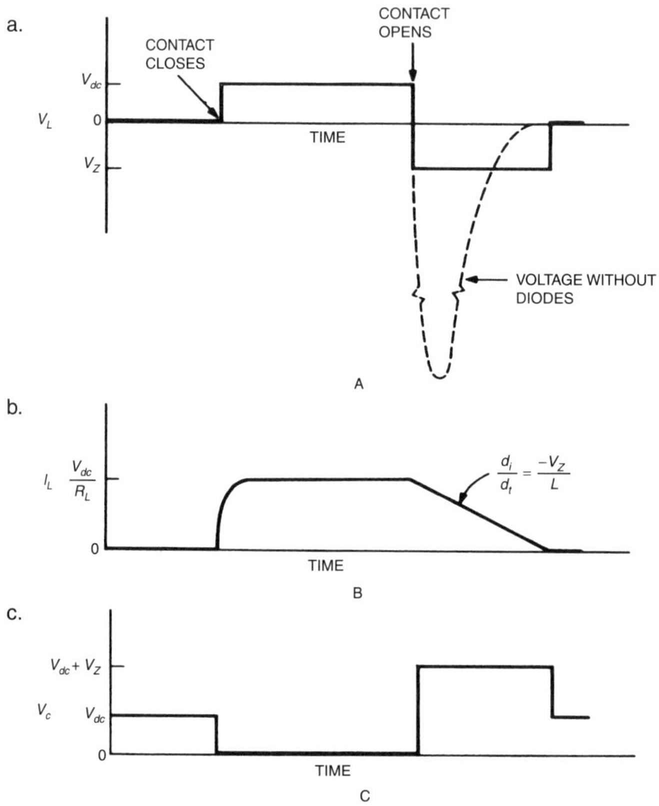

문제 7.4

R 값은 60～240 Ω, C 값은 0.1 μF 이상(R = 100 Ω, C = 0.22 μF 정도가 적당하다.)

문제 7.5

$C \geq 0.1$ μF

$R \geq 600$ Ω

정격전압이 24 V 이상, 정격전류가 100 mA 이상인 다이오드

제 8 장

문제 8.1

283 nV

문제 8.2

a. 0.91 μV

b. 1.01 μV

문제 8.3

8.33 nV/$\sqrt{\text{Hz}}$

문제 8.4

a. 179 μV

b. 179 μV

문제 8.5

10 nV/$\sqrt{\text{Hz}}$

문제 8.6

400 pA

문제 8.7

4 kHz

문제 8.8

56.6 pA/$\sqrt{\text{B}}$

문제 8.9

a. 4 μV

b. 2 μV

문제 8.10

39 μV

제 9 장

문제 9.1

N_o = 부품의 노이즈전력 출력

N_i = 부품에 대한 노이즈전력 입력

G = 부품의 전력이득

S_i = 부품에 대한 신호전력 입력

S_o = 부품의 신호전력 출력

라고 할 때 식 (9-1)로부터

$$F = \frac{N_o}{GN_i}$$

분자와 분모에 똑같이 S_i를 곱하면

$$F = \frac{N_o S_i}{GS_i N_i} = \frac{N_o S_i}{S_o N_i} = \frac{S_i / N_i}{S_o / N_o}.$$

문제 9.2

a. 바이폴라 트랜지스터: $V_{nd} = 38\ \text{nV}/\sqrt{\text{Hz}}$

b. FET: $V_{nd} = 70\ \text{nV}/\sqrt{\text{Hz}}$

그러므로 바이폴라 트랜지스터는 등가 입력부품 노이즈 전압을 가장 적게 발생시킨다.

문제 9.3

$S_o/N_o = 14.9$ dB

문제 9.4

a. $NF = 5.4$ dB

b. $R_s = 300\ \text{k}\Omega$

$NF = 4.0$ dB

문제 9.5

a. 권선비(Turns ratio) = 100

b. $NF = 0.5$ dB

c. $NF = 27.9$ dB

d. SNI = 556

문제 9.6

a. 5 μV

b. FM이 가진 고유의 노이즈내성(noise immunity)으로 인해 신호-대-노이즈비(신호-대-잡음비, signal-to noise ratio)가 낮은 경우에도 FM은 동작한다. 75 Ω 전송선로 시스템은 300 Ω 시스템보다 열노이즈(열잡음, thermal noise)가 적다. 또한 대역폭이 좁을수록 시스템 내의 노이즈는 줄어든다.

문제 9.7

$NF = 3$ dB

문제 9.8

a. $F = 1.11$, $R_s = 26{,}500\ \Omega$

b. $F = 1.25$, $R_s = 572\ \Omega$

문제 9.9

$NF = 6$ dB

문제 9.10

전체 입력 노이즈전압은 V_{nt}은 식 (9-30)으로 주어진다.

열노이즈 전압 V_t는 식 (9-4)로 주어진다.

노이즈 출력전압(총 노이즈 또는 열노이즈)은 해당 노이즈전압을 제곱한 다음, 여기에 전력이득 G를 곱하고 이를 다시 신호원 저항 R_s로 나눈 것과 같다.

F = 총 노이즈전력 출력/열노이즈에 의한 노이즈전력 출력. 따라서

$$F = \frac{(V_{nt})^2}{(V_t)^2} = \frac{4kTBR_s + (V_n)^2 + (I_nR_s)^2}{4kTBR_s} = 1 + \frac{1}{4kTB}\left[\frac{V_n^2}{R_s} + I_n^2R_s\right]$$

문제 9.11

총 출력노이즈 전력은 $N_o = \dfrac{V_{nt}^2}{R_s}(G)$이다. 여기서, V_{nt}는 식 (9-30)으로 주어지고, G는 부품의 전력이득이다.

총 출력신호 전력은 $S_o = \dfrac{V_s^2}{R_s}(G)$으로 주어진다. 그러므로

$$\frac{S_o}{N_o} = \frac{V_s^2GR_s}{R_s\left[4kTBR_s + V_n^2 + (I_nR_s)^2\right]G} = \frac{(V_s)^2}{(V_n)^2 + (I_nR_s)^2 + 4kTBR_s}$$

제 10 장

문제 10.1

그리드(grid). 판(plane)은 정확한 대답은 아니다. 판도 좋은 성능을 발휘하지만 “기본” 구조는 아니다.

문제 10.2

a. dc나 낮은 주파수에서의 저항 값

b. 높은 주파수에서의 인덕턴스 값

문제 10.3

a. 70%

b. 94%

문제 10.4

a. 높이의 제곱에 비례

b. 트레이스 사이의 간격의 제곱에 반비례

문제 10.5

a. 75%

b. 25%

문제 10.6

표피효과(skin effect) 때문에, 트레이스상의 신호에 대한 귀환전류(return current)는 접지판 윗면 (트레이스를 마주보는 면)의 표면근처에만 존재한다. 접지판 윗면의 전압은 접지판 아랫면 전압과는 다르다.

문제 10.7

a. 300 mΩ/in

b. 0.0024 in

문제 10.8

1. 디커플링 커패시터
2. 기생 트레이스 커패시턴스와 부하 커패시턴스

문제 10.9

1. 신호전류가 두 개 있기 때문이다. 한 루프에서는 시계방향(CW)으로 전류가 흐르고 다른 루프에서는 반시계방향(CCW)으로 전류가 흐르므로 두 루프에서 발생하는 방사는 서로 상쇄된다.
2. 두 개의 기준판에 의해 방사되는 전자기장이 차폐된다.

문제 10.10

a. 수록한 그림을 살펴볼 것
b. 기생 트레이스 커패시턴스
c. 디커플링 커패시터

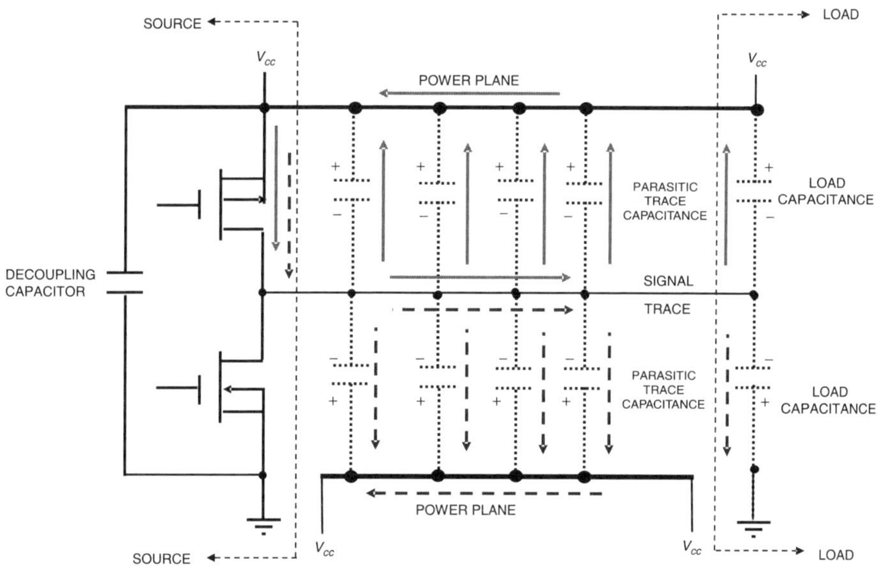

제 11 장

문제 11.1

132 mA

문제 11.2

1. 디커플링 커패시터 루프로부터의 방사
2. 디커플링 전류는 접지전압강하를 발생시키고, 이것이 시스템에 연결된 케이블에 인가되면 그 케이블은 공통모드 방사를 일으킨다.
3. 전원버스노이즈가 같은 버스상의 다른 IC에 전달(결합)되고 그러고 나서 내부적으로 I/O신호

케이블과 전원케이블에 전달되면 그 케이블은 방사를 일으킨다.

문제 11.3

1. 커패시터
2. 트레이스(trace)와 비어(vias)
3. IC 리드 프레임(lead frame)

문제 11.4

1. 사용된 커패시터 수
2. 각 커패시터에 직렬로 연결되는 인덕턴스

문제 11.5

사용된 모든 커패시터의 총 커패시턴스

문제 11.6

1. 커패시턴스 값은 그 리액턴스 값이, 관심을 둬야할(주의해야 할) 주파수 범위 중에서 가장 낮은 주파수에서의 저주파 목표 임피던스(low-frequency target impedance) 이하가 될 수 있을 만큼 충분히 커야 한다.
2. 총 커패시턴스 값은 IC로 흘려주어야 할 전체 과도전류를 공급할 수 있을 만큼 충분히 커야한다(식 11-12).

문제 11.7

2개, 그래야 디커플링 커패시터로부터 발생하는 공통모드 방사성방출과 차동모드 방사성방출을 크게 줄일 수 있다.

문제 11.8

1. 커패시턴스 값이 같은 커패시터를 여러 개 사용
2. 여러 개의 커패시터를 IC 주위에 분산시킨다.

문제 11.9

1. 총 커패시턴스는 한 커패시턴스 값에, 사용한 커패시터 수를 곱한 것이 된다(즉 커패시터 수에 비례하여 증가한다).

2. 총 인덕턴스는 한 인덕턴스 값에, 사용한 커패시터의 수를 나눈 것이 된다(즉 커패시터 수에 비례하여 감소한다).
3. 병렬공진(반공진)이 생기지 않는다.

문제 11.10

1. 총 커패시턴스는 한 커패시턴스 값에, 사용한 커패시터의 수를 곱한 값이 아니고 사용한 모든 커패시터의 커패시턴스를 모두 더한 것이 된다.
2. 병렬공진이 생긴다.

문제 11.11

두 커패시터 회로 사이의 병렬공진으로 인해 임피던스 스파이크(impedance spike)가 발생한다.

문제 11.12

a. 34

b. 0.05 μF

문제 11.13

a. 20～318 MHz 사이에서는 50 mΩ, 318 MHz 이상이 되면 20 dB/decade의 비율로 증가한다.

b. 200개

c. 800 pF

d. 예, 단 커패시터 패키지의 인덕턴스를 증가시키지 않아야 한다.

문제 11.14

0.01 μF

문제 11.15

4.5 nF

제 12 장

문제 12.1

a. 소형루프

b. 다이폴 또는 모노폴

문제 12.2

차동모드: $1/\pi\, t_r$인 주파수까지는 40 dB/decade의 비율로 증가하고 그 이상에서는 평탄(일정)

공통모드: $1/\pi\, t_r$인 주파수까지는 20 dB/decade의 비율로 증가하고 그 이상에서는 20 dB/decade의 비율로 감소한다.

문제 12.3

57.3 mA

문제 12.4

1. 상쇄루프 (canceling loops, 루프를 상쇄시킴)
2. 확산스펙트럼 클록 (dithered clock, 클록 주파수를 변조시킴)
3. 차폐(shielding)

문제 12.5

소형 다이폴

문제 12.6

a. 13 dB μV/m

b. 10 MHz에서 13 dB μV/m, 100 MHz에서 33 dB μV/m로 증가, 350 MHz 까지는 평탄(일정)

c. 88 MHz 주파수에서 8 dB 마진(margin)

문제 12.7

a. 369 MHz

b. 20 dB/decade

문제 12.8

서로 같다.

문제 12.9

차동모드, 방출 방정식에 f^2 항이 들어있으므로

문제 12.10

800 μV/m

문제 12.11

4 in(10.2 cm)

문제 12.12

6.4 μA

제 13 장

문제 13.1

a. <그림 13-8>에서

$$V_{CM} = 25I_{CM} = \frac{25V(f)}{R_{LISN} + \dfrac{1}{j2\pi fC_P}}$$

$$R_{LISN} \ll \frac{1}{j2\pi fC_P}$$

$$|V_{CM}| = 50\pi fC_P V(f)$$

b. $R_{LISN} \ll 1/(2\pi f C_p)$

c. 위의 문제 b의 우변을 $C_p = 500$ pF, $f = 500$ kHz로 놓으면 부등식은 $25 \ll 637$이 된다.

문제 13.2

6.92 nF

문제 13.3

<그림 13-38>의 전류펄스는 그림 13-4 보다

1. 진폭은 더 낮다.
2. 더 넓다(한 주기 내에서 더 넓게 퍼져있다)
3. 더 낮은 고조파 성분을 갖는다.

문제 13.4

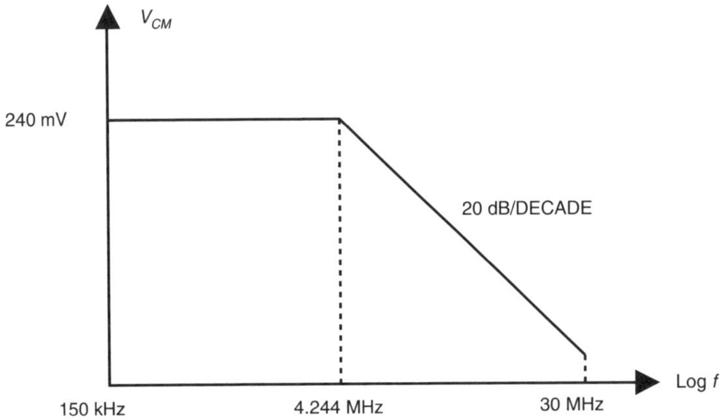

문제 13.5

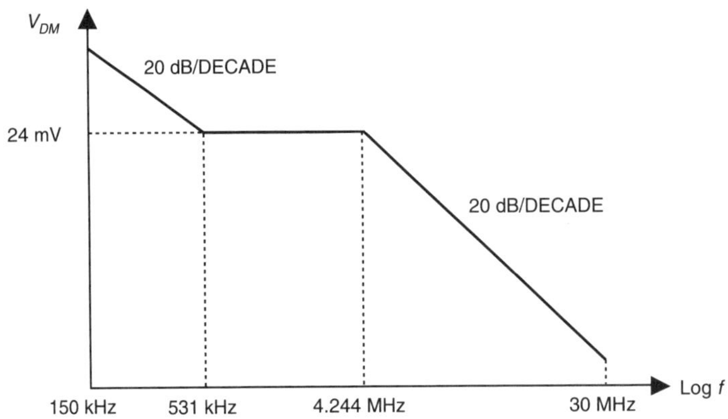

문제 13.6

<식 13-7>로부터, 차동모드

문제 13.7

1. 약간의 차동모드 인덕턴스를 제공하여 필터의 차동모드 효과를 향상시킨다.
2. 누설 인덕턴스가 너무 크면 전원전류에 의해 공통모드 초크가 포화될 수 있다.

문제 13.8

공통모드 초크에 병렬로 연결되는 기생 커패시턴스, Y-커패시터에 직렬로 연결되는 기생 인덕턴스

문제 13.9

231 pF

문제 13.10

입력 리플필터 커패시터의 ESL과 ESR

문제 13.11

<그림 13-9>에서 알 수 있듯이, 스위칭 주파수

제 14 장

문제 14.1

0.88 V/m

문제 14.2

5.48 V/m

문제 14.3

6.2 V/m

문제 14.4

$$E = \sqrt{120 \cdot \pi \cdot P}$$

문제 14.5

194 V/m

문제 14.6

저주파수 회로에서 비선형 소자에 의해 고주파수 에너지가 의도하지 않게 검파(정류) 되는 것

문제 14.7

a. 2 μH

b. 0.02 μF

문제 14.8

a. 감쇄(attenuation)가 증가한다.

b. 감쇄가 감소한다.

문제 14.9

식 (6-33)으로부터 0.9 in(2.3 cm)

문제 14.10

72 V

문제 14.11

a. 20.1 Ω

b. 1.1 Ω

문제 14.12

a. 12.12 A

b. 20 A

c. 1000 A

문제 14.13

a. 39.5 A

b. 6.9 A

c. 163.1 A

문제 14.14

5000 μF

문제 14.15

1.5 주기(cycles)

문제 14.16

a. 예, CBEMA 곡선에 의해(<그림 14-21>)

b. 아니오, <그림 14-21>에 의해

c. 예, <그림 14-21>에 의해

d. 아니오

문제 14.17

<그림 14-21>의 오른쪽 위 영역에 들어올 때

제 15 장

문제 15.1

아니오, 대전된 도체(conductor)만 방전할 수 있다.

문제 15.2

a. 예

b. 아니오

문제 15.3

폴리에스테르(Polyester): (−)극성

알루미늄(Aluminum): (+)극성

문제 15.4

a. 아니오

b. 예

문제 15.5

a. 예

b. 아니오, 전하는 도체위에서 움직이므로 반대 극성을 갖는 전하와 재결합한다.

문제 15.6

a. 0.7 pF

b. 84.6 pF

문제 15.7

10 pF

문제 15.8

22.5 pF

문제 15.9

측정전극의 사이의 간격이 두 배가 되면, 전극 사이의 저항도 두 배가 된다. 그러나 정사각형 영역에 대한 측정결과가 그대로 유지되게 하려면 전극의 길이를 두 배로 하여야 하는데, 이렇게 하면 병렬 경로를 두 배가 되게 할 수 있으므로 저항이 반으로 감소한다. 위의 두 효과가 더해지면 정사각형 영역에 대한 저항의 측정값은 측정이 이루어지는 정사각형의 크기와 관계없이 같다.

문제 15.10

a. 4 V

b. 0.2 V

문제 15.11

섀시, 금속 인클로저, 또는 ESD 접지판

문제 15.12

ESD 전류의 크기가 감소한다. 따라서 이 전류에 의한 자기장도 감소하므로 과도 이상동작(transient upset)이나 소프트에러(soft error)가 생길 가능성도 줄어든다.

문제 15.13

10 V

문제 15.14

40 A

문제 15.15

1. 프로그램 수행
2. I/O data의 유효성
3. 메모리 데이터의 유효성

문제 15.16

약 94%

제 16 장

문제 16.1

1. 기본 주파수(fundamental frequency)에 정비례
2. 신호전류의 크기에 정비례
3. 상승시간에 반비례

문제 16.2

PCB의 I/O 영역

문제 16.3

360° 전체를 인클로저에 접속해야 한다.

문제 16.4

1. 중요한(위험한) 신호(클록 등)의 루프면적이 작아지게 하는 것
2. 전원과 접지에 그리드(grid)를 사용하는 것

문제 16.5

1. 판에 뚫려 있는 슬롯이나 틈(구멍)
2. 층을 바꾸는 신호 트레이스.
3. 커넥터 주변의 접지판을 도려낸 자리

문제 16.6

a. 1. 귀환전류가 큰 루프를 통해 흐르게 하므로
   2. 판의 임피던스를 증가시키므로
   3. 방사성 방출을 증가시키므로

b. 어떠한 고주파 신호 트레이스도 인접한 층의 슬롯을 가로지르게 해서는 안 된다.

문제 16.7

1. 모든 신호층(signal layer)은 판(plane)에 인접해야 한다.
2. 신호층은 인접한 기준판에 강하게 결합돼야 한다(가까워야 한다.).

문제 16.8

목적 #1, #2, #4, #5

문제 16.9
신호 트레이스가 4층에서 5층으로 바뀔 때 인접한 접지-접지간 비어를 사용할 수 없다.

문제 16.10
#3 (가깝게 배치한 전원판과 접지판)

문제 16.11
모두

문제 16.12
a. 아니오. 신호층이 판에 인접해 있는 한 (목적 #1), PCB의 두 번째 층은 어떤 경우에도 판이다. 그러므로 내부 신호층 중에서 전원섬(power island)을 가진 층에 인접한 신호층은 없다. 그렇지만 전원섬은 자신이 위치한 신호층 위의 배선 경로(routing channel)를 막는다.

b. 위의 a와 답이 같다.

제 17 장

문제 17.1
1. 단일 접지판
2. 적절한 분할(partitioning)
3. 배선 규칙

문제 17.2
a. ±0.50 in

b. ±0.030 in

문제 17.3
1. 분할된 접지판을 가로질러 트레이스를 배선하는 것
2. 분할된 판이 겹쳐지게 하는 것

문제 17.4
시스템에 기준판이 하나만 있는 것이 좋다.

문제 17.5

1. 디지털 트레이스를 스트립선로(stripline)이나 비대칭 스트립선로(asymmetric stripline) 구조로 배선한다.
2. <그림 17-14>처럼 PCB 상에서 아날로그 접지영역과 디지털 접지영역을 분리한다.

문제 17.6

*AGND*와 *DGND*는 해당 핀들이 A/D나 D/A 변환기 내부에서 연결된 곳을 나타내는 것으로, *AGND*로 표시된 핀들은 내부의 아날로그 접지(analog ground)에 연결되어 있고 *DGND*로 표시된 핀들은 내부의 디지털 접지(digital ground)에 연결되어 있다. *AGND*나 *DGND* 표시는 해당 핀들이 외부에서 연결되어야 할 곳을 나타내는 것이 아니다.

문제 17.7

아날로그 부품

문제 17.8

SNR = 78.9 dB

최대 분해능 = 12 bits

문제 17.9

10 femtoseconds (0.010 ps)

문제 17.10

50 ps

문제 17.11

아날로그 접지

문제 17.12

많은 양의 디지털 회로로 구성되어 있는 대형 DSP와 코덱(codec)

문제 17.13

DGND 핀에 바로 연결

제 18장

문제 18.1
벽의 반사면 때문에(벽에서 반사가 일어나므로)

문제 18.2
54 dBμV 또는 500 μV

문제 18.3
−79 dBm

문제 18.4
58 dBμV

문제 18.5
a. 결과가 0이 나오게 하는 실험
b. 시험 구성의 유효성 여부를 입증하기 위해

문제 18.6
프로브를 측정을 위해 사용될 수 있도록 위치시키고 두 프로브 팁을 함께 단락시키면 전압이 zero가 된다.

문제 18.7
제품을 off 하고나서 신호가 사라지는지 살펴본다.

문제 18.8
a. 정량적
b. 정성적
c. 정량적
d. 정량적

문제 18.9
1. PCB 부근에서 자기장을 측정

2. 인클로저의 구멍이나 틈에서 누설 자기장을 측정

문제 18.10

a. PCB 부근의 자기장

b. 공통모드 케이블 전류

c. 고조파

문제 18.11

1. 클록 파형
2. V_{cc}-접지간 전압
3. 접지전압 차이
4. 공통모드 전압, 케이블-섀시간

문제 18.12

1. 값이 비싸다.
2. 고장 나기 쉽다(쉽게 손상된다.).
3. 대역폭이 제한되어 있다.
4. 전원을 공급받아야 한다.

문제 18.13

a. 1. 60 Hz를 제거하는 저역통과필터

  2. 전원선에 존재하는 과도신호를 감쇄시키기 위한 10 dB 감쇄기.

  3. 전원선의 매우 큰 과도신호를 잘라내기 위한(제한하기위한) 다이오드 리미터

b. 과부하 등으로 손상을 입거나 고장나지 않도록 스펙트럼 분석기의 입력을 보호

문제 18.14

1. 피크값(첨두값)
2. 평균값
3. 준피크값(준첨두값)

문제 18.15

20 dB

문제 18.16

$\leq$ 68 mA

문제 18.17

1. 전기드릴(electric drill)이나 Dremel 모터 툴(motor tool)을 사용하여 광대역 전자기장을 발생시킨다.
2. FRS(Family Radio Service) 송신기, CB(Citizen Band) 무전기와 같이 대중이 허가 없이 이용할 수 있는 소형 휴대용 송신기를 사용한다.

문제 18.18

1. 시험장의 품질
2. 측정장비의 정확도
3. 시험과정
4. 시험구성
5. 시험자의 기술

찾아보기

한글 찾아보기

ㄱ

ㅁ

ㅂ

ㅅ

ㅇ

ㅈ

ㅊ

ㅋ

기타

영문 찾아보기

A

B

C

D

E

F

G

H

I

J

K

L

M

N

O

P

R

S

T

U

옮긴이 약력

▌유태훈 thyoo@dongyang.ac.kr

연세대학교 전자공학과 학사
연세대학교 전자공학과 석사
연세대학교 전기컴퓨터공학과 박사
삼성전자 정보통신 연구소 연구원
Syracuse University Visiting Scholar
현재: 동양미래대학교 정보통신과 교수
[주요 연구 분야] 전자기 해석, 마이크로파 시스템 해석과 설계,
안테나 해석과 설계, EMI/EMC

▌육종관 jgyook@yonsei.ac.kr

연세대학교 전자공학과 학사
연세대학교 전자공학과 석사
University of Michigan (Ann Arbor) 전기전자공학과 박사
University of Michigan Research Fellow
퀄컴(Qualcomm Inc., San Diego) Senior Engineer
광주과학기술원 조교수
현재: 연세대학교 전기전자공학과 교수,
IEEE EMC society Distinguished Lecturer (2012~2013년)
한국전자파학회 EMC연구회 위원장 (2009~2012년)
한국전자파학회 영문지편집위원장 (2011~2012년)
대한전자공학회 마이크로파 및 전파전파연구회 위원장 (2012~2013년)
[주요 연구 분야] 마이크로파 시스템 해석과 설계, Computational
Electromagnetics, RF MEMS, Bio-Radar and Sensors,
EMI/EMC, 안테나 시스템 해석과 설계

▌홍익표 iphong@kongju.ac.krr

연세대학교 전자공학과 학사
연세대학교 전자공학과 석사
연세대학교 전기컴퓨터공학과 박사
삼성전자 무선사업부 책임연구원
한국전자통신연구원 안테나 기술연구팀 초빙연구원
Texas A&M University Visiting Scholar
Syracuse University Visiting Scholar
현재: 국립공주대학교 정보통신공학부 교수
[주요 연구 분야] 전자기 수치해석, 안테나, EMI/EMC